"十三五"国家重点出版物出版规划项目

铸 造 手 册

第 3 卷

铸 造 非 铁 合 金

第 4 版

中国机械工程学会铸造分会　组　编

戴圣龙　丁文江　主　编

机械工业出版社

《铸造手册》第4版共分铸铁、铸钢、铸造非铁合金、造型材料、铸造工艺和特种铸造6卷出版。本书为铸造非铁合金卷。第4版在第3版的基础上进行了全面修订，更新了技术标准和工艺规范，增加了部分国外标准资料，完善和补充了铸造非铁合金新的技术内容。本书包括绪论、铸造非铁合金基础知识、铸造铝合金、铸造镁合金、铸造钛合金、铸造铜及铜合金、铸造锌合金、铸造轴承合金、铸造高温合金、金属及非金属原材料、铸造非铁合金熔炼炉共11章；主要介绍了非铁合金的发展简史、前景与展望，非铁合金概念、相图、熔炼基本原理和铸造性能、物理性能、力学性能测试，各种铸造非铁合金的牌号、化学成分、力学性能、金相组织、应用特点、熔炼与浇注工艺、热处理规范、质量控制和缺陷分析；还列举了铸造非铁合金常用的金属材料和非金属材料、熔炼炉等相关资料。本书由中国机械工程学会铸造分会组织编写，内容系统全面，具有权威性、科学性、实用性、可靠性和先进性。

本书可供铸造工程技术人员、质量检验和生产管理人员使用，也可供科研人员、设计人员和相关专业的在校师生参考。

图书在版编目（CIP）数据

铸造手册. 第3卷，铸造非铁合金/中国机械工程学会铸造分会组编；戴圣龙，丁文江主编. —4版. —北京：机械工业出版社，2021.4（2024.5重印）

"十三五"国家重点出版物出版规划项目

ISBN 978-7-111-67667-6

Ⅰ.①铸… Ⅱ.①中… ②戴… ③丁… Ⅲ.①铸造－手册②铸造合金－有色金属合金－手册 Ⅳ.①TG2－62②TG29－62

中国版本图书馆CIP数据核字（2021）第037406号

机械工业出版社（北京市百万庄大街22号 邮政编码100037）
策划编辑：陈保华　　　　　责任编辑：陈保华 李含杨
责任校对：张 薇 张 征　封面设计：马精明
责任印制：邓 博
北京盛通数码印刷有限公司印刷
2024年5月第4版第2次印刷
184mm×260mm·51.5印张·2插页·1769千字
标准书号：ISBN 978-7-111-67667-6
定价：180.00元

电话服务　　　　　　　　　　网络服务
客服电话：010－88361066　　机 工 官 网：www.cmpbook.com
　　　　　010－88379833　　机 工 官 博：weibo.com/cmp1952
　　　　　010－68326294　　金 书 网：www.golden-book.com
封底无防伪标均为盗版　　机工教育服务网：www.cmpedu.com

铸造手册第 2 版编委会

铸造非铁合金卷第 2 版编委会

第4版前言

进入21世纪后，我国铸造行业取得了长足发展。2019年，我国铸件总产量接近4900万t，已连续20年位居世界第一，我国已成为铸造大国。但我们必须清楚地认识到，与发达国家相比，我国的铸造工艺技术水平、工艺手段还有一定的差距，我国目前还不是铸造强国。

1991年，中国机械工程学会铸造分会与机械工业出版社合作，组织有关专家学者编辑出版了《铸造手册》第1版。随着铸造技术的不断发展，2002年修订出版了第2版，2011年修订出版了第3版。《铸造手册》的出版及后来根据技术发展情况进行的修订再版，为我国铸造行业的发展壮大做出了重要的贡献，深受广大铸造工作者欢迎。两院院士、中国工程院原副院长师昌绪教授，中国科学院院士、上海交通大学周尧和教授，中国科学院院士、机械科学研究院原名誉院长雷天觉教授，中国工程院院士、中科院沈阳金属研究所胡壮麒教授，中国工程院院士、西北工业大学张立同教授，中国工程院院士、清华大学柳百成教授等许多著名专家、学者都曾对这套手册的出版给予了高度评价，认为手册内容丰富、数据可靠，具有科学性、先进性、实用性。这套手册的出版发行对跟踪世界先进技术、提高铸件质量、促进我国铸造技术进步起到了积极的推进作用，在国内外产生了较大的影响，取得了显著的社会效益和经济效益。《铸造手册》第1版1995年获机械工业出版社科技进步奖（暨优秀图书）一等奖，1996年获中国机械工程学会优秀工作成果奖，1998年获机械工业部科技进步奖二等奖。

《铸造手册》第3版出版后的近10年来，科学技术发展迅猛，先进制造技术不断涌现，技术标准及工艺参数不断更新和扩充，我国经济已由高速增长阶段转向高质量发展阶段，铸造行业的产品及技术结构发生了很大变化和提升，铸造生产节能环保要求不断提高，第3版手册的部分内容已不能适应当前铸造生产实际及技术发展的需要。

为了满足我国国民经济建设发展和广大铸造工作者的需要，助力我国铸造技术提升，推进我国建设铸造强国的发展进程，我们决定对《铸造手册》第3版进行修订，出版第4版。2017年11月，由中国机械工程学会铸造分会组织启动了《铸造手册》第4版的修订工作。第4版基本保留了第3版的风格，仍由铸铁、铸钢、铸造非铁合金、造型材料、铸造工艺、特种铸造共6卷组成；第4版除对第3版中陈旧的内容进行删改外，着重增加了近几年来国内外涌现出的新技术、新工艺、新材料、新设备的相关内容，全面贯彻现行标准，修改内容累计达40%以上；第4版详细介绍了先进实用的铸造技术，数据翔实，图文并茂，基本反映了当前国内外铸造领域的技术现状及发展趋势。

经机械工业出版社申报、国家新闻出版署评审，2019年8月，《铸造手册》第4版列入了"十三五"国家重点出版物出版规划项目。《铸造手册》第4版将以崭新的面貌呈现给广大的铸造工作者。它将对指导我国铸造生产，推进我国铸造技术进步，促进我国从铸造大国向铸造强国转变发挥积极作用。

《铸造手册》第4版的编写班子实力雄厚，共有来自工厂、研究院所及高等院校34个单位的130名专家学者参加编写。各卷主编如下：

第1卷　铸铁　暨南大学先进耐磨蚀及功能材料研究院院长李卫教授。

第2卷　铸钢　机械科学研究总院集团副总经理娄延春研究员。

第3卷　铸造非铁合金　北京航空材料研究院院长戴圣龙研究员，上海交通大学丁文江教授（中国工程院院士）。

第 4 卷　造型材料　华中科技大学李远才教授。

第 5 卷　铸造工艺　沈阳铸造研究所有限公司苏仕方研究员。

第 6 卷　特种铸造　清华大学吕志刚教授。

本书为《铸造手册》的第 3 卷，其编写工作在本书编委会主持下完成。主编戴圣龙研究员和丁文江院士全面负责，会同编委完成各章的审定工作。本书共 11 章，各章的编写分工如下：

第 1 章　大连理工大学张兴国教授、孟令刚讲师。

第 2 章　大连理工大学张兴国教授、孟令刚讲师。

第 3 章　北京航空材料研究院杨守杰研究员、洪润洲高工。

第 4 章　上海交通大学丁文江院士、吴国华教授、刘文才副研究员。

第 5 章　北京航空材料研究院王红红研究员、南海研究员、冯新工程师、王红工程师。

第 6 章　江苏科技大学徐玉松教授、张静副教授。

第 7 章　贵州科学院薛涛研究员、吴健研究员，宁波工程学院戴姣燕教授。

第 8 章　合肥工业大学程和法教授、黄中月教授。

第 9 章　北京航空材料研究院肖程波研究员、宋尽霞高工、王定刚工程师。

第 10 章　北京航空材料研究院黄敏高工、尹立愿工程师、吴礼户工程师。

第 11 章　北京航空材料研究院吴笑非研究员、辽宁锦州电炉有限责任公司佟勃勇总经理。

附录　大连理工大学孟令刚讲师，贵州科学院吴健研究员，北京航空材料研究院洪润洲高工，江苏科技大学徐玉松教授、张静副教授。

本书由副主编南海研究员与责任编辑陈保华编审共同完成统稿工作。

本书的编写工作得到了北京航空材料研究院、大连理工大学、上海交通大学、江苏科技大学、贵州科学院、宁波工程学院、合肥工业大学、辽宁锦州电炉有限责任公司和上海大学等单位的大力支持，在此一并表示感谢。由于编者水平有限，不妥之处在所难免，敬请读者指正。

中国机械工程学会铸造分会

机械工业出版社

第 3 版前言

新中国成立以来，我国铸造行业获得了很大发展，年产量超过 3500 万 t，位居世界第一；从业人员超过 300 万人，是世界规模最大的铸造工作者队伍。为满足行业及广大铸造工作者的需要，机械工业出版社于 1991 年编辑出版了《铸造手册》第 1 版，2002 年出版了第 2 版，手册共 6 卷 813 万字。自第 2 版手册出版发行以来，各卷先后分别重印 4~6 次，深受广大铸造工作者欢迎。两院院士、中国工程院副院长师昌绪教授，科学院院士、上海交通大学周尧和教授，科学院院士、机械科学研究院名誉院长雷天觉教授，工程院院士、中科院沈阳金属研究所胡壮麒教授，工程院院士、西北工业大学张立同教授，工程院院士、清华大学柳百成教授等许多著名专家、学者都曾对这套手册的出版给予了高度评价，认为手册内容丰富、数据可靠，具有科学性、先进性、实用性。这套手册的出版发行对跟踪世界先进技术，提高铸件质量，促进我国铸造技术进步起到了积极推进作用，在国内外产生较大影响，取得了显著的社会效益及经济效益。第 1 版手册 1995 年获机械工业出版社科技进步奖（暨优秀图书）一等奖，1996 年获中国机械工程学会优秀工作成果奖，1998 年获机械工业部科技进步奖二等奖。

第 2 版手册出版后的近 10 年来，科学技术迅猛发展，先进制造技术不断涌现，标准及工艺参数不断更新，特别是高新技术的引入，使铸造行业的产品及技术结构发生了很大变化，手册内容已不能适应当前生产实际及技术发展的需要。应广大读者要求，我们对手册进行了再次修订。第 3 版修订工作由中国机械工程学会铸造分会和机械工业出版社负责组织和协调。

修订后的手册基本保留了第 2 版的风格，仍由铸铁、铸钢、铸造非铁合金、造型材料、铸造工艺、特种铸造共 6 卷组成。第 3 版除对第 2 版已显陈旧落后的内容进行删改外，着重增加了近几年来国内外涌现出的新技术、新工艺、新材料、新设备的相关内容，并以现行的国内外技术标准替换已作废的旧标准，同时采用法定计量单位，修改内容累计达 40% 以上。第 3 版手册详细介绍了先进实用的铸造技术，数据翔实，图文并茂，基本反映了 21 世纪初的国内外铸造领域的技术现状及发展趋势。第 3 版手册将以崭新的面貌为铸造工作者提供一套完整、先进、实用的技术工具书，对指导生产、推进 21 世纪我国铸造技术进步，使我国从铸造大国向铸造强国转变将发挥积极作用。

第 3 版手册的编写班子实力雄厚，共有来自工厂、研究院所及高等院校 40 多个单位的 110 名专家教授参加编写，而且有不少是后起之秀。各卷主编如下：

第 1 卷　铸铁　中国农业机械化科学研究院原副院长张伯明研究员。

第 2 卷　铸钢　沈阳铸造研究所所长娄延春研究员。

第 3 卷　铸造非铁合金　北京航空材料研究院院长戴圣龙研究员。

第 4 卷　造型材料　清华大学黄天佑教授。

第 5 卷　铸造工艺　机械研究院院长李新亚研究员。

第 6 卷　特种铸造　清华大学姜不居教授。

本书为《铸造手册》的第 3 卷，其编写组织工作得到了北京航空材料研究院的大力支持。在本书编委会的主持下，主编戴圣龙研究员全面负责，副主编王红红研究员、刘金水教授和王英杰高工主持编写工作，并与各编委共同完成了各章的审定工作。各章编写分工如下：

第 1、2 章　大连理工大学张兴国教授。

第3章　北京航空材料研究院王英杰高工。

第4章　上海交通大学丁文江教授、袁广银教授。

第5章　北京航空材料研究院王红红研究员、王红工程师。

第6章　江苏科技大学徐玉松教授。

第7章　湖南大学刘金水教授、张福全教授。

第8章　合肥工业大学程和法教授、陈翌庆教授、苏勇教授。

第9章　北京航空材料研究院李青高工。

第10章　北京航空材料研究院黄敏高工。

第11章　北京航空材料研究院郎业方研究员；
　　　　辽宁锦州电炉有限责任公司佟勃勇总经理。

本书统稿工作由王英杰、郎业方协助责任编辑余茂祚研究员级高工共同完成。主审为上海大学任忠鸣教授。

本书的编写工作得到了北京航空材料研究院、大连理工大学、江苏科技大学、湖南大学、合肥工业大学、上海交通大学、辽宁锦州电炉有限责任公司、上海大学等单位的大力支持，在此表示感谢。由于编者水平有限，不周之处，在所难免，敬请读者指正。

中国机械工程学会铸造分会

机械工业出版社

第2版前言

新中国成立以来，我国铸造行业获得很大发展，年产量超过千万吨，位居世界第二；从业人员超过百万人，是世界规模最大的铸造工作者队伍。为满足行业及广大铸造工作者的需要，机械工业出版社于1991年编辑出版了《铸造手册》第1版，共6卷610万字。第1版手册自出版发行以来，各卷先后分别重印3～6次，深受广大铸造工作者欢迎。两院院士、中国工程院副院长师昌绪教授，科学院院士、上海交通大学周尧和教授，科学院院士、机械科学研究院名誉院长雷天觉教授，工程院院士、中科院沈阳金属研究所胡壮麒教授，工程院院士、西北工业大学张立同教授等许多著名专家、学者都对这套手册的出版给予了高度评价，认为手册内容丰富、数据可靠，具有科学性、先进性、实用性。这套手册的出版发行对跟踪世界先进技术、提高铸件质量、促进我国铸造技术进步起到了积极推进作用，在国内外产生较大影响，取得了显著的经济效益及社会效益。第1版手册1995年获机械工业出版社科技进步奖（暨优秀图书）一等奖，1996年获中国机械工程学会优秀工作成果奖，1998年获机械工业部科技进步奖二等奖。

第1版手册出版后的近10年来，科学技术迅猛发展，先进制造技术不断涌现，标准及工艺参数不断更新，特别是高新技术的引入，使铸造行业的产品及技术结构发生很大变化，手册内容已不能适应当前生产实际及技术发展的需要。应广大读者要求，我们对手册进行了修订。第2版修订工作由中国机械工程学会铸造分会和机械工业出版社负责组织和协调。

修订后的手册基本保留了第1版风格，仍由铸铁、铸钢、铸造非铁合金、造型材料、铸造工艺、特种铸造共6卷组成。为我国进入WTO，与世界铸造技术接轨，并全面反映当代铸造技术水平，第2版除对第1版已显陈旧落后的内容进行删改外，着重增加了近十几年来国内外涌现出的新技术、新工艺、新材料、新设备的相关内容，并以现行的国内外技术标准替换已作废的旧标准，同时采用新的计量单位，修改内容累计达40%以上。第2版手册详细介绍了先进实用的铸造技术，数据翔实，图文并茂，基本反映了20世纪90年代末至21世纪初国内外铸造领域的技术现状及发展趋势。第2版手册将以崭新的面貌为铸造工作者提供一套完整、先进、实用的技术工具书，对指导生产、推进21世纪我国铸造技术进步将发挥积极作用。

第2版手册的编写班子实力雄厚，共有来自工厂、研究院所及高等院校40多个单位的109名专家教授参加编写。各卷主编如下：

第1卷　铸铁　中国农业机械化研究院副院长张伯明研究员。

第2卷　铸钢　中国第二重型机械集团公司总裁姚正耀研究员级高工。

第3卷　铸造非铁合金　北京航空材料研究院院长刘伯操研究员。

第4卷　造型材料　清华大学黄天佑教授。

第5卷　铸造工艺　沈阳铸造研究所总工程师王君卿研究员。

第6卷　特种铸造　中国新兴铸管集团公司董事长范英俊研究员级高工。

本书为《铸造手册》的第3卷，其编写组织工作得到了北京航空材料研究院的大力支持。在本书编委会的主持下，主编刘伯操研究员全面负责，副主编郎业方研究员、杨长贺教授主持编写工作，并与各编委共同完成了各章的审定工作。各章编写分工如下：

第1章、第2章　大连理工大学杨长贺教授。

第3章　北京航空材料研究院王英杰工程师、戴圣龙研究员、刘伯操研究员。

第4章　北京航空材料研究院赵志远研究员。

第5章　北京航空材料研究院薛志庠研究员、周彦邦研究员、王红红研究员。

第6章　华东船舶工程学院徐玉松副教授（原洛阳船舶材料研究所）。

第7章　湖南大学刘金水教授。

第8章　合肥工业大学程和法副教授、陈翌庆副教授。

第9章　北京航空材料研究院陈荣章研究员。

第10章　北京航空材料研究院罗太平高工。

第11章　北京航空材料研究院郎业方研究员。

附录　北京航空材料研究院袁成祺高工。

本书统稿工作由陈荣章研究员、郎业方研究员协助责任编辑余茂祚研究员级高工共同完成。主审为上海交通大学翟春泉教授。

本书的编写工作得到了北京航空材料研究院、大连理工大学、华东船舶工程学院、洛阳船舶材料研究所、湖南大学、合肥工业大学、上海交通大学等单位的大力支持，还得到了浙江永康华洋机械有限公司董事长楼海淮和北京航空材料研究院贾泮江工程师、余应梅高工的支持和帮助，在此一并表示感谢。由于编者水平有限，不周之处，在所难免，敬请读者指正。

中国机械工程学会铸造分会编译出版工作委员会

第1版前言

随着科学技术和国民经济的发展，各行各业都对铸造生产提出了新的更高的要求，而铸造技术与物理、化学、冶金、机械等多种学科有关，影响铸件质量和成本的因素又很多。所以正确使用合理的铸造技术，生产质量好、成本低的铸件并非易事。有鉴于此，为了促进铸造生产的发展和技术水平的提高，并给铸造技术工作者提供工作上的方便，我会编辑出版委员会与机械工业出版社组织有关专家编写了由铸钢、铸铁、铸造非铁合金（即有色合金）、造型材料、铸造工艺、特种铸造共六卷组成的《铸造手册》。

手册的内容，从生产需要出发，既总结了国内行之有效的技术经验，也搜集了国内有条件并应推广的国外先进技术。手册以图表数据为主，辅以适当的文字说明。

手册的编写工作由铸造专业学会编译出版委员会和机械工业出版社负责组织和协调。

本书为《铸造手册》的第 3 卷，其编写工作得到了航空航天部北京航空材料研究所的支持。在本书编委会的主持下，主编航空航天部北京航空材料研究所黄恢元同志全面负责，副主编会同编委分管各章审定工作。各章编写分工如下：

第一章　杨长贺（大连理工大学）。

第二章　刘伯操、朱云鹗（航空航天部北京航空材料研究所）。

第三章　赵志远（航空航天部北京航空材料研究所）。

第四章　薛志庠、周彦邦（航空航天部北京航空材料研究所）。

第五章　余全晞（航空航天部北京航空材料研究所）、赵九夷（中国船舶总公司洛阳船舶材料研究所）、方正春（中国船舶总公司洛阳船舶材料研究所）。

第六章　舒　震（湖南大学）。

第七章　蔡宗德（合肥工业大学）。

第八章　陈荣章（航天航空部北京航空材料研究所）。

第九章　罗太平（航空航天部北京航空材料研究所）。

第十章　郎业方（航空航天部北京航空材料研究所）。

附　录　袁成祺（航空航天部北京航空材料研究所）。

本书的编写工作得到了航空航天部北京航空材料研究所、合肥工业大学、大连理工大学、湖南大学、洛阳船舶材料研究所、哈尔滨工业大学等单位的大力支持，也得到了刘德明（大连船用推进器厂）、黄克竹（中国船舶总公司洛阳船舶材料研究所）、刘则杰（镇江船舶螺旋桨厂）、刘秀（山西柴油机厂）、朱友元（武汉 471 厂）、贾均（哈尔滨工业大学）、刘书贤（松陵飞机制造公司）、王道平（黎明航空发动机公司）、郑宝湖（西安航空发动机公司）、商宝禄（西北工业大学）、金俊峰（西北林业机械厂）、陈治海（3017 厂）、韩德仁（机械电子工业部沈阳铸造研究所）、王淑芝（航空航天部北京航空材料研究所）等同志的帮助，在此一并表示感谢。由于编者水平有限，不周之处在所难免，望读者指正，供再版时修订。

中国机械工程学会铸造专业学会

本书主要符号表

一、物理量单位和符号

名 称	符号	单位	名 称	符号	单位
应力	σ		疲劳裂纹扩展速率	da/dN	mm/cycle
最大应力	σ_{max}		应力循环周	N	
最小应力	σ_{min}	MPa	应力比	R	
平均应力	σ_m		应变比	R_ε	
临界应力	σ_c		泊松比	μ,ν	
塑性应变率	ε_p	%	强度系数	η	
变形率、蠕变率	ε		离散系数(变异系数)	C_V	
抗拉强度	R_m		缺口敏感系数	σ_{bH}/R_m	
抗压强度	R_{mc}		疲劳缺口系数	K_f	
规定塑性压缩强度	R_{pc}		理论应力集中系数	K_t	
上屈服强度	R_{eH}		断后伸长率	$A,A_{11.3}$	%
下屈服强度	R_{eL}		断面收缩率	Z	
条件屈服强度	$R_{p0.2}$		布氏硬度	HBW	
抗弯强度	σ_{bb}		洛氏硬度	HRA	
规定塑性延伸强度	R_p		马氏硬度	HM	
抗剪强度	τ_b		弹性模量	E	
抗扭强度	τ_m		压缩弹性模量	E_c	
蠕变强度	$R_{p\varepsilon,t/T}$	MPa	弹性模量(动)	E_D	GPa
疲劳强度	S		切变模量	G	
弯曲疲劳强度	S_D		样本标准差	S	
疲劳强度极限	S_{-1D}		样本均值	$\overline{X}$	
旋转弯曲疲劳强度	S_{PD}		样本数	n	
疲劳极限	σ_D		密度	ρ	g/cm³
持久强度	$R_{u\,t/T}$		热导率	λ	W/(m·K)
承载强度	σ_{bru}		电导率	γ	S/m、%IACS
承载屈服强度	σ_{bry}		电阻率	ρ	$10^{-6}\Omega\cdot m$
缺口抗拉强度	σ_{bH}		比热容	c	J/(kg·K)
缺口疲劳极限	σ_{DH}		温度	t,θ,T	℃、K
弹性极限	σ_e		长度	l,L	
冲击吸收能量	KU,KV	J	宽度	b	cm、mm、m
线(膨)胀系数	α_l	$10^{-6}K^{-1}$	厚度	δ	
平面应变断裂韧度、断裂韧度	K_{IC}	MPa·m$^{1/2}$	时间	t	s
平面应力断裂韧度	K_C	MPa	物质的量	n	mol
			摩擦因数	μ	

二、合金铸造方法、变质处理代号

S——砂型铸造   Li——离心铸造

K——壳型铸造   La——连续铸造

J——金属型铸造   F——铸态

R——熔模铸造   B——变质处理

Y——压力铸造

目 录

第1章　绪　论

1.1　铸造非铁合金的发展简史

1.1.1　铸造铝合金

铸造铝合金是相对较为"年轻"的铸造非铁合金。虽然元素铝（Al）在地壳中蕴藏量极大（约占7.5%，比其他非铁金属元素蕴藏量的总和还要多），分布又最广，但是自1855年世界上首次出现铝制品以来，铝的使用历史至今才160多年。并且，初期的铝十分昂贵，只用来制造首饰。随着铝产量的不断增长及其价格的不断降低，直到20世纪初才出现作为结构材料的铸造铝合金，至今不过110多年。

最早获得工业应用的铸造铝合金属于Al-Cu类合金。当1920年欧洲人Pacz发现了金属Na对Al-Si合金的显微组织有变质作用，进而提高其力学性能后，Al-Si类合金便成为一种优良的铸造铝合金在世界范围内获得越来越广泛的应用。Al-Mg类合金由于熔铸工艺复杂而使用较晚，直至第二次世界大战后，逐步掌握了熔铸工艺，才获得了工业应用。

铸造铝合金是一种典型的铸造轻合金。它的密度小，比强度高，还兼具导热性好、耐蚀性优良等许多特殊性能，因此铸造铝合金的科研、生产及应用均获得了飞速的发展。例如，Al-Si基铸造铝合金，由于具有优良的铸造性能和较好的力学性能，通过采用先进铸造技术，被广泛用来制造气缸缸盖、轮毂、叶轮等许多重要结构的零件，依然是目前产量最大、应用最广的铸造铝合金；共晶型、过共晶型的Al-Si基多元铸造铝合金，由于导热性好，线胀系数小，耐磨性好，已成为铸造活塞的理想材料；具有高强度、高耐热性能的Al-Cu基铸造铝合金，以及耐蚀性好、比强度高、密度小的Al-Mg基铸造铝合金等新的铸造铝合金不断出现，使得铸造铝合金已经成为现今产量最大的铸造非铁合金。

我国铸铝工业由于历史原因起步较晚，在新中国成立前，铸铝工业几乎是一片空白。但新中国成立后获得了蓬勃发展。铸造铝合金的新品种及熔铸生产的新技术不断涌现，高强度铸造铝合金等研究成果获得成功应用，并具有国际先进水平。现已能铸造2t以上的大型铝合金铸件，铸造铝合金国家标准牌号已达28个品种，其年产量已远远超过其他所有各种非铁合金年产量的总和。铸造铝合金现已成为我国国防建设及工农业生产中不可缺少的重要的铸造合金材料。

1.1.2　铸造铜合金

我国铜合金的铸造历史悠久，并且技艺高超，已经成为我国作为世界文明古国的重要考证之一。根据考古研究，在河南淅川文化遗址中发现了相当于夏朝的青铜器；在四千多年前的甘肃齐家文化遗址中也发现了红铜器。殷商时代进入了古代历史上的青铜时期，当时已能铸造出如后母戊大方鼎（见图1-1）这样精美的大型的青铜铸件。商末周初，是古代青铜铸造步入发达的时期，造型雄伟、冶铸精良、花纹细丽而光洁的四羊方尊（见图1-2）以及造型优美、工艺精巧的西周早期凤纹卣等青铜铸品已成为当时的代表作。到了春秋战国时代，已是青铜铸造的鼎盛时期。楚之曾国的侯乙，组织生产了大量珍贵的金属器物，以青铜铸造的编钟和尊盘，乃是稀世之宝，如其中的曾侯乙尊、盘两件一套，造型优美，结构玲珑，铸工精细，堪称中国古代青铜器中的极品。东周时期的代表性兵器——越王勾践剑（见图1-3），其表面规则地分布着具有几十微米厚的细枝层的菱形纹饰，极具装饰性。春秋末期铸造出的双金属剑，以韧性好的低锡青铜作中脊合金，以硬度很高的高锡青铜作两刃，做到利剑不断。春秋战国以后，铸造青铜器仍有较大发展。虽然，由于奴隶社会的崩溃而使礼器的生

图1-1　后母戊大方鼎

注：1939年河南安阳出土。带耳高1330mm，器口长1120mm，宽790mm，重832.84kg，内壁铸铭文"后母戊"三个字。

图1-2　四羊方尊

注：商后期酒器。1938年湖南宁乡出土。高583mm，
上口每边长524mm，重34.5kg，尊的颈部为蕉叶
夔文、兽面纹、云雷纹，肩部浮雕出围绕的四条
龙，前肩四面以圆雕形式各铸一大卷角羊的
前半身，而头、腹部构成器腹四角。

产渐少，但是铜镜、铜币、铜钟和铜鼓这四大类铜铸件乃至在整个"铁器时代"长盛不衰。如西汉时期铸造的"透光"镜，不但花纹精细，更奇妙的是，在日光的照射下，镜面的反射光照在墙壁上，竟能把镜背面的花纹、图案、文字等都清晰地显现出来，被国际冶金界誉为"魔镜"。此外，还有秦始皇铜马车、明代喷水鱼洗和龙洗等。举不胜举的实例都充分显示了我国历代青铜铸造的精湛技术水平，青铜铸造业已具有相当的规模，并且无论在合金化、熔炼技术及铸型工艺等方面都已远远走在同时代世界各国的前面。

我国也是使用黄铜历史最早的国家之一。南北朝的炼丹士们已能用炉甘石（碳酸锌矿石）炼得黄铜。建于明代的武当山金殿（见图1-4），可称其为精美的铸造黄铜代表作。整个金殿从门窗、梁柱、菩萨到香案供桌全部用黄铜铸造，巍然屹立在天柱峰的悬崖峭壁之上，历来被认为是"天上的瑶台金阙"。

然而，到新中国成立前，具有悠久历史且技艺非凡的铸铜业已是奄奄一息，直到新中国成立后才重新获得了迅速发展。铸造铜合金的内涵已发生非常大的变化。如铸造青铜早已不仅是锡青铜，而产生了诸如

图1-3　越王勾践剑

图1-4　武当山金殿

注：建于1416年。通高5.5m，宽5.8m，深4.2m；
二层层面上的八条戗脊上各饰有七个一组的仙
人走兽；殿内铜像1700kg。

铝青铜、铅青铜、铍青铜等一系列具有特殊性能和用途的铸造青铜；铸造黄铜也早已不只是普通黄铜，而产生了诸如铝黄铜、锰黄铜、铁黄铜、硅黄铜、铅黄铜等一系列特殊黄铜；铸造纯铜、铸造白铜在某些专门的部门获得了较快发展和应用。作为结构材料的铸造铜合金，现已发展到30多个品种，有的具有优良的力学性能，有的具有很高的耐磨性，有的具有很高的耐蚀性，有的具有优良的综合性能而被广泛地应用着。我国铸铜业已发展到一个崭新的水平，已能铸造具有国际先进水平的重达近30t的大型铜合金船用螺旋桨，并成为发展军事与民用工业不可缺少的重要领域。20世纪90年代，传统的艺术铸铜大放异彩。例如，我国政府赠送给联合国成立50周年庆典礼物的

"世纪宝鼎"，已作为中华文化的象征，屹立在纽约联合国广场；祖国内地为香港宝莲寺铸造了坐高26.4m，重达177t的天坛大佛，促使香港大屿山成为闻名的佛教和旅游胜地；首都北京为迎接21世纪而建造的中华世纪坛的青铜甬道及中华世纪钟将会在世人中产生久远的影响。所有这些铸品，其艺术品位不断提高，并产生良好的经济效益和重要的社会价值。近十多年来，我国的铸铜业更是获得巨大的发展，铜合金及特殊用途的铜合金在电子、电器行业获得飞速发展，我国铜合金产业在国际上已经占有极为重要的地位。

1.1.3 铸造镁合金

我国铸造镁合金的生产是随着国防工业的需要而发展起来的。在工业应用的铸造合金中，铸造镁合金密度最小，以比强度、疲劳强度高和比弹性模量高著称，并有良好的阻尼、减摩等性能，因此广泛地应用在交通、3C产业和航空航天领域。但是，镁（Mg）化学活性强，熔铸过程中极易氧化，甚至燃烧，而且镁的氧化物（MgO）质地疏松，没有保护性能，所以熔铸工艺较为复杂，给铸造生产带来很大困难。由于镁合金具有其他合金无法比拟的优点而使其成为关注的热点，镁合金的铸造技术也获得很大的突破，已经能铸造出多种用途的铸件，应用潜力巨大。以汽车工业为例，镁合金作为结构材料中最轻的金属，可实现汽车轻量化和低油耗，满足日益严格的尾气排放要求；而且，镁合金的线性收缩率很小，尺寸稳定，机械加工方便，容易回收利用；同时，镁合金具有良好的阻尼系数，减振性优于铝合金和钢铁材料，可提高汽车行驶过程中的安全性和舒适性。

迄今为止，压铸占据着镁合金结构件制造的主导地位，这其中以铝的质量分数为3%~9%的镁铝合金（AZ系）应用最为广泛。镁合金压铸可分为热室压铸技术和冷室压铸技术。热室压铸技术通常应用于生产重量不大的薄壁件，冷室压铸通常用来生产厚壁件和大铸件。常规压铸的镁合金铸件不可进行热处理强化，因此不适于需要通过时效强化提高性能的高强度镁合金。近年来出现了许多新型压铸方法，如真空压铸、充氧压铸等，在一定程度上克服了上述缺点，减少了铸件组织疏松和气孔缺陷，提高了铸件致密度。随着科学技术的不断进步，镁合金铸造技术也呈现出多元化发展趋势，如采用低压铸造、真空低压消失模铸造方法等可以提高成形件的尺寸精度，制备复杂薄壁镁合金铸件；利用离心铸造方法能够制备薄壁管件；利用挤压铸造工艺可获得组织更致密、性能更高的镁合金铸件，一般用于制备汽车、摩托车轮毂。

进入21世纪，镁合金铸件呈现持续、快速的增长趋势。随着全球范围内对改善环境问题的迫切需求，众多行业对高性能镁合金结构件的需求更为强烈，因此发展高性能铸造镁合金是扩大镁合金应用的重要途径。仍以汽车行业为例，仅压铸件就包括了AZ、AM、AE、AS等体系十余种牌号合金。其中，AZ91镁合金综合性能优良，是最常用的镁合金，可用于制造任何形式的零部件，如离合器支架、凸轮盖、支架灯等；AM50镁合金延展性优异，可用于制造车门部件和设备仪表板；AZ80镁合金具有优良的综合性能，是制造汽车轮毂的重要材料；AS41镁合金的高温强度较高，可用于制造车辆空冷型发动机的电机支架、叶片定子和离合器活塞等；AE41和AE42镁合金具备良好的力学性能，并且抗高温蠕变性能优异。

1.1.4 铸造钛合金

铸造钛合金是目前最"年轻"的铸造非铁合金结构材料，具有很高的比强度、耐蚀性和耐热性，在工业中应用越来越多，已成为现代工业与科技领域引人注目的新材料，特别是在航空、航天、造船、化工等工业中，钛合金大多用于制造关键零部件，如飞机、导弹上的重要结构件，小型快艇上的螺旋桨，化学工业中的各种耐蚀泵，乃至医疗用的假肢、假牙和骨架，体育用的高尔夫球头等。目前应用范围最广、应用量最多的中温中强（α+β）型钛合金是ZTC4，在我国研制和生产的钛合金铸件中，ZTC4和ZTA15合金用量约占80%。

铸造钛合金的性能好坏通常决定了产品水平的高低，也有人将钛合金的用量作为一个国家科技水平的标志。但是，由于钛（Ti）的化学活性极强，在熔融条件下几乎能与所有耐火材料发生反应，导致熔铸工作十分困难。我国从20世纪60年代初开始研究钛和钛合金铸造设备并发展钛合金铸造工艺，采用真空自耗电极电弧凝壳炉熔炼与捣实石墨型铸造工艺相结合，制备出了我国航空发动机用第一批Ti6Al4V合金铸件；钛合金铸造技术的发展经历过硬模铸造、砂型铸造和熔模精密铸造三个阶段。硬模铸造和砂型铸造适合于单件或小批量生产，主要用于生产壁厚大于 4mm 的钛合金铸件；熔模精密铸造工艺是为了满足航空航天领域对于复杂薄壁铸件的需要而发展起来的一种先进的近净成形工艺，曾采用熔模石墨型壳和钨面层陶瓷型壳，现发展为氧化物面层陶瓷型壳。钛合金的熔炼技术近年来发展迅速，从真空自耗电极电弧熔炼开始，至今已能成功地应用先进的水冷铜坩埚真空感应凝壳熔炼（ISM）技术；同时，已经很好地掌握了永久性铸型和一次性铸型的铸造工艺。另外，钛合金增材制造技术也处于蓬勃发展的时期。

钛合金是一种综合性能优良的航空材料，航空制造业的发展和高性能飞机的需求，必将带动航空钛合金铸造技术的发展。铸造钛合金将向着高纯度、高性能、可再利用的方向发展，钛合金铸件将向大型、整体、复杂、薄壁、异形变化，熔模精密铸造技术将呈现多学科融合的态势，以达到降本增效的目的，实现更高的产业价值。

1.1.5　其他铸造非铁合金

20 世纪初叶，为了替代价格昂贵的 Sn 和 Pb 合金，人们第一次研制出锌合金 [$w(Sn) = 6\%$，$w(Cu) = 5\%$，$w(Al) = 0.05\%$]，用于制造印刷铅字。但是，由于冶炼技术的限制，早期的锌合金杂质含量较高，性能不佳，存在比较严重的晶间腐蚀和老化问题。随着冶炼技术的进步，人们发现在锌合金中加入微量的镁，并严格控制杂质含量（Pb、Sn、Cd），抗晶间腐蚀能力大大提高，使其应用范围也逐渐扩大。自从 ZA27、ZA8 合金出现以来，在世界范围内掀起了研究开发高铝锌合金的热潮，扩大了世界各国的市场。我国于 20 世纪 80 年代初对这一系列锌铝合金开始试验研究，近年来，锌及锌铝合金发展迅速。ZA8、ZA12、ZA27 等系列锌合金可用于多种铸造或成形工艺，如常规铸造、石墨铸造、壳型铸造、半固态铸造、离心铸造、压力铸造和喷雾沉积等。为了改善和调整锌铝合金的使用性能，拓宽其应用领域，人们采用诸如变质处理、热处理、塑性变形等对锌铝合金进行强韧化，并取得了一定成效。锌合金可用来制造汽车、拖拉机等各种仪表壳体类铸件或各种起重设备、机床、水泵等的轴承，近年来又发展了高强度

高耐磨铸造锌合金。同时，锌铝合金的研究也突破了传统材料的范围，锌铝基复合材料、纳米材料、锌铝复合镀层方面的研究等也备受关注。

巴氏合金由美国人巴比特发明而得名，因其质白又称白合金。自从 1983 问世以来，巴氏合金是典型的减摩合金，主要用于制造双金属轴瓦，并在各类工业设备中得到了广泛的应用。巴氏合金按其主要化学成分可分为铅基和锡基巴氏合金，两者均具有良好的嵌藏性、顺应性和抗咬合性，尤其是在油润滑条件下，比铜基合金、铝基合金等具有更好的减摩性。巴氏合金作为一种性能优异的减摩轴承材料，通常通过各种方法将其黏附在基体材料表面（离心浇铸是当前制备巴氏合金最为成熟的工艺）。根据使用用途以及要求的不同，静态浇注、喷涂法、镀膜法以及焊接法也被应用于巴氏合金的制备中。随着《中国制造 2025》行动纲领和“一带一路”路线图的公布，我国的装备制造业迎来了难得的战略机遇，作为一种优异的轴承材料，巴氏合金的应用将会更加广泛，在降低摩擦、提高设备寿命方面会发挥巨大作用。

铸造高温合金是第二次世界大战期间随着航空涡轮发动机的出现而发展起来的一种重要结构材料，主要用于燃气轮机及军工和航空航天领域的热端部件。近些年来，我国的铸造高温合金发展较快，现已有 Ni 基、Co 基和 Fe-Ni 基三大系列 60 多个品种，已经成为航空、航天、造船、能源、石化和交通运输等部门的重要结构材料。真空技术与定向凝固技术是铸造高温合金制备的基础，目前国际上对于铸造高温合金的研究与应用已经比较成熟，现阶段的主要目标是采用新的熔炼工艺和技术，进一步提高合金的性能与寿命和降低成本。我国由于起步晚，加之国际上对于高温合金研究的封闭，仍然不能完全满足航空航天等领域对于高温合金的性能要求。早前我国熔炼高温合金采用电渣重熔方法，20 世纪 70 年代后，我国才开始逐步开展真空熔炼镍基高温合金与定向凝固高温合金及其生产工艺的相关研究，目前，真空感应熔炼工艺已是主要的高温合金生产工艺。

1.2　铸造非铁合金的发展前景与展望

1. 广阔的发展前景

展望未来，铸造非铁合金生产有广阔的发展前

景，主要反映在：

（1）地位日显重要 由于各种铸造非铁合金均有各自的特殊性能，如高强度、高耐蚀性、高耐热性、高耐磨性或优良的其他综合性能，而其中铸造轻合金又有卓著的各种比性能等优点，因此在许多军事工业乃至民用工业中已经成为不可缺少的结构材料。若没有铝合金、镁合金和钛合金，那么航空、航天等工业是不可能发展的；若没有铜合金，那么造船、化工等部门也很难维持。

（2）产量不断增长 许多非铁金属元素储量丰富，并随着冶炼技术及能力的提高，必将导致其产量不断增长，价格日渐降低，从而促进铸造非铁合金生产的发展；与此同时，随着铸造非铁合金熔铸技术与能力的提高，必然会有力地推动其产量不断扩大。

（3）用途日益扩展 许多铸造非铁合金作为结构材料开始应用时，或因价格昂贵或因开发较晚而只用于军事工业。今天，随着产量的增长和价格的降低，铸造非铁合金材料已经广泛地应用到各种民用工业。可以说，现在从航天、航空、航海，到一般工业、农业，乃至家庭生活用具、体育用品等，到处都有铸造非铁合金铸件，并且其应用范围还在不断扩大。

2. 可望的进展

可以预见，铸造非铁合金必将在已有的基础上获得快速发展，并主要表现在：

1）研制新的高性能（高强韧性、高耐蚀性、高耐热性、高耐磨性或各种高比性能等）的铸造非铁

合金，仍然是一个需要不懈攻克的重要课题，并且必将获得新进展。

2）研究新的更加先进的并具特色的熔铸技术，实现优质、低耗、无公害生产仍然是同行的众望，也必将不断取得新进步。

3）以铸造铝合金为代表的铸造轻合金将获得更大的突破。

4）在非铁合金范围内，实现以铸代锻方面将有更新更大的发展。

5）铸造非铁合金的艺术铸品生产将是一项既古老又新兴的产业，会有新的作为，产生良好的经济效益和重要的社会价值。

3. 不懈努力，赶超国际先进水平

回顾我国铸造非铁合金的发展状况，人们都会高兴地看到，中华人民共和国成立后，铸造非铁合金生产几乎是在一片废墟的基础上突飞猛进的发展的。其产量不断扩大，用途不断拓宽，新材料不断涌现，熔铸工艺不断翻新，推出了一大批科研成果，有的已经在实际生产中获得推广应用，有的已经具有国际先进水平，所有这些都标志着我国非铁合金铸造已经发展到一个崭新的阶段。然而，从总体上讲，我国的非铁合金铸造与世界先进水平相比还有一定的差距。

我国非铁金属资源丰富，非铁合金铸造生产大有发展前途。因此，要不畏艰难，勇于创新，努力攀登铸造技术高峰，在非铁合金铸造领域里赶超国际先进水平，创造新的辉煌。

参 考 文 献

[1] 田长浒，吴坤仪，张闻博. 中国铸造技术史：古代卷 [M]. 北京：航空工业出版社，1995.

[2] A Modern Casting Staff Report. Census of World Casting Production-2018 [R]. Modern Casting, 2019（12）：24-27.

[3] 廉海萍，吴则嘉. 2500 年前中国青铜兵器表面合金化技术研究 [J]. 特种铸造及有色合金，1998（5）：56-58.

[4] 谭德睿. 中国艺术铸造发展问题漫谈 [J]. 特种铸造及有色合金，1998（5）：53-55.

[5] 师昌绪，李恒德，周廉. 材料科学与工程手册 [M]. 北京：化学工业出版社，2004.

[6] 中国航空材料编委会. 中国航空材料手册 [M]. 2 版. 北京：中国标准出版社，2002.

[7] 蒋斌，刘文君，董含武，等. 高塑性铸态镁合金研究进展 [J]. 航空材料学报，2018，38（4）：10-25.

[8] 周祥基. 镁合金铸造技术的发展 [J]. 铸造技术，2013，34（11）：1535-1537.

[9] 唐靖林，曾大本. 我国铝镁合金铸造业的现状与发展 [J]. 金属加工（热加工），2011，19：17-20.

[10]　王震. 铸造 AZ91 镁合金应力腐蚀性能研究 [D]. 吉林：吉林大学，2018.

[11]　王峥. 砂型铸造及熔模铸造 BT20 钛合金界面反应研究 [D]. 哈尔滨：哈尔滨工业大学，2013.

[12]　高婷，赵亮，马保飞，等. 钛合金铸造技术现状及发展趋势 [J]. 热加工工艺，2014，43 (21)：5-7.

[13]　张守银. ZTC4 钛合金凝固行为及组织演化研究 [D]. 西安：西北工业大学，2016.

[14]　张杰. 铸态高铝锌基合金 (ZA27) 电梯曳引机蜗轮材料安全可靠性研究 [D]. 深圳：深圳大学，2016.

[15]　吴资溇. 挤压铸造 ZA27 锌合金组织和性能的研究 [D]. 广州：华南理工大学，2015.

[16]　秦卓，赵子文，魏海东，等. 巴氏合金的研究进展及制备技术 [J]. 热加工工艺，2016，45 (18)：10-14.

[17]　刘杰. 锡基巴氏合金制备新方法及其对组织性能的作用 [D]. 合肥：合肥工业大学，2015.

[18]　张业欣，王万林. 铸造高温合金与纯净化熔炼技术发展现状 [J]. 金属材料与冶金工程，2015，43 (4)：28-32.

[19]　项嘉义，谢发勤，吴向清，等. 基于专利分析的中国高温合金发展趋势研究 [J]. 材料导报，2014，28 (2)：100-106.

第2章 铸造非铁合金基础知识

2.1 元素的分类、物理性能及铸造非铁合金的概念

2.1.1 元素的分类

元素周期表揭示出自然界物质形成的奥秘。在迄今已发现的112种元素（包括人造元素）中，按其物理化学性质分为惰性元素（He、Ne、Ar、Kr、Xe和Rn，共6种）、非金属元素（B、C、Si、N、P、As、O、S、Se、Te、F、Cl、Br、I、At和H，共16种）和金属元素（其余的元素）。

金属元素根据其外观特征又分为两大类，即

$\begin{cases} \text{黑色金属元素——Fe、Cr、Mn} \\ \text{有色金属元素——黑色金属元素以外的金属元素} \end{cases}$

由于黑色金属元素是以铁（Fe）为主的3个元素，所以人们常将有色金属元素又称为非铁金属元素。

按着元素的物理化学性质、资源、开发以及生产、应用等情况，又可将非铁金属元素进行如下分类：

非铁金属元素
- 普通金属元素
  - 普通轻金属元素（$\rho \leqslant 4.5 Mg/m^3$）：Al、Mg、Na、Ca、K
  - 普通重金属元素（$\rho > 4.5 Mg/m^3$）：Cu、Ni、Co、Pb、Zn、Sn、Sb、Bi、Hg、Cd
- 贵金属元素：Au、Ag、Ru、Rh、Pd、Os、Ir、Pt
- 稀有非铁元素
  - 稀有轻金属元素：Li、Be、Cs、Rb
  - 稀有难熔金属元素（熔点在1700℃以上）：W、Mo、Ta、Nb、Ti、Zr、Hf、V、Re
  - 稀散金属元素：Ga、In、Tl、Ge
  - 稀土金属元素：Sc、Y、La系
  - 放射性金属元素：Fr、Ra、Tc、Po、Ac系

目前，工业上较常应用的非铁金属元素仅有十几种。

还应指出，某些非金属元素（如Si、Se、Te、As、B）的性质介于金属与非金属之间，因此有时又称之为半金属元素而被列入非铁金属元素之中。

2.1.2 元素的物理性能（见表2-1）
2.1.3 主要化合物相热力学参数（见表2-2）
2.1.4 铸造非铁合金的概念

以一种非铁金属元素为基本元素，再添加一种或几种其他元素所组成的合金称为非铁合金。按着相适应的生产工艺方法，非铁合金的分类如下：

非铁合金
- 变形非铁合金——适于变形加工制成型材或制品的非铁合金。一般添加元素的含量均较少，高温下能形成单相固溶体，具有良好的变形能力。
- 铸造非铁合金——适于浇注异型铸件的非铁合金。一般添加元素的含量较多，室温下具有两相（或以上）铸态组织的非铁合金，它应具有较好的铸造性能和综合力学性能。
- 粉末冶金用非铁合金——适于先制成合金粉末，然后经过压型、烧结等工艺制成零件。

表 2-1　一些元

元素符号	元素名称	原子序数	相对原子质量	原子半径 /10^{-10} m	晶　型	原子间距（最近的）/10^{-10} m	密度(20℃)/（g/cm³）	熔点 /℃
H	氢	1	1.0079	0.37	六方		0.07(-252℃)	-259.2
He	氦	2	4.00260	0.93	六方		-0.15(-269℃)	-271.4
Li	锂	3	6.941	1.515	体心立方	3.039	0.545	180
Be	铍	4	9.0122	1.125	密集立方	2.225	1.85	1284
B	硼	5	10.81	0.97 0.97	针状正方 片状正斜晶	1.75	2.3	2050
C	碳	6	12.011	0.77 0.77 0.77	立方(金刚石) 六方(石墨) 斜方(β石墨)	1.544	2.25(石墨)	5000
N	氮	7	14.0067	0.53	简单立方		0.81(-195℃)	-209.9
O	氧	8	15.9994	0.66	正交		1.13(-181℃)	-218.8
F	氟	9	18.9984	0.68			1.14(-200℃)	-219.6
Ne	氖	10	20.179	1.6	面心立方		1.2(-245℃)	-284.7
Na	钠	11	22.9897	1.855	体心立方	3.715	0.97	97.7
Mg	镁	12	24.305	1.60	密集六方	3.196	1.74	649
Al	铝	13	26.9815	1.428	面心立方	2.862	2.699	660.37
Si	硅	14	28.086	1.08 1.175	面心 立方(锆石型)	2.351	2.34	1414
P	磷	15	30.9737		面心		1.82	44.1
S	硫	16	32.06	1.06	正交	2.04	2.05	119
Cl	氯	17	35.453	1.07	单斜 正方(固态)		1.5(-33.6℃)	-101
Ar	氩	18	39.948	1.92	面心		1.39(-183℃)	-18.3
K	钾	19	39.098	1.975 2.31	面心立方 体心立方	3.94 4.627	0.88	63.5
Ca	钙	20	40.08	1.16	六方		1.53	850
Sc	钪	21	44.9559	1.6383	密集六方		2.992	1539
Ti	钛	22	47.90	1.313	体心立方	2.632	4.51	1660
V	钒	23	50.914	1.246	体心立方	2.498	6.15	1910
Cr	铬	24	51.996	1.13 1.18	立方(α) 立方(β)	2.24 2.373	7.1	1900
Mn	锰	25	54.9380	1.29	四方	2.731	7.4	1244
Fe	铁	26	55.847	1.24 1.26	体心立方(α) 面心立方(γ) 体心立方(δ)	2.481 2.585	7.9	1537
Co	钴	27	58.9332	1.25	密集六方(α)	2.506	8.7	1492
Ni	镍	28	58.71	1.25	面心立方	2.491	8.9	1455

素的物理性能

沸点 /℃	比热容 c (20℃)/ [J/(kg·K)]	质量能 /(kJ/kg)	线胀系数 α_l (20℃) /10^{-6}K^{-1}	热导率 λ (20℃) [W/(m·K)]	电阻率 (20℃) /10^{-8}Ω·m	电阻温度系数(0℃) /10^{-3}K^{-1}	标准电极电位 V	离子价
-252.8	14444.5	62.8	1300(-255℃)	0.1700	—	—	0.000	H$^+$
-268.9	5233.5	34.5		0.139				
1329	3307.6	436	56	71.176	9.35	4.6	-3.01	Li$^+$
2400	1758.5	1088.6	11.57	221.9	3.8	6.7	-1.7	Be^{2+}
2550	1293.7	—	(25~100℃) 8.3(20~750℃)	—	1.8×10^{12}(0℃)	—	-0.73	B^{3+}
5000 (石墨)	690.8 (石墨)	—	6.6(石墨)	23.865	1400	0.6~1.2		
-195.8	1034.1	26	600(-195℃)	0.0251			-3.2	N^{2-}
-182.79	912.7	13.8	4100(-195℃)	0.0247	—	—	+0.401	OH$^-$
-188.1	753.6	42.3	3000(-200℃)	—			+2.85	F$^-$
-246.1	—	—	—	0.046				
882	1235.1	115	71	133.98	4.6	5.47	-2.1	Na$^+$
1105	1046.7	368	26.0(0~100℃)	159.1	3.9	4.1	-2.38	Mg^{2+}
2500	929.5	396	22.41	217.71	2.63	4.23	-1.66	Al^{3+}
3240	795.5(90℃) 678.3(0℃)	1809	6.95	104.67 (100℃)	85×10^3	0.8~1.8		
280	741.1	20.9	125(6~40℃)	—	1×10^7(11℃)	-0.456		
444.6	732.7	38.9	64(40℃)	0.2642	2×10^{22}		-0.51	S^{2-}
-34.1	485.7	90.4	1500(-34℃)	0.0072	$\geq1\times10^9$ (-70℃)	—	+1.385	Cl$^-$
-185.9	523.4	28.1	—	0.17				
779	741.1	60.7	83	100.48	6.86	5.4	-2.83 -2.92	K$^+$
1350	623.83 (0~100℃)	217.7	25(0~21℃)	125.6	4.1	3.33	-0.78	Ca^{2+}
2730	561.03	353.87			61			
3260	523.35	435.43	8.5(25℃)	17.04	19.5	3.97	-1.5	Ti^{2+}
3380	502.42	—	9.12(18~100℃)	30.98(100℃)	13.5	2.8	-0.71	V^{3+}
2665	460.55	401.9	6.2	87.92	260	2.5	-1.05 -1.18	Cr^{3+}
2050	481.48	266.7	23	4.98(-192℃)	185	1.7		Mn^{2+}
2875	460.55	274.2	11.7	75.36	9.71	6.0	-0.44 0.04	Fe^{2+}
2900	41.45	244.5	12.3	69.08	6.24	6.6	-0.27	Co^{2+}
2890	62.8	308.99	12.8	92.11	6.84	5.0~6.0	-0.32	Ni^{2+}

元素符号	元素名称	原子序数	相对原子质量	原子半径/10^{-10} m	晶型	原子间距（最近的）/10^{-10} m	密度（20℃）/（g/cm³）	熔点/℃
Cu	铜	29	63.546	1.275	面心立方	2.556	8.9	1084.5
Zn	锌	30	65.38	1.33	密集六方	2.664	7.14	419.5
Ga	镓	31	69.72	2.7	正交		5.91	29.8
Ge	锗	32	72.59	1.314	金刚石立方		5.323	937.2
As	砷	33	74.9216	1.314	菱形		5.73	818（压力下）
Se	硒	34	78.96		α:单斜 β:未定单斜		4.81	γ:209 α:217 β
Br	溴	35	79.904	(1.19)	正交		3.12	-7.2
Kr	氪	36	83.80	1.97	面心立方		3.488×10^{-3}	-157
Rb	铷	37	85.4678	2.50	体心立方		1.532	39
Sr	锶	38	87.62	2.15	α:面心立方 β:密排六方 γ:体心立方		2.60	α:215 β:605 γ:771
Y	钇	39	88.9059	1.81	密排六方		6.07	1450
Zr	锆	40	91.22		密集六方(α)	3.17	6.4	1850
Nb	铌	41	92.9064	1.43	体心立方	2.859	8.6	2468
Mo	钼	42	95.94	1.36	体心立方	2.725	10.2	2625
Tc	锝	43	98.9062	1.36	密排六方		11.46	≈2100
Ru	钌	44	101.07	1.32	密排六方		12.2	2400
Rh	铑	45	102.9055	1.34	面心立方		12.44	1960
Pd	钯	46	106.4	1.37	面心立方		12.16	1552
Ag	银	47	107.868	1.44	面心立方	2.888	10.5	960.8
Cd	镉	48	112.40	1.486	密集六方	2.979	8.65	320.9
In	铟	49	114.82	1.57	正方		7.31	156.61
Sn	锡	50	118.69		立方(α≥13°) 体心正方	2.81 3.022	7.3	231.9
Sb	锑	51	121.75		斜方 α = 57°6′	2.903	6.67	630.5
Te	碲	52	127.60	1.43	六方	2.87	6.24	450
I	碘	53	126.9045	(1.36)	正交		4.93	114
Xe	氙	54	131.30	1.09	面心立方		5.495×10^{-3}	-112
Cs	铯	55	132.9054	2.7	体心立方		1.9	28.64
Ba	钡	56	137.34	2.17	体心立方		3.6	710
La	镧	57	138.9055	1.86	密集六方	3.739	6.15	880
Ce	铈	58	140.12	1.81 1.82	α:密排六方 β:面心立方		6.78 6.81	α:380~480 β:804
Pr	镨	59	140.9077	1.824	α:密排六方 β:面心立方		6.78 6.80	α:600 β:935

（续）

沸点 /℃	比热容 c (20℃)/ [J/(kg·K)]	质量能 /(kJ/kg)	线胀系数 α_l (20℃) /10^{-6}K^{-1}	热导率 λ (20℃) /[W/(m·K)]	电阻率 (20℃) /10^{-8}Ω·m	电阻温度系数(0℃) /10^{-3}K^{-1}	标准电极电位 V	离子价
2570	385.19	211.85	16.6	393.56	1.673	4.3	+0.52	Cu$^+$
							+0.377	Cu^{2+}
911	383.09	101.28	33	113.04	5.92	4.2	-0.763	Zn^{2+}
2227	330.76	80.2	18.3	29.31	13.7	3.9		
2700	309.82	30.56	5.92	61.13	0.86~52	1.4		
616 升华	323.22	16.1	4.7	58.62	35	3.9		
684	561.03	68.66	4.9 / 5.5	0.237	12	4.45		
58	293.08	67.83	—	—	6.7×10^7	—		
-152	—	—	—	0.00879	—	-0.39		
680	335.78	27.2	90	—	11	4.81		
1380	736.88	104.67	—	—	30.7	3.83		
4600	297.26	192.59	—	14.65	—	—		
4400	276.33	251.2	2.5,14.3	20.93	44.6	4.35	-1.5	Zr^{4+}
4400	272.14(0℃)	288.9	7.02(18℃)	52.335(0℃)	16.25	3.95	-1.1	Nb^{3+}
5550	255.39	292.2	5.35(0~20℃)	146.54	5.7	4.71	-0.2	Mo^{3+}
4600								
4900	238.65	—	9.1	—	7.157	4.49		
4500	247.02(0℃)	—	8.3	87.92	6.02	4.35		
≈3980	244.51	143.2	11.8	70.34	9.1	3.79		
2164	234.46(0℃)	104.67	18.9	418.68(0℃)	1.6	4.29	+0.80	Ag$^+$
765	230.27	55.27	29.8	92.11	7.4	4.24	-0.402	Cd^{2+}
2050	238.65	28.47	33.0	23.86	8.2	4.9		
2750	226.09	60.71	23	66.99	12.8	4.4	-0.1	Sn^{2+}
1675	205.15	160.35	11.4	18.84	42	5.1	+0.1	Sb
990	196.78	133.98	16.8(40℃)	5.86	100×10^2	—	-0.92	Te^{4+}
183	217.71	59.45	93	0.435	1.3×10^{15}	—		
-108	0.519	—	—	0.0519	—	—		
690	217.71	15.91	97	—	19.0	4.96		
1700	284.70	—	18(0~100℃)	—	50	—	-2.93	Ba^{2+}
2700	188.4	72.43	5.1	13.82	59(18℃)	2.18	-2.4	La^{3+}
2420	180.03	35.59	8.0	10.89	75.3	0.87		
3020	205.15	49.03	5.4	11.72	68	1.71		

元素符号	元素名称	原子序数	相对原子质量	原子半径 /10⁻¹⁰m	晶 型	原子间距(最近的) /10⁻¹⁰m	密度(20℃)/ (g/cm³)	熔点 /℃
Nd	钕	60	144.24	1.82	α:密排六方		6.98	α:860 β:1024
Pm	钷	61	(147)				—	≈1000
Sm	钐	62	150.4		菱形密排六方		7.53	1052
Eu	铕	63	151.96	2.04	体心立方		5.22	1100～1200
Gd	钆	64	157.25	1.8	密排六方		7.96	1312
Tb	铽	65	158.9254	1.77	密排六方		8.33	1450～1500
Dy	镝	66	162.50	1.77	密排六方		8.56	1500
Ho	钬	67	164.9304	1.750	密排六方		8.76	1400
Er	铒	68	167.26	1.75	密排六方		9.16	1500～1550
Tm	铥	69	168.9342	1.74	密排六方		9.35	1550～1650
Yb	镱	70	173.04	1.93	面心立方		7.01	824
Lu	镥	71	174.97	1.73	密排六方		9.74	1650～1750
Hf	铪	72	178.49	1.59	密排六方 体心立方		13.28	2225
Ta	钽	73	180.9479	1.425	体心立方	2.86	16.6	3000
W	钨	74	183.85	1.41	体心立方(β)		19.3	3380
Re	铼	75	186.2	1.38	密排六方		21.02	3180
Os	锇	76	190.2	1.35	密排六方		22.5	2700
Ir	铱	77	192.22	1.35	面心立方	1.35	22.4	2454
Pt	铂	78	195.09	1.38	面心立方		21.45	1760
Au	金	79	196.9665	1.45	面心立方		19.28	1063.7
Hg	汞	80	200.59	1.56	菱形		13.546	−38.87
Tl	铊	81	204.37	1.71	密排六方		11.85	≈304
Pb	铅	82	207.2	1.745	面心立方	3.499	11.3	327.4
Bi	铋	83	208.9804	1.56	菱方	3.111	9.8	271.3
Po	钋	84	(209)		α:面心立方 β:菱形		9.4～9.51	α:≈−10 β:254
At	砹	85	(210)					
Rn	氡	86	(222)		—		9.960×10⁻³	−71
Fr	钫	87	(223)	2.80	未定			
Ra	镭	88	226.0254	2.35	未定 四方		5.0	960
Ac	锕	89	(227)	1.88	面心立方		10.07	1050
Th	钍	90	232.0381	1.80	面心立方		11.7	1700
Pa	镤	91	231					
U	铀	92	230.03	1.38	正交晶系(α) 体心立方(γ)	2.77	19.05	1130

（续）

沸点 /℃	比热容 c (20℃)/ [J/(kg·K)]	质量能 /(kJ·kg)	线胀系数 α_l (20℃) /10^{-6}K^{-1}	热导率 λ (20℃) /[W/(m·K)]	电阻率 (20℃) /10^{-8}Ω·m	电阻温度系数 (0℃) /10^{-3}K^{-1}	标准电极电位	
							V	离子价
2890	192.59	49.32	7.4	12.98	64.3	1.64		
≈2700	—	—	—	—	—	—		
1630	175.85	72.39	—	—	88.0	1.48		
≈1430	163.29	69.08	—	—	81.3	4.3		
≈2700	240.32	98.39	8~10	8.79	134.5	1.76		
2530	184.22	102.7	—	—	—	—		
2290	171.66	105.5	8~9	10.05	56.0	1.19		
≈2300	163.29	104.3	—	—	87.0	1.71		
≈2600	167.47	102.6	10.0	9.63	107	2.01		
1700	159.10	109	—	—	79.0	1.95		
1530	146.54	53.2	25	—	30.3	1.30		
1930	154.91	110.1	—	—	79.0	2.4		
5400	146.96	—	5.9	93.37	32.7~43.9	4.43		
6100	142.35	159.1	6.6	54.43	12.5	3.85		
5400	133.98	184.2	4	200.97	5.5	4.82	−1.1	W^{5+}
5630	138.16	27.2	6.7	71.176	19.5	4.81		
5500	129.79	—	5.7~6.57	—	9.66	4.2		
4800~4900	129.37	—	6.58	59.03	4.85	4.1		
4410	132.72	112.6	8.9	69.08	9.2~9.6	3.99		
2530	126.86	67.4	14.2	309.82	2.065	3.5		
356.9	138.16	11.72	182	10.38	94.07	0.99		
1470	129.79	21.1	28.0	38.94	15~18.1	5.2		
1740	129.79	26.2	29.1	34.75	20.6	4.2	−0.126	Pb^{2+}
1680	142.35	52.3	17.5,11.7	8.37	116	4.2	+0.28	Bi^{2+}
962	—	—	24.4	—	42±10 44±10	4.6(α) 7.0(β)		
−61.8	—	—	—	—	—	—		
1140	—	—	—	—	—	—		
3200	—	—	—	—	—	4.23		
3530	117.23	≥82.98	11.3~11.6	39.398	19.1	2.26		
420	117.23	—	—	26.80	29(α)	2.18~2.76	−0.82	U^{6+}

表 2-2　主要化合物相热力学参数

化合物[①]	晶型	热容[②]/(J/K)				$-\Delta H^{\ominus}_{298}$[③]/(kJ/mol)	$S^{\ominus}_{298}$[④]/[J/(K·mol)]	熔点/K	熔化潜热/(kJ/mol)
		a	b	c	温度范围/K				
AgCl	立方晶系	62.26	4.18	−113	rt ~ mp	127	96.2	728	13
α-Ag_2S	面心立方	42.38	110.5	—	rt ~ 452	32	144	1115	11
β-AlF_3	菱方晶系	87.57	13	—	727 ~ 1400	1490	66.5	—	—
$AlCl_3$	六方晶系	55.44	117.2	—	rt ~ mp	705.4	110	—	—
Al_2O_3	菱方晶系	106.6	17.8	−28.5	rt ~ 1800	1674	51	2303	109
Al_4C_3		100.8	132		rt ~ 600	215	89.1		
As_2O_3		35	203	—	rt ~ 548	653.5	122.7	582	37
B_2O_3	立方晶系	57.03	73.01	−14.1	rt ~ mp	1281	54	723	22
BN	层状	68.16	2.82		rt ~ 1400	253	15.4		
B_4C	菱方晶系	96.19	22.6	−44.85	rt ~ 1373	58.6	27.1		
α-$BaCl_2$	斜方晶系	94.68			892 ~ 1198	859.4	123.8	1235	17
BaO	立方晶系	53.3	4.35	−8.301	rt ~ 1270	582	70.3	2198	57.7
$BeCl_2$						490.8	90	683	13
BeO	六方晶系	46.476	5.962	−35.17	rt ~ 1200	598.7	14.1	2853	80.8
Be_3N_2	立方晶系	30.6	129		rt ~ 800	587.9	34	2473	
Be_2C	立方晶系	32	44.4			91.2	16	2673	
Bi_2O_3	单斜晶系	103.5	33.5		rt ~ 800	1097	290	1090	28
α-CaF_2	立方晶系	59.83	30.46	1.97	rt ~ 1424	1222	68.83		
β-CaF_2		108	10.5		1424 ~ mp			1691	30
$CaCl_2$	四方晶系	71.88	12.7	−2.51	600 ~ mp	800.8	113.8	1045	28
CaO	立方晶系	49.62	4.52	−6.96	rt ~ 1177	634.3	40	2888	79
CaS	斜方晶系	42.68	15.9		rt ~ 1000	460	56.5		
β-CaC_2	四方晶系	64.43	8.37		720 ~ 1275	59	70.3	2573	
$CaSiO_3$	三斜晶系	111.5	15.1	−27.3	rt ~ 1450	90	82	1813	56.1
$Ca_3Al_2O_6$	立方晶系	260.6	19.2	−50.2	rt ~ 1800	6.7	205		
CdO	立方晶系	40.4	8.7		rt ~ 1200	257	54.8		
CdS	六方晶系	54	3.8	—	rt ~ 1273	144	69		
CeO_2	立方晶系	62.8	10		rt ~ 2500	1089	62.3		
$CoCl_2$	菱方晶系	60.29	61.09		rt ~ 1000	326	109	1013	59
CoO	立方晶系	48.28	8.54	1.7	rt ~ 1800	239	52.93	2123	
$CrCl_2$	斜方晶系	63.72	22.2		rt ~ mp	406	115.3	1088	32
Cr_2O_3	菱方晶系	119.4	9.2	−15.6	350 ~ 1800	1130	81.2	2673	
CrN	立方晶系	41.2	16		rt ~ 800	123	328		
Cr_4C	立方晶系	122.8	31	−21	rt ~ 1700	98.3	106	1793	
α-CsCl	体心立方	53.47	5.15	−1.92	rt ~ 743	433	100		
β-CsCl		3.368	73.81	−3.72	743 ~ mp			918	21
CuCl	面心立方	24.6	80.3		rt ~ mp	135	87	703	10.3
$CuCl_2$		64.52	50.21		rt ~ mp	206	108.1		
Cu_2O	立方晶系	62.34	23.8		rt ~ 1200	167	93.09	1503	56.1
CuO	单斜晶系	38.8	20.1		rt ~ 1250	155	42.7		
α-Cu_2S	面心立方	81.59			rt ~ 376	82	119		
β-Cu_2S		97.28			376 ~ 623				

（续）

化合物[①]	晶型	热容[②]/(J/K)				$-\Delta H^{\ominus}_{298}$[③]/(kJ/mol)	$S^{\ominus}_{298}$[④]/[J/(K·mol)]	熔点/K	熔化潜热/(kJ/mol)
		a	b	c	温度范围/K				
γ-Cu_2S		85.02			623~1400			1403	11
CuS	六方晶系	44.4	11		rt~1273	50.6	66.5		
GeS	斜方晶系					89.5	66.1	888	21
HfO_2	单斜晶系	72.76	8.7	-14.6	rt~1800	1113	59.4	3173	
$HgCl_2$		63.93	43.5		rt~553	230	144	551	19.6
HgO		37	25		mp~600	90.8	70.3		
HgS	六方晶系	41.8	15.3			58.2	81.6		
KF	立方晶系	46.1	13.1		rt~mp	562.7	66.5	1130	28.2
KCl	立方晶系	41.4	21.8	3.22	rt~mp	436	82.4	2282	26.6
K_2CO_3		80.29	109		630~mp	391		2408	28
LiCl	立方晶系	46	14.2		rt~mp	405	59.29	2120	19.9
Li_2O	立方晶系	62.51	25.4		rt~1045	597	37.9		
MgF_2	四方晶系	70.84	42.7	-37.2	rt~mp	4503	232	2773	235
$MgCl_2$	菱方晶系	320	24	-34.9	rt~mp	2597	362	2224	174
MgO	立方晶系	181.8	41.22	-38.3	rt~1200	2433	110		
Mg_2SiO_4	斜方晶系	606.3	111	-144	rt~1808	256	385.2	3400	
$MgSiO_3$	斜方晶系	102.7	19.8	-26.3	rt~1600	36	67.8		
MoO_3	斜方晶系	83.97	24.7	-15.4	rt~1808	745.6	77.8	1068	52.51
NaCl	立方晶系	45.95	16.3		rt~mp	413	72.8	1074	28
Na_2O	立方晶系	65.69	22.6		rt~1100	421.3	71.1		
α-NaOH	四方晶系	71.76	-111	—	rt~568	428	64.4		
β-NaOH		85.98			568~mp			593	6.36
α-Na_2SO_4	斜方晶系	98.32	132.8		rt~450	1395	149.5		
β-Na_2SO_4		121.6	80.92		514~1157				
Na_2CO_3		58.49	228	-13.08	rt~500	1136	136		
Na_2SiO_3	斜方晶系	130.3	40.2	-27.1	rt~mp	232	114	1361	52.3
$Na_2Si_2O_5$	斜方晶系	185.7	70.54	-44.64	rt~mp	253	165	1147	36
α-Na_3AlF_6		192.3	123.3	-11.6	rt~845	83.7	238		
β-Na_3AlF_6		218.2	66.36		845~1300			1403	115
$NbCl_5$	单斜晶系					797.1	226	478	29
NbO	六方晶系	42.01	9.71	-3.26	rt~1700	412	48.1	2208	
α-NbO_2	四方晶系	48.95	40	-3.01	rt~1090	796.6	54.4		
$NiCl_2$	菱方晶系	73.22	13.2	-4.98	rt~mp	305	97.7	1303	77.4
$(NiO)_{\alpha}$	立方晶系	-20.9	157.2	16.3	rt~525	241	38	2257	
Ni_3S_2						199	134	1063	24
NiS	六方晶系	38.7	53.56	—	rt~600	92.9	52.93		
P_2O_5	斜方晶系	35	226	—	rt~631	1492	114.4	843	48.1
$PbCl_2$	斜方晶系	66.78	33.5		rt~mp	359	136	771	24
PbO_2	四方晶系	53.1	32.6		rt~1000	277	76.6		
PbS	立方晶系	44.6	16.4	—	rt~900	94.1	91.2	1392	

（续）

化合物[①]	晶型	热容[②]/(J/K)				$-\Delta H_{298}^{\ominus}$[③] /(kJ/mol)	$S_{298}^{\ominus}$[④]/ [J/(K·mol)]	熔点 /K	熔化潜热 /(kJ/mol)
		a	b	c	温度范围 /K				
RbCl	立方晶系	48.1	10.4	—	rt~990	430.5	91.6	988	18
Sb$_2$O$_3$	立方晶系	79.91	71.5	—	mp~930	708.8	123	929	109
Sb$_2$S$_3$	单斜晶系	101	55.2	—	mp~821	169	127	819	125
SiI$_4$	立方晶系	81.96	87.4	—	rt~mp	197		394	20
α-SiO$_2$	六方晶系	46.94	34.3	−11.3	rt~848	907.9	41.8		
β-SiO$_2$	六方晶系	60.29	8.12	—	848~2000	904.7	42.7		
Si$_3$N$_4$		70.42	98.7	—	rt~900	737.6	107		
SiC		37.4	12.6	−12.8	rt~1700	62.8	16.5	>2973	
α-SnS	立方晶系	35.7	31.3	3.8	rt~875	108	77	1154	31.6
β-SnS		40.9	15.6		875~mp				
SnS$_2$	菱方晶系	64.89	17.6		rt~1000	167	87.4		
TaCl$_5$						859.8	234	493	36.8
Ta$_2$O$_5$	斜方晶系	122	41.8		rt~mp	2044	143	2143	
ThF$_4$	单斜晶系					2000	142	1323	
ThO$_2$	立方晶系	69.66	8.91	−9.37	rt~2500	1227	65.3	3493	
TiCl$_2$	菱方晶系					513.8	101	1308	
TiCl$_3$						718	138	1003	21
TiI$_4$	立方晶系					386	359	423	18
α-TiO	立方晶系	44.22	15.1	−7.78	rt~1264	518	35		
β-TiO		49.58	12.6		1264~1800			2293	58.6
β-Ti$_2$O$_3$	菱方晶系	145.1	5.44	−42.68	473~1800	1518	78.78	2403	0.92
Ti$_3$O$_5$	单斜晶系	148.4	123	—	rt~450	2456	129		
TiO$_2$	四方晶系	75.19	1.17	−18.2	rt~1800	943.5	50.2	2113	64.9
β-TiS$_2$	菱方晶系	62.72	21.5		420~1010	335	78.4		
TiN	立方晶系	49.83	3.93	−12.4	rt~1800	336	30.3	3223	
TiC	立方晶系	49.5	3.35	−15	rt~1801	185	24	3423	
TlCl	体系立方	50.21	8.37		rt~700	205	113	702	16*
VCl$_3$	菱方晶系	96.19	16.4	−7.03	rt~900	561	131		
VO	面心立方	47.36	13.5	−5.27	rt~1700	431	39	1793	
V$_2$O$_3$	菱方晶系	122.8	19.9	−22.7	rt~1800	807.5	98.3	>2273	
α-VO$_2$	单斜晶系	62.59			rt~345	717.6	51.5	1633	56.9
V$_2$O$_5$	斜方晶系	194.7	−16.3	−55.31	rt~mp	1558	131	943	65.3
VN	立方晶系	45.77	8.79	−9.25	rt~1600	217	37	2323	
VC	立方晶系	38.4	13.8	−8.16	rt~1601	102	28.3	3123	
WCl$_6$	菱方晶系					405.8		553	20.1
WO$_2$	单斜晶系					589.5	66.9		
WO$_3$	单斜晶系	73.14	28.41	—	rt~1550	842.7	83.3	1746	—
WC	六方晶系	33.4	9.08	—	rt~3000	38.1	41.8		
Y$_2$O$_3$	立方晶系					1905	99.2		
ZnCl$_2$	菱方晶系	60.7	23	—	rt~mp	416	108	591	10.3

（续）

化合物[①]	晶型	热容[②]/(J/K)				$-\Delta H_{298}^{\ominus}$ [③]/(kJ/mol)	$S_{298}^{\ominus}$ [④]/[J/(K·mol)]	熔点/K	熔化潜热/(kJ/mol)
		a	b	c	温度范围/K				
ZnO	六方晶系	48.99	5.1	-9.12	rt~1600	348	43.5	2243	
ZnS	面心立方	50.88	5.19	-5.69	rt~1200	202	57.7		
ZrO$_2$	单斜晶系	69.62	7.53	-14.1	rt~1478	1100	50.6	2973	
ZrSiO$_4$	四方晶系	131.7	16.4	-33.8	rt~1800		84.5	2703	

注：rt—室温，mp—熔点。
① 所有化合物均为固体。
② 热容是温度的函数，热容值随温度变化范围不同而不同。通过试验方法精确测定各种物质在各个温度下的热容值，热容与温度关系的经验表达式为 $C_p = a + b \times 10^{-3} \times T + c \times 10^5 \times T^{-2}$。式中，$a$、$b$、$c$ 均为经验常数，随物质的不同及温度变化范围的不同而异。
③ $-\Delta H_{298}^{\ominus}$，标准摩尔生成焓。
④ $S_{298}^{\ominus}$，标准摩尔熵。

本卷所涉及的合金均为铸造非铁合金，并且习惯上按其基本元素分类，如铸造铝合金、铸造镁合金、铸造钛合金、铸造铜合金、铸造锌合金。

此外，习惯上还常按其用途将用于浇注滑动轴承的 Sn 基和 Pb 基等合金称为铸造轴承合金，将用于浇注涡轮叶片等高温条件下工作的 Ni 基和 Co 基铸造合金称为铸造高温合金。

2.2 常用非铁合金相图

按照本卷后续各章所涉及的各类非铁合金的顺序

为序，将 Al 基、Mg 基、Ti 基、Cu 基、Zn 基、Sn 基、Pb 基、Ni 基、Co 基的合金相图分别绘制如下。其中，除 Al 基、Cu 基合金列有部分三元相图外，其余基合金均只列二元相图。在各类合金相图中，以添加元素之元素符号的英文字母顺序为序。

2.2.1 Al 基二元合金相图（见图 2-1 ~ 图 2-45）

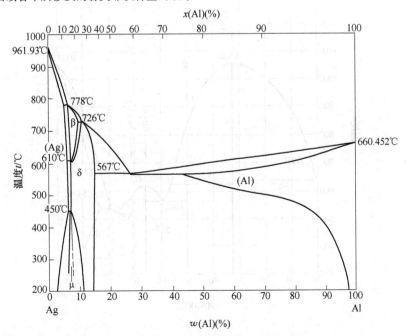

图 2-1　Al-Ag 二元合金相图

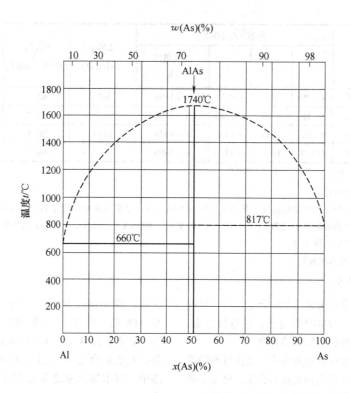

图 2-2　Al-As 二元合金相图

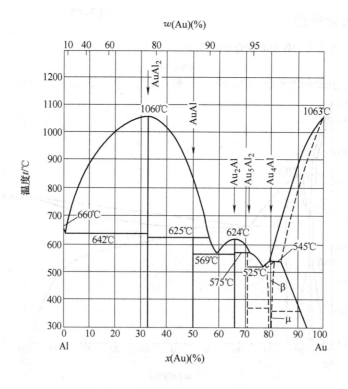

图 2-3　Al-Au 二元合金相图

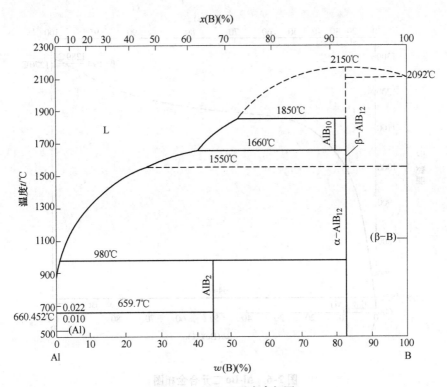

图 2-4　Al-B 二元合金相图

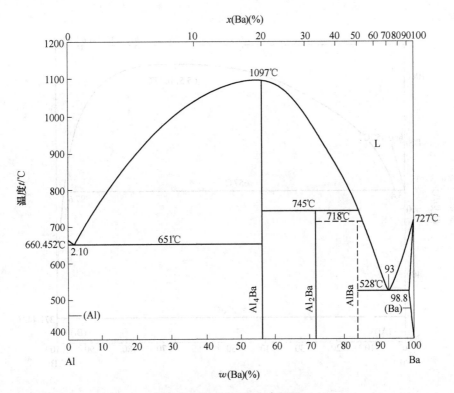

图 2-5　Al-Ba 二元合金相图

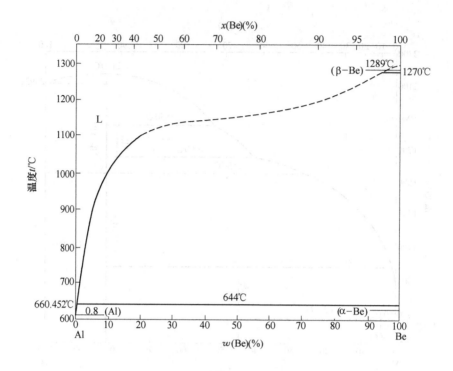

图 2-6　Al-Be 二元合金相图

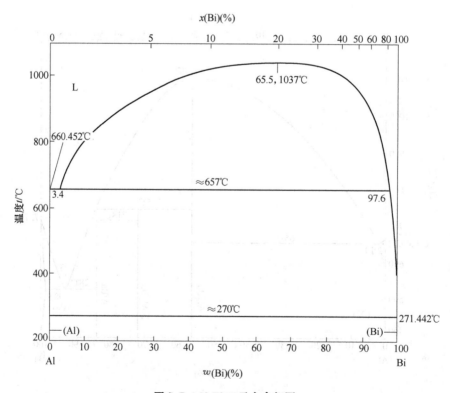

图 2-7　Al-Bi 二元合金相图

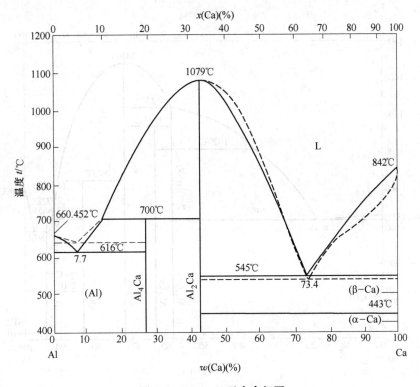

图 2-8　Al-Ca 二元合金相图

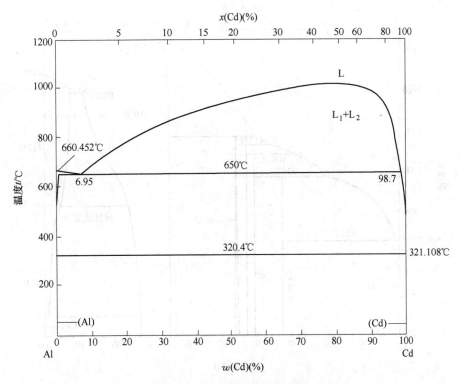

图 2-9　Al-Cd 二元合金相图

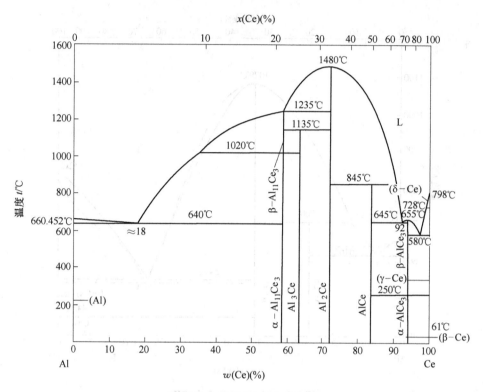

图 2-10　**Al-Ce 二元合金相图**

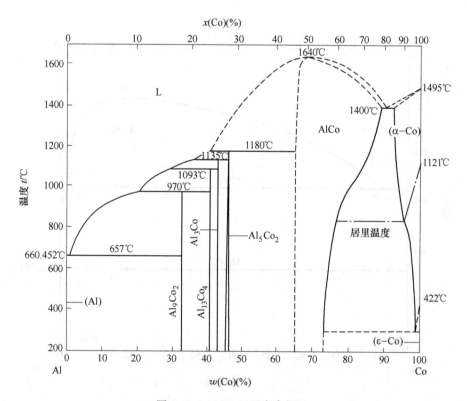

图 2-11　**Al-Co 二元合金相图**

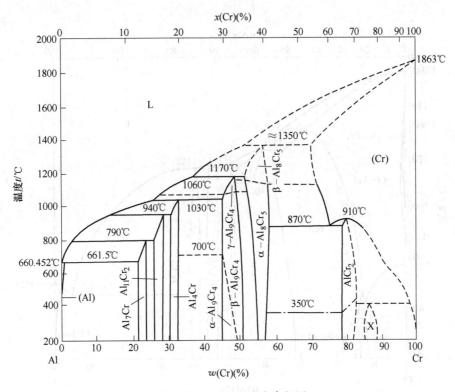

图 2-12　**Al-Cr 二元合金相图**

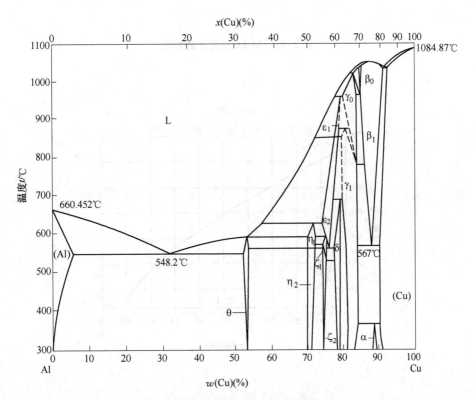

图 2-13　**Al-Cu 二元合金相图**

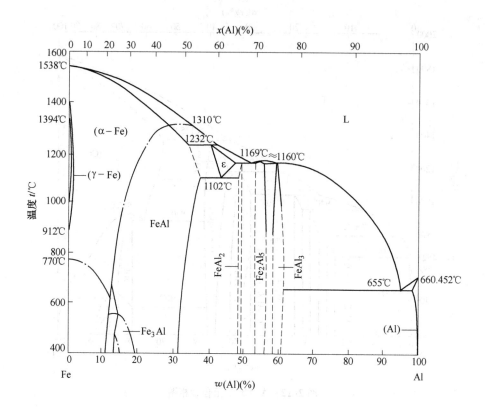

图 2-14 Al-Fe 二元合金相图

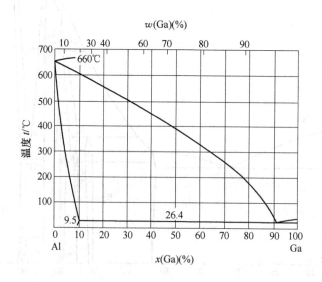

图 2-15 Al-Ga 二元合金相图

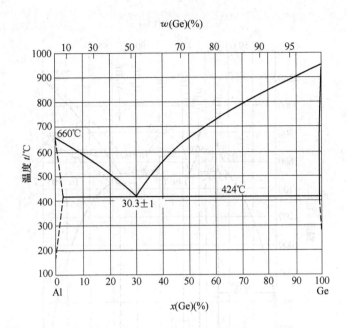

图 2-16　Al-Ge 二元合金相图

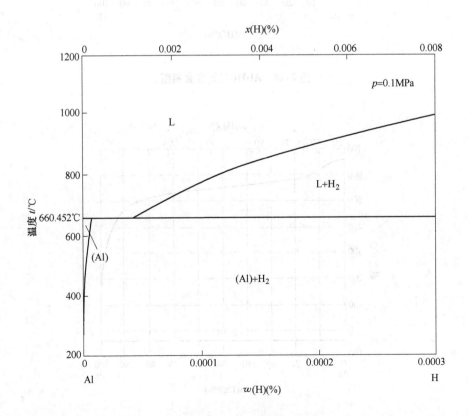

图 2-17　Al-H（Al 侧）二元合金相图

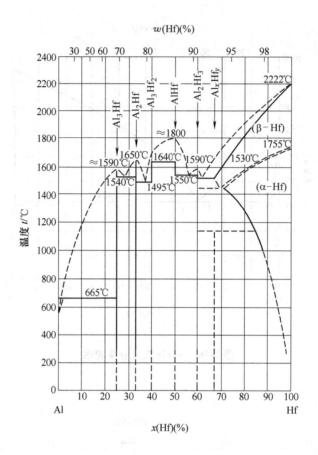

图 2-18　Al-Hf 二元合金相图

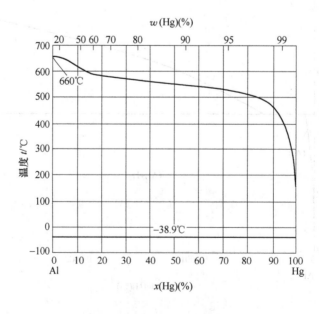

图 2-19　Al-Hg 二元合金相图

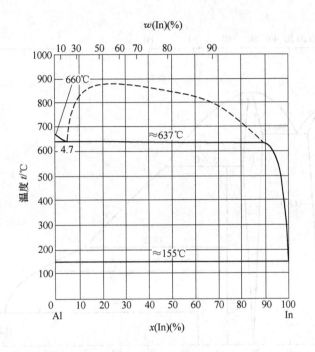

图 2-20　Al-In 二元合金相图

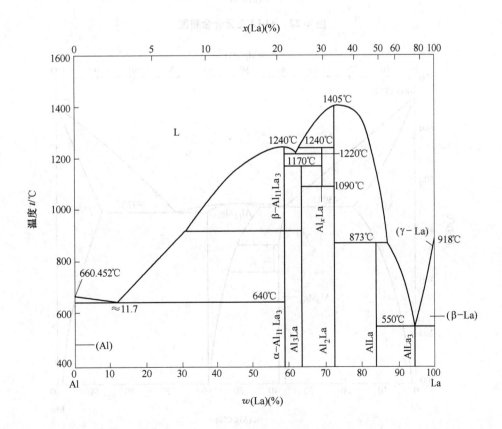

图 2-21　Al-La 二元合金相图

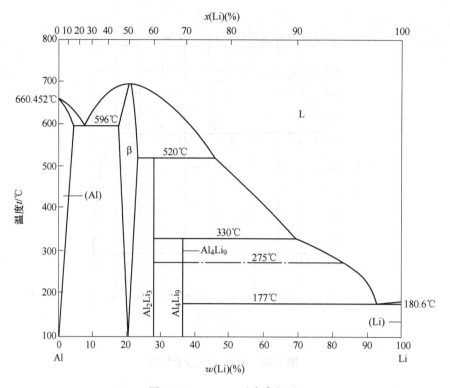

图 2-22　Al-Li 二元合金相图

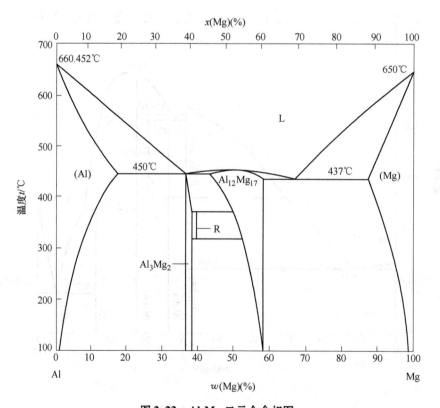

图 2-23　Al-Mg 二元合金相图

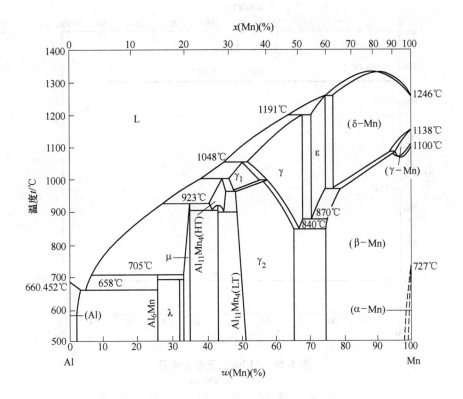

图 2-24　Al-Mn 二元合金相图

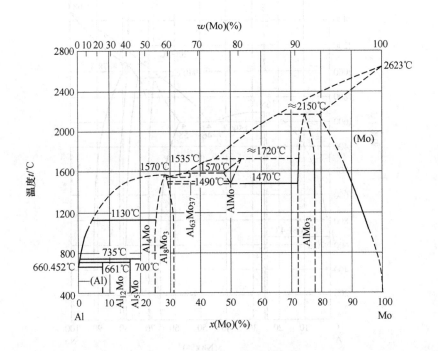

图 2-25　Al-Mo 二元合金相图

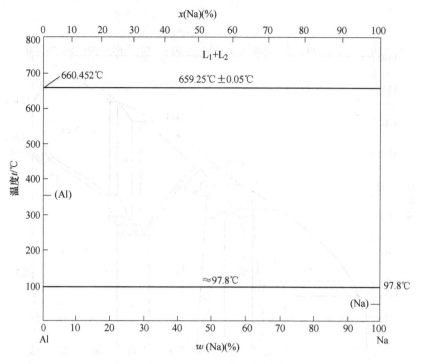

图 2-26　Al-Na 二元合金相图

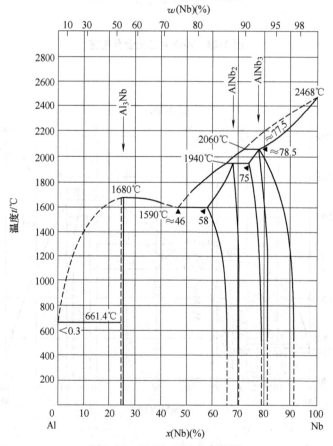

图 2-27　Al-Nb 二元合金相图

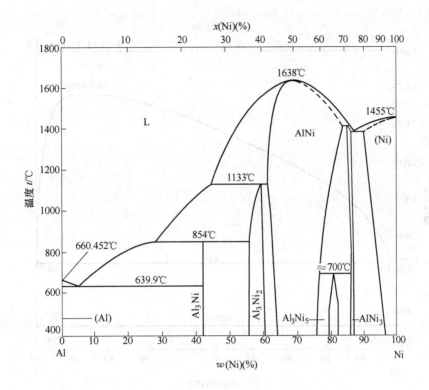

图 2-28 Al-Ni 二元合金相图

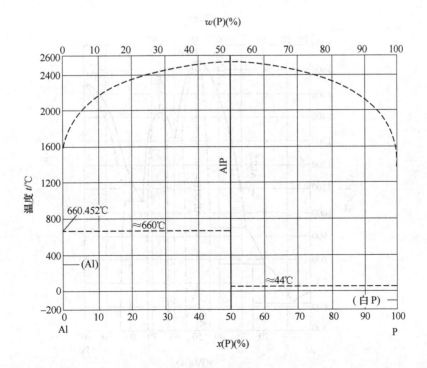

图 2-29 Al-P 二元合金相图

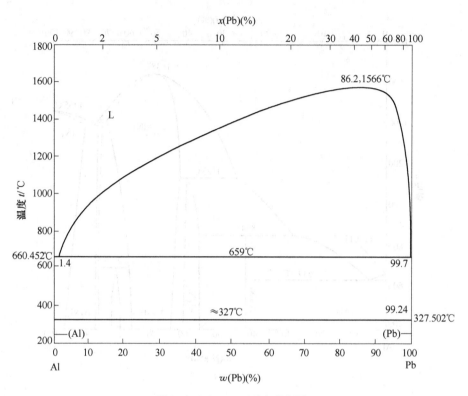

图 2-30　Al-Pb 二元合金相图

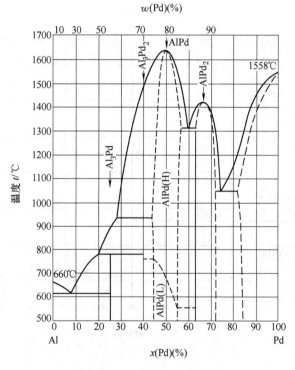

图 2-31　Al-Pd 二元合金相图

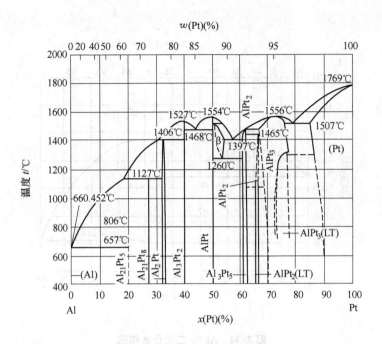

图 2-32　Al-Pt 二元合金相图

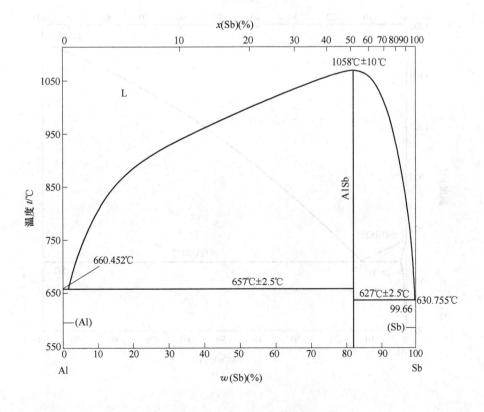

图 2-33　Al-Sb 二元合金相图

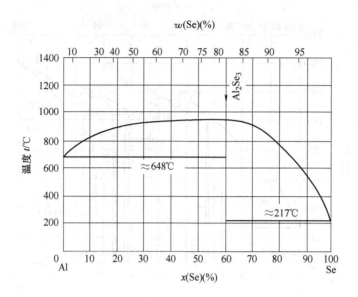

图 2-34　Al-Se 二元合金相图

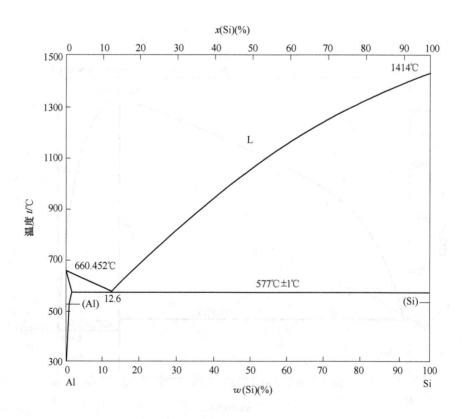

图 2-35　Al-Si 二元合金相图

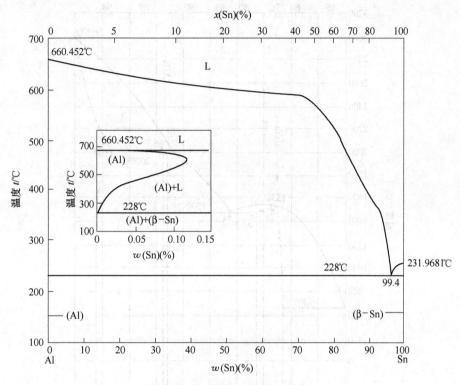

图 2-36　Al-Sn 二元合金相图

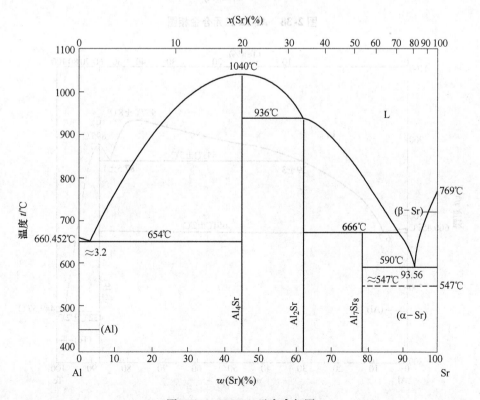

图 2-37　Al-Sr 二元合金相图

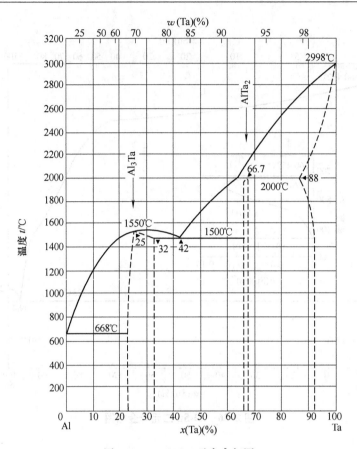

图 2-38　Al-Ta 二元合金相图

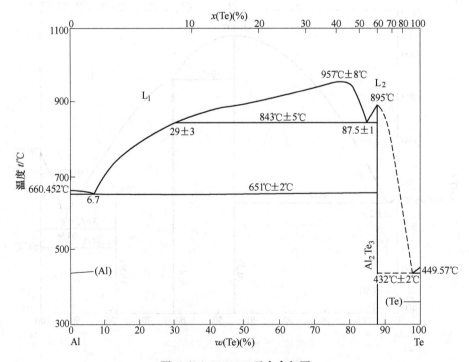

图 2-39　Al-Te 二元合金相图

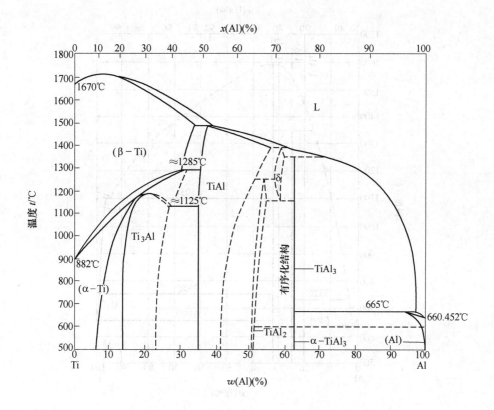

图 2-40　Al-Ti 二元合金相图

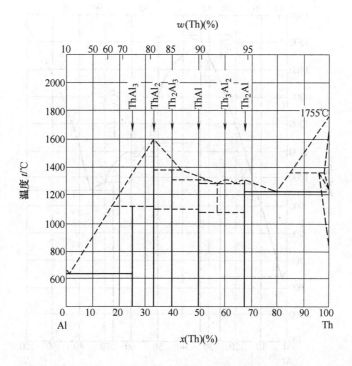

图 2-41　Al-Th 二元合金相图

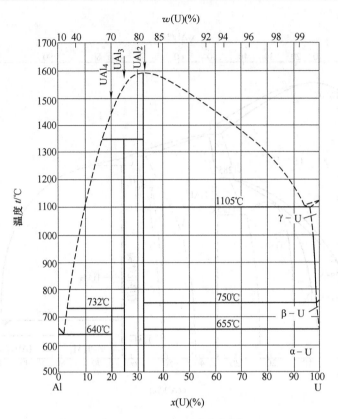

图 2-42　Al-U 二元合金相图

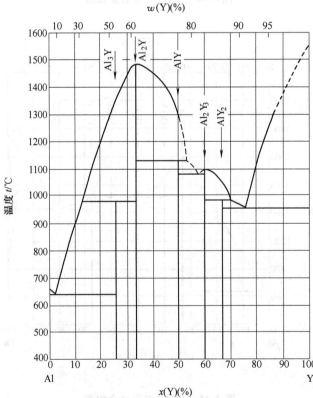

图 2-43　Al-Y 二元合金相图

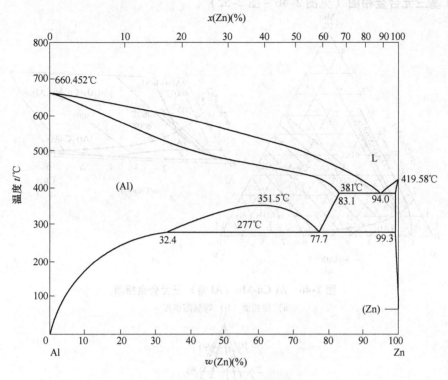

图 2-44　Al-Zn 二元合金相图

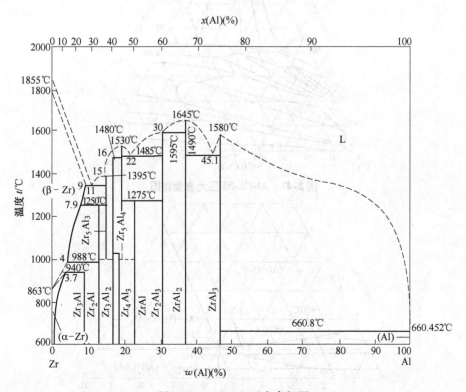

图 2-45　Al-Zr 二元合金相图

2.2.2　Al 基三元合金相图（见图2-46~图2-52）

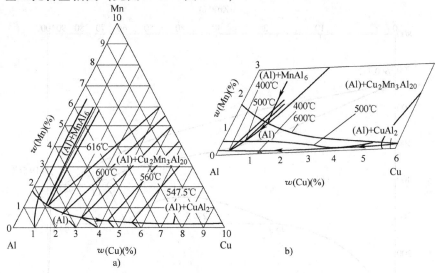

图2-46　Al-Cu-Mn（Al角）三元合金相图

a）固相面　b）等温溶解度

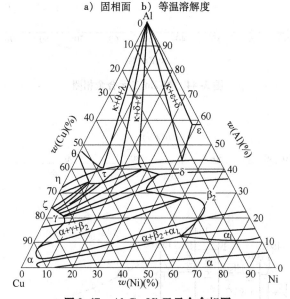

图2-47　Al-Cu-Ni 三元合金相图

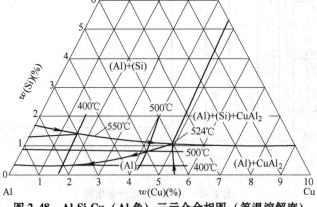

图2-48　Al-Si-Cu（Al角）三元合金相图（等温溶解度）

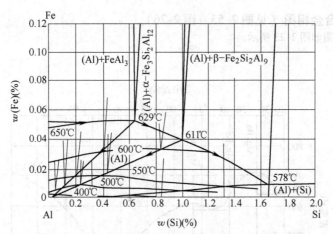

图 2-49　Al-Si-Fe（Al 角）三元合金相图（等温溶解度）

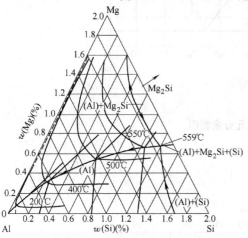

图 2-50　Al-Si-Mg（Al 角）三元合
金相图（等温溶解度）

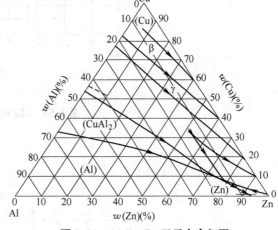

图 2-51　Al-Zn-Cu 三元合金相图

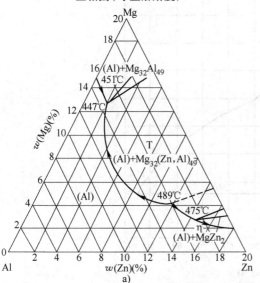

a)

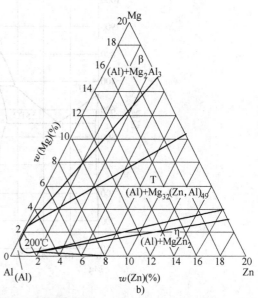

b)

图 2-52　Al-Zn-Mg（Al 角）三元合金相图

a）固相面　b）200℃时的溶解度和各相分布

2.2.3 Mg 基二元合金相图（见图2-53～图2-76）

Al-Mg 二元合金相图如图2-23所示。

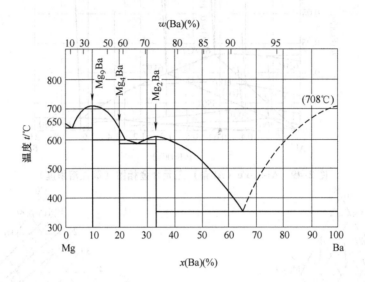

图 2-53 Mg-Ba 二元合金相图

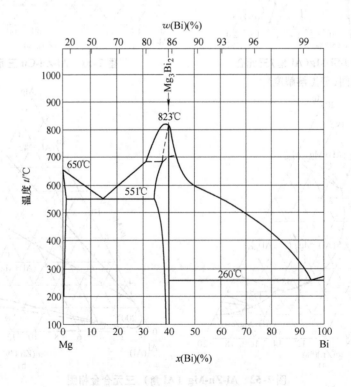

图 2-54 Mg-Bi 二元合金相图

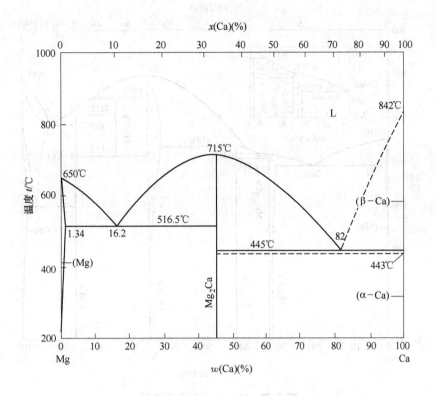

图 2-55 Mg-Ca 二元合金相图

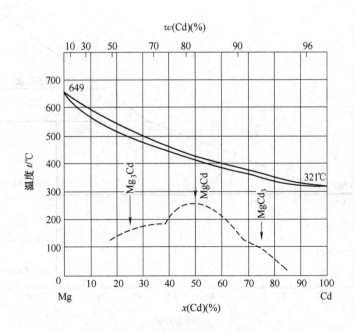

图 2-56 Mg-Cd 二元合金相图

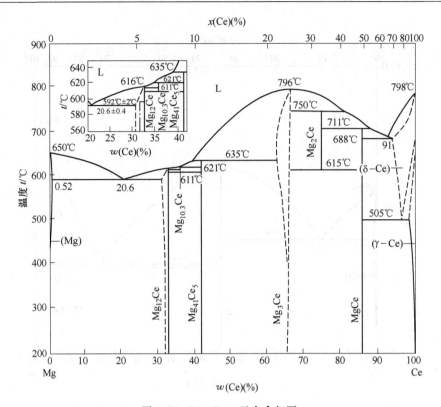

图 2-57　Mg-Ce 二元合金相图

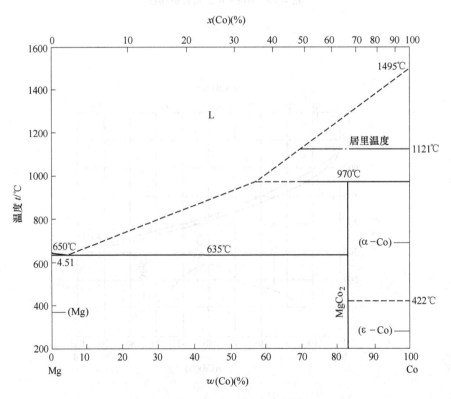

图 2-58　Mg-Co 二元合金相图

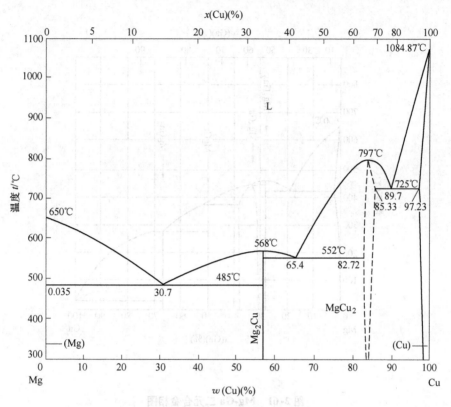

图 2-59　Mg-Cu 二元合金相图

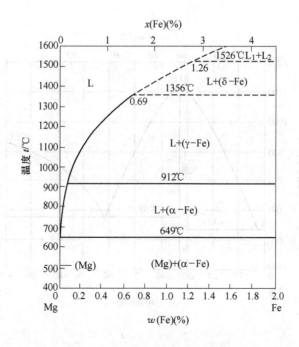

图 2-60　Mg-Fe（Mg 侧）二元合金相图

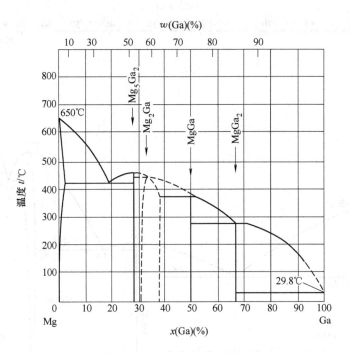

图 2-61　Mg-Ga 二元合金相图

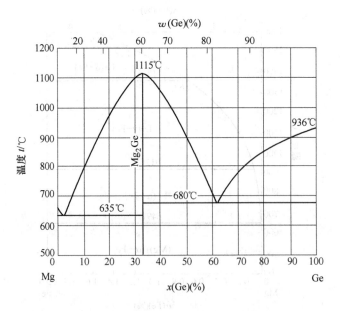

图 2-62　Mg-Ge 二元合金相图

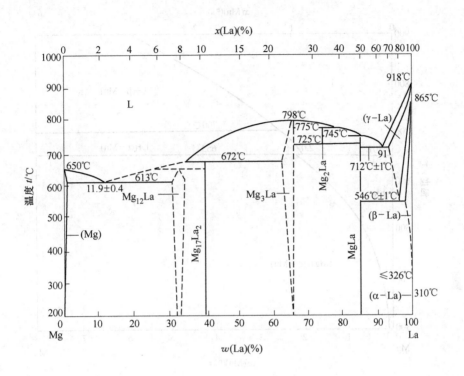

图 2-63 Mg-La 二元合金相图

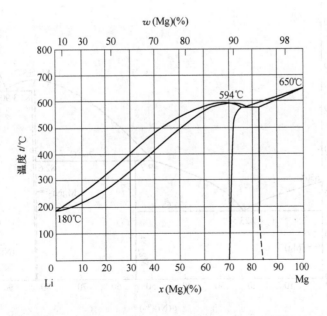

图 2-64 Mg-Li 二元合金相图

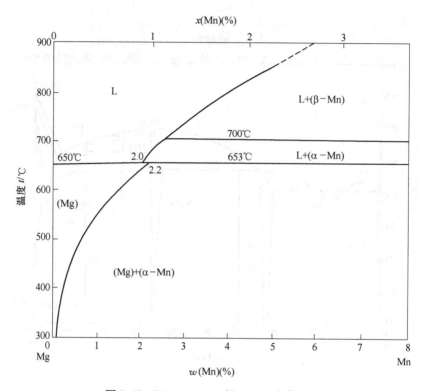

图 2-65　Mg-Mn（Mg 侧）二元合金相图

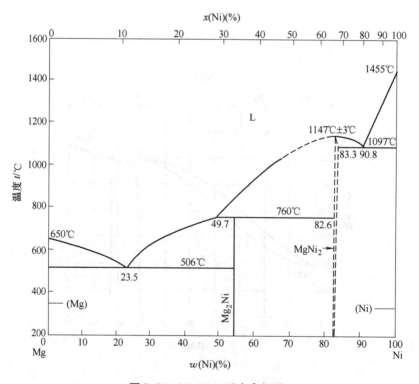

图 2-66　Mg-Ni 二元合金相图

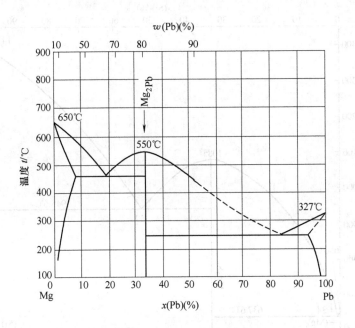

图 2-67　Mg-Pb 二元合金相图

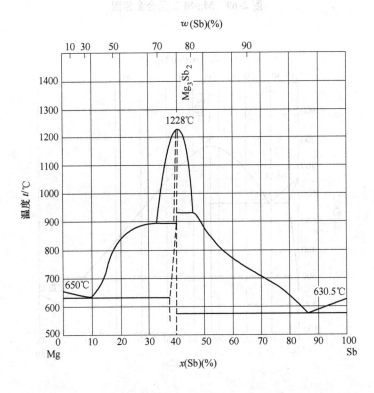

图 2-68　Mg-Sb 二元合金相图

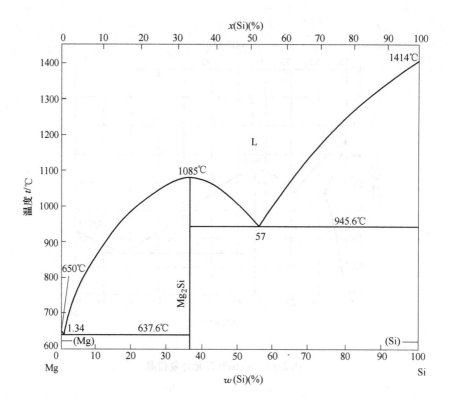

图 2-69　Mg-Si 二元合金相图

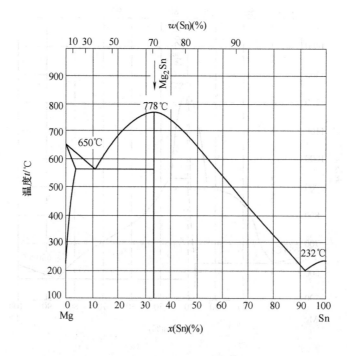

图 2-70　Mg-Sn 二元合金相图

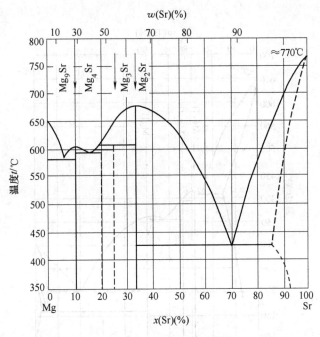

图 2-71　Mg-Sr 二元合金相图

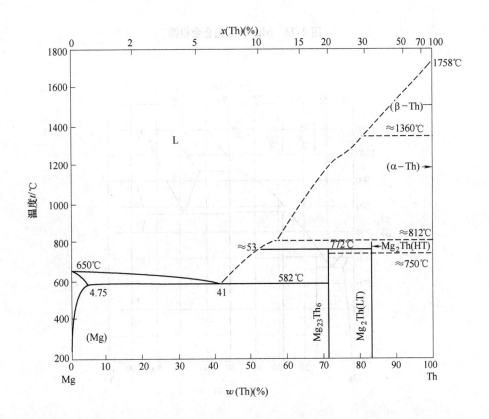

图 2-72　Mg-Th 二元合金相图

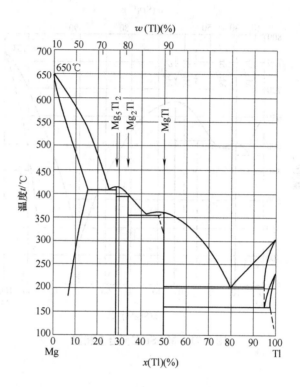

图 2-73 Mg-Tl 二元合金相图

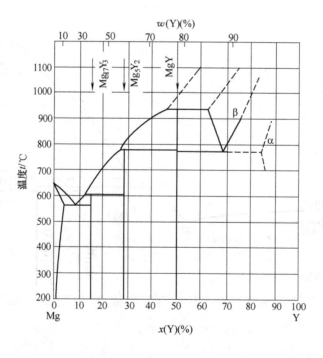

图 2-74 Mg-Y 二元合金相图

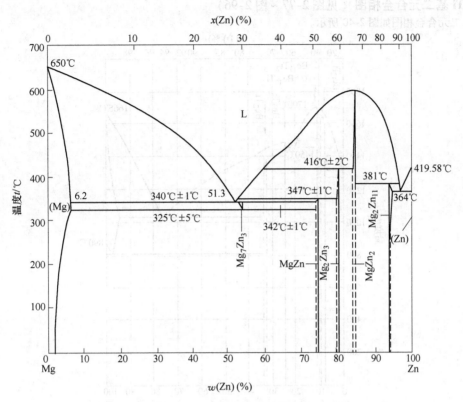

图 2-75　Mg-Zn 二元合金相图

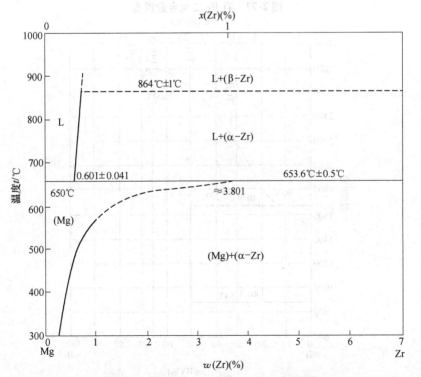

图 2-76　Mg-Zr（Mg 侧）二元合金相图

2.2.4　Ti 基二元合金相图（见图 2-77 ~ 图 2-96）

Al-Ti 二元合金相图如图 2-40 所示。

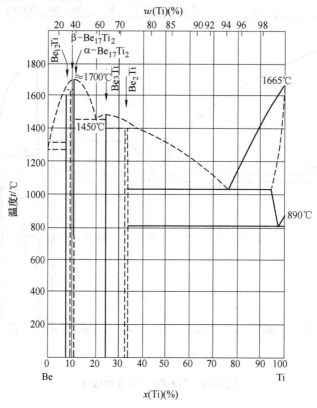

图 2-77　Ti-Be 二元合金相图

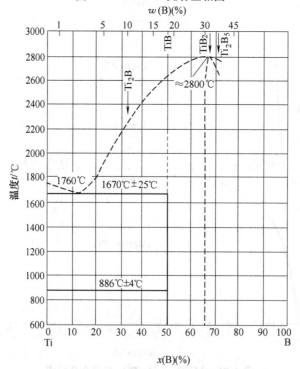

图 2-78　Ti-B 二元合金相图

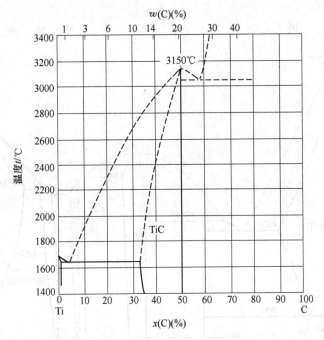

图 2-79   Ti-C 二元合金相图

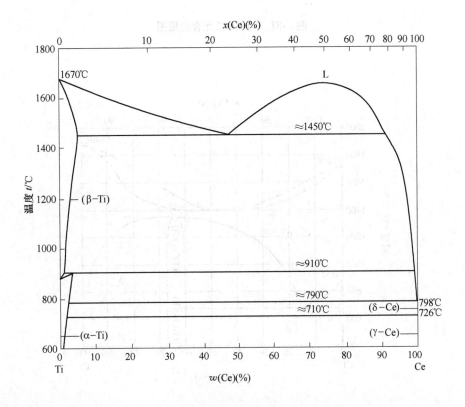

图 2-80   Ti-Ce 二元合金相图

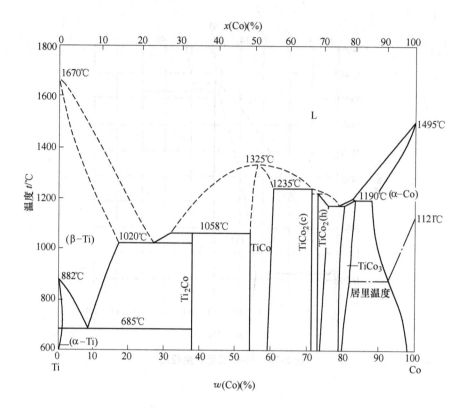

图 2-81　Ti-Co 二元合金相图

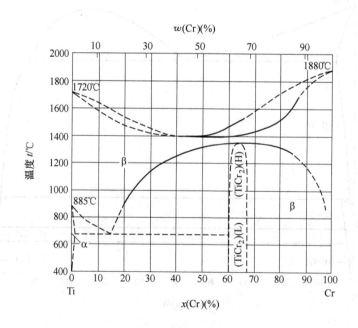

图 2-82　Ti-Cr 二元合金相图

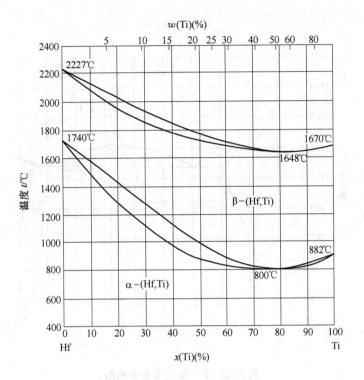

图 2-83　Ti-Hf 二元合金相图

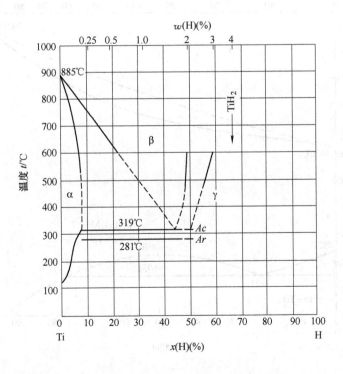

图 2-84　Ti-H 二元合金相图

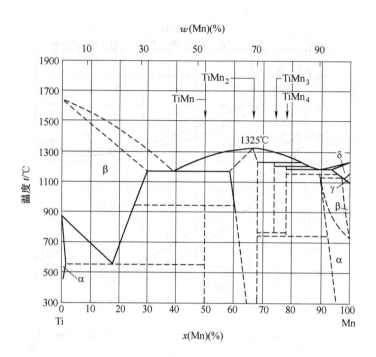

图 2-85 Ti-Mn 二元合金相图

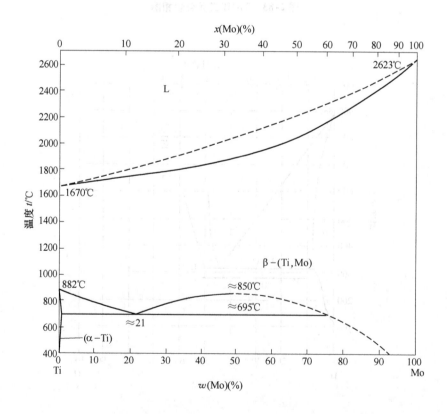

图 2-86 Ti-Mo 二元合金相图

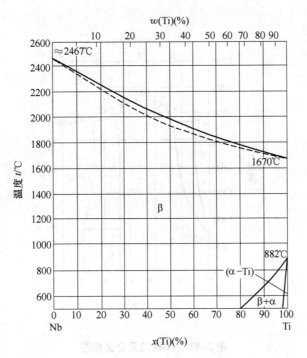

图 2-87　**Ti-Nb 二元合金相图**

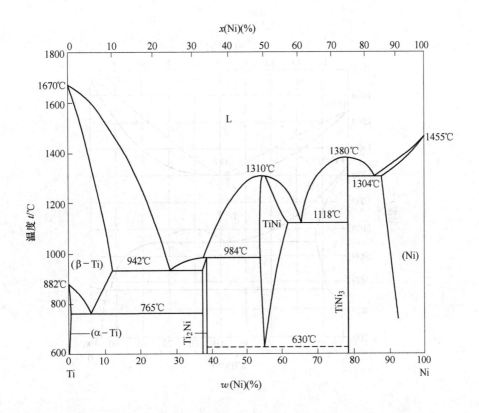

图 2-88　**Ti-Ni 二元合金相图**

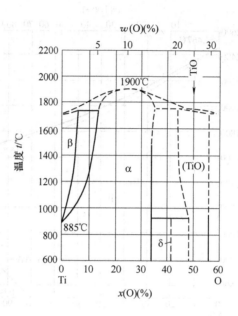

图 2-89　Ti-O 二元合金相图

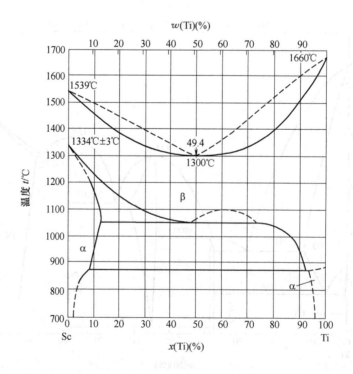

图 2-90　Ti-Sc 二元合金相图

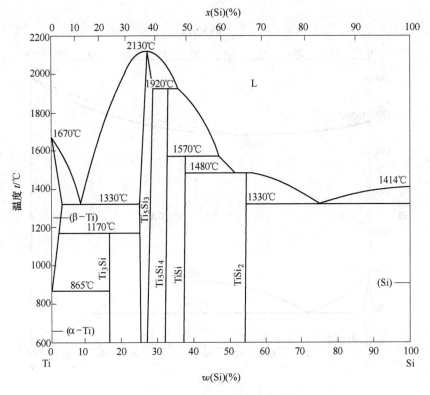

图 2-91　Ti-Si 二元合金相图

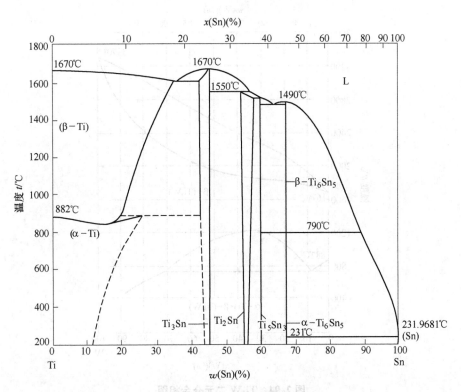

图 2-92　Ti-Sn 二元合金相图

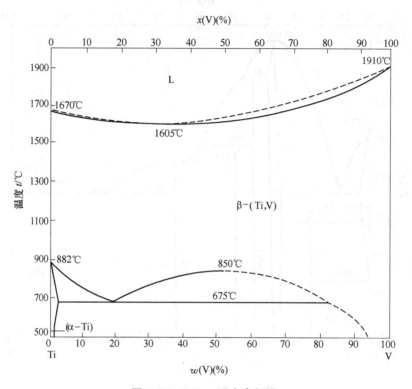

图 2-93　Ti-V 二元合金相图

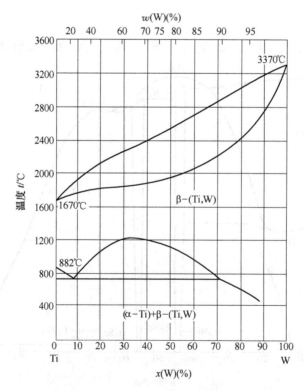

图 2-94　Ti-W 二元合金相图

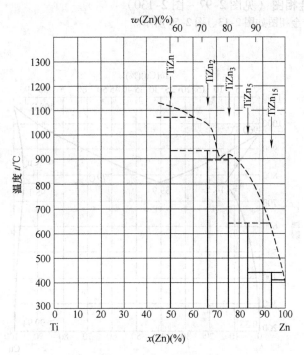

图 2-95 Ti-Zn 二元合金相图

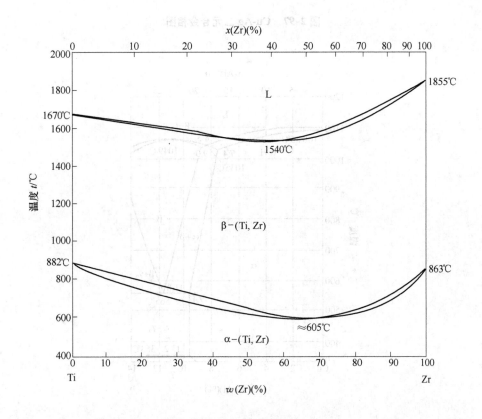

图 2-96 Ti-Zr 二元合金相图

2.2.5　Cu 基二元合金相图（见图2-97～图2-130）

Al-Cu、Mg-Cu 二元合金相图如图2-13、图2-59所示。

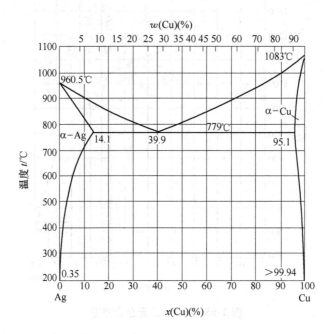

图 2-97　Cu-Ag 二元合金相图

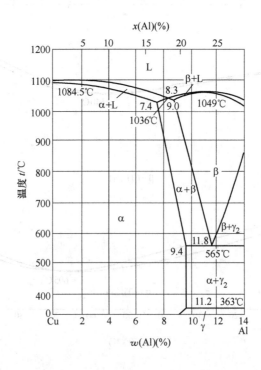

图 2-98　Cu-Al（Cu 侧）二元合金相图

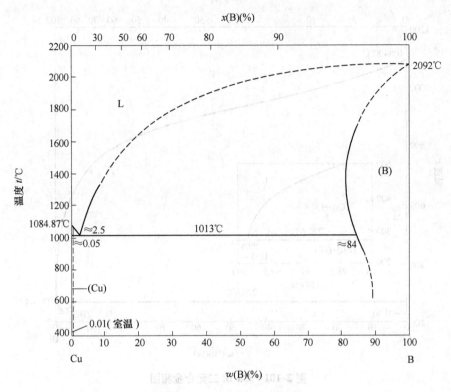

图 2-99　Cu-B 二元合金相图

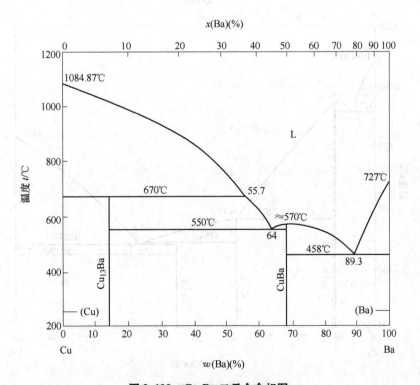

图 2-100　Cu-Ba 二元合金相图

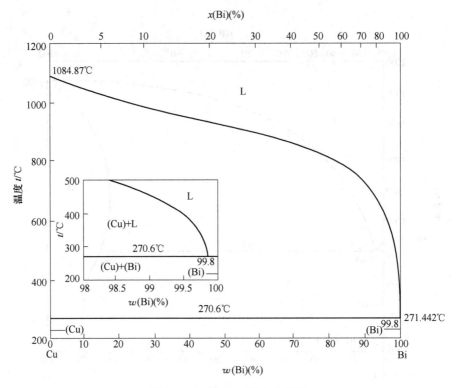

图 2-101　Cu-Bi 二元合金相图

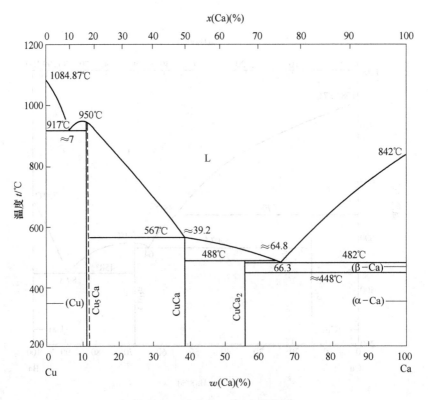

图 2-102　Cu-Ca 二元合金相图

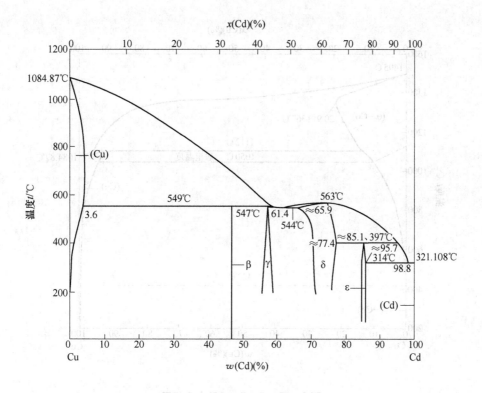

图 2-103 Cu-Cd 二元合金相图

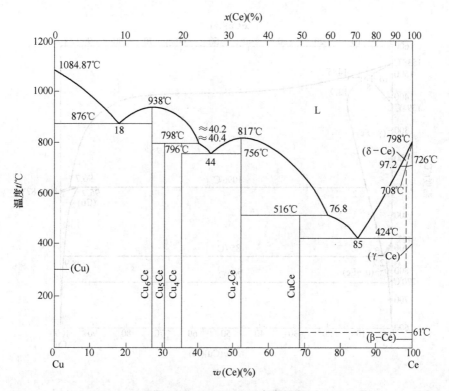

图 2-104 Cu-Ce 二元合金相图

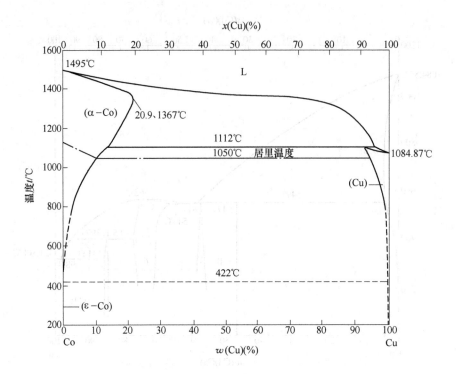

图 2-105　Cu-Co 二元合金相图

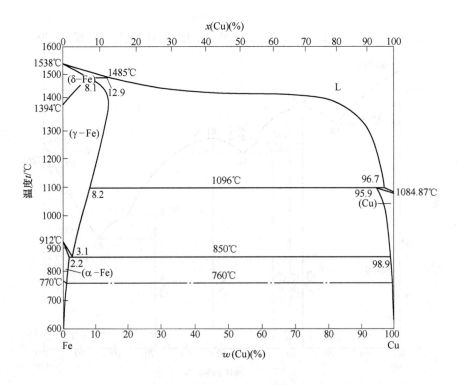

图 2-106　Cu-Fe 二元合金相图

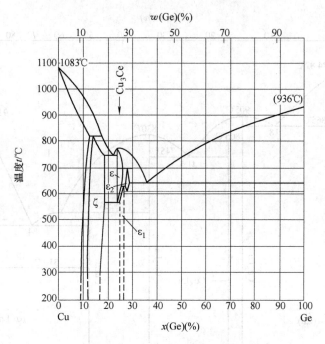

图 2-107　Cu-Ge 二元合金相图

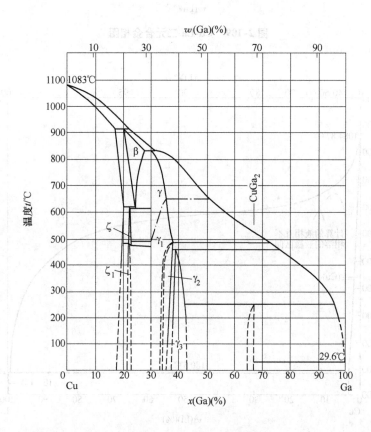

图 2-108　Cu-Ga 二元合金相图

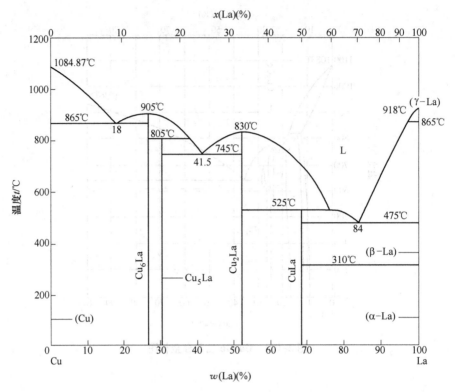

图 2-109　Cu-La 二元合金相图

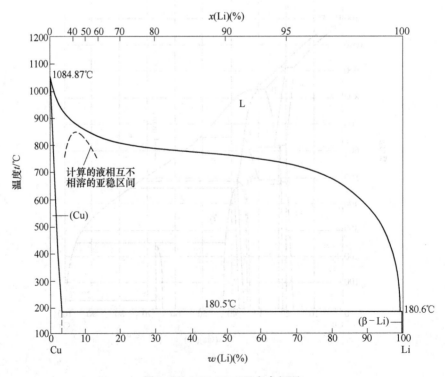

图 2-110　Cu-Li 二元合金相图

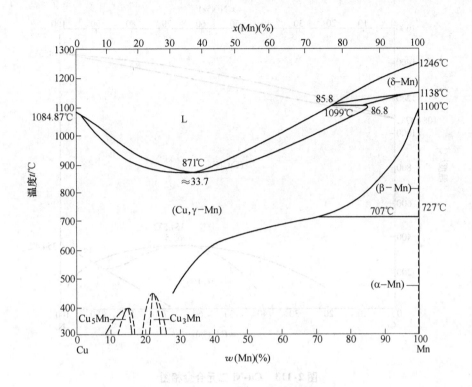

图 2-111　Cu-Mn 二元合金相图

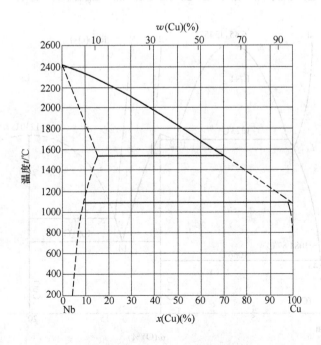

图 2-112　Cu-Nb 二元合金相图

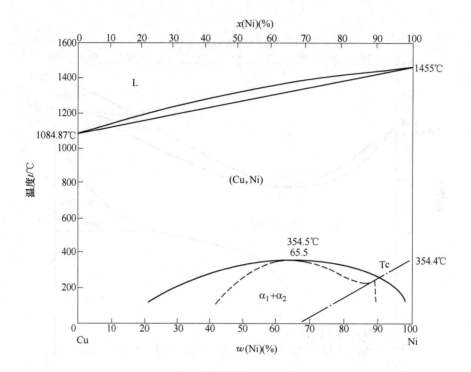

图 2-113　Cu-Ni 二元合金相图

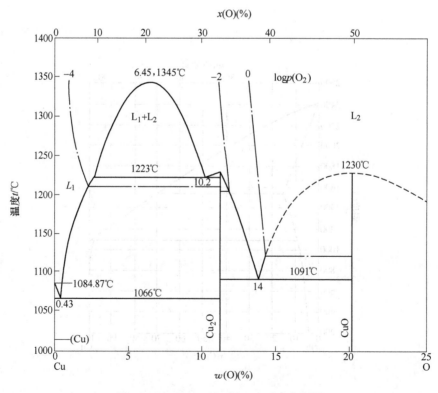

图 2-114　Cu-O（Cu 侧）二元合金相图

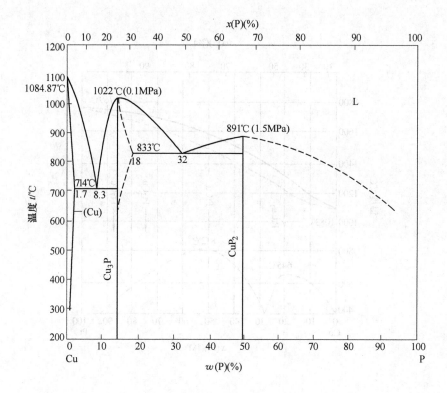

图 2-115　Cu-P 二元合金相图

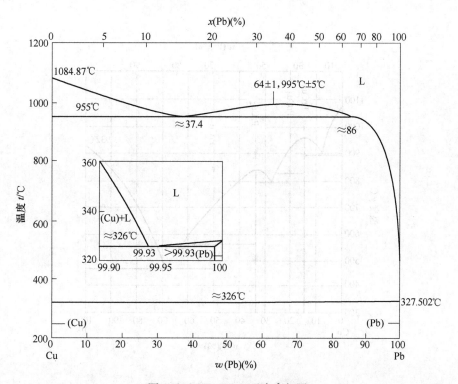

图 2-116　Cu-Pb 二元合金相图

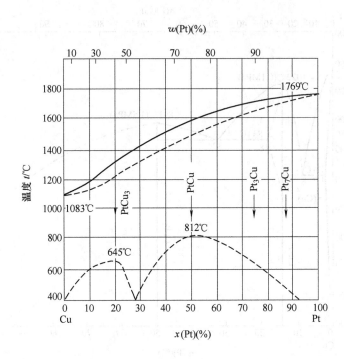

图 2-117　Cu-Pt 二元合金相图

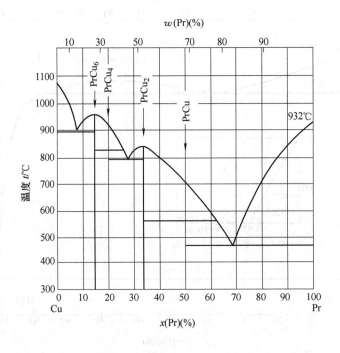

图 2-118　Cu-Pr 二元合金相图

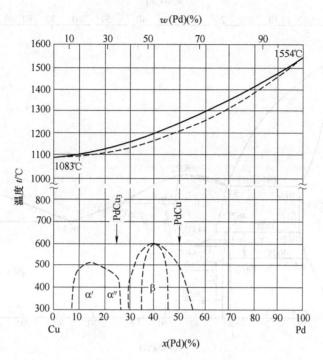

图 2-119　Cu-Pd 二元合金相图

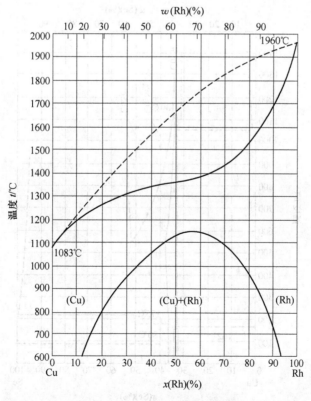

图 2-120　Cu-Rh 二元合金相图

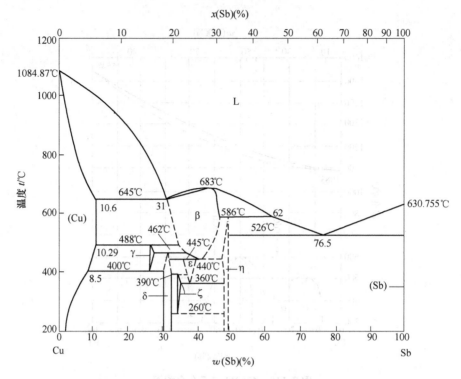

图 2-121　Cu-Sb 二元合金相图

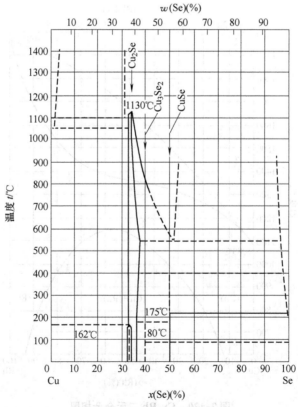

图 2-122　Cu-Se 二元合金相图

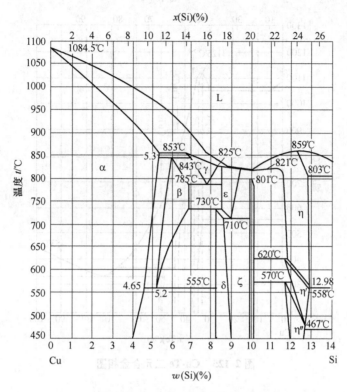

图 2-123　Cu-Si 二元合金相图

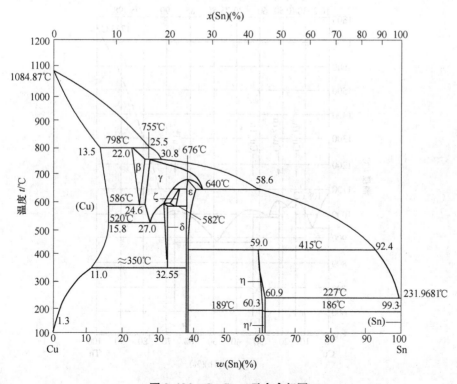

图 2-124　Cu-Sn 二元合金相图

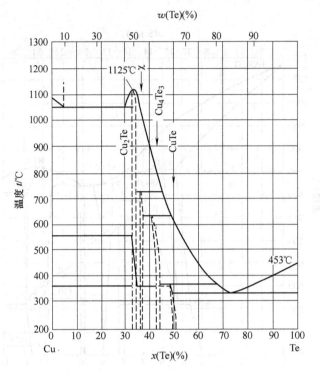

图 2-125　Cu-Te 二元合金相图

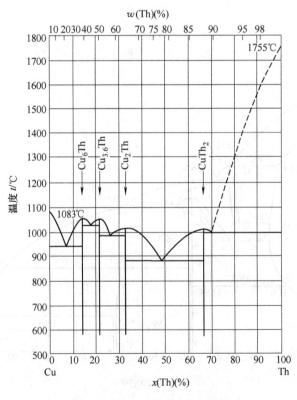

图 2-126　Cu-Th 二元合金相图

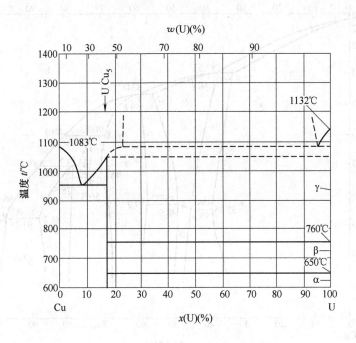

图 2-127　Cu-U 二元合金相图

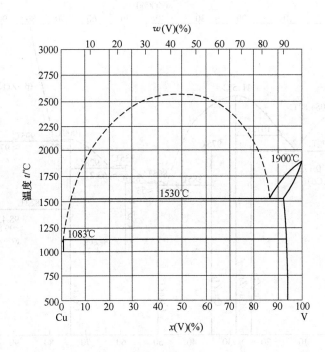

图 2-128　Cu-V 二元合金相图

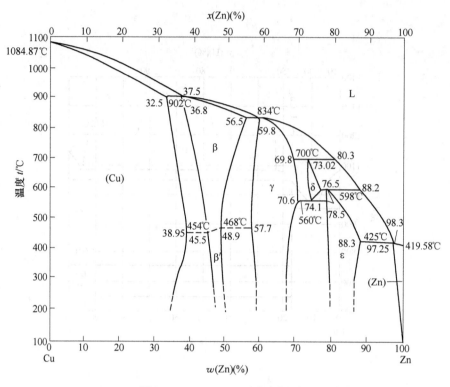

图 2-129　Cu-Zn 二元合金相图

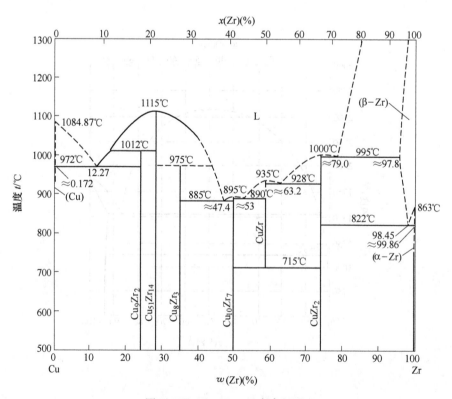

图 2-130　Cu-Zr 二元合金相图

2.2.6　Cu 基三元合金相图（见图 2-131 ~ 图 2-137）

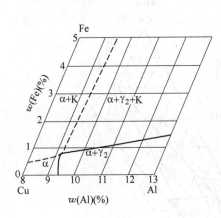

图 2-131　Cu-Al-Fe（Cu 角）三元合金相图
（室温等温截面）

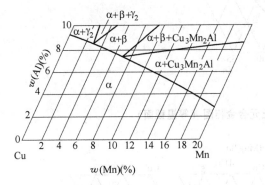

图 2-132　Cu-Al-Mn（Cu 角）三元合金相图
（450℃等温截面）

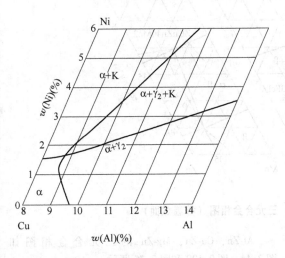

图 2-133　Cu-Al-Ni（Cu 角）三元合金相图

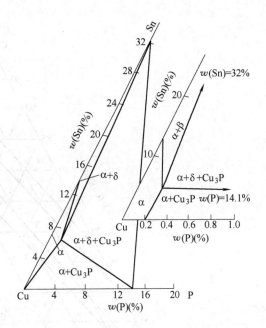

图 2-134　Cu-Sn-P（Cu 角）三元合金相图
（室温等温截面）

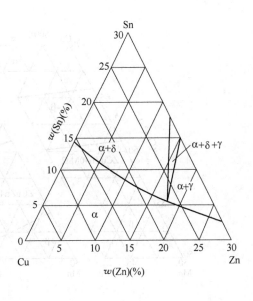

图 2-135　Cu-Sn-Zn（Cu 角）三元合金相图
（室温等温截面）

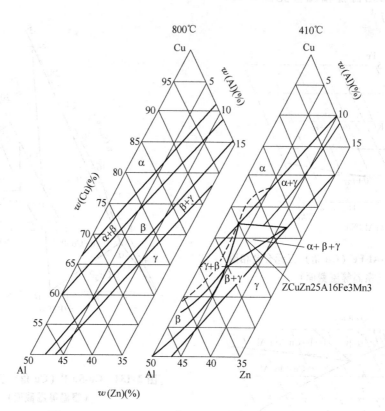

图 2-136　Cu-Zn-Al（局部）三元合金相图（等温截面）

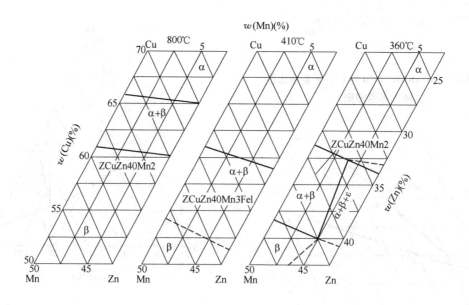

图 2-137　Cu-Zn-Mn（局部）三元合金相图（等温截面）

2.2.7　Zn 基二元合金相图（见图 2-138 ~ 图 2-140）

Al-Zn、Cu-Zn、Mg-Zn 的二元合金相图如图 2-44、图 2-129 和图 2-75 所示。

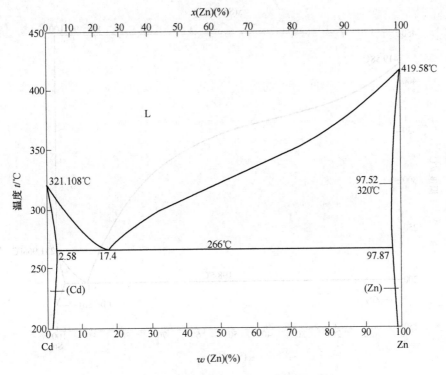

图 2-138　Zn-Cd 二元合金相图

2.5.8　Zn 基三元合金相图（见图 2-111～图 2-115）、图 2-124、图 2-130、图 2-131 和图 2-139 所示。

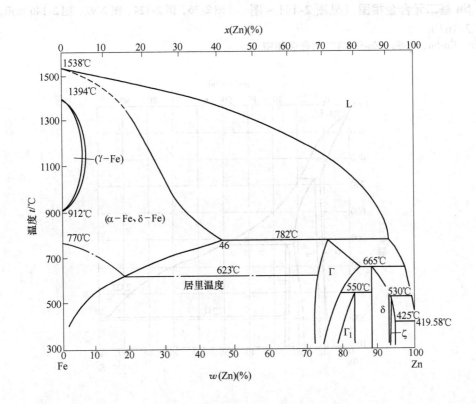

图 2-139　Zn-Fe 二元合金相图

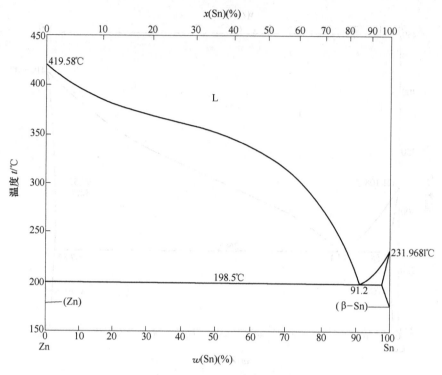

图 2-140 Zn-Sn 二元合金相图

2.2.8 Sn 基二元合金相图（见图 2-141 ～ 图 2-161）

Al-Sn、Cu-Sn、Ti-Sn、Zn-Sn 的二元合金相图如

图 2-36、图 2-124、图 2-92、图 2-140 所示。

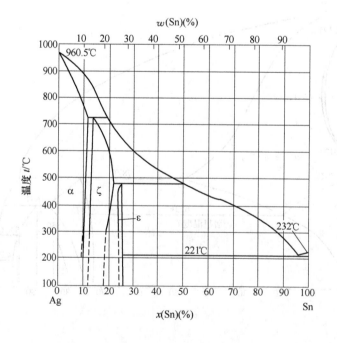

图 2-141 Sn-Ag 二元合金相图

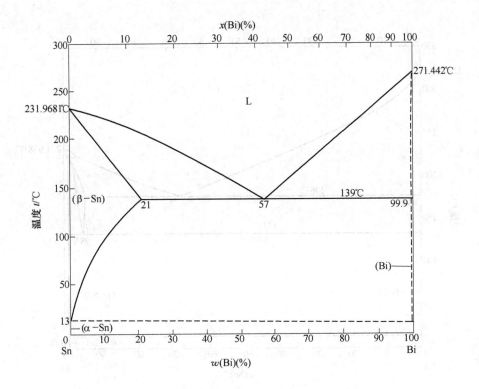

图 2-142　Sn-Bi 二元合金相图

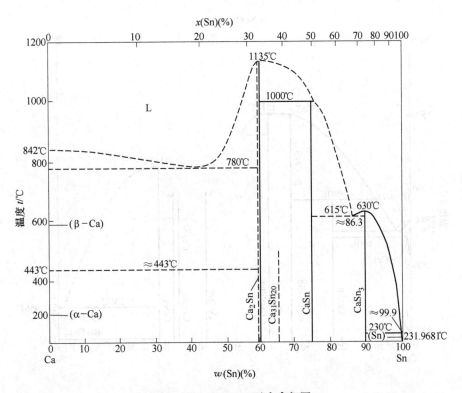

图 2-143　Sn-Ca 二元合金相图

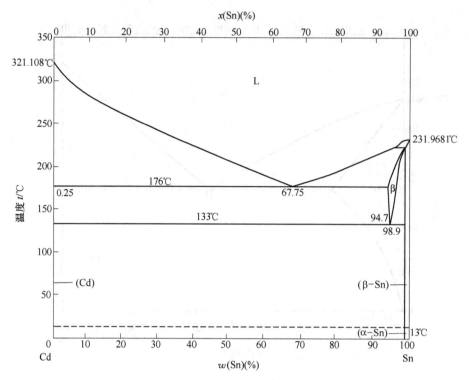

图 2-144　Sn-Cd 二元合金相图

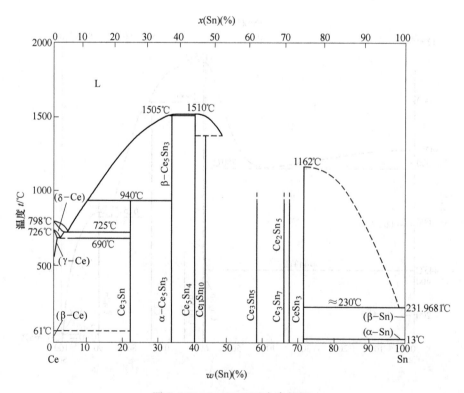

图 2-145　Sn-Ce 二元合金相图

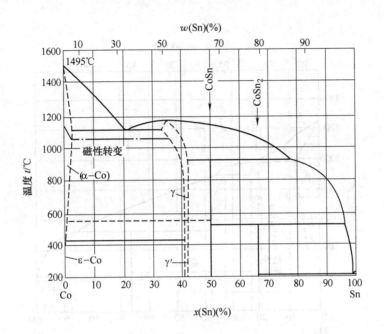

图 2-146　Sn-Co 二元合金相图

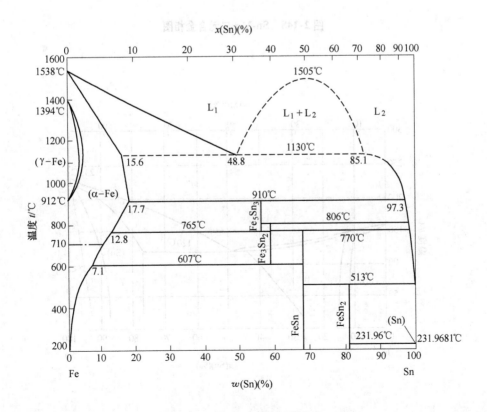

图 2-147　Sn-Fe 二元合金相图

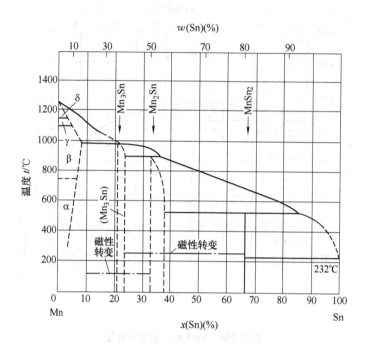

图 2-148　Sn-Mn 二元合金相图

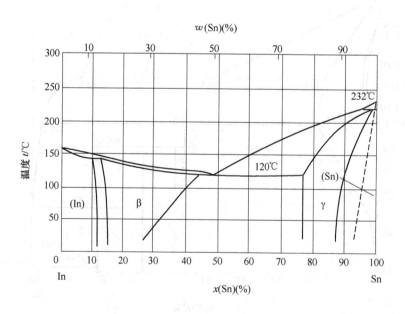

图 2-149　Sn-In 二元合金相图

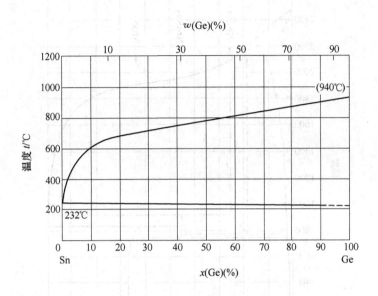

图 2-150　Sn-Ge 二元合金相图

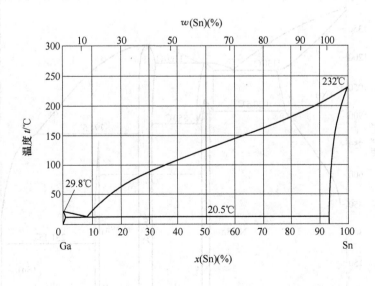

图 2-151　Sn-Ga 二元合金相图

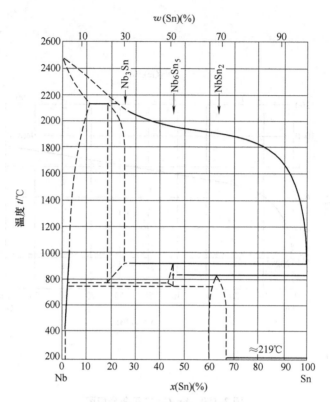

图 2-152　Sn-Nb 二元合金相图

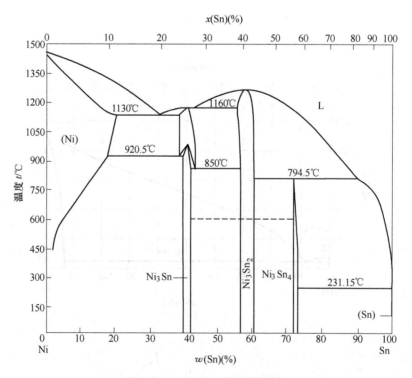

图 2-153　Sn-Ni 二元合金相图

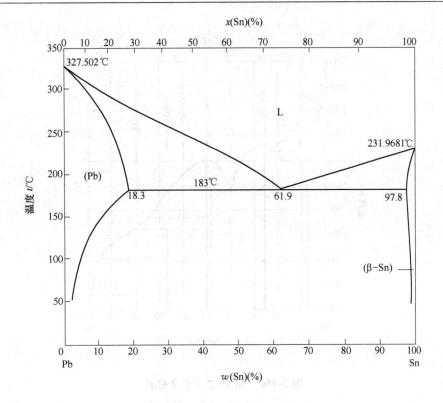

图 2-154   Sn-Pb 二元合金相图

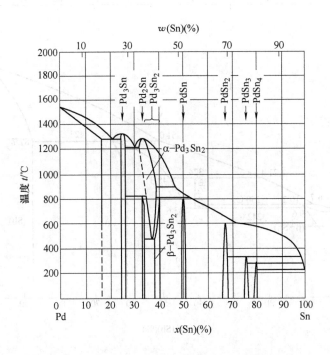

图 2-155   Sn-Pd 二元合金相图

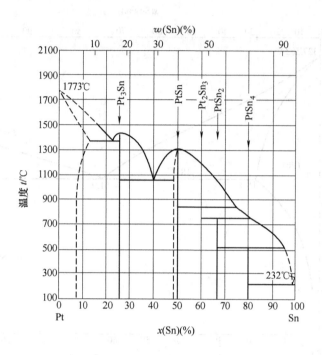

图 2-156　Sn-Pt 二元合金相图

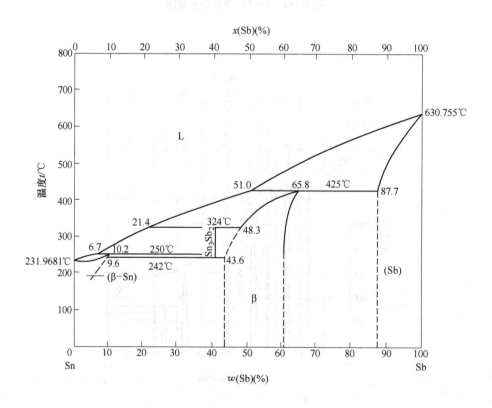

图 2-157　Sn-Sb 二元合金相图

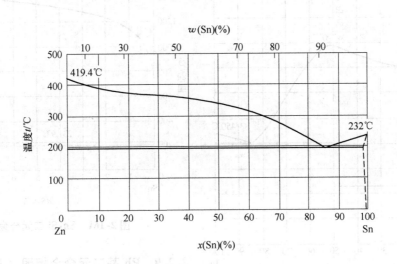

图 2-158　Sn-Zn 二元合金相图

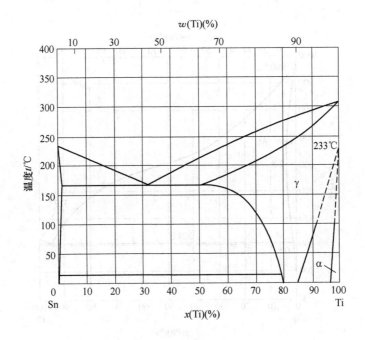

图 2-159　Sn-Ti 二元合金相图

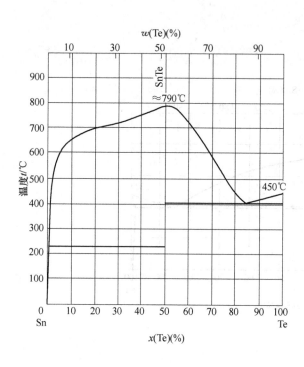

图 2-160　Sn-Te 二元合金相图

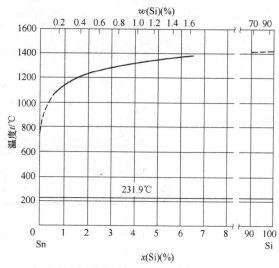

图 2-161　Sn-Si 二元合金相图

2.2.9　Pb 基二元合金相图（见图 2-162 ~ 图 2-178）

Al-Pb、Cu-Pb、Sn-Pb 的二元合金相图如图 2-30、图 2-116、图 2-154 所示。

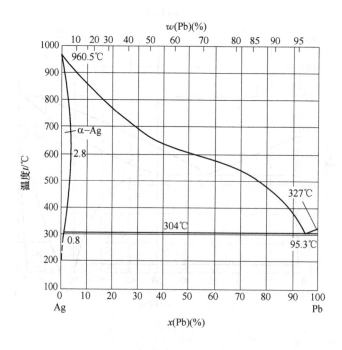

图 2-162　Pb-Ag 二元合金相图

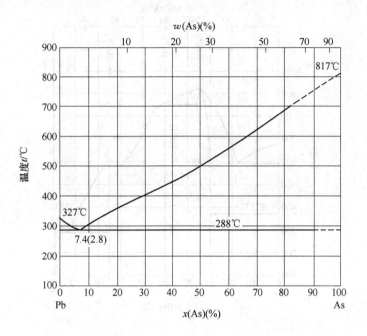

图 2-163　Pb-As 二元合金相图

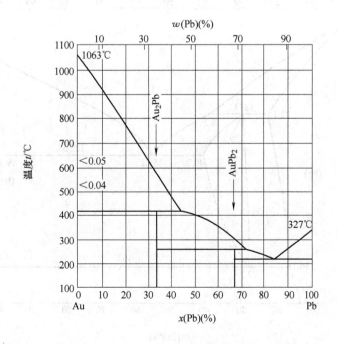

图 2-164　Pb-Au 二元合金相图

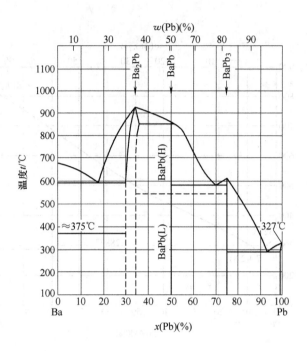

图 2-165　Pb- Ba 二元合金相图

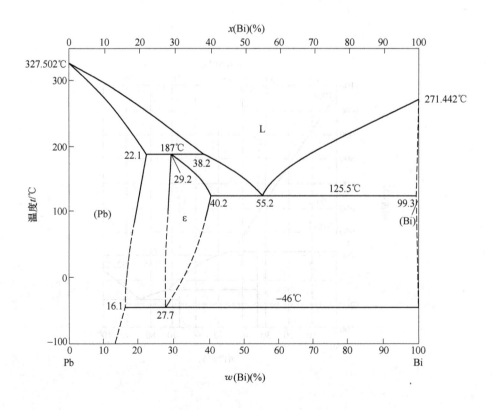

图 2-166　Pb- Bi 二元合金相图

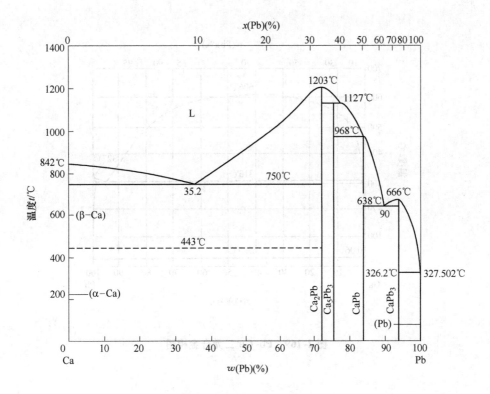

图 2-167　Pb-Ca 二元合金相图

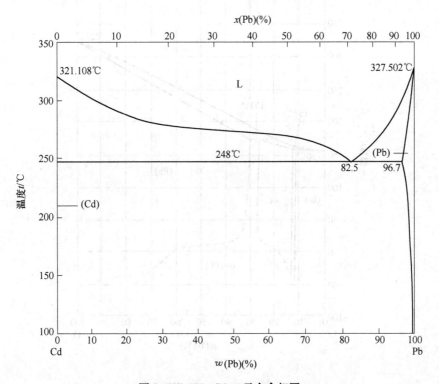

图 2-168　Pb-Cd 二元合金相图

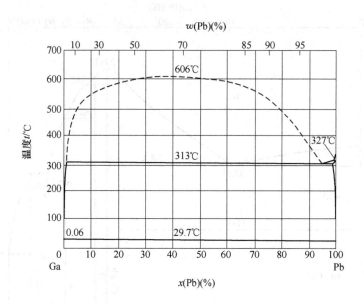

图 2-169　Pb-Ga 二元合金相图

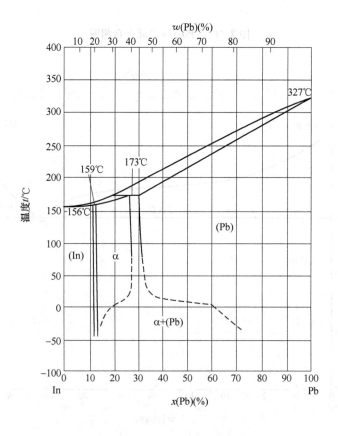

图 2-170　Pb-In 二元合金相图

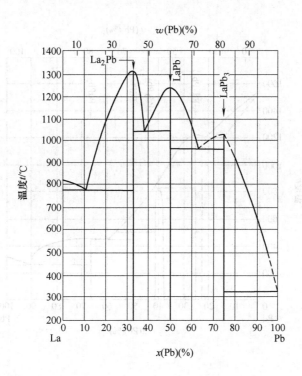

图 2-171 Pb-La 二元合金相图

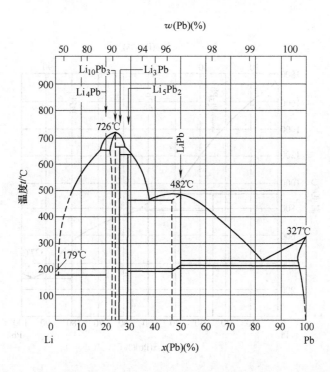

图 2-172 Pb-Li 二元合金相图

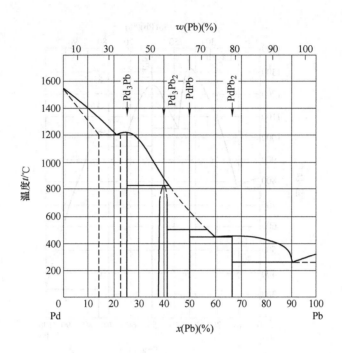

图 2-173　Pb-Pd 二元合金相图

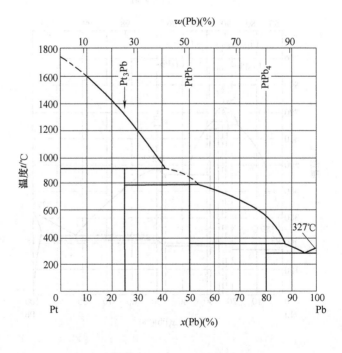

图 2-174　Pb-Pt 二元合金相图

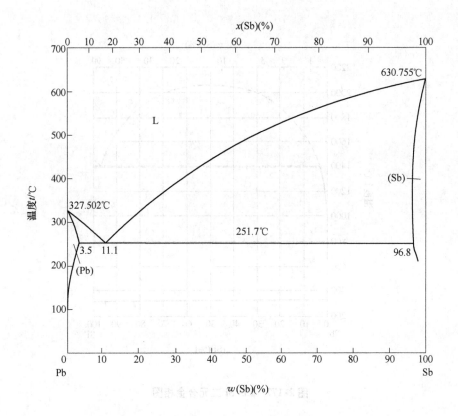

图 2-175　Pb-Sb 二元合金相图

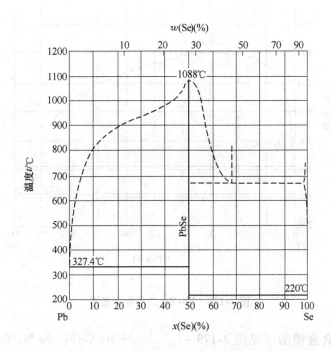

图 2-176　Pb-Se 二元合金相图

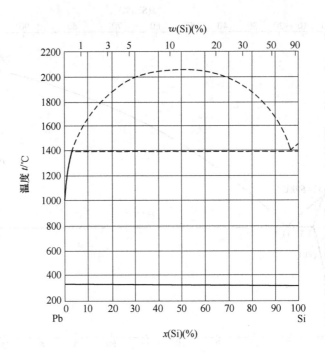

图 2-177　Pb-Si 二元合金相图

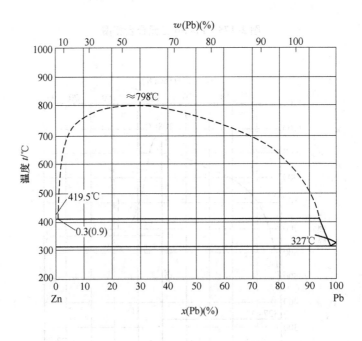

图 2-178　Pb-Zn 二元合金相图

2.2.10　Ni 基二元合金相图（见图 2-179 ～ 图 2-208）

Al-Ni、Cu-Ni、Mg-Ni、Sn-Ni、Ti-Ni 的二元合金相图如图 2-28、图 2-113、图 2-66、图 2-153、图 2-88所示。

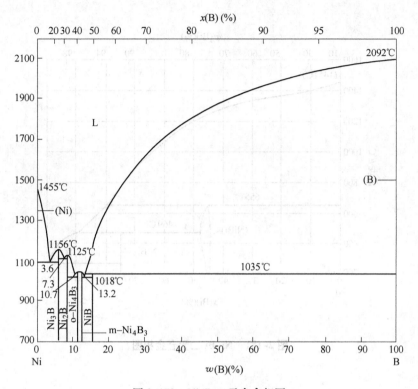

图 2-179　Ni-B 二元合金相图

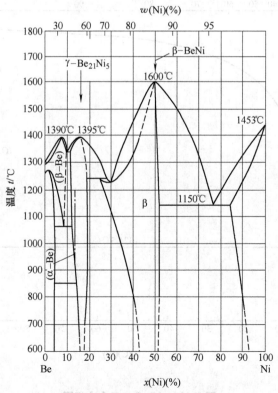

图 2-180　Ni-Be 二元合金相图

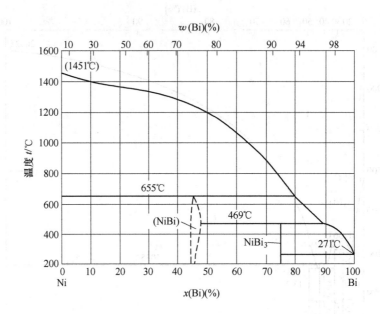

图 2-181　Ni-Bi 二元合金相图

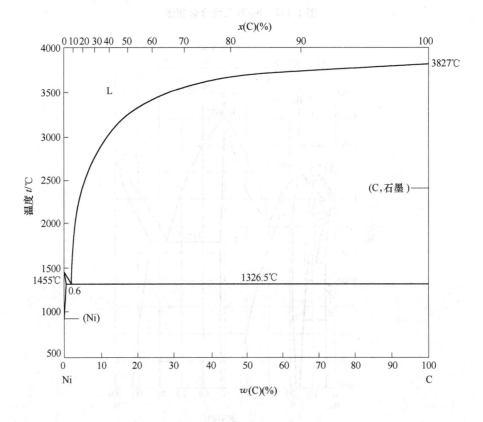

图 2-182　Ni-C 二元合金相图

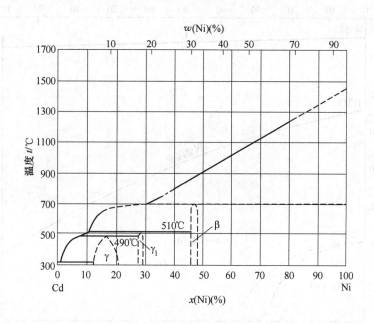

图 2-183 Ni-Cd 二元合金相图

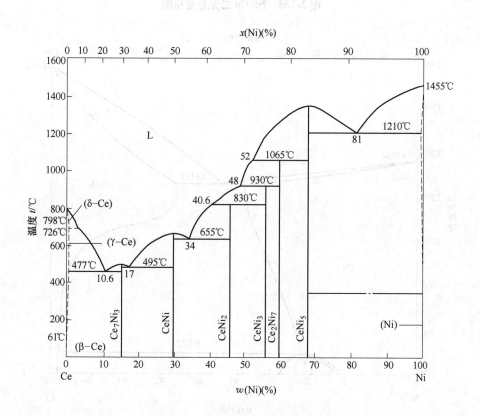

图 2-184 Ni-Ce 二元合金相图

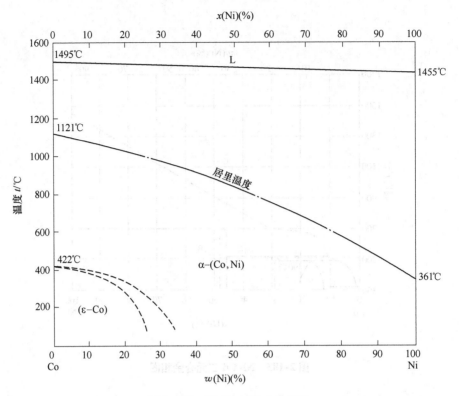

图 2-185　Ni- Co 二元合金相图

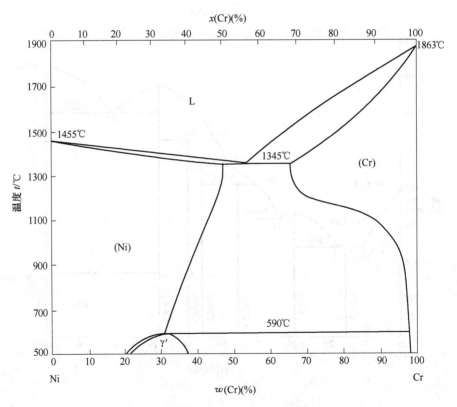

图 2-186　Ni- Cr 二元合金相图

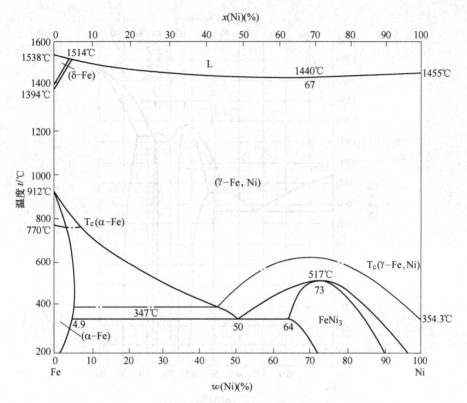

图 2-187　Ni- Fe 二元合金相图

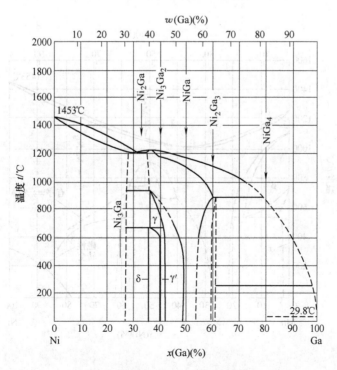

图 2-188　Ni- Ga 二元合金相图

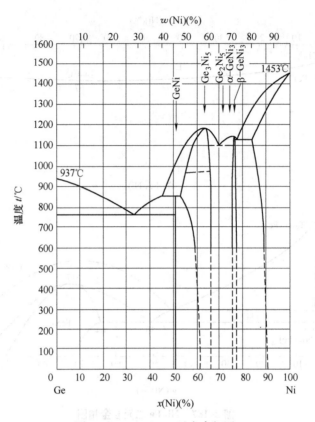

图 2-189　Ni-Ge 二元合金相图

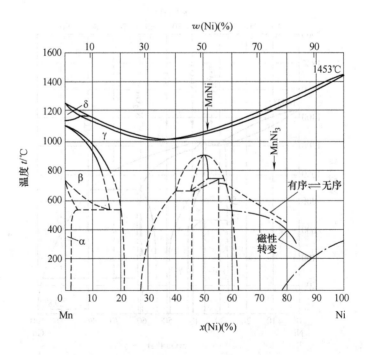

图 2-190　Ni-Mn 二元合金相图

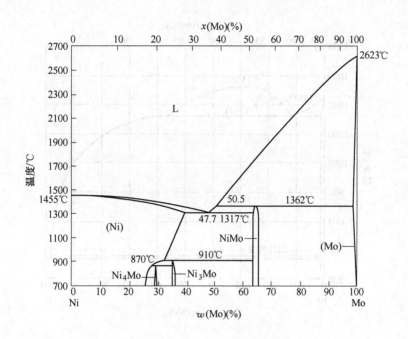

图 2-191 Ni-Mo 二元合金相图

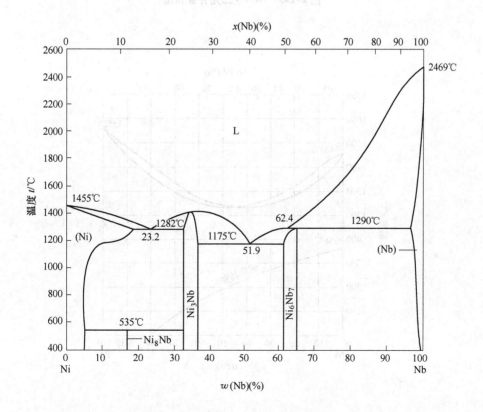

图 2-192 Ni-Nb 二元合金相图

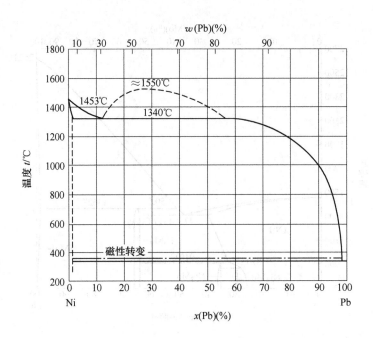

图 2-193　Ni-Pb 二元合金相图

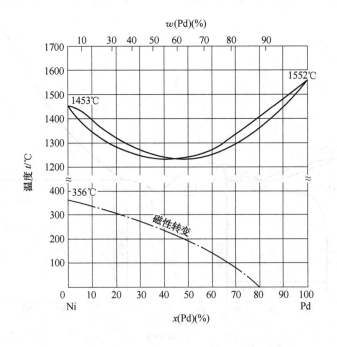

图 2-194　Ni-Pd 二元合金相图

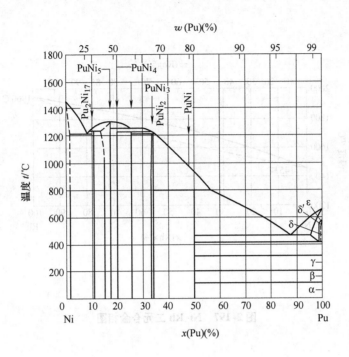

图 2-195 Ni-Pu 二元合金相图

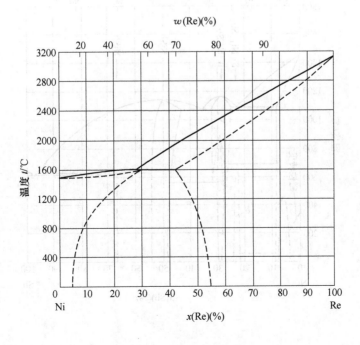

图 2-196 Ni-Re 二元合金相图

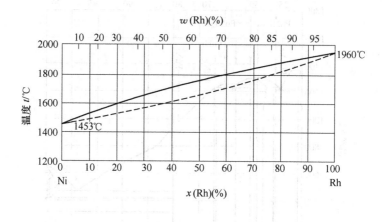

图 2-197　　Ni-Rh 二元合金相图

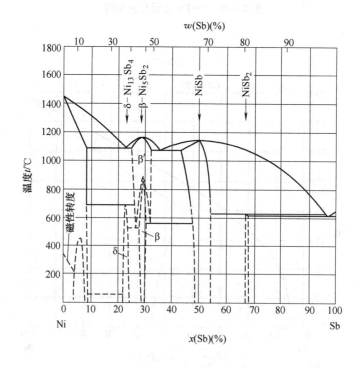

图 2-198　　Ni-Sb 二元合金相图

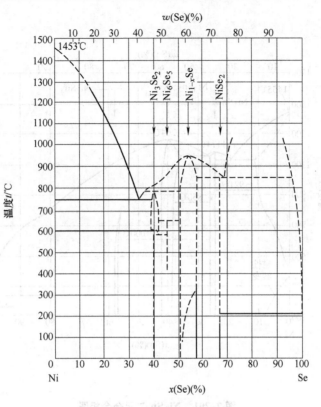

图 2-199　Ni- Se 二元合金相图

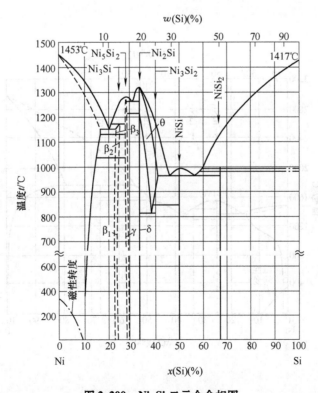

图 2-200　Ni- Si 二元合金相图

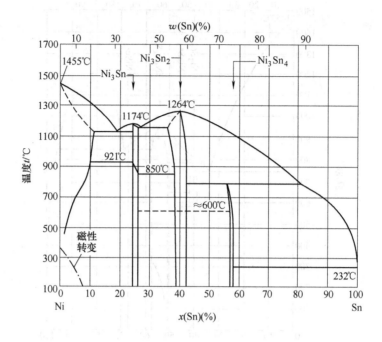

图 2-201　Ni-Sn 二元合金相图

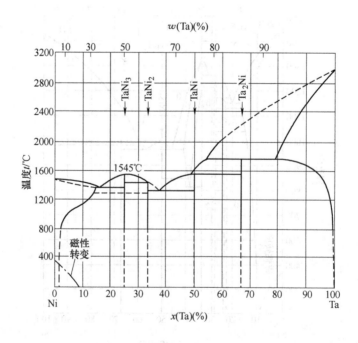

图 2-202　Ni-Ta 二元合金相图

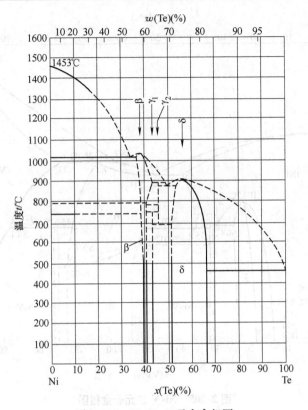

图 2-203　Ni-Te 二元合金相图

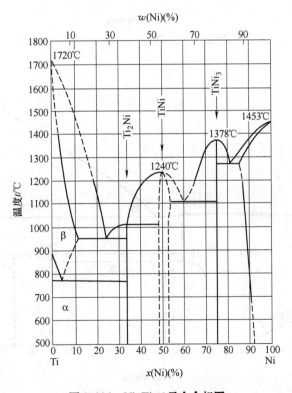

图 2-204　Ni-Ti 二元合金相图

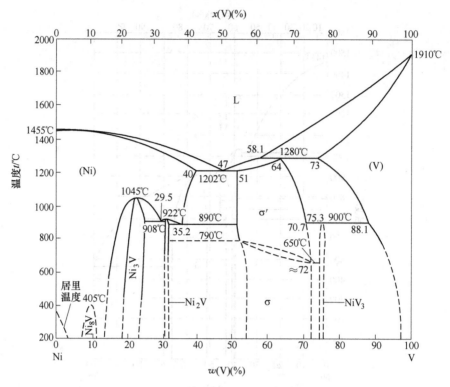

图 2-205　Ni- V 二元合金相图

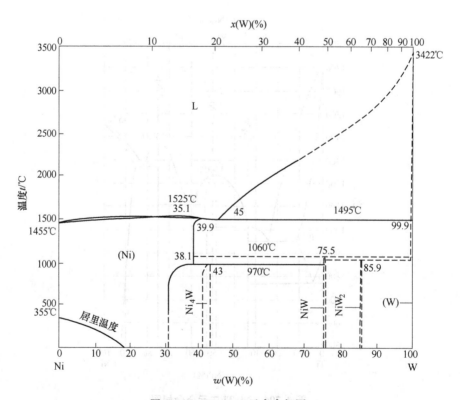

图 2-206　Ni- W 二元合金相图

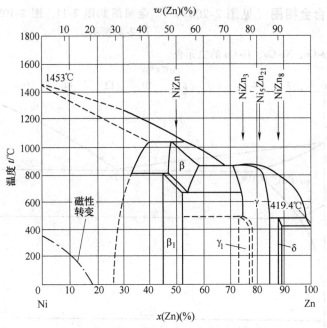

图 2-207　Ni-Zn 二元合金相图

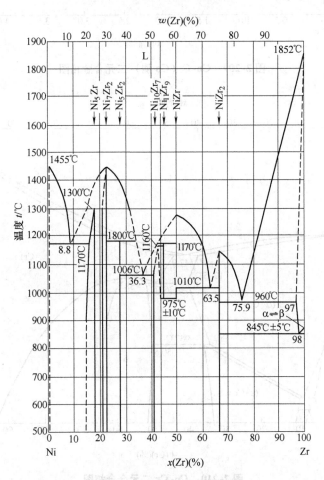

图 2-208　Ni-Zr 二元合金相图

2.2.11 Co 基二元合金相图（见图 2-209 ~ 图 2-215）

Al-Co、Cu-Co、Mg-Co、Ni-Co、Ti-Co 的二元合

金相图如图 2-11、图 2-105、图 2-58、图 2-185、图 2-81所示。

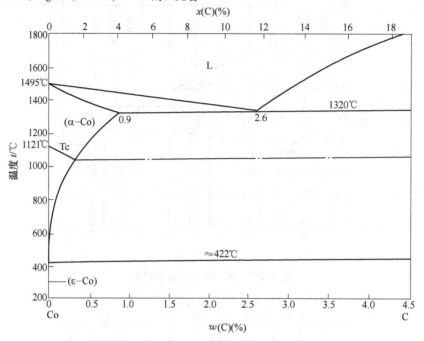

图 2-209　Co-C（Co 侧）二元合金相图

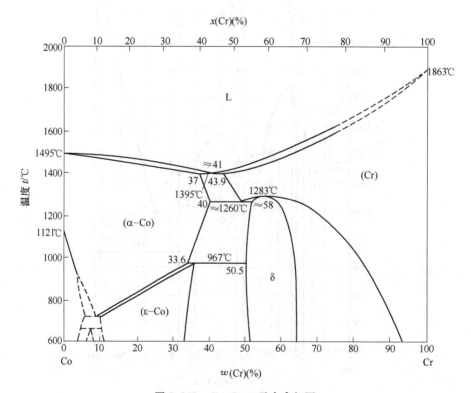

图 2-210　Co-Cr 二元合金相图

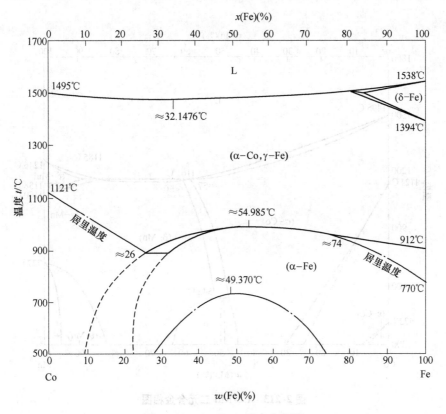

图 2-211　Co-Fe 二元合金相图

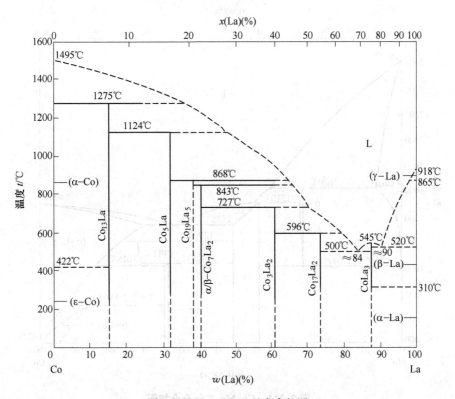

图 2-212　Co-La 二元合金相图

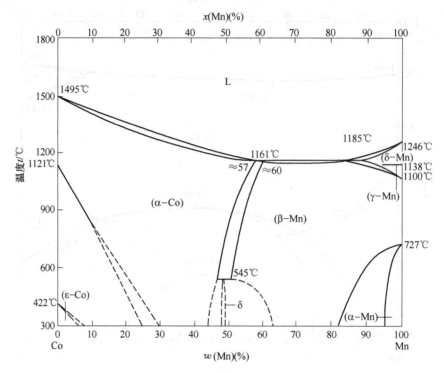

图 2-213　Co-Mn 二元合金相图

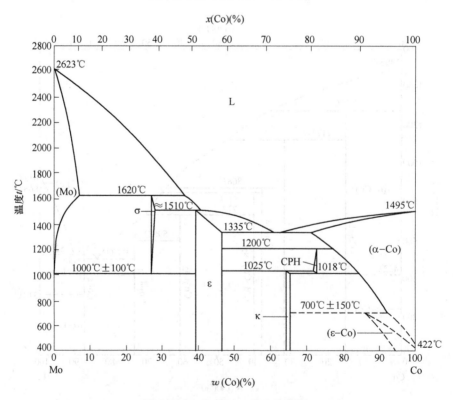

图 2-214　Co-Mo 二元合金相图

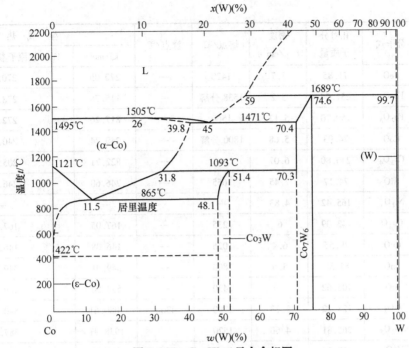

图 2-215 Co-W 二元合金相图

2.3 熔炼过程的物理化学基础与精炼效果的检测

2.3.1 各种金属氧化物的性质

了解一些金属氧化物的基本物化性质对于正确掌握和控制铸造非铁合金的熔炼工艺过程十分重要，Si、P 等非金属元素经常被应用到非铁合金熔炼中。一些金属氧化物的性质见表 2-3。

表 2-3 一些金属氧化物的性质

氧化物名称	分子式	相对分子质量	密度/(g/cm³)	熔点/℃	沸点/℃	生成热	
						kJ/mol	1mol 氧原子参加反应时/kJ
氧化锂	Li_2O	29.88	2.02	1700	—	595.78	595.78
氧化铍	BeO	25.01	3.02	2530	3900	565.22	565.22
氧化钠	Na_2O	61.98	2.27	1275	1950	421.61	421.61
氧化镁	MgO	40.30	2.35	2800	3600	610.44	610.44
三氧化二铝	Al_2O_3	101.96	4.00	2000	2200	1687.28	562.41
二氧化硅	SiO_2	60.08	2.65	1710	2230	854.11	427.05
五氧化二磷	P_2O_5	141.94	2.39	—	347 升华	1557.49	311.50
氧化钾	K_2O	94.20	2.32	—	—	360.90	360.90
氧化钙	CaO	56.08	3.32	2570	2850	637.02	637.02
二氧化钛	TiO_2	79.90	4.26	1825	—	912.72	456.36
三氧化二钒	V_2O_3	149.88	4.87	1790	—	1239.29	413.24
五氧化二钒	V_2O_5	181.88	3.35	800	1750 分解	1829.63	365.93
三氧化二铬	Cr_2O_3	151.99	5.21	1900	—	1172.30	390.75
三氧化铬	CrO_3	99.99	2.7	197 分解	—	583.22	194.39
氧化锰	MnO	70.94	5.18	1650	—	389.79	389.79
二氧化锰	MnO_2	86.94	5.03	>230 分解	—	525.02	260.00

（续）

氧化物名称	分子式	相对分子质量	密度/(g/cm³)	熔点/℃	沸点/℃	生成热	
						kJ/mol	1mol 氧原子参加反应时/kJ
氧化亚铁	FeO	71.85	5.7	1420	—	270.05	270.05
四氧化三铁	Fe₃O₄	231.54	5.2	1538 分解	—	115.78	278.84
三氧化二铁	Fe₂O₃	159.70	5.12	1560	—	817.26	272.39
氧化钴	CoO	74.93	5.68	1800 分解	—	240.74	240.74
四氧化三钴	Co₃O₄	240.80	6.07	—	—	822.71	205.66
氧化镍	NiO	74.17	7.45	1655	—	246.60	246.60
三氧化二镍	Ni₂O₃	165.42	4.83	—	—	—	—
氧化亚铜	Cu₂O	143.09	6	1235	—	167.05	167.05
氧化铜	CuO	79.55	6.4	1026	—	146.08	146.08
氧化锌	ZnO	81.38	5.6	1800	—	349.01	349.01
氧化锶	SrO	103.62	4.7	2430	—	589.50	589.50
二氧化锆	ZrO₂	123.22	5.73	2700	4300	1080.61	540.31
五氧化二铌	Nb₂O₅	265.81	4.60	1520	—	1938.91	387.70
二氧化钼	MoO₂	127.94	6.44	—	—	544.28	272.14
三氧化钼	MoO₃	143.94	4.50	795	1150	755.30	251.75
氧化银	Ag₂O	231.74	7.14	300 分解	—	29.10	29.10
氧化镉	CdO	128.40	7.5	1420	1380 升华	260.42	260.42
氧化锡	SnO	134.69	6.95	1040	—	284.28	284.28
二氧化锡	SnO₂	150.69	7.0	1627	2250	568.57	284.28
三氧化二锑	Sb₂O₃	291.50	5.67	656	1570	700.87	233.62
四氧化二锑	Sb₂O₄	307.50	6.2	1060 分解	—	817.64	204.40
五氧化二锑	Sb₂O₅	323.50	3.78	450 分解	—	960.28	192.05
氧化钡	BaO	153.34	5.72	1920	2000	557.26	557.26
二氧化钡	BaO₂	169.34	4.96	赤热时分解	—	638.07	319.03
二氧化铈	CeO₂	172.12	7.3	1950	—	977.20	488.60
二氧化钨	WO₂	215.85	12.11	1300	1600 分解	546.38	273.19
五氧化二钨	W₂O₅	447.70	—	—	—	1356.52	271.30
三氧化钨	WO₃	231.85	7.16	1473	—	819.36	273.10
氧化亚铅	Pb₂O	430.40	8.34	—	—	214.78	214.78
氧化铅	PbO	223.20	9.53	888	—	220.64	220.64
三氧化二铋	Bi₂O₃	465.96	8.55	860	1900	576.94	192.30
氧化铋	BiO	225.00	7.15	—	—	206.28	206.28

2.3.2　金属液的吸气与除气

1. 金属液的吸气特性

各种非铁金属及其合金都有自己的吸收气体特

性。为研究这种特性，常将在一定压力和温度条件下金属液吸收气体的饱和浓度称为该条件下气体在该金属液中的溶解度，并常用每100g金属液含有的气体在标准状态下的体积（即 mL/100g）来表示。对于一定的纯金属液或一定成分的合金，其气体溶解度主要受到压力和温度的影响。

由物理化学可知，通常气体在金属液中的溶解是一个化学吸附和扩散过程。对于双原子气体（如氢），气体在金属液中的溶解度与压力、温度的关系可表示为

$$S = K_0 e^{-\frac{\Delta Q}{2RT}} \sqrt{p} \qquad (2-1)$$

式中　S——气体在金属液中的溶解度；

　　　p——气体分压力；

　　　T——金属液的热力学温度；

　　　R——摩尔气体常数；

　　　ΔQ——气体溶解热；

　　　K_0——常数。

当金属液温度（T）一定时，则式（2-1）可改写为

$$S = K\sqrt{p} \qquad (2-2)$$

式中　K——常数。

即在此情况下，双原子气体在金属液中的溶解度与气体分压力的平方根成正比，符合西华特（Sievert）定律。

当气体分压力一定时，气体在金属液中的溶解度有一个随温度而变化的一般规律。这种规律取决于气体溶解热 ΔQ 的符号。一般金属液的吸气过程为吸热反应，即 $\Delta Q > 0$，溶解度随温度的升高而增加。Al、Mg、Cu、Ni 等金属液中氢的溶解度变化均如此，如图 2-216 所示。当金属在固态时，气体的溶解度很小，并且随温度的升高，增加得也很少；当金属达到熔点时，气体的溶解度突然急剧增加，而且达到熔点时的金属液所溶解的气体要比熔点时的固态金属多很多；当金属全部熔融后，气体的溶解度随温度的继续升高而增加很快。不同的金属具有不同程度的吸气倾向。Al、Ni 等金属在熔炼过程中表现出较大的吸气倾向。显然，如果金属在熔炼中吸收的大量气体在凝固前来不及排出，将会导致铸件产生较多的析出性气体缺陷。此外，根据金属凝固期间气体溶质的再分配理论，即便金属液中含有低于溶解度的少量气体，也可能随着凝固的进行而引起液相中气体的不断富集，直至超过气体的溶解度，致使在铸件最后凝固的部位出现析出性气孔缺陷，影响铸件性能。

若气体在金属中的溶解过程是放热反应，即 $\Delta Q < 0$ 时，溶解度将随温度的升高而降低。Ti、Zr、Pd、Th 等少数金属溶解氢时就存在这种情形，如图 2-217 所示。

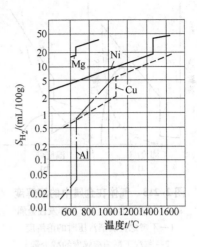

图 2-216　在 0.1MPa 气压下氢在 Al、Mg、Cu、Ni 中的溶解度

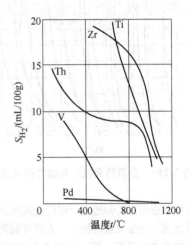

图 2-217　氢在 Ti、Zr、Pd、Th、V 中的溶解度

应该指出，气体在金属中的溶解度与温度的关系还会受到蒸汽压的影响。事实上，虽然多数金属溶解气体的过程是吸热反应，但是气体的溶解度不会随金属液温度的升高而无限度地增加。当气体溶质的浓度升高到能析出凝聚相时便达到了极限溶解度。此后，金属液的温度越接近沸点，气体的溶解度越降低，达到沸点时降低为零，如图 2-218 所示。金属的蒸汽压与温度密切相关，如图 2-219 所示。

Mg、Zn 等金属在其熔炼温度下具有较大的蒸汽压，属于易挥发性金属。Cu、Al 等金属则属于难挥发性金属，在其熔炼温度时具有很小的蒸汽压，并且不会随温度产生较大的变化，故其蒸汽压对气体溶解度的影响不大。

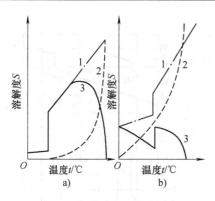

图 2-218 气体在金属中的溶解度

a) 难挥发性金属 b) 易挥发性金属

1—不考虑金属蒸汽压时的溶解度
2—蒸汽压影响溶解度的减少量
3—受蒸汽压影响后的溶解度

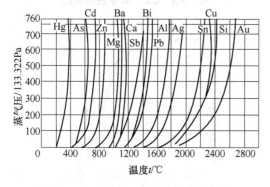

图 2-219 金属的蒸汽压与温度的关系

还应特别指出:①铸造生产中广泛采用的是合金而不是纯金属。合金元素的加入一方面可能使上述溶解特性曲线升高或降低;另一方面由于合金存在液、固两相平衡共存的温度区间,从而改变了溶解特性曲线在熔点处的突变特征。②在生产条件下,金属液的实际气含量还要受到金属液面形成的氧化膜的影响。连续而致密的氧化膜对金属液吸气有保护作用,可是与氢气作用的氧化膜能成为载体,被卷入金属液后便会增加金属液中的含气量。

2. 金属液中气体的来源

已有的研究表明,在许多金属液中溶解的气体主要是氢。因此,在这些金属液中的"气含量"常被近似的视为"氢含量"。

通常,金属液中的氢不是来源于炉气组成中的 H_2,这是因为:①大气中氢分压极微,远远低于金属液中的氢分压;②分子态的氢只有离解为原子态的氢才能被金属液吸收。研究还表明,金属中的氢主要来源于金属液和水蒸气的反应,如铝在液态下与水蒸

气发生下列反应:

$$2Al_{(液)} + 3H_2O_{(气)} = \gamma(Al_2O_{3(固)}) + 6(H)_{(溶于铝液中)}$$

$$(2-3)$$

此外,铝锈 $[Al(OH)_3]$、油脂也会通过反应成为铝液吸氢的来源。

3. 金属液的除气

首先,为了消除金属液因吸气给铸件生产带来的严重危害,从根本上说,应贯彻预防为主的原则,即严防水气及各种油污被带入熔炉,以尽量减少或防止气体进入金属液。为此,熔炼前要认真做好金属炉料、熔剂、坩埚和工具等的准备工作,杜绝水蒸气来源,尽可能快速熔化,避免金属液过热和在高温下长时间停留,熔炼中要尽量减少搅动金属液等。

其次,在金属液出炉前,应对其施行除气处理,以脱除金属液中所吸收的气体。通常,称此工艺为除气精炼或除气净化,常用的方法主要有:

(1) 气泡浮游除气法 例如,向铝液内加入氯盐(如 $ZnCl_2$ 等)或氯化物(如 C_2Cl_6 等)或各种低毒(或无毒)的复合盐类精炼剂;吹入不溶于铝液的惰性气体(如 Ar、N_2 等)或活性气体(如 Cl_2 等)或混合气体 [如 N_2-3%~5% Cl_2(体积分数)、N_2-3%~5% CCl_4(体积分数)等],从而直接或间接(通过化学反应)地在铝液内生成大量的不溶于铝液的气泡(如 $AlCl_3$、C_2Cl_4、Ar、N_2、Cl_2 等气泡),以促使铝液中溶解状态的气体原子向这些气泡扩散,进入其中,形成气体分子,同时伴随着气泡的向上浮游而被去除。

(2) 真空除气法 即通过降低金属液面上气体分压力的途径,减少金属液中的气体溶解度,以达到除气的目的。

(3) 氧化除气法 对于能溶解氧的金属液,可以通过使金属液增氧的途径来实现除氢的目的,然后再脱氧处理。下面以铜液为例加以说明。

水蒸气 $[H_2O_{(气)}]$ 不能直接溶入铜液,但在熔炼的高温下,水蒸气与铜液发生下列反应:

$$2Cu_{(液)} + H_2O_{(气)} = Cu_2O_{(溶入铜液中)} + 2H_{(溶入铜液中)}$$

$$(2-4)$$

反应式 (2-4) 产生的氢以原子态 [H] 溶入铜液中,而生成的 Cu_2O 能直接溶入铜液中,即相当于氧以原子态 [O] 溶于铜液中。因此式 (2-4) 可以写成

$$H_2O_{(气)} = 2[H] + [O]$$

$$(2-5)$$

当反应式 (2-5) 达到平衡时,满足下式

$$K = \frac{[H]^2[O]}{p_{H_2O(气)}}$$

$$(2-6)$$

式中 K——平衡常数,取决于铜液温度;

$p_{H_2O(气)}$——炉气中水蒸气分压力；

[H]——铜液中的氢含量；

[O]——铜液中的氧含量。

显然，当铜液温度、水蒸气分压一定时，即当 K、$p_{H_2O(气)}$ 一定时，则由式（2-6）得

$$[H]^2[O] = 常数 \qquad (2-7)$$

于是，[H] 与 [O] 间存在一种相互制约的平衡关系，如图 2-220 所示。所谓氧化法除气，就是利用这种平衡关系，先有意识地使铜液增氧，以达到铜液除氢的目的；然后再对铜液进行脱氧处理，从而获得无氢无氧的铜液。

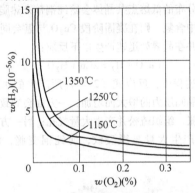

图 2-220　铜液中氢和氧的平衡关系

通过造成氧化性炉气氛，或者加入氧化性熔剂，或者吹入压缩空气等方法均可实现铜液的氧化除气。但这种除气方法仅能在熔炼纯铜或不含活泼元素的铜合金时实施。对含活泼元素的铜合金，只能在加活泼元素之前对铜液进行增氧去氢，并再经脱氧处理后方能加入活泼元素，否则会导致活泼元素的烧损，并在铜液中产生氧化夹杂。

（4）沸腾除气法　利用某些金属液（如含高锌的黄铜）熔炼后期造成的沸腾作用去除气体。

（5）冷凝除气法　即将金属液缓慢冷却到凝固温度，然后迅速加热至浇注温度，以得到除去气体的金属液。

2.3.3　金属液的氧化与脱氧

1. 金属液的氧化特性

绝大多数非铁金属及合金在熔炼过程中容易氧化，生成的金属氧化物有两种存在形式，即不溶性金属氧化物和直溶性金属氧化物。

（1）生成不溶性金属氧化物　在熔炼过程中，金属液与炉气中的氧反应而生成不溶于原金属液的金属氧化物时，此金属氧化物将以氧化膜的形式覆盖于金属液面。氧化膜的性质将控制着氧化过程，其主要的影响因素有两个：①元素或氧化膜本身的蒸汽压；②金属元素氧化后体积的变化。

金属元素或氧化膜本身的蒸气压越低，越稳定，则对金属液有良好的保护性能，可防止或减轻金属液的继续氧化，反之亦然。

金属元素氧化后体积的变化可用式（2-8）表示：

$$\eta = \frac{V_{Me_mO_n}}{mV_{Me}} \qquad (2-8)$$

式中　η——金属元素氧化后的体积变化比（见表 2-4）；

　　　Me_mO_n——金属氧化物的分子式通式，其中 m 为金属原子（Me）的数目，n 为氧原子（O）的数目；

　　　$V_{Me_mO_n}$——1mol 金属氧化物的体积；

　　　V_{Me}——1mol 金属原子的体积。

表 2-4　金属元素氧化后的体积变化比 η 值

金属元素	Be	Na	Mg	Al	Si	K	Ca	Ti	Ni	Zn	Sn	Pb
η	1.70	0.58	0.78	1.27	1.88	0.45	0.65	1.77	1.50	1.57	1.33	1.27

当 $\eta < 1$ 时，说明所生成的金属氧化物的体积小于氧化反应所消耗掉的金属的体积，则氧化膜是疏松的，氧就可以通过氧化膜的缝隙直接达到金属液，氧化膜对金属液没有保护作用，因此金属液的氧化速度不变，或者与时俱增。Mg、Ca、Na、K 等元素在液态下的氧化均属此种类型。

当 $\eta > 1$ 时，氧化膜中产生压应力。由于氧化膜的抗压强度比抗拉强度大，在较高的压力下氧化膜也不致破裂，因此氧化膜是致密而连续的，使氧与金属液的接触受到氧化膜的限制。随着氧化膜的增厚，氧化速度迅速降低，这对金属液的继续氧化有很好的抑制作用。例如，Al、Zn、Sn 等金属液，当表面形成了氧化膜后，氧化过程就变得缓慢起来，以至于不再向深层氧化。但当 $\eta \gg 1$ 时，压应力过大，氧化膜会发生局部破裂而降低其保护作用。

应该指出，合金液与纯金属液不同，合金液还含有其他合金元素，其中与氧亲和力最大的元素优先氧化并控制着氧化过程。例如，当纯铝熔化时，由于 Al_2O_3 膜致密而连续（$\eta_{Al} > 1$），因此随着 Al_2O_3 保护膜的形成，氧化过程很快减慢；但当熔炼 Al-Mg 合金时，因 Mg 对氧的亲和力比 Al 对氧的亲和力大，Mg 优先氧化，所生成的 MgO 膜又是不致密的（η_{Mg}

<1)，不但起不到保护作用，反而使合金液剧烈氧化，以致在熔炼中必须采取特殊的防氧化措施。又如，熔炼锌黄铜时，当加入对氧亲和力较大的元素Al时，由于表面上形成致密的 Al_2O_3 保护膜，即使铝含量不高（如铝的质量分数仅为 0.5%），就可大大减轻 Zn 的蒸发和氧化损失。

元素与氧亲和力的大小一般用其氧化物的生成热（见表2-3）或分解压来判断。氧化物的生成热越大，分解压越小，该元素与氧的亲和力就越大。根据与氧亲和力的大小，可将常见的合金元素按从大到小的顺序排列为：Be→Mg→Al→Ce→Ti→Si→Mn→Cr→Zn→Ni→Cu。还应指出，无论所生成的金属氧化膜对金属液的继续氧化有无抑制作用，在熔炼过程中因搅拌操作等原因将其卷入金属液时，就会成为金属液中的非金属夹杂物，从而导致铸件中产生氧化夹杂物缺陷。同时，如前所述，这些氧化夹杂物往往会成为氢的载体，使金属液增氢。因此，如不能去除存在于金属液中的氧化夹杂物，势必为铸件生产带来极大危害。

（2）生成直溶性金属氧化物　纯铜的熔炼是这种情形的典型代表，现以此为例加以说明。

在熔炼纯铜的高温条件下，铜液与炉气中的氧接触，铜液表面很容易进行下列氧化反应：

$$4Cu + O_2 = 2Cu_2O \qquad (2\text{-}9)$$

反应后生成了氧化亚铜 Cu_2O。这种金属氧化物的特点：①能直接溶解于金属液中；②具有较高的分解压，易使活泼的合金元素氧化。

当 Cu_2O 在铜液表面生成后，便按 Cu-O 二元相图（见图2-114）所示的规律不断溶解于铜液中。随着温度的降低，Cu_2O 和 α 相在 1066℃ 时形成（α + Cu_2O）共晶体，并分布于晶界（见图2-221）。这种沿晶界分布的低熔点共晶体会给纯铜带来热脆性。如果铜液中含氢，则在凝固阶段 Cu_2O 与氢会同时大量析出，并在晶界处迅速产生以下反应：

$$Cu_2O + H_2 = 2Cu + H_2O\uparrow \qquad (2\text{-}10)$$

在凝固过程中，反应式（2-10）所产生的水蒸气的压力随晶间压力的增大而增加，一方面会导致凝固时铸件膨胀，组织疏松并产生大量气孔；另一方面会导致晶间产生大量显微裂纹，使纯铜变脆，即所谓"氢脆"。

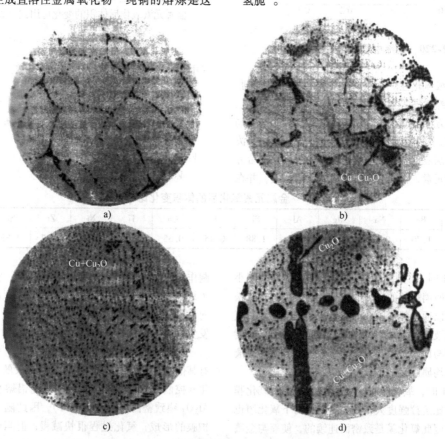

图 2-221　含微量氧的纯铜的显微组织

a) $w(O) = 0.05\%$　b) $w(O) = 0.15\%$　c) $w(O) = 0.39\%$　d) $w(O) = 0.50\%$

不同的氧化物分解压相差很大（见图 2-222），而其中 Cu_2O 的分解压又较高。因此，在铜液中溶解的大量 Cu_2O 未被除去之前加入活泼的合金元素（如 Al、Si 等）时，Cu_2O 会很快地将铜液中的合金元素氧化，生成不溶性的稳定的氧化物（如 Al_2O_3、SiO_2 等）悬浮弥散于铜液中，形成冶金缺陷，给铸件质量带来严重危害。

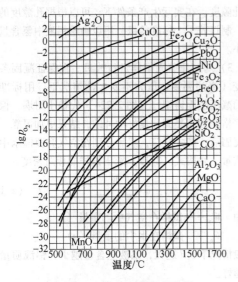

图 2-222　某些金属氧化物的分解压与温度的关系

2. 金属液中金属氧化物的去除

（1）生成不溶性金属氧化物　此种情形下，就是去除金属液中的氧化夹杂物，也称为金属液的去除夹杂物净化。去除铝液中的 Al_2O_3 等夹杂物就属于这种情形。

去除金属液中不溶性的氧化夹杂物的常用方法主要有熔剂法和过滤法。前者主要用于熔炼过程，因此也称熔炼精炼或熔剂净化；后者多数用于铸型之中，因此也称型内净化或过滤净化。

熔剂法去除金属液中不溶性氧化夹杂物的基本原理是，利用熔剂吸附和溶解金属液中的氧化夹杂物的能力，以达到去除这些氧化夹杂物的目的。当然，同时也去除了所吸附的氢。

在实际生产中对熔剂应有下列要求：

1）不与金属液发生相互作用，既不产生化学反应，也不相互溶解。

2）具有吸附或溶解金属氧化物的能力，即精炼能力。

3）熔点应略低于金属的熔炼温度，熔炼时能很好地起覆盖作用，浇注时容易结壳，以便扒除。

4）密度应与金属液有显著差别，以便于上浮和去除。

5）来源容易，价格便宜。

为了满足上述这些要求，生产中常用的熔剂多为多元盐类的混合物。当然，还应指出，气泡浮游等除氢净化方法在去除金属液中的氧化夹杂物方面也有一定的作用。

（2）生成直溶性金属氧化物　此种情形下，所谓去除金属氧化物，就是使金属液脱氧，即使溶解在金属液中的氧化物还原的过程。对铜液而言，即使铜液中的 Cu_2O 还原的过程。其脱氧的基本原理是，在金属液中加入一种与氧的亲和力比该金属与氧的亲和力更大的元素，或者加入一种其氧化物的分解压比该金属氧化物分解压更小的元素，通过化学反应，将金属氧化物中的金属还原出来，而生成的脱氧产物上浮至液面并被排除。加入金属液中能使金属氧化物还原的这种物质，称为脱氧剂。若以 Me 代表金属，R 代表脱氧剂，则脱氧反应可写成如下通式：

$$MeO + R \rightarrow Me + RO \qquad (2-11)$$

在实际生产中对脱氧剂应有下列要求：

1）对溶解在金属液中的金属氧化物具有脱氧能力。

2）对金属液无危害。

3）脱氧产物应不溶于金属液，而且熔点低，密度小，易于凝聚、上浮和排除。

4）来源广泛，价格便宜。

根据脱氧原理，虽然许多元素对铜液中的 Cu_2O 都有还原作用（见图 2-222），但是能比较好地满足上述要求的脱氧剂并不多。在铸铜熔炼中广泛应用的脱氧剂是磷（P）。

熔池中的脱氧剂浓度越大，脱氧就越完全。但是，脱氧处理后的脱氧剂残留量也越多，以致会对金属产生不良影响，这也是不允许的，应特别注意。

根据脱氧剂的性质及脱氧反应的特点，常将金属液的脱氧剂分为 3 种类型：

1）可溶于金属液的脱氧剂。加入的脱氧剂能溶于金属液中并使脱氧反应在整个熔池内进行，如磷和铝都是可溶于铜液的脱氧剂。

2）表面脱氧。脱氧剂不溶于金属液中，脱氧反应仅在金属液面上进行，金属液内的金属氧化物只有不断地向界面扩散才能完成脱氧。例如，碳化钙（CaC_2）、硼化镁（Mg_3B_2）、木炭（C）和硼酐（B_2O_3）等均可作为铜液的表面脱氧剂。

3）沸腾脱氧剂。所加入的脱氧剂与氧作用后产生不溶于金属液的还原性气体。由于这种气体产生后立即上升，并在参加脱氧反应的同时引起金属液激烈的沸腾，故称为沸腾脱氧剂。熔炼纯铜时常用的青木就属于这种脱氧剂。

2.3.4　精炼效果的检测方法

许多铸造非铁合金在熔炼过程中都容易吸气、氧化，因此准确地检测其气含量和氧化夹杂物的含量对控制其冶金质量是至关重要的。在这方面，铝及铝合金的气含量和氧化夹杂物含量的检测具有代表性，现介绍如下。

1. 气含量的检测方法

如前所述，铝及铝合金中的气含量，常被近似地视为氢含量。氢含量的检测方法较多，这里仅介绍生产现场或实验室适用的减压凝固试样法、第一气泡法和 Telegas 法（常压凝固试样法放在第3章的铸造铝合金的熔炼和浇注中介绍）。

（1）减压凝固试样法　顾名思义，此法所浇注的试样是在减压条件下凝固的，因此也称减压凝固试验法（国外称 Straube-PfeifferTest）。减压凝固试样法检测铝液氢含量的试验装置如图 2-223 所示。试验时，取 100g 左右的铝液倒入预热的小坩埚内，随即将小坩埚迅速放入真空室内的绝热支架上，密封真空室之后立即开动真空泵抽出室内的空气，造成真空（通常，取剩余压力为 0.65 ~ 6.5kPa）。试样在真空室内停留片刻（大约 1min 左右）后开始凝固；溶解在铝液中的气体开始析出，同时在试样内部形成气泡，并在试样的表面上可以看到凸起现象。具体衡量铝液中氢含量的方法有三种。

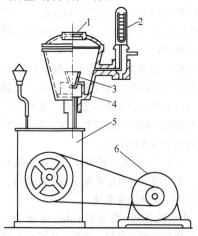

图 2-223　减压凝固试样法检测铝液
氢含量的试验装置

1—窥视孔　2—真空计　3—小坩埚
4—真空室　5—真空泵　6—电动机

1）从真空室的顶盖上的窥视孔直接观察铝液在

凝固过程中气体析出的情况以及凝固表面的状态，并将此情形分成若干个等级，以便大体上评估铝液中的含氢程度。

2）取出已凝固的试样，将它沿垂直面切成两半，将一半制成宏观磨片，用以确定气泡的数量、尺寸以及在整个截面上分布的情况，从而求得气泡所占的面积，并以气泡面积与总截面面积之比来表示试样的孔隙度。在实际生产条件下，可以根据孔隙度的不同，制订若干个标准等级，用以衡量铝液中氢含量的大小。

3）对减压凝固试样进行改进。在保证凝固条件不变（浇注温度、压力不变）的情况下，用标准形状的减压凝固铸型（见图 2-224）代替小坩埚，保证了严格的顺序凝固和良好的补缩，结果更加可靠。试样凝固后，切去冒口，然后分别在空气和蒸馏水中称出重量，并按式（2-12）求出试样的相对密度 d

$$d = \frac{W_a}{W_a - W_w} \qquad (2\text{-}12)$$

式中　W_a——试样在空气中的重量（g）；
　　　W_w——试样在水中的重量（g）。

一般情况下，d 越大，铝液氢含量越少，铝液质量也就越好。

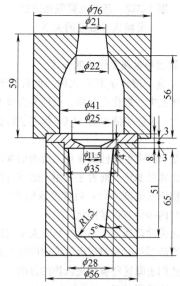

图 2-224　标准形状的减压凝固试样
铸型（上部为冒口，下部为试样）

这个方法的可靠性取决于冷却速度和减压速度。因此，试样的温度和压力的下降速度通常需在同一条件下进行。这个方法还受铝液纯净程度和有无气泡成核作用的介质的影响。若在用过滤方法得到的洁净的铝液中，即便气体含量高，也难以形成气泡。其结果破坏了密度和氢含量的相互关系，使表观气体含量降低了。由于过滤法显著地抑制了铝液中气泡的形成，因此对于不含有夹杂物且氢含量又小于 0.3mL/100g 的铝液，则难以测得正确的结果。为了提高灵敏度，有的在测定的铝液中添加含有 Al_2O_3 的试料，并在一边振动一边减压的条件下使其凝固，这样即使对氢含量为 0.1mL/100g 的铝液也能测得正确的结果。

采用减压凝固试样法检验时，对一定体积的试样，也可根据式 (2-13) 计算铝液中的氢含量：

$$S_H = [(W_0 - W_1)/W_1]K_S \qquad (2-13)$$

式中　S_H——铝液中的氢含量（mL/100g）；

W_0——不含气体的试样重量（g）；

W_1——已凝固试样的重量（g）；

K_S——常数。

$$K_S = (100T_1p_2)/D_0T_2p_1$$

式中　T_1——热力学温度（K）；

T_2——凝固温度（K）；

p_1——标准大气压（101325Pa）；

p_2——减压凝固时的压力（Pa）；

D_0——不含气体的试样密度（Mg/m^3）。

减压凝固试样法的灵敏度比常压凝固试样法高得多，也不受大气湿度的影响，设备较简单，因此在生产中获得较多的应用。但需注意的是，一定要仔细控制好铝液的冷却及降压速度。

（2）第一气泡法　这种方法是根据铝液表面冒出第一个气泡时的温度和压力来测定铝液氢含量的，所以称为"第一气泡法"，它是由 Dardel 于 1948 年发明的，因此也称 Dardel 法。第一气泡法检测铝液氢含量的试验装置如图 2-225 所示。

由于铝液表面有一层致密的氧化膜薄膜，使溶于铝液中的氢不能直接透过，则氢只好以分子状态气泡的形式而析出。铝液中析出气泡时应具备如下条件：

$$p_{H_2} > p_{(外)} = p_{at} + p_m + \frac{2\sigma}{\gamma} \qquad (2-14)$$

式中　p_{H_2}——铝液中的氢分压；

$p_{(外)}$——施加在铝液中氢气泡上的外部压力；

p_{at}——铝液上方的大气压力；

p_m——作用在氢气泡上的铝液静压力；

$\dfrac{2\sigma}{\gamma}$——铝液内产生氢气泡的附加压力，其中 σ 为铝液的表面张力，γ 为氢气泡的半径。

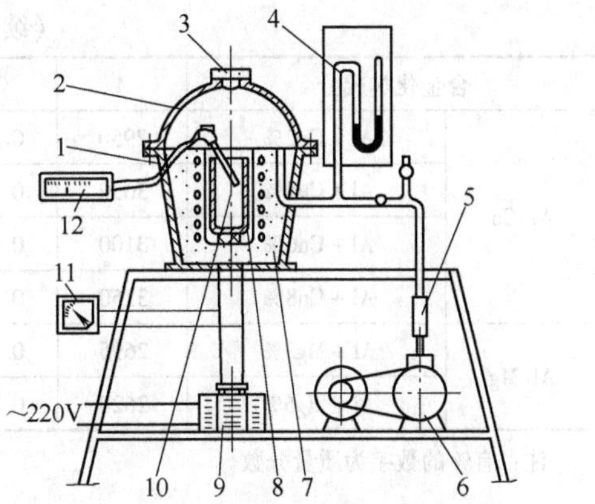

图 2-225　第一气泡法检测铝液氢含量的试验装置

1—真空罐底座　2—真空罐上盖　3—观察孔　4—压力计　5—真空胶皮管　6—真空泵　7—电阻炉　8—坩埚　9—调压变压器　10—热电偶　11—电压表　12—测温表

当在铝液面析出第一个气泡时，作用在液面处氢气泡上的铝液静压力 $p_m = 0$，而附加压力 $2\sigma/\gamma$ 可以忽略不计（气泡借助于氧化物成核），因此可以认为此时存在如下关系：

$$p_{H_2} \approx p_{(外)} = p_{at} \qquad (2-15)$$

由此还可以认为，突破铝液表面氧化膜而冒出第一个气泡时，铝液中的氢分压 p_{H_2} 等于铝液上方大气压力 p_{at}。于是，通过试样装置的窥视孔观察在抽真空过程中铝液表面何时冒出第一个气泡并同时测取此刻真空室内的压力（代表 p_{H_2}）和铝液的热力学温度 T，铝液中的氢含量便可由下式计算：

$$\lg S_{H_2} = -\frac{A}{T} + B + \frac{1}{2}\lg p_{H_2} \qquad (2-16)$$

式中　S_{H_2}——铝液中的氢含量（mL/100g 铝液）；

p_{H_2}——铝液中的氢分压（Pa）；

T——铝液的热力学温度（K）；

A、B——与铝液成分有关的常数，见表 2-5。

表 2-5　纯铝及某些铝合金的气体溶解度常数值

合金化学成分		A	B
纯铝		2760	0.294
Al-Si	Al + Si2%	2800	0.286
	Al + Si4%	2950	0.408
	Al + Si6%	3000	0.428
	Al + Si8%	3050	0.448
	Al + Si10%	3070	0.458
	Al + Si16%	3150	0.498

（续）

合金化学成分		A	B
Al-Cu	Al + Cu2%	2950	0.398
	Al + Cu4%	3050	0.438
	Al + Cu6%	3100	0.438
	Al + Cu8%	3150	0.438
Al-Mg	Al + Mg3%	2695	0.438
	Al + Mg6%	2620	0.508

注：有%的数字为质量分数。

由于氢含量是根据公式计算而不是直接测得的，所以第一气泡法属于间接测氢法。

第一气泡法的测试装置简单，操作容易，可以实现快速测定。但是，根据使用经验，较难判断第一个气泡。对于氧化夹杂物较低的铝液（如 Al_2O_3 的质量分数小于 0.016% 时），析出气泡开始滞后，当 100g 铝液中的氢含量小于 0.1mL 时，测量灵敏度也很小。因此，此法尚需改进。

（3）Telegas 法　此法也称气体遥测法。它是 Ransley 等人于 1957 年发明的。根据其原理已研制出各种仪器并应用于生产与科研中。

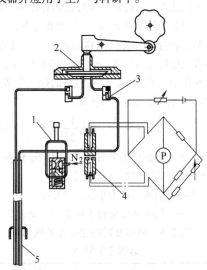

图 2-226　Telegas 法测氢装置的原理图
1—气体导入阀　2—循环泵　3—球形阀
4—热导析气计　5—氢气捕集器（探头）

图 2-226 所示为 Telegas 法测氢装置的原理图。其原理是基于这样的考虑：假定铝液中的氢是均匀分布的，若在铝液中提供一个自由表面，那么氢就会在这个表面上以 $2H \rightarrow H_2$ 的形式析出。对于平衡状态，溶解的氢与其压力的关系符合式（2-16），即

$$\lg S_{H_2} = -\frac{A}{T} + B + \frac{1}{2}\lg p_{H_2}$$

这里，p_{H_2} 被视为在铝液内提供的自由表面上所生成含氢气泡的氢分压。显然，测出 p_{H_2} 和铝液的热力学温度 T，便可知道铝液中的氢含量。

为了测定 p_{H_2}，向铝液内循环通入一定体积的惰性气体（Ar 或 N_2），则溶于铝液中的氢便向通入的循环载气内扩散，并经一定时间后气泡内氢分压与铝液内的氢含量（也可称氢分压）达到平衡。为此，可利用循环泵使一定量的惰性气体通过铝液进行循环，达到平衡后，便可通过热导析气计测出平衡氢分压 p_{H_2}，同时测出铝液温度 T，再根据式（2-16）和表 2-5 就可计算出铝液中的氢含量。

Telegas 法可以简单而迅速地求出铝液中氢含量的真值，而不受夹杂物的多少和氢含量低等因素的限制，因此受到国内外的普遍重视。

应用这种直接测氢法的典型仪器是美国铝业公司研制的 Telegas 测氢仪。该仪器已有原型和 II 型两种，其精度均为 ±10%，灵敏度和重现性都很好。原型仪器检测的氢含量需经查表或计算得出，不便携带；II 型仪器采用小型微处理机控制仪器的操作并自动进行数据处理，只需输入铝合金牌号，即可直接显示并打印出氢含量检测结果，而且 II 型便于携带。20 世纪 80 年代以来，我国有关企业先后引进 Telegas 的原型和 II 型测氢仪。实践表明，虽然该仪器操作简便，工作可靠，但由于这两种仪器使用的探头（即 Telegas 探头，也称氢气捕集器）使用寿命短（20 ~ 30 次）以及进口价格昂贵等原因，难以在国内推广应用。

在 20 世纪 80 年代初，我国根据 Telegas 原理，研制了 SQH-2 型炉前测氢气相色谱仪等测氢仪，并在许多厂家获得成功应用。20 世纪 90 年代初以来，国内又有 HDA（hydrogen determination for aluminium）型、XGQ-O1 型等测氢仪问世，有的已成为与美国 TelegasII 型等效的快速测氢仪。检测时，待显示仪表读数稳定后，通过小型可编程序计算机的操作便可自动显示对应牌号的铝液氢含量。有的仪器已成功地实现铝液的在线式测氧和氢，及时监控铝液质量。该仪器及其探头的价格仅为国外同类产品的 1/10 左右。

2. 氧化夹杂物含量的检测方法

由于铝液中氧化夹杂物含量少、局部偏析和偶然混入等原因而使铝液缺乏均一性，因此很难评价整个铝液被氧化夹杂物污染的程度。铝液中氧化夹杂物的检测技术开发与研究较晚，但国外文献报道的方法却名目繁多，如化学分析法、金相分析法、中子活化法、过滤浓缩法、超声波法等，这里仅对污染度测

法、溴-甲醇法和真空过滤取样法分别加以介绍。

（1）污染度测定法　在轧制铝锭时，随着变形度的增加，氧化夹杂物严格地沿金属流动方向分布，同时由于变形，氧化夹杂物被压扁，沿水平方向掰开断口后，每一块氧化膜所占的面积也增大，这样可见的氧化膜的数量也就增加了。

根据这一现象，制订了测定第一类氧化夹杂物（较大块的夹杂物）的方法，即浇注一定尺寸的试样，加热后经过足够的变形，然后沿变形方向打开断口，测定断口的单位面积上氧化夹杂物的数目和面积，即可获得氧化夹杂物的污染度 η

$$\eta = \frac{S_{夹}}{S_{样}} \tag{2-17}$$

式中　$S_{夹}$——试样截面上氧化夹杂物所占面积（cm^2）；

　　　$S_{样}$——试样截面积（cm^2）。

测定铝中氧化夹杂物用的工艺试样如图 2-227 所示。

图 2-227　测定铝中氧化夹杂物用的工艺试样

这种方法很适用于变形铝及铝合金中判断第一类氧化夹杂物的含量，但对第二类氧化夹杂物（即微细、弥散的氧化夹杂物）仍不能测定。

（2）溴-甲醇法　第二类氧化夹杂物很小，即使磨制样品没有脱落，也难用显微镜加以分辨，因此只能用化学分析方法检测。溴-甲醇法即属于一种化学分析方法，其基本原理是，在一定温度下，将试样溶解于溴-甲醇溶液中，Al 和其他合金元素（Si 除外）都生成溴化物并溶解于甲醇之中，而 Si 和 Al_2O_3 等氧化物不溶解于甲醇溶液；过滤分离并充分洗涤后，将残渣和滤纸一起烘干、灰化、称重，并扣除 Si 含量和滤纸重量，则得出氧化夹杂物含量。

但是，应该指出，此法分析时间较长，有毒性，所得的数据是一、二类氧化夹杂物在铝及铝合金中的分布情况。

（3）真空过滤取样法　真空过滤取样法是美国

ANACONDA 铝业公司（Anaconda Aluminun Corporation）在 20 世纪 80 年代初公布的铝液中氧化夹杂物取样法，不仅适用于间歇式铸造条件下的氧化夹杂物取样检测，而且也适用于间歇式半连续或连续铸造生产条件下的氧化夹杂物取样检测。

测定铝液中夹杂物的真空过滤取样装置如图 2-228 所示。取样时将此装置置于图中所示位置，其工作原理是，让一定量的铝液在真空作用下，经过细孔过滤片和弯管进入真空罐内，氧化夹杂物便由于过滤片在初瞬间的深床过滤机制，以及随后迅速建立起来的滤饼过滤机制而富集在过滤片的上表面；然后取出石墨样杯，再将过滤片及凝固在其上的浓缩铝样一起取出；最后将过滤片连同浓缩有氧化夹杂物的铝样一起切取并制备金相试样。采用金相观察或定量金相分析来评价铝液中氧化夹杂物的含量。由于通过真空过滤取样法使铝样中的氧化夹杂物含量得到浓缩，从而提高了定量金相分析的准确性；由于抽取的是一定量的铝液，从而便于比较不同净化工艺去除氧化夹杂物的能力。

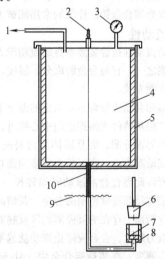

图 2-228　真空过滤取样装置
1—接真空泵　2—液面极点指示器
3—真空计　4—真空罐　5—保温层
6—样杯塞　7—过滤片　8—石墨样杯
9—铝液液面　10—保温套

真空过滤取样装置的基本结构参数是，过滤片采用多孔石墨，直径约为 $\phi22mm$；鹅颈式弯管采用无镀层铁管，内径约为 $\phi9.5mm$；真空罐为焊接钢结构，内部尺寸约为 $\phi130mm \times 180mm$；选用约 80kPa 真空度的小型便携式真空泵。

采用该法取样时的基本工艺参数是，初始真空度约为 50kPa，标准操作真空度约为 70kPa；取样器在

5～15min 内充满，充满后的试样总量约为 3.6kg；过滤片的过滤参数（滤过的金属液体积 cm³/过滤片的过滤面积 cm²，简写为 cm）约 135cm；金相检验时，可按常规制备试样；观察时采用较低的放大倍数（如 50 倍），即可观察估量夹杂物总量；辨别个别细节时，可用较大的放大倍数（如 400～800 倍）。

此法试验的关键在于过滤片的选择、真空度的控制、装置的预热与保温等。

2.4　合金的铸造性能及其测试

合金的铸造性能指合金在铸造生产过程中表现出的工艺性能，它是一个综合性的概念，通常指合金在铸造生产工艺过程中所表现的流动性的好坏、收缩的大小，以及热裂、应力等倾向的大小等特性。不同的铸造非铁合金，由于其物理化学性能及结晶过程特点的不同，其铸造性能也各不相同。在铸造生产中，必须认真地掌握合金的铸造性能，并针对其特点制订合理的熔炼与铸造规范，才能有效地防止铸造缺陷，从而获得优质铸件。

本节仅介绍合金铸造性能的常用测试方法。

2.4.1　流动性

合金的流动性指合金液本身的流动能力，是合金的铸造性能之一，它与合金的成分、温度、杂质含量及其物理性能有关。

纯金属和共晶成分合金在固定的温度下凝固，已凝固的固体层从铸件表面逐层向中心推进，与未凝固的液体之间界面分明，而且固体层内表面比较光滑，对液体的流动阻力小，直至析出较多的固相时，才停止流动，所以此类合金液流动时间较长，流动性好。对于具有较宽结晶温度范围的合金，其结晶温度范围越宽，铸件断面上存在的液固两相区就越宽，枝晶也越发达，阻力越大，合金液停止流动就越早，流动性就越不好。通常，在铸造铝合金中，Al-Si 合金的流动性好；在铸造铜合金中，黄铜比锡青铜的流动性好，就是这个道理。

结晶潜热是估量纯金属和共晶成分合金流动性的一个重要因素。凝固过程中释放的潜热越多，则使其保持液态的时间就越长，流动性就越好。因此，当将具有相同过热度的六种纯金属浇入冷的金属型中时，就会出现 Al 的流动性最好，Pb 的流动性最差，Zn、Sb、Cd、Sn 依次居中的情况。对于结晶温度范围宽的合金，结晶潜热对流动性似乎影响不大，但对于初生晶为非金属相，并且合金在液相线温度以下以液-固混合状态，在不大的压力下流动时，非金属相的结晶潜热可能是一个重要影响因素。例如，在相同过热

度下的 Al-Si 合金的流动性在共晶成分处并非最大值，而在过共晶区里出现一段继续增加的现象，就是由于此时初生晶为块状非金属相 Si，而且其结晶潜热大的缘故。

合金的比热容和密度越大，热导率越小，则在相同的过热度下，保持液态的时间越长，流动性就越好，反之亦然。此外，合金的流动性还受合金液的黏度、表面张力等物理性能的影响。

流动性好的合金，充填铸型的能力强。在相同的铸造条件下，良好的流动性，有利于合金液良好地充满铸型，以得到形状、尺寸准确，轮廓清晰的致密件，有利于使铸件在凝固过程期间产生的缩孔得到合金液的补缩，有利于使铸件在凝固末期受阻而出现的热裂得到合金液的充填而弥合。因此，合金具有良好的流动性有利于防止浇不到、补缩不足及热裂等缺陷的产生。

当然，还应指出，在实际生产中，当合金牌号一定（即合金液本身的流动能力一定）的情况下，除加强熔炼工艺控制（如加强去气、除渣处理）外，采取改善铸型工艺和适当提高浇注温度的办法，也可有效提高合金液充填铸型的能力。

在讨论合金液流动性时，常将合金液在凝固过程中（即凝固温度区间）停止流动的温度称为零流动性温度，将合金液加热至零流动性温度以上同一过热度时所测得的流动性称为真正流动性，将在同一浇注温度下所测得的流动性称为实际流动性（见图 2-229）。但在一般情况下，零流动性温度很难确定，故无特殊说明时，所说流动性均指实际流动性。

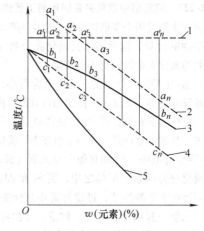

图 2-229　各种流动性

1—实际流动性的浇注温度线　2—真正流动性的浇注温度线（指过热度相同，即 $a_1c_1 = a_2c_2 = \cdots = a_nc_n$）　3—液相线
4—零流动性温度线　5—固相线

　　测试铸造非铁合金流动性的方法很多，按试样的形状可以分为：螺旋试样、水平直棒试样、楔形试样和球形试样等。前两种是等截面试样，以合金液的流动长度表示其流动性；后两种是等体积试样，以合金液未充满的长度或面积表示其流动性。流动性试样所用的铸型分为砂型和金属型。在对比某种合金和经常生产的合金的流动性时，应该明确规定测试条件，采取同样的浇注温度（或同样的过热度）和同样的铸型，否则对比就没有意义。

　　测定铸造非铁合金的流动性时，最常采用的是螺旋试样法。此法又可分为标准法和简易法。标准法采用同心三螺旋流动性测试装置（试样形状及尺寸见图 2-230，铸型的合型图见图 2-231）；简易法采用单螺旋流动性测试装置（试样形状及尺寸见图 2-232，铸型的合型图见图 2-233）。试样铸型的基本结构包括外浇道、直浇道和使合金液沿水平方向流动的具有倒梯形断面的螺旋线形沟槽。沟槽中每隔 50mm 有一个凹点，用以直接读出螺旋线的长度。

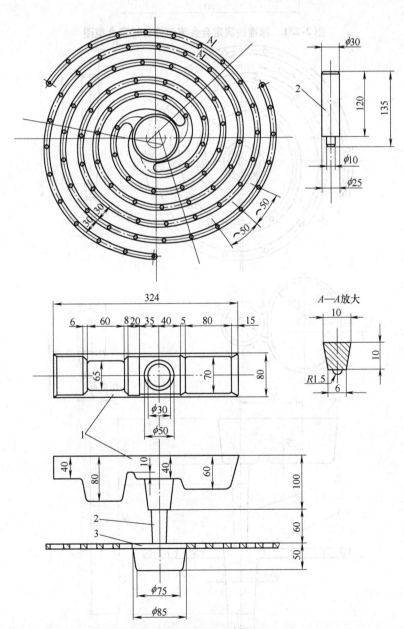

图 2-230　同心三螺旋流动性试样的形状及尺寸
1—外浇道模样　2—直浇道模样　3—同心三螺旋模样

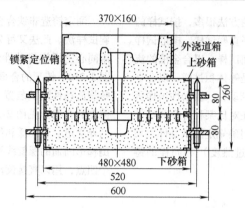

图 2-231　标准法测定合金流动性的铸型合型图

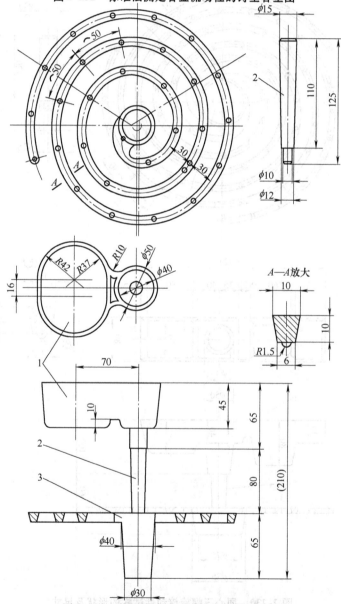

图 2-232　单螺旋流动性试样的形状及尺寸
1—外浇道模样　2—直浇道模样　3—单螺旋模样

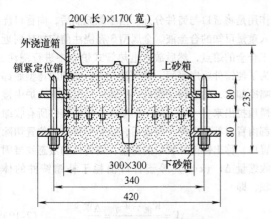

图 2-233 简易法测试合金流动性的
铸型合型图

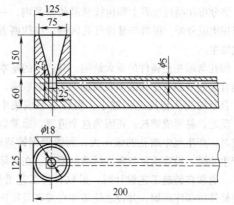

图 2-234 水平直棒试样测试合金流
动性的铸型结构

通常，试样采取湿型浇注，铸型为水平组合型，铸型的最小吃砂量应大于 20mm；铸型采用捣实造型方法成型，砂的紧实度控制在 $1.6 \sim 1.8 g/cm^3$；铸型型腔表面应光滑完整，标距点应明显准确，铸型扎的排气孔不得穿透型腔。

在测试过程中，环境温度控制在 $5 \sim 40℃$，相对湿度控制在 $30\% \sim 85\%$；铸型应保持水平状态，并须避开磁场、振动等干扰因素的影响；铸型放置时间不超过 1h；采用热电偶和二次仪表在浇包内测量浇注温度，并控制浇注温度在合金液相线以上 $50 \sim 90℃$（熔点高的合金取上限，熔点低的合金取下限）；测温后立即浇注，浇注液流要平稳而无冲击；试样浇注后需经自然冷却 30min 再打箱；清理后即知浇成的螺旋试样长度。最后，合金的流动性由螺旋线的流动长度（mm）和对应的浇注温度（℃）来判定。标准法以每次测试的三个同心螺旋线长度的算数平均值为测试结果；简易法以三次同种合金相同浇注温度下的单螺旋长度的算术平均值为测试结果。

还需说明，当试样产生缩孔、缩陷、夹渣、气孔、砂孔、浇不到等明显铸造缺陷时，当试样由于浇注"跑火"引起严重飞边时，当试样表面粗糙度不合格（即 $Ra > 25\mu m$）时，其测试结果应视为无效。

采用螺旋试样法的优点是，试样型腔较长，而其轮廓尺寸较小，烘干时不易变形，浇注时易保持水平位置。缺点是，合金液的流动条件和温度条件随时在改变，影响其测试准确度。

水平直棒试样法是测试铸造非铁合金流动性的另一种常用方法，其铸型结构如图 2-234 所示，一般多采用金属型。试验时，将合金液浇入铸型中并测量合金液流程的长度。采用此法时，合金液流动方向不变，故流动阻力影响较小。但采用砂型时，型腔很

长，要保持在很长的长度上截面面积不变，并在浇注时处于完全水平状态是有困难的；若采用金属型，其型温难以控制，故灵敏度较低。

2.4.2 收缩

铸造合金从液态到凝固完毕，以及随后继续冷却到常温的过程中都将产生体积和尺寸上的变化，这种体积和尺寸的变化总称为收缩。

合金从浇注温度到常温的收缩通常分为三个阶段，即液态收缩、凝固收缩和固态收缩。合金的液态收缩和凝固收缩对铸件中缩孔的大小有决定性影响；凝固收缩和固态收缩共同影响热裂的形成；固态收缩对铸件中应力的产生、冷裂的形成以及铸件形状尺寸的改变起主要作用。这些收缩虽然实质上都是体积收缩，但在实际应用中，液态收缩和凝固收缩常以体收缩表示，而固态收缩因与铸件的形状和尺寸关系很大，为方便起见，常以线收缩表示。

合金收缩的尺寸一般以百分数来表示，称为收缩率。

1. 体收缩

铸造合金由高温 t_0 降低到温度 t 时的体收缩率 a_V 一般可用式（2-18）表示：

$$a_V = \frac{V_0 - V}{V_0} \times 100\% \qquad (2-18)$$

式中 V_0——被测试合金的试样在高温 t_0 时的体积（cm^3）；

　　　V——被测试合金的试样降低至温度 t 时的体积（cm^3）。

由于合金在液态和固态期间产生体收缩的结果，使铸件在最后凝固的地方出现宏观或显微孔洞，统称缩孔。通常将肉眼可见的宏观缩孔分为集中性缩孔和分散性缩孔。集中性缩孔（也常简称缩孔）、容积大

而集中，多分布在铸件上部或断面较厚（热节）处等最后凝固的部位；分散性缩孔（也常简称缩松），细小而分散，常产生在铸件轴心处和热节处。而显微缩孔，多分布在晶粒边界上和树枝状晶的枝叉内，一般难以用肉眼分辨，很难与显微气孔区别，往往两者又同时发生。

缩孔与缩松是铸件的重大缺陷，其产生的基本条件是合金的液态收缩及凝固收缩远大于固态收缩。通常，合金的凝固温度范围越小，则越易形成集中缩孔；反之，易形成缩松。正因为这个道理，通常黄铜铸造时，产生集中缩孔的倾向大，而锡青铜铸造时，易产生缩松，较难满足气密性试验的要求。在实际生产中，通常在铸造工艺设计时，采取各种工艺措施，促使铸件按顺序凝固，并设法使铸件在液态及凝固期间的体收缩及时得到合金液的补给，从而使其缩孔与缩松集中到铸件外部的冒口中。有时，对易产生缩松的合金铸件采取同时凝固原则，以促使缩松高度弥散、细小分布，减弱其危害作用。

为了能够计算铸件所需要的补缩合金量，确定冒口尺寸并正确制订铸造工艺，防止因合金收缩而产生的缺陷，就需知道铸造合金的体收缩率。测定合金体收缩率的方法很多，这里仅介绍用补缩垂直铸件法来测定合金的液态及凝固期间的体收缩。

补缩垂直铸件法测定合金在液态及凝固期间的体收缩的装置见图 2-235。试验时，合金液经补缩冒口 1 浇入型腔 4。浇注时将浇注漏斗插入易割冒口片 2 的中心孔内并随液面上升而往上提。易割冒口片 2 的

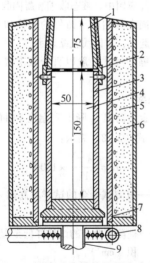

图 2-235　补缩垂直铸件法测定合金在液态及凝固期间的体收缩的装置

1—补缩冒口　2—易割冒口片　3—金属型　4—型腔　5—电热管式炉　6—加热器　7—底板　8—冷却水管　9—螺杆

作用是将冒口与铸件分开。当型腔充满后，向冒口浇入重量可知的合金液。金属型 3 在浇注前应加热到近于合金的熔点，然后放入电热管式炉 5 中进行浇注。为了使铸件顺序凝固，铸型被充满后立即向铸型底部喷冷却水，然后转动螺杆 9 把铸件从电热管式炉中慢慢地拉出来，一面下降一面喷水，保证铸件所有收缩都由冒口补给。完全凝固后，按易割冒口片位置切除冒口，称出铸件及冒口的重量，则铸件的液态及凝固收缩量 ΔV（cm^3）等于冒口消耗于补缩铸件的体积，即

$$\Delta V = \frac{W_浇 - W_冒}{\rho} = \frac{\Delta W}{\rho} \qquad (2-19)$$

式中　$W_浇$——浇入补缩冒口的合金液重量（g）；

$\quad\quad W_冒$——铸件凝固后切下的冒口实际重量（g）；

$\quad\quad \rho$——合金液的密度（g/cm^3）；

$\quad\quad \Delta W$——补缩给铸件的合金液重量（g）。

铸件的液态及凝固期间的体收缩率 a_V 为

$$a_V = \frac{\Delta V}{V_铸} \times 100\% = \frac{\Delta W/\rho}{W_铸/\rho} \times 100\% = \frac{\Delta W}{W_铸} \times 100\%$$

$$(2-20)$$

式中　$V_铸$——铸件体积（cm^3）；

$\quad\quad W_铸$——铸件重量（g）。

铸造生产中有时还可以用测定铸件缩孔容积的方法来掌握或对比合金的体收缩特性，但具体做法不一，多用浇注锥形试样法。

应该说明的是，合金形成缩孔的程度不仅取决于合金本身的性质，而且还与合金过热的程度有关。同样是一种合金，过热度大时，缩孔大；过热度小时，缩孔小。因此，测试时需要明确规定所要对比的两种合金（新研制的合金和经常生产的合金）是在同样的过热度下还是在同样的浇注温度下进行的测试，否则两者对比也就失去意义。

2. 线收缩

铸造合金自温度 t_0 降至温度 t 时的线收缩率 a_l，一般可用式（2-21）表示：

$$a_l = \frac{L_0 - L}{L_0} \times 100\% \qquad (2-21)$$

式中　L_0——被测试合金的试样在温度 t_0 时的长度（mm）；

$\quad\quad L$——被测试合金的试样降至温度 t 时的长度（mm）。

显然，当其他条件相同时，合金的线收缩率越大，则产生裂纹和应力的倾向越大，冷却后形状尺寸的改变也越大。但是，铸件在铸型内收缩时，往往由

于受到摩擦阻碍（铸件表面与铸型表面之间有摩擦力）、热阻碍（铸件各部分因冷却速度不一致而产生的阻碍）、机械阻碍（铸型的突出部分或型芯的阻碍）等作用不能自由收缩，故通常将铸件在这些阻力作用下实际产生的收缩称为受阻收缩，而只将形状简单（如圆柱形铸件）收缩时受阻极小的铸件的收缩近似地视为自由收缩。受阻收缩总小于自由收缩。在生产中，为弥补铸件尺寸的实际收缩量，便在制作模样时采用相应的铸造收缩率 $\varepsilon_{铸}$，并常用式（2-22）表示：

$$\varepsilon_{铸} = \frac{L_{模} - L_{件}}{L_{模}} \times 100\% \qquad (2-22)$$

式中　$L_{模}$——模样尺寸（mm）；

　　　$L_{件}$——铸件尺寸（mm）。

对于不同的合金，因其线收缩率不同，应采取不同的铸造收缩率；而对于同种合金铸造的不同铸件或同一铸件的不同部位，因其收缩时受阻程度不同，往往也需采取不同的铸造收缩率。

图 2-236 所示为测定合金自由线收缩率常用模样的形状和尺寸；图 2-237 所示为测定合金自由线收缩率的试样铸型。测试时，试样的左端固定，右端可以自由移动，并与一根石英棒连接。采用机械测量法（如百分表等）或非电量电测法测量石英棒的位移，即可测定出铸造非铁合金的自由线收缩率。测试系统的综合精度不得低于 1.5%，空载时测试系统的最大机械静摩擦阻力不得大于 0.588N。采用非电量电测法时，测试系统可由位移传感器（一次仪表）、记录仪表（二次仪表）组成，通过自动记录仪还可记录出合金自由线收缩率随时间变化的动态曲线。

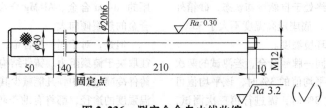

图 2-236　测定合金自由线收缩率常用模样的形状及尺寸

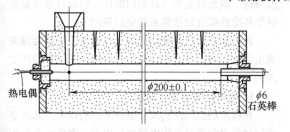

图 2-237　测定合金自由线收缩率的试样铸型

图 2-238 所示为试样两端呈自由收缩状态的合金自由线收缩率的测定装置。其工作原理是，直浇道棒 1 设在试样 2 的中点处，试样两端呈自由收缩状态。当测试时，在合金液浇入试样型腔之后，随着合金液的冷却凝固，试样右端的收缩通过石英管（或石英棒）连接杆 3 使传递件 4 向左移动，试样左端的收缩通过石英管（或石英棒）连接杆 8 使移动支架 6 向右移动。由于百分表 7 和位移传感器 5 都安装在移动支架 6 上，动作是同步的，因此利用上述动作原理，通过传递件 4 将试样两端的自由收缩值自动地叠加到百分表 7 和位移传感器 5 上，从而达到测定合金自由线收缩率的目的。显然，这种测定装置的测试结果要比试样一端固定的合金自由线收缩率测定装置更接近于真实值。

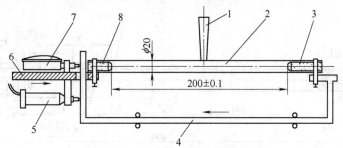

图 2-238　试样两端呈自由收缩状态的

合金自由线收缩率测定装置

1—直浇道棒　2—试样　3、8—连接杆
4—传递件　5—位移传感器　6—移动支架　7—百分表

测定铸造非铁合金自由线收缩率时，通常试样采用湿型铸造；铸型为水平整体型；铸型径向吃砂量为 40~50mm；铸型最好采用定量造型方法成型，砂型紧实度控制在 1.50~1.65g/cm³；标距内的型腔表面应光滑完整，起模应有导向装置；铸型应扎出气孔，但不得穿透型腔。

测试过程中，环境温度控制在 10~30℃，相对湿度控制在 30%~85%；测试前仪器须校正，应保持试样处于水平状态收缩；测试中仪器须避开磁场、振动等干扰因素的影响；浇注前传感器应处于相对机械"零位"，记录仪应处于相对标定"零位"；试样应在造型完毕后 2h 内浇注；采用热电偶和二次仪表在浇包内测量浇注温度，浇注温度控制在合金液相线以上 50~80℃；浇注合金时不允许冲击连接杆和传感器；浇注后的试样始终处于自然冷却状态，砂箱外表最高温度不大于 80℃，底座最高温度不大于 35℃，测试终止温度不得高于环境温度。

处理测试数据时，同一牌号合金，若测试的两次数据间差值小于其算术平均值的 3% 时，该平均值可定为测试结果；若超过 3% 时，需进行第三次测试，其最大数据与最小数据间差值小于三次数据的算术平均值的 5%，则该平均值可定为测试结果。否则，需重新测试。此外，试样有缩孔、缩陷、夹渣、气孔、浇不到等明显铸造缺陷者和试样表面粗糙度检验不合格者（即 $Ra > 25\mu m$），其测试结果应视为无效。

2.4.3　热裂

热裂指合金在高温状态形成裂纹倾向的大小，它是某些非铁合金铸件常见的铸造缺陷之一。

通常，热裂的外形曲折而不规则，多沿晶界产生。裂口的表面往往被强烈氧化，无金属光泽。按其在铸件上的位置，热裂又常分为外裂和内裂。外裂从铸件表面不规则处、尖角处、截面厚度有变化处以及其他类似的可以产生应力集中的地方开始，逐渐延伸

到铸件内部，表面较宽内部较窄，有时还会贯穿整个铸件断面。内裂产生于铸件内部最后凝固的地方，一般不会延伸至铸件表面，其裂口表面很不平滑，常有很多分叉，氧化程度较外裂轻些。

通常认为，合金的热裂是在凝固过程中产生的，即在大部分合金已经凝固，但在枝晶间还有少量液体时产生的。这时，合金的线收缩量大，而合金的强度又低，如铸型阻碍其收缩，铸件将产生较大的收缩应力作用于热节处，当热节处的应变量大于合金在该温度下的允许应变量时，即产生热裂。

合金热裂倾向的大小，决定于合金的性质。一般来说，合金凝固过程中开始形成完整的枝晶骨架的温度与凝固终了的温度之差越大，以及在此期间合金的收缩率越大，则合金的热裂倾向就越大。例如，铸造用的 Al-Cu 合金、Al-Mg 合金，一般都比铸造 Al-Si 合金的热裂倾向大。

但是，对于同一种合金，铸件是否产生热裂，往往取决于铸型阻力、铸件结构、浇注工艺等因素。在铸件冷凝过程中，凡能减少其收缩应力，提高合金高温强度的途径，都将有助于防止热裂的产生。因此，在实际生产中，通常采取增加铸型的退让性、改进铸型结构、改进合金引入铸型的部位，以及合理设置加强肋和冷铁等有效措施来避免热裂产生。

铸造非铁合金热裂倾向的大小通常采用热裂倾向测定仪进行测试。对于轻合金，还可以采用热裂环法测试。

1. 热裂倾向测定仪测试

在特定的试样结构尺寸条件下，利用测力元件造成试样凝固收缩时受阻以建立拉应力，测取合金发生热裂时拉应力（N）、该值对应的合金温度（℃）以及观测热裂试样的模样形状及尺寸如图 2-239 所示，测定仪结构如图 2-240 所示，铸型合型图如图 2-241 所示。

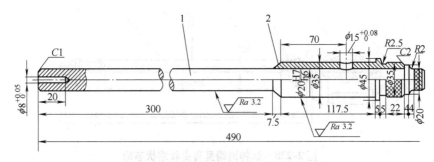

图 2-239　合金热裂试样的模样形状及尺寸

1—试样模芯　2—试样模套

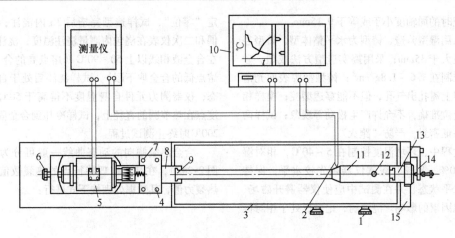

图 2-240　合金热裂倾向测定仪结构
1—锁紧杆　2—测温热电偶　3—传力框　4—冷却管　5—荷重传感器　6—预紧螺杆　7—插销　8—动端金属型
9—试样细端　10—X-Y 函数记录仪　11—试样粗端　12—浇口　13—静端金属型　14—锁紧销　15—底座

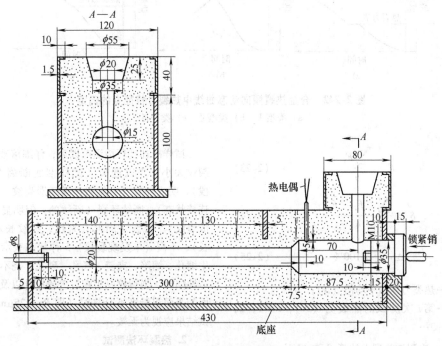

图 2-241　测定合金热裂倾向的铸型合型图

合金热裂倾向测定仪主要由底座、试样砂箱、连接件及测力装置四个部分组成。当合金液浇入浇口 12 以后（见图 2-240），试样冷却凝固并收缩。由于右侧静端金属型 13 固定在底座 15 上，使得试样细端 9 由于试样线收缩而右移，同时通过动端金属型 8、插销 7 和连接传力框 3 作用于荷重传感器 5 上，而荷重传感器 5 固定在底座 15 上，从而使试样受到拉力。其拉力的大小采用非电量电测法测出，即由传感器输出信号，通过记录仪自动记录出动态曲线。当试样所

受的拉应力而产生的应变量大于此刻合金的允许应变量时，试样便发生热裂，而在记录曲线上反映出的则是拉力值变化缓慢或出现平台，甚至下降。这时拉应力的大小反映出合金热裂时的强度。一般说来，合金发生热裂时的强度越大，抵抗热裂的能力越强，说明热裂倾向就越小，反之亦然。

合金热裂倾向测定仪用测力元件传感器的精度为 0.5 级，连接件的长度小于或等于 50mm，采用水冷。仪器的测试系统综合误差不得大于 1.5%，测力轴线

上要求装配时的同轴度小于或等于 0.15mm。

　　试样采用湿型铸造，铸型为水平整体型，铸型径向吃砂量应大于 35mm；采用捣实造型方法成型，砂型紧实度控制在 1.6 ~ 1.8g/cm³；铸型型腔表面光滑完整，铸型上需扎出气孔，但不能穿透型腔；模样相对砂箱要定位准确，不允许产生松动等现象；试样两端砂型要保证密封，严防"跑火"。

　　测试过程中，环境温度控制在 5 ~ 40℃，相对湿度控制在 30% ~ 85%；测试仪器须先校水平，保持试样处于水平状态，并在测试中应使仪器避开磁场、振动等干扰因素的影响。浇注前，记录仪处于相对标定"零位"，试样造型完毕后 3h 内浇注；采用热电偶和二次仪表在浇包内测量浇注温度，浇注温度控制在合金液相线以上 50 ~ 90℃（熔点高的合金取上限，熔点低的合金取下限）。试样浇注后处于自由冷却状态，仪器测力元件自身温度不得高于 50℃，试样温度点在热节圆的直径上，试样冷却到合金固相线以下 200℃ 时终止测试过程。

　　合金热裂倾向的动态曲线一般可分为三类（见图 2-242），在其上出现特征点的热裂数值即为所热裂力值，其数据处理按下式进行：

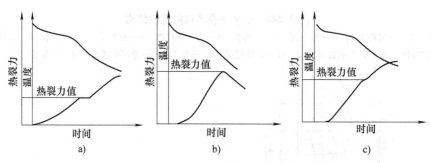

图 2-242　合金热裂倾向动态曲线中热裂力特征点的确定
a) 类型 Ⅰ　b) 类型 Ⅱ　c) 类型 Ⅲ

$$\overline{F} = \frac{\sum F_i}{n} \qquad (2\text{-}23)$$

$$\delta = \frac{\sum |F_i - \overline{F}|}{n} \qquad (2\text{-}24)$$

$$\Delta = \frac{\delta}{\overline{F}} \times 100\% \qquad (2\text{-}25)$$

式中　$\overline{F}$——热裂力算术平均值（N）；

　　　　F_i——第 i 次测试的热裂力（N），$i = 1, 2, 3\cdots$

　　　$\sum F_i$——i 次测试热裂力的算术和（N）；

　　　　n——测试次数；

　　　　δ——算术平均误差绝对值（N）；

　　　　Δ——算术平均误差相对值（%）。

　　当测试两次数据的算术平均相对误差小于或等于 15% 时，则将该平均值定为测试结果；当超过 15% 时，则需进行第三次测试。三次数据的算术平均相对误差小于 15% 时，则测试结果有效。以三次测试的算术平均值为测试结果，否则重做。

　　热裂力对应的温度用各次测得的热裂力相对应的温度（℃）表示。

　　试样冷却到环境温度以后，仔细落砂，目测试样裂纹大小，并以透裂（试样彻底断裂开而成为两段）、明显环裂（可见明显圆环形裂纹，但心部尚呈连接状态）、断续环裂（断续的，但明显的沿圆周形成裂纹）、微裂（局部有裂纹，裂纹长小于半圆周长）、不裂（未发现裂纹）5 种状态表示。当试样产生缩孔、缩陷、夹渣、气孔、砂孔、浇不到等明显铸造缺陷时，当裂纹发生在过渡段以外以及试样圆柱表面的表面粗糙度不合格时（即 $Ra > 25\mu m$ 时），其测试结果应视为无效。

　　2. 热裂环法测试

　　这是一种测定轻合金热裂敏感性的方法。试验所用的试样铸型结构如图 2-243 所示。即在砂型中造一个厚度为 5mm、直径 $\phi108mm$ 的圆盘型腔，并在各自的中心分别安置钢芯，其尺寸的大小及变化决定了热裂环的宽度在 5 ~ 42.5mm 间变化，间隔为 2.5mm。在对着内浇道的外型中安置冷铁，以使环在内浇道对面或附近，即在合金最后凝固的这些部位形成热裂。试验时，应依合金的性质及化学成分选取钢芯的适当尺寸，并逐次增大钢芯尺寸进行浇注试验，以首先出现热裂纹的环的宽度代表合金的热裂倾向，其值越大，对热裂越敏感。

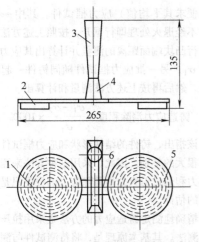

图 2-243　测定轻合金热裂敏感性用的试样铸型结构

1、5—环形试样　2—冷铁　3—直浇道
4—横浇道　6—内浇道

2.4.4　铸造应力

铸造应力可分三种，即热应力、相变应力和收缩应力。其产生原因、应力状态和应力特征见表 2-6。

显然，铸造应力（$\sigma_{铸}$）是热应力（$\sigma_{热}$）、相变应力（$\sigma_{相}$）和收缩应力（$\sigma_{缩}$）三者的代数和，即

$$\sigma_{铸} = \sigma_{热} + \sigma_{相} + \sigma_{缩} \qquad (2\text{-}26)$$

铸件冷却过程中所产生的铸造应力，若超过该温度下合金的屈服强度，将产生残余变形：若超过其抗拉强度，将产生断裂；若在弹性强度范围内，以残余应力的形式存于铸件中（主要指 $\sigma_{热}$、$\sigma_{相}$），则会

降低设计强度。此外，带有残余应力的铸件会在使用或存放过程中发生变形，破坏机器应有的精度。

常用铸造铝合金因导热性好，冷却过程中又没有同素异构转变，故其铸件中存在残余铸造应力的情况较少，但某些铜合金铸件存在残余铸造应力的情况要多些。

通过退火热处理的方法，可使残余铸造应力大部分消除。

为了估计铸件中残余应力的大小和热处理后应力消除的程度，常采用应力框试验。

应力框的具体形状和尺寸不一，但其基本构造特点是一致的。图 2-244 所示为一种常用应力框的形状与尺寸。在三根竖杆中，中间是一根粗杆，两边是对称分布的两根细杆。三根杆上下端的横向连接杆很粗，即可将三杆之间视为刚性连接。如表 2-6 所分析，粗杆中的残余应力是拉应力，而细杆中是受压应力。

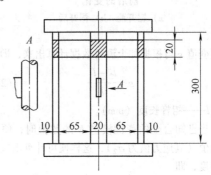

图 2-244　常用应力框的形状与尺寸

表 2-6　铸造应力分析

分类	产生原因	应力状态		应力特征
		薄壁处	厚壁处	
热应力	由于铸件上相连接的各部分的截面厚度不同，冷却时收缩的时间先后不一致所引起的	压应力	拉应力	通常是残余应力
相变应力	由于有些合金在凝固后的冷却过程中发生相变，因而伴随有体积的变化，并引起铸件尺寸也跟着发生变化的结果	对于相变时发生膨胀的合金		因发生相变的温度不同而可以是临时或残余应力
		拉应力	压应力	
收缩应力	由于铸件收缩时受到铸型或型芯的阻碍所引起的	拉应力	拉应力	是临时应力，即铸件打箱后自行消除，但常常是造成热裂的原因

测定应力框中的应力大小时（见图 2-245），首先用游标卡尺测量粗杆中间凸块的两端面间距离，得 l_1（mm）；然后用钢锯将中间粗杆从凸块的中间部分锯开，则杆中拉应力即随之完全消除（此时两边的

两根细杆中的压应力当然也完全消除），这样凸块两端面间的距离自然会比原来增大一些，测量增大的距离，得 l_2（mm），这样就可近似地推算出中间粗杆中的拉应力的大小，即等于为了将中间粗杆上凸块的

两端面间距离由 l_2 缩短至 l_1 所需加的拉应力。在弹性变形中，应力与应变的关系已由胡克定律得出，即

$$\sigma = E\varepsilon \qquad (2\text{-}27)$$

式中　σ——应力值（MPa）；

　　　ε——应变值；

　　　E——合金的弹性模量（MPa）。

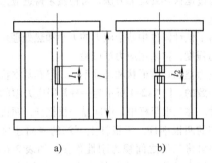

图 2-245　应力框的中间粗杆锯开
前后的变化

a) 锯开前　b) 锯开后

应变值 ε 可根据如上测得数据计算出来，即

$$\varepsilon = \frac{l_2 - l_1}{l} \qquad (2\text{-}28)$$

式中　l——粗杆长度（mm）。

因此，当已知合金的弹性模量 E 的数值时，便可求得应力值（其应力值为 σ_2），这样便可计算出应力消除的程度，即

$$\sigma_2 = E \frac{l_2 - l_1}{l} \qquad (2\text{-}29)$$

也即间接地求得了应力框中的应力值。

当需要测定热处理（退火）对消除铸造应力的效果时，应该随铸件一起浇注出两批（每批至少3

个，以便求其平均值）应力框试件。其中一批应力框试件不经退火处理即行锯开，按照上述方法在锯开前后进行凸块端面距离的测量并计算出其应力值，设其值为 σ_1；另一批应力框试件随同铸件一起进行退火处理，然后再按上述方法测量和计算出

$$铸造应力消除程度 = \frac{\sigma_1 - \sigma_2}{\sigma_1} \times 100\% \qquad (2\text{-}30)$$

应该指出，铸件的结构形状和应力框试件的结构形状有很大的差别。因此，采用这种方法来测定铸件中的应力和通过退火处理消除应力的程度只是一个极为粗略的估计。

更精确地测定铸造应力的方法是采用拉压力传感器的电测法。其基本原理是，将待测试件与测力元件铸合在一起，在试件凝固后的冷却过程中，变化的力和最终的残余应力都通过测力元件把信号送到自动记录仪（二次仪表）上，从而可以测定合金建立铸造应力的动态过程及残余应力的大小。代表性的测定仪为通用框形合金动态应力测定仪，其结构如图 2-246 所示。测试时，合金液通过浇道 5 浇入 E 形应力框 4，E 形应力框 4 的两侧杆（10mm×20mm×300mm）与中间粗杆（20mm×20mm×300mm）的右端通过横杆（20mm×20mm×180mm）结合成一体，E 形应力框 4 的左端由连接套 2、连接杆 8 连接到传感器 9 上，最后把力作用到受力框 1 的左端。因为应力框侧杆和中间杆的截面不等，所以它们凝固冷却的时刻有先有后，存在温差，最终在两侧杆产生压力，中间杆产生拉应力。通过拉压力传感器将电信号输送到记录仪，同时记录侧杆与中间杆的温度、应力曲线。据此，可以计算出被测合金试件的应力值及温度曲线在整个测试过程中的相互关系，进而分析不同合金铸造应力的形成特点。

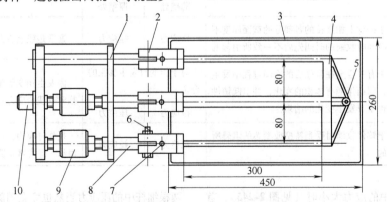

图 2-246　通用框形合金动态应力测定仪的结构

1—受力框　2—连接套　3—砂箱　4—E 形应力框　5—浇道
6—连接螺杆　7—脱模孔　8—连接杆　9—传感器　10—卸载螺母

2.5　合金的物理性能及其测试

合金的物理性能是金属材料的基础性能，它由材料的化学成分、组织结构和加工过程决定。物理性能包括导电性、密度、热膨胀、热传导、热辐射、热容和磁性等。下面简要介绍电阻、密度、热导率、线胀系数的测试方法。

2.5.1　电阻

电阻的测量方法较多，有直接读数的伏安法、单电桥法、双电桥法、电位差计法等。另外，还有直接读取电导率的涡流法。

表 2-7 列出了常用测量电阻的电桥型号和精度级别。数字显示电桥是新一代产品，与数字万用表同样稳定可靠。数字微欧计是凯尔文电桥的更新换代产品，适用于对直流低电阻进行精密测量。行业中广泛使用的是 QJ 型系列直流电桥，测量范围宽、精度高，可连接成单、双两种测量电路。

表 2-7　常用测量电阻的电桥型号和精度级别

序号	型　号	测量范围	精度级别
1	Q19 直流单双臂电桥	双：$10\mu\Omega \sim 100\Omega$ 单：$100\Omega \sim 1.11110M\Omega$	0.05
2	QJ36 直流单双臂电桥	双：$1\mu\Omega \sim 100\Omega$ 单：$100\Omega \sim 1.111110M\Omega$	0.02
3	QJ48 比较式电桥	$1m\Omega \sim 10k\Omega$	0.002
4	Q149a 直流单臂电桥	$1\Omega \sim 1.11110M\Omega$	0.05

2.5.2　密度

根据密度的定义，测量密度需先测量试样的质量和体积。质量采用天平测量，而体积采用流体静力学法，即借助阿基米德原理（Archimed）进行。

试样在液体中所受的浮力等于它排开液体的重量。已知液体的密度，根据试样所受的浮力可计算出浸入液体的体积。

假定试样在空气中的质量为 m，完全浸没在液体中的质量为 m'，则试样所受浮力为 $(m - m')g$，根据阿基米德原理：

$$(m - m')g = (V\rho_0)g \qquad (2\text{-}31)$$

式中　V——试样的体积，即浸没时排开液体的体积（cm^3）；

ρ_0——液体的密度（g/cm^3）；

g——重力加速度。

由上式可得

$$V = (m - m')/\rho_0$$

则试样密度为

$$p = m/V = m\rho_0/(m - m')$$

试样在液体中的称量如图 2-247 所示。试样和吊丝在液体中称得的质量为 m_1，不含试样的空吊丝在液体中质量为 m_0，两次称量吊丝的浸没长度有所不同，如果忽略其差异，则试样在液体中的质量 $m' = m_1 - m_0$。对于质量不超过 30g 的试样，用一般头发丝可以充当吊丝，在工业测量中其质量可以忽略不计，即 $m' = m_1$。

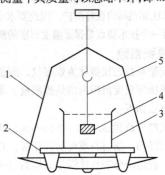

图 2-247　试样在液体中的称量

1—秤盘　2—托架　3—容器　4—试样　5—吊丝

称量前应检查天平是否符合要求，严格按照说明书进行操作。试样表面不应有孔洞、缝隙和油污，必要时用乙醇等有机溶剂清洗处理。纯水的温度应采用经过鉴定的温度计测量，其精度一般应精确到 0.1℃。称量过程中，试样表面不得出现气泡，否则将导致密度测量值偏低。

2.5.3　热导率

热导率的测量方法较多，不同温度范围和不同热导率范围需要不同的测量方法，主要分为稳态法和非稳态法两大类。在稳定导热状态下，试样上各点温度稳定不变，温度梯度和热流密度也都稳定不变，根据所测得的温度梯度和热流密度，就可计算出材料的热导率。这种测定热导率的方法，称为稳态法。在不稳定导热状态下进行测量，试样上各点的温度处于变化之中，变化的速率取决于试样的热扩散率。在这种导热状态下测量热导率的方法则称为非稳态法。

下面简要介绍稳态法中的纵向热流法。其测量原理和方法如下：

采用圆柱状细长棒试样，试样的一端与加热器相接，另一端与起散热器作用的热沉（良导热的金属块）相接。按照一定的功率加热试样，经过一段时间后，在试样内形成自高而低的稳定的温度分布。假定热量从试样的高温端向低温端传导时没有侧向热损失，则任一横截面处有相同的热流速率。

按照公式 $Q/t = \lambda S(T_1 - T_2)/L$，只要测得 Q/t、

试样截面面积 S 和 $(T_1 - T_2)/L$，就可以计算出试样的热导率 λ（不考虑热流与温度梯度方向）。

试样端一般采用电阻加热器加热，采取热防护使加热的热量全部进入试样，则热流速率 Q/t 就等于加热功率 W。所求得的热导率，对应于 T_1、T_2 范围内的某一个等效温度。

纵向热流法测量过程中的关键技术要点是防止侧向热损失和保证加热器的良好防护，因此要求合理设计测量装置；另一个技术要点是保证温度梯度的精确测量。

2.5.4　线胀系数

测量线胀系数的仪器称为膨胀仪，测量的关键在于精确测量指定温度范围内的热膨胀量。常用的线胀系数测量方法如下：

待测试样一般做成 $\phi(3 \sim 5)\,\mathrm{mm} \times (30 \sim 50)\,\mathrm{mm}$ 的杆状，试样的一端与石英传动杆相接，并一起放在石英管里，利用千分表直接测量试样的膨胀量。将石英管放入炉子内，使传动杆的另一端接触千分表，试样和传感器及千分表要保持良好接触。通电加热，使试样受热膨胀，经传动杆传递，在千分表上计量。根据千分表的计量数据算出试样由温度 t_1 变化到 t_2 时的平均线胀系数。

主要技术要点是试样温度测量和千分表测膨胀伸长量的精度。

常用的机械膨胀仪有立式和卧式两种，结构都比较简单，测量方法简便、成本低，应用比较普遍。

2.6　材料力学性能及其测试

2.6.1　拉伸性能

GB/T 10623—2008《金属材料　力学性能试验术语》和 GB/T 24182—2009《金属力学性能试验　出版标准中的符号及定义》中规定拉伸试验是标准拉伸试样在静态轴向拉伸力不断作用下，以规定的拉伸速度拉至试样断裂，并在拉伸过程中连续记录力与伸长量，从而求出其强度判据和塑性判据的力学性能试验。

为了拉伸试验时获得更多的有关材料性能的信息，在现行的国内外标准中除了断后伸长率 A 和断裂总延伸率 A_t 外又增加了屈服点延伸率 A_e、最大力总延伸率 A_{gt} 及最大力塑性延伸率 A_g。

通常在材料屈服开始（上屈服强度）以前已产生少量塑性变形，上屈服强度以前的微量塑性变形归在屈服阶段内的塑性变形范围是比较合理的。因此，将屈服点延伸率定义为：试样从屈服开始至屈服阶段结束（加工硬化开始）之间标距的伸长与原始标距的百分比。定义屈服点延伸率的意义是，这一性能判据可用来表征屈服阶段的长短。定义最大力塑性延伸

率 A_g 的意义是，A_g 与材料的硬化指数 n 相关。当材料硬化规律遵从 Hollomon 定律（$R_p = k\varepsilon^n$ 时，式中 k 为强化系数）时，存在下列关系：

$$n = \ln(1 + A_g) \tag{2-32}$$

大多数金属材料均遵从 Hollomon 定律，n 在金属材料冷变形成形工艺中是一个重要参量，通过测定 A_g 可大致估算 n 值。此外，当达到最大应力下的总延伸率的弹性部分所占的比例小于 10% 时，可用最大力总延伸率 A_{gt} 代替 A_g 来计算 n 值。

在拉伸试验中，需测定的强度性能判据通常有下列 5 种：

（1）规定塑性延伸强度（R_p）　试样标距部分的塑性延伸率达到规定的引伸计标距百分率时对应的应力。表示此应力的符号应附下标说明。例如，$R_{p0.01}$、$R_{p0.05}$ 和 $R_{p0.2}$ 分别表示规定塑性延伸率为 0.01%、0.05% 和 0.2% 时的应力。本书中铸造合金的 $R_{p0.2}$ 数据基本来自以前的屈服强度 $\sigma_{0.2}$。鉴于此，本书中 $R_{p0.2}$ 统称为条件屈服强度，以区别下面介绍的上屈服强度和下屈服强度。

（2）规定总延伸强度（R_t）　试样标距部分的总延伸（弹性伸长加塑性伸长）达到规定的引伸计标距百分率时的应力。表示此应力的符号应附下标说明。例如，$R_{t0.5}$ 表示规定总延伸率为 0.5% 时的强度。

（3）规定残余延伸强度（R_r）　试样卸除应力后，其标距部分的残余延伸达到规定的引伸计标距百分率时的应力。表示此应力的符号应附下标说明。例如，$R_{r0.2}$ 表示规定残余延伸率为 0.2% 时的应力。

（4）屈服强度　对于呈现屈服现象的材料，试样在拉伸试验过程中力不增加（保持恒定）仍能继续发生塑性变形时的应力。如力发生下降，则应区分为上屈服强度 R_{eH}、下屈服强度 R_{eL}。

1）上屈服强度（R_{eH}）。试样发生屈服而力首次下降前的最大应力。

2）下屈服强度（R_{eL}）。当不计初始瞬时效应屈服阶段中的最小应力。

（5）抗拉强度（R_m）　试样拉断过程中最大力所对应的应力。

在拉伸试验过程中需测定的塑性性能判据通常有下列 5 种。

（1）屈服点延伸率（A_e）　试样从屈服开始至均匀加工硬化开始之间引伸计标距的延伸与引伸计标距之比的百分率。试验时，通常是根据试验机自动记录的力-延伸曲线，利用图解法计算求得。

（2）最大力总延伸率（A_{gt}）　试样拉伸到最大

力时原始标距的总延伸与原始标距之比的百分率。总延伸包括弹性延伸和塑性延伸。

(3) 最大力塑性延伸率（A_g）　试样拉到最大力时原始标距的塑性延伸与原始标距之比的百分率。塑性延伸为力-延伸曲线上力与延伸不成线性比例关系部分的延伸，包括滞弹性延伸、蠕变延伸和塑性延伸。

(4) 断后伸长率（A）　试样拉断后，标距的残余伸长与原始标距之比的百分率。

当应用标距为试样直径5倍的短比例试样时，所测得的断后伸长率以 A 表示；当用标距为直径10倍的长比例试样时，所测得的断后伸长率以 $A_{11.3}$ 表示。A 值大于 $A_{11.3}$ 值，通常 $A = (1.2 \sim 1.5)A_{11.3}$，应优先采用 A。

对比非比例试样，断后伸长率应附以该标距的下标，如原始标距为 100mm 或 200mm 时，则分别以 A_{100mm} 或 A_{200mm} 表示。

断后伸长率一般在试样拉断后测量，先将试样断裂部分在断裂处紧密对接在一起，尽量使其轴线处于一条直线上，若拉断处形成缝隙，则此缝隙应计入试样拉断后的标距内。测量断后标距时，当拉断处到最邻近标距端点的距离大于原始标距的 1/3 时，采用直测法测量；当拉断处到最邻近标距端点处的距离小于或等于原始标距的 1/3 时，则采用移位法进行测量。

(5) 断面收缩率（Z）　试样拉断后，缩颈处横截面面积的最大缩减量（$S_o - S_u$）与原始横截面面积 S_o 之比的百分率。测量时，先测缩颈处最小横截面面积 S_u。对于圆柱形试样，在缩颈最小处两个相互垂直的方向上测量其直径（需要时，应将试样断裂部分在断裂处对接在一起），用两者的平均值计算；对于矩形试样，用缩颈处的最大宽度乘以最小厚度求得，然后按式（2-33）计算 Z：

$$Z = \frac{S_o - S_u}{S_o} \times 100\% \qquad (2\text{-}33)$$

对于薄板、带材试样、圆管材全截面试样、圆管材纵向弧形试样或其他复杂横截面试样，以及直径小于 3mm 的试样，通常不测定断面收缩率。

1. 拉伸试验速率

拉伸试验速率对性能判据的测定有一定影响，而且随试样材料和试验条件而异。由于弹性变形以声速的量级速度进行，从而可认为弹性变形在金属受力后瞬间完成，因此拉伸试验变形速率对弹性变形阶段的性能判据并无影响。金属的塑性变形在一定环境条件下是应力、应变和时间的函数，明显受变形速率的影响，从而使塑性变形阶段的性能判据具有较大的速度敏感性。拉伸试验速率对性能判据影响的大致趋向是，强度性能判据随拉伸试验速率的增加而增大；塑性性能判据随拉伸试验速率的增加而减小。拉伸试验速率对试验结果的影响总是存在的，不可能找到某一速度区间对任何材料及性能判据均无影响。因此，在拉伸试

验方法标准中对拉伸试验应力速率做出表 2-8 的规定。

表 2-8　规定的应力速率范围

弹性模量 E /MPa	应力速率/(MPa/s)	
	最小	最大
<150000	2	20
≥150000	6	60

表 2-8 中规定的应力速率范围，是指拉伸试验速率应在此范围内选择，"最大"和"最小"是范围的上、下限，并不是试验机控制速率允许波动的上、下限。

2. 拉伸试样

拉伸试样指样坯经机械加工或不经机械加工而提供拉伸试验用的一定尺寸的样品。

拉伸试样的形状和尺寸应根据试验材料的形状及其用途，便于安装引伸计和形成轴向均匀应力状态等原则来确定。拉伸试样的形状一般有圆柱形、平板形和圆管形。为了形成单向应力状态，试样的纵向尺寸要比横向尺寸大得多；为了形成均匀应力状态，试样头部的过渡圆弧半径 r 通常应使 $r \geqslant 1.5d$（d 为圆形横截面试样平行长度的直径）；为了夹紧试样和使试样对中，试样头部一般机械加工成螺纹状。

为了防止试样的尺寸效应影响测定的拉伸性能判据，按 GB/T 228.1—2010 规定，标准拉伸试样的直径参照表 2-9 选择，并建议两种比例试样，即

$$长比例试样：L_o = 11.3\sqrt{S_o}$$
$$短比例试样：L_o = 5.65\sqrt{S_o}$$

式中　L_o——试样原始标距；

S_o——试样平行长度部分的原始横截面面积。

为了正确测定试样的拉伸性能判据，试样表面应光滑而无缺陷，其表面粗糙度应满足图 2-248 中规定的要求；试样各部分的尺寸偏差应满足表 2-9 和表 2-10 的规定。

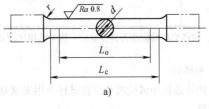

a)

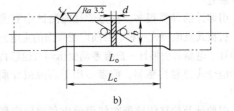

b)

图 2-248　拉伸试样的形状及表面粗糙度要求
a) 圆柱形试样　b) 矩形试样

表 2-9　圆柱形横截面比例试样

d/mm	r/mm	K=5.65			K=11.3		
		L_o/mm	L_c/mm	试样编号	L_o/mm	L_c/mm	试样编号
25	≥0.75d	5d	≥L_o+d/2 仲裁试验: L_o+2d	R1	10d	≥L_o+d/2 仲裁试验: L_o+2d	R01
20				R2			R02
15				R3			R03
10				R4			R04
8				R5			R05
6				R6			R06
5				R7			R07
3				R8			R08

注：1. 如相关产品标准无相关具体规格，优先采用 R02、R04 或 R07 试样。
　　2. 试样总长度 L_t 取决于夹持方法，原则上 $L_t > L_c + 4d$。
　　3. 如相关产品标准无具体规定，优先采用比例系数 K=5.65 的比例试样。

表 2-10　矩形横截面比例试样

b/mm	r/mm	K=5.65			K=11.3		
		L_o/mm	L_c/mm	试样编号	L_o/mm	L_c/mm	试样编号
12.5	≥12	$5.65\sqrt{S_o}$	≥L_o+1.5$\sqrt{S_o}$ 仲裁试验: L_o+2$\sqrt{S_o}$	P07	$11.3\sqrt{S_o}$	≥L_o+1.5$\sqrt{S_o}$ 仲裁试验: L_o+2$\sqrt{S_o}$	P07
15				P08			P08
20				P09			P09
25				P10			P010
30				P11			P011

注：如相关产品标准无具体规定，优先采用比例系数 K=5.65 的比例试样。

3. 引伸计

引伸计是拉伸试验时装卡在试样上用来测量其变形的装置。

引伸计的种类很多，在力学性能测试中有光学式、机械式及电测式三种。目前广泛采用的是电测式引伸计。电测式引伸计一般有差动变压器式位移传感器和应变式位移传感器，前者多用于高温或介质环境中。

引伸计及位移传感器在使用前应利用标定器进行标定，即测定引伸计的延伸示值与标定器给定的真实延伸的关系。标定时，所测定的引伸计延伸示值与标定器给定位移量关系曲线的斜率即为延伸放大倍数。标定器给定的位移量与引伸计标距（引伸计测量试样延伸时所使用试样部分的长度）和引伸计延伸示值乘积之比称为标定系数。将标定系数乘以引伸计延伸示值即可得出相应的应变。引伸计的应变示值减去标定器给定的应变值之差即为应变示值误差。

表 2-11 列出了引伸计的分级及其标距相对误差、分辨力、系统相对误差和绝对误差。

表 2-11　引伸计的分级、标距相对误差、分辨力、系统相对误差和绝对误差

| 引伸计分级 | 标距相对误差 qL_t(%) | 引伸计的分级（最大值） | | | | | 标定器（最大值） | | | |
| | | 分辨力① | | 系统误差① | | 分辨力① | | 系统误差① | |
		读数的百分数 r/L_1(%)	绝对值 $r/\mu m$	相对误差 q(%)	绝对误差 $(L_1-L_t)/\mu m$	相对值（%）	绝对值 $/\mu m$	相对误差（%）	绝对误差 $/\mu m$
0.2	±0.2	0.10	0.2	±0.2	±0.6	0.05	0.10	±0.06	±0.2
0.5	±0.5	0.25	0.5	±0.5	±1.5	0.12	0.25	±0.15	±0.5
1	±1.0	0.50	1.0	±1.0	±3.0	0.3	0.50	±0.3	±1.0
2	±2.0	1.0	2.0	±2.0	±6.0	0.5	1.0	±0.6	±2.0

注：对于小标距（≤25mm）和小应变，用户宜选用级别较高一级的引伸计。

① 取其中较大者。

引伸计按其精度不同而分成四个等级，各级精度要求见表 2-11。对于不同试验项目，应选用表 2-12 中不同等级的引伸计。拉伸试验同样可按表 2-12 选用。

表 2-12　不同测试项目选用的引伸计级别

测试项目	允许使用的最低级别
R_m、A_{gt}、A_g、A_t、A	2 级
R_t、R_p、R_r、R_{eH}、R_{eL}、A_e	1 级

4. 高温拉伸试验

高温拉伸试验是在室温以上的高温下进行的拉伸试验。高温拉伸试验时，除考虑应力和应变外，还要考虑温度和时间两个参量。温度对高温拉伸性能影响很大，因此对温度的控制要求很严格。试样一般采用电炉加热，炉子工作空间要有足够的均热带，用仪表进行自动控制温度。金属材料高温拉伸试验时对炉膛均热带温度偏差及温度梯度的要求见表 2-13。

表 2-13　炉膛均热带温度偏差及温度梯度

规定温度 T/℃	T_i 与 T 的允许偏差/℃	温度梯度/℃
$T \leqslant 600$	±3	3
$600 < T \leqslant 800$	±4	4
$800 < T \leqslant 1000$	±5	5
$1000 < T < 1100$	±6	6

注：指示温度 T_i 指在试样平行长度表面上所测量的温度。

为了保证高温拉伸试样轴向加力和减小夹头尺寸以便于安装引伸计，圆柱形试样头部应采用螺纹连接；平板状试样头部应采用销钉连接。高温引伸计通常有三个部分，即与试样凸肩相连的夹持部分、将试样变形传到炉外的引伸杆和在炉外进行变形测量的变换器。

通常采用热电偶作为温度传感器检测试样温度。热电偶的热端用石棉绳捆绑紧贴试样工作表面；冷端引出炉外而置于冰水中或零点补偿装置内，其温度偏差不应超过 ±0.5℃。高温拉伸试验时，温度测量仪器的精度不应低于 0.1 级，温度记录仪的精度不应低于 0.5%。

在进行高温拉伸试验时，试样施力的时间，即拉伸速率对拉伸性能有显著影响。为此，高温拉伸试验时必须将试样的拉伸速率控制在规定范围内。在 GB/T 228.2—2015 中规定，测定规定塑性延伸强度和屈服强度时，屈服期间试样标距内应变速率应在 $0.001 \sim 0.005 min^{-1}$ 范围内，尽量保持某个恒定值。在不能控制应变速率的情况下应调节应力速率，使在弹性范围内应变速率保持于 $0.003 min^{-1}$ 之内，但应力速率不应超过 300MPa/min。仲裁试验采用中间应变速率。屈服后或不测规定非比例拉伸强度和屈服强度时，应变速率在 $0.02 \sim 0.20 min^{-1}$ 之间保持恒定。

金属材料的高温拉伸试验所规定性能指标与常温拉伸试验时基本相同，但一般是测定抗拉强度、屈服强度、断后伸长率和断面收缩率四大性能指标。

5. 低温拉伸试验

低温拉伸试验是在 $-196 \sim <10℃$ 规定的温度内进行的拉伸试验。低温拉伸试验时，试样及上、下夹头均浸入充满气态或液态制冷剂的低温拉伸试验槽中，也可采用细孔喷射制冷法使试样冷却。试验时，试样应在相应的冷却温度下保持足够长的时间；当使用液体冷却介质时，保持时间应不少于 5min；当采用气体冷却介质时，保持时间应不少于 15min。

测量低温介质温度通常采用低温温度计、低温热

电偶及相关的自动记录指示仪。

　　低温拉伸试验时的制冷剂通常有冰、固体二氧化碳（干冰）、液氮、液氩、液氢等，调温剂通常采用氯化钠、氯化钙、氯化铵、乙醇、三氯甲烷、石油醚等。

　　低温拉伸试验时，试样标距内的温度偏差及温度梯度可参照表 2-14 执行。

**表 2-14　低温拉伸时试样标距内
允许的温度偏差和温度梯度**

冷却介质	温度偏差/℃	温度梯度/℃
液体介质	±3	3
气体介质	±3	3

　　金属低温拉伸试验时通常是测定抗拉强度、断后伸长率、断面收缩率等性能指标。

2.6.2　其他静载荷下的力学性能

1. 压缩性能

　　GB/T 7314—2017《金属材料　室温压缩试验方法》和 GB/T 10623—2008《金属材料 力学性能试验术语》中规定，压缩试验是通过对标准试样轴向施加递增的单向压缩力，直至试样发生屈曲，并在压缩过程中连续记录力与压缩量，从而求出其强度判据的力学性能试验。

　　（1）屈曲　除通过压溃方式引起压缩失效外，以下几种方式也可能发生压缩失效。

　　1）由于非轴向加力而引起柱体试样在其长度上的弹性失稳。

　　2）柱体试样在其全长度上的非弹性失稳。

　　3）板材试样标距内小区域上的弹性或非弹性局部失稳。

　　4）试样横截面绕其纵轴转动而发生的扭曲或扭转失效，这几种失效类型统称为屈曲。

　　（2）压缩试验主要性能指标　在压缩试验中需测定的强度性能判据通常有如下 4 种：

　　1）规定塑性压缩强度（R_{pc}）。试样标距段的塑性压缩变形达到规定的原始标距百分比时的压缩应力。表示此压缩强度的符号应以下标说明，如 $R_{pc0.01}$、$R_{pc0.2}$ 分别表示规定塑性压缩应变为 0.01%、0.2% 时的压缩应力。

　　2）规定总压缩强度（R_{tc}）。试样标距段的总压缩变形（弹性变形加塑性变形）达到规定的原始标距百分比时的压缩应力。表示此压缩强度的符号应以下标说明，如 $R_{tc1.5}$ 表示规定总压缩应变为 1.5% 时的压缩应力。

　　3）压缩屈服强度。当金属材料呈现屈服现象时，试样在试验过程中达到力不再增加而仍继续变形所对应的压缩应力，应区分上压缩屈服强度（R_{eHc}）和下压缩屈服强度（R_{eLc}）。上压缩屈服强度（R_{eHc}）：试样发生屈服而力首次下降前的最高压缩应力。下压缩屈服强度（R_{eLc}）：屈服期间不计初始瞬时效应时的最低压缩应力。

　　4）抗压强度（R_{mc}）。对于脆性材料，试样压至破坏过程中的最大压缩应力；对于在压缩过程中不以粉碎性破裂而失效的塑性材料，则抗压强度取决于规定应变和试样几何形状。

　　（3）压缩试样　压缩试样指样坯经机械加工或不经机械加工而提供压缩试验用的一定尺寸的样品。试样形状与尺寸的设计应保证：在试验过程中标距内为均匀单向压缩，引伸计所测变形应与试样轴线上标距段的变形相等；端部不应在试验结束之前损坏。推荐图 2-249 ~ 图 2-252 所示的试样，凡能满足上述要求的其他试样也可采用。

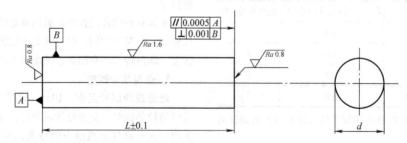

图 2-249　圆柱体试样

L—试样长度，$L=$（2.5 ~ 3.5）d 或（5 ~ 8）d 或（1 ~ 2）d　d—试样原始直径，$d=$（10 ~ 20）mm ± 0.05mm

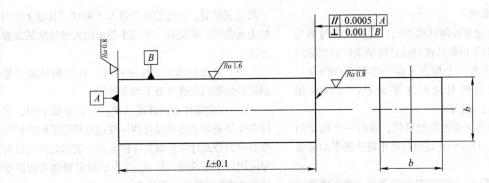

图 2-250　正四棱柱体试样

L—试样长度，$L = (2.5 \sim 3.5)b$ 或 $(5 \sim 8)b$ 或 $(1 \sim 2)b$　　b—试样原始宽度，$b = (10 \sim 20)\,mm \pm 0.05\,mm$

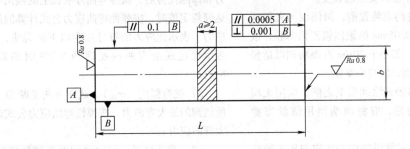

图 2-251　矩形板试样

L—试样长度，$L = (H + h) \pm 0.1\,mm$　　b—试样原始宽度，$b = 12.5\,mm \pm 0.05\,mm$

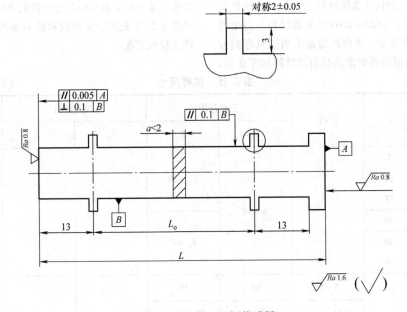

图 2-252　带凸耳板状试样

L_o—试样原始标距，$L_o = 50\,mm \pm 0.05\,mm$

L—薄板试样原始长度，$L = (H + h) \pm 0.05\,mm$

（4）试验条件

1）对于有应变控制的试验机，设置应变速率为 0.005min^{-1}。对于用载荷控制或者用横梁位移控制的试验机，允许设置一个相当于应变速率 0.005min^{-1} 的速度。如果材料对应变速率敏感，可以采用 0.003min^{-1} 的应变速率。

2）对于没有应变控制的系统，保持一个恒定的横梁位移速率，以达到在试验过程中需要的平均应变速率要求。

在试验过程中，恒定的横梁位移速率并不能保证试验过程中恒定的应变速率。无论采用哪种方法，都应采用恒定的速率，不准许突然的改变。

3）板材试样装进约束装置前，两侧面与夹板间应铺一层厚度不大于 0.05mm 的聚四氟乙烯薄膜，或者均匀涂一层润滑剂，如小于 $70\mu\text{m}$ 石墨粉调以适量的精密仪表油的润滑剂，以减小摩擦。

4）板状试样铺薄膜或涂润滑剂之前，应用无腐蚀的溶剂清洗。装夹后，应将两端面用细纱布擦干净。

5）安装试样时，试样纵轴中心线应与压头轴线重合。

6）除非另有规定，试验一般在室温 10～35℃ 范围内进行。对温度要求严格的试验，试验温度应为 23℃±5℃。

2. 弯曲性能

YB/T 5349—2014《金属材料　弯曲力学性能试验方法》和 GB/T 10623—2008《金属材料　力学性能试验术语》中规定，弯曲试验是采用三点弯曲或四点弯曲方式对圆形或矩形横截面试样施加弯曲力，一般直至断裂，通过记录弯曲力 F 和试样挠度 f 之间的关系曲线，测定其一项或多项弯曲力学性能的试验方法。

（1）弯曲试验主要性能指标　在弯曲试验中需测定的性能判据通常有下列3种：

1）规定塑性弯曲强度（R_{pb}）。弯曲试验中，试样弯曲外表面上的塑性弯曲应变达到规定值时按弹性弯曲应力公式计算的最大弯曲应力。表示此应力的符号应附以下标说明，如 $R_{\text{pb}0.2}$ 表示规定塑性弯曲应变达到 0.2% 时的最大弯曲应力。

2）规定残余弯曲强度（R_{rb}）。对试样施加弯曲力和卸除此力后，试样弯曲外表面上的残余弯曲应变达到规定值时，按弹性弯曲应力公式计算的最大弯曲应力。表示此应力的符号应附以下标说明，如 $R_{\text{rb}0.2}$ 表示规定残余弯曲应变达到 0.2% 时的最大弯曲应力。

3）抗弯强度（σ_{bb}）。试样弯曲至断裂，断裂前所达到的最大弯曲力，按弹性弯曲应力公式计算的最大弯曲应力。

（2）弯曲试样　试验采用圆形横截面试样和矩形横截面试样。试样的形状、尺寸、公差及表面要求应符合相关产品标准或协议的规定。除另有规定外，应根据材料和产品尺寸从表 2-15 或表 2-16 中选用合适的试样尺寸。

（3）三点弯曲试验装置　两支辊的直径应相同，压头上施力辊的直径应与支承辊的直径相同，辊的直径按表 2-15 选用。支承辊和施力辊的长度应大于试样直径或宽度。

表 2-15　试样尺寸　　　　　（单位：mm）

试样	d	h×b	三点弯曲		四点弯曲		D_S、D_a
			L_S	L	L_S	L	
圆形横截面	5		≥16d	$L_\text{S}+20$			10
	10						
	13						
	20						20 或 30
	30			$L_\text{S}+d$			30
	45						
矩形横截面（硬金属用）		5×5	30	35			5
		5.25×6.5	14.5	20			

（续）

试样	d	$h \times b$	三点弯曲		四点弯曲		D_S、D_a
			L_S	L	L_S	L	
矩形横截面		5×5					5
		5×7.5					
		10×10	$\geqslant 16h$	$L_S + 20$	$\geqslant 16h$	$L_S + 20$	10
		10×15					
		13×13					
		13×19.5					
		20×20		$L_S + h$		$L_S + h$	20 或 30
		20×30					
		30×30					30
		30×40					

注：d—试样直径，D_a—施力辊直径，D_S—支承辊直径，h—试样高度，L—试样长度，L_S—跨距。

表 2-16　薄板试样尺寸　　　　　　　　（单位：mm）

试样横截面尺寸		h	L_S	L	r
产品宽度					
$\leqslant 10$	> 10				
$b \times h$	$10h$	$0.25 \sim 0.5$	$100h \sim 150h$	$250h$	$0.10 \sim 0.15$
		$> 0.5 \sim 1.5$	$50h \sim 100h$	$160h$	
		$> 1.5 \sim < 5$	$80 \sim 120$	$110 \sim 150$	2.5

　　两支辊的轴线应平行，施力辊的轴线应与支承辊的轴线平行。

　　施力辊的轴线至两支辊的轴线的距离应相等，偏差在 ±0.5% 内。如图 2-253a 所示，试验时力的作用方向应垂直于两支辊的轴线所在平面。

　　试验时，辊应能绕其轴线转动（相关产品标准或协议另有规定除外），但不发生相对位移。两支座之间的距离应可调节。应带有指示距离的标记。跨距应准确到 ±0.5%。

　　辊的硬度应不低于试样的硬度，其表面粗糙度 $Ra \leqslant 0.8\mu m$。

　　（4）四点弯曲试验装置　两支承辊和两施力辊的直径应分别相同，前者和后者的直径一般相同，按表 2-15 选用。辊的长度应大于试样的直径或宽度。

　　两支承辊的轴线和两施力辊的轴线应相互平行，前两者所在平面应与后两者所在平面平行。

　　两力臂应相等，且一般不小于跨距的 1/4，力臂应准确到 ±0.5%。试验时，两施力辊的力的作用方向应垂直于两支承辊的轴线所在平面，如图 2-254 所示。

　　试验时，辊应能绕其轴线转动（相关产品标准或协议另有规定除外），但不发生相对位移。两支座之间的距离应可调节。应带有指示距离的标记。跨距应准确到 ±0.5%。

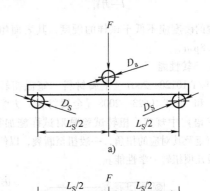
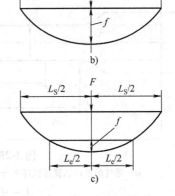

图 2-253　三点弯曲试验

F—弯曲力　f—挠度　L_e—挠度计标距

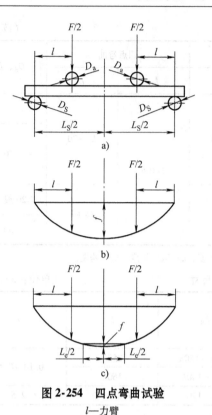

图 2-254　四点弯曲试验

l—力臂

辊的硬度应不低于试样的硬度，其表面粗糙度 $Ra \le 0.8\,\mu m$。

3. 扭转性能

GB/T 10128—2007《金属材料　室温扭转试验方法》和 GB/T 10623—2008《金属材料　力学性能试验术语》中规定，扭转试验是对试样施加扭矩，测量扭矩及其对应的扭角，一般扭至断裂，以便测定一项或几项扭转力学性能。

（1）扭转试验可测定的主要性能指标

1）规定非比例扭转强度（τ_p）。扭转试验中，试样标距部分外表面上的非比例切应变达到规定数值时的切应力。表示此应力的符号附以下标说明，如 $\tau_{p0.015}$ 和 $\tau_{p0.3}$ 表示规定的非比例切应变达到 0.015% 和 0.3% 的切应力。

2）屈服强度。当金属材料呈现屈服现象时，在试验期间达到塑性发生而扭矩不增加的应力点，应区分上屈服强度和下屈服强度。上屈服强度（τ_{eH}）：扭转试验中，试样发生屈服而扭矩首次下降前的最高切应力。下屈服强度（τ_{eL}）：扭转试验中，在屈服期间不计初始瞬时效应时的最低切应力。

3）扭转强度（τ_m）。相应最大扭矩的切应力。

4）最大非比例切应变（γ_{max}）。试样扭断时其外表面上的最大非比例切应变。

（2）扭转试样　圆柱形试样的形状和尺寸如图 2-255 所示。试样头部形状和尺寸应适应试验机夹头夹持。推荐采用直径为 10mm，标距分别为 50mm 和 100mm，平行长度分别为 70mm 和 120mm 的试样。如采用其他直径的试样，其平行长度应为标距加上两倍直径。

管型试样的平行长度应为标距加上两倍外直径。其外直径和管壁厚度的尺寸公差及内外表面粗糙度应符合有关标准和协议要求。试样应平直，试样两端间隙配合塞头，塞头不应伸进其平行长度内。管形试样塞头的形状和尺寸如图 2-256 所示。

（3）试验条件　试验一般在室温 10～35℃ 范围内进行。对温度要求严格的试验，试验温度应为 23℃±5℃。

扭转速度：屈服前应在 3°～30° min^{-1} 范围内，屈服后不大于 720° min^{-1}。速度的改变应无冲击。

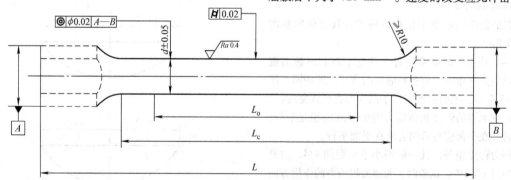

图 2-255　圆柱形试样的形状和尺寸

d—圆柱形试样和管形试样平行长度部分的外直径　　*L*—试样总长度　　L_c—试样平行长度

L_o—试样标距　　*R*—试样头部过渡半径

4. 硬度

GB/T 10623—2008《金属材料　力学性能试验

术语》规定，硬度是材料抵抗变形，特别是压痕或划痕形成的永久变形的能力，是表征金属材料软硬程度的一种性能。其物理意义随试验方法不同而不同。划痕法硬度值主要表征金属切断强度；回跳法硬度值主要表征金属弹性变形功的大小；压入法硬度值则表征金属塑性变形抗力及应变硬化能力。

硬度试验方法很多，大体上分为弹性回跳法（如肖氏硬度等）、压入法（如布氏硬度、洛氏硬度、维氏硬度等）和划痕法（如莫氏硬度）。

（1）布氏硬度试验

1）试验原理。对一定直径 D 的碳化钨合金球施加试验力 F 压入试样表面，经规定保持时间后，卸除试验力，测量试样表面压痕的直径 d（见图 2-257）。

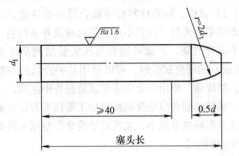
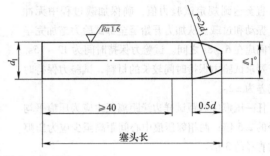

图 2-256　管形试样塞头的形状和尺寸
d_1—管形试样内径

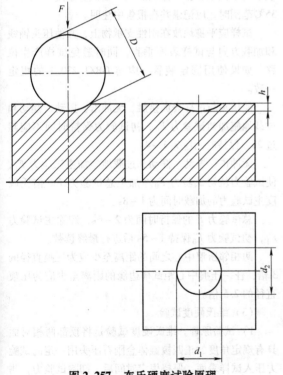

图 2-257　布氏硬度试验原理
D—球直径　F—试验力
d_1、d_2—在两相互垂直方向测量的压痕直径
h—压痕深度

布氏硬度与试验力除以压痕表面积的商成正比。压痕被看作是具有一定半径的球形，压痕的表面积通过压痕的平均直径和压头直径计算得到。其计算公式为

$$布氏硬度（HBW）= 常数 \times \frac{试验力}{压痕表面积}$$

$$= 0.102 \times \frac{2F}{\pi D\left(D - \sqrt{D^2 - d^2}\right)},$$

式中　d—压痕平均直径，$d = \dfrac{d_1 + d_2}{2}$。

布氏硬度 HBW 表示方法示例：

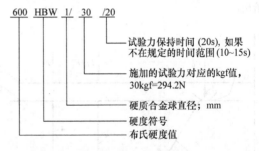

2）试样。试样表面应平坦光滑，并且不应有氧化皮及外界污物，尤其不应有油脂。试样表面应能保证压痕直径的精确测量（对于使用较小压头，有可能需要抛光或磨平试样表面）。

制备试样时，应使过热或冷加工等因素对试样表面性能的影响减至最小。

试样厚度至少应为压痕深度的 8 倍。试验后，试样背部如出现可见变形，则表明样品太薄。

3）试验条件。试验一般在 $10 \sim 35^{\circ}C$ 室温下进行，对于温度要求严格的试验，温度为 $23^{\circ}C \pm 5^{\circ}C$。试验力的选择应保证压痕直径在 $0.24D \sim 0.6D$ 之间。

试验力-压头球直径平方的比率（$0.102F/D^2$ 比值）应根据材料和硬度值选择。为保证在尽可能大

的有代表性的试样区域试验，应尽可能地选取大直径压头。

　　试样应放置在刚性试台上。试样背面和试台之间应无污物（氧化皮、油、灰尘等）。将试样稳固地放置在试台上，确保在试验过程中不发生位移。

　　使压头与试样表面接触，垂直于试验面施加试验力，直至达到规定试验力值，确保加载过程中无冲击、振动和过载。从加力开始至全部试验力施加完毕的时间应在 6~8s 之间。试验力保持时间为 13~15s。对于要求试验力保持时间较长的材料，试验力保持时间偏差为 ±2s。

　　任一压痕中心距试样边缘距离至少应为压痕平均直径的 2.5 倍；两相邻压痕中心间距离至少应为压痕平均直径的 3 倍。

　　（2）洛氏硬度试验

　　1）试验原理。洛氏硬度试验原理是将特定尺寸、形状和材料的压头（金刚石圆锥、硬质合金头）按图 2-258 分两级试验力压入试样表面，初试验力加载后，测量初始压痕深度。随后施加主试验力，在卸除主试验力后保持初试验力时测量最终压痕深度，洛氏硬度根据最终压痕深度和初始压痕深度的差值 h 及常数 N 和 S 通过公式：洛氏硬度 $= N - \dfrac{h}{S}$，计算给出。

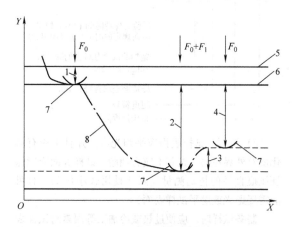

图 2-258　洛氏硬度试验原理

1—在初试验力 F_0 下的压入深度
2—由主试验力 F_1 引起的压入深度
3—卸除主试验力 F_1 后的弹性回复深度
4—残余压入深度 h　5—试样表面
6—测量基准面　7—压头位置
8—压头深度相对时间的曲线
X—时间　Y—压头位置

洛氏硬度表示方法示例：

　　2）试样。除非材料标准或合同另有规定，试样表面应平坦光滑，并且不应有氧化皮及外来污物，尤其不应有油脂。在做可能会与压头黏结的活性金属（如钛）的硬度试验时，可以使用某种合适的油性介质，如煤油。使用的介质应在试验报告中注明。

　　试样的制备应使受热或冷加工等因素对试样表面硬度的影响减至最小，尤其对于残余压痕深度浅的试样应特别注意。

　　3）试验条件。试验一般在 10~35℃ 室温下进行。当环境温度不满足该规定要求时，需要评估该环境下对于试验数据产生的影响。当试验温度不在 10~35℃ 范围时，应记录并在报告中注明。

　　试样应平稳地放在刚性支承物上，并使压头轴线和加载方向与试样表面垂直，同时避免试样产生位移。如果使用固定装置，应与 GB/T 230.2 的规定一致。

　　使压头与试样表面接触，无冲击、振动、摆动和过载地施加初试验力 F_0，初试验力保持时间不应超过 2s，保持时间应为 1~4s。

　　无冲击、振动、摆动和过载地施加主试验力 F_1，使试验力从初试验力 F_0 施加至总试验力 F。洛氏硬度主试验力的加载时间为 1~8s。

　　总试验力 F 的保持时间为 2~6s，卸除主试验力 F_1，初试验力 F_0 保持 1~5s 后进行最终读数。

　　两相邻压痕中心之间的距离至少应为压痕直径的 3 倍，任一压痕中心距试样边缘的距离至少应为压痕直径的 2.5 倍。

　　（3）维氏硬度试验

　　1）试验原理。维氏硬度试验是将顶部两相对面具有规定角度的正四棱锥体金刚石压头用一定的试验力压入试样表面，保持规定时间后，卸除试验力，测量试样表面压痕对角线长度从而得到硬度的试验方法（见图 2-259）。

维氏硬度表示方法示例：

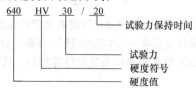

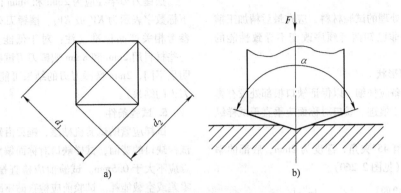

图 2-259 维氏硬度试验原理

a) 维氏硬度压痕 b) 压头（金刚石锥体）

d_1、d_2—两压痕对角线长度 F—试验力 α—金刚石压头顶部两对面夹角（136°）

2）试样。试样表面应平坦光滑，试验面上应无氧化皮及外来污物，尤其不应有油脂，除非在产品标准中另有规定。试样表面的质量应保证压痕对角线长度的测量精度，建议试样表面进行表面抛光处理。

制备试样时，应使由于过热或冷加工等因素对试样表面硬度的影响减至最小。

由于显微维氏硬度压痕很浅，加工试样时建议根据材料特性采用抛光/电解抛光工艺。

试样或试验层厚度至少应为压痕对角线长度的1.5倍。试验后试样背面不应出现可见变形压痕。

对于小截面或外形不规则的试样，可将试样镶嵌或使用专用试验台进行试验。

3）试验条件。试验一般在 10 ~ 35℃室温下进行，对于温度要求严格的试验，室温应控制在23℃ ±5℃。

从加力开始至全部试验力施加完毕的时间应为2 ~ 8s。对于小力值维氏硬度试验和显微维氏硬度试验，加力过程不能超过10s且压头下降速度应不大于0.2mm/s。

对于显微维氏硬度试验，压头下降速度应为15 ~ 70μm/s。试验力保持时间为 10 ~ 15s。任一压痕中心到试样边缘距离，对于钢、铜及铜合金至少应为压痕对角线长度的2.5倍；对于轻金属、铅、锡及其合金至少应为压痕对角线长度的3倍。两相邻压痕中心之间的距离，对于钢、铜及铜合金至少应为压痕对角线长度的3倍；对于轻金属、铅、锡及其合金至少应为压痕对角线长度的6倍。如果相邻压痕大小不同，应以较大压痕确定压痕间距。

应测量压痕两条对角线的长度，用其算术平均值计算维氏硬度值，也可按 GB/T 4340.4 查出维氏硬度值。在平面上压痕两对角线长度之差，应不超过对角

线长度平均值的 5%；如果超过 5%，则应在试验报告中注明。放大系统应能将对角线放大到视场的25% ~ 75%。

2.6.3 冲击性能

GB/T 229—2007《金属材料 夏比摆锤冲击试验方法》规定，将规定几何形状的缺口试样置于试验机两支座之间，缺口背向打击面放置，用摆锤一次打击试样，测定试样的吸收能量的试验方法。

为了显示加载速率和缺口效应对金属材料韧性的影响，需要进行缺口试样冲击弯曲试验，测定材料的冲击韧性。冲击韧性指材料在冲击载荷作用下吸收塑性变形功和断裂功的能力，常用标准试样的冲击吸收能量 K 表示。

试验是在摆锤式冲击试验机上进行的。将试样水平放在试验机支座上，缺口位于冲击相背方向；然后将具有一定质量 m 的摆锤举至一定高度 H_1，使其获得一定位能 mgH_1。释放摆锤冲断试样，摆锤的剩余能量为 mgH_2，则摆锤冲断试样失去的位能为 $mgH_1 - mgH_2$，即为试样变形和断裂所消耗的功，称为冲击吸收能量，以 K 表示，单位为 J。

1. 冲击试样

标准尺寸冲击试样长度为 55mm，横截面为10mm×10mm 方形截面。在试样长度中间有 V 型或 U 型缺口。如试料不够制备标准尺寸试样，可使用宽度为 7.5mm、5mm 或 2.5mm 的小尺寸试样。（注：对于低能量的冲击试验，因为摆锤要吸收额外能量，因此垫片的使用非常重要，而对于高能量的冲击试验并不十分重要），应在支座上放置适当厚度的垫片，以使试样打击中心的高度为 5mm（相当于宽度10mm标准试样打击中心的高度）。试样表面粗糙度 Ra ≤

5μm，端部除外。

对于需要热处理的试验材料，应在最后精加工前进行热处理，除非已知两者顺序改变不导致性能的差别。

2. 缺口几何形状

对缺口的制备应仔细，以保证缺口根部处没有影响吸收能量的加工痕迹。缺口对称面应垂直于试样纵向轴线。

V型缺口应有45°夹角，深度为2mm，底部曲率半径为0.25mm（见图2-260）。

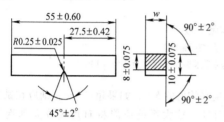

图2-260　夏比V型缺口冲击试样

注：w—宽度，标准试样为10mm±0.11mm；
小试样为7.5mm±0.11mm、5mm±0.06mm、
2.5mm±0.04mm。

U型缺口深度应为2mm或5mm（除非另有规定），底部曲率半径为1mm（见图2-261）。

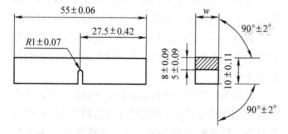

图2-261　夏比U型缺口冲击试样

注：w—宽度，标准试样为10mm±0.11mm；
小试样为7.5mm±0.11mm、5mm±0.06mm。

3. 试样的制备

试样样坯的切取应按相关产品标准或GB/T 2975的规定执行，试样制备过程应使由于过热或冷加工硬化而改变材料冲击性能的影响减至最小。

试样标记应远离缺口，不应标在与支座、砧座或摆锤刀刃接触的面上。试样标记应避免塑性变形和表面不连续性对冲击吸收能量的影响。

4. 试验设备

所有测量仪器均应溯源至国家或国际标准。这些仪器应在合适的周期内进行校准。试验机应按GB/T 3808或JJG 145进行安装及检验。

摆锤刀刃半径应为2mm和8mm两种，用符号的下标数字表示为KV_2或KV_8。摆锤刀刃半径的选择参考相关产品标准（注：对于低能量的冲击试验，一些材料用2mm和8mm摆锤刀刃试验测定的结果有明显不同，2mm摆锤刀刃的结果可能高于8mm摆锤刀刃的结果）。

5. 试验条件

试样应紧贴试验机砧座，锤刃沿缺口对称面打击试样缺口的背面，试样缺口对称面偏离两砧座间的中点应不大于0.5mm。试验前应检查摆锤空打时的回零差或空载能耗。试验前应检查砧座跨距，砧座跨距应保证在$40^{+0.2}_{0}$mm以内。

对于试验温度有规定的，应在规定温度±2℃范围内进行。如果没有规定，室温冲击试验应在23℃±5℃范围进行。

当使用液体介质冷却试样时，试样应放置于容器中的网栅上，网栅至少高于容器底部25mm。液体浸过试样的高度至少25mm，试样距容器侧壁至少10mm。应连续均匀搅拌介质以使温度均匀。测定介质温度的仪器推荐置于一组试样中间处。介质温度应在规定温度±1℃以内，保持至少5min。当使用气体介质冷却试样时，试样距低温装置内表面以及试样与试样之间应保持足够的距离，试样应在规定温度下保持至少20min（注：当液体介质接近其沸点时，从液体介质中移出试样至打击的时间间隔中，介质蒸发冷却会明显降低试样温度）。

对于试验温度不超过200℃的高温试验，试样应在规定温度±2℃的液池中保持至少10min。对于试验温度超过200℃的试验，试样应在规定温度±5℃以内的高温装置内保持至少20min。

2.6.4　断裂韧度

在弹塑性条件下，当应力强度因子增大到某一临界值，裂纹便失稳扩展而导致材料断裂，这个临界或失稳扩展的应力强度因子即为断裂韧度。它反映了材料抵抗裂纹失稳扩展，即抵抗脆断的能力，是材料的力学性能指标。分析裂纹体断裂问题有两种方法：一种是应力应变分析方法，考虑裂纹尖端附近的应力强度，得到相应的断裂K判据；另一种是能量分析方法，考虑裂纹扩展时系统能量的变化，建立能量转化平衡方程，得到相应的断裂G判据，分别得到断裂韧度K_{IC}和G_{IC}。

裂纹尖端附近的应力强度与裂纹扩展类型有关，对于含裂纹的金属机件，根据外加应力与裂纹扩展面的取向关系，裂纹扩展有三种基本形式，如图2-262所示。

（1）张开型（Ⅰ型）裂纹扩展　如图 2-262a 所示，拉应力垂直作用于裂纹扩展面，裂纹沿作用力方向张开，沿裂纹面扩展。例如，轴的横向裂纹在轴向拉力或弯曲力作用下的扩展，容器纵向裂纹在内压力下的扩展。

（2）滑开型（Ⅱ型）裂纹扩展　如图 2-262b 所示，切应力平行作用于裂纹面，并且与裂纹线垂直，裂纹沿裂纹面平行滑开扩展。

（3）撕开型（Ⅲ型）裂纹扩展　如图 2-262c 所示，切应力平行作用于裂纹面，并且与裂纹线平行，裂纹沿裂纹面撕开扩展，如轴的纵、横裂纹在扭矩作用下的扩展。

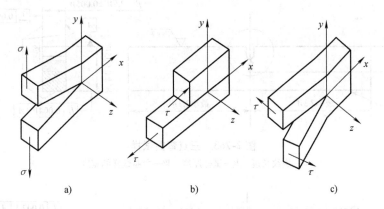

图 2-262　裂纹扩展的基本形式
a）张开型（Ⅰ型）　b）滑开型（Ⅱ型）　c）撕开型（Ⅲ型）

1. 应力强度因子 K_I

K_I（应力强度因子）表征了在承受张开型（Ⅰ型）加载的裂纹尖端线弹性应力场的大小，下标"Ⅰ"表示Ⅰ型裂纹。其计算公式为

$$K_I = Y\sigma\sqrt{a} \qquad (2\text{-}34)$$

式中　K_I——张开型（Ⅰ型）应力强度因子（N·$\mathrm{mm}^{-3/2}$）；

　　　　Y——裂纹形状系数，量纲为 1，与裂纹几何形状及加载方式有关，一般取 $Y = 1 \sim 2$；

　　　　σ——应力；

　　　　a——裂纹长度。

2. 断裂判据

随着应力 σ 或裂纹尺寸 a 的增大，K_I 不断增大。当其增大到临界值 K_{IC} 时，裂纹开始失稳扩展，用 K_{IC} 表示材料对裂纹扩展的抗力，称为平面应变断裂韧度。裂纹体断裂判据可表示为 $K_I \geqslant K_{IC}$。

对于Ⅱ型、Ⅲ型裂纹，其应力强度因子的表达式为 $K_{II} = Y\tau\sqrt{a}$，$K_{III} = Y\tau\sqrt{a}$，其断裂韧度为 K_{IIC}、K_{IIIC}，断裂判据为 $K_{II} \geqslant K_{IIC}$，$K_{III} \geqslant K_{IIIC}$。其判断标准只适用于弹性状态下的断裂分析。实际情况下，裂纹扩展前，尖端附近会出现一个塑性变形区，应力应变不再是线性关系。一般当 $\dfrac{\sigma}{\sigma_s} \geqslant 0.7$ 时，需要对裂纹和 K_I 进行修正，此时只讨论其修正后的结果：

$$\begin{cases} K_I = \dfrac{Y\sigma\sqrt{a}}{\sqrt{1 - 0.16\,Y^2(\sigma/\sigma_s)^2}} & \text{（平面应力）} \\[3mm] K_I = \dfrac{Y\sigma\sqrt{a}}{\sqrt{1 - 0.056\,Y^2(\sigma/\sigma_s)^2}} & \text{（平面应变）} \end{cases}$$

$$(2\text{-}35)$$

式中　σ_s——材料的下屈服强度 R_{eL} 或条件屈服强度 $R_{p0.2}$。

3. 裂纹扩展能量释放率 G_I 及断裂韧度 G_{IC}

裂纹扩展单位面积系统释放势能的数值称为裂纹扩展能量释放率，简称能量释放率或能量率，用 G 表示。对于Ⅰ型裂纹用 G_I 表示，计算公式为

$$\begin{cases} G_I = \dfrac{\pi\sigma^2 a}{E} & \text{（平面应力）} \\[3mm] G_I = \dfrac{\pi\sigma^2 a(1-\nu^2)}{E} & \text{（平面应变）} \end{cases}$$

$$(2\text{-}36)$$

式中　G_I——Ⅰ型裂纹扩展能量释放率（N/m）；

　　　　ν——泊松比。

由式（2-36）可知，随 σ 和 a 单独或共同增大，会使 G_I 增大。当其增大到某一临界值时，G_I 能克服裂纹失稳扩展的阻力，则裂纹失稳扩展断裂，临界值记为 G_{IC}，称为断裂韧度（平面应变断裂韧度），表示材料组织裂纹失稳扩展时单位面积所消耗的能量。在 G_{IC} 下对应的平均应力为断裂应力 σ_c，对应的裂纹尺寸为临界裂纹尺寸 a_c，计算方法为 $G_{IC} =$

$\dfrac{\pi\sigma_c^2 a_c\ (1-\nu^2)}{E}$，可建立裂纹失稳的断裂 G 判据，即

$$G_{\mathrm{I}} \geqslant G_{\mathrm{IC}}$$

4. 试样尺寸及形状

国家标准中规定了四种试样：标准三点弯曲试样、紧凑拉伸试样、C 形拉伸试样和圆形紧凑拉伸试样。常用的三点弯曲试样和紧凑拉伸试样如图 2-263 和图 2-264 所示。

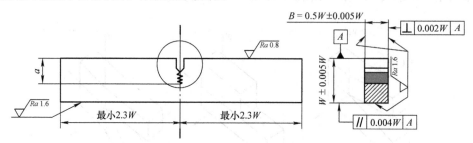

图 2-263　三点弯曲试样

a—裂纹长度　B—试样厚度　W—弯曲试样的宽度

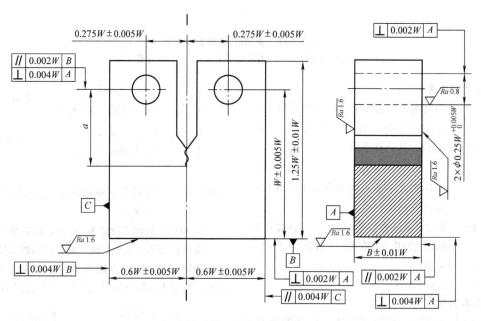

图 2-264　紧凑拉伸试样

a—裂纹长度　B—试样厚度　W—紧凑拉伸试样的有效宽度

5. 试验方法

三点弯曲试样的试验装置如图 2-265 所示。在实验机压头上装有载荷传感器 5，以测量载荷 F 的大小。在试样缺口两侧跨接夹式引伸仪 2，以测量裂纹嘴张开位移 V。载荷信号及裂纹嘴张开位移信号经动态应变仪 6 放大后，传到 X - Y 函数记录仪 7 中。在加载过程中，X - Y 函数记录仪可连续描绘出 F - V 曲线。根据 F - V 曲线可间接确定条件裂纹失稳扩展载荷 F_Q。

由于材料性能及试样尺寸不同，F - V 曲线主要有三种类型，如图 2-266 所示。从 F - V 曲线上确定 F_Q 的方法是，先从原点 O 作一相对直线 OA 部分斜率减少 5% 的割线，以确定裂纹扩展 2% 时相应的载荷 F_5，F_5 是割线与 P - V 曲线交点的纵坐标值。如果在 F_5 以前没有比 F_5 大的高峰载荷，则 $F_Q = F_5$（见图 2-266 曲线 Ⅰ）。如果在 F_5 以前有一个高峰载荷，则取此高峰载荷为 F_Q（见图 2-266 曲线Ⅱ和曲线Ⅲ）。

试样压断后，用工具显微镜测量试样断口的裂纹

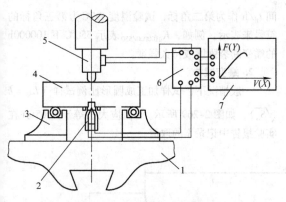

图 2-265　三点弯曲试验装置

1—试验机活动横梁　2—夹式引伸仪　3—支座　4—试样
5—载荷传感器　6—动态应变仪　7—X–Y 函数记录仪

长度 a。由于裂纹前缘呈弧形,规定测量 $B/4$、$B/2$ 及 $B3/4$ 三处的裂纹长度 a_2、a_3 及 a_4,取其平均值作为裂纹的长度 a(见图 2-267)。

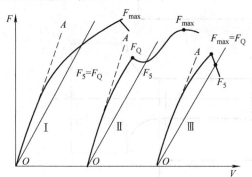

图 2-266　$F–V$ 曲线的三种类型

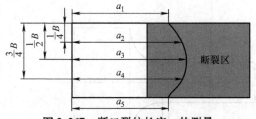

图 2-267　断口裂纹长度 a 的测量

三点弯曲试样加载时,裂纹尖端的应力强度因子 K_I 表达式为 $K_I = \dfrac{FS}{BW^{3/2}} Y_1\left(\dfrac{a}{W}\right)$,其中 $Y_1\left(\dfrac{a}{W}\right)$ 是与 a/W 有关的函数,可查表获得;$S = 4W$。

将条件裂纹失稳扩展载荷 F_Q 及裂纹长度 a 代入上式,可求得 K_Q。当 K_Q 满足下列两个条件时

$$\begin{cases} \dfrac{F_{max}}{F_Q} \leqslant 1.10 \\ B \geqslant 2.5\left(\dfrac{K_Q}{\sigma_y}\right)^2 \end{cases} \quad (2-37)$$

则 $K_Q = K_{IC}$。否则应加大试样尺寸重做试验。新试样尺寸至少应为原试样的 1.5 倍,直到满足上式条件为止。

2.6.5　高温蠕变

蠕变就是金属在长时间的恒温、恒载荷作用下缓慢地产生塑性变形的现象,这种变形导致金属材料的断裂称为蠕变断裂,金属的蠕变过程可用蠕变曲线来描述,如图 2-268 所示。

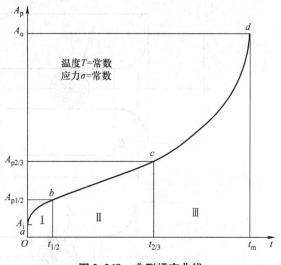

图 2-268　典型蠕变曲线

A_i—初始塑性伸长率　A_p—塑性伸长率
A_u—蠕变断裂后的伸长率　t—时间

ab 段:减速蠕变阶段(过渡蠕变阶段)。这一阶段开始的蠕变速率很大,随时间延长,蠕变速率逐渐减小,到 b 点达最小值。

bc 段:恒速蠕变阶段(稳态蠕变阶段)。蠕变速率几乎保持不变,一般所指的金属蠕变速率就是指这个阶段的蠕变速率。

cd 段:加速蠕变阶段。随时间延长,蠕变速率逐渐增大,至 d 点断裂。

1. 金属高温力学性能指标

1)蠕变强度。是材料在高温长时载荷作用下的塑性变形抗力指标。一般有两种表示方式:一种是在规定温度 T 下,使试样产生规定稳态蠕变速率 ε' 的最大应力,用 σ_ε^T 表示。例如,$\sigma_{1\times10^{-5}}^{600} = 60\text{MPa}$ 表示温度为 600℃ 的条件下,稳态蠕变速率为 $1\times10^{-5}\text{h}^{-1}$ 的蠕变强度为 60MPa。另一种是在规定温度 T 下和一定时间 t 内,使试样产生最大塑性应变或伸长百分率 $\varepsilon(\%)$ 时的应力,用 $R_{p\varepsilon, t/T}$ 表示。例如,$R_{p0.2,1000/650} = 100\text{MPa}$ 表示最大塑性应变或伸长百分率为 0.2%,应变时间为 1000h,试验温度为 650℃ 的蠕变强度为

100MPa。具体选用哪种表示法应视蠕变速率和服役时间而定。若蠕变速率大而服役时间短，可取 $\sigma_{\varepsilon'}^T$ 表示法；若蠕变速率小而服役时间长，可用 $R_{p\varepsilon,t/T}$ 表示法。

2）蠕变断裂强度（持久强度）。指在规定的试验温度 T，依据应力 σ。在试样上施加恒定的拉伸力，经过一定的试验时间（蠕变断裂时间 t_u）所引起断裂的应力 σ。

蠕变断裂强度用符号 R_u 表示，并以蠕变断裂时间 t_u/h 作为第二角标，试验温度 $T/℃$ 为第三角标的符号来表示。例如，$R_{u100000/550}$ 表示 550℃ 下 100000h 的蠕变断裂强度或持久强度。

2. 蠕变试样

一般情况下，试样加工成圆形比例试样（$L_{ro} = k\sqrt{S_o}$），如图 2-269 所示。k 值应大于等于 5.65 并在实验报告中记录 k 的取值。

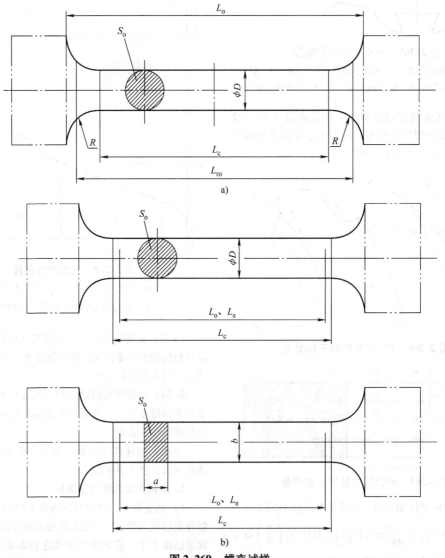

图 2-269 蠕变试样

a）标距在平行长度以外的台肩试样 b）标距在平行长度以内的台肩试样

a—矩形横截面试样的厚度 b—矩形横截面试样平行段横截面的宽度 ϕD—圆形试样平行长度部分的直径 L_c—平行长度 L_e—引伸计标距 L_o—原始标距 L_{ro}—原始参考长度 R—过渡弧半径 S_o—平行长度内原始横截面面积

特殊情况下，还有矩形、方形或其他形状横截面的试样。对于圆形试样的要求不适用于特殊试样。通常情况下，对于圆形试样，原始参考长度 L_{ro} 应不大于 1.1 倍的 L_c；对于方形或矩形横截面试样 L_{ro}，应不大于 1.15 倍的 L_c。

平行段应用过渡弧与试样夹持端连接，夹持端的形状应与试验机的夹持端相适应。对于圆柱形试样，过渡弧半径 R 应在 $0.25D \sim 1D$ 之间；对于方形或矩形截面试样，过渡弧半径 R 应在 $0.25b \sim 1b$ 之间。

除非试样尺寸不够，原始横截面面积（S_o）应大于等于 $7mm^2$（注：在特殊情况，尤其是对于脆性材料，过渡弧半径可以大于 $1D$）。

试样夹持端与试样平行段的同轴度误差为：对于圆形试样，$0.005D$ 或者 $0.03mm$，取两者中较大者；对于方形或矩形试样，$0.005b$ 或 $0.03mm$，取两者中较大者。当氧化成为重要影响因素时，可以选择较大原始横截面面积（S_o）的试样。

原始参考长度 L_{ro} 的测量应准确至 $\pm 1\%$。断后参考长度 L_{ru} 与原始参考长度 L_{ro} 的差值应准确至 $0.25mm$。对于缺口试样，缺口的位置和几何尺寸应由双方协商确定。

3. 试验方法

GB/T 2039—2012《金属材料　单轴拉伸蠕变试验方法》规定，将试样加热至规定温度，沿试样轴线方向施加恒定拉伸力或恒定拉伸应力并保持一定时间获得规定蠕变伸长（连续试验）；通过试验获得适当间隔的残余塑性伸长值（不连续试验）；蠕变断裂时间（连续或不连续试验）的方法为蠕变试验方法。

高温拉伸蠕变试验是一种蠕变试验方法。按规定制备试样，在恒定温度和恒定拉伸载荷作用下，在规定时间内测定其伸长率和时间的关系并确定其蠕变强度。

试样为圆形或板状，试验在蠕变试验机上进行。升温时，在试样上施加相当于总载荷 10% 的初载荷，升至规定温度后保温 $2 \sim 4h$，然后施加规定载荷。每隔 $15 \sim 30min$ 记录一次伸长量。至规定时间后，将载荷降至初载荷，直到测至伸长量不变为止。

每种材料的试验延续时间和允许伸长率视用途而定。试验温度一般选用 25℃ 的倍数（有色金属）或 50℃ 的倍数（黑色金属）。在一定的温度和不同的载荷下，每组试样不少于 3 个。根据试验结果绘出应力与伸长率关系曲线和应力与第二阶段蠕变速率关系曲线，从图中用内插法求出该材料的蠕变强度。最后再用在不少于三个温度下求得的蠕变强度，绘出蠕变强度与温度的关系曲线。

蠕变断裂强度（持久强度）试验与蠕变试验相似，但在试验过程中只确定试样的断裂时间。试样断口形貌依试验条件而异，在高温和低应力下多为沿晶界断裂。根据一般经验公式认为，当温度不变时，断裂时间与应力两者的对数呈线性关系。据此可用内插法或外推法求出持久强度。为了保证外推结果的可靠性，外推时间一般不得超过试验时间的 10 倍。

试验断裂后的伸长率和断面收缩率表征金属的持久塑性。若持久塑性过低，材料在使用过程中会发生脆断。持久强度缺口敏感性是用在相同断裂条件下缺口试样与光滑试样两者的持久强度的比值表示。缺口敏感性过高时，金属材料在使用过程中往往会过早脆断。持久塑性和持久强度缺口敏感性均为高温金属材料的重要性能判据。持久强度试验通常在恒定的温度和载荷下进行。

2.6.6　金属磨损

机件接触并相对运动时，表面逐渐有微小颗粒分离出来形成磨屑，使表面材料逐渐损失造成表面损伤的现象称为磨损。

1. 分类

磨损的分类方法有多种，见表 2-17。

表 2-17　磨损的分类

分类方法	类型	分类方法	类型
按表面接触性质	金属-磨料磨损	按磨损机理	磨粒磨损
	金属-金属磨损		黏着磨损
	金属-流体磨损		冲蚀磨损
按环境和介质	干磨损		微动磨损
	湿磨损		腐蚀磨损
	流体磨损		其他

1）黏着磨损。黏着磨损又称咬合磨损，是在滑动摩擦条件下，当摩擦副相对滑动速度较小（<1m/s）时发生的。它是因缺乏润滑油，摩擦副表面无氧化膜，且单位法向载荷很大，以致接触应力超过实际接触点的屈服强度而产生的一种磨损。

2）磨粒磨损。也称磨料磨损或研磨磨损，是当摩擦副一方表面存在坚硬的细微凸起，或者在接触面之间存在着硬质粒子时所产生的一种磨损，前者又可称为两体磨粒磨损，如锉削过程；后者又称为三体磨粒磨损，如抛光。硬质粒子可以是磨损产生而脱落在摩擦副表面间的金属磨屑，也可以是自表面脱落下来的氧化物或砂粒、灰尘等。

3）腐蚀磨损。在摩擦过程中，摩擦副之间和摩擦副表面与环境介质发生化学或电化学反应形成腐蚀产物，腐蚀产物的形成和脱落引起腐蚀磨损。腐蚀磨损因常与摩擦面之间的机械磨损（黏着磨损或磨粒磨损）共存，故又称腐蚀机械磨损。典型的腐蚀磨损包括各类机械中普遍存在的氧化磨损，以及在化工机械中因特殊腐蚀气氛而产生的特殊介质腐蚀磨损等。

4）微动磨损。在机器的嵌合部位和紧配合处，接触表面之间虽然没有宏观相对位移，但在外部变动载荷和振动的影响下产生微小滑动，其振幅约为 $10^{-2}\mu m$ 数量级。接触面因存在小振幅相对振动或往复运动而产生的磨损称为微动磨损，其特征是摩擦副接触区有大量红色 Fe_2O_3 粉末，还常有因接触疲劳破坏产生的麻点或蚀坑。

5）冲蚀磨损。指流体或固体以松散的小颗粒按一定的速度和角度对材料表面进行冲击所造成的磨损。

2. 磨损过程

机件的磨损过程可用磨损曲线来表示，如图 2-270 所示。

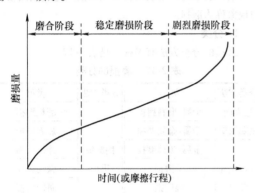

图 2-270　磨损曲线

磨损过程一般分三个阶段：

1）磨合阶段。在此阶段内，无论摩擦副双方硬度如何，摩擦表面逐渐被磨平，实际接触面积增大，故摩擦速率减小。此阶段磨损速率减小还与表面应变硬化以及表面形成牢固的氧化膜有关。

2）稳定磨损阶段。此阶段磨损速率近乎常数，大多数机件均在此阶段内服役，通常根据这一阶段的时间、磨损速率和磨损量来评定不同材料或不同工艺的耐磨性。在磨合阶段磨合得越好，此阶段的稳定磨损速率就越低。

3）剧烈磨损阶段。随着机器工作时间的延长，机件的表面质量下降，润滑膜被破坏，会引起剧烈振动，磨损加剧，机件很快失效。

耐磨性是材料抵抗摩擦磨损的性能，它是一个系统的性质，迄今为止还没有一个统一的、意义明确的耐磨性指标。通常是用磨损量来表示材料的耐磨性，磨损量越小，耐磨性越高。磨损量既可用试样摩擦表面法线方向的尺寸减小来表示，称为线磨损；也可用试样体积或质量损失来表示，称为体积磨损或质量

磨损。

3. 磨损试验方法

磨损试验方法有实物试验和实验室试验两类。实物试验具有与实际情况一致或接近一致的特点，试验结果可靠性高，但所需时间较长，并且受外界因素的影响难以掌握和分析。实验室试验虽然具有时间短、成本低、易于控制各种因素的影响等优点，但试验结果经常无法接近实际情况。在研究重要机件的耐磨性时，这两种方法往往兼用。

实验室试验常用的磨损试验机有销盘型、环块型、往复运动型和滚子型，如图 2-271 所示。

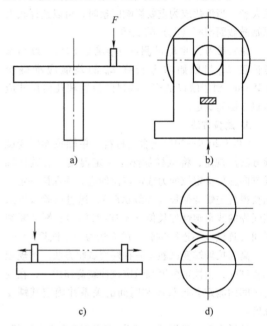

图 2-271　摩擦磨损试验机

图 2-271a 所示为销盘型试验机。将试样加上试验力紧压在旋转的圆盘上，试样可以静止，也可以在半径方向上往复运动。这类试验机可用来评定各种摩擦副及润滑材料的低温与高温摩擦和磨损性能。既可以做磨粒磨损试验，也可进行黏着磨损规律的研究。

图 2-271b 所示为环块型试验机，环形试样（其材料一般是不变的）安装在主轴上顺时针转动，块形试样安装在夹具上。通过试验后材料环形试样的失重和块形试样的磨痕宽度，分别计算体积磨损以评定试验材料的耐磨性。这种试验机可以测定各种金属及非金属等在滑动状态下的耐磨性。

图 2-271c 所示为往复运动型试验机。试样在静止平面上做往复运动，可评定往复运动机件，如导轨、缸套与活塞环等摩擦副的耐磨性，或者评定选用材料及工艺与润滑材料的摩擦及磨损性能等。

图 2-271d 所示为滚子型试验机，所用试样有圆环形和蝶形两种。当进行滚动、滚动与滑动复合摩擦磨损试验时，上、下试样均用圆环形试样；当进行滑动摩擦磨损试验时，上试样可用蝶形，下试样为圆环形。这种试验机主要用来测定金属材料在滑动摩擦、滚动摩擦、滚动及滑动复合摩擦及间隙摩擦情况下的磨损量，用来比较各种材料的耐磨性。

磨损试验时，应按摩擦副运动方式（往复、旋转）及摩擦方式（滚动、滑动）来确定试验方法及所用试样的形状和尺寸，并应使速度、试验力和温度等因素尽可能接近实际服役条件。磨损试验结果分散性大，所以试样数量要足够，一般试验至少需要 4～5 对摩擦副；一般取试验数据的平均值作为试验结果，若分散度过大则需用均方根值来处理。

磨损试验结束后，通常用称量法或测长法确定磨损量。称量法是用分析天平测定试样磨损前后的质量变化，测长法是用尺子测量摩擦表面法线方向的尺寸变化。称量法操作简便，但灵敏度低，只在磨损量大于 10^{-2} g 时才能应用；测长法用于磨损量较大且称量法难以实现的情况。

2.7　无损检测技术

2.7.1　无损检测技术简介

无损检测技术是利用被检物质因存在缺陷或组织结构上的差异而使其具有某些物理性质的物理量发生变化的现象，在不损伤被检物体使用性能、形状及内部结构和形态的前提下，应用相应的物理方法测量这些变化，从而达到了解和评价被检测的材料、产品和设备构件的性质、状态、几何尺寸、质量或内部结构等目的，它属于高新科技领域的一种特殊检测技术。

现代无损检测技术应用的内容包括了产品中缺陷的检测（俗称"探伤"，包括缺陷的检出及缺陷的定位、定量、定性评定）、材料的力学或物理性能测试（如强度、硬度、电导率等）、产品的性质和状态评估（如热处理状态、显微组织、应力大小、淬硬层或硬化层深度等）、产品的几何度量（如几何尺寸、涂镀层厚度等）、运行设备的安全监控（现场监测、动态监测）及安全寿命评估等，涉及产品、构件的完整性、可靠性、使用性能等的综合评价。

现代无损检测技术的应用范畴已经涉及航空与航天器、兵器、船舶、冶金、机械装备制造、核电、火力发电、水力发电、输变电、锅炉压力容器、汽车、摩托车、海洋石油、石油化工、建筑、铁路与铁路车辆、地铁、高速铁路、高速公路、桥梁工程、电子工业、轻工、食品工业、医药与医械行业，以及地质勘探、安全检查、材料科学研究、考古等，可以说，无损检测技术已经应用于所有行业领域。

无损检测的理论基础是材料的物理性质（如电学性质、磁学性质、声学性质等）因缺陷存在而发生变化，现如今无损检测方法已达 100 多种，但目前广泛采用的有射线检测、超声检测、磁粉检测和渗透检测等。

2.7.2　射线检测

射线检测是利用各种射线对材料的透视性能及不同材料对射线的吸收、衰减程度的不同，使底片感光成黑度不同的图像来观察的，从而探明物质内部结构或所存在缺陷的性质、大小、分布状况，并做出评价判断。它是一种行之有效而又不可缺少的检测材料或零件内部缺陷的手段，在工业上得以广泛应用。在焊接产品的制造、安装及服役过程中，射线检测是检验焊缝及其热影响区内部是否存在工艺性缺陷的主要方法之一。

1. 射线检测的优点

1）适用于几乎所有的材料，对零件几何形状及表面粗糙度均无严格要求。目前，射线检测主要应用于对铸件和焊件的检测。

2）射线检测能直观地显示缺陷影像，便于对缺陷进行定性、定量和定位。

3）射线底片能长期存档备查，便于分析事故原因。

2. 射线检测的缺点

1）射线检测对气孔、夹渣、缩孔缩松和疏松等体积型缺陷的检测精度较高，但对平面缺陷的检测灵敏度较低，如当射线方向与平面缺陷（如裂纹）垂直时很难检测出来，只有当裂纹与射线方向平行时才能够对其进行有效检测。

2）射线对人体有害，需要有保护措施。

射线检测中常用的照相法由拍片、洗片、评片三步构成。拍片指强度均匀的射线照射到被检物体，利用透过的射线使胶片感光；洗片指胶片经暗室处理后即得到与材料内部结构和缺陷相对应的均匀或不均匀的底片；评片指通过对底片的评定即可分析出被检物体是否存在缺陷及缺陷的大小、种类、分布等。

3. 基本原理

X 射线、γ 射线检测法的基本原理类似，现以 X 射线检测法为例说明。

X 射线穿过物体时会发生强度的衰减，其衰减的程度与 X 射线波长、物体的密度和厚度有关。当物体内部有缺陷时，在此部位构成密度与厚度的差异，使透过的 X 射线得到不同程度的衰减，便可用 X 射线胶片或其他方式显现出来（见图 2-272）。

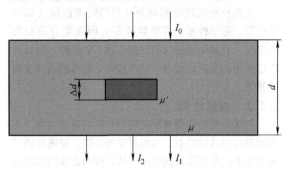

图 2-272　射线穿透有缺陷的物体

射线照相法的基本原理是基于主因衬度的概念，所谓主因衬度指 X 射线穿过被检测物体的不同部位时 X 射线强度的比值。如图 2-272 所示，当一束强度为 I_0 的 X 射线穿透厚度为 d 的物体时，在无缺陷部位得到的射线强度为 I_1，在缺陷厚度为 Δd 的部位得到的射线强度为 I_2，按射线衰减定律公式，得

$$I_1 = I_0 e^{-\mu d} \tag{2-38}$$

$$I_2 = I_0 e^{-[\mu(d-\Delta d) + \mu'\Delta d]} = I_0 e^{-\mu d} e^{-(\mu'-\mu)\Delta d} \tag{2-39}$$

式中　μ——基体材料的线吸收系数；

　　　μ'——缺陷物质的线吸收系数。

则主因衬度为

$$I_2/I_1 = e^{-(\mu'-\mu)\Delta d} \tag{2-40}$$

假定缺陷为气泡，可将空气的吸收系数略去，则

$$I_2/I_1 = e^{\mu\Delta d} \tag{2-41}$$

当 I_2/I_1 足够大时，其主因衬度致使底片上有缺陷与无缺陷处的黑度差达到人眼能鉴别的程度，即可显现缺陷，这就是 X 射线透射检测的基本原理。

1）当 $\mu' > \mu$ 时，$I_2 < I_1$，即缺陷部位透射强度小于完好部位透射强度。例如，夹钨，钨为重金属，对射线吸收系数较大，底片缺陷处感光少，暗室处理时容易洗去，呈白色块状。而基体金属对射线吸收系数小，透过射线多，底片感光多，呈黑色。

2）当 $\mu' < \mu$ 时，$I_2 > I_1$，即缺陷部位透射强度大于完好部位透射强度。例如，气孔、夹渣，底片上缺陷处对射线吸收少，感光多，呈黑色。

3）当 $\mu' \approx \mu$ 或 Δd 很小且趋近于零时，$I_2 \approx I_1$，缺陷部位透射强度约等于完好部位透射强度，这时缺陷部位与周围完好部位透过的射线强度无差异，则射线底片上缺陷将得不到显示。

4. 射线检测方法

射线检测常用的方法有照相法、电离检测法、荧光屏直接观察法和电视观察法等。

（1）照相法

1）过程：射线→衰减→强度变化→胶片→感光→潜影→影像→评判。

2）特点：灵敏度高，直观可靠，重复性好，但成本较高，时间较长。

根据胶片上影像的形状及其黑度的不均匀程度，就可以评定被检测试件中有无缺陷及缺陷的性质、形状、大小和位置。

照相法是 X 射线检测法中应用最广泛的一种常规方法。由于生产和科研的需要，还可用放大照相法和闪光照相法以弥补其不足。放大照相可以检测出材料中的微小缺陷。

（2）电离检测法　当射线通过气体时与气体分子撞击，有的气体分子失去电子成为正离子，有的气体分子得到电子成为负离子，此即气体的电离效应。电离效应将会产生电离电流，电离电流的大小与射线的强度有关。如果将透过试件的 X 射线通过电离室测量射线强度，就可以根据电离室内电离电流的大小来判断试件的完整性。

过程：射线→工件→电离室→电离气体→电流→判断完整性。

特点：此法自动化程度高，成本低，但定性困难。只适用于形状简单、表面工整的工件，应用较少。

（3）荧光屏直接观察法　将透过试件的射线投射到涂有荧光物质的荧光屏上时，在荧光屏上会激发出不同强度的荧光，利用荧光屏上的可见影像直接辨认缺陷。

过程：射线→工件→荧光屏→缺陷形状。

特点：此法成本低，效率高，可连续生产，但分辨率低。适用于形状简单、要求不严格的产品的检测。

（4）电视观察法　电视观察法是荧光屏直接观察法的发展，将荧光屏上的可见影像通过光电信增管增强图像，再通过电视设备显示。这种方法自动化程度高，可观察动态情况，但检测灵敏度比照相法低，对形状复杂的零件检测比较困难。

5. 射线检测设备

射线检测设备主要有 X 射线检测设备及 γ 射线检测设备。

X 射线机在应用方面与 γ 射线机比较具有下列一些不同点或特点。

（1）能量　X 射线机辐射的是连续谱 X 射线，X 射线的能量分布在一个相当宽的范围内，因此在 X 射线穿透物体时产生了射线的不断"硬化"，在讨论 X 射线的有关问题时常需引入等效波长（等效能量）。但 γ 射线源辐射的 γ 射线是单一能量的或绝大部分能量集中在几个波长，因此可以认为，γ 射线源的能量是单一的，在透照物体时不存在"硬化"现象。

（2）强度　X 射线机辐射的射线强度是可以人为控制的，因此相对来说它是固定的，即在任何时候开机都可得到所需要的 X 射线强度。对于 γ 射线机，情况则复杂得多，由于 γ 射线源的放射性衰变不受人为因素的控制，其放射性活度随着时间延长不断地减少，即 γ 射线源的强度是不断变化的。这种情况使得即使用同一 γ 射线机、透照同一工件，但如果相隔一段时间，则也必须重新选取透照所需的时间。

（3）应用特点　上述两个方面使得 X 射线机在应用上也与 γ 射线机具有不同的特点。X 射线机的能量可以人为调整，因此一台 X 射线机可应用于不同材料、不同厚度的被检物体。γ 射线机的 γ 射线源具有固定的能量，因此它只适合于一定的厚度范围，当然对不同材料这个厚度范围不同。X 射线机只有开机时产生 X 射线辐射，它的工作寿命是开机时间的累加，因此尽管 X 射线管的寿命是几百小时，但 X 射线机却可以工作数年。对 γ 射线机，由于 γ 射线源始终在进行着放射性衰变，所以不管是否使用，γ 射线源的可使用时间都在不断减少。

与 X 射线机相比，γ 射线机具有设备简单，便于操作，不用水、电等特点，因而它便于在高空、水下、野外等场所工作。另外，它的射线能量比较高，穿透能力比较强，具有向整个空间辐射的特点。所以，对于某些特殊应用，如球罐形工件的射线照相具有明显的优越性。但一般来说，γ 射线照相的质量不如 X 射线照相的质量好。

由于射线检测具有一系列的优点，因此用其他无损检测方法完全取代射线检测是不可能的。但是，射线检测发展的前景如何，一方面要看射线检测自身技术的发展；另一方面，也要看其他无损检测技术的发展情况。

目前，X 射线探伤机的管电压最高为 430kV，功率多数在 4kW 以下。管电压指标表示了穿透能力。在最大管电压下，对于钢材的穿透能力不超过 130mm。对于厚度大于 130mm 的工件，则必须使用 γ 射线探伤装置或加速器探伤装置。

2.7.3　超声检测

超声检测是利用超声波在物体中的传播、反射和衰减等物理特性，对试件进行宏观缺陷检测、几何特性测量、组织结构和力学性能变化的检测及表征，进而对其特定应用性进行评价的技术，广泛应用在制造、石油化工、造船、航空、航天、核能、军事工业、医疗器械以及海洋探测等领域。

1. 超声检测原理

超声检测是通过对使超声波与材料相互作用并对反射、透射和散射的波进行研究，以对材料的宏观缺陷、微观组织、力学性能等进行无损评价的技术。超声检测按原理可分穿透法、共振法和脉冲反射法三种，以后者最为常用。对于宏观缺陷的检测，常用振动频率为 $0.5 \sim 25MHz$ 的短脉冲波以反射法进行。此时，在试件中传播的声脉冲遇到声特性阻抗（材料密度与声速的乘积），有变化处部分入射声能可被反射。根据反射信号的有无和幅度的高低，可对缺陷的有无和大小做出评估。通过测量入射波与反射波之间的时差，可确定反射面与试件表面上入射点的距离。

为适应不同类型的试件，不同取向、位置和性质的缺陷及质量要求，可选用的波形有纵波、横波、瑞利波、兰姆波和爬波。采用特定的扫描显示方式及相应的电子线路，可获得试件中缺陷分布及形态的图像。材料特性的无损表征主要与超声波在试件中的传播速度，以及在传播过程中能量的衰减与材料的微观组织结构有关，如果这种关系可从冶金学研究得知，表征的内容可包括弹性方面的评价、微观组织和形态变化的描述、分散的声不连续性和缺陷群的评定、力学性能变化和材质下降的测量等。

超声检测的原理：超声波是频率高于 20kHz 的机械波。在超声检测中常用的频率为 $0.5 \sim 10MHz$。这种机械波在材料中能以一定的速度和方向传播，遇到声阻抗不同的异质界面（如缺陷或被测物件的底面等）就会产生反射、折射和波形转换。这种现象可被用来进行超声检测，最常用的是脉冲反射法。检测时，脉冲振荡器发出的电压加在探头上（用压电陶瓷或石英晶片制成的探测元件），探头发出的超声波脉冲通过声耦合介质（如机油或水等）进入材料并在其中传播，遇到缺陷后，部分反射能量沿原途径返回探头，探头又将其转变为电脉冲，经仪器放大而显示在示波管的荧光屏上。根据缺陷反射波在荧光屏上的位置和幅度（与参考试块中人工缺陷的反射波幅度进行比较），即可测定缺陷的位置和大致尺寸。除反射法外，还有用另一探头在工件另一侧接收信号的穿透法以及使用连续脉冲信号进行检测的连续法。利用超声法检测材料的物理特性时，还经常利用超声波在工件中的声速、衰减和共振等特性。

2. 超声检测设备与方法

超声检测设备和器材包括超声波检测仪、探头、试块、耦合剂和机械扫查装置等。其中，超声检测仪和探头对超声检测系统的性能起着关键作用，是产生超声波并对经材料中传播后的超声波信号进行接收、处理、显示的部分。由这些设备组成一个综合的超声波检测系统，系统的总体性能不仅受到各个分设备的影响，还在很大程度上取决于它们之间的配合。

超声检测方法可采用多种检测技术，每种检测技术在都有需要考虑的特殊问题，其检测过程也各有特点。但各种超声检测技术又都存在着通用的技术问题。例如，检测的过程都可归纳为以下几个步骤：

1) 试件的准备。

2) 检测条件的确定，包括超声波检测仪、探头、试块等的选择。

3) 检测仪器的调整。

4) 扫查。

5) 缺陷的评定。

6) 结果记录与报告的编写。

3. 超声检测仪的选择

检测用仪器的选择应从检测对象的材料和缺陷存在的状况来考虑，如果仪器选择不正确，不仅导致不可靠的检测结果，而且会带来很大的经济损失。仪器的选择应从选择最合适的探头开始，因为探头的性能是检测缺陷的关键，而检测装置本身则应使探头的性能获得最充分地发挥。在考虑检测操作要求的同时，要决定是否需要自动化，同时考虑选择试块、辅助工具和耦合介质等。

一般市场上出售的 A 型脉冲反射式超声波检测仪已具备这些基本功能，它的基本性能参数（垂直线性、水平线性等）也能满足通常超声检测的要求，其工作原理如图 2-273 所示。

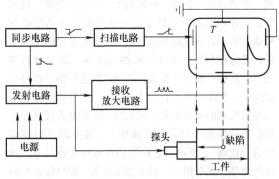

图 2-273　A 型脉冲反射式超声检测仪的工作原理

对于给定的任务，在选择超声检测仪时，主要考虑的是该任务的特殊要求，可从以下几方面进行考虑：

1) 所需采用的超声频率特别高或特别低时，应注意频带宽度。

2) 对薄试件检测和近表面缺陷检测时，应注意发射脉冲是否可调为窄脉冲。

3) 检测厚度大的试件或高衰减材料时，应选择发射功率大、增益范围大、电噪声低的超声波检测仪，这有助于提高穿透能力和小缺陷显示能力。

4) 对衰减小或厚度大的试件，选用重复频率可调为较低数值的超声检测仪，能避免幻象波的干扰。

5) 室外现场检测时，应选择重量轻、荧光屏亮度好、抗干扰能力强的便携式超声波检测仪。

6) 自动快速扫查时，应选择最高重复频率高的超声波检测仪。

4. 探头的选择

选择探头时，对缺陷的状况应做如下考虑：超声波波束轴线要尽可能与缺陷主要扩展方向正交；用斜探头检测时，要选择合适的折射角。因此，在进行超声检测之前，应了解被检工件的材料特性、外形结构和检测技术要求；熟悉工件在加工的各个过程中可能产生的缺陷和部位，以作为分析缺陷性质的依据；根据检测目的和技术条件选择合适的仪器和探头，并进行仪器性能的测试；选择合适的检测方法和耦合剂及其探测条件，如合适的频率等。

(1) 结构形式　探头的结构形式主要根据板厚来确定。板厚较大时，常选用单晶直探头；板厚较小时，可选用双晶直探头，因为双晶直探头主要用于检测厚度为 6~20mm 的钢板。

(2) 频率　超声波的频率在很大程度上决定了其对缺陷的探测能力。对于同种材料，频率越高，超声波衰减越大；对于同一频率，晶粒越粗，衰减越大。对于细晶粒材料，选择较高频率，可提高检测灵敏度。因为频率高，波长短，检测小缺陷的能力强，同时频率越高，指向性越好，可提高分辨力，并能提高缺陷的定位准确度。但是，提高频率会降低穿透能力和增大衰减，因此对粗晶粒和不致密材料及厚度大的工件，应选用较低的频率。

综上所述，频率的选择可以这样考虑：对于小缺陷、近表面缺陷或薄件的检测，可以选择较高的频率；对于大厚度试件、高衰减材料，应选择较低的频率。在灵敏度满足要求的情况下，选择宽带探头可提高分辨力和信噪比。针对具体对象，适用的频率需在上述考虑当中取得一个最佳的平衡，既要保证所需尺寸缺陷的检出，并满足分辨力的要求，也要保证在整个检测范围内具有足够的灵敏度与信噪比。

（3）晶片尺寸 探头晶片尺寸对检测的影响主要是通过其对声场特性的影响体现出来的。多数情况下，检测厚度较大的试件时，采用大直径探头较为有利；检测厚度较小的试件时，则采用小直径探头较为合理。应根据具体情况，选择满足检测要求的探头。

（4）斜探头折射角（K 值） 对横波斜探头来说，为了使工件中的折射角度范围能覆盖到 90°，探头斜楔中的声速应小于工件中的声速。由于一般斜探头主要用于横波，因此设计时要求斜楔中的纵波速度小于工件中的横波速度。对钢材来说，常用有机玻璃或聚乙烯作为斜楔。斜楔采用有机玻璃的另一个优点是具有明显的衰减特性，有利于消除干扰反射波。

折射角为 45° ~ 70° 的斜探头，由于干扰反射波引起的麻烦最少，而且在这个角度范围内的所有换能器具有大致相同的灵敏度，换能器的方向特征也不失真，因此应用最广。

5. 超声检测的优点

1）适用于金属、非金属和复合材料等多种制件的无损检测。

2）穿透能力强，可对较大厚度范围内的试件内部缺陷进行检测，如对金属材料，可检测厚度为 1 ~ 2mm 的薄壁管材和板材，也可检测几米长的钢锻件。

3）缺陷定位较准确。

4）对面积型缺陷的检出率较高。

5）灵敏度高，可检测试件内部尺寸很小的缺陷。

6）检测成本低、速度快，设备轻便，对人体及环境无害，现场使用较方便。

6. 超声检测的局限性

1）对试件中的缺陷进行精确的定性、定量仍需做深入研究。

2）对具有复杂形状或不规则外形的试件进行超声检测有困难。

3）缺陷的位置、取向和形状对检测结果有一定影响。

4）材质、晶粒度等对检测结果有较大影响。

5）常用的 A 型脉冲反射法检测时结果显示不直观，而且检测结果无直接见证记录。

6）评定结果在很大程度上受操作者技术水平和经验的影响，并且不能给出永久性记录。

7. 超声检测的适用范围

1）从检测对象的材料来说，可用于金属、非金属和复合材料。

2）从检测对象的制造工艺来说，可用于锻件、铸件、焊接件、粘接件等。

3）从检测对象的形状来说，可用于板材、棒材、管材等。

4）从检测对象的尺寸来说，厚度可小至 1mm，也可大至数米。

5）从缺陷部位来说，既可以是表面缺陷，也可以是内部缺陷。

在超声检测技术中，最主要的是利用某些单晶体的压电效应和多晶体的电致伸缩效应来产生和接收超声波，我们把这些材料统称为压电材料（如石英晶体、钛酸钡及锆钛酸铅等压电陶瓷）。压电材料在外力作用下发生形变时，将有电极化现象产生，即其电荷分布将发生变化（正压电效应或逆电致伸缩效应）；反之，压电材料在电场作用下将会发生应变，也即弹性形变（逆压电效应或电致伸缩效应）。因此，利用压电材料制成超声波换能器（俗称"超声探头"），对其输入高频电脉冲或连续电振荡，则探头将以相同频率产生超声波发射到被检物体中去，在接收超声波时，探头则产生相同频率的高频电信号用于检测显示。

2.7.4 渗透检测

渗透检测是检查材料（工件）表面开口缺陷的一种方法。它不受材料磁性、被检工件的形状、大小、组织结构、化学成分和缺陷方位的限制，因而比磁粉检测应用范围更广，适用于锻件、铸件、焊接件等各种加工工艺的质量检验，以及金属（磁性或非磁性的）、陶瓷、玻璃、塑料、粉末冶金等各种材料制造的零件之表面开口缺陷的检测。渗透检测受被检物体表面粗糙度的影响较大，不适用于多孔材料及其制品的检测，但对大型工件和形状不规则工件的检测及在现场检修检测中更能显示其特有的优点。

1. 渗透检测的特点

1）不受材料组织结构和化学成分的限制，如有色金属、黑色金属、塑料、陶瓷及玻璃等。

2）灵敏度高，可清晰地显示宽度为 0.5μm、深度为 10μm、长度为 1mm 的裂纹。

3）缺陷显示直观，而且同时可显示各个方向的各类缺陷。

4）原理简明易懂，设备简单、携带方便，检测费用低，适于野外作业。

5）不适于检查多孔性或疏松材料制成的工件或表面粗糙的工件。

6）只能检测表面开口缺陷，对埋藏于表层以下的缺陷无能为力。

7) 即使是形状复杂的试件，只需一次检测操作就可大致做到全面探查。

8) 即使是圆面上的缺陷，也很容易观察出显示痕迹。另外，同时存在几个方向的缺陷时，一次检测操作就可以完成全部探查。

9) 结果往往容易受检测操作人员技术水平的影响。

10) 只能检出缺陷表面分布，不能给出定量结果。

11) 操作工序较多。

2. 渗透检测的基本过程

液体渗透检测是将一种含有染料（荧光染料或着色染料）的渗透剂涂覆在零件表面上，在毛细作用下，渗透剂渗入表面开口的缺陷中，然后去除零件表面上多余的渗透剂，再在零件表面涂上一薄层显像剂，缺陷中的渗透剂在毛细作用下重新被吸附到零件表面上而形成放大了的缺陷显示，在黑光灯（荧光检验法）或白光灯（着色检验法）下观察缺陷显示。因此，渗透检测的基本原理是渗透液的润湿作用与毛细作用。渗透检测的最基本步骤是渗透、清洗、显像和检验。

2.7.5　其他无损检测技术

1. 涡流检测

在变化的磁场中或相对于磁场运动时，金属体内会感应出旋涡状流动的电流，称为涡流。涡流检测以电磁感应为基础，它的基本原理：当载有交变电流的检测线圈靠近导电材料时，由于线圈磁场的作用，材料中会感生出涡流，涡流的大小、相位及流动形式受到材料导电性能的影响，而涡流产生的反作用磁场又使检测线圈的阻抗发生变化。因此，通过测定检测线圈阻抗的变化，可以得到被检材料有无缺陷的结论。

涡流检测只适用于能够产生涡流的导电材料；同时，由于涡流是电磁感应产生的，所以在检测时不必要求线圈与被检工件紧密接触，也不必在线圈和工件之间充填耦合剂，从而容易实现自动化检测。因此，对管、棒、丝材的表面缺陷，涡流检测法有很高的速度和效率。

涡流及其反作用磁场对金属材料工件的物理性能和工艺性能的多种参数有敏感反应，因此是一种多用途的检测方法。然而，正是由于对多种试验参数有敏感反应，也会给试验结果带来干扰信息，影响检测的正确进行。

对工件中涡流产生影响的因素主要有电导率、磁导率、缺陷、工件的形状与尺寸，以及线圈与工件之间的距离等。因此，涡流检测可以对材料和工件进行电导率测定、探伤、厚度测量以及尺寸和形状检查等。

应用涡流法还可以对高温状态下的导电材料进行检测，如热丝、热线、热管、热板等，尤其是加热到居里点温度以上的钢材，检测时不再受磁导率的影响，可以像非磁性金属那样用涡流法进行探伤、材质检验，以及棒材直径、管材壁厚、板材厚度等测量。

在工业生产中，涡流检测已广泛用于各种金属材料工件和少数非金属材料工件的表面或近表面缺陷的检测。与其他无损检测方法相比，涡流检测的主要优、缺点如下。

(1) 优点

1) 对导电材料的表面或近表面检测有良好的灵敏度。

2) 适用范围广，能对导电材料的缺陷和其他因素的影响提供检测的可能性。

3) 在一定条件下可提供裂纹深度的信息。

4) 不需要耦合剂。

5) 对管、棒、线材等便于实现高速、高效率的自动化检测。

6) 适用于高温及薄壁管、细线、内孔表面等其他检测方法比较难以进行的特殊场合下的检测。

(2) 缺点

1) 只限于导电材料。

2) 只限于材料表面及近表面材料的检测。

3) 干扰因素多，需要进行特殊的信号处理。

4) 对形状复杂的工件进行全面检测时效率很低。

5) 检测时难于判断缺陷的种类和形状。

2. 声发射检测

材料或工件受力作用时产生变形或断裂而以弹性波形式释放出应变能的现象，称为声发射。声发射技术是根据这种弹性波判断材料内部受损程度的一种无损检测方法，它与各种常规无损检测方法的主要区别在于它是一种动态无损检测方法，它的信号来自缺陷本身，裂纹等缺陷在检测中主动参与了检测过程，而当裂纹等缺陷处于静止状态、没有变化和扩展时则不能实现声发射检测。因此，声发射技术可以用来长期连续地或间歇地监视缺陷对材料或构件的安全性影响。

(1) 声发射检测的基本原理　材料或工件无缺陷时，其内部是均匀连续的，当有缺陷存在时，便在其中造成一种不连续状态，从而使缺陷周围的应变能较高。在外力作用下，缺陷部位所承受的应力高度集中，因而使缺陷部位的能量也进一步集中，当外力达到某数值时，缺陷部位比无缺陷部位先发生微观屈服或变形，使该部位应力发生松弛。多余的能量释放出来成为波动能（应力波或声波）。通过声换能器接收，从而检查出发声的地点，即缺陷的部位。

从声发射源发出的信号经介质传播后到达换能器，由换能器接收后输出电信号，根据这些电信号对声发射源做出正确的解释。因此，对声发射源做出正确解释是应用声发射技术的目的。

缺陷释放出来的能量通常以脉冲的形式释放，释放的能量大小与缺陷的微观结构特点以及外力的应力大小有关，而单位时间内所发射出来的脉冲数目既与释放的能量大小有关，也与释放能量的微观过程的速率有关。声发射出来的每个脉冲，都包含着一个频谱，这个频谱包括的频率范围可以从几赫兹到几十兆赫兹。一般来说，引起声发射的微观结构尺寸越小，或者释放能量的微观过程所进行的速率越快，则所产生的声发射频率越高。

声发射检测与前面介绍的超声检测不同，超声检测所检测的缺陷是静态的，而声发射无损检测则是动态无损检测。此法根据发射声波的特点以及引起声发射的外部条件，检查出缺陷的所在位置和声发射的微观结构特点。因此，这种检测方法不但能了解缺陷的目前状态，而且能够了解缺陷的形成过程和实际使用条件下发展和扩大的趋势。

（2）声发射检测的特点

1）能对在实际操作或运转的结构物进行连续的远距离监视。在整个检测过程中只需将接收换能器固定在某个位置而不必移动。

2）声发射检测的灵敏度很高，能够探测出一个晶粒断裂现象，所以声发射检测不但能对结构质量进行监视，而且也是研究断裂力学的有用工具。

3）可以利用离缺陷一定距离的 3 个或更多的换能器，根据测定信号的时间差来确定缺陷的位置。

4）声发射检测的缺点是无法探测静态缺陷，只有当缺陷周围材料产生塑性变形或缺陷发展时才能被探测出来。

对要求严格的压力容器，在制造过程中要经过多次射线检测、超声检测及磁粉检测等检测工序，劳动

强度大，周期长，费用高，但若采用声发射技术，就能很快地发现缺陷，及时返修，从而节省大量的人力物力。例如，在焊接过程中，利用放在金属表面上一定位置处的探头，探测焊缝金属由于热应力产生的裂纹，对每道焊缝进行监视，发现裂纹便可及时修补，不但速度快，成本低，还可用来研究新发展的焊接工艺；声发射技术可用来对运转中的压力容器进行监视，如有危险可进行预报从而及时停车，以确保设备的安全，这对核压力容器的安全运转具有特殊意义。声发射技术也可用在压力容器水压试验上，试验时如果没有接收到强的发射信号，则可认为在最高压力下没有发展着的裂缝；如果在低压下就发现有高发射率的声发射，则证明有裂缝产生或裂缝在发展。除此外，声发射技术还可用于压力容器定期检修试验以及确定压力容器使用的寿命等。目前，声发射技术已逐步应用于生产实践中，并且应用领域正日益扩大。

3. 激光全息检测

激光全息检测是利用激光全息照相方法来观察和比较工件在外力作用下的变形情况。由于变形情况与是否有缺陷直接相关，因此可由此来判断工件内部是否存在缺陷。

激光全息检测实际上是一种全息干涉计量技术，它能够检测金属材料和非金属材料的缺陷，也能检测各种粘接结构、蜂窝夹层结构、复合材料和橡胶轮胎等工件的脱黏，以及薄壁高压容器的焊缝裂纹等缺陷。

激光全息检测的特点是灵敏度高，可以检测极微小的变形；相干长度大，可以检测大尺寸工件；适用于各种材料、任意粗糙表面的工件；可借助干涉条纹的数量和分布状态来确定缺陷的大小、部位和深度，便于对缺陷进行定量分析；同时具有直观性强和非接触检测等特点。

工件内部的缺陷能否被检测出来，取决于工件内部的缺陷在外力作用下能否在工件表面造成相应的变形。如果工件内部的缺陷过深或过于微小，那么激光全息照相检测就无能为力了；激光全息检测的另一个局限性是一般都需在暗室中进行，而且需要采取严格的隔振措施。

参 考 文 献

[1] 铸造有色合金手册编写组编. 铸造有色金属合金手册［M］. 北京：机械工业出版社，2001.

[2] 陆文华，李隆盛，黄良余. 铸造合金及其熔炼［M］. 北京：机械工业出版社，1996.

[3] MASSALSKI T B. Binary alloy phase diagrams Vol 1－3［M］. 2nd ed. America：William W Scott，1996：9-3503.

[4] GALE W F，TOTEMEIER T C. Smithells Metals reference Book［M］. 8th ed. London：Butterworth－Heinemann，2004.

[5] 日本铸物协会，铸物便览 [M]. 4版. 东京：丸善株式会社，1996：1179-1201.

[6] 方大成，姚曼，徐久军，等. 铸件形成理论 [M]. 大连：大连理工大学出版社，2013.

[7] 杨长贺，高钦. 有色金属净化 [M]. 大连：大连理工大学出版社，1989.

[8] ANDERSON D A，GRANGER D A，STEWENS J G. Telegas Ⅱ for on line Measrement of Hydrogen in Aluminum Alloy Melts [N]. Light Metal age，1989，47（11/12）：5-10.

[9] 铸造工程师手册编写组. 铸造工程师手册 [M]. 北京：机械工业出版社，2010.

[10] 王祝堂. 铝合金及其加工手册 [M]. 长沙：中南大学出版社，2000.

[11] 全国钢标准化技术委员会. 金属材料 室温压缩试验方法：GB/T 7314—2017 [S]. 北京：中国标准出版社，2017.

[12] 全国钢标准化技术委员会. 金属材料 弯曲试验方法：GB/T 232—2010 [S]. 北京：中国标准出版社，2010.

[13] 全国钢标准化技术委员会. 金属材料 室温扭转试验方法：GB/T 10128—2007 [S]. 北京：中国标准出版社，2007.

[14] 全国钢标准化技术委员会. 金属材料 布氏硬度试验 第1部分：试验方法：GB/T 231.1—2018

[S]. 北京：中国标准出版社，2018.

[15] 全国钢标准化技术委员会. 金属材料 洛氏硬度试验 第1部分：试验方法：GB/T 230.1—2018 [S]. 北京：中国标准出版社，2018.

[16] 全国钢标准化技术委员会. 金属材料 维氏硬度试验 第1部分：试验方法：GB/T 4340.1—2009 [S]. 北京：中国标准出版社，2009.

[17] 全国钢标准化技术委员会. 金属材料 夏比摆锤冲击试验方法：GB/T 229—2007 [S]. 北京：中国标准出版社，2007.

[18] 全国钢标准化技术委员会. 金属材料 准静态断裂韧性的统一试验方法：GB/T 21143—2014 [S]. 北京：中国标准出版社，2014.

[19] 全国钢标准化技术委员会. 金属材料 单轴拉伸蠕变试验方法：GB/T 2039—2012 [S]. 北京：中国标准出版社，2012.

[20] 全国钢标准化技术委员会. 金属材料 磨损试验方法 试环-试块滑动磨损试验：GB/T 12444—2006 [S]. 北京：中国标准出版社，2006.

[21] 日本金属学会编. 金属データック [M]. 4th ed. 东京：丸善株式会社，2004.

[22] 魏坤霞，胡静，魏伟. 无损检测技术 [M]. 北京：中国石化出版社，2016.

[23] 夏纪真. 无损检测导论 [M]. 2版. 广州：中山大学出版社，2016.

第3章　铸造铝合金

铝的密度小，塑性高，具有优良的电性能和热性能，表面有致密的氧化膜保护，耐腐蚀性能好。铝在地壳中的蕴藏量大，据统计，地壳中铁占 4.7% （质量分数，下同），铝占 7.5%。目前铝已经成为非铁金属中生产量最大的金属。

铸造铝合金是在纯铝的基础上加入其他金属或非金属元素，不仅能保持纯铝的基本性能，而且由于合金化及热处理的作用，使铝合金具有良好的综合性能。铝及铝合金的研究和应用得到了很大的发展，在工业上占有越来越重要的地位，大量用于军事、工业、农业和交通运输等领域，也广泛用作建筑结构材料、家庭生活用具和体育用品等。

铸造铝合金一般分为以下四种类型：

(1) Al-Si 合金　该类合金又称为硅铝明，一般 Si 含量（质量分数，下同）为 4% ~ 22%。Al-Si 合金具有优良的铸造性能，如流动性好、气密性好、收缩率小和热裂倾向小，经过变质和热处理之后，具有良好的力学性能、物理性能、耐腐蚀性能和中等的机械加工性能，是铸造铝合金中品种最多，用途最广的一类合金。

(2) Al-Cu 合金　该类合金中 Cu 含量为 3% ~ 11%，加入其他元素可使室温和高温力学性能大幅度提高。例如，ZL205A（T6）合金的标准抗拉强度为 490MPa，是目前世界上强度最高的铸造铝合金之一；ZL206、ZL207 和 ZL208 合金具有很高的耐热性。ZL207 中添加了混合稀土，提高了合金的高温强度和热稳定性，可用于 350 ~ 400℃ 下工作的零件，缺点是室温力学性能较差，特别是断后伸长率很低。Al-Cu 合金具有良好的切削加工和焊接性能，但铸造性能和耐腐蚀性能较差。该类合金在航空产品上应用较广，主要用作承受大载荷的结构件和耐热零件。

(3) Al-Mg 合金　该类合金中 Mg 含量为 4% ~ 11%，密度小，具有较高的力学性能，优异的耐腐蚀性能，良好的切削加工性能，加工表面光亮美观。该类合金熔炼和铸造工艺较复杂，除用作耐蚀合金外，也用作装饰用合金。

(4) Al-Zn 合金　Zn 在 Al 中的溶解度大，当 Al 中加入 Zn 的质量分数大于 10% 时，能显著提高合金的强度。该类合金自然时效倾向大，不需要热处理就能得到较高的强度。该类合金的缺点是耐腐蚀性能

差，密度大，铸造时容易产生热裂，主要用作压铸仪表壳体类零件。

本章的合金牌号主要是列入我国国家标准和航空工业标准的合金，所引用的数据来自生产和研究单位，同时引用了大量国外数据。一些国外常用的合金，如美国的 201.0（KO-1）、206.0 和俄罗斯的 ВАЛ10 等，以及一些铸造铝合金先进技术，如铸造铝锂合金、铸造铝基复合材料、半固态铸造、泡沫铝等在本章中也进行了简单介绍。

文中的热处理状态代号以我国的状态代号为主，同时介绍了部分国外典型的热处理状态。欧盟、美国、日本等采用的热处理状态基本与国际标准化组织（ISO）的热处理状态相同，T5、T51 等相当于我国的T1，T6 相当于我国的 T5 和 T6，F、T4 和 T7 状态与我国的热处理状态意义相同，文中带两位或三位数字的热处理状态为明显改善合金某些特性（如力学性能或耐腐蚀性能等）的热处理状态，如 T61、T71 等代号的热处理状态与 T6、T7 状态的固溶热处理制度相同，不同的是时效热处理的温度和时间，使铸件满足特定的力学性能或耐腐蚀性能要求。

3.1　合金及其性能

3.1.1　Al-Si 合金

在该类合金中，Si 是主要合金化元素，Si 可以改善合金的流动性、降低热裂倾向、减少疏松和提高气密性。该类合金具有好的耐腐蚀性能和中等的机械加工性能，具有中等的强度和硬度，但塑性较差。按合金中的 Si 含量多少，该类合金可分为共晶铝硅合金（ZL102、YL102、ZL108 和 ZL109）、过共晶铝硅合金（ZL117 和 YL117）和亚共晶铝硅合金（其余合金）。

ZL102 是典型的二元共晶铝硅合金，合金中 Si 含量为 10% ~ 13%，该合金具有优良的铸造性能，但力学性能和切削加工性能较差。为了改善 ZL102 合金的室温和高温拉伸性能，加入一定量的 Mg、Cu 和Mn，成为 ZL108 合金，热膨胀系数小，耐磨性好。ZL109 也是共晶铝硅合金，与 ZL108 合金相比，降低了 Cu 含量，提高了 Mg 含量，并且用 Ni 代替 Mn，合金具有更好的耐热性。ZL108 和 ZL109 合金广泛地用作内燃机活塞。YL102 主要用作压铸合金。

亚共晶铝硅合金中属 Al-Si-Mg 合金的有 ZL101、ZL101A、YL101、ZL104、YL104、ZL114A、ZL115 和 ZL116。该类合金在化学成分上的主要区别是，ZL104 合金加入了 Mn，ZL115 合金加入了 Zn 和 Sb，ZL116 合金加入了 Ti 和 Be，ZL101A 和 ZL114A 合金是用高纯度的精铝作原材料，减少杂质含量。该类合金具有良好的铸造性能，中等的力学性能和良好的耐腐蚀性能，在工业中应用广泛。属于 Al-Si-Cu 合金的有 ZL105、ZL105A、ZL106、ZL110、ZL111、ZL107、YL112 和 YL113，前五个合金含有 Mg，后三个合金无 Mg，但 Cu 含量偏高。此外，在 ZL106 和 ZL111 合金中还加入了少量的 Mn 和 Ti，ZL110 合金的 Cu 含量高，Mg 含量低。Al-Si-Cu 合金具有良好的铸造性能，中等的力学性能，耐腐蚀性能与 Al-Si-Mg 系合金相比较差，YL112 和 YL113 合金主要用作压铸合金，其他合金用于砂型铸造、金属型铸造和精密铸造等。

过共晶硅合金中 Si 的质量分数一般超过 15%。美国的 390.0 合金、德国的 KS281.1 合金和我国的 YL117 合金中 Si 的质量分数为 18% 左右；我国的 ZL117 合金、德国的 KS280 和俄罗斯的 АЛ26 合金中 Si 的质量分数为 21% 左右；德国的 KS282 合金中 Si 的质量分数为 24% 左右。该类合金随着 Si 含量的增加，密度减小，热膨胀系数降低，硬度、耐磨性和体积稳定性相应提高，主要用作活塞材料。其主要缺点是难于机械加工，对刀具的要求严格。

1. 合金牌号

表 3-1 列出了我国国家标准和航空工业标准中的合金，以及国际标准和国外标准中相近的 Al-Si 合金牌号或代号。

2. 化学成分（见表 3-2 和表 3-3）

3. 物理性能

Al-Si 合金的物理性能见表 3-4。Al-Si 合金的线胀系数和密度与硅含量的关系如图 3-1 和图 3-2 所示。Al-Si 合金的密度与温度的关系如图 3-3 所示。

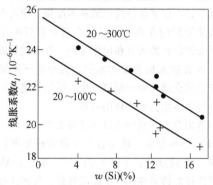

图 3-1　硅含量对 Al-Si 合金线胀系数的影响

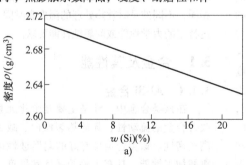

图 3-2　硅含量对 Al-Si 系合金密度的影响

a）固态　b）液态

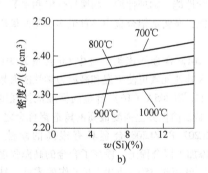

图 3-3　Al-Si 合金的密度与温度的关系

$A—w(Si)=0.2\%$　$B—w(Si)=7.8\%$　$C—w(Si)=11.6\%$

表 3-1　Al-Si 合金牌号及代号

合金牌号 GB/T 1173—2013	合金代号	相近国际牌号 ISO 3522:2007(E)	美国 UNS ASTM E527—2007	美国 ANSI H35.1(M)—2006	美国 SAE J452—2003	美国 ASTM B275—2005	日本 JIS H5202:1999 / JIS H5302:2006	俄罗斯 ГОСТ 1583—1989	BS 1490:1988	欧洲国家原标准③ NF A57-702:981 / NF A57-703:1984	DIN 1725-2:1986 / DIN 1725-2 Bb.1:1986	欧洲标准 EN 1706:1998
ZLAlSi7Mg	ZL101	AlSi7Mg	A03560	356.0	323	SC70A	AC4C	AЛ9	LM25	A-S7G	G-AlSi7Mg	AC-42000
ZLAlSi7MgA	ZL101A	AlSi7Mg0.3	A13560	A356.0	336	SC70B	AC4CH	AЛ9-1	—	A-S7G03	—	AC-42100
ZLAlSi12	ZL102	AlSi12(a)	A14130	A413.0	305	S12A	AC3A	AЛ2	LM6	A-S13	G-AlSi12	AC-44200
YZAlSi12	YL102①	AlSi12(Fe)	—	—	—	—	ADC1	—	LM20	—	—	AC-44300
ZLAlSi9Mg	ZL104	AlSi10Mg	A13600	A360.0	309	SG100A	AC4A	AЛ4	LM9	A-S9G	G-AlSi10Mg	AC-43000
YZAlSi10Mg	YL104①	AlSi10Mg(Fe)	A03600	360.0	—	—	ADC3	—	—	—	—	AC-43400
ZLAlSi5Cu1Mg	ZL105	AlSi5Cu1Mg	A03550	355.0	322	SC51A	AC4D	AЛ5	LM16	—	G-AlSi5(Cu)	AC-45300
ZLAlSi5Cu1MgA	ZL105A	AlSi5Cu1Mg	A33550	C355.0	335	SC51B	—	AЛ5-1	—	—	—	AC-45300
ZLAlSi8Cu1Mg	ZL106	AlSi5Cu3	A03280	328.0	327	SC82A	AC2B	AЛ32	LM27	—	—	AC-45400
ZLAlSi7Cu4	ZL107	AlSi6Cu4	A03190	319.0	326	SC64D	AD12	—	LM21	A-S5UZ	G-AlSi6Cu4	AC-45000
ZLAlSi12Cu2Mg1	ZL108	AlSi12(Cu)	—	—	—	SC122A	—	AЛ25	LM2	—	—	AC-46400
ZLAlSi12Cu1Mg1Ni1	ZL109	—	A03360	336.0 / 339.0	321 / 334	SN122A	AC8A	AЛ30	LM13	A-S12UNG	—	AC-48000
ZLAlSi5Cu6Mg	ZL110	—	—	—	—	CS74A	—	AЛ10B	LM12	—	—	—
ZLAlSi9Cu2Mg	ZL111	—	A03280 / A03540	328.0 / 354.0	327	SC82A / SC92A	—	AK9M2 / AЛ4M	—	—	G-AlSi(Cu)	AC-46400
YZAlSi9Cu4	YL112①	AlSi8Cu3	A03800	380.0	308	SG84B	AC4B, ADC11	—	—	—	G-AlSi8Cu3	AC-46200
YZAlSi11Cu3	YL113①	—	—	—	—	—	ADC12	—	—	—	—	AC-46100
ZLAlSi7Mg1A	ZL114A	AlSi7Mg0.6	A13570	A357.0	—	—	—	AЛ34	—	A-S7G06	—	AC-42200
ZLAlSi5Zn1Mg	ZL115	—	—	—	—	—	—	—	—	—	—	—
ZLAlSi8MgBe	ZL116	—	A03580	358.0	—	—	—	—	—	—	—	—
ZLAlSi20Cu2RE1	ZL117②	—	—	—	—	—	—	—	—	—	—	—
YZAlSi17Cu5Mg	YL117①	—	A23900	B390.0④	—	SC174B	AC9A, ADC14	—	LM30	—	—	—

① 为 GB/T 15115—2009，后同。
② 为 HB 962—2001，后同。
③ 欧盟各国国家标准基本统一为欧洲标准委员会（EN）标准，但各国的原标准仍在习惯性的使用，本手册列出对应合金牌号。
④ 为 ASTM B85/B85M—2009 合金牌号。

表 3-2 Al-Si 合金的化学成分

（GB/T 1173—2013、GB/T 15115—2009）

合金牌号	合金代号	主要元素（质量分数，%）						
		Si	Cu	Mg	Mn	Ti	其他	Al
ZAlSi7Mg	ZL101	6.5 ~ 7.5	—	0.25 ~ 0.45	—	—	—	余量
ZAlSi7MgA	ZL101A	6.5 ~ 7.5	—	0.25 ~ 0.45	—	0.08 ~ 0.20	—	余量
YZAlSi10Mg	YL101	9.0 ~ 10.0	—	0.45 ~ 0.65	—	—	—	余量
ZAlSi12	ZL102	10.0 ~ 13.0	—	—	—	—	—	余量
YZAlSi12	YL102	10.0 ~ 13.0	—	—	—	—	—	余量
—	ZL103[①]	4.5 ~ 6.0	1.5 ~ 3.0	0.3 ~ 0.7	0.3 ~ 0.7	—	—	余量
ZAlSi9Mg	ZL104	8.0 ~ 10.5	—	0.17 ~ 0.35	0.2 ~ 0.5	—	—	余量
YZAlSi10Mg	YL104	8.0 ~ 10.5	—	0.30 ~ 0.50	0.2 ~ 0.5	—	Fe 0.5 ~ 0.8	余量
ZAlSi5Cu1Mg	ZL105	4.5 ~ 5.5	1.0 ~ 1.5	0.4 ~ 0.6	—	—	—	余量
ZAlSi5Cu1MgA	ZL105A	4.5 ~ 5.5	1.0 ~ 1.5	0.4 ~ 0.55	—	—	—	余量
ZAlSi8Cu1Mg	ZL106	7.5 ~ 8.5	1.0 ~ 1.5	0.3 ~ 0.5	0.3 ~ 0.5	0.10 ~ 0.25	—	余量
ZAlSi7Cu4	ZL107	6.5 ~ 7.5	3.5 ~ 4.5	—	—	—	—	余量
ZalSi12Cu1Mg1	ZL108	11.0 ~ 13.0	1.0 ~ 2.0	0.4 ~ 1.0	0.3 ~ 0.9	—	—	余量
ZAlSi12Cu1Mg1Ni1	ZL109	11.0 ~ 13.0	0.5 ~ 1.5	0.8 ~ 1.3	—	—	Ni 0.8 ~ 1.5	余量
ZAlSi5Cu6Mg	ZL110	4.0 ~ 6.0	5.0 ~ 8.0	0.2 ~ 0.5	—	—	—	余量
ZAlSi9Cu2Mg	ZL111	8.0 ~ 10.0	1.3 ~ 1.8	0.4 ~ 0.6	0.10 ~ 0.35	0.10 ~ 0.35	—	余量
YZAlSi9Cu4	YL112	7.5 ~ 9.5	3.0 ~ 4.0	—	—	—	—	余量
YZAlSi11Cu3	YL113	9.6 ~ 12.0	2.0 ~ 3.5	—	—	—	—	余量
ZAlSi7Mg1A	ZL114A	6.5 ~ 7.5	—	0.45 ~ 0.75	—	0.10 ~ 0.20	Be:0 ~ 0.07[②]	余量
ZAlSi5Zn1Mg	ZL115	4.8 ~ 6.2	—	0.4 ~ 0.65	—	Zn 1.2 ~ 1.8	Sb 0.1 ~ 0.25	余量

（续）

合金牌号	合金代号	主要元素（质量分数,%）						Al
		Si	Cu	Mg	Mn	Ti	其他	
ZAlSi8MgBe	ZL116	6.5~8.5	—	0.35~0.55	—	0.10~0.30	Be:0.15~0.40	余量
ZAlSi20Cu2RE1	ZL117	19~22	1.0~2.0	0.4~0.8	0.3~0.5	—	RE:0.1~1.5	余量
YZAlSi17Cu5Mg	YL117	16.0~18.0	4.0~5.0	0.50~0.70	—	—	—	余量
ZAlSi7Cu2Mg	ZL118	6.0~8.0	1.3~1.8	0.2~0.5	0.1~0.3	0.10~0.25	—	余量

① 该合金为 GB 1173—1974 标准代号，由于部分企业还在使用，本手册列出了其成分和性能。

② 在保证合金力学性能的前提下，可以不加 Be。

表 3-3　Al-Si 合金杂质元素允许含量（GB/T 1173—2013、GB/T 15115—2009）

合金牌号	合金代号	杂质元素（质量分数,%）　≤														
		Fe S	Fe J	Cu	Mg	Zn	Mn	Ti	Zr	Ti+Zr	Be	Ni	Sn	Pb	其他杂质总和 S	其他杂质总和 J
ZAlSi7Mg	ZL101	0.5	0.9	0.2	—	0.3	0.35	—	—	0.25	0.1	—	0.05	0.05	1.1	1.5
ZAlSi7MgA	ZL101A	0.2	0.2	0.1	—	0.1	0.10	—	—	0.20	—	—	0.05	0.03	0.7	0.7
YZAlSi10Mg	YL101	Y1.0		0.6	—	0.4	0.35	—	0.4	—	—	0.5	0.15	0.10	—	—
ZAlSi12	ZL102	0.7	1.0	0.30	0.10	0.1	0.5	0.20	—	—	—	—	0.05	0.05	2.0	2.2
YZAlSi12	YL102	Y1.0		1.0	0.10	0.40	0.35	—	—	—	—	0.5	0.15	0.10	—	—
—	ZL103	0.6	1.2	—	—	0.3	—	—	—	—	—	—	0.05	0.05	1.2	1.8
ZAlSi9Mg	ZL104	0.6	0.9	0.1	—	0.25	—	—	—	0.15	—	—	0.05	0.05	1.1	1.4
YZAlSi10Mg	YL104	Y1.0		0.3	—	0.30	—	—	—	—	—	0.10	0.01	0.05	—	—
ZAlSi5Cu1Mg	ZL105	0.6	1.0	—	—	0.3	0.5	—	—	—	—	—	0.05	0.05	1.1	1.4
ZAlSi5Cu1MgA	ZL105A	0.2	0.2	—	—	0.1	—	—	—	—	—	—	0.05	0.05	0.5	0.5
ZAlSi8Cu1Mg	ZL106	0.6	0.8	—	—	0.3	0.5	—	—	—	—	—	0.05	0.05	0.9	1.0
ZAlSi7Cu4	ZL107	0.5	0.5	—	0.1	0.3	0.5	—	—	—	—	—	0.05	0.05	1.0	1.2
ZAlSi12Cu2Mg1	ZL108	—	0.7	—	—	0.2	—	0.20	—	—	—	0.3	0.05	0.05	—	1.2
ZAlSi12Cu1Mg1Ni1	ZL109	—	0.7	—	—	0.2	—	—	—	—	—	—	0.05	0.05	—	1.2
ZAlSi5Cu6Mg	ZL110	—	0.8	—	—	0.6	0.5	—	—	—	—	—	—	—	—	2.7
ZAlSi9Cu2Mg	ZL111	0.4	0.4	—	—	0.1	—	—	—	—	—	—	0.05	0.05	1.0	1.0
YZAlSi9Cu4	YL112	Y1.0		—	0.10	2.90	0.50	—	—	—	—	0.50	0.15	0.10	—	—
YZAlSi11Cu3	YL113	Y1.0		—	0.10	2.90	0.50	—	—	—	—	0.30	—	0.10	—	—
ZAlSi7Mg1A	ZL114A	0.2	0.2	—	0.1	—	0.1	0.1	—	0.20	—	—	—	—	0.75	0.75
ZAlSi5Zn1Mg	ZL115	0.3	0.3	0.1	—	—	0.1	—	—	—	—	—	0.05	0.05	0.8	1.0
ZAlSi8MgBe	ZL116	0.60	0.60	0.3	—	0.3	0.1	—	—	0.20	B0.10	—	0.05	0.05	1.0	1.0
ZAlSi20Cu2RE1	ZL117	—	1.0	—	—	0.1	—	0.2	0.1	—	—	—	0.01	0.05	—	—
YZAlSi17Cu5Mg	YL117	Y1.0		—	—	1.40	0.50	0.20	—	—	—	—	0.10	—	0.10	—
ZAlSi7Cu2Mg	ZL118	0.3	0.3	—	—	0.1	—	—	—	—	—	—	0.05	0.05	1.0	1.5

表 3-4 Al-Si 合金的物理性能

合金代号	密度 ρ/(g/cm³)	固相线及液相线温度/℃	电阻率 ρ/10⁻⁶Ω·m	电导率 γ/% IACS①	热导率 λ/[W/(m·K)]					线胀系数 αₗ/10⁻⁶·K⁻¹			比热容 c/[J/(kg·K)]			
					25℃	100℃	200℃	300℃	400℃	20~100℃	20~200℃	20~300℃	100℃	200℃	300℃	400℃
ZL101	2.68	557~613	0.0457	39	150.7	154.9	163.3	167.47	167.5	21.5	22.5	23.5	879	921	1005	—
ZL101A	2.68	557~613	—	40	150.7	154.9	163.3	167.5	167.5	21.5	22.5	23.5	879	921	1005	—
ZL102	2.65	577~600	0.0548	39	154.91	167.47	167.47	167.47	167.47	21.1	22.1	23.3	837	879	921	1005
YL102	2.66	574~582	—	31	121	—	—	—	—	—	21.4	—	—	—	—	—
ZL104	2.63	555~595	0.0468	37	113	154.9	159.1	159.1	154.9	21	22	23	754	796	837	921
YL104	2.63	557~596	—	29	113	—	—	—	—	—	22	—	—	—	—	—
ZL105	2.71	546~621	0.0462	36	159.1	163.3	167.5	175.9	—	22.4	23	24	837	963	1047	1130
ZL105A	2.71	546~621	—	39	159.1	163.3	167.5	175.9	—	22.4	23	24	837	963	1047	1130
ZL106	2.73	552~596	—	30	121	—	—	—	—	21.4	—	23.2	—	—	—	—
ZL107	2.80	516~604	—	27	109	—	—	—	—	21.5	23	23.5	963	—	—	—
ZL108	2.68	—	—	—	159.1	—	—	—	—	—	—	—	—	—	—	—
ZL109	2.71	538~566	0.0595	29	117	—	—	—	—	18.9	20	20.9	—	—	—	—
ZL110	2.89	—	—	—	—	—	—	—	—	22.3	23.3	25.4	—	—	—	—
ZL111	2.71	552~596	0.0595	32	128	—	—	—	—	20.9	21.5	22.9	963	—	—	—
YL112	2.72	538~593	0.075	27	108.8	—	—	—	—	21.2	22.0	22.5	963	—	—	—
YL113	2.73	558~571	—	23	92	—	—	—	—	20.8	—	22.1	—	—	—	—
ZL114A	2.68	557~613	—	40	152	—	—	—	—	21.6	22.6	23.6	963	—	—	—
ZL116	2.66	557~596	—	39	150.7	—	—	—	—	21.4	—	23.4	—	—	—	—
ZL117	2.65	—	—	—	—	—	—	—	—	—	17.7	—	—	—	—	—
YL117	2.73	505~650	—	27	134	—	—	—	—	18	—	—	—	—	—	—

① %IACS 为国际标准退火铜标准的百分数，为英制单位，由于习惯原因本章仍列出，国际法定单位为"兆西（门子）每米"，代号为"MS/m"，换算关系为：1% IACS = 0.580046MS/m，其中 1S=1Ω⁻¹，后同。

4. 力学性能

（1）技术标准规定的力学性能　国家标准规定的 Al-Si 合金单铸试样的力学性能见表 3-5；航空工业标准规定的 Al-Si 合金的力学性能见表 3-6；航空工业优质铸件标准规定的 Al-Si 合金的力学性能见表 3-7；常见国外铸造铝合金标准规定的力学性能见表 3-8。一般砂型和金属型铸造采用 φ12mm 的单铸试样，熔模铸造采用 φ6mm 的单铸试样测定力学性能。

表 3-5　国家标准规定的 Al-Si 合金单铸试样的力学性能（GB/T 1173—2013）

合金牌号	合金代号	铸造方法	热处理状态	抗拉强度 R_m/MPa	断后伸长率 A(%)	硬度 HBW
				≥		
ZAlSi7Mg	ZL101	S、R、J、K	F	155	2	50
		S、R、J、K	T2	135	2	45
		JB	T4	185	4	50
		S、R、K	T4	175	4	50
		J、JB	T5	205	2	60
		S、R、K	T5	195	2	60
		SB、RB、KB	T5	195	2	60
		SB、RB、KB	T6	225	1	70
		SB、RB、KB	T7	195	2	60
		SB、RB、KB	T8	155	3	55
ZAlSi7MgA	ZL101A	S、R、K	T4	195	5	60
		J、JB	T4	225	5	60
		S、R、K	T5	235	4	70
		SB、RB、KB	T5	235	4	70
		JB、J	T5	265	4	70
		SB、RB、KB	T6	275	2	80
		JB、J	T6	295	3	80
ZAlSi12	ZL102	SB、JB、RB、KB	F	145	4	50
		J	F	155	2	50
		SB、JB、RB、KB	T2	135	4	50
		J	T2	145	3	50
—	ZL103[①]	S	F	140	0.5	65
		J	F	170	0.5	65
		S、J	T1	170	—	70
		S、J	T2	150	1	65
		S	T5	220	0.5	75
		J	T5	250	0.5	75
		S、J	T7	210	1	70
		S、J	T8	180	2	65
ZAlSi9Mg	ZL104	S、J、R、K	F	145	2	50
		J	T1	195	1.5	65
		SB、RB、KB	T6	225	2	70
		J、JB	T6	235	2	70

合金牌号	合金代号	铸造方法	热处理状态	抗拉强度 R_m/MPa	断后伸长率 A(%)	硬度 HBW
				≥		
ZAlSi5Cu1Mg	ZL105	S、J、R、K	T1	155	0.5	65
		S、R、K	T5	195	1	70
		J	T5	235	0.5	70
		S、R、K	T6	225	0.5	70
		S、J、R、K	T7	175	1	65
ZAlSi5Cu1MgA	ZL105A	SB、R、K	T5	275	1	80
		J、JB	T5	295	2	80
ZAlSi8Cu1Mg	ZL106	SB	F	175	1	70
		JB	T1	195	1.5	70
		SB	T5	235	2	60
		JB	T5	255	2	70
		SB	T6	245	1	80
		JB	T6	265	2	70
		SB	T7	225	2	60
		J	T7	245	2	60
ZAlSi7Cu4	ZL107	SB	F	165	2	65
		SB	T6	245	2	90
		J	F	195	2	70
		J	T6	275	2.5	100
ZAlSi12Cu1Mg1	ZL108	J	T1	195	—	85
		J	T6	255	—	90
ZAlSi12Cu1Mg1Ni1	ZL109	J	T1	195	0.5	90
		J	T6	245	—	100
ZAlSi5Cu6Mg	ZL110	S	F	125	—	80
		J	F	155	—	80
		S	T1	145	—	80
		J	T1	165	—	90
ZAlSi9Cu2Mg	ZL111	J	F	205	1.5	80
		SB	T6	255	1.5	90
		J、JB	T6	315	2	100
ZAlSi7Mg1A	ZL114A	SB	T5	290	2	85
		J、JB	T5	310	3	90
ZAlSi5Zn1Mg	ZL115	S	T4	225	4	70
		J	T4	275	6	80
		S	T5	275	3.5	90
		J	T5	315	5	100

（续）

合金牌号	合金代号	铸造方法	热处理状态	抗拉强度 R_m/MPa	断后伸长率 A(%)	硬度 HBW
				≥		
ZAlSi8MgBe	ZL116	S	T4	255	4	70
		J	T4	275	6	80
		S	T5	295	2	85
		J	T5	335	4	90
ZAlSi7Cu2Mg	ZL118	SB、RB	T6	290	1	90
		JB	T6	305	2.5	105

注：JB—金属型铸造变质处理；SB—砂型铸造变质处理；RB—熔模铸造变质处理；KB—壳型铸造变质处理；S、R、K、J—砂型铸造、熔模铸造、壳型铸造、金属型铸造，后同。

F—铸态；T1—人工时效；T2—退火；T4—固溶处理+自然时效；T5—固溶处理+不完全人工时效；T6—固溶处理+完全人工时效；T7—固溶处理+稳定化处理；T8—固溶处理+软化处理；后同。

① 该合金为 GB 1173—1974 标准代号，由于现在还有企业在使用该合金，本手册列出其成分和标准性能。

表 3-6　航空工业标准规定的 Al-Si 合金的力学性能（HB 962—2001）

合金牌号	合金代号	铸造方法	热处理状态	抗拉强度 R_m/MPa	断后伸长率 A(%)	硬度 HBW
				≥		
ZAlSi7Mg	ZL101	S、R、J	F	160	2	50
		S、R、J	T2	140	2	45
		S、R	T4	180	4	50
		J	T4	190	4	50
		S、R	T5	200	2	60
		J	T5	210	2	60
		SB、RB	T6	230	1	70
		SB、RB	T7	200	2	60
		SB、RB	T8	160	3	55
ZAlSi7MgA	ZL101A	S、R	T6	230	3	75
		J	T6	270	3	75
ZAlSi12	ZL102	SB、RB、JB	F	150	4	50
		J	F	160	2	50
		Y	F	200	2	60
		SB、RB、JB	T2	140	4	50
		J	T2	150	3	50
ZAlSi9Mg	ZL104	S、R、J	F	150	2	50
		Y	F	220	2	65
		J	T1	200	1.5	70
		Y	T1	230	1.5	70
		SB、RB	T6	230	2	70
		J	T6	240	2	70
ZAlSi5Cu1Mg	ZL105	S、J	T1	160	—	65
		S、R	T5	230	1	70
		J	T5	250	1	70
		S、R、J	T7	200	1	65

（续）

合金牌号	合金代号	铸造方法	热处理状态	抗拉强度 R_m/MPa	断后伸长率 A(%)	硬度 HBW
				≥		
ZAlSi5Cu1MgA	ZL105A	SB、R	T5	280	1.0	80
		J、JB	T5	300	1.5	80
ZAlSi8Cu3	ZL112	J	F	220	1	85
		Y	F	280	1	90
ZAlSi11Cu2	ZL113	J	F	190	1	85
		Y	F	270	1	90
ZAlSi7Mg1A	ZL114A	J	T6	300	4	80
ZAlSi8MgBe	ZL116	S	T4	260	4.0	70
		J	T4	280	6.0	80
		S	T5	300	2.0	85
		J	T5	340	4.0	90
ZAlSi20Cu2RE1	ZL117	J	T6	220	—	130
		J	T7	200	—	120

注：Y—压力铸造。

表 3-7　航空工业优质铸件标准规定的 Al-Si 合金的力学性能（HB 5480—1991）

合金代号及状态	力学性能级别	抗拉强度 R_m/MPa	条件屈服强度 $R_{p0.2}$/MPa	断后伸长率 A(%)
		≥		
ZL101A-T6 （A356.0-T6）	1	260	190	5
	2	280	200	3
	3	310	230	3
	10	260	190	5
	11	230	180	3
	12	220	150	2
ZL105A-T6 （C355.0-T6）	1	280	210	3
	2	300	230	3
	3	340	270	2
	10	280	210	3
	11	250	200	1
	12	240	190	1
ZL114A-T6 （A357.0-T6）	1	300	240	3
	2	320	270	5
	10	260	190	5
	11	280	210	3
	12	300	240	3

注：1. 力学性能级别，1、2、3 代表铸件指定区域，10、11、12 代表铸件非指定区域。

2. 表中所列力学性能适合于任何铸造工艺，即特种铸型、金属型和带冷铁的砂型。

3. 括号内的代号和状态为美国 MIL-A-21180D 标准。

表 3-8 常见国外铸造铝合金标准规定的力学性能

合金 代号	铸造 方法[①]	状态[②]		抗拉强度 R_m/MPa	条件屈服强度 $R_{p0.2}$/MPa	断后伸长率 A(%)	硬度 HBW	标准编号
						≥		
201.0	S	T7		415	345	3.0	—	ASTM B26/B26M—2009
	S,K	T6		415	345	5.0	115~145	SAE J452—2003
		T7		415	345	3.0	115~145	
A201.0	—	T7	设计指定部位切取 1	415	345	3		ASTM B686/686M—2008 AMS A21180—1999[③]
			设计指定部位切取 2	415	345	5		
			任意部位切取 10	415	345	3	—	
			任意部位切取 11	386	330	1.5		
206.0	S,K	T4		275	165	8.0	—	SAE J452—2003
354.0	—		设计指定部位切取 1	325	250	3		ASTM B686/686M—2008
			设计指定部位切取 2	345	29	2		
			任意部位切取 10	325	250	3		
			任意部位切取 11	295	230	2		
355.0	S	T6		220	140	2.0	80	ASTM B26/B26M—2009
		T51		170	125	—	65	
		T71		205	150	—	75	
	S	T51		170	125	—	50~80	AMS J542—2003
		T6		220	140	2.0	65~95	
		T7		240	—	—	—	
		T71		205	150	—	60~90	
	K	T51		186	—	—	75	ASTM B108/B108M—2003
		T62		290	—	—	105	
		T7		248	—	—	90	
		T71		234	186	—	80	
	K	T51		185	—	—	60~90	AMS J452—2003
		T6		255	—	1.5	75~105	
		T62		290	—	—	90~120	
		T7		250	—	—	70~100	
		T71		235	185	—	65~95	
C355.0	S	T6		250	170	2.5	—	ASTM B26/B26M—2009
	S	T6		250	170	2.5	—	SAE J452—2003
		T61		250	205	1.0	70~100	
	K	T61	单铸	276	207	3.0	85~90	ASTM B108/B108M—2003
			指定部位切取	276	207	3.0		
			非指定部位切取	255	207	1.0	85	

（续）

合金代号	铸造方法①	状态②		抗拉强度 R_m/MPa	条件屈服强度 $R_{p0.2}$/MPa	断后伸长率 $A(\%)$	硬度 HBW	标准编号
				≥				
C355.0	K	T61		275	205	3.0	75 ~ 105	SAE J452—2003
	S,K,L	T6	单铸	255	207	1	—	AMS 4215G—2001
			切取、附铸	241	193	2	—	
	—	设计指定部位切取1		285	215	3		ASTM B686/686M—2008
		设计指定部位切取2		305	230	3		
		设计指定部位切取3		345	275	2		
		任意部位切取10		285	215	3		
		任意部位切取11		255	205	1		
		任意部位切取12		240	195	1		
356.0	S	F		130	65	2.0	55	ASTM B26/B26M—2009
		T6		205	140	3.0	70	
		T7		215	—	—	75	
		T51		160	110	—	60	
		T71		170	125	3.0	60	
	S	F		130	—	2.0	40 ~ 70	AMS J452—2003
		T51		160	110	—	45 ~ 75	
		T6		205	140	3.0	55 ~ 85	
		T7		215	200	—	60 ~ 90	
		T71		170	125	3.0	45 ~ 75	
	K	F		145	69	3.0	—	ASTM B108/B108M—2003
		T6		228	152	3.0	85	
		T71		172	—	3.0	70	
	K	F		145	—	3.0	40 ~ 70	AMS J452—2003
		T51		170	—	—	55 ~ 85	
		T6		230	150	3.0	65 ~ 95	
		T7		170	—	3.0	60 ~ 90	
		T71		170	—	3.0	60 ~ 90	
A356.0	S	T6		235	165	3.5	80	ASTM B26M—2009
		T61		245	180	1.0	—	
	S	T6		235	165	3.5	55 ~ 85	AE J452—2003
		T7		220	205	—	—	
		T71		180	130	4.0	—	
	K	T61	单铸	262	179	5.0	80 ~ 90	ASTM B108/B108M—2003
			指定部位切取	228	179	5.0	—	
			非指定部位切取	193	179	3.0	—	

（续）

合金代号	铸造方法①	状态②		抗拉强度 R_m/MPa	条件屈服强度 $R_{p0.2}$/MPa	断后伸长率 A(%)	硬度 HBW	标准编号
				≥				
A356.0	K	T6		230	150	5.0	65~95	SAE J452—2003
		T61		255	180	5.0	70~100	
	—	设计指定部位切取 1		260	195	5		ASTM B686/686M—2008
		设计指定部位切取 2		275	205	3	—	
		设计指定部位切取 3		310	235	3		
		任意部位切取 10		260	195	4		
		任意部位切取 11		230	185	3		
		任意部位切取 12		220	150	2		
357.0	K	T6		310	—	3.0		ASTM B108/B108M—2003
				310	—	3.0	75~105	SAE J452—2003
A357.0	—	T61P	附铸	283	221	3.0	—	AMS 4219E—2001
			切取	262	207	2		
	K	T61	单铸	310	248	3.0	100	ASTM B108/B108M—2003
			指定部位切取	317	248	3.0		
			非指定部位切取	283	214	3.0		
	K	T61		310	250	3.0	85~115	SAE J452—2003
	—	设计指定部位切取 1		310	240	3		ASTM B686/686M—2008
		设计指定部位切取 2		345	275	5	—	
		任意部位切取 10		260	195	4		
		任意部位切取 11		285	215	3		
E357.0	—	T6	单铸、指定部位切取	345	276	3	—	AMS 4288—2006
			非指定部位切取	310	248	2		
F357.0	—		单铸、附铸	283	221	3	—	AMS 4289—2006
			切取	262	207	2		

① 铸造方法符号采用美国标准符号，S—砂型铸造，K—金属型铸造，L—精密铸造。
② 热处理状态采用美国标准符号，具体含义见表 3-140。
③ C355.0、A356.0 和 A357.0 合金的 MIL-A-21180D 标准性能请参考表 3-7。

（2）室温力学性能
1）Al-Si 合金的室温典型性能见表 3-9。
2）应力-应变曲线。ZL101、ZL101A、ZL114A 和 ZL116 合金的应力-应变曲线如图 3-4～图 3-7 所示。
3）成分对拉伸性能的影响。硅含量对 Al-Si 合金力学性能的影响如图 3-8 所示。镁含量对 Al-Si 合金力学性能的影响见表 3-10。铁含量对 Al-Si 合金力学性能的影响见表 3-11。铜、硅含量对 Al-Si 合金力学性能的影响见表 3-12。镁含量、化学成分对 ZL101 合金力学性能的影响见图 3-9 和表 3-13。化学成分对 ZL101A（T5）合金力学性能的影响见表 3-14。铁含量对 ZL104 合金力学性能的影响如图 3-10 所示。铜含量对 ZL105 合金力学性能的影响见表 3-15。铜含量对 ZL106 合金力学性能的影响如图 3-11 所示。铁含量对 ZL116 合金力学性能的影响如图 3-12 所示。稀土（RE）含量对 ZL117（T6）合金力学性能的影响见表 3-16。

表3-9　Al-Si 合金的室温典型性能

合金代号	铸造方法	热处理状态	抗拉强度 R_m/MPa	条件屈服强度 $R_{p0.2}$/MPa	断后伸长率 A (%)	规定塑性压缩强度 $R_{pc0.2}$/MPa	硬度 HBW	抗剪强度 τ_b/MPa	旋转弯曲疲劳强度 S_{PD}/MPa	弹性模量 E/GPa
ZL101	S	F	165	125	6.0	—	—	—	—	—
		T1	170	140	2.0	145	60	140	55	72.4
		T4	200	110	4	—	55	150	45	70
		T5	220	120	4	—	—	—	—	—
		T6	225	165	3.5	170	70	180	60	72.4
		T7	235	205	2.0	215	75	165	60	72.4
	J	F	180	125	5.0	—	—	—	—	—
		T1	185	140	2.0	—	—	—	—	—
		T5	230	140	4	—	70	—	—	—
		T6	275	185	5.0	185	90	220	90	72.4
		T7	225	165	5.0	185	70	170	75	72.4
ZL101A	S	F	160	90	7.0	—	—	—	—	—
		T1	180	125	3.0	—	—	—	—	—
		T6	260	195	6.0	—	70	—	—	—
	J	T6	285	205	12.0	—	80	—	—	—
ZL102	SB	F	175	80	6.0	—	55	125	40	68.6
YL102	Y	F	215	115	1.8	—	—	—	—	—
ZL104	S	T6	255	195	4.0	—	70	—	—	68.6
ZL105	S	F	160	85	3.0	—	—	—	—	—
		T1	195	160	1.5	165	65	150	55	70
		T6	240	170	3.0	180	80	195	60	70
		T7	260	250	0.5	160	85	195	70	70
	J	T1	205	165	2.0	165	75	165	—	70
		T6	295	185	4.0	185	90	235	70	70
		T7	275	205	2.0	205	85	205	70	—
ZL105A	S	T6	270	200	5.0	—	85	—	—	—
	J	T6	330	195	10.0	—	90	—	—	—
ZL107	S	F	185	125	2.0	130	70	150	70	74
		T5	205	180	1.5	185	80	165	75	74
		T6	245	165	2.0	170	80	200	75	74
	J	F	185	125	2.0	130	70	150	70	—
		T6	275	185	3.0	185	95	—	—	—

（续）

合金代号	铸造方法	热处理状态	抗拉强度 R_m/MPa	条件屈服强度 $R_{p0.2}$/MPa	断后伸长率 A（%）	规定塑性压缩强度 $R_{pc0.2}$/MPa	硬度 HBW	抗剪强度 τ_b/MPa	旋转弯曲疲劳强度 S_{PD}/MPa	弹性模量 E/GPa
ZL109	J	T1	250	195	—	195	105	195	95	—
		T6	325	295	—	295	125	250	—	—
ZL111	J	T6	380	285	6.0	290	100	260	115	—
YL112	Y	F	330	165	3.0	—	80	215	145	71
YL113	Y	F	325	170	1.0	—	80	205	145	71
ZL114A	S	T6	315	250	3.0	240	85	285	85	—
	J	T6	345	275	10.0	275	85	295	110	—
ZL116	S	T4	280	—	5.0	—	75	—	—	—
		T5	330	280	3.0	—	90	—	75	76
	J	T4	300	—	7.0	—	85	—	—	—
		T5	360	—	5.0	—	95	—	—	—
ZL117	J	T6	255~305	—	0.4~1.0	—	130~150	—	—	—
		T7	235~295	—	0.3~0.8	—	120~130	—	—	—
YL117	Y	F	317	250	<1.0	—	120	—	140	—

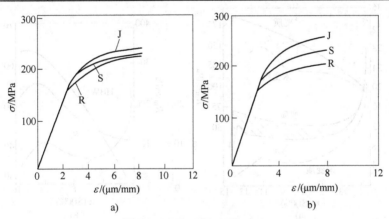

图 3-4　ZL101A（T5）合金的应力-应变曲线

a）拉伸　b）压缩

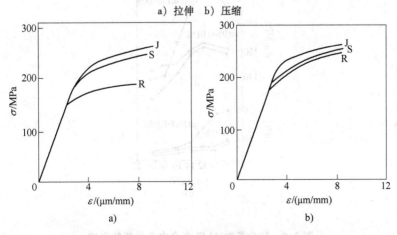

图 3-5　ZL114A（T6）合金的应力-应变曲线

a）拉伸　b）压缩

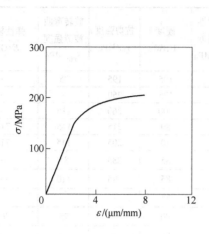

图 3-6　ZL101（ST5）
合金的拉伸应力-应变曲线

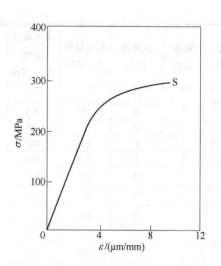

图 3-7　ZL116（T5）
合金的拉伸应力-应变曲线

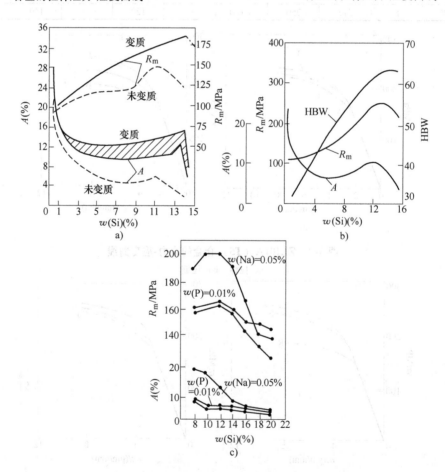

图 3-8　硅含量对 Al-Si 合金力学性能的影响

a）砂型铸造　b）金属型铸造　c）高 Si 含量合金用 Na 和 P 变质

表 3-10　镁含量对 Al-Si 合金力学性能的影响

w(Mg)(%)	w(Si)=7%				w(Si)=9%				w(Si)=12%			
	抗拉强度 R_m/MPa	条件屈服强度 $R_{p0.2}$/MPa	断后伸长率 A(%)	硬度 HBW	抗拉强度 R_m/MPa	条件屈服强度 $R_{p0.2}$/MPa	断后伸长率 A(%)	硬度 HBW	抗拉强度 R_m/MPa	条件屈服强度 $R_{p0.2}$/MPa	断后伸长率 A(%)	硬度 HBW
0.0	135	70	12	40	145	90	11	45	155	90	11	50
0.1	145	80	10	50	165	110	9	50	215	110	9	50
0.2	165	90	8	55	225	120	6	55	245	120	6	55
0.3	195	110	6	60	255	125	4	65	265	125	4	65
0.4	225	125	4	65	275	135	3	70	275	135	3	70
0.5	265	135	3	70	295	145	2	75	295	145	2	75

表 3-11　铁含量对 Al-Si 合金力学性能的影响

w(Fe)(%)	w(Si)=3%,T6		w(Si)=5%,T6		w(Si)=7%,T6		w(Si)=9%,T6		ZL101,T6		ZL104,T6		ZL105,T5	
	抗拉强度 R_m/MPa	A(%)	抗拉强度 R_m/MPa	A(%)	抗拉强度 R_m/MPa	A(%)	抗拉强度 R_m/MPa	A(%)	抗拉强度 R_m/MPa	A(%)	抗拉强度 R_m/MPa	A(%)	抗拉强度 R_m/MPa	A(%)
0.25	130	12	130	11	135	9	155	8	245	7	275	8	255	4
0.50	130	10	135	9	145	8	155	4	225	4	255	6	245	3
0.75	135	9	135	7	145	6	155	4	215	3	215	4	215	2
1.00	135	4	145	5	155	3	165	2	195	2	205	2	205	1.5

表 3-12　铜、硅含量对 Al-Si 合金力学性能的影响

质量分数(%) Si	质量分数(%) Cu	抗拉强度 R_m/MPa F	T4	T6	条件屈服强度 $R_{p0.2}$/MPa F	T4	T6	断后伸长率 A(%) F	T4	T6	硬度 HBW F	T4	T6	ΔR_m①/MPa F	T4	T6
2	0	120	120	120	65	75	65	20	20	20	35	35	35	10	0	0
5	0	135	135	135	75	75	65	12	17	17	40	40	40	20	20	20
7	0	155	155	155	75	75	65	12	17	17	45	45	45	20	20	20
10	0	155	155	155	95	75	65	7	13	13	50	50	50	30	30	20
0	2	120	165	195	65	105	125	20	20	21	35	45	50	10	10	30
0	4	135	215	275	75	115	175	7	8	6	45	65	85	20	20	80
0	7	155	235	285	105	175	255	5	5	5	55	75	95	50	60	100
0	10	175	245	285	145	205	255	2	3	2	70	85	100	70	70	90
2	2	135	185	215	75	115	155	6	8	6	45	50	55	20	20	40
2	4	155	225	275	95	175	235	5	6	5	55	70	90	30	40	90
2	7	165	235	265	145	195	225	3	2	3	70	85	105	50	60	80
2	10	175	235	265	145	215	255	2	3	2	85	90	110	70	70	90
5	2	165	225	255	95	115	175	6	8	6	50	55	60	40	40	60
5	4	175	245	305	125	205	255	3	6	4	70	75	95	40	50	90
5	7	185	245	275	146	215	245	2	5	2	85	90	110	60	60	80
5	10	195	255	285	185	215	285	1	3	2	85	90	110	80	70	100

（续）

质量分数（%）		抗拉强度 R_m/MPa			条件屈服强度 $R_{p0.2}$/MPa			断后伸长率 A（%）			硬度 HBW			ΔR_m①/MPa		
Si	Cu	F	T4	T6	F	T4	T6	F	T4	T6	F	T4	T6	F	T4	T6
7	2	175	235	265	105	115	175	5	8	5	65	70	70	40	50	70
	4	185	255	315	145	205	235	2	6	4	75	80	100	40	50	70
	7	195	255	285	185	215	225	1	3	2	85	90	110	60	60	60
	10	195	255	285	185	235	245	1	1	2	95	95	115	80	80	80
10	2	185	235	265	125	145	175	5	7	5	70	75	75	70	60	70
	4	195	265	315	145	175	255	2	6	4	80	85	105	70	70	70
	6	205	265	295	185	205	265	1	1	2	90	95	115	80	70	60

① 在海水中浸泡 50 天前后样品的抗拉强度差。

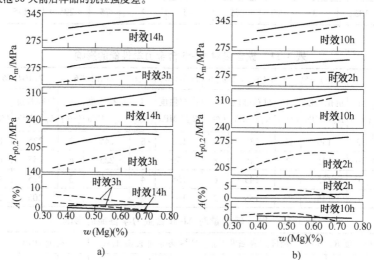

a)　　　　　　　　　　　b)

图 3-9　镁含量对 ZL101 合金砂型铸造力学性能的影响

a）T4 + 160℃时效　b）T4 + 175℃时效

——铝冷铁　- - -钢冷铁

表 3-13　化学成分对 ZL101 合金力学性能的影响

w(Mg)	w(Si)	w(Fe)	F			T6		
	%		抗拉强度 R_m/MPa	断后伸长率 A（%）	硬度 HBW	抗拉强度 R_m/MPa	断后伸长率 A（%）	硬度 HBW
0.1	6.6	0.30	145	8	40	155	7	45
0.11	7.0	0.34	155	10	40	165	8	45
0.19	6.9	0.36	175	9	45	195	7	65
0.24	6.8	0.24	165	7	60	225	5	75
0.27	6.6	0.30	155	7	60	235	6	75
0.27	7.0	0.31	175	7	60	235	5	80
0.30	7.0	0.54	—	—	—	265	2.0	90
0.30	7.0	0.67	—	—	—	275	2.0	95
0.30	7.0	0.85	—	—	—	275	1.5	55
0.30	7.8	0.26	175	8	100	255	5	80
0.35	7.0	0.31	165	6	45	265	5	80
0.6	7.0	0.17	195	3	55	—	—	—
0.6	7.0	0.35	—	—	—	305	5	90
0.6	7.8	0.26	195	6	60	315	5	100

表 3-14　化学成分对 ZL101A（T5）合金力学性能的影响

w(Mg)	w(Si)	w(Ti)	w(Fe)	抗拉强度 R_m/MPa	条件屈服强度 $R_{p0.2}$/MPa	断后伸长率 A(%)
%						
0.24	6.84	0.10	<0.1	300	230	11.0
0.32	7.13	0.20	<0.1	320	265	7.3
0.42	7.19	0.17	<0.1	335	280	7.0
0.39	7.26	0.20	<0.1	325	255	7.4
0.32	7.13	0.20	<0.1	320	265	7.3
0.32	6.71	0.09	0.09	315	265	7.6
0.38	7.26	0.15	0.22	310	240	4.9
0.39	7.26	0.20	<0.1	320	240	8.4

注：T5—540℃/8h + 160℃/6h。

表 3-15　铜含量对 ZL105 合金力学性能的影响

w(Cu) (%)	F				T6			
	抗拉强度 R_m/MPa	断后伸长率 A(%)	硬度 HBW	高温持久 σ_{100}^{300}/MPa	抗拉强度 R_m/MPa	断后伸长率 A(%)	硬度 HBW	高温持久 σ_{100}^{300}/MPa
1.2	155~170	1.5~3	50~55	35~40	225~275	1~2.3	70~80	30
1.5	160~175	2~3	60~70	35~45	245~295	1~2	75~90	30~35
2.0	160~180	0.8~1.5	60~70	45~50	245~315	0.5~1.5	80~90	35~40
2.5	165~185	0.8~1.4	60~70	45~50	245~315	0.5~1.5	75~90	40

表 3-16　稀土（RE）含量对 ZL117（T6）合金力学性能的影响

w(RE)(%)	室温		300℃	
	抗拉强度 R_m/MPa	断后伸长率 A(%)	抗拉强度 R_m/MPa	断后伸长率 A(%)
0	280	0.5	105	2.5
0.62	290	0.6	110	2.5
1.13	280	0.6	115	1.5
1.64	265	0.4	125	1.0
2.12	245	0.5	130	0.5

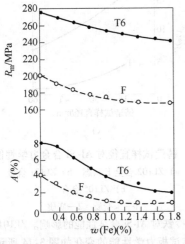

图 3-10　铁含量对 ZL104 合金力学性能的影响

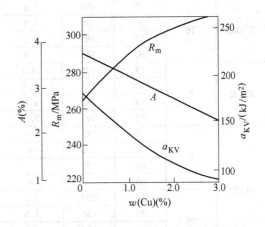

图 3-11　铜含量对 ZL106 合金力学性能的影响

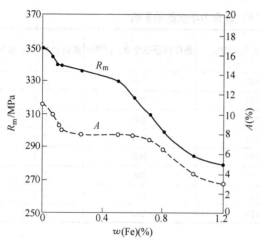

图 3-12　铁含量对 ZL116（ST5）合金力学性能的影响

4）铸造试样直径对 Al-Si 合金力学性能的影响见表 3-17 和图 3-13。随铸造试样直径的增大，合金的抗拉强度和断后伸长率下降表明合金对于壁厚的敏感性，ZL102 合金的敏感性小，ZL101、ZL104 和 ZL105 合金的壁厚效应较大。

表 3-17　铸造试样直径对 Al-Si 合金力学性能的影响

合金代号	热处理状态	试样直径/mm	抗拉强度 R_m/MPa	断后伸长率 A（%）
ZL101	T4	15	195	5.4
		30	165	2.5
		45	145	1.8
		60	135	1.4
ZL104	T6	15	215	4.0
		30	205	3.5
		45	175	2.3
		60	145	1.0
ZL104B	T6	15	255	5.0
		30	215	4.0
		45	185	2.2
		60	165	2.0
ZL102	F	15	175	15.1
		30	165	12.8
		45	165	9.7
		60	145	7.4
ZL105	F	15	195	—
		30	155	—
		45	125	—
		60	115	—
	T5	15	205	3.2
		30	185	1.5
		45	175	1.2
		60	155	0.8

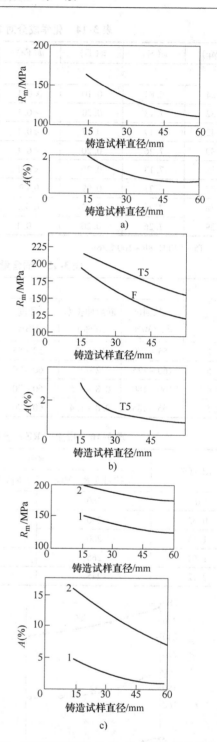

图 3-13　铸造试样直径对 Al-Si 合金力学性能的影响

a）ZL102 合金 F 状态　b）ZL101 合金

c）ZL105 合金

1—未变质　2—变质

5）冷铁对 Al-Si 合金性能的影响。ZL101 合金端冒口铸造试板力学性能的变化如图 3-14 所示。冷铁对 ZL101、ZL101A 和 ZL105A 合金铸造试板力学性能　　的影响如图 3-15 ~ 图 3-19 所示。

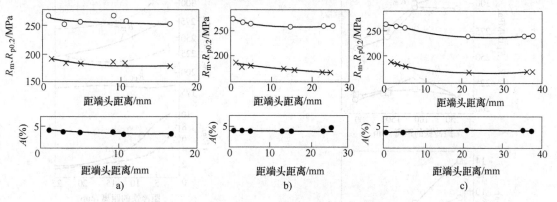

图 3-14　ZL101 合金端冒口铸造试板力学性能的变化

a）试板厚 19mm　b）试板厚 25mm　c）试板厚 38mm

○—R_m　×—$R_{p0.2}$　●—A

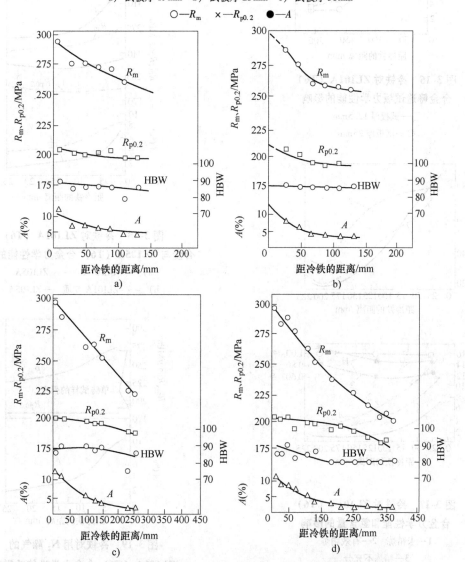

图 3-15　冷铁对 ZL101（T6）合金铸造试板力学性能的影响

a）试板厚 19mm　b）试板厚 12.5mm　c）试板厚 25mm　d）试板厚 38mm

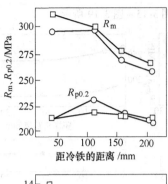

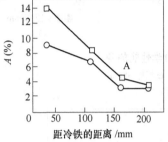

图 3-16　冷铁对 ZL101A（T6）
合金铸造试板力学性能的影响

□—试板厚 12.5mm

○—试板厚 25mm

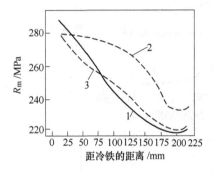

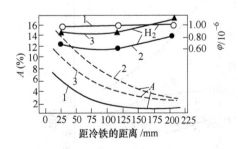

图 3-17　冷铁对 ZL101A（T6）
合金力学性能和氢含量的影响

1—未精炼　2—有效精炼
3—精炼不充分

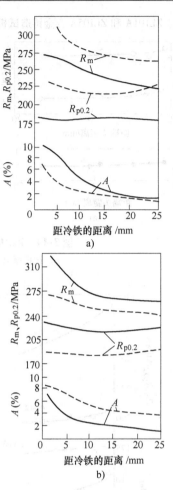

a)

b)

图 3-18　冷铁对 ZL101A（T6）
合金与 ZL105A（T6）合金力学性能的影响

a)　——ZL101A　---ZL105A

b)　---ZL101A 变质——ZL105A

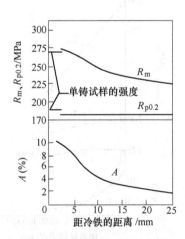

图 3-19　冷铁对用 N₂ 除气的
ZL101A（T6）合金力学性能的影响

由以上数据可见，加冷铁可以使试板的抗拉强度和断后伸长率提高；冷铁对除气和变质合金的影响比未变质和未除气的要小；冷铁对合金的 $R_{p0.2}$ 的影响不大。

6）几种铸造铝合金的典型疲劳性能见表 3-18。

表 3-18　几种铸造铝合金的典型疲劳性能

合金代号[1]	铸造方法	热处理状态	温度/℃	旋转弯曲疲劳强度 S_{PD}/MPa				
				10^5 次	10^6 次	10^7 次	10^8 次	5×10^8 次
356	S	T51	室温	—	—	—	—	55
		T6		—	—	—	—	60
		T7		145	100	70	65	65
		T71		—	—	—	—	60
	J	T6	室温	—	—	—	—	90
		T7		—	—	—	—	75
A356	J	T61	室温	200	160	115	95	90
355	S	T71	室温	145	105	85	75	70
			150	125	95	75	70	65
			205	115	90	65	50	45
			260	95	70	50	35	30
C355	J	T61	室温	195	130	110	100	95
			150	185	125	95	85	85
			205	165	115	85	70	60
			260	125	80	50	40	35
354	J	T61	室温	275	215	175	145	135
			150	255	200	150	115	110
			205	215	150	105	70	60
			260	140	95	60	40	40
			315	75	95	40	40	30

[1]　为美国合金代号和热处理状态代号。

7）铸件本体试样性能　从铸件上切取试样，每个部位一般应切取三根试样，取其平均值作为检测值。国家标准规定的铸件分类及切取性能的百分数见表 3-19。

铸造 Al-Si 活塞合金的性能指标见表 3-20。

HB 5480—1991《高强度铝合金优质铸件》等效采用美国 MIL-A-21180D 标准，标准规定的铸件分类见表 3-21。

表 3-19　铸件分类及切取性能的百分数

（GB/T 9438—2013）

铸件类别	定义	抗拉强度 R_m（%）	断后伸长率 A（%）
Ⅰ类	承受重载荷，工作条件复杂，用于关键部位，铸件损坏将危及整机安全运行的重要铸件	75	50

（续）

铸件类别	定义	抗拉强度 R_m（%）	断后伸长率 A（%）
Ⅱ类	承受中等载荷，用于重要部位，铸件损坏将影响铸件的正常工作，造成事故的铸件	75	50
Ⅲ类	承受轻载荷或不承受载荷，用于一般部位的铸件	不切取	

注：1. 表中数据为 GB/T 1173—2013 性能数据的百分数。

2. 切取试样允许其中一根试样的性能偏低，Ⅰ类铸件设计指定区域的抗拉强度和断后伸长率分别不低于标准值的 70% 和 40%，Ⅰ类铸件非指定区域和Ⅱ类铸件分别不低于规定值的 65% 和 40%。

3. 当一个取样部位不能切取三个试样时，抗拉强度和断后伸长率不得小于表 3-19 中的规定值。

4. 当设计部门或用户要求Ⅰ类铸件切取试样的力学性能高于上述要求时，应取得制造厂家的同意。

5. 铸件上切取试样应选用 GB/T 228.1—2010 中不小于 6mm 的短试样，当不能切取不小于 6mm 试样时，允许按专用标准切取其他比例试样。

6. 按图样或有关技术文件的规定对铸件进行硬度检验，其硬度值不低于对应标准的规定值。

表 3-20　铸造 Al-Si 活塞合金的性能指标

（GB/T 1148—2010）

材料	抗拉强度 R_m/MPa		硬度 HBW	体积稳定性（%）
	室温	300℃		
亚共晶 Al-Si 合金	≥167	≥69	95～130	≤0.03D
共晶 Al-Si 合金	≥196	≥69	95～140	≤0.03D
过共晶 Al-Si 合金	≥196	≥83	95～140	≤0.02D

注：D—活塞直径。

表 3-21　高强度铝合金优质铸件分类

（HB 5480—1991）

铸件类别	定义[1]	X 射线检验等级[2]	
		指定区域	非指定区域
Ⅰ类	单独破坏将危及人身安全或引起飞机、导弹和其他装备破坏的铸件	B 或 A	C 或 B
Ⅱ类	单独破坏将会引起重大操作故障及飞机、导弹和其他重要结构失效的铸件	C 或 B	C

（续）

铸件类别	定义[1]	X 射线检验等级[2]	
		指定区域	非指定区域
Ⅲ类	不属于Ⅰ类和Ⅱ类而且安全因数等于或小于 200% 的铸件	C	D
Ⅳ类	不属于Ⅰ类和Ⅱ类而且安全因数大于 200% 的铸件	D	

[1] 美国 AMS-STD-2175 标准定义的铸件类别与此相似。
[2] X 射线检验等级：A 级为关键部位使用铸件的高应力区域；B 级为关键部位使用铸件的优质级别或安全因数小的铸件指定区域；C 级为一般部位使用铸件的优质级别或安全因数中等的铸件指定区域；D 级为承受低应力的铸件或铸件区域。

按美国标准 MIL-A-21180D 生产铸件用合金的设计性能（S——数据为标准性能）见表 3-22 和表 3-23。表中指定区域切取试样的力学性能分为 1 类、2 类和 3 类；非指定区域切取试样的力学性能分为 10 类、11 类和 12 类三类。按美国 ASTM 铸件标准生产铸件用合金的设计性能见表 3-24。ASTM 标准规定铸件本体试样的抗拉强度应不小于标准数据的 75%，断后伸长率应不小于标准数据的 25%。

（3）Al-Si 合金低温和高温下的力学性能

1）Al-Si 合金低温和高温下的力学性能见表 3-25 和图 3-20 ~ 图 3-27。

表 3-22　A356.0-T6 和 C355.0-T6 合金的设计性能（MIL-A-21180D）

合金代号、状态及分类		A356.0-T6						C355.0-T6					
		1	2	3	10	11	12	1	2	3	10	11	12
抗拉强度 R_m/MPa		260	275	310	260	230	220	285	305	345	285	255	240
条件屈服强度 $R_{p0.2}$/MPa		195	205	235	195	185	150	215	230	275	215	205	195
规定塑性压缩强度 $R_{pc0.2}$/MPa		195	205	235	195	185	150	215	230	275	215	205	195
抗剪强度 τ_b/MPa		185	195	215	185	160	150	200	215	240	200	180	165
承载强度 σ_{bru}/MPa	e/D[1] = 1.5	365	385	435	365	315	310	395	425	485	395	360	340
	e/D = 2.0	470	495	560	470	405	400	510	545	620	510	460	435
承载屈服强度 σ_{bry}/MPa	e/D = 1.5	310	330	370	310	300	240	345	365	440	345	330	310
	e/D = 2.0	345	370	420	345	340	275	385	405	495	385	440	310
断后伸长率（%）		5	3	3	5	3	3	3	2	3	3	1	1
弹性模量 E/GPa		71.7						69.6					
压缩弹性模量 E_c/GPa		72.4						71.0					
切变模量 G/GPa		26.9						26.5					
泊松比 μ		0.33						0.33					
密度 ρ/（g/cm³）		2.68						2.71					
比热容 c/[J/(kg·K)]		963（100℃）						963（100℃）					
热导率 λ/[W/(m·K)]		152（25℃）						152（25℃）					
线胀系数 α_l/10⁻⁶·K⁻¹		21.4（20 ~ 100℃）						22.3（20 ~ 100℃）					

[1] e/D = 边距/孔距，下同。

表 3-23　354.0-T6 和 A357.0-T6 合金的设计性能（MIL-A-21180D）

合金代号、状态及分类		354.0-T6				A357.0-T6			
		1	2	10	11	1	2	10	11
抗拉强度 R_m/MPa		325	345	325	300	310	345	260	285
条件屈服强度 $R_{p0.2}$/MPa		250	290	250	230	240	275	195	215
规定塑性压缩强度 $R_{pc0.2}$/MPa		250	290	250	230	240	275	195	215
抗剪强度 τ_b/MPa		230	240	230	205	215	240	185	200
承载强度 σ_{bru}/MPa	$e/D=1.5$	455	485	455	415	435	485	365	395
	$e/D=2.0$	585	625	585	530	560	620	470	510
承载屈服强度 σ_{bry}/MPa	$e/D=1.5$	400	460	400	365	385	44	310	345
	$e/D=2.0$	450	525	450	405	435	495	345	385
断后伸长率（%）		3	2	3	2	3	5	5	3
弹性模量 E/GPa		73.1				71.7			
压缩弹性模量 E_c/GPa		74.5				72.4			
切变模量 G/GPa		27.6				26.9			
泊松比 μ		0.33				0.33			
密度 ρ/(g/cm³)		2.71				2.68			
比热容 c/[J/(kg·K)]		963(100℃)				963(100℃)			
热导率 λ/[W/(m·K)]		128(25℃)				152(25℃)			
线胀系数 α_l/10⁻⁶·K⁻¹		20.8(20~100℃)				21.6(20~100℃)			

表 3-24　356.0-T6 和 355.0-T6 合金的设计性能（ASTM 标准）

合金代号及状态	356.0-T6,砂型	356.0-T6,熔模和金属型	355.0-T6,金属型
抗拉强度 R_m/MPa	205	230	255
条件屈服强度 $R_{p0.2}$/MPa	140	150	160
规定塑性压缩强度 $R_{pc0.2}$/MPa	140	150	160
抗剪强度 τ_b/MPa	172	170	180
断后伸长率(%)	3	3	1.5
弹性模量 E/GPa	71.0		71.0
压缩弹性模量 E_c/GPa	71.0		71.0
切变模量 G/GPa	26.5		26.5
泊松比 μ	0.33		0.33
密度 ρ/(g/cm³)	2.68		2.71
比热容 c/[J/(kg·K)]	963(100℃)		963(100℃)
热导率 λ/[W/(m·K)]	152(25℃)		152(25℃)
线胀系数 α_l/10⁻⁶·K⁻¹	21.4(20~100℃)		22.3(20~100℃)

表 3-25　Al-Si 合金低温和高温下的力学性能

合金代号	铸造方法	热处理状态	性能	温度/℃								
				−178	−80	−28	24	100	150	205	260	315
ZL101	S	T6	抗拉强度 R_m/MPa	275	240	225	225	220	160	85	55	30
			条件屈服强度 $R_{p0.2}$/MPa	195	170	165	165	165	140	60	35	20
			断后伸长率 A(%)	3.5	3.5	3.5	3.5	4.0	6.0	18.0	35.0	60.0
		T7	抗拉强度 R_m/MPa	275	240	225	235	205	160	85	55	30
			条件屈服强度 $R_{p0.2}$/MPa	220	200	195	205	195	140	60	35	20
			断后伸长率 A(%)	3.0	3.0	3.0	2.0	2.0	6.0	18.0	35.0	60.0
	J	T6	抗拉强度 R_m/MPa	330	275	270	275	205	145	85	55	35
			条件屈服强度 $R_{p0.2}$/MPa	220	195	185	185	170	115	65	35	30
			断后伸长率 A(%)	5.0	5.0	5.0	5.0	6.0	10.0	30.0	55.0	50.0
		T7	抗拉强度 R_m/MPa	275	240	235	225	185	145	85	50	30
			条件屈服强度 $R_{p0.2}$/MPa	205	180	170	165	160	115	60	35	20
			断后伸长率 A(%)	6.0	6.0	6.0	5.0	10.0	20.0	40.0	55.0	70.0
ZL101A	J	T6	抗抗拉强度 R_m/MPa	—	—	—	285	—	145	85	55	30
			条件屈服强度 $R_{p0.2}$/MPa	—	—	—	205	—	115	60	35	20
			断后伸长率 A(%)	—	—	—	10.0	—	20.0	40.0	55.0	70.0
YL102	Y	F	抗拉强度 R_m/MPa	360	310	305	295	255	220	165	90	50
			条件屈服强度 $R_{p0.2}$/MPa	160	145	145	145	140	130	105	60	35
			断后伸长率 A(%)	1.5	2.0	2.0	2.0	5.0	8.0	15.0	29.0	35.0
YL104			抗拉强度 R_m/MPa	—	—	—	315	295	235	145	75	45
			条件屈服强度 $R_{p0.2}$/MPa	—	—	—	165	165	160	90	45	30
			断后伸长率 A(%)	—	—	—	5.0	3.0	5.0	14.0	30.0	45.0
ZL105	S	T1	抗拉强度 R_m/MPa	225	200	200	195	195	165	95	70	40
			条件屈服强度 $R_{p0.2}$/MPa	195	180	170	160	150	130	70	35	20
			断后伸长率 A(%)	1.0	1.5	1.5	1.5	2.0	3.0	8.0	16.0	36.0
		T6	抗拉强度 R_m/MPa	405	360	—	240	240	225	115	70	40
			条件屈服强度 $R_{p0.2}$/MPa	325	285	—	170	170	170	90	35	20
			断后伸长率 A(%)	2.0	4.0	—	3.0	2.0	1.5	8.0	16.0	36.0
		T7	抗拉强度 R_m/MPa	305	285	270	260	—	—	—	—	—
			条件屈服强度 $R_{p0.2}$/MPa	260	250	240	250	—	—	—	—	—
			断后伸长率 A(%)	2.0	2.0	2.0	0.5	—	—	—	—	—
	J	T1	抗拉强度 R_m/MPa	255	240	215	205	195	160	105	70	40
			条件屈服强度 $R_{p0.2}$/MPa	185	170	165	165	165	140	70	35	20
			断后伸长率 A(%)	1.0	1.5	1.5	2.0	3.0	40	19.0	33.0	38.0
		T6	抗拉强度 R_m/MPa	410	350	—	295	275	220	130	70	40
			条件屈服强度 $R_{p0.2}$/MPa	365	310	—	185	185	170	90	35	20
			断后伸长率 A(%)	3.0	4.0	—	4.0	5.0	10.0	20.0	40.0	50.0
		T7	抗拉强度 R_m/MPa	315	270	260	250	225	200	130	70	40
			条件屈服强度 $R_{p0.2}$/MPa	260	235	225	215	200	180	90	35	20
			断后伸长率 A(%)	1.5	2.0	2.5	3.0	4.0	8.0	20.0	40.0	50.0

（续）

合金代号	铸造方法	热处理状态	性能	温度/℃								
				−178	−80	−28	24	100	150	205	260	315
ZL105A	J	T6	抗拉强度 R_m/MPa	385	345	330	315	295	260	95	50	30
			条件屈服强度 $R_{p0.2}$/MPa	255	235	235	235	235	240	70	40	20
			断后伸长率 A(%)	7.0	7.0	7.0	6.0	6.0	10.0	40.0	60.0	70.0
ZL107	S	F	抗拉强度 R_m/MPa	235	205	200	185	—	—	—	—	—
			条件屈服强度 $R_{p0.2}$/MPa	220	180	170	125	—	—	—	—	—
			断后伸长率 A(%)	1.0	1.0	1.0	2.0	—	—	—	—	—
		T5	抗拉强度 R_m/MPa	255	235	225	205	—	—	—	—	—
			条件屈服强度 $R_{p0.2}$/MPa	240	205	205	180	—	—	—	—	—
			断后伸长率 A(%)	0.5	1.0	1.0	1.5	—	—	—	—	—
ZL109	J	T1	抗拉强度 R_m/MPa	295	275	260	250	240	215	180	125	70
			条件屈服强度 $R_{p0.2}$/MPa	270	235	215	195	170	150	105	70	30
			断后伸长率 A(%)	1.0	1.0	1.0	0.5	1.0	1.0	2.0	5.0	10.0
ZL111	J	T6	抗拉强度 R_m/MPa	470	405	395	380	345	325	290	195	90
			条件屈服强度 $R_{p0.2}$/MPa	390	295	290	285	285	275	270	170	85
			断后伸长率 A(%)	6.0	6.0	6.0	6.0	6.0	6.0	6.0	16.0	29.0
YL112	Y	F	抗拉强度 R_m/MPa	405	340	340	330	310	235	165	90	50
			条件屈服强度 $R_{p0.2}$/MPa	205	165	165	165	165	150	110	55	30
			断后伸长率 A(%)	2.5	2.5	3.0	3.0	4.0	5.0	8.0	20.0	30.0
YL113	Y	F	抗拉强度 R_m/MPa	—	—	—	325	315	260	180	95	50
			条件屈服强度 $R_{p0.2}$/MPa	—	—	—	170	170	165	125	60	30
			断后伸长率 A(%)	—	—	—	1.0	1.0	2.0	6.0	25.0	45.0
ZL114A	S	T6	抗拉强度 R_m/MPa	—	—	—	315	—	205	90	50	
			条件屈服强度 $R_{p0.2}$/MPa	—	—	—	250	—	195	70	40	
			断后伸长率 A(%)	—	—	—	3.0	—	3.0	24.0	30.0	
	J	T6	抗拉强度 R_m/MPa	—	—	—	345	—	215	85	50	
			条件屈服强度 $R_{p0.2}$/MPa	—	—	—	275	—	200	60	40	
			断后伸长率 A(%)	—	—	—	10.0	—	11.0	29.0	—	
ZL116	S	T5	抗拉强度 R_m/MPa	—	—	—	330	280	260	230	180	110
			条件屈服强度 $R_{p0.2}$/MPa	—	—	—	270					
			断后伸长率 A(%)	—	—	—	2	4	4.5	5	5	5.5
	J	T5	抗拉强度 R_m/MPa	—	—	—	360	—	280	250	200	
			条件屈服强度 $R_{p0.2}$/MPa	—	—	—	315	—	215	150	125	
			断后伸长率 A(%)	—	—	—	7.0	—	8.0	13.0	—	
ZL117	J	T7	抗拉强度 R_m/MPa	—	—	—	235~285	—	—	185~235	—	110~130
			断后伸长率 A(%)	—	—	—	0.5~0.6	—	—	0.6~1.0	—	1.1~2.5

注：J—金属型铸造，S—砂型铸造，F—铸态，T1—人工时效，T5—固溶处理＋不完全人工时效，T6—固溶处理＋完全人工时效，T7—固溶处理＋稳定化处理。

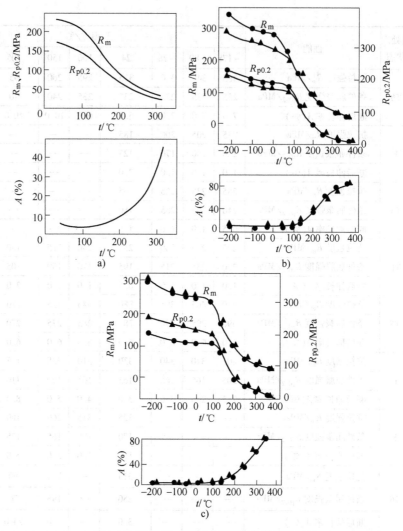

图 3-20　ZL101 合金低温和高温力学性能

a) ST5　b) ●—JT6　▲—JT7　c) ●—ST6　▲—ST7

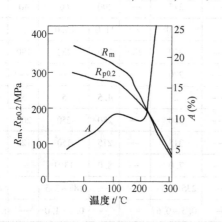

图 3-21　ZL101A（T6）合金低温
和高温力学性能

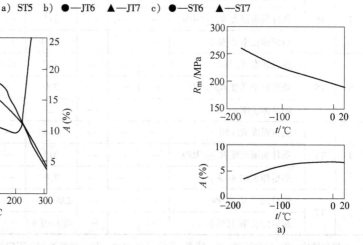

图 3-22　温度对 ZL102 合金力学性能的影响

a) 低温

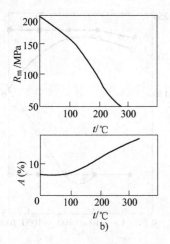

图 3-22　温度对 ZL102 合金力学性能的影响（续）

b）高温

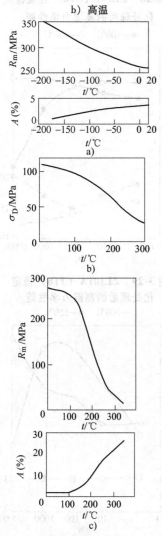

图 3-23　温度对 ZL104（T6）合金力学性能
和疲劳极限的影响

a）低温拉伸　b）高温疲劳　c）高温拉伸

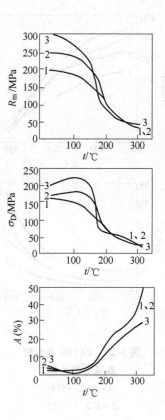

图 3-24　温度对 ZL105 合金高温力学性能
和疲劳极限的影响

1—ST1　2—ST5　3—JT5

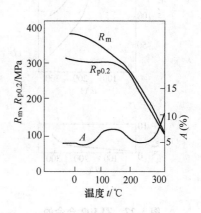

图 3-25　ZL105A（T7）
合金高温力学性能

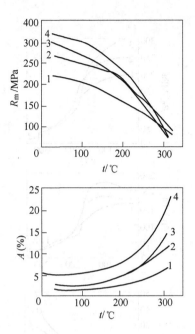

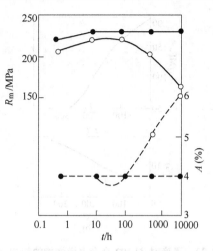

图 3-28　ZL101（ST6）合金稳定
化处理后的高温力学性能
●—100℃　○—150℃

图 3-26　ZL106 合金的
高温力学性能
1—S　2—ST5
3—JT2　4—JT5

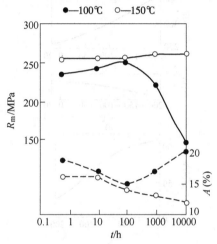

图 3-29　ZL101A（JT6）稳定
化处理后的高温力学性能
○—100℃　●—150℃

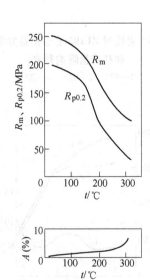

图 3-27　ZL109 合金的
高温力学性能

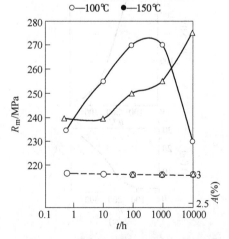

图 3-30　ZL105（ST6）稳定化处理后
的高温力学性能
○—100℃　△—150℃

2）经过高温稳定化处理后，Al-Si 合金的高温力
学性能如图 3-28 ~ 图 3-33 所示。

3) Al-Si 合金的断裂和蠕变性能如图 3-34 ~ 图 3-39所示。

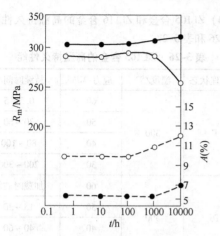

图 3-31 ZL105A (T6) 稳定化处理
后的高温力学性能
●—100℃ ○—150℃

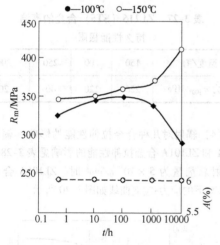

图 3-32 ZL111 (JT6) 稳定化处理
后的高温力学性能
○—100℃ ◆—150℃

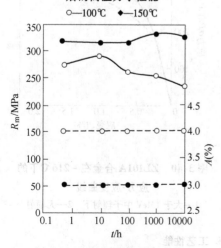

图 3-33 YL112 (F) 稳定
化处理后的高温力学性能
●—100℃ ○—150℃

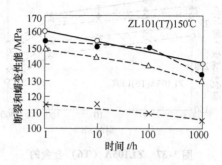

图 3-34 ZL101 (T7) 合金的
断裂和蠕变性能
○—断裂 ●—1%
△—0.5% ×—0.2%

注：百分数（%）表示蠕变的变形量，后同。

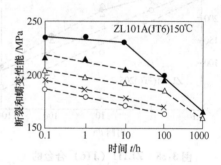

图 3-35 ZL101A (JT6) 合金的
断裂和蠕变性能
●—断裂 ▲—1%
△—0.5% ×—0.2% ○—0.1%

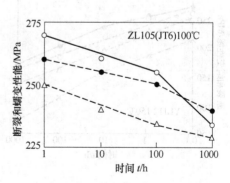

图 3-36 ZL105 (JT6) 的
断裂和蠕变性能
○—断裂 ●—1%
△—0.5%

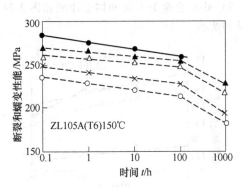

图 3-37　ZL105A（T6）合金的
断裂和蠕变性能
●—断裂　▲—1%
△—0.5%　×—0.2%　○—0.1%

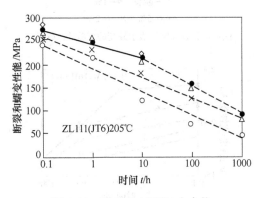

图 3-38　ZL111（JT6）合金的
断裂和蠕变性能
◇—断裂，0.1%　●—1%
△—0.5%　×—0.2%

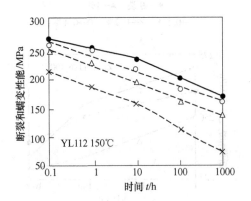

图 3-39　YL112（F）合金的
断裂和蠕变性能
●—断裂　○—1%
△—0.5%　×—0.2%

4）ZL105 合金和 ZL116 合金的高温持久性能见表 3-26 和表 3-27。

表 3-26　ZL105 合金的高温持久性能

热处理状态	温度/℃	应力/MPa	持续时间/h
F	300	60	0.5~5
		50	30~60
		40	80~100
		30	200~300
T6	300	60	加载时破坏
		50	15~30
		40	40~60
		30	150~200

表 3-27　ZL116（ST5）合金的高温
持久性能极限

温度/℃	150	200	250	300
应力 σ_{100}/MPa	220	120	40	20

（4）辐射对几种合金拉伸性能的影响　辐射对 ZL101 和 ZL101A 合金拉伸性能的影响见表 3-28。中子辐射总剂量为 $5 \times 10^{16} n/cm^2$ 时，ZL101A 合金在 -216℃下的应力-应变曲线如图 3-40 所示。

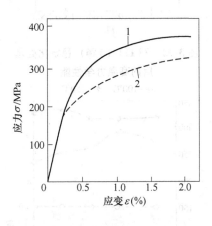

图 3-40　ZL101A 合金在 -216℃下的
应力-应变曲线
1—大于 1MeV 中子辐射下　2—无辐射

5. 工艺性能

（1）铸造性能（见表 3-29 和表 3-30）　硅含量与 Al-Si 合金气密性和流动性的关系如图 3-41 所示。

表 3-28　辐射对 ZL101 和 ZL101A 合金拉伸性能的影响

合金代号	辐射温度/℃	积累中子剂量/ ($n^{[1]}$/cm²)	抗拉强度 R_m/MPa		条件屈服强度 $R_{p0.2}$/MPa		断后伸长率 A(%)	
			无辐射	辐射	无辐射	辐射	无辐射	辐射
ZL101	—	2.4×10^{20}	225	305	165	295	2.7	0.4
		7.2×10^{20}	225	370	165	350	2.7	0.9
		2.6×10^{21}	225	310	165	250	2.7	1.5
	50	2.04×10^{19}	230	255	180	200	4.0	6.0
		1.22×10^{20}	230	290	180	230	4.0	6.0
		5.59×10^{20}	230	310	180	295	4.0	6.0
		9.84×10^{20}	230	375	180	360	4.0	3.0
ZL101A	50	2.0×10^{19}	230	255	180	200	4	6
		1.2×10^{20}	230	290	180	230	4	6
		5.6×10^{20}	230	315	180	290	4	6
		9.8×10^{20}	230	375	180	360	4	3

① n—能量不小于 1MeV 的中子剂量。

表 3-29　Al-Si 合金的铸造性能

合金代号	适合的铸造方法			抗热裂性	气密性	流动性	凝固疏松倾向	合金代号	适合的铸造方法			抗热裂性	气密性	流动性	凝固疏松倾向
	S	J	Y						S	J	Y				
ZL101	√	√	√	优	优	优	优	ZL108	×	√	×	良	良	优	中
ZL101A	√	√	×	优	优	优	优	ZL109	×	√	×	良	良	优	中
ZL102	×	×	√	优	良	优	优	ZL111	√	√	×	良	良	优	中
ZL104	√	√	√	优	优	优	优	ZL114A	√	√	×	优	优	优	优
ZL105	√	√	×	优	优	优	优	ZL115	√	√	×	良	良	优	良
ZL105A	√	√	×	优	优	优	优	ZL116	√	√	×	优	优	优	优
ZL106	√	√	×	优	优	优	优	YL117	×	×	√	中	中	优	中
ZL107	√	√	×	良	良	良	良								

注："√"表示适合于此种铸造，"×"表示不适合，下同。

表 3-30　Al-Si 合金的铸造性能数据

合金代号	收缩率(%)		流动性/mm		抗热裂性[1]		气密性	
	线收缩	体收缩	700℃	750℃	浇注温度/℃	裂环宽度/mm	试验压力/MPa	试验结果
ZL101	1.1～1.2	3.7～3.9	350	385	713	无裂纹	0.5	裂而不漏
ZL101A	1.1～1.2	3.7～3.9	350	385	713	无裂纹	0.5	裂而不漏
ZL102	0.9～1.0	3.0～3.5	420	460	677	无裂纹	1.68	裂而不漏
ZL104	1.0～1.1	3.2～3.4	360	395	698	无裂纹	1.03	裂而不漏
ZL105	1.15～1.2	4.5～4.9	344	375	723	7.5	1.23	裂而不漏
ZL105A	1.15～1.2	4.5～4.9	344	375	723	7.5	1.23	裂而不漏
ZL106	1.2～1.3	6.2～6.5	360	400	730	12	0.6	漏水
ZL114A	1.1～1.2	4.0～4.5	345	380	715	无裂纹	1	裂而不漏
ZL116	1.1～1.2	4.0～4.6	340	380	710	无裂纹	1	裂而不漏

① 抗热裂性的测量是在金属型芯的砂型中浇注各种宽度的环，有热裂时形成裂纹，环越窄，热裂倾向性越小。

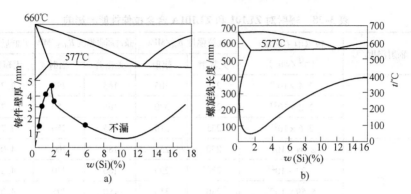

图 3-41 硅含量与 Al-Si 合金气密性和流动性的关系
a）气密性 b）流动性

（2）焊接性能和机械加工性能（见表 3-31）

表 3-31 铸造 Al-Si 合金的焊接性能和机械加工性能

合金代号	气焊	氩弧焊	切削加工性	抛光性
ZL101	优	优	中	中
ZL101A	优	优	中	中
ZL102	较差	较差	较差	差
ZL104	较差	良	中	中
ZL105	优	优	中	中
ZL105A	优	优	中	中
ZL106	良	良	中	较差
ZL107	良	良	中	较差
ZL108	较差	中	较差	较差
ZL109	较差	中	较差	较差
ZL111	中	中	较差	较差
ZL112Y	较差	较差	中	中
ZL113Y	较差	较差	中	中
ZL114A	优	优	中	中
ZL115	优	优	中	中
ZL116	优	优	中	中
ZL117	较差	较差	差	差
YL117	较差	较差	差	差

6. 显微组织

（1）ZL101 和 ZL101A 化学成分（质量分数，下同）为 Si = 7.1%、Mg = 0.24%、Fe = 0.15% 的 ZL101 合金砂型铸造铸态显微组织如图 3-42 所示。由 Al-Si-Mg 相图（见图 2-50）知，合金相组成为 α 固溶体、（α + Si）共晶体和 Mg_2Si 相。钠变质处理后的显微组织如图 3-43 所示。初生 α 固溶体呈树枝状结晶，共晶体中的 Si 呈细小圆形质点。Mg 的主要作

用是与 Si 形成 Mg_2Si 相，固溶处理时溶入 α 基体，时效析出，使晶体点阵发生畸变，强化合金，提高抗拉强度。当合金中铁含量较高时，会形成 β（Al_9Fe_2Si）相和 $Al_8FeMg_3Si_6$ 相，使拉伸性能降低，特别是断后伸长率减小。

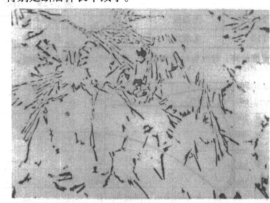

图 3-42 ZL101 合金砂型铸造铸态显微组织 ×200
状态：砂型铸造，未热处理
组织特征：α 固溶体和共晶体中的针片状 Si

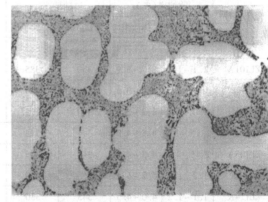

图 3-43 ZL101 合金钠变质处理后的显微组织 ×200
状态：砂型铸造，Na 变质，未热处理
组织特征：α 固溶体和共晶体中的 Si 呈圆形质点

ZL101A 合金的显微组织与 ZL101 合金基本相同，不同的是 ZL101A 合金纯度高，$w(Fe) \leqslant 0.2\%$，不会形成大块的含 Fe 化合物相，因而拉伸性能比 ZL101 合金高。ZL101A 合金显微组织如图 3-44 所示，Sb 变质处理后的显微组织如图 3-45 所示。金属型铸造的 α 枝晶网及共晶 Si 质点比砂型铸造的要小得多。Sb 变质合金的共晶体中 Si 呈细小粒状分布，改善了合金的力学性能。

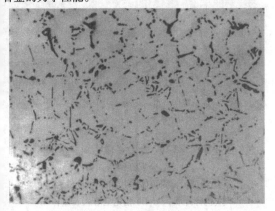

图 3-44　ZL101A 合金显微组织　×200
状态：金属型铸造，未变质
组织特征：α 固溶体和共晶体中的针片状 Si

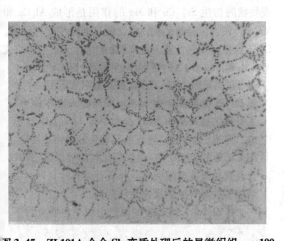

图 3-45　ZL101A 合金 Sb 变质处理后的显微组织　×100
状态：金属型铸造，Sb 变质
组织特征：α 固溶体和共晶体中的 Si 细密

（2）ZL102 和 YL102　化学成分为（质量分数，下同）Si = 11.8%、Fe = 0.25% 的 YL102 合金压力铸造铸态显微组织如图 3-46 所示。主要是 α(Al) 和 Si 共晶体，共晶体中的 Si 呈点状和针状。此外，还可以看到少量的块状初生 Si 相。

（3）ZL104　该合金砂型变质 T6 状态的显微组

织如图 3-47 所示。合金中主要是 α 相、共晶 Si 和 Mg_2Si。在铸态下，当 Fe 含量较高时，还存在 β（Al_9Fe_2Si）相及 AlFeMnSi 相。ZL104 合金比 ZL101 合金中的 Si 含量高，铸造性能更好。合金中 Mn 与 Fe 形成化合物，消除了 Fe 的有害作用，同时 Mn 在合金中还具有一定的强化效果。

图 3-46　YL102 合金显微组织　×400
状态：压力铸造，未热处理
组织特征：α 相和 (α + Si)，Si 呈点状或针片状，初生 Si 呈块状或片状

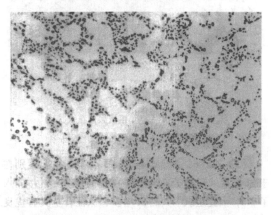

图 3-47　ZL104 合金显微组织　×160
状态：砂型铸造，变质处理，T6
组织特征：α 相和 α + Si 共晶体中的 Si 呈点状

（4）ZL105 和 ZL105A　化学成分（质量分数，下同）为 Si = 5.0%、Cu = 1.5%、Mg = 0.5%、Fe 小于 0.1% 的 ZL105 合金砂型铸态的显微组织如图 3-48 所示。合金中主要相是 α 相、Si 相、Al_2Cu 相和 $W(Al_xCu_4Mg_5Si_4)$ 相。在不平衡状态下结晶，当 Mg 含量处于上限、Cu 含量处于下限时，存在 Mg_2Si。其中 W 相的强化效果最佳，在 250～300℃ 时，耐热性最好。Mg_2Si 与 Al_2Cu 比较，前者室温强化效果好，后者耐热性好，它们的数量取决于 Cu 和 Mg 质量分

数的比值，比值为 2.1 时，组织中的 Mg_2Si 完全消失；比值大于 2.1 时出现 Al_2Cu，一般保持在 2.5 左右的比例。Cu 和 Mg 的总量过少，强化效果小，而总量过大，又使合金的塑性变差，故 $w(Cu+Mg)$ 一般为 1.5% ~ 2.0%，其中 $w(Mg)$ 为 0.6% 左右。当 $w(Cu)$ 为 1.4% 左右。当 Cu 和 Mg 的质量比在 2.2 左右时，室温和高温的抗拉强度达到最大值。

ZL105A 合金的显微组织与 ZL105 合金基本相同，不同的是前者纯度高，杂质元素含量少，特别是 $w(Fe)<0.2\%$，ZL105 组织中可能形成一些杂质相，如 $\beta(Al_9Fe_2Si_2)$ 相和 Al_8FeMg_3Si 相，因此 ZL105A 合金的拉伸性能比 ZL105 合金要高。

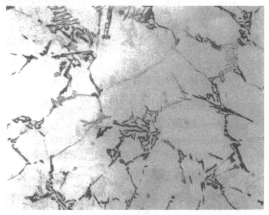

图 3-48 ZL105 合金显微组织 ×200

状态：砂型铸造，未热处理

组织特征：α 固溶体，共晶体的 Si 相呈

深灰色片片状，Al_2Cu 相呈黑色花纹状或

粒状，$W(Al_xCu_4Mg_5Si_4)$ 相，灰色

（5）ZL106 该合金与 ZL105 合金的主要区别在于 Si 含量（质量分数，下同）提高了 3%，并加入了 Mn，因此组织中共晶 Si 增多，保证合金具有优良的铸造性能。Mn 增加了 α 固溶体的稳定性，使合金的高温性能得到改善。Mg 和 Cu 主要是形成 Mg_2Si 相和 Al_2Cu 相，固溶处理时溶入 α 固溶体中，时效过程中析出，使合金强化。Cu 和 Mg 还能在一起形成 $W(Al_xMg_5Si_4Cu_4)$ 相，提高合金的高温力学性能。ZL106 合金的显微组织主要是由 α 相、Si 相、W 相、Al_2Cu 相和 Mg_2Si 相组成，当 Fe 含量高时，还会出现含 Fe 的化合物相。

（6）ZL107 该合金是典型的 Al-Si-Cu 三元合金（相图见图 2-48），其显微组织如图 3-49 所示。在金属型 T5 状态合金中，Al_2Cu 相完全溶入 α 基体，主要组织是共晶 Si 和 α 相。合金中 Si 与 α 相、Al_2Cu 相形成二元或三元共晶，使合金具有良好的铸造性

能。Al_2Cu 是主要强化相，提高了合金抗拉强度和屈服强度，保证合金具有良好的切削加工性能，但耐蚀性降低。

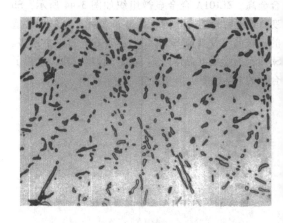

图 3-49 ZL107 合金显微组织 ×200

状态：金属型铸造，T5

组织特征：α 固溶体，共晶体中的 Si 相呈

灰色针片状，Al_2Cu 相完全溶入 α 基体

（7）ZL108 该合金的显微组织主要是 α、Si、Mg_2Si、Al_2Cu 和 AlFeMnSi，金属型铸态显微组织见图 3-50。如果在合金中加 P 进行变质处理，还会出现块状的初生 Si。Cu 和 Mg 的作用是形成 Al_2Cu 和 Mg_2Si，使合金显著强化，但含量过高会使塑性降低。Cu 还能提高高温性能，但降低耐蚀性。Mn 主要形成 AlFeMnSi，减小 Fe 的有害作用，同时提高耐热性。

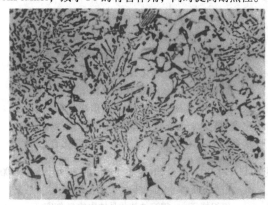

图 3-50 ZL108 合金显微组织 ×200

状态：金属型铸造，未热处理

组织特征：α 呈白色，α 相 + Si 中 Si 呈针片状，

Mg_2Si 相呈黑色骨骼状，Al_2Cu 相呈灰白色，

AlFeMnSi 相呈浅灰色骨骼状

（8）ZL109 与 ZL108 合金相比，该合金降低了 Cu 含量，提高了 Mg 含量，加入了较高量的 Ni 代替

Mn。合金的相组成复杂，在铸态组织中可见到以下各相：α 相、Si 相、Mg₂Si 相、Al₃Ni 相、Al₃（CuNi）相、Al₆Cu₃Ni 相和 AlFeMgSi 相，局部还可以出现 Al₂Cu 相，当 Fe 杂质含量较多时，还有 AlFeSiNi 相。ZL109 合金显微组织如图 3-51 所示。

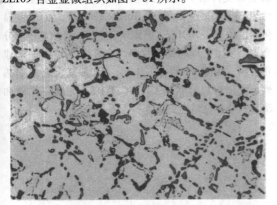

图 3-51　ZL109 合金显微组织　×200

状态：金属型铸造，T6

组织特征：α 呈白色，α＋Si 呈深灰色

针片状，AlFeMgSiNi 相是浅灰色骨

骼状，Mg₂Si 相呈黑色骨骼状

（9）ZL110　该合金主要相组成为 α 相、Si 相、Mg₂Si 相和 Al₂Cu 相。

（10）ZL111　该合金成分复杂，相组成也多，除 α 固溶体外，还有 Al₂Cu 相、Mg₂Si 相、W（AlₓMg₅Cu₄Si₄）相、Al₈FeMg₃Si₆ 相、Al₃Ti 相和 AlFeMnSi相等，其显微组织如图 3-52 所示。少量的 Ti 可以细化合金组织。Mn 与 Fe 形成化合物，抵消 Fe 的有害作用。

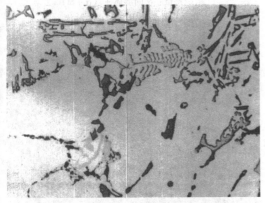

图 3-52　ZL111 合金显微组织　×200

状态：砂型铸造，未热处理

组织特征：α 固溶体，共晶 Si 呈深灰色，

Mg₂Si 相呈黑色，AlFeMnSi 相呈骨骼状，灰色

不显界的骨骼状是 Al₈FeMg₃Si₆ 相

（11）YL112 和 YL113　这两种合金属于 Al-Si-Cu 系的压铸合金，后者 Si 含量比前者略高。合金主要相组成是 α 相、Si 相和 Al₂Cu 相。此外，还形成 AlCuFeSi 四元化合物。

（12）ZL114A　该合金的主要相组成是 α 相、（α＋Si）共晶、Mg₂Si 相和 Al₃Ti 相。固溶处理时，Mg₂Si 相溶入，而 Al₃Ti 相量少而不易见到，其显微组织如图 3-53 所示。它由 α 固溶体和针状或片状的 Si 组成。经 Sb 变质处理后的显微组织如图 3-54 所示。经 Sr 变质处理后的显微组织如图 3-55 所示。

（13）ZL115　Mg 形成 Mg₂Si 起强化作用，Zn 固溶到合金中，Sb 起变质作用。合金的主要相组成是 α 相、Mg₂Si 相、Si 相及其他杂质相。

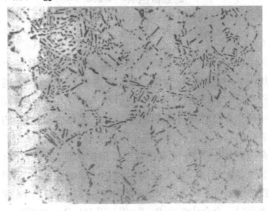

图 3-53　ZL114A 合金显微组织　×100

状态：金属型铸造，T5，未变质

组织特征：α 固溶体和（α＋Si）相，

共晶体中的 Si 相呈针片状

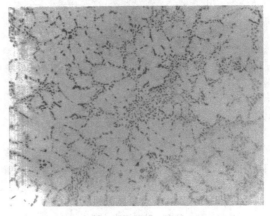

图 3-54　ZL114A 合金 Sb 变质处理后的

显微组织　×100

状态：金属型铸造，T5，Sb 变质

组织特征：α 固溶体，共晶体

中的 Si 相呈粒状分布

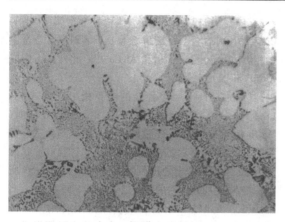

图 3-55　ZL114A 合金 Sr 变质处理后
的显微组织　×200
状态：砂型铸造，T5，Sr 变质
组织特征：α 固溶体，共晶 Si 相

（14）ZL116　该合金是在 ZL101 合金的基础上加入 Be 并提高 Mg 含量，允许较高的 Fe 含量。Be 的作用是与 Fe 形成化合物，使针状 Fe 相变成团状，同时改变合金时效过程的相变特征，强化合金；Be 的氧化物在合金液表面形成非常致密的氧化膜，减少了合金液氧化和 Mg 元素的烧损，但铍含量高时合金有晶粒粗大倾向。Ti 细化合金组织。该合金的主要相组成为 α 相、Si 相、Mg_2Si 相和 Al_3Ti 相等。当 Fe 含量高时，合金中含有 Be-Fe 相。ZL116 合金显微组织如图 3-56 所示。图 3-57 所示为 ZL116 合金 Sr 变质处理后的显微组织。

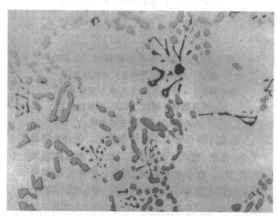

图 3-56　ZL116 合金显微组织　×200
状态：砂型铸造，T5
组织特征：α 固溶体，共晶 Si 相，
Be-Fe 相呈黑色

（15）ZL117　该合金为耐磨铸造铝合金，合金元素数量多，组织结构复杂，主要相组成为 α(Al)

相、（α + Si）相、初晶 Si 相、$Cu_2Mg_8Si_6Al_5$ 相、$Al_7(MnFeSi)_3$ 相、$Al_2(SiCu)_2RE$ 相和 Al_2Cu 相。ZL117 合金显微组织如图 3-58 所示，P 变质处理后的显微组织如图 3-59 所示。两图对比可见，变质后的初生 Si 变得细小，有利于切削加工。ZL117 合金中初生 Si 的显微硬度很高，为 1000 ~ 1300HV，而 Al 的显微硬度为 60 ~ 100HV，因此该合金是一种软基体上分布着硬质点的理想耐磨材料。合金中 Mn 与 Fe 形成化合物，消除 Fe 的有害作用。RE 提高合金的耐热性，由于形成针状的 $Al_2(SiCu)_2RE$ 相，阻碍扩散和滑移，使热稳定性提高。

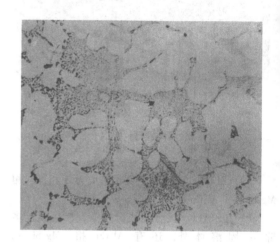

图 3-57　ZL116 合金 Sr 变质处理后
的显微组织　×200
状态：砂型铸造，Sr 变质，T5
组织特征：α 固溶体 + （α + Si）
共晶，共晶 Si 相呈细小颗粒状

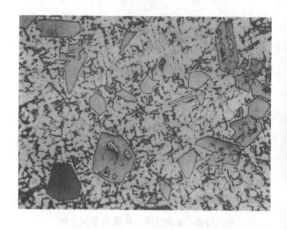

图 3-58　ZL117 合金显微组织　×100
状态：金属型铸造，未变质
组织特征：共晶体 α + Si，初生 Si 相呈块状

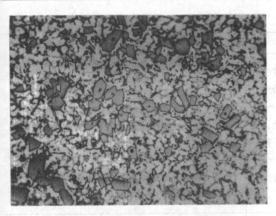

图 3-59　ZL117 合金 P 变质处理后
的显微组织　×100

状态: 金属型铸造, P 变质

组织特征: 共晶体 α + Si, 初生 Si 相呈块状

(16) YL117　该合金主要相组成为初生 α(Al) 相、(α + Si) 相、初晶 Si 相、Al_2Cu 相和 Mg_2Si 相等。

7. 特点及应用(见表 3-32)

3.1.2　Al-Cu 合金

Al-Cu 合金中 Cu 是主要合金化元素, 通常杂质元素为 Fe 和 Si。Cu 可提高合金室温强度和高温强度, 同时也可改善合金的机械加工性能。但是铸造性能较差, 特别是当 Cu 的质量分数为 4% ~5% 时合金的热裂倾向最大, 超过这个含量时热裂倾向降低。Al-Cu 合金耐蚀性较差, 有晶间腐蚀和应力腐蚀倾向, 但过时效状态可以提高抗应力腐蚀性能。

简单的 Al-Cu 系二元合金有 ZL202 和 ZL203 合金。

表 3-32　铸造 Al-Si 合金的特点及应用

合金代号	合金特点	应用
ZL101	ZL101 合金具有很好的气密性、流动性和抗热裂性, 有好的力学性能、焊接性和耐蚀性, 成分简单, 容易铸造, 适合于各种铸造方法	用于制造承受中等负荷的复杂零件, 如飞机零件、仪器、仪表壳体、发动机零件、汽车及船舶零件、气缸体、泵体、制动鼓和电气零件
ZL101A	ZL101A 合金是以 ZL101 合金为基础, 通过严格控制杂质元素含量, 改进铸造技术, 获得了更高的力学性能。具有良好的铸造性能、耐蚀性和焊接性	用于制造各种壳体零件, 如飞机的泵体、汽车变速器、燃油箱的弯管、飞机配件、货车底盘及其他承受大载荷的零件
ZL102 YL102	ZL102 合金具有最好的抗热裂性和很好的气密性, 以及很好的流动性, 不能热处理强化, 抗拉强度低, 适于浇注大的薄壁复杂零件, YL102 合金主要适合于压铸	用于制造承受低负荷形状复杂的薄壁铸件, 如各种仪表壳体、汽车机匣、牙科设备、活塞等
ZL104	ZL104 合金具有极好的气密性、流动性和抗热裂性, 强度高, 耐蚀性、焊接性和切削加工性能良好。但耐热强度低, 易产生细小的气孔, 铸造工艺较复杂	用于制造承受高负荷的大尺寸的砂型和金属型铸件, 如传动机匣、气缸体、气缸盖阀门、带轮、盖板工具箱等飞机、船舶和汽车零件
ZL105	ZL105 合金具有良好的拉伸性能高、铸造性能和焊接性, 切削加工性能和耐热强度比 ZL104 合金好, 但塑性低, 腐蚀稳定性不高, 适合于各种铸造方法	用于制造承受大负荷的飞机、发动机砂型和金属型铸造零件, 如传动机匣、气缸体、液压泵壳体和仪器零件, 也可用于制造轴承支座和其他机器零件
ZL105A	ZL105A 合金是在 ZL105 合金基础上降低 Fe 等杂质元素含量而成的合金, 其铸造特点与 ZL105 基本相同, 但具有更高的强度和断后伸长率, 适合于各种铸造方法	主要用于制造承受大负荷的优质铸件, 如飞机的曲轴箱、阀门壳体、叶轮、冷却水套、罩子、轴承支座及发动机和机器的其他零件
ZL106	ZL106 合金具有中等的拉伸性能, 良好的流动性, 满意的抗热裂性, 适于砂型铸造和金属型铸造	用于制造形状复杂承受静载荷的零件, 要求气密性高和在较高温度下工作的零件, 如泵体和水冷气缸头等
ZL107	ZL107 合金适用于砂型铸造和金属型铸造, 具有很好的气密性、流动性和抗热裂性, 以及好的拉伸性能和切削加工性能	典型用途是制造柴油发动机的曲轴箱、钢琴用板片和框架、油盖和活门把手, 气缸头及打字机框架

（续）

合金代号	合金特点	应用
ZL108	ZL108合金的铸造性能良好，强度高，热膨胀系数小及耐磨性好，高温性能也令人满意，一般用于金属型铸造	主要用于制造内燃发动机活塞及起重滑轮等
ZL109	ZL109合金适合于金属型铸造，具有极好的流动性，很好的气密性和抗热裂性，好的高温强度和低温膨胀系数	典型的用途是用于制造带轮、轴套和汽车活塞及柴油机活塞，也可用于制造起重滑车及滑轮
ZL110	ZL110合金具有中等的力学性能和好的耐热性，适用于砂型和金属型铸造，合金密度大，热膨胀系数大	用于制造内燃机活塞、油嘴、油泵等零件，但由于合金热膨胀系数大，活塞有"冷敲热拉"现象
ZL111	ZL111合金具有很好的气密性和抗热裂性及极好的流动性，高的强度，好的疲劳性能和承载能力，容易焊接且耐蚀性好，适于砂型铸造金属型铸造和压力铸造	用于制造形状复杂承受高载荷的零件，主要是飞机和导弹铸件
YL112	YL112是压铸合金，具有好的铸造性能和力学性能，很好的流动性、气密性和抗热裂性	常用于制造齿轮箱、空冷气缸头、无线电发报机的机座、割草机罩子及气动刹车铸件
YL113	YL113合金具有极好的流动性，很好的气密性和抗热裂性，主要用于压铸	典型用途是用于制造带轮、活塞和气缸头等
ZL114A	ZL114A合金具有很高的力学性能和很好的铸造性能，即很高的强度、好的韧性和很好的流动性、气密性和抗热裂性，能铸造复杂形状的高强度铸件，适合于各种铸造方法	用于制造高强度优质铸件及飞机和导弹仓体等承受高载荷的零件
ZL115	ZL115合金适合于砂型铸造和金属型铸造，具有良好的铸造性能和较高的力学性能，如高的强度和硬度及很好的断后伸长率	主要用于制造波导管、高压阀门、飞机挂架和高速转子叶片等
ZL116	ZL116合金适合于砂型铸造和金属型铸造，具有良好的气密性，流动性和抗热裂性，还具有高的力学性能，属于高强度铸造铝合金	典型的应用包括波导管、高压阀门、液压管路飞机挂架、舱门、坐舱盖弧框和高速转子叶片等制作
ZL117	ZL117是过共晶Al-Si合金，具有很好的耐磨性、低的热膨胀系数和好的高温性能，同时还具有好的铸造性能，适合于金属型铸造	常用于制造发动机活塞、制动块、带轮、泵和其他要求耐磨的部件
YL117	YL117合金相当于美国的B390.0合金，是美国应用较广的过共晶Al-Si压铸合金，具有特别好的流动性、中等的气密性和好的抗热裂性，特别是具有高的耐磨性和低的热膨胀系数	主要用于制造发动机机体、制动块、带轮、泵和其他要求耐磨的零件

复杂的 Al-Cu 合金主要可以分为两大类：高强度铸造铝合金和耐热铸造铝合金。高强度铸造铝合金有 ZL201、ZL201A、ZL204A、ZL205A、ZL209 和美国的 201.0（KO-1）、206.0 及俄罗斯的 ВАЛ10 合金等。ZL201 合金是在 ZL203 合金的基础上加入 Mn 和 Ti 获得的，再提高纯度，减少 Fe 和 Si 等杂质元素含量便获得 ZL201A 合金。在 ZL201A 合金的基础加入 Cd 获得 ZL204A 合金，再改变成分，加入微量的 Zr、V、B 得到 ZL205A 合金。在 ZL205A 合金的基础上加入少量的 RE，并采用低纯度原材料获得 ZL209 合金。201.0 是 Al-Cu-Ag-Mg 合金，206.0 是 Al-Cu-Mg-Ti 合金，都是高纯度铸造铝合金，具有高的综合力学性能，201.0 合金还具有好的高温性能。以上这些合金中，ZL205A（T6）合金抗拉强度最高，技术标准

（HB 962—2001）规定 $R_m \geq 490\text{MPa}$。

　　耐热铸造铝合金有 ZL206、ZL207 和 ZL208。ZL206 合金是在高 Cu 合金的基础上加入 RE、Mn 和 Zr。ZL207 是 Al- RE- Cu- Si- Mn- Mg- Zr 合金，ZL208 是 Al- Cu- Ni- Co- Zr- Sb- Ti 合金。这些合金形成复杂的化合物相，存在于晶界，阻止晶格滑移而提高耐热

稳定性，其工作温度最高可达 400℃。

1. 合金牌号对照（见表 3-33）

2. 化学成分（见表 3-34 和表 3-35）

3. 物理及化学性能

（1）物理性能　Al-Cu 合金的物理性能见表 3-36。201.0 合金的电导率和力学性能见表 3-37。

表 3-33　Al- Cu 合金牌号对照

合金牌号	合金代号	相近国际牌号	相近国外牌号或代号									
			美国				日本	俄罗斯	原欧洲国家标准			欧洲标准
GB/T 1173—2013			UNS	ANSI	SAE	ASTM	JIS	ГОСТ	BS	NF	DIN	EN
ZAlCu5Mn	ZL201	—	—	—	—	—	—	АЛ19	—	—	—	—
ZAlCu5MnA	ZL201A	—	—	—	—	—	—	—	—	—	—	—
ZAlCu10	ZL202	—	—	—	—	—	—	—	LM12	—	—	—
ZAlCu4	ZL203	AlCu4Ti	A02950	295.0	38	C4A	—	АЛ7	—	—	G- AlCu4Ti	AC-21100
ZAlCu5MnCdA	ZL204A	—	—	—	—	—	—	—	—	—	—	—
ZAlCu5MnCdVA	ZL205A	—	—	—	—	—	—	—	—	—	—	—
ZAlCu8RE2Mn1	ZL206[1]	—	—	—	—	—	—	—	—	—	—	—
ZAlRE5Cu3Si2	ZL207	—	—	—	—	—	—	АДР-1	—	—	—	—
ZAlCu5Ni2CoZr	ZL208[1]	—	—	—	—	—	—	—	RR 350[6]	AU5N K2V	—	—
ZAlCu5MnCdVRE	ZL209[2]	—	—	—	—	—	—	—	—	—	—	—
AlCu4AgMgMn	201.0[5]	—	A02010	201.0	382	CQ51A	—	—	—	—	—	—
AlCu4MgTi	206.0[5]	AlCu4MgTi	A02060	—	—	—	AC1B	—	—	A- U5 GT[7]	G- AlCu4TiMg	AC-21000
ZAlCu5MnTiCdA	ZL210A[3]	—	—	—	—	—	—	ВАД10[4]	—	—	—	—

注：国外合金引用标准参考表 3-1 注。

① HB 962—2001 标准合金。

② 北京航空材料研究院标准 Q/6S 590—1987 合金。

③ 北京航空材料研究院标准 Q/6S 1863—2002 合金。

④ 俄罗斯标准 ГОСТ 1583—1989 合金。

⑤ 美国合金代号。

⑥ 英国 R. R. 公司合金。

⑦ 法国宇航标准 AIR 3380/C 合金。

表 3-34　Al- Cu 合金的化学成分（GB/T 1173—2013）

合金牌号	合金代号	主要元素（质量分数,%)					
		Cu	Mg	Mn	Ti	其他元素	Al
ZAlCu5Mn	ZL201	4.5 ~ 5.3	—	0.6 ~ 1.0	0.15 ~ 0.35	—	余量
ZAlCu5MnA	ZL201A	4.8 ~ 5.3	—	0.6 ~ 1.0	0.15 ~ 0.35	—	余量
ZAlCu10	ZL202	9.0 ~ 11.0	—	—	—	—	余量
ZAlCu4	ZL203	4.0 ~ 5.0	—	—	—	—	余量
ZAlCu5MnCdA	ZL204A	4.6 ~ 5.3	—	0.6 ~ 0.9	0.15 ~ 0.35	Cd：0.15 ~ 0.25	余量

（续）

合金牌号	合金代号	主要元素（质量分数，%）					
		Cu	Mg	Mn	Ti	其他元素	Al
ZAlCu5MnCdVA	ZL205A	4.6~5.3	—	0.3~0.5	0.15~0.35	Cd：0.15~0.25　V：0.05~0.3 Zr：0.15~0.25　B：0.005~0.06	余量
ZAlCu8RE2Mn1	ZL206	7.6~8.4	—	0.7~1.1	—	RE：1.5~2.3[①]　Zr：0.10~0.25	余量
ZAlRE5Cu3Si2	ZL207	3.0~4.0	0.15~0.25	0.9~1.2	—	Ni：0.2~0.3　Zr：0.15~0.2 Si：1.6~2.0　RE：4.4~5.0[①]	余量
ZAlCu5Ni2CoZr	ZL208[②]	4.5~5.5	—	0.2~0.3	0.15~0.25	Ni：1.3~1.8　Zr：0.1~0.3 Co：0.1~0.4　Sb：0.1~0.4	余量
ZAlCu5MnCdVRE	ZL209[③]	4.6~5.3	—	0.3~0.5	0.15~0.35	Cd：0.15~0.25　V：0.05~0.3 Zr：0.05~0.2　B：0.005~0.06 RE：0.15	余量
AlCu4AgMgMn	201.0[④]	4.0~5.2	0.15~0.55	0.20~0.50	0.15~0.35	Ag：0.40~1.0	余量
AlCu4AgMgMn	A201.0[⑤]	4.0~5.0	0.15~0.35	0.20~0.40	0.15~0.35	Ag：0.40~1.0	余量
AlCu4MgTi	206.0[④]	4.2~5.0	0.15~0.35	0.20~0.50	0.15~0.35	—	余量
ZAlCu5MnTiCdA	ZL210A[⑥]	4.5~5.1	—	0.35~0.8	0.15~0.35	Cd：0.07~0.25	余量

① 混合稀土含各种稀土总质量分数不小于98%，其中含铈的质量分数不少于45%。
② HB 962—2001 标准成分。
③ 北京航空材料研究院标准 Q/6S 590—1987 合金。
④ 201.0 为美国 ASTM B26/B26M—2009 合金代号和化学成分，206.0 为 SAE J452—2003 代号和化学成分。
⑤ 美国 ASTM B686/B686M—2008 和 AMS A21180 合金代号和化学成分。
⑥ 北京航空材料研究院标准 Q/6S 1863—2002 合金。

表3-35　Al-Cu 合金杂质元素允许含量 （GB/T 1173—2013）

合金牌号	合金代号	杂质元素（质量分数，%）　≤										杂质元素含量总和	
		Fe		Si	Mg	Zn	Mn	Zr	Ni	Sn	Pb	S	J
		S	J										
ZAlCu5Mn	ZL201	0.25	0.3	0.3	0.05	0.2	—	0.2	0.1	—	—	1.0	1.0
ZAlCu5MnA	ZL201A	0.15	—	0.1	0.05	0.1	—	0.15	0.05	—	—	0.4	—
ZAlCu10	ZL202	1.0	1.2	1.2	0.3	0.8	0.5	—	0.5	—	—	2.8	3.0
ZAlCu4	ZL203	0.8	0.8	1.2	0.05	0.25	0.1	0.1	Ti：0.2	0.05	0.05	2.1	2.1
ZAlCu5MnCdA	ZL204A	0.12	0.12	0.06	0.05	0.1	—	0.15	0.05	—	—	0.4	—
ZAlCu5MnCdVA	ZL205A	0.15	0.15	0.06	0.05	—	—	—	0.01	—	—	0.3	0.3
ZAlCu8RE2Mn1	ZL206	0.5	—	0.3	0.2	0.4	—	0.05	—	—	—	0.15	
ZAlRE5Cu3Si2	ZL207	0.6	0.6	—	—	0.2	—	—	—	—	—	0.8	0.8
ZAlCu5Ni2CoZr	ZL208	0.5	—	—	—	0.3	—	—	—	—	—		
ZAlCu5MnCdVRE	ZL209	0.3	0.3	0.4	0.05	—	—	—	—	—	—		
AlCu4AgMgMn	201.0	0.15		0.10	—	—	—	—	—	—	—	其他每个0.05，其他总0.1	
AlCu4AgMgMn	A201.0	0.1		0.05	—	—	—	—	—	—	—	其他每个0.03，其他总0.1	
AlCu4MgTi	206.0	0.15		—	—	—	—	—	—	—	—	其他每个0.05，其他总0.1	
ZAlCu5MnTiCdA	ZL210A	0.15	0.15	0.20	0.05	0.1	—	0.15	—	—	—	0.60	0.60

表 3-36 Al-Cu 合金的物理性能

合金代号	热处理状态	密度/(g/cm³)	熔化温度范围/℃	电阻率ρ/10⁻⁶ Ω·m	电导率γ/% IACS	热导率λ /[W/(m·K)]				线胀系数αl /10⁻⁶·K⁻¹			比热容c /[J/(kg·K)]			
						25℃	100℃	200℃	300℃	20~100℃	20~200℃	20~300℃	100℃	200℃	300℃	400℃
ZL201	T4	2.78	548~650	0.0595	—	113.0	121.4	134.0	146.5	19.51	21.87	—	837.4	963.0	1046.7	1130.4
ZL201A	T5	2.83	548~650				127.7	148.6	171.7	23.36	23.76	26.4	879	1122	733	
ZL202	T6	2.80	—								23		837.4	921.1	1004.8	1088.6
ZL203	T5	2.80	548~650	0.0433	35	154.9	163.3	171.7	175.9		23		837.4	921.1	1004.8	1088.6
ZL204A	T6	—	544~633													
ZL205A	T5	2.82	544~633		25	105	117	130	142	22.6	24.0	27.6	888	913	934	
	T6					113	121	138	155	21.9	23.0	25.9	888	903	925	
	T7					117	130	151	168							
ZL206	T7	2.90	542~631	0.0649	—	154.9			196.8	20.6	22.8	23.9				
ZL207	T1	2.80	—	0.053	—	96.3	—	—	113	23.6	—	26.7				
ZL209	T6	2.82	544~633			113				21.9	23.6	25.9				
201.0	T6	2.78	535~650	0.054	—	121.4				19.2	22.7	24.7	921			
206.0	T4	2.80	542~650			121				19.3			921			
ZL210A	—	2.81	548~650	0.058		122	130	142	151	25.1	25.8	26.6	879	942	1020	1090

表 3-37 201.0 合金的电导率和力学性能

热处理状态	时效	电导率γ/% IACS	硬度HBW	抗拉强度/MPa
F	—	30.0	85	185
T4	室温, 5天	26.5	105	365
T6	155℃ 5h	28.7	135	450
	10h	28.5	135	450
	15h	29.2	140	470
	20h	29.4	140	485
	30h	29.5	140	490
T7	188℃, 5h	32.0	145	450

注：A201.0 合金固溶处理：535℃×16h，淬火冷却介质为水。

(2) 耐蚀性

1) 几种主要 Al-Cu 合金经腐蚀后的强度损失见表 3-38，拉伸应力腐蚀性能见表 3-39。

由表 3-39 中数据可见，ZL205A(T7) 具有好的抗应力腐蚀性能，无应力腐蚀倾向；ZL205A(T5、T6、T7) 的试样喷锶黄环氧树脂漆后，抗应力腐蚀性能大大提高。ZL205A(T7) 合金按美国标准方法 FED 151 D 823 进行，施加 275MPa 应力，经 1000h 不裂。

2) Al-Cu 合金在 T4 状态下无晶间腐蚀倾向，但在 T5、T6 状态下有晶间腐蚀倾向。

4. 力学性能

(1) 技术标准规定的性能 Al-Cu 合金国家标准力学性能见表 3-40。Al-Cu 合金航空工业标准力学性能见表 3-41 和表 3-42。A201.0 合金优质铸件的标准力学性能见表 3-43。按美国 AMS-A-21180 生产铸件时，A201.0 合金铸件设计性能见表 3-44。

表 3-38　Al-Cu 合金的强度损失

合金代号	热处理状态	R_m 损失（%）		
		腐蚀时间 90d	腐蚀时间 180d	腐蚀时间 168h
ZL201	T4	9.4	14	—
	T5	15.5	19	
ZL201A	T5	19	15	
ZL204A	T5	—	—	6.4
ZL205A	T5	—	—	5.2
	T6			7.2
	T7			8.3
ZL206	T6	—	—	9.2

注：ZL201 和 ZL201A 合金的试验液为 NaCl 质量分数为 3% 的水溶液；ZL204A、ZL205A 及 ZL206 合金的试验液为 NaCl 质量分数为 3% 加 H_2O_2 质量分数为 0.1% 水溶液。

表 3-39　Al-Cu 合金的拉伸应力腐蚀性能

合金代号	热处理状态	$K = \dfrac{\sigma}{R_{p0.2}}$	试验应力 σ/MPa	断裂时间/h
ZL201A	T5	0.7	185	90, 146, 187
ZL204A	T5	0.7	255	51, 78, 50, 72, 7
ZL205A	T5	0.7	215	4.5, 6, 45.5, 2.5, 15.5
	T6	0.625	245	73.5, 120, 74.5, 71.5
	T7	0.625	245	362.5, 251.5, 242, 296, 227
ZL205A 喷漆	T5	0.7	215	>720, >720, >720, >720
	T6	0.7	275	>720, >720, >720, >720
	T7	0.7	275	>720, >720, >720, >720

注：ZL201A（T5）合金试验液为质量分数为 3% 的 NaCl，其他合金还加入了质量分数为 0.5% 的 H_2O_2。

表 3-40　Al-Cu 合金国家标准力学性能（GB/T 1173—2013）

合金牌号	合金代号	铸造方法	热处理状态	抗拉强度 R_m/MPa	断后伸长率 A（%）	布氏硬度 HBW
					≥	
ZAlCu5Mg	ZL201	S、J、R、K	T4	295	8	70
		S、J、R、K	T5	335	4	90
		S	T7	315	2	80
ZAlCu5MgA	ZL201A	S、J、R、K	T5	390	8	100
ZAlCu10	ZL202	S、J	F	104	—	50
		S、J	T6	163	—	100
ZAlCu4	ZL203	S、R、K	T4	195	6	60
		J	T4	205	6	60
		S、R、K	T5	215	3	70
		J	T5	225	3	70
ZAlCu5MnCdA	ZL204A	S	T5	440	4	100
ZAlCu5MnCdVA	ZL205A	S	T5	440	7	100
		S	T6	470	3	120
		S	T7	460	2	110

（续）

合金牌号	合金代号	铸造方法	热处理状态	抗拉强度 R_m/MPa	断后伸长率 A（%）	布氏硬度 HBW
					≥	
ZAlRE5Cu3Si2	ZL207	S	T1	165	—	75
		J	T1	175	—	75
AlCu4AgMgMn	201.0[1]	S	T7	415	3	—
AlCu4MgTi	206.0[1]	S、J	T4	275	8.0	—
AM45Kд	ВАЛ10[2]	S、R	T4	330	10.0	70
		J	T4	320	12.0	80
		S、R	T5	400	7.0	90
		J	T5	440	8.0	100
		S、R	T6	430	4.0	110
		J	T6	500	4.0	120
		S	T7	330	5.0	90

① 201.0 为美国 ASTM B26/B26M—2009 性能，206.0 为 SAE J452—2003 性能。

② 为俄罗斯 ГОСТ 1583—1989 性能。

表 3-41　Al-Cu 合金航空工业标准力学性能（HB 962—2001）

合金牌号	合金代号	铸造方法	热处理状态	抗拉强度 R_m/MPa	断后伸长率 A（%）	硬度 HBW
					≥	
ZAlCu5Mn	ZL201	S、R	T4	290	8	70
		S、R	T5	330	4	90
ZAlCu5MnA	ZL201A	S、R	T5	390	8	100
ZAlCu4	ZL203	S	T4	200	6	60
		J	T4	210	6	60
		S	T5	220	3	70
		J	T5	230	3	70
ZAlCu5MnCdA	ZL204A	S	T6	440	4	100
ZAlCu5MnCdVA	ZL205A	S	T5	440	7	120
		S	T6	490	3	140
		R	T6	470	3	120
		S	T7	470	2	130
ZAlCu8RE2Mn1	ZL206	S	T5	250	2	90
		S	T6	300	1	100
		S	T8	240	1	80
ZAlRE5Cu3Si2	ZL207	S	T1	170	—	75
		J	T1	180	—	75
ZAlCu5Ni2CoZr	ZL208	S	T7	220	1	—
—	ZL209[1]	—	—	—	—	—

① 北京航空材料研究院标准 Q/6S 590—1987 合金。

表 3-42　ZL205A 合金优质铸件标准力学性能（HB 5480—1991）

热处理状态	力学性能级别	1	2	10	11	12
T5	抗拉强度 R_m/MPa	370	400	370	350	330
	条件屈服强度 $R_{p0.2}$/MPa	240	260	240	220	220
	断后伸长率 A（%）	4	4	4	3.5	3.5
T6	抗拉强度 R_m/MPa	420	450	420	390	370
	条件屈服强度 $R_{p0.2}$/MPa	310	340	310	290	290
	断后伸长率 A（%）	3	3	3	2	2
T7	抗拉强度 R_m/MPa	400	430	400	370	350
	条件屈服强度 $R_{p0.2}$/MPa	320	350	320	300	300
	断后伸长率 A（%）	3	2	3	1.5	1.5

表 3-43　A201.0（T7）合金优质铸件的标准力学性能（AMS-A-21180）

力学性能级别	1	2	10	11
抗拉强度 R_m/MPa	415	415	415	385
条件屈服强度 $R_{p0.2}$/MPa	345	345	345	330
断后伸长率 A（%）	3	5	3	1.5

表 3-44　A201.0 合金铸件的设计性能

热处理状态		T6		T7	
分类		1	10	2	11
抗拉强度 R_m/MPa		415	385	415	385
条件屈服强度 $R_{p0.2}$/MPa		345	330	345	330
规定塑性压缩强度 $R_{pc0.2}$/MPa		350	340	—	—
抗剪强度 τ_b/MPa		255	240	—	—
承载强度 σ_{bru}/MPa	$e/D=1.5$	620	580		
	$e/D=2.0$	795	740		
承载屈服强度 σ_{bry}/MPa	$e/D=1.5$	530	510		
	$e/D=2.0$	620	595		
断后伸长率 A（%）		5	3	3	1.5
弹性模量 E/GPa		71			
压缩弹性模量 E_c/GPa		73.8			
切变模量 G/GPa		27.6			
泊松比 μ		0.33			
密度 ρ/（g/cm^3）		2.79			
比热容 c/[J/（kg·K）]		921（100℃）			
热导率 λ/[W/（m·K）]		121（25℃）			

（2）室温力学性能

1）Al-Cu 合金室温典型力学性能见表 3-45 和表 3-46。

表 3-45　Al-Cu 合金室温典型力学性能（1）

合金代号	铸造方法	热处理状态	抗拉强度 R_m/MPa	条件屈服强度 $R_{p0.2}$/MPa	断后伸长率 A(%)	规定塑性压缩强度 $R_{pc0.2}$/MPa	硬度 HBW	抗剪强度 τ_b/MPa	旋转弯曲疲劳强度 S_{PD}/MPa
ZL201	S	T4	325	160	10	—	90	—	70
		T5	360	215	5.0	—	100	—	70
ZL201A	S	T4	365~370	—	17~19	—	100	—	—
		T5	440~470	255~305	8~15	275~285	120	—	90
ZL202	S	F	165	105	1.5	—	—	—	—
		T6	285	270	0.5	295	115	220	60
	J	T6	330	250	—	250	140	250	62
ZL203	S	T4	220	110	8.5	115	60	180	50
		T6	250	165	5.0	170	75	205	50
ZL204A	S	T5	440	395	5.2	—	140	340	70~90
ZL205A	S	T5	480	345	13	—	140	345	90
		T6	510	430	7	—	150	345	85
		T7	495	455	3.4	—	140	—	—
ZL206	S	T6	365	305	1.8	—	135	265	85

（续）

合金代号	铸造方法	热处理状态	抗拉强度 R_m/MPa	条件屈服强度 $R_{p0.2}$/MPa	断后伸长率 $A(\%)$	规定塑性压缩强度 $R_{pc0.2}$/MPa	硬度 HBW	抗剪强度 τ_b/MPa	旋转弯曲疲劳强度 S_{PD}/MPa
ZL207	S	F	170	—	1.0	—	85	—	—
		T1	190	—	0.5	—	90	—	—
	J	F	195	—	1.6	—	85	—	—
		T1	215	—	1.3	—	85	—	—
ZL208	S	T7	290	210	1.8	—	—	—	—
ZL209	S	T6	485	445	2.5	—	150	330	—
A201.0	S	T6	460	380	5.0	430	135	280	—
		T7	495	450	6	—	—	—	—
	J	T6	460	365	9.0	—	—	—	—
	R 模温315℃	T6	385	340	4.0	—	—	—	—
206.0	S	T4	352	248	7	262	—	276	—
		T7	435	345	11.7	370	—	255	—
	J	T4	427	262	17.0	283	—	290	—
		T7	434	345	11.7	372	—	255	—
ВАЛ10	S, R	T4	320	—	12	—	70	—	—
		T5	420	300	9	—	90	—	90
		T6	460	320	5	—	110	—	80
	J	T4	340	—	14	—	80	—	—
		T5	460	360	10	—	100	—	—
		T6	520	390	6	—	120	300	120

注：A201.0，206.0 合金断后伸长率的标距为50mm。

表 3-46 Al-Cu 合金室温典型力学性能（2）

合金代号	铸造方法	热处理状态	弹性模量 E/GPa	切变模量 G/GPa	规定非比例扭转强度		抗扭强度 τ_m/MPa	冲击韧度 a_{KU}/(kJ/m²)
					τ_p/MPa	$\tau_{p0.3}$/MPa		
ZL201	S	T4	68.6	24.5	—	—	—	216
		T5	68.6	25.5	—	—	—	78
ZL201A	S	T5	68.6~69.6	27.5~28.4	155	195	355	147~245
ZL202	S	T6	74					
ZL203	S	T4, T6	69	—	—	—	—	—
ZL204A	S	T5	68.6	27.5		265	390	78
ZL205A	S	T5	67.6	26.5	205	245	420	126
		T6	67.6	26.5	275	305	430	82
		T7	68.6					54
ZL206	S	T6	75.5	28.0	145	215	255	18
A201.0	S	T6	71	23	—	—	—	21.7J[①]
206.0	S	T7	70			—	—	9.5J[①]

（续）

合金代号	铸造方法	热处理状态	弹性模量 E/GPa	切变模量 G/GPa	规定非比例扭转强度		抗扭强度 τ_m/MPa	冲击韧度 $a_{KU}/(kJ/m^2)$
					τ_p/MPa	$\tau_{p0.3}/MPa$		
ВАЛ10	S，R	T5	70	—	—	—	—	120
		T6	70	—	—	—	—	—
	J	T5	70	—	—	—	—	100
		T6	70	27	—	—	—	200

① 冲击吸收能量 KV 值，即夏比 V 型缺口试样测定的数据。

2）应力-应变曲线。A201.0（T6）合金的应力-应变曲线如图 3-60 所示。ZL205A（T5）合金挂梁铸件上切取试样的应力-应变曲线如图 3-61 所示。

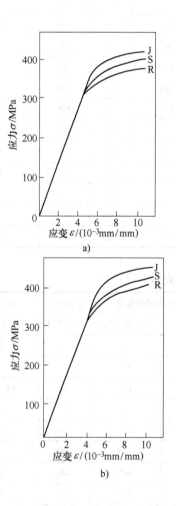

图 3-60 A201.0（T6）合金的
应力-应变曲线
a）拉伸 b）压缩

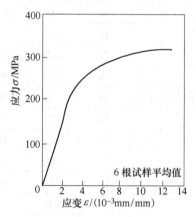

图 3-61 ZL205A（T5）合金挂梁
铸件切取试样的应力-应变曲线

3）合金成分对力学性能的影响。硅含量对 ZL201 合金力学性能的影响见表 3-47。铜含量对 ZL201A（T5）合金力学性能的影响见表 3-48。铁含量对 ZL201A 合金力学性能的影响如图 3-62 所示。镉含量对 ZL204A 合金力学性能的影响见表 3-49。锆、钒、硼含量对 ZL205A 合金力学性能的影响见表 3-50。银含量对 201.0 合金力学性能的影响如图 3-63 所示。镁含量对 201.0 合金力学性能的影响如图 3-64 所示。

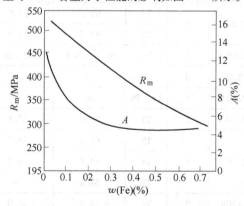

图 3-62 铁含量对 ZL201A（T5）
合金力学性能的影响

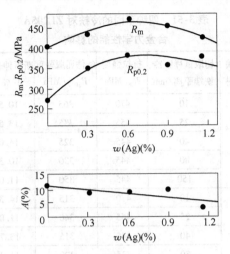

图 3-63 银含量对 201.0（T6）合金力学性能的影响

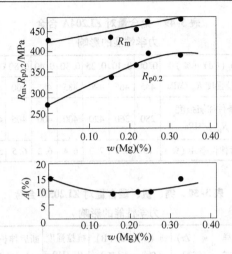

图 3-64 镁含量对 201.0（T6）合金力学性能的影响

表 3-47 硅含量对 ZL201 合金力学性能的影响

w（Si）（%）	热处理状态	热处理制度	抗拉强度 R_m/MPa	断后伸长率 $A_{11.3}$（%）
0.15	F	—	210	3.5
	T4	450℃×5h+535℃×5h 淬水	335	10
	T5	T4+175℃×3h	360	4
0.30	F	—	205	4.5
	T4	450℃×5h+535℃×5h 淬水	325	10.5
	T5	T4+175℃×3h	370	5
0.75	T4	450℃×5h+535℃×5h 淬水	过烧	过烧
	T5	515℃×10h+535℃×5h+175℃×3h	320	3.6
1.0	F	—	190	3.0
	T5	515℃×10h+535℃×5h+175℃×3h	300	2.8
1.5	F	—	205	1.9
	T4	515℃×10h+535℃×5h 淬水	305	7.5
	T5	515℃×10h+535℃×5h+17℃×3h	320	3.6

表 3-48 铜含量对 ZL201A（T5）合金力学性能的影响

w(Cu)（%）	抗拉强度 R_m/MPa	条件屈服强度 $R_{p0.2}$/MPa	断后伸长率 A（%）	冲击韧度 a_{KU}/(J/m²)	硬度 HBW
5.72	410	305	4.2	—	—
5.46	455	295	9.5	153	125
5.20	450	300	10.5	196	125
4.99	461	285	14	—	—
4.75	440	265	15	245	115

表 3-49　镉含量对 ZL204A 合金力学性能的影响

w（Cd）（%）	0.00	0.10	0.25	0.30	0.40	0.50	0.60
抗拉强度 R_m/MPa	445	465	490	485	485	500	470
条件屈服强度 $R_{p0.2}$/MPa	280	360	420	400	400	405	400
断后伸长率 A（%）	13	6.3	7.3	6.4	6.2	6.5	5.1

表 3-50　锆、钒、硼含量对 ZL205A 合金力学性能的影响

试样形式	w（Zr）（%）	w（V）（%）	w（B）（%）	抗拉强度 R_m/MPa	断后伸长率 A（%）
ϕ12mm 单铸试样	0.0	0.0	0.0	490	4.0
	0.09	0.0	0.0	505	6.5
	0.11	0.0	0.0	515	7.6
	0.14	0.0	0.0	500	7.0
	0.13	0.12	0.0	515	6.7
	0.15	0.21	0.0	525	6.0
	0.14	0.25	0.0	520	6.7
	0.20	0.29	0.0	505	7.4
ϕ10mm 加工试样	0.0	0.0	0.0	490	5.4
	0.10	0.0	0.0	530	4.5
	0.20	0.20	0.02	540	6.9

4）冷铁对拉伸性能的影响。铝、铁、铜和石墨四种不同的冷铁对 ZL205A（T5）合金力学性能的影响见表 3-51，可见石墨的激冷效果是最好的。铝冷铁对 ZL205A（T5）合金不同厚度的铸板力学性能的影响见表 3-52。冷铁对 201.0 合金力学性能的影响如图 3-65 所示。

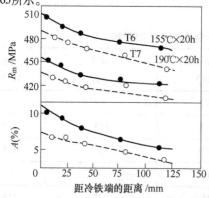

图 3-65　冷铁对 201.0 合金力学性能的影响

—●—T6　--○--T7

表 3-51　四种不同的冷铁对 ZL205A 合金力学性能的影响

冷铁材料	切取试样距冷铁端距离/mm	抗拉强度 R_m/MPa	条件屈服强度 $R_{p0.2}$/MPa	断后伸长率 A（%）
铝	10	470	365	10.5
	25	455	335	13.5
	40	445	325	14.0
	80	445	330	10.3
	150	445	350	11.0
铁	10	470	315	14.3
	25	465	340	11.0
	40	445	315	13.7
	80	435	320	11.4
	150	435	305	11.6
铜	10	470	365	12.6
	25	445	305	16.2
	40	425	295	13.4
	80	425	280	13.0
	150	435	285	12.8
石墨	10	480	345	14.8
	25	455	315	15.0
	40	445	305	14.4
	80	440	315	12.8
	150	445	310	13.1

注：1. 冷铁尺寸为 70mm×70mm×170mm，试板尺寸为 20mm×170mm×155mm。

2. 表中数据为四个试样的平均值。

表 3-52　铝冷铁对 ZL205A 合金不同厚度的铸板力学性能的影响

试板厚度 δ/mm	切取试样距冷铁端距离/mm	抗拉强度 R_m/MPa	条件屈服强度 $R_{p0.2}$/MPa	断后伸长率 A（%）
10	10	480	315	16.9
	25	465	325	16.5
	40	465	340	15.7
	80	465	330	13.8
	150	445	310	13.8
20	10	470	350	12.2
	25	460	330	15.2
	40	450	325	14.8
	80	450	345	9.4
	150	445	290	14.3

（续）

试板厚度 δ/mm	切取试样距冷铁端距离/mm	抗拉强度 R_m/MPa	条件屈服强度 $R_{p0.2}$/MPa	断后伸长率 A（%）
30	10	465	325	13.3
	25	455	320	12.2
	40	425	280	14.7
	80	410	305	6.9
	150	450	370	6.4
40	10	425	275	12.7
	25	445	305	11.0
	40	420	290	10.4
	80	405	280	10.4
	150	415	310	9.0

注：1. 冷铁尺寸为 70mm×70mm×170mm，试板尺寸为 20mm×170mm×155mm。

2. 表中数据为四个试样的平均值。

5）铸造工艺对合金力学性能的影响。浇注温度对 ZL201 合金和 ZL205A 合金力学性能的影响如图 3-66 所示。表 3-53 列出了不同铸造方法对 201.0 合金力学性能的影响。

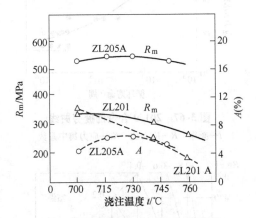

图 3-66　浇注温度对 ZL201 合金和 ZL205A 合金力学性能的影响

表 3-53　不同铸造方法对 201.0 合金力学性能影响

力学性能	热处理状态	铸造方法		
		J	S	R
抗拉强度 R_m/MPa	T6	450	395	360
	T7	440	385	345
	T43	405	355	275
条件屈服强度 $R_{p0.2}$/MPa	T6	400	370	350
	T7	405	375	345
	T43	250	245	225
规定塑性压缩强度 $R_{pc0.2}$/MPa	T6	435	395	380
	T7	430	405	375
	T43	270	265	240
抗剪强度 τ_b/MPa	T6	290	270	260
	T7	275	255	245
	T43	270	255	240
断后伸长率 A（%）	T6	7.3	1.0	2.0
	T7	6.3	1.7	0.8
	T43	21.0	8.0	7.3
断面收缩率 Z（%）	T6	10.8	3.4	1.8
	T7	8.1	1.7	1.3
	T43	20.7	9.5	5.9
维氏硬度 HV	T6	153	152	148
	T7	145	150	136
	T43	135	133	128

注：表中的数据是合金的平均性能。

T6—固溶处理后于 155℃ 时效 20h。

T7—固溶处理后于 188℃ 时效 5h。

T43—固溶处理后于 155℃ 时效 0.5h。

6）合金拉伸性能的统计值。统计了成批生产中 ZL205A 合金单铸试样的拉伸性能，并按美国军用手册 MIL-HDBK-5G 方法计算出 A 基值和 B 基值见表 3-54。表 3-55 列出了 201.0（T6）合金的拉伸性能统计值。

表 3-54　ZL205A 合金拉伸性能统计值

热处理状态	拉伸性能	最小值	最大值	均值 $\overline{X}$	标准差 S	离散系数 C_V	A 基值	B 基值	标准值
T5	R_m/MPa	445	520	480	1.720	0.04	435	455	440
	A（%）	7.2	19.6	12.1	2.952	0.24	4.2	7.6	7
T6	R_m/MPa	490	540	520	1.112	0.02	490	505	490
	A（%）	2.9	10.1	6.7	1.530	0.23	2.6	4.4	3

（续）

热处理状态	拉伸性能	最小值	最大值	均值 $\overline{X}$	标准差 S	离散系数 C_V	A 基值	B 基值	标准值
T7	R_m/MPa	470	525	505	1.264	0.02	470	485	470
	A（%）	2.0	7.0	4.5	1.104	0.25	1.6	2.9	2

注：1. 表中数据是由 100 个以上试样所得。

2. A 基值是至少有 99% 的数据均落于其上的数值，置信度为 95%。B 基值是指至少有 90% 的数据均落于其上的数值，置信度为 95%，下同。

3. 标准值是 HB 962—2001 中规定值。

表 3-55　201.0（T6）合金拉伸性能统计值

序号	拉伸性能	试验次数	最小值	最大值	均值 $\overline{X}$	标准差 S	A 基值	B 基值	标准值
Ⅰ组	R_m/MPa	156	330	485	445	3.378	385	410	415
	$R_{p0.2}/MPa$	156	295	440	375	4.537	305	325	345
	A（%）	155	2.6	16.6	8.1	2.488	1.6	4.4	4.0
Ⅱ组	R_m/MPa	130	370	475	435	2.894	385	405	415
	$R_{p0.2}/MPa$	130	295	410	365	2.909	315	335	345
	A（%）	130	1.0	16.0	7.5	2.574	0.7	3.6	4.0

7）阶梯试样的拉伸性能。表 3-56 列出了 201.0 合金阶梯试样不同部位上切取试样的拉伸性能。

表 3-56　201.0 合金阶梯试样不同部位切取试样的拉伸性能

截面厚度 /mm	抗拉强度 R_m/MPa		条件屈服强度 $R_{p0.2}/MPa$		断后伸长率 A（%）	
	T6	T7	T6	T7	T6	T7
3.25	460	440	345	385	14.0	7.8
6.25	445	435	360	390	11.3	6.3
9.5	450	450	275	395	12.5	7.5
12.5	450	435	385	390	10.0	6.5
18.75	450	430	390	385	9.7	6.3
平均	450	440	370	390	11.5	6.9

8）疲劳及断裂性能。ZL201A（T5）合金的低周疲劳（静疲劳）性能见表 3-57。ZL204A 合金和 ZL205A 合金的周期疲劳性能见表 3-58。201.0 合金的疲劳曲线如图 3-67 所示。201.0（T6）合金的等寿命曲线及轴向疲劳性能如图 3-68 和图 3-69 所示。

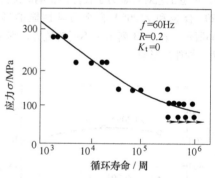

图 3-67　201.0 合金的疲劳曲线

f—频率　R—应力比　K_t—应力集中系数

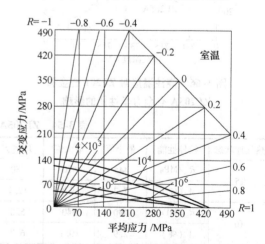

图 3-68　201.0（T6）合金的等寿命曲线

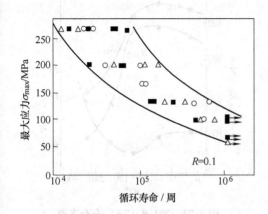

图 3-69　201.0（T6）合金的轴向疲劳性能
■—室温　△—150℃　○—260℃

表 3-57　ZL201A（T5）合金的低周疲劳性能

$K=\dfrac{\sigma_{nmax}}{R_m}$	最大应力/MPa	频率/（次/min）	循环次数/次
—	520	—	一次拉断
0.7	370	10	4100～4600
0.6	315	10	5600～9400
0.5	260	10	15000～21000

注：σ_{nmax}—试验的最大应力，R_m—抗拉强度，下同。

表 3-58　ZL204A 合金和 ZL205A 合金的周期疲劳性能

合金代号及状态	$K=\dfrac{\sigma_{nmax}}{R_m}$	最大应力/MPa	最小应力/MPa	频率/（次/min）	循环次数/次
ZL204A（T5）	0.3	165	—	10	76500
	0.3	275	—	10	11200
	0.7	385	—	10	2746
ZL205A（T5）	1.0	530	55	—	一次拉断
	0.7	370	35	10	4410
	0.5	270	25	10	14900
	0.3	160	15	850	139500
ZL205A（T6）	1.0	605	60	—	一次拉断
	0.7	430	45	10	1920
	0.5	305	30	10	8300
	0.3	180	20	10	90300

ZL205A 合金的平面应变断裂韧度 K_{IC} 的测定是用三点弯曲试样，其 T5、T6、T7 状态的 K_{IC} 值见表 3-59。

表 3-59　ZL205A 合金的断裂韧度

热处理状态	抗拉强度 R_m/MPa	条件屈服强度 $R_{p0.2}$/MPa	断裂韧度 K_{IC}/MPa·m$^{1/2}$
T5	470	380	40.4
T6	470	350	38.8
T7	485	415	29.3

注：试样是从加冷铁的砂型铸造厚板上切取的。

9）稳定化性能。201.0（T6）合金片状试样在高温稳定化处理后的室温力学性能如图 3-70～图 3-73 所示。表 3-60 列出了 ZL210A 合金高温稳定化处理后的力学性能。

（3）高温和低温力学性能

1）Al-Cu 合金高温瞬时拉伸性能见表 3-61，低温瞬时拉伸性能，见表 3-62。

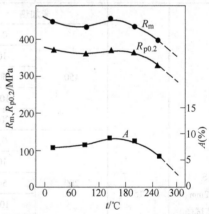

图 3-70　201.0（T6）合金高温稳定化处理 0.5h 的室温力学性能

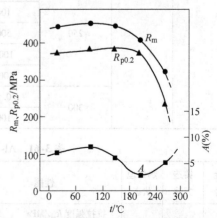

图 3-71　201.0（T6）合金高温稳定化处理 10h 的室温力学性能

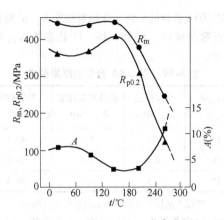

图 3-72　201.0（T6）合金高温
稳定化处理 100h 的室温力学性能

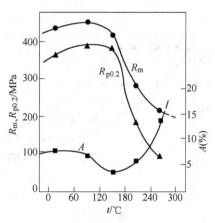

图 3-73　201.0（T6）合金高温
稳定化处理 1000h 的室温力学性能

表 3-60　ZL210A 合金高温稳定化处理后的力学性能

铸造方法	热处理状态	加热温度/℃	保温时间/h	冷却至20℃的性能		试验温度下的性能	
				R_m/MPa	A（%）	R_m/MPa	A（%）
S ϕ12mm 单铸试样	T5	未加热		420	9	—	—
		150	0.5	—	—	370	5
			100	460	2.5	400	4
			500	450	3	380	5.5
			1000	430	3	360	6.5
			2000	400	3	340	7
		200	0.5	—	—	340	6
			100	380	5.5	250	6
			500	360	5	230	7
			1000	350	5	230	7
			2000	340	5	230	8
		250	0.5	—	—	250	6
			100	340	5.5	200	7
			500	320	6	190	8
			1000	315	6	180	8
			2000	310	6	180	8
		300	0.5	—	—	170	7
			100	300	7	140	8

表 3-61　Al- Cu 合金高温瞬时拉伸性能

合金代号	铸造方法	热处理状态	性能	温度/℃							
				24	100	150	175	200	250	300	350
ZL201	S	T4	抗拉强度 R_m/MPa	335	320	305	285	275	215	150	—
			断后伸长率 A（%）	12.0	12.2	8.0	9.5	7.5	6.5	10.0	—

（续）

合金代号	铸造方法	热处理状态	性能	温度/℃							
				24	100	150	175	200	250	300	350
ZL201A	S	T5	抗拉强度 R_m/MPa	—	—	365~375	—	295~315	—	—	—
			断后伸长率 A（%）	—	—	9~14	—	7~10	—	—	—
ZL202	S	F	抗拉强度 R_m/MPa	165	—	150	—	145	105	45	—
			条件屈服强度 $R_{p0.2}$/MPa	105	—	90	—	85	70	30	—
			断后伸长率 A（%）	1.5	—	1.5	—	1.5	3.5	20.0	—
		T2	抗拉强度 R_m/MPa	185	—	170	—	150	115	55	—
			条件屈服强度 $R_{p0.2}$/MPa	140	—	115	—	95	75	30	—
			断后伸长率 A（%）	1.0	—	1.0	—	1.5	3.0	14.0	—
		T6	抗拉强度 R_m/MPa	285	270	250	—	165	115	60	—
			条件屈服强度 $R_{p0.2}$/MPa	275	260	240	—	115	75	35	—
			断后伸长率 A（%）	0.5	0.5	1.0	—	2.0	6.0	14.0	—
ZL203	S	T4	抗拉强度 R_m/MPa	220	205	195	—	105	60	30	—
			条件屈服强度 $R_{p0.2}$/MPa	110	105	140	—	60	40	20	—
			断后伸长率 A（%）	8.5	5.0	5.0	—	15.0	25.0	75.0	—
		T6	抗拉强度 R_m/MPa	250	235	195	—	105	60	30	—
			条件屈服强度 $R_{p0.2}$/MPa	165	160	140	—	60	40	20	—
			断后伸长率 A（%）	5.0	5.0	5.0	—	15.0	25.0	75.0	—
ZL204A	S	T5	抗拉强度 R_m/MPa	480	—	395	—	325	230	155	—
			条件屈服强度 $R_{p0.2}$/MPa	395	—	340	—	290	205	130	—
			断后伸长率 A（%）	5.2	—	3.8	—	2.6	2.5	3.1	—
ZL205A	S	T5	抗拉强度 R_m/MPa	480	—	380	—	345	255	165	—
			断后伸长率 A（%）	13	—	10.5	—	4	3	3.5	—
		T6	抗拉强度 R_m/MPa	510	—	415	—	355	240	175	—
			断后伸长率 A（%）	7	—	10.5	—	4	3	3.5	—
		T7	抗拉强度 R_m/MPa	495	—	400	—	345	—	—	—
			断后伸长率 A（%）	3.4	—	5.5	—	4.5	—	—	—
ZL206	S	T6	抗拉强度 R_m/MPa	365	—	—	—	315	225	160	125
			条件屈服强度 $R_{p0.2}$/MPa	310	—	—	—	270	185	120	95
			断后伸长率 A（%）	1.8	—	—	—	1.9	3.2	6.2	9.3
ZL208	S	T7	抗拉强度 R_m/MPa	—	—	—	—	—	135	85	50
ZL209	S	T6	抗拉强度 R_m/MPa	—	—	—	—	340	275	—	—
			断后伸长率 A（%）	—	—	—	—	2.4	2.4	—	—
201.0	—	T6	抗拉强度 R_m/MPa	—	—	379	—	248	152	69	—
			条件屈服强度 $R_{p0.2}$/MPa	—	—	359	—	228	131	62	—
			断后伸长率 A（%）	—	—	6	—	9	19	39	—
		T7	抗拉强度 R_m/MPa	—	—	414	—	269	110	62	—
			条件屈服强度 $R_{p0.2}$/MPa	—	—	372	—	228	90	55	—
			断后伸长率 A（%）	—	—	9	—	16	25	48	—

（续）

合金代号	铸造方法	热处理状态	性能	温度/℃							
				24	100	150	175	200	250	300	350
A201.0	S	T7	抗拉强度 R_m/MPa	460	—	380	—	325	195	140	—
			条件屈服强度 $R_{p0.2}$/MPa	430	—	360	—	310	185	130	—
			断后伸长率 A（%）	4.5		6.0	—	9.0	14.0	12.0	—
	J	T6	抗拉强度 R_m/MPa	440		380	—	—	235	145	
			条件屈服强度 $R_{p0.2}$/MPa	380		365		—	235	140	
			断后伸长率 A（%）	6.5		15.0		—	16.0	16.0	
ZL210A	S	T4	抗拉强度 R_m/MPa	320	—		300	320	280	170	
			断后伸长率 A（%）	12			10	8	8	7	
		T5	抗拉强度 R_m/MPa	420	—	370	360	340	250	170	
			条件屈服强度 $R_{p0.2}$/MPa	300		330		310	210	—	
			断后伸长率 A（%）	9	—	5	4	6	6	7	
		T6	抗拉强度 R_m/MPa	460	—		370	340	300	170	
			条件屈服强度 $R_{p0.2}$/MPa	320	—			300	250	—	
			断后伸长率 A（%）	5			4	4	4	6	
	J	T4	抗拉强度 R_m/MPa	340	—		320	320	280	170	
			断后伸长率 A（%）	14	—		7	8	4	7	
		T5	抗拉强度 R_m/MPa	460	—		380	360	300	170	
			条件屈服强度 $R_{p0.2}$/MPa	360	—		—	—	—	—	
			断后伸长率 A（%）	10	—		9	8	8	10	
		T6	抗拉强度 R_m/MPa	520		420	350	300	180		
			条件屈服强度 $R_{p0.2}$/MPa	390		—		310	250	—	
			断后伸长率 A（%）	6	—		7	7	4	10	

表3-62　Al-Cu合金低温瞬时拉伸性能

合金代号	铸造方法	热处理状态	性能	温度/℃						
				-269	-253	-196	-80	-70	-40	-28
ZL201	S	T4	抗拉强度 R_m/MPa	—	—	—	—	300	—	
			断后伸长率 A（%）	—	—	—	—	10.0	—	
ZL204A	S	T5	抗拉强度 R_m/MPa	—	—	—	—	490	485	—
			断后伸长率 A（%）	—	—	—	—	6.5	4.7	
ZL205A	S	T5	抗拉强度 R_m/MPa	—	—	—	—	500	480	
			断后伸长率 A（%）	—	—	—	—	8	8	
		T6	抗拉强度 R_m/MPa	—	—	—	—	520	510	
			断后伸长率 A（%）	—	—	—	—	3	3	
ZL209	S	T6	抗拉强度 R_m/MPa	—	—	—	—	—	460	
			断后伸长率 A（%）	—	—	—	—	—	1.5	

（续）

合金代号	铸造方法	热处理状态	性　　能	温度/℃						
				−269	−253	−196	−80	−70	−40	−28
201.0	J	T6	抗拉强度 R_m/MPa	—	—	—	450	—	—	—
			条件屈服强度 $R_{p0.2}$/MPa	—	—	—	365	—	—	—
			断后伸长率 A（%）	—	—	—	7.0	—	—	—
	S	T7	抗拉强度 R_m/MPa	640	640	615	530	—	—	510
			条件屈服强度 $R_{p0.2}$/MPa	560	545	460	485	—	—	600
			断后伸长率 A（%）	7	8	8	6	—	—	6
ZL210A	J	T6	抗拉强度 R_m/MPa	—	—	—	—	530	—	—
			断后伸长率 A（%）	—	—	—	—	7	—	—

2）高温持久和高温蠕变性能。Al- Cu 合金的高温持久性能见表 3-63。201.0（ST7）合金的蠕变断裂性能见表 3-64。ZL210A 合金的持久强度和蠕变强度见表 3-65。ZL208 合金的蠕变性能如图 3-74 所示。

表 3-63　Al- Cu 合金的高温持久性能

（单位：MPa）

合金代号	热处理状态	$R_{u\,100/200}$	$R_{u\,100/250}$	$R_{u\,100/300}$	$R_{u\,100/350}$	$R_{u\,100/500}$
ZL201	T4	120	80	50	—	—
ZL201A	T5	165	—	80	—	—
ZL204A	T5	100	65	—	—	—
ZL205A	T5	90	70	—	—	—
	T6	80	70	—	—	—
ZL206	T7	—	135	90	50	—
ZL207	T1	155	125	80	—	40
ZL208	T7	—	135	90	50	—
ZL210A	T5	100	75	40	—	—
	T6	100	75	—	—	—

表 3-64　201.0（ST7）合金的蠕变断裂性能

温度/℃	承受应力时间/h	断裂应力 σ/MPa	下列变形率的蠕变应力/MPa			
			1.0%	0.5%	0.2%	0.1%
150	10	395	385	385	365	360
	100	350	350	350	340	325
	1000	310	310	310	305	285
175	1	—	—	—	345	330
	10	330	325	315	310	295
	100	290	290	285	270	260
	1000	240	240	240	235	—

（续）

温度/℃	承受应力时间/h	断裂应力 σ/MPa	下列变形率的蠕变应力/MPa			
			1.0%	0.5%	0.2%	0.1%
205	1	290	290	285	275	270
	10	270	260	260	250	220
	100	230	230	220	205	170
	1000	170	170	170	—	—
230	10				185	165
	100	165	165	160	—	—
260	1					145
	10	145	140	140	125	—

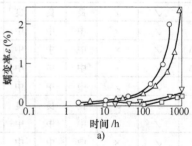

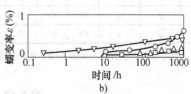

图 3-74　ZL208 合金的蠕变性能

a）316℃　○—52MPa　△—48MPa
　　　　▽—28MPa　□—24MPa
b）260℃　○—97MPa　▽—83MPa
　　　　△—55MPa　□—55MPa

表 3-65　ZL210A 合金的持久强度和蠕变强度

铸造方法	热处理状态	试验温度/℃	持久强度				蠕变强度			
			$R_{u\,100}$	$R_{u\,500}$	$R_{u\,1000}$	$R_{u\,2000}$	$R_{p0.2,100}$	$R_{p0.2,500}$	$R_{p0.2,1000}$	$R_{p0.2,2000}$
			MPa							
S	T5	150	230	190	185	180	150	120	100	90
		200	100	100	90	80	70	50	40	35
		250	75	7	50	4	50	35	30	25
		300	4	3	20	—	25	—	—	—

5. 工艺性能

Al-Cu 合金属于固溶体型合金，凝固范围宽，铸造性能差，如流动性、抗热裂性及气密性都差，见表 3-66，数据见表 3-67。铜含量对 Al-Cu 合金流动性的影响如图 3-75 所示，铜含量对 Al-Cu 合金气密性的影响如图 3-76 所示。

铸造 Al-Cu 合金的焊接和机械加工性能见表 3-68。用氩弧焊对焊厚度为 10mm 的 ZL205A 合金铸板，其拉伸性能见表 3-69。ZL207 合金经氩弧焊对焊后抗拉强度变化不大，未经对焊的试板抗拉强度为 265MPa，经对焊后的试板抗拉强度为 250MPa。

表 3-66　Al-Cu 合金的铸造性能

合金代号	适合的铸造方法		抗热裂性	气密性	流动性	疏松倾向
	S	J				
ZL201	✓	×	中	中	中	中
ZL201A	✓	×	中	中	中	中
ZL202	✓	✓	良	良	良	良
ZL203	✓	×	中	中	中	中
ZL204A	✓	×	中	中	中	中
ZL205A	✓	×	中	中	中	中
ZL206	✓	✓	中	中	中	中
ZL207	✓	✓	良	良	良	良
ZL208	✓	✓	中	中	中	中
ZL209	✓	×	中	中	中	中
201.0	✓	×	中	中	中	中
206.0	✓	×	中	中	中	中

注：✓为适合的铸造方法，×为不适合的铸造方法。

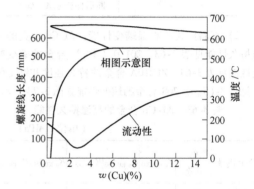

图 3-75　铜含量对 Al-Cu 合金流动性的影响

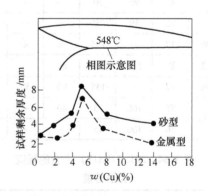

图 3-76　铜含量对 Al-Cu 合金气密性的影响

表 3-67　Al-Cu 合金铸造性能数据

合金代号	收缩率（%）		流动性/mm		抗热裂性		气密性	
	线收缩率	体收缩率	700℃	750℃	浇注温度/℃	裂环宽度/mm	试验压力/MPa	试验结果
ZL201	1.3	—	165	—	710	37.5	0.6	漏水
ZL201A	1.3	—	165	—	710	37.5		

（续）

合金代号	收缩率（%）		流动性/mm		抗热裂性		气密性	
	线收缩率	体收缩率	700℃	750℃	浇注温度/℃	裂环宽度/mm	试验压力/MPa	试验结果
ZL202	1.25~1.35	6.3~6.9	240	260	720	14.5	0.85	裂而不漏
ZL203	1.35~1.45	6.5~6.8	163	190	746	35	1	漏水
ZL204A	1.3	—	155	—	710	37.5		
ZL205A	1.3	—	245	—	710	25		
ZL206	1.1~1.2	—	285	—	710	25~27.5		
ZL207	1.2		360	—	700	不开裂		
ZL210A	1.25		245	—	—	—		

注：抗热裂性的测量是在金属型芯的砂型中浇注各种宽度的环，有热裂时形成裂纹，环越窄，热裂倾向性越小。

表 3-68　Al-Cu 合金的焊接和机械加工性能

合金代号	气焊	氩弧焊	切削加工性	抛光性
ZL201	中	中	良	良
ZL201A	中	中	良	良
ZL202	中	中	优	良
ZL203	中	中	良	良
ZL204A	中	中	优	良
ZL205A	中	中	优	良
ZL206	中	中	良	良
ZL207	中	中	中	良
ZL208	中	中	良	良
ZL209	中	中	良	良
201.0	中	中	良	良
206.0	中	中	良	良

表 3-69　ZL205 合金对焊试板的拉伸性能

试样形式	抗拉强度 R_m/MPa			断后伸长率 A（%）		
	T5	T6	T7	T5	T6	T7
未焊试板	470	490	450	5.5	3.3	2.5
对焊试板	460	490	450	3.8	3.7	2.3

6. 显微组织

（1）ZL201　ZL201 合金显微组织如图 3-77 和图 3-78 所示。铸造状态主要相为 α 固溶体、θ（Al₂Cu）相（呈白色花纹状）、T（Al₁₂Mn₂Cu）相（呈黑色片状和枝杈状）。此外，还可能见到片状的 Al₃Ti 和针状的 Al₇Cu₂Fe。固溶处理时，Al₂Cu 溶入固溶体，初生 T 相存在于枝晶间呈枝杈状或片状，而在固溶体中析出细小弥散的二次 T（Al₁₂Mn₂Cu）质点。固溶处理时，Cu 溶入 α 固溶体，使晶格扭曲，提高了力学性能。人工时效时沉淀析出，依温度和时间的长

短，形成 GP 区、θ″相或 θ′相，使合金的强度大大提高。Mn 形成 T 相，初生 T 相以网状分布在 α 晶界上，高温下稳定，阻碍晶粒的滑移。二次 T 相呈弥散分布，阻碍了原子的扩散，提高了高温和室温力学性能。Ti 的作用是形成 Al₃Ti，作为外来结晶核心而细化晶粒，提高了力学性能。

ZL201A 合金的显微组织与 ZL201 合金组织相同，但一般不含 Fe、Si 杂质相。

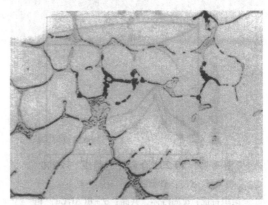

图 3-77　ZL201 合金显微组织　×200
状态：砂型铸造，未热处理
组织特征：α 固溶体，θ（Al₂Cu）相呈白色
花纹状，T（Al₁₂Mn₂Cu）相呈黑色

（2）ZL202　ZL202 合金主要相组成为 α 固溶体和 θ（Al₂Cu）相，θ 相存在于枝晶之间，改善合金的耐热性能。

（3）ZL203　ZL203 合金砂型铸造、铸态主要相组成为 α 固溶体、θ（Al₂Cu）相和 N（Al₇Cu₂Fe）相，如图 3-79 所示。花纹状的为 θ 相，N 相呈针状。Cu 的作用是形成 θ 相，提高室温和高温强度，但铸造性能变差，耐蚀性降低。

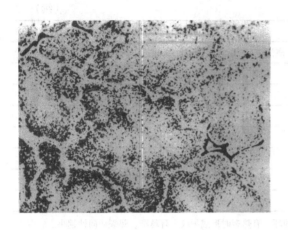

图 3-78　ZL201（T4）合金显微组织　×200

状态：砂型铸造，T4

组织特征：α 固溶体，初生 T(Al₁₂Mn₂Cu)

相呈黑色片状在枝晶间，二次 T(Al₁₂Mn₂Cu) 相

呈黑色点状

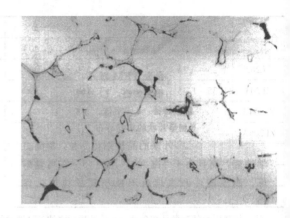

图 3-80　ZL204A 合金显微组织　×100

状态：砂型铸造，未热处理

组织特征：α 固溶体，θ 相呈白色花纹状，

T 相呈黑色，Al₃Ti 相呈白色条块状

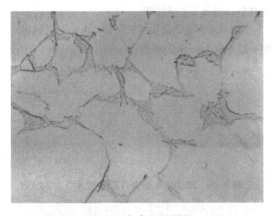

图 3-79　ZL203 合金显微组织　×200

状态：砂型铸造，未热处理

组织特征：α 固溶体，共晶：α + θ(Al₂Cu) 相

+ N(Al₇Cu₂Fe)相分布在枝晶间，

θ 相呈花纹状，N 相呈针状

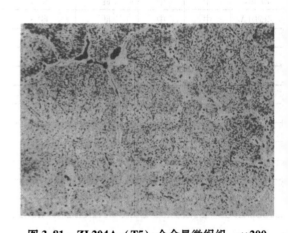

图 3-81　ZL204A（T5）合金显微组织　×200

状态：砂型铸造，T5

组织特征：α 固溶体，初生 T(Al₁₂Mn₂Cu) 相

呈黑色枝杈状，二次 T(Al₁₂Mn₂Cu) 相呈

黑色点状，θ(Al₂Cu)相溶解完全

（4）ZL204A　该合金是在 ZL201A 合金基础上加入 Cd 而获得，适合于砂型铸造。铸态下的显微组织为 α 固溶体、θ(Al₂Cu)相、T(Al₁₂Mn₂Cu)相、Al₃Ti 相和 Cd 相。固溶处理后，θ 相基本溶解完全，Cd 相基本溶解完全，固溶体中析出点状的二次 T 相，初生 T 相不参与相变，Al₃Ti 不参与相变。Ti 细化晶粒，提高了力学性能；Cd 起时效强化作用，加速 GP 区的形成和 θ′相的析出。其显微组织如图 3-80 和图 3-81 所示。

（5）ZL205A　ZL205A 合金铸态显微组织为 α 固溶体、θ(Al₂Cu)相、T(Al₁₂Mn₂Cu)相、Al₃Ti 相、Cd 相、Al₃Zr 相、Al₇V 相、TiB₂ 相。固溶热处理时，θ 相和 Cd 相溶入 α 固溶体中，而二次 T 相呈弥散小质点析出，其余相不参与相变。其显微组织如图 3-82 和图 3-83 所示。合金中的 Cu 与 Al 形成 θ 相起固溶强化和弥散硬化作用，其人工时效的析出物如图 3-84、图 3-85 和图 3-86 所示。T5 状态时析出大量的条状 θ″相和少量的 GP 区，T6 状态时析出大量的 θ″相和少量的片状 θ′相，T7 状态时主要析出片状的 θ′相。

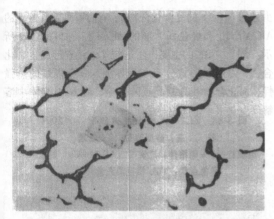

图 3-82　ZL205A 合金显微组织　×200

状态：砂型铸造，未热处理

组织特征：α 固溶体，共晶：θ(Al₂Cu)相 +
α + Cd 相；呈黑色，ZrAl₃ 相呈灰色
块状，TiAl₃ 相呈灰白色条状

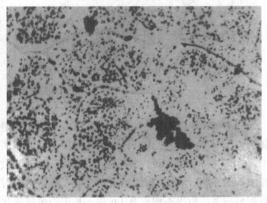

图 3-83　ZL205A（T6）合金显微组织　×200

状态：砂型铸造，T6

组织特征：α 固溶体，二次 T(Al₁₂Mn₂Cu)
相呈黑色点状，TiB₂ 相呈黑色葡萄状

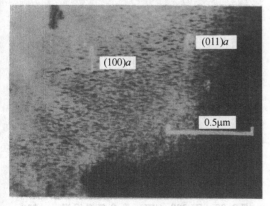

图 3-84　ZL205A（T5）合金 TEM 照片　×45000

状态：砂型铸造，T5

组织特征：α 固溶体，θ″相呈黑色条状，少量 GP 区

注：α 为晶格常数。

图 3-85　ZL205A（T6）合金 TEM 照片　×45000

状态：砂型铸造，T6

组织特征：α 固溶体，θ″相呈
黑色条状，θ′相为黑色片状

图 3-86　ZL205A（T7）合金 TEM 照片　×50000

状态：砂型铸造，T7

组织特征：α 固溶体，θ′相呈片状的形式分布

ZL205A 合金中的 Mn 与 Al、Cu 形成 T 相，固溶
处理时呈弥散质点析出，产生组织上的不均匀性而提
高合金室温和高温强度。Ti 和 Al 生成 Al₃Ti 相，细
化晶粒；Cd 起时效强化作用，加速人工时效，即加
速 GP 区和 θ′相的形成，提高抗拉强度和屈服强度。
Zr 和 V 与 Al 能分别生成 Al₃Zr 相和 Al₇V 相，既细化
晶粒提高合金的力学性能，又能在晶粒内部形成稳定
的显微不均匀性而强化合金。B 的作用是形成 TiB₂
相，作为外来的晶核细化晶粒，提高力学性能，而且
由于 TiB₂ 的作用使合金在高温熔炼、高温浇注和重
熔时不减小其晶粒细化作用。

（6）ZL206　ZL206 合金铸态下的显微组织主要
有白色 α 固溶体，亮灰色的 Al₂Cu 相，晶界间的骨骼

状化合物为 Al_3CuCe、Al_8Cu_4Ce 和 $Al_{24}Cu_8Ce_3Mn$，棕色条块状 $Al_{16}Cu_4Mn_2Ce$ 相。固溶处理析出二次 $T_{Mn}(Al_{20}Cu_2Mn_3)$ 相，还可以看到 Al_3Zr 相，如图 3-87 和图 3-88 所示。该合金高温强化相主要是由 RE 与 Cu、Mn 等形成的难熔的稳定金属间化合物，这些化合物在高温下可以阻碍原子扩散和晶粒之间的滑移。Cu、Mn 和 Fe 的固溶、沉淀和弥散析出也是高温下强化基体的主要因素。

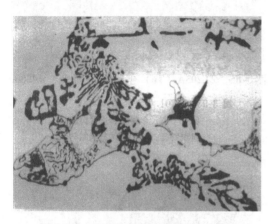

图 3-87　ZL206 合金显微组织　×500

状态：砂型铸造，未热处理

组织特征：α 固溶体，Al_2Cu 相为亮灰色，

晶界间的骨骼状化合物为：$Al_3CuCe + Al_8Cu_4Ce +$

$Al_{24}Cu_8Ce_3Mn$，$Al_{16}Cu_4Mn_2Ce$ 相为棕色条块状

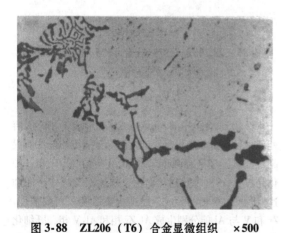

图 3-88　ZL206（T6）合金显微组织　×500

状态：砂型铸造，T6

组织特征：α 固溶体，骨骼状化合物为 $Al_3CuCe +$

$Al_8Cu_4Ce + Al_{24}Cu_8Ce_3Mn$，棕色条块状为 $Al_{16}Cu_4Mn_2Ce$ 相，

$T_{Mn}(Al_{20}Cu_2Mn_3)$ 相为黑色点状

（7）ZL207　ZL207 合金在 T1 状态下的显微组织为 α 固溶体中含大量的细针状相（含 Ce、Cu、Si 和

少量的 Ni、Fe 的复杂化合物），有时可见到骨骼状的 AlFeMnSi 相和黑色六方形的 Al_4Ce 相，如图 3-89 所示。合金中 RE 的主要作用是与其他元素形成复杂化合物，以网状形式分布在晶界上，具有很好的热强性，而化合物本身结晶点阵复杂，在 α 固溶体中溶解度变化很小，高温下稳定。

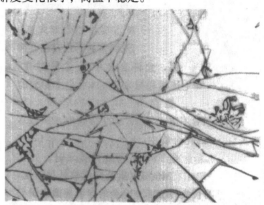

图 3-89　ZL207（T1）合金显微组织　×400

状态：金属型铸造，T1

组织特征：α 固溶体，细针状相为含 Ce、Cu、Si

和少量 Ni、Fe 化合物，AlFeMnSi 相呈骨骼状

（8）ZL208　ZL208 合金的主要相组成为 α 固溶体、$Al_3(CuNi_2)_2$ 相、$Al_4(NiCoFeMn)$ 相、AlSb 相和 $Al_3(TiZr)$ 相、$θ(Al_2Cu)$ 相等。其 T7 状态时的显微组织如图 3-90 所示。在固溶处理后，θ 相溶入，时效处理后沉淀析出不同的富 Cu 相。其中的金属间化合物分布在晶界和枝晶间，阻碍位错运动，阻止晶格滑移，提高了合金耐热性。

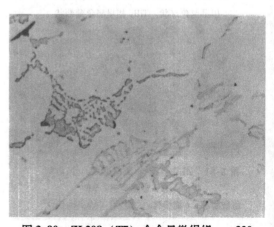

图 3-90　ZL208（T7）合金显微组织　×320

状态：砂型铸造，T7

组织特征：α 固溶体，$Al_3(CuNi_2)_2$ 相呈骨骼状，

$Al_4(NiCoFeMn)$ 相呈放射状，AlSb 相呈条状

（9）ZL209 ZL209 合金中 RE 的主要作用是形成 $Al_4(RE、Ti、Si)$ 相，以粒状无棱角的形式存在，抑制 Si 的有害作用，允许合金中硅含量提高。ZL209 合金除上述相和与 ZL205A 合金中相似的相以外，还可能存在 $Al_7(CuFeMnSi)_3$ 和 $(AlSi)_3Ti$。Fe 不溶入含 RE 的化合物中，RE 也不溶入含 Fe 的化合物中，所以 RE 不能抑制 Fe 的有害作用。该合金 T6 状态显微组织如图 3-91 所示。

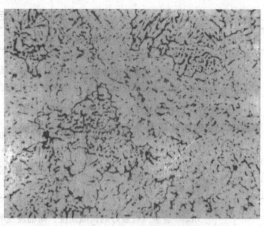

图 3-93 201.0 合金（金属型铸造铸态）显微组织 ×100

状态：金属型铸造，铸态

组织特征：细小的树枝状结构

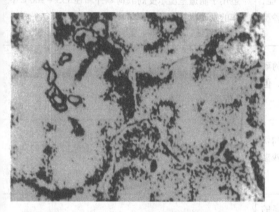

图 3-91 ZL209（T6）合金显微组织 ×200

状态：砂型铸造，T6

组织特征：α 固溶体，二次 $T(Al_{12}Mn_2Cu)$ 相呈

黑色点状，$AlCe_4$ 相数量少

不易见到，块状为 Al_3Ti 相

（10）201.0 201.0 合金中，Mn 可以提高固溶热处理温度，限制晶粒的长大。201.0 合金显微组织如图 3-92 ~ 图 3-94 所示。

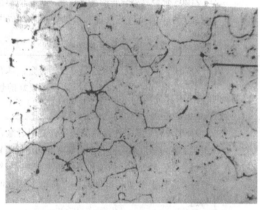

图 3-94 201.0 合金（砂型铸造 T4）显微组织 ×100

状态：砂型铸造，T4

组织特征：α 固溶体，细小的黑色质点

是 Al-Cu-Mn 沉淀，化合物溶解完全

（11）206.0 206.0 合金与 201.0 合金的显微组织结构基本类似。

（12）ZL210A ZL210A 合金的铸态显微组织为 α 固溶体、$θ(Al_2Cu)$ 相、$T(Al_{12}Mn_2Cu)$ 相、Al_3Ti 相和 Cd。固溶处理后，θ 相和 Cd 溶解，同时析出点状的二次 T 相，初生 T 相和 Al_3Ti 相不参与相变。Ti 细化晶粒，提高了力学性能；Cd 起时效强化作用，加速 GP 区的形成和 θ′ 相的析出。

7. 特点及应用

Al-Cu 铸造铝合金具有良好的综合力学性能，如较高的强度，很好的延性和塑性，高温性能好，易切削加工。缺点是铸造性能较差，特别是热裂倾向性大，一般用于砂型铸造承受大载荷的结构零件。铸造铝铜合金的特点及应用见表 3-70。

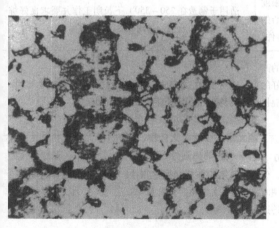

图 3-92 201.0 合金（砂型铸造铸态）显微组织 ×100

状态：砂型铸造，铸态

组织特征：α 固溶体，枝晶间为共晶组成物，

晶界附近有 Al-Cu-Mn 相析出物

表3-70　铸造铝铜合金的特点及应用

合金代号	合金特点	应用
ZL201	ZL201合金室温和高温下的拉伸性能较高，塑性及冲击韧度好，焊接性和切削加工性良好，但铸造性能较差，有热裂倾向，耐蚀性低，适于砂型铸造	适用于制造175~300℃和T1状态下工作的飞机零件和高强度的其他附件，如支臂、副油箱、弹射内梁和特设挂梁等
ZL201A	ZL201A是在ZL201合金的基础上减少Fe和Si等杂质元素含量获得的，具有很高的室温和高温拉伸性能，好的切削加工性及焊接性，但铸造性能较差，适于砂型铸造	适用于制造室温承受高载荷零件和在175~300℃下工作的发动机零件
ZL202	ZL202合金具有较好的高温强度、高的硬度和好的耐磨性，还具有较好的抗热裂性能、流动性和气密性，但耐蚀性较差，适于砂型铸造和金属型铸造	主要用于制造汽车活塞、仪表零件、轴瓦、轴承盖和气缸头等
ZL203	ZL203合金具有较好的高温强度，良好的焊接性和切削加工性，但是铸造性能和耐蚀性不好，适用于砂型铸造	适用于制造曲轴箱、后轴壳体及飞机和货车的某些零件
ZL204A	ZL204A合金是高纯高强度铸造铝合金，具有很高的室温强度和好的塑性，好的焊接性和很好的切削加工性，但铸造性能较差，适于砂型铸造	适用于制造承受大载荷的零件，如挂梁、支臂等飞机和导弹上的零件
ZL205A	ZL205A合金是一种高纯高强度铸造铝合金，是目前世界上使用强度最高的合金，具有好的塑性、韧性和耐腐蚀性能，易焊接，切削加工性能特别好，但铸造性能较差，适合于砂型和熔模铸造，简单零件也可金属型铸造	主要用于制造承受高载荷零件，如各种挂梁、轮毂、框架、肋、支臂、叶轮、架线滑轮、导弹舵面及某些气密性零件
ZL206	ZL206合金是耐热铸造铝合金，具有最好的耐热强度和高的室温强度，其水平与英国的RR350和俄罗斯的АЛ33合金相当，可采用砂型铸造中等复杂程度的零件	适用于制造在250~350℃下长期工作并要求良好综合力学性能的航空及其他产品零件
ZL207	ZL207合金是含稀土耐热铸造铝合金，具有极好的高温力学性能。与俄罗斯的АДР1合金相似，具有良好的铸造性能，好的焊接性和满意的切削加工性，但室温抗拉强度较低	适用于制造在350~400℃下长期工作的耐热零件，如飞机空气分配器的壳体、弯管和活门
ZL208	该合金相当于20世纪60年代英国研制的RR350合金，是高强耐热铸造铝合金，具有最高的耐热强度，但室温力学性能较低。该合金工艺性能稳定，固溶处理时不易过烧，淬透性好，铸造性能较差，适用于砂型铸造	适用于制造各种承受高温（250~350℃）的发动机零件，如机匣、缸盖等
ZL209	ZL209合金具有很高的抗拉强度和屈服强度，良好的焊接性和切削加工性，但断后伸长率和铸造性能较差，主要适用于砂型铸造	适用于制造承受高载荷的零件，代替一部分铸钢零件，如输电线路上的架线滑轮等

（续）

合金代号	合金特点	应用
201.0	201.0 合金是美国电子专利公司的一个专利合金，商业名称为"KO-1"，具有很高的抗拉强度和中等的断后伸长率，优良的高温性能和切削加工性，焊接性良好，T7 状态具有最佳的抗应力腐蚀性能，但铸造性能较差，T5、T6 状态时耐蚀性不好，适于砂型、金属型和熔模铸造	主要适用于制造需要高的抗拉强度、屈服强度和中等韧性的零件，作为优质铸件而大量用于宇航和民用产品上，如叶轮、摇臂、连杆、导弹舵面、气缸、气缸头、活塞、泵体、齿轮箱构件和起落架铸件等
206.0	该合金具有很高的抗拉强度和屈服强度，中等的断后伸长率，好的高温强度和切削加工性，满意的焊补性，铸造性能较差，T6 状态时有应力腐蚀倾向	主要用于制造汽车和宇航及航空产品上，要求室温和高温下具有高强度的铸件，如齿轮箱、气缸头、叶轮等
ВАЛ10	该合金是俄罗斯标准中的高强铸造铝合金，为高纯合金，具有较高的室温强度和好的塑性，好的焊接性和很好的切削加工性，但铸造性较差，适于砂型铸造	适用于制造承受大载荷的零件，如挂梁、支臂、加受油系统零件等飞机和导弹上的零件

3.1.3 Al-Mg 合金

　Al-Mg 合金主要有 ZL301、ZL303 和 ZL305。其主要优点是，由于镁的加入而具有优良的力学性能，高的强度、好的延性和韧性，耐蚀性好和切削加工性好。主要缺点是铸造性能差，特别是熔炼时容易氧化和形成氧化夹渣，需要采用特殊的熔炼工艺。镁含量高的这类合金有自然时效倾向，即自然停放时，随着时间的延长强度提高，断后伸长率下降。

1. 合金牌号对照（见表 3-71）

2. 化学成分（见表 3-72 和表 3-73）

3. 物理及化学性能

　（1）物理性能　Al-Mg 合金的物理性能见表3-74 和表 3-75，镁含量对 Al-Mg 合金密度和线胀系数的影响如图 3-95 和图 3-96 所示。

表 3-71　Al-Mg 合金牌号对照

合金牌号	合金代号	相近国际牌号	相近国外牌号或代号									
			美国				日本	俄罗斯	原欧洲国家标准			欧洲标准
GB/T 1173—2013			UNS	ANSI	SAE	ASTM	JIS	ГОСТ	BS	NF	DIN	EN
ZAlMg10	ZL301	AlMg9	A05200	520.0	324	G10A	AC7B	АЛ8 АЛ27	LM10	A-G10Y4	G-AlMg10	AC-51200
ZAlMg5Si	ZL303	AlMg5（Si）	—	—	—	—	GS42A	AC4CH	АЛ13	LM5	—	G-AlMg5Si	AC-51400
ZAlMg8Zn1	ZL305											

注：国外合金引用标准参考表 3-1 注。

表 3-72　Al-Mg 合金的化学成分（GB/T 1173—2013、GB/T 15115—2009）

合金牌号	合金代号	主要元素（质量分数，%）						
		Si	Mg	Zn	Mn	Ti	其他	Al
ZAlMg10	ZL301	—	9.5~11.0	—	—	—	—	余量
YZAlMg5Si1	YL302	—	7.60~8.60	—	—	—	—	余量
ZAlMg5Si	ZL303[①]	0.8~1.3	4.5~5.5	—	0.1~0.4	—	—	余量
ZAlMg8Zn1	ZL305	—	7.5~9.0	1.0~1.5	—	0.10~0.20	Be：0.03~0.10	余量

　① HB 5012—2011 中的 ZL303Y 合金化学成分与此合金基本相同。

表 3-73　Al-Mg 合金杂质元素允许含量（GB/T 1173—2013、GB/T 15115—2009）

合金牌号	合金代号	杂质元素（质量分数,%）　≤														
		Fe			Si	Cu	Zn	Mn	Ti	Zr	Be	Ni	Sn	Pb	其他杂质总和	
		S	J	Y											S	J
ZAlMg10	ZL301	0.3	0.3	—	0.3	0.1	0.15	0.15	0.15	0.20	0.07	0.05	0.05	0.05	1.0	1.0
YZAlMg5Si1	YL302	—	—	1.1	0.35	0.25	0.15	0.35				0.15	0.15	0.10	1.0	1.0
ZAlMg5Si	ZL303	0.5	0.5	1.3	—	0.1	0.2		0.2						0.7	0.7
ZAlMg8Zn1	ZL305	0.3			0.2	0.1		0.1							0.9	

表 3-74　Al-Mg 合金的物理性能（1）

合金代号	密度 ρ /(g/cm³)	线胀系数 α_l/10^{-6} · K^{-1}			比热容 c/[J/(kg · K)]			
		20 ~ 100℃	20 ~ 200℃	20 ~ 300℃	100℃	200℃	300℃	400℃
ZL301	2.55	24.5	25.6	27.3	1046.7	1046.7	1088.6	—
ZL303	2.60	20	24	27	963.0	1004.8	1048.7	1130.4

表 3-75　Al-Mg 合金的物理性能（2）

合金代号	固相线及液相线温度/℃	热导率 λ/[W/(m · K)]					电阻率 ρ/ $10^{-6}\Omega$ · m	电导率 γ/ % IACS
		25℃	100℃	200℃	300℃	400℃		
ZL301	452 ~ 604	92.1	96.3	100.5	108.9	113.0	0.0912	21
ZL303	550 ~ 650	125.6	129.8	134.0	138.2	138.2	0.0643	—

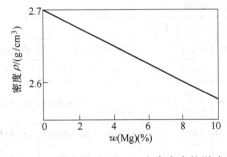

图 3-95　镁含量对 Al-Mg 合金密度的影响

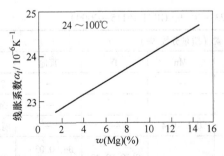

图 3-96　镁含量对 Al-Mg 合金
线胀系数的影响

（2）耐蚀性　Al-Mg 合金是铸造铝合金中耐蚀性最好的一类合金，尤其是耐电化腐蚀的能力强。在固溶状态，镁全部溶解，合金成为单一的 α 固溶体，整个铸件构成一个等位体，在腐蚀介质中不易发生电化腐蚀。即使组织中存在 Mg_2Al_3 时，其电极电位较基体铝更低，在腐蚀介质中，形成铝基体为阴极，Mg_2Al_3 为阳极的许多微电池，Mg_2Al_3 被腐蚀，铸件表面形成单一的 α 固溶体，腐蚀过程中断。

ZL301 合金在弱碱溶液、海水中的耐蚀性比纯铝和其他铝合金高，在硝酸铵、氨、氢氧化钙、明矾、过氧化氢、硫化氢、硫化铵、硫化钾、碳酸铵、碳酸钾、碳酸镁等溶液中（20℃）以及在潮湿的大气中，具有与纯铝相近的耐蚀性。ZL303 合金的耐蚀性接近 ZL301 合金。ZL305 合金由于加入了锌，使析出相呈不连续分布，显著提高了合金的耐蚀性。

4. 力学性能

（1）国家标准规定的性能（见表 3-76）

（2）室温力学性能

1）Al-Mg 合金室温典型力学性能见表 3-77。

表 3-76　Al-Mg 合金国家标准规定的性能（GB/T 1173—2013）

合金牌号	合金代号	铸造方法	热处理状态	抗拉强度 R_m/MPa	断后伸长率 A（%）	硬度 HBW
					≥	
ZAlMg10	ZL301	S、J、R	T4	280	9	60
ZAlMg5Si	ZL303[①]	S、J	F	150	1	55
		Y		200	2	65
ZAlMg5Si	ZL303	S、J、R、K	F	143	1	55
ZAlMg8Zn1	ZL305	S	T4	290	8	90

① 为 HB 962—2001 标准性能。

表 3-77　Al-Mg 合金室温典型力学性能

合金代号	铸造方法	热处理状态	抗拉强度 R_m/MPa	条件屈服强度 $R_{p0.2}$/MPa	断后伸长率 A(%)	硬度 HBW	旋转弯曲疲劳强度 S_{PD}/MPa	弹性模量 E/GPa	冲击韧度 a_{KU}/(kJ/m²)
ZL301	S	T4	295	165	11	70	50	68.6	98
ZL303	S	F	165	100	3	65	—	66	—
	J	F	195	—	—	70	—	—	—
ZL305	S	T4	300		9				

2) 化学成分对拉伸性能的影响。硅含量对 Al-Mg 合金力学性能的影响见表 3-78。镁含量对 Al-Mg 合金力学性能的影响见表 3-79。镁含量和热处理对 Al-Mg 合金力学性能的影响见表 3-80。

表 3-78　硅含量对 Al-Mg 合金力学性能的影响

w（Si）	w（Mg）	w（Fe）	抗拉强度 R_m/MPa	断后伸长率 A（%）
%				
0.15		0.2	185	8
1.15		0.2	195	6
1.6	5	0.2	175	4
2.2		0.2	165	2
0.15		0.2	215	10
0.70	9	0.2	195	6
1.20		0.2	185	5
0.15		0.2	345	12
0.70	11	0.2	255	7
1.70		0.2	215	2
0.15		0.2	390	18
0.70	13	0.2	345	9
1.15		0.2	275	4
1.70		0.2	215	1.8

表 3-79　镁含量对 Al-Mg 合金力学性能的影响

w（Mg）（%）	热处理状态	抗拉强度 R_m/MPa	断后伸长率 A（%）	硬度 HBW
5	F	145～165	5～7	50～55
	T4	165～175	6～8	55～60
7	F	155～175	2～4	60～65
	T4	195～215	6～10	65～70
9	F	165～185	1～2	65～70
	T4	195～245	8～12	70～80
11	F	155～165	0.5	75～80
	T4	295～390	12～15	85～95
13	F	145～165	0.3	80～85
	T4	345～440	12～25	90～100
14	F	165～195	0.3	80～85
	T4	225～275	1.5～3	95～105

（3）低温和高温力学性能　ZL301 合金的低温和高温力学性能见表 3-81。ZL301 合金的高温力学性能和 ZL303 合金的高温力学性能如图 3-97 和图 3-98 所示。

表 3-80　镁含量和热处理对 Al-Mg 合金力学性能的影响

	w（Mg）（%）	1.3	3.3	5.3	7.2	9.0	10.7	12.4	13.6	14.4
淬火	抗拉强度 R_m/MPa	115	145	155	185	215	355	375	295	345
	条件屈服强度 $R_{p0.2}$/MPa	70	85	105	135	145	185	195	205	215
	断后伸长率 A（%）	17	5	5	4	7	20	20	10	9
	冲击韧度 a_{KU}/（kJ/m²）	206	217	176	157	167	235	255	147	78
淬火 + 自然时效	抗拉强度 R_m/MPa	115	145	155	185	225	395	420	345	420
	条件屈服强度 $R_{p0.2}$/MPa	65	85	105	125	145	215	265	265	295
	断后伸长率 A（%）	16	6	5	4	6	20	13	3	6
	冲击韧度 a_{KU}/（kJ/m²）	225	235	186	147	186	88	49	39	20
淬火 + 自然时效 1 年 + 人工时效 80℃/2h	抗拉强度 R_m/MPa	115	145	155	185	215	375	365	315	365
	条件屈服强度 $R_{p0.2}$/MPa	70	85	105	135	145	185	195	215	215
	断后伸长率 A（%）	17	7	4	4	5	27	25	9	13
	冲击韧度 a_{KU}/（kJ/m²）	265	216	137	176	147	265	294	157	88

表 3-81　ZL301 合金低温和高温力学性能

合金代号	热处理状态	拉伸性能	温度/℃						
			-196	-70	室温	150	205	260	315
ZL301	T4	抗拉强度 R_m/MPa	240	295	330	240	150	105	75
		条件屈服强度 $R_{p0.2}$/MPa	225	205	180	130	85	55	30
		断后伸长率 A（%）	1.2	7.7	16.0	16	40	55	70

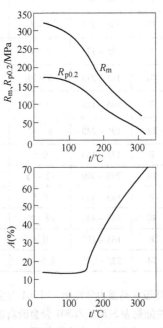

图 3-97　ZL301 合金的
高温力学性能

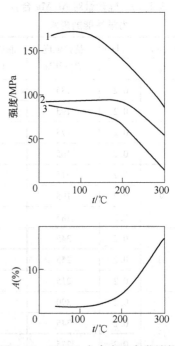

图 3-98　ZL303 合金高温力学性能
1—R_m　2—$R_{p0.2}$　3—蠕变极限（25~35h 内
的变形速率为 5×10^{-4}%·h^{-1}）

5. 工艺性能

(1) 铸造性能（见表3-82和表3-83）

表 3-82　Al-Mg 合金的铸造性能

合金代号	适合的铸造方法			抗热裂性	气密性	流动性	合金代号	适合的铸造方法			抗热裂性	气密性	流动性
	S	J	Y					S	J	Y			
ZL301	√	√	×	中	较差	中	ZL303	√	√		中	较差	中
YL302	×	√	√	好	中	中	ZL305	√	√	×	中	较差	中

注：√为适合的铸造方法，×为不适合的铸造方法。

表 3-83　Al-Mg 合金铸造性能参数

合金代号	收缩率（%）		流动性/mm （700℃时）	抗热裂性		气密性	
	线收缩	体收缩		浇注温度/℃	裂环宽度/mm	试验压力/MPa	试验结果
ZL301	1.30~1.35	4.8~5.0	325	755	22.5	0.7	漏水
YL302	1.0~1.3	6.7	—	—	—	—	—
ZL303	1.25~1.30	—	300	720	16	1	裂而不漏

(2) 焊接性能和机械加工性能（见表3-84）

表 3-84　Al-Mg 合金的焊接性能和机械加工性能

合金代号	气焊	氩弧焊	切削加工性	抛光性
ZL301	较差	较差	优	优
ZL303	较差	较差	优	优
ZL305	较差	较差	优	优

6. 显微组织

(1) ZL301　从 Al-Mg 二元合金相图（见图2-23）可知，该合金铸造状态下的主要相为 α 和 β(Al_8Mg_5) 相，β 相是一种成分可变的化合物，有些资料称它为 Al_3Mg_2。当有 Fe 和 Si 杂质元素存在时，会出现 Mg_2Si 相和 Al_3Fe 相。若加入少量的 Ti 可细化晶粒，但会出现 Al_3Ti。其显微组织如图3-99和图3-100所示。砂型铸造未热处理，白色枝晶网络状的是 β 相，黑色枝杈状的是 Mg_2Si 相，灰色片状是 Al_3Fe 相。

Mg 在 α 固溶体中的溶解度很大，451℃时质量分数可达 14.9%，而且 Mg 的原子半径比 Al 大 13%，所以 Mg 大量溶入后，使结晶点阵发生很大扭曲。Mg 的加入使合金表面有一层高耐蚀性的尖晶石($Al_2O_3 \cdot MgO \cdot XR_nO_m$)膜，在海水介质中有很高的耐蚀性，但在硝酸中耐蚀性较差，特别是当 β 相析出在晶界并呈网状分布时，易引起应力腐蚀。

(2) ZL303　根据结晶过程，铸态组织中应为 α、Mg_2Si 相和 β(Al_8Mg_5) 相，但由于 Mg 含量低，β 相很难发现。当有杂质元素 Fe 存在时，有 AlFeMnSi 相，其显微组织如图 3-101 所示。黑色骨骼状是 Mg_2Si 相，灰色骨骼状是 AlFeMnSi 相。

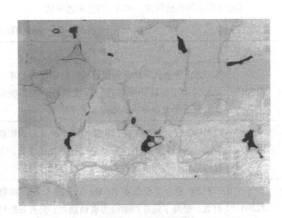

图 3-99　ZL301 合金显微组织　×200

状态：砂型铸造，未热处理，未腐蚀

组织特征：α 固溶体，β(Al_8Mg_5)相呈白色枝晶网络状，Mg_2Si 相呈黑色枝杈状，Al_3Fe 相呈灰色片状

合金中的 Mg 起固溶强化作用，当 $w(Si)$ 为 1% 时生成（α + Mg_2Si）共晶体；Mn 主要形成四元化合物 AlSiMnFe，降低 Fe 的有害作用。

(3) ZL305　Mg 溶入 α 固溶体中，Zn 能同时溶

入 α 固溶体和 β 相中，形成[Mg₃₂(AlZn)₄₉]化合物，抑制 Mg 原子的扩散，阻滞了 β 相的析出，抑制了 Al-Mg 合金的自然时效。β 相呈不连续分布，显著地提高了合金的耐应力腐蚀性能。Be 可以提高合金液表面膜的致密度，防止铝液的氧化、吸气，同时减少 Mg 元素的烧损。Be 含量过多会使晶粒变粗，降低合金塑性，增大热裂倾向，加入 Ti 可以细化晶粒。

ZL305 合金砂型铸造铸态的主要相组成为 α 相、Al₈Mg₅ 相、Mg₂Si 相、Al₃Ti 相、Al₃Fe 相和[Mg₃₂(AlZn)₄₉]化合物等。

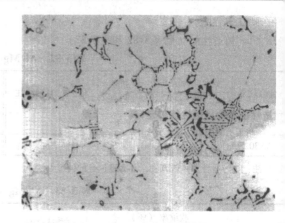

图 3-101　ZL303 合金显微组织　×200

状态：砂型铸造，未热处理
组织特征：α 固溶体，Mg₂Si 相呈黑色
骨骼状，AlFeMnSi 相呈灰色骨骼状

7. 特点及应用（见表 3-85）

3.1.4　Al-Zn 合金

Al-Zn 合金主要有 ZL401、ZL401Y 和 ZL402。这类合金的主要优点是不需热处理便可获得很好的室温力学性能，好的强度和韧性，但密度大，铸造性能和耐蚀性较差，高温性能差，因而其应用范围受到限制。Zn 元素在 Al 中的溶解度变化大（见图 2-44），因此该类合金有明显的自然时效倾向。

1. 合金牌号对照（见表 3-86）

2. 化学成分（见表 3-87 和表 3-88）

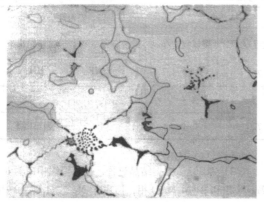

图 3-100　ZL301 合金（浸蚀）显微组织　×200

状态：砂型铸造，未热处理，φ(HF)为 0.5%浸蚀
组织特征：α 固溶体，β(Al₈Mg₅)相呈白色枝晶网络状，
Mg₂Si 相呈黑色枝杈状，Al₃Fe 相呈灰色片状

表 3-85　Al-Mg 合金的特点及应用

合金代号	合金特点	应　　用
ZL301	ZL301 合金具有高的强度，很好的断后伸长率，极好的切削加工性能和耐蚀性，焊接性好，能阳极化，抗振。缺点是有显微疏松倾向，铸造困难	适用于制造承受高负荷、工作温度在 150℃以下，并在大气和海水中工作的要求耐蚀性高的零件，如框架、支座、杆件和配件
ZL303	ZL303 合金耐蚀性好，焊接性好，有良好的切削加工性能，易抛光，铸造性能尚可，拉伸性能较低，不能热处理强化，有形成缩孔的倾向，广泛用于压铸	适用于制造在腐蚀作用下的中等负荷零件或在寒冷大气中以及工作温度不超过 200℃的零件，如海轮零件和机器壳体
ZL305	ZL305 合金主要是在 Al-Mg 合金加入 Zn，抑制自然时效，提高了强度和耐应力腐蚀能力，具有好的综合力学性能，降低了合金的氧化、疏松和气孔倾向	适用于制造承受高负荷、工作温度在 100℃以下，并在大气或海水中工作的要求耐蚀性高的零件，如海洋船舶中的附件

表 3-86　Al-Zn 合金牌号对照

合金牌号	合金代号	相近国际牌号	相近国外牌号或代号						
			美国				俄罗斯	原法国标准	欧洲标准
GB/T 1173—2013			UNS	ANSI	SAE	ASTM	ГОСТ	NF	EN
ZAlZn11Si7	ZL401	—	—	—	—	—	АЛ11	—	—
ZAlZn6Mg	ZL402	AlZn5Mg	A07120	712.0	310	D612	—	A-Z5G	AC-71000

注：国外合金引用标准参考表 3-1 注。

表 3-87　Al-Zn 合金的化学成分（GB/T 1173—2013）

合金牌号	合金代号	主要元素（质量分数,%）					
		Si	Mg	Zn	Ti	其他	Al
ZAlZn11Si7	ZL401	6.0~8.0	0.1~0.3	9.0~13.0[①]	—	—	余量
ZAlZn6Mg	ZL402	Mn: 0.2~0.5	0.5~0.65	5.0~6.5	0.15~0.25	Cr: 0.4~0.6	余量

① 在 HB 962—2001 中, ZL401 合金 Zn 的质量分数为 7.0%~12.0%。

表 3-88　Al-Zn 合金杂质元素允许含量（GB/T 1173—2013）

合金牌号	合金代号	杂质元素（质量分数,%）　≤							
		Fe			Si	Cu	Mn	其他杂质总和	
		S	J	Y				S	J
ZAlZn11Si7	ZL401	0.7	1.2	1.3	—	0.6	0.5	1.8	2.0
ZAlZn6Mg	ZL402	0.5	0.8	—	0.3	0.25	0.1	1.35	1.65

3. 物理及化学性能

（1）物理性能（见表 3-89）

（2）耐蚀性　Zn 与 α 固溶体的电位差大（0.90V），Al-Zn 合金耐蚀性较差。

4. 力学性能

（1）标准规定的性能（见表 3-90）

（2）室温力学性能

1）Al-Zn 合金室温典型性能见表 3-91。

表 3-89　Al-Zn 合金的物理性能

合金代号	密度/(g/cm³)	固相线及液相线温度/℃	25℃时热导率 λ/[W/(m·K)]	电阻率/$10^{-6}\Omega \cdot m$	电导率 γ/%IACS	线胀系数 α_l/$10^{-6}K^{-1}$			比热容 c/[J/(kg·K)]
						20~100℃	20~200℃	20~300℃	100℃
ZL401	2.95	545~575	—			24.0	25.5	27.0	
ZL402	2.81	570~615	138	0.0493	40	23.6	—	25.6	963

表 3-90　Al-Zn 合金标准规定性能（GB/T 1173—2013）

合金牌号	合金代号	铸造方法	热处理状态	抗拉强度 R_m/MPa	断后伸长率 A（%）	硬度 HBW
				≥		
ZAlZn11Si7	ZL401	S、R、K	T1	195	2	80
		J	T1	245	1.5	90
		S	F[①]	200	2	80
		J	F[①]	230	1	90
		Y[①]	F	220	2	75
ZAlZn6Mg	ZL402	J	T1	235	4	70
		S	T1	220	4	65

① 为 HB 962—2001 标准数据。

表3-91　Al-Zn合金室温典型性能

合金代号	铸造方法	热处理状态	抗拉强度 R_m MPa	条件屈服强度 $R_{p0.2}$/MPa	断后伸长率 A(%)	硬度 HBW	旋转弯曲疲劳强度 S_{PD}/MPa	冲击吸收能量 KV/J	弹性模量 E/GPa
ZL401	S、R	T1	215	100	3	65	65	—	69
	J	T1	255	—	5	70	—	—	—
ZL402	S	T1	240	170	9	70	60	—	71
	J	T1	220	150	4	75	—	27~40	—

2）化学成分对力学性能的影响。锌含量对Al-Zn合金力学性能的影响见图3-102。

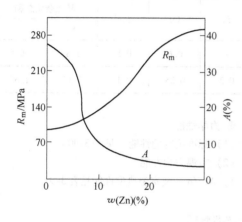

图3-102　锌含量对Al-Zn合金力学性能的影响

（3）低温和高温力学性能　ZL401合金和ZL402合金的低温和高温力学性能见表3-92。图3-103和图3-104所示为ZL401合金和ZL402合金的高温力学性能。

5. 工艺性能

（1）铸造性能　Al-Zn合金属于固溶体型合金，铸造性能比较差，见表3-93。

（2）焊接性能和机械加工性能　（见表3-94）

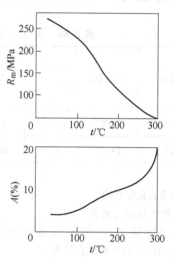

图3-103　ZL401合金的高温力学性能

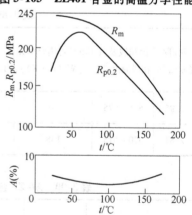

图3-104　ZL402合金的高温力学性能

表3-92　Al-Zn合金的低温和高温力学性能

合金代号	热处理状态	拉伸性能	温度/℃								
			-70	室温	79	120	150	175	205	260	315
ZL401	T1	抗拉强度 R_m/MPa	—	165	—	—	165	—	90	50	35
ZL402	F	抗拉强度 R_m/MPa	265	345	235	205	135	135	—	—	—
		条件屈服强度 $R_{p0.2}$/MPa	—	245	210	175	115	115	—	—	—
		断后伸长率 A（%）	5	9.0	3.0	2	6	6	—	—	—

表 3-93　Al- Zn 合金的铸造性能

合金代号	收缩率（%）		适合于铸造方法			抗热裂性	气密性	流动性
	线收缩	体收缩	S	J	Y			
ZL401	1.2~1.4	4.0~4.5	√	√	√	良	较差	良
ZL402	—		√	√	×	中	中	良

表 3-94　Al- Zn 合金的焊接性能和机械加工性能

合金代号	气焊	氩弧焊	切削加工性	抛光性
ZL401	较差	较差	良	良
ZL402	中	中	优	良

6. 显微组织

（1）ZL401　Zn 在 Al 中的溶解度极大，铸造时 Zn 过饱和地溶入 α 固溶体中，在时效过程中 Zn 以弥散质点析出。Si 改善合金铸造性能和耐蚀性，并与加入的 Mg 一起形成 Mg_2Si 相，起强化作用。铸态下 ZL401 合金的相组成为 α 固溶体、Si 相和 Mg_2Si 相；当有 Fe 杂质元素时，形成 $\beta(Al_9Fe_2Si_2)$ 相等。其显微组织如图 3-105 所示。ZL401 合金有很强的自然时效硬化倾向。

（2）ZL402　当 ZL402 合金中含有少量杂质元素 Fe 和 Si 时，在铸态下的相组成为 α 固溶体、Al_7Cr 相、Al_3Ti 相、Mg_2Si 相和 $Al_{12}(CrFe)_3Si$ 相等。按 Al-Zn-Mg 三元合金相图（见图 2-52），ZL402 合金中不会存在 Mg_2Zn 和 $Al_2Mg_3Zn_3$。ZL402 合金显微组织如图 3-106 所示。合金中的 Mg、Zn 起固溶强化作用，Cr 与 Fe 形成化合物，消除部分 Fe 的有害作用，Ti 细化晶粒。

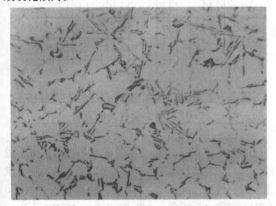

图 3-105　ZL401 合金显微组织　×100
状态：砂型铸造，未热处理
组织特征：α 固溶体，$\beta(Al_9Fe_2Si_2)$ 相呈
灰白色针状或片状，Si 相呈灰色片状

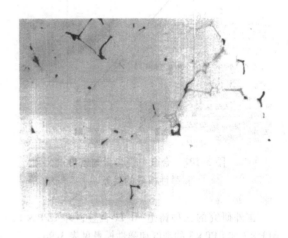

图 3-106　ZL402 合金显微组织　×160
状态：砂型铸造，未热处理
组织特征：α 固溶体，Mg_2Si 相呈黑色
枝杈状，$Al_{12}(CrFe)_3Si$ 相呈浅灰色骨骼状

7. 特点及应用（见表 3-95）

表 3-95　铸造铝锌合金的特点及应用

合金代号	合金特点	应用
ZL401	铸造性能中等，缩孔和热裂倾向较小，有良好的焊接性和切削加工性。铸态下强度高，但塑性低，密度大，耐蚀性较差	适用于制造各种压力铸造零件，工作温度不超过 200℃、结构形状复杂的汽车和飞机零件
ZL402	铸造性能中等，好的流动性，中等的气密性和抗热裂性，切削加工性良好，铸态下拉伸性能和冲击强度较高，但密度大，熔炼工艺复杂	主要用于制造农业设备、机床工具、船舶铸件、无线电装置、氧气调节器、旋转轮架和空气压缩机活塞等

3.1.5　其他铸造铝合金

1. Al-Li 合金

Al-Li 合金的主要优点是密度小，弹性模量高，可以减轻结构重量，增加构件的刚度 10% ~ 15%。此外，还可以降低疲劳裂纹扩展速率，但铸造铝锂合金的研究和使用还很少。图 3-107 所示为 A201.0、A356.0 合金中锂含量与密度和弹性模量的关系。

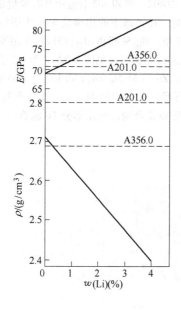

图 3-107　合金中锂含量与密度和弹性模量的关系

国外研究的三种铸造 Al-Li 合金，即 RPP × 1、RPP × 2 和 RPP × 3 的密度和弹性模量见表 3-96。

表 3-96　合金的密度和弹性模量

合金代号	密度 ρ/ (g/cm³)	弹性模量 E /GPa	与下列合金比重量减轻（%）		与下列合金比刚度增加（%）	
			A356.0	201.0	A356.0	201.0
RPP × 1	2.52	79.3	6.2	9.9	9.5	11.7
RPP × 2	2.60	79.3	3.1	6.9	9.5	11.7
RPP × 3	2.57	77.91	4.1	7.9	7.6	9.9

图 3-108 所示为三种 Al-Li 合金在欠时效、峰值时效和过时效的力学性能，并与 A356.0 合金的标准性能相对比。图 3-109 所示为 RPP × 1 和 RPP × 2 合金热等静压（HIP）对力学性能的影响。

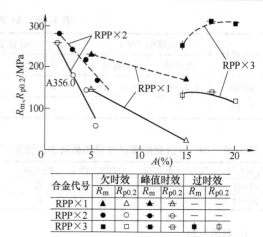

合金代号	欠时效		峰值时效		过时效	
	R_m	$R_{p0.2}$	R_m	$R_{p0.2}$	R_m	$R_{p0.2}$
RPP × 1	▲	△	▲	△	—	—
RPP × 2	●	○	●	⊖	—	—
RPP × 3	■	□	■	⊟	■	⊞

图 3-108　三种 Al-Li 合金的力学性能

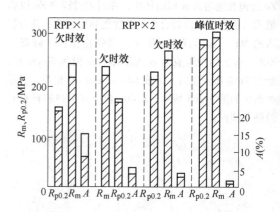

图 3-109　RPP × 1 和 RPP × 2 合金热等静压（HIP）对力学性能的影响

上述 3 种 Al-Li 合金已经进行过熔模精密铸造试验，合金与造型材料不反应，铸件具有很好的外观质量。研究的目标是生产一种力学性能相当于 201.0（T7）的铸造 Al-Li 合金，即 R_m 不低于 410MPa，$R_{p0.2}$ 不低于 345MPa，A 不低于 3%，密度为 2.45g/cm³。

2. 铸造铝基复合材料

铸造铝基复合材料具有高比强度、高比模量、耐磨、耐高温、低膨胀系数、低密度和优良的高温蠕变和疲劳强度等特征，是目前主要投入工业应用的金属基复合材料（MMC）。Al 基复合材料的增强添加物主要有 SiC、TiC、Al₂O₃ 和 C 颗粒、晶须或纤维。金属液搅拌铸造法是现在工业采用的主要的生产颗粒增强铝基复合材料的方法之一，包括以下三种工艺：

（1）旋涡法　利用高速旋转的搅拌器的桨叶搅动（速度为 500 ~ 1000r/min）金属液，使其强烈流动，并形成以搅拌旋转轴为对称中心的旋涡，将颗粒加到旋涡中，依靠旋涡的负压抽吸作用，使颗粒进入金属液中。这种方法工艺简单，成本低，主要用于制造颗粒直径为 $50 \sim 100\mu m$ 的耐磨复合材料。

（2）Duralcon 法 20 世纪 80 年代，由 Alcon 公司研究开发的一种颗粒增强铝基复合材料生产方法，又称为无旋涡搅拌法。该方法是将熔炼好的金属液注入可以抽真空或通惰性气体保护并保温的搅拌炉中，加入颗粒增强物。搅拌器由同轴的主、副两组叶片组成，主叶片以 $1000 \sim 2500 r/min$ 的速度搅拌金属液和颗粒混合物，通过金属液和颗粒的剪切作用使细小的颗粒均匀的分散在金属液中，并与金属液基体润湿复合；副叶片沿坩埚壁以小于 $100 r/min$ 的速度将黏附在坩埚壁上的颗粒剥离后带入金属液中。这种方法可以有效防止金属液吸气，铸锭气孔率小于 1%，组织致密，颗粒分布均匀，是目前工业规模生产铝基复合材料的主要方法。加拿大铝业公司的 Dural 铝基复合材料公司利用此方法生产的铝基复合材料已经超过万吨，表 3-97 列出了该公司生产的 F3A××S（T6）铸造铝基复合材料的力学性能。

表 3-97 F3A××S（T6）铸造铝基复合材料的力学性能

SiC（体积分数，%）	室温				149℃		204℃		260℃	
	R_m/MPa	$R_{p0.2}$/MPa	A(%)	E/GPa	R_m/MPa	$R_{p0.2}$/MPa	R_m/MPa	$R_{p0.2}$/MPa	R_m/MPa	$R_{p0.2}$/MPa
0	392	290	6.0	109	240	210	150	120	110	—
10	440	410	0.6	117	370	340	320	300	190	180
15	480	470	0.3	130	410	390	360	340	210	200
20	510	480	0.4	140	430	400	360	350	220	210

注：F3A××S 合金为 A356.0 合金的基础上加入 SiC 颗粒，表中数据为 T6 热处理状态的数据。

（3）复合铸造法 在半固态金属中，通过机械搅拌的方法把颗粒加入到金属中，加入的粒子在半固态金属中与固相金属粒子碰撞摩擦，促进了与金属液的润湿复合。在强烈搅拌下逐步均匀分散于半固态金属液中，形成均匀的复合材料；复合结束后，再加热升温到浇注温度，进行浇注。该方法适于制造颗粒细小，体积分数高［40% ~60%］的颗粒增强或晶须、短纤维增强铝基复合材料。

铸造铝基复合材料主要应用于航空航天结构件、精密构件，机载、星载电子元器件的封装，以及活塞、曲轴轮、连杆、自行车框架和高尔夫球头等。

3. 半固态铸造铝合金

半固态金属（SSM）铸造技术是 20 世纪 70 年代初由麻省理工学院的研究人员首次提出的，经过 30 多年的研究和发展，目前已经进入工业应用阶段。表 3-98 列出了半固态铸造合金的力学性能。常用的半固态铝合金铸造原材料制备工艺和成形工艺见表 3-99 和表 3-100。与传统的金属液态成形工艺相比，半固态金属铸造技术有以下优点：成形温度低、铸件致密、机械加工余量少、节约能源、延长模具使用寿命等。

表 3-98 半固态铸造合金的力学性能

合金代号	铸造方法	热处理状态	抗拉强度 R_m/MPa	条件屈服强度 $R_{p0.2}$/MPa	断后伸长率 A(%)	硬度 HBW
ZL101A	金属型	T6	262	186	5	80
	半固态	F	220	110	14	60
		T6	320	240	12	105
ZL114A	金属型	T6	359	296	5	110
	半固态	F	220	115	7	75
		T6	320	260	9	115

表 3-99 常用的半固态铝合金铸造原材料制备工艺

工艺方法	特 点
机械搅拌法	金属液凝固过程中进行强烈的搅拌，使普通铸造易于形成的树枝晶被打碎，从而形成颗粒状的非枝晶结构和小尺寸的晶粒组织
电磁搅拌法	金属液在以一定温度凝固的过程中，施加电磁场，在金属液中产生电磁搅拌，破坏枝晶组织，形成均匀的球状组织
连续铸造法	熔化的金属液通过一个冷却器进入垂直连续铸造机，金属液在冷却器中一边冷却、一边流动，破碎枝晶组织，最终在铸造机中形成均匀细小组织的半固态铸锭
超声法	金属液在坩埚中冷却到一定温度，在坩埚外侧施加超声波，破坏枝晶组织，形成半固态组织

表 3-100　常用的半固态铝合金铸造成形工艺

成形方法	工　　艺	特　　点	应　　用
流变铸造	将金属液从液相到固相冷却过程中进行强烈地搅动，在一定的固相分数下压铸或挤压成形	此方法生产的半固态金属液的保存和输送技术复杂，工程应用受到很大限制	用于制造手机壳体，笔记本计算机壳体等
触变铸造	将预先制造的半固态合金锭坯重新加热到半固态进行压铸或挤压成形	此方法工艺简单，易于实现自动生产，是工程应用的主要半固态铸造方法	用于制造轿车气缸头、压缩机活塞、轮毂、摩托车整体车身、汽车转向臂等
射铸	经过破碎的合金锭进入一个螺旋搅拌加热装置，使得材料在螺旋器中边搅拌边加热，最后半固态组织的料经出口直接进入压铸机成形铸件	此方法不需要预先制造半固态预制合金锭，可以连续生产	用于制造笔记本计算机壳体、电子产品外壳等薄壁铸件

4. 铸造泡沫铝合金

泡沫铝材是利用固体表面特性产生特殊作用的新型金属功能材料。泡沫铝的孔隙率（体积分数）一般为 40% ~ 90%，具有一系列的优良性能：密度为 180 ~ 480kg/m³，约为铝密度的 1/10；有很高的吸收冲击能量的能力；泡沫铝的高阻尼特性（Q^{-1} = 0.025）高于其他阻尼合金如 Zn- Al（Q^{-1} = 0.0087）；耐高温、防火性能强，是一种不可燃的材料，同时，在受热状态下不会释放有毒的气体；耐蚀性、耐热性强；消声性能好、热导率低，电磁屏蔽性高、电阻大、有过滤能力与毛细管现象，易加工，可进行涂装表面处理等。泡沫铝的典型应用见表 3-101。但泡沫铝由于其高的制造成本和低的成品率限制了它的使用。

表 3-101　泡沫铝的典型应用

性能特征	用　　途
声吸收性能	用于制造工厂、公路、铁路等防声墙，机械防声屏，消声隔离等
轻质结构材料	用于制造汽车、高速列车、建筑构造物、家具等的结构件，室内外装修
电磁波屏蔽性能	用于制造电子仪器壳体，机器人，建筑墙壁
高孔隙率	用于制造气体或液体过滤器，通气孔，透气性构件，热交换器
吸收冲击能	用于制造汽车构件
高阻尼性	用于制造航空大功率发动机减振，设备共振消除，可移动战斗雷达及导弹减振部件，有毒物质的储存设备和放射性物质的生产设备

3.2　熔炼和浇注

3.2.1　金属炉料

1. 金属材料（参见第 10 章）

配制铝合金用金属材料的技术要求见表 3-102。

表 3-102　配制铝合金用金属材料的技术要求

材料名称	技术标准	材料牌号
重熔用铝锭	GB/T 1196—2017	Al99.50 以上
原生镁锭	GB/T 3499—2011	Mg9980 以上
阴极铜	GB/T 467—2010	Cu- CATH-2 以上
电解金属锰	YB/T 051—2015	DJMnD 以上
电解镍	GB/T 6516—2010	Ni9990 以上
锌锭	GB/T 470—2008	Zn99.95 以上
镉锭	YS/T 72—2014	Cd99.95 以上
纯铁	GB/T 9971—2017	YT1 以上
海绵钛	GB/T 2524—2019	MHTi-160 以上
金属铍珠	YS/T 221—2011	Be-2
海绵锆	YS/T 397—2015	HZr-1
银锭	GB/T 4135—2016	IC- Ag99.90 以上
混合稀土金属	GB/T 4153—2008	194025C 以上
工业硅	GB/T 2881—2014	Si3303

2. 中间合金

（1）铝基中间合金锭的化学成分（见表 3-103a、表 3-103b 和表 3-104a、表 3-104b）

（2）铝基中间合金锭的配制工艺参数（见表 3-105）

表 3-103a　普通铝基中间合金锭的化学成分 (HB 5371—2014)

序号	名称	牌号	主要元素 (质量分数,%)											特性
			Cu	Si	Mg	Mn	Ti	Fe	Ni	Cr	Zr	其他	Al	
1	铝铜中间合金锭	AlCu50	48~52	—	—	—	—	—	—	—	—	—	余量	脆性
2	铝硅中间合金锭	AlSi26	—	24~28	—	—	—	—	—	—	—	—	余量	—
3	铝硅中间合金锭	AlSi12	—	11.0~13.0	—	—	—	—	—	—	—	—	余量	—
4	铝镁中间合金锭	AlMg10	—	—	9.0~11.0	—	—	—	—	—	—	—	余量	—
5	铝锰中间合金锭	AlMn10	—	—	—	9~11	—	—	—	—	—	—	余量	易偏析
6	铝钛中间合金锭	AlT5	—	—	—	—	4.0~6.0	—	—	—	—	—	余量	—
7	铝铁中间合金锭	AlFe20	—	—	—	—	—	18~22	—	—	—	—	余量	—
8	铝镍中间合金锭	AlNi10	—	—	—	—	—	—	9~11	—	—	—	余量	易偏析
9	铝铬中间合金锭	AlCr2	—	—	—	—	—	—	—	2.0~3.0	—	—	余量	易偏析
10	铝锆中间合金锭	AlZr4	—	—	—	—	—	—	—	—		Zr 3.0~5.0	余量	易偏析
11	铝钒中间合金锭	AlV4	—	—	—	—	—	—	—	—	—	V 3.0~5.0	余量	易偏析
12	铝锑中间合金锭	AlSb4	—	—	—	—	—	—	—	—	—	Sb 3.0~5.0	余量	易偏析
13	铝钛硼中间合金锭	AlT4B	—	—	—	—	3.0~5.0	—	—	—	—	B 0.6~1.2	余量	—
14	铝稀土中间合金锭	AlRE10	—	—	—	—	—	—	—	—	—	RE[①] 9~11	余量	—
15	铝铍中间合金锭	AlBe3	—	—	—	—	—	—	—	—	—	Be 2.0~4.0	余量	—
16	铝钴中间合金锭	AlCo5	—	—	—	—	—	—	—	—	—	Co 4.0~6.0	余量	易偏析

① RE 为混合稀土总量不少于 98% (质量分数), 且其含铈量不少于 45% (质量分数) 的混合稀土金属。

表 3-103b　普通铝基中间合金锭杂质允许含量 (HB 5371—2014)

序号	名称	牌号	杂质元素 (质量分数,%) ≤									其他	
			Cu	Si	Mn	Ti	Fe	Zn	Pb	Zr	Be	单个	总量
1	铝铜中间合金锭	AlCu50	—	0.2	—	—	0.3	0.1	—	—	—	0.10	0.30
2	铝硅中间合金锭	AlSi26	0.1	—	—	—	0.3	—	—	—	—	0.15	0.40
3	铝硅中间合金锭	AlSi12	Cu+Zn: 0.15	—	0.3	0.15	0.5	—	—	—	—	0.10	0.30
4	铝镁中间合金锭	AlMg10	0.1	0.2	0.15	0.15	0.2	0.1	—	—	0.05	0.05	0.15
5	铝锰中间合金锭	AlMn10	—	0.2	—	—	0.3	—	—	0.2	—	0.10	0.30
6	铝钛中间合金锭	AlT5	—	0.2	—	—	0.3	0.1	—	—	—	0.15	0.40

（续）

序号	名称	牌号	Cu	Si	Mn	Ti	Fe	Zn	Pb	Zr	Be	单个	总量
							杂质元素（质量分数,%）≤					其他	
7	铝铁中间合金锭	AlFe20	—	0.2	—	—	—	—	—	—	—	0.15	0.40
8	铝镍中间合金锭	AlNi10	—	0.2	—	—	0.3	—	0.1	—	—	0.15	0.40
9	铝铬中间合金锭	AlCr2	—	0.2	—	—	0.3	0.1	—	—	—	0.10	0.30
10	铝锆中间合金锭	AlZr4	—	0.2	—	—	0.3	0.1	0.1	—	—	0.15	0.40
11	铝钒中间合金锭	AlV4	—	0.2	—	—	0.3	0.1	—	—	—	0.15	0.40
12	铝锑中间合金锭	AlSb4	—	0.2	—	—	0.3	—	—	—	—	0.15	0.40
13	铝钛硼中间合金锭	AlTi4B	—	0.2	—	—	0.3	0.1	—	—	—	0.15	0.40
14	铝稀土中间合金锭	AlRE10	—	0.2	—	—	0.3	0.1	—	—	—	0.10	0.30
15	铝铍中间合金锭	AlBe3	—	0.2	—	—	0.25	0.1	—	—	—	0.10	0.30
16	铝钴中间合金锭	AlCo5	—	0.2	—	—	0.3	0.1	—	—	—	0.15	0.40

表 3-104a 高纯铝基中间合金锭的化学成分（HB 5371—2014）

序号	名称	牌号	Cu	Si	Mn	Sr	Ti	Zr	V	B	Al	特性
						主要元素（质量分数,%）						
1	高纯铝铜中间合金锭	AlCu50A	48~52	—	—	—	—	—	—	—	余量	脆性
2	高纯铝硅中间合金锭	AlSi14A	—	13~15	—	—	—	—	—	—	余量	—
3	高纯铝硅中间合金锭	AlSi12A	—	11~13	—	—	—	—	—	—	余量	—
4	高纯铝硅中间合金锭	AlSi7A	—	6~8	—	—	—	—	—	—	余量	—
5	高纯铝锰中间合金锭	AlMn10A	—	—	9~11	—	—	—	—	—	余量	—
6	高纯铝锶中间合金锭	AlSr3A	—	—	—	2~4	—	—	—	—	余量	—
7	高纯铝钛中间合金锭	AlTi5A	—	—	—	—	4.0~6.0	—	—	—	余量	易偏析
8	高纯铝锆中间合金锭	AlZr4A	—	—	—	—	—	3.0~5.0	—	—	余量	易偏析
9	高纯铝锆中间合金锭	AlZr2A	—	—	—	—	—	1.5~2.5	—	—	余量	易偏析
10	高纯铝钒中间合金锭	AlV4A	—	—	—	—	—	—	3.0~5.0	—	余量	易偏析
11	高纯铝钛硼中间合金锭	AlTi4BA	—	—	—	—	3.0~5.0	—	—	0.6~1.2	余量	易偏析
12	高纯铝钛硼中间合金锭	AlTi2BA	—	—	—	—	1.5~2.5	—	—	0.4~0.7	余量	易偏析

表 3-104b 高纯铝基中间合金锭杂质允许含量（HB 5371—2014）

序号	名称	牌号	杂质元素（质量分数,%）≤				
			Si	Fe	Mg	其他	
						单个	总量
1	高钝铝铜中间合金锭	AlCu50A	0.04	0.08	0.05	0.05	0.15
2	高钝铝硅中间合金锭	AlSi14A	—	0.05	0.05	0.05	0.15
3	高纯铝硅中间合金锭	AlSi12A	—	0.10	0.05	0.05	0.15
4	高纯铝硅中间合金锭	AlSi7A	—	0.08	0.05	0.05	0.15
5	高纯铝锶中间合金锭	AlSr3A	0.05	0.05	0.05	0.05	0.15
6	高纯铝锰中间合金锭	AlMn10A	0.04	0.08	0.05	0.05	0.15
7	高纯铝钛中间合金锭	AlTi5A	0.05	0.08	0.05	0.05	0.15
8	高纯铝锆中间合金锭	AlZr4A	0.05	0.08	0.05	0.05	0.15
9	高纯铝锆中间合金锭	AlZr2A	0.05	0.08	0.05	0.05	0.15
10	高纯铝钒中间合金锭	AlV4A	0.12	0.12	0.05	0.05	0.15
11	高纯铝钛硼中间合金锭	AlTi4BA	0.12	0.08	0.05	0.05	0.15
12	高纯铝钛硼中间合金锭	AlTi2BA	0.12	0.08	0.05	0.05	0.15

表 3-105 铝基中间合金锭的配制工艺参数

牌号	配料（质量分数,%）	原材料	料块大小/mm	加入温度/℃	浇注温度/℃
AlSi12（A）	Si 10.5 ~ 13.5	结晶硅	10 ~ 15	750 ~ 850	680 ~ 760
AlCu50（A）	Cu 45 ~ 55	电解铜	≈100×100	850 ~ 950	700 ~ 750
AlMn10（A）	Mn 9 ~ 11	金属锰或电解锰	10 ~ 15	900 ~ 1000	850 ~ 900
AlNi10	Ni 9 ~ 11	电解镍	≈100×160	850 ~ 900	750 ~ 800
AlBe3	Be 2 ~ 3	金属铍	5 ~ 10	1000 ~ 1100	750 ~ 850
AlTi5（A）	Ti 4 ~ 6	二氧化钛或海绵钛	二氧化钛粉 海绵钛 5 ~ 10	1000 ~ 1200	900 ~ 950
AlTi4B（A）	Ti 3 ~ 5 B 1 ~ 1.5	二氧化钛或氟钛酸钾 氟硼酸钾或硼砂	粉状	1100 ~ 1200	900 ~ 1000
AlZr4（A）	Zr 3 ~ 5	氟锆酸钾		1000 ~ 1200	900 ~ 950
AlV4（A）	V 3 ~ 5	金属钒或钒铝合金	10 ~ 15	1100 ~ 1200	950 ~ 1000
AlFe20	Fe 19 ~ 21	金属铁	≈100×160	1000 ~ 1100	850 ~ 950
AlCr2	Cr 2 ~ 3	金属铬	10 ~ 15	1100	900 ~ 910
AlRE10	RE 10	混合稀土	—	700 ~ 720	800 ~ 880

（3）中间合金的技术要求

1）同一炉次的中间合金锭的化学成分（质量分数，下同）波动范围最大不超过 2%。对于中间合金锭主要元素（质量分数）80% 以下的易偏析元素，化学成分波动范围不大于 1%。

2）易偏析合金锭厚度为 25mm ± 5mm，脆性合金锭形状规格由供需双方商定。

3）合金锭表面应整洁，无腐蚀斑与油污，对于铝锆、铝钛、铝钛硼等以盐类物质为配料的中间合金锭，允许表面有轻微的熔渣和非金属夹杂物。

4）合金锭断口组织应均匀，不得有熔渣和明显的偏析。

5）每块合金锭上均应标明中间合金的名称（或牌号）、炉号及浇注序号，脆性合金应按炉次分装，并在包装物上注明中间合金的名称和炉批号。

3. 铸造铝合金锭

（1）铸造铝合金锭的化学成分（见表 3-106 ~ 表 3-108）

表3-106　铸造铝合金锭的化学成分（GB/T 8733—2016）

序号	牌号	对应ISO 3522:2007 (E)	化学成分（质量分数，%）										其他①			原合金代号
			Si	Fe	Cu	Mn	Mg	Cr	Ni	Zn	Ti	Sn	—	单个	合计	Al	
1	201Z.1		0.30	0.20	4.5~5.3	0.6~1.0	0.05	—	0.10	0.20	0.15~0.35	—	Zr: 0.20	0.05	0.15	余量	ZLD201
2	201Z.2		0.05	0.10	4.8~5.3	0.6~1.0	0.05	—	0.05	0.10	0.15~0.35	—	Zr: 0.15	0.05	0.15		ZLD201A
3	201Z.3		0.20	0.15	4.5~5.1	0.35~0.8	0.05	—	—	—	0.15~0.35	—	Cd: 0.07~0.25 Zr: 0.15	0.05	0.15		ZLD210A
4	201Z.4		0.05	0.13	4.6~5.3	0.6~0.9	0.05	—	—	0.10	0.15~0.35	—	Cd: 0.15~0.25 Zr: 0.15	0.05	0.15		ZLD204A
5	201Z.5	AlCu	0.05	0.10	4.6~5.3	0.30~0.50	0.05	—	—	0.10	0.15~0.35	—	B: 0.01~0.06 Cd: 0.15~0.25 V: 0.05~0.30 Zr: 0.05~0.20	0.05	0.15		ZLD205A
6	210Z.1		4.0~6.0	0.50	5.0~8.0	0.50	0.30~0.50	—	0.30	0.50	—	0.01	Pb: 0.05	0.05	0.20		ZLD110
7	211Z.1		0.10	0.30	4.0~7.5	0.20~0.6	—	—	—	0.50	0.05~0.40	—	Be: 0.001~0.08 B②: 0.005~0.07 Cd: 0.05~0.50 C②: 0.003~0.05 RE: 0.02~0.30 Zr: 0.05~0.50	0.05	0.15		—
8	295Z.1		1.2	0.6	4.0~5.0	0.10	0.03	—	—	0.20	0.20	0.01	Pb: 0.05 Zr: 0.10	0.05	0.15		ZLD203

序号	牌号	名称																对应
9	304Z.1	AlSi2MgTi	1.6~2.4	0.50	0.08	0.30~0.50	0.50~0.7	—	0.05	0.10	0.07~0.15	0.05	Pb: 0.05	0.05	0.15	余量	—
10	312Z.1	AlSi12Cu	11.0~13.0	0.40	1.0~2.0	0.30~0.9	0.50~1.0	—	0.30	0.20	0.20	0.01	Pb: 0.05	0.05	0.20		ZLD108
11	315Z.1	—	4.8~6.2	0.25	0.10	0.10	0.45~0.7	—	—	1.2~1.8	—	0.01	Sb: 0.10~0.25 Pb: 0.05	0.05	0.20		ZLD115
12	319Z.1	AlSi5Cu	4.0~6.0	0.7	3.0~4.5	0.55	0.25	0.15	0.80	0.55	0.20	0.05	Pb: 0.15	0.05	0.20		—
13	319Z.2		5.0~7.0	0.8	2.0~4.0	0.50	0.50	0.20	0.35	1.0	0.20	0.10	Pb: 0.20	0.10	0.30		—
14	319Z.3	AlSi9Cu	6.5~7.5	0.40	3.5~4.5	0.30	0.10	—	—	0.20	—	0.01	Pb: 0.05	0.05	0.20		ZLD107
15	328Z.1		7.5~8.5	0.50	1.0~1.5	0.30~0.50	0.35~0.55	—	—	0.20	0.10~0.25	0.01	Pb: 0.05	0.05	0.20		ZLD106
16	333Z.1		7.0~10.0	0.8	2.0~4.0	0.50	0.50	0.20	0.35	1.0	0.20	0.10	Pb: 0.20	0.10	0.30		—
17	336Z.1	AlSi12CuMgNi	11.0~13.0	0.40	0.50~1.5	0.15	0.9~1.5	—	0.8~1.5	0.15	0.20	0.01	Pb: 0.05	0.05	0.20		ZLD109
18	336Z.2		11.0~13.0	0.7	0.8~1.3	0.15	0.8~1.3	0.10	0.8~1.5	—	0.20	0.05	Pb: 0.05	0.05	0.20		—

铸造手册　第3卷　铸造非铁合金　第4版

序号	牌号	对应 ISO 3522:2007 (E)	化学成分（质量分数，%） Si	Fe	Cu	Mn	Mg	Cr	Ni	Zn	Ti	Sn	其他① —	其他① 单个	其他① 合计	Al	原合金代号
19	354Z.1	AlSi9Cu	8.0~10.0	0.35	1.3~1.8	0.10~0.35	0.45~0.7	—	—	0.10	0.10~0.35	0.01	—	0.05	0.20	余量	ZLD111
20	355Z.1	AlSi5Cu	4.5~5.5	0.45	1.0~1.5	0.50	0.45~0.7	—	—	0.20	—	0.01	Pb: 0.05	0.05	0.15		ZLD105
21	355Z.2		4.5~5.5	0.15	1.0~1.5	0.10	0.50~0.7	—	—	0.10	—	0.01	Be: 0.10 Pb: 0.05 Ti + Zr: 0.15	0.05	0.15		ZLD105A
22	356Z.1		6.5~7.5	0.45	0.20	0.35	0.30~0.50	—	—	0.20	0.20	0.01	Pb: 0.05	0.05	0.15		ZLD101
23	356Z.2		6.5~7.5	0.12	0.10	0.05	0.30~0.50	—	0.05	0.05	0.08~0.20	0.01	Be: 0.10 Pb: 0.05 Ti + Zr: 0.15	0.05	0.15		ZLD101A
24	356Z.3		6.5~7.5	0.12	0.05	0.05	0.30~0.40	—	—	0.05	0.10~0.20	—	Pb: 0.05	0.05	0.15		—
25	356Z.4		6.8~7.3	0.10	0.02	0.02	0.30~0.40	—	—	0.10	0.10~0.15	—	—	0.05	0.15		—
26	356Z.5		6.5~7.5	0.15	0.20	0.05	0.30~0.45	—	—	0.10	0.10~0.20	—	Ca: 0.003 Sr: 0.020~0.035	0.05	0.15		—
27	356Z.6		6.5~7.5	0.40	0.20	0.6	0.25~0.40	—	0.05	0.30	0.20	0.05	Pb: 0.05	0.05	0.15		
28	356Z.7	AlSi7Mg	6.5~7.5	0.15	0.10	0.10	0.50~0.7	—	—	—	0.10~0.20	—	—	0.05	0.15		ZLD114A

序号	牌号/代号	代号	Si										其他			Al	ZLD116
29	356Z.8		6.5~8.5	0.50	0.30	0.10	0.40~0.6	—	—	0.30	0.10~0.30	0.01	Be: 0.15~0.40 B: 0.10 Pb: 0.05 Zr: 0.20	0.05	0.20	余量	—
30	356Z.9		6.5~7.5	0.12	0.02	0.03	0.25~0.40	0.03	0.03	0.07	0.08~0.18	0.03	Pb: 0.03 Na: 0.003 Sr: 0.020~0.035	0.05	0.15	余量	—
31	356A.1		6.5~7.5	0.15	0.20	0.10	0.30~0.45	—	—	0.10	0.20	—	—	0.05	0.15	余量	—
32	356A.2		6.5~7.5	0.12	0.10	0.05	0.30~0.45	—	—	0.05	0.20	—	—	0.05	0.15	余量	—
33	356C.2		6.5~7.5	0.08	0.03	0.05	0.35~0.45	—	—	0.05	0.10~0.18	0.01	Pb: 0.03 Zr: 0.09	0.03	0.15	余量	—
34	360Z.1	AlSi10Mg	9.0~11.0	0.40	0.03	0.45	0.25~0.45	—	0.05	0.10	0.15	0.05	Pb: 0.05	0.05	0.15	余量	—
35	360Z.2		9.0~11.0	0.45	0.08	0.45	0.25~0.45	—	0.05	0.10	0.15	0.05	Pb: 0.05	0.05	0.15	余量	—
36	360Z.3		9.0~11.0	0.55	0.30	0.55	0.25~0.45	—	0.15	0.35	0.15	—	Pb: 0.10	0.05	0.15	余量	—
37	360Z.4		9.0~11.0	0.45~0.9	0.08	0.55	0.25~0.50	—	0.15	0.15	0.15	0.05	Pb: 0.15	0.05	0.15	余量	—
38	360Z.5		9.0~10.0	0.15	0.03	0.10	0.30~0.45	—	—	0.07	0.15	—	—	0.03	0.10	余量	—

（续）

序号	牌号	对应 ISO 3522: 2007 (E)	化学成分（质量分数，%） Si	Fe	Cu	Mn	Mg	Cr	Ni	Zn	Ti	Sn	其他	其他① 单个	其他① 合计	Al	原合金代号
39	360Z.6	—	8.0~10.5	0.45	0.10	0.20~0.50	0.20~0.35	—	—	0.25	—	0.01	Pb: 0.05 Ti+Zr: 0.15	0.05	0.20	余量	ZLD104
40	360Y.6	AlSi10Mg	8.0~10.5	0.8	0.30	0.20~0.50	0.20~0.35	—	—	0.10	—	0.01	Pb: 0.05 Ti+Zr: 0.15	0.05	0.20	余量	YLD104
41	360A.1		9.0~10.0	1.0	0.6	0.35	0.45~0.6	—	0.50	0.40	—	0.15	—	—	0.25	余量	—
42	380A.1		7.5~9.5	1.0	3.0~4.0	0.50	0.10	—	0.50	2.9	—	0.35	—	—	0.50	余量	—
43	380A.2		7.5~9.5	0.6	3.0~4.0	0.10	0.10	—	0.10	0.10	—	—	—	0.05	0.15	余量	—
44	380Y.1		7.5~9.5	0.9	2.5~4.0	0.6	0.30	—	0.50	1.0	0.20	0.20	Pb: 0.30	0.05	0.20	余量	YLD112
45	380Y.2		7.5~9.5	0.9	2.0~4.0	0.50	0.30	—	0.50	1.0	—	0.20	—	—	0.20	余量	—
46	383Z.1		9.5~11.5	0.6~1.0	2.0~3.0	0.50	0.10	—	0.30	2.9	—	0.15	—	0.05	0.50	余量	—
47	383Z.2		9.5~11.5	0.6~1.0	2.0~3.0	0.10	0.10	—	0.10	0.10	—	0.10	—	—	0.20	余量	—
48	383Y.1	AlSi9Cu	9.6~12.0	0.9	1.5~3.5	0.50	0.30	—	0.50	3.0	—	0.20	—	—	0.20	余量	—

序号	合金牌号												其他				
49	383Y.2		9.6~12.0	0.9	2.0~3.5	0.50	0.30	—	0.50	0.8	—	0.20	—	0.05	0.30	余量	YLD113
50	383Y.3		9.6~12.0	0.9	1.5~3.5	0.50	0.30	—	0.50	1.0	—	0.20	—	—	0.20	余量	—
51	390Y.1	AlSi17Cu	16.0~18.0	0.9	4.0~5.0	0.50	0.50~0.7	—	0.30	1.5	—	0.30	Pb: 0.05 RE: 0.6~1.5 Zr: 0.10	0.05	0.20	余量	YLD117
52	398Z.1	—	19.0~22.0	0.50	1.0~2.0	0.30~0.50	0.50~0.8	—	—	0.10	0.20	0.01	—	0.05	0.20	余量	ZLDI18
53	411Z.1		10.0~11.8	0.15	0.03	0.10	0.45	—	—	0.07	0.15	—	—	0.03	0.10	余量	—
54	411Z.2	AlSi11	8.0~11.0	0.55	0.08	0.50	0.10	—	0.05	0.15	0.15	0.05	Pb: 0.05	0.05	0.15	余量	—
55	413Z.1		10.0~13.0	0.6	0.30	0.50	0.10	—	—	0.10	0.20	—	—	0.05	0.20	余量	ZLDI102
56	413Z.2		10.5~13.5	0.55	0.10	0.55	0.10	—	0.10	0.15	0.15	—	—	0.05	0.15	余量	—
57	413Z.3		10.5~13.5	0.40	0.03	0.35	—	—	—	0.10	0.15	—	Pb: 0.10	0.05	0.15	余量	—
58	413Z.4		10.5~13.5	0.45~0.9	0.08	0.55	0.02	—	—	0.15	0.15	—	—	0.05	0.25	余量	—
59	413Z.5	AlSi12	10.5~13.0	0.35	0.02	0.02	0.02	—	—	0.02	0.20	—	Ca: 0.007	0.05	0.15	余量	—
60	413Y.1		10.0~13.0	0.9	0.30	0.40	0.25	—	—	0.10	—	—	Zr: 0.10	0.05	0.20	余量	YLD102
61	413Y.2		11.0~13.0	0.9	1.0	0.30	0.30	—	0.50	0.50	—	0.10	—	0.05	0.30	余量	—
62	413A.1		11.0~13.0	1.0	1.0	0.35	0.10	—	0.50	0.40	—	0.15	—	—	0.25	余量	—
63	413A.2		11.0~13.0	0.6	0.10	0.05	0.05	—	0.05	0.05	—	0.05	—	—	0.10	余量	—

（续）

序号	牌号	对应 ISO 3522:2007（E）	化学成分（质量分数，%）											其他①		Al	原合金代号
			Si	Fe	Cu	Mn	Mg	Cr	Ni	Zn	Ti	Sn	—	单个	合计		
64	443Z.1	—	4.5~6.0	0.6	0.6	0.50	0.05	0.25	—	0.50	0.25	—	—	—	0.35	余量	—
65	443Z.2	—	4.5~6.0	0.6	0.10	0.10	0.05	—	—	0.10	0.20	—	—	0.05	0.15		—
66	502Z.1	AlMg5（Si）	0.8~1.3	0.45	0.10	0.10~0.40	4.6~5.6	—	—	0.20	0.20	—	—	0.05	0.15		ZLD303
67	502Y.1	AlMg5（Si）	0.8~1.3	0.9	0.10	0.10~0.40	4.6~5.5	—	—	0.20	—	—	Zr：0.15	0.05	0.25		YLD302
68	508Z.1	—	0.20	0.25	0.10	0.10	7.6~9.0	—	—	1.0~1.5	0.10~0.20	—	Be：0.03~0.10	0.05	0.15		ZLD305
69	515Y.1	AlMg	1.0	0.6	0.10	0.40~0.6	2.6~4.0	—	0.10	0.40	—	0.10	—	0.05	0.25		YLD306
70	520Z.1		0.30	0.25	0.10	0.15	9.8~11.0	—	0.05	0.15	0.15	0.01	Pb：0.05 Zr：0.20	0.05	0.15		ZLD301
71	701Z.1	AlZnSiMg	6.0~8.0	0.6	0.6	0.50	0.15~0.35	—	—	9.2~13.0	—	—	—	0.05	0.20		ZLD401
72	712Z.1	AlZnMg	0.30	0.40	0.25	0.10	0.55~0.7	0.40~0.6	—	5.2~6.5	0.15~0.25	—	—	0.05	0.20		ZLD402
73	901Z.1	—	0.20	0.30	—	1.5~1.7	0.20~0.30	—	—	—	0.15	—	RE：0.03	0.05	0.15		ZLD501
74	907Z.1	—	1.6~2.0	0.50	3.0~3.4	0.9~1.2	—	—	0.20~0.30	0.20	—	—	RE：4.4~5.0 Zr：0.15~0.25	0.05	0.20		ZLD207

注：表中含量有上下限者为合金元素；含量为单个数值者为最高限；"—"为未规定具体数值；铝为余量，铝含量（质量分数）应由计算确定，用 100.00% 减去所有含量不小于 0.010% 的元素总和的差值而得，求和前各元素数值要表示到 0.0X%。

① "其他"一栏系表中未列出或未规定具体数值的金属元素。

② B、C 两种元素可只添加其中一种。

表3-107a 砂型、金属型、熔模铸造用铸造铝合金锭的化学成分（HB 5372—2014）

序号	合金代号	主要元素（质量分数，%）									
		Si	Cu	Mg	Mn	Ni	Ti	Zr	Zn	其他	Al
1	ZLD101	6.5~7.5	—	0.30~0.45	—	—	—	—	—	—	余量
2	ZLD101A	6.5~7.5	—	0.30~0.45	—	—	—	—	—	—	余量
3	ZLD102	10.0~13.0	—	—	—	—	—	—	—	—	余量
4	ZLD104	8.0~10.5	—	0.20~0.35	0.2~0.5	—	—	—	—	—	余量
5	ZLD105	4.5~5.5	1.0~1.5	0.45~0.65	—	—	—	—	—	—	余量
6	ZLD105A	4.5~5.5	1.0~1.5	0.50~0.65	—	—	—	—	—	—	余量
7	ZLD114A	6.5~7.5	—	0.55~0.75	—	—	0.08~0.25	—	—	—	余量
8	ZLD116	6.5~8.5	—	0.40~0.60	—	—	0.10~0.30	—	—	Be: 0.15~0.40	余量
9	ZLD116A	6.5~8.5	—	0.45~0.65	—	—	0.1~0.2	—	—	Be: 0.15~0.30	余量
10	ZLD117	19~22	1.0~2.0	0.5~0.8	0.3~0.5	—	0.15~0.35	—	—	RE①: 0.6~1.5	余量
11	ZLD201	—	4.5~5.3	—	0.6~1.0	—	0.15~0.35	—	—	—	余量
12	ZLD201A	—	4.8~5.3	—	0.6~1.0	—	0.15~0.35	—	—	—	余量
13	ZLD203	—	4.0~5.0	—	—	—	—	—	—	—	余量
14	ZLD204A	—	4.6~5.3	—	0.6~0.9	—	0.15~0.35	—	—	Cd: 0.15~0.25	余量
15	ZLD205A	—	4.6~5.3	—	0.3~0.5	—	0.15~0.35	0.05~0.20	—	Cd: 0.15~0.25; B: 0.01~0.06; V: 0.05~0.30	余量
16	ZLD206	—	7.6~8.4	—	0.7~1.1	—	—	0.10~0.25	—	RE: 1.6~2.3	余量
17	ZLD207	1.6~2.0	3.0~3.4	0.20~0.30	0.9~1.2	0.2~0.3	—	0.15~0.25	—	RE: 4.5~5.5	余量
18	ZLD208	—	4.5~5.5	—	0.2~0.3	1.3~1.8	0.15~0.25	0.1~0.3	—	Co: 0.1~0.4; Sb: 0.1~0.4	余量
19	ZLD210A	—	4.5~5.1	—	0.35~0.80	—	0.15~0.35	—	—	Cd: 0.07~0.25	余量
20	ZLD211A	—	4.5~5.0	—	0.5~0.9	—	0.15~0.35	0.05~0.25	—	Cd: 0.04~0.12	余量
21	ZLD301	—	—	9.8~11.0	—	—	—	—	—	—	余量
22	ZLD303	0.8~1.3	—	4.8~5.5	0.1~0.4	—	—	—	—	—	余量
23	ZLD401	6.0~8.0	—	0.20~0.35	—	—	—	—	7.5~12.0	—	余量

注：1. "Z" "L" 和 "D" 分别为 "铸" "铝" 和 "锭" 汉语拼音的第一个字母，带 "A" 的为优质合金锭。

2. 表中所列元素均为每炉熔炼炉必检元素。RE 按 Ce 检验，Ce 含量按 RE 规定含量的 45%（质量分数）以上验收。

① RE 为混合稀土总量不少于 98%（质量分数），且其含铈量不少于 45%（质量分数）的混合稀土金属。

表3-107b　砂型、金属型、熔模铸造用铸造铝合金锭合金锭杂质元素允许含量（HB 5372—2014）

序号	合金代号	杂质元素（质量分数，%）≤													其他	
		Fe	Si	Cu	Mg	Mn	Zn	Ti	Zr	Sn	Pb	Ni	Be	单个	总量
1	ZLD101	0.4	—	0.2	—	0.5	0.2	0.15	Ti + Zr: 0.15	0.01	0.05	—	—	0.05	0.15
2	ZLD101A	0.10	—	0.10	—	0.05	0.05	0.20	0.1	0.01	0.05	0.05	—	0.05	0.10
3	ZLD102	0.6	—	0.30	0.1	0.5	0.1	—	—	—	—	—	—	0.10	0.40
4	ZLD104	0.4	—	0.30	—	0.5	0.2	0.15	Ti + Zr: 0.15	0.01	0.05	—	—	0.05	0.15
5	ZLD105	0.4	—	—	—	0.5	0.2	0.15	Ti + Zr: 0.15	0.01	0.05	—	—	0.05	0.15
6	ZLD105A	0.10	—	—	—	0.05	0.05	0.20	—	—	0.05	—	—	0.05	0.10
7	ZLD114A	0.10	—	0.10	—	0.10	0.10	—	—	—	—	—	0.05	0.05	0.10
8	ZLD116	0.4	—	0.3	—	0.1	0.2	—	0.20	0.01	0.05	—	B: 0.10	0.05	0.15
9	ZLD116A	0.10	—	0.10	—	0.10	0.10	—	0.20	0.01	0.05	—	B: 0.10	0.05	0.10
10	ZLD117	0.5	—	—	—	—	0.1	0.2	0.1	0.01	0.05	—	—	0.05	0.40
11	ZLD201	0.2	0.2	—	0.05	—	0.2	—	0.2	—	—	0.1	—	0.05	0.15
12	ZLD201A	0.08	0.05	—	0.05	—	0.1	—	0.15	—	—	0.05	—	0.05	0.10
13	ZLD203	0.4	1.0	—	0.03	0.1	0.2	0.2	—	0.01	0.01	—	—	0.10	0.40
14	ZLD204A	0.08	0.05	—	0.05	—	0.1	—	0.15	—	—	0.05	—	0.05	0.10
15	ZLD205A	0.08	0.05	—	0.05	—	0.05	—	—	—	—	0.05	—	0.05	0.10
16	ZLD206	0.4	0.3	—	0.2	—	0.4	0.05	—	—	—	—	—	0.05	1.0
17	ZLD207	0.4	—	—	—	—	0.2	—	—	—	—	—	—	0.05	0.15
18	ZLD208	0.4	0.3	—	0.05	—	—	—	Ti + Zr: 0.5	—	—	—	Co + Sb: 0.6	0.05	0.15
19	ZLD210A	0.08	0.2	—	0.05	—	—	—	0.15	—	—	—	—	0.05	0.15
20	ZLD211A	0.08	0.2	—	0.05	—	0.1	—	—	—	—	—	—	0.05	0.15
21	ZLD301	0.2	0.3	0.1	—	0.15	0.1	0.15	0.2	—	—	—	0.05	0.05	0.15
22	ZLD303	0.3	—	0.1	—	—	0.2	0.2	—	—	—	—	—	0.05	0.15
23	ZLD401	0.6	—	0.5	—	0.5	—	—	—	—	—	—	—	0.10	0.20

注：表中所列元素均为每熔炼炉必检元素。

表 3-108a　压铸用铸造铝合金锭的化学成分（HB 5372—2014）

序号	合金代号	主要元素（质量分数,%)					
		Si	Cu	Mg	Mn	Zn	Al
1	ZLD102Y	10.0 ~ 13.0	—	—	—	—	余量
2	ZLD104Y	8.0 ~ 10.5	—	0.20 ~ 0.35	0.2 ~ 0.5	—	余量
3	ZLD112Y	7.5 ~ 9.5	2.5 ~ 4.0	—	—	—	余量
4	ZLD113Y	9.6 ~ 12.0	2.0 ~ 3.5	—	—	—	余量
5	ZLD303Y	0.8 ~ 1.3	—	4.6 ~ 5.5	0.1 ~ 0.4	—	余量
6	ZLD401Y	6.0 ~ 8.0	—	—	—	9.5 ~ 12.0	余量

注：表中所列元素均为每熔炼炉必检元素。

表 3-108b　压铸用铸造铝合金锭杂质元素允许含量

序号	合金代号	杂质元素（质量分数,%) ≤										其他	
		Fe	Cu	Mg	Mn	Zn	Ti	Zr	Sn	Pb	Ni	单个	总量
1	ZLD102Y	0.9	0.3	0.1	0.4	0.1	—	0.1	—	—	—	0.05	0.15
2	ZLD104Y	0.7	0.3	—	—	0.1	0.15	Ti + Zr: 0.15	0.01	0.05	—	0.05	0.15
3	ZLD112Y	0.7	—	0.3	0.6	1.0	0.2	—	0.2	0.3	0.5	0.05	0.15
4	ZLD113Y	0.7	—	0.3	0.5	0.8	—	—	0.2	—	—	0.05	0.15
5	ZLD303Y	0.9	0.1	—	—	0.2	—	0.15	—	—	—	0.05	0.15
6	ZLD401Y	0.9	0.5	0.05	0.4	—	—	—	—	—	—	0.05	0.15

注：1. "Y"为"压"汉语拼音的第一个字母。

2. Fe 为每熔炼炉次必检元素，其他元素可定期分析。

（2）铸造铝合金锭的技术要求

1）合金锭表面应整洁、无油污、无腐蚀斑、无熔渣及非金属夹杂物。

2）合金锭断口组织应致密，无严重偏析、缩孔、熔渣及非金属夹杂物。

3）对于高纯度合金锭及有特殊质量要求的合金锭，可以根据需要测定气体含量和进行低倍组织检查。

4）合金锭每块重量相差应在 10% 以内。

5）合金锭每块均应用钢印标示批号（或炉号）及合金锭代号。

6）合金锭应按炉号包装。

4. 回炉料

回炉料的分级、技术要求和最大回用量见表 3-109。

表 3-109　回炉料的分级、技术要求和最大回用量

级别	分　类	技术要求	每炉最大回用量（质量分数,%)
一级	1）不因杂质元素含量超标而报废的铸件 2）金属型铸件的浇冒系统 3）砂型铸件冒口	分析成分后使用	80

（续）

级别	分　类	技术要求	每炉最大回用量（质量分数,%)
二级	1）砂型铸件浇道 2）坩埚底料 3）因为化学成分报废的铸件	重熔、精炼并分析成分	60
三级	溅屑和碎小的废料		30

注：1. 对铸件有特殊要求时（如针孔度等），回炉料用量酌情减少。

2. 当各级回炉料搭配使用时，回炉料总量不超过80%，其中三级回炉料不多于10%，二级回炉料不多于40%。

3. Ⅰ类铸件不允许用二级和三级回炉料。

3.2.2　熔炼用工艺材料

1. 熔炼用工艺材料（参见第 10 章）

铝合金熔炼用工艺材料技术要求见表 3-110。

表 3-110　铝合金熔炼用工艺材料技术要求

材料名称	技术标准	技术要求
直接法氧化锌	GB/T 3494—2012	ZnO-X2 以上
工业氢氧化镁	HG/T 3607—2007	Ⅰ类
冶金用二氧化钛	YS/T 322—2015	—

（续）

材料名称	技术标准	技术要求
工业氯化锌	HG/T 2323—2019	固体 I 型
工业盐（氯化钠）	GB/T 5462—2015	工业干盐优级
工业氯化钾	GB/T 7118—2008	一级以上
工业氯化镁	QB/T 2605—2003	白色
工业氯化锰	HG/T 3816—2011	I 类一等品
氟化钠	YS/T 517—2009	一级
工业无水氟化钾	HG/T 2829—2008	优等品
氟化铝	GB/T 4292—2017	AF-0
普通工业沉淀碳酸钙	HG/T 2226—2019	涂料用
工业水合碱式碳酸镁	HG/T 2959—2010	优等品
工业碳酸钠	GB 210.1—2004	优等品
工业硝酸钾	GB/T 1918—2011	一等品以上
工业硅酸钠（水玻璃）	GB/T 4209—2008	优等品
氟锆酸钾	—	98%以上
氟硼酸钾	GB/T 22667—2008	—
氟钛酸钾	GB/T 22668—2008	—
工业氟硅酸钠	GB/T 23936—2018	一等品以上
滑石粉	GB/T 15342—2012	陶瓷用滑石粉一级
工业用六氯乙烷	HG/T 3261—2002	优等品
工业用四氯化碳	GB/T 4119—2008	优等品
冰晶石	GB/T 4291—2017	CH-0,CM-0
工业十水合四硼酸二钠（硼砂）	GB/T 537—2009	—
工业氯酸钠	GB/T 1618—2018	I 型优等品
工业氯酸钾	GB/T 752—2019	II 型以上
光卤石	—	氧化镁≤2%，不溶物≤1.5%，水分≤2%，氯化镁44%~52%，氯化钾36%~46%

注：表中百分数均指质量分数。

2. 熔剂

（1）精炼剂

1）熔炼铝合金时常用的精炼剂（见表3-111）。

2）精炼剂的成分和配制方法。铸造铝合金精炼剂用六氯乙烷时，需加入适当的添加剂，以延缓反应速度，提高精炼效果。含有添加剂的六氯乙烷精炼剂的成分和配制方法见表3-112。几种无毒精炼剂的配方成分见表3-113。

表 3-111　熔炼铝合金时常用的精炼剂

名称	特点	适用范围
氯气	对铸件针孔要求高时采用，但设备复杂，对厂房和设备腐蚀严重	针孔度要求严格的铸件
六氯乙烷	不吸潮、无须重熔、腐蚀性小、易于保存，可以广泛代替氯盐精炼剂	各种铸造铝合金通用
四氯化碳	精炼效果好，同时对合金有晶粒细化作用	Al-Si 合金
氯化锰	使用前在 100~120℃烘烤 2~4h，并保存在 100~130℃的干燥箱中	适用于 Al-Cu 合金
氯化锌	使用前重熔并保存在 100~130℃的干燥箱中	适用于含 Zn 合金或对 Zn 杂质元素要求不严的合金
钡熔剂或光卤石	先进行除水重熔处理，对坩埚工具等设备有腐蚀，熔炼除渣不彻底，易造成熔剂夹渣	主要用于 ZL301 等 Al-Mg 合金熔炼的除渣精炼
惰性气体	氮气或氩气，成本低，无污染	适用于各种合金，尤其是 Sr 变质合金
成品精炼剂	为盐类熔剂配制，可以直接使用，有变质和晶粒细化作用	根据说明使用

表 3-112　六氯乙烷精炼剂的成分和配制方法

成分	配比	配制方法
$C_2Cl_6 + TiO_2$	2:1 3:2	1）将添加剂（Na_2SiF_6 或 TiO_2）在 300~400℃烘烤 3~4h 2）冷却后与六氯乙烷均匀混合 3）压成密度为 1.8g/cm³ 的圆饼，每块重 50~100g，放在干燥器内备用 4）也可以用铝箔分包成 50~100g 的小包使用
$C_2Cl_6 + Na_2SiF_6$	3:1 1:1 3:2	

（2）变质剂　铝合金熔炼常用钠盐变质剂见表3-114。

（3）覆盖剂及其他熔剂　铝合金和铝中间合金熔炼常用覆盖剂及其他熔剂见表3-115。

表 3-113　几种无毒精炼剂的配方成分

编号	配方成分(质量分数,%)								用量[①](%)
	NaNO₃	KNO₃	石墨粉	C₂Cl₆	Na₃AlF₆	Na₂SiF₆	NaCl	耐火砖粉	
1	34	—	6	4	—	—	24	32	0.3
2	—	40	6	4	—	—	24	26	0.3
3	34	—	—	—	20	—	10	30	0.3
4	—	40	6	4	20	20	10	—	0.3
5	36	—	6	—	—	—	28	30	0.5

注:无毒精炼剂容易向合金液中引入杂质质点,在使用过程中应注意。

① 为占炉料总量的质量分数。

表 3-114　铝合金熔炼常用钠盐变质剂

名称	组分(质量分数,%)				熔点 /℃	适 用 范 围
	氟化钠	氯化钠	氯化钾	冰晶石		
二元变质剂	67	33	—	—	730	适用于 ZL102 合金
三元变质剂	25	62	13	—	700	适用于 ZL101、ZL105、ZL104 合金
一号通用变质剂	60	25	—	15	850	浇注温度为 740~760℃ 的共晶铝硅合金
二号通用变质剂	40	45	—	15	750	浇注温度为 740~760℃ 的共晶及亚共晶铝硅合金
三号通用变质剂	30	50	10	10	710	浇注温度为 700~740℃ 的共晶及亚共晶铝硅合金

表 3-115　铝合金和铝中间合金熔炼常用覆盖剂及其他熔剂

组分(质量分数,%)	配制方法及要求	适 用 范 围
Na₃AlF₆(100)	烘烤脱水	铝钛中间合金熔炼覆盖剂
KCl(40) + BaCl(60)	混合均匀后熔化,浇注成 10mm 厚度的锭子,然后破碎成粉状,保存在 110~150℃ 待用	铝铍中间合金、铝铬中间合金熔炼覆盖剂,高熔炼温度用覆盖剂
NaCl(50) + KCl(50)		一般合金熔炼覆盖剂
NaCl(39) + KCl(50) + CaF₂(4.4) + Na₃AlF₆(6.6)		重熔废料
CaF₂(15) + NaCO₃(85)		重熔废料(覆盖用)
NaCl(60) + CaF₂(20) + NaF(20)	各组分在 200~300℃ 烘烤 3~5h,混合后在 150℃ 保存待用	重熔废料(搅拌用)
NaCl(63) + KCl(12) + Na₂SiF₆(25)		熔制活塞铝合金
MgCl₂(14) + KCl(31) + CaCl₂(44) + CaF₂(11)		铝镁合金熔炼熔剂
MgCl₂(67) + NaC(18) + CaF₂(10) + MgF₂(15)		
MgCl₂·KCl(光卤石)(100)	缓慢升至 100℃ 保温,脱水后升温到 660~680℃,熔化浇注,破碎后置于密封容器中待用	铝镁合金熔炼熔剂
MgCl₂·KCl(80) + CaF₂(20)		
NaF(65) + NaCl(35)		
NaF(40) + NaCl(45) + NaAlF₆(15)		真空精炼覆盖剂

3. 涂料

铸造铝合金常用的坩埚、工具和锭模涂料见表3-116。

表3-116　坩埚、工具和锭模涂料

代号	组　分	配方（质量分数,%）	适用范围	代号	组　分	配方（质量分数,%）	适用范围
T-1	耐火水泥	27.8	坩埚	T-4	氧化锌	10～20	坩埚、锭模及浇注工具
	锆砂	16.7			水玻璃	3～5	
	苏打	27.8			水	余量	
	水（温度大于40℃）	27.7		T-5	耐火黏土	5～10	坩埚、浇注工具
T-2	白垩粉	22.2	浇注工具		滑石粉	5～10	
	水玻璃（密度1.45～1.55g/cm³）	2.8			水玻璃	3～6	
	水	余量			水	余量	
T-3	滑石粉	20～30	坩埚、锭模及浇注工具	T-6	石墨粉	50	铸铁坩埚涂料
	水玻璃	6			硅砂	30	
	水	余量			耐火黏土	20	
					水玻璃	适量	

3.2.3　熔炼及浇注工艺

1. 铸造铝合金的炉料计算（配料）

（1）典型的铝合金熔炼炉料计算程序实例（见表3-117）

表3-117　铝合金熔炼炉料计算程序实例

程　序	举　例
1）确定熔炼要求 合金牌号 所需合金液的重量 所用的炉料（各种中间合金成分，回炉料用量 P 等）	1）熔制 ZL104 合金 80kg 根据具体情况选定的配料计算化学成分（均质量分数，下同）为：Si9%，Mg0.27%，Mn0.4%，Al90.33%，杂质元素 Fe 应不大于 0.6%，其他杂质元素从略 炉料：中间合金、各种新金属料、回炉料 Al-Si 中间合金：Si12%，Fe0.4% Al-Mn 中间合金：Mn10%，Fe0.3% 镁锭：Mg99.8% 铝锭：Al99.5%，Fe0.3% 回炉料：P = 24kg（占炉料总重的 30%）：Si9.2%，Mg0.27%，Mn0.4%，Fe0.4%
2）确定元素的烧损量 E	2）各元素的烧损量 E_{Si}1%，E_{Mg}20%，E_{Mn}0.8%，E_{Al}1.5%
3）计算包括烧损在内的 100kg 炉料内各元素的需要量 Q $$Q = \frac{100kg \times \alpha}{1-E}$$ α—元素化学成分（质量分数,%）	3）100kg 炉料中，各种元素的需要量 Q $$Q_{Si} = \frac{100kg \times 9\%}{1-E_{Si}} = 9.09kg$$ $$Q_{Mn} = \frac{100kg \times 0.4\%}{1-E_{Mn}} = 0.40kg$$ $$Q_{Mg} = \frac{100kg \times 0.27\%}{1-E_{Mg}} = 0.34kg$$ $$Q_{Al} = \frac{100kg \times (100\% - 9\% - 0.4\% - 0.27\%)}{1-E_{Al}} = 91.7kg$$

（续）

程　序	举　例
4）根据熔制合金的实际重量 W，计算各元素的需要量 A： $$A = \frac{W}{100}Q$$	4）熔制 80kg 合金实际所需元素量 A $A_{Si} = \frac{80}{100} \times Q_{Si} = 7.27kg$ $A_{Mg} = \frac{80}{100} \times Q_{Mg} = 0.27kg$ $A_{Mn} = \frac{80}{100} \times Q_{Mn} = 0.32kg$ $A_{Al} = \frac{80}{100} \times Q_{Al} = 73.36kg$
5）计算在回炉料中各元素的重量 B	5）24kg 回炉料中各元素重量 B $B_{Si} = 24kg \times 9.20\% = 2.21kg$ $B_{Mg} = 24kg \times 0.27\% = 0.07kg$ $B_{Mn} = 24kg \times 0.4\% = 0.1kg$ $B_{Al} = 24kg \times 90.16\% = 21.64kg$
6）计算应补加的新元素重量 C： $C = A - B$	6）应补加的新元素重量 C $C_{Si} = A_{Si} - B_{Si} = 7.27kg - 2.21kg = 5.06kg$ $C_{Mg} = A_{Mg} - B_{Mg} = 0.27kg - 0.07kg = 0.20kg$ $C_{Mn} = A_{Mn} - B_{Mn} = 0.32kg - 0.1kg = 0.22kg$
7）计算中间合金加入量 D： $$D = \frac{C}{F}$$ （F 为中间合金中元素的质量分数） 中间合金中所带入的铝量 $Al_M = D - C$	7）相应于新加入的元素量应补加的中间合金量 $D_{Al-Si} = \frac{C_{Si}}{12\%} = 5.06kg \times \frac{100}{12} = 42.17kg$ $D_{Al-Mn} = \frac{C_{Mn}}{10\%} = 0.22kg \times \frac{100}{10} = 2.2kg$ 中间合金中所带入的铝量 $Al_{Al-Si} = 42.17kg - 5.06kg = 37.11kg$ $Al_{Al-Mn} = 2.2kg - 0.22kg = 1.98kg$
8）计算应加入的纯铝 Al_C	8）应补加入的纯铝量 $Al_C = A_{Al} - (B_{Al} + Al_{Al-Si} + Al_{Al-Mn}) = 73.36kg - (21.64kg + 37.11kg + 1.98kg)$ $\quad = 12.63kg$
9）计算实际的炉料总重量 W	9）实际的炉料总重量 $W = Al_C + D_{Al-Si} + D_{Al-Mn} + C_{Mg} + P$ $\quad = 12.63kg + 42.17kg + 2.2kg + 0.20kg + 24kg = 81.20kg$
10）核算杂质含量 u（以 Fe 为例）	10）炉料中的 Fe 含量 $u = Al_C \times 0.3\% + D_{Al-Si} \times 0.4\% + D_{Al-Mn} \times 0.3\% + P \times 0.4\%$ $\quad = 12.63kg \times 0.3\% + 42.17kg \times 0.4\% + 2.2kg \times 0.3\% + 24kg \times 0.4\% \approx 0.309kg$ 炉料中的 Fe 的质量分数为 $u_{Fe} = \frac{0.309}{80} \times 100\% = 0.39\%$

（2）简化计算　对于批量稳定生产的企业，由于各种合金锭、中间合金、纯金属和回炉料的质量稳定，铝合金配料简化计算见表 3-118。

表 3-118　铝合金配料简化计算

程　序	计 算 方 法
1）确定炉料重量	根据铸件和浇注系统计算浇注金属量，并根据 3.2.3 节工艺要求确定熔化金属量，即炉料总量
2）确定配料成分	根据经验考虑各元素的烧损因素，确定合金的配料成分
3）计算中间合金用量	$$中间合金量 = \frac{炉料总量 \times 该元素配料成分 - 回炉料重量 \times 该元素回炉料成分}{该元素中间合金成分}$$
4）计算纯铝	纯铝加入量 = 炉料总量 - 回炉料重量 - 各种中间合金和纯金属总量
5）核算杂质	$$杂质元素成分 = \frac{回炉料 \times 杂质成分 + \Sigma（中间合金或纯金属 \times 杂质成分）}{炉料总量}$$ 核算杂质元素满足标准要求，该炉合金配料即可以使用。如果杂质元素超过限量，应调整配料组成，减少杂质元素含量高的炉料使用量，进行重新配料计算

2. 金属炉料的准备

配制合金用的各种金属炉料（纯金属、铝合金锭、铝中间合金和回炉料），必须在装炉前进行下列准备工作：

1）炉料的化学成分、表面状态和其他质量指标必须经过检验，检查是否符合规定的材料牌号及其技术标准的要求。

2）金属炉料经过破碎、压断、切割后的块度应符合表 3-119 要求。

3）金属炉料应清洁，不得带有泥沙、芯骨、油污、水分、过滤网和镶嵌件等。

4）金属炉料在装炉前需要预热，预热一般为 350 ~ 450℃下保温 2 ~ 4h。Zn、Mg 及 RE 在 200 ~ 250℃下保温 2 ~ 4h。在保证坩埚涂料完整和充分预热的情况下，除 Zn、Mg、Sr、Cd 及 RE 等易熔材料外的炉料允许随炉预热。

3. 工艺材料的准备

熔炼用精炼剂和变质剂的准备见表 3-120。其他熔剂的准备见表 3-115。

表 3-119　金属炉料的块度

名　称	规 格 要 求
合金锭	
中间合金	见 3.2.1 节中相关内容
回炉料	
纯铝锭	根据熔炼炉的容量使用整块铝锭或切碎使用
纯镁锭	锯断成能放入压罩的小块
结晶硅	根据熔炼炉的大小破碎后过 20 号筛，粉状不用
电解铜	切割成面积小于 150mm × 150mm 的小块
金属锰	切割成面积大约 10mm × 10mm 的小块
电解镍	切割成面积小于 100mm × 100mm 的小块
锌锭	根据熔炼炉容量切成小块
金属铍	除去油脂后切碎
金属钛	破碎或加工成直径为 5 ~ 10mm 的小块

表 3-120　熔炼用精炼剂和变质剂的准备

名　称	准 备 要 素	用　途
六氯乙烷	1）按规定用量称重，与处理后的添加剂混合均匀 2）置于压模内压制成 $\phi 50mm \times (20 ~ 30)$ mm 的圆饼，密度为 $1.8g/cm^3$，或者用铝箔分包 3）保存于密封的干燥器中，使用前置于熔炼炉旁预热	精炼剂
氯化锰	1）铺于不锈钢盘内，厚度约 10mm 2）120 ~ 140℃烘烤 6 ~ 8h，呈粉红色 3）压成团块 4）使用前于 120 ~ 140℃烘烤 2 ~ 4h	精炼剂

（续）

名　称	准 备 要 素	用 途
氯化锌	1）铺于不锈钢盘或陶瓷容器内 2）在 370～400℃的炉中熔化，熔化开始后，氯化锌溶液剧烈沸腾和冒烟，冒白烟转变成冒黄烟，直到溶液表面不再冒泡 3）将熔化好的氯化锌在干净的容器内浇成薄片 4）保存在 150～200℃的恒温箱内待用	精炼剂
氟硅酸钠	1）平铺于不锈钢盘内，厚度约 10mm 2）在烘箱内于 350～400℃烘烤 2～4h 3）冷却后按规定用量与六氯乙烷混合后压成块，或者用铝箔分包，保持干燥待用	添加剂
二氧化钛	1）平铺于不锈钢盘内厚度约 10mm 2）在烘箱内于 400～500℃烘烤 3～4h 3）冷却后按规定用量与六氯乙烷混合后压成块，或者用铝箔分包，保持干燥待用	添加剂
氯气、氮气、氩气	1）使用前应经过浓硫酸干燥器和氯化钙干燥器进行脱水处理 2）干燥箱内应清洁无锈迹，氯化钙装入前应在 300～400℃下烘烤 1h 3）浓硫酸、氯化钙应根据实际情况定期更换（一般 1～2 月）	精炼剂
四氯化碳	1）将泡沫耐火砖或石棉绳烘烤脱水，用铝箔包好，上留一小孔 2）将称量好后的四氯化碳自小孔缓慢注入，然后封闭小孔	精炼剂
钠盐变质剂	（1）烘烤法 1）在不锈钢盘内铺平 2）在 300～400℃烘烤 3～4h 3）将结成的硬块粉碎并用 40 号筛过筛，放在干燥器内备用 4）使用前称重，置于炉边预热待用 （2）熔融法 1）将混合后的盐在坩埚中熔化 2）升温使其沸腾至无气泡及无烟时搅拌均匀，浇入预热的锭模内 3）凝固后粉碎，放在干燥器内备用 4）使用前称重，置于炉边预热待用	变质剂

4. 熔炼浇注设备和工具

（1）常用的熔炼浇注工具

1）浇勺（容量为 0.5～1kg），其结构及尺寸见图 3-110 和表 3-121。

2）浇包（容量为 0.5～7kg），其结构及尺寸见图 3-111a 及表 3-122。浇包（容量为 8～20kg），其结构及尺寸见图 3-111b 及表 3-123。

表 3-121　浇勺尺寸

容量/kg	D/mm	B/mm	R/mm	d/mm
0.5	100	115	5	8
1	125	140	7	10

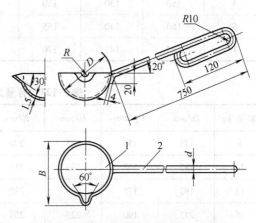

图 3-110　浇勺的结构（材料：Q235A）
1—勺　2—手柄

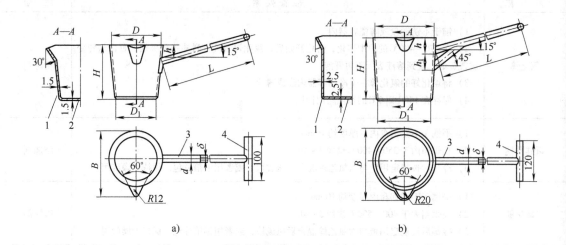

a)　　　　　　　　　　　　　　　　b)

图 3-111　浇包的结构

1—外壳　2—底　3—手柄　4—把手

表 3-122　容量为 0.5~7kg 的浇包尺寸

容量/kg	D/mm	D_1/mm	H/mm	h/mm	B/mm	d/mm	δ/mm	L/mm
0.5	70	55	75	15	85	15	2	800
1	90	70	95	20	105	15	2	800
1.5	100	75	105	25	115	15	2	800
2	110	95	115	30	130	15	2	800
2.5	120	100	125	35	140	15	2	800
3	125	105	130	40	145	15	2	800
3.5	130	110	140	45	150	18	2.5	1000
4	140	120	150	50	165	18	2.5	1000
5	150	130	160	55	175	18	2.5	1000
6	160	140	165	60	185	18	2.5	1000
7	165	145	170	65	190	18	2.5	1000

表 3-123　容量为 8~20kg 的浇包尺寸

容量/kg	D/mm	D_1/mm	H/mm	B/mm	h/mm	h_1/mm	d/mm	δ/mm	L/mm
8	175	155	185	200	60	65	20	2.5	1200
10	185	165	195	215	60	70	20	2.5	1200
12	195	175	205	230	65	70	20	2.5	1300
16	215	190	225	255	70	75	25	3	1300
20	230	200	240	275	75	80	25	3	1300

3）过滤浇包的结构如图 3-112 所示。

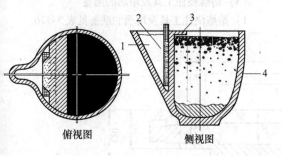

俯视图　　　　　　侧视图

图 3-112　过滤浇包的结构

1—干净合金液　2—过滤器
3—挡板　4—坩埚

4）撇渣勺的结构及尺寸见图 3-113 及表 3-124。

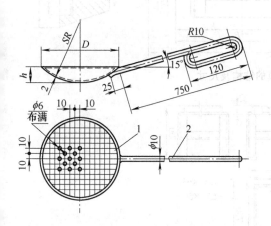

图 3-113　撇渣勺的结构

1—圆盘（材料：20）
2—手柄（材料：Q235A）

表 3-124　撇渣勺尺寸

D/mm	120	150
h/mm	20	25
SR/mm	100	125

5）精炼钟形罩的结构及尺寸见图 3-114 及表 3-125。

表 3-125　精炼钟形罩的尺寸

D/mm	60	80
H/mm	80	100

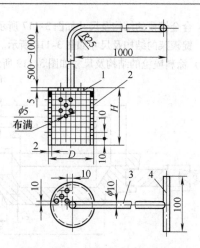

图 3-114　精炼钟形罩的结构

1—罩盖（材料：20）　2—罩体（材料：20）
3—弯杆（材料：Q235A）　4—手柄（材料：Q235A）

6）变质处理压罩的结构及尺寸如图 3-115 所示。

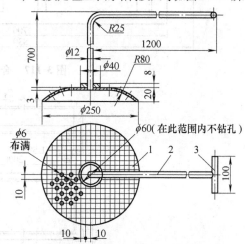

图 3-115　变质处理压罩的结构及尺寸

1—罩（材料：20）　2—弯杆（材料：Q235A）
3—手柄（材料：Q235A）

7）中间合金锭模的结构及尺寸如图 3-116 所示。

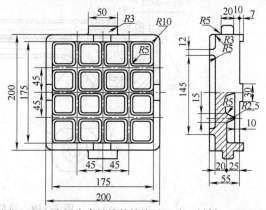

图 3-116　中间合金锭模的结构及尺寸（材料：HT200）

8）合金锭模的结构及尺寸如图 3-117 所示。

9）锭模架的结构及尺寸如图 3-118 所示。

10）涂料喷枪的结构及尺寸如图 3-119 所示。

（2）熔炼炉的选择（参见第 11 章）

（3）熔炼浇注工具及坩埚的准备

1）熔炼浇注工具及坩埚的准备见表 3-126。

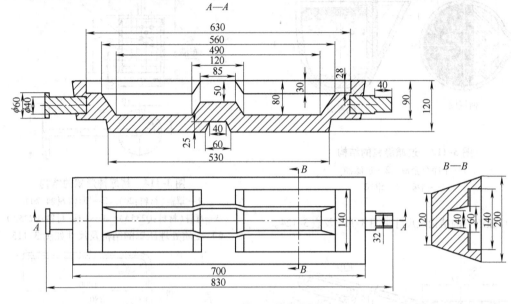

图 3-117　合金锭模的结构及尺寸

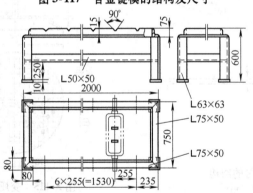

图 3-118　锭模架的结构及尺寸

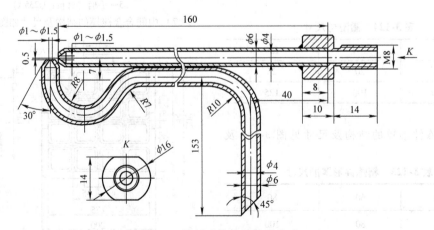

图 3-119　涂料喷枪的结构及尺寸

表 3-126 熔炼浇注工具及坩埚的准备

工作名称	工作内容
清理	1) 用钢丝刷、铁铲、錾子等工具去除坩埚或其他熔炼工具表面的氧化物、熔渣等污物 2) 喷砂处理 3) 检查坩埚，不应有裂纹、穿孔和明显的变形等
预热	预热至 200 ~ 300℃，坩埚或其他工具呈暗红色
涂料	1) 在坩埚和工具表面均匀喷涂涂料，涂料厚度为 0.5 ~ 1.5mm，坩埚底部稍厚 2) 发现喷涂涂料脱落，应清理干净后重新喷涂 3) 涂料后坩埚和工具要继续加热至 550℃ 以上使用，或者氧化锌型涂料呈淡黄色后使用 4) 连续熔炼同一牌号合金时，允许每两炉次喷涂坩埚一次

2) 铸铁坩埚建议渗铝后使用，以延长其使用寿命。铸铁坩埚外表面喷砂，除去锈和油污，预热至 150 ~ 250℃，平稳压入温度为 840 ~ 860℃、铁含量（质量分数）为 6% ~ 8% 的铝铁合金液中，保温 45 ~ 60min，取出冷却；然后在渗铝层表面涂一层厚度为 0.5 ~ 1mm 的涂料（见表 3-116），自然干燥 24h 后放在炉内加温至 1000℃ ± 20℃，保温 5h 后随炉冷却至 600℃ 以下。

3) 石墨坩埚的准备。采用石墨坩埚熔炼中间合金、高纯度合金时，新的石墨坩埚在使用前可按图 3-120 所示的曲线进行焙烧，以去除坩埚的水分防止炸裂。旧石墨坩埚使用前应预热至 250 ~ 300℃。

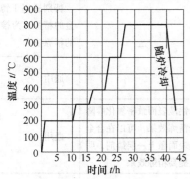

**图 3-120 石墨坩埚焙烧
时间 - 温度曲线**

5. 精炼

（1）常用精炼方法 铝合金在熔炼过程中，合金液中存在气体（主要是氢）、非金属夹杂物及其他金属杂质等，容易导致铸件产生气孔、夹杂、针孔、裂纹，材料力学性能降低等缺陷。要求在 100g 铝铸件中，一般用途铸件的氢含量为 0.15 ~ 0.20cm³，航空航天及军用铸件的氢含量为 0.1cm³ 以下。铸造中常采用精炼工艺和过滤等措施去除合金中有害的夹杂和气体。

常用的铸造铝合金的精炼方法有熔剂精炼法、气体精炼法和真空精炼法等。

1) 熔剂精炼法。精炼熔剂一般为含氯化合物，如氯化锌（$ZnCl_2$）、氯化锰（$MnCl_2$）、六氯乙烷（C_2Cl_6）、四氯化碳（CCl_4）和氟利昂（F_{12}）等。主要是利用这些物质中的氯（Cl）与合金液中的铝（Al）反应形成氯化铝（$AlCl_3$），氯（Cl）与合金液中的氢（H）反应形成氯化氢（HCl），以气泡形式浮出合金液过程中，吸附合金液中的非金属夹杂和氢。

2) 气体精炼法。铸造铝合金气体精炼使用的气体主要包括惰性气体和活性气体两种。

① 铝合金精炼用惰性气体应与铝液及溶解的氢不起化学反应，也不溶解于铝中，一般采用氮气或氩气。惰性气体吹入铝液后，形成许多细小的气泡。气泡在从合金液中通过的过程中，合金液中的氧化夹杂被吸附在气泡的表面上，合金液中的氢向气泡中扩散，并夹杂和氢随气泡上浮到合金液表面被带出合金，达到净化合金液的精炼作用。高温下氮和铝液反应形成氮化铝，氮气精炼温度一般控制在 710 ~ 720℃。镁和氮易生成氮化镁，因此铝镁系合金不希望用氮气精炼。

② 铝合金精炼活性气体主要是氯气。氯气本身不溶于铝中，但氯与铝以及铝液中的氢和铝迅速发生反应形成 HCl 和 $AlCl_3$（沸点 183℃），而且都是气态，不溶于铝液，它和未参加反应的氯一起形成气泡上浮，吸附夹杂和氢，达到精炼合金的作用。氯气对铝合金液的精炼净化效果比氮气效果好，工程上一般采用氮气与氯气的混合（体积混合比例为 9∶1）气体精炼铝合金。氯气精炼显著降低钠变质效果，一般变质在氯气精炼后进行。氯气精炼会导致合金铸锭结晶组织粗大。工程上还使用混合气体加熔剂粉末的精炼工艺，夹带熔剂的气泡进入合金液后，粉状熔剂熔化，以液体熔剂膜的形式包围着气泡表面，提高了气泡表面的活性，加强了吸附除渣和吸氢能力，显著提高精炼效果。

3) 真空精炼法。真空精炼时，根据气体溶解度与其分压的平方根关系，真空下溶解在铝液中的氢有强烈的析出倾向，会形成气泡，在气泡上浮过程中吸附非金属夹杂并带出铝合金液，使铝合金液得到净化。

常用精炼方法比较见表 3-127。

(2) 常用的精炼工艺参数（见表 3-128）

(3) 气体精炼设备结构（见图 3-121）

表 3-127　常用精炼方法比较

精炼方法	精炼剂	操作方法	优点	缺点	适用范围
熔剂（含氯化合物）	六氯乙烷	钟罩压入	精炼效果好，操作方便，设备简单，精炼剂不吸湿，易于保存	反应剧烈，不易控制。成本高，污染环境	铸造铝合金通用精炼剂，特别适合 Al-Cu 合金
	氯化锌		操作方便，设备简单，价格便宜	吸湿性强，精炼效果差，锌元素污染部分合金	适于废料重熔及二次合金精炼，质量要求低的铸件
	氯化锰		操作方便，设备简单，价格便宜，吸湿性较氯化锌小	烘烤不适当，会降低精炼效果，精炼后合金液中残留有锰元素	含锰的铝合金
	氟利昂	专用设备	精炼效果好	设备复杂，有污染	通用
	四氯化碳	钟罩压入或使用设备	除气效果好，同时对合金有细化晶粒作用	合金中镁的损耗大，设备复杂	ZL101 合金使用效果好
	成品精炼剂	钟罩压入	使用方便，污染少，成本低，一些精炼剂有变质和细化晶粒的作用	精炼效果差异较大	根据说明书使用
气体	氯气	专用设备	精炼效果非常好	精炼工艺复杂，设备要求高，对人体有害和对厂房设备有腐蚀，需要采取一定的防护措施	对针孔度要求极严格的铸件
	氯气+氮气或氩气	专用设备	精炼效果好，可以减轻氯气对人体的损害和对厂房设备的腐蚀	设备复杂	通用
	氮气或氩气	专用设备	精炼效果好，成本低，无污染，设备简单	—	特别适用于锶变质合金的精炼，为推荐采用的精炼技术
	气体+熔剂	专用设备	精炼效果好，质量稳定，无污染		通用
真空	静态真空	将合金液置于4kPa 以下的真空环境中	精炼效果好，不污染合金液	铝液表面致密氧化膜降低精炼效果，可以在合金液表面撒上一层熔剂，明显提高精炼效果	通用
	静态真空加电磁搅拌	将合金液置于真空下，同时进行电磁搅拌	对合金液施加电磁搅拌，可以提高合金液深层的除气速度	设备复杂，钠、镁、锌等易挥发元素的烧损增加	有特殊要求的铸件，如针孔度要求严格、厚大铸件等
	动态真空	将合金液置于真空下，然后向炉内喷射合金液	最大限度地去除合金液中的气体	设备复杂，工艺要求严格	

表 3-128 常用的精炼工艺参数

精炼剂	适用合金	精炼剂用量 （质量分数，%）	精炼温度/ ℃	精炼时间/ min	静置时间/ min	备 注
六氯乙烷 + 二氧化钛	Al-Cu、Al-Si	0.5 ~ 0.7	700 ~ 730	10 ~ 12	10 ~ 15	—
六氯乙烷 + 氟硅酸钠	ZL101、ZL104、ZL105	0.5 ~ 0.8	710 ~ 750	10 ~ 12	10 ~ 15	—
氯化锌	ZL104、ZL101	0.25	710 ~ 720	5 ~ 8	8 ~ 10	—
	一般合金	0.15 ~ 0.2	690 ~ 710	5 ~ 8	8 ~ 10	
氯化锰	ZL201	0.2 ~ 0.3	710 ~ 730	5 ~ 8	5 ~ 10	—
氯气	ZL105	15 ~ 20Pa	680 ~ 700	10 ~ 15	5 ~ 10	—
氯气 + 氮气或氩气	通用	15 ~ 20Pa	710 ~ 720	10 ~ 15	5 ~ 10	—
氮气或氩气	通用	15 ~ 20Pa	700 ~ 720	15 ~ 20	5 ~ 10	—
光卤石或氟化钙	Al-Mg 合金	2 ~ 4	660 ~ 680	搅拌至合金液面呈镜面，熔渣与合金液分离	—	含 Be、Ti 合金
光卤石（或钡熔剂）	Al-Mg 合金	1 ~ 2	680 ~ 700		—	不含 Be、Ti 合金
四氯化碳	Al-Si 合金	0.2 ~ 0.3	690 ~ 710	7 ~ 10	10 ~ 15	—
	Al-Cu 合金		700 ~ 720			
真空精炼	Al-Si 合金 Al-Cu 合金	真空度：剩余压力小于4kPa	750 ~ 800	10 ~ 15	—	为了增加精炼效果，可以在合金液表面撒二元或三元熔剂

注：1. 铸件针孔度要求严格、炉料质量差及潮湿季节，精炼剂用量取上限。
    2. 压铸合金可以在低于表列精炼温度的下限20℃精炼。

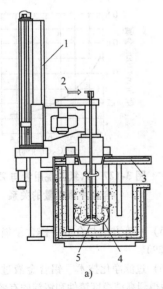
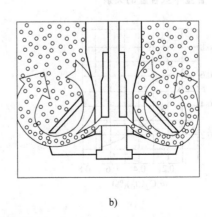

图 3-121 气体精炼设备结构

a) 气体精炼设备 b) 喷嘴

1—升降装置 2—惰性气体 3—出液口 4—挡板 5—旋转喷嘴

（4）常用精炼方法与合金中气含量的关系（见图 3-122～图 3-127）

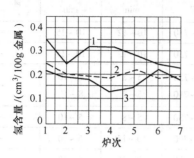

图 3-122　不同精炼剂精炼后 ZL101 合金中的氢含量

1—用量 $w(ZnCl_2)$ 为 0.25%

2—用量 $w(C_2Cl_6)$ 为 0.6%

3—用量 $w(C_2Cl_6)75\%$ +
$w(Na_2SiF_6)25\%$，总计为 0.6%

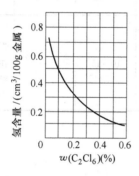

图 3-123　六氯乙烷用量与 ZL101 合金中氢含量的关系

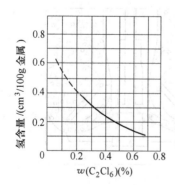

图 3-124　六氯乙烷用量与 ZL105 合金中氢含量的关系

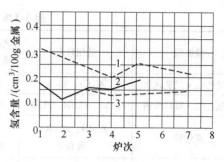

图 3-125　不同精炼剂精炼后 ZL104 合金中的氢含量

1—$w(ZnCl_2)$ = 0.25%　　2—$w(C_2Cl_6)$ = 0.6%

3—[$w(C_2Cl_6)50\%$ + $w(Na_2BF_4)25\%$ +
$w(NaF)25\%$] = 0.6%

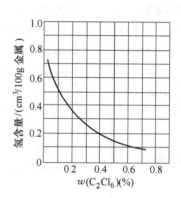

图 3-126　六氯乙烷用量与 ZL104 合金中氢含量的关系

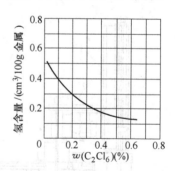

图 3-127　六氯乙烷用量与 ZL201 合金中氢含量的关系

（5）精炼方法与合金中镁含量损耗的关系（见表 3-129）

（6）过滤净化技术　铝合金液过滤技术配合精炼成为得到高纯净度铸件和铸锭的有效手段。目前广泛采用的铝合金液过滤器主要有陶瓷纤维编织网、陶瓷过滤器、泡沫过滤器和金属网等。

表 3-129 精炼方法与合金中镁含量损耗的关系

精炼剂	合金代号	$w(Mg)$（%）			备 注
		配料成分	精炼后成分	损耗量	
氯化锌	ZL101	0.4	0.35		第二次精炼损耗约为10%
	ZL104	0.28	0.24	10 ~ 15	
	ZL105	0.5	0.45		
六氯乙烷	ZL101	0.4	0.32		—
	ZL104	0.35	0.26	20 ~ 25	
	ZL105	0.56	0.49		
六氯乙烷50% 二氧化钛50%	ZL105	0.6	0.48	20	
六氯乙烷75% 氟硅酸钠25%	ZL105	0.6	0.46	23	
四氯化碳	ZL101	0.44	0.32	27	
惰性气体	ZL116	0.50	0.46	8 ~ 10	—

注：数据为电阻坩埚炉熔炼数据。精炼剂中的百分数为质量分数。

6. 变质剂和变质处理

（1）钠（Na）变质　钠变质主要用于亚共晶铝硅合金，在合金液中加入质量分数为 0.015% 的钠对合金液有明显的变质效果，钠变质后的合金液浇注铸件后，钠元素残留质量分数一般在 0.002% 左右。铸造铝合金钠变质一般使用钠盐混合物，先将配制好的钠盐变质剂在 300 ~ 400℃ 下预热，然后将预热后的变质剂撒在合金液面上，保持 10 ~ 12min，此时应不断地打碎硬壳使气体排出，然后用压勺将碎壳压入合金液内 3 ~ 5min，深度为 100 ~ 150mm。取出压勺撇渣，若熔渣过稀，可用适量的（100 ~ 200g）经充分预热至 300 ~ 400℃ 的氟化钠、氟化钙或冰晶石造渣。钠盐变质处理在清理熔渣后就可以达到最佳效果，变质效果会随着时间的延长而降低，一般钠盐变质有效合金液的使用时间在 45min 以内。钠盐变质处理效果受工艺参数影响而波动很大。常用钠盐变质工艺参数见表 3-130。

表 3-130 常用钠盐变质工艺参数

变质剂名称	变质剂用量（占合金液的质量分数，%）	变质处理温度/℃	二次变质的变质剂用量（占剩余合金液的质量分数，%）
二元	1 ~ 2	800 ~ 810	0.5 ~ 1.0
三元	2 ~ 3	725 ~ 740	0.5 ~ 1.0
通用一号	1 ~ 2	800 ~ 810	0.5 ~ 1.0
通用二号	2 ~ 3	750 ~ 780	0.5 ~ 1.0
通用三号	2 ~ 3	710 ~ 750	0.5 ~ 1.0

（2）锶（Sr）变质　在亚共晶铝硅合金中加入质量分数为 0.02% ~ 0.10% 的锶，可以获得与钠变质同样的效果，并且具有长效变质作用。变质作用有效时间可达 6 ~ 7h，但锶变质合金液有 30 ~ 45min 的孕育期。锶可以以多种形式加入到合金液中，工程上一般采用铝锶中间合金进行变质处理。铝硅合金常用的变质用锶合金有 AlSr90、AlSr5、AlSr10、AlSr10Ti1 和 AlSr10Si14 等。AlSr5、AlSr10 和 AlSr10Ti1 合金在合金液中熔化缓慢，会沉入合金液底部，使用时应持续搅拌 10min 左右。AlSr10Si14 合金密度小，易浮于合金液表面，应采用钟罩等工具将其压入合金液中。

锶的重熔再生能力通常在 90% 以上，锶变质合金重熔仍有变质效果，如果金属中残留质量分数为 0.008% 的锶元素，就可以产生明显的变质效果，重熔合金应适当减少变质剂加入量。锶变质合金的吸气倾向提高，含氯精炼剂会显著降低锶的变质效果，应采用惰性气体精炼工艺对锶变质合金进行精炼。锶变质与钠变质实际上可以同时使用。

（3）锑（Sb）变质　在合金中加入质量分数为 0.15% ~ 0.3% 的锑可以得到长效变质的效果，锑变质一般不受保温时间、精炼和重熔的影响，可作为永久变质剂。用锑的质量分数为 5% ~ 8% 的铝锑中间合金将锑加到合金中。加锑变质的合金对铸造凝固速度敏感，若凝固冷却速度低或铸件壁厚较大时会降低变质效果。锑会与合金中的镁形成 Mg_3Sb_2 化合物，降低了镁的强化作用。锑变质与钠、锶不相容，经钠变质的合金再加锑会形成 Na_3Sb，使晶粒变粗、性能变坏。部分锑化合物有毒，锑变质合金不能用于制造与食物和药品等接触的产品。

（4）磷（P）变质　磷对过共晶铝硅合金有一定的变质作用。过共晶铝硅合金变质主要是改变初生硅的尺寸和形状，在合金液中，磷与铝形成高熔点且与硅晶体结构相似的 AlP_3 颗粒，可作为出生硅晶核。过共晶铝硅合金磷变质的加入形式一般有磷铜合金、铝磷化合物、硅磷化合物、镁磷化合物、赤磷或氯化磷（PCl_3、PCl_5）复合变质剂等。氯化磷在162℃升华，可以通过氯气、氮气等载体吹入合金液中。磷变质合金重熔仍有变质效果。磷与钠、锶产生反应，抵消彼此的变质作用，不能同时使用。

（5）其他变质方法　稀土金属（RE）对铸造 Al-Si 合金具有一定的变质作用，合金中加入质量分数为 $0.1\% \sim 1.5\%$ 的 RE 可以产生变质效果，RE 变质具有长效性和重熔性。铋（Bi）可作为铝硅合金长效变质剂。工程上采用 $AlBi_5$ 中间合金形式加入，

铋的加入量为合金液质量分数的 $0.2\% \sim 0.8\%$。铋的密度为铝的4倍，在合金液中易产生偏析。铋变质不能获得完全变质的作用，只适用于不重要的铸件。碲（Te）有良好的变质和细化 $\alpha - Al$ 枝晶的作用，加入量为合金质量分数的 0.1% 左右，碲变质的孕育期为40min，具有长效变质作用，重熔后也保持其变质作用。钡（Ba）是一种铝硅合金长效变质剂，加入量为合金液质量分数的 $0.05\% \sim 0.08\%$，工程上以 Al-Si-Ba 中间合金的形式加入。碲和钡变质对铸件冷却速度敏感，缓冷铸件变质效果差。硫对过共晶合金也有一定的变质作用。近年来成品变质剂的使用日益广泛，这种成品变质剂使用方便但效果差别较大，其处理工艺请参照产品说明书。

7. 晶粒细化

常用的铸造铝合金晶粒细化剂有中间合金细化剂、粉状盐类细化剂等，见表3-131。

表3-131　常用的铸造铝合金晶粒细化剂

种类	系列	成分（质量分数）	状态	规格
中间合金形式细化剂	Al-Ti	Al-3% Ti Al-6% Ti Al-10% Ti	Waffle 锭	1 ~ 22kg
	Al-3Ti-B	Al-3% Ti-1% B Al-3% Ti-0.6% B Al-3% Ti-0.2% B	Waffle 锭丝	1 ~ 22kg $\phi 8 \sim 10mm$
	Al-5Ti-B	Al-5% Ti-1% B Al-5% Ti-0.6% B Al-5% Ti-0.2% B	Waffle 锭丝	1 ~ 22kg $\phi 8 \sim 10mm$
	Al-Ti-C	—	—	—
	Al-Sr	Al-3.5% Sr Al-10% Sr	Waffle 锭	1 ~ 22kg
	Al-Ti-B-Sr	Al-5% Ti-1% B-1.5% Sr	Waffle 锭	1 ~ 22kg
粉状盐类细化剂	氟盐	K_2TiF_6	粉末	—
	混合盐	57% K_2TiF_6 +23% KBF_4 +20% C_2Cl_6	粉剂、片剂	—
	混合盐	41% K_2TiF_6 +29% KBF_4 +22% NaCl +8% Al（粉末）	粉剂、片剂	—

8. 熔炼工艺

（1）铝硅合金的典型熔炼工艺（见表3-132）

（2）铝铜合金的典型熔炼工艺（见表3-133）

（3）铝镁合金的典型熔炼工艺（见表3-134）

9. 浇注工艺（见表3-135）

表 3-132 铝硅合金的典型熔炼工艺

工序	ZL101	ZL104
加料熔化	1）未重熔的回炉料和重熔的回炉料 2）纯铝 3）铝硅中间合金 4）熔化后搅拌均匀 5）680 ~ 700℃时加镁	1）未重熔的回炉料和重熔的回炉料 2）纯铝、铝硅和铝锰中间合金 3）熔化后搅拌均匀 4）680 ~ 700℃时加镁
精炼	1）按 3.2.3 中相关工艺精炼 2）静置 15 ~ 20min 3）撇渣	1）按 3.2.3 中相关工艺精炼 2）静置 15 ~ 20min 3）撇渣
变质	根据需要按 3.2.3 中相关要求进行变质处理	根据需要按 3.2.3 中相关要求进行变质处理
浇注	按铸件工艺要求进行浇注	按铸件工艺要求进行浇注

表 3-133 铝铜合金的典型熔炼工艺

工序	ZL201	ZL205A
加料熔化	1）加入回炉料，合金锭，纯铝、铝锰和铝钛中间合金 2）熔化后加入铝铜中间合金并轻微搅拌 3）加热至 740 ~ 750℃ 4）搅拌 3 ~ 5min	1）加入回炉料，合金锭，纯铝、铝锰、铝钒和铝锆中间合金 2）熔化后加入铝铜、中间合金和金属镉 3）熔化后在 740 ~ 750℃加入 Al-Ti-B 中间合金 4）搅拌 10 ~ 15min
精炼	1）710 ~ 720℃用六氯乙烷二氧化钛精炼剂精炼 2）静置 10 ~ 15min 3）按工艺要求调整温度	1）710 ~ 730℃用六氯乙烷二氧化钛精炼剂精炼 2）静置 10 ~ 15min 3）按工艺要求调整温度
浇注	1）浇注前轻微搅拌 2）按铸件工艺要求浇注	1）浇注前轻微搅拌 2）按铸件工艺要求浇注

表 3-134 铝镁合金的典型熔炼工艺

工序	含铍、钛的铝镁合金	不含铍、钛的铝镁合金
加料熔化	1）加入铝锭、铝铍、铝钛及其他中间合金 2）第一批炉料熔化后撒入质量分数为 2% ~ 4% 的覆盖剂（光卤石或氟化钙） 3）装入大块的回炉料和合金锭 4）炉料全部熔化后于 690 ~ 700℃ 将熔剂壳打破加镁	1）加入铝锭 2）熔化后加入质量分数为 5% ~ 6% 的光卤石熔剂覆盖于液面 3）装入回炉料和合金锭 4）熔化后于 690 ~ 700℃时加镁
精炼	于 660 ~ 680℃加入精炼剂并将熔剂压入合金液面之下，加以搅拌至熔剂与金属分离，金属液表面呈镜面	于 660 ~ 680℃将质量分数 1% ~ 2% 的光卤石或钡熔剂撒入，并搅拌至熔剂与金属分离，液面呈镜面
浇注	调整温度按铸件工艺要求浇注	调整温度按铸件工艺要求浇注

表 3-135　浇注工艺参数

合金代号	坩埚底部金属剩余量	保温浇注时间/h	总熔炼时间/h	浇注温度/℃	备注
ZL101、ZL102 ZL104、ZL105	150~200mm	2~3	4~6	680~760	—
ZL201	金属总重量的15%~20%	1~2	4~6	700~750	—
ZL203	150~200mm	2~3	4~6	700~760	—
ZL205A	150~200mm	1~2	4~6	700~750	—
ZL301 ZL303	金属总重量的15%~20%	2~3	4~6	680~740	采用有挡板的浇包浇注
ZL401	150~200mm	2~3	4~6	700~780	—

3.2.4　炉前检查

1. 温度

铝合金熔炼常用测温仪表有指针型、数字型、电位差计、大型圆图自动平衡记录调节仪和便携测温仪表等。铸造铝合金熔炼一般使用 K 型热电偶,为准确地控制合金液温度,经常在熔炼炉炉膛(电炉丝和坩埚外壁之间)内装一根热电偶,由仪表自动控制炉膛温度。另用一根热电偶插在合金液中,以在精炼、浇注等工序准确地测定合金液的温度。热电偶需装钢保护套管,炉膛控温热电偶常用不锈钢保护套管,合金液测温热电偶常用碳钢保护套管并在套管表面喷涂涂料。热电偶延长部分需要使用对应的补偿导线连接,不能使用普通导线。

2. 气体含量⊖

(1) 减压凝固检查方法 (参见第2章中2.3.4)

(2) 常压凝固检查方法　合金液精炼静置后,炉前在石墨(或陶瓷、砂型等)型中浇注 $\phi80mm \times 20mm$ 的圆饼形试样。在试样凝固过程中观察凝固表面上气泡析出情况以判断精炼的效果。浇注试样前石墨型应在 300~350℃ 预热。

(3) 炉前测氢仪 (见表 3-136)

表 3-136　炉前测氢仪

型号	测量范围/(cm³/100g 金属)	灵敏度/(cm³/100g 金属)	分析时间/min	特点
SQH-1	0.02~1.0	0.01	<5	—
MHS-806	0.1~2	0.01	3~5	—
HYSCAN	≤1.99	0.01	<5	—
ALUSPEED	0.05~9.99	0.01	<1	可以测氢、测密度、测熔渣,具有体积小、反应快、成本低等优点
CHAPEL	0~9.99	±0.015	<2s	具备连续和间隔测氢功能,多点同步测量,需要探头
ALSCAN	0~9.99	0.01	3~5	铝液直接测氢

3. 力学性能

为检验合金的力学性能,可浇注力学性能单铸试样、附铸试样或从铸件本体上切取试样。试样和浇注系统的尺寸如图 3-128~图 3-133 所示。对于有硬度要求的铸件,可以采用现场便携硬度计进行硬度测量。现场硬度计具有不破坏铸件、适用范围广、成本低和测试精度高、测量范围宽等特点,特别适合于一些大型铸件的硬度检测。

⊖　本章中氢含量单位使用 cm³/100g 金属和质量分数两种单位,cm³/100g 金属的意义为每100g 金属中含有气体在标准状态下的体积,其换算关系为:1cm³/100g 金属 = 0.0000896% 。

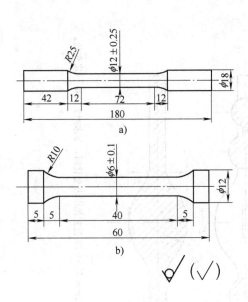

图 3-128 铝合金拉伸试验铸造试样

a）砂型和金属型 b）熔模精密铸造

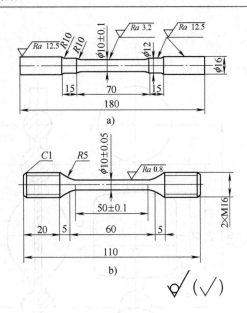

图 3-129 铝合金拉伸试验加工试样

a）光滑卡头试样 b）螺纹卡头试样

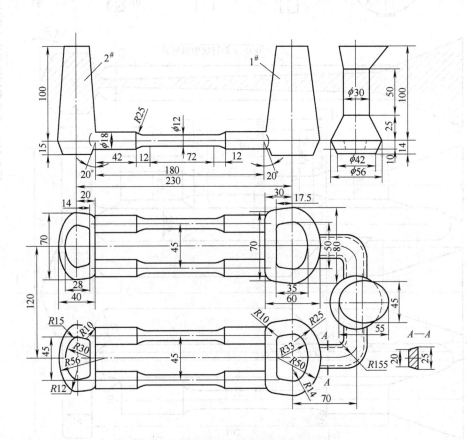

图 3-130 砂型铸造试样浇注系统结构及尺寸

注：Al-Si 系合金允许用全部 2 号冒口。

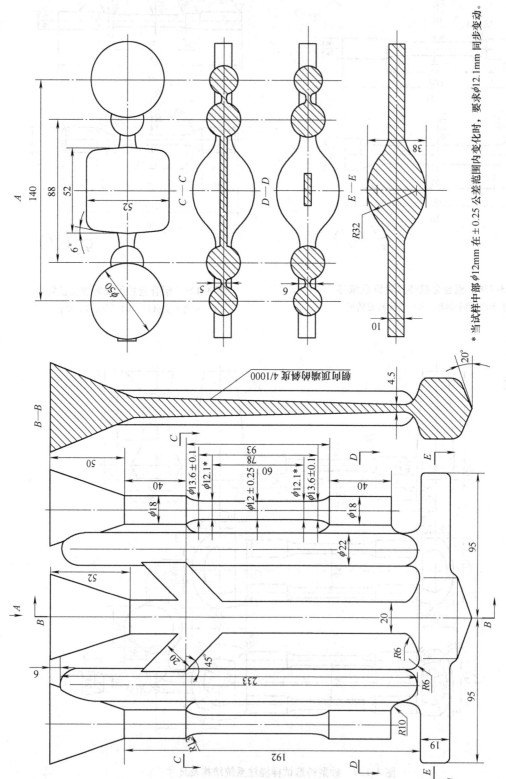

* 当试样中部 ϕ12mm 在 ±0.25 公差范围内变化时，要求 ϕ12.1mm 同步变动。

图 3-131　金属型试样浇注系统结构及尺寸

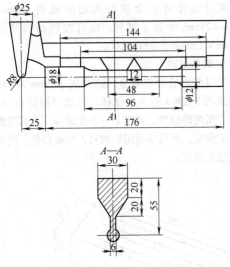

图 3-132 金属型试样浇注系统

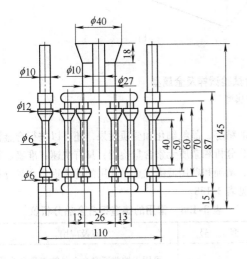

图 3-133 熔模铸造试样
浇注系统结构及尺寸

4. 晶粒度

炉前快速检测晶粒度装置如图 3-134 所示。钢环直径一般为 75mm 或 25mm，放置于多孔轻质耐火材

料上，将金属液浇注凝固后，可以显示晶粒度，也可以采用碱液腐蚀加强晶粒显示效果。

a)

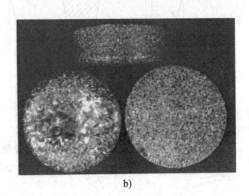

b)

图 3-134 检测晶粒度装置
a) 检测装置 b) 试样

5. 化学成分

常用的炉前合金成分检测方法有直读光谱仪、化学分析和热分析法等。为控制合金的化学成分，应每炉浇注化学成分分析试样。当进行化学分析时，应车（或钻）成切屑进行分析。化学分析试样通常在金属型内浇注，浇注温度通常以 700~730℃ 为宜，合金成分光谱分析试样如图 3-135 所示。小炉熔炼时（炉料重量小于 60kg）可浇注一个试样，大炉熔炼时（炉料重量 100kg 以上）可浇注两个或三个试样。浇注一个试样时应在精炼静置后、铸件浇注前浇注；浇注两个试样时应在铸件浇注到最后几个铸件前再浇 1 个试样；浇注 3 个试样时可在浇注铸件的开始、中间和最后各浇注一个试样。

图 3-135 合金成分光谱分析试样

6. 断口

断口检查常用于炉前检查 Al-Si 合金的变质效果。变质效果良好时，断口呈银白色，断口平整，组织细小呈丝绒状；变质过度时，断口呈青灰色有闪亮的白点，断口不平整，组织粗大；变质不足时，断口呈暗灰色，有 Si 的亮点，晶粒粗大。

断口检查也用于检查含钛合金的晶粒细化效果及有无粗大的片状 Al_3Ti 化合物。有时炉前还通过断口检查以判断精炼除渣的效果。

断口试样可在金属型内浇注成约 150mm × 35mm × 25mm 的扁平试样，也可在砂型内浇注成 ϕ30mm × 150mm 的圆柱试样。

7. 弯角试验

经过变质后的铝合金，浇注成 ϕ15mm × 200mm 试样或图 3-136a 所示的试样。待试样凝固冷却后，进行折断角的检验。对于某一合金试样，若其弯曲超过规定角度，而且断面组织致密，呈银白色，则表明变质效果良好。

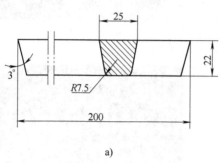 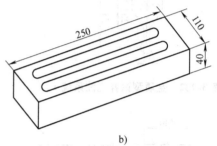

a)　　　　　　　　　　　　　　　　b)

图 3-136　变质效果检验弯角试验试样及金属型

a）试样　b）金属型

8. 金相

（1）常规金相分析　通过在铸件指定区域切取试样，进行磨平、抛光、浸蚀后，用肉眼直接观察或在金相显微镜下进行组织观察和分析，以评定铸件的组织。

（2）现场金相仪　现场金相仪较传统的金相分析方法具有快捷、方便等特点。几种现场金相仪的特点及应用见表 3-137。

表 3-137　几种现场金相仪的特点及应用

型号	放大倍数	特点及应用
XJB 系列	50 ~ 640	可以直接观察，也可以接数字照相机或通过微型计算机进行图像拍摄和定性、定量分析
DSM 型	25 ~ 800	可以配 135 型照相机进行直接金相拍摄，也可以接高分辨率视频显示系统或小型现场记录仪
XH 系列	100/400/500/600	配备磨光装置和照相系统

9. 其他现代分析技术

（1）热分析法　热分析法可以在炉前检测合金液的精炼、晶粒细化和变质效果，还可以进行合金液成分分析和杂质元素含量检测，具有快速、准确、简便、精确和费用低等优点。常用的铸造铝合金热分析仪见表 3-138。

表 3-138　常用的铸造铝合金热分析仪

型号	特点及应用
DTQ-1	可用于炉前评定合金晶粒细化和变质处理效果，可现场打印试验结果。它具有计算机接口，可用于储存和分析检测数据
SAMP	用于炉前检验合金的质量，可显示和打印检测结果
TA700SR、COM715	可根据合金牌号自动显示合金质量，存储有关数据并随时显示，可与直读光谱仪等设备连接
TA7604	炉前测定合金变质状况、晶粒细化的数据，以及与合金组织相关的各种热分析数据。它具有计算机接口、全自动测量，可与 EXCEL 等直接交换数据，进行数据统计和处理

（2）A 型速测仪　ZFB-A 型铸造铝合金速测仪是用于快速测量合金的变质效果，以及抗拉强度、断后伸长率和硬度等力学性能的新型铸造铝合金炉前检测仪器。它具有检测速度快、体积小、抗干扰能力强等特点。

3.3　热处理

3.3.1　热处理工艺分类及状态符号意义

1. 热处理工艺分类及原理

铝合金铸件的热处理指按某一热处理规范，控制加热温度、保温时间和冷却速度，改变合金的组织，其主要目的是提高力学性能，增强耐蚀性，改善加工性能，获得尺寸的稳定性。铝合金铸件的热处理工艺可以分为以下几类。

（1）退火　将铝合金铸件加热到较高的温度，一般约为 300℃ 左右，保温一定的时间后，随炉冷却到室温的工艺称为退火。在退火过程中，固溶体发生分解，第二相质点发生聚集，可以消除铸件的内应力，稳定铸件尺寸，减少变形，增大铸件的塑性。

（2）固溶处理　把铸件加热到尽可能高的温度，接近于共晶体的熔点，在该温度下保持足够长的时间，并随后快速冷却，使强化元组最大限度的溶解，这种高温状态被固定保存到室温，该过程称为固溶处理。固溶处理可以提高铸件的强度和塑性，改善合金的耐蚀性。固溶处理的效果主要取决于下列三个因素：

1）固溶处理温度。温度越高，强化元素溶解速度越快，强化效果越好。一般加热温度的上限低于合金开始过烧温度，而加热温度的下限应使强化组元尽可能多地溶入固溶体中。为了获得最好的固溶强化效果，而又不使合金过烧，有时采用分级加热的办法，即在低熔点共晶温度下保温，使组元扩散溶解后，低熔点共晶不存在，再升到更高的温度进行保温和淬火。固溶处理时，还应当注意加热的升温速度不宜过快，以免铸件发生变形和局部聚集的低熔点组织熔化而产生过烧。固溶热处理的淬火转移时间应尽可能地短，一般应少于 15s，以免合金元素的扩散析出而降低合金的性能。

2）保温时间。保温时间是由强化元素的溶解速度来决定的，这取决于合金的种类、化学成分、组织，以及铸造方式、铸件的形状及壁厚。铸造铝合金的保温时间比变形铝合金要长得多，通常由试验确定。一般来说，砂型铸件比同类型的金属型铸件要延长 20%~25%。

3）冷却速度。淬火时给予铸件的冷却速度越大，使固溶体自高温状态保存下来的过饱和度也越高，从而使铸件获得高的力学性能，但同时所形成的内应力也越大，使铸件变形的可能性也越大。冷却速度可以通过选用具有不同的热容量、导热性、蒸发潜热和黏滞性的冷却介质来改变，为了得到最小的内应力，工件可以在热介质（沸水、热油或熔盐）中冷却。

为了保证铸件在淬火后，同时具有高的力学性能和低的内应力，有时采用等温淬火的办法，即把经固溶处理的铸件淬入 200~250℃ 的热介质中并保温一定时间，把固溶处理和时效处理结合起来。

（3）时效处理　将固溶处理后的铸件加热到某一温度，保温一定时间后出炉，在空气中缓慢冷却到室温的工艺称为时效。如果时效强化是在室温下进行的称为自然时效；如果时效强化是在高于室温并保温一段时间后进行的称为人工时效。时效处理进行着过饱和固溶体分解的自发过程，从而使合金基体的点阵恢复到比较稳定的状态。

时效温度和时间的选择取决于对合金性能的要求、合金的特性、固溶体的过饱和程度以及铸造方法等。人工时效可分为三类：不完全人工时效，完全人工时效和过时效。不完全人工时效是在采用比较低的时效温度或较短的保温时间，获得优良的综合力学性能，即比较高的强度，良好的塑性和韧性，但耐蚀性可能比较低。完全人工时效是采用较高的时效温度和较长的保温时间，获得最大的硬度和最高的抗拉强度，但断后伸长率较低。过时效是在更高的温度下进行的，这时合金保持较高的强度，同时塑性有所提高，主要是为了得到好的耐应力腐蚀性能。为了得到稳定的组织和几何尺寸，时效应该在更高的温度下进行。过时效根据使用要求通常也分为稳定化处理和软化处理。

时效处理时，合金元素沉淀的过程大多需要经过以下四个阶段：

1）形成 G-P I 区。固溶体点阵内原子重新组合，出现溶质原子的富集区，伴随着点阵畸变程度增大，提高合金的力学性能，降低合金的导电性。

2）形成 G-P II 区。合金元素的原子以一定比例进行偏聚形成 G-P II 区，为形成亚稳相作准备，合金的强度进一步提高。

3）形成亚稳相。亚稳相也称过渡相，该相与基体呈共格联系。大量的 G-P II 区和少量的亚稳相相结合，使合金得到最高的强度。

4）形成第二相质点和第二相质点的聚集。亚稳相转变为稳定相，细小的质点分布在晶粒内部，较粗大的质点分布在晶界，还相继发生第二相质点的聚集，点阵畸变剧烈地减弱，显著地降低合金的强度，提高合金的塑性。

上述几个阶段不是截然分开的，有时是同时进行的，低温时效，第一、二阶段进行的程度要大些；高温时效，第三、四阶段进行得强烈些。

（4）循环处理　冷热循环处理（T9）工艺见表3-139。

经循环处理的铸件，由于多次加热和冷却引起固溶体点阵收缩和膨胀，使各相的晶格发生了少许位移，使第二相质点处于更加稳定的状态，从而提高了铸件尺寸的稳定性，适于精密零件的制造。

铝合金在低温下没有脆性断裂的倾向，随着温度的降低，力学性能有某些变化，强度有所提高，但塑性却降得很少，所以有时为了减小或消除铸件内应力，可将铸造或淬火后的铸件，冷却到 - 50℃、- 70℃或更低的温度，保持2～3h，随后在空气或热水中加热到室温，或者是接着进行人工时效，这种工艺称冷处理。

2. 热处理状态代号及意义

我国铸造铝合金热处理状态以及相近的国外铸造产品热处理状态代号见表3-140。

表3-139　冷热循环处理（T9）工艺

序号	规范名称	温度/℃	时间/h	冷却转移形式	序号	规范名称	温度/℃	时间/h	冷却转移形式
GJB 1695A—2009					QJ 1703A—1998				
1	正温处理	135～145	4～6	空冷	2	负温处理	≤ - 50	2～3	直接或室温停留后转入正温
1	负温处理	≤ - 50	2～3	在空气中回复到室温	2	正温处理	120 ± 5	3～6	空冷后或直接转入负温
1	正温处理	135～145	4～6	随炉冷至≤60℃取出空冷	2	正温处理	120 ± 5	3～6	空冷后或直接转入负温
2	正温处理	115～125	6～8	空冷	2	负温处理	≤ - 50	2～3	直接或室温停留后转入正温
2	负温处理	≤ - 50	2～3	在空气中回复到室温	2	正温处理	120 ± 5	3～6	炉冷或空冷
2	正温处理	115～125	6～8	随炉冷至室温	3	正温处理	100 ± 5	4～6	空冷后或直接转入负温
QJ 1703A—1998					3	正温处理	100 ± 5	4～6	空冷后或直接转入负温
1	正温处理	130 ± 5	3～6	空冷后或直接转入负温	3	负温处理	≤ - 196	2	空气中回复到室温后转入正温
1	负温处理	≤ - 50	2～3	直接或室温停留后转入正温	3	正温处理	100 ± 5	4～6	炉冷或空冷
1	正温处理	130 ± 5	3～6	炉冷或空冷					
2	正温处理	120 ± 5	3～6	空冷后或直接转入负温					
2	负温处理	≤ - 50	2～3	直接或室温停留后转入正温					
2	正温处理	120 ± 5	3～6	空冷后或直接转入负温					

表3-140　铸造铝合金热处理状态及代号

我国的热处理状态（GJB 1695A—2009）					相近的国外状态代号[1]			
类　别	代号	用　途	备　注		ISO[2]	英国原标准	德国原标准	法国原标准
人工时效	T1	对湿砂型、金属型，特别是压铸件，由于冷却速度较快，有部分固溶效果。人工时效可以提高强度、硬度，改善切削加工性能	1）在湿砂型或金属型铸造时，有固溶过度的铸件采用人工时效可以强化铸件，改善铸件性能 2）通过T1处理后的铸件可以得到表面粗糙度值小的加工表面 3）T1处理可以提高ZL104、ZL105等合金的强度		T5	TE	.8X[3]	YX[4]1
退火	T2	消除铸件在铸造和加工过程中产生的应力，提高尺寸稳定性以及合金的塑性	根据合金的种类及铸件的使用要求，选择适合的退火工艺规范		O	TS	—	—

（续）

我国的热处理状态（GJB 1695A—2009）				相近的国外状态代号[1]			
类 别	代号	用 途	备 注	ISO[2]	英国原标准	德国原标准	法国原标准
固溶处理加自然时效	T4	通过加热、保温及快速冷却实现固溶强化，以提高合金的力学性能，特别是提高塑性及常温耐蚀性	因为从固溶处理后到使用要经过较长的时间，所以实际上是固溶处理加自然时效	T4	TB TB7	.4X[3]	YX[4]2
固溶处理加不完全人工时效	T5	固溶处理后进行不完全人工时效，时效是在较低的温度和较短的时间下进行的，可进一步提高合金的强度和硬度	合金保持有高的塑性，但耐蚀性下降，特别是晶间腐蚀倾向增强				YX[4]4
固溶处理加完全人工时效	T6	可获得最高的抗拉强度，但塑性有所下降。时效在较高的温度和较长的时间下进行	合金耐蚀性降低	T6	TF	.6X[3]	
固溶处理加稳定化处理	T7	提高铸件组织和尺寸稳定性及合金的耐蚀性，主要用于较高温度下工作的零件，稳定化温度可以接近于铸件的工作温度	人工时效在高于 T6 的温度下进行，提高了合金抗应力腐蚀性能，同时还保持较高的力学性能	T7	TF7	.9X[3]	YX[4]5 ~ YX[4]8
固溶处理加软化处理	T8	固溶处理后采用高于稳定化处理的温度，获得高塑性和尺寸稳定化好的铸件	软化处理温度高于稳定化处理温度，铸件尺寸稳定，合金塑性提高但强度降低	—	—	—	—
冷热循环处理	T9	充分消除铸件内应力及稳定尺寸，适用于高精度铸件	冷却和加热的温度及循环次数取决于零件工作的条件和合金的性质，经机械加工后的零件承受循环热处理（冷却到 −70℃，有时到 −196℃，然后再加热到 350℃ 或其他温度）数次便可	—	—	—	—
铸造状态	F[5]	—	—	F	M	.0X[3]	YX[4]0
自然时效	—	从铸造浇注后的高温状态控制冷却速度，然后进行自然时效	部分提高铸件的综合力学性能，降低铸件热处理成本	T1	—	—	—

① 国内外对应的热处理状态为相近，不一定完全相同。

② ISO（ISO 3522）、欧盟（EN 1706）、美国（ASTM B917, ANSI H35.1/H35.1M）、日本（JIS H0001）等的热处理状态基本相同，表中列为通用规范，但有些国家的作废标准规范由于习惯仍在采用，本表对应列出。

③ "X" 代表一位阿拉伯数字，表示热处理状态大系列（第一位数字）的细分，在 .0X 中，X 表示铸造方法，如 1 表示砂型铸造，2 表示金属型铸造，5 表示压铸。

④ "X" 代表一位阿拉伯数字，表示铸件的铸造方法，如 "2" 代表砂型铸件，"3" 代表金属型铸件。

⑤ 铸造状态不属于热处理状态，为了进行对比，在此表中列出。

3.3.2 热处理设备及仪表

1. 热处理用炉

（1）铝合金用热处理炉（见表 3-141）

井式电阻炉占地面积小，生产率高，风扇安装方便，淬火槽可在电阻炉附近，靠炉外机械保证淬火速度，应用广泛。

表 3-141　铝合金用热处理炉

类　型	型　号	最高工作温度/℃	应用	特　点
箱式电阻炉	RX7 系列、RX9 系列	700～900	固溶、时效	占地面积小，成本低，工作容积大
井式电阻炉	RJ3 系列、RJ6 系列、RJ9 系列	300～900		重量轻、保温性好、升温快
底开门式电阻炉	RYL 系列	650		操作方便、转移时间短，适合大型铸件
台车式电阻炉	RT4 系列、RT5 系列、RT6 系列、RT7 系列、RT9 系列、JL 系列、NS 系列	400～900	退火、时效	操作方便、工作容积大、适合于大型工件加热

（2）热处理炉的特点　铝合金铸件固溶处理的温度接近于低熔点共晶组分的熔点，要求固溶处理和时效处理的温度波动范围窄，一般为 ±5℃（Ⅱ类），有时甚至为 ±3℃（Ⅰ类），所以对热处理用炉有以下要求：

1）加热炉的每个加热区至少有两只热电偶，一只接记录仪表，安放在有效加热区；另一只接控温仪表。其中至少一个仪表应具有报警功能并接报警装置。

2）热处理炉易于准确达到工作温度，并且调节温度方便，一般均设有自动调温和控温装置，以保证工作温度控制在规定误差范围之内。

3）炉内应安装空气强制循环的风扇，以保证工作室中各处温度均匀和提高热效率。

4）工作室内应设置使铸件和加热元件隔开的装置，以避免铸件局部过烧和加强气体循环。

5）加热炉必须定期检验有效加热区，并在明显位置悬挂带有有效加热区示意图的检验合格证。加热炉只能在有效加热区检验合格的有效期内使用。

6）现场使用的温度测量和控制系统，在正常使用状态下应定期进行系统检验。检验时，检测热电偶与记录仪表热电偶的热端应靠近。检验应在加热炉处于热稳定状态下进行。

2. 淬火槽及淬火冷却介质

（1）淬火槽

1）淬火槽应设在加热炉附近，一般不超过 1.5m，或者设在具有活动底的加热炉的下方，以保证尽可能短的转移时间。

2）淬火槽应设有加热装置和循环装置，以保证水的加热和水温均匀。

3）淬火槽应有足够的容量，以使淬火铸件迅速全部浸入水中，并使铸件得到迅速而均匀的冷却。

4）由于淬火槽不断污染，淬火槽中的水应当经常进行全部或部分更换。淬火槽应有槽盖。

（2）淬火冷却介质　淬火冷却介质的冷却速度越快，铸件淬火越激烈，α 固溶体的过饱和程度就越大，因而铸件的力学性能也就越高。按照冷却速度的降低程度，淬火冷却介质可按以下顺序排列：干冰和丙酮的混合物（-68℃）、冰水、室温下的水、加热到 80～90℃ 的水、沸水、经雾化过的水、油、加热到 200～220℃ 的油、空气。采用冰水以及干冰和丙酮混合物进行冷却时，合金的淬火最为强烈，而在静止空气中的冷却速度是最慢的。淬火冷却介质冷却速度越快，铸件残余应力越高，这种残余应力有可能引起铸件开裂，所以要根据铸件的复杂程度和合金特性选择不同冷却能力的淬火冷却介质。例如，铝镁合金要采用沸水或加热的油为淬火冷却介质，避免铸件开裂。现在也有一些成品的淬火冷却介质可以供选择使用，这些冷却介质可以根据需要调整其冷却速度等技术参数。常用铝合金淬火冷却介质见表 3-142。

3. 仪表及热电偶

（1）常用的铝合金热处理用仪表有电子长图记录仪、圆图自动平衡记录调节仪和可编程温度控制仪表等，特别是现在新型热处理炉基本采用可编程自动控温仪表和自动记录仪。

（2）热处理仪表及热电偶的技术要求

1）加热炉应配有自动记录、自动测温-控温和自动报警、断电的装置和仪表，以保证炉膛内温度的均匀和对温度的准确控制。

2）Ⅰ类炉的控温精度为 ±1℃，记录表指示精度不低于 0.2%，记录纸刻度不大于 2℃/mm，仪表检定周期为 3 个月，并出具误差合格证；Ⅱ类炉的控温精度为 ±1.5℃，记录表指示精度不低于 0.5%，记录纸刻度不大于 4℃/mm，仪表检定周期为半年，并出具误差合格证。

3）热电偶一般采用 K 型Ⅰ等或Ⅱ等，偶丝直径最大为 2.0mm，头部不带套管，最好使用偶丝直径为 0.5 ~ 1.0mm 的热电偶，以便减小温度的波动。热电偶的检定周期为三个月至半年，检定应出具带有误差的合格证。

4）现场系统校验用的标准电位差计精度应不低于 0.05 级，分辨力不低于 1μV，检定周期为半年。

3.3.3　热处理工艺参数及操作

1. 热处理工艺参数

铸件在不同的工作条件下对性能的要求不同，因此对于同一种合金的铸件常常采用不同的热处理工艺，以满足使用性能的要求。各种铸造铝合金不同热处理工艺参数见表 3-143 和表 3-144。

表 3-142　常用铝合金淬火冷却介质

名称	型号	技术条件	冷却速度/(℃/s)	特点及用途
水	—	—	177（在 30℃时）	通用、廉价
油	—	—	90 ~ 110（在 50℃时）	主要适用于铝镁合金
有机淬火冷却介质	CL-1	外观：淡黄色至黄色黏稠均匀液体 逆熔点：80 ~ 87℃ 密度：1.0857 ~ 1.1234g/cm³ 折光 n：1.4138 ~ 1.4450 黏度 y_{38}：≥154MPa·s 临界冷却速度（450 ~ 260℃）：≥260℃/s 凝固温度：-27℃	冷却能力介于水和油之间	1）可以与水以任何比例互溶，其浓度不同，冷却速度也不同，故可以调整冷却能力 2）清洗性能良好，淬火后工件表面光洁，无污染，不需再清洗且无害无毒。该淬火冷却介质还具有防锈能力，耐寒性能好
水基淬火冷却介质	AQ25-1	外观：半透明浅黄色液体 密度：1.078（15℃）g/cm³ 比热容：0.95J/(kg·K)（质量分数为 15% 的水溶液） 热导率：0.546W/(m·K)（质量分数为 15% 的水溶液） 黏：原液为 300MPa·s±20MPa·s 质量分数 10% 的水溶液为 1.90MPa·s	冷却能力介于水和油之间	无油烟，不燃烧，可以任意比例与水混合，调整其冷却参数。该淬火冷却介质不易老化变质，使用寿命长

表 3-143　铸造铝合金热处理工艺参数（GJB 1695A—2009）

序号	合金牌号	合金代号	热处理状态	固溶处理					时效处理		
				温度/℃	保温时间/h	冷却介质	介质温度/℃	最长转移时间/s	温度/℃	保温时间/h	冷却方式
1	ZAlSi7Mg	ZL101	T2	—	—	—	—	—	290 ~ 310	2 ~ 4	空冷或随炉冷
			T4	530 ~ 540	2 ~ 6	水	20 ~ 100	25	室温	≥24	空冷
			T5	530 ~ 540	2 ~ 6	水	20 ~ 100	25	145 ~ 155	3 ~ 5	空冷
			T6	530 ~ 540	2 ~ 6	水	20 ~ 100	25	195 ~ 205	3 ~ 5	空冷
			T7	530 ~ 540	2 ~ 6	水	20 ~ 100	25	220 ~ 230	3 ~ 5	空冷
			T8	530 ~ 540	2 ~ 6	水	20 ~ 100	25	245 ~ 255	3 ~ 5	空冷
2	ZAlSi7MgA	ZL101A	T4	530 ~ 540	6 ~ 18	水	20 ~ 100	25	室温	≥24	空冷
			T5	530 ~ 540	6 ~ 18	水	20 ~ 100	25	150 ~ 160	3 ~ 10	空冷
			T6	530 ~ 540	6 ~ 18	水	20 ~ 100	25	170 ~ 180	4 ~ 8	空冷
3	ZAlSi12	ZL102	T2	—	—	—	—	—	290 ~ 310	2 ~ 4	空冷或随炉冷
4	ZAlSi9Mg	ZL104	T1	—	—	—	—	—	170 ~ 180	3 ~ 17	空冷
			T6	530 ~ 540	2 ~ 6	水	20 ~ 100	25	170 ~ 180	8 ~ 15	空冷

（续）

序号	合金牌号	合金代号	热处理状态	固溶处理					时效处理		
				温度/℃	保温时间/h	冷却介质	介质温度/℃	最长转移时间/s	温度/℃	保温时间/h	冷却方式
5	ZAlSi5Cu1Mg	ZL105	T1	—	—	—	—	—	175~185	5~10	空冷
			T5	520~530	3~5	水	20~100	25	170~180	3~10	空冷
			T6	520~530	3~5	水	20~100	25	195~205	3~10	空冷
			T7	520~530	3~5	水	20~100	25	220~230	3~10	空冷
6	ZAlSi5Cu1MgA	ZL105A	T5	520~530	3~10	水	20~100	25	170~180	5~10	空冷
			T6	520~530	6~18	水	20~100	25	150~160	10~12	空冷
7	ZAlSi8Cu1Mg	ZL106	T1	—	—	—	—	—	175~185	3~5	空冷
			T5	510~520	5~12	水	60~100	25	145~155	3~5	空冷
			T6	510~520	5~12	水	60~100	25	170~180	3~10	空冷
			T7	510~520	5~12	水	20~100	25	225~235	6~8	空冷
8	ZAlSi7Cu4	ZL107	T6	510~520	8~10	水	60~100	25	160~170	6~10	空冷
9	ZAlSi12Cu2Mg1	ZL108	T1	—	—	—	—	—	190~210	10~14	空冷
			T6	510~520	3~8	水	60~100	25	175~185	10~16	空冷
			T7	510~520	3~8	水	60~100	25	200~210	6~10	空冷
10	AlSi12Cu1-Mg1Ni	ZL109	T1	—	—	—	—	—	200~210	6~10	空冷
			T6	495~505	4~6	水	60~100	25	180~190	10~14	空冷
11	ZAlSi5Cu6Mg	ZL110	T1	—	—	—	—	—	190~210	8~14	空冷
12	ZAlSi9Cu6Mg	ZL111	T6	分段加热 500~510 515~525	4~6 6~8	水	60~100	25	170~180	5~8	空冷
13	ZAlSi7Mg1A	ZL114A	T5	535~545	4~16	水	20~100	25	155~165	4~8	空冷
			T6	535~545	8~20	水	20~100	25	165~175	5~10	空冷
14	ZAlSi5Zn1Mg	ZL115	T4	535~545	10~12	水	60~100	25	室温	≥24	空冷
			T5	535~545	10~12	水	60~100	25	145~155	3~5	空冷
15	ZAlSi8MgBe	ZL116	T4	530~540	8~16	水	20~100	25	室温	≥24	空冷
			T5	530~540	8~16	水	20~100	25	170~180	4~16	空冷
16	ZAlSi20Cu1RE1	ZL117	T6	505~515	4~8	水	60~100	25	175~185	4~8	空冷
			T7	505~515	4~8	水	60~100	25	205~215	3~8	空冷
17	ZAlCu5Mn	ZL201	T4	分段加热 525~535 535~545	5~9 5~9	水	20~100	20	室温	≥24	空冷
			T5	分段加热 525~535 535~545	5~9 5~9	水	20~100	20	170~180	3~5	空冷
			T7	分段加热 525~535 535~545	5~9 5~9	水	20~100	20	190~200	3~6	空冷

（续）

序号	合金牌号	合金代号	热处理状态	固溶处理					时效处理		
				温度/℃	保温时间/h	冷却介质	介质温度/℃	最长转移时间/s	温度/℃	保温时间/h	冷却方式
18	ZAlCu5MnA	ZL201A	T4	分段加热 525~535 538~548	5~9 5~9	水	20~100	20	室温	≥24	空冷
			T5	分段加热 525~535 538~548	5~9 5~9	水	20~100	20	170~180	3~6	空冷
19	ZAlCu4	ZL203	T4	510~520	10~16	水	20~100	25	室温	≥24	空冷
			T5	510~520	10~15	水	20~100	25	145~155	2~4	空冷
20	ZAlCu5MnCdA	ZL204A	T6	533~543	10~18	水	20~60	20	170~180	3~5	空冷
21	ZAlCu5MnCdVA	ZL205A	T5	533~543	10~18	水	20~60	20	150~160	8~10	空冷
			T6	533~543	10~18	水	20~60	20	170~180	4~6	空冷
			T7	533~543	10~18	水	20~60	20	185~195	2~4	空冷
22	ZAlCu8RE2Mn1	ZL206	T5	532~542	10~15	水	20~100	20	145~155	2~4	空冷
			T6	532~542	10~15	水	20~100	20	170~180	4~6	空冷
			T8	532~542	10~15	水	20~100	20	分段时效 170~180 295~305	4~6 3~5	空冷
23	ZAlRE5Cu3Si2	ZL207	T1	—	—	—	—	—	195~205	5~10	空冷
24	ZAlCu5Ni2CoZr	ZL208	T7	535~545	4~6	水	70~100	20	210~220	15~17	空冷
25	ZAlCu5MnTiA	ZL210A	T4	540~550	10~14	水	20~100	25	室温	≥24	空冷
				分段加热 530~540 540~550	5~9 5~9	水	20~100	20	室温	≥24	空冷
			T5	540~550	10~14	水	20~100	20	150~160	3~8	空冷
				分段加热 530~540 540~550	5~9 5~9	水	20~100	20	150~160	3~8	空冷
			T6	540~550	10~14	水	20~100	20	165~175	6~10	空冷
				分段加热 530~540 540~550	5~9 5~9	水	20~100	20	165~175	6~10	空冷
26	ZAlMg10	ZL301	T4	425~435	12~20	沸水或热油	油50~100	25	室温	≥24	空冷
27	ZAlMg5Si1	ZL303	T1	—	—	—	—	—	170~180	4~6	空冷
			T4	420~430	15~20	沸水或热油	油50~100	25	室温	≥24	空冷

（续）

序号	合金牌号	合金代号	热处理状态	固溶处理					时效处理		
				温度/℃	保温时间/h	冷却介质	介质温度/℃	最长转移时间/s	温度/℃	保温时间/h	冷却方式
28	ZAlMg8Zn1	ZL305	T4	分段加热 430~440 485~495	8~10 6~8	沸水或热油	油 50~100	25	室温	≥24	空冷
29	ZAlZn11Si7	ZL401	T1	—	—	—	—	—	195~205	5~10	空冷
30	ZAlZn6Mg	ZL402	T1	—	—	—	—	—	175~185	8~10	空冷

注：T1—人工时效，T2—退火，T4—固溶处理 + 自然时效，T5—固溶处理 + 不完全人工时效，T6—固溶处理 + 完全人工时效，T7—固溶处理 + 稳定化处理，T8—固溶处理 + 软化处理。

表 3-144　常用国外铸造铝合金热处理工艺参数

合金代号	热处理状态及铸造方法	固溶处理			时效处理		
		加热温度/℃	保温时间/h	冷却介质及温度/℃	加热温度/℃	保温时间/h	冷却介质
201.0	T7	分段 515±5 527±5	2 14~20	水 65~100	188±5	5	空气
206.0	T4	分段 513±5 527±5	2 12	水 65~100	—		
	T7	分段 513±5 527±5	2 12	水 65~100	199±5	4~8	空气
355.0	T51	—	—	—	227±5	7~9	空气
	T6	527±5	4~12	水 65~100	154±5	2~5	空气
	T62(J)	527±5	4~12	水 65~100	171±5	14~18	空气
	T7	527±5	4~12	水 65~100	227±5	7~9	空气
	T71	527±5	4~12	水 65~100	246±5	3~6	空气
C355.0	T6(S)	527±5	12	水 65~100	154±5	3~5	空气
	T61	527±5	6~12	水 65~100	154±5	10~12	空气
356.0	T51	—	—	—	227±5	7~9	空气
	T6	538±5	4~12	水 65~100	154±5	2~5	空气
	T7(S、R)	538±5	12	水 65~100	204±5	3~5	空气
	T71(S、R)	538±5	12	水 65~100	246±5	2~4	空气
	T71(J)	538±5	12	水 65~100	227±5	7~9	空气
A356.0	T6(S、R)	538±5	12	水 65~100	154±5	2~5	空气
	T61(S、R)	538±5	12	水 65~100	165±5	6~12	空气
	T61(J)	538±5	6~12	水 65~100	154±5	6~12	空气
A357.0	T61	538±5	10~12	水 65~100	154±5	8	空气
ВАЛ10	T4	545$^{+3}_{-5}$	10~14	水 20~100	—	—	—

2. 热处理工艺参数对某些合金力学性能的影响

（见图 3-137 ~ 图 3-152）

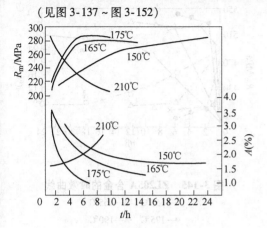

图 3-137　时效对 ZL101 合金
力学性能的影响

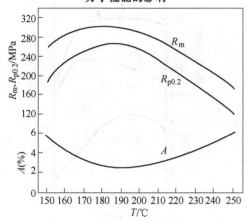

图 3-138　时效温度对 ZL101A
合金力学性能的影响

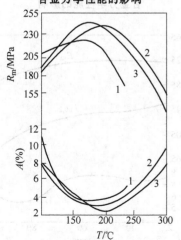

图 3-139　不同热处理工艺对 ZL104
合金力学性能的影响
1—等温淬火　2—回火 3h　3—回火 6h

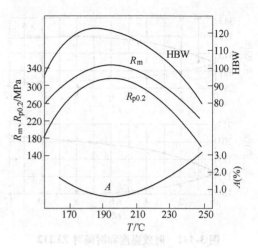

图 3-140　时效温度对 ZL105 合金
力学性能的影响

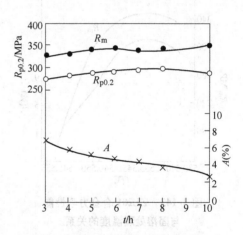

图 3-141　时效（175℃）对 ZL116 合金
力学性能的影响

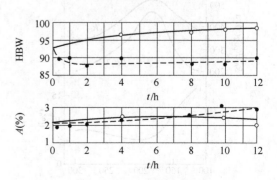

图 3-142　时效温度和时间对 ZL112
压铸合金性能的影响
○—170℃　●—225℃

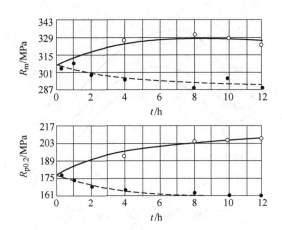

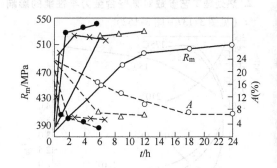

图 3-145　ZL205A 合金的时效曲线

○—155℃　△—165℃
●—175℃　×—190℃

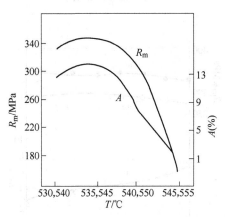

图 3-142　时效温度和时间对 ZL112
压铸合金性能的影响（续）

○—170℃　●—225℃

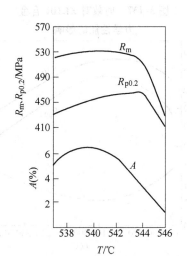

图 3-146　固溶处理温度对 ZL205A
合金力学性能的影响

图 3-143　ZL201 合金力学性能
与固溶处理温度的关系

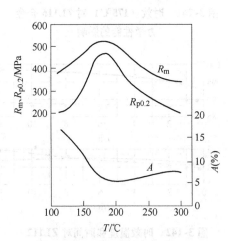

图 3-144　时效温度对 ZL204A
合金力学性能的影响

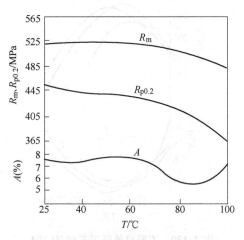

图 3-147　淬火水温对 ZL205A
合金力学性能的影响

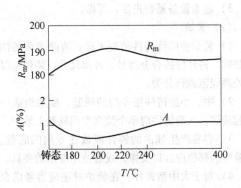

图 3-148　时效温度对 ZL207 合金
力学性能的影响

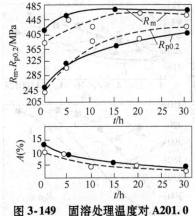

图 3-149　固溶处理温度对 A201.0
合金力学性能的影响
○—538℃/16h + 155℃　●—525℃/16h + 155℃

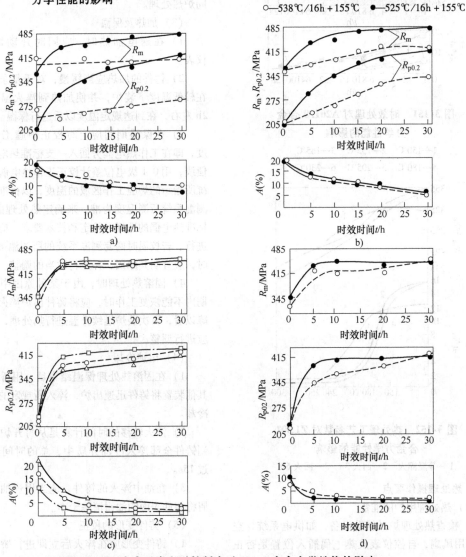

a)

b)

c)

d)

图 3-150　合金元素和时效制度对 201.0 合金力学性能的影响
a) 535℃ × 16h + 154℃　○—w(Ag) = 0　●—w(Ag) = 0.60%　b) 527℃ × 16h + 177℃　○—w(Mg) = 0
●—w(Mg) = 0.25%　c) 535℃ × 16h + 154℃　△—w(Cu) = 4.3%　○—w(Cu) = 4.7%　□—w(Cu) = 5.0%
d) 527℃ × 16h + 177℃　○—w(Mn) = 0.30%　●—w(Mn) = 0

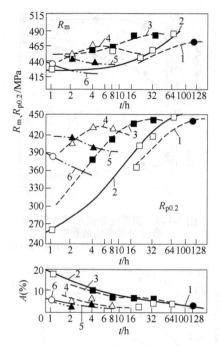

图 3-151　时效处理对 A201.0 合金
力学性能的影响

1—150℃　2—155℃　3—165℃
4—180℃　5—205℃　6—230℃

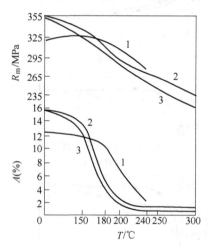

图 3-152　热处理工艺参数对 ZL301
合金力学性能的影响

1—等温淬火　2—回火 3h　3—回火 6h

3. 热处理操作要点

（1）热处理用炉的准备

1）检查热处理炉及辅助设备，如供电系统、空气循环用风扇，自控仪表及热电偶插入位置是否正常、合格。

2）检查在正常工作条件下，炉膛各处温差是否在规定范围（如 ±5℃）之内。

3）起重设备是否正常、可靠。

（2）装炉

1）装炉前应将铸件清理干净，清除表面的油污和脏物。铸件应按合金牌号、外廓尺寸、铸件壁厚及热处理规范进行分类。

2）中、小型铸件用专门的网篮、框架组成一批一起装炉，大型铸件应单个放在专用框架上装炉。

3）容易产生翘曲的铸件应放在专用的底盘上，其悬空的部位应加以支撑，或者使用专用的夹具。

4）对于大中型铸件，在装炉时还应当考虑合理的淬火方法。

5）检查铸件质量的单铸或附铸试样，应同铸件同炉热处理。

（3）加热及保温

1）在送电加热时，应同时开动风扇和控温仪表。

2）铸件的加热应当缓慢，对于复杂铸件，最好在较低温度下装炉，并使加热到淬火温度的时间为 2h 左右，在到达规定温度以后进行保温。

3）在保温期间应定时校正炉膛工作区域的温度，即在工作热电偶旁插入一支标准热电偶，接上补偿线，用 0.1 级电位差计校正工作热电偶及其测温系统所指示的炉膛工作区域的温度，以标准热电偶及其测温系统所测温度为准，来确定热处理的加热温度。标准热电偶的选择、检定和技术要求，应按有关规程进行。若校温时两套测温系统的所测温度差超过 3℃时，应查明其原因，并进行适当的调整。

4）固溶热处理时，由于某种原因中断保温而短期内不能恢复工作时，应将铸件出炉淬火；在排除故障以后，再次装炉继续升温进行热处理，其保温时间应进行调整。

（4）出炉冷却

1）在固溶热处理保温结束后，用桥式起重机或其他装置将铸件迅速出炉，淬入所规定的冷却介质中冷却。

2）淬火转移的时间计算是从打开炉门开始计算到铸件全部淬入冷却介质中，总的时间最好不应超过 15s。

3）在油中淬火的铸件，应当用煤油、汽油或木屑将铸件表面的油污清除干净。

（5）铸件变形的校正

1）铸件变形应在淬火后立即进行矫正，矫正模具和工具应在淬火前准备好。

2）根据铸件的特点和变形的具体情况，选择相应的矫正方法，矫正时用力不宜过猛，要缓慢均匀。

（6）时效

1）需进行人工时效的铸件，应按工艺在室温保持一定时间或淬火后尽快时效。

2）人工时效装炉炉温不得超过时效温度。

3）将自控仪表定温，然后送电加热，开动风扇。加热到规定温度后，按规定时间保温。

4）时效处理保温时间到后，断开电源，按处理规范让铸件出炉空冷。

（7）重复热处理　当热处理的铸件力学性能不符合要求时，可进行重复热处理，其保温时间可酌情缩短，次数不得超过两次。

（8）技术安全和其他

1）进行热处理操作时，操作者不得离开现场，应切实注意观察温度和设备运转情况，穿戴好防护用品，做好原始记录。

2）在装炉和出炉前必须切断电源。

3.3.4　热处理质量控制

1. 质量检查项目

（1）目视　观察工件的表面状况，目的在于发现是否有共晶体的析出物引起的表面起泡、氧化变黑，以及翘曲变形和裂纹等。

（2）尺寸　检查热处理后铸件的变形程度。检查铸件尺寸是否符合图样上所规定的尺寸精度等级。

（3）荧光　检查铸件热处理后及矫直后的表面裂纹。裂纹在荧光灯照射下以亮线或亮带的形式显示出来，而铸造缺陷，如气孔、缩孔、夹渣和疏松则呈现发亮的、不规则的或圆形的堆积物。

（4）射线　检查铸件热处理后内部裂纹。

（5）力学性能检查　检查单铸试样、附铸试样或铸件本体试样的拉伸性能，即抗拉强度和断后伸长率是否符合技术标准要求，其他力学性能检验根据供需双方的协议进行。

（6）金相　从试样或铸件本体上切取试样，检查热处理是否过烧和强化相是否溶解完全等。

2. 热处理缺陷及消除方法

铝合金铸件热处理常见缺陷的产生原因及消除方法见表 3-145。

表 3-145　铝合金铸件热处理常见缺陷的产生原因及消除方法

缺陷类型	特　征	产生原因	消除方法
力学性能不合格：热处理后铸件力学性能不符合标准或技术条件的规定	退火状态断后伸长率 A 偏低；固溶处理状态抗拉强度和断后伸长率 A 不合格，时效后抗拉强度和断后伸长率 A 不合格	1）铸件退火时，退火温度偏低或保温时间不足，或冷却速度太快 2）固溶处理时，温度过低或保温时间不够，或者淬火转移时间过长或淬火水温过高 3）不完全人工时效和完全人工时效温度偏高或时间过长而造成抗拉强度高而断后伸长率 A 不合格，温度低而时间短使抗拉强度低而断后伸长率 A 偏高 4）合金化学成分的偏差，如主要成分偏上限	1）再次退火，提高温度，或者延长保温时间，或者严格随炉冷却 2）将固溶温度提高到上限范围，或者延长保温时间，尽量缩短淬火转移时间，或者在保证淬火不变形、不开裂的情况下降低淬火水温或更换淬火冷却介质 3）再次固溶处理后调整时效的温度和时间 4）根据具体化学成分，重复热处理时调整热处理规范，并对下批铸件调整化学成分
淬火不均匀：由于铸件壁厚差或淬火方向不合理引起铸件淬火后组织和性能不均匀	铸件不同部位具有不同的力学性能，如厚大部位拉伸性能低，硬度低，甚至不合格	铸件局部加热和冷却不均，如厚大部位和薄小的部位加热和冷却不一，厚大部位热透慢，冷却慢	1）重新进行热处理，使厚大部位处于炉内的高温区，或者延长保温时间 2）使厚大部位先下水冷却 3）更换冷却介质 4）在铸件上涂刷涂料，使其均匀加热和冷却
变形：热处理过程中铸件处于高温时铸件支撑不合理或淬火后残余应力引起的铸件变形	热处理及随后的机械加工中铸件出现的形状变化和尺寸变化	1）加热速度过快 2）冷却太激烈 3）壁厚差大 4）装料不当，下水方式不对	1）降低升温速度 2）更换冷却介质或提高介质温度 3）在厚壁或薄壁部位涂刷涂料 4）采用适当夹具，选择正确的下水方向 5）淬火后立即对铸件进行矫正

（续）

缺陷类型	特　征	产生原因	消除方法
裂纹：铸件在热处理过程中出现穿透或不穿透的裂纹	经热处理后的铸件上出现裂纹，或者肉眼可见，或者荧光灯检验发现，其断口一般有氧化现象	1）加热速度过快 2）淬火冷却太激烈 3）壁厚差大 4）装料方法不对 5）化学成分不正确，如 ZL205A 合金中镉含量偏高	1）降低升温速度 2）更换冷却介质，或者提高介质温度，或者采用等温淬火 3）在壁厚或壁薄部位涂刷涂料 4）采用适当夹具，选择正确的下水方向 5）选择最合适的化学成分
过烧：由于加热温度过高使铸件表层严重氧化，晶界或枝晶间低熔点相熔化的现象	铸件表面有由于局部熔化所产生的结瘤；力学性能，特别是断后伸长率下降；金相组织中出现复熔物等	1）低熔点杂质元素含量偏高，如铝铜合金中的硅和镁含量偏高 2）不均匀地加热和加热过快，使工件局部加热温度超过过烧温度 3）炉内工作区的温度局部超过过烧温度 4）测量和控温仪表失灵，使炉温过高	1）选用合格炉料 2）选用合理的升温速度 3）分段加热 4）定期校测炉内各加热区的温度，使之不大于 ±5℃，个别偏高的部位不予装料 5）定期校正仪表，保证测温和控温准确无误
腐蚀：淬火后腐蚀性介质残留在铸件表面引起铸件局部腐蚀	盐浴处理铸件表面上，特别是在铸件有疏松的部位出现腐蚀斑点	1）熔融盐的氯化物含量过高 2）处理后，硝盐未洗干净	1）保证氯离子含量不超过规定 2）清洗干净铸件

3. 过烧及回复

（1）典型的过烧显微组织　对铸造铝合金，当固溶处理温度超过低熔点共晶温度时造成铸件的局部组织熔化称之为"过烧"。铸造铝合金的过烧显微组织如图 3-153 ~ 图 3-164 所示。

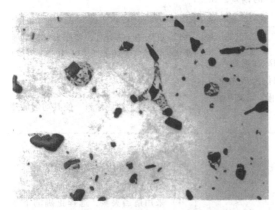

图 3-153　ZL101 合金严重过烧显微组织　×160

特征：圆形和三角形共晶复熔物，Si 相聚集长大

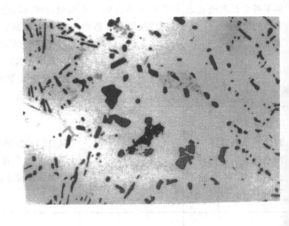

图 3-154　ZL107 合金

过烧显微组织　×200

特征：局部出现共晶复熔球，Si 相明显变粗

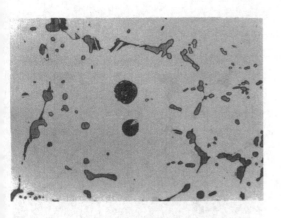

图 3-155　ZL101 合金过烧显微组织　×200

特征：局部共晶复熔物，Si 相变粗

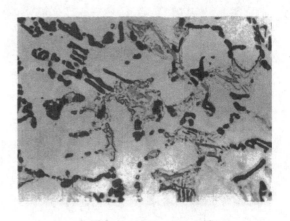

图 3-158　ZL109 合金过烧显微组织　×200

特征：局部出现共晶复熔物，Si 相聚集变粗

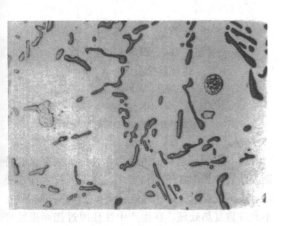

图 3-156　ZL108 合金过烧显微组织　×200

特征：共晶复熔较严重，Si 相聚集长大成
粗大块状和粒状

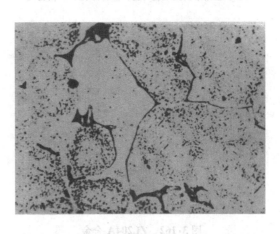

图 3-159　ZL201 合金严重过烧显微组织　×200

特征：晶界折线，空白区，三
角及圆形复熔物、晶界熔化

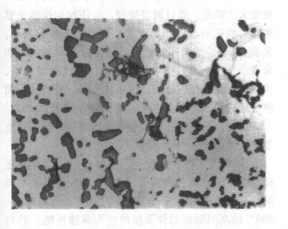

图 3-157　ZL105 合金严重过烧显微组织　×160

特征：共晶复熔及熔化晶界，Si 相球化并聚集变粗

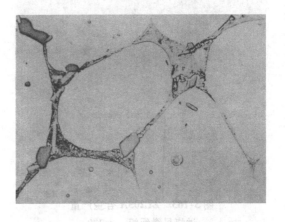

图 3-160　ZL205A 合金过烧显微组织　×200

特征：圆形黑色的孔洞和大块的空白区

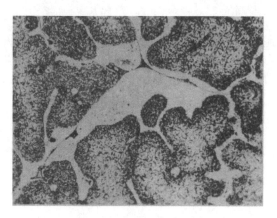

图 3-161　ZL203 合金严重

过烧显微组织　×200

特征：三角形及圆形复熔物，晶界熔化，Si 相变粗

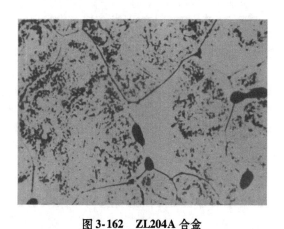

图 3-162　ZL204A 合金

过烧显微组织　×200

特征：晶界上出现三角形复熔物及大片空白区

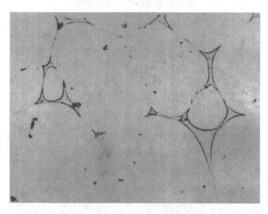

图 3-163　ZL205A 合金严重

过烧显微组织　×200

特征：晶界上有三角形共晶复熔物

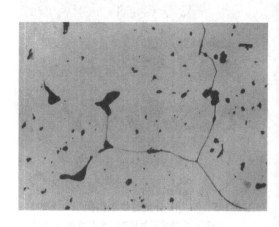

图 3-164　ZL301 合金严重

过烧显微组织　×200

特征：晶界熔化，

$\alpha(Al) + Mg_2Si$

共晶复熔、聚集和球化

（2）回复　过烧的铸件力学性能大大降低，特别是断后伸长率 A 下降得更多，达不到技术标准要求。按传统观念，铸件过烧后没有任何弥补的办法，不允许重复热处理。在生产中往往因过烧而报废许多产品，造成严重的损失。能否挽救过烧，20 世纪 80 年代前后，通过对 ZL205A、ZL204A 及 ZL201A 合金过烧的大量研究工作，得出了有益的结论。

ZL205A、ZL204A、ZL201A 合金过烧后，拉伸性能大大降低，通过回复处理，可使拉伸性能恢复到正常状态的性能水平，甚至有的性能略有提高，见表 3-146。所谓回复处理就是当合金中氢的体积分数小于 1×10^{-7} 和过烧后不产生裂纹的情况下，将铸件重复进行热处理，在某些情况下适当延长固溶处理时间。若合金中氢的体积分数高于 1×10^{-7} 时，可将合金铸件进行真空去氢处理后，再进行重复热处理。

ZL205A（T6）合金经回复处理后，检查其显微组织，未发现过烧特征，与正常 T6 组织基本相同，同时也测定了合金的 KV、HBW、低周疲劳、200℃的高温瞬时拉伸及拉伸应力腐蚀性能，并与正常 T6 处理状态对比，无明显差异，其冲击值还略有提高。

表 3-146　铝铜合金过烧和回复的拉伸性能

合金代号及状态	试样形式	$w(Cu)(\%)$	热处理制度	抗拉强度 R_m/MPa	条件屈服强度 $R_{p0.2}/MPa$	断后伸长率 $A(\%)$
ZL205A(T6)	单铸试样加工成 $\phi10mm$	4.85	过烧①	500	—	2.6
			正常 T6	525	455	7.2
			回复	535	480	6.3
		5.10	过烧②	465	—	1.3
			正常 T6	525	460	4.0
			回复	550	465	6.2
		5.33	过烧②	455	—	1.2
			正常 T6	520	475	3.9
			回复	535	480	4.4
	单铸试样 $\phi12mm$	4.91	过烧③	505	—	2.4
			正常 T6	510	—	4.4
			回复	535	—	5.5
ZL204A(T6)	单铸试样加工成 $\phi10mm$	4.9	过烧④	455	405	2.5
			正常 T6	495	390	10.0
			回复	520	420	7.0
ZL201A(T4)	单铸试样 $\phi12mm$	4.9	过烧⑤	285	—	9.5
			正常 T4	335	—	15.5
			回复	320	—	13.2

① 538℃保温 14h 再升温到 555℃，保温 4h 淬火，然后在 175℃ ±5℃时效 4h。
② 538℃保温 14h 再升温到 545℃，保温 4h 淬火，然后在 175℃ ±5℃时效 4h。
③ 544℃保温 6h 淬入室温水，然后在 175℃ ±5℃时效 4h。
④ 540℃保温 14h 再升温到 545℃，保温 3h 淬火，然后在 175℃ ±5℃时效 3h。
⑤ 560℃保温 2h 淬入 82℃水中。

3.4　质量控制和铸造缺陷

3.4.1　质量控制项目和方法

1. 化学成分分析方法（表 3-147）

2. 力学性能

（1）铸件的分类　根据工作条件、用途以及在使用过程中如果损坏所能造成的危害程度，铸件分为三类，见表 3-19。

（2）力学性能检验（见表 3-148）

3. 铸件表面和内在质量检验（见表 3-149）

表 3-147　化学成分分析方法

项目	方　　法	标　　准
炉前分析	1）在下列情况下采取炉前分析：连续熔炼，合金化学成分要求严格，合金中某些元素成分不易掌握 2）使用炉前直读光谱仪或热分析方法 3）在化学成分不合格时及时调整，至合格为止 4）在合金精炼后浇注化学成分分析试样	GB/T 7999—2015

（续）

项　目	方　　法	标　　准
常规分析	1）使用单铸的化学成分试样或在铸件的浇冒系统上取化学分析试样 2）小炉（50kg以下）可以在浇注中间取样，大炉（100kg以上）应在浇注前、中、后期各取1~2个试样 3）在保证分析精度的情况下，允许用其他的方法测定合金的化学成分 4）合金化学成分第一次分析不合格，允许重新取样分析，第二次分析不合格，则铸件报废	GB/T 20975.1~37—2008—2020 HB/Z 5218—2004
仲裁分析	对合金的成分分析有疑问时，应以化学分析结果为准	

表 3-148　力学性能检验

检验内容	检验规则
1）Ⅰ类铸件除用单铸试样（或附铸试样）检验力学性能外，还应按供需双方商定的比例，从铸件的指定部位和非指定部位切取试样检验力学性能。切取试样部位由用户在图样中规定，无明确规定时，由铸件生产厂确定 2）Ⅱ类、Ⅲ类铸件用单铸试样或附铸试样检验力学性能 3）一般情况下，硬度不作检验，当设计有要求时，可进行硬度试验 4）对重量小于10kg或不便于切取拉伸试样的Ⅰ类铸件，可检验铸件的硬度，抽检比例由供需双方商定	1）单铸试样检验力学性能，首次送检一根，性能合格则该炉合金力学性能合格。否则，再取两根重新送检，如两根都合格则该炉合金性能合格，否则不合格 2）热处理状态单铸试样送检不合格，允许重复热处理后重新送检，但重复热处理一般不超过两次 3）单铸试样带铸皮进行检验，也允许车削为直径10mm±0.1mm试样送检 4）当肉眼发现试样存在铸造缺陷时，或者由于试验本身故障造成检验结果不合格时，可以不计入检验次数中，可更换试样重新送检 5）每炉合金不论浇注何种铸型铸件，都允许用砂型单铸试样检验合金力学性能 6）硬度试块可取自拉伸试样卡头端，硬度检验与拉伸性能检验同时进行，且验收方法一致 7）铸件切取性能试验应符合表3-19规定 8）同熔炼炉次、同热处理状态铸件，不同热处理炉次中已经在一个热处理炉次中检验合格，则另一热处理炉次中该熔炼炉次铸件可按同热处理炉次中任一熔炼炉次的合格试样交付。如果单铸试样或附铸试样不合格，需从铸件上切取试样时，应从该热处理炉次的各个熔炼炉次中随机或按供需双方商定的方法选取铸件，切取试样测定力学性能 9）铸件切取性能抽检不合格时，可加倍抽检，如果加倍抽检试样都合格，则该批铸件力学性能合格，否则不合格。不合格铸件允许重新热处理后取样检验，但只允许重复热处理两次。每次热处理后，若单铸试样不合格，铸件切取试样力学性能合格，则该熔炼炉次铸件合格

表 3-149　铸件表面和内在质量检验

检验方法	超声检测	工业CT	X射线检测	渗透检测	工业内窥镜	表面粗糙度比较样块
缺陷部位	内在质量	内在质量	内在质量	表面开口	内表面	表面
缺陷种类	裂纹类、孔洞类和夹杂类	孔洞类、夹杂类	孔洞类、夹杂类、裂纹类	裂纹类、穿透类、疏松	内孔的形状、表面质量	表面粗糙度

（续）

检验方法	超声检测	工业 CT	X 射线检测	渗透检测	工业内窥镜	表面粗糙度比较样块
检验速度	较快	较快	慢	慢	快	快
优点	轻便、穿透力强，易于实现自动化，灵敏度高，能够准确判定缺陷的位置、形状、大小等	准确可靠，可以准确确定缺陷的位置、形状等	适用范围广，检测准确	方便、简单，成本低，设备要求低	方便，无须破坏铸件检验铸件内孔质量	简单易用
缺点	使用范围小，难以检测小、薄和复杂铸件。探伤时需要耦合剂和标准样片等	设备昂贵，检测费用高	设备昂贵，射线对身体有害	铸件检测前后需要清洗，判断缺陷的经验性要求高	设备成本高，操作复杂	需要根据测量参数更换探头
有关标准	HB/Z 59—1997	—	GB/T 11346—2018 HB/Z 60—1996 HB 6578—1992 HB 5395—1988 HB 5396—1988 HB 5397—1988	HB/Z 61—1998 GB/T 18851.1~6—2008~2014	—	GB/T 6060.1—2018 GB/T 15056—2017

4. 气密性

要求气密性的铸件应按图样或专用技术文件的规定对铸件逐个进行气密性检验。不合格时可按专用技术文件进行浸渗处理（参考 3.5.6 节内容）。

5. 金相组织

（1）低倍检验　用来检查铸件宏观组织和某些铸造缺陷如疏松、针孔等。低倍检验一般是在铸件指定区域切取试样，经平整、磨光和腐蚀后，用肉眼或低倍放大镜对试样进行检查。低倍检查按 HB 963《铝合金铸件》、GB/T 9438《铝合金铸件》、JB/T 7946.3《铸造铝合金针孔》和 JB/T 7946.4《铸造铝铜合金晶粒度》等进行。常用的低倍浸蚀剂见表 3-150。

表 3-150　常用的低倍浸蚀剂

配　比	用　法	用　途
质量分数为 10%~15% NaOH 水溶液	溶液加热至 60~80℃，浸入试样 1~2min，试样表面形成黑膜，然后在 30%~50% 硝酸溶液中清洗，除去黑膜	铸件针孔度显示和含铜合金晶粒度显示
45mL 盐酸 15mL 硝酸 15mL 氢氟酸 25mL 水	用配置好的浸蚀剂擦拭试样或试样浸入浸蚀剂 15~20s，然后用水清洗	铝合金晶粒度显示
5mL 盐酸 25mL 硝酸 5g 氯化铁	室温浸入试样，表面形成棕色膜后在质量分数为 30%~50% 硝酸溶液中清洗，除去棕色膜	铝合金细晶粒显示
5mL 盐酸 5mL 硝酸 10mL 氢氟酸 380mL 水	室温浸入试样 3~5min，表面形成黑膜后在 20%~30% 硝酸溶液中清洗，除去黑膜	一般铝合金晶粒度显示
150~160g 氯化铜 1000mL 水	试样先在质量分数为 5~10% 的氢氟酸水溶液中轻度浸蚀，然后在氯化铜溶液中浸蚀形成黑膜，在质量分数为 50% 的硝酸溶液中去除黑膜	含硅合金的晶粒度显示

（续）

配　比	用　法	用　途
50mL 盐酸 25mL 硝酸铁 25mL 水	擦拭试样表面形成黑膜，在流水中清洗后在质量分数为25%硝酸中去除黑膜	含硅合金的晶粒度显示

（2）显微分析　显微分析是用于检验铸件的高倍组织和某些铸件缺陷，如过烧、晶粒粗大、变质不足或变质过度等。显微分析试样从铸件指定区域切取，经磨平、抛光后直接或经过浸蚀后在显微镜下观察分析，显微组织一般使用体积分数为0.5%氢氟酸水溶液或混合酸水溶液进行铸造铝合金试样的高倍浸蚀。铸件显微分析标准参考 JB/T 7946.1《铸造铝硅合金变质》和 JB/T 7946.2《铸造铝硅合金过烧》等。

6. 尺寸检验（见表3-151）

3.4.2　常见的铸造缺陷（见表3-152）

表 3-151　铸件尺寸检验

检验方法	常规量具	专用检具	工业 CT	激光扫描或照相	三坐标
检验部位	外形	特定的外形结构	内腔及其他常规量具不可达的部位	外形面和外表结构	外形面和外表结构

表 3-152　常见的铸造缺陷

名　称	特　征	形成原因	防止方法及修补
气孔	1）气孔主要呈梨形、圆形或椭圆形 2）孔壁表面光滑，带有金属光泽 3）大多存在于铸件皮下，大气孔单独存在，小气孔成群出现 4）油烟气孔呈油黄色	1）合金液浇注时被卷入的气体在合金液凝固后以气孔的形式存在于铸件中 2）金属与铸型反应后在铸件表皮下生成皮下气孔 3）合金液中的夹渣或氧化皮上附着的气体被混入合金液后形成气孔	1）浇注时防止空气卷入 2）合金液在进入型腔前先经过滤网，以去除合金中的夹渣、氧化皮和气泡 3）更换铸型材料或加涂料层，防止合金液与铸型发生反应 4）在允许焊补部位将缺陷清理干净后进行焊补
针孔	1）均匀分布在铸件的整个断面上的析出性小孔（直径小于1mm） 2）凝固快的部位孔小数量少，凝固慢的部位孔大数量多 3）在共晶合金中呈圆形孔洞，在凝固间隔宽的合金中呈长形孔洞 4）在 X 光底片上呈小黑点，在断口上呈互不连接的乳白色小凹点	合金液溶解的气体（主要为氢）在合金凝固过程中自合金中析出而形成的均布形式的孔洞	1）对合金液彻底精炼除气 2）在凝固过程中加大凝固速度，防止溶解的气体自合金中析出 3）铸件在压力下凝固，防止合金液溶解的气体析出 4）炉料、辅助材料及工具应干燥
缩孔和缩松	1）铸件凝固过程由于补缩不良形成的孔洞 2）缩孔相对集中，形状极不规则，孔壁粗糙并带有枝晶状，常出现在铸件最后凝固部位 3）缩松细小而分散地出现在铸件的断面上 4）铸件缩孔和缩松引起气密性试验的渗漏	1）铸件冒口位置和尺寸与热节不配套，不能有效补缩引起的缩孔 2）同时凝固的铸件厚大部位不能有效获得补缩引起缩松	合理设计铸件浇冒系统和浇注位置，尽量保证铸件顺序凝固和冒口充分补缩，可以减轻缩孔和缩松产生

（续）

名　称	特　征	形成原因	防止方法及修补
疏松 （显微缩松）	1）呈海绵状的不紧密组织，严重时呈缩孔 2）孔的表面呈粗糙的凹坑，晶粒大 3）断口呈灰色或浅黄色，热处理后为灰白、浅黄或灰黑色 4）多在热节等铸件缓慢凝固部位产生，分布在枝晶间或枝晶内 5）在 X 光底片上呈云雾状，荧光检查时呈密集的小亮点	1）合金液除气不干净形成气体性疏松 2）最后凝固部位补缩不足 3）铸型局部过热、水分过多、排气不良	1）保持合理的凝固顺序和补缩 2）炉料洁净 3）在疏松部位放置冷铁 4）在允许焊补的部位可将缺陷部位清理干净后焊补
夹杂	由涂料、造型材料、耐火材料等混入合金液中而形成的铸件表面或内部的与基体金属成分不同的质点	1）外来物混入合金液并浇注入铸型 2）精炼效果不良 3）铸型的内腔表面的外来物或造型材料剥落	1）仔细精炼并注意扒渣 2）熔炼工具涂层附着牢固 3）浇注系统及型腔应清理干净 4）炉料应保持清洁 5）表面夹杂可打磨去除，必要时可进行焊补
冷隔	1）铸件上穿透或不穿透性的，边缘呈圆角状的裂纹 2）多出现在远离浇口的宽大薄壁部位，金属汇合部位，以及冷铁和芯撑等激冷部位	1）金属液浇注温度太低 2）金属液充型流程太长 3）壁厚太小 4）冷铁或芯撑冷却能力太强	1）适当提高浇注温度 2）调整浇冒系统位置，减小合金液流程 3）适当加大薄壁铸件的壁厚 4）减少冷铁或芯撑尺寸
夹渣	1）氧化夹渣以团絮状存在于铸件内部，断口呈黄色或灰白色，无光泽 2）熔剂夹渣呈暗褐色点状，夹渣清除后呈光滑表面的孔洞，在空气中暴露一段时间后，有时出现腐蚀特征 3）一般存在于铸件上部或浇注死角部位	1）精炼变质处理后除渣不干净 2）精炼变质处理后静置时间不够 3）浇注系统不合理，二次氧化皮卷入合金液中 4）精炼后合金液搅动或被污染	1）严格执行精炼、变质、浇注工艺要求 2）浇注时应使合金液流平稳地注入铸型，并采用过滤技术 3）炉料应保持洁净，回炉料处理及使用量应严格遵守工艺规程
裂纹	1）铸件凝固后在较低的温度下产生的裂纹称为冷裂。冷裂纹一般有金属光泽，常穿过晶粒延伸到整个断面 2）铸件在凝固后期或凝固后在较高的温度下形成的裂纹称为热裂。热裂纹断面呈氧化特征，无金属光泽，多产生在热节区尖角内侧，厚薄断面交汇处，常与疏松共生，热裂纹沿晶粒边界产生和发展，外形曲折无规则 3）由于铸件补缩不当、收缩受阻或收缩不均匀而产生的裂纹称为缩裂，一般出现在铸件刚凝固后	1）铸件各部分冷却不均匀 2）铸件凝固和冷却过程受到外界阻力而不能自由收缩，内应力超过合金强度而产生裂纹	1）尽可能保持顺序凝固或同时凝固，减少内应力 2）细化合金组织 3）选择适宜的浇注温度 4）增加铸型和型芯的退让性

（续）

名　称	特　征	形成原因	防止方法及修补
偏析	1）用肉眼或低倍放大镜可见的化学成分不均匀性称为宏观偏析 2）用显微镜或其他仪器方能确定的显微尺度范围内的化学成分不均匀性称为微观偏析，分为枝晶偏析和晶界偏析	1）宏观偏析一般是由于熔炼过程中某些元素的化合物因密度与基体不同而沉淀或上浮 2）合金凝固过程中由于溶质再分配引起某些元素或低熔点物质在晶界或枝晶间富集导致微观偏析	1）宏观偏析可以通过适当缩短合金液的停留时间，浇注时充分搅拌合金液，在合金液中加入阻碍初晶浮沉的元素，降低浇注温度或加快凝固速度等方法减弱 2）晶粒细化、加快冷却速度和均匀化热处理可以减轻微观偏析
外渗豆	1）铸件表面上形成豆粒状的凸起物 2）金相检查一般为低熔点共晶富集区	当铸件中心部位尚未凝固时，铸件表面收缩中心未凝固的液相穿透表面相层渗出而生成	1）适当降低浇注温度 2）适当提高铸型的冷却能力 3）延长开型时间
金相组织不合格	1）晶粒粗大 2）变质不足或变质过度 3）其他有金相要求的项目不合格	1）晶粒细化不充分 2）变质处理孕育期短或停留时间太长，变质剂使用量不合适	1）采用科学合理的晶粒细化和变质工艺 2）炉前检测并及时调整合金液质量
化学成分不合格	主要元素含量超过上限或低于下限，杂质元素超过允许的上限含量	1）中间合金或预制合金成分不均匀或成分分析误差过大 2）炉料计算或配料称量错误 3）熔炼操作失当，易氧化元素烧损过大 4）熔炼搅拌不匀，易偏析元素分布不均	1）炉前分析化学成分不合格时可适当进行调整 2）最终检验化学成分不合格时可会同设计和使用部门协商处理
力学和物理性能不合格	铸件强度、硬度、断后伸长率以及耐热、耐蚀、耐磨和电性能等不符合技术条件规定	合金化学成分不合格、金相不合格或热处理工艺不合适等因素	根据需要调整合金化学成分、热处理工艺等

3.5　表面处理

3.5.1　机械精整

　　机械精整是对铸件进行边缘和表面修整，改善铸件外观的平整面，使铸件表面和边缘光滑，消除尖角应力集中，延长铸件使用寿命。机械精整还可以使铸件表面处于高应力状态，显著提高铸件疲劳抗力。常用机械精整工艺见表 3-153。

表 3-153　常用机械精整工艺

工艺方法	用　途
磨光、抛光和刷光	装饰性表面精整，改善功能性边缘和表面的状况，改进零件的形状和公差；清理表面鳞片、氧化膜、锈蚀等

（续）

工艺方法	用　途
喷砂	去除油污、飞边、毛刺，并能够有效地改进表面状态，起到倒角和表面硬化效果；产生细粒度无光装饰性表面
滚光精整	去毛刺，使边角圆弧化，除锈，去氧化皮，改善表面应力状态

喷砂是将磨料喷射到铸件表面，去除表面缺陷，形成均匀的无光表面。喷砂具有速度快、成本低的优点，通过调整喷砂距离、角度、压力、速度和磨料种类等参数，可以得到不同效果的铸件表面。

3.5.2　阳极氧化

1. 各类阳极氧化的性能、特点及应用范围（见表 3-154）

2. 主要阳极氧化工艺（见表 3-155）

表 3-154　各类阳极氧化的性能、特点及应用范围

类型	性　能	特　点	应用范围
硫酸阳极化	1）膜层厚度为 3～15μm 2）膜层多孔，孔隙率为 35% 3）膜层脆，不导电，脱水后绝缘性能提高，热辐射能力高 4）可以有机染料着色，也可电解着色：黄、红、蓝、黑、绿、咖啡色	为了提高耐蚀性，孔隙可用四种方法封闭：①重铬酸盐封闭，为黄色，耐蚀性高。②聚合物进行二次封闭，大大提高耐蚀性。③沸水封闭，保持本色。④高压蒸汽封闭	1）铝合金零件防护 2）零件着色 3）要求光亮外观和一定耐磨性铸件 4）w（Cu）＞4% 的铝合金件的防护 5）形状简单的对接气焊零件
铬酸阳极化	1）膜层厚度约为 3μm，不透明 2）膜厚致密，呈灰色或乳白色 3）染色能力不好，黏结力中等	1）对合金的疲劳强度影响小 2）可以显露缺陷和晶粒组织 3）对零件尺寸和表面粗糙度影响小 4）溶液的腐蚀性小	1）对疲劳性能要求较高的零件 2）要求检查铸造工艺质量的零件 3）气孔率超过三级的铸件 4）Al-Si 合金的防护 5）精密零件的防护 6）对接气焊零件或需胶接的零件 7）检查晶粒度的零件 8）蜂窝结构面板的防护
草酸阳极氧化	1）膜层厚度为 6～39μm 2）孔隙直径大 3）膜呈灰色至深灰色 4）可以染色，但成本高	1）电绝缘性最好，浸漆后可耐 300～500V 电压 2）膜层耐蚀性好 3）阳极氧化后使零件尺寸加大	1）要求有较高电绝缘性能的精密仪器、仪表零件 2）要求有较高硬度和良好耐磨性的仪器、仪表零件
硬质阳极氧化	1）膜层厚度可达 50μm 以上 2）硬度高，可达 300HV 3）膜层脆性大	1）电绝缘性好 2）耐磨性、耐热性、耐蚀性好 3）使疲劳强度降低 4）零件尺寸增加	1）要求具有高硬度的耐磨零件 2）耐气流冲刷的零件 3）要求绝缘的零件 4）瞬时经受高温的零件
磷酸阳极氧化	膜层薄，孔隙小，孔径大	1）适于胶粘，有较高的黏结能力 2）适于作电镀前底层 3）防水性能好	1）胶接的铝合金防护 2）铝合金电镀的底层

表 3-155　主要阳极氧化工艺

阳极氧化类型	阳极化工艺		备　注
硫酸阳极氧化	硫酸/(g/L)工业级	180~220	阴极材料用铅板,阴阳极面积比为 1:10 左右
	温度/℃	13~26	
	电压/V	13~22	
	电流密度/(A/m²)	100~200	
	氧化时间/min	40	
铬酸阳极氧化	铬酐(Cr₃O)/(g/L)工业级	30~50	阴极材料用铅板,阴阳极板面积比为 1:(3~10)
	温度/℃	34±2	
	电压/V	40	
	电流密度/(A/m²)	30~60	
	氧化时间/min	40~60	
	溶液 pH	0.5~0.8	
草酸阳极氧化	草酸/(g/L)优级纯 (H₂C₂O₄·2H₂O)	40~50	阴极材料用炭精棒,阴阳极面积比为 1:(5~10)
	温度/℃	15~21	
	电压/V	0~40、40~70、70~90、90~110、110	
	氧化时间/min	5、5、5、15、90	
	电流密度/(A/m²)	100~300	

3. 阳极氧化的填充和着色工艺见表 3-156

表 3-156　阳极氧化的填充和着色工艺

项目	工　艺	
填充	重铬酸钾(K₂Cr₂O₇)/(g/L)工业级	45~55
	温度/℃	90~98
	pH	4.5~6.5
	时间/min	15~25
着色	染料/(g/L)	0.5~10
	pH	5.2~6.2
	时间/min	10~20
	黑色:酸性黑	
	红色:酸性大红或直接大红	
	蓝色:酸性天蓝或酸性深绿	
	绿色:酸性绿	
	金色:茜素黄/(g/L)	0.5
	茜素红/(g/L)	5
无色	热水温度/℃	90~98
	pH	4.5~6.5
	时间/min	15~25

3.5.3　镀层

镀层可以起到装饰、防锈、耐磨和改善铸件焊接性等作用。铝合金的镀层主要有镀铬、镀镍、镀铜等。镀铬是为了提高耐磨性;镀镍是为了便于焊接;镀铜是为了导电和改善铝铜合金铸件的铜钎焊性。铸件表面镀铜、镀银后,经过化学处理,能生成硫化物、铜绿等仿古色调膜层,用于制造工艺品。

1. 镀铬层的特性

外观光亮、硬度高、耐热性好、耐磨性好、化学安定性好。厚度变化为 1μm 到几百微米。

2. 镀铬层的种类

(1) 硬铬层　硬度高达 500~1000HV,耐磨。

(2) 乳白铬　孔隙少,耐热好,耐磨性好。

(3) 松孔铬层　松孔多能够吸收润滑油,使铬层在高温、高压下工作时具有良好的耐磨性,应用于活塞环和气缸套。

(4) 黑铬镀层　具有黑色而无光泽,耐磨性最好,镀层与底层结合力好。

(5) 装饰镀铬层　具有极好的反光性而作装饰用,为了提高耐蚀性,可先镀铜、镍底层再镀铬。

3. 镀铬的使用范围

1) 要求耐磨的零件可镀硬铬。

2）修复磨损零件的尺寸可镀硬铬。

3）要求黑色外观的零件可镀黑铬。

4）识别标记可采用黑铬层。

5）装饰性防护。

3.5.4　化学抛光和电解抛光

化学抛光是利用化学方法，在一定的温度下，把铸件置于抛光液中，进行化学反应，以得到光亮平整的铸件表面。电解抛光是利用电化学原理，抛光件设置为阳极，配以合适的阴极，在外加电场的作用下，使铝合金铸件表面达到光亮平整的效果。化学抛光和电解抛光用于蚀刻、整平、镜面抛光和精加工等。

3.5.5　化铣

化铣是用化学的方法去除工件需要加工掉的金属，以达到加工成型的特种工艺方法。其特点是将工件不需要加工的部分用保护涂料保护，将加工部分暴露在化学铣切腐蚀溶液中，进行有选择的腐蚀，用以减轻结构重量，完成工件加工。

3.5.6　修补

1. 焊补

1）铸件焊补必须严格按标准和技术条件进行。

2）铸件焊补一般使用与基体相同的填充金属，也可由供需双方协商采用其他填充金属。

3）允许用焊补的方法修复任何缺陷，除设计部门规定不允许焊补的部位外，其他部位只要便于焊补、打磨和检验均可焊补。

4）凡经焊补的铸件应在焊补部位标记，或者标注在有关技术文件中的示意图上，以备检验。

5）采用氩弧焊补铸件时，经补修后允许焊补的面积、深度和数量一般应符合表 3-157 规定。特殊情况下的焊补，由供需双方协商制订专用技术条件。

表 3-157　允许焊补的面积、深度和数量（GB/T 9438—2013）

铸件种类	铸件表面积/cm²	焊补面积/cm² ≤	焊补数/个 ≤	焊补最大深度/mm	一个铸件上总焊补数/个
小型件	<1000	10（φ36mm）	3	—	3
中型件	1000~3000	10	3	—	5
		15（φ44mm）	2	—	
	3000~6000	10	4	—	10
		15	3	—	
		20（φ50mm）	2	10	
		25（φ56mm）	1	8	
大型件	>6000~30000	10	4	—	13
		15	4	—	
		20	3	10	
		25	2	8	
超大型铸件	>30000	10	5	—	15
		20	5	—	
		30	2	25	
		40	2	20	

6）同一焊补部位焊补次数不得超过三次。焊区边缘间距不得小于两相临焊区直径之和。

7）以热处理状态供应的铸件，焊补后需要按原规定状态进行热处理，并检验力学性能。当焊区面积小于 2cm²，焊区间距不小于 100mm，经需方同意，焊后可以不进行热处理，但一个铸件上不得多于五处。ZL301 和 ZL305 合金铸件焊后一律按原状态进行热处理。

8）用肉眼或 10 倍以下放大镜、荧光等检验焊补表面质量，检验面积不小于焊补面积的 2 倍。焊区内不得有裂纹、缩孔、未焊透和未熔合等缺陷。

9）对焊区进行无损检测，检测面积不小于焊区面积的 2 倍。Ⅰ类铸件焊补部位全部检查，Ⅱ类铸件根据用户要求按一定比例抽检，焊区内不得有裂纹、未焊透和分层等内部缺陷。在任一焊区内允许有最大直径不大于 2mm，且不超过壁厚 1/3 的气泡和夹渣 3 个（边距不小于 10mm，直径小于 0.5mm 的分散气泡和夹渣不计）。面积不大于 2cm² 且不能用射线检查的焊区，经需方同意可以不进行射线检验。

2. 浸渗

浸渗处理的目的是为了提高铸件致密性和耐蚀性，适用于铸件上存在与表面连通的细小孔洞类缺陷，特别是提高压铸件的气密性的有效方法。常用的浸渗处理方法见表 3-158。铝合金铸件浸渗处理用原材料见表 3-159。典型浸渗处理工艺过程见表 3-160。

经浸渗处理的铸件在机械加工过程中可能会导致铸件的气密性降低，允许在机械加工后对铸件进行浸渗处理，但铸件总的浸渗处理不得超过 3 次。

表 3-158　常用的浸渗处理方法

浸渗处理方法	工艺要点	压力/MPa	时间/min	特点及用途
真空-压力法	1）将铸件装入容器中，密封容器的工作室，对铸件进行真空处理	0.01	10~30	处理效果稳定，工艺简单通用，适用于小型大批量地处理铸件
	2）向工作室中注入浸渗剂至完全浸没铸件，然后向容器内充入干燥的压缩空气 3）减压并排出浸渗剂，取出铸件	0.4~0.6	30~60	
压热渗透法	1）根据工艺参数加热浸渗剂 2）将铸件装入带浸渗剂的容器中，密封容器，然后向容器内充入干燥的压缩空气 3）减压并排出浸渗剂，取出铸件	0.4~0.7	30~60	
浸渗剂注入铸件法	1）利用专用的工装密封铸件的内腔和孔 2）向铸件空腔中注入浸渗剂 3）向铸件内腔加压 4）去除压力	0.4~0.7	15~30	适用于有相对封闭内腔的中型铸件
真空吸注法	1）将铸件置于带浸渗剂的容器中 2）利用专用的工装密封铸件的内腔和孔 3）用真空泵将铸件内腔中的空气抽出 4）去除真空	10^{-8}~10^{-5}	15~30	
局部浸渍法	1）针对铸件的局部区域设置专用吸嘴，在对应部位的另一侧安放盛浸渗剂的容器 2）依靠吸嘴抽真空，使浸渗剂浸入铸件 3）去除真空	10^{-8}~10^{-5}	15~30	适用于大型铸件的局部区域处理
超声浸渍法	1）将铸件放入装有浸渗剂的超声波浴槽中或将浸渗剂涂在铸件需要浸渗处理的部位 2）开动超声发生器，磁致伸缩器通过浴槽底的振动片或波导管将声振荡传递给浸渗剂	—	—	设备复杂
刷涂法	1）将铸件装入烘箱中在60~80℃加热 2）用刷子把浸渗剂涂刷在铸件需要处理的部位，在空气中晾干，然后再涂第二层	—	30	设备简单，操作方便，但处理效果较差

表 3-159　铝合金铸件浸渗处理用原材料

序号	材料牌号或名称	技术条件	特点及用途	备注
1	Y00-1 清油	ZBG 51011，HGZ 2-565	浸渗剂	黏度大，在加热状态下使用，对铸件无腐蚀，固化物耐水、耐油、耐腐蚀
2	L06-3 沥青烘干底漆	ZBG 51031，HGZ2-586		
3	亚麻籽油	GB/T 8235		密度为0.927~0.937g/cm³，pH≤4
4	HX-1 型	—		密度为1.4g/cm³，水玻璃型无机浸渗剂，性能稳定
5	WZ-1 型	—		水玻璃型无机浸渗剂，性能稳定

（续）

序号	材料牌号或名称	技术条件	特点及用途	备　注
6	LJS 硅酸盐型	—	浸渗剂	pH 值为 11.5 ~ 12.5，表面张力为 0.05 ~ 0.06N/m²，密度为 1.30 ~ 1.35g/cm³
7	WJJ8021 型	—		pH 值为 11.0 ~ 12.0，表面张力为 0.034 ~ 0.048N/m²，密度为 1.28 ~ 1.30g/cm³
8	天然干性油	—		—
9	氧化干性油	—		—
10	厌氧的合成物	—		黏度小，渗透力强，常温固化，使用温度小于150℃
11	溶剂油	GB 1922	稀释和清洗剂	—
12	汽油或煤油	GB 17930，GB 253		—
13	丙酮	GB/T 6026，GB/T 686		—
14	松节油	GB/T 12901		Z 级以上
15	NY-200 油漆溶剂油	GB 1922		—
16	清洗剂		清洗剂	

表 3-160　典型浸渗处理工艺过程

工　序	工艺要点	作　用
配制浸渗剂	1）根据工艺要求把浸渗剂稀释到 18 ~ 30s 的使用黏度 2）用 0.6 ~ 0.7mm 的筛子过滤浸渗剂	调整浸渗剂的黏度使其适于渗入铸件
铸件在浸渗前的准备	1）将铸件预先进行除油、清洗干净 2）根据工艺要求预热铸件	除去不利于浸渗剂渗入铸件的油污、锈渍等和可能与浸渗剂发生反应的物质
浸渗	参照表 3-157 对铸件进行浸渗处理	使浸渗剂渗入铸件缺陷部位
整修	清洗铸件表面的残余浸渗剂	去除多余无用的浸渗剂
烘干	1）将浸渗处理的铸件装入烘箱内，根据工艺要求加热至 200 ~ 300℃，保温 30 ~ 60min 2）取出铸件，进行气密性试验	使渗入铸件的浸渗剂固化，充填缺陷，提高铸件的致密性

3. 填补

用金属填补剂（铸工胶）修补铸件表面的砂眼、气孔等铸造缺陷或加工后的表面缺陷以修复铸件。金属填补剂一般是金属粉末为主要填充物，配合黏结剂填充到铸件的缺陷部位。修复后的铸件与本体颜色一致，可以加工，具有强度高、耐腐蚀和成本低等特点，也可以用腻子修补不重要表面的缺陷。

3.5.7　涂漆

1. 表面处理

涂漆前常常进行表面处理，主要有阳极氧化和化学氧化两种方法。涂漆前的表面处理除本身具有良好的耐蚀性外，还对油漆具有良好的吸附能力，故常用作油漆的基层。经浸渗处理的铸件，为了确保漆涂层

具有满意的附着力，一般在涂漆前需要对铸件进行化学处理。

2. 底漆

底漆的作用是与面漆配套使用，提高铸件的耐蚀性。底漆的种类主要有锌黄油基底漆、锌黄醇酸底漆、锌黄丙烯酸底漆、锌黄纯酚醛底漆和锌黄环氧酯底漆。

3. 面漆

用于铝合金件的面漆主要有油基漆、醇酸漆及环氧漆。环氧漆应用最为广泛，环氧漆分为环氧氨基漆、环氧硝基磁漆和环氧硝基无光磁漆。

4. 铝合金铸件用涂层系统（见表 3-161）

表 3-161　铝合金铸件用涂层系统

序号	表面处理	涂层系统	干燥工艺		涂层特征
			温度/℃	时间/h	
1	化学氧化或阳极氧化	喷涂一层 H06-2 锌黄环氧酯底漆	室温	24～36	附着力良好，防护性能优于醇酸底漆，可在 120℃ 以下长期使用
			60～80	4～3	
2		1）喷涂一层 H06-2 锌黄环氧酯底漆	室温	≥24	防护性能好，结合力强，易于施工，但耐候性较差，适用于内部，可在 120℃ 以下长期使用
			60～80	4～3	
			100～120	2～1.5	
		2）喷涂一层 H04-2 环氧硝基瓷漆	室温	≥4	
			60～80	3～2	
3		1）喷涂一层 H06-2 锌黄环氧酯底漆	室温	≥24	
			60～80	4～3	
			100～120	2～1.5	
		2）喷涂一层 H04-10 环氧硝基无光磁漆	室温	≥4	
			60～80	3～2	

3.5.8　喷丸和抛丸

喷丸强化和抛丸强化工艺是利用是高速运动的弹丸流对金属表面的冲击而产生塑性循环应变层，由此导致该层的显微组织发生有利的变化，并使表层引入残余压应力场，表层的显微组织和残余压应力场是提高金属铸件的疲劳断裂和应力腐蚀（含氢脆）断裂抗力的两个强化因素，其结果使铸件的可靠性和耐久性获得提高。

1. 喷丸强化工艺参数

喷丸强化工艺参数包括弹丸材料、弹丸尺寸、弹丸硬度、弹丸速度、弹丸流量、喷射角度、喷射时间、喷嘴数目和喷嘴至铸件表面的距离等。与喷丸有关的代号和符号及其意义见表 3-162。

2. 待喷丸铸件的要求

1）铸件喷丸一般在热处理和机械加工后进行。

2）待喷丸铸件表面应清洁、干燥无油污，必要时可以采用 ZB43002 净洗剂或技术条件规定的其他净洗剂清洗待喷丸铸件。

3）铸件规定喷丸区的所有锐边和尖角应按规定倒圆。

4）检查待喷丸铸件表面，如果发现弹丸可能被掩盖的缺陷时，应停止进行。

5）禁止喷丸区应采取适当的方法保护。

6）铸件的无损检测应在喷丸前进行，经主管部门同意，也可以在喷丸后进行无损检测。

7）除图样规定外，铸件应在不受外力的自由状态进行喷丸处理。

表 3-162　与喷丸有关的代号和符号
及其意义（HB/Z 26—2011）

弹丸种类		图样标注	
代号[①]	意　义	符号	意　义
BZ	玻璃弹丸[②]	S	喷丸区
CW	切制钢丝弹丸	M	非喷丸区或禁止喷丸区
CZ	陶瓷弹	G	过渡喷丸区
ZG	铸钢弹丸[③]	A	任意喷丸区

① 代号后的数字表示弹丸名义尺寸，如 BZ10 表示名义尺寸为 0.1mm 的玻璃弹丸。

② 玻璃弹丸应符合 GSB Q34001 的规定。

③ 铸钢弹丸硬度为 45～52HRC 或 55～62HRC，其他技术条件应符合 GB/T 6484 的规定。

8）喷丸结束后，撤去铸件表面的保护，清除铸件表面的弹丸和粉尘。

9）图样无专门注明时，喷丸后的铸件表面不允许以任何切削方式进行表面去层加工。经冶金和工艺部门同意，对于有装配要求的部位，只能用珩磨或研磨工艺对喷丸表面进行去层加工，去层深度不超过残余压应力层深度的 1/5。

10）禁止采用喷丸以外的其他方法对喷丸铸件进行校形。

11）铸件喷丸区不允许进行硬度试验。

3. 喷丸对两种合金性能影响

ZL201A 合金用 $\phi0.5$mm 的玻璃弹丸作喷射材料时，使用压缩空气的喷射压力为 0.4MPa，喷射时间为 120s，旋转弯曲的疲劳强度 S_{PD} 由不喷丸的 100MPa 提高到 130MPa，强化效果为 30%。

ZL205A（T5）合金使用 $\phi0.5\sim\phi0.7$mm 的铸钢弹丸作喷射材料时，在循环次数大于 1×10^7 次下，其三点弯曲疲劳强度 S_{PD} 由不喷丸的 125MPa 提高到 175MPa，强化效果为 40%。

参 考 文 献

［1］GILBERT K J, ELWIN L R. Aluminum Alloy Castings: Properties, Processes, and Applications ［M］. Ohio: ASM International, 2004.

［2］VADIM S Z, NIKDAI A B, MICHAEL V G. Casting Aluminium Alloys ［M］. Amsteldam ELSEVIER, 2007.

［3］JOHN C. Castings ［M］. 2nd ed. Amsteldam: ELSEVIER, 2003.

［4］JOHN R B. Foseco Ferrous Foundryman's handbook ［M］. Detroit: Feseco International Ltd, 2000.

［5］ASM. ASM Handbook: Volume 2, Properties and Selection: Nonferrous Alloys and Special-Purpose Materials ［M］. Ohio: ASM International, 1992.

［6］DAVIS J R. Metals Handbook Desk Edition, Second Edition ［M］. Ohio: ASM International Handbook Committee, 1998.

［7］中国铸造协会. 熔模铸造手册 ［M］. 北京: 机械工业出版社, 2000.

［8］《中国航空材料手册》编辑委员会. 中国航空材料手册: 3 卷 ［M］. 2 版. 北京: 中国标准出版社, 2002.

［9］范顺科. 袖珍世界有色金属牌号手册 ［M］. 北京: 机械工业出版社, 2000.

［10］马图哈 K H. 非铁合金的结构与性能 ［M］. 丁道云, 译. 北京: 科学出版社, 1999.

［11］龚磊清, 金长庚. 铸造铝合金金相图谱 ［M］. 长沙: 中南工业大学出版社, 1987.

第4章　铸造镁合金

镁是最轻的金属结构材料，其密度仅相当于铝的2/3，钢的1/4。同时镁合金还具有比强度、比刚度高，导热导电性能好、阻尼减振、电磁屏蔽、易于加工成形和容易回收等优点，在汽车、电子通信、纺织、航空航天和国防军事等领域具有极其重要的应用价值和广阔的应用前景，被誉为"21世纪绿色工程材料"。自19世纪末叶到20世纪，由于人类文明的快速进步，金属材料的消耗与日俱增，金属矿产资源逐渐趋于枯竭。镁是地球上储量最丰富的元素之一，在地壳表层金属矿的资源中含量为2.3%，位居常用金属的第三位。此外，在盐湖及海洋中镁的含量也十分可观，如海水中镁含量达 2.1×10^{15} t，可以说取之不尽、用之不竭。因此，在很多金属趋于枯竭的今天，加速镁合金材料在各个行业的应用是实现可持续发展的重要措施之一。

目前，铸造镁合金应用最广泛的领域是汽车工业，其用作汽车零部件具有如下的优势：①提高燃油经济性，降低废气排放。据测算，汽车所用燃料的60%消耗于汽车自重，汽车每减重10%，耗油约减少7%。②重量减轻可以增加车辆的装载能力和有效载荷，同时改善制动和加速性能。③可以改善车辆的噪声、振动现象。此外，镁合金在受外力作用时容易产生较大的变形，这一特性能使受力构件的应力分布更为均匀。在一定场合下，除有利于避免过高的应力集中外，在弹性范围内，当受冲击载荷时，所吸收的能量比铝大一半。镁合金的这种特性与其低弹性模量有关，即弹性形变功与弹性模量成反比。因此，镁合金适宜于铸造受猛烈碰撞的零件，如汽车轮毂等。此外，采用镁合金压铸件具有一次成形的优势，可将原来多种部件组合一次成形，从而显著提高生产率，同时达到减少装配误差及部件间的摩擦和振动，降低车辆噪声等。

镁合金零部件运动惯性小，应用到高速运动零部件上时效果尤为明显。另外，由于镁合金密度低，适合应用到需要运动和搬运的零部件上，同时制备同一零件时壁厚可以增大，满足了零件对刚度的要求，简化了常规零件增加刚度的复杂结构（如肋等）制造工艺。此外，镁合金的高减振性能使其在飞机和导弹的电子舱结构上获得应用；其对X射线和热中子的低透射阻力使得镁合金特别适用于X射线机框和核

燃料盒等。镁合金还长期被用于制造各种军事装备，如迫击炮座和导弹舱体等。

镁合金具有优良的切削加工性能，其切削速度可远高于其他金属。切削掉一定量金属所需的功率，如以镁合金为1，则铝合金为1.8，铸铁为3.5，低碳钢为6.3。另一个突出的特点是不需要磨削和抛光，不使用切削液即可得到光洁的表面。

此外，镁合金铸件在受冲击及摩擦时不会起火花。

镁在潮湿空气及水（尤其是海水）中的化学性不稳定；与大多数无机酸的相互作用剧烈，但不与苛性碱溶液起作用；对硒酸、氟化物、氢氟酸作用稳定，能生成不溶性盐；在汽油、煤油、润滑油中也很稳定。镁合金在干燥空气中有良好的耐蚀性，在普通工业气氛中的耐蚀能力接近于中碳钢，而在盐雾严重的海洋性气氛中则比铝合金低，但明显高于中碳钢。镁铸件在经过表面处理后能在大气条件下长期使用。近期发展并应用的高纯镁合金具有极低的铁、镍等杂质含量，所以有高的耐蚀性；这类镁合金在耐蚀性方面优于美国的380压铸铝合金，比铝-锌-镁系压铸金好得多。

由于镁在液态下的剧烈氧化和燃烧，所以镁合金必须在熔剂覆盖下或保护气氛中熔炼。浇注零件时，为了避免氧化燃烧，以及与造型材料本身和造型材料中的水分相互作用，必须在型砂成分中添加保护剂。常用的保护剂有氟化物（氟硼酸铵、酸性氟化铵等）、硫黄、硼酸、菱镁矿、烷基磺酸钠等。芯砂中常用的阻化剂为硫黄和硼酸。

镁合金铸件的固溶处理也需要在二氧化硫、二氧化碳或六氟化硫等气体保护下进行。扩散和分解过程的缓慢是镁固溶体的特点，所以镁合金在固溶处理和时效时需要保持较长的时间。同样的原因，铸造镁合金的淬火一般只需在空气或人工气流中进行。

镁合金在铸造工艺方面具有较大的适应性。除砂型铸造外，根据各类合金的特性和零件的要求，可以采用金属型铸造、压力铸造、壳型铸造、石膏型铸造、低压铸造以及冷凝树脂砂型铸造等，几乎所有特种铸造工艺都可以应用。铸件中的细小油路通道，可以采用预先在铸型中放置特种玻璃管和金属丝编织套等，然后再从铸件中除去的方法而获得；也可以采用

直接在铸件中埋设不锈钢管的方法获得。

鉴于镁合金上述的性能特点，以及近年来随着资源的不断枯竭、环保和安全所需，铸造镁合金在汽车、摩托车、电子产品、纺织机械、国防军工领域的开发应用不断扩大。

4.1 合金及其性能

铸造镁合金按合金系可分为以下四类：

（1）镁-铝系合金 ZMgAl8Zn(ZM5)、ZMgAl10Zn（ZM10），AZ91A、AM60A、AS41A 等。

（2）镁-锌-锆系合金 ZMgZn5Zr（ZM1）、ZMg-Zn4RE1 Zr（ZM2）、ZMgZn8AgZr（ZM7）。

（3）镁-稀土-锆系合金 ZMgRE3ZnZr（ZM3）、ZMgRE3Zn2Zr（ZM4）、ZMgRE2ZnZr（ZM6）。第二和第三类合金均含有晶粒细化元素锆，故常称为含锆镁合金，而第一类则称为含铝镁合金。

（4）镁-锂系合金 ZMgLi14Al（LA141）、ZMg-Li9Al（LA91）、ZMgLi9Al3Zn3（LAZ933）、ZMg-Li8Al3Zn2（LAZ832）、ZMLi10Zn5Er（LZ105）。

4.1.1 镁-铝系合金

1. 合金牌号对照（见表 4-1）

表 4-1 镁-铝系合金的相近牌号对照

合金牌号（代号）	国际标准	美国	欧洲	英国	俄罗斯	德国	法国
ZMgAl8Zn	ISO-MgAl8Zn1	AZ81A	EN-MCMgAl8Zn1	MAG1	МЛ5	G-MgAl8Zn1	G-A8Z
（ZM5）	ISO-MgAl9Zn1	—	EN-MCMgAl9Zn1	MAG7	—	G-MgAl9Zn1	G-A9Z1
		AZ81S					
ZMgAl10Zn（ZM10）	ISO-MgAl9Zn1（A）	AM100A、AZ91S	EN-MCMgAl9Zn1（A）	MAG3	МЛ6	G-MgAl9Zn1	G-A9Z1
—		AZ91A[①]、AZ91B、AZ91C、AZ91D、AZ91E、AZ91S	—	MAG7		GD-MgAl9Zn1	G-A9Z1
—	ISO-MgAl9Zn2	AZ92A					
—	ISO-MgAl3Zn3	AZ33M					
—	ISO-MgAl6Zn3	AZ63A	EN-MCMgAl6Zn3				
—	ISO-MgAl2Mn	AM20S	EN-MCMgAl2Mn				
—	ISO-MgAl5Mn	AM50A	EN-MCMgAl5Mn				
—	ISO-MgAl6Mn	AM60A[①]、AM60B	EN-MCMgAl6Mn			GD-MgAl6	G-A6
—	ISO-MgAl2Si	AS21A、AS21B	EN-MCMgAl2Si				
—	ISO-MgAl4Si	AS41A[①]、AS41B、AS41S	EN-MCMgAl4Si			GD-MgAl4Si	G-A4S1
—	ISO-MgAl4RE4	AE44S[②]	EN-MCMgAl4RE4				
—		AE81M[③]					
—		AJ52A					
—		AJ62A					

① AZ91A、AZ91B、AZ91D、AM50A、AM60A、AM60B、AS41A、AS41B、AJ52A、AJ62A、AS21A、AS21B 是推荐使用的美国压铸镁合金。其中 AZ91D、AM60B、AS41B 为高纯镁合金。

② 稀土为富铈混合稀土。

③ 稀土为纯铈稀土，其中锑的质量分数为 0.20% ~ 0.30%。

2. 化学成分

ZMgAl8Zn 和 ZMgAl10Zn 的化学成分见表 4-2，压铸镁合金 AZ91A、AM60A、AS41A、AJ52A、AS21B 等的化学成分见表 4-3，杂质元素为所允许的上限含量。镁-铝系铸造合金锭和合金铸件的化学成分见表 4-4 和表 4-5。

表 4-2 ZMgAl8Zn 和 ZMgAl10Zn 的化学成分[①]（GB/T 1177—2018）

合金牌号	合金代号	化学成分（质量分数,%）							
		Al	Zn	Mn	Si	Cu	Fe	Ni	其他元素总量
ZMgAl8Zn	ZM5	7.5 ~ 9.0	0.2 ~ 0.8	0.15 ~ 0.5	0.30	0.10	0.05	0.01	0.50
ZMgAl10Zn	ZM10	9.0 ~ 10.7	0.6 ~ 1.2	0.1 ~ 0.5	0.30	0.10	0.05	0.01	0.50

① 合金中可加入铍，其质量分数不大于 0.002%。

表4-3　压铸镁合金的化学成分（ASTM B94—2013）

合金牌号	化学成分（质量分数,%）										
	Al	Zn	Mn	RE	Sr	Mg	Si	Ni	Cu	Fe	其他元素总量
AZ91A	8.3~9.7	0.35~1.0	0.13~0.50	—	—	余量	0.50	0.03	0.10	—	—
AZ91B	8.3~9.7	0.35~1.0	0.13~0.50	—	—		0.50	0.03	0.35	—	—
AZ91D	8.3~9.7	0.35~1.0	0.15~0.5①	—	—		0.10	0.002	0.03	0.005①	0.02
AM50A	4.4~5.4	0.22	0.26~0.6①	—	—		0.10	0.002	0.01	0.004①	0.02
AM60A	5.5~6.5	0.22	0.13~0.6	—	—		0.50	0.03	0.35	—	—
AM60B	5.5~6.5	0.22	0.24~0.6①	—	—		0.10	0.002	0.01	0.005①	0.02
AS41A	3.5~5.0	0.12	0.20~0.50	—	—		0.50~1.50	0.03	0.06	—	—
AS41B	3.5~5.0	0.12	0.35~0.7①	—	—		0.50~1.50	0.002	0.02	0.0035①	0.02
AJ52A	4.5~5.5	0.22	0.24~0.6①	—	1.7~2.3		0.10	0.001	0.01	0.004①	0.01
AJ62A	5.5~6.6	0.22	0.24~0.6①	—	2.0~2.8		0.10	0.001	0.01	0.004①	0.01
AS21A	1.8~2.5	0.20	0.18~0.70	—	—		0.70~1.20	0.001	0.01	0.005	0.01
AS21B	1.8~2.5	0.25	0.05~0.15	0.06~0.25	—		0.70~1.20	0.001	0.008	0.0035	0.01

注：当出现单个值时，表示的是允许的最大值。

① 在合金 AS41B、AM50A、AJ52A、AM60B、AJ62A、AZ91D 中，任何锰的最小值和铁的最大值不相符时，锰和铁的质量比均应分别不应超过0.010、0.015、0.015、0.021、0.021、0.032。

表4-4　镁-铝系铸造合金锭的化学成分（GB/T 19078—2016）

合金牌号	化学成分（质量分数,%）											
	Al	Zn	Mn	RE	Sr	Mg	Be	Si	Fe	Cu	Ni	其他元素总量
AZ81A	7.2~8.0	0.50~0.9	0.15~0.35	—	—	余量	0.0005~0.002	0.20	—	0.08	0.01	0.30
AZ81S	7.2~8.5	0.45~0.9	0.17~0.40	—	—			0.05	0.004	0.02	0.001	—
AZ91A	8.5~9.5	0.45~0.9	0.15~0.40	—	—			0.20	—	0.08	0.01	0.30
AZ91B	8.5~9.5	0.45~0.9	0.15~0.40	—	—			0.20	—	0.25	0.01	0.30
AZ91C	8.3~9.2	0.45~0.9	0.15~0.35	—	—			0.20	—	0.08	0.01	0.30
AZ91D	8.5~9.5	0.45~0.9	0.17~0.40	—	—		0.0005~0.003	0.08	0.004	0.02	0.001	—
AZ91E	8.3~9.2	0.45~0.9	0.17~0.50	—	—			0.20	0.005	0.02	0.001	0.30
AZ91S	8.0~10.0	0.30~1.0	0.10~0.50	—	—			0.30	0.03	0.20	0.01	—
AZ92A	8.5~9.5	1.7~2.3	0.13~0.35	—	—			0.20	—	0.20	0.01	0.30
AZ33M	2.6~4.2	2.2~3.8	—	—	—			0.20	0.05	0.05	—	0.30
AZ63A	5.5~6.5	2.7~3.3	0.15~0.35	—	—		0.0005~0.002	0.05	0.005	0.02	0.001	0.30
AM20S	1.7~2.5	0.20	0.35~0.6	—	—			0.05	0.004	0.008	0.001	—
AM50A	4.5~5.3	0.30	0.28~0.5	—	—		0.0005~0.003	0.08	0.004	0.008	0.001	—
AM60A	5.6~6.4	0.20	0.15~0.5	—	—			0.20	—	0.25	0.01	0.30
AM60B	5.6~6.4	0.30	0.26~0.5	—	—		0.0005~0.003	0.08	0.004	0.008	0.001	—
AM100A	9.4~10.6	0.20	0.13~0.35	—	—			0.20	—	0.08	0.01	0.30

（续）

合金牌号	化学成分（质量分数,%）											
	Al	Zn	Mn	RE	Sr	Mg	Be	Si	Fe	Cu	Ni	其他元素总量
AS21B	1.9~2.5	0.25	0.05~0.15	0.06~0.25	—		0.0005~0.002	0.70~1.20	0.004	0.008	0.001	—
AS21S	1.9~2.5	0.20	0.20~0.60	—	—		0.0005~0.002	0.70~1.20	0.004	0.008	0.001	—
AS41A	3.7~4.8	0.10	0.22~0.48	—	—		—	0.6~1.4	—	0.04	0.01	0.30
AS41B	3.7~4.8	0.10	0.35~0.6	—	—	余量	0.0005~0.002	0.6~1.4	0.004	0.02	0.001	—
AS41S	3.7~4.8	0.20	0.20~0.6	—	—		—	0.7~1.2	0.004	0.008	0.001	—
AE44S①	3.6~4.4	0.20	0.15~0.5	3.6~4.6	—		—	0.08	0.004	0.008	0.001	—
AE81M②	7.2~8.4	0.6~0.8	0.30~0.40	1.2~1.8	0.05~0.1		—	0.01	0.006	—	—	0.15
AJ52A	4.6~5.5	0.20	0.26~0.50	—	1.8~2.3		0.0005~0.002	0.08	0.004	0.008	0.001	—
AJ62A	5.6~6.6	0.20	0.26~0.50	—	2.1~2.8		0.0005~0.002	0.08	0.004	0.008	0.001	—

① 稀土为富铈混合稀土。

② 稀土为纯铈稀土，其中锑的质量分数为0.20~0.30%。

表4-5 镁-铝系铸造合金铸件的化学成分 （GB/T 19078—2016）

合金牌号	铸造工艺	化学成分（质量分数,%）										
		Al	Zn	Mn	RE	Sr	Mg	Si	Fe	Cu	Ni	其他元素总量
AZ81A	S、K、L	7.0~8.1	0.40~1.0	0.13~0.35	—	—		0.30	—	0.10	0.01	0.30
AZ81S	S、K、L	7.0~8.7	0.40~1.0	0.10~0.35	—	—		0.20	0.005	0.02	0.001	—
AZ91A	D	8.3~9.7	0.35~1.0	0.13~0.50	—	—		0.50	—	0.10	0.03	—
AZ91B	D	8.3~9.7	0.35~1.0	0.13~0.50	—	—		0.50	—	0.35	0.03	0.30
AZ91C	S、K、L	8.1~9.3	0.40~1.0	0.13~0.35	—	—		0.30	—	0.10	0.01	0.30
AZ91D	S、K、L	8.3~9.7	0.40~1.0	0.17~0.35	—	—	余量	0.20	0.005	0.02	0.001	—
AZ91E	S、K、L	8.1~9.3	0.40~1.0	0.17~0.35	—	—		0.20	0.005	0.02	0.001	0.30
AZ91S	D、S、K、L	8.0~10.0	0.30~1.0	0.10~0.60	—	—		0.30	0.03	0.20	0.01	—
AZ92A	S、K、L	8.3~9.7	1.6~2.4	0.10~0.35	—	—		0.30	—	0.25	0.01	0.30
AZ33M	S、K、D	2.4~4.4	2.0~4.0		—	—		0.20	0.05	0.05	—	0.30
AZ63A	S	5.3~6.7	2.5~3.5	0.15~0.35				0.30	0.005	0.25	0.01	0.30

（续）

合金牌号	铸造工艺	化学成分（质量分数,%）										
		Al	Zn	Mn	RE	Sr	Mg	Si	Fe	Cu	Ni	其他元素总量
AM20S	D	1.6~2.5	0.20	0.33~0.7	—	—		0.08	0.004	0.008	0.001	—
AM50A	D	4.4~5.3	0.30	0.26~0.6	—	—		0.08	0.004	0.008	0.001	—
AM60A	D	5.5~6.5	0.22	0.13~0.6	—	—		0.50	—	0.35	0.03	
AM60B	D	5.5~6.4	0.30	0.24~0.6	—	—		0.08	0.005	0.008	0.001	
AM100A	S、K、L	9.3~10.7	0.30	0.10~0.35	—	—		0.30	—	0.10	0.01	0.30
AS21B	D	1.8~2.5	0.25	0.05~0.15	0.06~0.25	—	余量	0.70~1.20	0.004	0.008	0.001	
AS21S	D	1.8~2.5	0.20	0.18~0.70	—	—		0.70~1.20	0.004	0.008	0.001	
AS41A	D	3.5~5.0	0.12	0.20~0.50	—	—		0.50~1.5	—	0.06	0.03	0.30
AS41B	D	3.5~4.7	0.12	0.35~0.7	—	—		0.50~1.5	0.004	0.02	0.002	
AS41S	D	3.5~4.8	0.20	0.18~0.7	—	—		0.50~1.5				
AE44S[①]	D	3.5~4.5		0.15~0.5	3.5~4.5	—		0.08	0.005	0.008	0.001	
AE81M[②]	D	7.0~8.6	0.4~1.0	0.30~0.50	1.0~1.9	0.05~0.12		0.02	0.008	—		0.30
AJ52A	D	4.5~5.5	0.22	0.24~0.60	—	1.7~2.3		0.10		0.01	0.001	
AJ62A	D	5.5~6.6	0.22	0.24~0.60	—	2.0~2.8		0.10	0.004	0.01	0.001	

注：S—砂型铸造，K—永久型铸造，D—高压压铸铸造，L—熔模铸造。

① 稀土为富铈混合稀土。

② 稀土为纯铈稀土，其中锑的质量分数为0.20%~0.30%。

3. 物理和化学性能

（1）物理性能（见表4-6）

（2）耐蚀性　合金耐蚀性，除与使用和设计等因素有关外，还与合金中某些杂质元素密切相关。随着铁、铜或镍等杂质元素含量增加，其耐蚀性下降，其中尤以铁为甚。

4. 力学性能

（1）技术标准规定的性能　镁-铝系合金单铸试样的力学性能见表4-7；铸件本体试样的力学性能见表4-8。

表4-6　镁-铝系合金的物理性能

物理性能		ZM5	ZM10	AZ91B	AM60A	AS41A
熔化温度范围	液相线/℃	600	600	595	615	620
	固相线/℃	430	440	470	540	565
比热容 c（20℃）/[kJ/(kg·K)]		1.05	1.05	1.05	—	1.02
线胀系数 $\alpha_l/10^{-6}K^{-1}$	20~100℃	26.8	26.1	26	25.6	26.1
	20~200℃	28.1	27.3			
	20~300℃	28.7	27.7			
热导率 λ/[W/(m·K)]		78.5	78.5	72	61	68
密度（20℃）/(g/cm³)		1.81	1.81	1.81	1.79	1.77
电阻率 $\rho/10^{-9}\Omega·m$	F	150	150	170		
	T4	175	175	—	—	—
	T6	151.5	140	—	—	—

表 4-7　镁-铝系铸造合金的室温力学性能（GB/T 1177—2018）

合金牌号	合金代号	试样形式	热处理状态	抗拉强度 R_m/MPa ≥	条件屈服强度 $R_{p0.2}$/MPa ≥	断后伸长率 A（%） ≥
ZMgAl8Zn、ZMgAl8ZnA	ZM5、ZM5A	砂型单铸	F	145	75	2.0
			T1	155	80	2.0
			T4	230	75	6.0
			T6	230	100	2.0
ZMgAl10Zn	ZM10		F	145	85	1.0
			T4	230	85	4.0
			T6	230	130	1.0

注：F—铸态，T1—人工时效，T4—固溶处理 + 自然时效，T6—固溶处理 + 完成人工时效。

表 4-8　镁-铝系合金铸件本体试样的力学性能（GB/T 13820—2018）

合金牌号	合金代号	取样部位	铸造[①]方法	取样部位厚度/mm	热处理状态	抗拉强度[②] R_m/MPa 平均值	最小值	条件屈服强度[②] $R_{p0.2}$/MPa 平均值	最小值	断后伸长率[②] A（%） 平均值	最小值
ZMgAl8Zn、ZMgAl8ZnA	ZM5、ZM5A	I 类铸件指定部位	S	≤20	T4	175	145	70	60	3.0	1.5
					T6	175	145	90	80	1.5	1.0
				>20	T4	160	125	70	60	2.0	1.0
					T6	160	125	90	80	1.0	—
			J	无规定	T4	180	145	70	60	3.5	2.0
					T6	180	145	90	80	2.0	1.0
ZMgAl8Zn、ZMgAl8ZnA	ZM5、ZM5A	I 类铸件非指定部位；II 类铸件	S	≤20	T4	165	130			2.5	
					T6	165	130			1.0	
				>20	T4	150	120			1.5	
					T6	150	120			1.0	
			J	无规定	T4	170	135			2.5	1.5
					T6	170	135			1.0	
ZMgAl10Zn	ZM10	无规定	S、J	无规定	T4	180	150	70	60	2.0	
					T6	180	150	110	90	0.5	

① S—砂型铸造；J—金属型铸造。当铸件某一部分的两个主要散热面在砂芯中成形时，按砂型铸件的性能指标选取。
② 平均值指铸件上三根试样的平均值，最小值指三根试样中允许有一根低于平均值，但不低于最小值。

（2）室温性能

1）镁-铝系合金的室温力学性能见表 4-9。ZM5

合金室温时的条件拉伸曲线如图 4-1 和图 4-2 所示；ZM10 合金室温时的条件拉伸曲线如图 4-3 所示。

表 4-9　镁-铝系合金的室温力学性能

合金代号	热处理状态	抗拉强度 R_m	规定塑性延伸强度 $R_{p0.01}$	条件屈服强度 $R_{p0.2}$	断后伸长率 $A_{11.3}$	断面收缩率 Z	硬度 HBW	冲击韧度 a_K/（kJ/m²）	抗压强度 R_{mc}	抗压条件屈服强度 $R_{pc0.2}$	承载强度 σ_{bru}	承载屈服强度 σ_{bry}	抗扭强度 τ_m	规定非比例扭转强度 $\tau_{p0.3}$	抗剪强度 τ_b
		MPa			%				MPa						
ZM5	F	157	—	93	3	4	50	—	—	—	415	275	118	—	—
	T2[①]	147	—	78	5	6	60	20	275	—	—	113	—	118	
	T4	245	29	83	9	15	62	49	358	—	415	305	152	39	132
	T6	250	44	118	8	8.5	78	29	333	—	515	360	167	59	137

（续）

合金代号	热处理状态	抗拉强度 R_m	规定塑性延伸强度 $R_{p0.01}$	条件屈服强度 $R_{p0.2}$	断后伸长率 $A_{11.3}$	断面收缩率 Z	硬度 HBW	冲击韧度 a_K / (kJ/ m²)	抗压强度 R_{mc}	抗压条件屈服强度 $R_{pc0.2}$	承载强度 σ_{bru}	承载屈服强度 σ_{bry}	抗扭强度 τ_m	规定非比例扭转强度 $\tau_{p0.3}$	抗剪强度 τ_b
		MPa			%				MPa						
ZM10	F	157	—	108	1.5	2.5	—	—	—	—	—	—	—	—	—
	T4	245	—	98	5	12	—	29	314	—	—	—	167	—	137
	T6	255	—	137	1	3	—	15	373	—	—	—	172	—	142
AZ91B	F	220	—	160	3	—	63	—	—	160	—	—	—	—	140
AM60A	F	220	—	130	8	—	55	—	—	130	—	—	—	—	—
AS41A	F	210	—	140	6	—	60	—	—	140	—	—	—	—	—

① T2—退火。

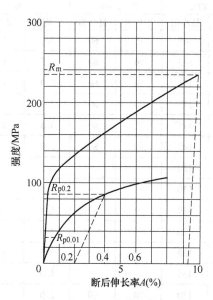

图 4-1 ZM5（T4）合金室温时的条件拉伸曲线

（砂型铸造，T4 状态）

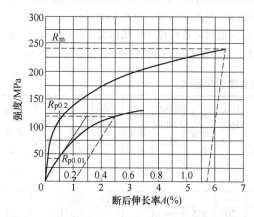

图 4-2 ZM5（T6）合金室温时的条件拉伸曲线

（砂型铸造，T6 状态）

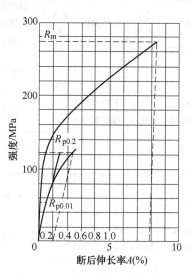

图 4-3 ZM10 合金室温时的条件拉伸曲线

（砂型铸造，T6 状态）

2）按技术标准检验批量生产 ZMgAl8Zn（ZM5）合金单铸试样力学性能的统计值见表 4-10，铸件本体试样的力学性能统计值见表 4-11。

表 4-10 ZM5 单铸试样的力学性能统计值

铸造方式	热处理状态	抗拉强度 R_m							
		统计值/MPa						离散系数 C_V	样本数 n
		A① 基值	B② 基值	样本均值 $\overline{X}$	最小值	最大值	标准差 S		
砂型单铸	T4	215	230	254	215	283	14.8	0.058	240

铸造方式	热处理状态	断后伸长率 A						
		统计值（%）					离散系数 C_V	样本数 n
		样本均值 $\overline{X}$	最小值	最大值	标准差 S			
砂型单铸	T4	11.3	4.2	18.0	2.54		0.224	240

① 具有 95% 置信度，99% 概率的安全强度。

② 具有 95% 置信度，95% 概率的安全强度。

表 4-11 ZM5 合金铸件本体试样的力学性能统计值

铸造方式	热处理状态	抗拉强度 R_m						条件屈服强度 $R_{p0.2}$					
		统计值/MPa				离散系数 C_V	样本数 n	统计值/MPa				离散系数 C_V	样本数 n
		样本均值 $\bar{X}$	最小值	最大值	标准差 S			样本均值 $\bar{X}$	最小值	最大值	标准差 S		
砂型铸件	T4	240	168	287	30	0.125	54	106	87	130	9.51	0.09	53

铸造方式	热处理状态	断后伸长率 A						断面收缩率 Z					
		统计值(%)				离散系数 C_V	样本数 n	统计值(%)				离散系数 C_V	样本数 n
		样本均值 $\bar{X}$	最小值	最大值	标准差 S			样本均值 $\bar{X}$	最小值	最大值	标准差 S		
砂型铸件	T4	7.9	2.8	15.1	3.1	0.39	42	8.3	3.3	14.4	2.8	0.34	42

3) ZM5 合金铸件壁厚对力学性能的影响见表 4-12。

表 4-12 ZM5 合金铸件壁厚对力学性能的影响

热处理状态	铸件壁厚或截面直径 /mm	抗拉强度 R_m/MPa	抗拉强度保存率 (%)	断后伸长率 A (%)	断后伸长率保存率 (%)
T4	15	250	100	10	100
	30	211	84	6	60
	45	172	68.5	4.5	45
	60	137	55	2.5	25

(3) 低温性能 镁-铝系合金的低温力学性能见表 4-13；ZM5 合金的缺口敏感性系数见表 4-14。

表 4-13 镁-铝系合金的低温力学性能

| 合金代号 | 热处理状态 | 试验温度 /℃ | 抗拉强度 R_m MPa | 断后伸长率 $A_{11.3}$ | 断面收缩率 Z | 冲击韧度 a_K/(kJ/m²) |
				%		
ZM5	T6	-40	226	4	6	29
		-70	245	4	6	29
		-196	245	2	4	29
ZM10	F	-70	152	1	1.5	10
	T4		265	5	8.5	29
	T6		270	1	2.5	10

表 4-14 ZM5 合金的缺口敏感性系数

热处理状态	载荷形式	试验温度/℃	缺口敏感性系数
T4	静力	20	0.9
		-70	—
		-196	—
T6	静力	20	0.85
		-70	0.85
		-196	0.85

(4) 疲劳性能 镁-铝系合金的疲劳极限见表 4-15；ZM5 合金不对称拉伸时的静力疲劳性能如图4-4 所示。

(5) 弹性性能 镁-铝系合金的弹性模量、切变模量和泊松比见表 4-16。

表 4-15 镁-铝系合金的疲劳极限

| 合金代号 | 热处理状态 | 试验温度/℃ | 疲劳极限（光滑） σ_D | 疲劳极限（缺口）[1] σ_{-1D} | 疲劳寿命 N/周 |
			MPa		
ZM5	F	20	83	69	
	T4	20	98	78	5×10^7
		150	39	25	
	T6	20	83	69	
ZM10	F	20	83	69	5×10^7
	T4		93	74	
	T6		83	69	

（续）

合金代号	热处理状态	试验温度/℃	疲劳极限（光滑）σ_D	疲劳极限（缺口）[1] σ_{-1D}	疲劳寿命 N/周
			MPa		
AZ91B	F	20	97	—	5×10^8
AM60A			59	—	1×10^8
AS41A			59	—	

[1] 缺口半径为 0.75mm。

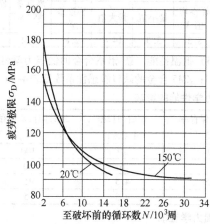

图 4-4 ZM5 合金不对称拉伸时的静力疲劳性能

$b/d = 5$　b—试样宽度

d—试样孔径　$R = 0.1$

5. 工艺性能

（1）铸造性能　ZM5 和 ZM10 合金有良好的流动性。合金液凝固时形成显微疏松的倾向较大，铸件的气密性较差。为了提高铸件的气密性，可以采用浸渗处理。其铸造性能见表 4-17。

压铸合金（AZ91A、AM60A、AS41A）的工艺性能见表 4-18。

（2）焊接性能　ZM5 合金可用氩弧焊进行焊补。焊后应消除应力（见 4.3 镁合金铸件的热处理一节）。

（3）切削性能　镁合金具有优良的切削加工性能，可以在比加工其他结构金属大的进给量和高的进给速度下以极高的速度切削加工。其切削掉一定量的金属所需要的功率低于加工其他任何普通的金属，见表 4-19。切削加工时，常不需磨削和抛光即可得到 0.1μm 的表面粗糙度值。所有镁合金的切削性能均无明显差异。

表 4-16 镁-铝系合金的弹性性能

合 金	热处理状态	弹性模量 E	切变模量 G	泊松比 μ	合 金	热处理状态	弹性模量 E	切变模量 G	泊松比 μ
		GPa					GPa		
ZM5	F	45	17	0.35	ZM10	T4	45	17	0.35
	T2	45	17	0.35		T6	45	17	0.35
	T4	45	17	0.35	AZ91B	F	45	17	0.35
	T6	45	17	0.35	AM60A	F	45	—	0.35
ZM10	F	45	17	0.35	AS41A	F	45	—	0.35

表 4-17 ZM5 和 ZM10 合金的铸造性能

合 金	铸造温度/℃	流动性（棒长）/mm	热裂倾向（环宽）/mm	线收缩率（%）
ZM5	690 ~ 800	290	30 ~ 35	1.2 ~ 1.3
ZM10	690 ~ 800	335	25 ~ 30	1.1 ~ 1.2

表 4-18 压铸合金的工艺性能（ASTM B94—2018）

合 金	抗冷缺陷[1]	气密性	抗热裂性	切削加工	电 镀	表面处理	高温强度
AZ91B	B[2]	B	B	A	B	B	D
AM60A	C	A	B	A	B	A	C
AS41A	D	A	A	A	B	A	B

[1] 形成冷隔、冷裂、未充满纤维状区、旋涡等冷缺陷的抗力。

[2] 级别评定仅供参考。A—好，B—良，C—中，D—差。

表 4-19 不同金属切削加工时所需的相对功率

金 属	镁 合 金	铝 合 金	黄 铜	铸 铁	低 碳 钢	镍 合 金
相对功率	1.0	1.8	2.3	3.5	6.3	10.0

6. 显微组织

ZM5 合金的铸态组织由 αMg 固溶体和晶界不连续的呈网状分布的 $Mg_{17}Al_{12}$ 块状化合物组成。由于组织高度偏析，化合物也分布于晶粒的枝晶网之间。化合物的尺寸、数量和形状与凝固时的冷却速度有关。固溶处理后，化合物溶入固溶体中，其组织则由具有轮廓分明的晶粒和在某些晶界交接处的少量块状化合物的残留所组成。如果冷却缓慢，晶界上就可能出现某些片状沉淀物。时效处理会引起固溶体的分解，从而沉淀出细小的魏氏体组织；在 165℃ 或更高温度下进行时效处理，晶界上会出现较粗的片状沉淀物。图 4-5 所示为 ZM5 合金在三种状态下的显微组织。

ZM10 的显微组织与 ZM5 相似，不同的是，因铝和锌含量较高而有较多的化合物。

在金属补缩不足的部位，有时会在晶界处出现疏松（显微孔洞）。

7. 疏松对 ZM5 合金力学性能的影响

镁-铝-锌系合金由于其树枝状凝固的特点，疏松以大致相互平行并一般垂直于铸件表面呈层状出现。当疏松的程度严重时，层与层相互靠拢，直至成堆出现，难以区分。

ZM5 合金具有较大的疏松倾向，即使采用工艺方法也难以完全消除。因此，在铸件生产过程中，在保证满足产品技术要求的前提下，常允许存在一定程度的疏松。

疏松可以用断口或金相方法来发现，但需破坏铸件，而射线检验方法能在不损坏铸件的情况下获得良好的检验结果。

不同铸件壁厚和不同严重程度的疏松的射线检验结果与力学性能的关系如下：

根据零件的壁厚范围，将铸件壁厚分为 3 组：

第 1 组：4~10mm。

第 2 组：>10~20mm。

第 3 组：>20~30mm。

根据射线照片上疏松的严重程度，对疏松进行分级。第 1、2 组各分为 5 级，第 3 组分为 3 级。各组、级疏松的力学性能是用砂型铸造试板经固溶处理后从中切取的扁平试样测得的。

1）第 1 组各级"条状"疏松横向和纵向排列的力学性能见表 4-20 和图 4-6、图 4-7。

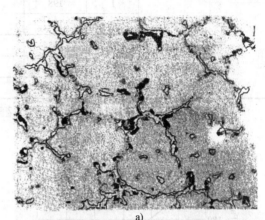

a)

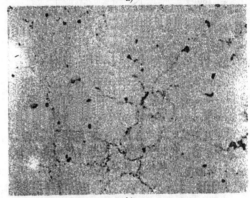

b)

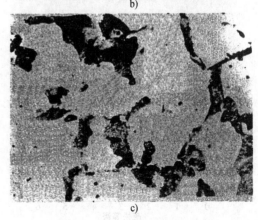

c)

图 4-5 ZM5 合金的显微组织 ×200

a）铸态 b）T4 状态 c）T6 状态

表 4-20 第 1 组"条状"疏松的力学性能

铸造方法	热处理状态	显微疏松等级	条状横向排列				条状纵向排列	
			抗拉强度 R_m	条件屈服强度 $R_{p0.2}$	断后伸长率 A	弹性模量 E	抗拉强度 R_m	断后伸长率 A
			MPa		(%)	/GPa	/MPa	(%)
S	T4	1	198	88	5.5	41.2~42.2	—	—
		2	178	—	4.2	—	—	—
		3	165	84	3.3	41.2~42.2	223	8.0
		4	153	—	2.6		214	6.3
		5	131	75	1.9	40.2~41.2	162	3.1

注：显微疏松等级；1 为轻微，3 为中等，5 为严重，2 和 4 分别介于 1、3 和 3、5 之间。后同。

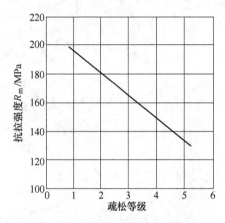

图 4-6 第 1 组各级"条状"横向排列
疏松的抗拉强度

2) 第 2 组各级"条状"疏松横向排列的力学性能见表 4-21 和图 4-8、图 4-9。

表 4-21 第 2 组"条状"疏松的力学性能

铸造方法	热处理状态	疏松等级	条状横向排列	
			抗拉强度 R_m/MPa	断后伸长率 A (%)
S	T4	1	176	3.1
		2	166	2.7
		3	157	2.6
		4	145	2.1
		5	127	1.6

注：疏松的严重程度等级：1 为轻微，3 为中等，5 为严重。

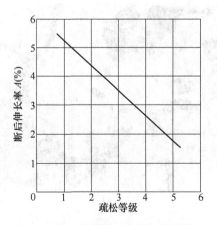

图 4-7 第 1 组各级"条状"横向排列
疏松的断后伸长率

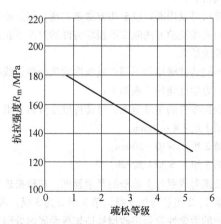

图 4-8 第 2 组各级"条状"横向排
列疏松的抗拉强度

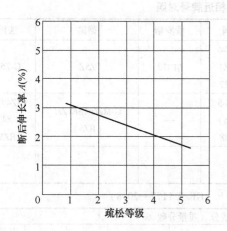

**图 4-9　第 2 组各级"条状"横向排列
疏松的断后伸长率**

3）第 3 组各级"云状"疏松的力学性能见表 4-22 和图 4-10。

**表 4-22　第 3 组各级"云状"
疏松的力学性能**

铸造方法	热处理状态	疏松等级	云　状	
			抗拉强度 R_m/MPa	断后伸长率 A（%）
S	T4	1	153	1.5
		2	144	1.5
		3	127	1.4

注：疏松的严重程度等级：1 为轻微，2 为中等，3 为严重。

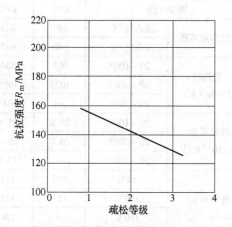

**图 4-10　第 3 组各级"云状"疏
松的抗拉强度**

8. 特点和用途

ZM5 和 ZM10 合金适用于砂型和金属型铸造，也可以用压力铸造及其他特种铸造工艺生产铸件。合金具有良好的流动性、焊接性，热裂倾向低，但疏松倾向较大；固溶处理后具有较高的抗拉强度、塑性和中等屈服强度；后经时效处理则使塑性降低，屈服强度提高。合金可在铸态（F）、固溶处理（T4）以及固溶处理后接人工时效（T6）等状态下使用，可以制造受力构件的一般用途的铸件。与其他各系合金相比，该合金不含稀土和锆，是两种较为价廉的镁合金。但因 ZM5 和 ZM10 合金有较高的疏松倾向和壁厚敏感性等缺点，或者受工作温度限制等原因，有些铸件则可以用含稀土的镁合金如 ZM6 或 ZM2 来代替。

AZ91A、AM60A 和 AS41A 是适用于压力铸造的合金，一般在铸态（F）下使用。AZ91B 是最常用的压铸镁合金；AM160A 适用于制造汽车轮毂和其他要求高伸长率、高韧性以及屈服强度和抗拉强度综合力学性能好的铸件。AS41A 合金在 175℃ 以下的抗蠕变性能优于 AZ91B 和 AM60A 合金，并有良好的抗拉强度、屈服强度和断后伸长率等综合力学性能。AZ91D、AM60B 和 AS41B 是高耐蚀的高纯合金。

镁-铝系合金已广泛用于制造飞机、发动机和附件的结构件和一般用途的铸件。在民用工业方面，镁-铝系合金可用于制造手机及便携式计算机外壳，数码相机等便携式电子产品铸件，壁挂式大屏幕电视机毂体、框架；汽车发动机的曲轴箱、气缸盖、液压泵和过滤器壳体，以及汽车离合器壳体、驾驶盘、座椅框架、车门框架和轮毂等；摩托车的曲轴箱、变速器、轴承座、液压泵座等。在手工工具方面，可以制造如电钻、伐木油锯、电刨、剪草机等的壳体零件；安装高压线用的工具，如线盘、止推环和棘轮式扳子等。在电机制造业方面，可用于制造端盖、法兰盘、底座、外壳、出线盒盖和风扇等，以及纺织机中的主经轴和法兰盘等。其他方面，如可制造印刷机和卷烟机中的零件。在日用品方面，如可制造吸尘器外壳和保护罩、打字机、计算机、手机、望远镜。电影放映机、照相机、复印机等中的零件。另外，用这类合金制造防护海水中使用（如船舶）和埋藏在土壤中的设施（如煤气管道、石油管道）等金属结构用的牺牲阳极，也可得到满意的结果。

4.1.2　镁-锌-锆系合金

1. 合金牌号对照（见表 4-23）

2. 化学成分

镁-锌-锆系合金的化学成分见表 4-24 和表 4-25，杂质元素为所允许的上限含量。

表 4-23 镁-锌-锆系合金的相近牌号对照

合金牌号	国际标准	美国	欧洲	英国	俄罗斯	德国	法国
ZMgZn5Zr（ZM1）	MgZn5Zr	ZK51A	—	MAG-4（Z5Z）ZL127	MЛ12	Z5Z	G-Z5Z
ZMgZn4RE1Zr（ZM2）	MgZn4REZr	ZE41A	MgZn4RE1Zr Mg35110	MAG-5（RZ5）ZL128	—	G-MgZn4SE1Zr1（RZ5）	G-Z4TrZr G-Z4Tr（RZ5）
ZMgZn8AgZr（ZM7）	—	—	—	—	—	—	—

表 4-24 镁-锌-锆系合金的化学成分[①]（GB/T 1177—2018）

合金牌号	合金代号	化学成分（质量分数,%）								
		Mg	Al	Zn	RE	Zr	Ag	Cu	Ni	其他元素总量
ZMgZn5Zr	ZM1	余量	0.02	3.5~5.5	—	0.5~1.0		0.10	0.01	0.30
ZMgZn4RE1Zr	ZM2		—	3.5~5.0	0.75[②]~1.75	0.4~1.0	Mn：0.15	0.10	0.01	0.30
ZMgZn8AgZr	ZM7		—	7.5~9.0	—	0.5~1.0	0.6~1.2	0.10	0.01	0.30

① 合金中可加入铍，但铍的质量分数不大于 0.002%。

② RE 为铈的质量分数不小于 45% 的铈混合稀土。

表 4-25 镁-锌-锆系铸造合金铸件的化学成分（GB/T 19078—2016）

合金牌号	铸造工艺	化学成分（质量分数,%）										
		Zn	Mn	RE	Zr	Ag	Mg	Si	Fe	Cu	Ni	其他元素总量
ZE41A	S、K、L	3.5~5.0	0.15	0.8~1.8	0.4~1.0	—	余量	0.01	0.01	0.03	0.005	—
ZK51A	S	3.6~5.5		0.5~1.0		—				0.10	0.01	0.30
ZK61A	S、L	5.5~6.5		0.6~1.0		—				0.10	0.01	0.30
ZQ81M	S、K、L	7.3~9.2		0.4~1.0	0.6~1.4					0.10	0.01	0.30

3. 物理和化学性能

（1）物理性能 镁-锌-锆系合金的物理性能见表 4-26。

（2）耐蚀性 合金的耐蚀性除与使用和设计等因素有关外，还与合金中的某些杂质元素密切相关。ZM1 和 ZM2 都含有锆，锆与合金中的杂质元素，如铁、硅、镍等均能形成高熔点的金属化合物并从镁中沉淀出来（沉入坩埚底部），从而使合金纯度得以提高，消除了这些杂质元素对合金耐蚀性的有害影响。此外，锆还能剧烈细化晶粒，又进一步提高合金的耐蚀能力。

4. 力学性能

（1）技术标准规定的性能 镁-锌-锆系合金的力学性能见表 4-27 ~ 表 4-29。

（2）室温性能

1）ZM1 和 ZM2 的室温力学性能见表 4-30。

2）按技术标准检验批量生产的 ZM1 合金单铸试

样力学性能统计结果见表 4-31。

表 4-26 镁-锌-锆系合金的物理性能

物理性能		ZM1	ZM2
熔化温度范围	液相线/℃	550	525
	固相线/℃	640	645
比热容 c /[J/(kg·K)]	20~100℃	967	964
	20~200℃	1022	1005
	20~300℃	—	1043
线胀系数 $\alpha_l/10^{-6}K^{-1}$	20~100℃	25.8	25.8
	20~200℃	26.2	26.2
	20~300℃	—	27.2
热导率 λ/[W/(m·K)]	50℃	116	117
	100℃	117	121
	150℃	—	126
	200℃	121	126
密度（20℃）/(g/cm³)		182	1.85
电阻率 $\rho/10^{-9}\Omega\cdot m$		62	60

表 4-27 镁-锌-锆系合金单铸试样的力学性能（GB/T 1177—2018）

合金牌号	合金代号	热处理状态	试验温度/℃	抗拉强度 R_m/MPa ≥	条件屈服强度 $R_{p0.2}$/MPa ≥	断后伸长率 A（%）≥
ZMgZn5Zr	ZM1	T1	室温	235	140	5.0
ZMgZn4RE1Zr	ZM2	T1	室温	200	135	2.5
			200	110	—	—
ZMgZn8AgZr	ZM7	T4	室温	265	110	6.0
		T6		275	150	4.0

注：采用砂型单铸试样。

表 4-28 镁-锌-锆系合金铸件切取试样的力学性能（GB/T 13820—2018）

合金牌号	合金代号	取样部位	铸造①方法	取样部位厚度/mm	热处理状态	抗拉强度 R_m/MPa 平均值②	最小值	条件屈服强度 $R_{p0.2}$/MPa 平均值②	最小值	断后伸长率 A（%）平均值②	最小值
ZMgZn5Zr	ZM1	无规定	S、J		T1	205	175	120	100	2.5	—
ZMgZn4RE1Zr	ZM2		S		T1	165	145	100	—	1.5	—
ZMgZn8AgZr	ZM7	Ⅰ类铸件指定部位	S	规定	T4	220	190	110	—	4.0	3.0
					T6	235	205	135	—	2.5	1.5
		Ⅱ类铸件指定部位，Ⅱ类铸件	S		T4	205	180	—	—	3.0	2.0
					T6	230	190	—	—	2.0	—

① S—砂型铸造；J—金属型铸造。当铸件某一部分的两个主要散热面在砂型中成形时，按砂型铸件的性能指标选用。
② 平均值指铸件上三根试样的平均值，最小值指三根试样中允许有一根低于平均值，但不低于最小值。

表 4-29 镁-锌-锆系合金铸件的室温力学性能（GB/T 19078—2016）

合金牌号	试样形式	热处理状态	抗拉强度 R_m/MPa ≥	条件屈服强度 $R_{p0.2}$/MPa ≥	断后伸长率 A（%）≥
ZE41A	砂型铸造	T5	200	135	2.5
ZK51A		T5	235	140	5.0
ZK61A		T6	275	180	5.0
ZQ81M		T4	265	130	6.0
		T6	275	190	4.0
ZE41A	永久型铸造	T5	210	135	3.0
ZQ81M		T4	265	130	6.0
		T6	275	190	4.0

注：T5—铸造冷却后人工时效。

表 4-30 ZM1 和 ZM2 合金的室温力学性能

合金代号	热处理状态	抗拉强度 R_m	规定塑性延伸强度 $R_{p0.01}$	条件屈服强度 $R_{p0.2}$	断后伸长率 $A_{11.3}$	断面收缩率 Z	硬度 HBW	冲击韧度 a_{KU}（kJ/m²）	抗压强度 R_{mc}	抗压条件屈服强度 $R_{pc0.2}$	承载强度 σ_{bru}	承载屈服强度 σ_{bry}	抗扭强度 τ_m	规定非比例扭转强度 $\tau_{p0.015}$	$\tau_{p0.3}$	抗剪强度 τ_b
		MPa			%				MPa							
ZM1	T1	277	102	175	7.5	9.4	62	39	—	147	485	350	186	49	93	152
ZM2	T2	230	102	152	6.2	6.7	62	24	345	140	485	395	196	—	—	171

表 4-31　ZM1 合金单铸试样力学性能统计结果

铸造方式	热处理状态	抗拉强度 R_m								断后伸长率 A					
		统计值/MPa						离散系数 C_V	样本数 n	统计值（%）				离散系数 C_V	样本数 n
		A[①] 基值	B[②] 基值	样本均值 $\overline{X}$	最小值	最大值	标准差 S			样本均值 $\overline{X}$	最小值	最大值	标准差 S		
砂型单铸	T1	220	235	260	226	292	15.5	0.06	198	7.34	3.3	11.3	1.65	0.22	198

① 具有 95% 置信度，99% 概率的安全强度。

② 具有 95% 置信度，95% 概率的安全强度。

（3）高温力学性能　ZM1 和 ZM2 合金的高温力学性能见表 4-32。ZM2 合金在不同温度下的典型应力-应变曲线如图 4-11 所示。

（4）低温性能　ZM1 合金的低温力学性能见表 4-33。

（5）高温持久和蠕变性能　ZM1 和 ZM2 合金的高温持久强度和蠕变强度见表 4-34。

（6）疲劳性能　ZM1 和 ZM2 合金的疲劳性能见表 4-35。

（7）弹性性能　ZM1 和 ZM2 合金的弹性模量、切变模量和泊松比见表 4-36。

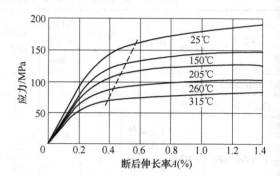

图 4-11　ZM2 合金在不同温度下的典型应力-应变曲线（单铸试样）

表 4-32　ZM1 和 ZM2 合金的高温力学性能

合金代号	热处理状态	试验温度/℃	抗拉强度 R_m	条件屈服强度 $R_{p0.2}$	断后伸长率 $A_{11.3}$
			MPa		（%）
ZM1	T1	100	215	161	12.7
		125	194	146	13.7
		150	172	142	15.9
		175	143	123	—
		200	124	111	15.1
		250	91	82	—
ZM2	T1	100	—	—	—
		150	174	134	26.0
		200	145	120	32.8
		250	119	104	34.7

表 4-33　ZM1 合金的低温力学性能

合金代号	热处理状态	试验温度/℃	抗拉强度 R_m	条件屈服强度 $R_{p0.2}$	断后伸长率 A（%）	冲击韧度 $a_{KU}/(kJ/m^2)$
			MPa			
ZM1	T1	-70	245	196	2.0	39

表 4-34 ZM1 和 ZM2 合金的持久强度和蠕变强度

合金代号	热处理状态	试验温度 $T/^\circ C$	持久强度 $R_{u\,100/T}$	蠕变强度 $R_{p\,0.2,100/T}$	蠕变强度 $R_{p0.2,1000/T}$
			MPa		
ZM1	T1	100	—	55	45
		150	78	34	25
		200	39	21	12
		250	20	—	—
ZM2	T1	93	—	76	68
		149	—	68	63
		175	103	—	—
		204	83	41	23
		260	—	12	7

注：0.2，100 和 0.2，1000 分别为 100h 和 1000h 的总伸长为 0.2%。总伸长等于原始伸长加蠕变伸长。

表 4-35 ZM1 和 ZM2 合金的疲劳性能

合金代号	热处理状态	试验温度/℃	疲劳缺口极限 S_{-1D}/MPa	疲劳寿命 N/次
ZM1	T1	20	74	2×10^7
ZM2	T1	20	118	2×10^7
		150	97	1×10^5
			85	5×10^5
			80	1×10^6
			73	5×10^6
			69	1×10^7
			65	5×10^7
ZM2	T1	200	93	1×10^5
			74	5×10^5
			69	1×10^6
			62	5×10^6
			59	1×10^7
			54	5×10^7

表 4-36 ZM1 和 ZM2 合金的弹性性能

合金代号	热处理状态	试验温度/℃	弹性模量 E/GPa	切变模量 G/GPa	泊松比 μ
ZM1	T1	20	42	17	0.35
		150	34	—	—
		200	30	—	—
		250	25	—	—
ZM2	T1	20	42	17.6	0.35
		100	41	—	—
		150	40	—	—
		200	38	—	—
		250	33	—	—
		300	24	—	—

5. 工艺性能

（1）铸造性能　ZM1 和 ZM7 合金具有良好的流动性，但疏松倾向大。ZM2 合金的铸造性能由于稀土的作用而大为改善；在其成分范围内，当锌含量低、稀土含量高时，铸造性能更好。这类合金的铸造特性见表 4-37。

（2）焊接性能　ZM1 合金焊接性差，一般不宜焊补；ZM2 合金可用氩弧焊焊接。ZM2 合金在化学成分范围内，当锌含量低，稀土含量高时，合金有好的焊接性；反之，则较差。焊后应消除应力（见 4.3 镁合金铸件热处理一节）。ZM7 合金难以焊补。

表 4-37　ZM1 和 ZM2 合金的铸造性能

合金代号	铸造温度/℃	流动性（棒长）/mm	疏松倾向	热裂倾向（环宽）/mm	线收缩率（%）
ZM1	705～815	182	较大	25～27.5	1.5
ZM2	675～815	170	较小	22.5	1.5

（3）切削性能　ZM1 和 ZM2 合金的切削性能同 ZM5 合金。

6. 显微组织

ZM1 合金的铸态组织中，除 αMg 固溶体外，晶界分布有少量 MgZn 块状化合物；晶界和富锌区中分布有微粒状的 MgZn 化合物，常有可见的晶内偏析。时效处理后，晶内析出沉淀物。当铸件的厚大部位冷却缓慢时，有可能出现 Zn_3Zr_2 化合物的密度偏析。ZM1 合金 T1 状态的显微组织如图 4-12 所示。

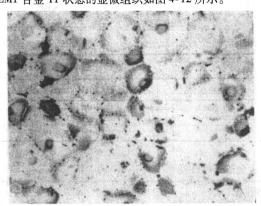

图 4-12　ZM1 合金 T1 状态的
显微组织　×200

ZM2 合金的显微组织与 ZM4 相似。铸态组织由 αMg 固溶体和沿晶界分布的断续网状共晶所组成。330℃时效 4h 后，晶内析出细小的沉淀物。

7. 特点和应用

ZM1 是一种镁-锌-锆系砂型铸造合金，具有高的抗拉强度、屈服强度和塑性，但铸造时热裂倾向较大，而且难以焊补。该合金的疏松倾向较大，不宜用来铸造耐高压的零件。推荐用于小型或形状简单、截面尺寸均匀的受力零件。该合金在未经固溶处理的人工时效状态（T1）下使用。

ZM2 是在 ZM1 的基础上添加混合稀土以改进铸造性能和焊接性能的一种合金。ZM2 具有较高的强度和中等塑性。ZM2 的高温力学性能和疲劳强度明显高于 ZM1。该合金容易铸造并易焊接，疏松倾向小，铸件致密性高。该合金在无预先固溶处理的人工时效状态（T1）下使用。

ZM7 合金有高的室温抗拉强度、屈服强度和良好的塑性，但因含银，铸造时疏松倾向大和难以焊补。合金在 T4 和 T6 状态下使用。

ZM1 合金已用于制造多种飞机的机轮铸件，并可广泛用于形状简单的各种受力构件。该合金的晶粒细化程度与合金中的溶解锆含量密切相关，而晶粒细化程度又直接影响合金的力学性能，所以熔炼技术和温度控制是极为重要的。

ZM2 合金已用于制造涡轮喷气发动机的前支轮壳体及盖、飞机电机壳体、液压泵壳体等零件。合金的锆含量与 ZM1 中的一样，直接影响到合金的力学性能。在规定化学成分范围内，低锌、高稀土的合金具有较好的铸造性能和焊接性能，但拉伸性能较低；反之，高锌、低稀土合金的拉伸性能较高，而铸造性能和焊接性能较差。

4.1.3　镁-稀土-锆系合金

1. 合金牌号对照（见表 4-38）

2. 化学成分（见表 4-39～表 4-41）

表 4-38　镁-稀土-锆系合金的相近牌号对照

合金牌号	国际	美国	欧洲	英国	俄罗斯	德国	法国
ZMgRE3ZnZr （ZM3）	—	EZ30M	—	—	Мл11	—	—
ZMgRE3Zn3Zr （ZM4）	MgRE3Zn2Zr	EZ33A	MgRE3Zn2Zr MC65120	MAG6 （ZRE1） 2L126	Мл11	G-MgSE3 Zn2Zr （ZRE1）	G-TR3Z2Zr G-Tr3Z2 （ZRE1）
ZMgNd2ZnZr （ZM6）	—	EZ30Z	—	—	Мл10	—	—
ZMgNd2Zr （ZM11）	—	—	—	—	—	—	—
—	—	EV31A	—	—	—	—	—
—	—	EQ21A	—	—	—	—	—
—	—	EQ21S	—	—	—	—	—
VW76S	—	—	—	—	—	—	—
VW103Z （EW103Z）	—	—	—	—	—	—	—
VQ132Z （EQ103Z）	—	—	—	—	—	—	—
—	—	WE43A	—	—	—	—	—
—	—	WE43B	—	—	—	—	—
—	—	WE54A	—	—	—	—	—
WV115Z （WE115Z）	—	—	—	—	—	—	—

表 4-39　镁-稀土-锆系合金的化学成分[①]（GB/T 1177—2018）

合金牌号	合金代号	化学成分（质量分数,%）									
		RE	Nd	Zn	Al	Zr	Si ≤	Fe ≤	Cu ≤	Ni ≤	其他元素总量 ≤
ZMgRE3ZnZr	ZM3	2.5 ~ 4.0[②]	—	0.2 ~ 0.7	—	0.4 ~ 1.0	—	—	0.10	0.01	0.30
ZMgRE3Zn3Zr	ZM4	2.5 ~ 4.0[②]	—	2.0 ~ 3.1	—	0.5 ~ 1.0	—	—	0.10	0.01	0.30
ZMgNd2ZnZr	ZM6	—	2.0 ~ 2.8[③]	0.1 ~ 0.7	—	0.4 ~ 1.0	—	—	0.10	0.01	0.30
ZMgNd2Zr	ZM11	—	2.0 ~ 3.0[③]	—	0.02	0.4 ~ 1.0	0.01	0.01	0.03	0.005	0.20

① 合金中可加入铍，但铍的质量分数不大于 0.002%。

② RE 为富铈混合稀土或稀土中间合金。当 RE 为富铈混合稀土时，RE 总的质量分数不小于 98%，铈的质量分数不小于 45%。

③ RE 为富钕混合稀土，钕的质量分数不小于 85%，其中，Nd、Pr 的质量分数之和不小于 95%。

表4-40　镁-稀土-锆系铸造合金锭的化学成分（GB/T 19078—2016）

合金牌号	化学成分（质量分数，%）															
	Al	Zn	Mn	RE	Gd	Y	Zr	Mg	Ag	Li	Ca	Si	Fe	Cu	Ni	其他元素总量
EZ30M①	—	0.20~0.7	—	2.5~4.0	—	—	0.30~1.0	余量	—	—	—	—	—	0.10	0.01	0.30
EZ30Z②	—	0.14~0.7	0.05	2.5~3.5	—	—	0.30~1.0		—	—	0.50	0.01	0.01	0.03	0.005	0.30
EZ33A①	—	2.0~3.0	0.15	2.4~4.0	—	—	0.10~1.0		—	—	—	0.01	0.01	0.03	0.005	0.30
EV31A③	—	0.20~0.50	0.03	2.6~3.1	1.0~1.7	—	0.10~1.0		0.05	—	—	0.01	0.01	0.01	0.002	—
EQ21A④	—	—	—	1.5~3.0	—	—	0.30~1.0		1.3~1.7	—	—	0.01	—	0.05~0.1	0.01	0.30
EQ21S④	—	0.20	0.15	1.5~3.0	—	—	0.10~1.0		1.3~1.7	—	—	0.01	0.01	0.03	0.005	0.30
VW76S	—	0.20	0.03	—	6.5~7.5	5.5~6.5	0.20~1.0		—	0.20	—	0.01	0.01	0.03	0.005	—
VW103Z	—	0.20	0.05	—	8.5~10.5	2.5~3.5	0.30~1.0		—	—	—	0.01	0.01	0.03	0.005	0.30
VQ132Z	0.02	0.50	0.05	—	12.5~14.5	—	0.30~1.0		1.0~2.5	—	0.50	0.05	0.01	0.02	0.005	0.30
WE43A⑤	—	0.20	0.15	2.4~4.4	—	3.7~4.3	0.10~1.0		—	0.20	—	0.01	0.01	0.03	0.005	0.30
WE43B⑥	—	0.20	0.03	2.4~4.4	—	3.7~4.3	0.30~1.0		—	0.18	—	0.01	0.01	0.02	0.004	0.30
WE54A⑤	—	0.20	0.15	1.5~4.0	—	4.8~5.5	0.10~1.0		—	0.20	—	0.01	0.01	0.03	0.005	0.30
WV115Z	0.02	1.5~2.5	0.05	—	4.5~5.5	10.5~11.5	0.30~1.0		—	—	—	0.05	0.01	0.02	0.005	0.30

① 稀土为富铈混合稀土。
② 稀土为富铈混合稀土或富铈纯钕稀土。当稀土为纯钕稀土时，Nd的质量分数不小于98%。
③ 稀土元素的质量分数为2.6%~3.1%，其他稀土元素的最大质量分数为0.4%，主要可以是Ce、La和Pr。
④ 稀土为富铈混合稀土，Nd的质量分数不小于70%。
⑤ 稀土中富铈和中重稀土，WE54A、WE43A和WE43B合金中Nd的质量分数为1.5%~2.0%，2.0%~2.5%和2.0%~2.5%，余量为中重稀土。中重稀土主要包括Gd、Dy、Er和Yb。
⑥ 其中（Zn+Ag）的质量分数不大于0.20%。

表 4-41　镁-稀土-锆系合金铸件的化学成分（GB/T 19078—2016）

合金牌号	化学成分（质量分数，%）														
	Zn	Mn	RE	Gd	Y	Zr	Mg	Ag	Li	Ca	Si	Fe	Cu	Ni	其他元素总量
EZ30M①	0.20~0.8	—	2.3~4.0	—	—	0.40~1.0	余量	—	—	—	—	0.01	0.10	0.01	0.30
EZ30Z②	0.10~0.8	0.10	2.0~3.7	—	—	0.40~1.0		—	—	0.50	0.01	0.01	—	0.005	0.30
EZ33A①	2.0~3.1	0.15	2.5~4.0	—	—	0.50~1.0		—	—	—	0.01	—	0.03	0.005	—
EV31A③	0.20~0.50	0.03	2.6~3.1	1.0~1.7	—	0.40~1.0		0.05	—	—	—	0.01	0.01	0.002	—
EQ21A④	—	—	1.5~3.0	—	—	0.40~1.0		1.3~1.7	—	—	—	—	0.05~0.10	0.01	0.30
EQ21S④	0.20	0.15	1.5~3.0	—	—	0.40~1.0		1.3~1.7	—	—	—	—	0.05~0.10	0.005	—
VW76S	—	0.03	—	6.5~7.5	5.5~6.5	0.40~1.0		—	0.20	—	0.01	0.01	0.03	0.005	0.30
VW103Z	0.20	—	—	8.3~10.7	2.3~3.7	0.40~1.0		—	—	—	0.01	0.01	0.03	0.005	—
VQ132Z	0.50	—	—	12.3~14.7	—	0.40~1.0		—	—	0.50	0.05	—	0.03	0.005	0.30
WE43A⑤	0.20	0.15	2.4~4.4	—	3.7~4.3	0.40~1.0		—	0.20	—	0.01	0.01	0.02	0.005	—
WE43B⑥	—	0.03	2.4~4.4	—	3.7~4.3	0.40~1.0		—	0.20	—	—	—	0.02	0.005	0.30
WE54A⑤	0.20	0.15	1.5~4.0	—	4.8~5.5	0.40~1.0		—	0.20	—	0.01	0.01	0.03	0.005	0.30
WV115Z	1.3~2.7	—	—	4.3~5.7	10.3~11.7	0.40~1.0		—	—	—	0.05	0.01	0.03	0.005	0.30

① 稀土为富铈混合稀土。

② 稀土为富铈混合稀土或纯钕稀土。当稀土为富钕混合稀土时，Nd 的质量分数不小于 85%。

③ 稀土元素钕的质量分数为 2.6%~3.1%，其他稀土元素的最大质量分数为 0.4%，可以是 Ce、La 和 Pr。

④ 稀土为富钕混合稀土，Nd 的质量分数不小于 70%。

⑤ 稀土中富钕和中重稀土，WE54A、WE43A 和 WE43B 合金中 Nd 的质量分数为 1.5%~2.0%、2.0%~2.5% 和 2.0%~2.5%，余量为中重稀土。中重稀土主要包括 Gd、Dy、Er 和 Yb。

⑥ 其中（Zn＋Ag）的质量分数不大于 0.20%。

3. 物理和化学性能

（1）物理性能　镁-稀土-锆系合金的物理性能见表4-42。

（2）耐蚀性　ZM3、ZM4和ZM6合金都含有锆。锆除了细化晶粒外，还可消除杂质的有害作用，因而大大提高合金的耐蚀性。ZM4和ZM6合金经100h喷

雾腐蚀和交替腐蚀试验后的性能见表4-43。为对比起见，同时列出ZM5合金的数据。

4. 力学性能

（1）技术标准规定的性能　镁-稀土-锆系合金的单铸试样和铸件本体试样的室温力学性能见表4-44和表4-45。单铸试样的高温力学性能见表4-46。

表4-42　镁-稀土-锆系合金的物理性能

物 理 性 能		ZM3	ZM4	ZM6	VW103Z	物 理 性 能		ZM3	ZM4	ZM6	VW103Z
熔化温度范围	液相线/℃	645	645	640	638	热导率 $\lambda/[W/(m \cdot K)]$	50℃	—	96	—	30.4
	固相线/℃	590	545	550	590		100℃		100	130	
比热容 $c/[J/(kg \cdot K)]$	20~50℃	—	896		868		150℃		106		
	20~100℃	1038	1005	904	955		200℃		110	142	44.3
	20~150℃		1038				250℃		114		
	20~200℃	1047	1097	980	966		300℃	117	116	147	46.7
	20~250℃	—	1147			热扩散率 $a/(10^{-6} m^2/K)$	20℃				18.4
	20~300℃	1089	1122	1034	958		200℃				24.1
线胀系数 $\alpha_l/10^{-6} \cdot K^{-1}$	20~100℃	23.6	23.90	23.2	26.3		300℃				25.6
	20~150℃	—	24.99			密度 (50℃) /(g/cm³)		1.80	1.82	1.77	1.91
	20~200℃	25.1	25.76	25.4	27.4						
	20~250℃	—	26.27			电阻率/$10^{-9}\Omega \cdot m$		73	70	84	182
	20~300℃	25.9	26.72	26.0	29.7	电导率 $\gamma/\%$ IACS		—			9.5

表4-43　ZM4和ZM6合金腐蚀试验后的性能

合金代号	热处理状态	试验前的性能		喷雾腐蚀试验后的性能[1]			交替腐蚀试验后的性能[1]		
		抗拉强度 R_m/MPa	断后伸长率 $A_{11.3}$（%）	抗拉强度 R_m/MPa	断后伸长率 $A_{11.3}$（%）	强度损失（%）	抗拉强度 R_m/MPa	断后伸长率 $A_{11.3}$（%）	强度损失（%）
ZM4	T1	149	—	144	—	3.6	141	—	5.5
ZM6	T6	251	7.4	239	5.2	4.7	242	5.7	3.6
ZM5	T4	276	13.7	249	9.6	9.8	244	8.9	11.6

①　时间为100h。

表4-44　镁-稀土-锆系合金单铸试样和铸件本体试样的室温力学性能

合金牌号	合金代号	热处理状态	GB/T 1177—2018			GB/T 13820—2018					
			砂型单铸			铸件本体					
			抗拉强度 R_m/MPa	条件屈服强度 $R_{p0.2}$/MPa	断后伸长率 A（%）	抗拉强度 R_m/MPa		条件屈服强度 $R_{p0.2}$/MPa		断后伸长率 A（%）	
						平均值[1]	最小值[2]	平均值[1]	最小值[2]	平均值[1]	最小值[2]
			≥			≥					
ZMgRE3ZnZr	ZM3	T2	120	85	1.5	105	90	—	—	1.5	1.0
ZMgRE3Zn2Zr	ZM4	T1	140	95	2.0	120	100	90	80	2.0	1.0
ZMgNb2ZnZr	ZM6	T6	230	135	3.0	180	150	120	100	2.0	1.0
ZMgNd2Zr	ZM11	T6	225	135	3.0	175	145	120	100	2.0	1.0

①　铸件本体三个试样的平均值。

②　铸件本体三个试样中，允许有一个低于平均值，但不得低于最小值。

表 4-45 镁-稀土-锆系合金铸件的室温力学性能（GB/T 19078—2016）

合金牌号	试样形式	热处理状态	抗拉强度 R_m /MPa ≥	条件屈服强度 $R_{p0.2}$ /MPa ≥	断后伸长率 A （%） ≥
EZ30M	砂型铸造	F	120	85	1.5
		T2	120	85	1.5
EZ30Z		T6	240	140	4.0
EZ33A		T5	140	95	2.5
EV31A		T6	250	145	2.0
EQ21A、EQ21S		T6	240	175	2.0
VW103Z		T6	300	200	2.0
VQ132Z		T6	350	240	1.0
WE43A、WE43B		T6	220	170	2.0
WE54A		T6	250	170	2.0
WV115Z		T6	280	220	1.0
EZ30M	永久型铸造	F	120	85	1.5
		T2	120	85	1.5
EZ30Z		T6	240	140	4.0
EZ33A		T5	140	100	3.0
EV31A		T6	250	145	2.0
EQ21A、EQ21S		T6	240	175	2.0
VW76S		T6	300	200	1.0
VW103Z		T6	340	220	2.0
VQ132Z		T6	380	280	2.0
WE43A、WE43B		T6	220	170	2.0
WE54A		T6	250	170	2.0
WV115Z		T6	280	260	1.0

表 4-46 镁-稀土-锆系合金单铸试样的高温力学性能（GB/T 1177—2018）

合金代号	热处理状态	试验温度/℃	抗拉强度 R_m/MPa ≥	蠕变强度 $R_{p0.2,100/T}$/MPa ≥
ZM3	F、T2	200	—	50
		250	110	25
ZM4	T1	200		50
		250	100	25
ZM6	T6	250	145	30
ZM11	T6	250	145	25

（2）室温力学性能

1）室温力学性能见表 4-47。

2）按技术标准检验批量生产的 ZM6 合金单铸试样的力学性能统计值见表 4-48，铸件本体试样的力学性能统计值见表 4-49。

表 4-47 镁-稀土-锆系合金的室温力学性能

合金代号	热处理状态	抗拉强度 R_m MPa	规定塑性延伸强度 $R_{p0.01}$ MPa	条件屈服强度 $R_{p0.2}$ MPa	断后伸长率 $A_{11.3}$ %	断面收缩率 Z %	硬度 HBW	冲击韧度 a_K /(kJ/m²)	抗压强度 R_{mc} MPa	规定塑性压缩强度 $R_{pc0.01}$ MPa	规定塑性压缩强度 $R_{pc0.2}$ MPa	抗扭强度 τ_m MPa	规定非比例扭转强度 $\tau_{p0.015}$ MPa	规定非比例扭转强度 $\tau_{p0.3}$ MPa	抗剪强度 τ_b MPa
ZM3	F	137	52	96	2.7	3.5	55	25	304	39	98	—	—	—	118
ZM4	T1	149	64	99	3.2	4.7	58	—	—	—	110	161	—	—	—
ZM6	T6	251	81	142	7.4	—	70	49	—	—	139	191	69	99	—

表 4-48　ZM6 合金单铸试样的力学性能统计值

铸造方式	热处理状态	抗拉强度 R_m							
		统计值/MPa						离散系数 C_V	样本数 n
		A 基值	B 基值	均值 $\overline{X}$	最小值	最大值	样本标准差 S		
砂型单铸	T6	215	230	248	226	283	13.3	0.054	115

铸造方式	热处理状态	条件屈服强度 $R_{p0.2}$						断后伸长率 A					
		统计值/MPa				离散系数 C_V	样本数 n	统计值（%）				离散系数 C_V	样本数 n
		均值 $\overline{X}$	最小值	最大值	样本标准差 S			均值 $\overline{X}$	最小值	最大值	样本标准差 S		
砂型单铸	T6	151	138	171	8.0	0.056	23	6.2	3.0	9.8	1.56	0.25	114

表 4-49　ZM6 合金铸件本体试样的力学性能统计值

铸造方式	热处理状态	抗拉强度 R_m						条件屈服强度 $R_{p0.2}$					
		统计值/MPa				离散系数 C_V	样本数 n	统计值/MPa				离散系数 C_V	样本数 n
		均值 $\overline{X}$	最小值	最大值	样本标准差 S			均值 $\overline{X}$	最小值	最大值	样本标准差 S		
砂型	T6	255	224	279	14.2	0.056	42	142	132	158	5.7	0.040	39

铸造方式	热处理状态	断后伸长率 A						断面收缩率 Z					
		统计值（%）				离散系数 C_V	样本数 n	统计值（%）				离散系数 C_V	样本数 n
		均值 $\overline{X}$	最小值	最大值	样本标准差 S			均值 $\overline{X}$	最小值	最大值	样本标准差 S		
砂型	T6	5.9	2.5	9.1	1.75	0.295	38	8.0	4.7	10.7	1.42	0.178	33

3）ZM3 合金长期加热后的室温力学性能见表 4-50。ZM4 和 ZM6 合金长期加热后的室温力学性能见图 4-13 和表 4-51。

4）ZM6 合金铸件壁厚对力学性能的影响见表 4-52。

（3）高温性能

1）镁-稀土-锆系合金的高温力学性能见表 4-53。

2）ZM6 长期加热后的高温力学性能见表 4-54，试验温度下保温时间对 ZM4 合金高温力学性能的影响如图 4-14 所示。

（4）低温性能　ZM6 合金的低温力学性能见表 4-55，缺口敏感性系数见表 4-56。ZM14 合金的低温力学性能如图 4-15 所示。

（5）高温持久和蠕变性能　镁-稀土-锆系合金的高温持久强度和蠕变强度见表 4-57。

（6）疲劳性能　镁-稀土-锆系合金的疲劳极限见表 4-58。

（7）弹性性能　镁-稀土-锆系合金的弹性模量、切变模量和泊松比见表 4-59。

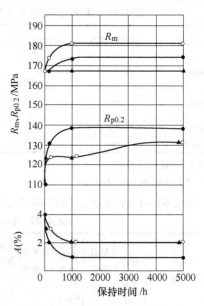

图 4-13　ZM4 合金长期加热后的室温力学性能

●—205℃　▲—260℃　○—315℃

表 4-50 ZM3 合金长期加热后的室温力学性能

合金代号	热处理状态	加热温度/℃	加热时间/h	抗拉强度 R_m	条件屈服强度 $R_{p0.2}$	断后伸长率 A	抗拉强度 R_m 保存率
				MPa		(%)	(%)
ZM3	F	20	—	152	—	3	100
		200	100	142	93	3.5	93
			500	132	88	3.5	87
			1000	132	83	4	87

表 4-51 ZM4 和 ZM6 合金长期加热后的室温力学性能

加热温度/℃	加热时间/h	抗拉强度 R_m	条件屈服强度 $R_{p0.2}$	断后伸长率 A（%）	抗拉强度 R_m 保存率	条件屈服强度 $R_{p0.2}$ 保存率
		MPa			%	
20	—	245	147	5.0	100	100
100	1000	245	147	5.0	100	100
125	1000	245	147	5.0	100	100
	30000	245	147	5.0	100	100
150	100	245	147	5.0	100	100
	1000	245	147	5.0	100	100
	2500	235	142	5.5	97	97
	30000	235	142	5.5	97	97
200	10	245	147	5.0	100	100
	100	245	147	5.0	100	100
	200	226	147	5.0	92	100
	1000	221	132	5.0	90	90
250	10	245	147	5.0	100	100
	50	226	127	5.5	92	90
	100	226	127	5.0	92	90
	200	206	108	5.0	85	74
	1000	201	98	5.0	83	66
300	50	196	98	7.0	80	66
	250	186	98	7.0	76	66

表 4-52 ZM6 合金铸件壁厚对力学性能的影响

热处理状态	铸件壁厚/mm	抗拉强度 R_m/MPa	抗拉强度 R_m 保存率 (%)	断后伸长率 A (%)	断后伸长率 A 保存率 (%)
T6	10	248	100	12.7	100
	20	242	97.6	12.7	100
	30	236	95.2	11.4	90
	50	235	94.9	11.2	88

表 4-53 镁-稀土-锆系合金的高温力学性能

合金代号	热处理状态	试验温度/℃	抗拉强度 R_m	规定塑性延伸强度 $R_{p0.01}$	条件屈服强度 $R_{p0.2}$	断后伸长率 $A_{11.3}$	断面收缩率 Z	硬度 HBW
			MPa			%		
ZM3	F	100	151	—	84	7.0	8.2	—
		150	140	—	67	13.0	22.0	—
		200	146	—	69	14.3	29.1	30
		250	147	—	72	15.0	32.2	28
		300	107	—	56	26.7	68.4	26

（续）

合金代号	热处理状态	试验温度/℃	抗拉强度 R_m	规定塑性延伸强度 $R_{p0.01}$	条件屈服强度 $R_{p0.2}$	断后伸长率 $A_{11.3}$	断面收缩率 Z	硬度 HBW
			MPa			%		
ZM4	T1	100	148	46	85	4.0	4.5	—
		150	156	42	73	20.0	20.9	—
		200	141	44	67	23.9	37.2	—
		250	132	45	63	31.4	55.2	—
		300	94	27	53	25.0	74.8	—
ZM6	T6	100	203	76	130	10.9	—	—
		150	196	70	129	9.4	—	—
		200	193	69	126	16.7	—	—
		250	162	65	121	13.3	—	—
		300	109	33	79	22.2	—	—
WE54	T6	150	260	—	187	7.8	—	—
		200	251	—	176	11.0	—	—
		250	240	—	170	12.8	—	—
		300	209	—	153	15.7	—	—
VW103Z	T6	150	363	—	232	11.1	—	—
		200	352	—	228	12.5	—	—
		250	312	—	207	12.7	—	—
		300	231	—	156	27.8	—	—

表 4-54 ZM6 合金长期加热后的高温力学性能

试验温度/℃	试验温度下加热时间/h	抗拉强度 R_m	条件屈服强度 $R_{p0.2}$	断后伸长率 $A_{11.3}$（%）	抗拉强度 R_m 保存率	条件屈服强度 $R_{p0.2}$ 保存率
		MPa			%	
125	0.5	221	132	11.0	100	100
	20000	225	135	10.0	100	100
	30000	208	142	7.5	94	100
150	0.5	212	132	11.2	100	100
	2500	191	133	13.9	90	100
	30000	191	133	11.7	90	100
200	0.5	204	132	17.7	100	100
	100	159	—	20.8	77	—
	1000	155	108	16.0	71	82
	2500	155	107	30.0	71	81
250	0.5	186	123	18.6	100	100
	10	132	—	23.5	72	—
	100	124	75	24.1	67	61
	1000	108	—	22.8	58	—
	2500	108	75	18.8	58	61

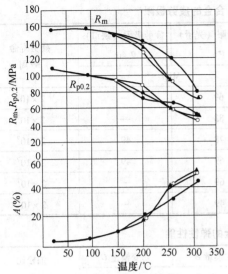

图 4-14　试验温度下保温时间对 ZM4
　　　合金高温力学性能的影响

●—10min　▲—100h　○—1000h

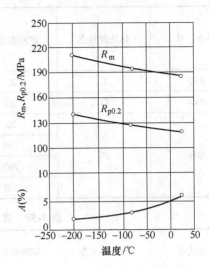

图 4-15　ZM4 的低温力学性能

表 4-55　ZM6 合金的低温力学性能

合金代号	热处理状态	试验温度/℃	抗拉强度 R_m	抗拉强度（缺口） R_{mH}	断后伸长率 A （%）	冲击韧度 $a_K/(kJ/m^2)$
			MPa			
ZM6	T6	20	265	255	6	49
		−70	294	289	5	39
		−196	314	284	4	39

表 4-56　ZM6 合金的缺口敏感性系数

合金代号	热处理状态	载荷形式	试验温度/℃	缺口敏感性系数
ZM6	T6	静力	−196	0.89
			−70	0.96
			20	1.0
			200	1.2
			250	1.2

表 4-57　镁-稀土-锆系合金的持久强度和蠕变强度

合金代号	热处理状态	试验温度/℃	持久强度 $R_{u\,100/T}$	蠕变强度 $R_{p0.2,100/T}$
			MPa	
ZM3	F	250	74	49
ZM4	T1	200	108	59
		250	59	29
ZM6	T6	200	137	96
		250	78	37
		300	29	—

表 4-58　ZM3、ZM4 和 ZM6 合金的疲劳极限

合金代号	热处理状态	试验温度/℃	疲劳极限（光滑）σ_D	疲劳极限（缺口）σ_{-1D}	疲劳寿命 N/周
			MPa		
ZM3	F	20	69	—	2×10^7
ZM4	T1	20	83	—	2×10^7
ZM6	T6	20	78	49	2×10^7
		150	69	49	2×10^7
		200	69	—	2×10^7
		250	49	—	2×10^7

表 4-59　镁-稀土-锆系合金的弹性性能

合金代号	热处理状态	试验温度/℃	弹性模量 E	切变模量 G	泊松比 μ
			GPa		
ZM3	F	20	44	16	0.31
		200	38	—	—
		250	33	—	—
ZM4	T1	20	43	16	0.35
		100	39	—	—
		150	39	—	—
		200	39	—	—
		250	38	—	—
		300	32	—	—
ZM6	T6	20	43.4	16	0.33
		100	40.3	—	—
		150	39.1	—	—
		200	38.3	—	—
		250	36.8	—	—
		300	34.2	—	—

5. 工艺性能

（1）铸造性能　镁-稀土-锆系合金的铸造性能见表 4-60。这些含稀土的镁合金均有良好的铸造性能，疏松倾向和壁厚敏感性低。

表 4-60　镁-稀土-锆系合金的铸造性能

合金代号	铸造温度/℃	流动性（棒长）/mm	热裂倾向（环宽）/mm	线收缩率（%）
ZM3	720~800	300	12.5~15	1.3~1.5
ZM4	705~815	300	12.5~15	1.3~1.4
ZM6	720~800	260	20	1.3~1.5

（2）焊接性能　ZM3、ZM4 和 ZM6 合金均可用氩弧焊进行焊补，焊补工艺性能良好。

（3）切削性能　同 ZM5 合金。

6. 显微组织

ZM3 合金的铸态组织由 αMg 固溶体和分布在晶界上的块状化合物组成（见图 4-16）。退火后，化合物以小质点形式自晶内析出。ZM4 合金的显微组织与 ZM3 相似，经 170~250℃ 时效后，晶内无可见沉淀物；经 340℃ 时效后，晶内出现化合物沉淀，但是对力学性能无明显影响。

ZM6 合金的铸态组织由 αMg 固溶体和晶界分布

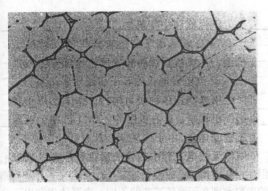

图 4-16　ZM3 合金的铸态显微组织　×200

的块状化合物 Mg_{12}（Nd, Zn）组成。固溶处理使大部分化合物溶入基体，仅有少量残留于晶界，同时可见晶内点状沉淀物。时效虽使析出相稍有增多，但组织上无明显差异。经过分析，晶内的点状沉物为 Mg_{12}（Nd, Zn）、ZrH_2 和 αZr 等。图 4-17 所示为 ZM6 合金在 T6 状态下的显微组织。

镁-稀土-锆系合金的铸态组织随锆含量的增加而变细。锆含量越高，化合物存在于枝晶内的倾向就越小。

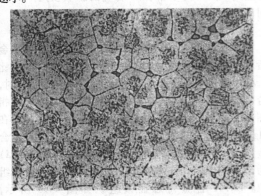

图 4-17　ZM6 合金在 T6 状态下的显微组织　×200

7. 特点和应用

以稀土为主要合金元素的铸造镁合金，由于在 200～300℃具有高的强度和抗蠕变性能而受到重视。我国稀土资源丰富，已经发展了多种含稀土的铸造镁合金，其中的 ZM3、ZM4 和 ZM6 三种合金已在生产中应用多年。

ZM3 和 ZM4 合金是以铈混合稀土为主要合金元素的两种不同锌含量的合金。由于稀土的作用，合金在 200～250℃下保持良好的持久和抗蠕变性能，但室温强度低于其他各系镁合金。这两种合金适用于在 150～250℃范围内长期工作或室温下要求气密性的铸件。ZM3 通常是在铸态（F）或退火（T2）状态下使用，而 ZM4 则在人工时效（T1）状态下使用。

ZM6 合金是以钕为主要合金元素的高强度耐热镁合金。由于钕在镁中具有较大的固溶度，所以合金在固溶处理＋人工时效（T6）的状态下，除有优于 ZM3、ZM4 的高温性能外，还兼有高的室温力学性能和中等塑性。

ZM6 合金已用于制造直升机的发动机后减速机匣、飞机机翼翼肋和液压恒速装置支架，以及 30 万 kW 汽轮发电机的转子引线压板等零件，并可广泛用来制造各种受力构件。ZM3 已用于制造发动机压气机机匣、离心机匣等。ZM4 已用于制造液压恒速装置壳体等。由于该系合金具有高的阻尼容量，可用作无线电工程中的仪表底盘和外壳，以减少振动的有害影响。

4.1.4　镁-锂系合金

1. 化学成分（见表 4-61）

表 4-61　镁-锂系铸造合金的化学成分

合金代号	化学成分（质量分数,%）
MA21	Li：7.0～9.0, Al：4.0～6.0, Zn：0.8～2.0, Si：0.1～0.4, Cd：3.0～5.0, Se≤0.15
MA18	Li：10.0～11.5, Al：0.5～1.0, Zn：2.0～2.5, Si：0.1～0.4, Se：0.15～0.35
LA141	Mg-14Li-1Al
LA91A	Mg-9Li-1Al
LAZ933A	Mg-9Li-3Al-3Zn
LAZ832	Mg-8Li-3Al-2Zn

2. 物理和化学性能

（1）物理性能　镁-锂系合金的物理性能见表 4-62。

表 4-62　镁-锂系合金的物理性能

物理性能		LA141
熔点/℃		580
比热容 $c/[J/(kg·K)]$	23℃	804.45
	37℃	804.45
	93℃	806.77
	148℃	809.10
	204℃	813.75
	260℃	813.75
线胀系数 $\alpha_l/10^{-6}K^{-1}$	-128～23℃	21.5
	>23～93℃	21.8
	>93～204℃	22.2

（续）

物理性能		LA141
热导率 $\lambda/[\mathrm{W/(m\cdot K)}]$	23℃	519.58
	37℃	514.40
	93℃	500.59
	148℃	485.06
	204℃	486.78
	260℃	483.33
密度(50℃)/(g/cm³)		1.35
电阻率 $\rho/10^{-8}\Omega\cdot m$		15.2
电导率 $\gamma/\%\,\mathrm{IACS}$		11.4

（2）耐蚀性　在镁-锂系合金中，镁和锂的标准电极电位比铁、铝、锌、铜等金属都低，导致镁锂合金的耐蚀性较差，同时镁锂合金表面形成的氧化物或氢氧化物膜层的稳定性和致密性差，容易发生点腐蚀。这可通过提高合金的纯度或将镁锂合金中的危害元素，如铁、镍、铜、钴等降至临界值以下，或者添加某些合金元素形成耐蚀合金/微合金，来提高镁锂合金的耐蚀性；也可采用快速凝固技术，增加有害杂质的固溶极限，使表面的成分均匀化，从而减少局部微电偶电池的活性，同时还能使表面形成玻璃态的氧化膜。

3. 力学性能

（1）室温性能　镁-锂系合金的室温力学性能见表4-63。

表4-63　镁-锂系合金的室温力学性能

合金代号	热处理 状态	抗拉强度 $R_{m}/$ MPa	条件屈服强度 $R_{p0.2}/$MPa	断后伸长率 A（%）
MA21	F	187	164	9.0
MA18	F	161	143	30.0
LA141	F	122	85	17.0
LAZ832	F	193	144	15.0
	T4	265	199	10.0

（2）弹性模量　LA141、LAZ933和LA91合金的弹性模量见表4-64。不同温度条件下LA141合金的弹性模量见表4-65。

表4-64　镁-锂系合金的弹性模量

合金代号	弹性模量/GPa
LA141	42.7
LAZ933A	44.1
LA91A	45.5

表4-65　不同温度条件下LA141合金的弹性模量

温度/℃	弹性模量/GPa
-75	49.6
20	42.7
65	34.8
120	23.4
150	17.9

4. 工艺性能

（1）铸造性能　镁-锂系合金具有较好的流动性，但疏松倾向大。镁锂合金铸造与其他常规镁合金铸造的主要差别在于熔铸工艺的不同，主要体现在以下几个方面：合金液保护及其困难；原辅材料及炉衬材料的选用很苛刻；镁锂合金的氢含量控制非常困难。

（2）焊接性能　镁-锂系合金具有比普通镁合金更好的焊接性，可采用氩弧焊和搅拌摩擦焊等焊接工艺，其焊缝外观也较为规整。Al和Zn是镁锂合金的常用合金化元素，单相α-Mg、双相α+β和单相β-Li组织焊接焊缝区的强度随Al含量的增加而增大，而塑性呈相反方向变化。随Al和Zn含量的增加，单相镁锂合金焊接过程中阻止热裂产生的能力急剧降低。其中，Al对单相β-Li合金的影响较大，而Zn对单相α-Mg合金的影响较为明显。

5. 显微组织

由于Li具有体心立方（bcc）结构，加入镁合金后可以使密排六方（hcp）结构的Mg的晶格轴比（c/a）值变小，而且当Li含量增加到一定程度时，合金结构转变为bcc结构。根据Mg-Li二元合金相图，当$w(\mathrm{Li})<5.7\%$时，镁锂合金为α-Mg（Li在Mg的固溶体）单相组织；当$w(\mathrm{Li})>10.3\%$时，合金为βLi（Mg在Li的固溶体）单相组织；当$w(\mathrm{Li})$为5.7%~10.3%之间时，镁锂合金为α+β双相组织。LA141合金铸态显微组织如图4-18所示，LAZ832合金的铸态和固溶处理态显微组织如图4-19所示，浅色区域为α-Mg，深色区域为β-Li。

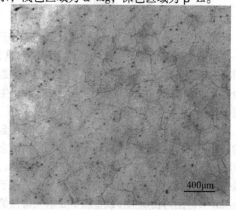

图4-18　LA141合金铸态显微组织（单相β-Li）

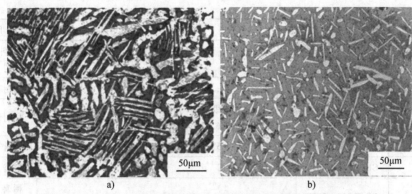

图 4-19　LAZ832 合金铸态和固溶处理态显微组织（双相 α + β）

a）铸态　b）固溶处理态

4.2　铸造工艺

4.2.1　重力铸造

1. 重力铸造特点

采用重力铸造，如砂型铸造和永久型（金属型）铸造生产镁及镁合金，主要需考虑铸造过程中合金的流动性、抗氧化性，防止疏松和热裂等。加入元素铝可明显提高镁合金的流动性，但加铝会使凝固时固-液两相区范围加宽，导致合金铸锭疏松严重。合金元素锌也可增加铸造时镁合金的流动性，但锌会提高铸锭的热裂倾向并造成显微疏松。稀土元素既可增加铸造时镁合金的流动性，又可减小热裂和显微疏松倾向，对提高普通铸造镁合金的性能十分有利。镁合金的砂型铸造和金属型铸造多用浇包舀取浇注方法，并且尽量在保护气氛条件下完成以获得高品质的铸锭，常用的方法有 SO_2 气体或撒硫黄粉等保护。

2. 砂型铸造

镁合金类零部件的砂型铸造生产流程是设计→模板→造型→浇注→清理→后处理→机械加工，而造型工艺是决定镁合金铸件质量的一个关键工序。表 4-66 列出了制作镁合金铸造用型砂和砂芯的各种工艺材料及技术要求。

镁合金铸造用型砂、芯砂的成分配比和物理性能见表 4-67。型砂和芯砂的配制程序及时间控制见表 4-68。

表 4-66　制作镁合金铸造用型砂和砂芯的各种工艺材料及技术要求

工艺材料	技术标准	技术要求	用　途
石英砂（铸造用硅砂）	GB/T 9442—2010	SiO_2 含量≥90%；粒度：（50/100）～（70/140）目；直径：（0.300/0.150）～（0.212/0.106）μm；含水量≤1.5%；颗粒形状：圆形、圆形-钝角形	配制型砂、芯砂
黏土砂（红砂、铸造用硅砂）	GB/T 9442—2010	颗粒形状：圆形-钝角形；泥含量：5%～15%；粒度：100/200 目	配制型砂、芯砂和膏料
铸造用木浆废液黏结剂	—	相对密度（293K）：1.27～1.30；黏度（303K）：15～35Pa·s；pH = 4.6～7.0；平均含量≥50%	胶黏剂、配膏料
糖浆	—	葡萄糖含量≥45%；密度：1.25～1.30g/cm³；水分≤50%	配制型砂
T99-1	津 Q/HG 2-14	黏度：14～20 Pa·s（298K 涂-4 黏度计）；固体含量≥50%	配制芯砂
烷基磺酸钠（R-SO₃Na）	—	有效物≥28%；不皂花物≤6%；盐含（NaCl）量≤6%；pH = 7～9	型砂防护剂
膨润土	JB/T 9227—2013	湿压强度 >50kPa；热湿压强度 >1.5kPa	配制型砂、芯砂和膏料
铸造用合脂黏结剂	—	HZ、HM-1、HM-2	配制芯砂

（续）

工艺材料	技术标准	技术要求	用　途
工业硼酸	GB/T 538—2018	一等品	膏料、型砂、芯砂防护剂
硫黄粉	GB/T 2449.1—2014	硫含量≥99%；粒度 100 目	配制芯砂和防护剂
滑石粉	GB/T 15342—2012	一级品、二级品水分质量分数 ≤50%；烧失量（1000℃）≤93%	配制膏料和脱模剂
脂松香	GB/T 8145—2003	软化点≥73.85℃	制通气线
全精炼石蜡	GB/T 446—2010	熔点≥69.85℃	制蜡
煤油	GB/T 253—2008	一	稀释剂、脱模剂和配制芯砂
麦芽糊精	GB/T 20884—2007	酸值 ≥ 53；灰分（质量分数）≤0.4%；溶解度≥81.5%	配制膏料

注：技术要求中的百分数（%）均为质量分数。

表 4-67　镁合金铸造用型砂、芯砂的成分配比和物理性能

名称		成分配比										物理性能			
		石英砂	黏土砂	膨润土	纸浆残液黏结剂	T99-1	合脂	烷基磺酸钠	糖浆	硼酸	硫黄	水	湿度（%）	湿压强度/MPa	湿透气性	干拉强度/MPa
芯砂	合脂砂	100		1～1.5	0.5～1	—	1.5～2			0.3	1	适量	2～4	>0.008	>100	0.3～0.8
	纸浆砂	100	—	2.5～3	3.5～4.5	煤油0.2	—			0.3	1	适量	3～4	>0.012	>100	0.25～0.4
	油砂	100		1.5～2	1.5～2	2.5～4	—			0.3	1	适量	2.5～3.5	>0.008	>100	0.5～0.8
	浇口油砂	100	—	1～1.5	1.5～2	3.5～4	—			0.3	1	适量	2.5～3.5	>0.008	>80	>0.6
型砂	新砂	80	20	4～5				4～4.5	0.8～1.1	2.5～3	—	适量	4～5.5	0.04	>50	—
	旧砂	100		—	—	—	0.5～1				—	适量	4～5.5	0.04	>40	—

注：用于铸件机匣的纸浆砂干强度为 0.25～0.35MPa；大件用的芯砂允许配硼酸的质量分数为 0.5%；型砂、芯砂的温度应根据季节调整，雨季取下限，干季取上限。

表 4-68　型砂和芯砂的配制程序及时间控制

名称	配制程序
合脂砂	石英砂＋膨润土＋硫黄＋硼酸（干混 2～5min）→＋木浆残液黏结剂（混 3～5min）→＋合脂黏结剂（混 3～5min）→＋水（混 10～15min）→出砂
木浆残液砂	石英砂＋膨润土＋硫黄＋硼酸（干混 2～5min）→＋木浆残液黏结剂（混 3～5min）→＋煤油＋水（混 5～10min）→出砂
油砂与浇口油砂	石英砂＋膨润土＋硫黄＋硼酸（干混 2～5min）→＋木浆残液黏结剂（混 3～5min）→＋T99-1 黏结剂（混 3～5min）→＋水（混 10～15min）→出砂

（续）

名称	配制程序
新砂	石英砂 + 膨润土 + 硫黄 + 硼酸（干混 2～5min）→ + 烷基磺酸钠 + 糖浆（混 3～5min）→ + 水（混 10～15min）→出砂
旧砂	旧砂（干混 1～2min）→ + 烷基磺酸钠 + 水（混 5～10min）→出砂

注：+ 为加入。

制作砂芯前，需要准备冷铁、芯骨、烘板、通气线、芯盒和过滤器等，见表 4-69。砂芯的制作过程见表 4-70。镁合金铸造用砂芯烘干规范见表 4-71。

表 4-69　制作砂芯前的准备工作

名称	要 求
冷铁	按标准要求准备
芯骨	铁丝或薄钢板使用前经退火处理以消除弹性，按要求成形备用
烘板	常用烘板有铝质和铁质两种。新烘板使用前必须经时效处理。烘板应平整，烘板使用前如有污垢、粘砂应清理干净
通气线	选用塑料线、蜡线或松香线。制作松香线时，将质量分数为 85%～90% 的松香和质量分数为 10%～15% 的煤油倒在加热容器中，搅拌至松香全部溶解，再倒入 303～323K 的温水中；待凝固后，按所需直径搓成线。制作蜡线时，将石蜡加热熔化，将棉线浸入石蜡中，拉制成线
芯盒	检查芯盒是否配套齐全，装拆是否灵活，并清理干净
过滤器	按标准要求准备

表 4-70　砂芯的制作过程

工序名称	内 容
制芯	1）清理芯盒，涂撒脱模剂（煤油、滑石粉） 2）安放冷铁。为防止冷铁脱落，可在冷铁非工作面涂胶、膏料（膏料用膨润土加适量热水配制） 3）填砂，安放芯骨（芯骨不能外露），摆放通气线、吊钩、过滤器，再填砂捣实，刮去芯盒型面上多余芯砂，开通气沟，打开芯盒，取出砂芯，然后进行修整
烘干砂芯	湿砂芯一般应在制造后 2h 内进炉烘干。超过 2h 但不超过 8h 时，装炉前必须喷一层清水或硼酸水溶液（30% 硼酸和 70% 水），砂芯的烘干规范见表 4-71
清理、修补与组合砂芯	1）清除浮砂和垫砂，打磨披缝和毛刺，疏通通气孔 2）对修补后不影响铸件形状与尺寸的砂芯出现小块破损的地方可用型砂进行修补 3）对大块脱落的砂芯，可用纸浆残液作黏结进行修补 4）组合砂芯用质量分数为 50%～60% 的滑石粉、30%～35% 的黏土砂、6%～10% 的糊精、6%～8% 的硼酸水溶液加适量水配成的膏料作黏结剂 5）砂芯受潮、未烘透、存放时间超过 24h，砂芯涂料、组合、修补后都必须补烘。补烘温度为 433～453K，保温时间不少于 1h。补烘前，砂芯上喷一层硼酸水溶液
检验砂芯	1）烘透砂芯，使用油类黏结剂的砂芯烘干后为深棕色，使用纸浆残液等亲水黏结剂的砂芯烘后应为棕黄色。砂芯发黑且表面松散为过烘，砂芯嫩黄、破碎、中心部位呈潮湿状为未烘透 2）砂芯光洁平整，尺寸准确，无外露芯骨、通气眼、冷铁位移、通气孔不通、缺块、掉砂和转接半径太小等缺陷，用蜡线等形成的通气道可采用吹烟法检查是否畅通，相邻冷铁之间间隙应为 3～5mm

表 4-71 镁合金铸造用砂芯的烘干规范

砂芯类别	烘干温度/K	保温时间/h	烘干温度/K	保温时间/h	烘干温度/K	保温时间/h
Ⅰ类	463 ± 10	2 ~ 2.5	—	—	—	—
Ⅱ类	433 ± 10	1 ~ 1.5	473 ± 10	3 ~ 3.5	—	—
Ⅰ、Ⅱ类混合	433 ± 10	1	473 ± 10	1	463 ± 10	2 ~ 2.5

注：1. 砂芯入炉前，炉内温度不应高于413K。
2. 砂芯烘干后随炉冷却时间不少于2h。
3. Ⅰ类砂芯在不过烘的情况下允许按 (473 ± 10)K 保温 3 ~ 4h 的烘干规范。Ⅱ类砂芯允许按如下规范进行烘干：(413 ± 10)K 保温 0.5h，升温至 (433 ± 10)K 保温 0.5h，再升温至 (473 ± 10)K 保温 3 ~ 4h。

3. 金属型铸造

通常，适合砂型铸造的镁合金也可采用金属型铸造，但热脆开裂倾向大的 Mg-Al-Zn 系合金（如 AZ51A）和 ZK61A 除外。目前，金属型铸件的形状复杂程度远不及砂型铸件。相对砂型铸造而言，金属型铸造具有如下优点：铸件尺寸精度较高且表面比较光滑；凝固速度快，力学性能高；机械加工余量少，甚至有的部位可以完全不预留机械加工余量；不需要使用一系列材料，如造型混合砂等；生产1t铸件所占用的生产面积小，仅为砂型铸造的几分之一；铸型或模样可以重复使用，减少了劳动力和设备费用。金属型铸造也存在如下缺点：金属型成本高，铸件成本与铸件总数密切相关，必须承担高额的模具和其他原始成本；一旦模样制成，铸件设计或浇注系统修改余地小；开发新零件生产工艺所需的时间较长，并且难度较大。

金属型设计的基本原则是以能够制造出良好的、几何尺寸精度合乎要求的铸件为前提，在制造成本最低的条件下保证铸型使用寿命最长。金属型设计的主要数据见表4-72。

在浇注前，金属型上要涂特殊涂料，防止镁合金液与型壁之间发生黏结，以便于铸件的取出。配制金属型涂料的工艺材料见表4-73，镁合金铸造用金属型涂料的组成及应用部位见表4-74。

表 4-72 金属型设计的主要数据

设计参数		量值	设计参数		量值
最小壁厚/cm		3	极限孔/cm	最小直径	6 ~ 8
最小圆角半径/cm	小型铸件	3		在最小直径条件下的最大深度	40 ~ 50
	中型铸件	5	机械加工余量/cm	小型铸件	1.5 ~ 2
	大型铸件	8		中型铸件	2 ~ 3
通气孔/cm		0.2 ~ 0.4		大型铸件	不小于3
最小斜度	表面	1°	合适的金属型壁厚与工件壁厚之比		1.5 ~ 2
	型芯	2°30′			

表 4-73 配制金属型涂料用工艺材料

材料名称	技术标准	技术要求	用途
碳酸钙	HG/T 2226—2010	Ⅱ型 一、二级；$w(CaCO_3) \geqslant 97\%$；$w(水分) \leqslant 0.4\%$	型面涂料
氧化锌	GB/T 3185—2016	Ⅰ型	型面涂料
二氧化钛颜料	GB/T 1706—2006	$w(TiO_2) \geqslant 90\%$	型面涂料
石棉粉	JB 9—1959，JB 10—1959	一、二级品	需保温部分用涂料
滑石粉	GB/T 15342—2012	一、二级品 $w(水分) \geqslant 80\%$；烧失量（1000℃）$\leqslant 93\%$	涂料
水玻璃	JB/T 8835—2013	$w(SiO_2) \geqslant 25.7\%$；$w(Na_2O) \geqslant 10.2\%$；密度 1.4 ~ 1.56g/cm³	胶黏剂
鳞片石墨	GB/T 3518—2008		润滑
机械油	GB/T 443—1989	L-AN32、L-AN46	润滑
硼酸	GB/T 538—2018	一等品	防护剂

表 4-74　镁合金铸造用金属型涂料的组成与应用部位

牌号	组成/g						应用部位
	碳酸钙	氧化锌	石棉粉	滑石粉	水玻璃	热水	
ZM1	20	—	300	—	50	800	浇冒口
ZM2	50	—		100	25~30	500	小件用型面
ZM3	100	—		50	25~30	500	大中件用型面
ZM4	50	100	—	50	50	650	型面
ZM5	—	50	50	—	20	300	从浇冒口到型面的过渡区

涂料厚度在无特定工艺规范的情况下可参照表 4-75 进行。表 4-76 列出了工艺规范无特殊规定时金属型的预热方法、预热温度和保温时间。

表 4-75　金属型的涂料厚度

涂料应用部位	浇冒口	厚壁	薄壁
涂料厚度/mm	1.5~3	0.05~0.3	0.2~0.5

表 4-76　金属型的预热方法、预热温度和保温时间

金属型外廓尺寸/(长/mm×宽/mm×高/mm)	预热方法	预热温度/K	保温时间/h
<200×300×400	箱式电阻炉	573~773	≥1
200×300×400~300×400×600	箱式电阻炉	573~773	≥2
>300×400×600	专用预热器	573~773	≥4

4.2.2　压铸

压力铸造简称压铸。压铸是生产铸造镁合金件的一种重要方法，其生产率高，铸件精度高，铸件表面品质好，凝固后的组织优良，并可生产出薄壁及复杂形状铸件。目前，70% 以上的工业用镁合金铸件是通过压铸方法生产的。

压铸镁合金大多为 Mg-Al 系合金，这是因为含铝镁合金强化效果好，并具有好的压铸性能。镁合金压铸分为热室压铸和冷室压铸。热室压铸时，压铸机冲头处在金属液内部（见图 4-20a）。热室压铸的优点是生产率高，金属液温度低，压铸模寿命长和金属液保护好，但热室压铸机械昂贵，维修复杂。对于尺寸相对较小和薄壁铸件，一般采用热室压铸机压铸。冷室压铸则是压铸机冲头与熔炼炉分开（见图 4-20b），其相应的优缺点几乎与热室压铸机相反，金属液从熔炼炉到压射室的输送需要特殊系统。对于厚壁铸件，一般采用冷室压铸。

镁合金热室压铸与冷室压铸的工艺比较见表 4-77。

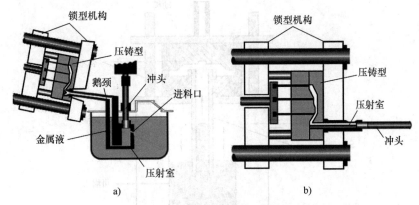

图 4-20　镁合金热室压铸和冷室压铸

a）热室压铸　b）冷室压铸

表4-77　镁合金热室压铸和冷室压铸的工艺比较

	比较项目	热室压铸	冷室压铸
工艺特点	浇铸温度/℃	630~650	680~700
	压射速度/(m/s)	1~4	1~8
	压射比压/MPa	25~35	40~70
	增压	无	有
	铸件投影面积	小	大
	成形稳定性	良好	良好
	给料方式	坩埚直接给	浇铸机给
	安全性	良好	中
	熔渣	中	多
	压射周期/min	0.9	1.1
	保护气体SF₆使用	有	有
品质性能	铸造流痕	良好	良好
	气孔、收缩、裂纹	中	中
	薄壁件充型流动性	良好	良好
	氧化夹杂	少	多
	气泡缺陷（薄壁）	中	多
	厚壁件	不可制造	可能
	收缩率（%）	0.5~0.55	0.7~0.8
	尺寸精度	中	高
	力学性能	中	良好
	耐蚀性	良（用SF₆）	良（用SF₆）
热效率	热效率	中	良好
	制品合格率	良好	中
	制品/原料质量比	0.9	1.2
	原材料费/万元	0.85	0.9
	消耗备件费	较高	少
	专利费	无	无

4.2.3　低压铸造

　　低压铸造是另一种镁合金件的主要成形方法之一，利用其平稳的充型和顺序凝固特点可以生产出优质的镁合金铸件。图4-21所示为铝合金和镁合金低压铸造的工艺比较。

　　镁合金低压铸造独特的优点表现在以下几个方面：①金属液充型比较平稳；②铸件成形性好，有利于形成轮廓清晰、表面光洁的铸件，对于大型薄壁件的成形更为有利；③铸件组织致密，机械性能高；④提高了铸件成品率，一般情况下不需要冒口，使铸件成品率大大提高，一般可达90%。

　　在传统的低压铸造的基础上发展起来了一些新的低压铸造技术，如压差法低压铸造（有些铸件的内部质量要求高，希望在较高的压力下结晶，但一般低压铸造时的结晶压力不能太大，因而发展出压差法低压铸造。这种工艺与一般铸造工艺相比，使铸件强度提高约25%，延伸率提高约50%，但设备较庞大，操作麻烦，只有特殊要求时才应用）和真空低压铸造（对薄壁或复杂的大型铸件，当采用上述的低压铸造工艺也难以满足时，真空低压铸造就容易解决。它的装置与压差法低压铸造基本相似，在浇注前先将型腔中的气体抽出再进行浇注，这时浇注速度可以提高，不会产生氧化夹杂和气孔等缺陷）。

4.2.4　挤压铸造

　　挤压铸造是一种借鉴压力铸造和模锻工艺而发展起来的新工艺，它是把金属液直接浇入金属型内，然后在一定时间内以一定的压力作用于熔融或半熔融的金属液，并在此压力下结晶和流动成形，从而获得毛坯或零件，可分为直接挤压铸造和间接挤压铸造两种方式，如图4-22和图4-23所示。

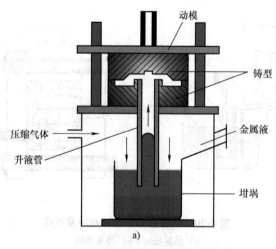

a)

图4-21　铝合金和镁合金低压铸造的工艺比较

a）铝合金低压铸造

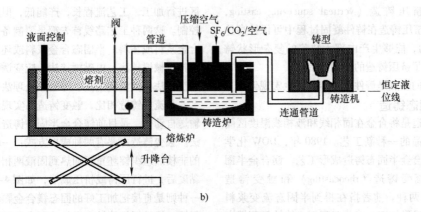

图 4-21　铝合金和镁合金低压铸造的工艺比较（续）

b）镁合金低压铸造

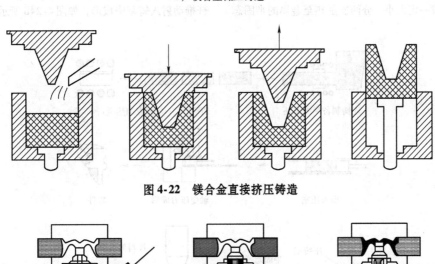

图 4-22　镁合金直接挤压铸造

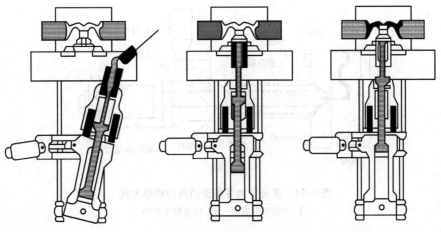

图 4-23　镁合金间接挤压铸造

直接挤压铸造适于生产形状简单的对称结构件，如活塞、卡钳、主气缸等。其工艺特点是无浇注系统，充型压力直接施加在型腔内的金属液上，充型金属液凝固速度快，所获得的铸件组织细密、晶粒细小，但浇注金属液时需精确定量。

间接挤压铸造的特点是充型压力通过浇道系统的

金属液传递给型腔金属液。与直接挤压铸造比较，间接挤压铸造较难在铸件凝固过程中保持较高压力，不利于生产凝固区间大的合金铸件，铸件的组织致密度也较低，但它不需要配置精确的定量浇注系统，生产柔性较好，因此目前其应用要比直接挤压铸造广泛。

镁合金的挤压铸造通常采用的是间接挤压铸造，尤其是称为垂直挤压铸造（vertical squeezing casting, VSC）的间接挤压铸造在铸件凝固过程中可保持高达 100MPa 的压力，能够生产内部无缺陷的复杂形状铸件，大大拓展了挤压铸造的应用范围。

挤压铸造的缺点是铸件中心容易发生宏观偏析。

4.2.5　半固态铸造

半固态铸造是将合金在固相线和液相线温度区间加工成最终产品的一种新工艺。1980 年，DOW 化学公司首创了镁合金半固态铸造成形工艺。镁合金半固态铸造分为流变铸造（rheocasting）和触变铸造（thixocasting）两种。前者指在得到半固态流变浆料后，直接进行成形加工，工艺流程短，能够显著提高企业的产能；后者指将流变浆料凝固成坯料，按需要将坯料分割成一定大小，分两次加热至金属的半固态区进行加工，工艺流程长，产能低，但产品质量容易控制。这两种工艺路线首先都是要制备优质的半固态合金浆料或坯料。半固态合金浆料或坯料的制备方法包括机械搅拌法、电磁搅拌法、应变诱发激活法、喷射沉积法、低温浇注法、等温热处理法等。

与流变铸造相比，触变铸造易实现坯料的加热和输送自动化，是目前镁合金半固态铸造的主要工艺方法。触变铸造主要有两种成形方式：一种是将已制备的非枝晶组织锭坯重新加热到固液两相区，达到一定黏度后，进行压铸或挤压成形，如图 4-24a 所示；另一种则是直接把加工好的固态镁合金颗粒或镁屑投入料筒，凭借螺杆旋转产生的剪切力及料筒加热器的加热，转变成结晶组织为圆球状的半固态浆料，并由螺杆推动射入铸型中成形，如图 4-24b 所示。

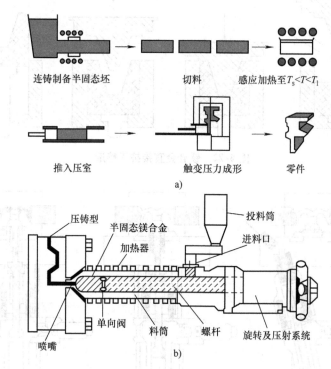

连铸制备半固态坯　　切料　　感应加热至 $T_s < T < T_l$

推入压室　　触变压力成形　　零件

a)

压铸型　半固态镁合金　投料筒
加热器　进料口
单向阀　料筒　螺杆　旋转及压射系统
喷嘴

b)

图 4-24　镁合金触变铸造的两种成形方式
a）先制坯后成形　b）直接制浆成形

4.3　熔炼和浇注

4.3.1　原材料与回炉料

金属材料、非金属材料与辅助材料见第 10 章。

1）各种牌号镁合金的回炉料均可作为本身合金的炉料组成部分。镁合金回炉料的分级和用途见表 4-78。

2）含锆的镁合金和含铝的镁合金两者回炉料的鉴别。当生产多种牌号的镁合金铸件时，各种合金，尤其是含锆和含铝的镁合金的回炉料不得相混。如有混料现象，可用表 4-79 所述方法加以鉴别。

4.3.2　中间合金

1. 镁合金用中间合金的化学成分（见表 4-80）

2. 配制常用中间合金的工艺参数（见表 4-81）

表 4-78　镁合金回炉料的分级和应用

级　别	组　　成	应　　用
一级	废铸件、冒口、干净的横浇道和坩埚内剩余金属液（或锭块）	不需经过重熔，经清理、吹砂后直接用于配制合金。在炉料中的用量可达总重量的80%，特殊情况下可用至100%，但不允许多于两次周转
二级	小块废料，直浇道和脏的浇冒口	重熔成铸锭并经化学分析后可用于配制合金，但用量不超过炉料总重量的30%
三级	溅出物、镁屑重熔锭等	重熔成铸锭并经化学分析后可用于配制合金，但用量不超过炉料总重量的20%

注：同时使用二级和三级回炉料时，用量的总和不超过炉料总重量的30%。

表 4-79　含锆和含铝的镁合金的鉴别方法

处 理 方 法	颜　　色	合 金 类 别
打磨回炉料表面，使之显露光亮的金属表面，然后滴上稀盐酸	黑　色	含锆镁合金
	白　色	含铝镁合金
打磨回炉料表面，使之显露光亮的金属表面，先滴上一滴稀盐酸，然后滴加体积分数为3%的过氧化氢	黄色泡沫	含稀土镁合金
	灰黑色沉淀	含铝镁合金

表 4-80　镁合金用中间合金的化学成分

名　　称	合金牌号	标　　准	主要组元的含量（质量分数,%）
铝锰中间合金	AlMn10	HB 5371—2014	Mn：9.0~11.0
铝铍中间合金	AlBe3	HB 5371—2014	Be：2.0~4.0
镁锆中间合金	MgZr25	HB 6773—1993	Zr≥25
镁钕中间合金	045030	GB/T 28400—2012	Nd≥30
	045025		Nd≥25
镁钆中间合金	085030A	GB/T 26414—2010	Gd≥30
镁钇中间合金	175020A	GB/T 29657—2013	Y≥20

表 4-81　配制常用中间合金的工艺参数

名　　称	成分范围（质量分数,%）	原 材 料	料块尺寸/mm	加入温度/℃	浇注温度/℃
铝锰中间合金	Mn：9.0~11.0	金属锰或电解锰	10~15	900~1000	850~900
铝铍中间合金	Be：2.0~4.0	金属铍	5~10	1000~1200	900~950

4.3.3　熔剂

1. 熔剂的化学成分和应用（见表 4-82）

2. 熔剂的配制

1）熔剂的配料成分见表 4-83。

2）熔剂的配制工艺见表 4-84。

表 4-82　熔剂的化学成分和应用

牌　号	主要成分（质量分数,%）						杂质（质量分数,%）				应　用
	氯化镁	氯化钾	氯化钡	氟化钙	氧化镁	氯化钙	氯化钠+氯化钙	不溶物	氧化镁	水	
光卤石	44~52	36~46	—	—	—	—	7	1.5	2	2	洗涤熔炼及浇注工具，配制其他溶剂
RJ-1	40~46	30~40	5.5~8.5	—	—	—	8	1.5	1.5	2	洗涤熔炼及浇注工具，配制其他溶剂，镁屑重熔用熔剂

（续）

牌　号	主要成分（质量分数,%）						杂质（质量分数,%）				应　用
	氯化镁	氯化钾	氯化钡	氟化钙	氧化镁	氯化钙	氯化钠+氯化钙	不溶物	氧化镁	水	
RJ-2	38~46	32~40	5~8	3~5	—	—	8	1.5	1.5	3	熔炼 ZM5、ZM10 合金用作覆盖和精炼
RJ-3	34~40	25~36	—	15~20	7~10	—	8	1.5		3	有挡板坩埚熔炼 ZM5、ZM10 合金时用作覆盖
RJ-4	32~38	32~36	12~15	8~10	—	—	8	1.5	1.5	3	ZM1 合金精炼和覆盖
RJ-5	24~30	20~26	28~31	13~15	—	—	8	1.5	1.5	2	ZM1、ZM2、ZM3、ZM4 和 ZM6 合金覆盖和精炼
RJ-6	—	54~56	14~16	1.5~2.5	—	27~29	8	1.5	1.5	2	ZM3、ZM4 和 ZM6 合金精炼
JDMF	65~75	10~20	1~10 碳酸盐发泡剂	1~15	1~10	3~5	11~40	1.5	1.5	2	熔炼 ZM5、ZM10、VW103Z 合金用作覆盖和精炼，比 RJ-2 有更好的除渣和保护效果
JDMJ	45~60	20~30	3~5	3~5	—	3~5	20~26	1	1.5	2	

表 4-83　熔剂的配料成分

熔剂牌号	配料成分（质量分数,%）						
	光卤石	RJ-1	氯化钡	氯化钾	氟化钙	氯化钙	氧化镁
RJ-1	93	—	7	—	—	—	—
RJ-2	88	—	7		5		
	—	95					
RJ-3	75	—	—	—	17.5		7.5
RJ-4	76		15		9		
		82	9				
RJ-5	56		30		14		
		60	26				
RJ-6	—		15	55	2	28	
JDMF	70 氯化镁	3 碳酸盐发泡剂（可以是碳酸镁、碳酸钙、碳酸锶等）	15 氯化钠	15	5	3~5	3
JDMJ	55 氯化镁	1 碳酸盐发泡剂	3~5	24	13	3~5	—

表 4-84　熔剂的配制工艺

熔剂牌号	配置方法	备　注
光卤石	将光卤石装入坩埚，升温至 750~800℃备用	定时清理坩埚底部熔渣并补充新料
RJ-1	按表 4-83 配料，装入坩埚，升温至 750~800℃，保持至沸腾停止，搅拌均匀，浇注成块	冷却后装入密闭容器中备用。RJ-1 通常由溶剂厂供应

（续）

熔剂牌号	配 置 方 法	备　注
RJ-2	将 RJ-1 熔剂和氟化钙装入球磨机混磨成粉状，用 20～40 号筛过筛	RJ-1 熔剂中水的质量分数超过 3% 时，必须经 650～700℃ 重熔至沸腾停止，浇注成块后再次球磨成粉
RJ-3	按表 4-83 配料，装入球磨机混磨成粉状，用 20～40 号筛过筛	配好的熔剂应装入密闭容器中备用
RJ-4 RJ-5 RJ-6	按表 4-83 配料，除氟化钙外，均装入坩埚，升温至 750～800℃，保持至沸腾停止，搅拌均匀，浇注成块。破碎后与氟化钙一起装入球磨机混磨成粉状，用 20～40 号筛过筛	配好的熔剂应装入密闭容器中备用
JDMF JDMJ	将符合使用要求的原材料按表 4-83 配料，混合均匀，投入反射炉内（绝对不允许用铁坩埚熔制）。升温至 750～780℃，在此温度保持剧烈沸腾停止（约 30min）；搅拌 5min，浇入用高铝耐火砖砌成的冷却容器中。待溶剂凝固后，放入粉碎机粉碎，过筛后在 3h 内完成包装。每炉溶剂出炉前应先测定熔点，将熔点控制在：覆盖剂为 380～400℃；精炼剂为 410～430℃ 的范围内。若熔点不合格，酌情补加相应的原材料	JDMF、JDMJ 镁合金专用覆盖剂和精炼剂

注：氟化钙可采用质量分数不低于 92% 的粉状氟石（精选矿）代替。

4.3.4　熔炼前的准备工作

1. 配料

（1）各种铸造镁合金的推荐配料成分　见表 4-85。

（2）炉料的组成　配料推荐采用表 4-86 的炉料组成。

（3）铸造镁合金的炉料计算　以配制 ZM5 合金 250kg 炉料为例，假设炉料成分（质量分数）为 Al = 8%，Zn = 0.5%，Mn = 0.4%，其余为镁。炉料化学成分和计算程序实例见表 4-87 和表 4-88。

表 4-85　各种铸造镁合金的推荐配料成分

合金代号	配料成分（质量分数，%）								
	铝	锌	锰	混合稀土	钕	钆	钇	镁锆中间合金	Mg
ZM1	—	4.5	—	—	—	—	—	3.5～10	余量
ZM2	—	4.5	—	1.2	—	—	—	3.5～10	
ZM3	—	0.4	—	3.2	—	—	—	3.5～10	
ZM4	—	2.5	—	3.2	—	—	—	3.5～10	
ZM5	8～8.5	0.5	0.3	—	—	—	—	—	
ZM6	—	0.4	—	—	2.6	—	—	3.5～10	
ZM10	9.5	0.9	—	—	—	—	—	—	
VW103Z	—	0.2	—	—	—	10	3	3.5～10	
WE43A	—	0.2	0.15	3	—	—	4	3.5～10	

注：1. 为减少镁合金的氧化燃烧，配料中允许加入质量分数不大于 0.002% 的铍。

2. 配料中的镁锆中间合金的加入量（质量分数）可根据生产经验：新料按 7%～10%，回炉料按 3.5%～5%。

3. 钕以镁钕中间合金的形式加入，钕的质量分数为 25%～40%；钕是指钕的质量分数不小于 85% 的钕混合稀土，其中的钕加入总的质量分数不少于 95%。

4. ZM5 合金中铝的配料成分：对于大型厚壁铸件应取下限；对于薄壁铸件应取上限。

表 4-86　炉料的组成

炉料	新　料	一级回炉料	二级回炉料	三级回炉料
组成（质量分数，%）	20～40	40～80	0～30	0～20

注：同时采用二级和三级回炉料时，其总质量分数不应超过整个炉料重量的 30%。

表4-87 炉料组成和其化学成分

炉料组成	加入量/kg	化学成分（质量分数,%）			
		Al	Zn	Mn	Mg
一级回炉料	20	8	0.4	0.35	91.25
二级回炉料	20	8.4	0.45	0.4	90.75
三级回炉料	10	8.5	0.5	0.45	90.55
铝-锰中间合金	—	90	—	10	—

表4-88 炉料计算程序实例

计算程序		炉料中各元素的成分（质量分数）和加入量							
		Al		Zn		Mn		Mg	
		成分（%）	加入量/kg	成分（%）	加入量/kg	成分（%）	加入量/kg	成分（%）	加入量/kg
1）计算250kgZM5合金炉料中各元素的加入量		8	20	0.5	1.25	0.4	1.0	91.1	227.75
2）计算各级回炉料中各元素的加入量	加入20%（50kg）一级回炉料	8	4	0.4	0.2	0.35	0.175	91.25	45.625
	加入20%（50kg）二级回炉料	8.4	4.2	0.45	0.225	0.4	0.2	90.75	45.375
	加入10%（25kg）三级回炉料	8.5	2.125	0.5	0.125	0.45	0.113	90.55	22.638
	三种回炉料中各元素合计含量	—	10.325	—	0.550	—	0.488	—	113.638
3）计算铝-锰中间合金[$w(Mn)=10\%$]加入量		—	4.608	—	—	—	0.512	—	—
4）计算炉料中应补加各元素的加入量	合金中的锌由加入纯锌补充	—	—	—	0.713	—	—	—	—
	不足的铝由加入纯铝补充	—	5.067	—	—	—	—	—	—
	不足的镁由加入纯镁补充	—	—	—	—	—	—	—	114.11
	应补加各元素合计含量	—	5.067	—	0.713	—	—	—	114.11
5）验算结果		—	20	—	1.25	—	1.0	—	227.75

2. 炉料及熔炼用辅助材料的准备

（1）炉料的准备（见表4-89）

表4-89 炉料的准备

名称	准备要求
纯镁	1）镁锭启封，除去污垢 2）对于锈蚀严重的镁锭应喷砂处理 3）预热至150℃以上
回炉料	1）喷砂处理，注意清理废铸件中空部分的积砂 2）表面有严重锈蚀、熔剂夹杂和残留燃烧痕迹的回炉料需经重熔 3）预热至150℃以上

（2）非金属辅助材料的准备（见表4-90）

3. 设备、坩埚与工具的准备

（1）工作前的检查 每班在开始工作前必须检查熔炼炉和仪表的电器部分是否正常，仪表是否处于有效的使用期内。

（2）金属熔炼工具的准备（见表4-91）

（3）工具用涂料

1）工具用涂料的配制成分见表4-92。

2）工具用涂料的配制工艺见表4-93。

（4）坩埚的准备（见表4-94） 旧坩埚可继续使用的最小壁厚见表4-95。

（5）常用的熔炼浇注工具

1）熔炼镁合金用的带挡板和不带挡板的焊接钢坩埚如图4-25所示，其主要尺寸见表4-96。

2）浇注镁合金用的浇包如图4-26所示，其主要尺寸见表4-97。

3）撇渣勺（精炼勺）如图4-27所示，其主要尺寸见表4-98。

4）变质处理用的钟形罩如图4-28所示。

5）熔剂铲如图4-29所示，其主要尺寸见表4-99。

表 4-90 非金属辅助材料的准备

名　称	准备要求
熔　剂	1) 各种覆盖剂和精炼剂在使用前应在 120~150℃ 干燥 1h 以上 2) 洗涤熔剂（光卤石或 RJ-1 熔剂）需升温至 780~800℃，熔剂量不应少于坩埚体积容量的 80% 3) 洗涤熔剂应经常清理其积沉的熔渣，根据熔剂的消耗和洗涤能力添加新熔剂 4) 洗涤熔剂一般在连续熔炼 20 炉合金后，坩埚中的熔剂要全部更新。洗涤能力尚可时，最多不超过 30 炉
变质剂	1) 菱镁矿在使用前应破碎至 10mm 左右的小块，并在 120~150℃ 温度下烘烤 1h 以上 2) 六氯乙烷需压实成圆柱状团块（压实后的假密度为 $1.8g/cm^3$）
防燃剂	1) 硫黄粉和硼酸在使用前应将结块打碎 2) 按 1:1 比例混合均匀，用 40 号筛过筛后保存于密闭容器内备用

表 4-91 金属熔炼工具的准备

工序名称	工作内容
清　理	用钢丝刷、铁铲或錾子等清理工具表面上的熔渣、氧化物等污物
洗　涤	钟形罩、搅拌勺、浇包等在使用之前必须在熔剂坩埚内洗涤干净并预热至亮红色
涂　料	光谱试样模、断口试样模、锭模在使用之前应预热并喷涂涂料

表 4-92 工具用涂料的配制成分

涂料牌号	成分（质量分数,%）				
	白垩粉	石墨粉	硼酸	水玻璃	水
TL4	33	11	11	—	100
TL8	12	—	1.5	2	100

表 4-93 工具用涂料的配制工艺

涂料牌号	配制方法	备注
TL-4	1) 秤料后，先将硼酸倒入热水（60℃左右）槽内，搅拌至全部溶解 2) 将白垩粉和石墨粉干混均匀 3) 将上述混合料加入硼酸水溶液中，搅拌均匀 4) 配制好的涂料置于有盖容器中备用	1) 涂料的存放期一般不超过 24h 2) 使用前搅拌均匀 3) 若有结块或沉淀，应将其过滤
TL-8	1) 秤料后，先将水玻璃和硼酸倒入热水（60℃左右）槽内，搅拌至全部溶解 2) 将白垩粉加入水玻璃 + 硼酸溶液中，搅拌均匀 3) 配制好的涂料置于有盖容器中备用	1) 涂料的存放期一般不超过 24h 2) 使用前搅拌均匀 3) 若有结块或沉淀，应将其过滤

表 4-94 坩埚的准备

工序名称	工作内容
新坩埚的准备	1) 坩埚焊缝须经射线检验，观察其是否有裂缝、未焊透等缺陷 2) 坩埚内盛煤油进行渗透检查，检查其是否渗漏 3) 用熔剂洗涤，清理后使用
旧坩埚的准备	1) 认真清理检查，如坩埚体严重变形、法兰边翘曲应报废 2) 检查焊缝，如有渗漏现象应报废 3) 用专门检查厚度的量具测量坩埚体壁厚，可用的局部最小壁厚参见表 4-95

注：新坩埚在使用前建议进行渗铝处理，以提高其使用寿命。

表4-95　旧坩埚可继续使用的最小壁厚　　　　　　　　　　（续）

（单位：mm）

坩埚容量/kg	使用温度800℃以下	使用温度800℃以上
150	5	6
200	5	6

坩埚容量/kg	使用温度800℃以下	使用温度800℃以上
250	6	7
300	6	7
350	7	8

表4-96　焊接钢坩埚的主要尺寸　　　　　（单位：mm）

容量/kg	D	D_1	D_2	H	C	M	h
35	292	255	420	450	150	40	70
50	325	268	450	550	215	45	70
75	380	331	510	600	225	50	70
100	425	353	550	650	240	55	70
150	475	413	660	700	250	70	100
200	520	438	700	760	270	80	100
250	550	467	730	840	285	85	100
300	590	494	740	870	300	90	100

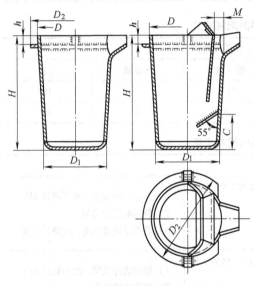

图4-25　熔炼镁合金用的带挡板和
不带挡板的焊接钢坩埚

表4-97　浇包的主要尺寸

（单位：mm）

浇包容量/kg	D	D_1	H	a	b
2	100	80	180	45	55
4	130	120	190	45	55
6	160	130	210	45	60
8	185	145	215	45	60
10	200	160	235	50	70
12	210	170	240	50	70
16	225	195	265	60	75
18	240	200	275	65	75
20	245	205	290	70	80

表4-98　撇渣勺的主要尺寸

（单位：mm）

h	L	d
15	500	10
15	1000	10
15	1500	10
20	1000	14
20	1500	14
20	2000	14

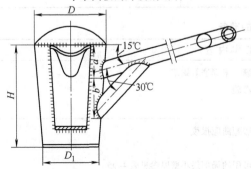

图4-26　浇注镁合金用的浇包

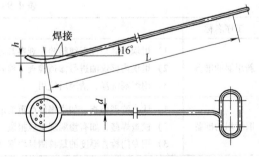

图4-27　撇渣勺（精炼勺）

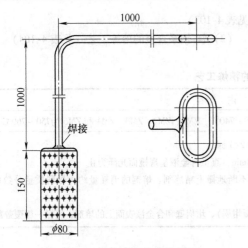

图 4-28 变质处理用的钟形罩

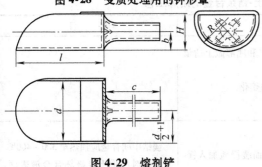

图 4-29 熔剂铲

表 4-99 熔剂铲的主要尺寸

（单位：mm）

H	b	c	d	R	l
50	25	500	90	45	130
80	40	700	125	62.5	200
110	55	1200	160	80	260

4.3.5 镁合金的熔炼

1. 变质处理和精炼处理

（1）镁-铝-锌系合金的变质处理原理 变质处理的目的是为了细化镁合金的晶粒，从而提高其力学性能。

变质的基本原理是向合金液中加入难熔物质，以便在凝固过程中形成大量的结晶核心，达到细化晶粒的目的。

目前在实际生产中广泛应用的变质方法是，加入含碳物质，如碳酸镁、碳酸钙和六氯乙烷。现以碳酸镁为例，其与合金液的反应如下：

$$MgCO_3 \xrightarrow{\text{加热}} MgO + CO_2 \uparrow$$
$$CO_2 + 2Mg \longrightarrow 2MgO + C$$
$$3C + 4Al \longrightarrow Al_4C_3$$

合金液内产生的大量细小而难熔的 Al_4C_3 质点呈悬浮状态并在凝固过程中起结晶核心作用。

（2）镁-铝系合金的变质剂及其用量和处理温度（见表 4-100）

表 4-100 镁-铝系合金的变质剂及其用量
和处理温度

变质剂	用量 （占炉料质量分数的%）	处理温度 /℃
碳酸镁或菱镁矿	0.25 ~ 0.5	710 ~ 740
碳酸钙（白垩）	0.5 ~ 0.6	760 ~ 780
六氯乙烷	0.5 ~ 0.8	740 ~ 760

注：1. 菱镁矿在使用前应破碎成约 10mm 的小块。
2. 碳酸镁或菱镁矿的最小用量为 0.5kg。
3. 碳酸钙在使用前应磨碎，过 20 号筛。

（3）镁-铝系合金的变质处理工艺（见表 4-101）

表 4-101 镁-铝系合金的变质处理工艺

工序名称	内 容
变质剂的准备	1）将变质剂按规定比例称重 2）将变质用铝箔包好后置于预热的钟形罩中
合金液的准备	根据所采用的变质剂，将合金液升温至表 4-100 所列的温度
变质处理	1）用钟形罩将变质剂缓慢地压入合金液中 1/2 ~ 2/3 深处；平稳地做水平移动，直至变质剂分解完毕。变质处理的持续时间不应少于 5min 2）合金液表面燃烧处，可以用熔剂覆盖熄灭 3）清除合金液表面上的熔渣 4）变质后准备精炼

注：ZM1、ZM2、ZM3、ZM4 和 ZM6 合金采用锆对合金进行细化晶粒（变质）处理。因此，无须进行上述变质处理。

（4）镁合金的精炼工艺 精炼处理的目的在于清除混入合金中的非金属夹杂物如氧化皮等。镁合金的精炼工艺见表 4-102。为了提高镁合金液精炼静置除渣效果，国外有厂家将镁合金精炼炉的加温区进行特别的设计：炉子上部加热比底部加热好，使合金液静置时保持相反的温度梯度。具体工艺数据：炉膛分上、中、下三部分加热带，设法做到炉子内部由上而下温度依次递减 30℃/m。可取得的效果是，降低

Fe、Cu、Ni 等含量，减少溶剂夹杂。　　　　　　　（见表4-103）

2. 熔炼工艺　　　　　　　　　　　　　　（2）镁-铝系合金的熔炼工艺（见表4-104）

（1）镁-锌-锆系和镁-稀土-锆系合金的熔炼工艺

表 4-102　镁合金的精炼工艺

工　序	内　容
合金液的准备	将合金液温度调整至：ZM5 和 ZM10 为710～740℃，ZM1、ZM2、ZM3、ZM4 和 ZM6 为750～760℃
精炼处理	1）将搅拌勺（或搅拌器）沉入合金液中2/3 深处 2）激烈地由上至下垂直搅拌合金液 4～8min，直至合金液呈现镜面光泽为止 3）在搅拌过程中，应往合金液面均匀而不断地撒上精炼剂。熔剂的消耗量约为炉料质量分数的1.5%～2.5% 4）停止搅拌，清除浇嘴、挡板（指有挡板坩埚）、坩埚壁和合金液表面上的熔剂，再撒一层覆盖剂

表 4-103　镁-锌-锆系和镁-稀土-锆系合金的熔炼工艺

序　号	工序名称	内　容	备　注
1	装料、熔化	1）将坩埚预热至暗红色，在坩埚壁和底部撒上适量的熔剂 2）加入预热的镁锭、回炉料，升温熔化 3）在炉料上撒上适量的熔剂	
2	合金化	1）升温至 720～740℃后加入锌 2）继续升温至 780～810℃，分批而缓慢地加入镁-锆中间合金和稀土（指含稀土的镁合金） 3）全部熔化后，捞底搅拌 2～5min，使合金均匀化	镁锆中间合金应预热至300～400℃搅拌时尽量不要破坏合金液表面，以减少氧化
3	断口检查	1）浇注断口试样 2）检查断口晶粒度	如断口的晶粒度不合格，可酌情补加质量分数为1%～3%的镁锆中间合金，再自工序2重复
4	精炼	1）将合金液温度调整至 750～760℃ 2）精炼 4～8min	按表4-102要求进行
5	浇注	1）将合金液升温至 780～810℃ 2）静置 10～20min，必要时再一次检查断口 3）降至浇注温度进行浇注	

表 4-104　镁-铝系合金的熔炼工艺

序　号	工序名称	内　容	备　注
1	装料、熔化	1）将坩埚预热至暗红色，在坩埚壁和底部撒上适量的覆盖剂 2）加入预热的回炉料、镁锭、铝锭，升温熔化	
2	合金化	1）升温至 700～720℃ 2）加入中间合金和锌，熔化后搅拌均匀	
3	炉前成分分析	1）浇注光谱分析试样 2）进行炉前光谱分析	成分不合格时，可以在调整成分后，重新取样分析

（续）

序　号	工序名称	内　　容	备　　注
4	变质处理	1）将合金液升温至变质处理温度 2）变质处理	按表4-100和表4-101进行
5	精炼处理	1）除渣后调整合金液温度至710~740℃ 2）精炼5~8min	按表4-102要求进行
6	断口检查	1）合金液升温至760~780℃静置10~20min 2）浇注断口试样 3）检查断口	断口若不合格，允许重新进行变质和精炼处理
7	浇注	降至浇注温度进行浇注	应在1h内浇完，否则要重新检查断口，合格后方可继续浇注。若断口不合格，允许重新进行变质和精炼处理

4.3.6　浇注工艺

1. 用浇包舀取合金液的浇注工艺（见表4-105）

2. 有挡板坩埚的浇注工艺（见表4-106）

表4-105　用浇包舀取合金液的浇注工艺

序　号	工序名称	内　　容	备　　注
1	测量合金液的温度	用带套管的热电偶，在熔剂坩埚内洗涤后，测量合金液的温度	若不符合浇注温度的要求，需进行调整
2	洗涤浇包	将浇包在熔剂坩埚内洗涤成亮红色，取出后滴净熔剂	—
3	舀取合金液	1）用浇包底推开合金液表面上的熔剂层，用宽口平稳地舀取合金液 2）从浇包嘴沿坩埚壁倒回少许合金液 3）舀取合金液后，坩埚和浇包的液面若有燃烧处，应撒以硫黄+硼酸混合物	1）勿使熔剂进入浇包 2）应尽量减少连续舀取的次数
4	浇注铸型	1）浇注前，先从浇包嘴倒出少许合金液至预热过的备用铸型内 2）浇注铸型 3）浇注时，保持液流平稳，不可中断，浇口应保持充满状态 4）浇注过程中，应不断地向液流表面和浇口杯内撒硫黄+硼酸混合物 5）浇注后，浇包内应剩余容量为10%合金液，将其浇入锭模 6）若浇注过程超过1h，应重新检查断口 7）每浇一个铸型，均需从工序2）做起	浇注时，浇包嘴应尽量靠近浇口杯，不允许从浇包的宽口反浇铸型 若断口不合格，ZM5和ZM10需要重新进行变质处理，其他合金则进行再次加锆处理

注：1. 一包浇注两个或两个以上的铸型时，在浇完第一个铸型后，浇包必须保持倾斜状态，不应回复至浇注前的垂直位置。

2. 坩埚内的合金液最后剩余量应不少于坩埚容量的15%~20%（含锆合金）或10%~15%（含铝合金）。

表 4-106　有挡板坩埚的浇注工艺

序　号	工序名称	内　　容	备　　注
1	从炉内提出坩埚	1) 将坩埚从炉膛内提出，置入回转式的浇包套内，平稳地吊运至浇注场地 2) 清除浇嘴和挡板上的熔渣等杂物 3) 合金液面燃烧处应撒以阻燃剂	禁止使用熔剂
2	测量合金液温度	将带套管的热电偶在熔剂坩埚内洗涤后测量合金液的温度	若不符合浇注温度的要求，需进行调整
3	浇注铸型	1) 浇注前先从浇嘴内倒出少许合金液 2) 浇注铸型 3) 浇注时，保持液流平稳，不可中断，浇口杯内保持充满 2/3 以上的合金液 4) 浇注过程中，应不断地向液流表面、浇口杯和坩埚内撒以阻燃剂	合金液可倒入事先准备好的浇包或锭模中 浇注时浇包嘴应尽量靠近浇口杯

注: 1. 当同一坩埚连续浇注几个铸型时，在浇完上一个铸型后，坩埚的吊运应维持原来的倾斜状态，并保持平稳，以免合金液发生"浑浊"。

2. 浇注后，坩埚内的合金液剩余量应不少于坩埚容量的 15% ~ 20%（含锆合金）或 10% ~ 15%（含铝合金）。

3. 镁合金低压浇注工艺

镁合金浇注过程中易氧化、充型过程中容易出现湍流，镁合金凝固区间较大，易出现疏松等，一些要求较高的铸件可采用低压浇注方式制备。低压浇注充型平稳，在压力下结晶，可获得致密度高、力学性能好的铸件。表 4-107 列出了某军品型号壳体零件（见图 4-30）的低压浇注工艺。

表 4-107　镁合金低压浇注工艺

序　号	工序名称	内　　容	备　　注
1	坩埚密封	1) 当合金液温度调整至 755 ~ 770℃ 后，将石棉绳放于坩埚顶部的密封槽内，将清理后的盖板置于坩埚上，用螺栓将盖板紧固于熔炼炉上。将进气气管插入盖板上的进气孔 2) 在盖板中心部位的升液管放置孔上放一块直径与孔直径相同的石棉板，以防止升液管和盖板的接触面漏气	应将螺栓拧紧，以防止漏气
2	升液管固定	1) 将硫黄粉洒于合金液表面，然后用扒渣工具将合金液表面的覆盖剂层扒掉，露出明亮的合金液，再在露出的合金液表面洒硫黄粉，以防止其燃烧 2) 将从保温炉中取出的升液管（加热温度 400 ~ 500℃）安装于盖板中心部位的升液管放置孔内，将保护气体从升液管的顶部插入，以保护升液管内的合金液 3) 升液管放置 5 ~ 10min 后，用热电偶测量升液管内合金液的温度，当温度达到浇注温度（725 ~ 750℃）后，准备进行浇注 4) 清理升液管内壁以及升液管内合金液的表面，使合金液的表面呈镜面，然后洒入硫黄粉或通保护气进行保护	升液管内壁涂刷涂料，其中涂料成分为 $w(MgO) = 10\%$，w（膨润土）$= 5\%$，w（硼酸）$= 1\%$，w（水）$= 84\%$
3	铸型固定	1) 将加热到温及配好箱的砂型置于盖板上，升液管要与砂型上的直浇道对齐；然后将重物块压于砂箱上，以防止砂型在低压浇注过程中出现晃动 2) 砂箱放置完毕后，将排气管插入盖板上的排气孔上	

（续）

序 号	工序名称	内 容	备 注
4	升压充型、保压及卸压	1）升压充型（充型压力为 9.8 ~ 29.6kPa），充型后进行保压（保压压力为 58.8 ~ 78.5kPa；保压时间为 30s ~ 6min）。保压完毕后，进行卸压 2）卸压后，将砂箱用桥式起重机吊走。重复序号 3 ~ 4 的工序，直到浇注完毕	固定坩埚内留下 20% 左右的合金液作为下一次熔化的一类回炉料或浇注成锭

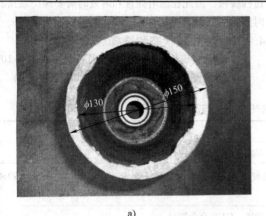

a)

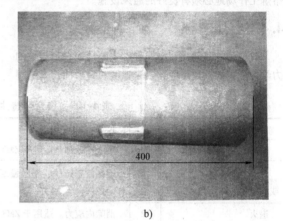

b)

图 4-30 镁合金低压铸件

a）断面 b）侧面

4.3.7 熔炼浇注安全技术

镁液会在空气中剧烈氧化和燃烧。因此，镁合金的熔炼一般采用熔剂覆盖工艺，并严格遵守操作规程。

熔炼工作场地应保持干燥、整洁、通风良好、道路畅通。地面用铸铁板铺成，不准使用混凝土地面。因镁液落到混凝土地面上时，与混凝土内所含水分相互作用可能会引起爆炸。

熔炼炉底部应备有坩埚渗漏时应用的安全装置。坩埚装料不得超过其容量的 90% ，以免操作时溢出。熔炼镁合金所用熔剂都是吸水性的，所以熔炼工具大都黏附有上次操作时残留的潮湿熔剂。因此，工具、热电偶等在浸入合金液进行操作之前，必须预热干燥，并在熔剂洗涤坩埚中洗涤干净且加热至亮红色；炉料、光谱试样模、断口模及锭模等在使用前也必须预热，保证干燥作业。

如果通过使用潮湿工具将水分带入合金液，或者将合金液浇入未预热烘干的锭模中，由于下列原因，可能会引起严重的爆炸危险：

1）镁的密度小，因而较其他合金液更易外溅。

2）镁液与水反应产生氢，氢又重新和空气中的氧化合，增加爆炸的猛烈程度。

3）爆炸飞溅成小滴的镁液能着火、燃烧并放出

高的热量。

为防止坩埚穿孔，每次使用前应严格检查。熔炼过程中，炉内冒出熔剂气化的黄色烟雾或白色氧化镁烟雾是坩埚已漏的迹象。

若坩埚穿漏不甚严重，对于固定式坩埚，应该用手提式浇包迅速将合金液舀出浇入锭模；对于带挡板的坩埚，则立即将坩埚从炉内吊出，将合金浇入锭模。若穿漏严重，则不应取出坩埚，在可能的情况下用浇包舀出合金液，浇注成锭。炉中或坩埚中剩余的合金液用熔剂覆盖。

在任何情况下严禁用水灭火。一般的泡沫、干粉或二氧化碳等类型灭火剂都扑不灭镁的燃烧，使用这些灭火剂只能加速镁的燃烧并引起爆炸。因此，只能使用表 4-108 所列专用灭火剂灭火。

表 4-108 熔炼工作场地常用的灭火剂

灭火剂类型	名 称	用 途
通用灭火剂	熔炼镁合金的熔剂：粉状光卤石、RJ-1、RJ-2、RJ-3、JDMF 等	用于一切火源
局部有效灭火剂	干砂、干燥的石墨粉、干菱苦土、粉状氧化镁、镁合金铸造用砂	用于局部小火源，但不能用于坩埚灭火

必须注意，燃烧着的镁能使二氧化硫分解，使二氧化碳还原而继续燃烧并放出大量热。严禁用砂子来扑灭镁液和熔化坩埚中镁的燃烧。同样，禁止用砂来扑灭坩埚烧穿时流入炉膛内的镁的燃烧。因为火源相当大时，二氧化硅会与燃烧的镁反应，放出大量的热并促使镁燃烧加剧。

此外，镁合金熔炼时会逸出大量有害气体，因此熔炼工作场地必须有良好的通风设施。

4.4 热处理

热处理的目的是在不同程度上改善镁合金铸件的力学性能，如抗拉强度、屈服强度、断后伸长率或塑

性、硬度和冲击韧度等。有些热处理是为了减少铸件的铸造内应力或淬火应力和在高温下工作时的生长倾向，从而达到稳定尺寸的目的。

镁合金能否由热处理来强化，即提高其力学性能，取决于合金中各组元在固溶体中的溶解度是否随温度而发生变化。

镁合金热处理的特点是，镁固溶体的扩散和分解过程缓慢，因此在固溶处理和时效时需要保持较长的时间。

4.4.1 热处理状态和选择

1. 镁合金铸件的热处理状态及符号（见表4-109）

2. 铸造镁合金常用热处理状态（见表4-110）

表4-109　镁合金铸件的热处理状态及符号

热处理状态	符号	用　途
铸态	F	不经热处理，适用于ZM3、ZM5、ZM10合金铸件
无固溶处理的人工时效或稳定化处理	T1	提高铸态铸件的屈服强度和硬度；消除内应力和生长倾向。适用于ZM1、ZM2、ZM4合金铸件
退火	T2	消除内应力。适用于ZM3、ZM5、ZM10合金铸件
固溶处理	T4	将铸件加热至340~565℃范围保温后，然后适地地冷却。能提高抗拉强度、断后伸长率或塑性和冲击韧度，但会稍微降低屈服强度和硬度。适用于ZM5、ZM6和ZM10合金铸件
固溶处理+人工时效	T6	固溶处理（T4）后加热到120~260℃，保持一定时间，能显著提高屈服强度和硬度，对抗拉强度略有影响，并会降低塑性和韧性 在时效温度选择适当时，也会达到部分消除及降低某些合金在高温条件下工作时的生长倾向。适用于ZM5、ZM6、ZM10、VW103Z和WE43A合金铸件

表4-110　铸造镁合金常用热处理状态

合金代号	热处理状态
ZM1	T1
ZM2	T1
ZM3	F、T2
ZM4	T1
ZM5	F、T2、T4、T6
ZM6	T6
ZM10	F、T2、T4、T6
VW103Z	T6
WE43A	T6

4.4.2 热处理工艺参数及影响

1. 热处理工艺参数

1) ZM1、ZM2、ZM3、ZM4、ZM6、VW103Z和WE43A合金的热处理规范（见表4-111）。

2) ZM5和ZM10合金的热处理工艺。ZM5合金和ZM10合金的热处理工艺见表4-112。ZM5合金另一种热处理规范见表4-113。

2. 各种因素对热处理的影响（见表4-114）

表4-111　ZM1、ZM2、ZM3、ZM4、ZM6、VW103Z和WE43A合金的热处理规范

合金代号	热处理状态	固溶处理			时效处理			退火		
		加热温度/℃	保温时间/h	冷却介质	加热温度/℃	保温时间/h	冷却介质	加热温度/℃	保温时间/h	冷却介质
ZM1	T1	—	—	—	175±5	12	空气	—	—	—
					218±5	8				
ZM2	T1	—	—	—	325±5	5~8	空气	—	—	—
VW103Z	T6	525±5	6~16	空气或热水	250±5	6~16	空气			
WE43A	T6	525±5	6~12	空气或热水	250±5	12~18	空气			

（续）

合金代号	热处理状态	固溶处理			时效处理			退　　火		
		加热温度/℃	保温时间/h	冷却介质	加热温度/℃	保温时间/h	冷却介质	加热温度/℃	保温时间/h	冷却介质
ZM3	F	—	—	—	—	—	—	—	—	—
	T2	—	—	—	—	—	—	325 ±5	3 ~ 5	空气
ZM4	T1	—	—	—	200 ~ 250	5 ~ 12	空气	—	—	—
ZM6	T6	530 ±5	12 ~ 16	空气	200 ±5	12 ~ 16	空气	—	—	—

注：ZM2 合金在低锌、高稀土含量情况下，可采用（330 ±5）℃ ×2h + （175 ±5）℃ ×16h 或（330 ±5）℃ ×2h + （140 ±5）℃ ×48h 热处理工艺制度，这可使合金性能稍有改善。

表 4-112　ZM5 和 ZM10 合金的热处理规范（HB 5462—1990）

合金代号	铸件组别	热处理状态	固溶处理					时效处理		
			加热第一阶段		加热第二阶段		淬火冷却介质	加热温度/℃	保温时间/h	冷却介质
			加热温度/℃	保温时间/h	加热温度/℃	保温时间/h				
ZM5	I	T4	370 ~ 380	2	410 ~ 420	14 ~ 24	空气	—	—	—
		T6	370 ~ 380	2	410 ~ 420	14 ~ 24	空气	170 ~ 180	16	空气
								195 ~ 205	8	
	II	T4	370 ~ 380	2	410 ~ 420	6 ~ 12	空气	—	—	—
		T6	370 ~ 380	2	410 ~ 420	6 ~ 12	空气	170 ~ 180	16	空气
								195 ~ 205	8	
ZM10	—	T4	360 ~ 370	2 ~ 3	405 ~ 415	18 ~ 24	空气	—	—	—
		T6	360 ~ 370	2 ~ 3	405 ~ 415	18 ~ 24	空气	185 ~ 195	4 ~ 8	空气

注：I 组指壁厚大于 12mm 和壁厚虽小于 12mm，但局部厚度大于 25mm 的砂型铸件，其余均为 II 组。

表 4-113　ZM5 合金的另一种热处理规范

铸件组别	热处理状态	固溶处理					时效处理		
		第一阶段		第二阶段		淬火冷却介质	加热温度/℃	保温时间/h	冷却介质
		加热温度/℃	保温时间/h	加热温度/℃	保温时间/h				
—	T2	—	—	—	—	—	350（退火）	2 ~ 3	空气
I	T4	415 ±5	8 ~ 16			空气	—	—	—
	T6	415 ±5	8 ~ 16	—	—	空气	175 ±5 或 200 ±5	16 或 8	空气
II	T4	360 ±5	3	420 ±5	13 ~ 21	空气	—	—	—
	T6	360 ±5	3	420 ±5	13 ~ 21	空气	175 ±5 或 200 ±5	16 或 8	空气

（续）

| 铸件组别 | 热处理状态 | 固溶处理 | | | | | 时效处理 | | |
| | | 第一阶段 | | 第二阶段 | | 淬火冷却介质 | 加热温度/℃ | 保温时间/h | 冷却介质 |
		加热温度/℃	保温时间/h	加热温度/℃	保温时间/h				
Ⅲ	T4	360 ±5	3	420 ±5	21 ~29	空气	—	—	—
	T6	360 ±5	3	420 ±5	21 ~29	空气	175 ±5 或 200 ±5	16 或 8	空气
Ⅳ	T4	415 ±5	8 ~16	—	—	空气	—	—	—
	T6	415 ±5	8 ~16	—	—	空气	175 ±5 或 200 ±5	16 或 8	空气

注：1. Ⅰ组——壁厚不大于10mm，砂型或壳型铸造，安装边和凸台等厚大部分的厚度或直径在20mm以下，这些厚大部分用冷铁冷却的铸件。

　　Ⅱ组——壁厚为10~20mm，砂型或壳型铸造，厚大部分厚度为40mm，用冷铁冷却的铸件。

　　Ⅲ组——壁厚大于20mm，砂型或壳型铸造，厚大部分大于40mm的铸件。

　　Ⅳ组——所有的金属型铸件。

2. 按T4状态热处理的Ⅱ组和Ⅲ组铸件允许加热到（415±5）℃，在这种情况下，采用一级加热，保温时间取接近上限值。

3. 不带砂芯的小型金属型铸件的固溶处理的加热时间取6h。

4. 防止晶粒长大的处理：（415±5）℃×6h，（350±5）℃×2h，（415±5）℃×10h。

5. 升温到加热温度所需时间不计入保温时间之内。在两阶段处理时，升温至第二阶段加热温度的时间计入第二阶段保温时间之内。

表4-114　各种因素对热处理的影响

变化因素	对热处理的影响
截面厚度	厚截面铸件应延长其固溶处理时间，应在切开铸件最厚部分测定截面中心的显微组织来鉴别
加热温度和时间	镁合金的力学性能随表4-111 ~ 表4-113中推荐的热处理时间和温度而变化。固溶处理时还要考虑铸件的下凹变形问题
装炉状态	零件必须清洁，无打磨粉尘和细屑，这对固溶处理的温度较高时特别重要。炉内装载不应使炉中空气循环受到干扰，否则会造成加热不均而影响热处理质量

4.4.3　热处理用保护气氛

1. 保护气氛的应用

镁合金在空气中的燃点为400℃以上，但燃烧的难易程度还与材料本身的尺寸和形状有关。因此，当固溶处理的温度超过400℃时，必须采用保护气氛，以阻止铸件表面氧化和燃烧。

2. 保护气氛的种类和选用（见表4-115）

某些惰性气体，如氩、氦等也可用作镁合金热处理的保护气氛，但因价格高而不实用，所以工厂实际使用中以加硫铁矿为主。

4.4.4　热处理质量控制

1. 铸件的装炉温度

镁-铝-锌系合金 ZM5 和 ZM10 固溶处理时，应在接近260℃时装炉，然后缓慢升至所要求的温度，以免共晶化合物被熔化而形成熔孔。从260℃升至固溶处理温度所要求的时间取决于装载量和铸件的化学成分、尺寸、重量和截面厚度，一般2h 为典型时间。

表 4-115　镁合金热处理用保护气氛的种类和选用

种类	来源	用量（体积分数，%）	可使用的最高温度/℃	优缺点
SO₂	瓶装气体	0.7（至少 0.5）	≈565（条件是合金未发生熔化）	每单位体积的价格较高，但炉内气氛浓度要求低（约为 CO_2 的 1/6），因此瓶装气体的成本仍较低 由于有腐蚀性硫酸的形成，因此要求经常清理炉子、更换控制件和夹具等
	硫铁矿（块状）	0.5~1.5kg/m³（炉膛用）		价格低廉，使用方便。其余同上
CO₂	瓶装气体	3	≈510	要求浓度较高，但是可以在同一炉内同时处理镁和铝合金铸件。无臭，不污染环境
	煤气燃料炉的循环已燃气体制备的气氛	5	≈540	成本低。其余同瓶装气体
SF₆ + CO₂	瓶装气体	0.5~1.5 的 SF_6，其余为 CO_2	≥600	价格较 SO_2 或 CO_2 高，但无毒和无腐蚀性

时效处理时则可以在处理温度下装炉。

2. 热处理温度的控制

镁合金热处理时要求严格的温度控制，因此热处理炉的温控应准确、均匀，炉子的密封性要良好。固溶处理温度的最大允许偏差为 ±5℃。

3. 铸件变形的控制

镁合金铸件在固溶处理温度下刚性大量下降，可能因铸造应力的释放而翘曲，或者因自身重量而下凹，或者因其他原因而偏离铸件原来的形状或尺寸。翘曲或变形在很大程度上受铸件尺寸、形状和截面厚度的影响。因此，要根据这些因素和对尺寸控制的严格程度，采用支撑方式或在热处理架上选择适当的安放位置来减轻或消除变形。有时需要用专门的夹具来保持铸件的正确形状。上述所有措施都不应妨碍铸件周围的热循环。

采用夹具等措施虽能减少铸件的翘曲和变形，但对某些铸件在固溶处理后仍然需要矫正。矫正应在固溶处理之后、时效处理之前进行。

4. 淬火冷却介质

铸造镁合金在固溶处理后的淬火一般在静止空气中进行；对于装载量大而密或截面较厚的铸件，则应采用人工气流。某些要求提高力学性能的 ZM6 合金铸件可试用 60~95℃ 水淬。

5. 热处理炉

镁合金铸件的固溶处理和时效处理应在有循环气流的炉中进行，一般采用电加热。固溶处理时，因炉内含有保护气体（CO_2、SO_2 或 SF_6），故炉子应保持密封并具有引入保护气体的进气口。炉内必须装有足够的热电偶，以便连续而完整地测量炉温。热源必须屏蔽良好，以免零件受辐射而产生局部过热。

6. 热处理缺陷及其预防措施（见表 4-116）

7. 热处理效果的评定（见表 4-117）

表 4-116　热处理缺陷及其预防措施

名称	说明	形成原因	预防措施
变形	铸件在固溶处理后发生翘曲、下垂或因其他原因而偏离铸件原来的形状或尺寸	固溶处理期间缺少支撑和热分布不均匀	薄截面、长跨度铸件要有支撑；对形状复杂的铸件，则要采用夹具和成形支架。一般可采用适当的放置位置来消除

（续）

名　　称	说　　明	形成原因	预防措施
熔孔	共晶熔化，有时伴随有晶界氧化造成的空洞（共晶熔化，除非极为严重，一般不影响力学性能，而空洞则降低性能）	固溶处理温度超过推荐温度，或者加热至热处理温度的速度过快 炉温与指示温度不一致或炉内各区域的温度不均匀	ZM5 和 ZM10 合金在 260℃ 时装炉，然后在 2h 以上逐渐加热至固溶温度 控制固溶温度不超过规定的温度，并检查炉温，保证精确度为 ±5℃
表面氧化	铸件表面上有灰黑色粉末，也可能有焊口状凹坑和空洞，空洞还可能延伸到铸件内部	热处理时未采用保护气氛或保护气氛不足。情况严重时能导致零件局部变弱，甚至会在炉内着火燃烧	热处理炉内导入（体积分数）$SO_2 0.5\% \sim 1.5\%$ 或 $CO_2 3\% \sim 5\%$ 保证炉膛清洁、干燥和密封
晶粒畸形长大	出现不规则的大晶粒，四周围绕正常的细晶粒区。在机械加工后的表面上有可见的光亮斑点。粗晶区的抗拉强度至少会降低 50%	Mg-Al-Zn 系合金铸件的个别部位（有冷铁部位）在凝固时急速冷却。在应力梯度和热处理温度下保持的时间太长致使晶界组织完全溶解	采用防止晶粒畸形长大的热处理规范，见表 4-113 选择合适的冷铁

表 4-117　热处理效果的评定

名　　称	使　用　方　法	备　　注
硬度	在热处理后的零件上进行，无须采用专门试样	通常用布氏硬度计测定，测定值仅作为研究材料热处理效果的参考。由于与硬度对应的强度性能指标太分散，所以不能用它计算强度
拉伸试验	能更精确地评定镁合金的热处理效果。要采用专门的试样，一般用单独铸造不加工的试样。然而，从铸件本体上切取的试样更能代表铸件的真实性能	试样的尺寸、形状和浇注形式见本章 4.6 节图 4-31
显微组织	从铸件本体上切取试样，制备金相试样，检验显微组织	评定合金中块状化合物的残留量、沉淀物、晶粒度和熔孔等

4.4.5　焊后热处理

铸件焊后热处理的目的在于：

1）消除内应力。

2）恢复铸件或焊区被改变了的力学性能。

镁合金铸件原则上可在任何热处理状态下进行焊补，但 ZM5 和 ZM10 合金应在焊前进行固溶处理，以免造成焊区的晶粒畸形生长。焊后不要求固溶处理的 Mg-Al 系合金铸件应在 260℃ 进行 1h 消除应力的处理，以免发生应力腐蚀及开裂的可能性。

焊补用的焊条合金成分原则上要与铸件的成分一致。

推荐的镁合金铸件焊后热处理规范见表 4-118。

表 4-118　镁合金铸件焊后热处理规范

合金代号	焊　　条	热处理状态		焊后热处理
		焊前	焊后要求	
ZM1	ZM1 或 ZM4	F 或 T1	T1	330℃ ×2h + 175℃ ×16h
ZM2	ZM2 或 ZM4	F 或 T1	T1	330℃ ×2h 或 330℃ ×2h + 175℃ ×16h
ZM4	ZM4	F 或 T1	T1	345℃ ×2h[①] 或 220℃ ×5h
ZM5	ZM10	T4	T4	415℃ ×0.5h[②]
		T4 或 T6	T6	415℃ ×0.5h[②] + 215℃ ×4h 或 170℃ ×16h

① 345℃ ×2h 处理会使合金蠕变强度稍有下降。

② 应使用保护气氛。

4.4.6 热处理安全技术

镁及镁合金的燃烧是在出现熔融金属时开始，随着放出大量的热，促使金属进一步熔化和着火。

镁合金热处理时着火危险性最大的是固溶处理，但燃烧的难易程度还与材料本身的尺寸和形状有关。细小颗粒与粉尘状态的镁合金极易燃烧或爆炸。机械加工和锯切时产生的细屑较大，着火的危险程度也低于粉末，但切屑一旦加热到燃点以上就容易燃烧。因此，镁合金在装炉之前，首先必须清除粉尘、毛刺、碎屑、油污或其他杂质并保持干燥。在热处理装炉之前，宜将工件吹砂或用铬酸盐进行化学氧化处理。

热处理炉本身必须同样防止上述污染，炉膛内应除尽氧化皮并彻底干燥。装炉工作应小心地进行，勿使铸件从架上掉到遮热板上。炉中只能装一种合金铸件。加热和升温必须严格按推荐的热处理规范进行。

由于镁合金固溶处理的温度接近其固相线，因此炉内任何部分超过此温度就可能引起着火。为降低这种着火危险，炉内应保持推荐的保护气氛含量。当使用二氧化硫作为保护气氛时，含量不宜过高，因二氧化硫的体积分数超过 1.0% 时，对加热器电阻丝是不利的。

只要遵守表 4-119 所列的安全操作规则，可防止热处理炉内镁合金铸件发生燃烧的危险。

表 4-119　镁合金热处理安全操作规则

序号	安全操作规则	备　注
1	保持热处理炉的控制系统处于良好工作状态	应按 GJB 509B—2008 的规定进行定期和随炉检验
2	严格管理装炉的铸件，避免混淆不同的合金	不同的合金具有不同的熔点
3	拒绝装入表面带有镁合金切屑、细粉、脏物和油污的铸件	—
4	炉内保持所推荐的保护气氛浓度	按表 4-115 的要求

如果设备运行不正常、操作粗心或失误，铸件有可能在炉内发生燃烧。炉内铸件燃烧的特征是，从炉内漏出白烟和炉温上升。此时应将炉子立即断电，必要时也应将其他炉子断电。火势不大、炉温缓慢升高（450～500℃）时，则容许打开炉门，迅速将铸件从炉内移出，并用干砂或熔剂等灭火剂消灭燃烧源。若铸件在炉内燃烧猛烈，炉温急剧上升，已不可能将铸件从炉内移出时，则不应打开炉门而应堵塞炉子所有不严之处，使炉内铸件的燃烧因空气不足而自行熄灭。当炉温降至 250～300℃ 时，才可打开炉盖，取出铸件。个别燃烧的铸件可用灭火剂扑灭。

在任何情况下禁止用水来灭火。一般的泡沫、干粉或二氧化碳等类型灭火剂也扑不灭镁的燃烧。应用这些灭火剂只能加速镁的燃烧并可能引起爆炸。

必须注意，燃烧着的镁能使二氧化碳分解，使二氧化碳还原而继续燃烧并放出大量的热。

镁的燃烧只能用隔绝空气和不与燃烧着的镁起反应的材料覆盖的方法来扑灭。

镁合金热处理现场应备有下列常用的灭火剂：

1）石墨粉。

2）干砂。

3）未氧化的干燥铸铁屑。

4）熔炼用熔剂。

灭火人员除了用正常的安全设备灭火外，在扑灭镁火时还要戴有色眼镜，以防镁燃时发出强烈白光损伤眼睛。

4.5　表面处理

4.5.1　化学氧化处理

镁是负电性最高的金属之一，在潮湿空气和水（尤其是海水）中的化学性是不稳定的，与大多数无机酸相互作用剧烈。镁的氧化膜是不致密的，不能保护内部金属不再受腐蚀。普通镁合金在工业气氛中的耐蚀性与中碳钢相近，只有在干燥空气中才能耐腐蚀；对硒酸、氟化物和氢氟酸的作用稳定；不与苛性碱溶液相互作用；在汽油、煤油和润滑油中也很稳定。

除采用适当的铸造工艺外，镁铸件经过表面防护处理后能在大气条件下长期使用。

镁合金铸件的表面保护通常采用化学氧化处理，在表面上形成厚度为 $0.5～3\mu m$ 的防护膜。此膜与油漆结合良好，但容易被划伤和擦伤，故一般用它作工序间的防护和装饰。成品件在化学氧化处理后应进行喷漆。

铸型必须在浇注后两昼夜内清砂，然后在 4 昼夜内进行化学氧化处理。铸件在经过清理和精整后进行热处理。不需要热处理的铸件则送交化学氧化处理。

铸件热处理后应于 7 昼夜内进行重复氧化处理。氧化处理后的铸件在氧化膜未受破坏的情况下，保存期限不超过一个月，否则应进行油封。

1. 化学氧化处理的工艺流程

1）铸件在送往热处理之前，可按表 4-120 工艺流程进行处理。

2）铸件在交货之前可按表 4-121 工艺流程进行处理。

表4-120　化学氧化处理的工艺流程（一）

序　号	名　称	溶　液	用　途
1	喷砂处理	—	清除铸件表面上的杂质
2	冷水洗涤	流动自来水	清除铸件表面上的残留物
3	酸处理	酸处理溶液	清除铸件表面上难溶于水的盐类物质
4	冷水洗涤	流动自来水	清除铸件表面上残留的酸溶液
5	化学氧化	氧化溶液	在铸件表面上形成防护膜，以提高耐腐蚀能力
6	冷水洗涤	流动自来水	清除铸件表面上残留的氧化溶液
7	热水洗涤	流动热水	清除铸件表面上残留的氧化溶液
8	干燥	用压缩空气吹干或在（60±10）℃温度烘20~30min	干燥铸件

表4-121　化学氧化处理的工艺流程（二）

序　号	名　称	溶　液	用　途
1	喷砂处理或化学除油	化学除油溶液	清除铸件表面上的杂质和油污
2	热水洗涤	60~80℃流动热水	清除铸件表面上残留的除油溶液和杂质，经喷砂处理的铸件可免去本工序
3	冷水洗涤	流动自来水	—
4	酸处理	酸处理溶液	清除铸件表面上难溶于水的盐类物质
5	冷水洗涤	流动自来水	清除铸件表面上的酸溶液
6	化学氧化	氧化溶液	在铸件表面上形成保护膜以提高耐腐蚀能力
7	冷水洗涤	流动自来水	清除铸件表面上残留的氧化溶液
8	填充	填充溶液	增加氧化膜的致密性以提高耐腐蚀能力
9	热水洗涤	60~80℃流动热水	清除铸件表面上残留的填充液
10	干燥	用压缩空气（最好用40~50℃的热压缩空气）吹干或在（60±10）℃烘干20~30min	干燥铸件
11	检验	—	检验膜层质量
12	油封	—	—

注：为了不影响油漆与化学氧化膜之间的结合力，氧化后需要涂漆的铸件应在24h内进行。

2. 各种溶液的配制和使用

（1）化学除油　根据零件特点，可选用表4-122中的任一除油溶液除油。

（2）酸处理（见表4-123）

（3）化学氧化处理（见表4-124）

（4）填充处理　为了提高膜层的耐蚀性，在化学氧化后可进行填充处理。填充处理溶液的成分和处理规范见表4-125。

表4-122　化学除油溶液的配制和使用

溶液号	成　　分		处理规范		用　途
			温度/℃	时间/min	
1	苛性钠（NaOH） 磷酸钠（$Na_3PO_4 \cdot 12H_2O$） 水玻璃	10~25g/L 40~60g/L 20~30g/L	70~90	10~30	铸件除油

（续）

溶液号	成 分		处理规范		用 途
			温度/℃	时间/min	
2	磷酸钠（$Na_3PO_4 \cdot 12H_2O$）	40~60g/L	60~90	5~15	带铜套、铝套、钢、铁、镀锌及镀镉件等的组合件，采用下限配方
	碳酸钠（$Na_2CO_3 \cdot 10H_2O$）	40~60g/L			
	水玻璃	10~30g/L			

注：所有成分均为工业纯。

表 4-123 酸处理溶液的配制和使用

溶液号	成 分		处理规范		用 途
			温度/℃	时间/min	
1	硝酸（HNO_3 密度 $\rho = 1.42g/cm^3$）	20~50g/L	室温	0.5~1	1）仅适用于铸件毛坯 2）对铸件腐蚀速度快，反应强烈，要严格控制时间
2	铬酐（CrO_3）	150~250g/L	室温	10~15	此溶液不影响铸件尺寸精度

注：所有成分均为工业纯。

表 4-124 各种化学氧化处理溶液的配制和使用

名 称	成 分		处理规范		用 途	备 注
			温度/℃	时间/min		
氟化钠法	氟化钠（NaF）	30~50g/L	15~35	10~30	高精度零件及带有铜、铝衬套等组合件	此法为常温氧化，所获膜层有较高的电阻，氧化后不影响铸件尺寸
重铬酸钾-硫酸锰法	重铬酸钾（$K_2Cr_2O_7$）	30~60g/L	80~90	10~20	高精度零件和带有铜套、铝套、钢铁以及镀锌、镀镉的组合件	温度较高，所获膜层的耐腐蚀能力高，氧化后尺寸精度不受影响。重复氧化时，可不退除旧的氧化膜
	硫酸铵[$(NH_4)_2SO_4$]	25~45g/L				
	硫酸镁（$MgSO_4 \cdot 7H_2O$）	10~20g/L				
	硫酸锰（$MnSO_4 \cdot 5H_2O$）	7~10g/L				
	pH	4~5				
重铬酸钠-硫酸锰法	重铬酸钠（$Na_2Cr_2O_7 \cdot 2H_2O$）	120~170g/L	80~沸腾	10~20		
	硫酸镁（$MgSO_4 \cdot 7H_2O$）	40~75g/L				
	铬酐（CrO_3）	0.5~1g/L				
	硫酸锰（$MnSO_4 \cdot 5H_2O$）	40~75g/L				
	pH	2~4				
硝酸法	重铬酸钾（$K_2Cr_2O_7$）	40~55g/L	70~80	0.5~2	仅适用于铸件毛坯件的氧化	此法的氧化时间短，对铸件尺寸的影响较大 允许用氯化钠代替氯化铵
	氯化铵（NH_4Cl）	0.75~1.25g/L				
	硝酸（HNO_3 密度为 $1.42g/cm^3$）	65~85g/L				

注：1. 为了防止产生气袋，在氧化过程中应不断地翻动铸件。

2. 氧化时铸件应与槽体绝缘，以防止铸件产生电偶腐蚀。

3. 所有溶液的成分均为工业纯。

表4-125　填充处理溶液的成分和处理规范

溶液号	成　分	处　理　规　范		用　途
		温度/℃	时间/min	
1	重铬酸钾（$K_2Cr_2O_7$）　　40~50g/L	90~100	15~20	提高膜层的致密度
2	重铬酸钾（$K_2Cr_2O_7$）　　100~150g/L	90~100	20~40	提高膜层的致密度，用于氟化法氧化后的铸件

3. 化学氧化溶液的调整

各种化学氧化法溶液的维护和调整见表4-126。

表4-126　各种化学氧化法溶液的维护和调整

序　号	名　称	维护和调整
1	氟化钠法溶液	注意保持溶液清洁，防止杂质特别是氯离子被带入溶液。溶液温度要控制在规定范围内，根据分析结果或氧化能力添加氟化钠
2	硝酸法溶液	溶液中的硝酸是影响质量的主要因素。硝酸含量过低时，膜层发暗；过高则发亮、光滑并带彩虹色。因此，应根据氧化能力和分析结果调整硝酸含量
3	重铬酸钾-硫酸锰法和重铬酸钠-硫酸锰法溶液	因氧化温度高，溶液不稳定，所以需要经常用化学纯硫酸（或铬酐）来调整pH值，使其在规定范围内，并需要经常加水以保持溶液的工作面；挂灰太多时，应更换溶液

4. 各种溶液的检验

为了保证铸件化学氧化处理的质量，应根据溶液容量、生产量、氧化膜的质量等具体情况，按表4-127中的要求检验溶液。

表4-127　各种溶液的分析项目和周期

序　号	名　称	项　目	周　期
1	化学除油溶液	总碱度	2~4周
2	酸处理溶液	1）硝酸	2~4周
		2）铬酐	2~4周
		SO_4^{2-}	按需要
3	氟化钠法溶液	氟化钠	1~2周
		杂质：Cl^- <1g/L	按需要
4	重铬酸钾-硫酸锰法溶液	重铬酸钠、硫酸锰、硫酸铵	1~2周
		杂质：Cl^- <1g/L	按需要
5	重铬酸钠-硫酸锰法溶液	重铬酸钾、硫酸锰、硫酸铵	1~2周
		杂质：Cl^- <1g/L	按需要
6	硝酸法溶液	重铬酸钾、氯化铵、硝酸	1~2周
7	填充溶液	重铬酸钾	1~2周
		杂质：Cl^- <1g/L，SO_4^{2-} <1.5g/L	按需要

5. 氧化膜的常见缺陷及返修

（1）化学氧化膜层常见缺陷的产生原因及排除方法（见表4-128）

（2）膜层的退除

1）铸造毛坯一般容差较大，允许用吹砂方法退除旧的氧化膜层。

2）容差小的铸件可在表 4-123 酸处理溶液中或用适当的机械方法退除旧氧化膜层。采用黑色氧化时，可不退除旧氧化膜层。

（3）膜层的局部氧化法 铸件在生产周转过程中，由于搬运、打磨小面积焊补等造成的局部氧化膜擦伤或脱落时，可按表 4-129 进行返修。

表 4-128 化学氧化膜层常见缺陷的产生原因及排除方法

方 法	缺 陷	产 生 原 因	排 除 方 法
氟化钠法	局部无膜层，表面发花、膜层薄	氧化前预处理不良，产生气袋	仔细除油，改善装挂，氧化过程中经常翻动铸件
	铸件表面产生细小黑色斑纹	溶液中氯离子大于 1g/L	更换溶液
		铸件与正电位金属接触	铸件应与正电位金属绝缘
	膜层疏松，脱落	氧化时间过长，温度过高	按规定工艺条件进行氧化
重铬酸钾-硫酸锰法和重铬酸钠-硫酸锰法	膜层疏松、脱落	酸度过高，浓度过大，氧化时间过长	按规定工艺条件进行氧化
	膜层变薄或难以氧化	溶液陈旧或酸度过低	调整或更换溶液
	铸件表面有黑色挂灰	溶液陈旧，酸度过高，氧化时分解出二氧化锰沉淀	更换或调整溶液
硝酸法	膜层发暗	硝酸含量低	添加硝酸
		铸件与正电位金属接触	避免铸件与正电位金属接触
	膜层发亮，带彩虹色	硝酸含量过高	调整溶液

表 4-129 膜层的局部氧化法

工序	名 称	内 容	备 注
1	配制局部氧化溶液	溶液成分：氧化镁（MgO） 8~9g 铬酐（CrO_3） 45g 硫酸（H_2SO_4 密度 $\rho = 1.84g/cm^3$） 0.6~1mL 蒸馏水 1L	所有组分均为工业纯
2	表面预处理	1）用汽油或工业酒精除去待氧化表面上的油污 2）用玻璃砂纸（200~280 号）打磨至露出基体金属 3）用清洁的布块擦净 4）再用浸过汽油或酒精的布块擦净表面并晾干	
3	局部氧化处理	1）用棉纱或棉花浸沾上述局部氧化溶液，在预处理后的表面上反复擦拭 30~45s 2）用干净的湿棉花团擦去残留的氧化溶液 3）用干净的棉花或布块擦干	该处理在室温下进行
4	干燥	用压缩空气吹干	

6. 化学氧化膜的耐蚀性检验

（1）化学氧化膜的检验 （见表 4-130）

（2）氧化膜的耐蚀时间 对于不同的镁合金和所采用的不同化学氧化方法，其耐蚀性检验的时间均应不低于表 4-131 的规定。

表4-130　化学氧化膜的检验

工序	名称	内容	注
1	配制检验溶液	检验溶液的成分： 高锰酸钾 $KMnO_4$　0.05g 硝酸 HNO_3（密度 $\rho=1.4g/cm^3$）　5mL 蒸馏水　95mL	1）所有组分均为化学纯 2）溶液应密闭保存，有效使用期限为一周
2	清理表面	1）用蘸有酒精的棉花球擦拭铸件上被检部位，除去油污 2）干燥	直接从处理槽中取出的铸件，不必除油
3	检验	1）将上述溶液滴1~2滴于被检表面上，同时按动秒表，观察溶液变色时间 2）此时间不低于表4-131的规定	溶液变色是指由紫红色变为无色

表4-131　氧化膜耐蚀性的时间标准

化学氧化方法	试验温度/℃	耐蚀性检验的时间/s			
		ZM1	ZM2	ZM3	ZM5
硝酸法	15	—	—	22	43
	20	—	—	20	40
	25	—	—	18	37
	30	—	—	15	32
	35	—	—	14	28
	40	—	—	12	14
氟化钠法	15	25	32	—	30
	20	12	15	—	14
	25	11	13	—	13
	30	7	13	—	12
	35	6	12	—	10
	40	6	12	—	8
重铬酸钠-硫酸锰法	15	20	—	27	37
	20	20	—	22	35
	25	13	—	15	32
	30	11	—	12	30
	35	10	—	9	30
	40	7	—	7	9
重铬酸钾-硫酸锰法	15	—	—	22	37
	20	—	—	19	35
	25	—	—	14	26
	30	—	—	14	26
	35	—	—	13	26
	40	—	—	11	16

4.5.2　阳极氧化

阳极氧化是一种在金属和合金上产生一层厚且稳定的氧化物膜层的电解工艺。这种膜层可用于提高油漆在金属上的附着力，作为染色的前提条件或作为一种钝化处理。为了获得耐磨和耐蚀膜层，必须对阳极氧化膜层进行封孔。这可以通过将水合碱性金属物沉积进入孔隙来密封多孔的氧化物膜层，还可以通过在热水中煮沸、蒸汽处理、重铬酸盐封孔和油漆封孔等来完成。阳极氧化膜层不适合于单独作为铸造镁合金最终使用的表面处理膜层，但它们能为腐蚀保护体系提供极好的油漆基底。表 4-132 列出了某些已公开的铸造镁合金阳极氧化处理工艺及其工艺变量对涂层的影响情况。

在对镁合金腐蚀与防护机理的系统研究基础上，开发出了膜层附着力和耐腐蚀性能优良的镁合金超声场等离子体电解液氧化技术和镁合金高压（≥400V）无火花阳极氧化技术。

镁合金超声场等离子体电解液氧化技术的工艺特点是氧化时在电解液中施加超声场，氧化速度快，膜层均匀致密，附着力好。膜层横截面显微硬度可达 700HV，膜层厚度 5～40μm，膜层封孔后中性盐雾试验 1000h 达 9 级。电解液配方不含六价铬（Cr^{6+}）离子，环保性能好，成本低，稳定性好。

镁合金高压无火花阳极氧化技术是指镁合金在作阳极氧化处理时，在一定配方的电解液里，在一定的电参数（如电流密度）下，氧化电压可以高达 400V 而在镁合金工件表面不产生火花放电，氧化膜层厚度为 5～20μm。通常的镁合金阳极氧化工艺在 250V 以下即会在工件表面产生明显可见的火花放电。该技术的主要特点是膜层致密、附着力好，横截面显微硬度可达 700HV，电解液配方不含六价铬（Cr^{6+}）离子，环保性能好，成本低，稳定性好。这两种技术已在镁合金便携式计算机壳体、电动汽车镁合金零件等产品上获得应用，取得良好的经济效益。

表 4-132　一些铸造镁合金阳极氧化处理工艺

阳极氧化工艺	溶液成分或条件	推荐范围	超出推荐范围的操作影响	
			太低	太高
Dow17（The Dow Chemical Company 专利工艺）	二氟化氢铵/(g/L)	300.8～451.2	局部点蚀	不溶解
	重铬酸钠/(g/L)	53～120	薄涂层	不经济
	85% 磷酸/(g/L)	53～105.2	软涂层	不经济
	氟化物杂质 max	3%	软涂层	软涂层
	电流密度/(A/dm²)	0.5～5	在液态侵袭	点蚀或烧毁
	温度/℃	71～82	无涂层	没问题
HAE	氢氧化钾/(g/L)	105～190	点蚀、烧毁、不均匀	点蚀、烧毁、粗糙
	氟化钾/(g/L)	15.0～150.4	多斑点、不均匀	不经济
	磷酸三钠/(g/L)	15.0～225.6	浅、深区域	不均匀
	氢氧化铝/(g/L)	7.5～53	涂层硬度降低	硬的粗糙涂层
	锰酸钾/(g/L)	3.7～22.5	浅棕色涂层	深棕色粗糙涂层
	电流密度/(A/dm²)	0.5～5	低速率	不均匀性降低
	温度/℃	25～38	低速率	耐腐蚀能力降低
Cr-22	铬酸/(g/L)	22.5～30.0	不均匀浅涂层	深色涂层
	氢氟酸/(g/L)	15.0～26.5	低压不均匀涂层	浅色涂层
	磷酸/(g/L)	38.3～76.7	不均匀涂层	不经济浅色涂层
	pH	6.0～6.5	不均匀涂层	不经济
	电流密度/(A/dm²)	1.0～3.0	低速率	深色涂层
	温度/℃	74～93	耐腐蚀能力降低	深色涂层

4.6　质量控制和常见的铸造缺陷

4.6.1　质量控制项目和方法

为了以最经济的成本获得质量上符合有关技术规范、图样和文件要求的铸件，不仅需要熟练地掌握铸件的生产工艺，而且还要了解铸件的质量检验。

本节着重介绍合金的化学成分、力学性能、铸件内部质量和工艺检验等几个方面。

1. 化学成分的检验（见表 4-133）

2. 力学性能的检验

1）单铸试样和铸件本体试样的拉伸试验见表 4-134。

2）单铸试样特殊性能的检验见表 4-135。

3）测定合金力学性能用的单铸试样应在砂型中铸造并带铸造表皮进行试验，其尺寸和形式如图 4-31 所示。

4）实验室用镁合金力学性能测试用金属型。该金属型相对于目前仅有的镁合金砂型铸造试样标准（GB/T 1177—2018），具有结构简单、加工容易，工作量小，耗材少等优点，且克服了砂型铸件易存在显微疏松、氧化夹杂、热裂纹等缺陷，适合在高等院校、厂矿、企业等实验室进行镁合金力学性能、耐蚀性等取样用（见图 4-32）。

表 4-133　化学成分的检验

项　目	内　容	要　求	备　注
化学分析或光谱分析	1）每一熔炼炉次合金都必须检查其基本组元和主要杂质元素 2）含锆合金的杂质元素可定期检查（连续生产下不应超过一个月）	1）化学成分应符合 GB/T 1177—2018 的规定 2）第一次分析不合格时，允许重新取样分析 3）第二次分析不合格时，该熔炼炉次所浇铸件全部报废	1）当原材料的来源改变时，应对合金的杂质元素进行全面分析 2）测得的值遇界限时，允许修约

表 4-134　单铸试验和铸件本体试样的拉伸试验

项　目	内　容	要　求	备　注
拉伸试验	Ⅰ类铸件 1）必须测定与铸件同熔炼炉次的单铸试样的力学性能，数量为 3 个 2）当设计部门在图样上指定本体试样的部位时，在连续生产情况下，同图号的铸件：大件一般不多于 20 件，中小件不多于 50 件，应抽一件检验所指定的试样切取部位的力学性能 3）铸件本体试样应为 3 个（或 3 的倍数） d = 6mm 试样（按 GB/T 228.1—2010） Ⅱ类铸件 必须测定与铸件同熔炼炉次的单铸试样的力学性能 Ⅲ类铸件 一般不检验力学性能	1）同一炉次送检一根，测定其力学性能，符合技术标准要求的，视为合格 2）单铸试样第一次试验不合格时，再取两个试样进行试验 3）如第二次的性能仍不合格时，则从有代表性的铸件上切取 3 个试样进行试验 4）本体试样的平均值和最小值应符合技术标准的要求 5）第三次热处理后，铸件本体试样的性能仍不合格时，则该熔炼炉次的铸件报废	1）铸件图上没有规定切取部位时，则由检验部门确定 2）铸件上若不能切取 d = 6mm 圆形试样时，允许切取板形比例试样 3）试样断口上因目视可见夹渣、气孔等缺陷而不合格时，应补充试样重新试验 4）测得的性能值遇界限值时，允许修约

表 4-135　单铸试样特殊性能的检验

项　目	内　容	要　求	注
特殊力学性能试验	1）高温力学性能 2）高温持久性能 3）高温蠕变性能	高温力学性能可按 GB/T 1177—2018 附录 A 由设计部门和冶金部门协商后，在专用技术文件中规定	测得的数值遇界限值时，允许修约

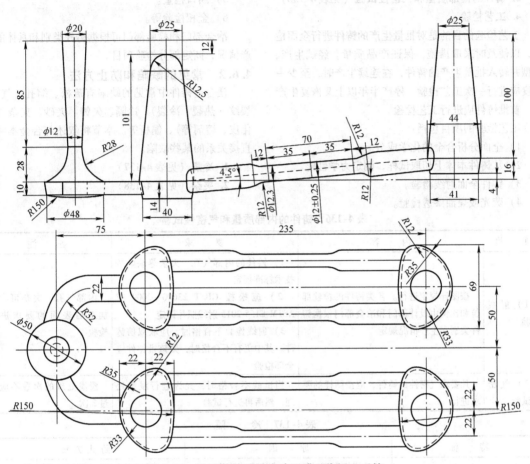

图 4-31　砂型单铸试样浇注形式及浇冒口系统

注：试样工作部分从 φ12 处向两侧 φ12.3 圆滑过渡，需要时可以在直浇道的底部放置过滤网。

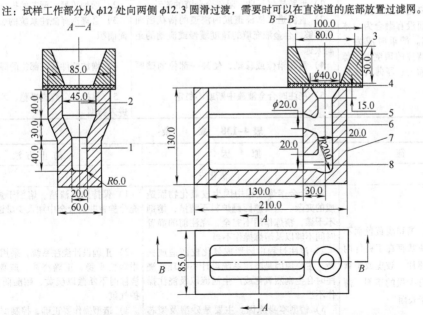

图 4-32　镁合金力学性能试样金属型

1—力学性能、耐蚀性取样部位（切取成片状或圆柱状拉伸试样）　2—冒口补缩部位

3—浇口杯　4—过滤网或陶瓷过滤块　5—直浇道　6—上内浇道　7—模具　8—下内浇道

3. 铸件的内部质量和气密性试验（见表4-136）

4. 工艺检验

工艺检验的目的是对批量生产的铸件进行全面检查，以便及时采取措施，保证产品质量。经试生产、定型并转入批量生产的铸件，在连续生产时，至少一季度应进行一次工艺检验。停产半年以上又恢复生产时，首批铸件应进行工艺检验。

工艺检验的项目包括：

1) 全面分析合金的化学成分。

2) 从铸件本体上切取试样，测定力学性能。

3) 铸件全面射线检验。

4) 荧光或煤油渗透检验。

5) 断口检查。

6) 金相检验等。

冶金部门和检验部门可根据铸件类别和具体的生产情况，商定部分检验项目。

4.6.2　常见的缺陷和防止方法

镁合金铸件中常见的缺陷有疏松、缩孔、气孔、裂纹（热裂、冷裂）、冷隔、欠铸、夹砂、夹杂（氧化皮、熔剂等）、偏析等。本节将叙述与合金本身有直接关系的某些缺陷。

1. 冷隔（见表4-137）

2. 夹杂（见表4-138）

表4-136　铸件的内部质量和气密性试验

项　目	内　容	要　求	备　注
1) 射线检验	按图样规定进行。各类铸件的检验部位和比例由设计部门和冶金部门根据铸件类别和生产情况规定	1) 铸件的内部气孔、夹杂等缺陷按技术标准规定 2) 疏松按 GB/T 23600—2009 或 ASTM E155 2015 射线照片评定 3) 射线检验不合格时，应取双倍铸件。其中仍有不合格时，则该批铸件应全部检验	内部气孔、夹杂可参照加工后表面的要求进行检验
2) 气密性试验	凡要求气密性的铸件，应按图样的要求进行	当试验不合格时，允许进行浸渗处理，然后再进行试验	浸渗处理的次数不应超过3次

表4-137　冷　隔

特　征	原　因	防止方法
合金液流被氧化皮隔开或多股液流相汇后，而没有融合为一体的不规则凹陷。严重时成为欠铸。常出现在铸件的顶壁上、薄的水平或垂直面上、厚薄转接处或薄肋条上	1) 浇注温度过低，合金液流动性差 2) 型腔排气不良，阻碍合金液的流动 3) 直浇道、横浇道或内浇道的横截面积不够，合金液充填的速度缓慢或流动的距离太远 4) 型芯错位或移动，使某一部位的壁厚明显变薄 5) 浇注时合金液流中断或不稳定	1) 适当提高浇注温度和金属型温度 2) 增加铸型、型芯的排气能力 3) 合理选择浇注系统的位置、数量和截面面积 4) 增加铸件某一部位的厚度 5) 保持合金液流平稳、均匀而无湍流地进入铸型

表4-138　夹　杂

特　征	原　因	防止方法
氧化皮		
断口呈深灰、黑和浅黄色而不规则的点或小块状存在于铸件内部，外形上呈薄片、皱皮或团絮状，有时还带有少量的熔剂。薄壁铸件则常露于表面	1) 合金熔炼过程中因生成氧化物而造成的夹杂。主要原因是炉料不清洁，熔剂不干燥，精炼作用不完全，浇注前的静置时间不够以及熔炼操作不当 2) 浇注过程中因形成氧化皮而造成夹杂。主要原因是浇注系统设计不合理，浇注时合金剧烈氧化或产生涡流以及浇注操作不当 3) 铸型本身原因。主要是砂型及型芯烘烤不良，保护剂不足，合型后停放时间过长，型砂过湿，砂型捣得太实等	1) 保持炉料清洁、熔剂干燥，仔细精炼，充分静置并向合金中加入少量铍 2) 正确设计浇注系统，采用过滤器，起动坩埚要平稳，正确浇注，避免氧化和燃烧。浇注时不断撒以硫黄、硼酸防护剂或喷以保护气氛 3) 造型操作要正确，控制型砂水分，砂芯要干透，控制好合型时间

（续）

特　征	原　因	防止方法
熔剂夹杂		
1）大块熔剂夹杂在铸件内呈水滴状，常与熔渣同时出现。细小熔剂夹杂呈分散状，经过一段时间后在铸件表面上或断口上呈暗色斑点 2）表面上的大块熔剂夹杂在出型后呈暗褐色，而细小熔剂夹杂则难以被发现 3）熔剂夹杂一般分布在浇注系统和内浇道附近或铸件下部。机械加工暴露出熔剂的表面在空气中停留一段时间后呈暗色斑点，然后在斑点上出现白色粉末（"长毛"）	1）违反精炼和静置的规定 2）熔剂的成分、配制、保管不当 3）未遵守浇包在坩埚中舀取合金液的规定而将熔剂搅入合金液内，坩埚中剩留的合金液过少 4）可提式坩埚中的熔剂未清理干净，出炉时不平稳，浇注后剩留的合金液过少 5）浇包未洗涤干净，洗涤熔剂的使用次数太多，变脏以及温度太低 6）浇注系统设计不良	1）应遵守合金的熔炼规范和浇包在坩埚中舀取合金液的规定，两次舀取合金液之间的时间间隔不少于 4min 2）使用合格的熔剂并定期检查 3）浇注前仔细清除坩埚周围边缘和可提式坩埚浇嘴上的熔剂 4）吊出坩埚时要平稳，坩埚中要剩留规定比例的合金液 5）熔剂坩埚的温度不低于 780℃，浇包和工具洗净后要滴净所有的熔剂 6）采用合理的浇注系统
反应后的砂夹杂		
该缺陷存在于含锆的合金铸件中，呈"不均匀分布的点状偏析"，即轮廓极为分明，直径约 1mm 的圆形亮区，常带有比中心还亮的亮圈显示于射线照片上	被卷入的砂粒同熔融的含锆合金起反应后生成的单个缺陷 1）春砂太软 2）型砂湿强度低 3）内浇道太少、太狭窄，致使合金液的进口速度太快 4）浇注温度高	1）使用有足够湿强度的型砂和芯砂 2）砂型的紧实度要合适，并要仔细去除型面上和浇注系统内的浮砂 3）采用合适的浇注系统和适宜的浇注温度 4）砂型装配好后应在较短的时期内进行浇注

3. 疏松和缩孔（见表 4-139）

表 4-139 疏松和缩孔

特　征	原　因	防止方法
疏松是金属枝晶间或晶界孔洞。分布在铸件补缩不良的部位，用肉眼无法分辨，但在显微镜下可看到成片的小孔 在断口上呈淡黄、灰色或黑色。射线照相检验时在底片上呈羽毛状或海绵状暗区。一般在铸件内部，有时穿透整个壁厚，造成铸件气密性不合格 缩孔是金属不致密的宏观缩松，可用肉眼分辨。分布在铸件内部，露出表面后则呈虫蛀状，所以又称为"虫蛀状疏松"	1）凝固过程中补缩不良 ①浇注系统和冒口设置不当 ②冷铁位置和厚度不当 ③铸件形成毛刺、飞翅等 ④引入合金液的位置不当 ⑤铸件局部过热和金属型温度过高 ⑥浇注温度过高 2）合金中气体含量多，促使疏松形成和加剧 ①炉料、熔剂潮湿 ②回炉料等表面腐蚀 ③铸型通气不良 3）某些合金本身的结晶间隔大，如 ZM1、ZM5，疏松倾向性大 4）变质或加锆细化合金不够，合金的结晶组织粗大，加剧和促使疏松的形成	1）正确使用冒口、冷铁，使铸件顺序凝固 2）向冒口内导入热合金液，加大冒口等以延缓冒口的冷却 3）开设冷却肋或冷却刺 4）改变零件的局部结构，消除热节部位，使之有利于顺序凝固 5）适当降低硬模温度，按顺序凝固原则调整涂料 6）使内浇道均匀分布于铸型上，某些情况下可在内浇道对面放置冷铁 7）适当降低合金的浇注温度 8）炉料应干燥并清洁 9）变质良好 10）型砂的水分要适当，铸型的排气要畅通

4. 偏析（见表 4-140）

表 4-140　镁合金的偏析

特　　征	原　　因	防　止　方　法
1) 产生于稀土镁合金铸件中。在射线照片上的特征类似于疏松、热裂、缩管等缺陷的亮区	1) 含锆镁合金中的共晶偏析（共晶富集） 这种偏析是当合金凝固期间形成疏松、热裂、缩管等缺陷后，又被邻近富有稀土一类高 X 射线密度的合金元素的共晶液体所充填	1) 与防止疏松、热裂、缩孔等缺陷的方法相同 在缺陷被共晶液体完全填满的情况下虽对铸件的力学性能无明显影响，但其临界工艺状态应引起注意
2) 主要产生在铸件较薄的断面处，在射线照片上显示出暗色的扩散线条，其形状与铸件表面上可见的流痕相符	2) 含锆镁合金中的流线（共晶贫缺） 型腔一部分被合金液所充填并在与来自另一股金属液流相遇之前凝固，然后已凝固的前沿部分熔化后再开始凝固。这样，在贴近凝固前沿的合金成分中缺少高射线密度的合金元素	2) 情况严重时是一冷隔，因此其防止方法与冷隔相同。一般情况下可以不采取措施
3) 一般分布在铸件的厚大部分。在射线照片上呈白色，可以与基体相融合的一些白色扩散斑点相连而形成斑纹状，甚至云状	3) 密度（比重）偏析 液相线以上沉淀出的质点的凝聚，出现在铸件厚大截面处的较低部位。在 Mg-Zn-Zr 合金中是 Zn-Zr 化合物；在 Mg-Al 合金中是 Mn 化合物。除合金成分外，还有以下因素： ① 浇注温度过高 ② 铸件厚大部分冷却太慢 ③ 金属型温度过高，局部涂料太厚	3) 偏析的存在说明凝固条件不良 ① 在冷却较慢的部位安放冷铁 ② 降低浇注温度，缩短铸件的凝固时间 ③ 适当降低金属型的工作温度并控制涂料厚度
4) 化学氧化处理后的铸件表面上出现由灰色至黑色的不规则形状或斑点 刚出型的铸件上出现部分微蓝色	4) 镁-铝系合金中的反偏析 ① 合金中铝含量增加，生成反偏析的程度增大 ② 合金晶粒粗大 ③ 冷却快，温度梯度大 ④ 合金中含有 Si、Be（质量分数大于 0.05%）等杂质元素	4) 可采取以下防止方法 ① 变质良好，则晶粒细小 ② 适当提高金属型的工作温度 ③ 降低杂质元素含量 ④ 反偏析不严重时，可用普通机械方法除掉表皮层

5. 热裂（见表 4-141）

表 4-141　热　裂

特　　征	原　　因	防　止　方　法
铸件上出现的直或曲折裂隙（穿通裂纹）、裂口（非穿通裂纹）。热裂纹处的断口被强烈氧化而呈深灰色或黑色，无金属光泽，并沿晶界裂开	1) 采用了热裂倾向性大的合金 2) 合金中有促使形成裂纹的杂质元素 3) 合金变质不好或变质失效使晶粒粗大 4) 铸件形状不合理，如有尖角、截面剧变等 5) 铸件个别部位的收缩受阻 6) 浇注系统设置不当，造成局部过热 7) 冷铁放置不当 8) 铸件出箱清砂过早	1) 细化合金组织 2) 防止含铝和含锆合金相混，控制铍的添加量 3) 改善零件设计，消除尖角，使厚薄截面均匀过渡 4) 减少铸件收缩时的阻力，提高铸型和型芯的退让性 5) 尽可能使铸件顺序凝固 6) 降低浇注温度 7) 正确放置冷铁

6. 燃烧（见表 4-142）

表 4-142 燃　　烧

特　　征	原　　因	防 止 方 法
1）类型有瘤块状燃烧、流纹状燃烧、穿透燃烧 2）部位：铸件厚大部位及内浇道附近、冒口根部、薄砂芯且有尖角处 3）形貌：通常表面带黑斑、木菌样结疤，严重时表面呈灰白色粉末。燃烧处断口处有黑色斑点，X 光透视类似疏松，但轮廓比疏松清楚	1）铸型表面保护不足 2）造型材料中混有易燃杂物 3）浇注时燃烧的合金液进入型腔	1）型砂、芯砂中去除易燃杂物并加入足量的保护剂 2）浇注系统设计要合理，避免局部过热 3）冷铁要清理干净，并彻底烘干 4）金属型浇注过程中要喷保护剂 5）浇注过程中要保护镁液不被燃烧，铸型中的可燃气体及时排出

参 考 文 献

[1] 丁文江. 镁合金科学与技术[M]. 北京：科学出版社，2007.

[2] DING W J, FU P H, PENG LI M, et al. Study on the microstructure and mechanical property of high strength Mg-Nd-Zn-Zr alloy[J]. Materials Science Forum, 2007(546-549), 433-436.

[3] BROWN R. Magnesium alloys and their applications materials：Materials Week-Munich[J]. Germany：Light Metal Age, 2001.

[4] YUAN G Y, LIU Z L, WANG Q D, et al. Microstructure refinement of Mg-Al-Zn-Si alloys[J]. Materials Letters, 2002(56)：53-58.

[5] POLMEAR I J. Light Metals, Metallurgy of the light Metals[M]. 3rd ed. London：Arnold, 1995.

[6] ROKHLIN L L. Advanced Magnesium Alloys with Rare-earth Metal Additions[M]. London：Taylor and Francis, 2003.

[7] GUTMAN E M, UNIGOVSKI Y. B, ELIEZER A. et al. Processing effect on mechanical properties of die-cast magnesium alloys[J]. Mat. Tech & Adv. Perf. Mat., 2001, 16. 2：110-141.

[8] SONG G L, Atrens A. Corrosion mechanisms of magnesium alloys[J]. Advanced Engineering Materials, 1999, 1：11-32.

[9] 张永君，严川伟，王福会，等. 镁的应用及其腐蚀与防护[J]. 材料保护，2002(4)：56.

[10] 袁广银，丁文江. 镁合金金属型铸造模具：CN200720070727. 2[P]. 2008-03-05.

[11] LIU W C, JIANG L K, CAO L, et al. Fatigue behavior and plane-strain fracture toughness of sand-cast Mg-10Gd-3Y-0. 5Zr magnesium alloy[J]. Materials and Design, 2014(59)：466-474.

[12] LIU W C, FENG S, ZHAO J, et al. Effect of rolling strain on microstructure and tensile properties of dual-phase Mg-8Li-3Al-2Zn-0. 5Y alloy[J]. Journal of Materials Science and Technology, 2018(34)：2256-2262.

[13] 刘文才，吴国华，魏广玲，等. 镁合金熔体多级复合净化方法：CN103820665[P]. 2016-08-17.

[14] 刘文才，吴国华，张亮，等. 适于砂型铸造的稀土镁合金及其制备方法：CN104988371[P]. 2018-02-09.

[15] 李艳磊，吴国华，王迎新，等. 阻燃高退让性铸造用型砂及其制备方法：CN105964883[P]. 2018-11-16.

第5章 铸造钛合金

钛在地壳中的储量极其丰富。在所有元素中，钛的储量占第九位；在常用金属元素中仅次于铝、铁和镁，居第四位。我国钛资源储量约占世界的1/4。由于钛的活性高，分离提取困难，一直到20世纪50年代才成为具有工业意义的重要金属结构材料。我国海绵钛的生产能力居世界第五位。钛的密度小，强度高，韧性好，无磁性，熔点高，热膨胀系数低，并具有优异的耐腐蚀和耐生物侵蚀的能力。钛及钛合金已广泛应用于航空、航天、航海、军械、石油化工、造纸、酸碱工业、体育器械以及医疗器械等领域。

钛在熔融状态下几乎能与所有的耐火材料起反应，导致钛的熔炼浇注工艺和造型工艺发展缓慢。第一个钛合金铸件是1949年由Kroll采用非自耗电极电弧炉熔炼并浇注出来的，但其设备和工艺方法不适合工业生产。1950年，由Beal等人在进行真空自耗电极电弧炉熔炼的试验时，发现大熔池能保持可供浇注铸件用的一定数量的钛液。于是，在1956—1960年间，美国矿业局研究出了真空电弧凝壳熔铸法，从1964年起，正式用于生产商业钛合金铸件。随着铸造钛合金材料和铸造工艺的研究以及设备的不断更新，钛及钛合金铸件的生产获得了飞快地发展，目前已能生产不同尺寸、不同大小的钛合金铸件，精密钛合金铸件的质量也达到了铸钢件的水平。但是，由于钛的提炼、熔铸和废料回收等工艺比较复杂，因此钛合金铸件的成本较高，推广应用受到一定的限制。

5.1 合金及其性能

纯钛、钛合金一般按退火状态下的组成分为α、α+β、β相；钛铝系金属间化合物一般分为α₂、γ相等。铸造钛合金通常具有较好的抗拉强度和断裂韧度。钛合金铸件经过热等静压处理后，其强度、型性基本不变，疲劳性能显著提高，最高工作温度可以达到600℃，持久强度和蠕变强度接近变形合金，损伤容限性能显著提高。铸造钛铝系金属间化合物室温塑性差，但工作温度高（工作温度从650℃可以达到800℃），密度比高温合金低，是理想的替代高温合金，实现减重目标的新型高温轻质材料。

铸造TiAl系金属间化合物大体可分为铸造γ-TiAl合金、铸造Ti₂AlNb合金及铸造Ti₃Al合金三类。铸造γ-TiAl合金，基于该材料高的比强度及良好的高温性能，受到的关注程度最高，开展的应用研究最多，成熟使用温度为650~800℃，潜在使用温度接近900℃。铸造Ti₂AlNb合金及铸造Ti₃Al合金相对γ-TiAl合金，虽然密度有所增加，但具有更高的室温塑性及更好的铸造性能，对于制备机匣类具有复杂结构的薄壁铸件，在铸造成形工艺方面更具优势。然而，这两类材料高温强度保持率不足，使用温度受到抗蠕变性能及抗氧化性能限制，铸造Ti₃Al合金的使用温度为600~650℃，铸造Ti₂AlNb合金的使用温度为650~700℃。

5.1.1 合金牌号（见表5-1）
5.1.2 合金化学成分（见表5-2）

表5-1 国内外铸造钛合金牌号

类型	名义成分（质量分数,%）	中国[①]		美国	俄罗斯	德国	日本
		合金牌号	合金代号				
α合金	纯钛	ZTi1	ZTA1	C-2	BT1Л	G-Ti2	KS 50-C
		ZTi2	ZTA2	C-3	—	G-Ti3	KS 50-LFC
		ZTi3	ZTA3	—	—	G-Ti4	KS 70-C
	Ti-0.2Pd	—	—	Ti-Pd7B		G-Ti2Pd	—
		—	—	Ti-Pd8A		G-Ti3Pd	—
		—	—	Ti-Pd-16			—
		—	—	Ti-Pd-17			—
		—	—	Ti-Pd-18			
						G-Ti4Pd	
	Ti-5Al	ZTiAl4	ZTA5	—	BT5Л		
	Ti-5Al-2.5Sn	ZTiAl5Sn2.5	ZTA7	C-5	—	G-TiAl5Sn2.2	KS115AS-C

（续）

类型	名义成分（质量分数,%）	中国① 合金牌号	中国① 合金代号	美国	俄罗斯	德国	日本
近α合金	Ti-6Al-2Zr-1Mo-1V	ZTiAl6Zr2Mo1V1	ZTA15	—	BT20Л	—	—
	Ti-6Al-5Zr-0.7Mo-1V-0.3Cr-0.2Sn	—	—	—	BT21Л	—	—
	Ti-5.5Al-3.5Sn-3Zr-1Nb-0.3Mo-0.3Si	—	—	—	—	G-TiAl5.5Sn3.5Zr3-Nb1MoSi	—
α+β合金	Ti-5Al-5Mo-2Sn-0.25Si-0.2Ce	ZTiAl5Mo5Sn2Si0.25Ce0.02	ZTC3				
	Ti-6Al-4V	ZTiAl6V4	ZTC4	C-5	BT6Л	G-TiAl6V4	KS130AV-C
	Ti-6Al-4V	ZTiAl6V4 ELI	ZTC4ELI	GR5（GR23）	BT6（BT6C）	TiAl6V4（3.7105）（BT6C-3.7145）	TAP6400
	Ti-6Al-6V-2Sn		—	Ti662	—	—	—
	Ti-6Al-2.5Mo-2Cr-0.4Fe-0.2Si	—	—	—	BT3-1Л	—	—
	Ti-6.5Al-3.5Mo-2Zr-0.3Si	—	—	—	BT9Л		
	Ti-4Al-3Mo-1V				BT14Л		
	Ti-5.5Al-3Mo-1.5V-0.8Fe-1Cu-0.5Sn-3.5Zr	—	ZTC5	—	—		
	Ti-6Al-2Sn-4Zr-2Mo	ZTiAl6Sn2Zr4Mo2	ZTC6	Ti6242	BT3-1		
	Ti-5Al-2.5Fe	—	—	—	—	G-TiAl5Fe2.5	
	Ti-6Al-4.5Sn-2Nb-1.5Mo	ZTiAl6Sn4.5Nb2Mo1.5	ZTC21				
	Ti-6Al-5Zr-0.5Mo-0.5Si	—	—	—	—	G-TiAl6Zr5Mo0.5Si	
	Ti-6Al-2Sn-4Zr-2Mo-0.5Si	—	—	—	—	G-TiAl6Sn2Zr4Mo2Si	
β合金	Ti-15V-3Cr-3Al-3Sn	—	—	Ti-15-3	—	G-Ti15Cr3Al3Sn	
	Ti-15Mo-5Zr	—	—	—	—	—	KS130MZ-C
	Ti-32Mo	ZTiMo32	ZTB32				
	Ti-3Al-8V-6Cr-4Mo-4Zr			Ti-38-6-44（βC）			
α₂合金	Ti-23Al-15Nb（摩尔分数）	Ti23Al15Nb	Ti23Al15Nb	—	—	—	—
	Ti-23Al-17Nb（摩尔分数）	Ti23Al17Nb	Ti23Al17Nb	—	—	—	—
γ合金	Ti-48Al-2Cr-2Nb（摩尔分数）	Ti48Al2Cr2Nb	TiAl-4822	TiAl-4822			
	Ti-45Al-2Nb-2Mn+0.8TiB2（摩尔分数）	Ti45Al2Nb2Mn+0.8TiB2	TiAl-45XD	TiAl-45XD			
O合金	Ti-22Al-27Nb（摩尔分数）	TiAl22Nb27	TiAl22Nb27	Ti22Al27Nb			
	Ti-22Al-25Nb（摩尔分数）	TiAl22Nb25	TiAl22Nb25			TiAl22Nb25	

① 中国标准 GB/T 6614—2014《钛及钛合金铸件》和 GB/T 15073—2014《铸造钛及钛合金》。

表 5-2　国外铸造钛合金化学成分

类型	牌号（代号）	合金元素							杂质元素 ≤						其他	
		Al	Mo	Sn	V	Zr	Si	Pd	Fe	Si	C	N	H	O	单个	总量
α合金	C-2	—	—	—	—	—	—	—	0.20	—	0.10	0.05	0.015	0.40	0.10	0.40
	C-3	—	—	—	—	—	—	—	0.25	—	0.10	0.05	0.015	0.40	0.10	0.40
	C-6	4.00~6.00	—	2.0~3.0	—	—	—	—	0.50	—	0.10	0.05	0.015	0.20	0.10	0.40
	Ti-Pd7B	—	—	—	—	—	—	≥0.12	0.20	—	0.10	0.05	0.015	0.40	0.10	0.40
	Ti-Pd8A	—	—	—	—	—	—	≥0.12	0.25	—	0.10	0.05	0.015	0.40	0.10	0.40
	Ti-Pd16	—	—	—	—	—	—	0.04~0.08	0.30	—	0.10	0.03	0.0150	0.18	0.10	0.40
	Ti-Pd17	—	—	—	—	—	—	0.04~0.08	0.20	—	0.10	0.03	0.0150	0.25	0.10	0.40
	Ti-Pd18	—	—	—	—	—	—	0.04~0.08	0.25	—	0.10	0.05	0.0150	0.15	0.10	0.40
	BT5Л	4.1~6.2	—	—	—	—	—	—	0.30	0.2	0.18	0.05	0.01	0.21	—	0.30
近α合金	G-TiAl6S-2Zr4Mo2Si	5.5~6.5	1.8~2.2		—	3.6~4.4	0.06~0.12		0.25	0.12	0.10	0.05	0.015	0.20		—
	BT20Л	5.5~7.5	0.5~2.0		—	—	—		0.30	0.15	0.15	—	—	0.15		0.30
	Ti-6242	5.5~6.5	1.5~2.2	1.5~2.2	—	3.6~4.4	—		0.25	0.05	—			0.20	0.10	0.40
	ZTA15	5.5~6.8	0.5~2.0	—	0.8~2.5	1.5~2.5	—		0.30	0.15	0.13	0.05	0.01	0.16	0.10	0.30
	ZTA9	5.5~7.0	2.0~3.0	2.0~3.0	3.0~4.0	3.0~4.0	0.15~0.4		0.10	0.05			0.015	0.18	0.10	0.40
α+β合金	BT6Л	5.4~6.8			3.5~5.3						0.12	0.05	0.01	0.16		—
	BT3-1Л	5.3~7.0	2.0~3.0	—	≤0.5		0.15~0.4	Cr0.8~2.3	0.2~0.7	—	0.15	0.05	0.015	0.18	—	0.30
	BT9Л	5.6~7.0	2.8~3.8			0.8~0.2	0.2~0.35		0.30	—	0.15	0.05	0.015	0.15	—	0.30
	BT14Л	4.3~6.3	2.5~3.8	—	0.9~1.9	≤0.3	—	—	0.60	0.15	0.12	0.05	0.015	0.15	—	0.30
	C-5	5.5~6.75		—	3.5~4.5				0.40	—	0.10	0.05	0.015	0.25	0.1	0.40
	G-TiAl6V4	5.5~6.75	3.5~4.5						0.40	—	0.10	0.05	0.015	0.25	—	0.40

（续）

类型	牌号（代号）	化学成分（质量分数,%）														
		合金元素							杂质元素 ≤						其他	
		Al	Mo	Sn	V	Zr	Si	Pd	Fe	Si	C	N	H	O	单个	总量
α+β合金	ZTC4ELI	5.75~6.5	—	—	3.6~4.5	—	—	—	0.25	0.10	0.05	0.03	0.01	0.13	0.10	0.30
	G-TiAl5Fe25	4.5~5.5	—	—	—	—	—	Fe≤3.0	—	—	0.10	0.05	0.015	0.30	—	0.40
	G-TiAl6Zr5-Mo0.5Si	5.7~6.3	0.25~0.75	—	—	—	—	—	0.20	—	0.10	0.05	0.015	0.30	—	0.40
γ合金	TiAl-4822	43~48	—	—	Cr0~3	Nb1~5	—	—	—	—	—	—	—	—	—	—
	TiAl-45XD	29~32	Mn2~3.5	Nb3.5~5.5	B0.2~0.3	—	—	Y≤0.01	≤0.1	≤0.1	0.02	0.03	0.01	0.10	0.01	0.1
α2合金	Ti3Al	22~25	—	Nb11~17	—	—	—	—	≤0.1	≤0.1	0.02	0.03	0.01	0.10	0.01	0.1
O合金	Ti2AlNb	18~30	—	Nb12.5~30	—	—	—	—	0.1	0.1	0.02	0.03	0.01	0.10	0.01	0.1

5.1.3　物理和化学性能

1. 物理性能

铸造钛合金的物理性能见表 5-3；试验温度对纯钛及其合金物理性能的影响见图 5-1～图 5-3。钛及钛合金均无磁性，在 1592A/m 磁场强度下的磁导率 $\mu = 1.0005\mathrm{H/m}$。

表 5-3　铸造钛合金的物理性能

物理性能	温度/℃	α合金				近α合金		α+β合金							β合金	TiAl
		ZTA1	ZTA2	ZTA3	ZTA7	ZTC6	ZTA15	ZTC3	ZTC4	ZTC5	BT31π	BT9π	BT14π	ZTC18	ZTB32	TiAl-4822
密度/(g/cm³)	20	4.505	4.505	4.505	4.42	4.54	4.456	4.60	4.40	4.43	4.43	4.49	4.50	4.77	5.69	3.90
熔化温度/℃		1640~1671	1640~1671	1640~1671	1540~1650	1588~1698		≈1700	1560~1620	1540~1580	1560~1600	1560~1620	1590~1650			1468-1523
电阻率 ρ/10^-6Ω·m	20	0.54	0.54	0.54	1.38	—	1.74	1.61	1.62	1.71	1.69	1.69	1.61	1.53	1.00	—
比热容 c/[J/(kg·K)]	20	527	527	527	503	528	527	—	—	699	—	—	—	—		590
	100	544	544	544	545	539	542	507	733	552	565	544	501	523		570
	200	621	621	621	566	557	565	—	557	766				565		570
	300	669	669	669	587	599	583	540	574	796				586		530
	400	711	711	711	628	602	607		590	816	691	668	623	649		510
	500	753	753	753	670	602	627	586	607	841				712		460
	600	837	837	837	—	607	646		628	862	795			795		430
线胀系数 α_l/10^-6K^-1	20~100	8.00	8.00	8.00	8.50	9.18	9.88	9.10	8.90	7.38	9.50	7.60	7.80	8.0	11.20	10.6
	20~200	8.60	8.60	8.60	8.80	9.43	10.12	9.40	9.30	8.50				8.2	13.30	10.7
	20~300	9.10	9.10	9.10	9.10	9.63	10.40	9.40	9.50	8.70				8.4	14.30	10.8

（续）

物理性能	温度/℃	α合金				近α合金			α+β合金						β合金	TiAl
		ZTA1	ZTA2	ZTA3	ZTA7	ZTC6	ZTA15	ZTC3	ZTC4	ZTC5	BT31π	BT9π	BT14π	ZTC18	ZTB32	TiAl-4822
线胀系数 $\alpha_l/10^{-6}\mathrm{K}^{-1}$	20~400	9.30	9.30	9.30	9.30	9.80	10.55	9.50	9.50	9.20	—	—	—	8.6	15.30	11.0
	20~500	9.40	9.40	9.40	9.50	9.97	10.57	9.60	—	—	10.30	9.60	8.70	8.8	15.20	11.4
	20~600	9.80	9.80	9.80	9.60	10.11	10.56	9.70	—	—	—	—	—	—	15.30	11.5
	20~700	10.20	10.20	10.20	—	10.39	10.65	9.90	—	—	—	—	—	—	15.70	—
	20~800	—	—	—	—	—	10.70	10.10	—	—	—	—	10.5	—	16.20	—
	20~900	—	—	—	—	—	10.66	10.50	—	—	—	—	—	—	16.70	—
	20~1000	—	—	—	—	—	10.59	10.80	—	—	—	—	—	—	17.30	—
热导率 $\lambda/[\mathrm{W}/(\mathrm{m\cdot K})]$	20	16.3	16.3	16.3	8.8	—	6.0	—	—	8.37	8.0	7.1	8.7	—	—	11.3
	100	16.3	16.3	16.3	9.6	7.10	6.7	8.4	8.8	9.46	8.8	8.4	9.5	9.21	—	13.2
	200	16.3	16.3	16.3	10.9	8.08	7.7	9.6	10.5	11.4	10.1	9.6	10.8	10.5	—	15.1
	300	16.7	16.7	16.7	12.2	9.53	8.6	10.9	11.3	12.73	11.3	11.3	12.1	11.7	—	17.0
	400	17.1	17.1	17.1	13.4	11.0	9.7	12.6	12.1	14.19	12.6	12.6	13.4	13.4	—	17.5
	500	18	18	18	14.7	12.8	10.9	14.2	13.4	15.53	14.2	14.6	14.3	14.6	—	19.2
	600	—	—	—	15.9	14.8	12.1	15.9	14.7	17.38	15.5	16.3	16.0	15.9	—	19.7
	700	—	—	—	17.2	16.9	13.4	—	15.5	—	18.0	18.0	16.8	17.2	—	20.1

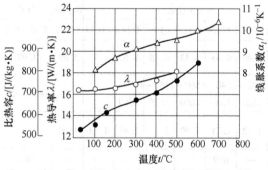

图 5-1　试验温度对工业纯钛物理性能的影响

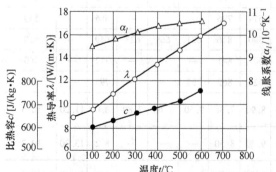

图 5-2　试验温度对 ZTA7 合金物理性能的影响

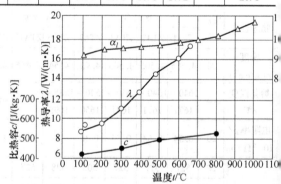

图 5-3　试验温度对 ZTC3 合金物理性能的影响

2. 抗氧化能力

钛及钛合金在 500℃ 以下的空气介质中加热时，可形成一层厚度为几十至几百纳米的致密氧化膜，能阻止氧向金属内部扩散。在 800℃ 以上时，氧化膜分解，氧原子进入金属晶格，氧含量的增加使金属变脆。表 5-4 列出了工业纯钛在不同温度的空气介质中加热 0.5h 后的氧化膜厚度。表 5-5 列出了钛在不同温度下加热所生成的氧化膜颜色。

合金元素钼、钨和锡能降低钛的氧化速度，而锆则提高氧化速度。

合金的热处理状态对表面氧化也有影响。热处理强化状态的合金比退火状态的氧化更加严重。

表 5-4 不同温度下工业纯钛的氧化膜厚度

温度/℃	厚度/mm
320 ~ 539	极薄
649	0.005
704	0.0076
760	<0.025
816	<0.025
871	<0.025
927	<0.051
982	<0.051
1038	0.102
1093	0.356

表 5-5 不同温度下钛的氧化膜颜色

温度/℃	颜 色
200	银白色
300	淡黄色
400	金黄色
500	蓝色
600	紫色
700 ~ 800	红灰色
900	灰色

钛及钛合金应避免在低温下与液态或气态氧接触，若新生表面与它接触，尤其是受到冲击时，会发生强烈的氧化反应。

3. 耐蚀性

钛及钛合金对大部分化学介质都有极好的耐蚀性，但四种无机酸（氢氟酸、盐酸、硫酸和正磷酸）、四种热浓有机酸［草酸、甲酸、三氯（代）乙酸和三氟（代）乙酸］以及腐蚀性极强的氯化铝对钛及钛合金都有严重的腐蚀作用。在这些介质中，除氢氟酸外，加入氧化剂（如硝酸），可降低其腐蚀程度，甚至不起腐蚀作用。工业纯钛在有机酸、无机酸、有机化合物、碱溶液和盐溶液中的耐腐性分别列于表 5-6 中。

表 5-6 工业纯钛在不同溶液中的耐蚀性

介质	溶液浓度（质量分数,%）	温度/℃	腐蚀速度/（mm/a）	耐蚀等级[①]
醋酸	100	20	0.000	优
		沸腾	0.000	优
蚁酸	50	20	0.000	优

（续）

介质	溶液浓度（质量分数,%）	温度/℃	腐蚀速度/（mm/a）	耐蚀等级[①]
草酸	5	20	0.127	良
		沸腾	29.390	差
	10	20	0.008	优
乳酸	10	20	0.000	优
		沸腾	0.033	优
	25	沸腾	0.028	优
甲酸	10	沸腾	1.270	良
	25	100	2.440	差
	50	100	7.620	差
丹宁酸	25	20	<0.127	优
		沸腾	<0.127	优
柠檬酸	50	20	<0.127	优
		沸腾	<0.127	优
硬脂酸	100	20	<0.127	优
		沸腾	<0.127	优
盐酸	1	20	0.000	优
		沸腾	0.345	良
	5	20	0.000	优
		沸腾	6.530	差
	10	20	0.175	良
		沸腾	40.870	差
	20	20	1.340	差
	35	20	6.660	差
硫酸	5	20	0.000	优
		沸腾	13.01	差
	10	20	0	良
	60	20/−	—	差
甲醛	37	沸腾	0.127	良
甲醛［$w(H_2SO_4)$ =2.5%］	50	沸腾	0.305	良
氢氧化钠	10	沸腾	0.020	优
	20	20	<0.127	优
		沸腾	<0.127	优
	50	20	<0.0025	优
		沸腾	0.0508	优
	73	沸腾	0.127	良

（续）

介质	溶液浓度（质量分数,%）	温度/℃	腐蚀速度/（mm/a）	耐蚀等级[①]
氢氧化钾	10	沸腾	<0.127	优
	25	沸腾	0.305	良
	50	30	0.000	优
		沸腾	2.743	差
氢氧化铵	28	20	0.0025	优
碳酸钠	20	20	<0.127	优
		沸腾	<0.127	优
氨[w(NaOH)=2%]	—	20	0.0708	优
氯化铁	40	20	0.000	优
		95	0.002	优
氯化亚铁	30	20	0.000	优
		沸腾	<0.127	优
氯化亚铝	10	20	<0.127	优
		沸腾	<0.127	优
氯化亚铜	50	20	<0.127	优
硫酸	80	20	32.660	差
	95	20	1.400	差
硝酸	37	20	0.000	优
		沸腾	<0.127	优
	64	20	0.000	优
		沸腾	<0.127	优
	95	20	0.0025	优
磷酸	10	20	0.000	优
		沸腾	6.400	差
	30	20	0.000	优
		沸腾	17.600	差
	50	20	0.097	优
铬酸	20	20	<0.127	优
		沸腾	<0.127	优
硝酸+盐酸	1:3（质量比）	20	0.004	优
		沸腾	<0.127	优
	3:1（质量比）	20	<0.127	优
硝酸+硫酸	7:3（质量比）	20	<0.127	优
	4:6（质量比）	20	<0.127	优
苯（含微量HCl、NaCl）	蒸气或液体	80	0.0005	优

（续）

介质	溶液浓度（质量分数,%）	温度/℃	腐蚀速度/（mm/a）	耐蚀等级[①]
四氯化碳	蒸汽（或液体）	沸腾	0.005	优
四氯乙烯（稳定）	100%蒸汽或液体	沸腾	0.0005	优
四氯乙烯（含H_2O）	100%蒸汽或液体	沸腾	0.0005	优
三氯甲烷	100%蒸汽或液体	沸腾	0.0003	优
三氯甲烷（H_2O）		沸腾	0.127	良
三氯乙烯	蒸汽（或液体）	沸腾	0.00254	优
三氯乙烯（稳定）	99	沸腾	0.00254	优
氯化亚铜	50	沸腾	<0.127	优
氯化铵	10	20	<0.127	优
		沸腾	0.000	优
氯化钙	10	20	<0.127	优
		沸腾	0.000	优
氯化铝	25	20	<0.127	优
		沸腾	<0.127	优
氯化镁	10	20	<0.127	优
		沸腾	<0.127	优
氯化镍	5~10	20	<0.127	优
		沸腾	<0.127	优
氯化钡	20	20	<0.127	优
		沸腾	<0.127	优
硫酸铜	20	20	<0.127	优
		沸腾	<0.127	优
硫酸铵	20℃饱和	20	<0.127	优
		沸腾	<0.127	优
硫酸钠	50	20	<0.127	优
		沸腾	<0.127	优
硫酸亚铝	20饱和	20	<0.127	优
		沸腾	<0.127	优
硫酸亚铜	10	20	<0.127	优
		沸腾	<0.127	优
	30	20	<0.127	优
		沸腾	<0.127	优
硝酸银	11	20	<0.127	优

① 优—腐蚀速度小于 0.127mm/a；良—腐蚀速度 0.127~1.27mm/a；差—腐蚀速度大于 1.27mm/a。

有些无水化学试剂，如甲醇和四氧化氮对钛的应力腐蚀断裂很敏感，但加入微量的水后可抑制其反应。然而，当 N_2O_4 中含有质量分数 0.4% ~ 0.8% 的 NO、发烟硝酸中含有质量分数低于 1.5% 的水和质量分数 10% ~ 20% 的 NO_2 时，NO 能使金属产生裂纹并发生剧烈的反应。

干燥的氯化钠在高温下对钛及钛合金的应力腐蚀比较敏感。当其在温度高于 230℃ 下清洗钛合金铸件时，应使用不含氯的清洗剂。

ZTA7 钛合金对热盐应力腐蚀比较敏感，在人造海水的环境中，于 316℃ 和 207MPa 应力下暴露 100h 就能产生应力腐蚀。

β 型钛合金（如 ZTB32 合金）在高温下可耐各种腐蚀介质（如硫酸、盐酸和蚁酸）的腐蚀，但在 500℃ 以上加热时氧化非常剧烈。

美国、俄罗斯、德国和日本等把含有微量钯的钛合金广泛当作耐蚀合金使用，主要用于制造化学工业中耐酸介质的结构件和转动件。钛-钯铸造钛合金的腐蚀速度见表 5-7。

4. 电化学腐蚀

在与大多数金属构成的原电池系统中，钛及钛合金的电位属于高价正电位，因此当其他金属或合金与其接触时首先被腐蚀。

5. 氢脆

钛极易从酸溶液、腐蚀液和加热时的高温气氛中吸收氢，从而产生氢脆。当钛及钛合金中的氢含值达到一定值后将大大提高缺口敏感性，从而急剧降低缺口试样的冲击韧性等性能。钛及钛合金的氢质量分数一般应小于 0.015%。

表 5-7　钛-钯铸造钛合金的腐蚀速度

介　质	溶液浓度（质量分数,%）	温度/℃	腐蚀速度/(mm/a)
氯化铝	10	100	<0.0025
	25	100	0.025
氯化钙	62	154	无
	73	177	无
氯气，湿的	—	室温	轻度腐蚀
氯气，水饱和	—	室温	<0.025
铬酸	10	沸腾	轻度腐蚀
铬化铁	30	沸腾	轻度腐蚀
甲酸	50	沸腾	0.076
盐酸，H_2 饱和	1 ~ 15	室温	<0.0025
	20	室温	0.102

（续）

介　质	溶液浓度（质量分数,%）	温度/℃	腐蚀速度/(mm/a)
盐酸，H_2 饱和	25	室温	0.279
	1	70	0.076
	5	70	0.076
	10	70	0.178
	15	70	0.330
	20	70	1.55
	25	70	4.29
	3	190	0.025
	5	190	0.102
	10	190	8.89
	15	190	41.1
盐酸，空气饱和	1 或 5	70	<0.025
	10	70	0.050
	15	70	0.152
	20	70	0.660
	25	70	1.98
盐酸，O_2 饱和	3	190	0.127
	5	190	0.127
	10	190	9.34
盐酸，Cl_2 饱和	3 或 5	190	<0.025
	10	190	29.0
盐酸	5	沸腾	0.178
	10	沸腾	0.813
	15	沸腾	6.78
	20	沸腾	19.6
盐酸 + 5g/L $FeCl_3$	10	沸腾	0.279
盐酸 + 16g/L $FeCl_3$	10	沸腾	0.076
盐酸 + 16g/L $FeCl_3$	10	沸腾	0.076
	20	沸腾	2.87
盐酸 + 16g/L $CuCl_3$	10	沸腾	0.127
	20	沸腾	3.17
氯化钠，海水	10	190	<0.025
硫酸，N_2 饱和	5	室温	<0.025
	10	室温	0.025
	40	室温	0.029

（续）

介　质	溶液浓度 （质量分数,%）	温度 /℃	腐蚀速度 /（mm/a）
	60	室温	0.864
	80	室温	16.4
	95	室温	1.73
	5	70	0.152
	10	70	0.254
	40	70	2.21
硫酸，N_2 饱和	60	70	4.67
	80	70	5.74
	96	70	1.57
	1	190	0.127
	5	190	0.127
	10	190	1.50
	20	190	9.02
	1	190	0.127
	5	190	0.076
硫酸，O_2 饱和	10	190	0.127
	20	190	1.50
	30	190	62.0
	1 或 5	190	<0.025
硫酸，Cl_2 饱和	10	190	0.05
	20	190	0.38
	30	190	77.7
	5	70	0.08
	10	70	0.10
	40	70	0.94
硫酸，空气饱和	60	70	10.0
	80	70	11.4
	96	70	2.1

（续）

介　质	溶液浓度 （质量分数,%）	温度 /℃	腐蚀速度 /（mm/a）
	5	沸腾	0.05
硫酸	10	沸腾	1.5
	20	沸腾	5.3
硫酸 + 0.5g/L $Fe_2(SO_4)_3$	10	沸腾	0.18
硫酸 + 16g/L $Fe_2(SO_4)_3$	10	沸腾	<0.025
	20	沸腾	0.15
硫酸 + 40g/L $Fe_2(SO_4)_3$	40	沸腾	2.2
硫酸 + $w(CuSO_4)$15%	15	沸腾	0.64
硫酸 + $w(CuSO_4)$0.01%	30	沸腾	27.7
硫酸 + $w(CuSO_4)$0.05%	30	沸腾	33.3
硫酸 + $w(CuSO_4)$0.50%	30	沸腾	2.01
硫酸 + $w(CuSO_4)$1.0%	30	沸腾	1.75
	30	190	2.39
	30	250	轻微侵蚀
硝酸	65	沸腾	0.66
	65	190	轻微侵蚀
	65	250	轻微侵蚀
硝酸，原色	60	沸腾	0.394
磷酸	10	沸腾	0.147

5.1.4　力学性能

1. 国内外技术标准规定的铸造钛合金室温力学性能（见表5-8）

2. 几种铸造钛合金室温力学性能

几种钛合金的典型室温力学性能见表5-9。

ZTC4 合金单铸试样室温力学性能统计值见表5-10。

表5-8　国内外技术标准规定的铸造钛合金室温力学性能

合金代号	技术标准	状态	抗拉强度 R_m	条件屈服强度 $R_{p0.2}$	断后伸长率 A	断面收缩率 Z	冲击韧度 a_{KV} /（kJ/m²）	硬度 HBW
			MPa	MPa	%	%		
			≥	≥	≥	≥		≤
ZTA1	GB/T 6614—2014	退火	345	275	20	—	—	210
	GJB 2896A—2018	退火或 HIP	345	275	12	—	—	
ZTA2	GB/T 6614—2014	退火	440	370	13	—	—	235
ZTA3	GB/T 6614—2014	退火	540	470	12	—	—	245
ZTA5	GB/T 6614—2014	退火	590	490	10	—	—	270
	GJB 2896A—2018	退火或 HIP	590	490	10	—	—	

（续）

合金代号	技术标准	状态	抗拉强度 R_m	条件屈服强度 $R_{p0.2}$	断后伸长率 A	断面收缩率 Z	冲击韧度 a_{KV} /(kJ/m²)	硬度 HBW
			MPa		%			
				≥				≤
ZTA7	GB/T 6614—2014	退火	795	725	8	—	—	335
	GJB 2896A—2018	退火或 HIP	760	700	5	12	—	—
ZTA15	GJB 2896A—2018	退火或 HIP	885	785	5	12	—	—
ZTC3	GJB 2896A—2018	退火或 HIP	930	835	4	8	—	—
ZTC4	GB/T 6614—2014	退火	895	825	6	—	—	365
	GJB 2896A—2018	退火或 HIP	835 (890)	765 (820)	5 (5)	12 (10)	—	—
ZTC5	GJB 2896A—2018	退火或 HIP	1000	910	4	8	—	—
ZTC6	GJB 2896A—2018	退火或 HIP	860	795	5	10	—	—
ZTC21	GB/T 6614—2014	退火	980	850	5	—	—	350
ZTB32	GB/T 6614—2014	退火	795		2	—	—	260
C-2	ASTM B367—2006	650℃空冷	345	275	15	—	—	210
C-3	ASTM B367—2006	650℃空冷	450	380	12	—	—	235
C-5	ASTM B367—2006	650℃空冷	895	825	6	—	—	365
C-6	ASTM B367—2006	650℃空冷	795	725	8	—	—	335
Ti-Pd7B	ASTM B367—2006	650℃空冷	345	275	15	—	—	210
Ti-Pd8A	ASTM B367—2006	650℃空冷	450	380	12	—	—	235
Ti-Pd16	ASTM B367—2006	650℃空冷	345	275	15	—	—	210
Ti-Pd17	ASTM B367—2006	650℃空冷	240	170	20	—	—	235
Ti-Pd18	ASTM B367—2006	650℃空冷	620	483	15	—	—	365
BT3-1Л	OCT1 90060—1992	铸态	932	815	4	8	—	—
BT5Л	OCT1 90060—1992	铸态	686	617	6	14	294	—
BT6Л	OCT1 90060—1992	铸态	882	794	5	10	245	—
BT9Л	OCT1 90060—1992	铸态	930	813	4	8	196	—
BT14Л	OCT1 90060—1992	铸态	883	785	5	12	—	—
BT20Л	OCT1 90060—1992	铸态	882	784	5	12	274	—
G-Ti2	DIN 17865—1990	铸态	350	280	15	—	—	—
G-Ti2Pd	DIN 17865—1990	铸态	270	250	22	—	—	—
G-Ti3	DIN 17865—1990	铸态	450	350	12	—	—	—
G-Ti3Pd	DIN 17865—1990	铸态	450	350	12	—	—	—
G-TiNi0.8 Mo0.3	DIN 17865—1990	铸态	480	360	10	—	—	—
G-TiAl6Sn2 Zr4Mo2Si	DIN 17865—1990	铸态	880	810	5	—	—	—
G-TiAl6V4	DIN 17865—1990	铸态	880	785	5	—	—	—
G-TiAl6Zr5 Mo0.5Si	DIN 17865—1990	铸态	900	830	5	—	—	—
G-TiAl5 Fe2.5	DIN 17865—1990	铸态	830	780	5	—	—	—

表 5-9 几种钛合金的典型室温力学性能

合金代号	弹性模量 E	压缩弹性模量 E_c	切变模量 G	抗拉强度 R_m	条件屈服强度 $R_{p0.2}$	规定塑性延伸强度 $R_{p0.01}$	断后伸长率 $A_{11.3}$	断后伸长率 A	断面收缩率 Z
	GPa			MPa			%		
ZTC4	114	117	44	920	856	775	7.8	—	17.3
ZTC3	112 (120)[1]	—	45	1133	932	796	8	—	12
ZTC5	119	—	44.15	1050	950	—	—	4	8
ZTC6[6]	—	—	—	996	889	—	—	5.5	14.5
BT3-1Л	112	—	—	971	814	618	—	4	8
BT9Л	107	—	—	1010	785	637	—	4	12
BT14Л	111	—	—	932	785	588	—	7	15
BT20Л	106	—	—	961	834	637	—	8	20

合金代号	抗压强度 R_{mc}	规定塑性压缩强度 $R_{pc0.2}$	抗扭强度 τ_m	规定非比例扭转强度 $\tau_{p0.3}$	$\tau_{p0.01}$	冲击韧度 a_{KV} /(kJ/m²)	泊松比 μ	缺口敏感性系数 σ_{bH}/R_m	轴向加载疲劳强度 S	轴向加载缺口疲劳强度 $S_H^{[2]}$
	MPa								MPa	
ZTC4	1020	869	707	544	494	321	0.29	—	226[3]	196
ZTC3	—	—	836	614	534	195	0.25	—	196[4]	—
ZTC5	—	—	913	686	525	360	0.35	1.49	490[5]	—
ZTC6[6]	—	—	—	—	—	447[7]	—	—	—	—
BT3-1Л	—	—	—	—	—	300	—	1.4	216[4]	—
BT9Л	—	—	—	—	—	250	—	—	177[4]	—
BT14Л	—	—	—	—	—	340	—	—	265[4]	—
BT20Л	—	—	—	—	—	300~400	—	1.45	216	—

① 动弹性模量 E_D。
② 理论应力集中系数 $K_t = 2$，$N = 2 \times 10^7$ 次。
③ 疲劳寿命 $N = 1 \times 10^7$ 次。
④ 理论应力集中系数 $K_t = 1$，$N = 1 \times 10^7$ 次。
⑤ 热等静压处理。
⑥ 固溶 + 时效。
⑦ U 型试样。

表 5-10 ZTC4 合金单铸试样室温拉伸性能统计值

	抗拉强度					断后伸长率 A	断面收缩率 Z
样本均值 $\overline{X}$	最小值	最大值	样本标准差 S	离散系数 C_V	样本数 n	%	
	R_m/MPa						
940	892	993	31.4	0.03	30	9.1	21.9

ZTC4（Ti-6Al-4V）合金应力-应变曲线如图 5-4 所示。

ZTA15（Ti6Al2Zr1Mo1V）合金应力-应变曲线如图 5-5 所示。

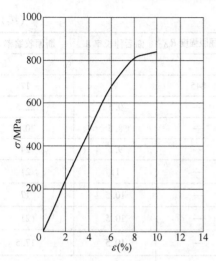

图 5-4　ZTC4（Ti-6Al-4V）合金应力-应变曲线

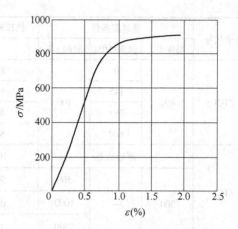

图 5-5　ZTA15（Ti6Al2Zr1Mo1V）合金应力-应变曲线

氧含量对 ZTC4（Ti-6Al-4V）合金室温力学性能的影响如图 5-6 所示。

ZTC4 和 ZTC3 合金无应力和加应力热暴露后的室温力学性能见表 5-11。缺口抗拉强度和敏感系数见表 5-12。

3. 高温力学性能（见表 5-13）

4. 高温持久和蠕变性能

1）持久强度和蠕变强度（见表 5-14）。

2）ZTC4 合金的应力-蠕变变形曲线如图 5-7 所示。

5. 疲劳性能

1）ZTC4 钛合金室温缺口试样旋转弯曲疲劳曲线如图 5-8 所示；轴向加载疲劳极限见表 5-15。

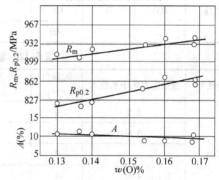

图 5-6　氧含量对 ZTC4（Ti-6Al-4V）合金室温力学性能的影响

表 5-11　无应力和加应力热暴露后的室温力学性能

合金代号	热暴露条件			抗拉强度 R_m	条件屈服强度 $R_{p0.2}$	断后伸长率 A	断面收缩率 Z
	温度/℃	强度/MPa	时间 t/h	MPa		%	
ZTC4	原始状态			940	870	9	22
	200	0	100	910	850	8	20
		145		885	—	9	22
		295		895	—	8.5	19
		440		895	—	9	24
	300	0	100	915	850	9	25.5
		145		885	—	8	17
		295		895	—	9	22
		440		890	—	9.5	22
	350	0	100	885	825	8.5	20
		145		890	—	8	22
		295		875	—	8.5	19
		440		895	—	8.5	19

（续）

合金代号	热暴露条件			抗拉强度 R_m	条件屈服强度 $R_{p0.2}$	断后伸长率 A	断面收缩率 Z
	温度/℃	强度/MPa	时间 t/h	MPa		%	
ZTC4	400	0	100	895	845	7	17
		145		890	—	9.5	22.5
		295		890	—	8.5	20.5
		440		895	—	9.5	24
ZTC3	500	原始状态		1005	—	11	21
		—	500	980	—	10.5	17
			1000	1000	—	10.5	21
			2000	1020	—	10.5	17.5
ZTC18	400	0	100	1177	1110	10.7	31.3
			300	1190	1123	12.0	36.1
			500	1213	1145	13.0	37.0

表 5-12 缺口抗拉强度和敏感系数

合金代号	理论应力集中系数 K_t	倾斜角 /(°)	缺口抗拉强度 σ_{bH}/MPa	强度系数 η (%)	缺口敏感性系数 σ_{bH}/R_m	$\sigma_{bH}/R_{p0.2}$
ZTC4	2.5	0	1460	—	1.5	—
	3.5	0	—	—	—	1.6
	4.6	0	1200	—	—	—
		4	1059	12	—	—
		8	729	39	—	—
ZTC3	2.1	0	1490	—	1.49	—
	3.1	0	1470	—	1.47	—
	3.8	0	1470	—	1.47	—
	5.0	0	1460	—	1.46	—
	4.6	0	1380	—	—	—
		4	873	37	—	—
		8	563	59	—	—

表 5-13 高温力学性能

合金代号	试验温度 /℃	弹性模量 E	动弹性模量 E_D	抗拉强度 R_m	条件屈服强度 $R_{p0.2}$	规定塑性延伸强度 $R_{p0.01}$	断后伸长率		断面收缩率 Z
		GPa		MPa			$A_{11.3}$	A	%
ZTC4	300	—	—	785	618	481	6	13	13
	350	96	—	—	—	—	—	—	—
	400	—	—	750	587	452	6	—	15
	450	—	—	719	580	431	6	—	18
	500	—	—	685	553	405	6	—	20
	550	—	—	647	510	367	7	—	23

（续）

合金代号	试验温度 /℃	弹性模量 E	动弹性模量 E_D	抗拉强度 R_m	条件屈服强度 $R_{p0.2}$	规定塑性延伸强度 $R_{p0.01}$	断后伸长率		断面收缩率 Z
							$A_{11.3}$	A	
		GPa			MPa		%		
ZTC3	200	—	114	—	—	—	—	—	—
	300	101	110	776	623	506	8	—	14
	400	93	101	724	580	471	—	—	15
	450	91	98	714	572	456	8	—	14
	500	87	94	686	565	457	6	—	13
	550	82	94	666	547	424	11.5	—	26.5
ZTC5	300	—	—	918	759	—	—	8.2	18.3
	350	—	—	905	738	—	—	8.4	20.8
BT3-1Л	400	—	—	716	569	—	—	9	18
	450	90	—	668	510	343	—	10	20
	500	86	—	618	490	294	—	10	20
BT9Л	150	89	—	765	588	333	—	4	15
	300	88	—	667	510	324	—	4	15
	400	86	—	637	471	314	—	4	15
	450	84	—	618	441	294	—	4	15
BT9Л	500	80	—	559	431	275	—	4	15
	550	78	—	539	392	245	—	4	15
	600	76	—	490	392	216	—	4	20
BT14Л	300	95	—	618	510	382	—	8	20
	400	93	—	539	451	324	—	8	20
BT20Л	200	—	—	755	—	—	—	8	30
	300	—	—	657	—	—	—	10	34
	350	95	—	618	481	314	—	10	35
	400	—	—	598	—	—	—	10	35
	450	—	—	579	—	—	—	12	35
	500	—	—	549	431	284	—	12	35

表 5-14　持久强度和蠕变强度

合金代号	温度 T/℃	持久强度					蠕变强度		
		$R_{u\,100/T}$ [1]	$R_{u\,200/T}$	$R_{u\,300/T}$	$R_{u\,500/T}$	$R_{u\,100/T}$	$R_{p0.2,100/T}$	$R_{p0.2,500/T}$	$R_{p0.2,1000/T}$
		MPa							
ZTC4	200	608	—	—	—	—	—	—	—
	300	569	—	—	—	—	—	—	—
	350	539	—	—	—	—	392	—	—
	400	510	—	—	—	—	343	—	—
	450	—	—	—	—	—	215	—	—

（续）

合金代号	温度 $T/℃$	持久强度					蠕变强度		
		$R_{u\,100/T}$[①]	$R_{u\,200/T}$	$R_{u\,300/T}$	$R_{u\,500/T}$	$R_{u\,100/T}$	$R_{p\,0.2,100/T}$	$R_{p\,0.2,500/T}$	$R_{p\,0.2,1000/T}$
		MPa							
ZTC3	400	686	—	—	—	—	530	—	—
	450	647	—	—	—	—	471	—	—
	500	588	569	549	—	—	294	—	—
	550	402	—	—	—	—	—	—	—
	600	226	—	—	—	—	—	—	—
ZTC5	300	800	—	—	—	—	—	—	—
BT3-1Л	400	706	—	—	667	—	461	373	—
BT9Л	300	637	—	—	—	—	490	—	—
	400	608	—	—	—	—	471	—	—
	450	588	—	—	539	—	—	—	—
	500	490	—	—	422	—	275	196	—
	550	343	—	—	—	—	196	98	—
BT5Л	300	392	—	—	392	—	—	—	—
	400	343	—	—	—	—	275	—	—
BT14Л	300	588	—	—	—	559	461	—	421
BT20Л	350	588	—	—	559	—	441	—	—
	500	422	—	—	327	—	157	—	—

① 下标为时间（h），如 $R_{u\,100}$ 为100h时的持久强度，余同。

表5-15　ZTC4合金轴向加载疲劳极限

理论应力集中系数 K_t	应力比 R	频率 f/Hz	疲劳寿命 N/周	疲劳极限 σ_D/MPa	试样状态
1	0.1	133	10^7	196	退火
1	0.1	130	10^7	490	热等静压
2.3	0.1	126	10^7	167	退火

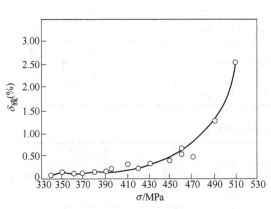

图5-7　ZTC4合金应力-蠕变变形曲线

σ—应力　$\delta_{残}$—蠕变变形

注：试验温度为350℃，时间为100h。

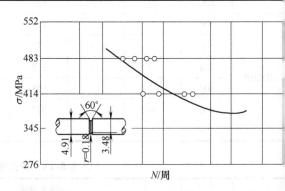

图5-8　ZTC4合金室温缺口试样旋转弯曲疲劳曲线

注：抗拉强度 $R_m = 892$MPa，理论应力集中系数 $K_t = 2$，

应力比 $R = -1$，频率 $f = 50$Hz。

2）铸造钛合金的疲劳裂纹扩展速率如图5-9

所示。

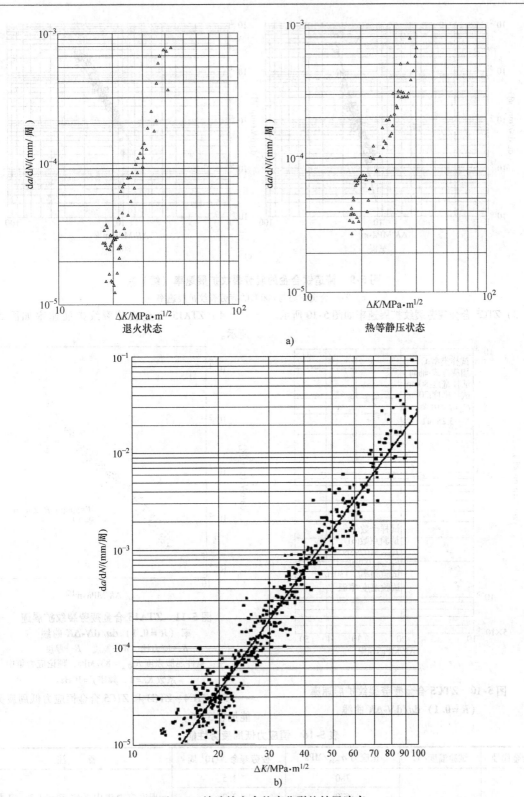

图 5-9　铸造钛合金的疲劳裂纹扩展速率

a) ZTC4 合金退火状态与热等静压状态的疲劳裂纹扩展速率（$R=0.1$）

b) ZTC4ELI 合金室温的疲劳裂纹扩展速率（$R=0.06$）

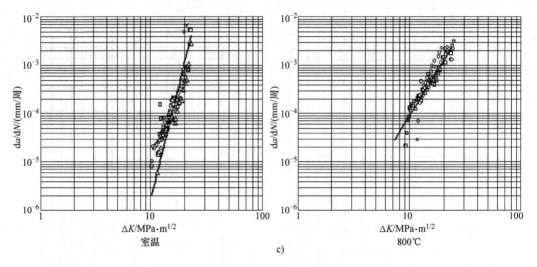

图 5-9　铸造钛合金的疲劳裂纹扩展速率（续）

c）TiAl 合金室温与 800℃的疲劳裂纹扩展速率

3）ZTC5 合金疲劳裂纹扩展速率如图 5-10 所示。

4）ZTA15 合金疲劳裂纹扩展速率如图 5-11 所示。

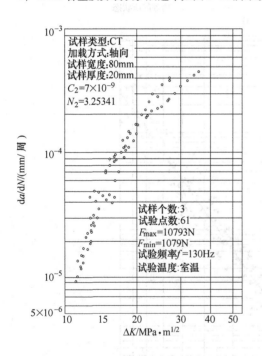

图 5-10　ZTC5 合金疲劳裂纹扩展速率
（$R = 0.1$）da/dN-ΔK 曲线

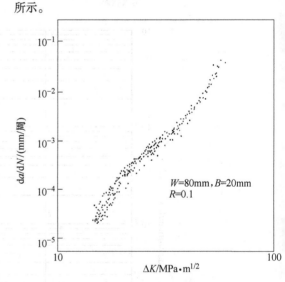

图 5-11　ZTA15 合金疲劳裂纹扩展速
率（$R = 0.1$）da/dN-ΔK 曲线

R—应力比　W—宽度　B—厚度

注：条件屈服强度 $R_{p0.2}$ = 837MPa，理论应力集中
　　系数 K_t = 1，频率 f = 10Hz。

5）ZTC4、ZTC3 和 ZTC5 合金恒应力低周疲劳性能见表 5-16。

表 5-16　恒应力低周疲劳性能

合金代号	试验温度/℃	正应力 σ_{max}/MPa	疲劳寿命 $N/10^3$ 周	备　　注
ZTC4	室温	780	1.5	理论应力集中系数 K_t = 2.3，应力比 R = 0.1，频率 f = 0.17Hz
		670	3.2	
		559	6.1	
		450	17.3	

（续）

合金代号	试验温度/℃	正应力 σ_{max}/MPa	疲劳寿命 $N/10^3$ 周	备 注
ZTC3	室温	640	11.2	理论应力集中系数 $K_t = 2.4$，应力比 $R = 0.1$，频率 $f = 0.2$Hz
		410	22.5	
		380	80.0	
	450	450	16.7	
		360	80.0	
		270	80.0	
ZTC5	室温	980	1.6	理论应力集中系数 $K_t = 2.3$ 应力比 $R = 0.1$ 频率比 $f = 0.17$
		700	11	
		420	120	

5.1.5 工艺性能

1. 铸造性能

在钛合金中添加合金元素会增大结晶温度范围，使流动性变差，但随着铝含量的增加，结晶热有显著提高，从而改善了流动性。例如，在钛中加入质量分数为 10% 的铝，结晶热由 327J/g 提高到 435J/g。ZTB32 钛合金含有质量分数为 31% ~ 35% 的钼，结晶温度范围较大，流动性差，不适用于铸造薄壁零件。合金元素含量对流动性的影响如图 5-12 所示。

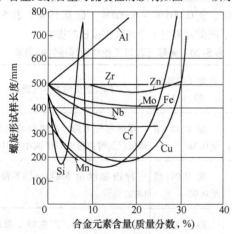

图 5-12 合金元素含量对流动性的影响

铸型材料及其预热温度对钛的流动性也有影响，见表 5-17 和表 5-18。表 5-19 列出了造型材料的润湿角。

表 5-17 铸型材料对工业纯钛流动性的影响

铸 型 材 料	电熔刚玉	镁砂	致密石墨
螺旋形试样长度/mm	210	370	410

表 5-18 加工石墨型预热温度对工业纯钛流动性的影响

铸型预热温度/℃	210	300	400
螺旋形试样长度/mm	410	420	445

表 5-19 造型材料的润湿角

造型材料	二氧化锆	电熔刚玉	镁砂	石墨	
				20℃	800℃
润湿角/(°)	135	120	107	90	0

工业纯钛中集中缩孔的体积分数为 1% 左右。当添加元素质量分数达 10% 时，集中缩孔的体积分数为 0.5% ~ 1.5%。

结晶温度范围宽的合金铸件的凝固过程中所形成的缩孔，通常被剩余液体中的气体填充而形成气缩孔。钛合金铸件形成气缩孔的倾向性较大。

随着结晶温度范围的增大，合金中分散性缩松的体积也增大。钛合金的结晶温度范围对铸件缩松的影响如图 5-13 所示。

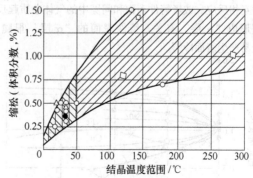

图 5-13 钛合金的结晶温度范围对铸件缩松的影响

○—Al △—Zr □—Fe ●—Si ◇—Cu

工业纯钛的线收缩率为 1.0% ~ 1.1%。钛合金的线收缩率随铝含量的增加而提高，如 BT5Л 钛合金的线收缩率为 1.45% ~ 1.6%。钛合金的结晶温度范围与线收缩率的关系如图 5-14 所示，合金元素含量对钛的线收缩率的影响如图 5-15 所示。

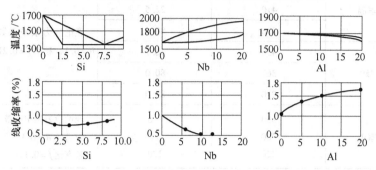

图 5-14　钛合金的结晶温度范围与线收缩率的关系

由于凝壳炉熔化金属的过热度较低，所以在钛合金铸件中容易形成冷隔。冷隔深度一般在 0.1 ~ 1mm 范围内。

钛合金的弹性模量和线胀系数小，高温下的强度较高，因而抗热裂性好。

钛铝合金具有高弹性模量和高比弹性模量，膨胀系数可与低膨胀系数的镍基合金相比，然而其塑性低，铸造成形过程中容易产生微裂纹，甚至开裂。钛铝合金具有优良的高温强度，抗蠕变、抗氧化和阻燃性能，高温时仍可保持足够高的强度和刚度，同时具有良好的抗蠕变及抗氧化能力。（γ-TiAl 基合金的密度低，弹性模量高）钛铝合金的易燃性也低于镍基合金。这些优点使其成为航空、航天、飞航导弹用发动机以及汽车的轻质耐热结构件的最具竞争力的材料。

铸件表面产生冷裂的原因与浇注过程中钛液和铸型互相反应，或者铸件表面和间隙中的气体杂质起反应形成"α 层"有关。铸件表面的"α 层"很脆，极易产生表面冷裂。

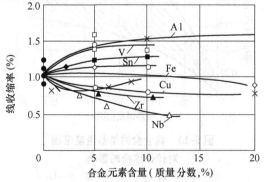

图 5-15　合金元素含量对钛的线收缩率的影响

2. 焊接性能

大多数钛合金都具有良好的焊接性。目前常用的焊补方法有惰性气体保护钨极电弧焊、激光焊、电子束焊等。焊补后应进行消除残余应力的热处理。钛的焊接性主要取决于作为间隙元素的有害杂质（N、O、H 和 C）的含量。氮、氧、氢、碳的含量（质量分数）应不超过下列的允许极限：氮 0.04%、氧 0.15%、氢 0.005% ~ 0.008%、碳 0.10%。表 5-20 列出了间隙元素对工业纯钛焊接性的影响。

表 5-20　间隙元素对工业纯钛焊接性的影响

间隙元素	含量（质量分数,%）	焊接接头的力学性能
O	由 0.15 增至 0.38	焊缝塑性下降，产生细小裂纹。焊接接头弯曲角由 180° 减小至 100°
H	由 0.01 增至 0.05	冲击韧度由 588kJ/m² 下降至 147kJ/m²
N	由 0.13 增至 0.24	焊缝塑性下降，产生细小裂纹，甚至使焊缝塑性等于零
C	由 0.10 增至 0.28	焊接接头弯曲角下降至 90° ~ 100°

各种合金元素对钛合金焊缝和热影响区的塑性均有不同程度的影响。含 β 稳定元素的合金焊缝的塑性比含 α 稳定元素的合金低得多。β 稳定元素对焊缝塑性的影响按以下顺序依次降低：Cr→Fe→Mn→W→Mo→V，并在焊缝和焊缝附近区域形成弥散而脆

性的 α′相。图 5-16 和表 5-21 为合金元素对钛合金焊接力学性能的影响。

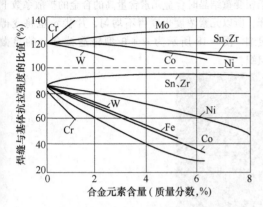

图 5-16　合金元素对钛合金焊接力学性能的影响

表 5-21　合金元素对钛合金焊接力学性能的影响

合金元素	含量(质量分数,%)	焊接接头的力学性能
α 稳定元素 Al	3	弯曲角由 120°降到 60°～70°
β 稳定元素 V	3	弯曲角由 180°降到 35°～90°

根据焊缝表面颜色可以初步判定金属表面被污染的程度。这一很薄的表面层会导致焊缝塑性显著下降。表 5-22 列出了表面层对钛合金焊缝塑性的影响。

表 5-22　表面层对钛合金焊缝塑性的影响

焊缝颜色	断后伸长率 A（%）	
	焊补后	除去 0.05mm 厚的表面层后
银色	29.0	29.0
浅蓝色	8.7	27.5
蓝色	8.0	27.5
紫红色	6.7	21.0

3. 切削性能

钛及钛合金的切削加工性能与耐热结构钢相似。由于钛的热导率低，所以刀具的使用寿命短，工件容易被烧伤。

可以使用镶有 K30 钨钴硬质合金刀片的车刀。退火状态的钛合金铸件车削时的吃刀量为 0.63～2.5mm，切削速度为 45～65m/min，进给量为 0.13～0.25mm/r。切削液可采用质量分数为 5% 的亚硝酸钠的水溶液或体积比为 1∶30 水溶性油的乳状水基切削

液。加工钛合金时，切勿使用氯化油作为润滑剂或切削液，因为氯化残留物会使零件产生应力腐蚀开裂。另外，高速切削时，如果切削液不充分，切屑可能着火燃烧。

5.1.6　显微组织

α 型钛合金铸态显微组织中通常都有 β 晶界，晶内由片状 α 组成，呈一定位相排列。片状 α 组织是在相变重结晶时构成的，金属冷却时 α 相首先在 β 晶界生核，然后向晶内生长。当相变重结晶速度快时，片状 α 可贯穿全晶，形成魏氏组织；当冷却慢时，α 相可在晶内生核长大，构成网篮状组织。α 片的大小，取决于铸件的冷却速度与合金元素的含量。位相相同而并排生长的片状 α 构成片状 α 集束。一个晶粒内有数个按一定位相排列的片状 α 集束，称为亚晶。在金相显微镜下可以比较清晰的观察到钛合金中片状 α 间的边界，但纯钛中的片状 α 间的边界往往显示不出来，常常只能见到亚晶，称之为锯齿状组织。图 5-17 所示为 α 型铸造钛合金的显微组织。

a)

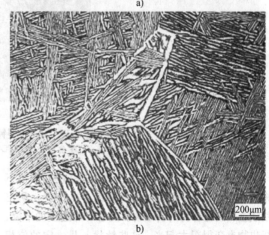

b)

图 5-17　α 型铸造钛合金的显微组织

a）ZTA7 合金　b）ZTA15 合金

α + β 型钛合金的铸态金相组织与单相 α 型合金

一样，都以片状 α 为特征。在 α + β 型钛合金组织中，片状 α 按一定位相排列，基体为 β 相。原始的 β 晶界非常清晰，边界主要由大小不同的 α 相构成。铸态组织受铸件冷却条件的影响：当冷却速度慢时，片状 α 变得又宽又短，在晶粒内部形成粗大网篮状组织；当冷却速度快时，片状 α 变得长而尖，甚至

形成针状马氏体组织。α + β 型钛合金中的片状 α 比 α 型钛合金中的稍细。随着合金元素含量的增加，由于相变重结晶时合金元素含量高的合金的扩散系数下降，所以元素浓度也变得不均匀，片状 α 也将变得更细。图 5-18 所示为 α + β 型铸造钛合金的显微组织。

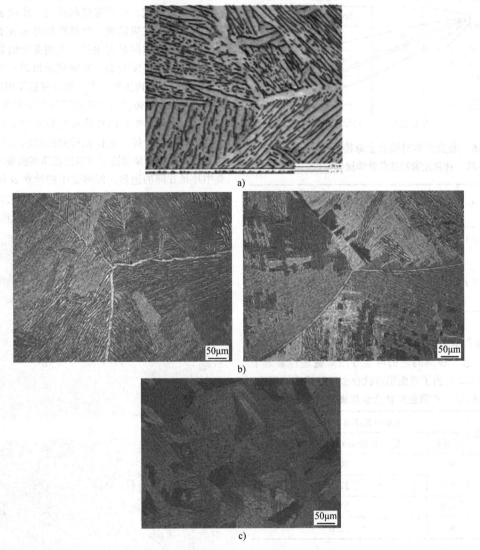

图 5-18　α + β 型铸造钛合金的显微组织
a) ZTC4 合金　b) ZTC4 ELI 合金　c) ZTC18 合金

在 β 型钛合金的显微组织中，β 晶粒被保留下来，呈较细小的等轴状。晶粒内部存在针状 α 析出物或金属间化合物的析出物。随着冷却速度的下降，析出物也变得粗大起来，这些针状 α 呈一定的位相排列，大部分集中在晶粒中央，晶界附近主要是 β 相。通常，β 型钛合金铸态组织中的 β 相分界不够均匀，这是由于 β 稳定元素含量高时出现成分偏析的

缘故。因此，在 β 型钛合金中经常出现枝晶结构和显微偏析，ZTB32 合金尤为明显。

β 型钛合金的转变温度是确定钛合金热处理工艺参数的重要依据，钛及钛合金的名义 β 转变温度见表 5-23。每批工件的 β 型钛合金转变温度可能与表 5-23 所列的温度值不同。当规定固溶处理的加热温度为 β 转变温度以上或以下一定温度时，则按 HI

6623.1、HB 6623.2 或其他方法测定该批工件的 β 型钛合金转变温度。

表 5-23　钛及钛合金的名义 β 转变温度

合金类型	合金牌号	名义成分（质量分数,%）	名义 β 转变温度/℃
工业纯钛	ZTA1	Ti	900
	ZTA2	Ti	910
	ZTA3	Ti	930
α 合金	ZTA5	Ti-4Al	990
	ZTA7	Ti-5Al-2.5Sn	1010
	ZTA15	Ti-6Al-2Zr-1Mo-1V	995
α + β 合金	ZTC3	Ti-5Al-2Sn-5Mo-0.3Si-0.02Ce	980
	ZTC4	Ti-6Al-4V	995
	ZTC5	Ti-5.5Al-1.5Sn-3.5Zr-3Mo-1.5V-1Cu-0.8Fe	940

TiAl 合金的凝固组织与化学成分及冷却速度有很大关系。根据 Ti-Al 二元相图，合金高温区在相对较窄的铝含量范围内存在两个包晶反应，这使显微组织对铝含量变化很敏感。常规铸造 γ-TiAl 合金，通过在不同温度进行热处理，获得典型的合金显微组织可大体分为全片层组织、近片层组织及双态组织等。全片层组织具有最高的断裂韧度，但往往由于片层团尺寸粗大而具有低的室温塑性；双态组织由于晶粒细小，从而具有最高的室温塑性，但断裂韧度较低。细小的全片层组织可获得良好的综合力学性能，而采用热处理细化晶粒尺寸的方法往往需要经过快速冷却、多次循环加热冷却等方式，难以适用于该脆性材料热处理，特别是大型薄壁复杂铸件。实际应用中倾向于采用均匀细小的双态组织或组织形态居于全片层组织及双态组织之间的近片层组织来满足性能要求。图 5-19 所示为 TiAl 合金的显微组织。

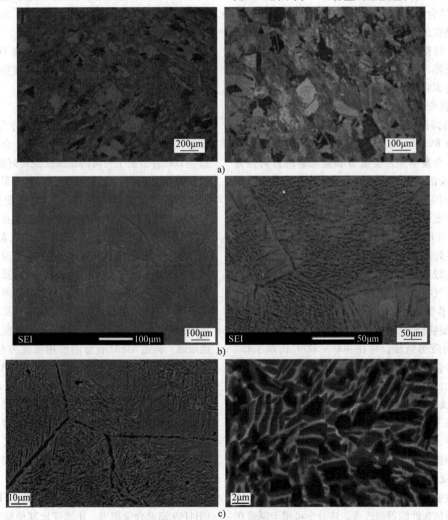

图 5-19　TiAl 合金的显微组织
a）Ti48Al2Cr2Nb 合金　b）Ti3Al 合金　c）Ti-22Al-25Nb 合金

焊缝和铸件基体的显微组织有明显差异，主要是 β 初生晶粒比铸件的细。焊缝因冷却较快而具有 β 相转变成细小针状 α′ 相的显微组织。冷却时焊缝的热影响区和临近焊缝的过渡区发生 β→α′ 完全转变，呈弥散细针状组织。远离焊缝的热影响区则由 α 相和针状 α′ 相组成，这是因为焊接时该区域已达到两相区温度。

显示钛及钛合金金相组织常用的腐蚀剂：氢氟酸 1~3mL，硝酸 2~6mL 和水 97~91mL。采用揩拭法的腐蚀时间为 3~10s，采用浸入法的腐蚀时间为 10~20s。

5.1.7　特点和应用

1. α 型钛合金

工业纯钛的室温抗拉强度较低，塑性极好，主要用于制造各种耐腐蚀和非受力结构件，如泵体和阀门等。

ZTA7 钛合金是一种中等强度的 α 型铸造钛合金，通常是在退火状态下使用。在室温下具有良好的断裂韧度，焊接性良好。该合金可用于制造航空发动机的机匣壳体、泵体、叶轮和阀门等。该合金的长期工作温度为 500℃，短时工作可达 800℃。

ZTC6 钛合金是一种具有 α 相稳定的 Ti-Al 固溶体的近 α 型铸造钛合金。合金中的铝当量（质量分数）控制在 8% 以下是为了避免析出 $Ti_3Al(\alpha_2)$ 相而引起脆化。合金中加入少量 β 稳定元素的目的是为了减缓 α_2 相的形成，以达到在不出现脆化的情况下提高合金中的铝当量。该合金是一种中温高强钛合金，工作稳定温度高达 400℃。

ZTA15（BT20Л）钛合金是高铝当量近 α 型钛合金，具有良好的抗疲劳裂纹扩展的能力和断裂韧度，但室温塑性较低，可用于制造 500℃ 下长期工作的航空发动机压气机机匣及其他静止结构件。

2. α + β 型钛合金

α + β 型钛合金具有较高的高温抗拉强度和韧性，较好的低周疲劳强度，可在 400~500℃ 长期工作。由于这类合金含有较多的 β 相，可进行热处理强化，但其焊接性比近 α 型热强钛合金差。

ZTC4 钛合金具有中等强度和良好的综合性能，在退火状态下可在 350℃ 长期工作。合金铸造性能和焊接性良好，可用于制造航空航天用静止结构件以及泵和阀门等铸件。

ZTC3 钛合金在 500℃ 以下具有优异的热强性能和较高的室温抗拉强度，由于含有微量稀土元素，使合金的高温持久性能得到改善。该合金可用于制造在 500℃ 以下长期工作的发动机压气机机匣、叶轮和支架等异型铸件。

BT14Л 钛合金可热处理强化，可用于制造温度高达 400℃ 长期工作的铸件。

BT9Л 钛合金属于热强钛合金，可热处理强化，主要用于制造压气机铸件，在退火状态下可在 450℃ 以下长期（6000h）工作；若在 500℃，工作可达 500h。

3. β 型钛合金

全 β 型（ZTB32）钛合金的主要特点是耐蚀性极高，可用各种方式进行焊接，但不能进行热处理强化。由于合金中含有大量钼，给熔炼工艺带来困难，也导致密度高达 5.69g/cm³ 和弹性模量降低，在 500℃ 以上的空气中加热时氧化非常剧烈。因此，ZTB32 合金仅适用于制造耐强酸的泵和阀门类铸件。

ZTC18 钛合金属近 β 型高强高韧钛合金，该合金中 β 稳定元素总含量在临界含量附近，力学性能、断裂韧度好于 ZTC4、ZTA15 合金。

作为铸造 β 型高强钛合金美国的 Ti-15-3 和 βC 钛合金，其抗拉强度可达 1300MPa，在美国可取代高强度钢，在飞机结构上获得应用。

4. TiAl 系金属间化合物

铸造 TiAl 系金属间化合物大体可分为铸造 γ-TiAl 合金、铸造 Ti2AlNb 合金及铸造 Ti3Al 合金三类。铸造 γ-TiAl 合金基于其高的比强度及良好的高温性能受到的关注程度最高，开展的应用研究最多。该合金的成熟使用温度为 650~800℃，潜在使用温度接近 900℃，在航空发动机中可应用的部位包括低压涡轮叶片、扩压器、燃烧室内机匣、涡流器等。铸造 Ti2AlNb 合金及铸造 Ti3Al 合金相对 γ-TiAl 合金，虽然密度有所增加，但具有更高的室温塑性及更好的铸造性能，用于制备机匣类具有复杂结构的薄壁铸件在铸造成形工艺方面更具优势。然而，这两类材料高温强度保持率不足，使用温度受到抗蠕变性能及抗氧化性能限制，铸造 Ti3Al 合金的使用温度为 600~650℃，铸造 Ti2AlNb 合金的使用温度为 650~700℃。

γ-TiAl 合金的密度仅为 3.8~4.1g/cm³，是镍基高温合金的 1/2，比钛合金还低 10%~15%，可取代高温合金制造航空发动机压气机转子叶片、低压涡轮转子叶片等高温部件，直接减重 40% 以上，并可显著降低压气机盘及涡轮盘载荷，产生连锁的系统减重效应；室温弹性模量达到 160~170MPa，比钛合金高 30% 左右，750℃ 弹性模量还能保持在 150MPa，与 GH4169 高温合金相当，比刚度比其他航空发动机常用结构材料高约 50%，有利于应用于要求低间隙的部件，同时对于叶片类转动部件，将噪声振动移至较高频率而延长寿命；γ-TiAl 合金还具有高的比强度（室温至 800℃强度保持率达 80%）、高蠕变抗力、优异的抗氧化和阻燃性能，应用于航空发动机扩压器、燃烧室内机匣等高温承力部位，可大幅度提高发动机推力重量比和燃油效率。

5.2　熔炼和浇注

由于钛的熔点高、化学活性强，钛液几乎能与所有耐火材料以及氧、氢、氮等气体起化学反应，因此熔炼自耗电极铸锭和浇注钛合金铸件必须在真空或惰性气体保护下和强制冷却的坩埚中进行。钛合金的熔炼方法按热源分类有真空自耗电极电弧熔铸法、真空非自耗电极电弧熔铸法、电子束熔铸法、真空感应熔铸法和等离子束熔铸法等。其中，真空自耗电极电弧熔铸法在国内外应用最广泛。真空自耗电极电弧炉如图 5-20 所示；真空自耗电极电弧凝壳炉如图 5-21 所示。

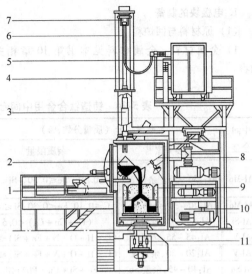

图 5-21　真空自耗电极电弧凝壳炉

1—坩埚翻转机构　2—凝壳坩埚　3—自耗电极
4—导电杆　5—电源　6—电源电缆　7—快速提升系统
8—浇口杯屏蔽　9—铸型装置　10—真空泵系统
11—离心浇注系统

5.2.1　铸锭的制备工艺

铸锭是将海绵钛和合金元素压制成电极，经两次真空熔炼而成的。小规格铸锭可直接用作自耗电极，大规格铸锭经压力加工和机械加工成棒材后方可作为真空凝壳炉用的自耗电极。钛合金铸锭的生产工艺流程如图 5-22 所示。

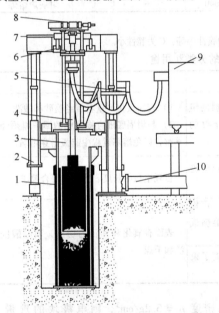

图 5-20　真空自耗电极电弧炉

1—坩埚水套　2—炉体活动柱　3—炉膛
4—导电杆　5—汇流排和电缆　6—加料传感器系统
7—调整电极机构　8—电极驱动机构　9—空冷电源
10—真空泵系统

由图 5-20 和图 5-21 可见，两者不同之处在于：真空电弧炉是将自耗电极直接熔化在坩埚内，然后铸成铸锭；真空凝壳炉虽然也是将自耗电极熔化在坩埚内，但先在坩埚壁上凝固为一薄层凝壳，起到保护钛液不被坩埚材料污染和隔热作用，一边在坩埚内形成一个熔池，当钛液达到需要量时便翻转坩埚，将钛液注入铸型，铸型中钛液可以在重力或离心力下充型。

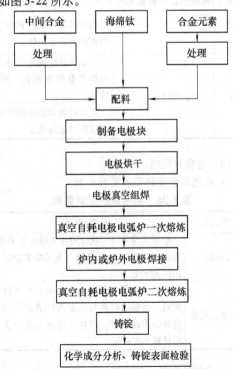

图 5-22　钛合金铸锭的生产工艺流程

1. 电极块的制备

（1）原材料与回炉料

1）金属材料。金属材料见本书第 10 章相关内容。

2）中间合金。铸造钛合金用中间合金的化学成分、物理性能和制备工艺见表 5-24。

3）回炉料。铸造钛合金回炉料的分类和用途见表 5-25。

表 5-24　铸造钛合金用中间合金的化学成分、物理性能和制备工艺

| 中间合金 | 化学成分（质量分数，%） | | 熔点/℃ | 密度/(g/cm³) | 脆性[2] | 熔炼方法和设备 |
	主要元素[1]	杂质限量				
Al-Mo	Al：50~55，余量 Mo	C≤0.10，Fe≤0.30，Si≤0.30	≈1400	5.7~6.46	A	铝热法或高频感应电炉熔炼
Al-Mo	Al：20~30，余量 Mo	C≤0.10，Fe≤0.30，Si≤0.10	—	7.98~8.7	A	铝热法
Al-Si	Al：80~85，余量 Si	(Fe+Cu+Ca)<0.5	—	—	B	坩埚炉熔炼
Al-V	Al：45~55，余量 V	(C+H+O+N+Fe+Si)≤0.50	≈1650	4.2~4.5	A	铝热法
Al-V	Al：20~30，余量 V	(C+H+O+N+Fe+Si)≤0.50	≈1700	5.0~5.3	A	铝热法
Al-Sn	Al：40~45，余量 Sn	(Fe+Si+Cu+Pb)≤0.30	≈230	5.45~5.95	C	坩埚炉熔炼
Al-Sn	Al：70~75，余量 Sn	(Fe+Si+Cu+Pb)≤0.31	—	—	C	坩埚炉熔炼
Al-Cr	Al：90~95，余量 Cr	Fe≤0.3，Si≤0.25	≈640	—	C	坩埚炉熔炼

① 中间合金的主要元素，余量为配制合金的添加元素。

② 中间合金的脆性程度分为：A、B、C 三级。A 为脆性大，B 为脆性中等，C 为脆性小。

表 5-25　铸造钛合金回炉料的分类和用途

分类	组成	用途	备注
块状	报废的铸件、冒口、横浇道、直浇道和铸锭残头	切割成小块后作为凝壳炉熔炼时炉料的组成部分。添加量不超过炉料质量分数的 5%~8%	1）表面氧化严重者需经喷砂和酸洗 2）与坩埚底部直接接触的回炉料须经加工平整，以免熔炼过程中起弧击穿坩埚
		用氩弧焊焊成自耗电极，在真空自耗电极电弧炉内熔炼成铸锭	自耗电极的长度、直径应符合要求
屑状	加工切屑	经液压机压成电极块。为加强连接，用板条焊在电极块侧边。用作自耗电极熔炼成铸锭	表面有氧化和油污的切屑，须经酸洗、水洗和干燥
		经过处理和破碎的切屑直接加入等离子束熔炼炉内熔铸成锭	

（2）电极块配料

1）电极块的配料要求见表 5-26。

表 5-26　电极块的配料要求

配料成分	计算原则
海绵钛	根据铸件等级、成分和性能等综合要求，选择不同级别的海绵钛（见 GB/T 2524—2019 海绵钛）
合金添加元素	一般按合金名义成分偏上限或中限计算配料。当添加的合金元素为海绵钛中所含有的杂质元素时，应在扣除该元素的含量后计算其配料量

2）电极块配料计算举例。

① ZTC4 钛合金电极块长度 l = 20cm，半径 r = 5cm，密度 ρ = 3.2g/cm³，则电极块的重量 G = $\pi r^2 l \rho = \pi (5cm)^2 \times 20cm \times 3.2g/cm^3 = 5kg$。

② 设海绵钛的抗拉强度 R_m = 392~441MPa，合金元素配料成分（质量分数）为 Al6%，V4.3%，余料为海绵钛。采用 w（V）为 50% 的铝-钒中间合金和纯铝，用纯铝箔包成合金包。中间合金配入量的通用公式为

$$q_M = GC_A/C_M$$

式中　q_M——组元 M 所需中间合金或纯元素配入量（g）；

　　　G——配料重量（g）；

　　　C_A——合金中 M 组员的配料比（质量分数，%）；

C_M——合金中 M 组员的含量（质量分数，%），若以纯元素加入，则 $C_M = 100\%$。

③ 满足钒所需的铝-钒中间合金配入量 q_V 为

$$q_V = 5000g \times \frac{4.3}{100} \div \frac{50}{100} = 430g$$

④ 铝的配入量 q_{Al} 为

$$q_{Al} = 5000g \times \frac{6}{100} = 300g$$，因铝-钒中间合金中已配入铝，$q_{Al} = 430g \times \frac{50}{100} = 215g$，应加入纯铝量为

$$q_{Al} = 300g - 215g = 85g$$（包括铝箔重量）。

⑤ 配料计算结果：

a. Al-V 中间合金：430g。

b. 包括铝箔在内的纯铝：85g。

c. 海绵钛：4485g。

（3）电极块的压制　钛合金电极块压制工艺见表 5-27；卧式挤压电极法及立式压制电极法如图 5-23 和图 5-24 所示。

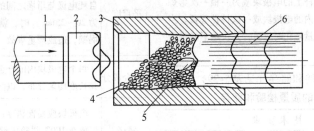

图 5-23　卧式挤压电极法

1—挤压杆　2—挤压头　3—挤压模　4—海绵钛　5—合金包　6—压成的海绵钛电极

表 5-27　钛合金电极块压制工艺

压制方法	特　点	技术要求	压制方法	特　点	技术要求
挤压法	原材料经立式或卧式挤压机逐段挤压成电极，长度不受限制。挤压面积小，可使用功率较小的压力机。电极份料之间结合不牢，易产生裂痕，质量较差　　卧式挤压法因装料上下不均匀，造成电极截面上密度不同，易导致电极弯曲	海绵钛和挤压筒在挤压前均须加热至 180~200℃，防止潮气或水分在高压和高温下发生爆炸　　挤压筒材料为 CrNiMo 或 4CrNiW 合金钢，内壁表面硬度为 40~60HRC　　海绵钛和合金元素应分批相间加入挤压筒内，使铸锭中合金成分均匀分布	压制法	有立式压或横式压两种，立式压可使用功率较小压力机，电极长度可在压力机行程范围内调整，但在份料结合处易出现裂痕　　横式压的电极密度均匀，外形平直，但需用功率较大的压力机	立式横压法要将每批组分的海绵钛分成两份。先将一份加入模具中，沿其长度均匀分布；然后将包装或散装的合金沿模具轴向长度内均匀分布；最后，将另一份海绵钛均匀加入模具中。如果合金元素分二次加入，则海绵钛分成三份与合金元素相间加入

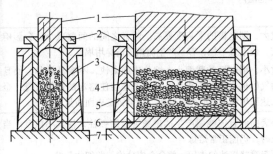

图 5-24　立式压制电极法

1—上模　2—内模板　3—外模框　4—海绵钛
5—合金包　6—下模　7—模垫

（4）电极焊接工艺　为了获得需要长度的自耗电极，需要将电极块进行组焊，焊接方法可为真空氩弧焊或等离子弧焊等。焊成的电极必须平直，无氧化污染，有足够的焊接面积，具有一定的强度，不至于在通过大电流时产生过热。钛合金电极的焊接工艺见表 5-28。

表 5-28　钛合金电极的焊接工艺

焊接方法	工艺特点
炉外氩弧焊接法	与一般氩弧焊接方法相同，设备简单，电极规格不受限制，但焊缝容易氧化污染

（续）

焊接方法	工 艺 特 点
真空-充氩箱内焊接法	在装有待焊电极的焊接箱内进行，真空度先抽到 1.33×10^{-1} Pa，然后充入 w（Ar）=99.95% 氩气，用电弧焊或等离子焊将电极组焊成需要的长度。优点是电极不被污染；缺点是设备复杂，成本高，效率低
炉内自耗电极电弧焊接法	将电极块或二次熔炼铸锭先装在坩埚中，待炉内真空度达到要求时，将电极杆下降，使装在电极杆上的电极块或另一根一次熔炼铸锭与坩埚内的电极块或一次铸锭起弧。当两者均有少量融化时灭弧，并快速下降进行焊接

（5）电极的质量检验和储存（见表5-29）

表5-29　电极的质量检验和储存

检验项目	技 术 要 求
强度	整根电极应能承受自身重量，以及在搬运、装炉和熔炼过程中的升降振动和瞬时短路时的突然载荷。电极抗拉强度一般应大于10MPa

（续）

检验项目	技 术 要 求
导电性能	电极不应在大电流密度下因过热而降低甚至折断，或者使电极中易熔组元提前融化而流失，致使铸锭合金成分不均匀。电极的室温电阻率应小于 $1100\mu\Omega \cdot cm$。单位面积的中最大截流量应大于 $150A/cm^2$。一次铸锭焊接成二次电极的焊接面积比横截面积大1/3
平直度	整根焊成的电极必须平直，不得挠曲，否则当自耗电极与坩埚之间的间隙小于电弧长度（一般为 $20 \sim 25mm$）时，就有可能产生侧弧，击穿坩埚壁，造成严重事故
合金成分	每个电极块内的合金成分应按合金配料比例沿其长度均匀分布，以防铸锭成分偏析
储存	电极块应妥善储存，不得污染或受潮。必要时可放在100℃烘箱内储存，以有利于在熔炼过程中气体析少，电弧稳定，提高铸锭质量

2. 自耗电极铸锭的熔炼

（1）熔炼的主要工艺参数（见表5-30）

表5-30　熔炼的主要工艺参数

序号	工艺参数和技术要求	说　明
1	真空度：<6Pa（一次或二次熔炼） 炉体漏气率≤1Pa/min	由于一次熔炼使用的自耗电极中的海绵钛含有较多气体，因此在熔炼过程中会析出大量气体，降低真空度
2	功率 电流值计算：$I =$（$18 \sim 33$）D 式中　I—熔炼电流（A） 　　　D—坩埚内径（mm） 电压：$28 \sim 36V$	熔炼电源应由熔炼铸锭的规格和炉子容量决定。通常采用硒整流器提供大电流、低电压的直流电或其他整流器
3	自耗电极与坩埚内壁间隙：>30mm	周围的间隙必须均匀并应大于弧长
4	冷却水 水压：>0.03MPa 坩埚的进出口水温差：<10℃ 坩埚的最高允许出水温度：<40℃	冷却水应采用循环水。为防止坩埚内部形成水垢，水质的 pH 应在5.5~6.7范围内
5	电极直径与坩埚直径的比：0.5~0.9	比值过大，则电极的平直度要高。两者之间的间隙减小，会影响熔池除气，使电弧不稳，容易产生侧弧，击穿坩埚 比值过小，则电极的截面小，熔化速度太快，不容易操作，而且熔池内的气体也来不及析出。电极细了还会使熔池的过热度低，金属液还未达到坩埚内壁时便已凝固，结果铸锭表面质量变差
6	稳弧磁场	坩埚外表面的直流线圈产生的磁场可压缩弧柱，使其不散乱。当电弧较长时，仍能正常熔炼 磁场可起搅拌熔池的作用，使合金成分均匀并细化晶粒
7	铸锭出炉温度：200~400℃	铸锭出炉温度高时，表面会氧化，并增加二次熔炼铸锭或铸件的含氧量

（2）真空自耗电极电弧炉操作要点（见表 5-31）

表 5-31　真空自耗电极电弧炉操作要点

工艺程序		内　　容
1）装炉	坩埚的清理和检查	坩埚的法兰盘、内壁和底座都要用砂纸打磨光滑并用棉纱擦干净。认真检查坩埚的法兰盘与内壁的焊缝及其各部分的表面有无被电弧击中的烧伤痕迹或凹坑。如凹坑大而深则不能使用
	铸锭底料的准备	将同一牌号的海绵钛或电极残头放在坩埚底部作为底料或配制一份，与待熔炼的自耗电极成分相同的合金包和海绵钛摊放在坩埚底部作为底料
	引弧料的制备	在底料上放置由铝箔折叠而成的大约 300mm 高的三角形引弧料
	电极的调整	自耗电极与坩埚之间的周围间隙应一致，一般为 30～40mm
2）熔炼	铸锭的装卡	为使化学成分均匀，将一次熔炼得到的铸锭作为自耗电极进行二次熔炼，并将一次铸锭颠倒装卡，使其底部与电极夹头连接。二次铸锭的直径一般等于一次铸锭的直径加两倍间隙尺寸
	侧弧的处理	如果在电极与坩埚壁之间产生侧弧，多半是由电极偏移或电弧太长造成的，应加快电极下降的速度，缩短电弧
	电极短路的处理	电极下降速度太快，容易产生短路，此时应迅速改变电极运动方向，向上提升，待电弧正常后应保持恒定速度下降。如果来不及提升电极，电极端部就会与熔池凝固在一起，这时只能待铸锭冷却后取出铸锭和电极，再将两者分开，重新装炉熔炼
	电极断路的处理	电极下降速度太慢或其他原因电弧被切断，这时必须在铸锭上部熔池冷凝后再下降电极起弧。此时因没有引弧料，起弧困难，最好重新装炉
	电极残头的处理	熔炼完毕后，电极残头温度较高，应放置在水冷炉体内冷却
3）出炉	铸锭出炉	铸锭应冷却至较低温度出炉，避免被油腻等污物污染
	打标记	铸锭及其残头出炉后，应打上钢印标记，以免混料

3. 铸锭的质量要求

1）在真空凝壳炉内熔化并浇注铸件用的铸锭不做超声检测，允许内部有冶金缺陷。铸锭应尽量保证成分均匀性，表面无明显氧化色。熔铸过程中发生短路和断路后又继续熔炼的铸锭对以后的铸件质量没有影响。

2）真空凝壳炉用自耗电极铸锭的主要化学成分必须符合合金标准所规定的要求。如果氢含量超差，可在真空热处理炉内进行除氢处理，即在真空度小于或等于 6.7×10^{-2} Pa 的条件下，加热温度为 550～800℃，保温 1～3h。

3）焊接自耗电极用的焊丝应与自耗电极的化学成分相同，也可以用纯钛丝代替，但不得使用其他牌号的合金钛丝，以免影响铸件的合金成分和力学性能。

4. 技术安全

在真空电弧炉熔炼过程中，由于冷却水供应不足，电极偏斜和真空度过低而使水冷铜坩埚或炉体内水冷结构件被电弧烧穿时会造成漏水而发生爆炸事故，为此采用以下技术安全措施。

（1）防止水冷铜坩埚被电弧击穿的措施

1）采取短弧操作，使电弧长度小于电极与坩埚壁间的间隙。

2）炉内真空度不大于 6Pa，以稳定电弧并防止产生侧弧。

3）采用 Na-K 共晶合金取代水冷。

4）必须严格控制冷却水。pH 应在 5.5～6.7 范围内，铁的质量分数应小于 0.02%，以免在坩埚外表面上形成水垢，影响其导热性。通常，坩埚在使用 30～50 炉次后就应清理一次水垢，可以使用稀盐酸除垢。

（2）水进入炉后的防爆措施

1）必须保护炉子的密封性。炉子应配有高抽速的机械泵和增压泵，真空系统的压力范围为 1×10^{-1}～1Pa，可使炉内产生的水蒸气和氢气被迅速抽走。

2）不要切断冷却水源，待炉内的高温金属急剧冷却至 200～300℃后才可出炉。

（3）为避免伤人事故而采取的措施　炉子上应装有定向的防爆阀门，以便在炉内压力突然增大时，能自动泄压，而当压力下降后又能自动复位，以防止空气进入炉内。此外，炉子的其余方向应设有防爆墙。炉子应通过光学系统、工业电视和控制仪器进行遥控操作。

5. 各种熔炼方法的工艺特性比较（见表 3-32）

表 5-32　各种熔炼方法的工艺特性比较

熔炼设备	真空自耗电极电弧炉	真空非自耗电极电弧炉	电子束熔炼炉	等离子束熔炼炉
原材料要求	需要压制成自耗电极	颗粒状海绵钛和合金元素或切屑	棒料、块状或颗粒状原材料	棒料、散碎颗粒状原材料或切屑
铸锭规格	大中型	纽扣式小锭至几十千克或中型铸锭	中小型细长铸锭	大中型
比电能消耗	最少	稍多	较多	较多
熔炼过程中炉内气压/Pa	6	惰性气体	$1 \times 10^{-3} \sim 1.33 \times 10^{-1}$	1.33×10^{-1}
提纯效果　脱除气体	有限	良好	最优	良好
提纯效果　去除杂质	有限	良好	最优	良好
电极材料对铸锭的污染	无	有	无	钽管阴极污染极少
坩埚材料对铸锭的污染	无	无	无	无
铸锭晶粒度	较粗	较粗	粗大	较粗
收得率	较高	较高	最低	较低
铸锭表面质量	良好	一般	较好	一般
铸锭截面形状	圆形	圆形	圆形	圆形或异形锭
铸锭合金成分的均匀性	良好	良好	成分烧损多，难控制	良好
回炉料的使用	较少	较多	较多	最多
熔炼速度控制范围	很小	较大	较大	较大
熔炼周期	最短	较长	最长	较长
应用范围	熔炼铸锭	熔炼试验用的纽扣锭和回收残料	熔炼铸锭	熔炼铸锭和回收残料

5.2.2　铸件的熔铸工艺

1. 真空自耗电极电弧凝壳熔铸法

1）真空凝壳炉用自耗电极的类型和技术要求见表 5-33。

2）真空凝壳熔铸的主要工艺参数见表 5-34。

表 5-33　真空凝壳炉用自耗电极的类型和技术要求

类型	技术要求
铸锭	铸锭必须经过两次真空熔炼，直径和长度符合真空自耗电极的要求。每一炉批的铸锭都要抽样检查其化学成分及杂质。铸锭顶端和表皮氧化严重者，必须以机械加工方法切除
棒料	大尺寸铸锭经压力加工后制成的自耗电极棒料，可供真空凝壳炉使用。棒料表面的氧化皮必须以机械加工方法除尽。棒料的化学成分和杂质含量应符合技术条件中规定的要求
回炉料铸锭	化学成分和杂质含量范围符合技术条件要求的回炉料经切成小块后装在石墨加工的铸锭模中，然后将真空自耗凝壳炉熔化的钛液浇入模中形成铸锭。若长度不够，可将铸锭组焊成自耗电极

表 5-34　真空凝壳熔铸的主要工艺参数

序号	工艺参数和技术要求	说　明
1	熔炼真空度：$\leqslant 1.33 \times 10^{-1}$ Pa	高真空有利于金属液的净化
2	熔炼电源：大电流、低电压直流电	通常由硒整流器提供直流电
3	电弧电压：30～50V	—
4	电流密度：0.4～0.6A/cm^2	电流密度由自耗电极的截面面积确定
5	电极与坩埚的直径比：(0.45～0.88)∶1	坩埚内壁与电极之间的间隙应在 30～40mm 范围内
6	熔化速度：$v = KW$ 式中　v—熔化速率（g/s） 　　　　W—电弧功率（kW） 　　　　K—系数，取 0.33g/(s·kW)	—
7	电极熔化量：$\theta = 9.5\,(t-1)$ 式中　θ—电极熔化量（kg/min） 　　　　t—从起弧至灭弧的时间	—
8	熔池深度：$h \approx 4.5I/1000$ 式中　h—熔池深度（cm） 　　　　I—电流强度（A）	熔池深度与坩埚直径之比为 (1.2～1.3)∶1
9	坩埚直径与液面高度比≈1∶1	坩埚中金属液面的高度应为坩埚高度的 70%～80%
10	金属的熔化浇注率：70%～80%	此值为浇注金属重量与电极熔化重量之比
11	金属液过热度：60～80℃（熔炼电流为 5000～6000A）	金属液过热度大，可提高金属液流动性
12	浇注时间：3～6s	超过 17～18s 时金属液将凝固
13	电极预热时间：15～20min	起弧后采用小电流使电极预热，这样可以提高熔化速度和金属液的过热度
14	坩埚冷却水温：出水温度不得超过 35℃；进、出水温差应不大于 10℃	坩埚的出水温度过高时会出现电弧击穿坩埚壁的危险
15	出炉温度：铸件在炉内冷却至 400℃ 以下时方可出炉	出炉温度过高时会使铸件表面氧化并影响其性能
16	离心盘转速范围：0～500r/min	在离心力作用下可提高金属液的充填性，但离心力过大时会损坏铸型，致使金属液外漏

3）熔炼过程中各主要熔炼工艺参数之间的相互影响如图 5-25～图 5-29 所示。

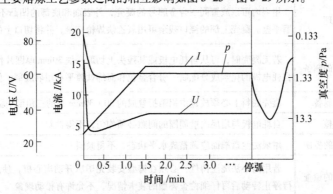

图 5-25　电弧熔炼过程的主要工艺参数变化

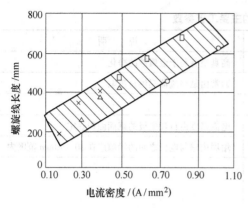

图 5-26　BT5Л 合金的电流密度
与流动性的关系

○—电极直径 φ100mm　□—φ130mm
△—φ160mm　×—φ170mm

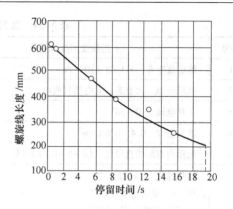

图 5-28　BT5Л 合金液在坩埚中
停留时间对流动性的影响

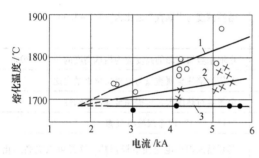

图 5-27　电流对钛融化温度的影响

1—熔池表面温度　2—浇注时金属液的温度
3—凝壳表面温度

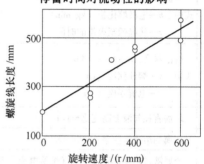

图 5-29　离心盘旋转速度对 BT5Л
合金流动性的影响

4）真空自耗电极电弧凝壳炉操作要点见表 5-35。

表 5-35　真空自耗电极电弧凝壳炉操作要点

程　序		内　容
1）装炉	清理和检查坩埚	坩埚内壁和底部必须用砂纸打磨光滑并用棉纱擦净，而且应认真检查有无被电弧烧坏的痕迹或凹坑。如果坑大又深，则不能使用
	凝壳的处理	坩埚内可以放置同一合金牌号的凝壳，外表面和底部的凹凸不平处必须用手用砂轮打磨平整。凝壳上部的浇口残余可用氧乙炔焊枪切割，并将切口上的氧化物打磨干净
	坩埚底料的制备	若无凝壳时，可从自耗电极或其残头上切取一块30mm厚圆片作为坩埚底料，也可按照自耗电极的化学成分配制一份合金包和海绵钛摊平在坩埚底部，但厚度不得少于30mm
	引弧料的制备	凝壳底料上必须放置由铝箔折叠成的20～30mm高的三角形引弧料作为电极起弧用
	电极的调整	自耗电极与坩埚内壁周围的间隙必须均匀，不得偏斜
	坩埚位置的控制	坩埚法兰盘端面应调整成水平状态，不得倾斜
	铸型装卡的检查	若用离心法浇注铸件，必须在铸型安装完毕后开动离心机，使离心盘旋转至一定速度，待停止转动后再仔细检查铸型的装卡情况，不允许有松动现象
	模样内腔的保护	直浇道浇口要用铝箔覆盖并包扎好，以免熔炼过程中金属飞溅物掉进铸型内腔

（续）

程 序		内 容
2）熔铸	电极起弧和预热	自耗电极起弧后应逐渐增加电弧电流，使电极和底料得到预热，以利于加快熔化速度，提高金属液的过热度
	对真空度和坩埚水温的要求	熔炼过程中的真空度和坩埚的出水温度应在工艺参数规定的范围内，不得出现超过上限和突然变化的现象
	防止侧弧发生	电极再熔化下降过程中不得有摆动和偏移现象，也不得与坩埚内壁发生侧弧
	离心盘的操作	离心盘的转速应在浇注前逐渐增加到规定值并在给定转速下保持一段时间，使其平稳旋转。浇注后离心盘应继续旋转 3～5min，待铸件凝固后才能停转
	浇注操作的协调	当坩埚内金属液达到需要量时，应迅速切断电源，提升电极，立即旋转坩埚。这三项工序的顺序和时间必须协调配合，严格控制
	电极残头的处理	浇注完毕后坩埚应返回原位；电极残头应下降至凝壳中间，以便由坩埚的冷却水吸收掉残头的热量
3）出炉	铸件出炉	浇注后铸件应在真空下冷却一定时间后出炉，以免铸件外表面、凝壳和电极残头氧化
	打标记	出炉后应将凝壳和电极残头打标记，以便辨认它们的合金成分或牌号

5）熔铸质量控制。影响熔铸质量的主要因素见表 5-36。

表 5-36 影响熔铸质量的主要因素

序号	主要因素	说 明
1	熔池深度	电极直径与坩埚直径的比值大，电流大和熔化速度高都可加大熔池深度和直径，因为金属液量增多，过热量也高
2	浇注速度	浇注速度快时，金属液的热量损失少，流动性好。坩埚翻转过快时，金属液会冲出浇杯，造成浪费
3	离心盘速度	转速过快时，铸型会因金属液的离心力太大而损坏，甚至出现外漏
4	真空度	熔炼过程中真空度高有利于金属液的脱气和挥发物的析出
5	坩埚冷却	坩埚冷却过分激烈时凝壳厚度增大，金属液量减少。如果进出口冷却水的温差太小，坩埚就有被电弧烧坏的可能
6	导电杆密封圈的润滑	为了使电极在熔化结束后快速提升和尽快翻转坩埚并浇注铸件，电极杆的密封圈必须适当的润滑。真空润滑油加得过多时，因受电极杆的加热，油黏度降低而泄漏；如润滑油滴入浇注完毕的坩埚内，会因受到高温凝壳的加热而挥发，产生大量的气体，导致凝壳和电极残头的严重氧化，影响以后的使用

6）真空凝壳炉的技术安全除与真空自耗电极熔炼炉相同之外，还应注意如下几点：

① 铸型的直浇道口必须与离心盘同心，以免金属液被浇到外面而四处飞溅。

② 铸型必须对称而平衡地牢固安装，以免在离心作用下松动而损坏。

③ 熔化完毕后切断电源，电极提升和坩埚翻转应密切配合，先后顺序必须一致，既要快又要准确；否则，有可能出现电弧将坩埚击穿或电极残头与坩埚相撞的危险。

2. 电子束熔铸法

电子束炉的工作原理如图 5-30 所示。利用由高熔点金属制成的炽热灯丝阴极，在高真空、高电压下发射出的电子束通过磁透镜聚焦在炉料上，使炉料熔化。电子束可分散成较大面积的焦点，使熔池保温；也可通过转动磁场的方式进行扫描，控制熔炼过程，提高金属液的过热度（金属液面温度升高到 2145℃），改善流动性，可铸出形状复杂的薄壁件。电子束炉能有效地回收包括切屑在内的残料，并且熔铸操作自动化的程度高而安全。

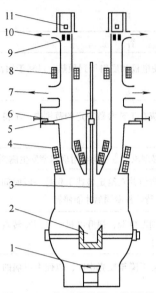

图 5-30　电子束炉的工作原理

1—铸型　2—水冷铜坩埚　3—料棒　4—二级聚焦线圈
5—导电杆　6—阀门　7、10—抽真空　8—一级聚焦线圈
9—阳极　11—阴极

对于多室铣式电子枪，在熔炼过程中的真空度可保持在 1.33～0.1Pa 范围内。由于熔池液面是敞开的，金属挥发量大，尤其是电子束炉的保温时间长，铸件化学成分难以控制。图 5-31 所示为 ESG50/80/500 电子束凝壳炉的熔铸过程。为了减少易挥发元素的耗损，可在熔炼后期添加合金元素。

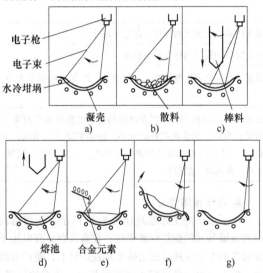

**图 5-31　ESG50/80/500 电
子束凝壳炉的熔铸过程**

a）电子束预热　b）熔化散料　c）熔化棒料
d）形成熔池　e）添加合金元素
f）倾注溶液　g）坩埚复位

3. 真空非自耗电极电弧凝壳熔铸法

真空非自耗电极电弧熔炼工艺：熔炼前将炉膛抽真空至 1.33×10^{-1} ～1.33Pa，然后通入高纯惰性气体，使压力保持在 4.66～9.97Pa，在水冷铜结晶器上，利用含钍的钨棒作阴极进行电弧熔炼。为了保证合金成分的均匀性，将熔化过程的纽扣锭翻转数次，重复熔炼。如果将熔炼好的纽扣锭放在带底浇孔的坩埚穴上，浇孔下方应放有石墨或铜锭模。当熔融金属有足够的流动性时，便从浇孔流入铸模内。

1）目前有两种生产型的非自耗电极电弧熔炼浇注装置：

① 旋转电弧熔炼法（Durarc 法）的装置。该装置在高压水冷铜电极端部的内腔中装有电磁线圈，产生磁场，使电弧的阴极斑点沿电极端部不断旋转，以防止电极局部过热和烧蚀并能减少熔融金属的污染。在熔炼速度为 4.5kg/min 的情况下，铜的污染可忽略不计。

② 旋转电弧熔炼法（Schlienger 法）的装置。该装置采用自身旋转的铜电极，不让电弧停留在电极的局部位置上，电极与坩埚轴线保持一定的斜度，以保证电极旋转时局部电极能与电弧接触。

2）真空非自耗电极电弧炉如图 5-32 所示。

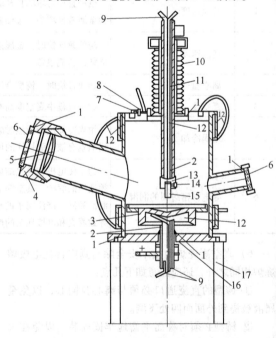

图 5-32　真空非自耗电极电弧炉

1—密封装置　2、11—电极导管　3—铜坩埚
4—观察窗法兰盘　5—保护屏　6—观察玻璃
7—法兰盘　8—通惰性气体阀　9—水冷导管
10—金属波纹软管　12—水冷系统　13—电极头
14—电极夹头　15—钨极　16—绝缘　17—护架

3）Durarc 旋转电弧熔炼法的电极如图 5-33 所示。

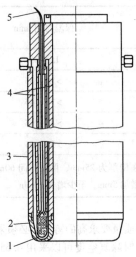

图 5-33 Durarc 旋转电弧熔 炼法的电极

1—电磁线圈 2—铜头 3—电极 4—冷却水道 5—磁力线圈导线

4）真空非自耗旋转电极电弧凝壳炉如图 5-34 所示。

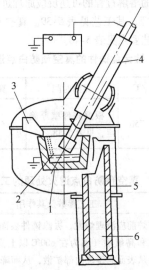

图 5-34 真空非自耗旋转电极 电弧凝壳炉

1—水冷铜坩埚 2—熔炼室 3—原料供给机构 4—电极 5—铸锭模 6—铸锭室

4. 真空感应熔铸法

在真空下用感应加热熔铸钛合金的方法有两种：

1）采用对钛液具有惰性的石墨或氧化物材料制造坩埚的感应电炉，目前主要用于制造牙科等小型钛

合金铸件。

2）采用水冷铜坩埚的感应熔铸法。这种坩埚由多块水冷铜扇形片组合而成（见图 5-35），相互绝缘，不形成感应电流回路，从而避免坩埚加热。由于水冷铜坩埚感应熔铸法（冷壁坩埚凝壳炉）能够控制钛的熔铸过程，现已成功用于金属间化合物的研究和制造。此法也可用于熔模型壳吸铸法来制造超薄壁的小型钛合金精密铸件。

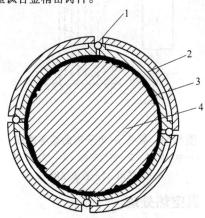

图 5-35 感应熔铸法水冷扇形片 铜坩埚的截面

1—Al_2O_3 热电偶绝缘子 2—水冷套 3—固体熔渣 4—铸锭

5. 等离子熔铸法

等离子熔铸法是用高压电弧产生的等离子弧柱加热炉料进行熔炼。等离子弧熔炼炉的结构简单，操作方便，熔化金属的温度高；等离子体进入炉膛后会增高气压，有利于金属抑制蒸气挥发，提高合金收得率；但是，引入的惰性气体会污染金属液，因此这种工艺只适合用于回收残料。

6. 等离子-电子束熔铸法

等离子-电子束熔铸法的基本原理是使一定流量的氩气通过空心阴极（钽管或钨管）在高频电场下离子化后于空心阴极里形成由电子、正离子和氩分子组成的混合气的等离子。等离子体中的正离子冲击阴极内壁，使阴极本身的温度上升到 2300～2500K，发射出一股强电子束，射向坩埚内炉料，使之熔化；与此同时，一部分电子与气体分子相碰撞，产生正离子又冲进空心阴极，再次激发出电子束。

等离子-电子束炉采用低压电源，设备结构简单，电子束的形状和位置可以调节和控制，成本低，无射线的危害，便于回收残料。但是，由于中空阴极的使用寿命短和惰性气体不纯容易污染金属液，因此仅用

于残料的回收。

等离子-电子束的熔炼原理如图 5-36 所示。

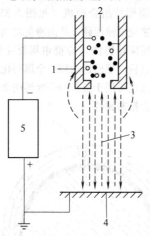

图 5-36　等离子-电子束的熔炼原理
1—中空阴极　2—惰性气体　3—等离子体
4—加热面　5—直流电源

5.3　真空热处理

钛合金铸件从液相冷却至固相过程中，除非有极快的冷却速度，通常会生成比较粗大的晶粒。这种铸造晶粒的边界结构比较复杂，非常稳定，不可能通过相变再结晶处理而细化。

5.3.1　热处理的种类和工艺参数

1. 退火

退火分为普通退火和去应力退火。普通退火可使各种合金组织稳定并获得较均匀的性能。去应力退火是消除铸件由于铸造、焊接、机械加工等造成的残余内应力，其工艺参数见表 5-37。退火保温时间与铸件壁厚的关系见表 5-38。

表 5-37　铸造钛合金的去应力退火工艺参数

合金代号	去应力退火温度/℃	保温时间/min	冷却方式
ZTA1、ZTA2、ZTA3	500 ~ 600	60 ~ 240	炉冷或空冷
ZTA5	550 ~ 750	60 ~ 240	炉冷或空冷
ZTA7	600 ~ 800	60 ~ 240	炉冷或空冷
ZTA15	600 ~ 800	60 ~ 240	炉冷或空冷
ZTC4	600 ~ 800	60 ~ 240	炉冷或空冷
ZTC3	620 ~ 800	60 ~ 240	炉冷或空冷
ZTC5	550 ~ 800	60 ~ 240	炉冷或空冷
BT3-1Л	530 ~ 620	—	空冷
BT14Л	550 ~ 650	—	空冷

表 5-38　退火保温时间与铸件壁厚的关系

最大壁厚/mm	保温时间/min
≤3	15 ~ 25
>3 ~ 6	>25 ~ 35
>6 ~ 13	>35 ~ 45
>13 ~ 20	>45 ~ 55
>20 ~ 25	>55 ~ 65
>25	在壁厚为 25mm、保温时间 60min 的基础上，每增加 5mm，至少增加 10min

对于表面质量要求高的铸件，必须采用真空退火去除应力。这时除真空度可以采用 6.65Pa 外，其他方面与真空预防白点退火相同。

2. 真空预防白点退火

钛合金铸件在电加工、化学铣削、酸洗、焊接以及热处理等过程中，由于与各种气氛和介质接触而吸氢，以致合金中氢含量过高，使铸件在使用过程中发生氢脆而提前失败。当氢含量超过规定值时，可以利用氢在钛中的溶解过程的可逆反应原理进行真空预防白点退火处理，其工艺见表 5-39。真空预防白点退火处理的工艺要点见表 5-40。

表 5-39　钛合金铸件的真空预防白点退火工艺

状态	温度/℃	保温时间	真空度/Pa
退火	700 ~ 750	根据铸件壁厚确定，见表 5-38	≥6.65 × 10⁻²

表 5-40　真空预防白点退火处理的工艺要点

工艺	工艺参数及其作用
装炉	装炉前应清理炉膛，去除铸件表面的油污、氧化皮和高氧层（因为在 600℃ 以上真空加热时，氧会从表面向铸件内部扩散，从而降低合金的性能）
	为了避免铸件再加热过程中发生变形，要注意装料方式，即不能集中堆积，铸件间的间隔应在 20mm 以上；对形状复杂的铸件还应该用夹具固定
	室温装炉，并在铸件周围填满清洁无氧化皮的钛屑，以防止铸件增氧
抽真空	真空度达到 6.65 × 10⁻²Pa 后开始升温

（续）

工艺	工艺参数及其作用
加热和冷却	为了防止铸件热处理后发生翘曲或变形，当铸件的壁厚差为 50mm 时，允许的加热和冷却速度为 40℃/h；当铸件的壁厚差小于等于 5mm 时，冷却速度可以提高到 80℃/h
升温	当升温至 80℃ 时，保温 15min，以便除去铸件表面的吸附水分；升温至 250℃ 时，保温 15～30min，以便除去铸件表面上的残留有机物质
出炉	铸件的出炉温度为 250～300℃，以便在铸件表面上形成一层氧化薄膜，有利于防止铸件在使用过程中表面与水蒸气起反应

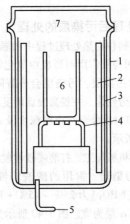

图 5-37　热等静压机
1—高压热压器水冷壁炉　2—炉件
3—隔热屏　4—支撑架　5—高压惰性气体
6—装铸件的容器　7—流体静压力

3. 热等静压处理

钛合金铸件经热等静压处理后，内部孔洞与疏松被挤压而焊合，致密度与力学性能均得到改善。热等静压机是一个内部加热的高压容器（见图 5-37）。将铸件置于容器内，充高压惰性气体（如氩气或氦气）进行热等静压。热等静压工艺规范取决于合金在不同温度下的屈服强度，温度一般应比相变温度低 15～20℃。以 ZTC4 合金铸件为例，其规范为 920℃ ± 10℃，100～140MPa，保温、保压 2～2.5h。

热等静压时采用的介质通常为纯度 99.90% 的氩气，处理后铸件表面的污染层约为 0.1mm。热等静压处理前后的力学性能见图 5-38 和表 5-41。

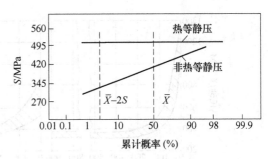

图 5-38　ZTC4（Ti-6Al-4V）合金铸件热等静压处理前后的室温疲劳强度
$\bar{X}$—样本均值　σ—标准差
注：应力比 $R = 1$，频率 $f = 60Hz$，温度为室温。

表 5-41　热等静压处理前后的力学性能对比

合金	状态	力学性能						国别
		R_m/MPa	$R_{p0.2}$/MPa	$A(\%)$	$Z(\%)$	K_{IC}/MPa·m$^{1/2}$	σ_D/MPa	
BT5Л	铸态带缺陷	784	—	4.5	9	—	196	俄罗斯
	热等静压	882	—	12	22	—	470	
BT20Л	铸态带缺陷	1030	—	5.8	12.3	—	—	
	热等静压	1040	—	9.7	25.3	—	—	
Ti-6Al-4V	铸态	1000	896	8	16	107	—	美国
	热等静压	958	869	10	18	109	—	
ZTC4	铸态	948	849	7.8	17.7	—	196	中国
	热等静压	937	853.9	9.7	16.8	—	470	
ZTA15	铸态	939	845	9.2	17.4	—	—	
	热等静压	947	856	10.6	18.3	—	480	

5.3.2　热处理后污染层的处理

当钛合金铸件在热处理过程中的温度高于550～600℃时，表面与氧作用而形成由氧化物薄膜和气体饱和层组成的污染层。污染层会显著降低合金的塑性、韧性及疲劳性能，并提高表面硬度。加热温度和保温时间对BT14Л合金污染层深度及表面硬度的影响如图5-39所示。

可以采用机械加工、打磨喷砂和酸洗方法去除铸件表面上的污染层。常用的酸洗溶液：φ（HF）为3%～5% + φ（NHO₃）为25%～45% + H₂O 余量。所用时间以去除 α 层为宜。图5-40所示为铸件经不同的处理后表面硬度的变化。

5.3.3　热处理效果的评定（见表5-42）

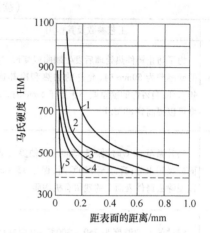

图5-39　加热温度和保温时间（4h）对BT14Л合金污染层深度及表面硬度的影响

1—1100℃　2—1000℃　3—900℃　4—800℃　5—700℃

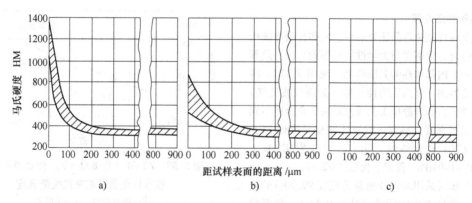

图5-40　铸件经不同的处理后表面硬度的变化

a）喷砂　b）喷砂 + 酸洗　c）喷砂 + 酸洗 + 真空退火

表5-42　钛合金铸件热处理效果的评定

项目	取样方法	测试方法及评定
硬度	取自同一热处理炉次和同一浇注炉次的附铸试样	按 HB 5168—1996 测定三个硬度值，并以其平均值作为检测结果
马氏硬度	取上述同样试样制成金相试样，镶块后抛光	从试样外表面向内部逐点测量，以此评定铸件表面污染层的厚度。当铸件外表面与其内部的马氏硬度值相差较大时，说明表面污染层没有除尽，应重新喷砂和酸洗，甚至进行真空退火处理
拉伸性能	取自同一熔炼炉次和同一热处理炉次的铸件上切取的试样	按 HB 5143—1996 测定三根试样，评定其是否符合技术条件要求
显微组织	金相试样经抛光、腐蚀后显露组织	当表面富氧层的单相 α 固溶体呈光亮的初生 α 相时，说明污染层未除尽，同时还可以观察到明显的微裂纹，则必须重新清洗
表面状态	目视检查铸件表面颜色	根据铸件表面颜色评定氧化程度：淡黄色为合格；淡紫色为不合格，应继续清除污染层

5.4　铸件设计

5.4.1　铸造工艺分类及应用

　　钛合金的铸造工艺过程及铸件的工艺设计与普通铸件基本相似。但是，由于钛液的高度活性，熔炼铸造及造型工艺都比较复杂，对工艺设计的要求也较为苛刻。下面给出的一些参数与资料可在设计钛合金铸件的铸造工艺时参考。

1. 工艺分类

　　图 5-41 所示为钛合金铸造工艺分类。其中的加工石墨捣实型铸造和陶瓷型熔模精密铸造是目前生产中常用的工艺方法。

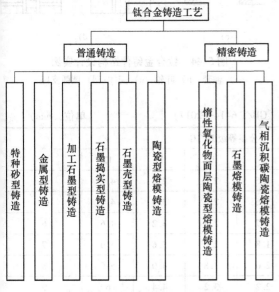

图 5-41　钛合金铸造工艺分类

2. 工艺流程

　　图 5-42 和图 5-43 所示为特种砂型铸造和陶瓷熔模铸造的典型工艺流程。

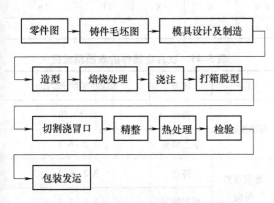

图 5-42　特种砂型铸造的典型工艺流程

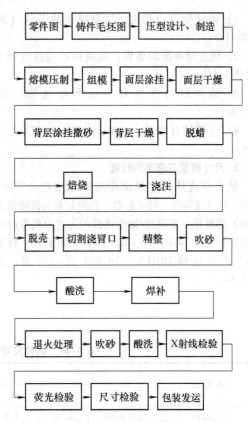

图 5-43　陶瓷型熔模铸造的典型工艺流程

3. 应用范围

　　表 5-43 列出了钛合金铸造工艺方法的主要应用范围。

表 5-43　钛合金铸造工艺方法的主要应用范围

工艺方法	主要应用范围
金属型铸造	小型简单件批量生产
加工石墨型铸造	单件生产或简单件批量生产
石墨捣实型铸造	大中小民用铸件批量生产
石墨加工捣实复合型	大中小民用铸件批量生产
石墨熔模精密铸造	中小航空或民用铸件批量生产
陶瓷型熔模精密铸造	大中小航空铸件批量生产
特种砂型铸造	大中小民用铸件批量生产

5.4.2　铸件结构设计

1. 合理结构的选择

　　一般铸件的设计原则同样适用于钛合金铸件。由于钛合金具有导热性差、补缩距离短、浇注温度高以及在浇注时产生大量气体等特点，因此结构设计时应注意以下几点：

1）铸件壁厚应均匀，尽量减少热节区（见图 5-44a）。

2）创造顺序凝固条件，提高补缩与排气能力（见图 5-44b）。

3）铸件壁内外转角均应圆角过渡（见图 5-44c）。

4）注意铸件刚度，必要时加设增强肋（见图 5-44d）。

2. 尺寸精度与表面粗糙度

钛合金铸件尺寸的设计与检验应符合 GB/T 6414—2017《铸件　尺寸公差、几何公差与机械加工余量》的规定。石墨型/砂型铸件的尺寸公差等级一般按国标中的 DCTG10 ~ DCTG13 级公差验收，精密铸件则应达到 DCTG6 ~ DCTG9 公差等级，见表 5-44。

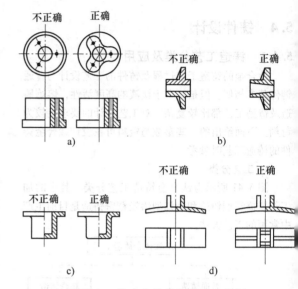

图 5-44　钛合金铸件结构设计实例
a）轴套　b）叶轮　c）壳体　d）圆弧支座

表 5-44　铸件尺寸公差（GB/T 6414—2017）　　　　（单位：mm）

公称尺寸	公差等级 DCTG							
	6	7	8	9	10	11	12	13
≤10	0.52	0.74	1.0	1.5	2.0	2.8	4.2	—
>10 ~ 16	0.54	0.78	1.1	1.6	2.2	3.0	4.4	—
>16 ~ 25	0.58	0.82	1.2	1.7	2.4	3.2	4.6	6
>25 ~ 40	0.64	0.90	1.3	1.8	2.6	3.6	5.0	7
>40 ~ 63	0.70	1.0	1.4	2.0	2.8	4.0	5.6	8
>63 ~ 100	0.78	1.1	1.6	2.2	3.2	4.4	6	9
>100 ~ 160	0.88	1.2	1.8	2.5	3.6	5.0	7	10
>160 ~ 250	1.0	1.4	2.0	2.8	4.0	5.6	8	11
>250 ~ 400	1.1	1.6	2.2	3.2	4.4	6.2	9	12
>400 ~ 630	1.2	1.8	2.6	3.6	5	7	10	14
>630 ~ 1000	1.4	2.0	2.8	4.0	6	8	11	16
>1000 ~ 1600	1.6	2.2	3.2	4.6	7	9	13	18

钛合金铸件表面粗糙度的测定方法，可采用机械加工零件的表面粗糙度，也可根据工艺方法参考表 5-45 选定。

3. 铸件壁厚

铸件壁厚主要决定于铸件的大小与结构要求。铸造钛合金采用的电弧凝壳炉所浇注出来的钛液的过热度相对比较小，而常用的铸型材料的导热性都比较高，这些因素使钛合金铸件的最小允许壁厚受到限制（见表 5-46）。

表 5-45　钛合金铸件的表面粗糙度

工艺	状态	表面粗糙度 $Ra/\mu m$
石墨型铸造	铸态	12.5 ~ 50
	手工精整	3.2 ~ 6.3
熔模精密铸造	铸态	3.2 ~ 6.3
	手工精整	1.6 ~ 3.2

表 5-46　钛合金铸件的最小允许壁厚　　　　　　　　　　（单位：mm）

铸件轮廓尺寸	≤50		>50~100		>100~250		>250~400		>400	
铸造方法	推荐值	最小允许值[①]	推荐值	最小允许值[①]	推荐值	最小允许值[①]	推荐值	最小允许值[①]	推荐值	最小允许值[①]
机械加工石墨型	5	4	5	4	6	5	7	5	8	6
捣实石墨型或砂型铸造[②]	4	3	5	4	6	5	7	5	8	6
金属型铸造[②]	4	3	5	4	6	5	7	5	8	6
熔模精密铸造　石墨型壳	2.5	1.5	3	2.0	3	2.0	3	2.5	4	2.5
熔模精密铸造　氧化物陶瓷型壳	2.5	1.0	2.5	1.0	2.5~3.0	1.5	3.0	1.5	3	2.0

① 最小允许值指在特定条件下充满铸件局部的最小壁厚。

② 厚度的允许值：金属型优于捣实石墨型，捣实石墨型优于机械加工石墨型。

4. 铸造圆角

钛合金铸件壁内外转角处及厚薄截面过渡区易产生裂纹、粘砂与气孔等缺陷，因此所要求的铸造圆角应当比钢铸件大一些，但应避免形成大的热节区（见表 5-47）。

表 5-47　钛合金铸件的铸造圆角

工艺方法	外圆角/mm	内圆角/mm
石墨型铸造	≥2.5	≥4
熔模精密铸造	≥1	≥3

5. 孔间及壁间的最小间距（铸槽深度）

钛合金铸件的孔间及壁间最小距离（铸槽深度）主要受各种铸型强度及造型材料对钛液化学稳定性的影响，与钢铸件相比，尺寸要放宽一些，见表 5-48。

表 5-48　典型钛合金铸件允许的铸槽宽度和深度
　　　　　　　　　　（单位：mm）

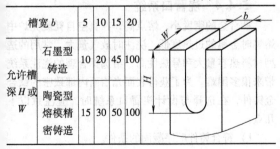

槽宽 b		5	10	15	20
允许槽深 H 或 W	石墨型铸造	10	20	45	100
	陶瓷型熔模精密铸造	15	30	50	100

5.4.3　铸件工艺设计

1. 机械加工余量

机械加工余量是根据零件结构及铸件工艺设计的要求确定的。石墨型铸件由于存在表面流痕和冷隔，应选择较大数值的机械加工余量，见表 5-49。

表 5-49　推荐的机械加工余量
　　　　　　　　（单位：mm）

工艺方法	铸件尺寸	单面机械加工余量
石墨型铸造	≤400	3~4
	>400	>4~8
熔模精密铸造	≤250	1.5~2
	>250	>2~4

2. 六点定位

基准面是检查铸件尺寸和零件随后机械加工的重要依据，应由零件设计、零件加工与铸造工艺部门共同确定。选择基准面的原则：基准面应光洁平整，尺寸稳定；避免在基准面上设置浇冒口；尽量不取加工面为基准面；基准面尺寸不宜过小。模样设计、铸件尺寸检查和以后的机械加工尽可能选择同一个基准面。

3. 分型面设计

设计金属型、捣实型木模及熔模压型时，分型面的选择与一般铸造工艺基本相同。同时也应考虑到钛合金铸造用造型材料都具有较高的强度，在铸件形状非常复杂的情况下，模样可采用多分型面的组合结构。

4. 型芯设计

在制造有型孔或型腔的石墨型铸件时，一般采用石墨捣实型芯，在特殊的条件下，也可应用优质石墨加工型芯。熔模精密铸件的型孔一般是利用水溶性模料制壳工艺来实现，但也可以采用预制陶瓷型芯。表

5-50列出了预制型芯的典型技术参数。

表 5-50 预制型芯的典型技术参数

（单位：mm）

种 类	型孔直径或型腔的相应尺寸 d	单支点型芯		双支点型芯	
		型孔长度	芯头长度	型孔长度	芯头长度
石墨加工型芯	≥5	2d	1d	1d	0.5d
石墨捣实型芯	≥10	1d	0.8d	2d	0.5d
预制陶瓷型芯	≥5	1.5d	1.5d	3d	0.4d

对于细长的型孔，当采用石墨型铸造时，允许放置钛制芯撑（见图5-45）。

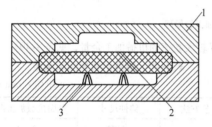

图 5-45 石墨钛制芯撑

1—加工石墨型 2—石墨捣实型芯 3—钛制芯撑

在精密铸造水溶型芯制壳工艺中，对于孔径过大的铸件，可在铸件上设置工艺孔，以便在制壳时对型芯给予支撑。浇注后采用焊补方法堵塞工艺孔（见图5-46）。

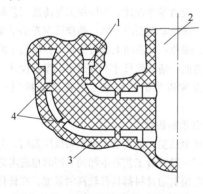

图 5-46 开设铸件工艺孔的熔模
精密铸型壳剖面图

1—铸件型腔 2—浇道型腔
3—陶瓷型壳 4—工艺孔

5. 铸造孔

表5-51列出了钛合金的铸造孔尺寸。

表 5-51 钛合金的铸造孔尺寸

（单位：mm）

工艺方法	针孔直径[①]	通孔长度	盲孔长度
石墨捣实型铸造	≥10	≤20	≤10
熔模精密铸造	≥5	≤15	≤7.5

① 未考虑孔径变化及异形铸造孔。

6. 铸造斜度

铸造斜度除了便于起模外，对改进钛合金铸件的补缩条件有显著作用，见表5-52。

表 5-52 铸造斜度

项目	石墨捣实型铸件/(°)	熔模精密铸件/(°)
推荐值	3	1.5
最小允许值	1	0.5

7. 收缩率

影响钛合金铸件总收缩率（铸型收缩率加金属收缩率）的因素很多，包括铸件尺寸的大小、形状的复杂程度、浇冒口系统的设置、造型工艺与浇注工艺的选择等因素，因而波动范围比较大。在一般情况下，都必须根据实际经验，并通过对具体铸件的多次试验，才能取得较为准确的数据。表5-53仅列出了在自由收缩与受阻收缩两种条件下典型钛合金铸件的总收缩率。

表 5-53 典型钛合金铸件的总收缩率

工 艺 方 法	总收缩率（%）	
	自由收缩	受阻收缩
石墨加工型铸造	1.0~1.8	0.5~1.5
石墨捣实型铸造	1.5~2.5	0.5~2.2
石墨熔模精密铸造	3.5~4.8	1.5~3.5
陶瓷型熔模精密铸造	1.0~2.5	0.5~1.8
特种砂型铸造	2.0~3.0	0.5~0.8

5.4.4 浇冒口系统

钛合金的密度小，熔点高，在真空自耗凝壳炉中熔炼时金属的过热度低，浇注时放气量大，常用的造型材料热容量大和导热性高，给选择合理的浇注系统带来很多困难。为了获得表面光洁而内部致密的钛合金铸件，在选择与设计浇冒口系统时，应注意以下几点：

1）符合铸件顺序凝固的条件。

2）采用开放性浇注系统。建议直浇道∶横浇道∶内浇道（横截面面积）比为1∶2∶2或1∶2∶4。

3）选择内浇道位置时，应注意避免金属液直接冲刷铸型。

4）开设较大的冒口。

5）注意排气。应在冒口处或分型面上开设排气道。

石墨型通常采用重力浇注，一般尽量采用从底部浇注，使金属平稳充填，避免铸件产生冷隔与流痕。

对于薄壁复杂结构的钛合金精密铸件，一般都采用离心浇注法（见图5-47）。离心浇注的工艺设计应当符合下列原则：

1）浇道尽可能短，并具有足够大的截面，以保证金属迅速充填铸型。

2）采用开放型浇注系统，保证内浇道不提前凝固，以便在充填完毕后的一段时间内离心力能对铸件的凝固起阻碍作用。

3）为了保证铸件的表面质量及气体的顺利排除，离心浇注时也应尽量采用底注方式，即内浇道远离转轴，而冒口则靠近轴心，以保证铸型的平稳充填和铸件的顺序凝固。

图 5-47　钛合金精密铸件的离心浇注

离心转速的选择决定于铸件的结构尺寸与质量要求，以及铸型强度和组装的牢固程度。离心转速可按以下经验公式计算：

$$n = 299\sqrt{\frac{G}{r_0}}$$

式中　n——离心转速（r/min）；

　　　G——重力系数；

　　　r_0——旋转半径（cm）。

离心浇注时，钛合金铸件主要部位的重力系数 G 一般选择为 30 ~ 50。经验表明，为了获得致密的铸件，各部位的 G 值都应大于 10。对于内外表面都需要进行机械加工的环形铸件，可以采用石墨加工型或金属型自由表面无芯离心浇注工艺（见图5-48）。

离心转速 n 可根据环形上下部位壁厚差的允许值来确定，按以下经验公式计算：

$$n = 423\sqrt{\frac{h}{\delta(2R-\delta)}}$$

式中　n——离心转速（r/min）；

　　　h——铸件高度（cm）；

　　　δ——铸件上下壁厚差（cm）；

　　　R——铸件上下部内圆半径（cm）。

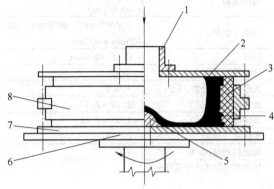

图 5-48　无芯离心浇注工艺

1—浇口杯　2—上模板　3—加工石墨型
4—环形钛合金铸件　5—分流锥　6—离心盘
7—下模板　8—夹具

对于大型复杂钛合金结构件，为提高冶金质量和可靠性，也可采用重力浇注，一般采用底注式浇注，金属液平稳充型，铸件冶金缺陷少，修补量少，可靠性高。

5.5　造型材料及造型工艺

5.5.1　造型材料的选择

1. 造型材料的技术要求

1）高的化学稳定性，不与钛液发生整体或表面反应。

2）高的耐火度及抗热冲击能力，在钛液的高温作用下不软塌，不破裂。

3）有足够的强度，在造型、搬运和装炉时不变形，不破碎。

4）材质细致，能形成表面光洁的铸型。

5）吸附气体与水分的能力小，避免浇注时大量放气。

6）低的导热性，以避免减少铸件激冷所造成的缺陷。

2. 耐火材料的种类与性能

（1）碳质耐火材料　生产钛合金铸件时，广泛使用的人造石墨块（电极）和石墨砂料都是以石油焦和沥青为主要原料，经压制成形后，再在 2600 ~ 3000℃高温煅烧而成。这种材料在真空下的耐火度高，其强度随温度的升高而增大。石墨的线胀系数小，对钛液具有良好的化学稳定性。表 5-54 和表 5-55 列出了人造石墨的主要技术性能。除人造石墨外，焦炭和沉积炭都是可用的碳质耐火材料。

表5-54　钛合金铸造用人造石墨的技术性能

项　目	参数
晶体结构	六方晶格（$a = 0.246\mu m$, $c = 0.67\mu m$）
规格（块料）	$\phi 500mm$, $\phi 250mm$ 或 $400mm \times 400mm$
砂料	0.15 ~ 0.6mm
碳含量（质量分数,%）	≥99
灰分（质量分数,%）	≤0.5
真密度/(g/cm³)	2.19 ~ 2.3
堆密度/(g/cm³)	1.55 ~ 1.75
孔隙度（%）	22 ~ 32
氧化起始温度/℃	430
热导率（20℃）/[W/(m·K)]	75
抗压强度/MPa	≥30

表5-55　人造石墨的强度

温度/℃	20	500	1000	1500	2000	2500
抗拉强度/MPa	9	11.5	13.0	15.0	17.0	15.5
抗压强度/MPa	34	34.5	36.5	48.5	50.5	—

（2）氧化物耐火材料　氧化物耐火材料是制造陶瓷型壳的重要材料。常用的耐火氧化物按其对钛液的化学稳定性的高低依次递增排列为：$SiO_2 \rightarrow Al_2O_3 \rightarrow MgO \rightarrow ZrO_2 \rightarrow Y_2O_3 \rightarrow ThO_2$。造型时可以使用 ZrO_2、Y_2O_3 和 ThO_2 作面层或邻面层耐火材料，其余的只可用作背层材料。表5-56列出了几种耐火氧化物的主要技术性能。

在实际生产中，通常使用的并不只是纯氧化物，而是由天然矿物制成的氧化物耐火材料。其物理化学性能见表5-57。

表5-56　几种耐火氧化物的主要技术性能

性　能		耐火氧化物						
		SiO₂	Al₂O₃	MgO	CaO	ZrO₂	Y₂O₃	ThO₂
晶体结构		六方	六方	立方	立方	立方	单斜	立方
相对分子质量		60.6	101.92	40.32	56.08	123.22	225.84	264.12
熔化温度/℃		—	2015	2800	2600	2679	2410	3300
密度/(g/cm³)		2.32	3.97	3.58	3.32	5.56	4.84	9.63
热导率 /[W/(m·K)]	100 ~ 1000℃		0.08	0.095	0.039	0.0054	—	0.0236
	20 ~ 1000℃		0.0163	0.0186	0.0197	0.0067		0.007
线胀系数/10⁻⁶K⁻¹		13.9	8.6	13.8	13.8	7.7 ~ 8.1		10.2
孔隙度（%）		—	4.5 ~ 7.3	8.75	8.75	—		16.75
耐火度（氧化气氛）/℃		1680	1590	2400	2400	2500		2700

表5-57　铸钛用氧化物耐火材料的物理性能

性　能	高岭土	电熔刚玉	氧化锆
成分（质量分数,%）	$Al_2O_3 = 40 ~ 46$ $SiO_2 = 49 ~ 55$	$Al_2O_3 \geq 98.8$	$ZrO_2 \geq 93.3$ $CaO \approx 5$
处理状态	烧结	电熔	电熔
耐火度/℃	≥1750	1950	2500
密度/(g/cm³)	2.7	3.85 ~ 3.9	—
线胀系数/10⁻⁶K⁻¹	4.44（20 ~ 1000℃）	4.44（20 ~ 1000℃）	5.1（20 ~ 1250℃）

（3）其他造型材料　钛合金铸造用的其他造型材料还有铸铁、钢、铜和难熔金属，以及碳化物、氮化物等高熔点化合物。前四种用于加工金属模样，后两种用于熔模精密铸造。其性能对比见表5-58。

表 5-58 铸钛用几种造型材料的性能对比

性 能	铸铁	(铸)钢	铜	钨	钼	陶瓷	石墨
熔点/℃	1220	1525	1082	3400	2615	2000	
密度/(g/cm³)	6.8~7.0	7.8	8.9	19.3	10.2	2.6	1.6
热导率(20℃)/[K/(m·K)]	54.43~58.61	58	390	174	137	0.87	149
抗拉强度 R_m/MPa	≥150	≥400	≥150	—	—	—	—
比热容/[J/(kg·K)]	449~594	545	—	—	—	—	—
线胀系数/10⁻⁶K⁻¹	13	13.92	16.92	4.5	5.2	—	—

3. 黏结剂

黏结剂是制造捣实型铸型与熔模精密铸造型壳的关键材料。钛合金造型用的黏结剂要求具有特殊的综合性能。

1) 良好的室温黏结性能，以保证铸型制作及造型后的湿强度。

2) 煅烧后结合强度高，收缩体积小，以保持铸型尺寸稳定、工艺强度好。

3) 与耐火材料匹配，无化学反应，以保证型砂或料浆的良好工艺性能。

4) 煅烧后产生的产物对钛液有较高的化学稳定性。表 5-59 列出了钛合金陶瓷型熔模精密铸造用的黏结剂的性能。

表 5-59 钛合金陶瓷型熔模精密铸造用黏结剂的性能

项 目	硅溶胶	硅酸乙酯	锆有机化合物
用途	背层	背层	面层
成分(质量分数,%)	SiO₂=24~31	SiO₂=32~42	ZrO₂=22~25
密度/(g/cm³)	1.15~1.22	0.97~1.07	1.23~1.33
运动黏度/(m²/s)	≤6×10⁻⁴	≤1.6×10⁻⁶	(3.0~8.0)×10⁻⁶
pH	9~10	1~2	3.8~4.2

5.5.2 金属型及石墨加工型的铸造工艺

1. 金属型的特点及应用

钛合金铸造用的金属型通常是由铸铁、钢或铜加工而成，适用于小型简单铸件，使用寿命一般可达 40~60 炉次。金属型的铸造工艺简单，铸件尺寸容易保证，成本比较低廉。其缺点是铸件表面容易出现冷隔和流痕，较大的铸件容易产生表面熔焊区。

2. 石墨加工型的特点及应用

石墨加工型是由高纯度人造石墨块经机械加工而成，表面光洁，尺寸精确，浇注出的铸件精度较高。加工石墨型能多次使用，有的使用寿命可达 50~60 次。由于石墨的导热性高，对钛液又有良好的润湿性，所以浇入铸型中的钛液一旦与型壁接触立即凝固，因此铸件上容易产生流痕与冷隔缺陷。石墨加工型铸件表面上存在的一层渗氧、渗碳的 α 脆性层，在热应力作用下，容易出现表面龟裂（见图 5-49）。这种情况对薄壁铸件尤为有害，因此只有厚壁铸件（δ>10mm）才适合于选用石墨加工型铸造工艺。为了改善铸件表面质量，可以采用惰性耐火材料喷刷在石墨加工型的型腔表面。

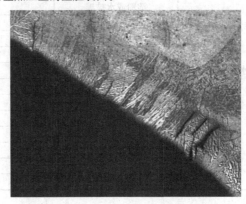

图 5-49 铸件上的表面龟裂 ×25

石墨加工型不仅适合于重力浇注，还适合于无芯离心浇注。用于制造钛合金环形铸件或异形铸件时具有较高的生产率（见图 5-50）。

图 5-50　石墨加工型无芯离心
浇注 ZTC4 合金压气机机匣铸件

5.5.3　石墨捣实型工艺

1. 分类及典型配比

石墨捣实型铸造与普通砂型铸造的工艺方法基本相同，不同的是造型材料。石墨型砂种类很多，根据不同的黏结剂可以分为多组元黏结剂石墨混合料、单组元黏结剂石墨混合料和水溶性黏结剂石墨混合料。

表 5-60 列出了石墨混合料的典型配比。

2. 造型工艺及特性

常用的石墨砂粒度为 0.15~0.6mm。为了提高铸件表面质量，可选用较细的（0.11~0.21mm）石墨面砂。采用较粗的背砂则可改善铸型的透气性。

表 5-60　石墨混合料的典型配比

种　类	成　　分	配比（质量分数或质量份）	稀释剂	使用国家
多组元黏结剂石墨混合料	石墨粉	70%	水	美国
	粉状沥青	10%		
	碳纤维水混	10%		
	淀粉	其余		
	表面活性剂	其余（少量）		
单组元黏结剂石墨混合料	石墨粉	100（质量份）	醇类	俄罗斯、德国、日本、中国
	可溶性酚醛树脂	7%~20%（以干残渣计算）		
	酸性固化剂	树脂质量的 10%~30%		
	石墨粉	100（质量份）	醇类	俄罗斯
	酚醛树脂	7%~20% 以干残渣计算		
	六亚甲基四胺	树脂质量的 6%~14%		
	石墨粉	100（质量份）	煤油	中国
	HZ 合脂	15（质量份）		
水溶性黏结剂石墨混合料	石墨粉	100（质量份）	水	美国
	卤化物黏结剂	20（质量份）		
	淀粉或水玻璃	2（质量份）		
	水	10（质量份）		
	石墨粉	100（质量份）		
	卤化物黏结剂	20（质量份）		
	硅酸钠（水玻璃）	5（质量份）		
	水	10（质量份）		
	纸浆	8%~12%	水	俄罗斯
	淀粉	5%~10%		
	碳质黏结剂	8%~9.5%		
	表面活性剂	1%		
	水	5%~18%		
	石墨粉	余量		

将石墨混合料在碾砂机内混合均匀后采用手工或机械造型。将造好的铸型先放在托板上，装入烘箱，经 120℃ 左右低温烘烤后，具有足够的强度，然后再装入高温炉进行烧结。为了防止石墨在高温下氧化，应将铸型放在添有石墨或木炭的箱中，或者在惰性气体（氮或氢气）保护下进行烧结。烘烤和焙烧的升温速度与保温时间取决于铸型大小及复杂程度，保温时间可以在 2~72h 内变化。图 5-51 所示为石墨砂型捣实型的焙烧工艺。总之，在烘烤和焙烧过程中，应特别注意防止铸型变形。对于内部质量要求严格的钛

合金铸件，焙烧后还应将石墨铸型再进行约 1000℃ × 2h 的真空除气处理。

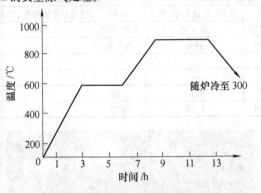

图 5-51　石墨砂型捣实型的焙烧工艺

石墨砂型捣实型在造型后具有足够的湿强度，在烘烤和焙烧后具有较高的断裂干强度（见表 5-61），既可用于重力浇注，也可用于离心浇注。

石墨砂型捣实型的制造工艺简单，成本低廉，与加工石墨型相比，导热性差，退让性较好，铸件不会产生裂纹，适合于机械化批量生产。因此，石墨砂型捣实型已成为生产民用钛合金铸件的主要造型工艺。

表 5-61　石墨砂型捣实型的典型性能

造型方法	断裂干强度/MPa	密度/(g/cm³)	自由收缩率（%）
手工捣实	0.49 ~ 0.88	1.07 ~ 1.1	0.8 ~ 1.2
压型	0.69 ~ 1.18	1.1 ~ 1.2	0.8 ~ 0.9

石墨捣实型工艺的缺点是铸件表面质量较差，并且容易出现化学粘砂。未经真空除气的铸型所浇注出的铸件内部会存在气孔类的缺陷。

5.5.4　熔模精密铸造工艺

熔模精密铸造工艺可铸出形状复杂、表面光洁的钛合金精密铸件，并在航空航天工业及其他精密机械工业中获得广泛应用。现在不但可以生产中小型钛合金铸件，而且还能铸造大型整体薄壁铸件，具有明显的经济技术优势。

国际上常用于生产钛精密铸件的型壳工艺有三种：石墨熔模型壳工艺、钨面层陶瓷型壳工艺和惰性氧化物面层陶瓷型壳工艺，见表 5-62。

表 5-62　各种熔模型壳工艺的比较

项目	石墨熔模型壳	钨面层陶瓷型壳	惰性氧化物面层陶瓷型壳
优点	材料价格低廉，工艺简单	收缩小，精度高，表面污染层少	收缩小，精度高，工艺简单
缺点	收缩大，精度低，有渗碳层，表面冷却快	工艺复杂，材料价格高，表面冷却快	材料价格高，有气孔缺陷，有表面污染层
适用范围	中小铸件	大中小铸件	大中小铸件

1. 石墨熔模型壳工艺

石墨熔模型壳工艺是最早用于生产的钛合金精铸工艺，美国 Howmet 公司是采用该工艺最早的厂商，目前俄罗斯和意大利等国已广泛采用。这种工艺的流程与普通陶瓷熔模工艺基本相同，对模料无特殊要求，可以根据铸件的大小和复杂程度选择低温或中温模料（见表 5-63）。该工艺采用石墨耐火材料与碳质

黏结剂。涂料由黏结剂、填料、表面活性剂和溶剂组成（见表 5-64）。常用的黏结剂为合成树脂或胶体石墨。石墨粉填料的粒度小于 0.08mm，面层撒砂料为 0.11 ~ 0.42mm 的石墨砂，背层为 0.6 ~ 1.68mm 石墨砂。为了降低型壳的激冷作用，也可采用焦炭作为耐火材料。

表 5-63　熔模工艺用模料性能

类别	熔点/℃	强度/MPa	收缩率（%）	灰分（质量分数,%）	用　途
低温模料	50	1.0 ~ 1.1	0.8	≤0.05	石墨型壳工艺
中温模料	79	3.7 ~ 3.8	1.3	≤0.1	石墨型壳工艺
高温模料	70 ~ 80	4.0 ~ 5.0	0.4 ~ 0.6	≤0.01	陶瓷型壳工艺

表 5-64　石墨熔模型壳工艺用不同黏结剂的典型涂料组分

名　称	胶体石墨黏结剂		合成树脂黏结剂		酚醛树脂黏结剂	
	材料	组分(质量分数,%)	材料	组分(质量分数,%)	材料	组分(质量分数,%)
黏结剂	胶体石墨	2.77	合成树脂	20 ~ 35	酚醛树脂	30
填料	石墨粉小于 200#	37.8	石墨粉	其余	石墨粉	28
乳化剂	黄胶	0.174	—	—	—	—
润湿剂	六烷基磺酸钠	0.003	—	—	—	—
溶剂	水	余	乙醇	另加	乙醇	39
固化剂	—	—	催化剂	7 ~ 9	盐酸	3

　　石墨料浆应在装有搅拌器的涂料桶中制备。在经过均匀稀释的黏结剂中加入干燥的石墨粉填料,搅拌均匀,然后增添固化剂。搅拌不宜过快,防止带入气体。料浆的黏度一般控制在 20 ~ 30s(4#黏度杯)范围内。

　　模组一般涂挂 7 ~ 9 层,此时的型壳厚度可达 8 ~ 12mm。离心浇注用的型壳最好涂挂 10 ~ 12 层。干燥后将模组放在烘箱内脱蜡,然后在石墨粉或惰性气体保护下进行高温烧结。为了除去表面上的吸附气体,浇注前应将石墨型壳进行高温真空处理。焙烧后的石墨熔模型壳性能见表 5-65。

表 5-65　石墨熔模型壳的性能

室温抗弯强度 σ_{bb}/MPa	收缩率（%）		抗变形能力（%）
	自由	受阻	
56.3 ~ 67.4	4.7	3.7	0.2 ~ 0.5

2. 惰性氧化物陶瓷型壳工艺

　　惰性氧化物面层陶瓷型壳熔模精铸工艺最早是由美国发展起来的,目前不少厂家采用这种工艺。该工艺的特点是使用对钛液不起反应的耐火氧化物(如 ThO_2、ZrO_2 或 Y_2O_3 等)和生成氧化物的黏结剂配制面层料浆。制造型壳时使用的工装设备与一般熔模精铸的工装相同。

　　惰性氧化物陶瓷型壳一般由面层、邻面层及背层涂料组成。型壳的干燥温度、湿度和时间等参数影响型壳强度、退让性等性能。目前,钛合金、钛铝合金铸件多采用氧化锆、氧化钇陶瓷型壳。

　　惰性氧化物陶瓷型壳的强度高,收缩小,铸件精度高,表面光洁,不容易产生冷隔缺陷,适合于铸造复杂结构钛合金精密铸件(见图 5-52)。

　　但是此法生产的铸件表面上的 α 脆性层较厚,内部容易产生气孔,通常要求进行热等静压处理。

5.5.5　其他造型工艺

　　(1) 惰性耐火材料灌注式陶瓷型　惰性耐火材料灌注式陶瓷型工艺可以取代石墨捣实型浇注精度要求更高的钛合金大型铸件。这种陶瓷铸型的收缩率比

图 5-52　惰性氧化物陶瓷型熔模铸造的钛合金铸件

石墨捣实型小 50% 左右,强度高,表面光洁,适合于离心浇注。这种造型工艺简单,不需要复杂的工装设备,制备周期短;缺点是工艺材料的成本高,生产率较低。

陶瓷型芯用惰性耐火材料浇灌或挤压法制备。

　　(2) 石墨壳型　用热固性合成树脂和石墨粉作为造型材料,在加热的金属模板上制造石墨壳型。这种造型工艺简单,材料消耗少,生产率高,是成批生产尺寸精度要求不高的小型钛合金铸件的好方法。

　　(3) 石墨沉积陶瓷型壳　将焙烧后的普通熔模精铸陶瓷型壳置于石墨沉积炉内,加热至 900 ~ 1300℃后,通入碳氢化合物气体(甲烷、乙烷或天然气),使型壳表面沉积一层单质的热介碳层。这种附着牢固、均匀致密的沉积层呈金属光泽,强度高,法线方向的热导率很小,对钛液具有一定的稳定性。这种铸型只可浇注小型钛合金铸件;若浇注大型铸件时,由于热冲击的作用,铸型容易与钛液发生相互反应。

5.6　清理精整

5.6.1　钛合金铸件的清理精整（见表 5-66）

5.6.2　钛合金铸件的常见缺陷和焊补

1. 常见缺陷

　　由于钛的活性和熔铸工艺条件的限制,钛合金铸件比其他金属铸件更容易产生各种冶金缺陷。表 5-67 列出了钛合金铸件的常见缺陷和防止方法。

表 5-66 钛合金铸件的清理精整工序及其设备和技术要求

工 序	工艺方法与设备	技术要求
脱壳（型）	手锤或风铲	勿损伤铸件
	振动落砂机（脱壳机）	—
切除浇冒口	氧乙炔火焰切割	切口与铸件间距大于 10mm
	砂轮机切割	切口与铸件间距大于 2mm
抛丸或喷砂	抛丸（钢球）机与喷砂（氧化铝或碳化硅）机	清除残留型壳与粘砂
水力清砂	水力清砂机水压约 10MPa	清除型孔、内角粘砂
盐浴处理	活性金属盐浴槽	清除钨面层型壳铸件粘砂及氧化皮
手工铣	气动手工铣刀	铣削铸件浇冒口残根及表面缺陷
手工磨	气动手工磨具	磨削铸件表面缺陷与修整外形
机床加工	车床、铣床、磨床、锯床及钻床	切削浇冒口，铣、磨铸件局部缺陷
喷砂	喷砂机砂粒度约 0.15mm	均匀地除去铸件表面上的 α 脆性层
酸洗	槽液配比如下 HNO_3（质量分数为 65%）18.5%（体积分数） HF（质量分数为 40%）5%（体积分数） H_2O 余量 工艺如下 清理性酸洗 3～5min 腐蚀性酸洗的速度为 0.05～0.07mm/min，酸洗量 ≤0.2～0.4mm	槽液温度控制在 20～35℃，槽液变深蓝色时（钛含量 >25g/L）更换槽液，铸件应不断搅动，以防渗氢

表 5-67 钛合金铸件的常见缺陷和防止方法

名称	特 征	产生原因	防止方法
缩孔	孔内表面光洁，孔洞圆滑	补缩冒口设置不当	正确设计浇注系统
缩松	连续或不连续海绵状缩松	铸件大面积薄壁部位补缩差	正确设计浇注系统
气孔	圆孔尺寸不同，内表面光亮	铸型除气不佳或钛液与造型材料发生交互反应	控制造型材料及铸型焙烧除气工艺
表面裂纹	锯齿形的光洁的表面裂纹	表面 α 脆性层在铸造应力作用下开裂	正确设计工艺
跑火（型漏）	金属流失，铸件充填不满	型壳浇注时开裂或石墨型装配不当	控制造型工艺
鼓胀	铸件局部突起或增厚	型壳强度不够，装配不良	控制造型工艺
表面针孔	圆形密集或非密集的表面小孔	铸型表面不洁或粗糙或局部反应	控制造型工艺
夹砂	铸件局部夹砂或突起的金属反应层	由型壳或砂型表面开裂起皮或脱落造成	控制造型工艺
夹杂	表面与内部的高低密度夹杂	铸型表面被损或型腔内存在外来夹杂物	控制造型工艺
变形	铸件尺寸和形状与图样不符	蜡模、铸型变形或浇冒口设置不当，以及脱型精整时操作不当	正确设计工艺
冷隔、流痕	表面线形凹下或未焊合的金属痕迹	铸型激冷或浇注系统不合理	正确设计工艺
毛刺	表面上不光滑的小刺凸起物	铸型表面不致密	控制造型工艺

2. 焊补

焊补是修复钛合金铸件各种缺陷的重要方法。除了技术条件规定的不允许焊补的区域外，铸件上其余区域的缺陷均可通过焊补进行修复。焊补的方法有氩弧焊、激光焊、钎焊，通常采用手工钨极氩弧焊。焊补是在有保护气氛的焊箱中进行。常用的保护气体为高纯度（质量分数为99.99%）氩气。钛合金铸件的缺陷部位在经过铣削或打磨后进行吹砂、酸洗或脱脂处理以净化表面，将焊补部位做上标志并装入焊补箱

中。将焊箱封闭，预抽真空至6.6Pa，然后充氩气至100kPa。将铸件接通正极，用 $\phi1.5 \sim \phi3mm$ 钨电极进行电弧焊。起弧后用 $\phi1.2 \sim \phi3mm$ 钛丝熔化后填补铸件缺陷。为了保证焊接性，焊丝必须采用与铸件同一牌号的低氧合金或下限成分合金，不同牌号规格的焊丝应分类存储，标识清楚。钛合金铸件焊补工艺参数见表5-68。焊工及检验员必须经过专门培训并定期考核。

表5-68　钛合金铸件焊补工艺参数

焊补铸件厚度/mm	焊丝直径/mm	钨极(丝)直径/mm	焊枪喷嘴直径/mm	焊接弧压/V	焊接电流/A	氩气流量/(L/min) 焊枪喷嘴	拖斗或背部
<3	1.0~2.0	2	8~12	—	50~130	8~12	4~12
3~10	1.6~3.0	2.0~3.0	16~20	—	90~130	12~16	4~12
>10	2.0~4.0	2.5~4.0	16~24	—	130~150	15~25	4~12

焊补后的铸件必须经过目视、渗透检测和X射线检测，不允许存在钨夹杂和未熔合缺陷。焊区不允许氧化，应呈银白色或淡黄色，不允许有蓝色和灰色的焊点。焊补热影响区不允许出现深蓝色和灰色。根据技术条件要求，同一位置重复焊补的次数：ZTA1、ZTA5、ZTA7、ZTC4、ZTC6等铸件一般不超过3次，ZTA15、ZTC3、ZTC5等铸件不允许超过2次。焊补后的铸件应进行去应力退火或采用超声振动、锤击等方式消除焊补应力。

3. 热等静压处理

热等静压处理参见5.3.1节。

5.7 质量控制

钛合金石墨型铸件一般按GB/T 6614进行检验验收；航空用熔模精密铸件暂按HB 5448标准检验。

精整后的钛合金铸件根据上述标准及图样和用户要求，可进行目视、射线、荧光、金相、硬度等对尺寸、化学成分及力学性能进行检查（见表5-69）。对有特殊要求的铸件，也可进行高低倍金相检查。

表5-69　钛合金铸件质量检验项目

检验项目	采用的标准
着色	—
X射线照相检查	HB 20160—2014
渗透检验	GJB 2367A—2005

（续）

检验项目	采用的标准
铸件尺寸公差与机械加工余量	GB/T 6414—2017
钛及钛合金化学成分分析	GB/T 31981—2015
金属材料室温拉伸试验	GB/T 228.1—2010
金属材料夏比摆锤冲击试验	GB/T 229—2017
金属材料高温拉伸试验	GB/T 228.2—2015
铸造表面粗糙度	GB/T 6060.1—2018
钛及钛合金表面α层检测	GB/T 23603—2009

1）尺寸检查。钛合金铸件的尺寸按照铸件图样或铸造工艺规程的规定进行检查。尺寸检查可采用常规尺寸测量、蓝光扫描、三坐标测量、关节臂测量等方法。

2）表面质量。所有钛合金铸件都必须进行100%目视检查。对于航空用精密铸件，必须按GJB 2367A—2005规定进行荧光检查。所有钛合金铸件表面都应清理干净，不得有毛刺、飞边等，不允许有裂纹、冷隔及穿透性缺陷。航空精密铸件的表面质量应符合表5-70要求。

3）内部质量。对于重要的航空精密铸件（I、II类）及用户提出要求的石墨型铸件应进行100%射线检查。钛合金铸件使用ASTM E 192《宇航用熔模钢件射线标准参考底片》和ASTM E 1320《钛合金件的标准参考照片》来评定内部缺陷，见表5-71。

表 5-70　钛合金铸件目视检验、荧光渗透检验允许缺陷

质量级别	受检面积	单个孔洞			成组孔洞			线性缺陷			缺陷边沿距轮廓边沿、孔沿的最小距离
		最大尺寸	最大深度	最多数量	最大尺寸	最大深度	最多数量	最大尺寸	最大深度	最多数量	
		mm	mm	个	mm	mm	组	mm	mm	个	mm
A	25mm×25mm	暂不定									
B		1.0	1.0	4	5	0.8	2	1.0	0.5	1	5
C		2.0	1.5	5	8	1.0	2	1.2	0.8	2	4
D		3.0	2.0	5	15	1.5	1	1.5	1.0	2	3

表 5-71　钛合金铸件 X 射线检验内部缺陷允许级别

质量级别	铸件壁厚/mm	标准板厚/mm	内部缺陷允许级别				
			气孔	缩孔	海绵状疏松	树枝状疏松	低密度夹杂
A	<3	9.5	供需双方协商确定				
	3~9.5	9.5					
	>9.5	19.0					
B	<3	3.2	6	不允许	4	5	4
	3~9.5	9.5	4	不允许	2	4	3
	>9.5	19.0	4	2	2	4	3
C	<3	3.2	7	不允许	5	7	5
	3~9.5	9.5	5	不允许	3	5	4
	>9.5	19.0	5	2	3	5	4

4）化学成分检验。钛合金铸件的化学成分应符合 GB/T 15073—2014 中的规定，其中其他元素单个含量和总量可在有异议时进行分析。化学成分必须按炉批检验，取样应与铸件同批进行热等静压处理或热处理。

5）力学性能检验。对民用的石墨型及熔模精密铸件，如果用户没有要求，可不进行力学性能检验；对重要的航空精密铸件（Ⅰ、Ⅱ类），应 100% 按炉批检测室温力学性能，如果用户提出要求，也可检验高温性能、冲击性能和断裂韧度。试样应与铸件同批进行热等静压或热处理，从铸件上切取的试样允许比附铸试样性能低 5%。

6）表面粗糙度。重要航空铸件对可靠性要求较高，铸件表面要求光滑平顺，表面粗糙度值 Ra 应不低于 6.3μm，局部流道面应不低于 3.2μm。表面粗糙度的检测按 GB/T 6060.1—2018 进行，采用标块对比。

7）α 层检测。航空用铸件表面不允许存在 α 层，可采用酸洗或机械打磨等方法去除。表面 α 层检测可采用 GB/T 23603—2009 进行金相观察，也可采用硬度对比法。当试样边缘和中心区域的显微硬度值差小于 50HV 时，一般认为铸件表面不存在 α 层。

参 考 文 献

[1] 黄旭，朱知寿，王红红，等．先进航空钛合金材料与应用 [M]．北京：国防工业出版社，2012.

[2] 莱茵斯，皮特尔斯．钛与钛合金 [M]．张振华，等译．北京：化学工业出版社，2016.

[3] 赵瑞斌．大型复杂钛合金薄壁件精铸成形技术研究进展 [J]．钛工业进展，2015，32（2）：7-12.

[4] 中国航空材料手册委员会. 中国航空材料手册 [M]. 北京：中国标准出版社, 2002.

[5] STOYANOV T, et al. Titanium Aluminide Casting Technology Development [J]. JOM: the journal of the Minerals, Metals & Materials Society, 2017, 69 (12): 2565-2570.

[6] 南海, 谢成木, 魏华胜, 等. 大型复杂薄壁类钛合金精铸件的研制 [J]. 中国铸造装备与技术, 2001 (2): 12-14.

[7] LEYENS C, PETERS M. Titanium and Titanium Alloys: Fundamentals and Applications [M].

Weinheim: Wiley – VCH, 2003.

[8] 周彦邦. 钛合金铸造概论 [M]. 北京：航空工业出版社, 2000.

[9] 谢成木. 钛及钛合金铸造 [M]. 北京：机械工业出版社, 2004.

[10] 王新英, 谢成木. 国内外钛合金精密铸造型壳材料的发展概况 [J]. 特种铸造及有色合金, 2001 (3): 40-42.

[11] HABIL F A, JONATHAN D H P, MICHAEL O. Gamma titanium aluminide alloys: science and technology [M]. Germany: Wiley – VCH, 2011.

第6章 铸造铜及铜合金

铸造铜及铜合金,按其化学成分可分为纯铜、青铜、黄铜和白铜四类,按其功能又可分为一般用途铜和特殊用途铜两类。本章编写的主要铜合金见表6-1。

表6-1 铸造铜及铜合金的分类

类 别	名 称	合 金 牌 号		标 准
纯铜	纯 铜	ZCu99		GB/T 1176—2013
	高铜合金	ZCuFe0.1P0.03		—
		ZCuSn0.15Y0.5		
		ZCuZn0.2Mg0.1		
		ZCuFe1P0.3Zn0.3		
青铜	锡青铜	ZCuSn3Zn8Pb6Ni1	(3-8-6-1 锡青铜)	GB/T 1176—2013
		ZCuSn3Zn11Pb4	(3-11-4 锡青铜)	
		ZCuSn5Pb5Zn5	(5-5-5 锡青铜)	
		ZCuSn10P1	(10-1 锡青铜)	
		ZCuSn10Zn2	(10-2 锡青铜)	
		ZCuSn10Pb5	(10-5 锡青铜)	
		ZCuSn6Zn6Pb3	(6-6-3 锡青铜)	—
		ZCuSn8Zn4		
	铝青铜	ZCuAl8Mn13Fe3Ni2	(8-13-3-2 铝青铜)	GB/T 1176—2013
		ZCuAl9Mn2	(9-2 铝青铜)	
		ZCuAl9Fe4Ni4Mn2	(9-4-4-2 铝青铜)	
		ZCuAl10Fe3	(10-3 铝青铜)	
		ZCuAl10Fe3Mn2	(10-3-2 铝青铜)	
		ZCuAl8Mn13Fe3	(8-13-3 铝青铜)	
		ZCuAl8Be1Co1	(8-1-1 铝青铜)	
		ZCuAl10Fe4Ni4	(10-4-4 铝青铜)	
		ZCuAl7Mn13Zn4Fe3Sn1	(7-13-4-3-1 铝青铜)	—
		ZCuAl10Fe4Mn3Pb2	(10-4-3-2 铝青铜)	
		ZCuAl11Fe7Ni6Cr1	(11-7-6-1 铝青铜)	
	铅青铜	ZCuPb9Sn5	(9-5 铅青铜)	GB/T 1176—2013
		ZCuPb10Sn10	(10-10 铅青铜)	
		ZCuPb15Sn8	(15-8 铅青铜)	
		ZCuPb17Sn4Zn4	(17-4-4 铅青铜)	
		ZCuPb20Sn5	(20-5 铅青铜)	
		ZCuPb30	(30 铅青铜)	
		ZCuPb12Sn8	(12-8 铅青铜)	—
		ZCuPb25Sn5	(25-5 铅青铜)	
	铍青铜	ZCuBe0.5Co2.5		
		ZCuBe0.5Ni1.5		
		ZCuBe2Co0.5Si0.25		
		ZCuBe2.4Co0.5		
		ZCuBe2Co1		
		ZCuBe0.4Ni1.5Ti0.5		

（续）

类　别	名　称	合金牌号	标　准
青　铜	硅青铜	ZCuSi3Mn1 ZCuSi3Pb6Mn1 ZCu Si0.5Ni1Mg0.02	—
	锰青铜	ZCuMn5	—
	铬青铜	ZCuCr1	—
黄　铜	普通黄铜	ZCuZn38　　　　　　　　（38 黄铜）	GB/T 1176—2013
	铅黄铜	ZCuZn40Pb2　　　　　　（40-2 铅黄铜） ZCuZn33Pb2　　　　　　（33-2 铅黄铜）	
	硅黄铜	ZCuZn16Si4　　　　　　（16-4 硅黄铜）	
	锰黄铜	ZCuZn38Mn2Pb2　　　　（38-2-2 锰黄铜） ZCuZn40Mn2　　　　　　（40-2 锰黄铜） ZCuZn40Mn3Fe1　　　　（40-3-1 锰黄铜）	
	铝黄铜	ZCuZn21Al5Fe2Mn2　　（21-5-2-2 铝黄铜） ZCuZn25Al6Fe3Mn3　　（25-6-3-3 铝黄铜） ZCuZn26Al4Fe3Mn3　　（26-4-3-3 铝黄铜） ZCuZn31Al2　　　　　　（31-2 铝黄铜） ZCuZn35Al2Mn2Fe1　　（35-2-2-1 铝黄铜）	
白　铜	镍白铜	ZCuNi10Fe1Mn1　　　　（10-1-1 镍白铜） ZCuNi30Fe1Mn1　　　　（30-1-1 镍白铜）	GB/T 1176—2013
		ZCuNi10Fe1 ZCuNi30Cr2Fe1Mn1	—
	铌白铜	ZCuNi30Nb1Fe1	—
	铝白铜	ZCuNi15Al11Fe1	—
	铍白铜	ZCuNi30Be1.2	—
	锌白铜	ZCuNi20Sn4Zn5Pb4 ZCuNi25Sn4Zn2Pb2 ZCuNi22 Zn13Pb6Sn4Fe1	—
特殊铜合金	阻尼合金	ZCuMn51Al4Fe3Ni2Zn2Cr1 ZCuMn53Al4.5Fe4Ni2	—
	艺术铜合金	见 6.1.5	—

注：括号内为相应牌号合金的名称。

6.1　合金及其性能

6.1.1　纯铜

纯铜在室温条件下呈紫红色，习惯上称作紫铜。

铸造纯铜既具有很高的导电、传热性能，又具有优良的耐蚀性和良好的力学性能，因此常用于制造导电环、导电颚板、电极夹持器、集电器、接线金具、氧枪喷嘴、高炉风口和碴口等导电、导热铸件。为了改善纯铜的熔铸工艺性、耐热性和抗氧化性能，有时也添加一些微量元素（如 P、Sn、Zn、Mg、Fe、B、RE 等）组成高铜合金，这类高铜合金的性能、用途和金属光泽与纯铜相近，在工程上也习惯称作紫铜。

1. 化学成分

由于各种行业对铸造纯铜技术要求的侧重点不同，到目前为止，GB/T 1176—2013 只列了铸造纯铜，对添加微量合金元素且铜的质量分数≥99% 的类纯铜还没有形成国家或行业标准。表 6-2 列出了电气、冶金、化工行业常用铸造纯铜的化学成分。其主要添加元素在铜中的作用如下：

（1）Fe　铁能细化铜的晶粒，延缓铜的再结晶过程，提高铜的强度、硬度和热强性，但降低铜的塑性、导电性和导热性。当在含 Fe 铜中加入微量 P 时，Fe 与 P 能形成 Fe_3P 化合物，通过热处理可达到弥散强化的目的，这时 Fe 的存在对铜导电性能影响不大，因此铸造纯铜中的 Fe、P 是一起添加的。

（2）P　磷能显著降低铜的导电性和导热性，但能改善铜的力学性能和焊接性。磷常用作铜的脱氧剂，并提高铜液的流动性。

（3）Sn　锡能稍降低铜的导电性和导热性，但对铜有很好的固溶强化作用，并能使纯铜的强度和导电性之间获得良好匹配。

（4）Zn　锌能稍降低铜的导电性和导热性，但对铜有很好的固溶强化作用。Zn 常代替 P 用作铜的脱氧剂，提高铜液的流动性。铜中加 Zn 是生产导电铜的一种低成本方法。

（5）Mg　镁能稍降低铜的导电性和导热性，对铜有良好脱氧作用，提高铜的高温抗氧化性。

（6）B　硼能稍降低铜的导电性和导热性，对铜有良好脱氧作用，能细化铜的晶粒，延缓铜的再结晶过程，提高铜的强度、硬度。铸造纯铜在熔炼时，硼加入质量分数一般不超过 0.05%。

（7）RE　稀土主要包括 Ce、La、Y、Pr 等元素，它们几乎不溶于铜，但能与铜中的杂质 Pb、Bi 等形成高熔点化合物，弥散分布于铜的内部，能细化晶粒，提高铜的高温塑性，同时稀土元素也是很好的脱硫、脱氧剂。稀土在铸造纯铜中作脱氧剂使用时加入的质量分数一般小于 0.05%。

表 6-2　铸造纯铜的化学成分

序号	合金牌号	化学成分（质量分数,%）								
		主要元素						杂质元素　≤		
		Cu	P	Fe	Zn	Sn	Mg	P	Sn	其他
1	ZCu99	≥99.0	—	—	—	—	—	0.07	0.4	0.53
2	ZCuFe0.1P0.03	余量	0.025～0.04	0.05～0.15	—	—	—	—	—	0.15
3	ZCuSn0.15Y0.5	余量	—	—	—	0.1～0.2	Y0.3～0.6	—	—	0.15
4	ZCuZn0.2Mg0.1	余量	—	—	0.1～0.2	—	0.05～0.15	—	—	0.15
5	ZCuFe1P0.3Zn0.3	余量	0.2～0.4	0.8～1.2	0.2～0.4	—	—	—	—	0.15

2. 物理和化学性能

（1）物理性能　杂质和微量添加元素对纯铜物理性能的影响与其在铜中的存在形成和数量有关（见图 6-1 和图 6-2）。许多合金元素（如 Mg、Ti、Be、Zr、Cr、Mn、Fe、Co、Ni、Zn、Cd、Al 和 Si 等）都能溶入铜中形成固溶体，并在不同程度上提高铜的强度和硬度，降低其导电性和导热性。在合金元素中，Ti、P、Fe、Co 和 As 等对铜的导电性影响最为明显，Pb、Si、Mn、Be、Sn、Al、Sb 和 Ni 次之，Ag、Cr、Cd、Mg 和 Zn 等影响最小。

有些低熔点金属（如 Bi、As 等）微溶于铜，并且与铜形成低熔点共晶体，分布在铜晶粒的边界上，降低了铜的室温塑性，但对铜的导电和导热性影响不大。

纯铜中的其他杂质和微量元素（如 O、S、Se、Te 等），能与铜形成熔点较高的脆性化合物（Cu_2O、Cu_2S、Cu_2Se、Cu_2Te），降低铜的塑性，但对铜的导电和导热性影响也不大。图 6-3 所示为温度对纯铜热导率的影响。铸造纯铜及高铜合金的物理性能见表 6-3。

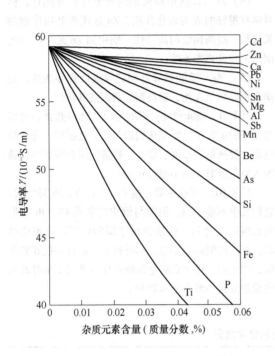

图 6-1   杂质元素含量对纯铜电导率的影响

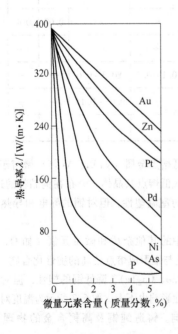

图 6-2   微量元素含量对纯铜热导率的影响

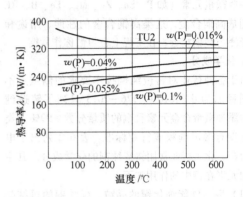

图 6-3   温度对纯铜热导率的影响

纯铜铸件在工程上主要是用作导电、传热零部件。在多数情况下，纯铜内混入少量杂质能降低铸件的导电、传热性能，提高铸件的力学性能。因此，以力学性能作为纯铜铸件质量判据的条件不够充分，纯铜铸件的质量指标还应该包含电导率（或热导率）。铜及铜合金电导率测量方法主要包括涡流法、双电桥法和电位差法。对于纯铜铸件来说，电位差法采用的试样较短，具有取样容易、测量精度高的优点，因此应用较为广泛。铜及铜合金的热导率采用 GB/T 3651—2008 规定的方法测量。由于铸造纯铜热导率测量试样的加工有一定难度，因此工程上很少直接测量铸造纯铜的热导率。在一定温度条件下铜及铜合金的热导率与电导率的关系可用公式 $\lambda/\gamma = LT$ 来表述，其中 λ 是热导率 $[W/(m \cdot K)]$；γ 是电导率（S/m）；L 是材料的洛伦兹常数；T 是测量的热力学温度。在某个温度条件下测量出材料的电导率，并查出该材料的洛伦兹常数就可以计算出材料的热导率。图 6-4 所示为铜材热导率与电导率的近似换算关系。

（2）化学性能   铜在大气和水介质中能生成与基体金属紧密结合的碱性硫酸铜 $[CuSO_4 \cdot 3Cu(OH)_2]$ 和碱性碳酸铜 $[CuCO_3 \cdot Cu(OH)_2]$ 薄膜，对铜的继续腐蚀起到保护作用，因此铜在大气、淡水和流速不大的海水中有良好的耐蚀性。

$$OH^-$$
$$Cu \rightarrow Cu + e$$
$$| \quad \rightarrow Cu^{2+} + e （阳极反应）$$

反应产生的亚铜离子（Cu^{2+}）是有毒离子，能有效地阻止和杀死海洋生物幼虫，所以有良好的防污性能。

表 6-3 铸造纯铜及高铜合金的物理性能

物理性能	ZCu99	ZCuFe0.1P0.03	ZCuFe1P0.3Zn0.3
液相线温度/℃	1082.7	1082	1084
固相线温度/℃	—	—	1078
比热容 c/[J/(kg·K)]	—	—	380
热导率 λ (20℃)/[W/(m·K)]	339	320	250
线胀系数 (20~300℃) α_l/10^{-6}/K^{-1}	16.92	16.9	16.2
密度/(g/cm^3)	8.94	8.94	8.87
电阻率 ρ/$10^{-6}\Omega$·m	0.0203	0.0216	0.0288
电导率 γ (%IACS)[1]	85	80	60

[1] γ 是以国际软铜 $w(Cu+Ag)\geqslant99.9\%$，退火后（20℃时的电阻率为 $0.01724\times10^{-6}\Omega$·m）的电导率（%IACS）作为 100%。

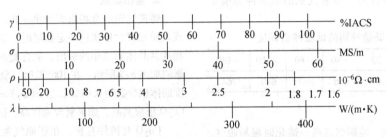

图 6-4 铜材热导率与电导率的近似换算关系

铜具有高的正电位，当 Cu 处于 Cu$^+$ 和 Cu^{2+} 离子化状态时，其标准电极电位分别为 0.522V 和 0.345V，不能置换出水中的氢。铜在非氧化性酸（如盐酸）、有机酸（如乙酸、甲酸、柠檬酸、脂肪酸、乳酸、草酸、苯甲酸和苯酚等）、碳氢化合物（如乙醛、乙醇、乙醚、乙二醇、乙炔、丙酮、苯、汽油、丁烷、丙烷、天然气、乙酸乙酯、二氧化碳、松香、石油、重油、石蜡和松节油等）、各种盐溶液（如硫酸钡、碳酸钡、硫酸钾、碳酸氢钠、硫酸氢钠、铬酸钠、磷酸钠、硅酸钠等）以及干燥的硫化氢、四氯化碳、三氯乙烯、二氧化硫、三氧化硫和二氯化硫等各种介质中都有良好的耐蚀性。铜在氯化铝、硫酸铝、氯化钡、次氯酸钙、氯化钙、二氯化铁、硫酸亚铁、氢氧化钾、氢氧化钠、硫酸铜、硫酸氢钠、氯化镁、氯化钠、次氯酸钠、硝酸钠、亚硫酸、甲酸、潮湿的三氯乙烯、二氧化硫、盐水以及煤气中有轻度腐蚀。

铜表面上的碱性化合物能在氧的作用下，生成二价铜盐，所形成的 Cu^{2+} 离子进入溶液，使铜继续腐蚀。因此，铜在氨、氯化铵、氰化物和汞盐的水溶液中以及潮湿的卤族元素中产生强烈腐蚀。

3. 力学性能

（1）室温力学性能 铸造纯铜的典型室温力学性能见表 6-4。

表 6-4 铸造纯铜的典型室温力学性能

合金牌号	铸造方法	抗拉强度 R_m	条件屈服强度 $R_{p0.2}$	断后伸长率 A (%)	硬度 HBW	疲劳强度 S/MPa $N=10^8$	弹性模量 E/GPa
		MPa					
ZCu99	S	150	40	40	40	—	110
ZCuFe0.1P0.03	S	230	130	20	50	—	125
ZCuSn0.15Y0.5	S	280	160	20	50	—	—
ZCuZn0.2Mg0.1	S	200	100	20	45	—	—
ZCuFe1P0.3Zn0.3[1]	S	290	160	23	36HRB	—	118.2

[1] 各参数为参考值。

（2）高温力学性能　铸造纯铜不同温度下的力学性能见表6-5。

表6-5　铸造纯铜不同温度下的力学性能

试验温度/℃	抗拉强度 R_m/MPa	断后伸长率 A	断面收缩率 Z	冲击韧度 a_{KU}/(kJ/m²)
		%		
20	150	55	81	656
93	115	47	77	546
204	105	31	38	463
290	78	17	19	—
371	71	19	18	491
537	44	18	23	308
704	22	36	36	335

（3）低温力学性能　铸造纯铜的低温冲击韧度见表6-6。

表6-6　铸造纯铜的低温冲击韧度

试验温度/℃	20	-40	-80	-120	-180
a_K/(kJ/m²)	656	686	667	680	764

4. 工艺性能

（1）铸造性能　纯铜熔点高，熔化时极易吸气，因此熔炼时应采取良好的保护措施，而且浇注前要进行脱氧处理。

纯铜的流动性好、凝固区间小，但凝固时的收缩率大（全收缩为10.7%，凝固收缩为3.8%，固体收缩的体积收缩为6.9%、线收缩为2.32%），因此要用尺寸足够的冒口进行补缩。纯铜的氧化倾向大，在熔炼过程中容易被氧化，加之凝固时收缩较大，所以容易产生夹渣、缩松和裂纹等铸造缺陷。

纯铜可以用各种方法进行铸造，包括砂型、金属型铸造，离心铸造，连续铸造，熔模和石膏模铸造，但不适合于压力铸造。

根据铸件壁厚的不同，浇注温度可在1150（大于50mm）~1250℃（小于12mm）之间变化。

（2）焊接性能　铸造纯铜易于钎焊。纯铜钎焊时应避免在还原性气氛中焊接，但无氧铜则要求在还原性气氛中焊接。

铸造纯铜易采用钨极、熔化极气体保护电弧焊，但不宜采用埋弧焊以及其他形式的电阻焊。铸造纯铜焊接时通常需要预热。

铸造纯铜通常不采用气焊，有时薄壁件采用气焊时，选用黄铜丝作填充材料。

5. 金相组织

铸造纯铜的金相组织为单一相，当添加其他元素或杂质元素含量超过一定数量时，组织中则出现化合物或共晶体第二相的析出。氧含量对纯铜金相组织的影响如图6-5所示。在1065℃时，氧在 α 相中的溶解度的体积分数为0.01%；当 $w(O_2)$ = 0.39% 时，O_2 与 Cu_2O 形成共晶，如果氧含量再高，则会析出 Cu_2O。

Cu_2O 对铸件有害，在还原气氛和高温条件下工作时，铸件会自动破裂，这种象被称为"氢脆"。这是因为还原性气氛中的氢扩散到铜组织中后与 Cu_2O 发生下列反应的结果：

$$Cu_2O + H_2 = 2Cu + H_2O$$

所生成的水蒸气在热的作用下在晶粒间膨胀，从而导致铸件产生裂纹（见图6-6a）。当脱氧至 $w(O_2)$ < 0.01% 时，铜铸件就不会发生"氢脆"开裂（见图6-6b）。

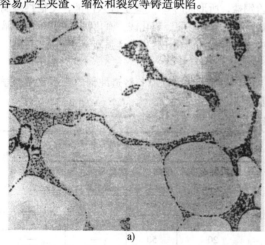

a)

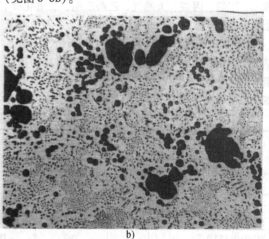

b)

图6-5　氧含量对纯铜金相组织（×200）的影响

a) 含氧铜的亚共晶组织 α + （α + Cu_2O）　b) 含氧铜的过共晶组织（灰色块状物为 Cu_2O 初晶）

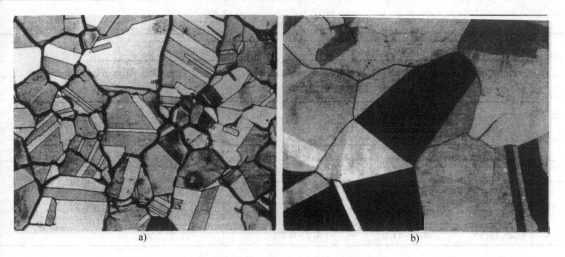

图 6-6　纯铜金相组织（×200）中的裂纹

a) $w(O_2) > 0.01\%$ 时退火后产生晶界开裂　　b) $w(O_2) < 0.01\%$ 时无"氢脆"开裂

6.1.2　青铜

青铜按化学成分可分为锡青铜和无锡青铜，后者又可分为铝青铜、铅青铜、铍青铜、硅青铜、锰青铜和铬青铜等。

1. 铸造锡青铜

锡青铜的历史悠久，是人类最早使用的金属材料之一。目前广泛应用的锡青铜中锡的质量分数一般为 3% ~ 11%。为了改善锡青铜的力学、物理和工艺性能，在 Cu-Sn 二元合金基础上，再添加一定数量的 Zn、Pb、Ni 或 P 等形成一系列的多元锡青铜。

（1）合金牌号　铸造锡青铜的合金牌号及国内外牌号对照见表 6-7。

表 6-7　铸造锡青铜的合金牌号及国内外牌号对照

序号	合金牌号 GB/T 1176—2013	国外相近牌号					
		俄罗斯 ГОСТ 613 —1979	美国 ASTM[1]	英国 BS1 400 —2002	德国 DIN 1716: 2018[2]	国际标准 ISO 1338: 1977	日本 JIS H5120 —2016
1	ZCuSn3Zn8Pb6Ni1	БрО3Ц7С5Н1	C83800	LG1	G-CuSn2ZnPb	—	—
2	ZCuSn3Zn11Pb4	БрО3Ц12С5	C84500	—	—	—	BC1
3	ZCuSn5Pb5Zn5	БрО5Ц5С5	C83600	LG2	C-CuSn5Pb	CuPb5Sn5Zn5	BC6
4	ZCuSn6Zn6Pb3	БрО6Ц6С3	—	LG3	—	—	BC7
5	ZCuSn8Zn4	БрО8Ц4	C90300	—	—	—	BC2
6	ZCuSn10P1	БрО10Ф1	C90700	PB4	—	CuSn10P	PBC2B
7	ZCuSn10Zn2	БрО10Ц2	C90500	G1	G-CuSn10Zn	CuSn10Zn2	BC3
8	ZCuSn10Pb5	БрО10С5	—	—	G-CuPb5Sn	—	LBC2

① 美国材料试验学会（ASTM）标准：B22—2015、B584—2014、B763—2012、B505—2014。

② 等效采用 EN 1982：2018。

（2）合金的化学成分　铸造锡青铜的主要化学成分及允许的杂质元素含量见表 6-8 和表 6-9。各种元素在铸造锡青铜中的作用见表 6-10。

表 6-8　铸造锡青铜的主要化学成分

序号	合金牌号	主要化学成分（质量分数,%）						所属标准
		Sn	Zn	Pb	P	Ni	Cu	
1	ZCuSn3Zn8Pb6Ni1	2.0~4.0	6.0~9.0	4.0~7.0	—	0.5~1.5	余量	
2	ZCuSn3Zn11Pb4	2.0~4.0	9.0~13.0	3.0~6.0	—		余量	GB/T 1176—2013
3	ZCuSn5Pb5Zn5	4.0~6.0	4.0~6.0	4.0~6.0	—		余量	
4	ZCuSn6Zn6Pb3	5.0~7.0	5.0~7.0	2.0~4.0	—		余量	—
5	ZCuSn8Zn4	7.0~9.0	4.0~7.0	—			余量	
6	ZCuSn10P1	9.0~11.5	—		0.8~1.1		余量	GB/T 1176—2013
7	ZCuSn10Zn2	9.0~11.0	1.0~3.0	—			余量	
8	ZCuSn10Pb5	9.0~11.0	—	4.0~6.0			余量	

表 6-9　铸造锡青铜杂质元素含量

序号	合金牌号	杂质元素含量（质量分数,%）　≤										
		Fe	Al	Sb	Si	P	S	Ni	Zn	Pb	Mn	总和
1	ZCuSn3Zn8Pb6Ni1	0.4	0.02	0.3	0.02	0.05						1.0
2	ZCuSn3Zn11Pb4	0.5	0.02	0.3	0.02	0.05						1.0
3	ZCuSn5Pb5Zn5	0.3	0.01	0.25	0.01	0.05	0.10	2.5*				1.0
4	ZCuSn6Zn6Pb3	0.4	0.05	0.3	0.02							1.0
5	ZCuSn8Zn4	0.3	0.02	0.5	0.02	—	0.05	—	Bi：0.005	0.5		1.0
6	ZCuSn10P1	0.1	0.01	0.05	0.02		0.05	0.10	0.05	0.25	0.05	0.75
7	ZCuSn10Zn2	0.25	0.01	0.3	0.01		0.10	2.0*	—	1.5*	0.2	1.5
8	ZCuSn10Pb5	0.3	0.02	0.3	—	0.05			1.0*	—		1.0

注：1. 有 * 号的元素不计入杂质元素总和。

　　2. 未列出的杂质元素计入杂质元素总和。

表 6-10　各种元素在铸造锡青铜中的作用

元素	合金类型	作　用			
		残余氧含量	流动性	铸态组织	力学性能
Sn	Cu-Sn	降低	改善	$w(Sn)<6\%$ 形成单相 α 固溶体；$w(Sn)>6\%~7\%$ 形成（α+δ）共析体，δ 相硬且脆	明显提高强度、硬度和耐蚀性，并有良好的耐磨性
Zn	Cu-Sn、Cu-Sn-P、Cu-Sn-Pb	降低	改善	溶入 α 固溶体，增加（α+δ）共析体的数量，缩小凝固温度范围	减少分散缩孔，提高力学性能
P	Cu-Sn-Zn	有很好的脱氧作用	改善	在固溶体中 P 的溶解度为 0.1，$w(P)>0.1\%$ 时，形成（α+Cu₃P）共晶，Cu₃P 硬且脆，常与 α、δ 相组成二元和三元共晶。扩大结晶温度区间，容易产生偏析	$w(P)<0.07\%$ 时，对力学性能有改善作用
	Cu-Sn-P				增加硬度和耐磨性

（续）

元素	合金类型	作用			
		残余氧含量	流动性	铸态组织	力学性能
Pb	Cu-Sn、Cu-Sn-P、Cu-Sn-Pb	不影响	稍有改善	以金属 Pb 的形式存在	降低强度和断后伸长率，改善耐磨性、切削性和耐水压性
Ni	所有 Cu-Sn 合金	不影响	稍有改善	溶入 α 固溶体，细化晶粒，使 Pb 分布均匀，增加（α + δ）数量；$w(Ni) > 2.0\%$ 时形成 Ni_3Sn 化合物	提高力学性能，特别是提高冲击韧度，改善耐磨性和耐水压性，降低热脆性
Fe	所有 Cu-Sn 合金	稍降低	稍降低	Fe 在 Cu-Sn 固溶体中可溶解 0.2%。$w(Fe) > 0.2\%$ 时形成金属化合物	$w(Fe) \leqslant 0.3\%$ 时稍提高力学性能；$w(Fe) > 0.8\%$ 时降低塑性
	Cu-Sn-Zn、Cu-Sn-Pb、Cu-Sn-Zn-Pb				提高强度和硬度
Al	Cu-Sn、Cu-Sn-Pb、Cu-Sn-Zn-Pb	降低	明显降低	增加（α + δ）数量	很有害
Si	Cu-Sn、Cu-Sn-Zn	降低	降低	增加（α + δ）数量	很有害
	Cu-Sn-Zn-Pb		明显降低		
Mn	Cu-Sn、Cu-Sn-Zn	降低	降低	$w(Mn) < 0.5\%$ 时不影响	有害
	Cu-Sn-Zn-Pb		明显降低		$w(Mn) < 0.1\%$ 不影响；$w(Mn) \geqslant 0.1\%$ 时有害
Sb	Cu-Sn、Cu-Sn-Zn	不影响	不影响	增加（α + δ）数量	强烈降低
	Cu-Sn-P、Cu-Sn-Zn-Pb				$w(Sb) \leqslant 0.1\%$ 不影响
S	不含或含 Pb 很少的 Cu-Sn	不影响	>0.1% 降低	形成夹渣	较为有害
	含 Pb 合金				稍有影响
As	Cu-Sn、Cu-Sn-P	不影响	不影响	明显增加（α + δ）数量	较为有害
	Cu-Sn-Zn、Cu-Sn-Pb				稍有降低
Bi	无 Pb 合金	不影响	改善	沿晶界析出	明显降低
	含 Pb 合金			与 Pb 形成低熔点共晶	影响不大

（3）物理性能　铸造锡青铜的物理性能见表6-11、表6-12和表6-13；铸造锡青铜的摩擦因数和磨痕长度见表6-14；铸造方法对铸造锡青铜磨损量的影响见表6-15；ZCuSn10Zn2磨损量与试验时间的关系如图6-7所示。

表6-11　铸造锡青铜的物理性能

序号	合金牌号	固相线温度 ℃	液相线温度 ℃	密度/ (g/cm³)	比热容c/ [J/(kg·K)]	热导率λ/ [W/(m·K)]	电阻率ρ/ 10⁻⁶Ω·m	电导率γ (%IACS)	线胀系数 $\alpha_l/10^{-6}K^{-1}$
1	ZCuSn3Zn8Pb6Ni1	837	1004	8.80	365	65	0.123	14	18.0 (20~300℃)
2	ZCuSn3Zn11Pb4	837	976	8.64	360	56	0.105	16.45	17.1 (20~300℃)
3	ZCuSn5Pb5Zn5	853	1009	8.83	376	48	0.123	14	18.1 (20~300℃)
4	ZCuSn6Zn6Pb3	—	976	8.82	376	47	0.15	11.5	17.1 (20℃) 18.2 (300℃)
5	ZCuSn8Zn4	854	1000	8.78	377	48	—	—	18.36 (20~300℃)
6	ZCuSn10P1	831	1000	8.76	396	70.5	0.170	10.1	19.0 (20~316℃)
7	ZCuSn10Zn2	854	1000	8.73	376	47	0.157	11	18.36 (20~300℃)
8	ZCuSn10Pb5		980	8.85	—				

表6-12　铸造锡青铜的物理性能与温度的关系

性能	合金牌号	试验温度/℃								
		20	38	66	93	121	149	176	204	232
热导率λ/[W/(m·K)]	ZCuSn3Zn11Pb4	72.5	74.5	78.4	82.8	85.6	89.3	92.7	96.5	100.2
电阻率ρ/10⁻⁶Ω·m		0.104	0.106	0.109	0.112	0.114	0.117	0.120	0.122	0.125
电导率γ (%IACS)		16.4	16.3	15.4	15.4	15.1	14.7	14.4	14.1	13.8
热导率λ/[W/(m·K)]	ZCuSn5Pb5Zn5	72.0	73.4	75.8	78.2	81.0	84.0	87.0	91.0	95.0
电阻率ρ/10⁻⁶Ω·m		0.114	—	0.119	0.121	0.124	0.127	0.130	0.133	0.136
电导率γ (%IACS)		15.1		14.5	14.2	13.9	13.6	13.3	13.0	12.7

表6-13　铸造锡青铜的线胀系数与温度的关系

合金牌号	温度范围/℃							
	20~38	20~66	20~93	20~121	20~149	20~176	20~204	20~232
	线胀系数 $\alpha_l/10^{-6}K^{-1}$							
ZCuSn3Zn11Pb4	18.36	18.36	18.54	18.54	18.54	18.72	18.72	18.72
ZCuSn5Pb5Zn5	—	17.55	17.73	17.91	18.00	18.07	18.50	18.26
ZCuSn10P1	—	—	10.74	—	—	—	18.04	

表 6-14　铸造锡青铜的摩擦因数和磨痕长度

序号	合金牌号	摩擦因数		磨痕长度/mm
		有润滑	无润滑	
1	ZCuSn3Zn8Pb6Ni1	0.013	0.16	—
2	ZCuSn3Zn11Pb4	0.01	0.158	—
3	ZCuSn5Pb5Zn5	—	0.16	—
4	ZCuSn6Zn6Pb3	0.009	0.16	0.56
5	ZCuSn8Zn4	0.006	0.3	—
6	ZCuSn10P1	0.008	0.10	0.73
7	ZCuSn10Zn2	0.007	0.16 ~ 0.20	0.59
8	ZCuSn10Pb5	0.0045	0.10	—

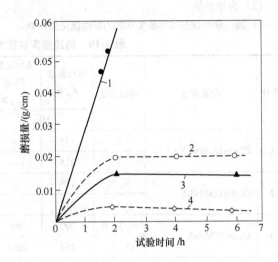

图 6-7　ZCuSn10Zn2 磨损量与试验时间的关系
1—ZCuSn10Zn2 干磨　2、4—含油的 ZCuSn10Zn2
3—ZCuSn10Zn2 油润滑

表 6-15　铸造方法对铸造锡青铜磨损量的影响

合金牌号	ZCuSn6Zn6Pb3			ZCuSn10P1			ZCuSn10Zn2		
铸造方法	1	2	3	1	2	3	1	2	3
磨损量/g	3.683	6.381	4.540	0.281	0.356	0.371	0.186	0.225	0.296

注：1. 铸造方法：1—预热 300℃ 铸铁模，2—铸铁模，3—砂模。
　　2. 试验条件：MN—1M 型试验机，无润滑，试样尺寸为 $\phi40mm \times 10mm$，载荷为 147N，磨损 20000 次，对磨件为 12CrNi3A 钢（55HRC）。

（4）化学性能　铸造锡青铜无论是在大气、淡水或海水中都有很高的化学稳定性，优于纯铜和黄铜。在过热（250℃）蒸汽中，当压力不超过 20MPa 时也相当耐蚀。在常温下，与干燥的氯、溴、氟、二氧化碳等实际上不发生作用，但在高温或有水汽存在时，腐蚀速度明显加快。铸造锡青铜在某些介质中的腐蚀速度见表 6-16。其空泡腐蚀性能见表 6-17。

表 6-16　铸造锡青铜在某些介质中的腐蚀速度

合金牌号	腐蚀介质	腐蚀速度/[g/(m²·d)]
ZCuSn5Pb5Zn5	海水	0.64
	H_2SO_4 10%	4.90
ZCuSn6Zn6Pb3	海水	0.67
	H_2SO_4 10%	4.90
ZCuSn10P1	HCl 1%	7.36
	H_2SO_4 1%	0.57
ZCuSn10Zn2	海水	0.92
	H_2SO_4 10%	0.14

（续）

合金牌号	腐蚀介质	腐蚀速度/[g/(m²·d)]
ZCuSn10Zn2	海雾	0.06
	200℃ 过热蒸汽	0.02
	NaCl 20%	1.16
	NaCl 30%	0.51
	HCl 15%（100℃）	15.0
	HCl 30%（100℃）	15.0
ZCuSn10Pb5	H_3PO_4 5%	0.31
	H_2SO_4 5%	1.17
	HCl 6%	1.72

注：有 % 的均为质量分数。

表 6-17　铸造锡青铜的空泡腐蚀性能

合金牌号	试　样	重量损失/mg	
		2h	4h
ZCuSn10P1	金属型单铸试片	7.7	18.3
ZCuSn10Zn2	砂型单铸试片	5.8	15.3

注：采用磁致伸缩试验机，试验介质为海水。

（5）力学性能

1）铸造锡青铜技术标准要求的力学性能见表6-18。

2）室温力学性能。

① 铸造锡青铜的典型室温力学性能见表6-19。

表6-18　铸造锡青铜技术标准要求的力学性能

序号	合金牌号	铸造方法	抗拉强度 $R_m \geqslant$	条件屈服强度 $R_{p0.2} \geqslant$	断后伸长率 A（%）$\geqslant$	硬度 HBW $\geqslant$	所属标准
			\multicolumn{2}{}{MPa}			
1	ZCuSn3Zn8Pn6Ni1	S	175	—	8	60	GB/T 1176—2013
		J	215	—	10	70	
2	ZCuSn3Zn11Pb4	S、R	175	—	8	60	
		J	215	—	10	60	
3	ZCuSn5Pb5Zn5	S、J、R	200	90	13	60①	
		Li、La	250	100①	13	65	
4	ZCuSn6Zn6Pb3	S	180	—	8	60	—
		J	200	—	10	65	
5	ZCuSn8Zn4		196	118	4	65	
6	ZCuSn10P1	S、R	220	130	3	80①	GB/T 1176—2013
		J	310	170	2	90①	
		Li	330	170①	4	90①	
		La	360	170①	6	90①	
7	ZCuSn10Zn2	S	240	120	12	70①	
		J	245	140①	6	80①	
		Li、La	270	140①	7	80①	
8	ZCuN10Pb5	S	195	—	10	70	—
		J	245	—	10	70	

注：S—砂型铸造，J—金属型铸造，La—连续铸造，Li—离心铸造，R—熔模铸造。

① 为参考值。

表6-19　铸造锡青铜的典型室温力学性能

合金牌号	铸造方法	抗拉强度 R_m	条件屈服强度 $R_{p0.2}$	断后伸长率 A	断面收缩率 Z	硬度 HBW
		\multicolumn{2}{}{MPa}	\multicolumn{2}{}{%}		
ZCuSn3Zn8Pb6Ni1	S	228~261	94	26	20	60
	J	215~270	90~130	—	—	70~73
	石墨型	309	129	46		80
ZCuSn3Zn11Pb4	S	193~248	82~96	16~30		60
ZCuSn5Pb5Zn5	S	227~270	100~130	13~30	28	66~75
	J	200~280	110~140	13~15		80~95
	Li	250~310	110~140	13~30		80~95
	La	270~340	100~140	13~35		75~90
ZCuSn6Zn6Pb3	S	195	104	14	—	68
	J	210	—	—	—	
	石墨型	357	160	37		95

（续）

合金牌号	铸造方法	抗拉强度 R_m	条件屈服强度 $R_{p0.2}$	断后伸长率 A	断面收缩率 Z	硬度 HBW
		MPa		%		
ZCuSn8Zn4	S	300	150	20	—	—
	Li	325～410	155～230	18～30	15～30	60～76
ZCuSn10P1	S	220～275	130～137	3～20	—	80～100
	J	310～330	170～245	6	—	110～120
	La	355	170	8	—	95
ZCuSn10Zn2	S	240～310	130～160	13～25	—	70～95
	J	245～310	130～170	3～18	—	75～130
	Li	270～310	130～170	5～16	—	70～95
	La	270～370	140～190	9～25	—	90～130
ZCuSn10Pb5	S	240～300	130～180	15～20	—	72

② 铸造锡青铜力学性能与锡含量的关系如图 6-8 所示。

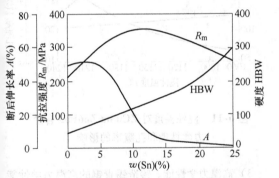

图 6-8　铸造锡青铜的力学性能与锡含量的关系

从图 6-8 可以看出：含 $w(\mathrm{Sn}) < 5\%$ 的合金，其组织由单一的 α 相组成，在该范围内，随着锡含量的增加，合金的强度、硬度和断后伸长率同时提高；当 $w(\mathrm{Sn}) \geqslant 5\% \sim 6\%$ 时，由于组织中析出（α＋δ）共析体，合金的断后伸长率急剧下降。

③ 铸造条件对锡青铜力学性能的影响。铸型温度梯度对铸造锡青铜力学性能和密度的影响如图 6-9 和图 6-10 所示。

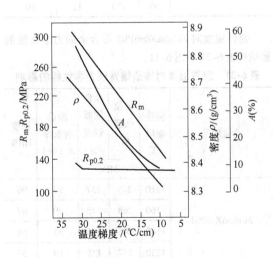

图 6-10　铸型温度梯度对 ZCuSn10Zn2 合金力学性能和密度的影响

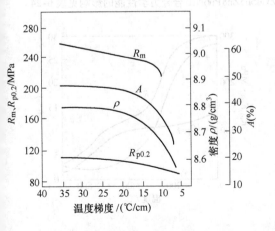

图 6-9　铸型温度梯度对 ZCuSn5Pb5Zn5 合金力学性能和密度的影响

铸件壁厚对铸造锡青铜力学性能的影响见表 6-20。

表 6-20　铸件壁厚对铸造锡青铜力学性能的影响

合金牌号	壁厚/mm	抗拉强度 R_m /MPa	断后伸长率 A (%)	硬度 HBW
ZCuSn3Zn8Pb6Ni1	5	—		68
	10	235	18	67
	20	195	17	65
	35	155	16	60
	50	145	9	57
ZCuSn3Zn11Pb4	5	—	—	68
	10	205	21	67
	20	175	18	65
	35	155	12	62
	50	145	10	60
ZCuSn5Pb5Zn5	5	265	21	68
	10	245	24	65
	20	225	20	65
	35	185	16	62
	50	160	12	58
ZCuSn10Zn2	5	345	—	85
	10	315	25	80
	20	350	23	76
	35	245	15	67
	50	195	12	60

（续）

合金牌号	浇注温度/℃	抗拉强度 R_m (MPa)	条件屈服强度 $R_{p0.2}$ (MPa)	断后伸长率 A (%)	硬度 HBW
ZCuSn10Zn2	1130	270	145	20	89
	1170	300	155	31	85
	1200	280	135	25	90
	1230	260	130	19	75

浇注温度对 ZCuSn6Zn6Pb3 等合金的力学性能的影响见表 6-21 和图 6-11。

表 6-21　浇注温度对铸造锡青铜力学性能的影响

合金牌号	浇注温度/℃	抗拉强度 R_m (MPa)	条件屈服强度 $R_{p0.2}$ (MPa)	断后伸长率 A (%)	硬度 HBW
ZCuSn6Zn6Pb3	1110	245	137	17	90
	1160	268	145	39	67
	1180	265	135	31	64
	1230	237	135	19	59
ZCuSn10P1	1000	225	115	14	90
	1050	285	165	21	89
	1070	250	155	15	82
	1100	215	150	18	80

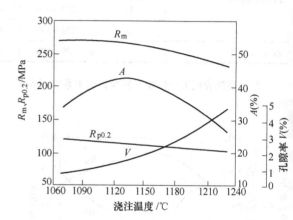

图 6-11　浇注温度对 ZCuSn6Zn6Pb3 合金力学性能和孔隙率的影响

3）高温力学性能。铸造锡青铜的高温力学性能见表 6-22、表 6-23 和图 6-12。长时间热暴露对 ZCuSn3Zn8Pb6Ni1 合金力学性能的影响见表 6-24。

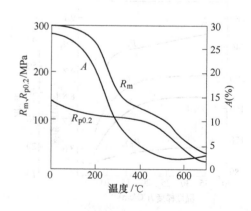

图 6-12　ZCuSn10Zn2 合金的力学性能与温度的关系

表 6-22　铸造锡青铜在不同温度下的力学性能

合金牌号	试验温度/℃	抗拉强度 R_m	条件屈服强度 $R_{p0.2}$	断后伸长率 A	断面收缩率 Z	抗压强度 R_{mc}/MPa			硬度 HBW
		MPa		%		$\varepsilon_p = 0.1$[①]	$\varepsilon_p = 0.01$[①]	$\varepsilon_p = 0.001$[①]	
ZCuSn3Zn11Pb4	37	267	106	35	30	234	106	79	60
	93	233	85	32	28	223	99	77	55
	148	241	75	30	26	225	102	77	52
	204	236	75	25	22	228	102	79	51
	232	197	74	22	21	221	93	71	50
ZCuSn5Pb5Zn5	37	236	102	31	30	250	116	94	65
	93	227	93	27	30	232	110	87	62
	148	216	90	26	28	222	105	80	60
	204	213	86	26	27	215	105	80	60
	232	207	80	26	23	212	100	78	

① ε_p—塑性应变（%）。

表 6-23　温度对铸造锡青铜冲击韧度的影响

合金牌号	ZCuSn3Zn11Pb4						ZCuSn5Pb5Zn5					
试验温度/℃	-40	37	93	148	204	232	-40	37	93	148	204	232
a_{KU}/(kJ/m²)	190	212	209	189	176	158	186	182	182	180	152	144

表 6-24　热暴露对 ZCuSn3Zn8Pb6Ni1 合金力学性能的影响

热暴露试验条件		抗拉强度 R_m	条件屈服强度 $R_{p0.2}$	断后伸长率 A（%）
温度/℃	时间/h	MPa		
288	500	127	76	7
	1000	147	76	10
	5000	168	91	10
	10000	144	93	5
	78000[①]	122	117	1

① 在 30MPa 载荷下进行热暴露。

4）铸造锡青铜低温力学性能见表 6-25。

表 6-25　铸造锡青铜的低温力学性能

合金牌号	试验温度/℃	抗拉强度 R_m	条件屈服强度 $R_{p0.2}$	断后伸长率 A	断面收缩率 Z
		MPa		%	
ZCuSn5Pb5Zn5	-40	282	120	38	34
ZCuSn10Zn2	-250	392	313	18	—

5）铸造锡青铜高温持久和蠕变性能见表 6-26、表 6-27 和图 6-13。

表 6-26　铸造锡青铜的高温蠕变和持久性能

合金牌号	试验温度 T/℃	蠕变强度 $R_{p0.1,t/T}$/MPa		持久强度 $R_{u\,t/h}$/MPa		
		1000h	10000h	100h	1000h	10000h
ZCuSn3Zn8Pb6Ni1	232	—	46	—	—	—
	288	—	27	—	—	—
ZCuSn3Zn11Pb4	176	113	82	190	105	124
	232	90	55	122	105	89
	260	—	37	—	—	—
	288	55	20	83	70	43

（续）

合金牌号	试验温度 $T/℃$	蠕变强度 $R_{p0.1, t/T}$/MPa		持久强度 $R_{u\ t/h}$/MPa		
		1000h	10000h	100h	1000h	10000h
ZCuSn5Pb5Zn5	176	100	86	183	—	—
	232	93	77	131	106	—
	260	68	48	—	—	—
	288	—	31	86	66	46
ZCuSn6Zn6Pb3	232		62	—	—	—
	288		31			46

注：t—时间（h），T—温度（℃）。

表 6-27　ZCuSn5Pb5Zn5 合金单铸试样在 205℃时的蠕变性能

应力 /MPa	试验时间/h								试验持续时间 /h
	100	500	1000	1500	3000	5000	7500	10000	
	塑性变形 ε_p（%）								
93	0.102	0.124	0.132	0.142	0.162	0.180	0.20	—	9576[①]
77	0.046	0.054	0.060	0.066	0.076	0.084	0.102	—	9000[①]
62	0.018	0.022	0.028	0.032	0.040	0.046	0.050	0.054	10000[①]
31	<0.002	0.004	0.006	0.008	0.010	0.012	—	—	5600[①]
15	<0.002	0.004	0.004	0.004	0.004	0.006	—	—	5600[①]

① 试样未断。

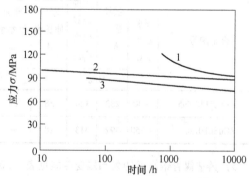

图 6-13　ZCuSn5Pb5Zn5 合金在 205℃
时的应力与时间的关系

1—断裂　2—$\varepsilon_p = 0.2\%$　3—$\varepsilon_p = 0.1\%$

6）疲劳性能。ZCuSn5Pb5Zn5 合金的 σ-N 曲线见图 6-14。

7）铸造锡青铜的弹性性能见表 6-28、图 6-15和图 6-16。

（6）铸造锡青铜的工艺性能

1）铸造性能。铸造锡青铜的结晶温度范围宽，呈糊状凝固，补缩困难，容易产生枝晶偏析和分散的微观缩孔。该合金具有较小的体积收缩率，因此只要放置较小的冒口即可铸出壁厚不均而形状复杂的铸件。但是，由于容易产生缩松，故不易得到组织致密的铸件。

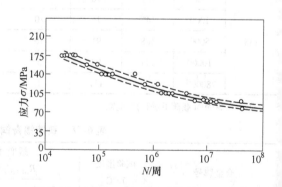

图 6-14　ZCuSn5Pb5Zn5 合金的 σ-N 曲线

表 6-28　铸造锡青铜的弹性性能

合金牌号	弹性模量 E	切变模量 G	泊松比
	GPa		μ
ZCuSn3Zn8Pb6Ni1	93.8	35.1	0.336

（续）

合金牌号	弹性模量 E	切变模量 G	泊松比
	GPa		μ
ZCuSn3Zn11Pb4	96.5	36.5	0.322
ZCuSn5Pb5Zn5	93.8	35.1	0.336
ZCuSn6Zn6Pb3	88.3	—	
ZCuSn10P1	103.4	36.6	
ZCuSn10Zn2 砂型	113.4	44.1	
ZCuSn10Zn2 金属型	98.1	—	

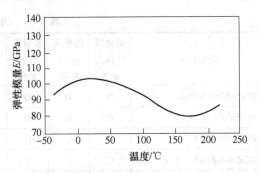

图 6-16　ZCuSn3Zn11Pb4 合金的
弹性模量与温度的关系

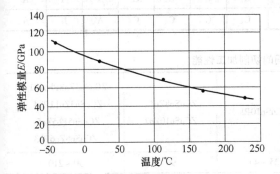

图 6-15　ZCuSn5Pb5Zn5 合金的弹性
模量与温度的关系

铸造锡青铜在一般铸造条件下容易产生反偏析，使铸件化学成分不均匀，内部形成许多小孔洞，降低了铸件的力学性能和气密性。

铸造锡青铜的吸气倾向大，特别是锡磷青铜，常常在浇冒口等最后凝固部位发生铜液"上涨"现象。

尽管铸造锡青铜的体积收缩率较小，但由于结晶温度范围宽，因此当晶界尚有液相或刚刚凝固时，高温强度很低，如果铸造工艺又不合适，也会产生裂纹。铸造锡青铜的铸造工艺参数见表 6-29。

2）焊接性能。铸造锡青铜的钎焊性良好，其他形式的焊接性一般。

表 6-29　铸造锡青铜的铸造工艺参数

合金牌号	流动性（螺旋线长度）/cm	线收缩率（%）	熔炼温度/℃	浇注温度/℃	
				壁厚<30mm	壁厚≥30mm
ZCuSn3Zn8Pb6Ni1	40~55	1.45	1200~1250	1130~1180	1100~1130
ZCuSn3Zn11Pb4	50~65	1.60	1200~1250	1130~1180	1100~1130
ZCuSn5Pb5Zn5	40	1.60	1200~1250	1140~1180	1100~1140
ZCuSn6Zn6Pb3	40	1.46~1.59	1200~1250	1140~1180	1100~1140
ZCuSn8Zn4	54	1.54	1200~1250	1140~1180	1100~1140
ZCuSn10P1	50	1.44	1150~1200	1060~1100	1020~1150
ZCuSn10Zn2	21	1.4~1.5	1200~1250	1150~1200	1120~1150
ZCuSn10Pb5	—		1150~1200	1140~1200	1120~1150

含铅的铸造锡青铜，特别当铅含量高时，不适于进行气体保护电弧焊和焊条电弧焊，因为铅在熔池中的悬浮阻碍焊合。锡磷青铜和锡锌青铜有良好的焊接性，可进行气体保护焊。氧乙炔焊一般不适合于锡青铜铸件的焊补，原因是高温热量能引起焊缝产生裂纹和气孔。

目前，气体保护电弧焊还没有在铸造锡青铜方面得到普遍应用，特别是对含铅的锡青铜更需慎重。如果必须采用此种焊接工艺，推荐使用中等锡含量的焊丝。铸造锡青铜的焊接性见表 6-30。

3）切削加工性能。铸造锡青铜有优良的切削加工性能，见表 6-31。

表 6-30　铸造锡青铜的焊接性

合金牌号	熔化极气体保护焊	钨极气体保护焊	碳极气体保护焊	焊条电弧焊	氧乙炔气焊	电阻焊			钎焊		
						点焊	缝焊	闪光焊	锡钎焊	铜钎焊	银钎料
ZCuSn3Zn8Pb6Ni1	D	D	D	D	D	C	D	D	A	A	A
ZCuSn3Zn11Pb4	D	D	D	C	D	C	D	D	A	B	A
ZCuSn5Pb5Zn5	C	C	C	C	D	A	D	D	A	A	B
ZCuSn6Zn6Pb3	C	C	C	C	D	A	D	D	A	C	B
ZCuSn8Zn4	C	C	A	B	B	C	C	C	A	A	A
ZCuSn10P1	B	B	B	B	B	—	—	—	A	B	A
ZCuSn10Zn2	C	C	A	B	B	C	C	C	A	A	A
ZCuSn10Pb5	C	C	C	B	C	C	C	C	A	B	A

注：A—优，B—良，C—中，D—差。

表 6-31　铸造锡青铜的切削加工性能

刀具类别	工　序	切削参数	ZCuSn10P1	ZCuSn8Zn4、ZCuSn10Zn2	ZCuSn3Zn8Pb6Ni1、ZCuSn3Zn11Pb4、ZCuSn5Pb5Zn5、ZCuSn6Zn6Pb3
高速钢刀具	粗加工	转速/(m/min)	25 ~ 45	90	90 ~ 210
		进给量/(mm/r)	0.38 ~ 1.0	0.50	0.20 ~ 0.38
	精加工	转速/(m/min)	25 ~ 45	135	90 ~ 210
		进给量/(mm/r)	0.13 ~ 0.50	0.25	0.13 ~ 0.20
硬质合金刀具	粗加工	转速/(m/min)	75	—	150 ~ 300
		进给量/(mm/r)	0.80	—	0.20 ~ 0.38
	精加工	转速/(m/min)	150	—	150 ~ 300
		进给量/(mm/r)	0.38	—	0.13 ~ 0.20
切削加工率（%）			20	30 ~ 40	80 ~ 90

注：转速以铸件外表面的线速度表示（后同）。

（7）合金的显微组织　铜与锡能形成有限的固溶体。锡在铜中溶解度的质量分数随温度的下降而显著减少，在 520℃时为 15.8%，至 200℃时还不到 1%。

锡与铜能形成六种固溶体相：α 相、β 相、γ 相、δ 相、ε 相和 ζ 相。工业上应用的铸造锡青铜为 α 和 δ 两相或单相组织的合金，一般 $w(Sn) \leqslant 20\%$。

α 相是锡溶入铜中的固溶体，具有铜一样的面心立方晶格并保留其良好的塑性，而且由于锡的固溶强化，合金具有比纯铜更高的硬度。

δ 相是以金属间化合物（$Cu_{31}Sn_8$）为基的固溶体，硬而脆。铸造锡青铜的显微组织如图 6-17 所示。

（8）特点和应用　铸造锡青铜有优良的耐蚀性，特别是在大气、淡水、海水、碱性溶液和过热的蒸汽中。因为锡青铜显微组织中的 α 相和 δ 相有相近的电极电位，所以微电池作用甚微。另外，铸造锡青铜表面能形成致密的 SnO_2 薄膜，有很好的保护作用，因此在泵、阀、给排水管路和船舶设备方面有着广泛的用途。

铸造锡青铜的强度虽然比铝青铜和高强度黄铜低，但在耐磨性和减摩性上优于其他铜合金，主要是因合金显微组织中的 $(\alpha + \delta)$、$(\alpha + Cu_3P)$ 以及含铅锡青铜中的铅质点都具有良好的耐磨、减摩作用。

高锡青铜具有较高的强度，在 300℃ 以下时有足够的稳定性，适于用作重载条件下工作的摩擦零件。含锌的低锡青铜兼有低成本和良好的耐磨性，适合于制作一般的轴瓦、衬套和薄壁铸件等。

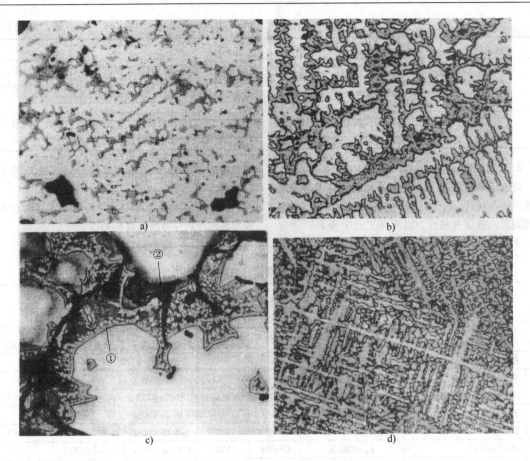

图 6-17　铸造锡青铜的显微组织

a) ZCuSn6Zn6Pb3 合金的铸态组织 $\alpha(\alpha+\delta)+Pb$ ×200　b) ZCuSn10P1 合金的铸态组织

$\alpha+(\alpha+\delta+Cu_3P)$ ×500　c) ZCuSn10P1 合金的铸态组织 ×100

d) ZCuSn10Zn2 合金的铸态组织 $\alpha+(\alpha+\delta)$ ×100

①为$(\alpha+\delta)$共析体　②为 Cu_3P

Cu-Sn-Zn-Pb 系锡青铜,无论 $w(Sn+Zn)$ 大于 12% 的薄壁铸件或 $w(Sn+Zn)$ 大于 10% 的厚壁铸件,因金属液与铸型反应所产生的气孔将明显增加,因此厚壁铸件的耐水压性在很大程度上取决于铸型反应所产生的气孔率,而薄壁铸件则主要取决于铅含量。铸造锡青铜的特点及其应用见表 6-32。

表 6-32　铸造锡青铜的特点及其应用

合金牌号	特 点	应 用
ZCuSn3Zn8Pb6Ni1	有优良的铸造性和耐蚀性,气密性好,可在流动海水中工作	在压力为 2.5MPa 的蒸汽、海水及淡水中工作的管配件,以及工作温度在 250℃ 左右的薄壁铸件(12mm 以下)、泵体、加油器、轴承等
ZCuSn3Zn11Pb4	有良好的铸造性和耐蚀性,易加工	管路用配件、塞、止动器、污水管和燃气管接头等
ZCuSn5Pb5Zn5、ZCuSn6Zn6Pb3	有中等的强度,良好的耐磨性,易加工	压力为 10MPa,速度为 2.5m/s 条件下工作的轴承、轴套以及其他耐磨件
ZCuSn10P1	有良好的耐磨性、耐蚀性、强度高,工作温度可达 260℃	电动机轴承、机床螺纹件、螺母、发动机进气门导套、蜗杆、齿轮、轮缘、叶轮、轴套和衬套等

（续）

合金牌号	特　点	应　用
ZCuSn10Zn2	有良好的耐磨性、耐蚀性、耐压性，强度较高，致密性好	在 1.5MPa 下工作的重要管路配件，阀、旋塞、泵、叶轮，大型轴套以及船用推进器轴的摩擦件等
ZCuSn10Pb5	有较高强度、良好的耐磨性和耐蚀性，特别耐稀盐酸、盐酸和脂肪酸	适于在中高速、重载荷条件下工作的轴承、环体、耐蚀的配件

2. 铸造铝青铜

铸造铝青铜是 20 世纪初才开始研究并迅速发展起来的优秀材料。由于它具有优良的耐蚀性和可以同钢相媲美的强度和韧性，因而在工业中得到广泛应用，尤其以镍铝青铜和高锰铝青铜更为重要，是制造高强度和耐蚀构件（如大型舰船螺旋桨）的主要材料。

（1）合金牌号　国内常用铸造铝青铜的合金牌号和国内外牌号对照见表 6-33。

表 6-33　国内常用铸造铝青铜的合金牌号和国内外牌号对照

序号	合金牌号	国外相近牌号					
		俄罗斯 ГОСТ 493—1979	美国 ASTM[①]	英国 BS 1400 —2002	德国 DIN 1714[②]：2002	国际标准 ISO 1338：1977	日本 JIS H5120 —2016
1	ZCuAl7Mn13Zn4Fe3Sn1[③]	—	—	—	—	—	—
2	ZCuAl8Mn13Fe3	БрА10Мп13Ж3Л	—	—	—	—	—
3	ZCuAl8Mn13Fe3Ni2	БрА8Мп15Ж3Н2Л	C95700	CMA1	Al-MnBZ13	—	AlBC4
4	ZCuAl9Mn2	БрА9Мп2Л	—	—	GB-CuAl8Mn	—	—
5	ZCuAl9Fe4Ni4Mn2	БрА9Ж4Н4Мп1	C95800	AB2	GB-CuAl9Ni	—	AlBC3
6	ZCuAl10Fe3	БрА9Ж4Л	C95200	AB1	GB-CuAl10Fe	GCuAl10Fe3	—
7	ZCuAl10Fe3Mn2	БрА10Ж3Мп2	—	—	—	—	A1BC1
8	ZCuAl10Fe4Ni4	БрА10Ж4Н4Л	C95500	—	GB-CuAl10Ni	GCuAl10Fe5Ni5	—
9	ZCuAl10Fe4Mn3Pb2[③]	—	—	—	—	—	—
10	ZCuAl11Fe7Ni6Cr1[③]	—	C95520	—	—	—	—

① 美国材料试验学会（ASTM）B505—2014，B148—2015，B427—2018。
② 等效采用 EN 1982：2018。
③ 非标在用合金牌号。

（2）合金的化学成分　铸造铝青铜的化学成分及允许的杂质元素含量见表 6-34 和表 6-35。合金元素或杂质对铸造铝青铜的影响见表 6-36。

（3）物理性能　铸造铝青铜的物理性能见表 6-37。

表 6-34　铸造铝青铜的主要化学成分

序号	合金牌号	主要化学成分（质量分数,%)							所属标准
		Al	Fe	Mn	Ni	Sn	Zn	Cu	
1	ZCuAl7Mn13Zn4Fe3Sn1	6.5~7.5	2.5~3.5	11.0~14.0	—	0.4~0.8	3.0~6.0	余量	—
2	ZCuAl8Mn13Fe3	7.0~9.0	2.0~4.0	12.0~14.5	—	—	—	余量	GB/T 1176 —2013
3	ZCuAl8Mn13Fe3Ni2	7.0~8.5	2.5~4.0	11.5~14.0	1.8~2.5	—	—	余量	
4	ZCuAl9Mn2	8.0~10.0	—	1.5~2.5	—	—	—	余量	
5	ZCuAl9Fe4Ni4Mn2	8.5~10.0	4.0~5.0	0.8~2.5	4.0~5.0	—	—	余量	
6	ZCuAl10Fe3	8.5~11.0	2.0~4.0	—	—	—	—	余量	
7	ZCuAl10Fe3Mn2	9.0~11.0	2.0~4.0	1.0~2.0	—	—	—		

（续）

序号	合金牌号	主要化学成分（质量分数,%)							所属标准
		Al	Fe	Mn	Ni	Sn	Zn	Cu	
8	ZCuAl10Fe4Ni4	9.5~11.0	3.5~5.5	—	3.5~5.5	—	—	余量	GB/T 1176 —2013
9	ZCuAl10Fe4Mn3Pb2	9~10	3~4	2.0~3.0			Pb2	余量	
10	ZCuAl11Fe7Ni6Cr1	10~12	6~8	Cr0.4~0.8	5~7			余量	—

表6-35 铸造铝青铜允许的杂质元素含量

序号	合金牌号	杂质元素含量（质量分数,%) ≤									
		Sb	Si	P	As	C	Ni	Sn	Zn	Pb	Mn	总和
1	ZCuAl7Mn13Zn4Fe3Sn1	—	0.15	—	—	0.10	—	—	—	0.02	—	1.0
2	ZCuAl8Mn13Fe3	—	0.15	—	—	0.10	—	—	0.3①	0.02	—	1.0
3	ZCuAl8Mn13Fe3Ni2	—	0.15	—	—	0.10	—	—	0.3①	0.02	—	1.0
4	ZCuAl9Mn2	0.05	0.20	0.10	0.05	—	—	0.2	1.5①	0.1	—	1.0
5	ZCuAl9Fe4Ni4Mn2	—	0.15	—	—	0.10	—	—	—	0.02	—	1.0
6	ZCuAl10Fe3	—	—	—	—	—	3.0①	0.3	0.4	0.2	1.0	1.0
7	ZCuAl10Fe3Mn2	0.05	0.10	0.10	0.01	—	—	0.1	0.5①	0.3	0.5	0.75
8	ZCuAl10Fe4Ni4	0.05	0.20	—	—	—	—	0.2	0.2	0.5	0.5	1.5
9	ZCuAl10Fe4Mn3Pb2	0.05	—	0.1	0.05	—	2.0	0.2	1.0	—	—	4.0
10	ZCuAl11Fe7Ni6Cr1	—	—	—	—	—	—	—	0.5	0.05	0.5	1.0

① 不计入杂质总和。

表6-36 合金元素或杂质对铸造铝青铜的影响

合金元素 或杂质	工艺性能	铸态组织	性能
Al	有脱氧作用，提高流动性，易形成悬浮性渣，增加吸气性和金属的收缩率	在平衡状态下，$w(Al)=9.4\%$ 时为单相 α；$w(Al)$ 为 $9.4\%\sim11.8\%$ 时为 $\alpha+\beta$ 两相；$w(Al)>11.8\%$ 时为 β 相	提高强度、硬度和耐蚀性，α 相塑性好，随着 β 相的出现和增多，塑性和耐蚀性下降
Fe	略为提高合金熔点	减缓共析转变，形成 Al_3Fe 作为结晶核心，细化晶粒	适量的 Fe 能提高强度、硬度、疲劳极限和耐磨性，过量的 Fe 则降低耐蚀性
Mn	有脱氧作用，降低合金熔点，改善铸造性能，抑制缓冷脆性	缩小 α 相区，稳定 β 相，锰高时共析转变温度降到室温以下	提高强度、韧性和耐蚀性
Ni	增加合金的吸气倾向	扩大 α 相区，提高共析转变温度、细化晶粒，形成强化相（κ 相）	提高强度、硬度、耐磨性、耐蚀性和热稳定性
Zn	降低熔化温度，有除气作用	溶入 α 固溶体，减少镍铝青铜中铁微粒的数量	提高强度、硬度，过量则会降低合金的耐蚀性和塑性
Sn	改善合金在液态下的氧化倾向	少量溶入固溶体，扩大 β 相区	提高耐磨性、耐蚀性和防污能力，降低塑性
Cr	提高合金熔点，降低流动性，易氧化	以颗粒状或化合物形式在基体上析出（固溶+时效处理）	提高硬度、降低塑性，阻止退火时晶粒长大

（续）

合金元素或杂质	工艺性能	铸态组织	性　能
Pb	无明显影响	以游离状态存在	具有减摩作用，但降低塑性、韧性，影响铸件的表面质量
Si	提高流动性和高温抗氧化性	少量溶入固溶体，过量形成化合物	提高强度、硬度和耐蚀性，降低塑性
P	提高流动性，增大合金的凝固范围	形成磷化物	降低塑性和韧性

表 6-37　铸造铝青铜的物理性能

序号	合金牌号	固相点	液相点	密度/ (g/cm³)	比热容 c/ [J/ (kg·K)]	热导率 λ/ [W/ (m·K)]	电阻率 ρ/ $10^{-6}\Omega\cdot m$	电导率 γ (%IACS)	线胀系数 $\alpha_l/10^{-6}K^{-1}$
		℃							
1	ZCuAl7Mn13Zn4Fe3Sn1	944	980	7.4	—	—	0.164	10.5	17.35 (0~100℃) 19.92 (400℃)
2	ZCuAl8Mn13Fe3	950	980	7.5	400	32	0.55	3.1	17.6 (0~300℃)
3	ZCuAl8Mn13Fe3Ni2	949	987	7.50	439	30.1	0.478	3.6	17.74 (0~100℃)
4	ZCuAl9Mn2	1048	1061	7.60	435	71	0.110	19	17.0
5	ZCuAl9Fe4Ni4Mn2	1040	1060	7.64	418	34.3	0.248	6.8	—
6	ZCuAl10Fe3	1039	1047	7.45	377	59.0	0.143	12	16.2 (20~200℃)
7	ZCuAl10Fe3Mn2	1040	1045	7.50	418	59	0.164	10.5	—
8	ZCuAl10Fe4Ni4	1037	1054	7.52	377	55	0.191	9	15.3 (20~260℃)
9	ZCuAl10Fe4Mn3Pb2	1040	1045	7.7	—	—	—	—	—
10	ZCuAl11Fe7Ni6Cr1	1050	1070	7.6	—	40.1	—	—	18 (29~100℃)

（4）化学性能　铸造铝青铜在各种大气气氛中均有良好的耐蚀性。虽然许多铜合金在含硫环境中腐蚀速度较快，但 ZCuAl10Fe4Ni4 和 ZCuAl9Fe4Ni4Mn2 合金在中等污染程度的环境中仍然有良好的耐蚀性。

淡水对铸造铝青铜几乎无腐蚀。在酸性的矿井水中，铸造铝青铜，特别是镍铝青铜和高锰铝青铜显示出优良的耐蚀性。

在海水中，铸造铝青铜比高强度黄铜有更好的抗腐蚀疲劳性能。铸造铝铁青铜虽然也有良好的耐蚀性，但在某些情况下，如存在裂纹或在污浊不通气的条件下，能产生脱铝腐蚀。

铸造铝青铜在无机酸溶液中也有很好的耐蚀性，适用于在盐酸、硫酸和氢氟酸溶液中工作。在碱性溶液中，耐蚀性虽然没有像在酸性溶液中那样好，但也可以满意地工作。铸造铝青铜在腐蚀介质中腐蚀速度见表 6-38 和表 6-39；铸造铝青铜磁致伸缩空泡腐蚀性能见表 6-40 和表 6-41；铸造铝青铜冲击腐蚀性能见表 6-42；铸造铝青铜在海水中的腐蚀率与海水流速的关系如图 6-18 所示；热处理对铸造铝青铜腐蚀性能的影响见表 6-43；铸造铝青铜焊后腐蚀性能见表 6-44。

（5）力学性能

1）铸造铝青铜技术标准要求的力学性能见表 6-45。

表 6-38 铸造铝青铜的腐蚀速度

合金牌号	介质（质量分数）	试验温度/℃	腐蚀速度	
			g/(m²·h)	mm/a
ZCuAl7Mn13Zn4F3Sn1	海水	20	0.018	—
ZCuAl8Mn13Fe3Ni2	海水	20	—	0.051
ZCuAl9Mn2	人工海水	20	0.02	0.02
		40	0.03	0.03
	10%的 H₂SO₄ 溶液	20	2.16	2.46
		40	5.14	5.86
ZCuAl9Fe4Ni4Mn2	海水	20	—	0.0153
ZCuAl10Fe3	10%的 H₂SO₄ 溶液	20	0.01	0.012
		40	0.11	0.12
	20%的 NaCl 溶液	20	0.018	—
	30%的 NaCl 溶液		0.022	—
	35%的 NaCl 溶液		0.863	—
	50%的 NaCl 溶液		0.660	—
ZCuAl10Fe3Mn2	人工海水	20	0.012	0.013
		40	0.007	0.008
	10%的 H₂SO₄ 溶液	20	1.35	1.35
		40	10.22	11.66
ZCuAl10Fe4Ni4	海水	20	—	0.004

表 6-39 ZCuAl9Fe4Ni4Mn2 在不同 pHw（NaCl）为 3.5% 溶液中的腐蚀速度

试样状态	腐蚀速度/(mm/a)				
	pH = 7.5	pH = 6.0	pH = 5.5	pH = 5.0	pH = 4.0
金属型铸造	0.00264	0.00192	0.00840	0.01570	0.05293
金属型铸造 + 热处理	0.00058	0.00142	0.00153	0.00323	0.16175
砂型铸造	0.00050	0.00029	0.00104	0.00309	0.12202
砂型铸造 + 热处理	0.00040	0.00047	0.00147	0.00339	0.13355

表 6-40 铸造铝青铜磁致伸缩空泡腐蚀性能

合金牌号	试验条件	重量损失	
		mm³/h	mg
ZCuAl8Mn13Fe3Ni2	25℃ 蒸馏水、频率 20kHz、振幅 51μm	1.4	—
ZCuAl9Fe4Ni4Mn2		1.1	—
ZCuAl7Mn13Zn4Fe3Sn1	25℃ 蒸馏水、频率 17kHz、振幅 55.6μm，时间 2h	—	9.4
ZCuAl8Mn13Fe3Ni2		—	8.4
ZCuAl8Mn13Fe3Ni2	w（NaCl）= 3.5% 的溶液、频率 10kHz 振幅 25.4μm	0.06	0.5mg/h
ZCuAl9Fe4Ni4Mn2		0.053	0.4mg/h

表6-41　铸造铝青铜旋转圆盘空泡腐蚀性能

合金牌号	试样条件	厚度损失/mm		
		圆周	厚度 d = 50mm	厚度 d = 100mm
ZCuAl8Mn13Fe3Ni2	转速：1120r/min 介质：人工海水	0.060	0.025	0.025
ZCuAl9Fe4Ni4Mn2		0.076	0.040	0.040
ZCuZn35Al2Mn2Fe1		0.3	0.091	0.046

表6-42　铸造铝青铜冲击腐蚀性能

合金牌号	试验状态	试验条件	重量损失/mg
ZCuAl10Fe3Mn2	砂型铸造，700℃炉冷	圆周速度28m/s 间距1.8mm 时间2h	188
ZCuAl9Mn2	1000℃固溶后480℃回火		57
ZCuAl8Mn13Fe3Ni2	砂型铸态	20℃海水 时间12	2.4
ZCuAl9Fe4Ni4Mn2			2.4

表6-43　热处理对铸造铝青铜腐蚀性能的影响

合金牌号	试样状态	原始性能			腐蚀6个月			腐蚀1年			表面情况	
		抗拉强度 R_m/MPa	条件屈服强度 $R_{p0.2}$/MPa	断后伸长率 A(%)	抗拉强度 R_m/MPa	条件屈服强度 $R_{p0.2}$/MPa	断后伸长率 A(%)	抗拉强度 R_m/MPa	条件屈服强度 $R_{p0.2}$/MPa	断后伸长率 A(%)	6个月	1年
ZCuAl10Fe3	铸态	553	215	35.0	523	209	27.0	485	185	22.0	清洁	清洁
	607℃×1.5h，水淬	548	215	45.0	529	203	37.0	529	200	32.0	清洁	清洁
	850℃×2h，水淬+607℃×1.5h，水淬	592	230	37.0	570	222	31.5	560	205	31.0	清洁	清洁
ZCuAl10Fe4Ni4	铸态	634	334	6.5	607	338	5.5	516	328	3.0	清洁	清洁
	885℃×2h，水淬	796	549	5.0	784	537	4.0	745	518	3.0	清洁	清洁

表6-44　铸造铝青铜焊后腐蚀性能

合金牌号	试样状态	焊接件			海水浸泡6个月			海水浸泡1年			表面情况	
		抗拉强度 R_m/MPa	条件屈服强度 $R_{p0.2}$/MPa	断后伸长率 A(%)	抗拉强度 R_m/MPa	条件屈服强度 $R_{p0.2}$/MPa	断后伸长率 A(%)	抗拉强度 R_m/MPa	条件屈服强度 $R_{p0.2}$/MPa	断后伸长率 A(%)	6个月	1年
ZCuAl10Fe3	基体：铸态 焊后：未热处理	555	232	33	534	234	26	137	119	1.0	基体脱铝	焊缝热影响区脱铝
	基体：880℃×2h，水淬+607℃×1.5h，水淬 焊后：未热处理	593	245	32	485	244	17	155	—	1.0	焊缝脱铝	焊缝热影响区脱铝
	基体：885℃×2h，水淬+607℃×1.5h，水淬 焊后：607℃×1.5h，水淬	580	243	34	565	239	31	502	206	20	焊缝脱铝	焊缝脱铝

（续）

合金牌号	试样状态	焊接件			海水浸泡 6 个月			海水浸泡 1 年			表面情况	
		抗拉强度 R_m /MPa	条件屈服强度 $R_{p0.2}$ /MPa	断后伸长率 A（%）	抗拉强度 R_m /MPa	条件屈服强度 $R_{p0.2}$ /MPa	断后伸长率 A（%）	抗拉强度 R_m /MPa	条件屈服强度 $R_{p0.2}$ /MPa	断后伸长率 A（%）	6 个月	1 年
ZCuAl10Fe4Ni4	基体：铸态 焊后：未热处理	545	423	4.5	519	404	2.5	264	—	0	焊缝脱铝	焊缝热影响区脱铝
	基体：880℃ × 2h，水淬 + 607℃ × 1.5h，水淬 焊后：未热处理	727	479	3.0	730	445	3.0	407	—	1.0	焊缝脱铝	焊缝热影响区脱铝
	基体：885℃ × 2h，水淬 + 607℃ × 1.5h，水淬 焊后：607℃ × 1.5h，水淬	776	492	5.0	780	500	5.0	697	466	3.0	基体清洁	基体脱铝

注：焊接方法为钨极气体保护电弧焊，直流反接，24V，300A，焊丝直径为 ϕ2mm 的 Cu89Al10Fe1 和 Cu82Al10Fe4Ni4。

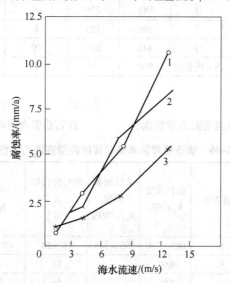

图 6-18　铸造铝青铜在海水中的腐蚀率与海水流速的关系
1—ZCuAl10Fe3　2—ZCuAl10Fe1　3—ZCuAl10Fe4Ni4（热处理后）

表 6-45　铸造铝青铜技术标准要求的力学性能

序号	合金牌号	铸造方法	抗拉强度 R_m/MPa ≥	条件屈服强度 $R_{p0.2}$/MPa ≥	断后伸长率 A（%）≥	硬度 HBW ≥	所属标准
1	ZCuAl7Mn13Zn4Fe3Sn1	S	637	—	18	160	

（续）

序号	合金牌号	铸造方法	抗拉强度 R_m/MPa ≥	条件屈服强度 $R_{p0.2}$/MPa ≥	断后伸长率 A（%）≥	硬度 HBW ≥	所属标准
2	ZCuAl8Mn13Fe3	S	600	270[①]	15	160	
		J	650	280[①]	10	170	
3	ZCuAl8Mn13Fe3Ni2	S	645	280	20	160	
		J	670	310	18	170	
4	ZCuAl9Mn2	S、R	390	150	20	85	
		J	440	160	20	95	
5	ZCuAl9Fe4Ni4Mn2	S	630	250	16	160	
6	ZCuAl10Fe3	S	490	180	13	100[①]	GB/T 1176—2013
		J	540	200	15	110[①]	
		Li、La	540	200	15	110[①]	
7	ZCuAl10Fe3Mn2	S、R	490	—	15	110	
		J	540	—	20	120	
8	ZCuAl10Fe4Ni4	S	539	200	5	160	
		J	588	235	5	170	
9	ZCuAl10Fe4Mn3Pb2	S	390	220	8	102	—
		J	440	240	10	122	
10	ZCuAl11Fe7Ni6Cr1	S + 热处理	900	—	1	41HRC	

① 数据为参考值。

2）室温力学性能。　　　　　　　　　　　　　　表 6-46。

① 铸造铝青铜单铸试样的典型室温力学性能见　　　② 铸造铝青铜铸件的室温力学性能见表 6-47。

表 6-46　铸造铝青铜单铸试样的典型室温力学性能

合金牌号	铸造方法	抗拉强度 R_m/MPa	条件屈服强度 $R_{p0.2}$/MPa	断后伸长率 A（%）	硬度 HBW	冲击韧度 a_{KU}/（kJ/m²）	抗剪强度 τ_b/MPa
ZCuAl7Mn13Zn4Fe3Sn1	S	685～750	295～345	18～30	170～220	10～49	392
ZCuAl8Mn13Fe3	S	660	—	16	188	—	—
	J	695	—	16	204	—	—
	Li	630	—	10	197	—	—
ZCuAl8Mn13Fe3Ni2	S	650～730	280～340	18～35	165～210	—	—
	J	670～740	310～370	27～40	—	34～47	—
	Li	660～725	305～345	30	188	—	331
ZCuAl9Fe4Ni4Mn2	S	640～710	250～300	15～30	160～188	—	—
	J	650～740	250～310	13～20	160～188	—	—
	Li	670～730	250～310	13～20	140～180	—	—
ZCuAl9Mn2	S	390	196	20	90～120	69	—
ZCuAl10Fe3	S	550	206	35	125	30	400

（续）

合金牌号	铸造方法	抗拉强度 R_m/MPa	条件屈服强度 $R_{p0.2}$/MPa	断后伸长率 A (%)	硬度 HBW	冲击韧度 a_{KU}/ (kJ/m^2)	抗剪强度 τ_b/ MPa
ZCuAl10Fe3Mn2	J	540	216	20	135	69	373
ZCuAl10Fe4Ni4	J	635	275	8	180	20 ~ 39	441
	J + 热处理	685	345	6	200 ~ 240	—	—
ZCuAl10Fe4Mn3Pb2	J	525	241	17.8	145	18	—
ZCuAl11Fe7Ni6Cr1	S + 热处理	950	—	1.4	43HRC	—	—

表 6-47 铸造铝青铜铸件的室温力学性能

合金牌号	铸　　件	取样部位 截面厚度/mm	抗拉强度 R_m/MPa	条件屈服强度 $R_{p0.2}$/MPa	断后伸长率 A (%)
ZCuAl7Mn13Zn4Fe3Sn1	砂型铸件	截面厚度40	735	—	23
		60	740	—	22
		80	720	—	18
		100	730	—	19
ZCuAl8Mn13Fe3Ni2	螺旋桨 (60mm×330mm× 330mm)	轮	676	267	15
		根部	700	300	15
		桨叶边缘	726	320	15
		平台	518	225	16.5
ZCuAl9Fe4Ni4Mn2	重25000kg 砂型铸件	截面厚度50	585 ~ 610	—	15 ~ 19
		125	435 ~ 550	—	7.6 ~ 14.2
		350	355 ~ 505	—	4.4 ~ 12
		附铸试样	662 ~ 682	—	16 ~ 22

③ 浇注温度对铸造铝青铜单铸砂型试样力学性能的影响见表 6-48。

④ ZCuAl9Fe4Ni4Mn2 合金在各种温度下的应力-应变曲线如图 6-19 所示。

表 6-48 浇注温度对铸造铝青铜单铸砂型试样力学性能的影响

合金牌号	浇注温度 /℃	抗拉强度 R_m /MPa	条件屈服强度 $R_{p0.2}$ /MPa	断后伸长率 A(%)	合金牌号	浇注温度 /℃	抗拉强度 R_m /MPa	条件屈服强度 $R_{p0.2}$ /MPa	断后伸长率 A(%)
ZCuAl8Mn13Fe3Ni2	1048	725	315	23	ZCuAl9Fe4Ni4Mn2	1066	585	255	17
	1070	730	325	29		1090	637	260	26
	1090	730	315	28		1121	640	283	27
	1110	725	315	26		1149	638	287	27
	1130	725	310	26		1177	634	290	28
	1150	725	315	26		1204	625	252	27
	1160	730	315	26		1238	625	256	27
	1200	745	325	27					

3）高温力学性能见表 6-49 ~ 表 6-51 和图 6-20。

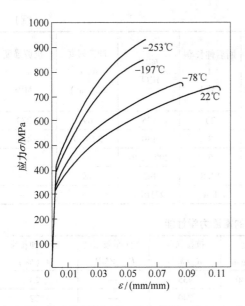

图 6-19　ZCuAl9Fe4Ni4Mn2 合金在
各种温度下的应力-应变曲线

表 6-49　ZCuAl10Fe3 合金的高温力学性能

试验温度 /℃	抗拉强度 R_m/MPa	条件屈服强度 $R_{p0.2}$/MPa	断后伸长率 A（%）
20	500	180	15
150	440	177	14
200	415	175	14
250	495	173	14
300	375	172	13

表 6-50　ZCuAl8Mn13Fe3 合金的高温力学性能

试验温度/℃	20	100	200	300	400	500
抗拉强度 R_m/MPa	725	690	685	635	615	295
断后伸长率 A（%）	14.5	14.5	16.8	8.6	11.8	31
硬度 HBW	229	215	207	207	119	71

表 6-51　ZCuAl10Fe4Ni4 合金的高温力学性能

试验温度 /℃	铸造方法	抗拉强度 R_m /MPa	条件屈服强度 $R_{p0.2}$ /MPa	断后伸长率 A	断面收缩率 Z	硬度 HBW	冲击韧度 a_{KU}/ (kJ/m²)
				%	%		
20	S	500	220	12	—	—	—
	J	637	274	8	12	180	19.6

（续）

试验温度 /℃	铸造方法	抗拉强度 R_m /MPa	条件屈服强度 $R_{p0.2}$ /MPa	断后伸长率 A	断面收缩率 Z	硬度 HBW	冲击韧度 a_{KU}/ (kJ/m²)
				%	%		
100	J	637	264	10	12	180	39.2
150	S	458	219	7	—	—	—
200	S	440	218	5	—	—	—
	J	637	245	10	15	180	39.2
250	S	425	218	—	—	—	—
300	S	410	217	—	—	—	—
	J	490	220	10	17	170	39.2
500	J	295	205	8	19	76	14.7

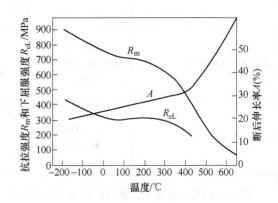

图 6-20　ZCuAl8Mn13Fe3Ni2 合金的
力学性能与温度的关系

4）低温力学性能见表 6-52 和表 6-53。

表 6-52　ZCuAl8Mn13Fe3Ni2 合金的
低温力学性能

试验温度 /℃	抗拉强度 R_m/MPa	条件屈服强度 $R_{p0.2}$/MPa	断后伸长率 A（%）
20	724	320	25
0	749	339	26.5
-78	801	356	28
-140	815	383	28
-189	812	399	17

表 6-53　ZCuAl10Fe4Ni4 合金的低温力学性能

试验温度 /℃	抗拉 强度 R_m /MPa	条件屈服 强度 $R_{p0.2}$ /MPa	断后 伸长率 A	断面 收缩率 Z	缺口抗拉强度 σ_{bH}/MPa
			%		
20	700	303	11	9	725
-78	717	303	9	9	718
-197	807	379	6	7	814
-253	813	425	6	2	840
-269	900	414	6	5	816

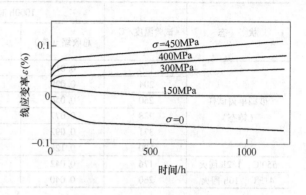

5）高温持久和蠕变性能及高温零载应变和蠕变曲线见表 6-54 ~ 表 6-56 和图 6-21、图 6-22。

图 6-21　ZCuAl8Mn13Fe3Ni2 合金 288℃时的蠕变曲线

表 6-54　ZCuAl8Mn13Fe3Ni2 合金的高温持久性能

试验温度 T/℃	持久强度			
	$R_{u\,10/T}$	$R_{u\,100/T}$	$R_{u\,1000/T}$	$R_{u\,10000/T}$
	MPa			
204	614	558	538	503
260	524	469	372	296
316	345	290	200	148
371	194	128	86	58

表 6-55　铸造铝青铜的蠕变强度

合金牌号	铸造 方法	试验温度 T/℃	蠕变强度 $R_{p0.1,10000/T}$ /MPa
ZCuAl8Mn13Fe3Ni2	S	120	150
		175	122
		230	53
		290	31
ZCuAl9Fe4Ni4Mn2	La	204	132
		315	38
ZCuAl10Fe3	S	200	130
		300	37
ZCuAl10Fe4Ni4	S	120	138
		175	103
		230	76
		290	55
	La	204	200
		315	38

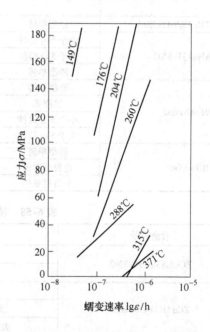

图 6-22　ZCuAl8Mn13Fe3Ni2 合金 在各种温度下的蠕变曲线

6）疲劳性能和裂纹扩展速率见表 6-57 ~ 表 6-59 和图 6-23 ~ 图 6-26。

7）弹性性能见表 6-60。

（6）工艺性能

1）铸造性能。

①凝固特点。铸造铝青铜的结晶温度范围小，约 30℃ 左右，属于层状凝固；流动性好；体积收缩大，容易形成集中缩孔，不容易产生枝晶偏析，能够获得组织致密的铸件。

表 6-56　ZCuAl8Mn13Fe3Ni2 合金的高温零载应变

状　态	试验温度/℃	1000h 时的收缩		试验结束时的收缩	
		总收缩（%）	第 1000h 时的收缩速度/10^{-6}（ε/h）	总收缩（%）	试验时间/h
砂型单铸试样（铸态）	176	0.017	0.036	0.022	1700
	204	0.029	0.048	—	—
	260	0.056	0.087	0.068	1800
	288	0.077	—	0.077	1500
	371	0.092	0.46	0.135	2000
	500	0.128	0.39	0.132	1300
550℃，1/2h 回火	176	0.042	0.03	0.026	1600
415℃，16h 回火	260	0.040	0.12	—	—

表 6-57　铸造铝青铜的旋转弯曲腐蚀疲劳性能

合金牌号	试　样	介　质（质量分数）	疲劳极限 σ_D/MPa			
			$N = 10^7$	$N = 2 \times 10^7$	$N = 5 \times 10^7$	$N = 10^8$
ZCuAl7Mn13Zn4Fe3Sn1	砂型单铸	海水	—	—	—	113
ZCuAl8Mn13Fe3Ni2	小于 5kg 铸件	3% NaCl 溶液	—	—	—	100 ~ 134
	大于 5kg 铸件		96	—	69	66 ~ 100
	砂型单铸	海水	96	—	69	62
ZCuAl9Fe4NiMn2	砂型单铸	海水	—	152	—	—
	螺旋桨		—	125	—	—
	小于 5kg 铸件	3% NaCl 溶液	—	—	—	100 ~ 150
	大于 5kg 铸件		137	96	96	77 ~ 115
ZCuAl10Fe4Ni4	砂型单铸	3% NaCl 溶液	—	206	130 ~ 146	—
	金属型单铸		—	—	146 ~ 162	—
	金属型单铸	盐雾	292	261	226	—

表 6-58　铸造铝青铜的大气疲劳极限

合金牌号	试　样	疲劳极限 σ_D/MPa（$N = 10^8$）
ZCuAl8Mn13Fe3Ni2	砂型单铸	227
	连铸棒	241
ZCuAl9Fe4Ni4Mn2	砂型单铸	210
	大型砂型铸件本体	125 ~ 45
	大型砂型铸造螺旋桨	137
ZCuAl10Fe4Ni4	砂型单铸	230

表 6-59　铸造铝青铜的裂纹扩展速率

合金牌号	试　样	介质	抗拉强度 R_m/MPa	条件屈服强度 $R_{p0.2}$/MPa	断后伸长率 A（%）	疲劳裂纹扩展速率 da/dN/（mm/cycle）
ZCuAl8Mn13Fe3Ni2	螺旋桨本体	空气	615	280	20	0.9×10^{-15}（ΔK）$^{6.4}$①
		海水				2.18×10^{-16}（ΔK）$^{6.2}$
ZCuAl9Fe4Ni4Mn2	壁厚为 260mm 的砂型铸件	空气	630	250	16	1.87×10^{-13}（ΔK）$^{4.5}$
		海水				2.95×10^{-13}（ΔK）$^{4.5}$

①　ΔK 应力强度因子范围单位为 MN·m$^{-3/2}$。

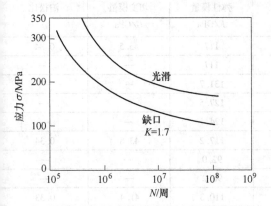

图 6-23　ZCuAl8Mn13Fe3Ni2 合金
在大气中的 σ-N 曲线

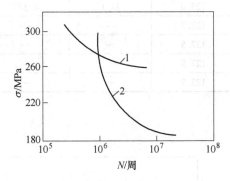

图 6-24　ZCuAl8Mn13Fe3Ni2 合金在 3% 的
NaCl 溶液中的 σ-N 曲线

1—空气中　2—3% 的 NaCl 溶液中

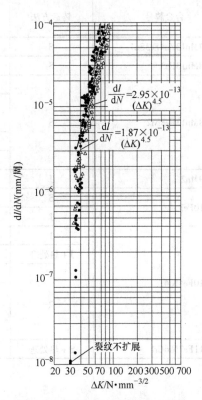

$$\frac{\mathrm{d}l}{\mathrm{d}N}=2.95\times10^{-13}(\Delta K)^{4.5}$$

$$\frac{\mathrm{d}l}{\mathrm{d}N}=1.87\times10^{-13}(\Delta K)^{4.5}$$

裂纹不扩展

图 6-25　ZCuAl9Fe4Ni4Mn2 合金
$\mathrm{d}l/\mathrm{d}N$-ΔK 关系曲线

●—空气中　△—海水中

② 氧化倾向。铸造铝青铜含有较多的铝,极易氧化形成 Al_2O_3 悬浮性的夹渣;浇注过程中也易形成二次氧化渣,很难从铜液中去除。因此,无论是在熔炼过程中,还是在确定铸造工艺时,都要采取适当措施,防止氧化物进入铸件。

③ 吸气倾向。铝青铜液的蒸汽压比黄铜和锡青铜都低,吸气倾向大。但当铜液表面有一层 Al_2O_3 薄膜覆盖时,能起保护作用,所以在熔炼过程中不应过分搅动铜液。图 6-27 所示为氢在铝青铜中的溶解度与其含量和温度的关系。

铸造铝青铜的铸造性能见表 6-61 及图 6-28。

2)焊接性能。铸造铝青铜铝含量高,焊接时铝在高温下和氧极易产生高熔点的 Al_2O_3,影响熔池金属液的流动和焊合,恶化焊接性,因此不宜采用火焰焊接工艺。

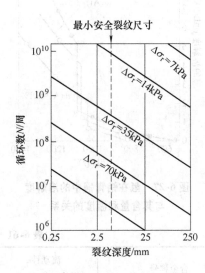

最小安全裂纹尺寸

$\Delta\sigma_r=7\mathrm{kPa}$

$\Delta\sigma_r=14\mathrm{kPa}$

$\Delta\sigma_r=35\mathrm{kPa}$

$\Delta\sigma_r=70\mathrm{kPa}$

图 6-26　ZCuAl8Mn13Fe3Ni2 合金疲劳应力
作用下的裂纹深度与寿命分析图

表6-60　铸造铝青铜的弹性性能

合金牌号	铸造方法	试验温度 /℃	弹性模量 E/GPa	切变模量 G/GPa	泊松比 μ
ZCuAl7Mn13Zn4Fe3Sn1	S	20	117	43.5	0.34
ZCuAl8Mn13Fe3	S	20	117	—	—
ZCuAl8Mn13Fe3Ni2	S	−189	131.7	—	—
		−77	127.5	—	—
		0	124.1	—	—
		20	117.2	43.8	0.34
		375	92.0	—	—
ZCuAl9Mn2	J	20	90.2	—	—
ZCuAl10Fe3	S	20	110.3	41.4	0.33
	J	20	110	41.3	0.335
ZCuAl10Fe4Ni4	J	20	112.7	—	—
	J + 热处理	20	123.0	—	—
	S	22	125.0	44.1	0.327
		−78	122.7	—	—
		−197	127.5	—	—
		−253	127.5	—	—
ZCuAl11Fe7Ni6Cr1	S + 热处理	20	125.7	—	—

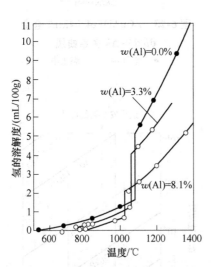

图6-27　氢在铝青铜中的溶解度
与其含量和温度的关系

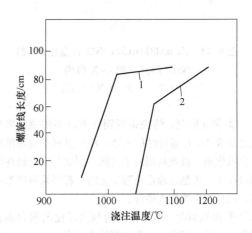

图6-28　浇注温度对铸造铝青铜流动性的影响
1—ZCuAl8Mn13Fe3Ni2　2—ZCuAl9Fe4Ni4Mn2

表6-61　铸造铝青铜的铸造性能

合金牌号	流动性 （螺旋线长度）/cm	线收缩率 （%）	浇注温度/℃	
			壁厚 <30mm	壁厚 ≥30mm
ZCuAl7Mn13Zn4Fe3Sn1	125	2.2	1060~1080	1040~1060
ZCuAl8Mn13Fe3	80	1.9	1060~1080	1050~1070

（续）

合金牌号	流动性（螺旋线长度）/cm	线收缩率（%）	浇注温度/℃	
			壁厚<30mm	壁厚≥30mm
ZCuAl8Mn13Fe3Ni2	85	2.0	1060~1080	1040~1060
ZCuAl9Mn2	48	1.7	1160~1200	1100~1140
ZCuAl9Fe4Ni4Mn2	70	1.8	1150~1180	1140~1150
ZCuAl10Fe3	80	2.5	1120~1160	1090~1120
ZCuAl10Fe3Mn2	70	2.4	1160~1200	1120~1160
ZCuAl10Fe4Ni4	75	1.8	1150~1180	1130~1160
ZCuAl10Fe4Mn3Pb2	—	1.7	1100~1180	
ZCuAl11Fe7Ni6Cr1	—	—	1150~1250	

铸造铝青铜宜采用熔化极气体保护焊和钨极气体保护焊，且以氩弧焊为主。用低铝钎料有助于得到热温性和热塑性较好的焊缝。

铸造铝青铜有较高的电阻，适合于电阻焊，包括点焊、缝焊和对接焊等，在一定程度上可进行钎焊。

铸造铝青铜的焊接工艺性能见表 6-62。铸造铝青铜钨极气体保护电弧焊的典型工艺参数见表 6-63。

表 6-62 铸造铝青铜的焊接工艺性能

合金牌号	锡焊	铜焊	熔化极气体保护焊	钨极气体保护焊	碳极气体保护焊	焊条电弧焊	氧乙炔气焊	电阻焊
ZCuAl7Mn13Zn4Fe3Sn1 ZCuAl8Mn13Fe3Ni2 ZCuAl8Mn13Fe3	C	C	A	A	A	A	D	A
ZCuAl9Mn2 ZCuAl9Fe4Ni4Mn2	C	B	A	A	A	B	D	A
ZCuAl10Fe3	C	C	A	A	A	B	D	A
ZCuAl10Fe4Ni4	D	D	A	A	A	B	D	A

注：A—优，B—良，C—中，D—差。

表 6-63 铸造铝青铜钨极气体保护电弧焊的典型工艺参数

铸件壁厚/mm	钨极直径/mm	氦气保护		氩气保护		预热温度/℃
		直流电流/A	用气量/(L/min)	直流电流/A	用气量/(L/min)	
0.5~1.0	0.8~1.0	—	—	15~16	3.5~5.5	—
1.0~1.5	1.0~1.5	50~125	5~7	60~150	3.5~5.5	—
3.0	2.4	125~225	6.5~10	140~280	5~7	50
5.0	3.8	200~300	7.5~10	250~375	5.5~8.5	50
6.5	4.7	250~350	10~15	300~475	7.5~12	200
12.5	6.5	300~550	12~16	400~600	10~14	350
19	6.5	300~550	14~19	400~600	14~19	400
25	6.5	300~600	14~19	450~650	14~19	400

3）切削性能。铸造铝青铜多用于制造泵、阀、轴承、轴套和船舶螺旋桨等耐磨、耐蚀的复杂零部件，因此铸造铝青铜的磨削、切削加工性能非常重要。表 6-64 列出了铸造铝青铜的切削加工性能。

表 6-64　铸造铝青铜的切削加工性能

刀具种类	工序	切削参数	ZCuAl9Mn2 ZCuAl10Fe4Ni4	ZCuAl9Fe4Ni4Mn2 ZCuAl8Mn13Fe3Ni2 ZCuAl8Mn13Fe3	ZCuAl10Fe3
高速钢刀具	粗加工	速度/(m/min)	22 ~ 45	—	70 ~ 150
		进给量/(mm/r)	0.38 ~ 1.0	—	0.25 ~ 0.50
	精加工	速度/(m/min)	22 ~ 45	—	70 ~ 150
		进给量/(mm/r)	0.12 ~ 0.5	—	0.12 ~ 0.30
硬质合金刀具	粗加工	速度/(m/min)	75 ~ 180	60 ~ 120	210 ~ 420
		进给量/(mm/r)	0.38 ~ 0.76	0.13 ~ 0.18	0.05 ~ 0.12
	精加工	速度/(m/min)	90 ~ 240	150 ~ 240	210 ~ 420
		进给量/(/mm/r)	0.20 ~ 0.38	0.05 ~ 0.13	0.03 ~ 0.06
切削加工率/(%)			25	45 ~ 50	50

注：转速以铸件外表面的线速度表示。

（7）合金的显微组织　常用的铸造铝青铜是在二元铝青铜的基础上添加一定数量的锰、铁、镍、锌和锡等元素而形成的多元铝青铜，组织比较复杂。各个元素在合金中的作用也不尽相同。例如镍，它能使Cu-Al 合金共析点向高铝方向移动（见图 2-98），同时提高合金的共析转变温度，还能形成 κ 相，强化合金并改善耐蚀性。如果再加入铁元素，能使组织细化。当 $w(Ni)/w(Fe) = 0.9 ~ 1.1$ 时，合金的性能最佳。κ 相又分为 $κ_Ⅰ$、$κ_Ⅱ$、$κ_Ⅲ$ 相。其中，$κ_Ⅰ$ 为富铝的（CuAlFe）相，铸态时呈柳叶状析出；$κ_Ⅱ$ 为（CuAlNi）相，铸态呈颗粒状析出；$κ_Ⅲ$ 为富铁的（CuAlFe）相，铸态呈细小的弥散析出。为防止析出有害的 γ 相，需添加大于 4% 的 $w(Ni)$ 和 $w(Fe)$。另外，当 $w(Al) > 11\%$ 时，合金也会产生 γ 相，所以 $w(Al) ≤ 11\%$。Cu-Al-Fe-Ni 四元系的合金成分与组织的关系如图 6-29 所示。

锰能溶入 α 相，降低共析转变温度。对于高锰铝青铜来说，只有当 $w(Mn) > 6\%$、在大型铸件的冷却速度为 0.02℃/min 时，才不致析出 γ 相，从而防止铸件的缓冷脆性。

高锰铝青铜一般用铝当量来控制添加元素的量，锰的铝当量系数为 1/6，锌的铝当量系数为 1/4，铝当量的表达式为

$$w(Al_{当量}) = w(Al) + \frac{1}{6}w(Mn) + \frac{1}{4}w(Zn)$$

(6-1)

当前广泛应用的高锰铝青铜的铝当量的质量分数控制在 11.5% 以内。铸造铝青铜的显微组织如图 6-30 ~ 图 6-36 所示。

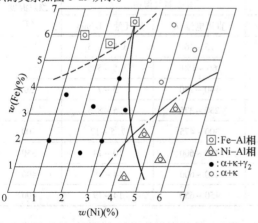

图 6-29　$w(Al)$ 为 13.3% 时 Cu-Al-Fe-Ni
四元系的合金成分与组织关系

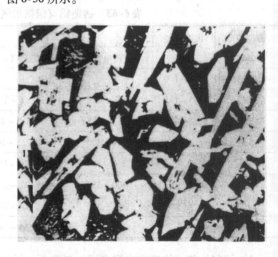

图 6-30　ZCuAl8Mn13Fe3Ni2 合金
的显微组织　×360

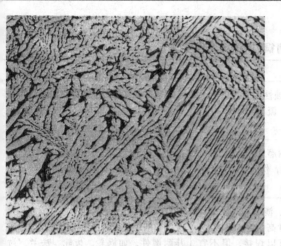

图 6-31　ZCuAl9Mn2 合金的显微组织
［α(白色) + (α + γ₂)(灰色)］　×70

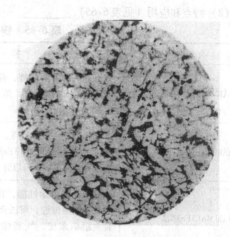

图 6-34　ZCuAl7Mn13Zn6Fe3Sn1
合金的显微组织　×100

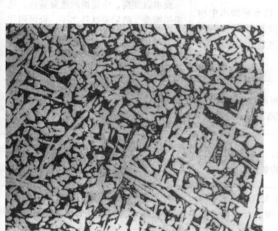

图 6-32　ZCuAl10Fe3 合金的显微组织
［α + (α + γ₂) + Fe］　×120

图 6-35　ZCuAl10Fe4Ni4 合金的显微组织
［α + (α + κ)］　×70

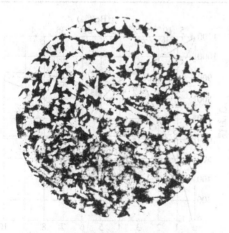

图 6-33　ZCuAl9Fe4Ni4Mn2 合金
的显微组织　×100

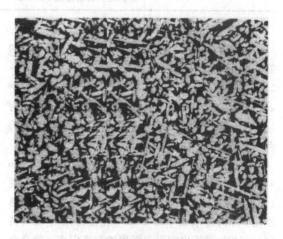

图 6-36　ZCuAl10Fe3Ni2 合金的显微组织
［α + (α + γ₂) + Fe］　×120

（8）特点和应用（见表 6-65）

表 6-65　铸造铝青铜的特点和应用

合金牌号	特　点	应　用
ZCuAl7Mn13Zn4Fe3Sn1	有很高的力学性能，高的耐蚀性和腐蚀疲劳强度，铸造工艺性好，熔点低、流动性好，可以焊接	要求高强度的耐蚀零件，如大型船舶螺旋桨等，是 ZCuAl8Mn13Fe3Ni2 的代用材料
ZCuAl8Mn13Fe3	有很高的强度和硬度，良好耐磨性和铸造性能，耐蚀性较 ZCuAl8Mn13Fe3Ni2 低，作为耐磨件工作温度可达 400℃，可以焊接	适用于重型机械用的轴套，要求强度高、耐磨、耐压的零件，如衬套、法兰、阀体、泵体等
ZCuAl8Mn13Fe3Ni2	有很高的力学性能，在大气、淡水和海水中均有良好的耐蚀性，腐蚀疲劳强度高，铸造性能好，合金组织致密，气密性高，可以焊接，但不宜钎焊	要求强度高、耐腐蚀的重要铸件，如大型船舶螺旋桨、高压泵体、阀体、耐压耐磨件，如涡轮、齿轮、法兰、衬套等
ZCuAl9Fe4Ni4Mn2	有很高的力学性能，在大气、淡水和海水中均有良好的耐蚀性，抗空泡腐蚀性好，腐蚀疲劳强度高，并有良好的耐磨性和铸造性能，在 400℃ 以下具有耐热性，可以热处理	要求强度高、耐腐蚀的重要铸件，是船舶螺旋桨的重要材料之一，也可用作耐磨和 400℃ 以下工作的零件，如轴承、齿轮、涡轮、螺母、法兰、阀体、导向套管、管配件等
ZCuAl9Mn2	有较高的力学性能，良好的耐磨性和耐蚀性，铸造性能好，组织致密，气密性高，可以焊接	耐蚀、耐磨零件，形状简单的大型铸件，如衬套、齿轮，以及 250℃ 以下工作的管配件、增压器零件等
ZCuAl10Fe3	有高的力学性能，高的耐磨性，良好的耐蚀性，大型铸件自 700℃ 空冷可防止缓冷脆性	要求强度高，耐磨耐蚀的重要铸件，如大型轴套、螺母、涡轮以及 250℃ 以下工作的管配件等
ZCuAl10Fe3Mn2	有高的力学性能和耐蚀性，在大气、淡水和海水中有良好的耐蚀性，可热处理，大型铸件自 700℃ 空冷可防止缓冷脆性	要求强度高。耐磨、耐蚀的零件，如齿轮、轴承、衬套、管嘴、耐热管配件等
ZCuAl10Fe4Ni4	有很高的力学性能，优良的耐蚀性，高的腐蚀疲劳强度，可以热处理强化，在 400℃ 以下有高的耐热性。铸造性能不如 ZCuAl9Fe4Ni4Mn2 好	高温耐蚀零件，如齿轮、球形座、法兰、涡轮、搅拌器零件以及航空发动机的导套等

3. 铸造铍青铜

铸造铍青铜按合金中的铍含量可分为高铍青铜和低铍青铜。铸造高铍青铜中 $w(Be)$ 为 1.7% ~ 2.8%，并含少量的 Co 或 Ni、Si；铸造低铍青铜中 $w(Be)$ 为 0.3% ~ 0.8%，$w(Co)$ 或 $w(Ni)$ 为 1.5% ~2.6%。为了提高合金的强度和耐热性，有的合金中还添加少量的 Ti、Cr。

由 Cu-Be 二元合金相图（见图 6-37）可知，Cu 与 Be 形成固溶体，在 866℃ 时，Be 在 Cu 中的溶解度（质量分数）为 2.7%，随着温度的下降，溶解度急剧减小并析出 γ′ 或 γ 相（CuBe 化合物）。γ 相（特别是 γ′ 相）的析出能引起强烈的共格应变，使合金明显强化。

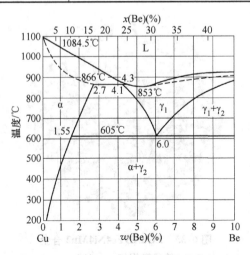

图 6-37　Cu-Be（Cu 侧）二元合金相图

　　铸造低铍青铜是以 NiBe 或 CoBe 化合物的析出而强化的。由图 6-38 和图 6-39 可知，NiBe 和 CoBe 的溶解度也具有随温度变化而明显下降的特点，可以通过适当热处理使合金得到强化。合金元素或杂质对铸造铍青铜组织和性能的影响见表 6-66。

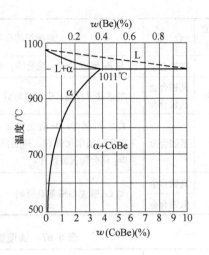

图 6-39　Cu-CoBe 伪二元相图

　　（1）合金牌号和化学成分（见表 6-67）
　　（2）物理性能（见表 6-68）
　　（3）化学性能　铸造铍青铜有优良的耐蚀性，在各种环境的大气中都是稳定的。在淡水、硬水和海水中的腐蚀速度很小，并能耐冲击腐蚀。

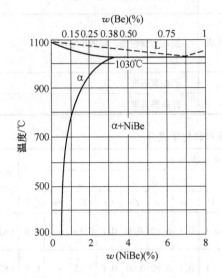

图 6-38　Cu-NiBe 伪二元相图

表 6-66　合金元素或杂质对铸造铍青铜组织和性能的影响

合金元素或杂质	合金	对组织的影响	对性能的影响
Be	高铍合金	与 Cu 形成固溶体，866℃时 Be 在 Cu 中溶解度质量分数为 2.7%，室温时 $w(Be)$ 为 0.2%，同时析出 CuBe 化合物，使合金明显强化	提高强度、弹性、耐蚀性、耐磨性，降低导电性、导热性
	低铍合金	少部分溶入铜中形成低铍含量的固溶体，部分与 Co 或 Ni 形成溶解度随温度变化的 CoBe 或 NiBe 化合物，使合金强化	提高强度、硬度、热强度和高温抗氧化性
Co、Ni	高铍合金	阻止加热时晶粒长大，抑制时效晶界反应，降低 Be 在 α 固熔体中的溶解度，缩小 α 相区，促使 β 相的产生，增加组织的不均匀性	提高热处理效果和疲劳强度
	低铍合金	与 Be 形成 CoBe 或 NiBe 化合物，是合金强化相的组成元素	提高强度、硬度、耐蚀性和高温抗氧化性
Fe	高铍合金低铍合金	少量 Fe 能细化晶粒，抑制晶界反应。当铁的质量分数超过 0.4% 时，形成富 Fe 相	提高疲劳性能和弹性性能的均匀性，当产生富 Fe 相时，合金的耐蚀性降低
Sn	高铍合金	少量 Sn 溶入固溶体，延缓相变过程并抑制晶界反应	影响不明显
Mg	高铍合金	微量 Mg 能强烈抑制晶界反应，当 $w(Mg)$ > 0.2% 时，形成低熔点的共晶体	稍提高强度和硬度
P	高铍合金	微量 P 能强烈加速时效晶界反应和促使加热时晶粒长大	增加性能的不均匀性，提高切削加工性和导电性

（续）

合金元素或杂质	合金	对组织的影响	对性能的影响
Mn	高铍合金	与 Be 形成 $MnBe_2$ 化合物，有沉淀硬化作用	稍提高力学性能，降低导电性
As、Pb	高铍合金低铍合金	加速晶界反应，引起过时效	降低力学性能，提高切削加工性
Ti	低铍合金	在含 Ni 的 Cu-Be 合金中加入 $w(Ti) = 0.1\%$ ~ 0.25% 时能细化晶粒、抑制晶界反应，同时形成 $TiBe_2$ 化合物沉淀强化	提高力学性能，降低导电性
Si	高铍合金	与 Co 形成 CoSi 等化合物	稍提高强度
Si	低铍合金	与 Co 形成 CoSi 等化合物	提高热强度

表 6-67　铸造铍青铜的合金牌号和化学成分

合金牌号	化学成分（质量分数，%）															相应美国牌号
	主要元素				杂质元素 ≤											
	Be	Co	Ni	Si	Cu	Ni	Fe	Al	Sn	Pb	Zn	Cr	Si	Sb	总和	
ZCuBe0.5Co2.5	0.45~0.8	2.4~2.7[①]	—	—	余量	0.2	0.1	0.1	0.1	0.02	0.1	0.1	0.15	—	0.5	C82000
ZCuBe0.5Ni1.5	0.35~0.8	—	1.0~2.0	—	余量	—	0.1	0.1	0.1	0.02	0.01	0.1	0.15	—	0.5	C82200
ZCuBe2Co0.5Si0.25	1.90~2.15	0.35~0.70[①]	—	0.20~0.35	余量	0.2	0.25	0.15	0.1	0.02	0.1			—	0.5	C82500
ZCuBe2.4Co0.5	2.25~2.45	0.35~0.75	—	0.20~0.35	余量	0.2	0.25	0.15	0.1	0.02	0.1	0.1		—	0.5	C82600
ZCuBe2Co1	2~2.25	1~1.25	—	0.20~0.4	余量	0.2	0.25	0.15	0.1	0.02	0.1			—	0.5	C82510
ZCuBe0.4Ni1.5Ti0.5	0.15~0.65	—	1.10~1.85	—	余量	—	0.15	0.15	—	0.05	—	0.1	0.15	—	0.5	—
ZCuBe1Al8Co1	0.7~1.2	0.7~1.2	Al:7.0~8.0	Fe:0.4	余量	—	—	—	—	0.05	—	—	0.1	0.05	1.0	—

① 包括 Co + Ni。

表 6-68　铸造铍青铜的物理性能

合金牌号	液相线温度/℃	固相线温度/℃	密度/(g/cm^3)	比热容 c/$[J/(kg \cdot K)]$	热导率 λ/$[W/(m \cdot K)]$	电阻率 ρ/$10^{-6}\Omega \cdot m$	线胀系数 $\alpha_l/10^{-6}K^{-1}$	电导率 γ/(% IACS)
ZCuBe0.5Co2.5	1088	971	8.62	418	215	0.0359[①]	17.80 (20~300℃)	48[①]
ZCuBe0.5Ni1.5	1115	1040	8.75	420	277	0.0862 0.0359[①]	17.0 (20~316℃)	20 48[①]
ZCuBe2Co0.5Si0.25	982	857	8.26	418	97	0.0862[①]	16.92 (20~200℃)	20
ZCuBe2.4Co0.5	954	857	8.06	418	94	0.091	17.0 (20~200℃)	19[①]

（续）

合金牌号	液相线温度/℃	固相线温度/℃	密度/(g/cm³)	比热容 c/[J/(kg·K)]	热导率 λ/[W/(m·K)]	电阻率 ρ/10⁻⁶Ω·m	线胀系数 α_l/10⁻⁶K⁻¹	电导率 γ(%IACS)
ZCuBe2Co1	980	860	8.26	419	105	0.0862①	10.0 (20~200℃)	20①
ZCuBe0.4Ni1.5Ti0.5	1115	1040	8.75	420	183	0.0431	16.2 (20~200℃)	40
ZCuBe1Al8Co1	1040	1010	7.6	—	79.5 (150℃) 100.5 (400℃)	0.138	15.35 (0~100℃) 17.8 (200~300℃)	13

① 完全热处理。

铍青铜在汽油、二氧化碳、四氯化碳、干燥的二氧化硫、海水、硬水、酒精等介质中的腐蚀速度小于 0.025mm/a；室温条件下，在 w(盐酸)=5%，w(硫酸)=10%，w(氯化钠)=3%溶液和磷酸中腐蚀速度小于 0.25mm/a，但在潮湿的氨、硫化氢、氯气和质量分数大于 5%的盐酸溶液中的腐蚀速度明显加快。

铍青铜的高温抗氧化性优于纯铜和某些青铜。

（4）力学性能

1）室温力学性能见表 6-69。

2）ZCuBe0.5Co2.5 合金的高温硬度见表 6-70。

3）弹性性能见表 6-71。

表 6-69　铸造铍青铜的室温力学性能

合金牌号	状态	抗拉强度 R_m/MPa	条件屈服强度 $R_{p0.2}$/MPa	断后伸长率 A(%)	硬度 HBW	硬度 洛氏
ZCuBe0.5Co2.5	I	345	140	20	90	55HRB
	II	450	225	12	120	70HRB
	III	325	105	25	—	40HRB
	IV	670	515	8	195	95HRB
ZCuBe0.5Ni1.5	I	310~370	85~175	12~25	95	45~60HRB
	II	380~515	170~345	10~15	125	65~75HRB
	III	275~345	70~105	20~30	—	35~45HRB
	IV	655~760	485~550	3~15	220	92~100HRB
ZCuBe2Co0.5Si0.25	I	515~585	275~345	15~30	140	80~85HRB
	II	690~725	485~575	10~20	240	20~25HRC
ZCuBe2.4Co0.5	I	550~585	310~345	15~25	155	81~86HRB
	II	655~725	415~450	5~15	250	20~25HRC
	III	515~550	205~240	15~30	130	70~76HRB
	IV	1170~1240	1105~1170	1~3	405	40~43HRC
ZCuBe2Co1	I	515	275	25	—	75HRB
	II	825	725	5	—	30HRC
	III	415	170	40	—	63HRB
	IV	1105	1305	1	—	42HRC
ZCuBe0.4Ni1.5Ti0.5	IV	650	515	3	—	85HRB
ZCuBe1Al8Co1	I	645~735	295~355	20~30	155~186	—

注：I—铸态，II—铸态+时效，III—固溶处理，IV—固溶处理+时效。

表 6-70　ZCuBe0.5Co2.5 合金的高温硬度

试验温度/℃	20	93	204	316	426	538	649
硬度 HRA	62	61	60	59	56	47	25

（5）工艺性能

1）铸造性能。铸造铍青铜有较好的铸造性能，高的流动性，易于充型，能得到尺寸准确的铸件。

铸造铍青铜适合于砂型和精密铸造，也可以进行金属型铸造、离心铸造和压力铸造。无论采取哪种铸造方法，都需要采用有效的防护措施，以防有害的铍化物对人身的危害。铸造铍青铜的熔铸特点及参数见表 6-72。

表 6-71　铸造铍青铜的弹性性能

合金牌号	状态	弹性模量 E /GPa	切变模量 G /GPa	泊松比 μ
ZCuBe0.5Co2.5	完全热处理	117	44	0.33
ZCuBe0.5Ni1.5		124	50	—
ZCuBe2Co0.5Si0.25		127.5	50	0.30
ZCuBe2.4Co0.5		131	50	0.30
ZCuBe2Co1		128	50	0.30
ZCuBe1Al8Co1	S	120	46	0.34

表 6-72　铸造铍青铜的熔铸特点及参数

合金牌号	特　点	熔化温度/℃	浇注温度/℃ 小　件	浇注温度/℃ 大　件
ZCuBe0.5Co2.5	有比较好的铸造工艺性，低的造渣性，中等吸气、收缩和高的流动性，尺寸敏感性小	1250~1300	1150~1200	1120~1150
ZCuBe0.5Ni1.5			1170~1200	1140~1170
ZCuBe0.4Ni1.5Ti0.5			1170~1200	1160~1180
ZCuBe2Co0.5Si0.25	有比较好的铸造工艺性，中等的流动性、造渣性、吸气性和收缩性，尺寸敏感性中等	1200~1250	1060~1120	1010~1030
ZCuBe2.4Co0.5			1040~1080	1010~1030
ZCuBe2Co1			1050~1100	1010~1030
ZCuBe1Al8Co1	有良好的铸造工艺性，中等的吸气、收缩和流动性、造渣性较强	1200~1250	1080~1120	

2）焊接性能。铸造铍青铜有良好的焊接性，能够进行锡钎焊、银钎焊、铜钎焊和各种形式的电阻焊。在一定程度上也能进行熔焊，包括钨极气体保护焊、熔化极气体保护焊，但不推荐氧乙炔焊。

3）切削性能。铸造铍青铜的切削加工性能类似铝青铜。切削加工率为 30%（以易切削铅黄铜 HPb63-3 的切削加工率为 100% 计）。当使用高速钢刀具时，铸件外圆最大线速度为 15~30m/min，进给量为 0.38~0.76mm/r；使用硬质合金刀具时，进给量分别为 37~82m/min 和 0.38~0.76mm/r。

4）热处理工艺。铸造铍青铜是热处理强化型合金。固溶处理和时效处理后能显著提高合金的力学性能，但塑性相应降低。

需要焊补的铸件应在时效前进行。铸造铍青铜的热处理工艺见表 6-73。

表 6-73　铸造铍青铜的热处理工艺

合金牌号	固溶处理 温度/℃	固溶处理 时间/h	时效处理 温度/℃	时效处理 时间/h
ZCuBe0.5Co2.5	900~925	每 10mm 厚保温 1h，水淬	460~480	3~5
ZCuBe0.5Ni1.5	915~930			
ZCuBe0.4Ni1.5Ti0.5	930~960		450~480	2~4
ZCuBe2Co0.5Si0.25	775~785	每 10mm 厚保温 0.5h，水淬	320~340	2~4
ZCuBe2.4Co0.5	775~785			
ZCuBe2Co1	790~800			

（6）合金的显微组织 ZCuBe2Co0.5Si0.25 合金的铸态组织为过饱和的 α 固溶体和少量因温度下降从 α 固溶体中析出的 γ_2 相（又称 γ 相），以及少量 γ_1 相（又称 β 相）。

固溶处理后 γ_2 溶解，其显微组织为 α 和少量 γ_1 相。

时效处理后 α 和 γ_1 相发生共析分解，共析分解的产物随时效条件有所不同，或为平衡的 γ_2 相，或为 γ_2' 或 γ_2'' 共格相。γ_2' 和 γ_2'' 尺寸极小，在金相显微镜下分辨不出，仅能见到由于 γ_2' 或 γ_2'' 析出引起应变而产生的魏氏组织。平衡的 γ_2 相优先从晶界处析出，然后向晶粒内部推进，金相照片上呈黑色浸区（即晶界反应区）。

γ_1 相是高温稳定相，温度下降分解为 $(\alpha + \gamma_2)$，但仍保留原先 γ_1 相，习惯上仍称之为 γ_1 相。

ZCuBe2.4Co0.5 合金的显微组织类似 ZCuBe2Co0.5Si0.25，只是 γ_1 相数量更多一些。

ZCuBe0.5Co2.5、ZCuBe0.5Ni1.5 和 ZCuBe0.4Ni1.5Ti0.5 合金的铸态组织为 α 固溶体和少量的 CoBe 或 NiBe、TiBe$_2$ 化合物。固溶处理后，CoBe 或 NiBe、TiBe$_2$ 化合物溶入 α 固溶体。时效处理后，NiBe、TiBe$_2$ 或 CoBe 呈高度弥散状态从固溶体中析出。

ZCuBe1Al8Co1 和 ZCuBe2Co0.5Si0.25 合金的显微组织如图 6-40 及图 6-41 所示。

（7）特点和应用 铸造铍青铜的特点和应用见表 6-74。

4. 铸造硅青铜、锰青铜和铬青铜

1）铸造硅青铜。铸造硅青铜有较高的力学性能，优良的耐蚀性、耐磨性和铸造性能，受冲击时不产生火花并能耐低温。

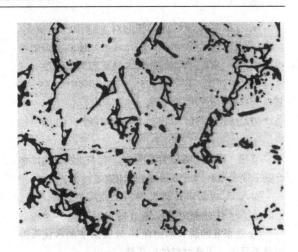

图 6-40 ZCuBe1Al8Co1 合金的显微组织 ×100

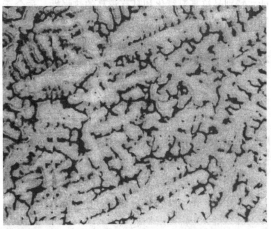

图 6-41 ZCuBe2Co0.5Si0.25 合金的显微组织 [α + (α + γ)] ×120

表 6-74 铸造铍青铜的特点和应用

合金牌号	特　点	应　用
ZCuBe0.5Co2.5、ZCuBe0.5Ni1.5、ZCuBe0.4Ni1.5Ti0.5	有高的导电性、导热性，较高的强度、硬度，良好的耐磨性和优良的高温抗氧化性以及较高的热强性	要求高强度、高导电、导热的零件，如接触器触架，电阻焊电极和夹持器、水平臂，连铸机的水冷模、结晶器，压铸机的活塞头，电烙铁焊头等
ZCuBe2Co0.5Si0.25	有很高的强度和硬度，高的耐磨性和耐蚀性，受冲击时不产生火花	要求高强度的耐磨零件，如塑料成型模、压铸机零件、凸轮、衬套、轴承、阀、安全工具以及首饰等
ZCuBe2.4Co0.5、ZCuBe2Co1	比 ZCuBe2Co0.5Si0.25 合金的强度和硬度更高	塑料成型模、轴承、阀等
ZCuBe1Al8Co1	兼有铸造铝青铜和铸造铍青铜的特点，有很高的强度、优良的耐蚀性和抗海水冲击腐蚀性能，有良好铸造工艺性	船舶和化工结构件，如螺旋桨、叶片、泵体等

Cu 与 Si 形成固溶体，其溶解度随温度而变化。在生产冷却条件下，当 $w(Si) > 3.5\%$ 时，组织中产生脆性相，会降低合金的断后伸长率和冲击韧度。通常铸造硅青铜的 $w(Si) \leq 3.5\%$。硅青铜中加入一些其他元素后可以改善其力学、物理和化学性能。

加入适量的 Mn 可以改善铸造硅青铜的力学性能、耐蚀性和铸造性能。

Ni 是一种极有益的合金元素，与 Si 形成 Ni_2Si 化合物，使合金可以通过热处理强化。

加入 Pb 可提高铸造硅青铜的耐磨性和减摩性，但降低了材料的铸造性能。

Mg 是很好的脱氧剂。含 Ni 硅青铜中加入镁可抑制晶界反应，提高材料的耐热性。

2）铸造锰青铜。铸造锰青铜有良好的力学性能，特别是抗高温氧化和具有较高的热强性，适合于制作在高温条件下工作的零件。

Mn 能大量溶于 Cu 中，起固溶强化作用，ZCuMn5 合金的显微组织如图 6-42 所示。

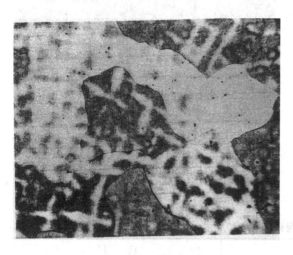

图 6-42 ZCuMn5 合金的显微组织
（α 树枝晶） ×50

3）铸造铬青铜。铸造铬青铜为高强度、高硬度、导电性、导热性好的热处理强化合金。适合于制作在室温和高温条件下工作的导电、导热和耐磨零件。

添加少量的 Al 和 Mg 可在合金表面形成高熔点的致密性氧化膜，能显著提高合金的抗高温氧化性和耐热性。

加入少量的 Zr 能进一步提高合金的热处理效果并显著改善其高温力学性能。

ZCuCr1 合金的显微组织如图 6-43 所示。

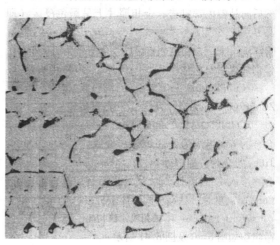

图 6-43 ZCuCr1 合金的显微组织
$[\alpha + (\alpha + Cr) 共晶]$ ×120

（1）合金牌号和化学成分 铸造硅青铜、锰青铜及铬青铜的合金牌号和主要化学成分及杂质元素含量见表 6-75 和表 6-76。

（2）物理性能 铸造硅青铜等的物理性能见表 6-77。

（3）化学性能 铸造硅青铜在大气、淡水和海水中有高的耐蚀性，腐蚀速度依次小于 0.00025 ~ 0.0018mm/a、0.015mm/a 和 0.01mm/a，并能耐冷和热的稀硫酸、冷浓硫酸和盐酸的腐蚀。

表 6-75 铸造硅青铜、锰青铜及铬青铜的合金牌号和主要化学成分

名称	合金牌号	相应美国牌号	主要化学成分（质量分数，%）					
			Mn	Si	Ni	Cr	Pb	Cu
硅青铜	ZCuSi3Mn1	C87300	1.0 ~ 1.5	2.75 ~ 3.50	—	—	—	余量
	ZCuSi3Pb6Mn1		—	1.0 ~ 1.5	2.5 ~ 3.5	—	—	5.5 ~ 6.5	余量
	ZCuSi0.5Ni1Mg0.02		—	0.3 ~ 0.6	0.5 ~ 1.0	—	Mg: 0.01 ~ 0.03	余量
锰青铜	ZCuMn5	—	4.5 ~ 5.5	—	—	—	—	余量
铬青铜	ZCuCr1	C81500	—	—	—	0.5 ~ 1.2	—	余量

表 6-76　铸造硅青铜、锰青铜及铬青铜的合金牌号及杂质元素含量

合金牌号	杂质元素含量（质量分数,%）　≤									
	Pb	P	Sn	Fe	Zn	As	Sb	Ni	Si	总和
ZCuSi3Mn1	0.03	0.05	0.25	0.3	0.5	0.02	0.02	0.2	—	1.1
ZCuSi3Pb6Mn1	—	0.05	0.25	0.3	0.5	0.02	0.02	0.2	—	1.1
ZCuSi0.5Ni1Mg0.02	0.03	0.05				0.02	0.02	—	0.05	0.3
ZCuMn5	0.03	0.01	0.1	0.35	0.4	0.01	0.002	0.5	0.1	0.9
ZCuCr1	0.02	—	0.10	0.10	0.10	Al: 0.10	—		0.15	0.3

表 6-77　铸造硅青铜、锰青铜和铬青铜的物理性能

合金牌号	固相线温度/℃	液相线温度/℃	密度/(g/cm^3)	比热容 $c/[J/(kg \cdot K)]$	热导率 $\lambda/[W/(m \cdot K)]$	电阻率[2] $\rho/10^{-6}\Omega \cdot m$	电导率[2] γ(%IACS)	线胀系数 $\alpha_l/10^{-6}K^{-1}$
ZCuSi3Mn1	971	1026	8.53	377	36.3	0.246	7	18.0 (20~300℃)
ZCuSi3Pb6Mn1[1]	950	1000	8.7					17.0 (20~300℃)
ZCuSi0.5Ni1Mg0.02	1075	1095	8.80		170	0.043	36	17.6 (20~300℃)
ZCuMn5	—	1047	8.60		108	0.197	8.7	20.4 (20~300℃)
ZCuCr1	1060	1085	8.86	384	312	0.022	80	17.0 (20~270℃)

①　参考数据。

②　热处理状态时。

（4）力学性能

1）室温力学性能。铸造硅青铜等的室温力学性能见表 6-78。

2）高温力学性能。ZCuMn5 合金的高温力学性能与温度的关系见表 6-79。

表 6-78　铸造硅青铜、锰青铜、铬青铜的室温力学性能

合金牌号	铸造方法和状态	抗拉强度 R_m/MPa	条件屈服强度 $R_{p0.2}$/MPa	断后伸长率 A（%）	硬度 HBW	弹性模量 /GPa	切变模量 /GPa
ZCuSi3Mn1	S	280	—	56	88	88.6	—
	J	345	100	25	90	102	—
ZCuSi3Pb6Mn1	S	330		24	78	—	—
	J	350	—	41	94	—	—
ZCuSi0.5Ni1Mg0.02	完全热处理	450	380	15	122	120	—
ZCuMn5	S	200~360	120~170	30~40	70~80	103	—
ZCuCr1	S	205	80	35	72	—	—
	完全热处理	365	250	11	107	110	41

表 6-79　ZCuMn5 合金的高温力学性能与温度的关系

试验温度/℃	抗拉强度 R_m/MPa	条件屈服强度 $R_{p0.2}$/MPa	断后伸长率 A (%)	硬度 HBW
20	350	155	35	685
200	335	140	32	490
300	315	125	32	490
400	245	100	30	340
500	175	85	40	—
600	115	60	59	—

(5) 工艺性能

1) 铸造性能。铸造硅青铜和铸造锰青铜有良好的铸造性能，适合于砂型或金属型铸造。

铸造铬青铜的吸气性和造渣性都很强，因此要实行快速熔炼，并控制加 Cr 的温度和时间，采用干型浇注以防止吸气和氧化。

铸造硅青铜等的铸造性能见表 6-80。

2) 焊接性能。铸造硅青铜等的焊接性见表 6-81。

3) 切削加工性能。铸造硅青铜和铸造铬青铜的切削加工率为 30% (以 HPb63-3 合金的切削加工率为 100% 计)，铸造锰青铜为 20%。

(6) 特点和应用　铸造硅青铜等的特点和应用见表 6-82。

表 6-80　铸造硅青铜、锰青铜、铬青铜的铸造性能

合金牌号	特点	流动性（螺旋线长度）/cm	线收缩率 (%)	浇注温度/℃ 壁厚<30mm	壁厚≥30mm
ZCuSi3Mn1	中等流动性和造渣性，较强的吸气性，线收缩小	—	1.6	1120~1150	1080~1120
ZCuSi0.5Ni1Mg0.02		—	1.9	1180~1220	1150~1200
ZCuSi3Pb6Mn1	流动性好，易吸气，线收缩小	—	1.6	1100~1120	1050~1100
ZCuMn5	中等吸气性和造渣性，线收缩率大，流动性较差	25	1.96	1130~1150	1100~1130
ZCuCr1	吸气性和造渣性强，线收缩大，流动性中等	75	2.1	1200~1250	1170~1200

表 6-81　铸造硅青铜、锰青铜、铬青铜的焊接性

合金牌号	锡钎焊	铜钎焊	钨极气体保护焊	熔化极气体保护焊	焊条电弧焊	氧乙炔气焊	电阻焊
ZCuSi3Mn1	B	B	B	B	A	B	A
ZCuSi3Pb6Mn1	B	A	D	D	D	D	C
ZCuSi0.5Ni1Mg0.02	A	B	C	C	C	D	D
ZCuMn5	A	A	B	A	B	B	A
ZCuCr1	A	B	C	C	C	D	D

注：A—优，B—良，C—中，D—差。

表 6-82　铸造硅青铜、锰青铜、铬青铜的特点和应用

合金牌号	特点	应用
ZCuSi3Mn1	有较高的强度，容易焊接，在大气、淡水和海水中有高的耐蚀性，撞击时不产生火花，耐低温	耐蚀铸件，齿轮、衬套等耐磨零件
ZCuSi3Pb6Mn1	有较高的强度，耐磨性、耐蚀性好。砂型铸造时合金液与铸型会发生反应，使铸件表面质量恶化，加微量铝可以改善	代替锡青铜制作轴瓦、轴套等耐磨零件
ZCuSi0.5Ni1Mg0.02	有较高的强度，导电性、传热性及耐热性好，具有一定的抗高温氧化能力	高炉风口、碴口、导电腭板、电极夹持器、电力接线金具

（续）

合金牌号	特　　点	应　　用
ZCuMn5	在较高温度下仍保持高强度和硬度，耐蚀性好	蒸汽阀、火花塞、锅炉配件
ZCuCr1	在 400℃ 以下有较高的强度、硬度，导电性、导热性好，高的抗氧化性和耐蚀性	要求高温强度和导电、导热的结构零件，如导电腭板、电极夹持器和电力接线金具等

6.1.3　黄铜

以锌为主要合金元素的 Cu-Zn 二元合金通称为黄铜或普通黄铜。在此基础上再添加其他合金元素组成的多元合金称为特殊黄铜。

锌在铜中的溶解度平衡状态下 $w(Zn) \approx 37\%$（见图 2-129），而在生产冷却条件下 $w(Zn) \approx 30\%$。随锌含量的增加，依此形成 α、β 和 γ 相等，其特征见表 6-83。

工业上实用的 Cu-Zn 合金的 $w(Zn) \leqslant 50\%$，其组织为 α、α+β 或 β 相，故又称 α 黄铜，α+β 黄铜和 β 黄铜。

普通黄铜虽有一定的强度、硬度和良好的铸造性能，但耐磨性、耐蚀性，尤其是对流动海水、蒸汽和无机酸的耐蚀性较差。所以，通常采用添加其他合金元素的方法来改善其力学、物理和化学性能，而且已

形成众多牌号、能满足各种使用条件要求的特殊黄铜，包括著名的海军黄铜、易切削黄铜、高强度锰黄铜以及压铸黄铜等。合金元素或杂质对黄铜组织和性能的影响见表 6-84。

表 6-83　铜锌合金的相组成及其特征

$x(Zn,\%)$	相名称	特　征
0~38	α	有一定的强度，塑性好，能承受冷、热加工，应力腐蚀倾向小
45~49	β、β′	高温时为无序的 β 固溶体，塑性好，室温时为有序的 β′固溶体，有较高的强度和硬度，但塑性低
56~66	γ	室温下硬而脆，增加合金脆性
74.5~75.5	δ	仅在高于 558℃ 时存在，低于此温度时共析分解为 (γ+ε) 相

表 6-84　合金元素或杂质对黄铜组织和性能的影响

合金元素或杂质	工艺性	显微组织	性　能
Zn	有自然除气和脱氧作用，提高流动性	形成 α、β(β′) 固溶体，含量过高形成脆性 γ 相	提高强度、硬度
Fe	降低硅黄铜的流动性和气密性，对其他黄铜影响不明显	Fe 在黄铜中溶解度的质量分数为 0.02%，过多则形成富 Fe 相，可细化晶粒	提高强度、硬度，降低塑性。同时加入 Al、Mn、Ni 和 Fe 时，可提高强度、硬度和耐蚀性，稍降低塑性
Al	有脱氧作用，改善铸件表面质量，提高特殊黄铜的流动性	显著缩小 α 相区，增加 β 相数量，稳定铝黄铜的 β 相，防止脆性 γ 相析出	提高特殊黄铜的强度、硬度和耐蚀性，降低普通黄铜的塑性
Mn	有脱氧作用，增大收缩，稍降低流动性	Mn 在 α 黄铜中溶解度的质量分数 ≤20%；对高锌黄铜，当 $w(Mn)>4\%$ 时，形成富 Mn 的 ε 相	提高强度、硬度、耐磨性、耐蚀性和热强性
Sn	稍增加流动性，降低硅黄铜的耐水压性	Sn 能少量溶入 Cu-Zn 固溶体中，$w(Sn)>2\%$ 时形成脆性相	提高抗海水脱锌腐蚀和抗空泡腐蚀性能，提高强度和硬度
Ni	稍降低流动性	扩大 α 相区，细化晶粒	提高冲击韧性和耐蚀性
Si	增加流动性，减少缩松	显著缩小 α 相区，低锌黄铜中产生 Cu_5Si，在添加 Fe、Mn 的高强黄铜中形成脆性 Mn_5Si_3 和 Fe_3Si_2 化合物	提高强度、硬度和耐蚀性，Si 含量较高时，降低塑性
Pb	稍提高流动性	不溶或形成低熔点的化合物	提高切削性能。与 Si 共存时降低合金耐水压性，$w(Pb)>0.5\%$ 时降低强度
P	增加流动性，容易产生虫食状表面缺陷	形成低熔点的共晶体	少量 P 能提高硬度，含量高时降低塑性和冲击韧性

为了定量地确定合金元素对 Cu-Zn 二元相图中相区的影响，以及借助 Cu-Zn 二元相图来估量多元黄铜的组织，所以黄铜常采用锌当量和元素锌当量系数进行定量分析。合金元素的锌当量系数见表 6-85。多元黄铜的锌当量由式（6-2）确定

$$X = \frac{A + \Sigma C_i \eta_i}{A + B + \Sigma C_i \eta_i} \times 100\% \qquad (6-2)$$

式中　A——多元黄铜中锌的质量分数（%）；

　　　　B——多元黄铜中铜的质量分数（%）；

　　　　C_i——多元黄铜中各元素的质量分数（%）（铜和锌除外）；

　　　　η_i——合金元素的锌当量系数，见表 6-85。

表 6-85　合金元素的锌当量系数

合金元素	Si	Al	Sn	Pb	Cd	Fe	Mn	Ni
锌当量系数 η	10	6	2	1	1	0.9	0.5	-1.3

当合金中锌当量系数大的元素（如 Al、Si）含量较高时，由于合金元素的加入量对组织的影响不可能总是正比关系，所以会产生较大的误差。在这种情况下，采用铜、锌和主要添加元素所组成的三元相图来估量多元黄铜的组织是比较合适的。通常选择三元相图在较高温度（300～500℃）下的等温截面来确定合金在室温下的铸态组织，即采用三元锌当量 X 为

$$X = \frac{A + \Sigma D_i \eta_i}{A + B + C + \Sigma D_i \eta_i} \times 100\% \qquad (6-3)$$

式中　A——多元黄铜中锌的质量分数（%）；

　　　　B——多元黄铜中铜的质量分数（%）；

　　　　C——多元黄铜中主加元素的质量分数（%）；

　　　　D_i——除 A、B 和 C 以外所各元素的质量分数（%）；

　　　　η_i——合金元素的锌当量系数，见表 6-85。

1. 合金牌号

大多数黄铜兼作压力加工和铸造合金使用，但高强度特殊黄铜则主要作铸造合金使用，其中熔点较低的合金用于压铸。表 6-86 列出了常用铸造黄铜的合金牌号及国外相近牌号；表 6-87 列出了压铸黄铜的合金牌号及国外相近牌号。

表 6-86　常用铸造黄铜的合金牌号及国外相近牌号

序号	合金牌号 GB/T 1176—2013	国外相近牌号					
		俄罗斯 ГОСТ 17711—1993	美国 ASTM B584—2014 和 ASTM B763—2015	英国 BS 1400—2002	德国 DIN 1705：1982[2]	日本 JIS 5120、5121—2016	国际标准化组织 ISO 1338：1977
1	ZCuZn16Si4	ЛЦ16К4	C87400 C87800	—	G-CuZn15Si4 (2.0492.01)	—	—
2	ZCuZn24Al5Fe2Mn2[1]	ЛЦ24А6Ж2Мn2	C86100	—	—	—	—
3	ZCuZn25Al6Fe3Mn3	ЛЦ25А6Ж3Мn3	C86300	HTB—3	G-CuZn25Al5 (2.0598.01)	CAC304	CuZn25Al6Fe3Mn3
4	ZCuZn26Al4Fe3Mn3	ЛЦ26А4Ж3Мn3	C86200	HTB—2	—	CAC303	CuZn25Al6Fe3Mn3
5	ZCuZn31Al2	ЛЦ30А3	—	—	—	—	—
6	ZCuZn33Pb2	—	C85400	SCB3	—	CAC202	CuZn33Pb
7	ZCuZn38	ЛЦ38	C85500	DCB1	—	CAC203	—
8	ZCuZn35Al2Mn2Fe1	ЛЦ35А2Мn2Ж	C86500	HTB—1	G-CuZn35Al1 (2.0592.01)	CAC301	CuZn35AlFeMn
9	ZCuZn38Mn2Pb2	ЛЦ38Мn2С2	—	—	—	—	—
10	ZCuZn40Pb2	ЛЦ40С	C85700	DCB3	G-CuZn37Pb (2.0340.02)	—	CuZn40Pb
11	ZCuZn40Mn2	ЛЦ40Мn2	—	—	—	—	—
12	ZCuZn40Mn3Fe1	ЛЦ40Мn2Ж	C86800	—	—	CAC302	—

①　未包含在 GB/T 1176—2013 范围内。

②　等效采用 EN 1982：2018。

表 6-87 压铸黄铜的合金牌号及国外相近牌号

序号	合金牌号 GB/T 15116—1994	相近牌号		
		美国 ASTM B176—2018	英国 BS 1400—2002	德国 DIN 1705：1982[1]
1	YZCuZn16Si4	C87800	DCB3	G-CuZn15Si4
2	YZCuZn30Al3			
3	YZCuZn40Pb	C87900	DCB1	G-CuZn7Pb
4	YZCuZn35Al2Mn2Fe			

① 等效采用 EN1982：2018。

2. 化学成分（见表 6-88 ~ 表 6-90）

表 6-88 铸造黄铜的主要化学成分

序号	合金牌号	主要化学成分（质量分数，%）						
		Cu	Pb	Al	Fe	Mn	Si	Zn
1	ZCuZn16Si4	79.0 ~ 81.0	—	—	—	—	2.5 ~ 4.5	余量
2	ZCuZn21Al5Fe2Mn2	67.0 ~ 70.0	—	4.5 ~ 6.0	2.0 ~ 3.0	2.0 ~ 3.0	Sn < 0.5	余量
3	ZCuZn25Al6Fe3Mn3	60.0 ~ 66.0	—	4.5 ~ 7.0	2.0 ~ 4.0	2.0 ~ 4.0	—	余量
4	ZCuZn26Al4Fe3Mn3	60.0 ~ 66.0	—	2.5 ~ 5.0	2.0 ~ 4.0	2.0 ~ 4.0	—	余量
5	ZCuZn31Al2	66.0 ~ 68.0	—	2.0 ~ 3.0	—	—	—	余量
6	ZCuZn33Pb2	63.0 ~ 67.0	1.0 ~ 3.0	—	—	—	—	余量
7	ZCuZn35Al2Mn2Fe1	57.0 ~ 65.0	—	0.5 ~ 2.5	0.5 ~ 2.0	0.1 ~ 3.0	—	余量
8	ZCuZn38	60.0 ~ 63.0	—	—	—	—	—	余量
9	ZCuZn38Mn2Pb2	57.0 ~ 60.0	1.5 ~ 2.5	—	—	1.5 ~ 2.5	—	余量
10	ZCuZn40Pb2	58.0 ~ 63.0	0.5 ~ 2.5	—	—	—	—	余量
11	ZCuZn40Mn2	57.0 ~ 60.0	—	—	—	1.0 ~ 2.0	—	余量
12	ZCuZn40Mn3Fe1	53.0 ~ 58.0	—	—	0.5 ~ 1.5	3.0 ~ 4.0	—	余量

表 6-89 铸造黄铜的杂质元素含量

序号	合金牌号	杂质元素含量（质量分数，%） ≤									
		Fe	Al	Sb	Si	Ni	Sn	Pb	Mn	P	总和
1	ZCuZn16Si4	0.6	0.1	0.1	—	—	0.3	0.5	0.5	—	2.0
2	ZCuZn21Al5Fe2Mn2	—	—	0.1	—	—	—	0.1	—	—	1.0
3	ZCuZn25Al6Fe3Mn3	—	—	—	0.10	3.0[1]	0.2	0.2	—	—	2.0
4	ZCuZn26Al4Fe3Mn3	—	—	—	0.10	3.0[1]	0.2	0.2	—	—	2.0
5	ZCuZn31Al2	0.8	—	—	—	—	1.0[1]	1.0[1]	0.5	—	1.5
6	ZCuZn33Pb2	0.8	0.1	—	0.05	1.0[1]	1.5[1]	—	0.2	0.05	1.5
7	ZCuZn35Al2Mn2Fe1	—	—	—	0.10	3.0[1]	1.0[1]	0.5	—	Sb + P + As：0.40	2.0
8	ZCuZn38	0.8	0.5	0.1	—	—	2.0[1]	Bi：0.002	—	0.01	1.3
9	ZCuZn38Mn2Pb2	0.8	1.0[1]	0.1	—	—	2.0[1]	—	—	—	2.0
10	ZCuZn40Pb2	0.8	—	—	0.05	1.0[1]	1.0[1]	—	0.5	—	1.5
11	ZCuZn40Mn2	0.8	1.0[1]	0.1	—	—	1.0	—	—	—	2.0
12	ZCuZn40Mn3Fe1	—	1.0[1]	0.1	—	—	0.5	0.5	—	—	1.5

① 不计入杂质总和。

表 6-90　压铸黄铜的化学成分

序号	合金	化学成分（质量分数，%）										
		主要元素					杂质元素　≤					
		Cu	Pb	Al	Si	Zn	Sn	Al	Pb	Mn	Fe	总和
1	YZCuZn16Si4	79.0 ~ 81.0	—	—	2.4 ~ 4.5	余	0.3	0.1	0.5	0.5	0.6	2.0
2	YZCuZn30Al3	66.0 ~ 68.0	—	2.0 ~ 3.0		余	1.0	—	1.0	0.5	0.8	3.0
3	YZCuZn40Pb	58.0 ~ 63.0	0.5 ~ 1.5		Si：0.05	余	—	Si：0.05	—	0.5	0.8	2.0
4	YZCuZn35Al2Mn2Fe	57.0 ~ 65.0	Fe：0.5 ~ 2.0	0.5 ~ 2.5	Mn：0.1 ~ 3.0	余	1.0	Si：0.1		0.5	Sb + Pb + As：0.4	2.0①

① 杂质总和中不含 Ni。

3. 物理和化学性能

（1）物理性能（见表 6-91）

（2）化学性能　铸造黄铜有良好的抗大气腐蚀性能，但不适合于在浓度较高的二氧化硫环境中使用。

表 6-91　铸造黄铜的物理性能

序号	合金牌号	固相线温度/℃	液相线温度/℃	密度/（g/cm³）	比热容 c/[J/(kg·K)]	热导率 λ/[W/(m·K)]	电阻率 ρ/$10^{-6}\Omega\cdot m$	电导率 γ（% IACS）	线胀系数（20 ~ 300℃）α_l/$10^{-6}K^{-1}$
1	ZCuZn16Si4 YZCuZn16Si4	821	917	8.32	404	80	0.265	6.5	20.0
2	ZCuZn24Al5Fe2Mn2	899	940	7.85	377	67	—	—	20.7 (20 ~ 200℃)
3	ZCuZn25Al6Fe3Mn3	885	922	7.70	376	88	0.216	8.0	17.8 (20 ~ 93℃)
4	ZCuZn26Al4Fe3Mn3	898	941	7.85	376	50	0.229	7.5	
5	ZCuZn31Al2、YZCuZn30Al3	923	971	8.50	—	113	0.077	22.4	18.5
6	ZCuZn33Pb2	888	915	8.55	377	117	0.066	26.0	20.7
7	ZCuZn35Al2Mn2Fe1	860	882	8.50	376	101	0.072	24.0	20.3
8	ZCuZn38	899	906	8.43	387	115	0.069	24.9	20.6
9	ZCuZn38Mn2Pb2	885	900	8.50	—	71	0.091	19.0	19.8
10	ZCuZn40Pb2、YZCuZn40Pb	888	900	8.50	377	105	0.066	26.0	20.3
11	ZCuZn40Mn2	866	881	8.50	377	70	0.082	21.0	21.0
12	ZCuZn40Mn3Fe1	855	875	8.50	372	50	0.088	22.0	19.2 (20 ~ 100℃)

天然水对黄铜的腐蚀速度一般可以不予考虑。黄铜铸件历来用于管道工程中的管接头。二元黄铜的管接头件，在某些场合用于供水时，可能有脱锌腐蚀的缺点，但末端接头件（如水龙头、散热器阀门）和闭路的中心供暖系统中的管接头不受影响。在酸性矿井水中，特别是含铁盐的矿井水中，腐蚀速度较快。

高锌黄铜在海水中有脱锌腐蚀倾向，但含 Mn、Sn、Al、Ni 和 Fe 的特殊黄铜因具有一定的抗脱锌腐蚀能力，因此可以作为船舶结构件使用，如螺旋桨等。

黄铜有脱锌腐蚀缺点，除锡黄铜和铝黄铜外，一般不适用锅炉给水系统。

在无氧化环境中，许多酸对黄铜的腐蚀不严重，根据浓度和通风条件的不同，腐蚀速度为 0.5 ~ 2mm/a。

黄铜有良好的耐有机酸及其盐类腐蚀的性能。镀锡黄铜可用于食品工业，但含铅黄铜不能用于食品工业。

高锌黄铜有应力腐蚀倾向，当铸件存在较大应力时，如浇注后快冷、焊后冷却或冷加工硬化等，应进行退火或其他去除应力（振动时效）处理。

铜及铜合金的抗应力腐蚀能力见表6-92。铸造黄铜在各种介质中的腐蚀速度及耐蚀性见表6-93～表6-95和图6-44、图6-45。

表 6-92　铜及铜合金的抗应力腐蚀能力

合　金	纯铜 铜镍合金	硅青铜 磷脱氧铜	铝青铜、锌白铜 $w(Zn)<20\%$ 的黄铜	$w(Zn)>20\%$ 的黄铜
抗应力腐蚀能力	最高	高	中等	较低

表 6-93　铸造黄铜在各种介质中的腐蚀速度

合金牌号	介质（质量分数）	试验温度/℃	腐蚀速度/(mm/a)
各种铸造黄铜	大气	—	0.0013～0.0038
	淡水	—	0.0025～0.025
	干蒸汽	—	>0.0025
	甲醇、乙醇	20	0.0005～0.006
	醋酸	20	0.025～0.75
	磷酸	20	0.5
ZCuZn35Al2Mn2Fe1	0.5%的硫酸溶液	190	0.14
	25%的硫酸溶液	190	62.4
	10%的硫酸溶液	20	0.0137
ZCuZn38	海　水	—	0.0258
	0.01%～0.05%的硫酸溶液	20	0.01～0.2
	0.5%硫酸溶液	190	0.063
	25%硫酸溶液	190	28.3
ZCuZn40Pb2	海　水	—	0.0148
	10%的硫酸溶液	20	0.06
	50%的硫酸溶液	20	0.02
	湿四氯化碳	20	0.00145
	湿四氯化碳	67	18.054
	40%的硫酸溶液	20	0.04
	40%的硫酸溶液	沸腾	0.48
	苯酚	20	0.13～0.30
ZCuZn40Mn2	海　水	—	0.0169
	10%的硫酸溶液	20	0.067
ZCuZn24Al5Fe2Mn2	海　水	—	0.0295
ZCuZn31Al2	3.4%的氯化钠溶液	20	0.0004

表 6-94　ZCuZn35Al2Mn2Fe1 合金的耐蚀性

试验方法	试验条件	重量损失	体积损失
空泡试验	介质：$w(NaCl)$ 为3%溶液 频率：10000Hz/s，振幅：0.25mm	108mg/h	1290mm^3/h
冲击试验	介质：海水，暴露面积：6.5m^2 速度：8.2m/s，试验温度：18～31.5℃	376mg/(cm^2·d)	—

表 6-95　ZCuZn24Al5Fe2Mn2 等合金的
抗空泡腐蚀性能

合　　金	试验条件	重量损失/mg
ZCuZn24Al5Fe2Mn2	磁致伸缩试样机，振幅55.6μm	12.4
ZCuAl8Mn13Fe3Ni2	介质：蒸馏水 试验时间：2h	8.4
ZCuAl7Mn13Zn4Fe3Sn1	试样尺寸：φ70mm	9.4

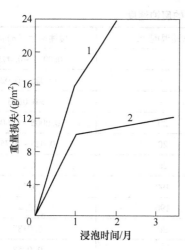

图 6-44　ZCuZn40Mn3Fe1 和 ZCuAl9Fe4Ni4Mn2
合金在海水中浸泡重量损失与时间的关系

1—ZCuZn40Mn3Fe1　2—ZCuAl9Fe4Ni4Mn2

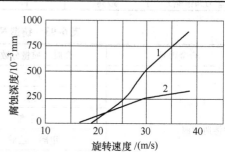

图 6-45　ZCuZn35Al2Mn2Fe1 和 ZCuAl9Fe4Ni4Mn2
合金的圆盘冲击试验
腐蚀深度与转速的关系

1—ZCuZn35Al2Mn2Fe1　2—ZCuAl9Fe4Ni4Mn2

注：圆盘直径200mm，圆周速度30m/s，
试验时间500h。

4. 力学性能

（1）技术标准规定的力学性能　（见表 6-96 和表 6-97）

表 6-96　铸造黄铜的力学性能（GB/T 1176—2013）

序号	合金牌号	铸造方法	抗拉强度 R_m/MPa	条件屈服强度 $R_{p0.2}$/MPa	断后伸长率 A（%）	硬度 HBW
1	ZCuZn16Si4	S、R	345	180	15	90
		J	390	—	20	100
2	ZCuZn21Al5Fe2Mn2	S	608	275	15	160
3	ZCuZn25Al6Fe3Mn3	S	725	380	10	160[1]
		J	740	400	7	170[1]
		Li、La	740	400	7	170[1]
4	ZCuZn26Al4Fe3Mn3	S	600	300	18	120[1]
		J	600	300	18	130[1]
		Li、La	600	300	18	130[1]
5	ZCuZn31Al2	S、R	295	—	12	80
		J	390	—	15	90
6	ZCuZn33Pb2	S	180	70[1]	12	50[1]
7	ZCuZn35Al2Mn2Fe1	S	450	170	20	100[1]
		J	475	200	18	110[1]
		Li、La	475	200	18	110[1]

（续）

序号	合金牌号	铸造方法	抗拉强度 R_m/MPa	条件屈服强度 $R_{p0.2}$/MPa	断后伸长率 A（%）	硬度 HBW
8	ZCuZn38	S	295	95	30	60
		J	295	95	30	70
9	ZCuZn38Mn2Pb2	S	245	—	10	80
		J	345	—	18	80
10	ZCuZn40Pb2	S、R	220	95	15	80[1]
		J	280	120[1]	20	90[1]
11	ZCuZn40Mn2	S、R	345	—	20	80
		J	390	—	25	90
12	ZCuZn40Mn3Fe1	S、R	440	—	18	100
		J	490	—	15	110

[1] 参考值。

表 6-97　压铸黄铜的力学性能（GB/T 15116—1994）

序号	合金牌号	铸造方法	抗拉强度 R_m/MPa	断后伸长率 A（%）	硬度 HBW
			≥		
1	YZCuZn16Si4	Y	345	25	87
2	YZCu40Pb	Y	300	6	87
3	YZCuZn30Al3	Y	400	15	112
4	YZCuZn35Al2Mn2Fe	Y	475	3	132

（2）室温力学性能

1）铸造黄铜的典型室温力学性能见表 6-98。

2）热处理对 ZCuZn35Al2Mn2Fe1 合金力学性能的影响见表 6-99。

表 6-98　铸造黄铜的典型室温力学性能

合金牌号	铸造方法	抗拉强度 R_m/MPa	条件屈服强度 $R_{p0.2}$/MPa	断后伸长率 A（%）	断面收缩率 Z（%）	硬度 HBW
ZCuZn16Si4	S	390~540	220	20~50	20~55	102~122
ZCuZn21Al5Fe2Mn2	S	635~735	—	15~30	—	178~215
ZCuZn25Al6Fe3Mn3	S	758~860	450~520	10~18	9~15	217~255
	Li	740~930	400~500	13~21	—	217~260
ZCuZn26Al4Fe3Mn3	S	655	330	20	—	180
ZCuZn33Pb2	S	190~220	70~110	12~30	—	50~66
ZCuZn35Al2Mn2Fe1	S	450~570	195~280	20~35	20~40	100~150
	J	500~570	210~280	18~35	—	110~150
	Li	500~600	210~280	20~38	—	110~150
ZCuZn38	J	295~370	90~120	30~50	40~50	70~80
ZCuZn40Pb2	S	300~340	90~120	15~40	—	70~75
ZCuZn40Mn3Fe1	S	450~635	—	18~45	—	110~140

表 6-99　热处理对 ZCuZn35Al2Mn2Fe1 合金力学性能的影响

热处理条件	抗拉强度 R_m/MPa	条件屈服强度 $R_{p0.2}$/MPa	断后伸长率 A (%)
砂型单铸试样，铸态	538	190	29
砂型铸板（厚64mm），铸态	536	185	26
铸板，320℃，75min，炉冷	523	184	33
铸板，540℃，75min，炉冷	502	167	38

3）浇注温度对铸造黄铜力学性能的影响见表 6-100。

表 6-100　浇注温度对铸造黄铜力学性能影响

合金牌号	浇注温度/℃	抗拉强度 R_m/MPa	条件屈服强度 $R_{p0.2}$/MPa	断后伸长率 A (%)	硬度 HBW
ZCuZn33Pb2	960	252	83	29	63
	1000	226	75	28	60
	1040	142	93	24	65
ZCuZn35Al2Mn2Fe1	970	525	260	26	115
	1020	540	272	29	116
	1070	530	266	28	114

4）铸件壁厚对铸造黄铜力学性能的影响见表 6-101。

表 6-101　铸件壁厚对铸造黄铜力学性能的影响

合金牌号	壁厚/mm	抗拉强度 R_m/MPa	断后伸长率 A (%)	硬度 HBW
ZCuZn16Si4	5	392	19	90
	10	362	20	87
	20	314	10	87
	50	275	18	83
ZCuZn21Al5Fe2Mn2	40	686	25	—
	60	677	19	—
	80	657	16	—
	100	686	17	—
ZCuZn25Al6Fe3Mn3	5	686	7	160
	10	637	7	160
	20	588	6	155
	50	568	7	153
	285[①]	695	6.5	240
ZCuZn40Pb2	10	305	23	61
	20	309	29	62
	30	314	30	63
	40	309	30	64

（续）

合金牌号	壁厚/mm	抗拉强度 R_m/MPa	断后伸长率 A (%)	硬度 HBW
ZCuZn40Mn3Fe1	5	588	10	120
	10	490	13	120
	20	490	10	120
	50	470	10	110

① 该数据为离心铸造。

（3）高温力学性能　铸造黄铜在不同温度下的力学性能见表 6-102 ~ 表 6-104 和图 6-46、图 6-47。

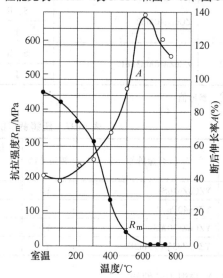

图 6-46　ZCuZn40Mn2 合金力学性能与温度的关系

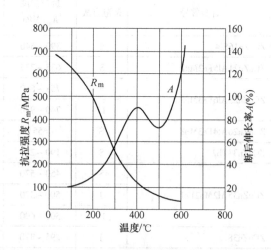

图 6-47　ZCuZn26Al4Fe3Mn3 合金力学性能与温度的关系

表 6-102　铸造黄铜在不同温度下的力学性能

合金牌号	试验温度 /℃	抗拉强度 R_m	规定塑性延伸强度 $R_{p0.5}$	条件屈服强度 $R_{p0.2}$	断后伸长率 A	断面收缩 Z
		MPa			%	
ZCuZn16Si4	20	470	250	220	16	19
	93	470	250	220	18	20
	176	475	255	230	21	23
	232	380	255	235	11	16
ZCuZn25Al6Fe3Mn3	20	825	570	475	16	19
	93	795	560	465	20	24
	176	750	550	460	23	32
	232	640	505	440	31	42
ZCuZn35Al2Mn2Fe1	20	490	195	170	40	40
	93	435	200	175	51	55
	176	365	200	180	52	68
	232	315	205	185	55	66

表 6-103　铸造黄铜在不同温度下的压缩性能

合金牌号	试验温度 /℃	抗压强度 R_{mc}/MPa		
		$\varepsilon=0.1$ mm/mm	$\varepsilon=0.01$ mm/mm	$\varepsilon=0.001$ mm/mm
ZCuZn16Si4	20	565	295	185
	93	565	295	180
	232	530	295	175
	288	480	270	175
ZCuZn25Al6Fe3Mn3	20	540	240	160
	93	490	245	165
	176	440	245	175
	232	375	215	170
ZCuZn35Al2Mn2Fe1	20	690	590	415
	121	—	565	415
	187	—	540	395

表 6-104　铸造黄铜在不同温度下的艾氏冲击吸收能量

合金牌号	艾氏冲击吸收能量/J				
	20℃	93℃	176℃	232℃	288℃
ZCuZn16Si4	43.6	43.8	—	43.8	42.9
ZCuZn25Al6Fe3Mn3	18.7	—	16.1	9.6	—
ZCuZn35Al2Mn2Fe1	44.7	38.4	32.2	27.6	—

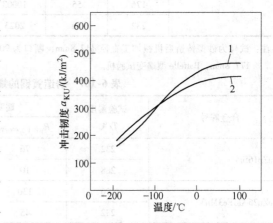

图 6-48　铸造黄铜的冲击
韧度与温度的关系
1—ZCuZn24Al5Fe2Mn2 合金
2—ZCuZn21Al8Mn4Fe2 合金

（4）低温力学性能　铸造黄铜的低温力学性能
见表 6-105 和图 6-48。

表 6-105　铸造黄铜的低温力学性能

合金牌号	试验温度/℃	抗拉强度 R_m/MPa	规定塑性延伸强度 $R_{p0.5}$/MPa	条件屈服强度 $R_{p0.2}$/MPa	断后伸长率 A（%）	断面收缩率 Z（%）	抗压强度 R_{mc}/MPa $\varepsilon=0.1$mm/mm	$\varepsilon=0.01$mm/mm	硬度 HBW
ZCuZn16Si4	-40	480	280	250	18	24	590	320	118
ZCuZn35Al2Mn2Fe1	-40	500	210	190	31	25	595	275	97
	-195	560	275	—	26	—	—	—	—

　　（5）高温持久和蠕变性能（见表6-106和表6-107）

　　（6）疲劳性能（见表6-108和图6-49~图6-52）

表 6-106　铸造黄铜的高温性能

合金牌号	试验温度/℃	压力/MPa	试验时间/h	应变（%）	抗拉强度 R_m/MPa	断后伸长率 A（%）	断面收缩率 Z（%）
ZCuZn16Si4	20	—	—	—	470	18	20
	232	89	3410	0.15	—	—	—
	288	28	3000	0.17	—	—	—
ZCuZn25Al6Fe3Mn3	20	—	—	—	823	17	20
	149	241	1678	0.04	—	—	—
	176	152	2350	0.10	—	—	—
	232	35	3214	0.50	—	—	—
		20	3380	0.25	—	—	—
		6.9	3167	0.11	—	—	—
ZCuZn35Al2Mn2Fe1	20	—	—	—	553	36	29
	176	83	2206	0.71	—	—	—
	176	55	10003	0.68	—	—	—
	232	20	2023	0.16	—	—	—

注：试样为砂型铸造后机械加工直径 ϕ12.8mm，断口为90°V形，槽深为0.2mm，计算长度为53.4mm，试样长度为177.8mm，Battelle型蠕变试验机。

表 6-107　铸造黄铜的蠕变强度和持久性能

合金牌号	试验温度 T/℃	蠕变强度/MPa $R_{p0.1,10000/T}$	$R_{p1,10000/T}$	持久强度/MPa $R_{u100/T}$	$R_{u1000/T}$
ZCuZn16Si4	232	76	133	303	251
	288	10	47	174	112
ZCuZn25Al6Fe3Mn3	176	130	205	420	310
	232	45	—	165	103
ZCuZn35Al2Mn2Fe1	122	193	243	345	—
	176	43	66	255	—
	232	12	29	125	—

表 6-108　铸造黄铜的室温旋转弯曲疲劳极限

合金牌号	试验条件	弯曲疲劳极限 S_D/MPa		
		$N = 10^7$	$N = 5 \times 10^7$	$N = 10^8$
ZCuZn16Si4	空气	172	162	158
ZCuZn25Al6Fe3Mn3	空气	195	185	172
	海水	—	—	100
ZCuZn26Al4Fe3Mn3 [$\varphi(\alpha 相) = 20\%$]	空气	—	—	151
	海水	—	—	98
ZCuZn35Al2Mn2Fe1 [$\varphi(\alpha 相) = 30\%$]	空气	158	—	—
	海水	—	—	82
ZCuZn35Al2Mn2Fe1 [$\varphi(\alpha 相) = 5\%$]	空气	—	—	99
	海水	108	55	41
ZCuZn40Mn3Fe1	空气	—	—	100 ~ 155
	海水	—	—	65 ~ 80

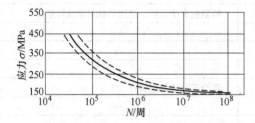

图 6-49　ZCuZn25Al6Fe3Mn3 合金的
σ-N 曲线（弯曲疲劳）

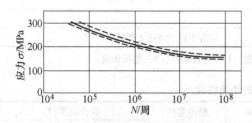

图 6-50　ZCuZn35Al2Mn2Fe1 合金的
σ-N 曲线（弯曲疲劳）

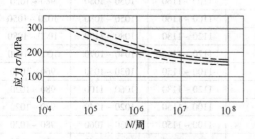

图 6-51　ZCuZn16Si4 合金的
σ-N 曲线（弯曲疲劳）

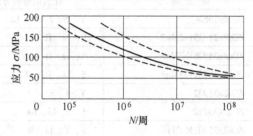

图 6-52　ZCuZn35Al2Mn2Fe1 合金在
海水中的 σ-N 曲线（弯曲疲劳）

（7）弹性性能（见表 6-109 和表 6-110）

表 6-109　铸造黄铜的弹性性能

合金牌号	铸造方法	弹性模量 E/GPa	切变模量 G/GPa	泊松比 μ
ZCuZn16Si4	S	106.8	48.6	0.337
	J	137	51.7	0.325
ZCuZn21Al5Fe2Mn2	S	103	38.6	0.334
ZCuZn25Al6Fe3Mn3	S	98	36.5	0.344
ZCuZn26Al4Fe3Mn3	S	103	38.6	0.334
ZCuZn33Pb2	S	110	41	0.341
ZCuZn38	S	110	41.3	0.331
ZCuZn40Pb2	S	103.4	38.6	0.340
ZCuZn40Mn2	J	103	41.3	—
ZCuZn40Mn3Fe1	S	90	—	0.36
ZCuZn35Al2Mn2Fe1	S	102	—	—

铸造手册 第3卷 铸造非铁合金 第4版

表6-110 铸造黄铜的弹性模量与温度的关系

合金牌号	弹性模量/GPa				
	20℃	149℃	176℃	232℃	288℃
ZCuZn16Si4	106.1	—	—	101.4	97.9
ZCuZn25Al6Fe3Mn3	97.9	106.0	102.7	120.6	—
ZCuZn35Al2Mn2Fe1	102	—	102.7	95.1	—

5. 工艺性能

（1）铸造性能

1）铸造方法。各种牌号的铸造黄铜由于在熔点、流动性、凝固收缩、液态收缩对气体的敏感性、挥发性和热裂倾向上有一些差别，所以适用的铸造方法也有所不同，表6-111列出了各种铸造黄铜宜选用的铸造方法。

2）铸造性能见表6-112。

（2）焊接性能 铸造黄铜有较高的导热性、较大的线胀系数，基体金属熔点低，在熔化状态下流动性较高。若针对这些特点采取相应的工艺措施（如采用较高的预热温度，焊枪较快的移动，选用适当的焊接材料和保护熔剂），就可以获得高质量的焊缝。

铅黄铜在高温下容易产生铅的悬浮，不宜采用熔焊，但容易钎焊；高强度锰黄铜能很好地熔焊，但不宜钎焊。

铸造黄铜的电阻较高，一般都可以进行电阻焊，铸造黄铜的焊接性见表6-113。

（3）切削加工性能 铸造黄铜的切削加工性能见表6-114。

表6-111 各种铸造黄铜宜选用的铸造方法

合 金 牌 号	宜选用铸造方法[①]	备 注
ZCuZn16Si4	Y、S、J、Li、La、R	特别适合于压铸，浇注形状复杂或薄壁件
ZCuZn21Al5Fe2Mn2	S、Li、R	—
ZCuZn25Al6Fe3Mn3	S、Li、R	—
ZCuZn26Al4Fe3Mn3	S、Li、La、R	—
ZCuZn31Al2	Y、J、S	适合于浇注薄壁铸件
ZCuZn33Pb2	J、S、Li、La	—
ZCuZn35Al2Mn2Fe1	S、Y、Li、R	—
ZCuZn38	S、Li	—
ZCuZn38Mn2Pb2	J、S、Y	—
ZCuZn40Pb2	J、Li、Y	—
ZCuZn40Mn2	J、S、R	—
ZCuZn40Mn3Fe1	S、Y、Li	适合于砂型浇注大型铸件

① Y—压力铸造，S—砂型铸造，J—金属型铸造，Li—离心铸造，La—连续铸造，R—熔模铸造。

表6-112 铸造黄铜的铸造性能

合 金 牌 号	流动性(螺旋线长度)/cm	线收缩率(%)	精炼温度/℃	浇注温度/℃	
				壁厚<30mm	壁厚≥30mm
ZCuZn16Si4	60	1.65	1100~1150	1040~1080	980~1040
ZCuZn21Al5Fe2Mn2	—	2.0	1100~1160	1050~1080	1020~1050
ZCuZn25Al6Fe3Mn3	47	1.8	1100~1160	1030~1050	980~1020
ZCuZn26Al4Fe3Mn3	—	2.0	1100~1160	1050~1080	1020~1050
ZCuZn31Al2	57	1.25	1120~1180	1080~1120	1000~1080
ZCuZn33Pb2	—	2.2	1120~1160	1040~1070	1000~1040
ZCuZn35Al2Mn2Fe1	83	2.1	1100~1150	1030~1050	960~1020
ZCuZn38	65	1.8	1120~1160	1060~1100	980~1080
ZCuZn38Mn2Pb2	83	2.1	1100~1150	1020~1040	980~1020
ZCuZn40Pb2	60	2.23	1100~1150	1030~1060	980~1020
ZCuZn40Mn2	83	1.7	1100~1150	1020~1040	980~1020
ZCuZn40Mn3Fe1	70	1.5	1100~1160	1020~1040	980~1020

表 6-113　铸造黄铜的焊接性

合金牌号	钎焊		熔焊				电阻焊		
	锡钎焊	铜钎焊	焊条电弧焊	钨极气体保护电弧焊	熔化极气体保护电弧焊	氧乙炔气焊	点焊	缝焊	对接焊
ZCuZn16Si4	—	C	D	D	D	—	B	B	B
ZCuZn31Al2	C	B	D	C	A	A	B	C	B
ZCuZn21Al5Fe2Mn2、ZCuZn25Al6Fe3Mn3、ZCuZn26Al4Fe3Mn3	C	D	A	B	C	A	A	A	A
ZCuZn35Al2Mn2Fe1	A	C	B	B	B	B	B	B	B
ZCuZn38	A	A	D	A	C	A	D	D	B
ZCuZn33Pb2、ZCuZn38Mn2Pb2、ZCuZn40Pb2	A	A	D	C	C	C	D	C	D
ZCuZn40Mn2	A	A	D	A	A	B	B	B	B
ZCuZn40Mn3Fe1	A	A	B	B	B	B	B	B	B

注：A—优，B—良，C—中，D—差。

表 6-114　铸造黄铜的切削加工性能

合金牌号	切削加工率（%）	高速钢刀具				硬质合金刀具			
		粗加工		精加工		粗加工		精加工	
		速度/（m/min）	进给量/（mm/r）	速度/（m/min）	进给量/（mm/r）	速度/（m/min）	进给量/（mm/r）	速度/（m/min）	进给量/（mm/r）
ZCuZn16Si4	30	45~90	0.07~0.20	60~105	0.08~0.16	90~150	0.07~0.20	120~180	0.07~0.16
ZCuZn21Al5Fe2Mn2、ZCuZn25Al6Fe3Mn3、ZCuZn26Al4Fe3Mn3	28	60~105	0.20~0.38	60~105	0.127~0.20	120~180	0.20~0.38	120~180	0.13~0.20
ZCuZn31Al2	30	25~45	0.38~1.0	30~60	0.13~0.5	75~180	0.38~0.80	—	—
ZCuZn35Al2Mn2Fe1	26	60~105	0.20~0.38	60~105	0.13~0.20	120~180	0.20~0.38	120~180	0.13~0.20
ZCuZn33Pb2、ZCuZn40Pb2	80	90~210	0.15~0.5	90~210	0.08~0.38	—	—	—	—
ZCuZn38	40	45~90	0.38~0.9	45~90	0.13~0.38	90~150	0.38~0.76	120~180	0.13~0.38
ZCuZn40Mn2	30	30~45	0.13~0.25	—	—	—	—	—	—
ZCuZn40Mn3Fe1	24	60~105	0.20~0.38	60~105	0.13~0.2	120~180	0.2~0.38	120~180	0.13~0.20

6. 合金的显微组织（见表6-115和图6-53～图6-62）。

表6-115　铸造黄铜的显微组织

合金牌号	铸态显微组织
ZCuZn38	α+β 两相组织，β 相易被腐蚀，在金相照片上呈黑色，而 α 相为白色
ZCuZn31Al2	Al 的 Zn 当量系数大，显著缩小 α 相区，为 α+β 两相组织
ZCuZn38Mn2Pb2、ZCuZn40Pb2	为 α+β+Pb 相组织，Pb 以质点状态存在
ZCuZn40Mn2	为 α+β 两相组织，α 相的数量和形状随铸型冷却速度的不同有所变化，冷却快时呈块状，数量较少；缓冷时呈针状，数量较多
ZCuZn25Al6Fe3Mn3、ZCuZn26Al6Fe3Mn3	当合金中的 Zn 和 Al 含量在上限时，合金的显微组织为 β 相的基体上分布着块状和星状的 γ 相及细小的富 Fe 质点相 当合金中的 Zn 和 Al 含量在下限时，合金显微的组织或为 β+富 Fe 相，或为 α+β+富 Fe 相
ZCuZn21Al5Fe2Mn2、ZCuZn40Mn3Fe1	为 α+β+富 Fe 相，对于 ZCuZn40Mn3Fe1 合金，当锌的质量分数为 42%～44% 时，α 相的数量占 30%～55%
ZCuZn35Al2Mn2Fe1	为 α+β+富 Fe 相
ZCuZn16Si4	Si 的 Zn 当量系数大，显著缩小 α 相区，为 α+(α+γ) 组织

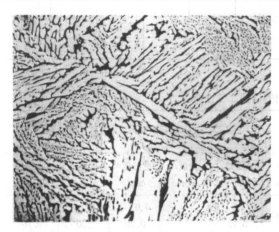

图 6-53　ZCuZn38 合金的显微组织（α+β）　×200

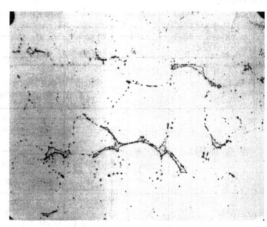

图 6-55　ZCuZn33Pb2 合金的显微组织［α(白色) + β(网状) + Pb 质点］　×120

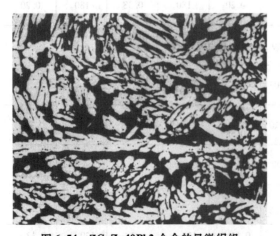

图 6-54　ZCuZn40Pb2 合金的显微组织
［α（白色）+ β（黑色）+ Pb 质点］　×120

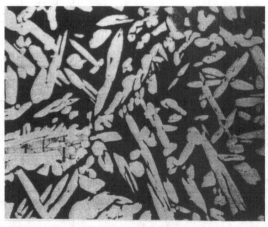

图 6-56　ZCuZn40Mn2 合金的显微组织［α(白色条状) + β(黑色基体)］　×120

图 6-57　ZCuZn16Si4 合金的显微组织〔α(基体)
+ μ 相(树枝状)〕　×100

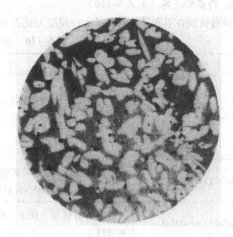

图 6-60　ZCuZn40Mn3Fe1 合金的显微组织
〔α(白色) + β(黑色基体) + Fe 相〕　×100

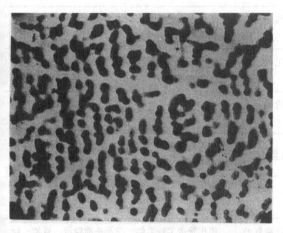

图 6-58　ZCuZn31Al2 合金的显微组织〔树枝状偏析
(富锌富铝区)的 α 单相固溶体〕　×70

图 6-61　ZCuZn25Al6Fe3Mn3 合金的显微组织
(单相 β)　×100

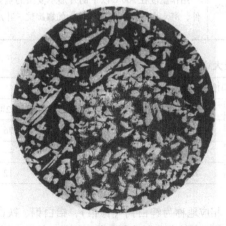

图 6-59　ZCuZn21Al5Fe2Mn2 合金的显微组织
〔α(白色) + β(黑色基体) + Fe 相〕　×100

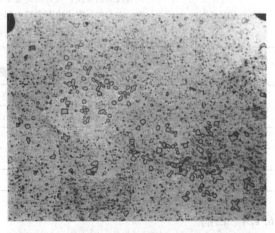

图 6-62　ZCuZn25Al6Fe3Mn3 合金的显微组织
〔β(基体) + γ(灰色星状)〕　×200

7. 特点和应用（见表6-116）

铸造黄铜在不同温度下的最大许用应力见表6-117。

表6-116　铸造黄铜的特点及其应用

合金牌号	特点	应用
ZCuZn16Si4	在大气、海水中有较高的耐蚀性，比一般黄铜的抗应力腐蚀性好，有较高的强度和优良的铸造工艺性	适合于压铸和精铸薄壁铸件，壳形铸件，工作温度在250℃以下的耐水压零件。主要用作轴承、海水泵体和叶轮、淡水用小船螺旋桨、齿轮、摇臂、阀门等
ZCuZn21Al5Fe2Mn2	有高的强度、良好的铸造工艺性和焊接性，在大气、海水中有良好的耐蚀性	主要用作船用螺旋桨
ZCuZn25Al6Fe3Mn3	有很高的强度、硬度，良好的耐磨性、耐蚀性	主要用作大型阀门杆、齿轮、凸轮、低速重载轴承、压紧螺母、液压缸套等
ZCuZn26Al4Fe3Mn3	有高的强度、良好的耐蚀性和铸造工艺性	海军用铸件、齿轮、枪架、衬套、轴承等
ZCuZn31Al2	有较高的强度，在大气、淡水和海水中有良好的耐蚀性	用作在大气、海水中工作的耐蚀零件，如冷凝器和热交换器附件等
ZCuZn33Pb2	有一定的强度和良好的切削加工性，金属光泽呈金黄色	用作不承受高压的一般用途铸件，无线电接头、装饰铸件等
ZCuZn38	有一定的强度、耐蚀性、良好的铸造工艺性，价格便宜	用作一般用途的小型结构零件，装饰铸件
ZCuZn35Al2Mn2Fe1	有较高的强度和塑性，良好的耐磨性	用作要求较高强度和韧性的铸件，如杠杆摇臂、阀门杆、齿轮、衬套、轴承等
ZCuZn38Mn2Pb2	有较高的强度，良好的耐磨性、耐蚀性和切削加工性	用作轴承、衬套和其他耐磨零件，车辆轴承的加强件等
ZCuZn40Mn2	在海水、氯化物及过热蒸汽中有良好的耐蚀性、焊接性和较高的强度	用作管道工程零件，支承止推轴承、骨架、衬套以及需镀锡的零件等
ZCuZn40Mn3Fe1	有较高的强度，良好的铸造工艺性和焊接性，在大气、海水中有良好的耐蚀性，抗空泡和防污性低于镍铝青铜和高锰铝青铜	用作温度在300℃以下的外形不复杂的重要构件，海水中工作的船舶构件，如螺旋桨、叶片等

表6-117　铸造黄铜的最大许用应力

合金牌号	在各种工作温度下的最大许用应力/MPa						
	66℃	93℃	121℃	149℃	176℃	204℃	232℃
ZCuZn16Si4	103	103	103	103	103	103	76
ZCuZn25Al6Fe3Mn3	184	177	168	159	131	—	—
ZCuZn35Al2Mn2Fe1	105	100	93	76	43	23	12

6.1.4　白铜

白铜是以镍为主要合金元素的铜合金。在此基础上再添加第三种元素，如 Zn、Al、Fe、Mn、Be、Nb 等，相应地称为锌白铜（德银）、铝白铜、铁白铜、镍白铜、锰白铜、铍白铜和铌白铜等。铸造白铜具有优良的耐蚀性和较高的强度、良好的铸造性能，广泛用于制造耐蚀结构制品。

Cu 与 Ni 能无限互溶而形成连续的固溶体(见图2-113),在322℃以下存在一个产生亚稳态相区 $\alpha \to \alpha_1 + \alpha_2$。添加某些元素后能改变亚稳态区的大小和位置。

Zn 能大量溶于 Cu-Ni 固溶体,形成 Cu-Ni-Zn 三元 α 固溶体,提高固溶体的强度、硬度和抗大气腐蚀的能力,并使合金具有银白色。因此,锌白铜除作为耐蚀结构材料使用外,还广泛用作装饰材料。

Fe 在 Cu-Ni 合金中的溶解度很小,少量的 Fe 能提高合金的力学性能和耐蚀能力,特别是耐海水冲击腐蚀能力。但是,当 $w(\text{Fe}) > 2\%$ 时,会引起腐蚀开裂。

Al 在 Cu-Ni 合金中的溶解度也不大,并随温度的下降而减少,由于 Ni_3Al 化合物的沉淀析出,可提高合金的强度和硬度。

Sn 与 Ni 能形成(Cu、Ni)$_3$Sn(即 θ 相),提高强度、硬度和抗氧化性。

Be 在 Cu-Ni 合金中固溶度不高,Be 主要与合金中的 Ni 形成 NiBe 化合物,经沉淀强化而提高合金的强度、耐热性和耐磨性,Be 还可以改善材料的铸造性能,但合金抗应力腐蚀性能有所降低。

Nb 和 Si 同 Ni 能形成具有沉淀硬化的 Ni_3Nb 和 Ni_3Si 化合物。另外,Nb 还能提高合金的耐蚀性和焊接性,改善合金的高温塑性。

Mn 与 Ni 能形成化合物 $MnNi_3$ 而沉淀硬化,提高铜-镍合金的强度和抗冲击腐蚀性能。

Cr 在 Cu-Ni 合金中可借助热处理来提高合金的弹性和硬度。

Pb 能提高 Cu-Ni-Zn 合金的切削加工性能,对 Cu-Ni-Zn 合金的导电性、传热性无明显影响。

1. 牌号和化学成分

铸造白铜的牌号很多,其中常用的合金牌号及其化学成分见表6-118。

表6-118　铸造白铜常用的合金牌号及其化学成分

合金牌号	美国相近牌号	化学成分(质量分数,%)													
		主要元素								杂质元素 ≤					
		Ni	Fe	Sn	Al	Nb	Zn	Pb	Cu	Mn	Si	Pb	C	P	其他
ZCuNi10Fe1	C96200	9.0~11.0	1.0~1.8	—	—	—	—	—	余量	1.5①	0.3	0.10	0.10	—	0.5
ZCuNi10Fe1Mn1②	—	9.0~11.0	1.0~1.8	—	—	—	—	0.01	84.5~87.0	0.8~1.5	0.25	—	0.1	0.02	0.5
ZCuNi30Fe1Mn1②	—	29.5~31.5	0.25~1.5	—	—	—	—	0.01	65.0~67.0	0.8~1.5	0.5	—	0.15	0.02	0.5
ZCuNi15Al11Fe1	C99300	13.5~16.5	0.4~1.0	—	10.7~11.5	Co 1.0~2.0	—	—	余量	—	0.02	0.02	—	Sn: 0.05	0.5
ZCuNi20Sn4Zn5Pb4	C97600	19.5~21.5	—	3.5~4.5	—	—	3.0~9.0	3.0~5.0	63.0~67.0	1.0①	Fe: 1.5①	—	—	—	0.5
ZCuNi25Sn5Zn2Pb2	C97800	24.0~27.0	—	4.5~5.5	—	—	1.0~4.0	1.0~2.5	64.0~67.0	1.0①	Sb: 0.2	Al: 0.05	—	0.05	0.5
ZCuNi22Zn13Pb6Sn4Fe1	—	20.0~24.0	0.4~1.0	2.0~4.0	—	—	11.0~15.0	4.0~7.0	余量	—	0.003	0.02	0.005	—	0.05
ZCuNi30Nb1Fe1	C96400	28.0~32.0	0.2~1.5	—	—	0.5~1.5	—	—	65.0~69.0	1.5①	0.5	0.03	0.15	—	0.5
ZCuNi30Be1.2	C96700	29.0~33.0	0.7~1.0	Be 1.10~1.30	Zr 0.1~2.0	Ti 0.1~2.0	—	—	余量	0.7	0.15	0.1	—	—	0.5
ZCuNi30Cr2Fe1Mn1	—	29.0~32.0	0.5~1.0	Cr 1.60~2.40	Si 0.2~0.4	Ti 0.1~2.0	0.05~0.15	—	余量	1.0①	0.003	0.02	0.005	—	0.05

①　不计入杂质总和。

②　GB/T 1176—2013 中的牌号。

2. 物理和化学性能

（1）物理性能　铸造白铜的物理性能见表6-119；ZCuNi20Sn4Zn5Pb4合金的物理性能与温度的关系见表6-120。

（2）化学性能　铸造白铜在大气、淡水和海水中有很高的耐蚀性，在碱性盐溶液和有机化合物溶液中也有很好的耐蚀性。卤素和二氧化碳在室温下几乎对铸造白铜不起作用。

铸造白铜还有良好的抗生物污垢腐蚀性，其中以ZCuNi30Be1.2最好，ZCuNi10Fe1和高镍白铜次之。铸造白铜在各种介质中的腐蚀速度见表6-121。

表6-119　铸造白铜的物理性能

合 金 牌 号	液相线温度/℃	固相线温度/℃	密度/(g/cm³)	比热容 c/[J/(kg·K)]	热导率 λ/[W/(m·K)]	电阻率 ρ/10⁻⁶Ω·m	电导率 γ/(%IACS)[②]	线胀系数 α_l/10⁻⁶K⁻¹
ZCuNi10Fe1	1149	1099	8.94	376	50	0.157	11	17.1 (20~200℃)
ZCuNi10Fe1Mn1	1150	1100	8.94	380	40	0.189	9.1	17.1 (20~200℃)
ZCuNi30Fe1Mn1	1240	1170	8.94	380	29	0.374	4.6	16.2 (20~200℃)
ZCuNi5Al11Fe1	1077	1068	8.45	418	47.7 (37℃) 705 (408℃)	0.191	9	16.56 (20~550℃)
ZCuNi20Sn4Zn5Pb4	1142	1108	8.85	376	22.8	0.359	4.8	16.82 (20~300℃)
ZCuNi25Sn5Zn2Pb2	1180	1140	8.85	377	25.4	0.345	5	15.66 (20~93℃) 16.92 (20~260℃)
ZCuNi22Zn13Pb6Sn4Fe1[①]	1100	960	8.80	—	—	—	—	
ZCuNi30Nb1Fe1	1237	1171	8.94	376	50	0.345	5	16.20 (20~300℃)
ZCuNi30Be1.2	1155	1065	8.60	376	30	0.4	4.3	16 (20~300℃)
ZCuNi30Cr2Fe1Mn1	1200	1170	8.80	410	23	0.35	5	18 (20~250℃)

① 参考值。

② 见表6-3注①。

表6-120　ZCuNi20Sn4Zn5Pb4合金的物理性能与温度的关系

试验温度/℃	热导率 λ/[W/(m·K)]	电导率 γ/(%IACS)[①]	电阻率 ρ/10⁻⁶Ω·m
20	22.8	4.8	0.360
37	24.4	4.8	0.360
93	27.8	4.7	0.368
149	30.9	4.6	0.375
260	36.0	4.5	0.387
288	36.9	4.4	0.390

① 见表6-3注①。

表6-121　铸造白铜在各种介质中的腐蚀速度

介质（质量分数）	腐蚀速度/(mm/a)	
	ZCuNi10Fe1	ZCuNi30Nb1Fe1
工业大气	0.002	0.002
海洋大气	0.001	0.001
淡水	0.003	0.003
海水	0.0116	0.03
3%的NaCl溶液	0.048	0.019
10%的H₂SO₄溶液	0.09	0.08
8%的H₃SO₄溶液	0.55	0.50
10%的NaOH溶液	0.15	0.005

3. 力学性能

(1) 室温力学性能 铸造白铜的室温力学性能见表6-122。

(2) 高温力学性能 两种铸造白铜的高温力学性能见表6-123 和表6-124。

(3) 低温力学性能 ZCuNi20Sn4Zn5Pb4 合金的低温力学性能见表6-125。

(4) 疲劳性能 ZCuNi20Sn4Zn5Pb4 合金的 $\sigma\text{-}N$ 曲线如图 6-63 所示。

(5) 弹性性能 铸造白铜的弹性性能见表6-126。

表 6-122　铸造白铜的室温力学性能

合 金 牌 号	抗拉强度 R_m/MPa	条件屈服强度 $R_{p0.2}$/MPa	断后伸长率 A（%）	断面收缩率 Z（%）	硬度 HBW
ZCuNi10Fe1	310 ~ 350	170 ~ 210	20 ~ 28	—	100
ZCuNi10Fe1Mn1	310 ~ 350	170 ~ 210	20 ~ 28	—	100
ZCuNi30Fe1Mn1	415 ~ 450	220 ~ 250	20 ~ 28	—	140
ZCuNi15Al11Fe1	655 ~ 690	345 ~ 365	1 ~ 3	—	202
ZCuNi20Sn4Zn5Pb4	275 ~ 345	140 ~ 205	15 ~ 25	85	90
ZCuNi25Sn5Zn2Pb2	310 ~ 380	150 ~ 205	15 ~ 16	—	130
ZCuNi30Nb1Fe1	415 ~ 470	220 ~ 255	20 ~ 28	—	140
ZCuNi30Be1.2	555 ~ 860	310 ~ 550	7 ~ 15	—	90HRB、26HRC
ZCuNi30Cr2Fe1Mn1	480 ~ 540	300 ~ 320	18 ~ 28	30 ~ 50	173 ~ 204

表 6-123　ZCuNi20Sn4Zn5Pb4 合金的力学性能与温度的关系

试验温度 /℃	抗拉强度 R_m/MPa	条件屈服强度 $R_{p0.2}$/MPa	规定塑性延伸（强度） $R_{p0.5}$/MPa	断后伸长率 A（%）	硬度 HBW	抗压强度 R_{mc}/MPa （$\varepsilon = 0.1$mm/mm）
37	325	170	180	21	835	400
93	305	145	150	20	815	370
149	290	135	145	18	805	360
232	255	135	145	16	785	350
288	160	140	160	—	775	345

表 6-124　ZCuNi5Al11Fe1 合金的力学性能与温度的关系

试验温度 /℃	抗拉强度 R_m/MPa	条件屈服强度 $R_{p0.2}$/MPa	断后伸长率 A（%）	硬度 HRA
93	620	—	—	60
204	550	—	—	59
316	415	—	—	57
427	380	330	4	2
538	240	185	5	39
593	170	—	—	30

表 6-125　ZCuNi20Sn4Zn5Pb4 合金的低温力学性能

试验温度 /℃	抗拉强度 R_m/MPa	条件屈服强度 $R_{p0.2}$/MPa	规定塑性延伸强度 $R_{p0.5}$/MPa	断后伸长率 A（%）	硬度 HBW	抗压强度 R_{mc}/MPa （$\varepsilon = 0.1$mm/mm）	弹性模量 E/GPa
-40	350	185	195	22	85	425	121

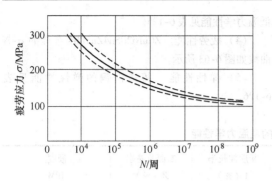

图 6-63　ZCuNi20Sn4Zn5Pb4 合金的 σ-N 曲线

表 6-126　铸造白铜的弹性性能

合金牌号	弹性模量 E	切变模量 G	泊松比
	GPa		μ
ZCuNi10Fe1	124	46.9	—
ZCuNi10Fe1Mn1[①]	124	46.9	—
ZCuNi30Fe1Mn1[①]	130	48	—
ZCuNi15Al11Fe1	124	—	—
ZCuNi20Sn4Zn5Pb4	131	—	—
ZCuNi25Sn5Zn2Pb2	138	—	—
ZCuNi30Nb1Fe1	145	—	—

（续）

合金牌号	弹性模量 E	切变模量 G	泊松比
	GPa		μ
ZCuNi30Be1.2	150	57	0.33
ZCuNi30Cr2Fe1Mn1	139	—	0.3

① GB/T 1176—2013 中的牌号。

4. 工艺性能

（1）铸造性能　铸造白铜有较好的铸造性能，中等的造渣性、流动性和收缩性，但吸气性较强，浇注前需用 Cu-Mn（或 Mn）、Cu-Mg（或 Mg）和 Cu-P 脱氧。

铸造白铜的铸造性能见表 6-127。

（2）焊接性能　铸造白铜有良好的焊接性，容易钎焊和进行各种形式的电阻焊，不含铅的白铜还能进行熔焊。其焊接性见表 6-128。

（3）切削加工性能　铸造白铜的切削加工性能类似铝青铜。含铅白铜有良好的切削加工性，在充分润滑和冷却条件下可以进行高速切削加工。铸造白铜的切削加工性能见表 6-129。

表 6-127　铸造白铜的铸造性能

合金牌号	铸造方法	线收缩率 （%）	熔炼温度 /℃	浇注温度/℃ 小件	浇注温度/℃ 大件
ZCuNi10Fe1	S、Li	—	1350~1400	1280~1320	1230~1280
ZCuNi10Fe1Mn1	S、Li	—	1350~1400	1280~1320	1230~1280
ZCuNi30Fe1Mn1	S、Li	—	1420~1480	1350~1400	1290~1350
ZCuNi15Al11Fe1	S、La	1.56	1300~1350	1220~1280	1200~1250
ZCuNi20Sn4Zn5Pb4	S、J、Li	1.40	1350~1400	1260~1320	1220~1280
ZCuNi25Sn5Zn2Pb2	S、J、Li	—	1380~1430	1300~1360	1260~1320
ZCuNi30Nb1Fe1	S、Li、La	1.82	1420~1480	1350~1400	1290~1350
ZCuNi30Be1.2	S、J	1.8	1320~1380	1220~1300	1200~1280
ZCuNi30Cr2Fe1Mn1[①]	S、J	1.8	1380~1430	1300~1350	1250~1300

① 参考值。

表 6-128　铸造白铜的焊接性

合金牌号	钎焊 锡钎焊	钎焊 铜钎焊	熔焊 钨极、熔化极气体保护焊	熔焊 焊条电弧焊	熔焊 氧乙炔气焊	电阻焊
ZCuNi10Fe1	A	A	B	B	D	B
ZCuNi10Fe1Mn1	A	A	B	B	D	B
ZCuNi30Fe1Mn1	A	A	B	B	D	B
ZCuNi15Al11Fe1	D	B	B	B	D	B
ZCuNi20Sn4Zn5Pb4	A	B	D	D	D	B
ZCuNi25Sn5Zn2Pb2	B	B	D	D	D	B
ZCuNi30Nb1Fe1	A	A	B	B	D	A
ZCuNi30Be1.2	A	A	C	C	D	A
ZCuNi30Cr2Fe1Mn1	A	A	A	A	B	A

注：A—优，B—良，C—中，D—差。

表 6-129　铸造白铜的切削加工性能

刀具种类	工序	切削参数	ZCuNi10Fe1 ZCuNi10Fe1Mn1	ZCuNi15Al11Fe1 ZCuNi30Nb1Fe1 ZCuNi30Fe1Mn1 ZCuNi30Be1.2 ZCuNi30Cr2Fe1Mn1	ZCuNi20Sn4Zn5Pb4 ZCuNi22Zn13Pb6Sn4Fe1	ZCuNi25Sn5Zn2Pb2
高速钢刀具	粗加工	速度/(m/min)	25~45	25~45	240	240
		进给量/(mm/r)	0.38~1.0	0.38~1.0	1~1.5	0.8~1.5
	精加工	速度/(m/min)	25~45	30~60	—	—
		进给量/(mm/r)	0.13~0.50	0.13~0.50	—	—
硬质合金刀具	粗加工	速度/(m/min)	—	70~180	—	—
		进给量/(mm/r)	—	0.38~0.76	—	—
	精加工	速度/(m/min)	—	90~240	—	—
		进给量/(mm/r)	—	0.2~0.38	—	—
切削加工率(%)			10	20	—	—

5. 合金的显微组织（见图 6-64）

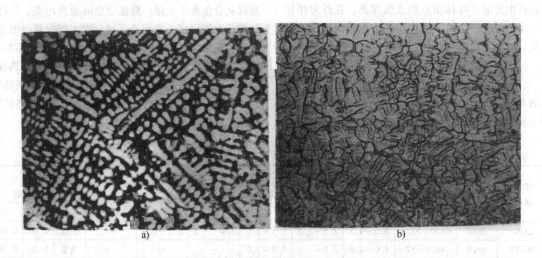

图 6-64　铸造白铜的显微组织　×50

a) ZCuNi30NbFe1　b) ZCuNi10Fe1

6. 特点和应用（见表6-130）

表6-130　铸造白铜的特点和应用

合金牌号	特　点	应　用
ZCuNi10Fe1	在大气、海水和酸、碱介质中有良好的耐蚀性，容易焊接	抗海水腐蚀和化工设备的零部件，压缩机阀体、泵壳、叶片、弯管、凸缘等
ZCuNi10Fe1Mn1	在大气、海水和酸、碱介质中有良好的耐蚀性，容易焊接	抗海水腐蚀和化工设备的零部件，压缩机阀体、泵壳、叶片、弯管、凸缘等
ZCuNi30Fe1Mn1	在大气和海水中有优良的耐蚀性，较高的强度，良好的焊接性	抗海水腐蚀的零件、阀门座、泵壳体等
ZCuNi15Al11Fe1	有好的强度、硬度、足够的热强度，能在较高工作温度下工作	船舶结构零件，玻璃成形模具，平板玻璃轧辊等
ZCuNi20Sn4Zn5Pb4	有好的耐蚀性，容易钎焊，易切削加工，但流动性较低	船舶结构件和附件、保护装置、乐器和装饰结构零件等
ZCuNi25Sn5Zn2Pb2	在各种大气环境中有好的耐蚀性，容易钎焊和切削加工	船舶结构件、装饰、保护装置和食品加工设备零件以及泵体、阀等
ZCuNi22Zn13Pb6Sn4Fe1	在各种大气环境中有好的耐蚀性，容易钎焊和切削加工	船舶结构件、装饰和食品加工设备零件
ZCuNi30Nb1Fe1	在大气和海水中有优良的耐蚀性，较高的强度，良好的焊接性	抗海水腐蚀的零件、阀门座、泵壳体等
ZCuNi30Be1.2	在大气、海水、无机酸和氨气氛条件下有良好的耐蚀性、有很高的强度、耐磨性和耐热性	抗海水腐蚀的零件、阀门座、泵壳体、玻璃成形模具，平板玻璃轧辊、陶瓷铸模和塑料模具
ZCuNi30Cr2Fe1Mn1	在大气、海水、无机酸和氨气氛条件下有良好的耐蚀性、有很高的强度、耐磨性和耐热性	抗海水腐蚀的零件、阀门座、泵壳体、玻璃成形模具，平板玻璃轧辊、陶瓷铸模和塑料模具

6.1.5　特殊用途的铜合金

1. 铜-锰基阻尼合金

铜-锰基阻尼合金属于孪晶型阻尼合金。阻尼机理是，合金在高温缓冷过程中因尼耳转变和马氏体相变而产生大量（可移动）的显微孪晶，在外力作用下，由于显微孪晶晶界的移动和磁矩的偏转使应力松弛。

（1）合金牌号及化学成分（见表6-131）

（2）合金的主要性能　合金的物理和化学性能见表6-132；力学性能、弹性和阻尼性能见表6-133和表6-134。

（3）合金元素的作用（见表6-135）

（4）工艺性能

1）铸造性能。合金元素锰易氧化生成 MnO_2，MnO_2 的熔点高（1785℃），密度大（$5.18g/cm^3$），难以从合金液中上浮，致使合金液受到污染。另外，锰的蒸气压很高，易污染环境，增大烧损量。因此，合金宜在熔剂保护下进行熔炼，推荐用冰晶石熔剂作覆盖剂。合金的凝固区间较宽，易形成缩松和热裂，浇注时应适当提高浇注温度，采用保温冒口或发热冒口。合金的线收缩率为2.75%～3.2%，有较高的流动性，浇注温度为1200～1220℃。

表6-131　铜-锰基阻尼合金的牌号及化学成分

合金牌号	国别	化学成分（质量分数,%）								杂质元素 ≤	
		主　要　元　素									
		Mn	Al	Fe	Ni	Zn	Cr	Mo	Cu	C	Si
2310	中国	49.0～53.0	3.5～4.5	2.5～3.5	1.5～3.0	1.0～3.5	0.3～0.9	—	余量	0.10	0.20
MC-77	中国	48.0～57	4.0～4.8	3.5～5.0	1.0～2.0	—	—	—	余量	0.10	0.20
Sonoston	英国	47.0～60.0	2.5～6.0	0～5.0	0.5～3.5	—	—	—	余量	0.10	0.20
Аврора	俄罗斯	50.0～53.0	1.5～2.3	2.0～3.0	1.5～2.5	2.0～4.0	—	0.2～0.7	余量	0.10	0.20

表 6-132　铜-锰基阻尼合金的物理和化学性能

合金牌号	固相线温度 /℃	液相线温度 /℃	密度 $\rho/(g/cm^3)$	电极电位/ V	线胀系数 $\alpha_l/10^{-6}K^{-1}$ (20~100℃)	耐 蚀 性
2310	960	1070	7.2	-0.5	19.24	比一般铜合金差，在海水中有脱化学成分腐蚀和应力腐蚀现象。因此，在海水中使用时，应附加涂层或作阴极保护
MC-77	940	1060	7.1	-0.6	15.00	
Sonoston	940	1080	7.1	-0.7	16.50	
Аврора	900	1000	7.4		20.90	

表 6-133　铜-锰基阻尼合理的力学性能

合 金 牌 号	抗拉强度 R_m/MPa	条件屈服强度 $R_{p0.2}/MPa$	断后伸长率 A (%)	冲击韧度 a_{KU} /(kJ/m²)	硬度 HBW
2310	590~608	235~305	23~40	300~700	133~160
MC-77	540~590	250~280	25~40	340~680	140~170
Sonoston	540~590	250~280	13~40	340~680	130~170
Аврора	490	245	20	780	140~160

表 6-134　铜-锰合金的弹性和阻尼性能

合 金 牌 号	弹性模量 E/GPa	切变模量 G/GPa	泊松比 μ	比阻尼 (%)
2310	84.1	29.8	0.42	20~37
MC-77	91.1	36.2	0.25	20~38
Sonoston	75.5~83.3	—	—	10~30
Аврора	78.4	—	—	—

表 6-135　铜-锰基阻尼合金元素的作用

元 素	作 用
Al	缩小 γ 相区，$w(Al) < 2.5\%$ 时完全溶入 γ 相中，对合金性能影响不大；$w(Al) > 2.5\%$ 时开始析出强化相 β；$w(Al) \geqslant 3.3\%$ 时开始析出硬脆相 T3。随着 β 相和 T3 相大量析出，合金的强度和硬度明显提高，而断后伸长率和冲击性能下降，阻尼性能也下降
Fe	缩小 γ 相区，几乎完全溶入 γ 相中，能细化合金组织，改善合金的综合性能，但对阻尼性能稍有不利的影响
Ni	扩大 γ 相区，可固溶于 γ、β 和 T3 三个相中，改善合金的耐蚀性，提高强度而不降低断后伸长率；同时能使 γ 相稳定，延缓富 Mn 区形成，但对合金的阻尼性能有不利影响
Zn	促进富 Mn 区的形成，提高合金中面心正方晶的正方度和数量，明显提高合金的阻尼性能，提高强度，降低冲击性能
Cr	缩小 γ 相区，固溶度的质量分数为 0.8% 左右，对合金性能的影响类似于 Fe，明显改善合金的耐蚀性，特别是能提高合金的抗应力腐蚀性能，但对阻尼性能有不利影响
Mo	细化合金组织，改善合金性能
C	含量过多时，形成碳化物聚集在孪晶晶界上，有碍孪晶移动，使阻尼下降
Si	提高合金流动性，降低阻尼性能

2）焊接性能。铜-锰阻尼合金属于难焊接的金属材料，要选择合适的焊接材料和进行焊后热处理。英国 Sonoston 合金采用的焊丝成分为：$w(Al)=7.5\%$，$w(Mn)=12\%$，$w(Fe)=3\%$ 和 $w(Ni)=2\%$（即 ZCuAl8Mn12Fe3Ni2 合金）；俄罗斯 Аврора 合金采用 МцАЖ20-20-1-1 焊丝；我国 2310 合金采用焊丝成分为：$w(Mn)=20\%\sim40\%$，$w(Al)=1.0\%\sim5.0\%$，$w(Fe)=0.5\%\sim4.0\%$，$w(Ni)=0.5\%\sim4.0\%$，余量为 Cu。

该合金可采用惰性气体保护焊和焊条电弧焊。焊条电弧焊建议采用下面成分的药皮（均为质量分数）：冰晶石 67%，氯化钠 20%，氟石 10% 和木炭粉 3%。焊接的预热温度为 100～300℃。

3）切削加工性能。合金的机械加工性能与不锈钢大体相同。由于合金的刚性较低，对于薄壁件，如车床卡盘夹得过紧或背吃刀量过大，都会使工件变形，影响尺寸精度。合金加工应使用硬质合金刀具，其镗孔成本比其他铜合金高 15%，铲削和抛光工时为其他铜合金的 1.5～2 倍。

4）阻尼性能的恢复。合金经过焊接或加工变形后，阻尼性能大幅度下降，薄壁铸件和金属型铸件的阻尼性能也很低，为了恢复和获得阻尼性能，应进行恢复处理，即将铸件重新加热至 850℃，然后缓冷（约 100℃/h）至室温。

（5）合金显微组织　合金元素 Mn、Al、Fe、Ni、Cr、Zn、Mo 等在限定范围内均不析出单独相。Cu-Mn-Al 三元合金相图如图 6-65 所示。Cu-Mn-Al 阻尼合金的铸态组织如图 6-66 所示。Cu-Mn-Al 阻尼合金显微组织中各相的特征见表 6-136。

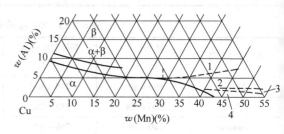

图 6-65　Cu-Mn-Al 三元合金相图（649℃）

1—$\alpha+\beta+Mn(\beta)$　　2—$\alpha+Mn(\beta)$
3—$\alpha+Mn(\alpha+\beta)$　　4—$\alpha+Mn(\alpha)$

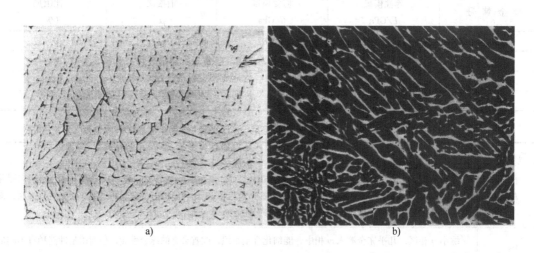

a)　　　　　　　　　　　　　　b)

图 6-66　Cu-Mn-Al 阻尼合金的铸态组织　×500

a）铸态组织 $\gamma+\beta+T_3$　b）γ 相的偏析

表 6-136　Cu-Mn-Al 阻尼合金显微组织中各相的特征

名称	特　征
γ	是由 γ_{Mn} 和 γ_{Cu} 组成的固溶体，面心立方或面心正方结构，晶格常数 $a_0=0.3782nm$，$c_0=0.3533nm$。γ 相有严重的晶内偏析，枝晶的枝干和分枝富 Mn，枝晶间富 Cu，γ 相质软而富有塑性
β	是以 Cu_2MnAl 为基的固溶体，体心立方结构，晶格常数 $a_0=0.549nm$，β 相呈韧性
T_3	是以 Cu_3Mn_2Al 为基的金属间化合物，复杂立方结构，晶格常数 $a_0=0.69046nm$，是个硬脆相

(6) 应用 铜-锰阻尼合金能减振、降噪和提高疲劳寿命，在制作防振和消声设备方面有重要的用途，主要用于舰船螺旋桨和防振设备的紧固件、泵体、刀具支架、机座、框架、压缩机机体和减速器上的齿轮等，其应用实例和效果见表6-137。

表6-137 铜-锰阻尼合金的应用实例和效果

应用实例	效　果
潜艇用螺旋桨	已有30年的应用史。英国、法国、意大利、瑞典和丹麦等国的潜艇已经采用这种合金的螺旋桨，降噪效果明显
凿岩机杆	降低噪声13dB
机械滤波器	降低噪声14dB
垃圾处理机	降低噪声6～9dB
高速纸带穿孔打字机	降低噪声14dB
滚珠轴承	降低噪声6dB
消声车轮	降低噪声6dB

2. 艺术铜合金

艺术铜合金指专门用于制造鼎、钟、鼓、镜、佛像、兵器和装饰等艺术品的铜合金，主要有锡青铜、黄铜、锌白铜和铍青铜等。艺术铜合金与普通铜合金的不同点是对其色调、耐蚀性和响度、磨削加工性等有特殊要求。

(1) 青铜 锡青铜和铍青铜都是良好的艺术铸件材料，但铍青铜材料成本高，生产时对环境有污染，因此常见艺术铸件基本上都是锡青铜材料。其化学成分见表6-138。

艺术品用锡青铜的$w(Sn) < 20\%$，其组织为$\alpha + (\alpha + \delta)$相。$\alpha$相是锡在铜中的固溶体；$\delta$相是以$Cu_{31}Sn_8$金属间化合物为基的固溶体，硬而脆。合金元素对艺术锡青铜的影响见表6-139。

1) 钟用锡青铜。钟用锡青铜一般$w(Sn)$为13%～25%，偏低时$w(Sn)$为5.5%～12.5%，基音强度弱，其他分音的强度也弱，而第二分音特别强，故音色单调而失锐。锡含量过高［$w(Sn) > 25\%$］时，冲击韧度太差，易被击破。通常，钟用锡青铜不应含铅，因为铅的衰减能力大、抑振，影响音响效果。但是，我国的古代钟铜中往往加质量分数为0.6%～1.95%的Pb，并发现：当$w(Sn)$为13%～14%时，少量的铅对基频影响很小，而且铅使声音适当衰减后还会改善音色。我国古代钟铜的化学成分见表6-140。

表6-138 艺术锡青铜的化学成分

合金牌号	化学成分(质量分数,%)						色彩
	Sn	Al	Zn	Pb	Mn	Cu	
ZCuSn2Zn3	1.8～2.2	—	2.5～3.5	—	—	余量	金黄色
ZCuSn3Al2	2.5～3.5	1.5～3.5	—	—	—	余量	金黄色
ZCuSn12Mn1	10～15	—	0.15～0.25	0.2～0.3	1.0～1.25	余量	金黄色
ZCuSn5Zn5Pb5	4～6	—	4～6	4～6	—	余量	金黄色
ZCuSn10Zn2	9～11	—	1～2	—	—	余量	金黄色
ZCuSn18	17.0～19.0	—	—	—	—	余量	青铜色

表6-139 合金元素对艺术锡青铜的影响

元素	作　用
Sn	砂型铸造时$w(Sn)$为7%，金属型铸造时$w(Sn)$为5%，便会出现δ相。锡含量过多，着色困难，而含$w(Sn) \leqslant 5\%$的单一α相锡青铜容易着色
Zn	溶于α固溶体，缩小凝固温度范围，提高流动性，能还原SnO_2，净化合金。$w(Zn) > 5\%$时难以生成温雅的绿膜，而且容易风化，有时还会使铸文不鲜明
Pb	不溶入合金中，以质点状分布，可以改善合金的耐磨性和切削加工性能，提高合金的耐水压性。过量的Pb会引起重力偏析。Pb的衰减能力很大，所以响铜不得加入或混入Pb

（续）

元　素	作　　用
P	P 的溶解度很小，超过一定量即析出 Cu_3P。Cu_3P 与 δ 相相似，硬而脆，常与 α、δ 相组成二元或三元共晶。一般认为，P 降低青铜的着色效果，但 P 有强烈的脱氧作用，因此适用于艺术品铸件
Fe	Fe 在 Cu 中的溶解度也很小，常以游离的 Fe 或化合物硬质点存在，有利于青铜着色
Al	$w(Al)$ 为 0.5% 时就会使铸件表面从暗红色变成黄色
As	As 对锡青铜煮沸着色有直接效果，但采用醋泡铁片的黑浆涂抹着色时效果不明显。如果先经胆矾醋处理，As 的存在能使合金表面活化、使黑浆涂抹着色效果更好
Si	合金中含有 Si，铸造件从暗红色变成茶色，有时变成葡萄色

表 6-140　我国古代钟铜的化学成分

钟名及文献	化学成分（质量分数,%）				备　　注
	Cu	Sn	Pb	其他	
钟鼎之齐《考工记》	83.4	16.6	—	—	
永乐大铜钟	80.54	16.4	1.12		
钟条《天工开物》	93（响铜）	8.5（追加）	—	Au、Ag 少量	响铜内已含有 Sn，再补加纯铜和 Sn
朝钟制度《明实录》	81.2（响铜）	5.4（追加）		Fe：13.4，Au、Ag 少量	—

2）镜用锡青铜。镜用锡青铜的锡含量很高，有的 $w(Sn)=30\%$。其金相组织基本上是由单一的 δ 相组成，非常脆，落地便碎。我国古代铜镜的化学成分见表 6-141。

3）鼓用锡青铜。鼓用锡青铜和其他青铜器一样，都是铜、锡、铅三元合金。我国古代铜鼓的化学成分见表 6-142。

4）钱用锡青铜。钱用锡青铜主要也是铜-锡-铅三元合金，其成分不稳定。我国古代铜钱的化学成分见表 6-143。

（2）黄铜　黄铜因色泽金黄美观，所以也是艺术品常用的材料。$w(Zn)$ 为 12% 的黄铜，色似黄金，非常适合制造装饰品和佛具等物，另外，也是金箔和金粉的代用金属。$w(Zn)$ 为 20% 的黄铜，一经研磨，便会呈现出美丽的晶粒，在艺术品制造上将此种工艺称为点金。

近年来，亚金材料有重要的发展，其中主要的是添加有少量铝、锡或稀土的黄铜。艺术黄铜的化学成分见表 6-144。

表 6-141　我国古代铜镜的化学成分

序号	年代	化学成分（质量分数,%）				
		Cu	Sn	Pb	Zn	其他
1	战国以前	66~71	19~21	2~3	—	—
2		66.33	21.99	3.36		
3		71.44	19.62	2.69		
4		74	25	1	—	—
5		73	22	5		
6	汉魏时代	70	23.25	5.18	—	约1.0
7		68.82	24.65	5.25	—	
8		69.24	22.94	6.48		
9		67.82	22.35	6.09		约4.15
10		70.50	26.97	1.65		约0.88
11		72.64	24.16	2.06		约1.14
12	隋唐时代	69.55	22.48	5.86		
13		68.95	23.65	6.08		
14		70	25	5		
15	宋代以后	69	12	14	5	—
16		69	8	15	6	—

表 6-142 我国古代铜鼓的化学成分

出土地点	化学成分（质量分数,%）		
	Cu	Sn	Pb
石家坝	87.96 ~ 95.63	4.64 ~ 6.87	
石寨山	77.45 ~ 85.43	—	0.37 ~ 4.00
冷水冲	62.43 ~ 74.03	6.88 ~ 14.96	14.50 ~ 27.41
遵义	66.90 ~ 84.06	6.33 ~ 7.10	7.30 ~ 19.50
北流	61.78 ~ 70.45	6.16 ~ 14.24	9.94 ~ 23.0
灵山	60.12 ~ 70.56	8.84 ~ 12.80	7.60 ~ 19.76
麻江	63.85 ~ 82.73	9.22 ~ 13.16	0.73 ~ 6.90
西盟	70.12	2.22	23.36
容县	82.05	7.36	5.8

表 6-143 我国古代铜钱的化学成分

年代	名称	化学成分（质量分数,%）					
		Cu	Sn	Pb	Zn	Fe	总量
战国	布币	70.42	9.92	19.30	—	—	99.64
	齐刀	55.10	4.29	38.60	—	1.00	98.99
	明刀	45.05	5.90	45.82	—	2.00	98.77
新莽	大泉五十	86.72	3.41	4.33	4.11	0.13	98.70
	货泉	77.53	4.55	11.99	3.03	1.46	98.56
	小泉直一	89.27	6.39	0.37	2.15	1.50	99.68
	大布黄千	89.55	4.71	0.62	1.48	3.56	99.91
	货布	83.41	6.86	6.54	0.84	0.47	98.12
	契刀五百	81.13	6.96	6.17	1.0	1.39	96.66
西汉	吕后八铢	61.23	9.83	25.49	1.55	1.54	99.64
	文帝四铢	92.66	0.27	0.43	2.82	0.28	96.46
	文帝四铢	70.77	8.19	12.50	2.66	2.80	96.92
	文帝四铢	93.97	0.16	0.57	3.85	0.05	98.60

表 6-144 艺术黄铜的化学成分

合金牌号	化学成分（质量分数,%）						色泽
	Cu	Zn	Sn	Al	Pb	Mn	
ZCuZn6Al0.5P0.2	余量	4 ~ 8	—	0.4 ~ 0.7	P：0.1 ~ 0.3		
ZCuZn12	87 ~ 89	余量	—	—	—		
ZCuZn12Al1.5	87 ~ 89	余量	—	1.0 ~ 2.0	—		
ZCuZn24Sn1Pb3	70 ~ 74	余量	0.5 ~ 1.5		1.5 ~ 3.5		
ZCuZn27Mn3Pb2Sn0.5	余量	25 ~ 30	0.3 ~ 0.5		2.0 ~ 3.0	2.5 ~ 4.0	
ZCuZn29Ni3Mn1RE	余量	25 ~ 32	—	RE：0.1	Ni：2 ~ 3	0.8 ~ 1.5	金黄色
ZCuZn30	68.5 ~ 71.5	余量	—	—	—		
ZCuZn33Mn2Pb1	余量	32 ~ 34	0.3 ~ 0.5		0.5 ~ 1.0	1.5 ~ 2.7	
ZCuZn35Sn1Al0.3	64 ~ 66	余量	0.5 ~ 1.5	0.2 ~ 0.4	—		
ZCuZn38Sn1Pb1Al1	58 ~ 64	余量	0.5 ~ 1.5	0.5 ~ 1.0	0.3 ~ 1.5		
ZCuZn38Al1Mn0.5	57 ~ 62	余量	—	0.25 ~ 2.5	—	0.1 ~ 1.0	

（续）

合 金 牌 号	化学成分（质量分数，%）						色泽
	Cu	Zn	Sn	Al	Pb	Mn	
ZCuZn12.5Sn1	余量	12.5	1	—	—	—	红黄色
ZCuZn9Pb7Sn3	余量	7~10	2.3~3.5	—	6~8	—	
ZCuZn20Mn20Sn1Al2	55~61	17~23	0.5~2.5	0.25~3.0	—	17~23	银白色
ZCuZn22Mn13Ni5Al2	余量	19~25	—	0.5~3	Ni：4~6	11~15	

（3）白铜　白铜是 Cu-Ni 二元合金，实际使用的是 $w(\mathrm{Ni})$ 为 10% ~ 30% 的合金，色调为银白色且光泽艳丽，$w(\mathrm{Ni})$ 为 20% 的白铜常用来制造银币和奖牌等。这些合金硬度较高。

锌白铜是 Cu-Ni-Zn 三元合金，色调类似银，是装饰品和乐器的理想材料。艺术品用锌白铜的牌号和化学成分见表 6-145。

表 6-145　艺术品用锌白铜的牌号和化学成分

合 金 牌 号	化学成分(质量分数，%)							
	主要元素					杂质元素　≤		
	Cu	Ni	Sn	Pb	Zn	Fe	Mn	Si
ZCuNi12Zn20Pb10	53.5~58.0	11.0~14.0	1.5~3.0	8.0~11.0	17~25	1.5	0.5	0.15
ZCuNi16Zn16Sn3Pb5	58.0~61.0	15.5~17.0	2.5~3.5	4.5~5.5	余量	1.5	0.5	—
ZCuNi20Zn5Sn4Pb4	63.0~67.0	19.0~21.5	3.5~4.5	3.0~5.0	3.0~9.0	1.5	1.0	0.15
ZCuNi25Zn2Sn5Pb2	64.0~67.0	24.0~27.0	4.5~5.5	1.0~2.5	1.0~4.0	1.5	1.0	0.15

6.2　熔炼和浇注

6.2.1　原材料和回炉料

1. 金属材料（见第 10 章）

2. 非金属材料及辅助材料（见第 10 章）

3. 回炉料

（1）回炉料的分类（见表 6-146）

表 6-146　回炉料的分类

类 别	技 术 要 求	应 用
同牌号的报废铸件、浇口和冒口等	清除泥砂、油污、熔渣等不洁物。尺寸应符合装炉要求	直接用作炉料
铸锭铸造黄铜锭铸造青铜锭	符合 YS/T 544—2009 规定	直接用作炉料。对技术要求是严格的，用量不超过 30%（质量分数）
屑料	应经过除油、干燥和磁选	重熔成铸锭。少量时可直接用作炉料

（2）回炉料的鉴别方法　回炉料应严格管理，防止混料。对于牌号不明的回炉料，采用化学分析方法确定其成分外，生产上还可以采用其他的鉴别方法，以确定合金的种类、系列或牌号。其中，外观鉴别法是依据浇冒口的收缩程度、颜色以及加热后的脆性大小来区分合金的种类和系列；熔滴鉴别法是依据熔滴形态和颜色特征来区分合金的种类和系列；磁性鉴别法是依据合金在一定磁场强度下的磁化率大小来区分合金的种类和牌号。较为实用的还有火焰鉴别法，是依据金属粉末在火焰气流中（煤气或乙炔气）加热时，粉末呈现的流线特征和特有的颜色来区分合金的种类、系列和牌号。铜合金的火焰分类法见表 6-147，火焰鉴别装置如图 6-67 所示。

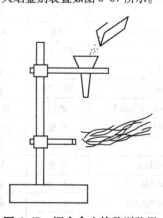

图 6-67　铜合金火焰鉴别装置

表 6-147 铜合金的火焰分类法

合 金 牌 号	流线特征	颜 色	流线形状
锡青铜	细长的流线火花	橙色	
铅青铜	细长的流线火花和红色的下落火花	橙色和红紫色	
铝青铜	明亮的流线火花,不产生分枝	橙色	
普通黄铜	活泼的曲折流线火花	淡橙色	
高强度黄铜	非常活泼的曲折流线火花,有分枝,伴有破裂声音	绿色	

6.2.2 中间合金

1. 牌号和化学成分

为了降低熔化温度,缩短熔炼时间和减少合金的烧损,生产上常将高熔点的合金元素(如 Fe、Mn、Ni 等)和易氧化的合金元素(如 Be、Mg、P、Cr、Zr、B 等)预先配制成二元或三元中间合金。

中间合金中所含的合金元素应尽可能地高,熔点应适当,化学成分应均匀并易破碎和储存。

铸造铜合金常用中间合金牌号和化学成分见表 6-148。

2. 中间合金的熔炼工艺(见表 6-149)

表 6-148 铸造铜合金常用中间合金的牌号和化学成分

合金牌号	化学成分(质量分数,%)										熔点/℃	特征
	主要元素						杂质元素 ≤					
	P	Be	Fe	Ni	Mn	Cu	Fe	Zn	Si	Al		
CuP14①	13 ~ 15	—	—	—	—	余量	0.15	—	—	—	900 ~ 1020	脆
CuP12①	11 ~ 13	—	—	—	—	余量	0.15	—	—	—		脆
CuP10①	9 ~ 11	—	—	—	—	余量	0.15	—	—	—		
CuP8①	8 ~ 9	—	—	—	—	余量	0.15	—	—	—		
CuBe4②	—	3.8 ~ 4.3	—	—	—	余量	0.2	—	0.18	0.13	870	韧
CuNi15①	—	—	—	14 ~ 18	—	余量	0.5	0.3	—	—	1130 ~ 1170	韧
CuMn28①	—	—	—	—	25 ~ 30	余量	1.0	Sb:0.1	P:0.1	—	870	韧
CuMn22①	—	—	—	—	20 ~ 25	余量	1.0	Sb:0.1	P:0.1	—	850 ~ 900	韧
CuFe10①	—	—	9 ~ 11	—	—	余量	Mn:0.1	Ni:0.1	—	—	1300 ~ 1400	韧
CuMg20①	Mg:17 ~ 23	—	—	—	—	余量	0.15	—	—	—	1000 ~ 1100	脆
CuMg10①	Mg:9 ~ 11	—	—	—	—	余量	0.15	—	—	—	750 ~ 800	脆
CuSi16①	Si:13.5 ~ 16.5	—	—	—	—	余量	0.5	0.1	Pb:0.1	0.25	800	脆

（续）

合金牌号	化学成分（质量分数,%）										熔点/℃	特征
	主要元素						杂质元素　≤					
	P	Be	Fe	Ni	Mn	Cu	Fe	Zn	Si	Al		
CuCr5	Cr：3~6	—	—	—	—	余量	0.3	Mg：0.1	—	0.2	1170	韧
CuZr15	Zr：13~16	—	—	—	—	余量	—	—	—	—	1060	韧
AlFe20	Fe：18~22	—	—	—	—	Al 余量	—	Mn：0.1	—	—	1000	韧
CuB4	B：3~4	—	—	—	—	余量	—	—	—	—	1090	脆
CuTi20	Ti：15~25	—	—	—	—	余量	—	—	—	—	920	韧
CuCd30	Cd：28~32	—	—	—	—	余量	—	—	—	—	900	脆
CuAs30	As：28~32	—	—	—	—	余量	—	—	—	—	770	脆
CuCe15	Ce：13~17	—	—	—	—	余量	—	—	—	—	880	脆
CuSb50	Sb：45~55	—	—	—	—	余量	—	—	—	—	680	脆

① YS/T 283—2009。
② YS/T 260—2014。

表6-149　中间合金的熔炼工艺

合金及配料（质量分数）	炉型	熔炼工艺	备注
CuBe4 BeO：10%~13% 炭粉：3%~7% 阴极铜：余量	电弧炉	1) 将 BeO 粉和炭粉放入球磨机中混合均匀 2) 一层铜片、一层混合粉装入电弧炉内 3) 送电熔化 4) 反应完毕后，停电搅拌，扒渣 5) 降温至1020℃左右浇入经预热的铁模内	应有良好的通风和防护装置。应防止有毒的铍化物危害人体和污染环境
CuZr15 Zr：15%~16% 阴极铜：余量	真空感应电炉	1) 将阴极铜和锆一齐装入炉内 2) 抽真空 3) 熔化并过热到1300℃，保温15min 4) 调温至1180℃左右浇入经预热的铁模内	—
CuTi20 Ti：15%~16% 阴极铜：余量	真空感应电炉	1) 将阴极铜和钛一齐装入炉内 2) 抽真空 3) 熔化并过热到1300℃，保温15min 4) 调温至1180℃左右浇入经预热的铁模内	—
CuCr5 Cr：5%~7% 阴极铜：余量	感应电炉坩埚炉	（1）合金化法 1) 坩埚预热 2) 在木炭保护下，将阴极铜熔化并过热至1350~1400℃ 3) 用质量分数为0.1%的 Cu-Mg 合金脱氧 4) 分批压入铬（块度为2~5mm，用铜箔包好），用石墨棒充分搅拌 5) 扒渣，1300℃浇入经预热的铁模内	—

（续）

合金及配料（质量分数）	炉型	熔炼工艺	备注
CuCr5 Cr：5%~7% 阴极铜：余量	坩埚炉或浇包	（2）热还原法 1）将粉状 Cr_2O_3、Cu-Al、CuO 和 KNO_3 混合，放在浇包内烘干 2）将 KNO_3、Cu-Al 和镁屑混合，并将一螺旋状电阻丝埋入其中，再用铝箔包好，制成导热剂 3）在浇包中的混合物堆挖一小孔，放置导热剂，再将电阻丝两头接上 12V 电源，盖上衬有石棉的铁盖 4）通电，发生热还原反应 5）反应完成后扒渣，将 Cu-Cr 合金液浇入经预热的铁模内	料的配比： Cr_2C_3：Cu-Al：CuO：KNO_3 =25：33：40：2（质量比） KNO_3：Cu-Al：Mg 屑 =30：30：1（体积比） Cu-Al 为 CuAl50 合金
CuB4 硼砂：85% CuMg20：75% 或 B：3%~5% 阴极铜：余量	感应电炉	1）将 CuMg20 合金及脱水硼砂粉碎、混合，其块度为 2~3mm 2）将混合料装入坩埚进行熔化，加热至 1450~1500℃ 保温 3）用石墨棒充分搅拌，在保护渣覆盖下于 1140℃ 左右将 Cu-B 合金液浇入经预热的铁模内，或者将压制成块的无定型硼分批连续压入铜液中熔制。加料过程中应连续搅拌	化学反应过程：$Na_2B_4O_7 + 6Mg = 6MgO + Na_2O + 4B$
CuCd30 Cd：28%~32% 阴极铜：余量	坩埚炉	1）将铜在木炭覆盖下熔化，并升温至 1250℃ 左右 2）将另一坩埚预热至 150℃ 左右，放入镉和木炭，再将熔化的铜液浇入、搅拌 3）将 Cu-Cd 合金液浇入经预热的铁模内	—
CuSi16（或 CuSi25） 结晶硅：17%~18% （或 27%~28%） 阴极铜：余量	坩埚炉感应电炉	（1）先熔化铜法 1）将坩埚预热至暗红色 2）在木炭保护下将阴极铜熔化并过热至 1180℃ 左右 3）用质量分数为 0.1% 的 Cu-P 合金脱氧 4）分批压入预热的结晶硅，搅拌 5）取出坩埚，再搅拌，扒渣 6）920℃ 左右浇入经预热的铁模内	结晶硅的块度为 20~30mm 硅上浮时应压下，待第一批硅熔化后再加第二批
	坩埚炉	（2）铜、硅共熔法 1）将坩埚预热 2）底部先装结晶硅，上面装阴极铜，再加经脱水的 Na_2CO_3 3）升温熔化（1200~1250℃） 4）硅熔化后搅拌、降温、扒渣 5）在 920℃ 左右浇入经预热的铁模内	若出现硅不熔化现象，应继续升温并将硅压入铜液内，可用 $Na_2B_4O_7 + NaO \cdot CaO \cdot 6SiO_2$ 熔剂代替脱水的 Na_2CO_3，用量为 1%~2%（质量分数）

（续）

合金及配料（质量分数）	炉型	熔炼工艺	备　注
CuMn28、CuMn22 金属锰: 30%（或23% ~ 24%） 阴极铜: 余量	坩埚炉 感应电炉	(1) 先熔化铜法 1）将坩埚预热 2）加阴极铜和质量分数为0.3%的$Na_2B_4O_7$ 3）升温熔化，于1150~1200℃分批压入预热的锰块 4）搅拌、扒渣，于1000~1050℃浇入经预热的铁模内	可用质量分数为0.5%的Na_3AlF_6代替脱水的$Na_2B_4O_7$
		(2) 铜、锰共熔法 1）将坩埚预热 2）将锰块置于炉底部，上面放阴极铜和经脱水的质量分数为0.3%的$Na_2B_2O_7$ 3）升温熔化（1150~1200℃） 4）充分搅拌，扒渣，调温至1000~1050℃，浇入经预热的铁模内	—
CuFe10	坩埚炉 感应电炉	1）将坩埚预热，装阴极铜和木炭 2）升温熔化，并过热至1300~1350℃保温 3）分批加入经预热的低碳钢薄片或剪断的钢丝 4）全部熔化后搅拌，用质量分数为0.1% ~ 0.2%的Cu-P合金脱氧，扒渣，浇入经预热的铁模内	合金锭的厚度不应大于25mm
AlFe30、AlFe20	坩埚炉	(1) 先熔化铝法 1）将坩埚预热，装铝锭 2）升温熔化，并过热至800~850℃保温 3）将低碳钢薄片或剪断的钢丝分批加入 4）全部熔化后升温至1150℃搅拌、扒渣 5）加入质量分数为0.5%的Na_3AlF_6清渣 6）浇入经预热的铁模内	也可以用质量分数为0.2% ~ 0.3%的六氯乙烷除气清渣
		(2) 铝、铁共熔法 1）将坩埚预热 2）将铝锭装在坩埚中央，四周装铁片或钢丝 3）升温熔化、搅拌 4）于1150℃用质量分数为0.3%的Na_3AlF_6清渣 5）浇入经预热的铁模内	炉料全部熔化后再搅拌，以防铝锭上浮，钢片下沉

（续）

合金及配料（质量分数）	炉型	熔炼工艺	备　注
CuP14、CuP12、CuP10、CuP8	坩埚或浇包	（1）渗透法 1）将坩埚（或浇包）预热，冷却至 40 ~ 50℃ 2）在坩埚内，一层赤磷、一层铜屑交替装料，最后一层为铜屑，上面再放一层草灰（厚度为 10mm）和一层红砂（厚度为 20 ~ 30mm） 3）将坩埚置于炉坑内，自然通风熔化约 30min 4）搅拌、扒渣、浇入经预热的铁模	不用草灰和红砂，而用一层炭粉并盖上废坩埚效果也相当好。使用草灰时应用木棒捣实
	坩埚炉	（2）浇铜液法 1）准备两个坩埚 2）在一坩埚内将阴极铜在木炭保护下熔化，并过热至 1200 ~ 1300℃保温 3）在另一坩埚（预热 60 ~ 80℃）的底部放赤磷，用木棒捣实，然后装上草木灰（厚度为 50mm，用木棒捣实），再盖上碎木炭 4）将铜液缓缓注入装赤磷的坩埚内，然后回炉加热 15 ~ 20min，搅拌、浇入经预热的铁模	此法的生产效较高，但烟尘和磷的发挥量较大，应有良好的通风和磷的回收装置。可用焦炭粉替代炭粉

6.2.3　熔剂

铸造铜及铜合金熔炼时所用的熔剂，按其使用目的不同，可分为覆盖剂、精炼剂、氧化剂、脱氧剂及晶粒细化剂。

（1）覆盖剂　覆盖剂的主要作用是使合金液与炉气隔绝，防止合金元素氧化、蒸发、熔液吸气和散热过多。

覆盖剂应具有稳定的化学性质、较低的熔点、适当的黏度和表面张力，密度应比合金液小，易于上浮，能形成与合金液分离的保护层。

木炭是铸造铜及铜合金熔炼时应用最普通的覆盖剂，具有防止合金元素氧化、脱氧和保温作用，但对高镍含量的铸造铜合金，特别是铸造白铜不应使用木炭，因为在高温下碳能溶于镍中，凝固时呈石墨片状析出，有损于合金性能。

玻璃与铜合金不产生化学反应，也不吸收空气中的水分和气体，有良好的覆盖作用，但因熔点较高（1000 ~ 1100℃），黏度又大，不宜单独使用。通常都是在玻璃中添加一些碱性物质，如苏打、石灰石、硼砂以及氟石或冰晶石等，形成熔点低和流动性好的复盐，以利于合金液与溶渣分离，从而降低金属的损耗。铸造铜合金常用的覆盖剂见表 6-150。

（2）精炼剂　铸造铜合金在熔炼过程中会不可避免地产生一些酸性或中性氧化物，如 Al_2O_3（铝青铜、铝黄铜）、SnO_2（锡青铜、铝锡青铜）、SiO_2（硅青铜、硅黄铜）、Cr_2O_3（铬青铜）、MnO_2（高锰铝青铜、铜锰合金、锰黄铜）和 BeO（铍青铜）等。这些氧化物用脱氧方法难以还原，而较为有效的方法是在铜合金液中加入碱性熔剂，使溶剂与合金内的氧化物在高温反应后生成低熔点复盐，再扩散上浮至液面，凝集成渣后被排出。

精炼熔剂的种类很多，一般由碱和碱土金属的卤盐或碳酸盐的混合物组成。其中最常用的熔剂有冰晶石、苏打、碳酸钙、食盐、氟化钠、氟石、硼砂、氧化钙及氟硅酸钠等。

铸造铜合金常用的精炼剂见表 6-151。

（3）氧化剂　氧化剂也可以认为是一种精炼剂，因为在一定温度和压力条件下，合金液中氢、氧浓度的乘积是常数，所以使用氧化剂能增加合金熔液中的氧含量，达到除氢目的。

对于吸氢倾向较强的铸造纯铜、铸造锡青铜、铸造锡磷青铜和铸造铅青铜等合金，在熔化过程中因炉内难以形成氧化性气氛，或者因炉料潮湿、带锈等原因，宜采用氧化性熔剂。

氧化性熔剂通常是由氧化物和造渣剂组成。对氧化性熔剂的要求是，在熔炼温度下能分解或溶入铜液中，并且容易被氢原子还原；组成氧化物的金属元素在进入合金液后对合金性能不产生有害影响；造渣剂应易于吸附反应生成物和排除反应生成的水蒸气。

铸造铜合金常用的氧化性熔剂见表 6-152。

表6-150　铸造铜合金常用的覆盖剂

序号	覆盖剂组成（质量分数，%）											应　用
	木炭	碎石墨块	玻璃 ($Na_2O \cdot CaO \cdot 6SiO_2$)	苏打 (Na_2CO_3)	石灰石 ($CaCO_3$)	硼砂 ($Na_2B_4O_7$)	食盐 ($NaCl$)	氟石 (CaF_2)	硅酸钠 (Na_4SiO_4)	长石 ($K_2O \cdot Al_2O_3 \cdot 6SiO_2$)	冰晶石 (Na_3AlF_6)	
1	100	—	—	—	—	—	—	—	—	—	—	铍青铜，高镍的镍铝青铜和白铜以外的铜及铜合金
2	—	100	—	—	—	—	—	—	—	—	—	
3	—	—	50	50	—	—	—	—	—	—	—	铜合金 Na_2CO_3 和 CaO 有脱 S 作用
4	—	—	90~95	—	5~10	—	—	—	—	—	—	
5	—	—	75	—	—	25	—	—	—	—	—	硅黄铜
6	—	—	37	—	—	63	—	—	—	—	—	
7	—	—	90	—	—	—	10	—	—	—	—	黄铜
8	—	—	90	—	—	—	—	10	—	—	—	
9	—	—	—	—	—	—	—	10	90	—	—	
10	—	—	—	—	—	50	—	—	—	50	—	铜合金
11	—	—	60	—	—	—	15	NaF：15	—	—	10	
12	—	—	—	—	—	—	84	KCl：8	—	—	8	铝黄铜
13	—	—	50	25	—	—	—	25	—	—	—	铬青铜
14	—	—	硼渣 ($Na_2O \cdot B_4O_6 \cdot MgO$)：100	—	—	—	—	—	—	—	—	硅青铜

表 6-151　铸造铜合金常用的精炼剂

序号	精炼剂组成(质量分数,%)									应用
	冰晶石 (Na₃AlF₆)	食盐 (NaCl)	石灰石 (CaCO₃)	硼砂 (Na₂B₄O₇)	氟石 (CaF₂)	氧化锌 (ZnO)	氯化钾 (KCl)	苏打 (Na₂CO₃)	其他	
1	40	60	—	—	—	—	—	—	—	黄铜
2	—	30	55	—	—	—	—	—	SiO_2:15	
3	—	—	—	30	20	50	—	—	—	锡青铜 特别适合 于含杂质 Al 较 高 的 锡 青铜
4	20	—	—	10	50	20	—	—	—	
5	—	—	—	B_2O_3:20	—	26	14	—	$BaSO_4$:40	
6	—	—	—	—	—	—	—	50	$BaSO_4$:50	适合于含 杂质 Fe 或 S 较 高 的 锡 青铜
7	—	—	—	—	—	—	—	50	K_2SO_4:50	
8	7	—	—	—	33	—	—	60	—	锡青铜 硅青铜
9	12	—	—	6	—	—	—	70	K_2CO_3:12	
10	—	—	—	65	—	—	—	—	($Na_2O \cdot CaO \cdot 6SiO_2$):35	硅青铜
11	—	—	—	—	—	—	—	—	100	
12	—	10	—	10	—	—	—	60	($Na_2O \cdot CaO \cdot 6SiO_2$):20	
13	25	40		—	—	—	35	—	—	铝青铜 铝黄铜
14	40	40		—	20	—	—	—	—	
15	85	—	—	—	15	—	—	—	—	铝青铜 铝黄铜
16	20	—	—	—	20	—	—	—	NaF:60	
17	50	—	—	—	—	—	—	50	—	
18	50	—	—	20	—	—	—	—	NaF:30	
19	30	50	—	—	—	—	10	—	NaF:10	
20	—	—	—	($MgCl_2 \cdot KCl$):60	—	—	—	—	NaF:40	铝青铜
21	—	85	—	—	15	—	—	—	—	黄铜
22	6	—	—	—	—	—	—	40	SiO_2:54	
23	—	—	50	—	50	—	—	—	—	白铜
24	25	—	42	—	33	—	—	—	—	
25	—	—	—	60	—	—	—	—	($Na_2O \cdot CaO \cdot 6SiO_2$):40	铬青铜 白铜
26	—	—	—	25	—	—	—	—	石膏:75	铅青铜 (除 Fe)

表6-152 铸造铜合金常用的氧化性熔剂

| 序号 | 氧化性熔剂组成（质量分数,%） | | | | | | | | 应用 |
| | 氧化物 | | | 造渣剂 | | | | | |
	软锰矿(MnO$_2$)	铜锈(CuO)	氧化锌(ZnO)	玻璃(Na$_2$O·CaO·6SiO$_2$)	硅砂(SiO$_2$)	硼砂(Na$_2$B$_4$O$_7$)	苏打(Na$_2$CO$_3$)	其他	
1	100	—	—	—	—	—	—	—	铜及铜合金
2	—	50	—	50	—	—	—	—	
3	50	—	—	50	—	—	—	—	
4	—	34	—	66	—	—	—	—	
5	34	—	—	66	—	—	—	—	
6	10	—	—	40	20	—	10	CaF$_2$：20	铜合金 兼有脱S作用
7	30	30	—	—	20	—	20	—	
8	—	50	—	—	—	—	—	KNO$_3$：50	锡青铜 兼有脱Fe、Al、S作用
9	—	50	—	—	—	50	—	—	
10	—	30	—	—	—	70	—	—	锡青铜 兼有脱Fe、Al、S作用
11	—	50	—	—	32	—	18	—	
12	30	30	—	—	20	—	20	—	
13	50	—	—	—	32	—	18	—	
14	—	—	26	—	—	26	—	KCl：14 Na$_3$AlF$_6$：34	黄铜，兼有脱Al作用
15	—	—	20	—	—	10	—	CaF$_2$：50 Na$_3$AlF$_6$：20	
16	—	—	50	—	—	30	—	CaF$_2$：20	

注：表内配比均为质量比。

（4）脱氧剂 铜及铜合金在氧化气氛中熔炼时，或者为了除氢而添加氧化性熔剂时，会使铜合金液中的氧浓度显著增高，并以Cu$_2$O形式溶入铜液中。Cu$_2$O能引起"氢脆"和显著降低合金的力学性能，因此必须对铜液进行脱氧处理。

脱氧处理，即添加一种比铜与氧的亲和力更大的元素，将Cu$_2$O中的Cu还原出来，并使所生成的脱氧产物上浮而被排除。脱氧剂可分为表面脱氧剂和溶解于金属的脱氧剂。

表面脱氧剂基本上不溶于金属，脱氧作用仅在与金属接触的表面进行，脱氧速度较慢。它的优点是不影响金属质量。常用表面脱氧剂有碳化钙（CaC$_2$）、硼化镁（Mg$_3$B$_2$）、木炭、硼酐（B$_2$O$_3$）等。

溶于金属的脱氧剂能在整个熔池内与金属液中的氧化物相互作用，脱氧效果显著。其缺点是留在金属中的残余脱氧剂将影响金属性能。

合金元素与氧亲和力从大到小的顺序如下：Ca、Be、Mg、Li、Al、V、Ti、Na、Si、B、Zr、Cr、Mn、Zn、P、Sn、Fe、Ni、Sb、As、Pb、Cu。

从理论上说，在Cu之前的金属元素都可以作为铜的脱氧剂，但考虑到脱氧产物的性质和元素自身的特点，实际上能作为铸造铜及铜合金脱氧剂使用的元素是有限的，见表6-153。

（5）晶粒细化剂 晶粒细化是改善铜及铜合金铸件性能的重要手段，常用的晶粒细化方法是添加晶粒细化剂。另外，也有在凝固过程中采用机械振动、超声波振动、压力结晶以及快速冷却等措施以细化晶粒。

晶粒细化剂的选择应满足以下的基本要求：

1）具有与合金成分组元，最好是与合金主要化学成分形成化合物，并能通过包晶反应形成大量的化合物质点。

2）加入的晶核或形成化合物质点的熔点应高于合金的熔点。

3）在合金结晶之前能以游离分散的质点形式均匀地分布在液相中。

4）加入量要少，应不影响合金的化学成分。

表 6-153　铸造铜及铜合金用脱氧剂

脱氧剂	应用范围	使用要点
P	磷用于铜、锡青铜、铅青铜、黄铜、铬青铜、锌白铜等的脱氧以及无氧铜的预脱氧	1）以 Cu-P 中间合金加入 2）加入量（质量分数）：磷脱氧铜为 0.06% ~ 0.07%，锡青铜、铅青铜为 0.03% ~ 0.04%（砂型）、0.05% ~ 0.06%（金属型），黄铜为 0.003% ~ 0.006%，锌白铜为 0.002%，铬青铜为 0.005%，无氧铜为 0.005% ~ 0.03%
Mn	锰脱氧铜 铝青铜 锌白铜	1）以金属锰或 Cu-Mn 中间合金加入 2）加入量（质量分数）：锰脱氧铜为 0.2% ~ 0.35%，铝青铜为 0.5% ~ 1.0%，锌白铜为 0.005% ~ 0.1%
Mg	纯铜、白铜、锌白铜 铬青铜	1）以合金镁丝或 Cu-Mg 中间合金加入 2）加入量（质量分数）为 0.01% ~ 0.06%
Li	无氧铜等	1）以 Cu-Li 或 Li-Ca 中间合金加入 2）加入量（质量分数）为 0.01% ~ 0.02%
Be	纯铜等	1）以 Cu-Be 中间合金加入 2）加入量（质量分数）为 0.01% ~ 0.02%
Si	锌白铜	1）以结晶硅或 Cu-Si 中间合金加入 2）加入量（质量分数）为 0.03% ~ 0.05%
食盐（NaCl）	铝青铜 特殊黄铜	浇注前加入食盐，其质量分数为 0.5% ~ 1%
硼砂（$Na_2B_4O_7$）	黄铜 特殊黄铜	浇注前加入硼砂，其质量分数为 0.05% ~ 0.1%
硼渣（$Na_2 \cdot B_4O_6 \cdot MgO$）	纯铜 硅青铜	浇注前加入硼渣，其质量分数为 0.05% ~ 0.1%

大多数铸造黄铜和铸造铝青铜中含有一定数量的具有细化晶粒作用的铁。铁在铜中的溶解度很小，大部分以 γ_{Fe} 树枝晶（在纯铜中），或者以富铁化合物（在特殊黄铜中）或以 κ 相（铝青铜中的 CuFeAl 化合物）形式析出，成为结晶核心而使合金细化。

进行晶粒细化处理有助于进一步改进和提高铸造铜及铜合金（特别是不含 Fe 的铜合金）的力学性能、耐磨性和耐蚀性。

铸造铜及铜合金的晶粒细化实例见表 6-154。

表 6-154　铸造铜及铜合金晶粒细化实例

合金牌号	晶粒细化剂及用量（质量分数，%）	加入方式	效果	备注
纯铜	1）Li：0.005 ~ 0.02 2）Ti：0.05 3）Bi：0.05 ~ 0.2	以中间合金形式在出炉前加入	细化晶粒，提高塑性	在加锂之前应加 Cu-P 合金预脱氧
ZCuZn38	Fe：0.3 ~ 0.6	以 Cu-Fe 中间合金形式加入	细化晶粒	特殊应用
ZCuZn40Pb2	1）Ce：0.05 2）混合稀土：0.05	以 Cu-Ce 中间合金形式在出炉前加入	细化晶粒，提高切削性和耐磨性	适合于金属型和水冷模铸造

（续）

合金牌号	晶粒细化剂及用量（质量分数，%）	加入方式	效　果	备　注
ZCuZn16Si4	B：0.02	以 Cu-B 中间合金形式在出炉前加入	细化晶粒，提高强度和塑性	—
ZCuAl9Mn2	B：0.0025～0.03	以 Cu-B 中间合金形式在出炉前加入	细化晶粒	—
ZCuAl10Fe3、ZCuAl8Mn13Fe3Ni2	1）混合稀土：0.02～0.05 2）B：0.0025～0.03	以中间合金形式在出炉前加入	细化晶粒，提高强度、塑性和耐蚀性	—
无氧铜	1）Y：0.1 2）混合稀土：0.1	以中间合金形式在出炉之前加入	细化晶粒，提高抗氧化性和电导率	—
ZCuBe2	1）Zr：0.02～0.03 2）Ti：0.02～0.03	以中间合金形式在出炉前加入	细化晶粒，提高强度	—

6.2.4　熔炼准备

1. 炉料和辅助材料的准备

1）金属炉料和回炉料应清洁，无油污、泥砂、锈蚀、水分和其他夹杂物，必要时应对锈蚀的阴极铜块进行吹砂处理。

2）根据熔炉大小，将料切成合适的尺寸。

3）熔炼用的各种熔剂应按工艺规程要求预先进行烘烤或脱水处理。

4）炉料在装料之前应进行预热，一般放在炉旁预热至 200～300℃或更高。

2. 熔炉及熔炼工具的准备

（1）反射炉熔炼

1）开炉前必须清除炉内和出铜口残留的金属和炉渣。

2）炉膛损坏的部分用磷酸盐泥浆修补，阴干24～48h后，再烘烤至 500～600℃。

3）检查燃油嘴有无故障，燃烧通道有无阻塞。

4）出铜槽覆砂，并在出炉前用木炭烘干。

5）装料前用泥堵（泥堵配比的质量分数：焦炭粉50%，硅砂30%，耐火泥20%，加适量水）将出铜口堵住，外压重物。

6）准备有足够容量的铜液槽。

（2）坩埚炉熔炼

1）新坩埚应进行预热处理（加热至600℃以上）。

2）旧坩埚应彻底清除残留的金属熔渣，使用前也应预热至暗红色。

3）不同种类合金最好采用专用坩埚，但在一定范围内坩埚可以互相调用，其允许调用范围见表6-155。

表6-155　熔炼铜合金坩埚允许调范围

合金种类	锡青铜	铝青铜	锰青铜	硅黄铜	铝黄铜
锡青铜	可以	不可以	不可以	不可以	不可以
铝青铜	不可以	可以	可以	可以	可以
锰黄铜	不可以	可以	可以	可以	可以
硅黄铜	不可以	可以	可以	可以	不可以
铝黄铜	不可以	可以	可以	不可以	可以

（3）感应电炉熔炼

1）根据熔炼合金的种类，选用酸性、碱性或中性炉衬，其配料见表6-156。

表6-156　感应电炉炉衬配料

炉衬	材料配比（质量分数，%）					
	硅砂	镁砂	高铝砂	硼砂	硼酸	水玻璃
酸性	96～97	—	—	3～4	—	—
碱性	—	97～98	—	—	2～3	6(外加)
中性	—	—	96	4	—	—

2）出铜口堵塞材料配比的质量分数：型砂为50%～60%，焦炭为40%～50%，白泥为20%～25%（外加），水适量。

3）仔细检查回转机构、冷却水套和电气控制是否正常。

4）旧炉衬应清除残留的金属和熔渣，并对损坏的部分进行修补。

（4）浇包

1）根据投料量，准备相应容量的浇包和填补冒口的浇包。

2）新浇包使用前应经 24h 缓慢烘烤至 600～700℃，使用前还应检查吊包架、吊轴等是否完好。

3）旧浇包要清除残留的金属和熔渣，损坏的部分用粒度为 3～4mm 的焦炭末和耐火泥的混合料修补，阴干并烘烤后才能使用。

4）出炉前应将浇包预热至樱红色。

（5）工具

1）熔化用工具，如钢钎、样勺、渣勺、搅拌扒子、钳子等应备齐，清理干净并放在炉旁预热。

无氧铜、硅黄铜和锡青铜用的搅棒应以石墨制造，钟罩和渣勺也应挂涂料。

2）吹氮气的钢管、风带预先备齐，并检查氮气汇流排、各种阀、流量计等是否工作正常。干燥氮气用的硅胶用前应烘烤（120℃，2h）。

3）清理并预热弯角试样和含气试样铁模，以及力学性能试样用的砂型。

3. 配料

（1）计算配料前需掌握的资料

1）合金牌号、主要化学成分范围和杂质限量。

2）所用新料、回炉料及中间合金的成分。

3）元素的烧损率。

4）为得到铸件所希望的力学性能和显微组织特征欲控制的锌当量（特殊黄铜）或铝当量（铝青铜），选用最佳成分配比。

5）每一炉的投料量应考虑熔炼损耗。

（2）熔炼损耗　熔炼损耗主要包括烟尘损耗和造渣损耗。前者包括附在炉料表面上的物质，如油类、水分和其他有机物等的蒸发，以及易挥发合金元素和杂质，如 P、S、As、Cd、Zn、Be 等的蒸发损耗；后者主要是合金元素的氧化和造渣。

熔炼损耗与熔炼条件有关，即与炉型、炉焰性质、熔化温度和时间，炉料组成以及所采用的熔炼工艺（加料顺序、熔剂使用等）有关。

一般来说，黄铜比青铜损耗大，批量小的比批量大的损耗大，屑料比块料损耗大。图 6-68 和图 6-69 所示为炉料尺寸和熔炼时在高温下停留时间对黄铜熔炼损失量的影响。表 6-157 列出了铜合金在不同炉型和熔炼条件下的熔炼损耗率。

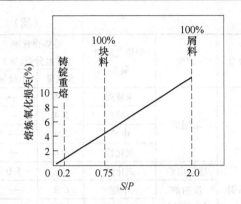

图 6-68　炉料尺寸对黄铜熔炼氧化损失的影响
S—炉料表面积　P—炉料重量

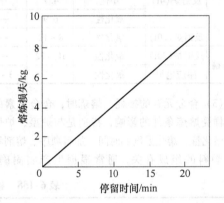

图 6-69　在 1100℃时的停留时间对黄铜熔炼
（180kg 坩埚炉、木炭覆盖）金属损失的影响

表 6-157　铜合金在不同炉型和熔炼条件下的熔炼损耗率

合金	炉型	炉焰气氛和覆盖	熔炼损耗率（质量分数,%）	
			大批量	小批量
纯铜	感应电炉	还原性	1.0	3.0
锡青铜	坩埚炉	未覆盖	2.6	4.4
		还原性	2.1	2.5
		氧化性	2～3	—
		卤化物覆盖	3.4	—
	感应电炉	氧化性	—	3.5
	反射炉	未覆盖	4.2	6.7
		中性	3.4	—
		氧化性	3.4	—
		卤化物覆盖	4.3	—
	电弧炉	未覆盖	1.4	—
		还原性	2.3	—
		卤化物覆盖	3.2	—

（续）

合金	炉型	炉焰气氛和覆盖	熔炼损耗率（质量分数,%）	
			大批量	小批量
黄铜	坩埚炉	未覆盖	6.6	—
		还原性	2.4	—
		中性	2.4	—
		氧化性	4.6	—
	感应电炉	氧化性		5.0
	反射炉（直焰式）	中性	6.8	—
		氧化性	3.4	—
	反射炉（4t）	还原性	3.6	—
		中性	4.7	—
		氧化性	6.9	—
	反射炉（30t）	氧化性	8 ~ 12	—
铝青铜	反射炉（30t）	氧化性	10 ~ 12	—
	感应电炉	氧化性	—	3 ~ 5

（3）合金元素的损耗　熔炼时，合金元素的烧损同样受熔炼条件的影响，特别是与炉型、炉焰气氛、熔炼量、熔化温度和时间、加料顺序、熔剂种类以及炉料的组成有关，通常根据生产实测确定。

表6-158列出了铜合金主要元素烧损率。

（4）熔剂的消耗　覆盖剂通常先加入炉内，或者在加阴极铜后加入，加入量为炉料重量的0.5% ~ 2%就足以覆盖整个熔池液面。

氧化性熔剂也先加入炉内，加入量为炉料重量的1% ~ 2%。

精炼剂是在合金全部熔化后加入，加入量为炉料重量的0.2% ~ 1%，当炉料含杂质较高时，加入量可适当增加。

（5）推荐的配料成分　一般情况下可取合金牌号的名义成分配制合金，黄铜中易烧损的元素，如Zn、Al、Mn等宜取名义成分的上限；不易烧损的元素，如Cu、Sn、Ni、Fe等可取中限或下限。青铜中易烧损元素，如P、Be、Mn、Al、Ti、Zn、Zr和Cr等可取标准成分的上限；不易烧损的元素，如Cu、Ni、Fe、Sn和Pb等可取中限或下限。

但是，由于合金熔炼条件或使用要求不同，有时要求合金成分在一特定范围内（即给定锌当量或铝当量范围），以期得到所需的力学性能和物理化学性能，所以根据生产统计分析，推荐部分铸造铜合金的配料成分见表6-159。

表6-158　铜合金主要元素的烧损率

合金	主要元素烧损率（质量分数,%）										
	Cu	Zn	Sn	Al	Si	Mn	Ni	Pb	Cr	Be	P
黄铜	0.5 ~ 1.5	2.0 ~ 8.0	1 ~ 3	2 ~ 4	5 ~ 10	2 ~ 3	1 ~ 2	1 ~ 2	—	—	—
青铜	0.5 ~ 1.5	10 ~ 15	1 ~ 4	4 ~ 10	3 ~ 5	4 ~ 15	1 ~ 2	1 ~ 3	5 ~ 10	6 ~ 20	20 ~ 40

表6-159　推荐部分铸造铜合金的配料成分

合金牌号	化学成分（质量分数,%）									
	Zn	Al	Fe	Ni	Mn	Sn	Pb	P	Si	Cu
ZCuSn3Zn8Pb6Ni1	9.5	—	—	1.2	—	4.0	5.5	—	—	余量
	8.6	—	—	1.0	—	3.7	5.0	—	—	余量
ZCuSn3Zn11Pb6	12.0	—	—	—	—	3.0	5.0	—	—	余量
ZCuSn5Pb5Zn5	6.5	—	—	—	—	5.0	5.0	—	—	余量
	5.5	—	—	—	—	4.8	4.5	—	—	余量
ZCuSn6Zn6Pb3	7.0	—	—	—	—	6.0	3.5	—	—	余量
	5.5	—	—	—	—	6.5	2.8	—	—	余量
ZCuSn10P1	—	—	—	—	—	10	—	1.2	—	余量
	—	—	—	—	—	9.8	—	0.9	—	余量
ZCuSn10Zn2	3.0	—	—	—	—	10	0.5	—	—	余量
	3.5	—	—	—	—	9.8	—	—	—	余量
ZCuSn10Pb5	—	—	—	—	—	10.0	5.3	—	—	余量
ZCuSn10Pb10	—	—	—	—	—	9.5	10.0	—	—	余量
ZCuPb30	—	—	—	—	—	—	31.0	0.11	—	余量

（续）

合金牌号	化学成分（质量分数,%）									
	Zn	Al	Fe	Ni	Mn	Sn	Pb	P	Si	Cu
ZCuAl7Mn13Zn4Fe3Sn1	5.0	7.0	3.0	—	14	0.6				71.4
	4.0	7.8	3.3		15	0.5				69.4
ZCuAl8Mn13Fe3Ni2	—	8.0	3.5	2.0	15					72.0
ZCuAl9Mn2	—	9.5	—		2.4					余量
ZCuAl9Fe4Ni4Mn2	—	9.5	5.0	4.5	1.5					79.5
ZCuAl10Fe3Mn2	—	10.5	4.0		2.2					余量
	—	9.8	3.4		1.7					余量
ZCuAl10Fe3	—	9.6	3.5							余量
	—	9.8	3.4							余量
ZCuAl10Fe4Ni4	—	10.5	4.5	4.5						余量
	—	9.8	4.0	4.0						余量
ZCuBe0.5Co2.5	Be 0.9	—	—	Co 2.5						余量
ZCuBe0.5Ni1.5	Be 0.9	—	—	1.5						余量
ZCuBe2Co0.5Si0.25	Be 2.3	—	—	Co 0.5					0.4	余量
ZCuBe2.4Co0.5	Be 2.6	—	—	Co 0.5					0.4	余量
ZCuBe1S18Fe1Co1	Be 1.0	8.5	0.5	Co 1.0					—	余量
ZCuCr1	Cr 1.2									余量
ZCuSi3Mn1	—			1.2					3.2	余量
ZCuMn5					5.5					余量
ZCuZn16Si4	17.5								4.5	余量
ZCuZn21Al5Fe2Mn2	25.0	5.6	2.8	—	3.0					66
ZCuZn25Al6Fe3Mn3	余量	5.8	3.0	—	2.5					66
	余量	6.4	3.5	—	2.0					67.6
ZCuZn26Al4Fe3Mn3	余量	5.0	2.5	—	2.5					58.0
ZCuZn33Pb2	35.0	—	—	—	—		2.0		—	余量
ZCuZn35Al2Mn2Fe1	余量	1.1	1.2	—	0.5					57.0
ZCuZn38	40.0	—			—				—	余量
ZCuZn38Mn2Pb2	余量	—			1.9		2.0			58.0
ZCuZn40Pb2	41.0	—					2.0			余量
ZCuZn40Mn2	余量	0.2			2.0					58.0
ZCuZn40Mn3Fe1	余量	0.5	1.2		3.5					56.0
ZCuNi10Fe1	—	—	1.6	10.5						余量
ZCuNi5Al11Fe1	—	11.2	0.8	16						余量
ZCuNi120Sn4Zn5Pb4	5.5	—		20.5		4.2	4.0		—	余量
ZCuNi25Sn5Zn2Pb2	4.0	—		25.5		5.5	2.0		—	余量
ZCuNi30Nb1Fe1	Nb 1.5		1.2	31.0						余量

（6）炉料组成　用于合金熔炼的炉料有纯金属、合金预制锭、中间合金、回炉料、切屑重熔锭以及切屑等，依据合金品种和铸件使用要求来选择用料的品位。一般情况下，生产导电用铜及铜合金铸件都采用高纯度的金属料（如 Cu-CATH-2、JCr99-A 等）。其他铜合金的炉料组成见表 6-160。

（7）炉料用量计算　计算程序是首先算出 100kg 合金所需炉料，再与投料量的倍数相乘，即得出该炉所需的炉料用量。

1）选定合金最佳的配料成分。

2) 确定各元素的烧损率。

3) 计算各元素的烧损量。

4) 确定炉料组成, 包括新料、回炉料及中间合金的种类和添加量。

5) 求出减去回炉料各成分含量后尚需补加的各成分用量。

6) 求出回炉料各成分的用量。

7) 求出各中间合金的用量。

8) 求出尚需补加的新料用量。

9) 核算主要杂质含量是否符合要求。

10) 填写配料单。计算示例见表 6-161 和表 6-162。

表 6-160　铜合金的炉料组成

炉料组成	炉料组成 (质量分数,%)			
	铝青铜	白　铜 锡　青　铜	铅青铜	黄　铜
Cu	Cu-CATH-2 以上	Cu-CATH-2 以上	Cu-CATH-2 以上	Cu-CATH-2 以上
Al	Al 99.95 以上	—	—	Al 99.80 以上
Mn	DJMnD 99.5 以上	—	—	DJMnD 99.5 以上
Zn	Zn 99.99 以上	Zn 99.99 以上	Zn 99.95 以上	Zn 99.95 以上
Sn	—	Sn 99.95 以上	Sn 99.90 以上	Sn 99.90 以上
Pb	—	Pb 99.940 以上	Pb 99.940 以上	Pb 99.940 以上
Fe	含 C < 0.1 的薄钢板、铁钉	—	—	—
Ni	Ni 9996 以上	Ni 9990 以上	Ni 9996 以上	Ni 9990 以上
铸锭, 回炉料	<50	70	70	80~100

表 6-161　熔炼 100kg 的 ZCuAl9Mn2 合金的炉料用量计算示例

合金成分	采用新料						采用回炉料和中间合金				
	目标用量		烧损量		炉料中应有用量		20kg 回炉料中各成分用量	Cu50Al50 中各成分用量	Cu70Mn30 中各成分用量	回炉料和中间合金中各成分用量	尚需补加的新料
	%	kg	%	kg	%	kg	kg	kg	kg	kg	kg
Cu	88.1	88.1	1	0.88	87.99	88.98	$20 \times \frac{88.1}{100}$ $=17.62$	$7.79 \times \frac{50}{50}$ $=7.79$	$1.98 \times \frac{70}{30}$ $=4.62$	$17.62+7.79+$ $4.62=30.03$	$88.98-30.03$ $=58.95$
Al	9.5	9.5	2	0.19	9.58	9.69	$20 \times \frac{9.5}{100}$ $=1.90$	$9.69-1.9$ $=7.79$	—	$1.9+7.79$ $=9.69$	$9.69-9.69$ $=0$
Mn	2.4	2.4	2.5	0.06	2.43	2.46	$20 \times \frac{2.4}{100}$ $=0.48$	—	$2.46-0.48$ $=1.98$	$0.48+1.98$ $=2.46$	$2.46-2.46$ $=0$
总计	100	100	—	1.13	100	101.13	20	15.58	6.6	42.18	58.85

注: 成分中的百分数均为质量分数。

表 6-162 熔炼 100kg 的 ZCuZn40Mn3Fe1 合金的炉料用量计算示例

合金成分	采用新料					采用回炉料和中间合金			
	目标用量		烧损量		炉料中应有用量		30kg 炉回料中各成分用量	Cu-Mn (70:30) 中各成分用量	Cu-Fe (90:10) 中各成分用量	回炉料和中间合金中各成分用量	尚需补加的新料
	%	kg	%	kg	%	kg	kg				
Cu	56.3	56.3	1	0.563	55.81	56.863	30×0.563 $= 16.89$	$2.516 \times \frac{70}{30}$ $= 5.871$	$0.7 \times \frac{90}{10}$ $= 6.3$	$16.89 + 5.871 +$ $6.3 = 29.061$	$56.863 - 29.061$ $= 27.802$
Zn	39.0	39.0	3	1.17	39.43	40.17	30×0.39 $= 11.7$	—		11.7	$40.17 - 11.7$ $= 28.47$
Mn	3.4	3.4	4	0.14	3.47	3.54	30×0.034 $= 1.02$	$3.54 - 1.02$ $= 2.52$		$1.02 + 2.52$ $= 3.54$	$3.54 - 3.54$ $= 0$
Fe	1.0	1.0	0	0	0.98	1.0	30×0.01 $= 0.3$	—	$1.0 - 0.3$ $= 0.7$	$0.3 + 0.7$ $= 1.0$	$1.0 - 1.0$ $= 0$
Al	0.3	0.3		0.01	0.31	0.31	30×0.003 $= 0.09$			0.09	$0.31 - 0.09$ $= 0.22$
总计	100	100	—	1.88	100	101.88	30	8.387	7.0	45.387	56.492

注：成分中的百分数均为质量分数。

6.2.5 熔炼工艺

熔炼前，应根据合金的特点、生产成本和熔化量来选择合适的熔化炉，确定合适的炉料组成、加料顺序、精炼和浇注工艺。

大型铸件用铜合金的熔炼常选用燃油、燃气反射炉；中小型铸件则用燃油地坑炉、工频感应电炉、中频感应电炉，也可用焦炭地坑炉或电弧炉。对含有易氧化烧损或产生有害物质的某些合金，如铍青铜、铬青铜、锆青铜等，宜选用真空感应电炉。

铜合金的熔炼按使用炉料的种类，可分为一次熔炼法（即以纯金属作炉料直接熔制合金）和二次熔炼法（即先熔制中间合金铸锭，然后熔炼合金或重熔）。两者相比，各有其优缺点。一次熔炼法能提高熔化效率，节约工时和能耗，但合金熔炼时间长，需要更高的过热度，增加了合金的氧化和吸气量，工艺控制难度较大。

熔炼过程的加料程序，一般是先加数量最多和熔点高的炉料，熔化后再分别加入熔点较低或具有较高挥发性的炉料；或者依据合金化的原则，先加占炉料主要部分的低熔点炉料，再加高熔点的炉料，通过合金化的途径来降低温度和加快熔化速度，熔炼时能产生很大热效应的金属（如 Al），不宜作最后一批炉料加入，以防金属液过分过热。

1. 纯铜的熔炼

纯铜的熔炼质量和熔铸过程均比其他铜合金更难控制。

首先，纯铜铸件要求有高的导电、导热性，因此对杂质含量限制要严。微量的杂质（如 Fe、Mn、P、Sn 和 As 等）能显著降低纯铜的导电性、导热性，所以在熔炼纯铜时，对炉料、熔化设备和工具的要求十分严格。例如，不能使用铁质工具，不能用熔化过其他铜合金的坩埚，不能使用已污染的回炉料等。对铸造纯铜的要求则更高，要求选用 $w(\text{Cu}) \geq 99.97\%$、$w(\text{Zn}) \leq 0.003\%$、表面致密、含铜豆少的阴极铜。

其次，纯铜的熔点比黄铜和锡青铜高，熔化温度也高，熔炼过程中吸气和氧化倾向大，易导致铸件产生组织疏松和针孔。

纯铜的熔炼普遍采用木炭覆盖法。木炭的作用是防止氧化、保温和扩散脱氧。

木炭常随纯铜一起加在坩埚底部，使纯铜一旦熔化就被严密覆盖着，在整个熔炼过程中保持木炭一定的厚度（50~80mm）。木炭使用前，需经高温干馏（800℃以上，2~4h），以除去水分和有机物。

坩埚炉熔炼纯铜时应采用微氧化性气氛和快速熔化，以防铜液吸氢。

当铜液氢含量较高时，可添加少量氧化性熔剂或通压缩空气，除去氢气。

铸造纯铜一般不宜用 Cu-P 合金进行最终脱氧，宜采用二次脱氧法，即先用 Cu-P 合金预脱氧，然后用 Cu-Li，Cu-B 或 Mg 进行二次脱氧。

纯铜的熔炼工艺见表 6-163。

表 6-163　纯铜的熔炼工艺

合金	炉　型	熔炼工艺要点	备　注
纯铜	坩埚炉 感应电炉 真空感应电炉 电弧炉	1）将坩埚预热 2）加木炭和阴极铜 3）升温熔化，并过热至 1180 ~ 1220℃，用 Cu-P（磷脱氧铜）预脱氧 4）出炉前用 Cu-Li 合金二次脱氧 5）炉前检验，出炉浇注	木炭须经 800 ~ 850℃、2 ~ 4h 的干馏，覆盖厚度为 50 ~ 100mm 真空炉不用木炭覆盖 可以用 Cu-B 合金和 Mg 丝代替 Cu-Li 合金
高铜合金	坩埚炉 感应电炉	1）将坩埚预热 2）加木炭、阴被铜、高熔点合金元素（Fe）和回炉料 3）升温熔化，并过热至 1180 ~ 1220℃，用 Cu-P 合金预脱氧后加入 Sn、Zn、Mg、Y 等元素 4）出炉前用 Cu-P（磷脱氧铜）或 Cu-Mn（锰脱氧铜）或 B（硼脱氧铜）脱氧 5）炉前检验，出炉浇注	磷脱氧铜 P 的加入量（质量分数）：新料为 0.06% ~ 0.07%，回炉料为 0.03% 锰脱氧铜 Mn 的加入量（质量分数）：新料为 0.30% ~ 0.35%，回炉料为 0.20%
纯铜 高铜合金	反射炉	氧化还原法 1）将炉子预热 2）加木炭、阴极铜和回炉料（或高熔点合金元素 Fe） 3）在弱氧化性气氛下快速熔化 4）铜液沸腾（1200 ~ 1220℃） 5）在氧化性气氛条件下用压缩空气进行氧化处理（风压不低于 80kPa，氧化开始温度为 1200 ~ 1220℃，氧化终止温度为 1150 ~ 1170℃ 6）检验断口，确定氧化终止期 7）扒渣，加木炭 8）在强还原气氛下用青木还原，再加低熔点金属 9）检验断口，断定还原终止期 10）出炉浇注（1180 ~ 1200℃）	氧化终点期确定：断口结晶为较粗的柱状，呈砖红色，占试样断面积的 30% ~ 50% 还原终点确定：断口表面平整，有细皱纹，呈玫瑰红色，带有丝绢光泽 青木可用新鲜的榆木、白杨或松木

2. 铸造锡青铜和铅青铜的熔炼

铸造锡青铜和铅青铜都含一定的低熔点合金元素 Sn、Zn、Pb、P 及少量高熔点金属 Ni，除 P 需制成 Cu-P 中间合金外，其他合金元素以纯金属直接加入。由于锡青铜与铅青铜的熔炼工艺基本相同，本节仅介绍锡青铜的熔炼工艺，铅青铜熔铸生产时可参照使用。

熔炼铸造锡青铜时，加料顺序通常是在木炭或其他熔剂的保护下，先熔化高熔点金属 Cu 和 Ni，在 Cu-P 预脱氧后再加其他低熔点的合金元素，其目的在于防止合金元素氧化生成 SnO$_2$。

回炉料通常是在纯铜熔化并经脱氧后加入，但也可以先加入炉内，然后加纯铜。回炉料熔点较低，约 1000℃开始熔化，升温至 1150℃左右就可以添加其他合金元素，这样就缩短了熔炼时间，减少合金的吸气量。

另有一种工艺流程，其加料顺序与上不同，如先加锌，然后加铜和镍。通过低熔点的锌首先熔化后渗入纯铜表面，使纯铜合金化而显著降低熔化温度和提高熔化速度。另外，熔炼过程中逐渐挥发的锌蒸汽有助于防止合金液的吸气和氧化。如果温度控制得当，锌的烧损并不显著增加。

铸造锡青铜有较强的吸气性，在熔炼温度下，气体（氢）在合金液中有相当大的饱和溶解分压，见表 6-164。

为减少熔液吸氢，铸造锡青铜宜在弱氧化性、氧化性气氛或在覆盖剂保护下进行快速熔炼。

当炉焰不易控制为氧化性或炉料中含屑料、边角碎料，特别是含油较多时，为了有效地除氢，应采用氧化熔炼法，即往合金液中通压缩空气，或者添加氧化性熔剂，增加合金液中氧的浓度，以达到除氢的目的。

脱氧处理后，为了进一步除去合金液中的气体，宜采用除气处理，常用的方法有熔剂精炼、Cu-P 脱氧或吹干燥氮气除气。铸造锡青铜的熔炼工艺见表 6-165。

表 6-164 气体在铸造锡青铜液中的溶解分压

合金牌号	温度 /℃	熔化条件	气体溶解分压 /Pa
ZCuSn3Zn8Pb6Ni1	1200	大气	7.6×10^3
ZCuSn3Zn11Pb4	1200	大气	8.0×10^3
ZCuSn5Pb5Zn5	1200	大气	7.0×10^3
ZCuSn8Zn4	1200	大气	6.1×10^3
ZCuSn10Zn2	1232	大气	5.8×10^3
ZCuSn10Pb1	1150	大气	6.5×10^3

表 6-165 铸造锡青铜的熔炼工艺

合金牌号	炉型	熔炼工艺要点	备注
ZCuSn3Zn8Pb6Ni1、ZCuSn5Pb5Zn5、ZCuSn10Zn2、ZCuSn10Pb5 等	坩埚炉感应电炉	（1）先熔化铜，后加回炉料 1）将坩埚预热 2）加覆盖剂、铜屑、阴极铜、电解镍（或 Cu-Ni） 3）升温熔化（弱氧化气氛）并过热至 1200～1250℃ 4）Cu-P 预脱氧 5）加回炉料 6）加锌、铅和锡，搅拌 7）调整温度，加剩余的 Cu-P 8）除气 9）炉前检验 10）出炉浇注	预脱氧用总加入量的 2/3 Cu-P，除气可用六氯乙烷（质量分数为炉料总量的 0.2%～0.4%）或吹入干燥氮气
	坩埚炉感应电炉	（2）先熔化回炉料 1）将坩埚预热 2）加覆盖剂、回炉料、铜屑、阴极铜、电解镍（或 Cu-Ni） 3）升温熔化（弱氧化气氛）并过热至 1120～1160℃ 4）Cu-P 脱氧 5）加锌、铅、锡，搅拌 6）调整温度，加剩余的 Cu-P 7）除气 8）炉前检验 9）出炉浇注	若回炉料中 P 含量较高，不需进行脱氧
	坩埚炉	（3）先熔化锌 1）将坩埚预热 2）加覆盖剂、锌、阴极铜、电解镍（或 Cu-Ni） 3）升温熔化（弱氧化性气氛）并过热至 1100～1150℃ 4）加回炉料、铅、锡，搅拌 5）升温至 1180～1200℃，加 Cu-P 6）扒渣、除气 7）炉前检验 8）出炉浇注	—

（续）

合金牌号	炉型	熔炼工艺要点	备注
ZCuSn10P1	坩埚炉	1）将坩埚预热 2）加覆盖剂、阴极铜 3）升温熔化，过热至1150℃，加合金所需量1/5的Cu-P脱氧 4）加回炉料，搅拌 5）加剩余的Cu-P，加锡 6）炉前检验 7）出炉浇注	锡磷青铜吸气性很强，宜用氧化性熔剂
ZCuSn3Zn8Pb6Ni1、ZCuSn10Zn2、ZCuSn5Pb5Zn5、ZCuSn6Zn6Pb3	电弧炉	1）加木炭，送电预热炉膛 2）分批加阴极铜熔化 3）升温至1150℃，加Cu-P脱氧 4）加锌、铅和锡，搅拌 5）除气 6）炉前检验 7）出炉浇注	—
含油污和气体较多的炉料	坩埚炉	1）将坩埚预热 2）加氧化性熔剂（放在坩埚底部） 3）加铜屑、阴极铜、回炉料 4）升温熔化（弱或较强氧化性气氛），过热至1120～1160℃ 5）加精炼剂、搅拌、扒渣 6）Cu-P脱氧 7）加锌、铅、锡并搅拌 8）升温至1200℃左右 9）出炉、扒渣、加剩余Cu-P 10）浇注	用石墨坩埚，精炼熔剂成分根据杂质种类和数量多少确定

3. 铸造铝青铜的熔炼

铸造铝青铜含有较多高熔点金属镍、铁、锰，以及溶解时能放出大量热能的铝，使用纯金属熔炼时，需要较高的熔化温度。

铝同氧的亲和力大，易氧化生成悬浮性的氧化渣，并在液面上形成致密性的氧化膜。为了防止合金液过多的氧化和吸气，铸造铝青铜宜在弱氧化性气氛下进行快速熔炼。铜液也不应过分搅动，尽量保持液面上的氧化膜不被破坏。

Cu-Al合金的蒸汽压比黄铜和锡青铜小，因此吸气倾向大。在熔炼温度下氢在铸造铝青铜中的溶解饱和分压高，氢在铸造铝青铜液中的溶解分压与停留时间的关系如图6-70所示。

选择合适的熔剂对铸造铝青铜合金液进行保护和精炼是有效的。铸造铝青铜的除气是在精炼后进行。铸造铝青铜的除气方法很多，其中有熔剂精炼除气、真空精炼除气、真空吹氩除气等。但对大型熔炉，更为简便和有效的方法是包底吹氮除气法。

包底吹氮除气工艺的依据是，当氮气以一定压力通过多孔透气砖进入合金液时，形成大量分散的小气泡，起初氮气泡内的分压为零，而在氮气泡和金属液的界面上存在着氢的压力差。因此，在氢的分压逐渐趋于平衡的过程中，溶解在合金液中的氢便不断地通过界面向氮气泡内扩散，在氮气泡逐渐上浮、升向液面的同时，氢也随之被排除。

包底吹氮除气工艺装置由高压氮气瓶、减压阀、汇流排及干燥过滤器、气体流量计、导管和包底透气砖等组成，如图6-71所示。

包底吹氮除气工艺参数应根据要处理的合金牌号、容量和熔炼等条件，通过试验确定，见表6-166。

铸造铝青铜的熔炼工艺见表6-167。

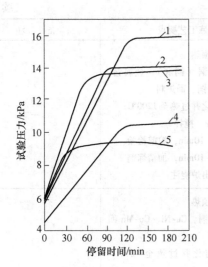

图 6-70 氢在铸造铝青铜液中的溶解分压
与停留时间的关系

1—ZCuAl9Fe3 2—ZCuAl10Fe1 3—ZCuAl10Fe3
4—ZCuAl10Fe4Ni4 5—ZCuAl9Fe4Ni4Mn2

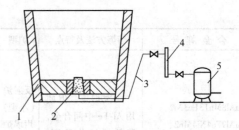

图 6-71 包底吹氮除气工艺装置

1—浇包 2—透气砖 3—导管
4—气体流量计 5—干燥过滤器

表 6-166 30t 反射炉熔炼铸造铝青铜
包底吹氮除气工艺参数

参数	技 术 要 求
出炉温度	比浇注温度高 50~70℃
吹氮压力	略高于合金液的静压,使合金液翻腾,但不产生飞溅
吹氮时间	至氢含量低于技术标准规定,约 30~40min
吹氮量	1.5~2m³/t 合金液

表 6-167 铸造铝青铜的熔炼工艺

合 金 牌 号	熔炼方法及特点	炉型	熔炼工艺要点	备 注
ZCuAl7Mn13Zn4Fe3Sn1、ZCuAl8Mn13Fe3Ni2、ZCuAl9Fe4Ni4Mn2 等	一次熔炼全部使用纯金属,熔化温度高,时间长,金属损耗大,不需熔制中间合金,节省能耗和工时	反射炉	1)加铝锭、阴极铜、电解镍、钢片或钢丝、金属锰 2)预热至约 800℃,加熔剂保护 3)升温快速熔化(弱氧化气氛)并过热至 1250~1300℃ 4)分批加铝锭和阴极铜 5)加锡 6)搅拌,静置 20~30min 7)炉前检验 8)测温出炉 9)包内吹氮除气,检验气含量 10)测温、浇注	ZCuAl7Mn13Zn4Fe3Sn1 熔炼时用铝铺底,预留总加入量(质量分数)10%的阴极铜作降温用(加锌温度为 1100℃ 左右)
ZCuAl10Fe3 等	一次熔炼全部使用纯金属,但在加料顺序上是先熔制 Al-Fe,再熔制成合金	坩埚炉	1)将坩埚预热 2)加总质量分数为 85% 的铝锭,覆盖剂 3)升温预熔化并过热至 850~900℃,加钢片或铁钉,搅拌 4)铁片或钢丝全部熔化后升温至 1180~1200℃,加剩余的铝锭,阴极铜,搅拌 5)炉前检验,除气,检验气含量 6)出炉、浇注	—

（续）

合金牌号	熔炼方法及特点	炉型	熔炼工艺要点	备注
ZCuAl8Mn13Fe3Ni2、ZCuAl9Fe4Ni4Mn2、ZCuAl10Fe3Mn2 等	一次熔炼，但使用 Al-Fe 中间合金，降低了熔化温度，提高了熔化速度	反射炉（小型）坩埚炉感应电炉	1）将坩埚预热 2）加阴极铜（铺底）、金属锰、电解镍、阴极铜、回炉料 3）升温熔化并过热至1200℃ 4）加 Al-Fe，搅拌 5）静置5～10min，炉前检验 6）升温5～10min，加精炼剂 7）测温，出炉浇注	—
ZCuAl8Mn13Fe3Ni2、ZCuAl10Fe3Mn2、ZCuAl9Mn2 等	二次熔炼全部或大部分使用中间合金，熔炼温度低，熔化速度快	坩埚炉感应电炉	1）将坩埚预热 2）加阴极铜、Cu-Ni、Cu-Mn 回炉料、覆盖剂 3）升温熔化并过热至1200～1250℃ 4）加 Al-Fe(Al+Fe)，加降温铜 5）搅拌，静置20～30min 6）炉前检验 7）除气，检验含气量 8）测温度，出炉浇注	—

4. 铸造铍青铜和铸造铬青铜的熔炼

铸造铍青铜和铸造铬青铜的吸气性较强，类似于铸造纯铜。熔炼过程中必须防止吸气和进行除气处理。为了减少铍和铬的氧化烧损以及化合物对人体的危害，铍和铬应以 Cu-Be、Cu-Cr 中间合金形式加入。当采用非真空感应电炉或燃料坩埚炉熔炼时，使用适当的熔剂加以保护是必要的，采用木炭作覆盖剂时，使用前应对木炭进行烘烤脱水，否则吸附在木炭中的潮气将增加合金的吸气量。铸造铍青铜不宜在没有良好通风条件下使用卤盐熔剂，以免产生有毒的 $BeCl_2$ 或 BeF_2。研究表明，玻璃熔剂易使合金中的硅含量超标，因此当对导电性要求严格时，铸造铍青铜和铸造铬青铜的熔炼应避免使用玻璃熔剂，推荐使用硼砂、石墨粉混合熔剂。铸造铬青铜采用感应电炉进行批量生产时，为了降低熔铸成本，可以在合金熔炼时直接加入金属铬。其加入方法为：将2～5mm颗粒状的金属铬与适量的冰晶石混合，在铜合金熔化至1250℃左右时撒入合金液表面，并立即用炭粉覆盖，保温15min后搅拌出炉（金属铬的收得率为80%～95%）。铸造铍青铜和铸造铬青铜的熔炼工艺见表6-168。

表6-168　铸造铍青铜和铸造铬青铜的熔炼工艺

合金	炉型	熔炼工艺要求	备注
铸造铍青铜	真空感应电炉	1）加阴极铜、电解镍（钴）、钢片或钢丝 2）抽真空熔化，并过热至1250～1300℃ 3）精炼20～30min 4）加 Cu-Be、Al 等，搅拌 5）调整温度、浇注	真空度为1～10Pa
铸造铍青铜	坩埚炉感应电炉	1）将坩埚预热 2）加阴极铜、电解镍（钴）、钢片或钢丝和覆盖剂 3）升温熔化（中性或弱氧化性气氛）并过热至1200～1250℃ 4）加回炉料、Cu-Be、Al 等，搅拌 5）调整温度，浇注	—

（续）

合金	炉型	熔炼工艺要求	备注
铸造铬青铜	感应电炉	1）预热、加阴极铜和覆盖剂 2）升温熔化（中性或还原性气氛）并过热至 1300 ~ 1350℃ 3）加 Cr 或 Cu-Cr 中间合金（若相对电导率要求低于 80% 时，可用 Cu-P 预脱氧） 4）调整温度，浇注	P 加入量（以 Cu-P 中间合金折算）为新料质量的 0.005%

5. 铸造黄铜的熔炼

铸造黄铜的吸气性较铸造纯铜低，加之含有大量易挥发的锌，熔炼过程中使铜液短时沸腾能自然地进行除气和脱氧。因此，通常不需对黄铜进行另外的脱氧和除气处理。气体在铸造纯铜和铸造黄铜中的溶解分压见表 6-169。

高强度铸造黄铜中含有锰、铁、铝等易氧化的合金元素，熔炼时宜用木炭或其他覆盖剂加以保护和进行精炼处理。

铸造黄铜的熔炼工艺见表 6-170。

表 6-169 气体在铸造纯铜和铸造黄铜中的溶解分压

合金牌号	熔化温度/℃	气体在铜中的溶解分压/Pa	除气方法	除气后的气体溶解分压/Pa
ZCuZn38	1000	1.0×10^4	沸腾	$< 4.0 \times 10^3$
ZCuZn35Al2Mn2Fe1	993	1.3×10^4	沸腾	$< 7.0 \times 10^3$
ZCuZn25Al6Fe3Mn3	1038	1.1×10^4	沸腾	$< 5.0 \times 10^3$
ZCuZn16Si4	1093	5.3×10^4	沸腾	$< 3.0 \times 10^3$
ZCu99	1260	2.0×10^4	Cu-P 脱氧	$< 3.0 \times 10^3$

表 6-170 铸造黄铜的熔炼工艺

合金牌号	熔炼方法	炉型	熔炼工艺要点	备注
ZCuZn33Pb2、 ZCuZn38、 ZCuZn40Pb2	一次熔炼	坩埚炉	1）将坩埚预热 2）加阴极铜、覆盖剂 3）升温熔化并过热至 1150 ~ 1180℃ 4）加 Cu-P 脱氧 5）加锌、铅，搅拌 6）升温沸腾 2min 7）炉前检验 8）调整温度，出炉浇注	覆盖剂在铜熔化之前加入，P 加入量的质量分数为 0.06%
ZCuZn21Al5Fe2Mn2、 ZCuZn25Al6Fe3Mn3、 ZCuZn26Al4Fe3Mn3、 ZCuZn31Al2、 ZCuZn38Mn2Pb2、 ZCuZn40Mn2、 ZCuZn40Mn3Fe1 等	一次熔炼	反射炉、坩埚炉、感应电炉	1）预热 2）加阴极铜（铺底）、钢片、金属锰、阴极铜 3）升温熔化并过热至 1120 ~ 1150℃ 4）加铝和降温铜，搅拌 5）分批加预热的锌锭和铅块 6）升温沸腾 2min 7）炉前检验 8）调整温度	—

（续）

合金牌号	熔炼方法	炉型	熔炼工艺要点	备注
ZCuZn21Al5Fe2Mn2 等	二次熔炼，用 Cu-Mn、Al-Fe 中间合金	反射炉	1）加阴极铜、Cu-Mn 2）升温熔化并过热至1180℃ 3）分批加预热的锌，搅拌 4）升温沸腾2min 5）加入 Al-Fe，过热5～7min 6）搅拌，炉前检验 7）压入 NaF 精炼 8）扒渣、静置10min 9）调整温度，出炉浇注	w（NaF）为 0.5%，出合金液一半后，另加质量分数为 0.5% 的 Na_2CO_3 + $Na_2B_4O_7$ 再次造渣
ZCuZn26Al4Fe3Mn3 等	二次熔炼，用 Cu-Mn、Cu-Fe、Cu-Al 中间合金	坩埚炉	1）将坩埚预热 2）加阴极铜、Cu-Fe 3）升温熔化并过热至1200℃ 4）加回炉料、Cu-Mn、锌 5）升温沸腾2min 6）加 Cu-Al，搅拌 7）炉前检验 8）出炉，静置10min 9）调整温度，浇注	—
ZCuZn16Si4	一次熔炼，先熔化铜后加硅	坩埚炉 感应电炉	1）将坩埚预热 2）加阴极铜、覆盖剂 3）升温熔化并过热至1200℃ 4）加 Cu-P 脱氧 5）分批压入预热的结晶硅，搅拌 6）加回炉料和锌 7）升温沸腾1～2min 8）调整温度，出炉浇注	—
ZCuZn16Si4	一次熔炼，铜、硅共熔后加锌	坩埚炉	1）将坩埚预热 2）加结晶硅（坩埚底的中央）、阴极铜、覆盖剂 3）升温熔化，至硅全部熔化后充分搅拌 4）分批加预热的锌，搅拌 5）精炼或除气，炉前检验 6）调整温度，出炉浇注	硅全部熔化后再搅拌，如有上浮应压下，可用吹氮方法除气

6. 铸造白铜和铜-锰合金的熔炼

铸造白铜和铜-锰合金含有大量高熔点的镍和锰，需要在高温下熔炼。镍和锰也容易氧化，生成悬浮性夹渣，因此熔炼时应加入能溶解氧化镍、氧化锰的熔剂，其中以含冰晶石和硼砂的熔剂效果为好。

杂质碳是铸造白铜和铜-锰合金最有害的元素，因此不宜使用木炭作覆盖剂，也不宜使用石墨坩埚熔炼合金，采用以镁砂为炉衬的感应电炉较为适宜。

铸造白铜的吸气性较强，类似铸造铝青铜。气体在铸造白铜中的溶解分压见表 6-171 和图 6-70。

表 6-171 气体在铸造白铜中的溶解分压

合金牌号	温度/℃	熔炼条件	气体的溶解分压/Pa
ZCuNi10Fe1	1343	大气	2.1×10^4
ZCuNi15Al11Fe1	1260	大气	1.0×10^4
ZCuNi20Sn4Zn5Pb5	1315	大气	1.5×10^4
ZCuNi25Sn5Zn2Pb2	1350	大气	2.0×10^4
ZCuNi30Nb1Fe1	1370	大气	2.0×10^4

铸造铜-锰合金因含有大量脱氧元素锰，所以不需要加其他脱氧剂，但是铸造白铜则需采用 Cu-P 合金、Cu-Mn 合金（或 Mn）、Cu-Mg 合金（或 Mg）进行复合脱氧处理。

铸造白铜和铜-锰合金的熔炼工艺见表 6-172。

7. 熔炼工艺参数对铸造铜合金性能的影响

1）熔炼条件对 ZCuAl9Mn2 合金力学性能和夹渣量的影响，见表 6-173。

2）浇注温度对铸造铜合金力学性能的影响（砂型单铸试样），见表 6-174。

3）除气处理对铸造铜及铜合金力学性能的影响见表 6-175。

4）晶粒细化对铸造铜及铜合金力学性能的影响，见表 6-176。

表 6-172 铸造白铜和铜-锰合金的熔炼工艺

合金牌号	炉型	熔炼工艺要点
铸造铜-锰合金 ZCuMn51Al4Fe3Ni2Zn2Cr1、 ZCuMn53Al4.5Fe4Ni2	感应电炉	（1）铜、锰共熔法 1）加覆盖剂、阴极铜（铺底）、金属锰、电解镍、阴极铜 2）升温熔化（弱氧化性气氛）并过热至 1200~1250℃ 3）加 Cu-Cr、铝、钢片，搅拌 4）炉前检验 5）必要时进行除气处理 6）扒渣、调整温度、出炉浇注 （2）先熔化铜，后加锰 1）加覆盖剂、阴极铜、电解镍 2）升温熔化（弱氧化性气氛）并过热至 1200~1300℃ 3）分批加预热的金属锰，直至加完，并完全熔化 4）加 Cu-Cr、铝、钢片，搅拌 5）加锌、搅拌、扒渣、炉前检验 6）必要时进行除气处理（吹氮或压入精炼剂） 7）调整温度，出炉浇注
ZCuNi10Fe1、 ZCuNi10Fe1Mn1、 ZCuNi30Fe1Mn1、 ZCuNi30Cr2Fe1Mn1、 ZCuNi30Nb1Fe1、 ZCuNi30Be1.2	感应电炉	1）加覆盖剂、阴极铜（铺底）、电解镍、钢片、阴极铜 2）升温熔化（弱氧化性气氛）并过热至 1350~1450℃ 3）加 Cu-P 脱氧 4）加铌、铬、铍，搅拌，炉前检验 5）必要时进行除气处理 6）加 Cu-Mg（或 Mg）脱氧 7）调整温度，出炉浇注
ZCuNi15Al11Fe1	感应电炉	1）加覆盖剂、阴极铜（铺底）、电解镍、钢片、阴极铜 2）升温熔化（弱氧化性气氛）并过热至 1250~1300℃ 3）加 Cu-P 脱氧 4）加铝、钢片，搅拌 5）除气，炉前检验 6）加 Cu-Mn、Cu-Mg（或 Mg）合金脱氧 7）调整温度，出炉浇注

（续）

合 金 牌 号	炉型	熔炼工艺要点
ZCuNi20Sn4Zn5Pb5、 ZCuNi25Sn5Zn2Pb2、 ZCuNi22Zn13Pb6Sn4Fe1	感应电炉	1）加覆盖剂、阴极铜（铺底）、电解镍、铁片、阴极铜 2）升温熔化（弱氧化性气氛）并过热至 1300～1350℃ 3）加 Cu-P 脱氧 4）加锌、铅、锡，搅拌 5）炉前检验 6）必要时进行除气处理 7）加 Cu-Mn、Cu-Mg（或 Mg）、Cu-Si 合金脱氧（浇注前 3min 内进行） 8）调整温度，出炉浇注

表 6-173　熔炼条件对 ZCuAl9Mn2 合金力学性能和夹渣量的影响

熔 炼 条 件	加 料 顺 序	抗拉强度 R_m/MPa	断后伸长率 A(%)	硬度 HBW	合金污染度 /(mm²/cm²)	渣中金属损失(%)
电炉 未覆盖	Cu→(Cu-Mn)→Al	575[①]/530	17[①]/34	111	4～5	4.0
	Cu→Al→(Cu-Mn)	355～360	12～16	85	70～80	4.0
电炉 硼砂覆盖(2%)	Cu→(Cu-Mn)→Al	610～560	21～34	121	2～3	3.1
	Cu→Al→(Cu-Mn)	525～515	17～26	115	<1	2.3
电炉 冰晶石覆盖(2%)	Cu→(Cu-Mn)→Al	600～400	19～37	107	<1	1.2
	Cu→Al→(Cu-Mn)	530～500	11～31	105	<1	1.3
电炉 KF + MgF₂ 覆盖(2%)	Cu→(Cu-Mn)→Al	465～465	11～31	92	<1	0.7
	Cu→Al→(Cu-Mn)	520～485	20～30	120	<1	0.8
电炉 木炭覆盖	Cu→(Cu-Mn)→Al	—	—	—	4～5	3.0
	Cu→Al→(Cu-Mn)	—	—	—	60～70	3.7
电炉 未覆盖	回炉料→Cu→(Cu-Mn)→Al	—	—	—	8～10	5.9
	铸锭重熔	—	—	—	<1	2.6

① 分子为单铸砂型试样测定值，分母为从砂型铸件上取样测定值。

表 6-174　浇注温度对铸造铜合金力学性能的影响

合 金 牌 号	浇注温度 /℃	抗拉强度 R_m	条件屈服强度 $R_{p0.2}$	断后伸长率 A	硬　　度
		MPa	MPa	(%)	HBW
ZCuZn33Pb2	960	250	85	39	62
	1000	225	75	38	60
	1040	140	93	24	65
ZCuZn35Al2Mn2Fe1	970	525	260	26	115
	1020	540	270	29	116
	1070	530	265	28	114
ZCuAl10Fe3	1100	507	—	35	94
	1170	510	—	35	90
	1220	495	—	34	90

（续）

合金牌号	浇注温度 /℃	抗拉强度 R_m	条件屈服强度 $R_{p0.2}$	断后伸长率 A （%）	硬 度 HBW
		MPa			
ZCuSn6Zn6Pb3	1100	245	137	17	71
	1160	267	145	39	67
	1180	265	135	31	64
	1230	235	135	19	56
ZCuSn10P1	1000	225	155	14	91
	1050	285	165	21	89
	1070	250	155	15	83
	1100	215	150	18	80
ZCuSn10Zn2	1130	270	145	20	89
	1170	300	150	31	84
	1200	280	135	25	80
	1230	260	130	19	75

表6-175 除气处理对铸造铜及铜合金力学性能的影响

合金牌号	除 气 前			除 气 后		
	抗拉强度 R_m	条件屈服强度 $R_{p0.2}$	断后伸长率 A （%）	抗拉强度 R_m	条件屈服强度 $R_{p0.2}$	断后伸长率 A （%）
	MPa			MPa		
纯铜	165	62	27	180	70	29
ZCuZn35Al2Mn2Fe1	495	205	29	455[1]	180[1]	47[1]
ZCuZn16Si4	485	245	13	500	240	14
ZCuAl10Fe3Mn2	510	255	6	655	250	17
ZCuAl10Fe4Ni4	705	318	8	805	340	9
ZCuAl9Fe4Ni4Mn2	605	245	23	585[1]	230[1]	26[1]
ZCuSn3Zn11Pb4	135	75	16	200	90	18
ZCuSn5Pb5Zn5	125	65	16	205	95	20
ZCuSn8Zn4	235	115	24	340	140	66
ZCuPb10Sn10	145	115	6	310	150	35
ZCuNi10Fe1	460	250	23	610	370	21
ZCuNi15Al11Fe1	655	485	3	815	400	5
ZCuNi20Sn4Zn5Pb4	—	—	—	655	540	5
ZCuNi30Nb1Fe1	540	300	18	795	420	32

① 除气后，晶粒粗化。

表 6-176 晶粒细化对铸造铜及铜合金力学性能的影响

合 金 牌 号	晶粒细化剂及用量（质量分数，%）	抗拉强度 R_m/MPa	断后伸长率 A（%）
纯铜	—	189	24
	Li：0.05	217	26
ZCuZn16Si4	—	470	15
	B：0.02	522	30
ZCuAl10Fe3	—	520	16
	混合稀：±0.084	560	41
ZCuAl8Mn13Fe3Ni2	—	716	29
	混合稀：±0.02	724	29
	混合稀：±0.05	742	28
ZCuZn26Al4Fe3Mn3	—	710	24
	B：0.01	720	23

8. 炉前控制和检验

出炉浇注前应严格按照工艺规程的要求测定出炉温度、弯角、断口、化学成分和气体含量。

（1）温度测量　使用经校验合格的热电偶或光学高温计测量。用光学高温计测量时，应扒开金属液面上的浮渣。

（2）炉前弯角检验　炉前弯角检验是熔炼铸造铜合金时的常用质量检验方法，对高强度铸造黄铜和铸造铝青铜更有重要意义。根据弯角的大小可以评估合金的锌当量和铝当量及其力学性能的大小。

炉前弯角检验是在金属型中浇注出直径为 ϕ10mm、长度为 120mm 的试样，在型中冷却 2～3min 后即投入水中冷却（暗红色），不允许淬水过早；然后将试样一端夹在半圆形台钳上，用锤打击至断裂。其折断角控制范围应符合表 6-177 的规定。

表 6-177 铸造铜合金折断角控制范围

合 金 牌 号	折断角 /(°)	锌当量($\overline{Zn}$)或铝当量($\overline{Al}$)[1]（质量分数，%）
ZCuSn5Pb5Zn5、ZCuSn6Zn6Pb3、ZCuSn10P1	30～60	—
ZCuAl7Mn13Zn4Fe3Sn1	>30	—
ZCuAl8Mn13Fe3Ni2	50～80	Al = 9.5～10.5
ZCuAl9Fe4Ni4Mn2	40～70	Al = 9.3～10.0
ZCuAl9Mn2	60～100	Al = 8.5～9.6
	50～80	Al = 9.5～10.0
ZCuAl10Fe3	70～80	—
ZCuZn16Si4	60～90	Zn = 39～42

（续）

合 金 牌 号	折断角 /(°)	锌当量($\overline{Zn}$)或铝当量($\overline{Al}$)[1]（质量分数，%）
ZCuZn24Al5Fe2Mn2	40～70	Zn = 41～44
	30～50	Zn = 43.5～46
ZCuZn25Al6Fe3Mn3	40～60	—
ZCuZn35Al2Mn3Fe1	120～170	—
ZCuZn40Mn2	90～135	Zn = 40～42.5
	120～180	Zn = 39.5～41.5
ZCuZn40Mn3Fe1	50～80	Zn = 42～44

① 按式 (6-1)～式 (6-3) 计算。

（3）断口检验　断口检验也是生产中检验合金熔炼质量的一种简便方法，用以评估合金熔炼和精炼效果，有无夹渣、气孔，组织是否细密，同时根据断口的颜色和形貌特征评估合金的力学性能。表 6-178 列出了铸造铜及铜合金的断口特征。

表 6-178 铸造铜及铜合金的断口特征

合 金 牌 号	合格断口特征
ZCuSn5Pb5Zn5、ZCuSn6Zn6Pb3	断口细密、色调均匀、灰黄、无夹渣
ZCuSn10P1	断口细密、色调均匀、灰白、无夹渣
ZCuAl8Mn13Fe3Ni2	断口细密、呈细绒状、浅银灰色、带有滑晶面、无夹渣
ZCuAl9Fe4Ni4Mn2	断口细密、呈细绒状、无夹渣，色泽介于银灰和淡黄之间
ZCuAl10Fe3	断口细密、色调均匀、淡黄、有点发亮、无夹渣

（续）

合金牌号	合格断口特征
ZCuZn16Si4	断口细密、色调均匀、稍黄略暗、无夹渣
ZCuZn35Al2Mn2Fe1	断口细密、色调均匀、淡黄、无夹渣
ZCuZn38Mn2Pb2	断口细密、色调均匀、淡黄、略带绒状、无夹渣
ZCuZn40Mn2	断口细密、色调均匀、淡黄、有点发亮、无夹渣
ZCuZn40Mn3Fe1	断口细密、色调均匀、浅黄、略带暗色、呈细绒状、带有滑晶面、无夹值
纯铜	断口细密、呈玫瑰红色、带有丝绢光泽、无夹渣

（4）炉前分析　对大型熔炉熔炼的合金和重要用途的铸件（如螺旋桨等），需进行炉前分析，主要化学成分合格后才能浇注。

对小型熔炉熔炼的合金和次要用途的铸件，可每班次选一炉进行主要化学成分分析。

（5）气含量检验

1）常压下的气含量检验。用预热的取样勺自坩埚（或其他炉子）底部舀取合金液，浇入 $\phi50mm \times 60mm$ 干燥的铁模内，撇去表面的氧化膜和渣，凝固后观察其表面收缩情况。收缩显著、表面凹下为合格；收缩不明显或凸出者不合格。

2）减压凝固检验。将浇好的试样置于真空度为 $4 \sim 5kPa$ 的真空室中冷却并凝固，观察其表面收缩情况。收缩显著、表面稍凹下或稍凸出但不破裂者为合格；收缩不明显、表面凸出或破裂者为不合格。

9. 铸造铜及铜合金的熔化和浇注温度（见表6-179）

表6-179　铸造铜及铜合金的熔化和浇注温度

序号	合金牌号	熔化温度/℃	浇注温度/℃ 壁厚<30mm	壁厚≥30mm
1	纯铜	1230~1280	1200~1300	1150~1200
2	ZCuSn3Zn8Pb6Ni1	1200~1250	1150~1200	1100~1150
3	ZCuSn3Zn11Pb4	1200~1250	1150~1200	1100~1150
4	ZCuSn5Pb5Zn5	1200~1250	1150~1200	1100~1150
5	ZCuSn6Zn6Pb3	1200~1250	1150~1200	1100~1150
6	ZCuSn8Zn4	1200~1250	1150~1200	1100~1150
7	ZCuSn10P1	1150~1200	1040~1090	980~1040
8	ZCuSn10Zn2	1200~1250	1150~1200	1100~1150
9	ZCuSn10Pb5	1150~1200	1140~1200	1120~1150
10	ZCuAl7Mn13Zn4Fe3Sn1	1180~1220	1060~1100	1020~1060
11	ZCuAl8Mn13Fe3	1180~1220	1100~1150	1040~1080
12	ZCuAl8Mn13Fe3Ni2	1200~1250	1060~1100	1020~1060
13	ZCuAl9Mn2	1200~1250	1140~1180	1120~1150
14	ZCuAl9Fe4Ni4Mn2	1230~1300	1200~1250	1160~1200
15	ZCuAl10Fe3Mn2	1200~1250	1140~1200	1110~1150
16	ZCuAl10Fe3	1200~1250	1140~1200	1110~1150
17	ZCuAl10Fe4Ni4	1250~1300	1140~1230	1160~1200
18	ZCuAl10Fe4Mn3Pb2	1200~1250	1120~1180	1100~1150
19	ZCuAl11Fe7Ni6Cr1	1250~1300	1200~1250	1150~1200
20	ZCuBe0.5Co2.5	1240~1300	1170~1200	1120~1150
21	ZCuBe0.5Ni1.5	1240~1300	1170~1200	1140~1170
22	ZCuBe2Co0.5Si0.25	1060~1120	1040~1090	1010~1050
23	ZCuBe2.4Co0.5	1200~1250	1040~1090	1010~1050
24	ZCuBe2Co1	1200~1250	1050~1100	1010~1030
25	ZCuBe0.4Ni1.5Ti0.5	1200~1250	1060~1120	1010~1030

（续）

序　号	合　金　牌　号	熔化温度/℃	浇注温度/℃	
			壁厚 <30mm	壁厚 ≥30mm
26	ZCuBe1Al8Fe1Co1	1200~1250	1100~1150	1080~1120
27	ZCuSi3Mn1	1180~1220	1120~1150	1080~1120
28	ZCuSi3Pb6Mn1	1160~1220	1100~1120	1050~1100
29	ZCuSi0.5Ni1Mg0.02	1250~1300	1180~1220	1150~1200
30	ZCuCr1	1300~1350	1230~1260	1200~1230
31	ZCuMn5	1250~1300	1130~1170	1100~1140
32	ZCuZn16Si4	1100~1150	1040~1080	980~1040
33	ZCuZn21Al5Fe2Mn2	1100~1160	1040~1080	1000~1060
34	ZCuZn25Al6Fe3Mn3	1100~1160	1030~1080	980~1040
35	ZCuZn26Al4Fe3Mn3	1100~1160	1030~1080	980~1040
36	ZCuZn31Al2	1120~1180	1080~1120	1000~1080
37	ZCuZn33Pb2	1120~1160	1050~1120	1010~1060
38	ZCuZn35Al2Mn2Fe1	1100~1150	1030~1080	960~1020
39	ZCuZn38	1120~1180	1060~1100	980~1060
40	ZCuZn38Mn2Pb2	1100~1150	1020~1060	980~1040
41	ZCuZn40Pb2	1100~1150	1030~1060	980~1040
42	ZCuZn40Mn2	1100~1150	1020~1060	980~1040
43	ZCuZn40Mn3Fe1	1100~1160	1020~1060	980~1040
44	ZCuNi10Fe1	1350~1400	1280~1320	1230~1280
45	ZCuNi15Al11Fe1	1300~1350	1220~1280	1200~1250
46	ZCuNi20Sn4Zn5Pb4	1350~1440	1260~1320	1220~1280
47	ZCuNi25Sn4Zn2Pb2	1380~1430	1300~1360	1260~1320
48	ZCuNi30Nb1Fe1	1420~1480	1350~1400	1290~1350
49	ZCuNi30Be1.2	1320~1380	1220~1300	1200~1280
50	ZCuNi30Cr2Fe1Mn1	1380~1430	1300~1350	1250~1300

6.2.6　新型熔铸工艺

随着工程机械及装备整体性能的提升，各种装备对铜合金零部件的性能要求也在提高，传统的铜合金泵阀体、蜗轮、蜗杆及轴套、轴瓦等耐压、耐磨零部件多采用黄铜和青铜铸造，并以砂型铸造工艺居多。普通铸件组织的致密部分往往集中在铸件的近表面，铸件心部组织不仅晶粒粗大且存在不同程度的缺陷，因此实际铸件产品的气密性、耐磨性、耐蚀性和疲劳性能不到单铸试样的 1/3，从而影响了服役环境下铸造产品的可靠性和综合使用寿命。为改善铜合金铸造产品质量水平，近年来，人们采用电磁搅拌、电渣熔铸及磁悬浮熔炼等工艺手段来弥补普通熔炼及铸造工艺的不足，并在铜合金铸件生产中取得了积极的成效。

1. 电磁搅拌

电磁搅拌技术的实质是利用交变电流形成变化磁场，通过电磁感应使金属液产生感应电流，而带电的金属液在交变磁场中受到电磁力的作用而发生对流，这种有规律的运动，使得合金凝固组织得到改善、性能得到提升，其主要特点及优势如下：

1）电磁搅拌有利于金属液中的非金属化合物、杂质和气泡上浮，从而降低非金属化合物和杂质的含量，达到净化金属液的目的。

2）电磁力能抑制金属液中树枝晶的形成，增加等轴晶的体积分数。

3）电磁力使得金属液产生对流，促进了充型金属的热平衡，降低了金属熔体的过热度。

4）电磁搅拌便于控制、操作灵活。通过改变电磁搅拌参数，即可控制金属液的流动状态，进而控制铸件的质量。

　　铜合金铸造电磁搅拌工作原理如图 6-72 所示。该工艺将金属液注入型壳内，然后开启搅拌装置，直至合金完全凝固（实际操作时，在铸件温度低于液相线温度 300℃ 条件下关闭搅拌电源）。电磁搅拌的主要工艺参数为搅拌电流、搅拌频率和搅拌方向。电磁搅拌对 ZCuAl8Mn13Fe3Ni2 和 ZCuAl9Fe4Ni4Mn2 合金性能的影响见表 6-180。图 6-73 和图 6-74 所示为 ZCuAl8Mn13Fe3Ni2 和 ZCuAl9Ni4Fe4Mn2 合金电磁搅拌处理前、后的显微组织。

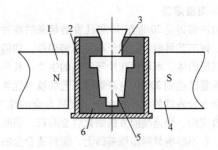

图 6-72　铜合金铸造电磁搅拌工作原理

1—N 极　2—箱体　3—浇冒口　4—S 极　5—壳型　6—干砂

表 6-180　电磁搅拌对 ZCuAl8Mn13Fe3Ni2 和 ZCuAl9Fe4Ni4Mn2 合金性能的影响

合金牌号	铸造方法	抗拉强度 R_m MPa	条件屈服强度 $R_{p0.2}$ MPa	断后伸长率 A （%）	硬度 HBW	腐蚀速度（海水挂片试样）/（mm/a）
ZCuAl8Mn13Fe3Ni2	电磁搅拌	745	380	25	210	0.067
	无搅拌	685	315	26	175	0.081
ZCuAl9Fe4Ni4Mn2	电磁搅拌	765	385	24	200	0.017
	无搅拌	700	300	18	170	0.026

图 6-73　ZCuAl8Mn13Fe3Ni2 合金电磁搅拌处理前、后的显微组织

a）金属型铸造　b）电磁搅拌（$f=5Hz$, $I=250A$）

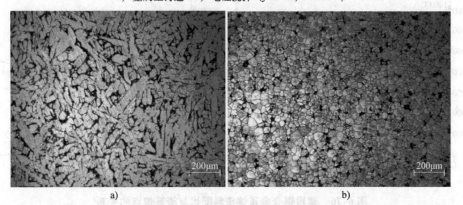

图 6-74　ZCuAl9Ni4Fe4Mn2 合金电磁搅拌处理前、后的显微组织

a）金属型铸造　b）电磁搅拌（$f=5Hz$, $I=250A$）

2. 电渣熔铸

电渣熔铸是20世纪70年代发展起来的特种铸造工艺，该工艺目前主要用于高品质铸钢件，如铸造曲轴、高压阀体、水轮机叶片等产品的生产，其单件产品的重量已达到200t。电渣熔铸工艺的技术优势在于能降低合金内部的气孔、夹杂，提高合金的纯净性，并结合定向、快速凝固方法细化合金晶粒，消除组织疏松，在不影响材料塑性基础上，使铸造合金的强度和韧性提高10%以上，合金的耐蚀性和抗疲劳能力也得到同步提升，其产品品质实现了以铸代锻的工艺效果。近年来，该工艺被引入铜合金铸件的生产，有效克服了泵体、蜗轮、蜗杆、轴套及轴瓦等铜合金铸件的内部缺陷，使铸件本体力学性能提升了30%以上，因此受到了业界的广泛重视。

铜合金蜗杆和轴套产品电渣熔铸的工艺原理如图6-75所示。实施该工艺的主要技术条件包括：

1）电渣熔铸用母合金电极制备。合金电极一般采用圆形或方形截面，电极截面与铸件截面比为0.35~0.65。

2）重熔渣料的选型与配比。重熔渣料要求对铜合金有较好的精炼效果，表6-151所提供的铜合金常用精炼剂可作为渣料的选型参考。通常渣料的熔点要比合金熔点低100~200℃，熔融状态下有较高的热电阻和保温效果。复合型渣料的配比应选择在熔渣成分的共晶点附近。试验表明，$NaB_4O_7 - CaF_2$二元渣系或$AlF_3 - NaF - CaF_2$伪三元渣系、$Na_2B_4O_7 - CaF_2 - Na_3AlF_6$伪三元渣系所适应的铜合金品种较广。某些合金中存在易氧化烧损的合金元素，通过在渣料中加入该元素的氧化物改变合金液元素的氧分压，可以预防合金重熔过程中的元素烧损。图6-76所示为常用铜合金重熔渣料配比与渣系熔点的关系。所提供的8个渣系均能用于铜及铜合金的电渣熔铸成型，实际生产时可根据原料来源、成本、合金与渣料熔点的温度差来选择使用。

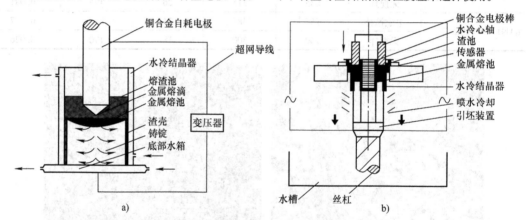

图6-75　铜合金蜗杆和轴套产品电渣熔铸的工艺原理
a）蜗杆电渣熔铸　b）轴套电渣熔铸

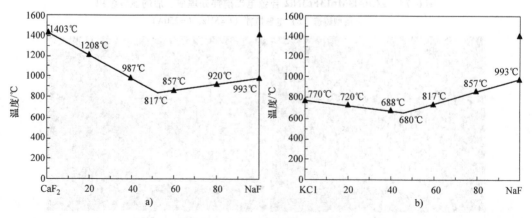

图6-76　常用铜合金重熔渣料配比与渣系熔点的关系
a）$CaF_2 - NaF$二元渣　b）$KCl - NaF$二元渣

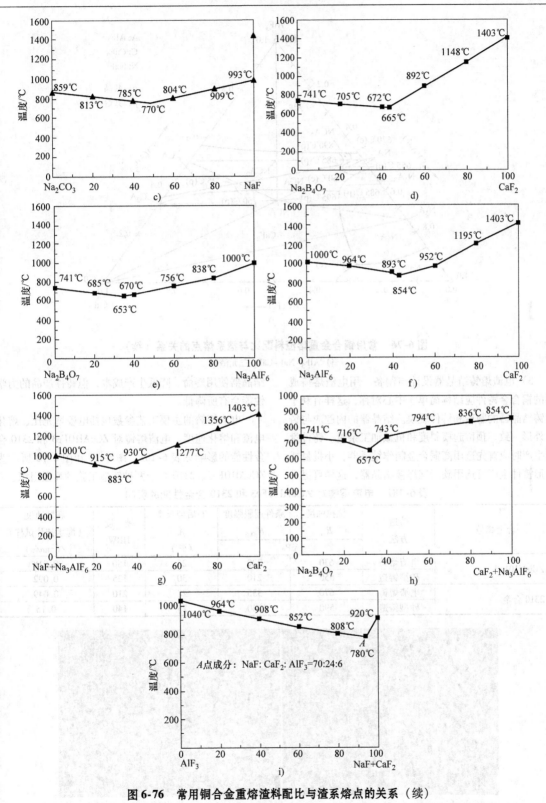

图 6-76　常用铜合金重熔渣料配比与渣系熔点的关系（续）

c) Na_2CO_3 – NaF 二元渣　d) $Na_2B_4O_7$ – CaF_2 二元渣　e) $Na_2B_4O_7$ – Na_3AlF_6 二元渣

f) Na_3AlF_6 – CaF_2 二元渣　g) NaF – Na_3AlF_6 – CaF_2 伪三元渣　h) $Na_2B_4O_7$ – CaF_2 – Na_3AlF_6 三元渣

i) AlF_3 – NaF – CaF_2 伪三元渣

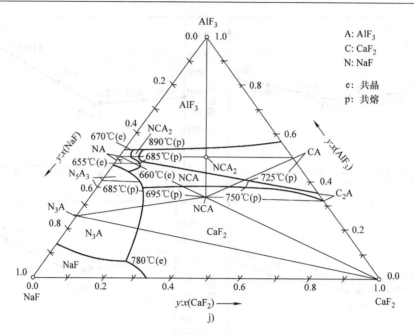

图 6-76　常用铜合金重熔渣料配比与渣系熔点的关系（续）

j) AlF₃ - NaF - CaF₂ 三元渣

3）电渣熔铸结晶器设计与制备。用电渣熔铸成形的铜合金铸件应结构简单、中心对称，这样有利于熔铸结晶器的制造和铸件脱模。结晶器的内腔应与铸件外形一致、预留起模斜度和机械加工余量。铸件批量生产时应首先选用高铜合金制作结晶器，小批量或异形铸件生产可选用碳素钢焊接结晶器，这样可提升结晶器使用寿命、降低生产成本，但铸件产品的力学性能会有所降低。

电渣熔铸的主要工艺参数包括电极填充比、熔化电流和熔化速度。电渣熔铸对 ZCuAl10Fe3 和 2310 合金性能的影响见表 6-181。图 6-77 和图 6-78 所示为 ZCuAl10Fe3、2310 合金两种铸造工艺的显微组织。

表 6-181　电渣熔铸对 ZCuAl10Fe3 和 2310 合金性能的影响

合金牌号	铸造方法	抗拉强度 R_m	条件屈服强度 $R_{p0.2}$	断后伸长率 A	硬度 HBW	腐蚀速度（海水挂片试样）
		MPa		（%）		/(mm/a)
ZCuAl10Fe3	电渣熔铸	630	320	25	180	0.018
	砂型铸造	550	210	30	125	0.092
2310 合金	电渣熔铸	670	335	28	210	0.049
	砂型铸造	590	240	25	140	0.15

a)　　　　　　　　　　　　　　　　b)

图 6-77　ZCuAl10Fe3 合金两种铸造工艺的显微组织

a) 砂型铸造　b) 电渣熔铸

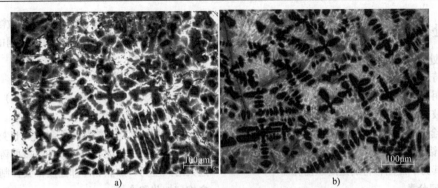

图 6-78　2310 合金两种铸造工艺的显微组织

a）砂型铸造　b）电渣熔铸

3. 磁悬浮熔炼

磁悬浮熔炼技术具有无接触、强搅拌、低重力环境和无振动的优点，可以抑制不均匀形核对凝固成形过程的影响。该工艺是在真空或惰性气体保护下利用电磁力作用使金属液在坩埚内实现悬浮状态，避免了金属液与坩埚或炉衬接触，从而实现合金均匀化和净化功能，合金熔化结束后可通过快速凝固实现合金组织结构优化和性能的提升，该工艺熔炼的合金锭或铸件重量已经达到 200kg。

现有磁悬浮熔炼设备主要用于难熔金属及稀贵金属的熔炼和熔铸，对用于电真空器件的铜及高铜合金，为了获得高纯、高导特性，其 H、O 含量应低于 2×10^{-6}（质量分数），限量杂质低于 30×10^{-6}（质量分数），磁悬浮熔铸是该类产品的首选工艺。磁悬浮熔铸的工艺流程为：合金熔化（真空）→合金悬浮精炼（真空）→充入惰性气体→差压吸注成形。图 6-79 和图 6-80 所示为 ZCuNiSn、2310 合金两种铸造工艺的显微组织。由图可见，采用磁悬浮熔铸工艺处理的铜合金组织比较纯净、成分均匀、晶粒细化，因此与普通熔铸工艺相比较具有较好的传导性、耐蚀性和综合力学性能。

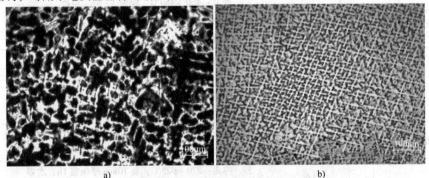

图 6-79　ZCuNiSn 合金两种铸造工艺的显微组织

a）金属型铸造　b）磁悬浮熔铸

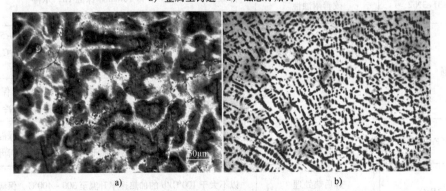

图 6-80　2310 合金两种铸造工艺的显微组织

a）砂型铸造　b）磁悬浮熔铸

6.3　热处理及表面处理

6.3.1　热处理

大多数铸造铜合金都不能热处理强化，而是在铸造状态下使用。但也有少数铸造铜合金在热处理后使用，如铸造铍青铜、铸造铬青铜、铸造硅青铜和部分铸造高铜合金是热处理强化合金。此外，$w(Al) \geqslant$ 9.4% 的铸造铝青铜，经过适当的热处理后能在一定程度上改善其力学性能，特别是耐蚀性。

1. 热处理分类

铸造铜合金的热处理按其应用可分为：

1）去应力退火。目的在于去除铸造和焊补后产生的内应力。

2）强化热处理。包括固溶处理和时效处理，目的在于提高合金的物理性能、力学性能和耐蚀性。

3）消除铸造缺陷的热处理。铸造锡青铜当加热

至 400 ~ 500℃ 时，α 枝晶间的 δ 相扩散溶入 α 相中，引起合金的体积膨胀，从而堵塞锡青铜的显微缩孔，改善其耐压性。

2. 热处理工艺

（1）热处理工艺规范（见表 6-182）

（2）热处理操作要点

1）加热速度。铸造铜合金虽有良好的导热性，但为了防止铸件表面晶粒粗化和厚截面铸件内部产生过大的热应力，加热和冷却速度都要控制适当，并使之均匀加热和冷却。

2）温度控制。某些铸造铜合金的固溶处理温度很接近其固相线温度，容易产生过热和过烧，应当精确地控制热处理温度。淬火转移速度对可热处理强化的铸造铜合金的性能有较大的影响，因此要求固溶处理后迅速淬火。

表 6-182　铸造铜合金的热处理工艺规范

合 金 牌 号	应用的种类	工 艺 规 范
ZCuSi0.5Ni1Mg0.02	强化	固溶：940 ~ 960℃，每 10mm 厚保温 1h，水淬 时效：480 ~ 520℃，保温 1 ~ 2h，空冷
ZCuBe0.5Co2.5	强化	固溶：900 ~ 925℃，每 10mm 厚保温 1h，水淬 时效：460 ~ 480℃，保温 3 ~ 5h，空冷
ZCuBe0.5Ni1.5	强化	固溶：915 ~ 930℃，每 10mm 厚保温 1h，水淬 时效：460 ~ 480℃，保温 3 ~ 5h，空冷
ZCuBe2Co0.5Si0.25、ZCuBe2.4Co0.5	强化	固溶：700 ~ 790℃，每 25mm 厚保温 1h，水淬 时效：310 ~ 330℃，保温 2 ~ 4h，空冷
ZCuCr1	强化	固溶：980 ~ 1000℃，每 25mm 厚保温 1h，水淬 时效：450 ~ 520℃，保温 2 ~ 4h，空冷
ZCuAl10Fe4Ni4	强化	淬火：870 ~ 925℃，每 10mm 厚保温 1h，水淬 回火：565 ~ 645℃，每 25mm 厚保温 1h，空冷
ZCuAl10Fe3	强化	淬火：870 ~ 925℃，每 10mm 厚保温 1h，水淬 回火：700 ~ 740℃，保温 2 ~ 4h，空冷
ZCuAl8Mn13Fe3Ni2	改善耐蚀性	淬火：870 ~ 925℃，每 10mm 厚保温 1h，水淬 回火：535 ~ 545℃，保温 2h，空冷
铸造铝青铜	焊后热处理（去除内应力）	炉内退火：以不大于 100℃/h 的升温速率升至 450 ~ 550℃，保温 4 ~ 8h；然后以不大于 50℃/h 的降温速率冷却至 200℃ 以下，打开炉门冷却
		局部退火：将焊补区加热至退火温度 450 ~ 550℃，保温时间的分钟数应大于该处厚度的毫米数；然后用石棉布覆盖缓冷
ZCuZn21Al5Fe2Mn2	焊后热处理（去除内应力）	以不大于 100℃/h 的加热速率升温至 500 ~ 550℃，保温 4 ~ 8h；然后不大于 50℃/h 的降温速率随炉降至 200℃ 以下，打开炉门冷却
ZCuZn40Mn3Fe1	焊后热处理（去除内应力）	以不大于 100℃/h 的加热速率升温至 300 ~ 400℃，保温 4 ~ 8h；然后不大于 50℃/h 的降温速率随炉降至 200℃ 以下，打开炉门冷却

（续）

合金牌号	应用的种类	工艺规范
ZCuAl10Fe3	回火 （去除缓冷脆性）	850~870℃保温2h，空冷
ZCuSn10P1	退火 （去除内应力）	500~550℃保温2~3h，空冷或随炉冷
铸造锡青铜	退火 （去除内应力）	650℃保温3h，随炉冷或空冷
特殊铸造黄铜	退火 （去除内应力）	250~350℃，2~3h，空冷

3）防止变形。铸造铍青铜等时效处理时，伴随着产生较大的体积应变，容易产生翘曲和变形，为减少变形，时效处理可分为两阶段进行，即先在200~250℃保温一段时间后再升到规定的时效温度；也可以采取较高的时效温度，即轻度过时效。

4）防止裂纹。沉淀强化铸造铜合金存在热处理开裂倾向，其原因是在严重过时效情况下，部分强化相在晶界上析出并长大，产生了相变应力而导致沿晶开裂。主要防止办法是在不影响合金力学性能的条件下，将合金化元素的化学成分范围向中下线控制，时效处理时严格控制时效温度和时间。

3. 热处理质量检验

（1）检验项目

1）外观尺寸。根据图样要求，采用合适的量具检测铸件尺寸是否符合规定。

2）硬度。检验铸件（或用同炉的试块）的硬度是否符合工艺规程的要求。

3）金相组织。检验晶粒度和析出相的分布情况，是否产生过热、过烧或过时效，并按有关专用标准进行评定。

铸造铜及铜合金金相检验时所用的电解抛光、化学抛光、化学腐蚀和电解腐蚀的工艺参数和方法分别见表6-183~表6-186。

（2）热处理缺陷及消除方法（见表6-187）

表6-183 铸造铜及铜合金的电解抛光工艺参数

成 分	阴极材料	电压/V	时间	适用合金
正磷酸2份、水1份	铜	1.5~2.0	15~30min	黄铜、铝青铜、锡青铜、铍青铜、铬青铜
正磷酸 670mL、硫酸 100mL、水 300mL	铜	2~3	15min	铜、锡青铜
正磷酸 250mL、甲醇 250mL、丙醇 50mL、尿素 3g、水 500mL	不锈钢	3~6	40~60s	铜、铜合金

表6-184 铸造铜及铜合金的化学抛光工艺参数

成 分	时间	温度/℃	适用合金
正磷酸 10mL、硝酸 30mL、盐酸 10mL、醋酸 50mL	1~2min	70~80	铜合金
氢氧化氨 20mL、过硫酸铵 1g、水 60mL	试验确定	室温	铜合金
硝酸铁 3g、水 100mL	试验确定	室温	铜合金

表6-185 铸造铜及铜合金的化学腐蚀方法

序号	腐蚀剂成分	浸蚀方法	适用合金	备 注
1	氯化铁5g（或19g）、盐酸10mL（或6mL）、水100mL	先擦拭后浸蚀（0.5~2min）	铜、黄铜、锡青铜、铅青铜的晶界和一般组织	使用时加1g氯化铜、0.05g氯化锡
2	A. 氯化铁 3g、盐酸 2mL、乙醇 95mL B. 氯化铜 10g、氯化镁 20g、盐酸 20mL	先A后B双重浸蚀	铝青铜、铍青铜的一般组织	去膜剂： 硝酸10mL 氢氟酸5mL 水75mL

（续）

序号	腐蚀剂成分	浸蚀方法	适用合金	备　注
3	体积分数为 3%～4% 的正磷酸溶液 100mL，铬酐 0.1～0.2g（或 0.3～0.4g）	黄铜和锡青铜浸蚀 30～60s，铅青铜和铍青铜浸蚀 3min	铜合金	使用前加 2～3 滴过氧化氢（双氧水）
4	重铬酸钠钾 2g、硫酸 8mL、水 100mL、饱和盐水 4 滴	浸蚀 30s 以上	特殊黄铜、硅黄铜等	可用 4 滴盐酸代盐水
5	硝酸 50mL、水 50mL	擦拭并重抛光 15～30s	青铜的枝晶组织及铜合金的一般组织	—
6	硝酸 75mL、醋酸 15mL	擦拭并重抛光 15～30s	锡青铜、铝青铜、铍青铜	—
7	硫酸 10mL、饱和重铬酸钾溶液 100mL	擦拭或浸入 30～60s	特殊黄铜的一般组织	—
8	氯化铜 8g、质量分数为 25% 的氨水 100mL	浸入 20s～1min	青铜的偏析和晶界	—
9	饱和氨水 25mL、过氧化氢 10～15mL、水 25mL	浸入或擦拭	铜合金	过氧化氢的用量随合金铜含量增加而增加
10	氯化铜 8～20g、饱和氨水 8～100mL	浸入	铍青铜、白铜	—
11	硝酸高铁 2g、乙醇 50mL	擦拭	铜合金	去痕能力强
12	硝酸高铁 5g、硝酸 1mL、硝酸铵 10g、水 250mL	擦拭	多元铝青铜	—
13	氯化铁 5g、盐酸 10mL、甘油 50mL、水 30mL	浸入	铜合金	反应太强时可减少甘油
14	氯化铁 20g、盐酸 5mL、铬酐 1g、水 100mL	擦拭、浸入	铜合金	—
15	醋酸 50mL、水 50mL、过氧化氢 1 滴	浸入 1～3min	焊缝组织	—

表 6-186　铸造铜合金金相的电解腐蚀工艺参数

序号	腐蚀剂成分	阴极材料	电压/V	时间/s	适用合金
1	质量分数为 1% 的铬酐水溶液	铝片	2～6	3～15	铍青铜
2	质量分数为 5%～15% 的磷酸水溶液	铝片	1～4 / 1～8	10 / 5～10	纯铜 / 黄铜
3	硫酸亚铁 30g、氢氧化钠 4g、硫酸 100mL、水 1900mL	铝片	8～10	<15	铜合金
4	醋酸 5mL、硝酸 10mL、水 30mL	铝片	0.5～1.0	5～15	白铜

表 6-187　热处理缺陷及消除方法

缺　陷	产生原因	消除方法
翘曲、变形	加热和冷却速度过快，产生较大应力的铸件装炉放置不当	调整加热和冷却速度，调整铸件在炉中的安置方向或采用夹具
过热、过烧	固溶处理温度过高，控温系统不正常	调整固溶处理温度，检测控温系统、热电偶、指示仪表是否正常

（续）

缺　陷	产　生　原　因	消　除　方　法
硬度低	淬火（固溶处理）温度过低，时效温度过低或过高、时效时间不足	调整淬火温度，时效温度或时间，允许重新固溶处理
表面亮度差	光亮热处理时使用的保护气体（离解氨）含有水分或离解度低，降低了保护作用	更换气体干燥剂、调整氨气的分解温度

6.3.2　表面处理

铜及铜合金铸件经机械加工后可直接使用，有时为了提高铸件的耐磨性、耐蚀性或改变艺术铜铸件的色调，需要对铜铸件进行表面处理。常见的表面处理方法有氧化处理、钝化处理和着色处理。

1. 氧化处理

铜及铜合金铸件在机械加工后可用化学或电化学方法进行氧化处理，使铸件表面生成一层黑色或蓝黑色的氧化膜，膜的一般厚度为 $0.5 \sim 2 \mu m$。铸件氧化处理后应涂油或涂透明漆以提高氧化膜的防护能力。

（1）化学氧化法

1）铜及铜合金铸件化学氧化的溶液成分及工艺条件见表 6-188。

表 6-188　化学氧化的溶液成分及工艺条件

溶　　液		1 号溶液（过硫酸盐）	2 号溶液（铜氨盐）
溶液成分 /(g/L)	过硫酸钾（$K_2S_2O_8$）	$10 \sim 20$	—
	氢氧化钠（NaOH）	$45 \sim 50$	—
	碱式碳酸铜 [$CuCO_3 \cdot Cu(OH)_2$]	—	$40 \sim 50$
	氨水（$NH_3 \cdot H_2O$）（体积分数25%）	—	200mL/L
工艺条件	温度/℃	$60 \sim 65$	$15 \sim 40$
	时间/min	$5 \sim 10$	$5 \sim 15$

2）工艺控制。

① 1 号溶液采用的过硫酸盐是一种强氧化剂，在溶液中分解为 H_2SO_4 及极活泼的氧原子，使铸件表面氧化，生成黑色氧化铜保护膜。由于氧原子的不断供给，氧化膜也不断增厚，当生成紧密的氧化膜后便冒出气泡，表明氧化处理已完成。

若溶液中过硫酸盐含量不足，分解产生的氧原子有限，会影响氧化膜的生成；当含量过高时，分解产生的 H_2SO_4 过多，会加剧对氧化膜的溶解，造成膜层疏松易脱落。

NaOH 在溶液中的主要作用是中和氧化过程中过

硫酸盐分解产生的 H_2SO_4，减少 H_2SO_4 对膜的溶解，保证膜的厚度。若 NaOH 含量不足，H_2SO_4 不能完全被中和，氧化膜会变成微红色或微绿色。因此，要获得优质的黑色氧化膜，必须保持 NaOH 和 H_2SO_4 恰当比例。

温度过高将促使过硫酸盐加快分解，使氧化膜生成速度急剧加快，从而不能获得致密氧化膜；温度过低，反应速度减慢，延长氧化时间，并使氧化质量下降。

氧化时间对氧化膜质量也有较大影响，时间过长氧化膜反遭溶解，膜层变薄，而且疏松；时间过短，达不到应有的氧化膜厚度。

1 号溶液适合于纯铜铸件的氧化。为了保证质量，铜合金铸件氧化前应先镀 $3 \sim 5 \mu m$ 厚的纯铜。

1 号溶液的缺点是稳定性较差，使用寿命短，在溶液配制后应立即进行氧化。

② 2 号溶液适用于黄铜铸件的氧化处理，能得到亮黑色或深蓝色的氧化膜。装挂夹具只能用铝、钢、黄铜等材料制成，不能用纯铜制作挂具，以防止溶液质量恶化。

在氧化过程中溶液内氨的浓度会逐渐下降，使膜产生缺陷，故要经常调整溶液的浓度。

黄铜铸件生成氧化膜层的速度与合金中锌含量有关，锌含量低的铜合金氧化膜生成的速度慢，锌含量高的铜合金氧化膜生成的速度较快。

黄铜铸件氧化前最好在含有 70g/L 的 $K_2Cr_2O_7$ 和 40g/L 的 H_2SO_4 组成的溶液中浸泡 $15 \sim 20s$，然后再在 $50 \sim 100g/L$ 的 H_2SO_4 溶液中浸蚀 $5 \sim 15s$，以保证氧化膜的质量。在氧化过程中要经常翻动铸件，以避免产生斑点。氧化后的制品需彻底洗清，残留氧化液后在 100℃ 左右烘干 $30 \sim 60min$，然后再浸油处理，以提高氧化膜的耐蚀性。

（2）电化学氧化法　电化学氧化工艺简便、溶液稳定，氧化膜的力学性能和耐蚀性都较好，适用于各种铜及铜合金铸件的氧化处理。

1）铜及铜合金铸件电化学氧化的溶液成分及工艺条件见表 6-189。

表 6-189　铜及铜合金铸件电化学氧化的溶液成分及工艺条件

氢氧化钠(NaOH)	温度	阳极电流密度	时间	阴阳极面积比	阴极材料
100 ~ 250g/L	80 ~ 90℃	0.6 ~ 1.5A/dm²	20 ~ 30min	(5 ~ 8):1	不锈钢

2) 工艺控制。

① 新配制的电解液用铜阳极处理至溶液呈浅绿色再进行铸件氧化。

② 将铸件放入槽液中预热 1 ~ 2min,先以 0.3 ~ 0.6A/dm² 的电流密度处理 3 ~ 5min 后,再将电流密度升至正常工艺范围内继续处理。

③ NaOH 含量过高成膜快,但膜层疏松,结合力差;若含量过低,则氧化膜薄,而且允许电流密度的范围变窄。

④ 为获得优质的氧化膜,温度宜控制在规定范围的上限。

⑤ 为获得深黑色的氧化膜,可在溶液中加入 0.1 ~ 0.3g/L 的钼酸氨或钼酸钠。

⑥ 在氧化过程中,阴极上会产生海绵状铜的沉淀物,必须定期取出清洗。

⑦ 氧化后铸件应在 100 ~ 110℃ 温度下烘干,然后涂上工业凡士林或浸涂清漆,以提高防护能力。

(3) 不合格氧化膜的退除　不合格的氧化膜可在下列任何一种溶液中退除:

1) 浓 HCl 溶液。

2) 质量分数为 10% 的 H_2SO_4 溶液。

3) 30 ~ 90g/L 的 CrO_3 和 15 ~ 30g/L 的 H_2SO_4 混合溶液。

2. 钝化处理

铜及铜合金铸件加工后在较好的环境条件下使用时,可采用酸洗钝化处理的方法来提高铸件的耐蚀性。它的特点是操作简便,生产率高,成本低。

(1) 铜及铜合金铸件钝化处理的溶液成分及工艺条件 (见表 6-190)

表 6-190　铜及铜合金铸件钝化处理的溶液成分及工艺条件

溶液		1	2	3	4
溶液成分/(g/L)	重铬酸钠($Na_2Cr_2O_7$)	100 ~ 150	—	—	—
	重铬酸钾($K_2Cr_2O_7$)	—	—	150	—
	铬酐(CrO_3)	—	80 ~ 90	—	—
	硫酸(H_2SO_4)	5 ~ 10	25 ~ 30	18	—
	氯化钠(NaCl)	4 ~ 7	1 ~ 2	—	—
	苯骈三氮唑	—	—	—	0.05 ~ 0.15
工艺条件	温度/℃	室温	室温	室温	50 ~ 60
	时间/s	3 ~ 8	15 ~ 30	2 ~ 3	2 ~ 3min

(2) 生产工艺控制

1) 溶液中重铬酸盐及铬酐是主要成膜物质,它是强氧化剂,浓度高、氧化力强,钝化膜光亮。

2) 钝化膜的厚度和形成速度与溶液中酸度及阴离子种类有关,当加入穿透能力较强的氯离子后,才能得到厚度较大的膜层。当硫酸含量太高时,膜层疏松、不光亮、易脱落;而含量太低时,膜的生成速度较慢。

3) 在 4 号溶液中钝化处理前需在表 6-191 所示的溶液中漂洗。

表 6-191　铸件漂洗液成分及工艺条件

漂洗液成分/(g/L)				工艺条件		
草酸	氢氧化钠	过氧化氢	苯骈三氮唑	pH	温度/℃	时间/min
40	16	80	0.2	3 ~ 4	30 ~ 40	1 ~ 3

(3) 工艺条件　化学除油→热水洗→流动冷水洗→预腐蚀 [w(HCl) = 10% 或 w(H_2SO_4) = 10%,室温 30s]→流动冷水洗→强腐蚀 ($H_2SO_4$1L + $HNO_3$1L + NaCl3g,室温 3 ~ 5s,精密铸件不进行此工序)→流动冷水洗→光亮处理 (30 ~ 90g/LCrO_3 + 15 ~ 30g/LH_2SO_4,15 ~ 30s)→流动冷水洗→弱腐蚀 [w(H_2SO_4) = 10%]→流动冷水洗→钝化处理→流动冷水洗→吹干→烘干 (70 ~ 80℃)→检验。

(4) 质量检验及不合格品退除

1) 质量检验

① 外观检验。钝化膜应具有均匀的彩虹色到古铜色,深褐色为不合格。

② 结合力检验。当用滤纸或棉布轻擦时膜层不应脱落。

③耐蚀性检验。将 $w(HNO_3)=5\%$ 溶液滴在铸件表面，观察气泡产生的时间，大于 6s 为合格。

2）不合格钝化膜的退除。

①在热的 300g/L 的 HNO_3 液中退除。

②在 $w(HCl)=10\%$ 或 $w(H_2SO_4)=10\%$ 的溶液中退除。

3. 着色处理

铜及铜合金的着色处理是借助化学药品、颜料和艺术加工的综合作用，使铜及铜合金表面呈现古铜色、装饰纹或其他颜色。

着色处理包括化学着色处理和表面涂料处理。

着色处理过程包括预处理、染色处理和后处理。预处理是将制件先抛光、热水冲洗、冷水冲洗、氰化物溶液侵蚀，然后再用冷水冲洗。染色处理是将预处理的制件在染色用的溶液中浸渍，使其着色。后处理是着色之后，依次用热水、碱水、冷水、乙醇冲洗，再用锯末吸干，最后涂上透明树脂，以增加耐磨性和艺术效果。铜及铜合金铸件化学着色处理工艺见表 6-192。

表 6-192 铜及铜合金铸件化学着色处理工艺

序号	合金	颜色	着色溶液成分		工 艺 要 点
1	铜	古铜色	K_2S $(NH_4)_2SO_4$	5g/L 20g/L	室温，浸 30s
2		古铜色	$K_2S_2O_8$ NaOH	15g/L 50g/L	60~65℃，浸 5min
3		黑色	K_2SO_4 H_2O	15g 1000g	40℃，浸 5~10s
4	黄铜	黑色	溶液A： 　NaOH 溶液B： 　NaOH 　KS_2O	60g/L 60g/L 7.5g/L	先在溶液 A 中浸 2~5min，然后在加热至沸腾的溶液 B 中浸 10min
5	铜	蓝色	As_2O_3 H_2O HCl	453g 16cm³ 8cm³	室温浸泡至出现所需颜色，清洗后用 50℃、体积分数为 10% 的 H_2SO_4 溶液冲洗
6		绿色	$CuCl_2$ NH_4Cl	40g/L 40g/L	室温，浸 1~5min
7		铜绿色	$Cu(NO_3)_2$ NH_4Cl $CaCl_2$ H_2O（含 Cl）	113g 113g 113g 16cm³	室温涂刷，为防止溶液流掉，可加入少量 $CuCO_3$ 使之成为糊状
8	铜及黄铜	氧化古绿色	$FeCl_3$ NH_4Cl NaCl 铜绿粉 酒石酸氢钠 H_2O	85g 450g 284g 226g 113g 16cm³	涂刷或浸泡，然后用软毛笔勾画
9		红色	$CuSO_4$ NaCl	240g/L 240g/L	80~95℃，浸 5min

（续）

序号	合金	颜色	着色溶液成分		工艺要点
10		巧克力色	$K_2S_2O_8$	7.5g/L	90~100℃，浸2~3min
			$CuSO_4$	60g/L	
11		褐色	$Na_2Cr_2O_7$	150g	室温，浸1min，每隔15s翻动一次
			HNO_3	20cm³	
			HCl	5cm³	
			H_2O	1000cm³	
			气溶胶	0.75g	
12		古铜色	$CuCO_3$	40~200g/L	室温，浸5~15min
			NH_4OH	200g/L	
13		古铜色	$K_2S_2O_8$	5~15g/L	65~70℃，浸20min
			$NaOH$	60~70g/L	
14		古绿色	$(NH_4)_2Ni(SO_4)_2$	60g/L	70℃，浸2min
			$Na_2S_2O_8$	60g/L	
15	铜及黄铜	金色	$NaCr_2O_7$	150g	室温，浸1min
			HNO_3	20cm³	
			HCl	5cm³	
			H_2SO_4	3cm³	
			H_2O	1000cm³	
			气溶胶	0.75g	
16		浅绿色	$Na_2Cr_2O_7$	150g	室温，浸10~15min
			H_3PO_4	10cm³	
			H_2O	1000cm³	
			气溶胶	0.75g	
17		蓝黑色	$CuCO_3$	120g	80~95℃，浸10s，溶液中必须有过量的 $CuCO_3$
			NH_4OH（密度0.9g/cm³）	200cm³	
			H_2O	750cm³	
18		铁灰色	As_2O_3	30g	室温，浸5~10s
			HCl	65cm³	
			H_2SO_4	16cm³	
			H_2O	1000cm³	
19		雕像青铜色	$CuCO_3$	120g	80~95℃，浸10s
			NH_4OH（密度0.9g/cm³）	250cm³	
			H_2O	750cm³	
20		小五金绿色	$Na_2S_2O_8$	60g/L	80℃，浸泡至出现绿色
			$Fe(NO_3)_3$	60g/L	
			H_2O	16cm³	

表面涂料处理是在着色处理后涂以保护层，防止表面锈蚀、磨损和褪色。常采用无色透明树脂作涂料，根据不同的使用条件可采用不同种类的涂料，见表 6-193。

表 6-193　着色处理后涂料的选择

使用条件	纤维素树脂	乙烯基树脂	丙烯酸树脂
正常的室外大气	+	+	+
海洋环境	-	+	-
水下环境	-	+	-
化学烟气	-	+	-
烈日暴晒	-	+	+
摩擦	-	+	+
冲击	-	+	+
弯曲	-	+	+
酸液	-	+	-
洗涤剂	-	+	+
锈蚀	-	+	+
汽油	+	+	+

注：+ 适用，- 不适用。

6.4　铸造缺陷及修补

6.4.1　铸造缺陷及防止方法

铜合金铸件的铸造缺陷及防止方法见表 6-194。铸件内部质量的检测方法国内无标准可依。超声波探伤（UT）在工程上应用较广泛，但由于铸造铜合金整体晶粒比较粗大，对超声波的衰减比较明显，因此该检测方法对铸件表面粗糙度有一定要求。对铸件实现精确地探伤则需要用机械加工表面，而多数铜合金铸件存在机械加工难度及成本控制要求，因此超声波探伤对铜合金铸件内部质量的检测存在一定的局限性。铜合金泵阀体铸件对产品的内部质量要求很高，否则难以通过耐压试验。铜合金铸件内部质量检测用射线探伤（RT）较为可靠，许多重要铸件的设计图样都标明了射线探伤的级别要求，实际检测时往往等效采用钢铸件的探伤标准。铸造铜合金对 X 射线的衰减率明显高于铸钢，同等试验方法下射线底片的灵敏度不高，会漏检细小的铸造缺陷。为更好地控制铜合金铸件的产品质量，其射线探伤试验方法推荐使用 ASTM E1030 标准，铸件缺陷分类及评级推荐使用 ASTM E272 标准。

表 6-194　铜合金铸件的铸造缺陷及防止方法

缺陷种类	产 生 原 因	防 止 方 法
气孔	1）合金液吸气严重 2）浇注温度太高 3）型砂中水分、黏土或细砂含量过高，或者春的太实、透气性差，油砂含油量过多 4）型砂、砂芯未烘干 5）浇注系统设计不当，或者浇注时操作不当，卷入了空气 6）浇包吸水 7）冷铁表面有锈、潮湿或敷料脱落 8）金属型涂油过多 9）金属型温度过高或过低，排气不良 10）出气孔被堵塞或数量不足	1）严格控制炉料和造型材料成分，特别注意控制水分含量 2）改进设计，留足出气孔 3）干型要烘透 4）控制浇注温度 5）浇注时不能断流，液柱要短 6）冷铁除锈、烘干 7）金属型温度要适当，铸造锡青铜为 $80 \sim 120℃$，铸造黄铜和无锡青铜为 $150 \sim 200℃$ 8）金属型分型面上多开一些通气槽，气体不易排除的部位用通气塞将气体引出
针孔	1）炉料潮湿，含油污、锈蚀 2）熔炼时炉内气氛为还原性 3）熔炼温度过高、时间长，吸气严重 4）除气不良，熔剂脱水不足 5）浇注系统设计不当	1）在弱氧化性或氧化性气氛下快速熔炼 2）对吸气严重的铸造锡青铜、铸造磷青铜使用氧化性熔剂 3）电弧炉熔炼时应采用覆盖剂 4）适时进行除气处理
铸件表面出现虫蛀状或局部发黑	1）铸造铝青铜中含杂质铝或硅，且含量过高 2）铸造铅黄铜中含杂质磷，且含量过高 3）浇注温度太高 4）型腔透气性差	1）降低杂质含量，或者采用熔剂精炼 2）调整浇注温度 3）增加型腔的透气性

（续）

缺陷种类	产 生 原 因	防 止 方 法
锡汗和铅汗	1）杂质铝或磷含量过高 2）在还原性气氛下熔炼 3）浇注温度太高 4）型砂含水分高，型腔透气性差	1）降低杂质含量，或者采用熔剂精炼 2）调整浇注温度 3）在弱氧化或氧化性气氛下快速熔炼，充分除气 4）增加型砂的透气性 5）使用涂料
夹渣	1）炉料沾污严重 2）加料顺序不合适，渣量大 3）精炼质量不高 4）浇注系统撇渣能力低 5）二次氧化 6）浇注温度太低，熔渣浮不上来	1）严格执行熔炼工艺，限制回炉料的用量 2）调整加料顺序 3）选用合适的精炼剂进行精炼 4）改进浇注系统设计，采用过滤网和集渣包 5）防止二次氧化
偏析	1）搅拌不均 2）浇注温度偏高 3）冷却速度太慢	1）浇注前充分搅拌 2）降低浇注温度 3）提高铸型的冷却速度，如采用石墨型、金属型或水冷模 4）采用搅拌铸造、振动铸造、压力铸造等技术
缩孔、缩松	1）浇注温度过高或过低 2）浇注速度过快或过慢 3）浇注系统设计不合适，冒口补缩作用不强，冷铁位置不当，不利于顺序凝固	1）调整浇注温度和浇注速度 2）改进浇注系统设计，以利于顺序凝固；增大冒口补缩能力；合理设置暗冒口或使用冷铁芯，防止金属型个别部位过热 3）底注时，浇注速度不宜过慢；顶注时，浇注速度不宜过快，以防局部过热
浇不到 （缺肉）	1）杂质含量高，流动性低 2）浇注温度太低，浇注速度太慢或产生漏箱 3）型砂含水分高，型腔透气性差 4）冒口小、静压不足 5）型芯上浮，浇道不畅通	1）严格控制炉料杂质含量 2）提高浇注温度 3）改进浇注系统设计，增加冒口高度。加快金属液的流动速度和增加补给量 4）降低铸型水分，增开出气孔 5）对铸造锡青铜薄壁件采用分层分散的浇口
冷隔	1）金属液吸气严重 2）浇注温度太低，浇注速度太慢 3）型砂含水分高、透气性差，型腔排气能力不足 4）冒口太小，静压不足，浇道阻力大	1）适当提高浇注温度和浇注速度 2）改进浇注系统设计，加快充型速度 3）防止浇注时断流 4）对铸造锡青铜薄壁件，采用分层分散的浇口
裂纹	1）铸件的厚薄截面过渡圆角半径太小 2）铸件补缩不足，收缩时将铸件拉裂 3）砂型和型芯热强度高，退让性差，砂型、型芯、冷铁和芯骨妨碍铸件收缩	1）正确设计铸型工艺，冒口和冷铁位置及尺寸适当，保证充分补缩 2）铸件厚薄过渡处的圆角半径在技术条件允许范围内尽量加大 3）内浇道分布应尽量分散，使热量分布均匀，边冒口要靠近铸件

（续）

缺陷种类	产　生　原　因	防　止　方　法
裂纹	4）落砂过早 5）冷铁放置不当 6）浇注温度过高 7）金属型温度过低，冷却太快，起模斜度小	4）对厚壁铸件要适当降低浇注温度 5）型芯内整圈冷铁应分块放置，留间隙，并用砂填补；芯骨不应妨碍铸件收缩 6）提高型砂的溃散性，加入黏土不能过量 7）正确把握开箱、落砂时间和温度 8）控制合金的杂质含量 9）提高金属型的工作温度，增加起模斜度，保证自由收缩

6.4.2　修补

铸件的各种铸造缺陷以及使用过程中制件的损伤均可进行修补。常用的修补方法有焊补、浸渗（充填）、填塞、补铸、热等静压和热处理方法等。铸造缺陷及其修补方法见表 6-195。

表 6-195　铸造缺陷及其修补方法

缺　陷　种　类	修　补　方　法					
	焊补	浸渗	填塞①	补铸	热等静压	热处理
裂纹	可用	—	可用	可用	—	—
冷隔	可用	—	—	可用	—	—
气孔	可用	可用	—	可用	—	—
显微缩松、细小的气孔、针孔	—	可用	—	—	可用	可用
缺肉、铸件断折	可用	—	—	可用	可用	—
表面夹渣物	可用	—	—	可用	—	—

①　指用铸件修补剂修补。

1. 焊补法

虽然铸造铜合金有高的导热性、大的线胀系数和在高温下容易氧化和吸气等缺点，给焊补工艺的实施带来一定的困难，但由于焊补法能修补多种缺陷，且焊缝致密能达到接近铸件本体的力学性能，因此铸件的焊补得到了较为普遍的应用。

焊补法包括钎焊、熔焊和电阻焊，其中以熔焊用得最多。

不同种类铸造铜合金的焊接性不同，因此应选用最适宜的焊接方法。

（1）铸造铜合金件的焊补程序（见表 6-196）

表 6-196　铸造铜合金件的焊补程序

序号	工序名称	主　要　内　容
1	确定焊补的部位	确定铸件缺陷的性质和焊补的部位
2	焊前准备	1）清铲，彼此相距较大的缺陷可分别清铲，密集的缺陷应将整个缺陷区清铲 2）焊补裂纹缺陷时，应在裂纹的两端打止裂孔 3）对较深的裂纹，推荐用 U 形坡口，根部半径为 5 ~ 7mm，边角斜度为 10° ~ 20°；大型件采用双 U 形坡口，坡口应平滑，无毛刺 4）仔细清理焊补区域附近的金属屑、油污、泥砂、水迹、氧化物及其他污物；多层焊时应逐层仔细清理
3	选择焊接工艺	根据合金的焊接性和焊补要求，选择合适的焊接工艺，若有多种工艺可以采用，应选择最经济的一种。对高强度铸造黄铜件，推荐手工钨极氩弧焊和电弧焊
4	选择焊接材料	根据合金的焊接性和铸件应用要求来选择焊接材料
5	预热	小型和薄壁铸件用远红外加热器、气焊火焰或喷灯等预热至 100℃ 左右，大型铸件则应充分预热，预热温度见表 6-197

（续）

序号	工序名称	主要内容
6	中间过程温度控制	多层堆焊时要控制过程（层间）温度，以防产生红热脆性和焊接缺陷，层间温度控制见表6-197
7	金属沉积技术	金属的沉积应根据焊补量、尺寸大小以及合金焊接性来确定，其方法有： 1）直线运条焊接。该方法渗透性强，但残余应力较大 2）退焊。可防止热量集中和金属过热 3）S形运条焊接。焊枪左右移动的宽度为电极直径的3~5倍 4）8字形运条焊接。适用薄壁件，能较好地控制焊区熔池深度 5）堆积焊接。用于多层焊，可减少内应力
8	敲击	焊前用锤子或风动工具锤击焊接坡口区，以后每焊接一道都要锤击焊缝和热影响区，借以提高焊缝的致密性和减少内应力
9	冷却	大多数铜合金铸件焊补后不需要强制冷却，而是在静止的空气中冷却至室温，但磷青铜铸件则要求迅速冷却至200℃以下，以防开裂
10	焊后热处理	焊后热处理（退火）可以去除焊接应力，调整焊缝和热影响区的组织，以提高焊缝的塑性、冲击性能和耐蚀性
11	焊接质量检验	包括目视、着色探伤和必要时的射线探伤或超声检验

（2）焊接材料的选择　选择焊接材料时应充分注意如下几点：

1）抗海水腐蚀性能必须接近或超过铸件本体。

2）如果化学成分与铸件本体不同，在使用时，为了避免电化学腐蚀，相对铸件本体来说焊缝金属必须成为阴极。

3）焊缝的力学性能应接近或超过铸件本体的力学性能。

4）焊缝的气体和杂质含量应尽可能低，并具有良好的抗裂性；使用焊剂应含有足够的还原剂，以便使焊缝不产生裂纹和气孔等缺陷。

5）有适当的熔点和流动性，与铸件本体能很好地熔合。

大多数情况都选用与铸件化学成分相同或接近的金属作为焊接材料。各种铜合金铸件焊补时，焊补预热温度及层间温度控制见表6-197；焊接材料的选择见表6-198。

表6-197　焊补预热温度及层间温度控制　（单位：℃）

合金及牌号	氧乙炔焊		焊条电弧焊		气体保护电弧焊	
	预热	层间	预热	层间	预热	层间
纯铜	427	427	500	500	500	500
低锌黄铜、锰青铜	200	200	200	200	200	200
硅黄铜	80	100	80	100	80	100
ZCuZn40Mn3Fe1	150~350	150~350	150~350	150~350	150~350	150~350
ZCuZn24A15Mn2Fe2	150~250	150~250	150~250	150~250	150~250	150~250
锡青铜、磷青铜	180	180	180	180	180	180
铅青铜	—	—	200	<250	200	<250
铝青铜	—	—	100~250	100~250	100~250	100~250
高锰铝青铜	—	—	100~250	100~250	100~250	100~250
镍铝青铜	—	—	140~200	140~200	140~200	140~200
铍青铜	—	—	150	150	150	150
硅青铜	—	—	—	80	—	80
白铜	—	50	—	50	—	50

表 6-198　铜合金铸件熔焊焊接材料的选择

合金	氧乙炔焊	焊条电弧焊	气体保护电弧焊
纯铜	1）含微量硅、锰、锡的纯铜丝 2）低铁铝青铜焊丝 3）铜-镍合金焊丝	含微量硅、锰、锡的纯铜焊条	1）含微量硅、锰、锡的纯铜丝 2）低铁铝青铜焊丝 3）铜-镍合金焊丝
黄铜	1）同牌号的合金焊丝 2）锡磷焊丝 3）当要求颜色一致时，低锌黄铜用 $w(Si)$ 为 1.5% 的 Cu-Zn-Si-Sn-Fe 焊丝，高锌黄铜用锡黄铜焊丝	1）锡磷焊条 2）含锡黄铜焊条 3）要求高强度和高耐蚀性的用低铁铝青铜焊条 4）要求高强度焊缝的低锌黄铜铸件用 $w(Sn)$ 为 4% ~9% 的锡磷青铜焊条	1）$w(Sn)$ 为 4% ~9% 的锡青铜焊丝 2）高强度锰黄铜用低铁铝青铜焊丝 3）当要求颜色一致时低锌黄铜用硅青铜或 $w(Sn)$ 为 8% 的锡磷青铜焊丝
铝青铜	—	1）同牌号合金的焊条 2）各种铝青铜焊条 3）低铝型焊丝可得到好的热强度和热塑性焊缝	1）同牌号合金的焊丝 2）低铝型焊丝无裂纹敏感性
锡青铜、磷青铜	1）不含铅的锡青铜可以用中锡含量的锡青铜焊丝 2）磷青铜用锡黄铜焊丝	1）用 $w(Sn)$ 为 4% ~6% 或 7% ~9% 的锡磷青铜焊条 2）含硅的磷青铜焊条：$w(Sn)$ 为 8%，$w(P)$ 为 0.2%，$w(Si)$ 为 0.2% ~0.6% 可以消除气孔	1）低锡青铜用 $w(Sn)$ 为 4% ~6% 的锡磷青铜焊丝 2）高锡青铜用含 $w(Sn)$ 为 7% ~9% 的锡磷青铜焊丝
锰青铜	1）含 Si、Sn、Fe、Mn 等元素的铜锌焊丝 2）低铁铝青铜焊丝	1）含 Si、Sn、Fe、Mn 等元素的铜锌焊条 2）低铁铝青铜焊条	1）含 Si、Sn、Fe、Mn 等元素的铜锌焊丝 2）低铁铝青铜焊丝
硅青铜	1）同牌号合金焊丝 2）含硅的锡黄铜焊丝	1）同牌号合金焊条 2）Cu-Si 焊条 3）低铝型铝青铜焊条	1）同牌号合金焊丝 2）Cu-Si 焊条
铰青铜	含微量硅、锰、锡的纯铜丝	含微量硅、锰、锡的纯铜焊条	含微量硅、锰、锡的纯铜丝
白铜	$w(Ni)$ 为 3% ~30% 的铜-镍焊丝	$w(Ni)$ 为 3% ~30% 的铜-镍焊条	$w(Ni)$ 为 3% ~30% 的铜-镍焊丝

（3）焊接条件和举例　铜及铜合金铸件的焊补条件应符合 GB/T 13819—2013 的规定。焊补举例见表 6-199；铜及铜合金铸件焊补用的填充焊丝见表 6-200。

2. 浸渗法

铸件的显微缩松、细小的气孔等缺陷可以采用浸渗充填的方法进行修补。

（1）充填剂　浸渗法所用的充填剂有电木清漆、水玻璃、环氧树脂和厌氧密封剂等，其特点及配方见表 6-201。

（2）浸渗充填方法（见表 6-202）

（3）电木清漆浸渗充填铸件工艺举例（见

表 6-203）

3. 补铸

铸件出现欠铸，若尺寸较大，特别是较深时，采用补铸较为合适。

补铸时应彻底清除要补铸部位表面的外来物和氧化皮，然后造型。在补铸部位的上方设置浇口（兼作冒口），下面设置集液槽，注入的金属液在预热铸件后经铸型下面的流道充在集液槽内。当补铸部位达到一定温度，开始熔化后，即可堵住下面的流道，停止补浇，让铸件和补浇的金属液熔合。

补铸金属液的温度应尽量高一些，但为了避免产生过大的铸造应力，必须缓冷。

表 6-199　铜及铜合金铸件焊补举例

合金或牌号	焊接方法	焊接材料		电流/A	保护气体流量 /(L/min)	焊补工艺要点
		焊丝（条）	熔剂或药皮成分（质量分数,%）			
纯铜	焊条电弧焊	ECu ECuSi-A	大理石 45 氟石 15 石英 10 钛白粉 8 铝铜 10 硅铜 10 纯碱 1.5 水玻璃 28~34[①]	110~150 (d[②] = 3.2mm) 150~200 (d = 4mm) 200~380 (d = 4~7mm)	—	开坡口大于 45°，焊前应预热至 500~600℃，焊后立即在焊缝区域锤击；大件焊后在 500~600℃ 条件下水冷
锡青铜	焊条电弧焊	ECuSn-A	大理石 40 氟石 18 石英 15 冰晶石 7 铝铜 4 菱苦土 5 纯碱 2 电解锰 3 水玻璃 30~35[①]	100~350 (d = 3.2~6mm)	—	开坡口大于 45°，焊前应预热（≤200℃），焊后立即在层间或焊缝区域锤击
铝青铜	焊条电弧焊	ECuAl-A2	大理石 40 氟石 24 石英 15 冰晶石 8 锰铁 8 石墨 1 纯碱 2 水玻璃 28~34[①]	100~300 (d = 3.2~6mm)	—	开坡口大于 45°，焊前应预热至 300~400℃，焊后立即在焊缝区域锤击；大件焊后在 500~600℃ 条件下水冷
ZCuZn24Al5Fe2Mn2	焊条电弧焊	ECuSn-A 焊条	大理石 40 氟石 18 石英 15 冰晶石 7 铝铜 4 菱苦土 5 电解锰 3 纯碱 2 水玻璃 30~35[①]	120~140 (d = 4mm 打底层) 180 (d = 6mm)	—	1) 坡口准备，用碳弧气刨、风铲加工 2) 用柴油喷射加热器局部预热至 200~300℃ 3) 多层道退步焊，横向摆动不超过20mm 4) 用 0.4~0.8MPa 压力的风铲铲击焊缝 5) 焊后热处理：500℃，3h，缓冷

（续）

合金或牌号	焊接方法	焊接材料		电流/A	保护气体流量/（L/min）	焊补工艺要点
		焊丝（条）	熔剂或药皮成分（质量分数,%）			
ZCuZn40Mn3Fe1	焊条电弧焊	相同牌号合金焊丝	氟石粉 30 长石 14 银色石墨 16 锰铁 8 硅铝铜 27 碳酸钾 5	25~30 (d=2.5mm) 直流正接	—	1）坡口大于 45° 2）预热 150~250℃ 3）短弧焊，不横向摆动，焊速不低于 0.2~0.3m/min
ZCuZn16Si4	焊条电弧焊	相同牌号合金焊丝	氟石粉 30 长石 14 银色石墨 8 硅铝铜 43 碳酸钾 5	25~30 (d=2.5mm) 直流正接	—	1）坡口大于 45° 2）预热 150~250℃ 3）短弧焊，不横向摆动，焊速不低于 0.2~0.3m/min
ZCuSn10P1、ZCuSn-10Zn2	焊条电弧焊	ECuSn-B 焊丝	大理石 9.7 石墨 4.6 黏土 3.4 铝粉 2.3 锰铁 72 氟石 3	230~240 (d=5mm) 330~340 (d=7mm)	—	1）坡口 90°~100° 2）局部预热 100℃ 3）短弧 8 字形运条焊接
ZCuZn38、ZCuZn-16Si4、ZCuZn35A-12Mn2Fe1、ZCuZn-40Mn2、ZCuZn40Mn-3Fe1	氧乙炔焊	1）相同牌号合金焊丝 2）SCu4700 3）SCu4701 4）SCu6180	1）硼砂 100 2）硼砂 70 硼酸 10 食盐 20 3）硼砂 50 硼酸 35 磷酸氢钠 15	—	—	1）氧化性焰氧：乙炔 =1:1.3~1.4 2）采用左焊法，焊速尽可能快 3）厚大件预热至 300~400℃ 4）火焰的焰心末端距铸件表面 15~20mm
纯铜	氧乙炔焊	SCu1898A	硼砂 100	—	—	一般不开坡口，焊前应预热至 500~600℃，焊后立即在焊缝区域锤击；大件焊后在 500~600℃ 条件下水冷
	钨极气体保护焊	SCu1898A	硼砂 100	200~420 (d=3~5mm)	14~24	开坡口大于 45°，焊前应预热至 500~600℃，焊后立即在焊缝区域锤击；大件焊后在 500~600℃ 条件下水冷

（续）

合金或牌号	焊接方法	焊接材料		电流/A	保护气体流量/（L/min）	焊补工艺要点
		焊丝（条）	熔剂或药皮成分（质量分数，%）			
ZCuZn24Al5Fe2Mn2	钨极气体保护焊	1) 相同牌号合金焊丝 2) SCu6180	—	140 ~ 240 ($d = 4$mm) 200 ~ 320 ($d = 5$mm)	Ar 气 18 ~ 24 20 ~ 26	1) 坡口大于 45° 2) 丙酮清洗 3) 多层焊 4) 逐层锤击
锡青铜	钨极气体保护焊	SCu5210	—	120 ~ 330 ($d = 2 ~ 4$mm)	12 ~ 16	开坡口但不预热
ZCuAl8Mn3Fe3Ni2、 ZCuAl9Fe4Ni4Mn2	钨极气体保护焊	1) 相同牌号合金焊丝 2) SCu6328 3) SCu6325 4) SCu6240	—	200 ~ 240 ($d = 4$mm)	15 ~ 25	1) 坡口大于 45° 2) 预热至 400 ~ 230℃，层间小于 100℃ 3) 多层多道退步焊 4) 焊速为 50 ~ 72mm/min
硅青铜	钨极气体保护焊	1) 同牌号合金焊丝 2) SCu6560	—	150 ~ 320 ($d = 2 ~ 4$mm)	12 ~ 24	开坡口，但不预热，焊速为 150mm/min
白铜	钨极气体保护焊	1) 同牌号合金焊丝 2) SCu7158	—	250 ~ 320 ($d = 1.5 ~ 4$mm)	12 ~ 16	开坡口，但不预热，焊速为 150mm/min
铬青铜	熔化极气体保护焊	SCu1898A	硼砂 100	300 ~ 750 ($d = 1.6 ~ 2$mm)	16 ~ 40	坡口大于 45°，焊前应预热至 500 ~ 600℃，焊后立即在焊缝区域锤击。铬青铜焊后应重新进行热处理
ZCuAl9Fe4Ni4Mn2	熔化极气体保护焊	1) 同牌号合金焊丝 2) SCu6328 3) SCu6240	—	300 ($d = 2$mm)	20 ~ 25	1) 坡口大于 45° 2) 预热至 150℃，层间小于 150℃ 3) 多层多道退步焊 4) 送丝速度为 4.8m/min

（续）

合金或牌号	焊接方法	焊接材料		电流/A	保护气体流量/(L/min)	焊补工艺要点
		焊丝（条）	熔剂或药皮成分（质量分数,%）			
硅青铜	熔化极气体保护焊	1）同牌号合金焊丝 2）SCu6560	—	250～350 (d=1.6～2.5mm)	16～20	开坡口但不预热，焊速为150mm/min
白铜	熔化极气体保护焊	1）同牌号合金焊丝 2）SCu7158	—	250～420 (d=1.6～2mm)	16	开坡口但不预热

① 水玻璃为外加。

② d—焊条直径。

表6-200 铜及铜合金铸件焊补用的填充焊丝

焊丝牌号	名 称	主要化学成分（质量分数,%）	熔点/℃	适用母材	相应美国牌号
SCu1898A (CuSn1MnSi)	纯铜焊丝	Sn：1.1, Si：0.4, Mn：0.4, Cu余量	1050	纯铜，黄铜 高铜合金	ERCu
SCu1897 (CuAg1)	低磷铜焊丝	P：0.3, Cu余量	1060	纯铜，高铜合金	ERCu
SCu4700 (CuZn40Sn)	锡黄铜焊丝	Cu：59, Sn：1, Zn余量	886	黄铜	—
SCu6810 (CuZn40Fe1Sn1)	锡黄铜焊丝	Cu：60, Sn：0.9, Si：0.1, Fe：0.8, Zn余量	890	黄铜	—
SCu6810A (CuZn40SnSi)	锡黄铜焊丝	Cu：58, Sn：1, Si：0.3, Zn余量	860	黄铜	—
SCu6560 (CuSi3Mn)	硅青铜焊丝	Si：2.75～3.5, Cu余量	1026	硅青铜，黄铜	ERCuSi-A
SCu5180A (CuSn6P)	锡青铜焊丝	Sn：6～8, P：0.15～0.35, Cu余量	996	锡青铜 低锌黄铜	ERCuSn-A
SCu6100A (CuAl8)	铝青铜焊丝	Al：7～9, Cu余量	1061	铝青铜 特殊黄铜	ERCuAl-A1
SCu5180A (CuAl10Fe)	铝青铜焊丝	Al：8～10, Fe：≤1.5, Cu余量	1047	铝青铜，硅青铜 特殊黄铜	ERCuAl-A2
SCu6240 (CuAl11Fe3)	铝青铜焊丝	Al：10～11.5, Fe：2～4.5, Cu余量	1047	铝青铜，黄铜	ERCuAl-A3
SCu6328 (CuAl9Ni5Fe3Mn2)	镍铝青铜焊丝	Al：8～10, Fe：3～5, Ni：3～5, Mn：0.5～2.5, Cu余量	1060	镍铝青铜 高锰铝青铜	ERCuNiAl

（续）

焊丝牌号	名　称	主要化学成分 （质量分数，%）	熔点 /℃	适用母材	相应美国牌号
SCu6338 （CuMn13Al8Fe3Ni2）	高锰铝青铜焊丝	Al：7~9，Fe：2~4， Ni：1.5~3，Mn：10~13， Cu余量	987	高锰铝青铜	ERCuMnNiAl
CuNi3TiMnSi	白铜焊丝	Ni：3~3.5，Ti：0.1~0.3， Si：0.2~0.3，Mn：0.2~0.3， Cu余量	1120	白铜，纯铜 铝青铜，硅青铜	—
SCu7061（CuNi10）	白铜焊丝	Ni：9~11，Fe：0.5~2.0， Mn：0.5~1.5，Ti：0.1~0.5， Cu余量	1150	白铜，纯铜 铝青铜，硅青铜	—
SCu7158 （CuNi30Mn1FeTi）	白铜焊丝	Ni：29~33，Mn：0.5~1.5， Fe：0.4~0.7，Ti：0.2~0.5， Cu余量	1228	白铜	ERCuNi

表 6-201　充填剂的特点及配方

充填剂	特　　点	配　　方
电木清漆	易渗透细小的孔洞，需高温固化	福尔马林50%，苯酚50%，氨水1.5%（外加），乙醇或丙酮适量（外加）（体积分数）
水玻璃	可室温固化，易储存、耐酸、耐热、耐油，但因含大量水分，随水分的蒸发微孔仅部分被充填。自由浸渗时，需多次浸渗才能使气孔完全充填	根据孔洞大小配料
环氧树脂	生产率高，耐化学腐蚀，可密封很小（φ0.2mm）的微孔	环氧树脂100份，二乙烯三胺或三乙烯四胺25份，丙酮若干
厌氧密封剂	与空气接触时不固化，仅当隔绝空气和有金属离子存在的条件下才固化，可密封微孔，耐油、耐酸、耐碱、耐压	—

表 6-202　铜合金铸件铸造缺陷的浸渗充填方法

序号	充填方法	工艺要点	应　用
1	自由浸渗法	铸件经脱脂、清洗和加热暴露微孔后，浸入65~80℃的水玻璃溶液中，保持2~6h；取出后，水洗、自然干燥或在100~105℃固化2h	适用于不承受大的工作压力、工作条件不恶劣的铸件
2	内压法	铸件经脱脂、清洗和加热暴露微孔后，固定在夹具上，除浸渗液进出口外，其余孔堵住；将热的充填剂压入铸件内腔并保持一定时间，强迫充填剂往微孔内渗透（最低压力为1MPa）。当外表面出现充填剂后，解除压力、水洗、干燥、固化	适用于受力较大的铸件。根据微孔尺寸大小适当调整水玻璃的密度或环氧树脂充填剂的溶剂量

（续）

序号	充填方法	工 艺 要 点	应　用
3	外压法	铸件经脱脂、清洗和加热暴露微孔后，置于高压釜内；用泵打入热的充填剂，加压至 7MPa 并保持一段时间，去压、取出铸件，清洗、干燥或加热固化	该法当压力除去后，微孔内被压缩的空气膨胀，大部分充填物又被挤出来，降低密封效果
4	干真空法	铸件经脱脂、清洗和加热暴露微孔后，放入真空釜内，抽真空；打开阀门，放入充填剂，加压（0.6～6MPa）并保持 15min 后去压，取出铸件，清洗、干燥或加热固化	—
5	湿真空法	铸件经脱脂、清洗和加热暴露微孔后，放入盛有充填剂的真空釜内，抽真空并维持 10min。当釜内压力和大气压相等时，取出铸件，清洗、干燥或加热固化	

表 6-203　电木清漆浸渗充填铸件工艺举例

工　序	工 艺 要 点
准备	1）对铸件进行水压试验，用白漆圈标记漏水部位 2）用稀热碱液清洗铸件，除去油污 3）在 120～140℃下烘干，除去水分
内压法充填	1）将铸件预热到 40～50℃ 2）密封（除最上面的一个孔外）所有的孔，注满电木清漆，然后封闭最上面的孔 3）用手泵由侧面盖板中的小孔压入电木清漆，并将压力提高到铸件试验压力的 1.2 倍，保压 15～20min 4）除去压力，拆除密封夹具，倒出电木清漆，并用纱布擦净加工表面和螺孔，置于阴凉处风干 1.5～2h
加热固化	1）以 60℃/h 的升温速度升至 120℃，保温 1h 2）再以 60℃/h 的升温速度升至 170～180℃，保温 2h 3）随炉冷却至 80℃后空冷

4. 其他修补方法

（1）**热处理法**　此法仅用于锡的质量分数大于 6% 的小型锡青铜铸件，目的在于改善铸件的耐压性。热处理法是将铸件在 700～800℃ 下加热 3h 以上，并通过氧化作用使微孔闭合。

（2）**热等静压法**　此法能有效地降低或消除铸件的细小气孔和缩松等缺陷。热等静压前，应将铸件中的穿透性孔洞或裸露在表面上的孔洞和裂纹预先焊补。

热等静压对 ZCuSn8Zn4 合金筒形铸件空隙率的影响见表 6-204。

表 6-204　热等静压对 ZCuSn8Zn4 合金筒形铸件空隙率的影响

状态和等静压条件	空隙率（体积分数，%）		
	最小	最大	平均
铸态分离的气孔	0.01	0.18	0.06
铸态互相结合的气孔	0.006	0.14	0.05
675℃，103MPa 处理 3h	0.0002	0.0025	0.001
760℃，103MPa 处理 3h	0	0.0028	0.0006
815℃，103MPa 处理 3h	0	0	0

注：随机取 50 个试样的分析结果。

参 考 文 献

[1] 黄伯云，李成功，石力开，等 . 中国材料工程大典：第 4 卷　有色金属材料工程（上）[M]. 北京：化学工业出版社，2006.

[2] 柳百成 . 中国材料工程大典：第 18 卷　材料铸造成形工程（上）[M]. 北京：化学工业出版社，2006.

[3] 袁承人, 浦志成. 铜液中的气体及除气 [J]. 有色冶金设计与研究, 2009 (4): 26-28.

[4] 曹延军, 孙刚毅, 汪瑶. 大型铜螺母的离心铸造 [J]. 特种铸造及有色合金, 2007 (7): 543-544.

[5] 胡小红, 汪卫东. 大型铜套类铸件的金属型铸造工艺 [J]. 铸造技术, 2005 (9): 834-835.

[6] 刘志虎, 周亚军, 王真亮. 铸造铜合金熔炼新工艺 [J]. 铸造技术, 2008 (3): 51.

[7] 潘锦华. 艺术品铸造铜合金的应用 [J]. 铸造技术, 2004 (7): 563-565.

[8] 董超群. 铍铜合金熔铸工艺及设备的发展 [J]. 宁夏工程技术, 2004 (3): 93-97.

[9] LI H L, SUN X, ZHANG S Y, et al. Effect of pressure on the feeding characteristics of ZCuZn16Si4 alloy [J]. Chian Foundly, 2005 5, (2): 92-94.

[10] ZHAO Y C, FAN S P, ZHANG L Y, et al. Absoptivity and Effect of Rare Earth on Pure Copper and Its Alloys [J]. Journal of Rare Earths, 2004, 22: 157-159.

[11] 姜周华, 董艳伍, 等. 电渣冶金学 [M]. 北京: 科学出版社, 2016.

[12] 全国铸造标准化技术委员会. 铸造铜及铜合金: GB/T 1176—2013 [S]. 北京: 中国标准出版社, 2014.

第7章 铸造锌合金

锌合金已形成铸造锌合金、变形锌合金和镀用锌合金三大系列。铸造锌合金又分为压力铸造锌合金和重力铸造锌合金。传统的压铸锌合金是 $w(Al)$ 为4%左右的 Zn-Al 系合金。与压铸铝合金相比，压铸锌合金的熔点较低、压铸型的使用寿命长、压铸件的尺寸精度高、力学性能优良并且容易电镀，广泛应用于汽车、摩托车、五金和仪表等许多工业部门。

锌合金也适用于重力铸造，重力铸造的锌合金主要用于轴承，并可作为冲压成形用模具。与巴氏合金相比，锌基轴承合金[$w(Al)$ >9%]具有价格便宜、密度较小、硬度较高、容易铸造及加工等优点。与青铜相比，锌合金对油的亲和力较大、摩擦因数较低、力学性能优良，而且具有减振性。其缺点是热膨胀系数较大、室温韧性和高温强度较差。其次，锌合金还可用来铸造简易冲压模具。与压铸锌合金相比，模具锌合金的铜含量较高 [$w(Cu)$ =2.7% ~3.3%]，故强度较高。用锌合金模具代替钢模具可节约大量加工工时，缩短模具制造周期，适合于新产品的研发和中小批量生产。此外，锌合金还可用凝壳铸造法制作灯具、艺术品和装饰工艺品。这类铸件 $w(Al)$ =4.5% ~5.5%。

由于锌铝系合金具有内摩擦大、能吸收振动能量的特性，还可作为减振材料，具有与铸铁相当的减振性和优良的力学性能，已形成商品化生产。

在我国，锌是非铁金属工业中重点发展的主要金属之一。用锌合金取代铜合金和铝合金，在节约能源和降低原材料成本，以及合理使用本国资源方面具有重要意义。

7.1 合金及其性能

7.1.1 合金牌号

我国原来的铸造锌合金的标准（GB/T 13818—1992、GB/T 1175—1997）已不适应铸造锌合金发展的需要，全国铸造标准化技术委员会在 2018 年和 2009 年分别完成了铸造锌合金和压铸锌合金标准的修订工作。新修订的标准（GB/T 1175—2018、GB/T 13818—2009）参考了国内外有关标准。铸造锌合金的牌号或代号见表7-1。

7.1.2 化学成分（见表7-2和表7-3）

合金元素和其他元素对铸造锌合金组织性能的影响见表7-4和表7-5。

表7-1 铸造锌合金的牌号或代号

合金牌号	合金代号	相近国外牌号或代号				
（GB/T 1175—2018）		国际	美国	欧洲	日本	俄罗斯
ZZnAl4Cu1Mg	ZA4-1	ZP0410	Alloy5	ZP0410	ZDC1	ZnAl4Cu1A
ZZnAl4Cu3Mg	ZA4-3	ZP0430	Alloy2	ZP0430	—	ZnAl4Cu3A
ZZnAl6Cu1	ZA6-1	—	—	ZP0610	—	—
ZZnAl8Cu1Mg	ZA8-1	ZP0810	ZA8	ZP0810	—	—
ZZnAl9Cu2Mg	ZA9-2	—	—	—	—	—
ZZnAl11Cu1Mg	ZA11-1	ZP1110	ZA12	ZP1110	—	—
ZZnAl11Cu5Mg	ZA11-5	—	—	—	—	—
ZZnAl27Cu2Mg	ZA27-2	ZP2720	ZA27	ZP2720	—	—

表7-2 铸造锌合金的化学成分（GB/T 1175—2018）

序号	合金牌号	合金代号	化学成分（质量分数,%）								
			合金元素				杂质元素 ≤				
			Al	Cu	Mg	Zn	Fe	Pb	Cd	Sn	其他
1	ZZnAl4Cu1Mg	ZA4-1	3.9 ~ 4.3	0.7 ~ 1.1	0.03 ~ 0.06	余量	0.02	0.003	0.003	0.0015	Ni 0.001
2	ZZnAl4Cu3Mg	ZA4-3	3.9 ~ 4.3	2.7 ~ 3.3	0.03 ~ 0.06	余量	0.02	0.003	0.003	0.0015	Ni 0.001

（续）

序号	合金牌号	合金代号	化学成分（质量分数,%）								
			合金元素				杂质元素　≤				
			Al	Cu	Mg	Zn	Fe	Pb	Cd	Sn	其他
3	ZZnAl6Cu1	ZA6-1	5.6 ~ 6.0	1.2 ~ 1.6	—	余量	0.02	0.003	0.003	0.001	Mg 0.005 Si 0.02 Ni 0.001
4	ZZnAl8Cu1Mg	ZA8-1	8.2 ~ 8.8	0.9 ~ 1.3	0.02 ~ 0.03	余量	0.035	0.005	0.005	0.002	Si 0.02 Ni 0.001
5	ZZnAl9Cu2Mg	ZA9-2	8.0 ~ 10.0	1.0 ~ 2.0	0.03 ~ 0.06	余量	0.05	0.005	0.005	0.002	Si 0.05
6	ZZnAl11Cu1Mg	ZA11-1	10.8 ~ 11.5	0.5 ~ 1.2	0.02 ~ 0.03	余量	0.05	0.005	0.005	0.002	
7	ZZnAl11Cu5Mg	ZA11-5	10.0 ~ 12.0	4.0 ~ 5.5	0.03 ~ 0.06	余量	0.05	0.005	0.005	0.002	Si 0.05
8	ZZnAl27Cu2Mg	ZA27-2	25.5 ~ 28.0	2.0 ~ 2.5	0.012 ~ 0.02	余量	0.07	0.005	0.005	0.002	

表 7-3　压铸锌合金的化学成分（GB/T 13818—2009）

合金牌号	合金代号	化学成分(质量分数,%)							
		主　要　成　分				其他元素　≤			
		Al	Cu	Mg	Zn	Fe	Pb	Sn	Cd
YZZnAl4A	YX040A	3.9 ~ 4.3	≤0.1	0.030 ~ 0.060	余量	0.035	0.004	0.0015	0.003
YZZnAl4B	YX040B	3.9 ~ 4.3	≤0.1	0.010 ~ 0.020	余量	0.075	0.003	0.0010	0.002
YZZnAl4Cu1	YX041	3.9 ~ 4.3	0.7 ~ 1.1	0.030 ~ 0.060	余量	0.035	0.004	0.0015	0.003
YZZnAl4Cu3	YX043	3.9 ~ 4.3	2.7 ~ 3.3	0.025 ~ 0.050	余量	0.035	0.004	0.0015	0.003
YZZnAl8Cu1	YX081	8.2 ~ 8.8	0.9 ~ 1.3	0.020 ~ 0.030	余量	0.035	0.005	0.0050	0.002
YZZnAl11Cu1	YX111	10.8 ~ 11.5	0.5 ~ 1.2	0.020 ~ 0.030	余量	0.050	0.005	0.0050	0.002
YZZnAl27Cu2	YX272	25.5 ~ 28.0	2.0 ~ 2.5	0.012 ~ 0.020	余量	0.070	0.005	0.0050	0.002

注：YZZnAl4B 中镍的质量分数为 0.005% ~ 0.020%。

表 7-4　合金元素对铸造锌合金组织性能的影响

元素	加入量（质量分数,%）	存　在　形　式	对性能的影响
Al	<2	以铝基固溶体的形式形成枝晶和共晶体，冷却时转变为共析体；少量固溶于锌中	能减轻 Zn 的氧化倾向，有细化晶粒的作用，但力学性能的提高不显著
	2 ~ 4.5		提高铝含量，合金的强度和韧性显著提高。亚共晶合金在 $w(Al)$ = 4% 时综合力学性能（包括力学性能和铸造性能）最好
	>4.5 ~ 28		铝含量进一步提高，合金强度仍可提高，但塑性、韧性下降

（续）

元素	加入量 （质量分数,%）	存 在 形 式	对性能的影响
Cu	0.5~5.5	固溶于铝和锌中，含量提高至一定数量时形成富铜 ε 相（CuZn₄）	Zn-Al 合金易发生晶间腐蚀，加入铜后，抗晶间腐蚀的能力明显增强。铜还有细化晶粒，提高合金强度的作用。铜含量较高的锌合金，会因时效而发生体积变化，故使铸件尺寸不稳定
Mg	0.02~0.1	固溶于锌中，过量则形成金属间化合物	含铜的锌合金中加入镁，可减少体积变化，改善铸件尺寸的稳定性。镁可提高合金抗晶间腐蚀的能力，并能细化晶粒提高强度、硬度，但显著降低塑性、韧性，增大热裂、冷裂倾向

表 7-5　其他元素对铸造锌合金组织性能的影响

元素	允许含量 （质量分数,%）	存 在 形 式	对性能的影响
Pb	0.003~0.005	呈细小球形粒子或表面膜分布于晶界和枝晶间	引起晶间腐蚀
Sn	0.001~0.002	与锌形成低熔点（198℃）共晶体	引起晶间腐蚀，降低韧性，引起热脆性
Cd	0.003~0.005	存在于固溶体中	引起热脆性并降低耐蚀性和铸造性能
Fe	0.02~0.07	与锌形成化合物 FeZn₇，在锌铝合金中形成 FeAl₃	降低流动性、加工性能和电镀性能

7.1.3　物理和化学性能

1. 物理性能（见表 7-6）

2. 耐蚀性

锌铝合金容易发生晶间腐蚀。化学成分对锌铝合金耐蚀性的影响见表 7-7。

Pb、Sn、Cd 是锌合金中最常出现而又公认有害的杂质元素，在不含铝的 Zn-Pb、Zn-Sn 合金中没有晶间腐蚀倾向，但当 Pb，Sn 出现在 Zn-Al 合金中时，则显著加速腐蚀，其含量越高，危害性越大，且 Sn 比 Pb 更为有害。因此，在各国有关 Zn-Al 合金标准中，对 Sn 的限制也总比 Pb 要严。Cd 同 Pb、Sn 一样，也是加速合金腐蚀的，但因其在富锌 β 相中的固溶度略大，以及与 Zn、Al 的电极电位差别略小而决定了它的危害性比 Pb、Sn 要小些。

同量杂质元素 Pb、Sn、Cd 对不同含量的 Zn-Al 合金的影响也不一样。从图 7-1 来看，杂质对共析合金的危害比对共晶合金的要大。

表 7-6　铸造锌合金的物理性能

合金牌号	20℃时的密度 $\rho/(g/cm^3)$	热导率 $\lambda/$ $[W/(m \cdot K)]$	线胀系数 （20~100℃） $\alpha_l/10^{-6}K^{-1}$	比热容 c （24~29℃） $/[J/(kg \cdot K)]$	电导率 γ （%IACS）[①]	凝固温度 范围/℃
ZZnAl4Cu1Mg	6.7	109	27.0	418.7	26	379~388
ZZnAl4Cu3Mg	6.8	105	26~29	419	25	378~390
ZZnAl8Cu1Mg	6.3	115	23.2	435	27.7	375~404
ZZnAl9Cu2Mg	6.2	—	26.9			380~410
ZZnAll11Cu1Mg	6.0	116	24.1	450	28.3	377~432
ZZnAll11Cu5Mg	6.3	100.5	27.0			378~395
ZZnAl27Cu2Mg	5.0	125.5	25.9	525	29.7	375~487

① %IACS，相对于标准退火铜线电导率的百分比。

表 7-7　化学成分对锌铝合金耐蚀性的影响

元　素	对耐蚀性的影响
Al	共晶成分 [$w(Al) = 5\%$] 锌铝合金的耐蚀性最差, 其次是 $w(Al) = 15\%$ 的锌合金, 铝的质量分数大于 15% 时, 锌合金的耐蚀性随铝含量的增加而提高
Cu	改善合金的耐蚀性, Zn-Al 二元合金最佳铜含量为 $w(Cu) = 1\%$, 若增加铜含量, 并不能使锌合金的耐蚀性得到进一步的提高
Mg、Cr、Ce、Ni、Be	只需少量即可改善锌合金的耐蚀性
Pb、Sn、Cd	降低锌合金的耐蚀性, 但在高铝锌合金中的影响比在 $w(Al) = 4\%$ 锌合金中小

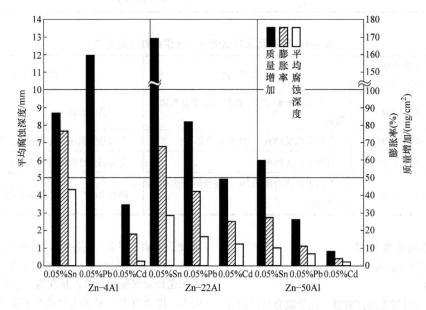

图 7-1　$w(Pb) = 0.05\%$、$w(Sn) = 0.05\%$、$w(Cd) = 0.05\%$ 的 Zn-Al 合金在 95℃ 水蒸气中的膨胀率、质量增加和平均腐蚀深度

压铸锌合金在不同介质中的腐蚀速度见表 7-8。压铸锌合金的失效 (老化) 分析见表 7-9。

重力铸造锌合金在大气、许多水溶液和工业化学物质 (如无水润滑剂、汽油、柴油、乙醇、甘油、洗涤剂、苛性清洁剂、三氯乙烯等) 中都有良好的耐蚀性, 但在酸性溶液中是不耐蚀的 (见图 7-2)。

金属型铸造锌合金在盐雾试验中的失重如图 7-3 所示。铝的质量分数低于 11% 的锌合金失重较大, 耐蚀性较差。ZZnAl27Cu2Mg 的失重稍大于压铸铝合金。

表 7-8　压铸锌合金在不同介质中的腐蚀速度

介　质	腐蚀反应特征	腐蚀速度大小
潮湿、纯净的空气 (农村大气)	形成碱性碳酸盐保护膜	腐蚀速度仅为碳素钢的 1/25, 典型值为 0.0013mm/a
SO$_2$ 的潮湿空气 (污染严重的工业区大气)	生成白色硫酸锌沉积物, 腐蚀加剧	腐蚀速度是在未污染的农村大气中的 10 倍

（续）

介　质	腐蚀反应特征	腐蚀速度大小
水	在硬水中因碳酸盐结垢腐蚀速度减小。在 50℃流水和水蒸气中发生晶间腐蚀	典型值为 0.001 ~ 0.013mm/a
各种酸（包括强酸和弱有机酸）	强烈腐蚀	很大
氢氧化钠溶液（pH = 7.0 ~ 12.5）	发生阳极钝化而形成氧化物保护膜	很小
无水中性有机液体（浓缩乙醇、醚、丙酮、甘油、汽油、苯等）	耐蚀性较好。但在含有水分的汽油和酒精中耐蚀性降低	小

表 7-9　锌合金压铸件的失效（老化）分析

失 效 形 式	原　因	防 止 措 施
在湿热环境中使用较长时间后，零件发生膨胀变形、强度大大降低，甚至开裂	主要是发生了晶间腐蚀，而相变对"老化"也有一定促进作用	严格限制杂质元素，特别是 Pb、Sn、Cd 等的含量；加入适量的 $w(Mg) = 0.03\%$ ~ 0.05%、$w(Cu) = 0.5\% ~ 1.0\%$，能起到有效的抑制作用；加入适量的稀土元素，进行稳定化处理，可减缓老化

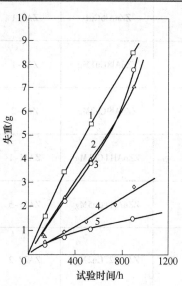

图 7-3　金属型铸造锌合金在盐雾腐蚀试验中的失重

1—ZZnAl4　2—ZZnAl8Cu1Mg　3—ZZnAl11Cu1Mg

4—ZZnAl27Cu2Mg　5—压铸铝合金

7.1.4　力学性能

1. 室温力学性能（见表 7-10 和表 7-11）

锌合金的室温力学性能因自然时效作用而随时间缓慢变化。表 7-12 和表 7-13 列出了时效处理对压铸锌合金和 ZZnAl11Cu1Mg 合金力学性能的影响。此外，由于铸造锌合金在室温下具有蠕变倾向，所以应力-应变关系取决于试验速度。通常的抗拉强度值是在快速应变条件下测得的，不适用于按静载荷进行设计计算的场合。图 7-4 所示为压铸锌合金的室温蠕变特性。

三种铸造锌合金的疲劳强度见表 7-14。化学成分及热处理对铸造锌合金疲劳曲线的影响见图 7-5。ZA27-2 合金的疲劳强度最高。360℃、20h 加热后空冷可使 ZA27-2 合金的疲劳强度大约提高 20%。

2. 温度对力学性能的影响

温度的影响对铸造锌合金是很重要的，表 7-15

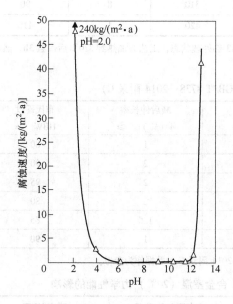

图 7-2　ZZnAl27Cu2Mg 室温下的腐蚀速度与水溶液 pH 的关系（试样浸泡 4 ~ 15 昼夜）

和图 7-6 ~ 图 7-8 分别示出了几种典型铸造锌合金的抗拉强度、断后伸长率、硬度和冲击韧度与温度的关系。铸造锌合金的强度、硬度随温度的上升而下降，而断后伸长率和冲击值则提高。ZA11-1 合金的使用温度不宜超过 100℃，而 ZA27-2 也不能超过 150℃。

表 7-10　铸造锌合金室温力学性能 （GB/T 1175—2018）

序　号	合金牌号	合金代号	铸造方法及状态	抗拉强度 R_m/MPa ≥	断后伸长率 A(%)　≥	布氏硬度 HBW
1	ZZnAl4Cu1Mg	ZA4-1	JF	175	0.5	80
2	ZZnAl4Cu3Mg	ZA4-3	SF	220	0.5	90
			JF	240	1	100
3	ZZnAl6Cu1	ZA6-1	SF	180	1	80
			JF	220	1.5	80
4	ZZnAl8Cu1Mg	ZA8-1	SF	250	1	80
			JF	225	1	85
5	ZZnAl9Cu2Mg	ZA9-2	SF	275	0.7	90
			JF	315	1.5	105
6	ZZnAl11Cu1Mg	ZA11-1	SF	280	1	90
			JF	310	1	100
7	ZZnAl11Cu5Mg	ZA11-5	SF	275	0.5	80
			JF	295	1	100
8	ZZnAl27Cu2Mg	ZA27-2	SF	400	3	110
			ST3	310	8	90
			JF	420	1	110

注：JF—金属型铸造铸态；SF—砂型铸造铸态；ST3—砂型铸造 T3 热处理状态，工艺为加热到 320℃ 后保温 3h，然后随炉冷却。

表 7-11　压铸锌合金室温力学性能 （GB/T 8738—2014 附录 C）

合金牌号	合金代号	抗拉强度 R_m/MPa ≥	断后伸长率 A（%）　≥	布氏硬度 HBW ≥
YZZnAl4A	YX040A	250	1	80
YZZnAl4Cu1	YX041	270	2	90
YZZnAl4Cu3	YX043	320	2	95
YZZnAl8Cu1	YX081	220	2	80
YZZnAl11Cu1	YX111	300	1.5	85
YZZnAl27Cu2	YX272	350	1	90

注：GB/T 13818—2009 中删除了力学性能要求，以 GB/T 8738—2014 附录 C 的数据作为参考。

表 7-12　时效处理对 YZZnAl4 和 YZZnAl4Cu1 合金室温 （20℃）力学性能的影响

状　态	抗拉强度 R_m/MPa				断后伸长度 A(%)				冲击吸收能量/J				硬度 HBW			
	YX040	YX040 (W)	YX041	YX041 (W)	YX040	YX040 (W)	YX041	YX041 (W)	YX040	YX040 (W)	YX041	YX041 (W)	YX040	YX040 (W)	YX041	YX041 (W)
初始值 （压铸后 5 周）	286	273	335	312	15	17	9	10	141	171	228	141	83	69	92	83

（续）

状　　态	抗拉强度 R_m/MPa				断后伸长度 A(%)				冲击吸收能量/J				硬度 HBW			
	YX040	YX040 (W)	YX041	YX041 (W)	YX040	YX040 (W)	YX041	YX041 (W)	YX040	YX040 (W)	YX041	YX041 (W)	YX040	YX040 (W)	YX041	YX041 (W)
自然时效 12 个月后	264	264	320	290	25	24	12	14	144	134	184	179	67	54	74	72
自然时效 5 年后	260	242	295	—	27	19	12	—	146	151	191	—	65	61	77	—
自然时效 8 年后	247	—	292	—	20	—	14	—	149	—	184	—	65	—	74	—
95℃、干燥空气时效 12 个月后	—	232	—	245	—	30	—	20	—	124	—	141	—	50	—	57

注：YX040、YX041 为压铸锌合金代号，W 表示稳定化状态：100℃±5℃、6h，空冷。

表 7-13　时效处理对 ZZnAl11Cu1Mg 合金（砂型铸造）力学性能的影响

状　　态	抗拉强度 R_m/MPa	断后伸长度 A（%）	冲击吸收能量/J
铸态	300	3	20
100℃、200d 后	240	6	8

表 7-14　三种铸造锌合金的疲劳强度（旋转弯曲疲劳试验，5×10^8 周）

合金代号	状　　态	疲劳强度 S/MPa
ZA8-1	JF	51.7
ZA11-1	SF	103.4
ZA27-2	SF	172.4
	ST3[1]	103.4

① 320℃、3h，炉冷。

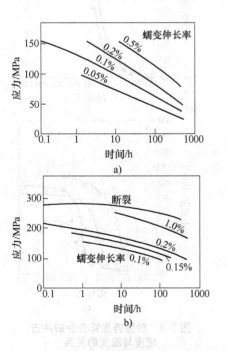

图 7-4　压铸锌合金的室温（20℃）蠕变特性

a) YZZnAl4　b) YZZnAl4Cu1

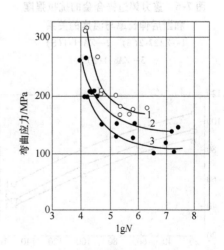

图 7-5　化学成分及热处理对铸造锌合金疲劳曲线的影响

1—ZA27-2，360℃、20h 加热后空冷

2—ZA27-2，铸态

3—ZA11-1，铸态

表 7-15　温度对压铸锌合金力学性能的影响

温度/℃	抗拉强度 R_m/MPa		断后伸长度 A(%)		冲击吸收能量/J	
	YZZnAl4	YZZnAl4Cu1	YZZnAl4	YZZnAl4Cu1	YZZnAl4	YZZnAl4Cu1
95	196	240	30	23	134	144
40	248	294	16	13	141	156
20	280	348	11	8	141	149
0	296	375	9	8	126	134
-40	318	375	4.5	3	7	8

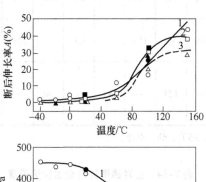

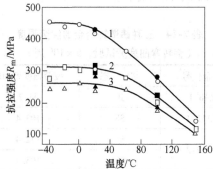

图 7-6　重力铸造锌合金的抗拉强度和断后伸长率与温度的关系

1—ZA27-2(S)　2—ZA11-1(S)

3—ZA8-1(J)

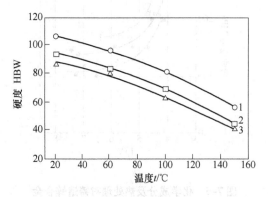

图 7-7　重力铸造锌合金的布氏硬度与温度的关系

1—ZA27-2(S)　2—ZA11-1(S)

3—ZA8-1(J)

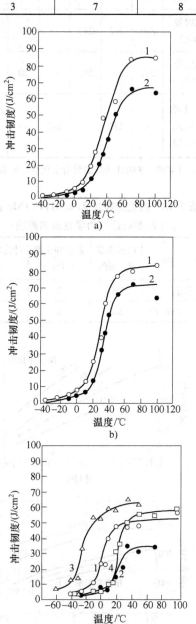

图 7-8　砂型铸造锌合金的冲击韧度与温度的关系

a) ZA8-1　b) ZA11-1　c) ZA27-2

1—铸态　2—时效状态　3—均匀化处理

4—稳定化处理

铸造锌合金性能随温度变化这一现象可用来去除压铸件的飞边和浇冒口，以取代较费时的传统精整法。铸造锌合金的冲击韧度在室温以下会激剧降低（见图 7-8），这样在铸造锌合金脆化的情况下，借助于附加的机械振打或翻滚，就能将飞翅、浇冒口和溢流块从铸件上去除。这就是所谓的"冷冻精整法"，有时也称为"冷冻滚筒精整法"。

3. 蠕变性能

金属材料的典型蠕变曲线包括开始加载后的减速蠕变、中间阶段的恒速蠕变及最后的加速蠕变三个阶段。其中以第二个阶段（恒速蠕变阶段）最为重要，金属材料的设计、使用和蠕变变形的测试都在这一阶段。YZZnAl4（YX040）合金的第二阶段蠕变速率与应力的关系如图 7-9 所示，产生 1% 的蠕变变形量的时间与应力的关系如图 7-10 所示。在 20MPa 压力下三种锌合金压铸件的第二阶段蠕变速率比较见表 7-16。三种锌合金压铸时的设计应力见表 7-17。

表 7-16　在 20MPa 压力下三种锌合金压铸件的第二阶段蠕变速率比较

合金代号	在不同温度下的第二阶段蠕变速率/s^{-1}			
	60℃	90℃	120℃	150℃
YX040	7.58×10^{-10}	7.2×10^{-9}	13.7×10^{-8}	11.3×10^{-7}
ZA8-1	—	0.8×10^{-9}	1.1×10^{-8}	1.2×10^{-7}
ZA27-2	1.03×10^{-10}	1.7×10^{-9}	6.8×10^{-8}	3.7×10^{-7}

表 7-17　三种锌合金压铸时的设计应力

合金代号	100000h 蠕变变形量（%）	不同温度下产生该蠕变变形量的设计应力/MPa			
		20℃	50℃	100℃	120℃
YX040	0.2	19.94	6.27	1.38	0.84
	0.5	31.06	9.77	2.15	1.31
	1.0	39.02	12.28	2.70	1.64
ZA8-1	0.2	40.85	12.85	2.83	1.74
	0.5	62.18	19.56	4.30	2.61
	1.0	82.74	26.03	5.73	3.48
ZA27-2	0.2	18.67	5.87	1.29	0.79
	0.5	30.51	9.63	2.12	1.29
	1.0	44.00	13.84	3.04	1.85

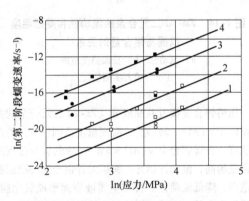

图 7-9　YZZnAl4 合金的第二阶段蠕变速率与应力的关系

1—60℃　2—90℃　3—120℃　4—150℃

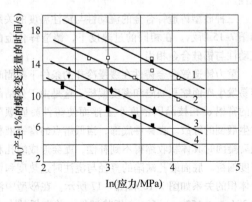

图 7-10　YZZnAl4 合金产生 1% 的蠕变变形量的时间与应力的关系

1—60℃　2—90℃　3—120℃　4—150℃

ZA27-2 和 ZZnAl4 合金蠕变速率的倒数与应力的关系如图 7-11 所示。

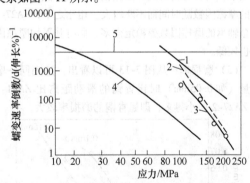

图 7-11　ZA27-2 和 ZZnAl4 合金蠕变速率的倒数与应力的关系

1—ZA27-2（S）　2—ZA27-2（S + 稳定化处理）
3—ZA27-2（Y）　4—ZZnAl4（Y）
5—0.01%/1000h 蠕变速率（ASME 锅炉标准）

7.1.5　摩擦磨损特性

代替铜合金制造耐磨零件是铸造锌合金的主要用途之一。铸造锌合金中的铝含量增加，其耐磨性也提高。

（1）$p-v$（压力-速度）特性　在铸造锌合金中，

ZA11-1、ZA27-2 均具有良好的 p-v 特性，图 7-12 所示为 ZA11-1、ZA27-2 合金与铸造锡青铜的 p-v 特性的比较。ZA11-1 的 p-v 特性与铸造锡青铜相当，而 ZA27-2 则优于铸造锡青铜。但铸造锌合金作为轴套材料，会受到工作温度的限制，ZA27-2 的最高工作温度为 150℃，ZA11-1 则为 120℃。尽管如此，在低速重载及润滑良好的条件下，ZA11-1、ZA27-2 不失为铸造锡青铜良好的代用轴承材料。

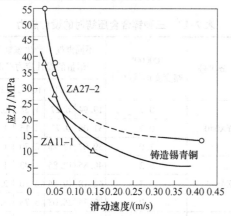

图 7-12　ZA11-1 和 ZA27-2 合金与铸造锡青铜
$[w(Sn)=4.5\%\sim6.0\%、w(Pb)=8\%\sim10\%]$ 的 p-v 特性比较

（2）摩擦因数　ZA27-2 合金与锡青铜的比较结果显示，两种材料的边界摩擦极限相同，但锡青铜轴承的摩擦因数随时间而不断增大。相比之下，ZA27-2 合金轴承的摩擦因数要稳定得多，同时其平均摩擦因数也较低。

（3）磨损率　从图 7-13 可以看出，达到同一磨损量（如 0.05mm）时锡青铜的滑动距离比 ZA11-1 和 ZA27-2 要小得多，即锡青铜的磨损率较大。

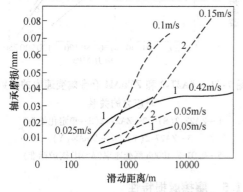

图 7-13　ZA11-1、ZA27-2 与锡青铜轴套磨损量比较（轴承应力为 6.85MPa）
1—ZA27-2　2—ZA11-1　3—锡青铜
$[w(Sn)=4.5\%\sim6.0\%、w(Pb)=8\%\sim10\%]$

另外，少量的 Si、Mn、Ti、RE 对 ZA11-1、ZA27-2 合金的耐磨性有改善。

7.1.6　工艺性能

1. 铸造性能

Zn-Al 二元合金的流动性和凝固温度范围与铝含量的关系如图 7-14 所示。

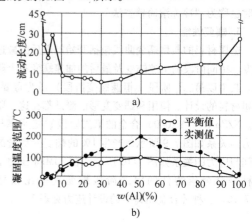

图 7-14　Zn-Al 二元合金的流动性和凝固温度范围与铝含量的关系
a）流动性　b）凝固温度范围（平衡值与实测值）

压铸锌合金接近共晶成分 [Zn-Al 二元合金的共晶点位于 $w(Al)=5\%$ 处]，凝固温度范围很窄，铸造性能好。在锌铝合金 $w(Al)=3\%\sim5\%$ 的成分范围内铝含量越高，流动性越好。铜扩大锌铝合金的凝固温度范围，降低流动性。镁在金属液表面形成氧化膜，也降低合金的流动性，因此要求较高的压射速度。压铸锌合金的线收缩率为 1.2%，镁还增大铸造锌合金的热脆倾向，$w(Mg)>0.06\%$ 时，压铸锌合金具有热脆性。

三种砂型铸造锌合金的流动性与浇注温度的关系如图 7-15 所示。在相同的过热度下，铸造锌合金的流动性与铝硅合金相当。

重力铸造锌合金铸件在缓慢冷却的条件下凝固容易发生底面缩孔缺陷和密度偏析。这是由于先结晶出的富铝 α′相枝晶因密度小上浮而使铸件凝固顺序发生颠倒的缘故。在铸件底部，当低熔点的富锌液相最后凝固时其体积收缩得不到补偿，就会形成缩孔和密度偏析。底面缩孔缺陷的直径与浇注时过热度和冒口体积的关系如图 7-16 和图 7-17 所示。在砂型中浇注 304mm×152mm×52mm 板状试件，并在板的中央设置保温冒口进行补缩，结果在冒口下方的板件底面上观察到环状或螺旋状图案的缩孔缺陷。

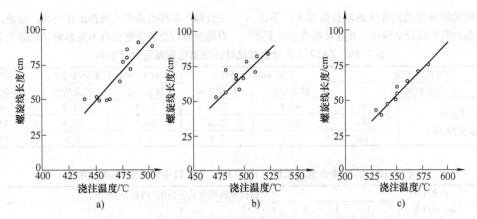

图 7-15　三种砂型铸造锌合金的流动性与浇注温度的关系
a) ZA8-1　b) ZA11-1　c) ZA27-2

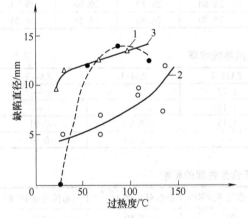

图 7-16　重力铸造锌合金板状试件底面缩孔缩陷的直径与浇注时过热度的关系
1—ZA8-1　2—ZA11-1　3—ZA27-2

注：ZA8-1 和 ZA11-1 采用湿型；ZA27-2 采用 CO_2 砂型，保湿冒口的直径为 63mm。

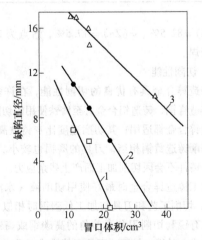

图 7-17　重力铸造锌合金板状试件底面缩孔缩陷的直径与冒口体积的关系（湿型浇注）
1—ZA8-1　2—ZA11-1　3—ZA27-2

铸造锌合金的偏析倾向随凝固温度范围的增大而增大。在铸造锌合金中，显微（枝晶）偏析与宏观（区域）偏析倾向以 ZA27-2 为最大。表 7-18 列出了 ZA27-2 合金砂型浇注的 180mm×65mm×12.5mm 板状试件（板的两端设置冒口）的扫描电镜微区分析结果。表 7-19 列出了铸造锌合金 324mm×133mm×203mm 厚试块及冒口（见图 7-18）中铝的宏观偏析情况。试块底面放有石墨激冷板。

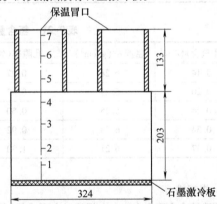

图 7-18　研究铸造锌合金宏观偏析用的厚试块及其上的取样分析位置

防止底面缩孔缺陷产生的最有效的措施是提高铸件的冷却速度，而在浇注前充分搅拌可减小密度偏析。冷却速度大于 150℃/min 时可以消除底面缩孔。铸造锌合金金属型冷却快，凝固时间短、产生宏观偏析和底面缩孔的缺陷倾向小。对砂型铸造，可通过设置冷铁、控制温度梯度和冷却速度来防止成分的宏观偏析，减小底面缩孔倾向。

铸造锌合金线收缩率的测定结果（在水玻璃砂型中测定）见表 7-20。

铸造锌合金的吸气倾向小。锌合金液实际上不溶解氮和氧，氢在锌合金液中的溶解度也不大，但氢在锌合金液中的溶解度随铝含量的增加而增大。不过，即使铝含量较高的锌合金铸件，在通常熔炼条件下不进行除气处理也极少出现析出性气孔。但是，氢含量对铸造锌合金的性能仍有不良影响（见表7-21）。

表7-18　ZA27-2合金板状试件的扫描电镜微区分析结果

试件冷却速度		25K/min（未激冷）		100K/min（石墨块激冷）		晶界处的 $CuZn_4$ 粒子
分析位置		枝晶中心	枝晶边缘	枝晶中心	枝晶边缘	
元素含量 （质量分数,%）	Al	45.8	25.1	52.9	21.9	0.5
	Zn	53.0	72.8	46.0	75.8	83.5
	Cu	1.2	2.1	1.1	2.3	16.0

表7-19　铸造锌合金厚试块（图7-18）及冒口中铝的宏观偏析情况

合金代号	合金中的 $w(Al)(\%)$	不同位置的铝含量分析值（质量分数,%）						
		1	2	3	4	5	6	7
ZA8-1	8.0	8.36	6.60	6.94	8.04	9.01	9.94	10.80
ZA11-1	11.4	11.70	10.80	8.12	11.40	25.50	12.60	12.40
ZA27-2	26.0	26.70	21.40	26.80	28.80	29.10	29.70	29.70
	26.0	25.50	25.00	22.66	25.90	26.50	28.20	28.20

表7-20　铸造锌合金的线收缩率　　　　　　　　　　　　（%）

浇注温度/℃	ZA8-1	ZA11-1	ZA27-2	ZA4-1	ZA4-3
650	—	—	1.23	—	—
600	—	—	1.18	—	—
550	0.91	1.06	1.15	0.87	0.91
500	0.89	0.99	—	0.94	0.91

表7-21　氢含量对ZA11-5合金性能的影响

100g中氢含量/cm³	密度 $\rho/(g/cm^3)$	孔隙率(%)	抗拉强度 R_m/MPa	断后伸长率 A(%)	布氏硬度 HBW
0.14	6.28	0.27	372	1.50	131
0.20	6.27	0.42	370	1.20	126
0.24	6.25	0.50	343	0.90	122
0.34	6.23	0.92	319	0.60	119
0.37	6.21	1.30	308	0.30	118

2. 焊接性

铸造锌合金因含有铝，在焊接时会形成很厚的氧化皮而给操作带来困难，故仅限于进行铸件的焊补。

目前，唯一获得实际应用的焊接方法是气焊。焊接时火焰应为中性或略带还原性，可采用氧乙炔或氢氧焰，同时火焰应尽可能小，并要对着焊条而不要对着铸件，防止过热。焊条可用压铸合金预制。焊剂 $[w(ZnCl_2) = 50\%$、$w(NH_4Cl) = 50\%]$ 对防止氧化和抑制锌的汽化有一定作用。焊接时，为防止铸件塌陷，应将铸件底面及四周用耐火黏土、造型石膏或其他耐火材料支架。当金属起皱严重或铸件有塌陷迹象时，应将火焰移开，待金属凝固后再重新进行焊接。焊接结束时，不宜立即移动铸件而应让其缓慢冷却。

对于镀镍表面，还可使用 Cd-Zn 共晶合金 $[w(Cd) = 82.5\%$、$w(Zn) = 17.5\%$，熔点为265℃] 进行钎焊。

3. 切削性能

铸造锌合金具有优良的切削性能，在许多情况下，铸造青铜、铸造铝合金甚至铸铁使用的切削条件对铸造锌合金都适用；其切削速度比灰铸铁高几倍，与易切削铸造黄铜相当，刀具的磨损也较小。另外，锌合金铸件不会因切削加工而产生残余应力。

加工铸造锌合金时最好使用切削液（水溶性润滑液），切削工艺和刀具与加工低碳钢时相似。通常可采用有锐利切削刃和正前角的高碳钢或高速钢刀具。钻头、丝锥、铰刀、面铣刀等槽式刀具应有大而光滑的出屑槽，以减少磨损并使切屑容易排除。刀具的前倾面和各侧面均应研磨。加工锌合金铸件时建议采用表 7-22 的切削速度和进给量。

表 7-22 锌合金铸件的切削速度和钻孔进给量的推荐值

操作类型	切削速度/(m/min)	孔径/mm	进给量/(mm/r)
钻 孔	60~90	3.18	0.1
攻螺纹	60	6.35	0.2
铰 孔	30~60	9.53	0.28
车 削	60~90	12.70	0.33
磨 削	30~100	19.05	0.41
锯 切	90~120	—	—

7.1.7 显微组织

$w(Al)=4\%$ 左右的压铸锌合金属于亚共晶合金，凝固时首先析出初生富锌固溶体 β 相，随后在约 382℃发生共晶反应而形成由 β 相和高温 α 相组成的层片状共晶体。冷却时从 β 相中析出铝，α 相则在低于共析温度（275℃）时转变为由 α 相和 β 组成的共析体。但是，由于压铸件冷却迅速，加上铜和镁对共析转变有抑制作用，所以在铸态下获得介稳定组织。脱溶和共析分解在室温下需要相当一段时间才能完成。

由于铝的晶粒细化作用和压铸的快速凝固特点，压铸锌合金具有相当细的等轴晶组织，图 7-19 所示为压铸锌合金的铸态显微组织（由富锌固溶体和共晶体所组成）。

YZZnAl4Cu3 的铜含量较高，与 YZZnAl4 和 YZZnAl4Cu1 不同，结晶时的初生相为 ε 相（$CuZn_4$），然后发生二元共晶（β+ε）和三元共晶（$\alpha'+\varepsilon+\beta$）（见图 7-20 Zn-Al-Cu 三元合金相图）。YZZnAl4Cu3 合金的铸态显微组织如图 7-21 所示。

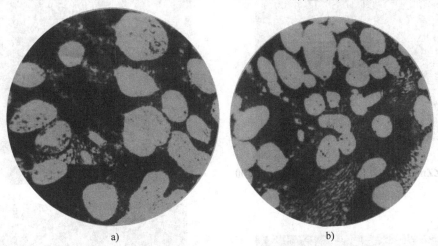

a)   b)

图 7-19 压铸锌合金的铸态显微组织 ×1000

a) YZZnAl4[$w(Al)=4.1\%$、$w(Mg)=0.03\%$] b) YZZnAl4Cu1[$w(Al)=4.1\%$、$w(Cu)=1.0\%$、$w(Mg)=0.055\%$]

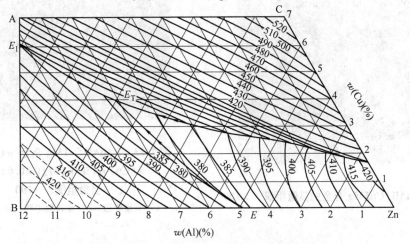

图 7-20 Zn-Al-Cu 三元合金相图的液相面投影图

　　铝含量较高[$w(\text{Al}) \geq 8\%$]的铸造锌合金的初生相均为 α′相。共晶体的数量随合金铝含量的增加而减少。ZA27-2 合金中的晶界共晶体是枝晶偏析的结果，属于非平衡凝固组织。在铜的质量分数超过 1% 的铸造锌合金中，ε 呈枝晶间相析出，其显微组织如图 7-22 ~ 图 7-25 所示。添加元素对初生 α′相的形态也有重要影响，加 Mn、Ni 使树枝晶等晶化，加 Zr 使树枝晶粒状化，而加 Ti 则可使枝晶变成花瓣状。

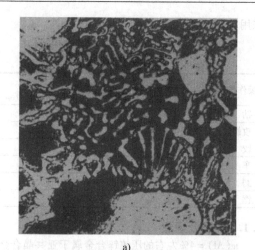

a)

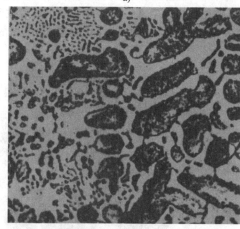

b)

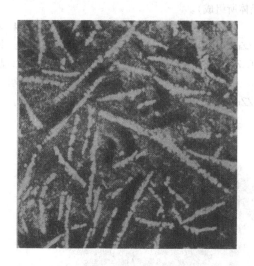

图 7-21　YZZnAl4Cu3 合金的铸态显微组织　×100

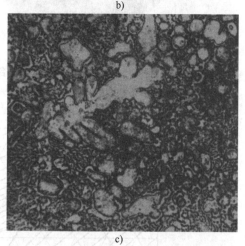

c)

图 7-23　ZZnAl8Cu1Mg 合金[$w(\text{Al}) = 8\%$、$w(\text{Cu}) = 1\%$、$w(\text{Mg}) = 0.02\%$]的显微组织　×500

a) 砂型铸造　b) 金属型铸造　c) 压力铸造

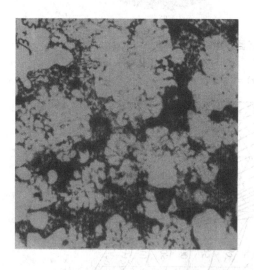

图 7-22　ZZnAl11Cu5Mg 合金的显微组织　×100

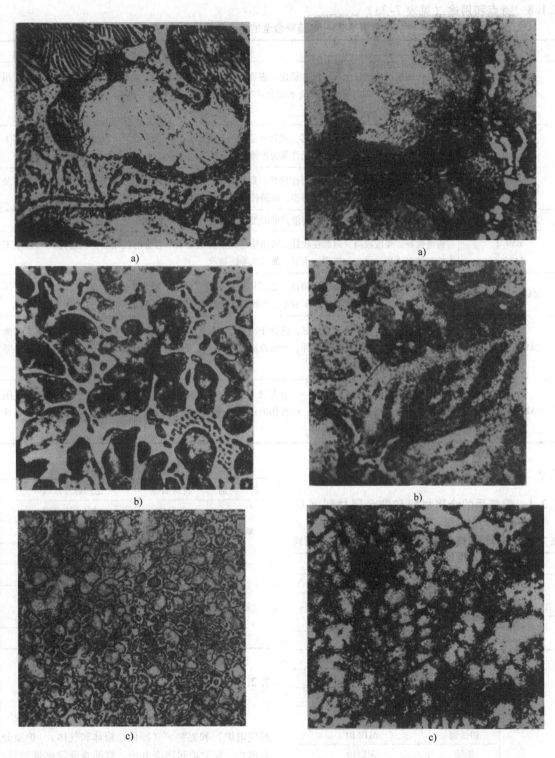

图 7-24　ZZnAl11Cu1Mg 合金[$w(Al) = 11\%$、
$w(Cu) = 0.9\%$、$w(Mg) = 0.02\%$]的
显微组织　×500

a）砂型铸造　b）金属型铸造　c）压力铸造

图 7-25　ZZnAl27Cu2Mg 合金[$w(Al) = 27\%$、
$w(Cu) = 2\%$、$w(Mg) = 0.01\%$]的
显微组织　×500

a）砂型铸造　b）金属型铸造　c）压力铸造

7.1.8　特点和用途（见表7-23）

表 7-23　铸造锌合金的特点和用途

合金代号	特点和用途
YX040	抗拉强度高，铸造性能好，尺寸稳定，表面加工容易且成本低廉，是压铸锌合金中应用最广、用量最大的一种合金。多用于制作要求综合性能好的零部件，如汽摩零配件、仪器仪表、电器元件、手表、玩具、装饰品等
ZA4-1/YX041	铸造性好、耐蚀性好、强度较高，但尺寸稳定性稍差。适用于制作汽车、五金、机械、电气等工业部门不要求高精度的装饰性零配件及壳体铸件
ZA4-3/YX043	铸造性好、强度较高，常用于制作模具，如注塑模、吹塑模及简易冲压模具等，还可用于汽车及其他工业部门用的各种砂型、金属型、压铸件
ZA6-1	铸造性好，用于制作技术难度要求高的砂型和金属型铸件，如军械铸件、仪表铸件
ZA9-2 ZA11-5	铸造性好、强度较高，耐磨性较好，可用作锡青铜及低锡轴承合金的代用品，制造在80℃以下工作的各种起重运输设备、机床、水泵、鼓风机等的轴承
ZA8-1/YX081	铸造性好，特别适合于金属型铸造，也可用热室压铸。可用于制作管接头、阀、电气开关和变压器铸件，工业用滑轮和带轮、客车和运输车辆零件、灌溉系统零件、小五金零件
ZA11-1/YX111	铸造性好，强度较高，耐磨性好，适合于金属型、砂型铸造，也可用于冷室压铸。可制造有润滑的轴承、轴套、抗擦伤的耐磨零件、气压及液压配件、工业设备及农机具零件、运输车辆和客车零件、管接头、阀、小五金件等
ZA27-2/YX272	重量较轻、强度高、耐磨性好、工作温度可至150℃。可用于砂型、金属型铸造，也可用冷室压铸。适合于制造高强度薄壁零件、抗擦伤的耐磨零件、轴套、气压及液压配件、工业设备及农机具零件、运输车辆和客车零件

7.2　熔炼和浇注

7.2.1　熔炼用的金属材料和非金属材料（见表7-24）

表 7-24　熔炼铸造锌合金用的主要金属和非金属材料

材料类别	材料名称	适用牌号或成分
工业纯金属	锌锭	Zn99.99 以上
	铝锭	Al99.90 以上
	阴极铜	Cu-CATH-2
	镁锭	Mg99.95 以上
中间合金	铝铜	AlCu50
	铝镁	AlMg10
	铝钛	AlTi5
	铝硼	AlB3
	铝钛硼	AlTi5B1
	铝铈	AlCe10
	铝镧	AlLa10
	铝稀土	AlRE10
覆盖剂	木炭	—

（续）

材料类别	材料名称	适用牌号或成分
精炼剂	氯化铵	$NH_4Cl \geqslant 99\%$
	氯化锌	$ZnCl_2 \geqslant 96\%$
	六氯乙烷	C_2Cl_6
变质剂	氟钛酸钾	K_2TiF_6
	氟硼酸钾	KBF_4
	复合变质剂	$80\% K_2TiF_6 + 20\% KBF_4$
	混合稀土	$RE \geqslant 99\%$

注：成分中的百分数均为质量分数。

7.2.2　熔炼工艺

1. 熔炼设备

熔炼铸造锌合金的设备目前有电炉（电阻炉、感应电炉）和燃料炉（固体、液体和气体）。炉型分坩埚炉、反射炉和感应电炉。有的企业除熔炼炉外，还设有保温炉。因铸造锌合金的熔炼温度较低，炉衬或坩埚所受到的侵蚀大大减轻，故使用寿命较长。由于铅和锡对铸造锌合金的耐蚀性有不良影响，因此熔炼铸造锌合金与熔炼铸造铜合金的坩埚应严格分开。

此外，锌合金在通常熔炼温度下与铁发生反应，为避免铁对合金的污染，不宜采用铸铁坩埚，所用工具也应涂刷适当的耐火涂料。

2. 熔炼前的准备

所有金属炉料的化学成分必须符合要求、外观干净、无油污及泥砂。入炉前应预热至 200~300℃。

新的石墨坩埚在使用前应缓慢升温至 900℃进行熔烧；旧坩埚应首先检查是否已损坏，然后清除坩埚壁上附着的炉渣和金属，装料前要预热至 500~600℃。

所有与铸造锌合金液接触的工具，都必须清理干净，喷刷涂料（配方见表 7-25）并充分干燥后方可使用。

表 7-25　熔炼铸造锌合金时坩埚和工具用涂料的配方

序　号	涂料的配方（质量分数，%）				
	氧化锌	滑石粉	石墨粉	水玻璃	水
1	25~30	—	—	3~5	余量
2	—	20~30	—	6	余量
3	—	—	20~30	5	余量

3. 配料

铸造锌合金一般可不进行精炼处理，烧损率较小（1%~2%）。进行精炼处理时，烧损率加大，有时可达 8%。配料计算时所需各元素的烧损率可参考表 7-26。

表 7-26　熔炼铸造锌合金时各元素的烧损率

元　素	Zn	Al	Cu	Mg
烧损率（%）	1~3	1.0~1.5	0.5~1.0	10~30

4. 熔炼操作要点（见表 7-27）

表 7-27　铸造锌合金的熔炼操作要点

直接熔炼法	两步熔炼法
1）将石墨坩埚预热至暗红色（约 500~600℃）并加入一铲木炭作为覆盖剂（电炉熔化时可以不加） 2）加入电解铜或铜锭，熔化后用 $w(Cu)=0.6%~1.0%$ 的磷铜脱氧 3）加入全部铝 4）铝熔清后加入锌的质量分数为 90% 及回炉料	第一步：熔炼 Al-Cu 中间合金（操作要点见第 3 章） 第二步：熔炼铸造锌合金 1）将坩埚预热至暗红色，加入质量分数为 90% 左右的锌和回炉料，再加入中间合金 2）加热熔化。待合金液温度达到 650℃以上时，加入所需镁量

（续）

直接熔炼法	两步熔炼法
5）待合金液温度达到 650℃以上时，用钟罩压入所需的镁量 6）当回炉料用量较大时，可压入质量分数为 0.2%~0.3% 的 C_2Cl_6 或质量分数为 0.1%~0.15% 的 $ZnCl_2$（或 NH_4Cl）进行精炼，待反应停止后扒渣并静置 5~10min 7）加入剩余的锌降温，搅拌、扒渣并测温。当温度符合要求时即可浇注	3）必要时加入质量分数为 0.1%~0.15% 的 $ZnCl_2$（或 NH_4Cl）或质量分数为 0.2%~0.3% 的 C_2Cl_6 进行精炼 4）加入剩余的锌和回炉料，搅拌、扒渣 5）取样检验、测温。合金化学成分合格、温度合适时即可出炉浇注

7.2.3　净化与变质处理

1. 净化处理

铸造锌合金可采用静置澄清、氯盐处理、惰性气体吹炼以及过滤等净化方法。其中应用最广的是氯盐处理法。在合金熔化后，用钟罩压入质量分数为 0.1%~0.2% 的氯化铵（或氯化锌）或质量分数为 0.2%~0.3% 的六氯乙烷。用细粒陶瓷过滤器过滤金属液可以获得更好的净化效果。使用平均粒径为 2~3μm、层厚为 10mm 过滤器可以去除 ZA4-1 合金中质量分数将近 90% 的氧化物和质量分数 85% 的金属间化合物。使用时将过滤器置于钟罩中，加热至 500℃，放入保温炉内（见图 7-26）或浇包内。过滤对 ZA27-2 合金断后伸长率和冲击韧度的影响如图 7-27 所示。图 7-28 所示为 ZA4-1 合金液不同净化方法的净化效果比较。

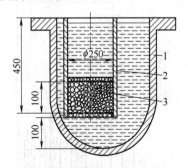

图 7-26　装在保温炉内的过滤器
1—坩埚　2—钟罩　3—过滤器

2. 变质处理

变质处理可以细化 ZA27-2 合金的 α' 固溶体枝晶组织，从而提高断后伸长率。表 7-28 列出了不同变质剂对金属型铸造 ZA27-2 合金力学性能的影响。

图 7-29 所示为 ZA27-2 合金的晶粒尺寸对断后伸长率的影响。

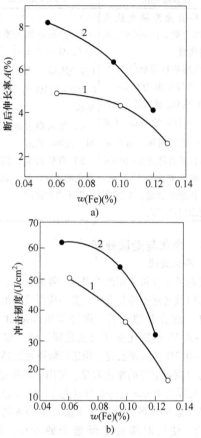

a)

b)

图 7-27　过滤对 ZA27-2 合金断后伸长率和
冲击韧度的影响

a) 断后伸长率　b) 冲击韧度
1—未过滤　2—过滤

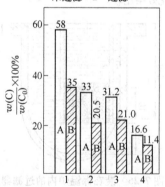

图 7-28　ZA4-1 合金液不同净化方法
的净化效果比较

1—静置澄清法　2—吹氮法　3—用六氯乙烷处理
4—通过粒状氯化钠过滤　A—金属间化合物
B—氧化物　$w(C)$ —净化后夹杂物含量
$w(C_0)$ —净化前夹杂物含量

表 7-28　不同变质剂对 ZA27-2 合金
（金属型铸造）力学性能的影响

序号	变质元素	抗拉强度 R_m/MPa	断后伸长率 A（%）
0	—	398 ~ 401	2 ~ 6
1	B	396 ~ 409	8 ~ 20
2	Ti-B	398 ~ 418	6 ~ 19
3	Zr	361 ~ 385	<1
4	La	393 ~ 401	12 ~ 16
5	Ce	392	13

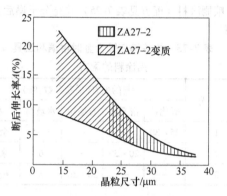

图 7-29　ZA27-2 合金的晶粒尺寸
对断后伸长率的影响

7.2.4　炉前检查

1. 温度测量

铸造锌合金液的温度测量可采用镍铬-镍铝热电偶，配以毫伏计、电位差计或智能式数字显示仪表等。采用保护管可以延长热电偶的使用寿命。较好的保护管材料是工业纯铁，应用时保护管应喷刷涂料并充分干燥。需要快速测温时可以不使用保护管。

2. 化学成分分析

对于具备炉前快速分析条件的车间，可在出炉前取样进行分析以确定合金的化学成分是否合格。常用的分析法有化学分析法和光谱分析法。

3. 炉前试验

由于铸造锌合金吸气性小，一般并不进行含气试验，但可参照铸造铜合金炉前检验法用金属型浇注弯曲试样来检查合金质量。浇注后 2 ~ 3min 将已凝固的试样从铸型中取出水冷，然后将试样一端夹持在虎钳上用锤击断。根据击断时用力的大小及试样的折断角来判断合金的力学性能，并结合观察断口的晶粒大小、有无偏析、氧化、夹渣等，可以判断合金质量。

7.2.5　浇注

铸造锌合金的浇注一般在 40 ~ 80℃ 过热度下进

行，其浇注温度见表 7-29。

表 7-29　铸造锌合金的浇注温度

合金代号	ZA4-1	ZA4-3	ZA8-1	ZA9-2	ZA11-5	ZA11-1	ZA27-2
浇注温度 /℃	400~430	410~440	425~480	430~485	415~470	450~530	510~590

7.3　热处理

7.3.1　稳定化处理（低温时效）

铸造锌合金的固相脱溶分解与共析转变因冷却较快和合金元素（Cu、Mg）的作用而受到抑制，从而获得介稳定组织。在室温下，介稳态会逐渐缓慢地向稳定态转变而引起铸件尺寸和力学性能的变化。在低温下进行稳定化处理可加速这种组织转变，使尺寸和性能稳定，处理的温度越高，则稳定化所需的时间越短。100℃下保温，需 3~6h；85℃下，需 5~10h；70℃下，则需 10~20h。时效后即可空气冷却。表 7-30 列出了锌合金压铸件在铸态下和稳定化处理后的尺寸收缩情况。

表 7-30　锌合金压铸件的尺寸收缩

（单位：mm/m）

铸　态			稳定化处理①后		
时间	YZZnAl4	YZZnAl4Cu1	时间	YZZnAl4	YZZnAl4Cu1
5 周后	0.32	0.69	5 周后	0.20	0.22
6 月后	0.56	1.03	3 月后	0.30	0.26
5 年后	0.73	1.36	2 年后	0.30	0.27
8 年后	0.79	1.41	—	—	—

①　100℃±5℃、6h，空冷。

铝含量较高的铸造锌合金时效时，介稳富铜相的转变将使铸件尺寸显著增大。ZA27-2 的铜含量较高，尺寸膨胀也较大。表 7-31 列出了时效对 ZA11-1 和 ZA27-2（重力铸造）试件尺寸的影响。图 7-30 所示为时效时 ZA8-1、ZA11-1、ZA27-2 三种锌合金压铸件的尺寸和力学性能的变化。

表 7-31　时效对重力铸造锌合金试件尺寸的影响

时效温度与时间	尺寸变化（%）	
	ZA11-1	ZA27-2
室温，30d	-0.005	-0.005
室温，1000d	-0.03	-0.015
95℃，1000d	0（先收缩后膨胀）	+0.1

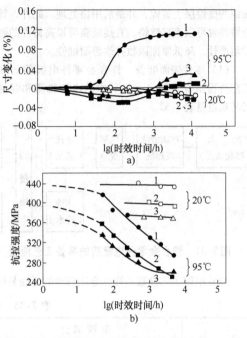

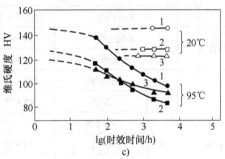

图 7-30　时效时锌合金压铸件的尺寸和力学性能的变化

a）尺寸变化　b）抗拉强度的变化　c）维氏硬度的变化

1—ZA27-2　2—ZA11-1　3—ZA8-1

7.3.2　均匀化

锌合金铸件的均匀化是在 320~400℃保持 3~8h 后随炉冷却。均匀化处理可以减轻或消除枝晶偏析并获得细片状共析组织，铸件的塑性和韧性提高而强度降低。

7.4　表面处理

虽然许多锌合金铸件可以在铸态下使用，但在某些情况下还需要进行表面处理：一方面保护铸件不受腐蚀；另一方面还可起到装饰性作用，使之外表更加美观。

7.4.1　电镀

刚抛光过的锌合金铸件，看起来就像镀过铬的，但很快就会失去光泽。锌合金铸件的常用电镀工艺为在铜的底镀层上镀镍，并最后用铬处理。此外，锌合金铸件也可以直接镀铬，直接镀铬可提高铸件的硬度和耐磨性，降低摩擦因数并改善耐蚀性。

（1）零件表面准备　锌合金零件电镀前的准备工艺流程如图7-31所示。其中的电解脱脂和弱侵蚀工艺规范见表7-32。

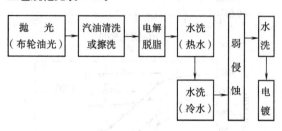

图7-31　锌合金零件电镀前的准备工艺流程

（2）电镀工艺参数　锌合金压铸件的耐蚀装饰性镀层多为铜-镍-铬镀层，即在预镀铜后按一般工艺进行加厚镀铜以及镀光亮镍和镀铬。电镀工艺参数见表7-33。

表7-32　锌合金零件的电解脱脂和弱侵蚀工艺规范

工序	溶液成分与含量		温度/℃	阳极电流密度/(A/dm²)	时间/s
	化学药品	含量			
电解脱脂	碳酸钠	15～30g/L	50～70	4～5	60～120
	磷酸钠	25～30g/L			
弱侵蚀	氢氟酸	2%～3%①	室温		5

① 体积分数。

表7-33　锌合金电镀工艺参数

工序	溶液成分		pH	温度/℃	阳极电流密度/(A/dm²)	时间/min
	化学药品	含量/(g/L)				
预镀铜	氰化亚铜	20～30	10.5～11.5	40	0.5～0.8	5
	氰化钠	6～8				
镀铜（加厚镀层）	1　硫酸铜	175～250	≈1	20～50	1～3	10～20
	硫酸	45～70				
	2　硫酸铜	175～250	≈1	20～30	1～2	10～20
	硫酸	40～70				
	酚磺酸	1～1.5				
	3　硫酸铜	200～250	≈1	20～30	1～3	10～20
	硫酸	50～70				
	葡萄酸	30～40				
镀光亮镍	1　硫酸镍	250～300	3.8～4.6	40～50	1.5～4.0	—
	氯化镍	30～50				
	硼酸	35～45				
	糖精	0.6～1.0				
	1.4-丁炔二醇	0.3～0.5				
	香豆素	0～0.3				
	十二烷基硫酸钠	0.1～0.2				
	2　硫酸镍	250～300	4.0～4.5	40～50	1.5～3.0	—
	氯化钠	10～20				
	硼酸	35～40				
	糖精	1～2				
	香豆素	0.5～1.0				
	十二烷基硫酸钠	0.1～0.2				

（续）

工　序	溶液成分		pH	温度/℃	阳极电流密度/(A/dm²)	时间/min
	化学药品	含量/(g/L)				
镀铬	铬酐	230～270	—	48～53	15～30	—
	硫酸	2.3～2.7				
	铬酐	320～360	—	48～56	15～25	—
	硫酸	3.2～3.6				

7.4.2　涂漆

锌合金铸件可涂覆各种不同的漆料。涂漆前零件通常需经磷酸盐或铬酸盐溶液处理。对于某些较便宜的零件，可使用附着力不强并含有酸性腐蚀成分的丙烯酸油漆；对于耐蚀性要求高的零件，最好采用环氧树脂漆或各种氨基漆，涂漆后进行烘烤。

7.4.3　金属喷镀

金属喷镀法是在高真空下使经过处理的零件表面涂覆上一层很薄的金属膜。金属喷镀法可以模拟出铜、银、黄铜、金等外观颜色。这种工艺已用于锌合金压铸件。如果脱脂后涂上底漆就可以掩饰表面缺陷，则待处理的零件无须抛光，经低温烘烤后，使铝蒸汽在真空下沉积到零件上形成薄膜。等二次喷清漆后经过烘烤得到银白色的涂层，可以染成任何颜色。

7.4.4　阳极氧化处理

锌合金铸件的阳极氧化处理是在阳极氧化处理液（见表7-34）内，在不超过200V的电压下进行的。处理后的铸件表面是多孔性的，但可在加热的水玻璃稀溶液内或用有机涂料进行密封。阳极氧化处理能有效地提高锌合金铸件的耐蚀性。

表 7-34　锌合金铸件阳极氧化处理液

配方	溶液成分		pH	温度/℃
	化学药品	含　量		
1	CrO₃	60g/L	6.8～7.0	65～80
	$w(NH_4OH)=25\%$	245mL/L		
	$w(H_3PO_4)=25\%$	66mL/L		
	NH₄F	18.5g/L		

（续）

配方	溶液成分		pH	温度/℃
	化学药品	含　量		
2	$Na_2O_7Si_3$	180g/L	11.4	20～30
	$Na_2B_4O_7 \cdot 10H_2O$	90g/L		
	$Na_2WO_4 \cdot 2H_2O$	73g/L		
	NaOH	30g/L		

7.5　质量控制

7.5.1　质量检查

（1）化学成分　通过化学分析和光谱分析检验铸件的主要成分和杂质含量是否符合质量标准。

（2）力学性能　力学性能测定用试样有3种不同的制取方法：①单铸；②附铸；③铸件上切取。生产中一般均以同炉浇注的单铸试样的性能作为评定铸件性能的依据。单铸试样可以采用砂型铸造、金属型铸造和压铸法制取。锌合金试样原则上可采用与铝合金试样相同的铸造方法。力学性能可按有关标准测定。

（3）金相组织　锌合金试样的制备过程有以下特点：①试样的切取方法与其他金属相同，但锌合金较软，有时要采用砂轮切割以减小塑性变形；②在砂带机或磨光机上磨样时，要采用水冷以避免试样局部过热，否则组织变化的深度可能过大而不能在抛光时去除；③在抛光机上抛光时，为避免试样过热，抛光速度要低（最大250r/min），抛光时加水并间歇地操作；④精抛可采用精细不同的氧化镁或氧化铝抛光粉分步进行。操作者在各抛光工序之间操作时不但要清洗试样，而且要洗手。

锌合金试样金相分析所用浸蚀剂见表7-35。

表 7-35　锌合金试样金相分析所用浸蚀剂

序　号	浸蚀剂成分		使 用 要 点	适 用 范 围
1	盐酸	100mL	浸蚀 1～10min	显示铸造锌合金的低倍组织
	水	100mL		
2	铬酐	200g	在轻微搅动下浸蚀 1～5s 或更长时间，浸蚀后立即在质量分数为 20%铬酐水溶液中清洗	显示压铸锌合金的显微组织。也可用来显示压铸锌合金的低倍组织
	硫酸钠	15g		
	水	1000mL		
3	铬酐	50g		
	硫酸钠	4～5g		
	水	1000mL		
4	铬酐	50g	浸蚀后立即在质量分数为 20%的铬酐水溶液中清洗	显示高铝铸造锌合金的显微组织
	硫酸钠	2g		
	水	48～500mL		
5	硝酸	1～3mL	抛光后立即浸蚀，浸渍或擦洗5～10s	显示压铸锌合金的显微组织
	甲醇或乙醇	97～99mL		
6	硝酸	20mL	浸渍或擦洗 10～30s	显示高铝铸造锌合金的显微组织
	盐酸	20mL		
	氢氟酸	5mL		
	水	60mL		
7	磷酸（质量分数为85%）400mL		于小于 10℃ 下混合，于 20℃、3～10V、20A/dm² 的规范下抛光，在稀硝酸中去膜	用于纯锌及低合金化铸造锌合金的电解抛光
	乙醇	380mL		
	水	250mL		
8	硫酸	15mL	浸蚀时间不超过 30min	显示铸造锌合金中的晶界并评定晶粒尺寸
	氢氟酸	1mL		
	水	100mL		
9	氯化铁	10g	使用前在 10mL 浸蚀剂中添加 50mL 乙醇，浸蚀时间 10～20s	显示富铁铸造锌合金中共析体的组织
	硫酸铁	2g		
	铁矾	10g		
	盐酸	10mL		
	酒石酸	10mL		
	乙醇	50mL		
	水	100mL		

7.5.2　铸造缺陷分析

锌合金铸造时应遵循顺序凝固原则。锌合金铸件易出现裂纹、缩孔、缩松、冷隔、气孔、重力偏析等缺陷（见表 7-36）。

表 7-36　锌合金铸件中常见的铸造缺陷分析

名　称	特　征	产　生　原　因	防　止　方　法
冷隔	为线条状、深浅不一的槽，棱角呈圆角。常发生于铸件的宽大表面、难充填的薄壁断面或金属液在型腔中的汇合处	浇注温度过低	适当提高浇注温度
		金属液氧化、流动性差	改善合金的流动性
		浇注速度过低或浇注中断	改进浇注系统以提高充型速度
		铸型排气不良	改进铸型排气
		压铸时型腔中的两股金属液未完全熔合	适当提高铸型温度或对产生缺陷部位的型壁加强温度控制
气孔	孔洞大小不一、可能是单个的，也可能是成群的，不规则地分布于铸件内部、表面或接近表面处（属外源性或侵入性气孔）	铸型、砂芯水分过高	严格控制型、芯砂的含水量
		金属型涂料未烘透	金属型、芯必须先经预热、再喷涂料，喷涂料及补喷涂料后均应烘透
		金属液在浇注系统中产生湍流，卷入了气体	改进浇注系统设计并采用合理的浇注工艺，使金属液平稳充型
		型腔中的气体未及时排出	从工艺设计上保证型、芯排气畅通
缩孔与缩松	为敞露或封闭的孔洞，通常内壁粗糙并常见树枝状结晶。缩孔可以是集中的，也可以是分散的。高铝铸造锌合金缓慢冷却时缩孔常位于铸件底面（底面缩孔）。缩孔附近常见缩松区	铸造工艺设计不合理，未能保证顺序凝固，铸件凝固时在局部冷却缓慢处未得到充分补缩	设置冷铁，加速局部冷却
			冒口尺寸应适当，并提高冒口补缩效率
			降低浇注温度
			使高铝锌合金铸件的重要表面朝上
			进行变质处理
裂纹	裂口呈波浪形或直线形，纹路狭长，穿透壁厚或不穿透壁厚	铅、锡、铁、镉等有害杂质的含量超过允许值	熔炼时严格控制杂质含量，还可对合金进行晶粒细化处理
		铸件厚薄悬殊、转变突然、交接处圆角半径过小	改进铸件设计，并正确设置浇冒口和冷铁
		金属型铸造或压铸时开型过早，铸件在出型时开裂	延长开型时间
		金属芯歪斜或导向装置不良，取出型芯时铸件开裂	调整好型芯和推杆
夹渣	呈不规则明孔或暗孔，孔内充塞着渣	金属液中混入或析出金属或非金属夹杂物	使用清洁的炉料，必要时进行精炼
		金属液表面的熔渣未清除干净并被浇入型腔	彻底清渣，使用清洁的浇注工具并防止浇注时带入熔渣
重力偏析	铸件下部锌含量较高，而上部铝含量较高	金属液未充分搅拌	浇注前充分搅拌金属液
		浇注温度过高	降低浇注温度
		冷却速度过慢	加快冷却速度
			进行变质处理

7.6　其他铸造锌合金

7.6.1　减振锌合金

这是一种很有发展前途的新型结构材料。国外称之为阻尼锌合金，它可以降低工业噪声和减轻机械振动。减振锌合金的化学成分（质量分数）为：Al：13%～62%、Cu：0.05%～3%、Mg：0～0.02%、Si：0.5%～7%，其余为 Zn。铝是锌合金中的主要添加元素，其含量对合金的减振性影响很大（见图 7-32）。铝的质量分数从 13% 上升到 20% 时，锌合金的减振能力增加近四倍；继续增加铝含量，锌合金的减振性下降；在合金中加入铜、镁、硅均降低合金的减振能力。铜、镁对铸态合金内摩擦值影响很小，但明显降低热处理后的内摩擦值。

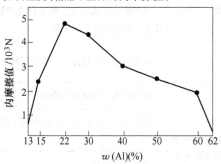

**图 7-32　铝含量对 Zn-Al 合金减振
性的影响**

温度对锌合金减振能力的影响较大，在 200℃ 时达到最佳值，然后随温度的上升而减小。

锌合金经均匀化处理（加热至 360℃，保温 1～2h，紧接着水淬）后，减振能力大幅度提高。此外，将铸型预热到 150～300℃，然后浇注，凝固后取出试块直接水淬也能大幅度提高合金的减振能力。上述措施主要是通过消除共晶组织，形成共析组织而提高内摩擦值。此外，添加少量稀土元素、钛、硼或锆均能细化合金组织，提高 Zn-Al 合金的减振性和强度。

7.6.2　耐磨锌合金

作为耐磨材料是锌基合金的主要用途之一，在很多领域取代了铜合金。在低速（小于或等于 27.44m/min）大压力（6.89MPa）及润滑良好的条件下，锌基合金的耐磨性明显优于铝青铜，其摩擦因数也比青铜的小得多，并且有良好的跑合性能、优异的嵌入性和抗咬合性。但锌基合金也存在明显的不足，即允许的工作温度不高（ZA27-2 为 120～150℃，ZA11-1 为 90～120℃），故主要用于低速重载工况。在一定载荷下提高滑动速度，即增大 pv 值，则单位时间产生的摩擦热量增大，工作表面的温度升高，从而使锌铝合金的强度、硬度降低，耐磨性下降。

当进一步提高高铝锌合金中的铝含量时，锌合金的常温抗拉强度及断后伸长率虽有所降低，但常温硬度、高温硬度及耐磨性提高，因此 ZZnAl43Cu2Mg 合金作为耐磨材料比 ZA27-2 和 ZA11-1 具有广泛的应用前景。ZZnAl43Cu2Mg 合金的化学成分为 $w(Al)$=42.5%～43.6%，$w(Cu)$=2.0%～2.5%，$w(Mg)$=0.01%～0.02%，$w(Pb)$<0.04%，$w(Cd)$<0.003%，$w(Sn)$<0.03%，$w(Fe)$<0.010%，其余为 Zn。其力学性能见表 7-37。

表 7-37　ZZnAl43Cu2Mg 合金的力学性能

铸造方法	抗拉强度 R_m /MPa	断后伸长率 A（%）	硬度 HBW
J、S	260.5	1.0	114
Y、S	414.5	2.0	117

采用 Si、Mn、稀土合金化也可改善 ZZnAl43Cu2Mg 的高温性能和耐磨性。挤压铸造可消除晶间缩松，获得致密铸件，合金的力学性能和耐磨性提高。

7.6.3　模具锌合金

利用模具锌合金制作模具能够缩短制模周期，简化模具结构，降低制模成本，对新产品试制、老产品改型、小批量多品种生产有显著的经济效益。模具锌合金在汽车、轻工、农机、电子、仪器仪表、机械和家用电器等行业得到了广泛的应用。

模具锌合金，世界各国都有生产和销售，如日本有 ZAS、MAK 和 MSC-D3，英国有 Kayem、Kayem-2，德国有 Z-430 和美国有 Kirksite 等。国内外几种有代表性的模具用铸造锌合金的化学成分见表 7-38。

国内外几种锌合金模具材料的物理及力学性能见表 7-39。

表 7-38　国内外几种模具用铸造锌合金的化学成分

代表合金	化学成分（质量分数，%）							
	合金成分				杂质元素　≤			
	Cu	Al	Mg	Zn	Pb	Cd	Fe	Sn
日本 ZAS	3.02	4.10	0.049	余量	0.0015	0.0007	0.009	微量
美国 Kirksite	3.09	3.95	0.049	余量	0.0018	0.0011	0.02	0.001
中国 ZA4-3	2.96	3.96	0.034	余量	0.005	0.002	0.01	微量

表 7-39　国内外几种锌合金模具材料的物理及力学性能

性能	代表合金					
	日本 ZAS	美国 Kirksite	英国		德国 Z-430	中国 ZA4-3
			Kayem	Kayem-2		
密度/(g/cm³)	6.7	6.7	6.7	6.7	6.7	6.7
熔点/℃	380	380	380	358	390	380
凝固收缩率（%）	1.1~1.2	0.7~1.2	1.1	1.1	1.1	0.9~1.0
抗拉强度/MPa	235~284	260.7	231.3	146.0	215.6~235.2	235~294
断后伸长率（%）	1.2~3.4	3.0	1.25	—	1.0	1.3~1.5
硬度 HBW	110~120	100	109	140	—	120~130
抗压强度/MPa	539~588	412~519	777.1	671.3	588~686	784~842.8

锌合金模具多用于板材冷冲压、拉伸、弯曲、冲裁等，也用于吹塑及注塑等。为了提高使用寿命，适应批量生产，有时也利用铸造锌合金和钢材（或其他材料）制造复合模具或组合模具。

锌合金作为模具材料有以下特点：熔点低，流动性良好，可以铸造出形状复杂的主体型腔和细致的花纹；有良好的力学性能和切削加工性能；有良好的自润滑性，可以有效防止拉延制件的表面划伤和材料的烧结；锌合金模具一般不需要进行热处理；原材料来源充足，熔铸及加工简单，费用低，周期短，可以反复重熔使用。有资料表明，用锌合金模具的成本是钢模成本的 10%~20%。锌合金模具普遍采用铸造成形的方法，如砂型铸造、金属型铸造、石膏型铸造，或者利用已有的样件作为模型直接铸造等。锌合金模具可以用气焊、氩弧焊进行修整和焊补，可以锌合金本身作为焊接材料。

7.7　铸造锌基复合材料

7.7.1　分类

铸造锌合金熔点较低，耐热性差，高于 100℃强度和抗蠕变性能即大幅下降。1986 年 8 月，国际铅锌组织开始了对锌基复合材料的研究；随后美国、英国、法国、意大利、比利时也相继开始研究锌基复合材料。合肥工业大学等单位首次采用真空液态渗透法成功地获得了性能较好的连续纤维增强锌合金复合材料。紧接着，西南交通大学采用挤压铸造工艺，对不连续碳纤维和 Al_2O_3 纤维、SiC 晶须增强的 ZA12 合金复合材料的力学性能做了深入的研究。铸造锌基复合材料具有较高的硬度、刚度及耐磨性，同时又克服了基体材料本身耐温差、热膨胀系数大等缺点，因而在轴承、轴瓦及模具等方面具有广泛的应用前景。

锌基复合材料可采用不同的方法分类，根据增强体形态的不同，锌基复合材料可分为颗粒增强复合材料、晶须增强复合材料和纤维增强复合材料三类。

由于纤维存在各向异性，因此用纤维作为增强相制得的复合材料在一些应用领域受到限制。此外，制备纤维增强的复合材料工艺复杂，成本偏高。而颗粒增强锌基复合材料，因具有易于二次加工、性能具有各向同性的优点而受到广泛重视。目前采用颗粒作为增强相来制备复合材料已经越来越普遍，增强颗粒主要有 SiC、TiC、SiO_2、Al_2O_3、B_4C、TiB_2 和石墨等。

根据成形或制备方法的不同，锌基复合材料可分为挤压铸造法复合材料、压力浸渗法复合材料、机械搅拌加压力成形法复合材料、原位反应法复合材料、喷射沉积法复合材料、高能超声法复合材料等；根据基体合金的不同，锌基复合材料可分为 ZA-8 基复合材料、ZA-12 基复合材料、ZA-22 基复合材料、ZA-27 基复合材料、ZA-43 基复合材料等。

7.7.2　制备方法

（1）挤压铸造法　在高速搅动的锌合金液中加入增强相，待增强相得到润湿、分散均匀后将混合合金液浇入金属型，用挤压铸造方法加压成形。该工艺设备简单、成本低，但增强相与锌铝合金液间的润湿性成为该工艺的关键。因为通常非金属增强体与金属液是不润湿的，所以采用普通搅拌法制备复合材料时，因两者相互排斥而使增强相分散不均匀。为改善增强相的分散均匀性，开发了半固态搅熔铸造新工艺，该工艺是将金属液温度控制在液相线和固相线之间进行搅拌，这时熔液中含有一定组分的固相粒子，即使增强相与合金间润湿不好，由于固相粒子阻挡和滞留，也不会聚集和偏聚，可得到颗粒分布较均匀的复合材料。

（2）压力浸渗法　首先将纤维或颗粒增强相用黏结剂黏结起来，制成预制件，放入模腔；然后用机械装置或惰性气体（气压 1 ~ 10MPa）作为媒体将金属液压入模腔，使金属液浸渗到预制件中，快速却冷后脱模即可得复合材料。文献［5］采用该法制备了 SiC 颗粒和短碳纤维混杂增强的 ZA-27 复合材料，通过透射电镜对复合材料的界面特性和微观结构观察发现：SiC 颗粒与基体之间的界面部分区域有不连续的界面析出物；碳纤维与基体之间的界面结合较好；在增强体 SiC 颗粒和碳纤维与基体之间以及增强体之间的界面处均未发现 Al_4C_3 的形成。该制备方法成本低，设备简单，适用于制备长纤维、短纤维和颗粒增强的锌基复合材料，但也存在着预制型易变形、浸渗不完全、界面反应难以控制等问题。

（3）机械搅拌加压力成形法　先用机械搅拌使增强体与基体复合，然后挤压成形或复合浆料凝固后，再加热到一定温度后以一定挤压比使复合材料毛坯挤压成形。采用该方法制备锌基复合材料，可使气孔、缩松减少，使颗粒重新分布，减少颗粒聚集的概率，但所制备的复合材料具有各向异性的特点。

（4）原位反应法　该法是在一定的条件下，通过元素之间或元素与化合物之间的化学反应，在金属基体内原位生成一种或几种高硬度、高弹性模量的陶瓷增强相，从而达到强化金属基体的目的。文献［6］制备了 Al_2O_3 颗粒增强锌基复合材料，试验结果表明：利用 $Al_2(SO_4)_3$ 分解可以原位生成 Al_2O_3 颗粒，与基体合金 ZA-35 相比，Al_2O_3 颗粒增强了 ZA-35 锌基复合材料的硬度、耐磨性、减摩性明显提高。采用该方法制备锌基复合材料的优点是成本较低；颗粒在金属液的内部生成，表面无污染；基本上没有界面反应发生；颗粒在基体的液相中热稳定性好；增强颗粒细小，但增强相的成分和体积分数不易控制。

（5）喷射沉积法　该法是用高压惰性气体喷射锌合金液，使其雾化，形成熔融的锌合金喷射流，同时将增强体颗粒加入到合金液中，使合金液与固体颗粒混合均匀并共同沉积到已经预处理过的衬底上，凝固后得到颗粒增强锌基复合材料。喷射沉积法工艺简单，生产周期短，可减少氧化现象，所制备的材料成

分均匀、组织细小，但易产生孔隙，抗拉强度有待提高。

（6）高能超声法　该法是通过超声设备对传播中的合金液产生声空化和声流等次级效应。声空化的作用可在瞬时产生局部的高温高压作用，使液相的物理化学状态改变，这样在一般情况下不能进行或很难进行的过程得以进行或加速。而声流效应能对合金液产生搅拌和分散作用，从而对合金液产生宏观和微观的均匀化效应。

此外，还有离心铸造法和粉末冶金法等制备方法。

7.7.3　性能

1. 力学性能

典型锌基复合材料的力学性能见表 7-40。

锌基复合材料的力学性能主要与基体合金，增强体的种类、大小、含量以及复合材料的制备工艺有关。随基体合金中铝含量的增加，不管是基体合金还是复合材料，其力学性能尤其是高温强度随之增大，这是因为基体合金的熔点随铝含量的增加而升高。另外，基体合金中 Cu、Mg、RE 等元素含量即使有微小的变化，也会急剧地影响材料力学性能。

一般来说，同一类增强体（如 SiC），纤维、晶须增强的材料，其各种力学性能优于颗粒增强的；同为颗粒或纤维增强的，增强体的抗拉强度高、弹性模量大，所对应的复合材料的抗拉强度、弹性模量和硬度也较高。

增强体的含量对复合材料的影响较复杂，对于机械搅拌法制备的颗粒增强锌基复合材料，随着颗粒含量的增加，室温抗拉强度减小，而高温抗拉强度则提高；采用机械搅拌加压力成形的或纤维增强的复合材料，则室温和高温抗拉强度都增大；对于目的是为了提高力学性能的增强型复合材料，无论哪一种复合材料，其弹性模量和硬度都随增强体含量的增加而增大。

在增强体分布均匀的条件下，当增强体含量相同时，增强体的粒度或直径越小，其复合材料的力学性能越好，但越细小的增强体，往往存在聚集现象或浸渗不完全的缺陷，则会出现相反的情况。对于纤维或晶须增强的，有一个参数即长径比，长径比越大的复合材料的弹性模量越大，而抗拉强度除与长径比有关外，还与基体合金的塑性有关。对于断后伸长率，长径比则往往存在一个最佳值。

表 7-40　典型锌基复合材料的力学性能

基体合金	增 强 体			抗拉强度 R_m/MPa	布氏硬度 HBW	弹性模量 E/MPa	断后伸长率 A(%)	制备工艺
	种类	含量（体积分数,%）	粒度 /μm					
ZA-8	TiB$_2$ 颗粒	0	10	368	102(150℃)	—	—	机械搅拌 + 压力成形
		15		344	114(150℃)	—	—	
		30		334	131(150℃)	—	—	
ZA-12	SiC 纤维	0	3~4	320.0	125	82	—	压力浸渗
		10		368.9	189	89	—	
		20		407.0	210	120	—	
		30		468.0	240	138	—	
ZA-22	Al$_2$O$_3$ 颗粒	5	0.5	443	83.4	91	8.7	高能超声法
			2	457	86.8	88	5.3	
			5	453	91.8	89	5.4	
			10	461	97.2	89	4.9	
			65	468	140	90	3.1	
ZA-27	SiC 颗粒	0	16	433	—	75	18	机械搅拌
		5		462	—	81	4.5	
		10		446	—	89	1.5	
		15		427	—	95	0	

制备工艺不同，复合材料中缺陷的种类及其严重程度也不同，从而影响复合材料的力学性能。例如，采用机械搅拌法制备的复合材料一般存在增强体聚集、气孔、氧化夹杂和杂质污染等；采用压力浸渗法则容易出现纤维缠结、浸渗不完全和不良的界面反应等现象；而采用机械搅拌加压力成形法时，材料的气孔和缩松倾向较小，且增强体分布均匀。

此外，锌基复合材料的力学性能随使用温度的升高而降低，但与基体合金相比，下降幅度较缓慢，这主要与复合材料中的应力分布和位错密度有关。

2. 摩擦磨损性能

典型锌基复合材料的摩擦磨损性能见表 7-41。

表 7-41　典型锌基复合材料的摩擦磨损性能

基体合金	增强体	粒度/μm	含量(体积分数,%)	试验条件	磨损量/mg	摩擦因数
ZA-12	C 纤维	6~7	0	室温 $F=150N$ $v=0.253m/s$	35	0.62
			10		23	0.24
			20		17	0.20
			30		11	0.18
ZA-27	SiC 颗粒	20	10	$F=29.4N$ 室温	3.80	0.340
				50℃	5.80	—
				100℃ $v=0.4m/s$	6.88	0.312
		10	10	100℃ $F=29.4N$ $v=0.4m/s$	8.80	—
		20			5.88	—
		40			6.87	—
		100			6.30	—

锌基复合材料的耐磨性主要与增强相种类、增强相含量、增强相尺寸、基体种类等有关。文献［7］认为增强型锌基复合材料的耐磨性远远优于基体合金，且随增强体含量的增加而提高，这是由于增强体的加入减小了材料与对偶的直接接触面积，提高了基体抵抗变形的能力，从而使黏着、严重剥离倾向减小；在基体合金发生严重黏着或剥离而复合材料未发生时，摩擦因数随增强体含量的增加而减小，当基体未发生严重黏着或剥离时，情况则相反，随着增强体颗粒的增大，其耐磨性提高并趋于恒定；随着载荷的增大和环境温度的升高，耐磨性减小，磨损将从微磨损转向剧烈磨损。另外，对于纤维增强的材料，耐磨性还与纤维排列方向有关。减摩型锌基复合材料的耐磨性、减摩性都随增强体含量的增加而提高，这是由于磨面上形成富 C 的磨层所致，且在高载荷或高速下其优越性越突出。有人利用 Al_2O_3 颗粒增强 ZA-27，研究其高温摩擦磨损特性，发现复合材料在高温下的耐磨性明显高于 ZA-27 合金，复合材料的高温摩擦因数随增强颗粒体积分数的增加而降低，但均高于 ZA-27 合金的摩擦因数，复合材料在高温边界润滑条件下的摩擦磨损失效形式均为犁削和疲劳磨损。文献［6］利用原位反应法制备的 Al_2O_3 颗粒增强 ZA-35 锌基复合材料与基体合金相比，耐磨减摩性能明显提高。

国外对颗粒增强锌基复合材料的摩擦磨损研究成果较多，但多集中于干燥边界条件下滑动摩擦磨损行为研究。

3. 阻尼性能

锌基复合材料具有很高的阻尼性能，同时其力学性能也比锌合金有很大改善。文献［8］采用喷雾共沉积法制备了石墨颗粒、碳化硅颗粒增强的锌基复合材料。研究发现，石墨颗粒、碳化硅颗粒的复合材料的阻尼能力较常规铸造 ZA-27 合金分别提高 2.90 倍和 3.38 倍。文献［9］采用空气加压渗流技术制备了宏观石墨颗粒增强的锌铝共析合金复合材料，运用内耗手段和热分析技术研究了宏观石墨颗粒增强的锌铝共析合金的阻尼行为及其阻尼机制，宏观石墨颗粒的加入大大提高了材料的阻尼性能。

4. 热膨胀性

锌合金的一大弱点是热膨胀系数较大，使其应用受到限制。Dellis M A 发现在锌基合金中加入陶瓷颗粒，不仅使复合材料的高温强度显著提高，而且复合材料的尺寸稳定性也得到明显改善。文献［10］采用原位反应法制备了 TiB_2 颗粒增强 ZA-27 复合材料，研究了 TiB_2 颗粒对复合材料弹性模量及热膨胀系数的影响，见表 7-42。从表 7-42 可见，$\varphi(TiB_2)$ 为 2.1% 颗粒的 ZA-27 复合材料与 ZA-27 合金相比，弹性模量提高了 7%，热膨胀系数降低了 7%。

表 7-42 φ（TiB_2）为 2.1% 的颗粒对复合材料弹性模量及热膨胀系数的影响

性能	TiB_2 颗粒	ZA-27	ZA-27 复合材料
弹性模量 E/MPa	530×10^3	79	85
热膨胀系数/$10^{-6} \cdot K^{-1}$	8.1	28	26

参 考 文 献

［1］田荣璋. 锌合金［M］. 长沙：中南大学出版社，2010.

［2］高仑. 锌与锌合金及应用［M］. 北京：化学工业出版社，2011.

［3］朱和祥，刘世楷. 锌基复合材料研究进展［J］. 材料导报，1994，1：62-68.

［4］CHEN Z，SUN G A，WU Y，et al. Multi-scalestudy of microstructure evolution in hot extruded nano-sized TiB_2 particle reinforced aluminum composites［J］. Mater. Des，2017，116（15）：577-590.

［5］陶晓东，施忠良，顾明元. SiC 颗粒和短碳纤维混杂增强 ZA27 复合材料界面微结构研究［J］. 复合材料学报，1997，14（3）：20-24.

［6］牛玉超，边秀房，耿浩然，等. Al_2O_3（p）/ZA35 锌基复合材料的制备及其摩擦性能［J］. 中国有色金属学报，2004，14（4）：602-606.

［7］陈体军，郝远. 铸造锌基复合材料的研究现状［J］. 材料导报，2000，14（3）：29-31.

［8］刘永长，张忠明，吕衣礼，等. 喷雾共沉积 SiC 增强锌基复合材料的阻尼特征［J］. 复合材料学报，1999，16（3）：62-66.

［9］魏健宁，宋士华，胡孔刚，等. 宏观石墨颗粒增强的锌铝共析合金复合材料阻尼行为的研究［J］. 中国科学 G 辑，2008，38（11）：1552-1557.

［10］崔峰，耿浩然，钱宝光，等. 原位生成 TiB_2/ZA-27 复合材料的制备与性能［J］. 复合材料学报，2004，21（4）：87-91.

第8章 铸造轴承合金

用来制造滑动轴承的金属材料称为轴承合金。

根据轴承的工作条件，轴承合金应具备以下一些基本性能：

1）减摩性。轴承合金具有较低的摩擦因数和较小摩擦阻力。

2）耐磨性。轴承合金在负载运转条件下具有较好的抵抗磨损的能力。

3）承载能力。轴承合金在正常运转时所能够承受的最大载荷。

4）抗疲劳性。轴承合金在交变载荷下抵抗疲劳破坏的能力。

5）抗咬合性。轴承合金在运转时，防止和轴颈表面相互咬粘或烧伤的性能。

6）可嵌入性。轴承合金能够容许硬质颗粒嵌入而减轻刮伤或磨损的性能。

7）顺应性。轴承合金依靠表面的弹塑性变形来补偿滑动表面初始配合不良的性能。

8）亲油性。轴承合金易被润滑油润湿并在工作表面上形成边界油膜的性能。

9）耐蚀性。轴承合金在工作条件下抵抗各种介质腐蚀的能力。

10）导热性。轴承合金使摩擦表面产生的热量散失的能力。

除此之外，要求轴承合金具有小的膨胀系数。

以上轴承合金的性能，有些是相互矛盾的，实际上没有一种合金材料能同时满足这些性能要求。为尽可能多地满足以上的对轴承合金各种性能的要求，轴承合金通常具有两相或多相的组织，轴承合金的显微组织类型和性能特点见表8-1。

轴承合金可分为铁基和非铁基轴承合金两类，本章仅介绍目前工业中最常见的锡基、铅基、铜基和铝基非铁铸造轴承合金。

锡基和铅基轴承合金都是低熔点合金，统称为巴氏合金，这是一种性能优良、历史悠久、使用广泛的轴承合金。迄今为止，巴氏合金仍然是承受中等负荷

的轴承合金中比较理想的材料，广泛用于制造各种类型的滑动轴承内衬。它具有在软的基体上均匀分布着硬质点的显微组织，硬质点可以用来承载和抵抗磨损，而软的基体则能够满足减摩和其他性能要求。但是巴氏合金的质地软而强度低，不适于制造整体轴承，而是将其浇注在低碳钢表面上，成为薄壁双金属轴瓦材料。

表 8-1 轴承合金的显微组织类型和性能特点

组织类型	组织特性		性能特点	举例
	基体	质点相		
I	软	硬	合金的表面性能（嵌入性，摩擦顺应性等）较好，但承载能力和抗疲劳性较差	锡基及铝基轴承合金，锡青铜、铝青铜等
II	硬	软	合金的力学性能较好，但表面性能不如I类	铝锡、铝铅轴承合金，铜铝合金等

随着现代机组向高速、大型化方向发展，对滑动轴承的承载能力及可靠性提出了更高的要求。传统的巴氏合金轴承材料的承载能力特别是高温承载能力较低，随温度的上升，会出现严重的粘着磨损而引起烧瓦事故。铜基轴承合金的承载能力和疲劳强度很高，但其表面顺应性、嵌入性及磨合性较差，容易伤轴，故其表面需要一层铅锡二元合金或三元合金的镀层，以改善轴承的表面性能。这将使轴瓦的制造成本提高，并会带来环保等方面的问题。铝基轴承合金是近年发展起来的一种优良减摩材料，具有质轻、比强度高、抗疲劳性能好、导热性好及优异的耐蚀性、耐摩擦磨损性能，在轨道交通行业、航空航天、机械制造等领域应用。铝基轴承合金主要包括铝锡系、铝铅系、铝硅系与铝锌系，综合材料结构减重、制造成本与合金性能考虑，铝锡系轴承合金的应用最为广泛。

常用轴承合金的性能比较见表8-2；各种轴承合金的特点及其应用见表8-3。

表 8-2 常用轴承合金的性能比较

种类	摩擦相容性	顺应性与嵌入性	抗疲劳性	耐蚀性	导热性	合金硬度 HBW	轴颈最小硬度 HBW	最大容许压力 $[p]$/MPa	最高容许温度 /℃
锡基合金	B	B	D	A	E	20～30	150	6～10	150
铅基合金	A	A	E	E	E	18～39	150	6～8	150

（续）

种类	摩擦相容性	顺应性与嵌入性	抗疲劳性	耐蚀性	导热性	合金硬度 HBW	轴颈最小硬度 HBW	最大容许压力 $[p]$/MPa	最高容许温度 /℃
铜铅合金	C	D	C	D	B	25 ~ 60	200	20 ~ 32	250 ~ 280
锡青铜	C	E	A	B	C	60 ~ 90	200	7 ~ 20	280
铝青铜	E	E	B	A	D	100 ~ 110	280	15	300
黄铜	C	E	A	A	D	70 ~ 95	200	7 ~ 20	200
锌合金	E	E	C	A	C	80 ~ 105	200	20	80 ~ 120
铝基合金	C	C	B	A	A	22 ~ 32	200 ~ 280	20 ~ 28	150 ~ 170
三层金属轴瓦	A	B	B	B	B	—	200 ~ 300	14 ~ 35	170

注：A—优、B—良、C—中、D—较差、E—差。

表 8-3　各种轴承合金的特点及其应用

类　　型	特　　点	应　　用
锡基轴承合金	具有较高的减摩性能、很好的嵌入性、摩擦顺应性和耐蚀性，强度、硬度和疲劳强度均较低	适用于汽车、拖拉机、汽轮机等高速轴承
铅基轴承合金	比锡基轴承合金便宜，耐磨性、强度和耐蚀性比锡基合金差，热膨胀系数比锡基合金大，工作温度稍高于锡基合金，其他性能与锡基轴承合金相似	适用于低速、低载荷或静载下工作的中载荷机械设备
铜铅合金	在高压和高速工作条件下具有较高的疲劳强度，与其他减摩合金相比，在冲击载荷下开裂倾向小，有高的导热性，优越的亲油性、减摩性和耐磨性，但摩擦顺应性、嵌入性比锡基或铅基轴承合金差	适用于高速、高载荷的轴承，如航空发动机、大马力柴油机、拖拉机等发动机曲轴连杆轴承
铝基轴承合金	密度小，导热性好，承载能力大，疲劳强度高，抗咬合性好，有较高的高温硬度，优良的耐蚀性和耐磨性，但摩擦因数较大，要求轴颈有较高的硬度	适用于高速高载荷机械设备，也用铸造铝锡合金制造一般机床轴套
锡青铜	疲劳强度较高，耐磨性、减摩性和耐蚀性很好。与锡基或铅基轴承合金相比，表面性能较差，要求轴颈有较高的硬度	适用于低速中等载荷或受冲击的轴承，如减速器、起重机电动机和泵的一般轴承
铝青铜	强度和硬度最高，耐蚀、耐磨、价格便宜。缺点与锡青铜类似，表面性能较差，要求轴颈有较高的硬度	适用于润滑充分的低速重载荷或受冲击载荷的轴承，如减速器、破碎机、压力机的轴承
黄铜	疲劳强度高，耐蚀性较好，容易加工，价格便宜。减摩性和耐磨性比青铜差	适用于低速中等载荷的轴承，如运输机械、挖掘机的整体轴承

近年来，由低碳钢衬背、轴承合金中间层和电镀减摩层所组的三层金属轴瓦获得广泛应用。电镀减摩层一般为锡的质量分数为 8% ~ 11% 的铝锡合金或铟的质量分数为 5% 的铝铟合金，具有良好的表面性能，可以提高轴瓦的使用寿命。

8.1　锡基和铅基轴承合金

8.1.1　锡基轴承合金

锡基轴承合金（锡基巴氏合金）是一种软基体

硬质点类型的低熔点轴承合金，它是以锡和锑为基础，并加入少量其他元素的合金。锡基轴承合金具有良好的磨合性、抗咬合性、嵌入性和耐蚀性，其摩擦因数低、膨胀系数小、导热性良好，并且锡基轴承合金的浇注性能也很好。锡基轴承合金适于制造高速重负荷条件下的轴承，因而普遍用于制作汽车发动机、气体压缩机、冷冻机和船用低速柴油机的轴承和轴瓦。锡基轴承合金的缺点是疲劳强度低，允许温度也较低（不高于150℃），一旦润滑条件不正常，轴承极易烧损，同时它的抗压强度也不够高，在承受重载荷高速运转的条件下易于损坏。

1. 合金牌号和化学成分

GB/T 1174—1992 规定的铸造锡基轴承合金牌号与化学成分见表 8-4，共有 5 个牌号。同时，表 8-5 列出了一些国家和国际标准中的锡基轴承合金牌号对应的牌号。

表 8-4　铸造锡基轴承合金的牌号与化学成分（GB/T 1174—1992）

合金牌号	化学成分（质量分数，%）													
	Sn	Pb	Cu	Zn	Al	Sb	Ni	Mn	Si	Fe	Bi	As	其他	其他元素总和
ZSnSb12Pb10Cu4	其余	9.0 ~ 11.0	2.5 ~ 5.0	0.01	0.01	11.0 ~ 13.0	—			0.1	0.08	0.1	—	0.55
ZSnSb12Cu6Cd1		0.15	4.5 ~ 6.8	0.05	0.05	10.0 ~ 13.0	0.3 ~ 0.6		0.1			0.4 ~ 0.7	Cd:1.1 ~ 1.6 Fe + Al + Zn ≤ 0.15	—
ZSnSb11Cu6		0.35	5.5 ~ 6.5	0.01	0.01	10.0 ~ 12.0	—			0.1	0.03	0.1	—	0.55
ZSnSb8Cu4		0.35	3.0 ~ 4.0	0.005	0.005	7.0 ~ 8.0	—			0.1	0.03	0.1	—	0.55
ZSnSb4Cu4		0.35	4.0 ~ 5.0	0.01	0.01	4.0 ~ 5.0	—				0.08	0.1	—	0.50

表 8-5　锡基轴承合金国内外牌号对照表

中国	相近牌号						
GB/T 1174—1992	国际标准	俄罗斯	美国	日本	德国	英国	法国
ZSnSb12Pb10Cu4	—	—	—	WJ4	—	—	—
ZSnSb11Cu6	—	Б83	—	—	—	—	—
ZSnSb8Cu4	SnSb8Cu4	Б89	UNS-55193	WJ1	LgSn89	BS3332-A	—
ZSnSb4Cu4	—	Б91	UNS-55191	—	—	—	—
ZSnSb12Cu6Cd1	—	—	—	—	—	—	J9A-W

除了 GB/T 1174—1992 规定的铸造锡基轴承合金牌号与化学成分外，GB/T 18326—2001 还等效采用了 ISO 4383：2000《滑动轴承　薄壁滑动轴承用金属多层材料在薄壁滑动轴承用多层材料》，规定了薄壁滑动轴承用锡基和铅基多层材料的化学成分和牌号，见表 8-6。GB/T 18326—2001 在技术内容上与 ISO 4383：2000 基本相同。可见，在 ISO 4383：2000 和 GB/T 18326—2001 中，只有一个锡基轴承合金牌号 SnSb8Cu4。

2. 物理性能（见表 8-7）

3. 力学性能（见表 8-8 ~ 表 8-10）

4. 工艺性能（见表 8-11）

表 8-6　锡基和铅基轴承合金的化学成分和牌号
（GB/T 18326—2001）

化学元素	化学成分（质量分数，%）				化学元素	化学成分（质量分数，%）			
	PbSb10Sn6	PbSb15SnAs	PbSb15Sn10	SnSb8Cu4		PbSb10Sn6	PbSb15SnAs	PbSb15Sn10	SnSb8Cu4
Pb	余量	余量	余量	0.35	Bi	0.1	0.1	0.1	0.08
Sb	9.0 ~ 11.0	13.5 ~ 15.5	14.0 ~ 16.0	7.0 ~ 8.0	Zn	0.01	0.01	0.01	0.01
Sn	5.0 ~ 7.0	0.9 ~ 1.7	9.0 ~ 11.0	余量	Al	0.01	0.01	0.01	0.01
Cu	0.70	0.7	0.7	3.0 ~ 4.0	Fe	0.1	0.1	0.1	0.1
As	0.25	0.8 ~ 1.2	0.6	0.1	其他元素总和	0.2	0.2	0.2	0.2

表 8-7　锡基轴承合金的物理性能

合金牌号	密度 $\rho/(\text{g/cm}^3)$	线胀系数 $\alpha_l/10^{-6}\text{K}^{-1}$	热导率 $\lambda/[\text{W}/(\text{m}\cdot\text{K})]$	电导率 $\gamma/(\text{MS/m})$	摩擦因数 μ 有润滑	无润滑
ZSnSb12Pb10Cu4	7.70	—	50.24	—	—	—
ZSnSb11Cu6	7.88	23.0	33.49	—	0.005	0.28
ZSnSb8Cu4	7.39	23.2	38.52	6.65	—	—
ZSnSb4Cu4	7.34	—	56.24	—	—	—

表 8-8　锡基轴承合金的力学性能

名称		ZSnSb12Pb10Cu4	ZSnSb11Cu6	ZSnSb8Cu4	ZSnSb4Cu4
抗拉强度 R_m/MPa		83	88	78	63
条件屈服强度 $R_{p0.2}$/MPa		38	66	61	29
断后伸长率 A(%)		—	6.0	18.6	7.0
断面收缩率 Z(%)		—	38	25	—
抗压强度 R_{mc}/MPa		112	113	112	88
规定塑性压缩强度 $R_{pc0.2}$/MPa		37	80	42	29
疲劳极限 σ_D/MPa		30	24	27	26
弹性模量 E/GPa		53	48	57	51
冲击韧度 $a_K/(\text{kJ/m}^2)$	有缺口 a_K		58.8	114.7	
	无缺口 a_K		104.9	294.2	539.4
硬度 HBW	17~20℃	24.5	30.0	24.3	22.0
	25℃	—	29.0	22.3	—
	50℃	—	22.8	18.2	16.4
	75℃	—	18.5	14.8	12.7
	100℃	12	14.5	11.3	9.2
	125℃	—	10.9	—	6.9
	150℃	—	8.2	6.4	6.4

表 8-9　ZSnSb11Cu6 合金在不同温度下的力学性能

温度/℃	抗拉强度 R_m/MPa	断后伸长率 A(%)	断面收缩率 Z(%)	抗压强度 R_{mc}/MPa	规定塑性压缩强度 $R_{pc0.2}$/MPa	冲击韧度 $a_K/(\text{kJ/m}^2)$
15	88	6.0	—	117	89	61.80
100	53	15.2	26.3	60	54	66.70
150	31	8.4	13.5	54	43	65.70

表 8-10　ZSnSb8Cu4 合金在不同温度下的力学性能

温度/℃	抗拉强度 R_m/MPa	断后伸长率 A(%)	断面收缩率 Z(%)
20	77	18	25
50	62	24	27
100	41	23	28
150	27	32	38
175	20	38	44

表 8-11　锡基轴承合金的工艺性能

合金牌号	液相线温度/℃	固相线温度/℃	最合适浇注温度/℃	线收缩率(%)	流动性(螺旋线长度)/cm
ZSnSb12Pb10Cu4	380	217	450	—	—
ZSnSb11Cu6	370	240	440	0.65	73
ZSnSb8Cu4	354	241	430	—	—
ZSnSb4Cu4	371	223	440	—	—

5. 金相组织

从 Sn-Sb 二元合金相图（见图 2-157）可知，平衡条件下，温度为 246℃时，锑在锡中的最大固溶量可达 10.4%（质量分数）。当锑的质量分数小于 10.4% 时，合金的显微组织为单一的 α 固溶体。但在铸造生产条件下，由于冷却速度较快，当锑的质量分数超过 9% 时，合金组织中就会出现 β 相（SbSn 化合物），这时的相组织为 α + β。α 固溶体具有良好的塑性而成为合金的软基体，而 β 相则是硬脆的质点分布于 α 相中，起支承和减摩作用，成为较理想的减摩材料。

在锡-锑合金凝固过程中，由于 β 相密度比 α 相小，在结晶过程中容易上浮，造成严重的密度偏析。为消除这种缺陷，必须采用适当措施以抑制这种缺陷的发生，提高合金的力学性能，通常是在合金中加入适量的铜。从 Cu-Sn 二元合金相图（见图 2-124）可知，当铜的质量分数超过 0.8% 时，组织中便会出现针状或星形的 η 相（Cu_3Sn）或 ε 相（Cu_6Sn_5），当 Cu-Sn 合金结晶时，通常是 ε 相作为初生相析出形成骨架，然后再析出 β 相，由于受到 ε 相骨架的阻碍，从而有效地克服密度偏析，使组织均匀性得到改善。但 ε 相是硬脆相，当铜的质量分数超过 6% 时，合金会因含有过多的 ε 相而变脆，降低力学性能，因此锡基轴承合金中铜的质量分数一般控制在 3% ~ 5%。

锡基轴承合金主要是 Sn-Sb-Cu 三元合金相图

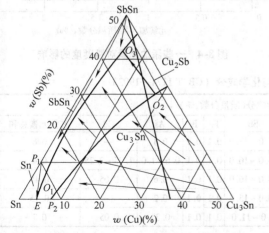

图 8-1　Sn-Sb-Cu 三元合金相图

（见图 8-1）。图 8-2 所示为 ZSnSb11Cu6 合金的显微组织，其相组成是 Cu_6Sn_5 + SnSb + α。图 8-3 所示为 ZSnSb8Cu4 合金的显微组织，其相组成为 Cu_6Sn_5 + α。

6. 特点和应用（见表 8-12）

8.1.2　铅基轴承合金

锡基轴承合金的性能虽然较好，但由于锡的价格昂贵，因此工业上就出现了用价格相对较低的铅替代锡的铅基轴承合金。铅基轴承合金也是一种软基体硬质点类型的轴承合金，加入锑、锡和铜等合金元素组成的合金。铅基轴承合金的强度、硬度、导热性和耐蚀性均比锡基轴承合金低，而且摩擦因数较大，但价格便宜。适合于制造中低载荷的轴瓦，如汽车、拖拉机曲轴轴承及铁路车辆轴承等。

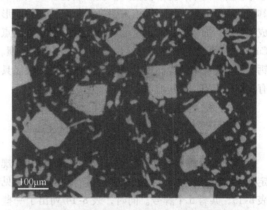

图 8-2　ZSnSb11Cu6 合金的显微组织

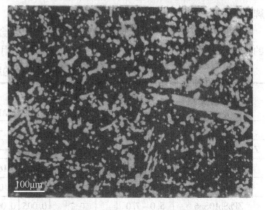

图 8-3　ZSnSb8Cu4 合金的显微组织

表 8-12　锡基轴承合金的特点和应用

合金牌号	特　点	应　用
ZSnSb12Pb10Cu4	锡含量最低的锡基轴承合金，价格便宜。特点是软而韧、耐压，但因含铅而热强性较低	用于中速中等载荷的轴承，如一般机器的主轴承及电机轴承。不适用于高温部件
ZSnSb11Cu6	锡含量较低，铜和锑含量较高。特点是强度和硬度较高，有良好的嵌入性、减摩性和耐磨性，线胀系数较小。但疲劳强度、冲击韧度较低，故不能用于浇注薄层和承受较大振动载荷的轴承	它是工业中应用较广泛的轴承合金。用于重载荷高速工作温度低于 110℃ 的重要轴承，如1400kW 以上的高速蒸汽机、360kW 的涡轮压缩机和 880kW 以上的发动机轴承
ZSnSb8Cu4	与 ZSnSb11Cu6 相比，韧性较高，强度和硬度较低，其他性能相近。但由于锡含量较高，价格较贵	适用于载荷较小的内燃机主轴和连杆轴承、止推垫圈、凸轮轴承
ZSnSb4Cu4	在锡基轴承合金中，该合金塑性和韧性最高、强度和硬度较低。由于锡含量最高，因而价格最贵	用于要求韧性较大和浇注层厚度较薄的重载荷高速轴承，如涡轮内燃机的高速轴承和轴衬、航空和汽车发动机的高速轴承
ZSnSb12Cu6Cd1	综合性能优越	大型汽轮发电机主轴轴瓦等

　　铅的晶体结构是面心立方晶格，具有良好的塑性，断后伸长率达45%，断面收缩率达90%，但强度和硬度较低（$R_m = 18$MPa，4HBW），是工业上常用金属中最软的金属。当受到轴颈的负荷后，很容易自轴承中被挤压出来，为了提高其强度和硬度，必须加入其他的合金元素。加入锡溶入铅中强化基体，并能形成硬质点；加入铜能防止密度偏析，同时形成硬质点 Cu_2Sb，提高合金的耐磨性。由图 8-4 可知，钠、钡、钙、镁和镉能明显提高铅的硬度，对改善铅的性能具有良好的作用。铅基轴承合金可以分为两类：

　　铅-锑系合金：含锑、锡、铜等元素。

　　铅-钙钠系合金：含钙、钠、锡等元素。

1. 铅锑轴承合金

　　（1）合金牌号与化学成分　GB/T 1174—1992 规定了铸造铅锑轴承合金的牌号与化学成分，见表 8-13，共有 5 个牌号。同时，表 8-14 列出了一些国家和国际标准中的铸造铅锑轴承合金牌号的对应牌号。

　　除了 GB/T 1174—1992 规定的铸造铅锑轴承合金的牌号与化学成分外，GB/T 18326—2001 也等效采用了 ISO 4383：2000《滑动轴承　薄壁滑动轴承用金属多层材料在薄壁滑动轴承用多层材料》，规定了薄壁滑动轴承用铅基多层材料的化学成分和牌号，见表 8-6。GB/T 18326—2001 在技术内容上与 ISO 4383：2000 基本相同，其中，铅锑轴承合金共有 3 个牌号。

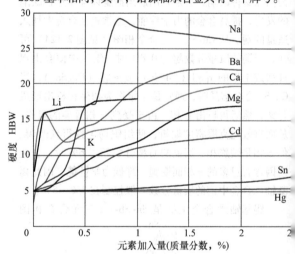

图 8-4　一些添加元素对铅硬度的影响

表 8-13　铸造铅锑轴承合金的牌号与化学成分（GB/T 1174—1992）

合金牌号	化学成分(质量分数,%)										
	Sn	Pb	Cu	Zn	Al	Sb	Fe	Bi	As	Cd	其他元素总和
ZPbSb16Sn16Cu2	15.0～17.0	其余	1.5～2.0	0.15	—	15.0～17.0	0.1	0.1	0.3	—	0.6
ZPbSb15Sn5Cu3Cd2	5.0～6.0		2.5～3.0	0.15	—	14.0～16.0	0.1	0.1	0.6～1.0	1.75～2.25	0.4
ZPbSb15Sn10	9.0～11.0		0.7[①]	0.005	0.005	14.0～16.0	0.1	0.1	0.6	—	0.45
ZPbSb15Sn5	4.0～5.5		0.5～1.0	0.15	0.01	14.0～15.5	0.1	0.1	0.2	—	0.75
ZPbSb10Sn6	5.0～7.0		0.7[①]	0.005	0.005	9.0～11.0	0.1	0.1	0.25	0.05	0.7

①　不计入其他元素总和。

表 8-14　铅锑轴承合金国内外牌号对照表

中国	相近牌号					
GB/T 1174—1992	国际标准	俄罗斯	美国	日本	德国	英国
ZPbSb16Sn16Cu2	—	Б16	—	—	—	—
ZPbSb15Sn5Cu3Cd2	—	Б6	—	—	—	—
ZPbSb15Sn10	PbSb15Sn10	—	UNS-53581	WJ7	WM10	BS3332-E
ZPbSb15Sn5	—	—	UNS-53565	—	WM5	BS3332-G
ZPbSb10Sn6	PbSb10Sn6	—	UNS-53546	WJ9	—	BS3332-F

（2）物理性能（见表 8-15）

（3）力学性能

1）常温力学性能（见表 8-16）。

2）锑含量对铅锑二元合金力学性能的影响（见表 8-17 和图 8-5）。

3）ZPbSb16Sn16Cu2 合金在不同温度下的力学性能（见表 8-18）。

（4）工艺性能（见表 8-19）

（5）添加元素和其他元素对合金性能的影响（见表 8-20、表 8-21）

表 8-15　铸造铅锑轴承合金的物理性能

合金牌号	密度 ρ/(Mg/m³)	线胀系数 α_l/10^{-6}K^{-1}	热导率 λ/[W/(m·K)]	摩擦因数 μ	
				有润滑	无润滑
ZPbSb16Sn16Cu2	9.29	24.0	25.12	0.006	0.25
ZPbSb15Sn5Cu3Cd2	9.60	28.0	20.93	0.005	0.25
ZPbSb15Sn10	9.60	24.0	23.86	0.009	0.38
ZPbSb15Sn5	10.20	24.3	24.28	—	—
ZPbSb10Sn6	10.50	25.3	—	—	—

表 8-16　铸造铅锑轴承合金的常温力学性能

性　能		ZPbSb16Sn16Cu2	ZPbSb15Sn5Cu3Cd2	ZPbSb15Sn10	ZPbSb15Sn5	ZPbSb10Sn6
抗拉强度 R_m/MPa		76.5	67	59	—	78.5
条件屈服强度 $R_{p0.2}$/MPa		—	—	57	—	—
断后伸长率 A(%)		0.2	0.2	1.8	0.2	5.5
抗压强度 R_{mc}/MPa		121	133	125.5	108	—
规定塑性压缩强度 $R_{pc0.2}$/MPa		84	81	61	78.5	—
疲劳极限 σ_D/MPa		22.5	—	27.5	17	25.5
弹性模量 E/GPa		—	—	29.4	29.4	29.0
冲击韧度 a_K/(kJ/m²)		13.70	14.70	43.15	—	46.10
硬度 HBW	17～20℃	34.0	32.0	26.0	20.0	23.7
	50℃	29.5	24.9	24.8	—	18.0
	70℃	22.8	21.3	22.1	—	—
	100℃	15.0	14.0	14.3	9.5	11.0
	125℃	6.9	12.1	—	—	—
	150℃	6.4	8.1	—	—	8.0

表 8-17　锑含量对铸造铅锑二元
合金力学性能的影响

化学成分（质量分数,%）		抗拉强度 R_m/MPa	断后伸长率 A(%)	硬度 HBW
Pb	Sb			
100	0	13.7	47	4.2
99	1	23.0	38	7.0
96	4	38.6	22	10
94	6	46.9	24	12
92	8	51.0	19	15
88	12	56.0	—	13

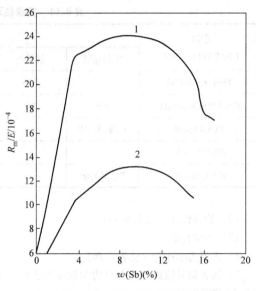

图 8-5　锑含量对铅锑二元合金抗拉
强度与弹性模量比值的影响
1—试验温度 20°C　2—试验温度 100°C

表 8-18　ZPbSb16Sn16Cu2 合金在不同温度下的力学性能

温度/℃	20	80	100	150	200
抗拉强度 R_m/MPa	76.5	60	54	41	24.5
断后伸长率 A(%)	0.2	1.0	1.4	2.4	7.0

表 8-19　铸造铅锑轴承合金的工艺性能

合金牌号	液相线温度/℃	固相线温度/℃	浇注温度范围/℃	体收缩率(%)	流动性（螺旋线长度）/cm
ZPbSb16Sn16Cu2	410	240	450 ~ 470		54
ZPbSb15Sn5Cu3Cd2	416	232	450 ~ 470	—	—
ZPbSb15Sn10	268	240	380 ~ 400	2.3	—
ZPbSb15Sn5	380	237	450 ~ 470	2	—
ZPbSb10Sn6	256	240	380 ~ 400	2	—

表 8-20　添加元素对铸造铅锑轴承合金性能的影响

添加元素	含量（质量分数,%）	在合金中存在的形式	对合金性能的影响
锡	5 ~ 16	部分固溶在铅里，其余以 SnSb 和 Cu_6Sn_5 金属间化合物形式存在	可提高合金的强度、硬度、耐磨性和耐蚀性。当 w(Sn) >16% 时，合金形成低熔点的三元共晶体，降低了合金性能
铜	1 ~ 2	以 Cu_6Sn_5 金属间化合物形式存在	可消除合金的偏析，增加合金的耐磨性。过量的铜会扩大合金的结晶温度范围，恶化合金的铸造性能，并使合金变脆
砷	0.3 ~ 1.2	固溶在基体内	细化晶粒，提高合金的强度。过量时，使合金变脆
镉	1.25 ~ 2.25	固溶在锑内，在有砷存在的条件下，生成 AsCd 化合物	可提高合金的强度、硬度和耐蚀性，过多会使合金变脆
镍	0.2 ~ 0.6	少量镍固溶在锑内，主要以 $NiSb_3$ 化合物的形式存在	可细化组织，提高合金的耐磨性，改善合金的力学性能，提高合金的硬度和韧性

表 8-21　其他元素对铸造铅锑轴承合金性能的影响

其他元素	含量（质量分数,%）	对合金性能的影响
铁	<0.1	和锡生成 $FeSn_2$，使合金液的流动性变差
铝	0.005~0.01	w（Al）>0.1% 时，会降低合金液的流动性，增加氧化倾向，削弱合金与钢壳的黏结
锌	<0.15	促进合金液氧化，导致铸件产生气孔
铋	<0.1	混入铅锑合金后，会形成低熔点三元共晶体，降低合金的力学性能

（6）金相组织　铅锑二元合金为简单的共晶型合金，其相图见图 2-175。

通常为了提高铅锑合金强度、硬度与耐磨性，在合金中添加锡及其他元素。Pb-Sb-Sn 三元合金相图液相面的投影图如图 8-6 所示。

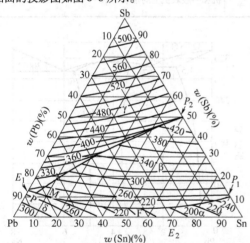

图 8-6　Pb-Sb-Sn 三元合金相图液相面投影图

从图 8-6 可看出，合金在 240℃ 时形成三元共晶体 [其成分为 w（Pb）= 85%、w（Sb）= 11.5%、w（Sn）= 3.5%]。当锡的质量分数超过 8% 时，合金的金相组织里就会出现硬度较高金属间化合物（SnSb）。

图 8-7 所示为 ZPbSb15Sn10 合金的显微组织。基体为 Pb 与固溶体 Sn（Sb）的共晶，白色方块为 β 相（SnSb），白色针状为 η 相（Cu3Sn）或 Cu_2Sb。

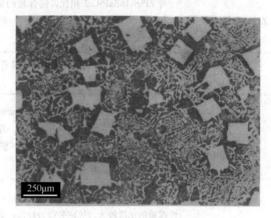

图 8-7　ZPbSb15Sn10 合金的显微组织

ZPbSb16Sn16Cu2 合金的显微组织如图 8-8 所示。基体是由铅和锑固溶体组成的共晶体，白色方形组织为 SnSb 相，白色针状晶体为 Cu_2Sb 或 Cu_6Sn_5 金属间化合物。

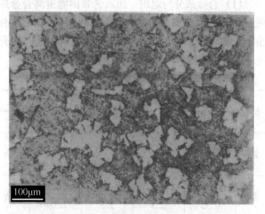

图 8-8　ZPbSb16Sn16Cu2 合金的显微组织

（7）特点和应用（见表 8-22）

表 8-22　铸造铅锑轴承合金的特点和应用

合金牌号	主要特点	应用
ZPbSb16Sn16Cu2	与 ZSnSb11Cu6 相比，抗压强度较高，价格较便宜，耐磨性较好，使用寿命较长；缺点是塑性和冲击韧度较差，在室温下比较脆，经受冲击载荷时容易形成裂纹和剥落。承受静载荷的性能较好	适用于工作温度低于 120℃、承受无显著冲击载荷的重载高速轴承，如汽轮机，小于 750kW 的电动机、小于 500kW 的发电机，350kW 以上的压缩机以及轧钢机等的轴承

（续）

合金牌号	主要特点	应　用
ZPbSb15Sn5Cu3Cd2	与 ZPbSb16Sn16Cu2 相比，锡含量约低 2/3，但因加有镉和砷，性能无多大差别，可代替 ZPbSb16Sn16Cu2 合金	用于制作汽车、拖拉机、船舶机械、小于 250kW 的电动机、抽水机、球磨机和金属切削机床的轴承
ZPbSb15Sn10	冲击韧度高于 ZPbSb16Sn16Cu2，具有良好的嵌入性和摩擦顺应性，但摩擦因数较大	用于制作中速中等载荷的轴承，如汽车、拖拉机发动机的曲轴和连杆轴承，也适用于高温轴承
ZPbSb15Sn5	为锡含量最低的铅锑合金。与 ZSnSb11Cu6 相比，抗压强度相当，但塑性和热导率较差。在温度不超过 80~100℃和冲击载荷较低的条件下，使用寿命不低于 ZSnSb11Cu6	用于低速载荷的机械轴承。一般多用于矿山水泵轴承，也可用于汽轮机中等功率电动机、拖拉机发动机、空气压缩机等轴承和轴衬
ZPbSb10Sn6	为铅含量最高的铅锑合金，主要特点：①强度与弹性模量的比值较大，抗疲劳能力较强；②具有良好的嵌入性；③合金硬度较低，对轴颈的磨损较小；④软硬适中，韧性好，装配时容易刮削加工；⑤原材料价廉，制造工艺简单，浇注质量容易保证。缺点是合金本身的耐磨性和耐蚀性不如锡基轴承合金	可代替 ZSnSb4Cu4 用于工作温度不超过 120℃、承受中等载荷或高速低载荷的机械轴承。例如，汽车汽油发动机、高速转子发动机、空气压缩机、制冷机和高压液压泵等的主机轴承，也可用于金属切削机床、通风机、真空泵、离心泵、燃气泵、涡轮机和一般农机上的轴承

2. 铅钙钠轴承合金

（1）合金成分与组织　加入钙和钠能提高合金的强度和硬度，因而铅钙钠合金又称为碱性硬化轴承合金，主要分为含锡和无锡两种。其化学成分见表 8-23。

表 8-23　铅钙钠轴承合金的化学成分

类型	化学成分（质量分数，%）				
	Ca	Na	Sn	Mg	Pb
无锡	0.85~1.15	0.6~0.9	—	—	其余
含锡	0.35~0.55	0.25~0.5	1.5~2.5	0.01~0.09	其余

Pb-Na 二元合金相图如图 8-9 所示；Pb-Ca 二元合金相图如图 2-169 所示。

铅钙钠轴承合金的显微组织均由铅固溶体和 Pb_3Ca 化合物组成。铅固溶体构成了合金的软基体，Pb_3Ca 构成合金的硬质点。该合金也是比较典型的轴承合金。

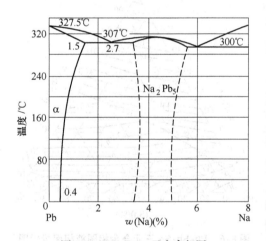

图 8-9　Pb-Na 二元合金相图

（2）无锡铅钙钠轴承合金的物理和工艺性能（见表 8-24）

（3）铅钙钠轴承合金的力学性能和添加元素对合金力学性能的影响（见表 8-25 和表 8-26）

（4）铅钙钠轴承合金的主要特点和应用（见表 8-27）

表 8-24　无锡铅钙钠轴承合金的物理和工艺性能

密度 $\rho/(g/cm^3)$	液相线温度 /℃	固相线温度 /℃	线收缩率 （%）	线胀系数 $\alpha_l/10^{-4}K^{-1}$	热导率 $\lambda/[W/(m \cdot K)]$	摩擦因数 μ	
						有润滑	无润滑
10.5	440	320	0.75	32	20.93	0.004	0.44

表 8-25 铅钙钠轴承合金的力学性能

类别	抗拉强度 R_m/MPa	断后伸长率 A(%)	抗压强度 R_{mc}/MPa	规定塑性压缩强度 $R_{pc0.2}$/MPa	疲劳极限 σ_D/MPa	硬度 HBW	弹性模量 E/GPa	冲击韧度 a_K/(kJ/m²)
无锡	98	2.5	157	116	25	32	22	78.45
含锡	91	8.1	148	80		17.5	—	114.70

表 8-26 添加元素对铅钙钠合金力学性能的影响

添加元素	含量(质量分数,%)	对合金性能的影响
钠	0.25 ~ 0.90	固溶在铅基体中,可提高基体的硬度和强度。在铅基体中的溶解度变化较大,合金的强度可通过热处理提高
钙	0.35 ~ 1.20	在铅基体中的溶解度较小,当钙的质量分数超过1%时,以 Pb_3Ca 形式存在。Pb_3Ca 是较硬的质点,可提高合金的耐磨性
镁	0.02 ~ 0.01	少量的镁固溶在铅基体中,能减少熔炼时钙和钠的烧损,提高抗大气腐蚀的能力,提高合金的硬度。但随着镁含量的增加,合金塑性降低
锡	1.5 ~ 2.5	锡固溶在铅基体里,提高基体的硬度和耐蚀能力,可加强合金与钢壳的粘合

表 8-27 铅钙钠轴承合金的主要特点和应用

类别	主要特点	应用
无锡的铅钙钠轴承合金	具有较好的高温强度、冲击韧度和摩擦相容性,价格便宜。缺点是线胀系数和摩擦因数较大,氧化倾向严重,熔炼工艺较复杂,耐磨性和耐蚀性较差	适用于低速重载和受冲击的轴承,如铁路客货车辆及机车的轴瓦
含锡的铅钙钠轴承合金	与无锡的铅钙钠合金相比,钙和钠的含量较低,具有比较稳定的抗氧化和耐蚀能力。由于加入锡和镁,合金具有良好的耐磨性和强度。其他性能与无锡的铅钙钠合金相近	常用于制造730kW内燃机车用的柴油机轴承和880kW发动机轴承

8.1.3 锡基和铅基轴承合金的熔铸

由于巴氏合金的强度较低,一般均浇注在钢壳(钢背)上,成为双金属轴瓦,以此来增强轴瓦的强度。在一定范围内,合金层越薄承载能力越大。钢壳材料厚度小于4mm的称为薄壁轴瓦,而厚度大于4mm称为厚壁轴瓦。轴承合金的钢背材料由供需双方协定,用作钢壳的钢的化学成分应根据供需双方的协议商定,一般使用低碳钢,如08钢或10钢等。

巴氏合金的熔铸工艺包括钢壳的清洗与镀锡、合金的熔炼、合金的双金属浇注等过程。

1. 轴承钢壳的清洗与镀锡

为了使轴承合金与钢壳结合牢固,在浇注前必须把钢壳表面清洗干净并镀锡。其工艺流程为:脱脂→水洗→酸洗→水洗→沸水清洗→涂保护层→涂溶剂→镀锡。

(1)脱脂方法

1)溶剂脱脂。常用的溶剂有四氯乙烯、三氯乙烯和三氯乙烷等。三氯乙烯的脱脂能力最强,而四氯乙烯能力最弱。

2)碱溶液脱脂(碱洗)。常用的碱性化学试剂有氢氧化钠、碳酸钠、磷酸三钠和硅酸钠等。其中,氢氧化钠的碱性最强,脱脂效果最佳,且价格便宜,使用方便,因此工厂普遍采用摩尔分数为4.6%~7.4%的NaOH水溶液作为清洗剂。

经碱液浸洗后的钢壳,必须用清水冲洗,去除碱痕。

3)电解脱脂。将钢壳浸入油脂清洗剂里,通过电解作用除去油污。此法的脱脂效果最好。电解油脂清洗剂可使用碱溶液,但浓度可以稍为稀一些。

脱脂效果直接影响合金与钢壳的结合强度,因此脱脂处理后要进行检验。检验方法如下:

①肉眼观察钢壳表面有无污物、油脂等。

②用干净的白色绸布(或白纸)擦拭钢壳的表面,检查有无污物。

③用水浸润,如工作表面能被水全部浸润,表示脱脂干净;若有"旱斑"应继续脱脂。

(2)酸洗 为了清除钢壳的锈迹,已去脂的钢壳,用清水冲洗后立即酸洗。常用的酸洗方法有酸液酸洗和电解酸洗两种。

1）酸液酸洗。最常用的酸液是盐酸溶液和硫酸溶液它们的比较见表8-28。

表8-28　盐酸溶液和硫酸溶液的比较

类　别	优　点	缺　点
盐酸溶液（HCl 的摩尔分数为 4.6% ~ 7.4%）	酸洗速度快，去锈效果显著，在常温下也能有效地去除铁锈，使用方便	盐酸容易蒸发，其蒸汽对人体有害，并对附近设备有强烈腐蚀作用
硫酸溶液（H_2SO_4 的摩尔分数为3.1% ~ 5.8%）	价格便宜，运输和储存方便，在较高的酸洗温度下，几乎不产生蒸汽。酸洗对金属的腐蚀比盐酸溶液轻	酸洗速度比较低，为了有效地除锈，硫酸溶液需要加热到70~85℃

硫酸溶液酸洗适用于大批量生产的连续酸洗；盐酸溶液酸洗则用于非连续性酸洗。

酸洗一般采用浸入法，即将钢壳浸入酸洗水溶液槽内2~5min。对于大型轴瓦的钢壳，如不能在酸洗槽内酸洗，可用刷子浸酸液后擦拭。

2）电解酸洗：一般采用摩尔分数为1.0% ~ 3.1%的硫酸水溶液作为电解液。它与用酸液去锈相比，去锈更迅速，对基体金属的腐蚀小，操作方便，缺点是需要电解设备。

酸洗后钢壳表面应呈现均匀的银灰色光泽，酸洗后不能再用手触摸钢壳的内表面，否则会沾上手指上的油脂。

（3）涂保剂　轴承钢壳不挂锡的外表面应涂上一层保护剂起保护作用，保护剂有以下几种：

1）泥浆。

2）白垩粉一份，水三份，外加总质量分数为1% ~ 2%的水胶。

3）白垩粉二份，水玻璃二份，水一份。

进行涂刷时调成稀糊状，要注意在镀锡表面不可粘着涂料。

（4）涂溶剂　镀锡前在钢壳内表面涂刷一层

$ZnCl_2$饱和溶液，以便消除钢壳表面清洗后形成的氧化膜，而进一步清洁镀锡表面。

（5）镀锡　热镀锡时，铁和锡在钢壳表面形成$FeSn_2$和FeSn过渡层。在浇注轴承合金时，过渡层使轴承合金和钢壳表面牢固地黏结在一起，增加轴承合金与钢壳的结合强度。锡化合物具有很大脆性，所以过渡层不宜太厚，否则会影响轴承合金与钢壳的结合强度。因此，钢壳的镀锡层应该是薄而均匀。

锡基轴承合金镀锡时需要使用纯锡，铅基轴承合金镀锡用焊锡 [$w(Sn) = 60\%$，$w(Pb) = 40\%$]。

镀锡方法有浸入法和锡条涂抹法两种。

1）浸入法：将纯锡或焊锡放在镀锡槽内熔化并升温到270~300℃之间；然后将预热到120℃左右的钢壳全部浸入槽内，使锡液停止冒泡时将钢壳取出。

2）锡条涂抹法：若钢壳尺寸较大或没有镀锡槽时可采用此法。将清洗后的钢壳加热到300~350℃，然后涂刷一层氯化锌溶液，接着再用纯锡条或焊锡条在钢壳表面往复涂抹，使其熔化，并用刷子把已熔化的锡液均匀地涂挂于钢壳表面上。若镀不上锡时，可再刷一次溶剂，这样一直到全部钢壳表面镀上为止。

镀锡表面的质量检查：若钢壳镀锡表面呈银白色镜面，锡液能在整个工作表面滚动，说明镀锡良好；若钢壳镀锡表面呈淡蓝色，说明镀锡温度过高，镀锡表面已氧化；如果有镀不上锡的斑点，应该用刮刀除去或重新清洗，然后再刷上ZnCl溶液，重新镀锡。

2. 合金的熔炼

锡基和铅基轴承合金的熔炼设备可以用电炉、油炉和焦炭炉。

为了减少轴承合金的杂质含量，熔炼时对金属原材料的纯度均有一定的要求。大批量生产时，为了合金化学成分均匀，防止合金液过热，采用预制合金锭，然后将合金锭重熔并升温到规定温度后浇注轴瓦。

GB/T 8740—2013《铸造轴承合金锭》规定的铸造锡基和铅基轴承合金锭的牌号及其化学成分见表8-29和表8-30。锡基和铅基轴承合金的熔炼工艺见表8-31。

表8-29　铸造锡基轴承合金锭的牌号及其化学成分（GB/T 8740—2013）

牌号	化学成分（质量分数，%）									
	Sn	Pb	Sb	Cu	Fe	As	Bi	Zn	Al	Cd
SnSb4Cu4	余量	0.35	4.00 ~ 5.00	4.00 ~ 5.00	0.060	0.10	0.080	0.0050	0.0050	0.050
SnSb8Cu4	余量	0.35	7.00 ~ 8.00	3.00 ~ 4.00	0.060	0.10	0.080	0.0050	0.0050	0.050
SnSb8Cu8	余量	0.35	7.50 ~ 8.50	7.50 ~ 8.50	0.080	0.10	0.080	0.0050	0.0050	0.050

（续）

牌号	化学成分（质量分数,%）									
	Sn	Pb	Sb	Cu	Fe	As	Bi	Zn	Al	Cd
SnSb9Cu7	余量	0.35	7.50 ~ 9.50	7.50 ~ 8.50	0.080	0.10	0.080	0.0050	0.0050	0.050
SnSb11Cu6	余量	0.35	10.00 ~ 12.00	5.50 ~ 6.50	0.080	0.10	0.080	0.0050	0.0050	0.050
SnSb12Pb10Cu4	余量	9.00 ~ 11.00	11.00 ~ 13.00	2.50 ~ 5.00	0.080	0.10	0.080	0.0050	0.0050	0.050

注：表中单值为最大值。

表 8-30　铸造铅基轴承合金锭的牌号及其化学成分（GB/T 8740—2013）

牌号	化学成分（质量分数,%）									
	Sn	Pb	Sb	Cu	Fe	As	Bi	Zn	Al	Cd
PbSb16Sn1As1	0.80 ~ 1.20	余量	14.50 ~ 17.50	0.6	0.10	0.80 ~ 1.40	0.10	0.0050	0.0050	0.050
PbSb16Sn16Cu2	15.00 ~ 17.00	余量	15.00 ~ 17.00	1.50 ~ 2.00	0.10	0.25	0.10	0.0050	0.0050	0.050
PbSb15Sn10	9.30 ~ 10.70	余量	14.00 ~ 16.00	0.50	0.10	0.30 ~ 0.60	0.10	0.0050	0.0050	0.050
PbSb15Sn5	4.50 ~ 5.50	余量	14.00 ~ 16.00	0.50	0.10	0.30 ~ 0.60	0.10	0.0050	0.0050	0.050
PbSb10Sn6	5.50 ~ 6.50	余量	9.50 ~ 10.50	0.50	0.10	0.25	0.10	0.0050	0.0050	0.050

注：表中单值为最大值。

表 8-31　锡基和铅基轴承合金的熔炼工艺

合金	熔炼工艺要点	特　点
锡基轴承合金	工艺一： 1) 先熔炼锑、铜各 50% 的中间合金。将电解铜加入预热的石墨坩埚内，上面覆盖木炭。当铜熔化并升温到 1200℃ 左右时，加入质量分数为 0.1% ~ 0.3% 磷铜脱氧，然后分批加入块度为 5 ~ 10mm 锑块，同时用铁棒不断搅拌，使其熔化。待合金液冷却到 800℃，立即去除炉渣，浇注成锭 2) 熔炼锡基轴承合金。先加锡和旧料（加入量不超过 30%），同时上面覆盖木炭。当料熔化后加入中间合金、锑和其他金属料。加热到浇注温度，充分搅拌合金液，并用脱水氯化铵精炼，加入量为合金质量的 0.05% ~ 0.1%。静置一定时间后扒去炉渣即可浇注	该工艺是传统的熔炼工艺。铜熔点高，因而先熔炼 Cu-Sb 中间合金锭，再熔炼轴承合金。这种方法虽然合金化学成分容易掌握，但工时长，能耗大
	工艺二： 1) 熔炼铜锑中间合金。按轴承合金牌号要求称取所需的电解铜、锑、锡。将电解铜放入石墨坩埚内熔化并升温至 1100 ~ 1200℃；然后分批加入预热过的锑块，同时不断搅拌合金液，使锑全部熔化。将炉温控制在 900 ~ 950℃ 之间 2) 在熔化中间合金的同时，将全部锡放在铸铁坩埚中熔化，使锡液温度保持在 400℃ 3) 然后用铁勺盛取中间合金液，逐渐倒入锡锅中并用铁棒均匀搅拌，再在 500℃ 保温 1h；最后用质量分数 0.05% ~ 0.1% 的氯化铵精炼，静置一定时间后扒渣浇注	该工艺是将分别熔炼的 Cu-Sb 中间合金液和锡液混合。中间合金在液态时就加入锡液中，可节省熔炼时间和燃料消耗。缺点是占用的熔炼设备较多，熔炼温度较高，合金容易过热
	工艺三： 1) 将干燥的木炭加在坩埚底部，坩埚预热到 200℃ 左右加入 1/2 的总锡量和全部铜。当料全部熔化后加入预热过的锑粒，并不断搅拌，等锑全部熔化后进行清渣 2) 加入剩余的锡，当合金液升温到浇注温度时，可恒温 1h 以便使合金化学成分均匀 3) 将合金液搅拌后用占合金质量 0.05% ~ 0.1% 的脱水氯化铵精炼。如果长时间连续浇注，可以每隔 1h 精炼一次。静置一定时间后扒去炉渣即可浇注	特点是直接熔炼轴承合金。铜不是依靠高温熔化，而是利用液体锡和固体铜的相互溶解作用，促进铜很快熔化。该法可缩短熔炼时间，减少能源消耗，避免合金过热

（续）

合金	熔炼工艺要点	特　　点
铅锑轴承合金	工艺一： 熔炼工艺和锡基轴承合金工艺三基本相同。不同处是：①熔炼开始时，一次加入全部锡和铜；②锑全部熔化并在清渣后加入全部铅	熔炼特点和锡基轴承合金熔炼工艺三相同，适用于含铜的铅锑合金
	工艺二： 1）将坩埚预热到暗红色，先加入1/3纯铅并加热至700~750℃，然后分批加入锑粒，使锑全部熔化 2）清除掉合金液表面上的氧化层，在660℃时加入块状砷，并用力搅拌促使其熔化；然后加入其余的铅；在420~450℃时最后加入镉和锡 3）如果炉渣过多，可在合金液上撒适量的白蜡，使氧化渣还原，并与合金液分离 4）用占合金质量0.05%~0.1%的脱水氯化铵精炼，静置2~4min后扒渣浇注	该工艺适用于不含铜的铅锑合金。其成分主要是铅、锑、锡，其中锑的熔点最高，因而先加部分铅再加锑有助于锑的熔化，可缩短熔炼时间，避免合金液过热
铅钙钠轴承合金	1）熔炼铅钠中间合金。先在铸铁坩埚内加入占全部配料重量30%的铅，加热使铅熔化；然后把熔融的铅倒入盛有液态金属钠的坩埚内，在此形成铅钠中间合金 2）熔炼轴承合金。将含有质量分数为64%的氯化钙装入炉内，进行脱水处理、熔化并过热到800℃；然后将氯化钙倒入铅钠中间合金液中，仔细搅拌，并扒去液面盐类夹杂物，加入其余的铅，搅拌后立即浇注	用氯化钙代替金属钙，依靠Pb-Na中间合金和氯化钙的相互作用获得Pb-Na-Ca合金，可降低轴承合金成本，但合金的化学成分较难掌握

3. 合金的浇注

1）锡基和铅基轴承合金的浇注方法、过程、特点及应用（见表8-32）。

2）重力浇注。半圆形轴瓦和圆形轴瓦的重力浇注工艺如图8-10和图8-11所示。

重力浇注时应注意的事项：①浇注工具应在浇注前预热。②金属芯应涂上一层石墨并在装配前预热。③严格控制镀锡轴瓦的温度，应达到250~270℃，使锡层处于液体状态。④严格控制浇注温度，应在合金液相线温度以上70℃左右。⑤浇注时金属液要连续不断并均匀快速地流入型腔，避免卷入空气和氧化。⑥浇注后需用红热的铁棒在型腔内轻轻搅动，以利于合金液中夹杂物的上浮、气体的排出和合金液的收缩。当凝固接近顶部时，应补浇一些合金液进行补缩。⑦应在轴瓦底部喷水冷却，促使合金液自下而上地顺序凝固。

3）离心铸造。离心机转速应根据轴瓦内径而定，双金属轴瓦离心铸造时离心机转速和轴瓦内径的关系见表8-33。

生产实践证明，锡基轴承合金薄壁轴瓦内表面比较合适的线速度为2.6~3.2m/s；铅锑轴承合金轴瓦内表面的线速度以3~5m/s较为合适。离心机转速也可以根据轴瓦表面的线速度确定。

表8-32 锡基和铅基轴承合金的浇注方法、过程、特点及应用

浇注方法	过　　程	特　　点	应　　用
重力浇注	固定已镀锡的钢壳，然后浇注轴承合金	工艺装备简单，易于投产，生产率较低	适用于单件小批量生产和制作大型轴承
离心铸造	将合金液浇注到正在旋转的钢壳中，以便在离心力作用下布满钢壳表面而随之转动，最后凝固成双金属轴瓦	合金组织致密，力学性能较高，铸件无气孔夹渣等缺陷，节约金属，生产率高，容易产生偏析	适用于中小型轴瓦的成批和大批量生产
锡基、铅基合金双金属钢带连续浇注	将轴承合金液连续浇注在表面已经过清洗和镀锡的冷轧钢带上制成双金属带。双金属带经过退火处理后即可作为轴瓦材料	合金液连续快速冷却，合金组织致密，力学性能较高，黏结可靠，质量稳定，生产率高。但设备结构复杂，投产前一次投资较大	适用于轴瓦的大批量生产

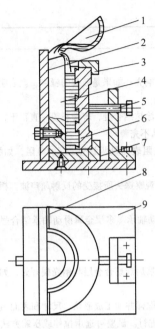

图 8-10 半圆形轴瓦的重力浇注工艺
1—勺子 2—主板 3—半圆铁环 4—金属芯
5—压紧螺钉 6—钢壳 7—底座
8—石棉底板 9—底板

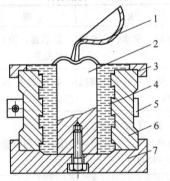

图 8-11 圆形轴瓦的重力浇注工艺
1—勺子 2—金属芯 3—铁环 4—金属液
5—夹紧环 6—钢壳 7—底座

表 8-33 双金属轴瓦离心铸造时离心
机转速和轴瓦内径的关系

轴瓦内径/mm	离心机转速/(r/min)
75 ~ 100	700 ~ 800
>100 ~ 125	650 ~ 720
>125 ~ 150	600 ~ 650
>150 ~ 175	580 ~ 620
>175 ~ 200	560 ~ 600
>200 ~ 225	560 ~ 580
>225 ~ 250	510 ~ 550
>250 ~ 270	480 ~ 500
>270 ~ 285	430 ~ 470
>285 ~ 320	400 ~ 450

注：铅基轴承合金的转速应比表内下限值高
15% ~ 25%。

离心浇注时的注意事项：浇注时必须核对离心机
转速，要严格控制浇注温度和轴瓦温度，合金液必须
严格定量。

为了使轴承合金和钢壳黏结良好，镀锡钢壳安装
到离心机上的时间应尽可能缩短：安装时间从镀锡结
束起，一般薄壁轴瓦的安装时间不超过 7 ~ 10s，厚
壁轴瓦不超过 30 ~ 90s；浇注完毕，经过 50 ~ 60s 空
冷后用水冷却钢壳，促使合金由外向内地顺序凝固。

8.1.4 锡基和铅基合金轴承的质量检验

1. 质量检验项目和方法（见表 8-34）

2. 金相检验

（1）金相试样的制备　首先从轴瓦规定部位截
取试样，经镶嵌、磨制和抛光，然后在腐蚀剂内进行
浸蚀。由于钢壳和轴承合金的硬度差别较大，试样磨
削面容易形成台阶。为了防止出现台阶现象，每次磨
制或抛光时，都不要固定在一个方向上，应使试样的
结合线与磨制方向或抛光方向呈 15°交角，变换角度
进行磨制或抛光。

（2）锡基和铅基轴承合金金相试样的腐蚀试剂
（见表 8-35）

表 8-34 锡基和铅基合金轴承的质量检验项目和方法

项 目	方法和内容
化学成分	薄壁轴瓦在离钢壳 0.5mm 处，厚壁轴瓦在规定的合金层处取样，分析锡、锑、铜和铅等元素。分析值应符合轴承合金牌号的技术要求
金相组织	在轴承工作面和横截面处截取试样并做金相检查，具体要求按 QC/T 516—1999《汽车发动机轴瓦锡基和铅基合金金相标准》评定
硬度	可直接在金相试样上测定布氏硬度。当合金层厚度很小时，可采用维氏硬度检验。合金的硬度应符合合金牌号技术要求
铸造缺陷	宏观检测轴承工作表面上有无裂纹、气孔、缩孔等缺陷。铸件的内部缺陷由无损探伤确定

（续）

项　目	方法和内容
钢壳与轴承合金的黏结检验	无损检测： 1）声响法。用小锤敲击轴瓦，如黏结良好，声音应清脆响亮；如果是破裂的哑声，就表明轴承合金和钢壳黏结不好 2）油浸法。将轴瓦浸入油中，然后取出擦干，用滑石粉涂抹结合处，若滑石粉一直很干，表明黏结良好；若局部地方的滑石粉被油润湿或有油渗出，就表明黏结不完善 3）电阻法。用两个触头压在轴瓦内表面上，通电并用电阻表测量两触头之间的电阻，如黏结不连续，电阻就会变化 4）超声法。将探头放在轴瓦内表面上，然后在示波管上观察探头所接受的反射超声波。根据反射脉冲的图形，就可以检验轴承合金和钢壳的黏结质量 具体的超声检测方法可以按照 GB/T 18329.1—2001《滑动轴承　多层金属滑动轴承结合强度的超声波无损检验》进行和结合质量的评估 破坏性检验： 1）弯曲法。可先将轴瓦压平，再压至与钢壳相互贴紧，然后观察合金层与钢壳裂开处，如钢壳表面呈灰白色或留有绒毛状合金，表明黏结良好 2）结合强度测定法。先直接从轴瓦或轴瓦双金属板带上取样并加工成形状、尺寸和表面粗糙度一定的试样。轴瓦双金属结合强度的测定应在万能材料试验机上进行。试验可选用拉伸或压缩方法。具体操作规程可按 QC/T 558—1999《汽车发动机轴瓦双金属结合强度破坏性试验方法》进行

表 8-35　锡基和铅基轴承合金金相试样的腐蚀试剂

名　称	成　　分	方　　法	用　途
盐酸溶液	$w(HCl) = 5\% \sim 10\%$ 水溶液	浸蚀 30s 后，用水、乙醇清洗并干燥	显示锡、铅和锑及其合金的晶界
硝酸乙醇溶液	$w(HNO_3) = 1.4\%$　　　　　$1 \sim 5mL$ C_2H_5OH 或 CHO_3OH　　　$100mL$	用蘸有硝酸溶液的棉球擦拭试样 $10 \sim 30s$	显示锡基和铅基合金组织
硝酸和醋酸溶液	HNO_3　　　　　　4 份 CH_3COOH　　　3 份 H_2O　　　　　16 份	浸蚀 $4 \sim 30s$（$40 \sim 42℃$），揩干，加热到 $80℃$，反复浸蚀和抛光（$10 \sim 15s$）	显示铅和铅基合金组织
苦味酸溶液	$C_6H_2(NO_2)_3$　　　4g C_2H_5OH　　　　100mL	浸蚀 $20s \sim 2min$	显示铅基和锡基合金组织
硝酸和氢氟酸溶液	HNO_3　　　1 滴 HF　　　　2 滴	加热到 $35 \sim 40℃$，浸蚀 $1min$	显示锡基和铅基合金上锡覆盖层的组织
过氧化氢醋酸溶液	CH_3COOH　　　　　　　　3 份 H_2O_2（质量分数为 9%）　1 份	浸蚀 $10 \sim 30s$，用硝酸、乙醇洗涤	显示含锑、钠和钙的铅基合金组织
酒石酸-过硫酸铵溶液	$(NH_4)_2S_2O_8$ 水溶液　质量分数为 10% 50 份 酒石酸水溶液　质量分数为 28%　2 份	浸蚀揩拭 $20s \sim 2min$	显示锡基合金及铁基合金的锡覆盖层组织
钼酸溶液	MoO_3　　　　　　40g NH_4OH　　　　　60mL H_2O　　　　　　100mL 过滤后加 HNO_3　　　　　　25mL	浸蚀揩拭 $20s \sim 2min$	各种成分的锡基和铅基合金组织

8.1.5 锡基和铅基轴承合金的铸造缺陷分析（见表 8-36）

表 8-36 锡基和铅基轴承合金的铸造缺陷分析

名　称	特　征	产生原因	防止方法
与钢壳黏结不良	敲击时有破裂声音，撬开合金后，钢壳表面灰黑色无毛绒或有白色块状锡层未与合金黏结	钢壳清洗不干净，镀锡温度过高，夹具预热不够，钢壳镀锡后未立即浇注合金，合金温度太低，合金浇注凝固后，冷却速度过快，合金间产生较大的收缩热应力	检查钢壳清洗和镀锡工艺，钢壳预热温度提高到 400℃左右，夹具预热温度达到 200℃以上；钢壳镀锡后立即浇注合金，检查合金的浇注温度，凝固后立即将轴瓦装入炉温为 120～160℃保温炉内随炉冷却至常温
晶粒粗大	显微组织中弥散相尺寸粗大	浇注温度太高，冷却速度太慢	调整合金浇注温度，加快冷却速度
成分偏析	合金层的内外层成分和组织不一致，显微组织中硬相化合物聚集在合金层外层	离心机转速太快，冷却速度太慢，合金液浇注温度过高	降低离心机转速，浇注前应将合金液搅拌均匀，合金液浇注温度不应太高，一般低于 470℃，浇注后加快冷却速度
裂纹	轴瓦合金层表面或合金与钢壳交界处沿侧面的圆周方向有裂纹	锡基合金的钢壳镀锡时误用了焊锡，冷却不均匀且过快，离心机夹具松动、两端不同心，转动中有振动	锡基合金的钢壳镀锡时需用纯锡，调整冷却速度，检查冷却方式是否均匀合理，检修离心机和夹具
缩孔	合金层表面沿圆周方向有细小的孔眼或隐藏在表面皮下层	冷却速度太慢，而浇注速度太快，合金层太薄，不能形成从外向内的顺序凝固	提高离心机转速，加快合金冷却速度，凝固后期浇注速度减慢，适当增加合金层厚度
气孔	合金表面或表面层有不规则分布的孔洞	熔炼温度过高，合金液过热，浇注温度过高或过低，冷却速度过快，夹具预热温度不够，预热不均匀	合金浇注温度要适当，不能过高或过低，调整冷却速度，夹具预热温度达 200℃以上，浇注工艺要正确，防止浇注时卷入气体，熔炼时要防止合金液过热
夹渣	合金层表面或内部有非金属夹杂物	合金浇注温度过低，合金液内熔渣未除净，钢壳加热温度过高，加热时间过长，溶剂表面生成熔渣浮于表面	调整浇注温度和钢壳预热温度，合金液表面熔渣应扒干净或用氯化铵进行精炼处理

8.1.6 锡基和铅基轴承合金废料的回收

（1）废料的分类（见表 8-37）

（2）废料的重熔工艺 废料必须经过重熔，用溶剂进行处理，浇注成锭，经化学分析合格后才能使用。废料重熔工艺有两种方法：

1）先将坩埚预热至暗红色，把大块废料装入坩埚，熔化后再逐渐地加入切屑，使切屑熔化到一定数量后加入少许白蜡，使熔渣和合金液分离，接着扒去熔渣，待合金液升温到 420～450℃时，用质量分数为 0.05%的氯化铵精炼去气；然后再次撇净熔渣，静置 2～4min，即可浇注成锭。若合金液化学成分和

轴承合金牌号不符，熔炼时应用中间合金补充不足元素，调整化学成分后，方能浇注。

2）废料全部由杂屑组成时，先在坩埚底部铺一层氯化铵粉，用量为杂屑质量的 5%～10%；然后再加入杂屑，待坩埚加热到 430～450℃时，用铁铲定时搅拌坩埚里的配料。在加热时，氯化铵分解，使合金和杂质氧化物分离，并使部分氧化物还原。搅拌时，合金液逐渐沉积在坩埚底部，然后把得到的合金液浇注成锭。对坩埚内还剩下的一部分杂屑，仍需要重新加热到较高温度，再按上述工序处理，直到铸出合金锭为止。

表 8-37　锡基和铅基轴承合金废料的分类

分　类	熔炼前预处理	用　途
切屑	按合金牌号分类并根据废料状况进行去油、分离铁质杂物等工作，然后重熔并浇注成锭	可作为二次合金锭使用，熔炼时的用量一般不超过30%（质量分数）
从旧轴承中回收的旧料	旧轴承合金的回收可采用喷灯熔化法。大批旧轴承在回收时可浸入温度为460℃已熔有旧合金液的槽内进行回收，然后重熔和精炼并浇注成锭	可作为二次合金锭使用
废铸件和浇冒口	浇废的双金属轴瓦可按上述方法处理，按合金牌号分类堆放	可直接作为轴承合金的回炉料
浇注后多余的合金	按合金牌号分类堆放，并进行成分分析	

8.2　铜基轴承合金

铜基合金包括铜锡合金、铜铅合金和铜铝合金。铜基轴承合金具有高的疲劳强度和承载能力，优良的耐磨性，良好的导热性，摩擦因数低，能在250℃以下正常工作，适合于制造高速、重载下工作的轴承，如高速柴油机、航空发动机轴承等。

1. 合金牌号及化学成分

GB/T 1174—1992 规定的铸造铜基轴承合金牌号和一些国家及国际标准中的铜基轴承合金牌号见

表 8-38，其化学成分见表 8-39。各元素对铸造铜基轴承合金组织性能的影响见表 8-40。

除了 GB/T 1174—1992 规定的铸造锡基轴承合金牌号与化学成分外，GB/T 18326—2001 还等效采用了 ISO 4383：2000《滑动轴承 薄壁滑动轴承用金属多层材料在薄壁滑动轴承用多层材料》，规定了薄壁滑动轴承用铜基多层材料的牌号和化学成分，见表 8-41。GB/T 18326—2001 在技术内容上与 ISO 4383：2000 基本相同。

表 8-38　铸造铜基轴承合金牌号及国外相近牌号

中国牌号 GT/T 1174—1992	相　近　牌　号					
	国际标准	俄罗斯	美国	日本	德国	英国
ZCuSn5Pb5Zn5	CuPb5Sn5Zn5	БрO5Ц5С5	C83600	BC6	G-CuSn5ZnPb	LG2
ZCuSn10P1	CuSn10P	БрO10Ф1	C90700	PBC2B	—	PB4
ZCuPb10Sn10	CuPb10Sn10	БрO10C10	C93700	LBC3	G-CuPb10Sn	LB2
ZCuPb15Sn8	CuPb15Sn8	—	C93800	LBC4	G-CuPb15Sn	LB1
ZCuPb20Sn5	CuPb20Sn5	—	C94100	—	G-CuPb20Sn	KB5
ZCuPb30	—	БрC30	—	KJ3	—	—
ZCuAl10Fe3	CuAl10Fe3	БрAl10Fe3	C95200	ALBC1	G-GuAl10Fe	AB1

表 8-39　铸造铜基轴承合金的化学成分

合金牌号	化学成分（质量分数,%）													
	Sn	Pb	Cu	Zn	Al	Sb	Ni	Mn	Si	Fe	Bi	As	P、S	其他元素总和
ZCuSn5Pb5Zn5	4.0~6.0	4.0~6.0	其余	4.0~6.0	0.01	0.25	2.5 *	—	0.01	0.30	—	—	P：0.05，S：0.10	0.7
ZCuSn10P1	9.0~11.5	0.25	其余	0.05	0.01	0.05	0.10	0.05	0.02	0.10	0.005	—	P：0.5~1.0，S：0.05	0.7
ZCuPb10Sn10	9.0~11.0	8.0~11.0	其余	2.0 *	0.01	0.5	2.0 *	0.2	0.01	0.25	0.005	—	P：0.05，S：0.10	1.0

（续）

合金牌号	化学成分（质量分数,%）													其他元素总和
	Sn	Pb	Cu	Zn	Al	Sb	Ni	Mn	Si	Fe	Bi	As	P、S	
ZCuPb15Sn8	7.0 ~ 9.0	13.0 ~ 17.0	其余	2.0*	0.01	0.5	2.0*	0.2	0.01	0.25	—	—	P: 0.10, S: 0.10	1.0
ZCuPb20Sn5	4.0 ~ 6.0	18.0 ~ 23.0	其余	2.0*	0.01	0.75	2.5*	0.2	0.01	0.25	—	—	P: 0.10, S: 0.10	1.0
ZCuPb30	1.0	27.0 ~ 33.0	其余	—	0.01	0.2	—	0.3	0.02	0.5	0.005	0.1	P: 0.08	1.0
ZCuAl10Fe3	0.3	0.2	其余	0.4	8.5 ~ 11.0	—	3.0*	1.0*	0.20	2.0 ~ 4.0	—	—	—	1.0

注: 1. 凡表格中所列两个数值者, 系指该合金主要含量范围, 表格中所列单一数值者, 系指允许的最高含量。

　　2. 表中有 * 号的数值, 不计入其他元素之和。

表 8-40　各元素对铸造铜基轴承合金组织性能的影响

元素	含量（质量分数,%）	对合金组织性能的影响
Pb	4 ~ 33	在铜中以游离状态分布, 增加合金的耐磨性、切削性和耐水压性; 易产生密度偏析, 局部聚集成粒块后, 降低合金的耐磨性、强度和断后伸长率
Sn	4 ~ 10	固溶在铜里, 使铜呈树枝晶析出, 能防止铅的偏析, 提高合金强度、硬度和耐磨性。加入量过大时, 铅呈粗块, 会降低合金强度, 并使合金硬度增加, 使合金的嵌入性和顺应性下降
Zn	2 ~ 6	固溶于铜, 可提高合金的强度和硬度, 能缩小凝固温度范围, 改善流动性, 减少分散缩孔, 降低合金液中的气体含量, 减少铸件中气孔缺陷。在锡含量较高的铜铅合金中, 过多的锌会增加合金的脆性
Ni	1 ~ 3	固溶于铜, 细化晶粒, 减轻铅偏析; 能提高合金的屈服强度、高温强度、耐磨性以及耐蚀性。当镍的质量分数超过2%时, 合金的冲击韧性降低
S	0.05 ~ 0.25	硫和铜能形成 Cu_2S, 在合金凝固时形成骨架阻碍铅的聚集, 减少铅的偏析。当 $w(S) > 0.3\%$ 时, 合金的力学性能显著降低, 切削加工性能恶化
Mn	0.05 ~ 1.0	具有脱氧效果, 能防止铜铅合金中铅的偏析, 在铝青铜中具有稳定 $\beta(Cu_3Al)$ 固溶体, 提高强度、韧性和耐蚀性的作用
P	0.05 ~ 1.0	有很好的脱氧作用, 能改善合金液的流动性, 在固溶体中磷的溶解度质量分数为0.1%, $w(P) > 0.1\%$ 时, 形成 $(\alpha + Cu_3P)$ 共晶。Cu_3P 硬而脆, 增加硬度和耐磨性, 但降低合金塑性和韧性
Al	≤0.01	铝强烈促进铅的偏析, 并容易形成氧化夹渣, 降低合金液的流动性, 影响铜铅合金的力学性能。铝青铜中的 $w(Al) = 8.5\% ~ 11\%$ 可形成 $\beta(Cu_3Al)$ 固溶体, 提高合金强度和塑性
Fe	0.1 ~ 0.5	微量铁固溶于铜, 当 $w(Fe) > 0.25\%$ 会形成富铁相 ε, 降低合金的塑性和冲击韧性。铝青铜中铁的质量分数为2% ~ 4%时可形成 Fe_3Al 相作为晶核, 细化晶粒, 提高合金的力学性能
Sb	≤0.75	会降低铜铅合金的冲击韧性和耐磨性。当 $w(Sb) > 2\%$ 时, 锑和铜形成 Cu_2Sb, 能阻碍铜铅合金中铅的聚集, 减轻铅的偏析
As	≤0.1	使合金的强度和塑性降低, 增加合金的热脆性

表 8-41　铜基轴承合金的牌号、化学成分（GB/T 18326—2001）

化学元素	化学成分（质量分数,%）				
	CuPb1Sn10	CuPb17Sn5	CuPb24Sn4	CuPb24Sn	CuPb30
Cu	余量	余量	余量	余量	余量
Pb	9.0~11.0	14.0~20.0	19.0~27.0	19.0~27.0	26.0~33.0
Sn	9.0~11.0	4.0~6.0	3.0~4.5	0.6~2.0	0.5
Zn	0.5	0.5	0.5	0.5	0.5
P	0.1	0.1	0.1	0.1	0.1
Fe	0.7	0.7	0.7	0.7	0.7
Ni	0.5	0.5	0.5	0.5	0.5
Sb	0.2	0.2	0.2	0.2	0.2
其他元素总量	0.5	0.5	0.5	0.5	0.5

2. 物理性能

铸造铜基轴承合金的物理性能见表 8-42。

3. 温度对 ZCuPb10Sn10 合金物理性能的影响（见图 8-12）

4. 力学性能

（1）室温力学性能　技术标准规定的铸造铜基

轴承合金的力学性能见表 8-43；铸造铜基轴承合金的典型室温力学性能见表 8-44。

硫和稀土元素对 ZCuPb30 合金力学性能的影响见表 8-45。

表 8-42　铸造铜基轴承合金的物理性能

合金牌号	密度 /(g/cm³)	线胀系数 α_l/ $10^{-6}K^{-1}$	热导率 λ (15℃) /[W/(m·K)]	比热容 c/ [J/ (kg·K)]	电导率 γ(% IACS)		电阻率 ρ/10⁻⁶Ω·m		摩擦因数 μ	
					15℃	200℃	15℃	200℃	有润滑	无润滑
ZCuSn5Pb5Zn5	8.7	19.1	71	377	15	13	0.113	0.133	0.190	0.16
ZCuSn10P1	8.7	18.5	50	396	—	—	—	—	0.008	0.10
ZCuPb10Sn10	8.9	18	47	—	10	9	0.17	0.19	0.0045	0.18
ZCuPb15Sn8	9.1	17.1	47	—	11	10	0.16	0.17	—	—
ZCuPb20Sn5	9.4	18.0	59	—	14	10	0.11	0.13	0.004	0.14
ZCuPb30	9.5	18.5	142.4	—					0.008	0.18
ZCuAl10Fe3	7.5	18.1	59	—						

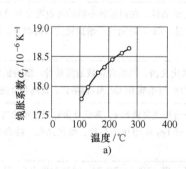

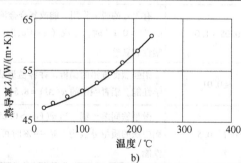

图 8-12　温度对 ZCuPb10Sn10 合金物理性能的影响

a) 对线胀系数的影响　b) 对热导率的影响

表 8-43 技术标准规定的铸造铜基轴承合金的力学性能（GB/T 1174—1992）

合金牌号	铸造方法	力学性能 ≥		
		抗拉强度 R_m/MPa	断后伸长率 A（%）	布氏硬度 HBW
ZCuSn5Pb5Zn5	S、J	220	13	60
	Li	250	13	65
ZCuSn10P1	S	200	3	80
	J	310	2	90
	Li	330	4	90
ZCuPb10Sn10	S	180	7	65
	J	220	5	70
	Li	220	6	70
ZCuPb15Sn8	S	170	5	60
	J	200	6	65
	Li	220	8	65
ZCuPb20Sn5	S	150	5	45
	J	150	6	55
ZCuPb30	—	—	—	25
ZCuAl10Fe3	S	490	13	100
	J、Li	540	15	110

注：S—砂型铸造，J—金属型铸造，Li—离心铸造。

表 8-44 铸造铜基轴承合金的典型室温力学性能

合金牌号	铸造方法	抗拉强度 R_m/MPa	条件屈服强度 $R_{p0.2}$/MPa	断后伸长率 A(%)	硬度 HBW	弹性模量 E/GPa
ZCuSn5Pb5Zn5	S	227~270	100~130	13~30	650~735	—
	J	200~280	110~140	6~15	780~930	—
	Li	220~310	110~140	8~30	780~930	—
	La	270~340	100~140	13~35	735~880	—
ZCuSn10P1	S	196~275	124~237	3~20	785~980	—
	J	250~300	157~245	6	1080~1175	—
	La	355	150	18	930	—
ZCuPb10Sn10	S	190~270	80~130	7~12	—	—
	J	220~280	140~200	5~7	—	75~83
	Li、La	280~390	160~220	6~10	—	—
ZCuPb15Sn8	S	170~230	80~110	5~8	—	—
	J	200~270	130~160	6~7	—	75~80
	Li、La	230~230	130~160	9~10	—	—
ZCuPb20Sn5	S	160~190	70~100	6~10	—	—
	J	170~230	80~100	7~12	—	74~78
	Li、La	190~270	80~110	7~15	—	—
ZCuPb30	J	75	47	5.0	—	77
ZCuAl10Fe3	S	550	206	35	1225	—

注：La—连续铸造。

表 8-45　硫和稀土元素对 ZCuPb30 合金力学性能的影响

化学成分(质量分数,%)				抗拉强度 R_m/MPa	抗压强度 R_{mc}/MPa	硬度 HBW	冲击韧度 a_K/(kJ/m²)
Pb	S	RE	Cu				
27 ~ 33	—	—	余量	74.5 ~ 93	206 ~ 255	27 ~ 32	52 ~ 56
27 ~ 33	0.2 ~ 0.25	—	余量	59 ~ 74.5	216 ~ 255	28 ~ 31	39 ~ 49
27 ~ 33	—	0.05 ~ 0.08	余量	68 ~ 88	245 ~ 363	32 ~ 38	—

（2）高温力学性能

1）温度对铜铅轴承合金硬度的影响见表 8-46。

表 8-46　温度对铜铅轴承合金硬度的影响

试验温度/℃	ZCuPb15Sn8	ZCuPb20Sn5
	硬度 HBW	
20	60.0	50.0
150	56.0	45.0
200	54.0	43.0
250	52.0	41.0
300	50.0	39.0

2）ZCuPb10Sn10 合金的力学性能与温度关系及其高温力学性能见图 8-13、图 8-14 和表 8-47。

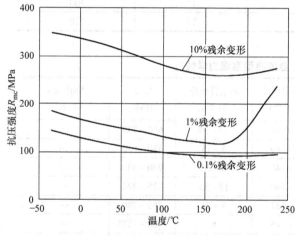

图 8-13　ZCuPb10Sn10 合金的抗压强度与温度的关系

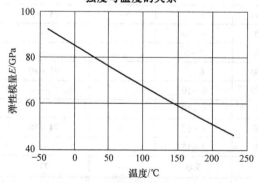

图 8-14　ZCuPb10Sn10 合金的弹性模量与温度的关系

表 8-47　ZCuPb10Sn10 合金的高温力学性能（砂型铸造）

试验温度/℃	抗拉强度 R_m/MPa	条件屈服强度 $R_{p0.2}$/MPa	断后伸长率 A(%)	硬度 HBW
20	180	80	8	65
150	148	73	5	58
200	138	71	3	56
250	126	68	—	54
300	102	65	—	53

3）ZCuPb10Sn10 轴承合金的蠕变强度见表 8-48。其蠕变断裂特性曲线如图 8-15 所示。

表 8-48　ZCuPb10Sn10 合金的蠕变强度

试验温度 T/℃	蠕变强度 $R_{p1,10000/T}$/MPa
176	70
232	31
288	11

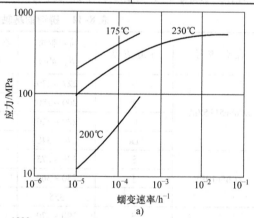

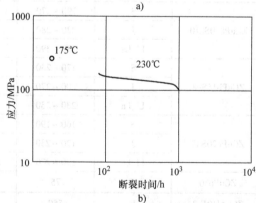

图 8-15　ZCuPb10Sn10 合金的蠕变断裂特性曲线

a）蠕变速率与应力曲线　b）断裂时间与应力曲线

5. 工艺性能

铜基轴承合金 ZCuSn5Pb5Zn5、ZCuSn10P1 以及 ZCuAl10Fe3 合金的工艺性能可参阅第 6 章中铸造锡青铜、铸造铝青铜的相关内容，本节主要讨论铜铅轴承合金的工艺性能。

（1）铸造性能　铜铅合金在铸造凝固过程中有一个较突出的问题就是易产生重力偏析，所以浇注前应仔细搅拌，浇注后快速冷却，通常将冷水喷射到刚浇好的铜铅合金轴瓦的钢壳上进行快速冷却。合金中加入少量的锡和镍等第三元素也可以减少铅的偏析。铸造铜铅合金的铸造性能见表 8-49。

表 8-49　铸造铜铅合金的铸造性能

合金牌号	流动性（螺旋线长度）/mm	线收缩率（%）	液相线温度/℃	熔化温度/℃	浇注温度/℃
ZCuPb10Sn10	—	1.6	925	1100~1150	1000~1100
ZCuPb15Sn8	450	1.4	930	1100~1150	1000~1100
ZCuPb20Sn5	450	1.5	940	1100~1200	1000~1100
ZCuPb30	350	1.6	950	1150~1200	1030~1060

（2）焊接性能　铜铅合金可以采用钎焊的方法进行焊补，一般不推荐气焊和电弧焊。

6. 显微组织

铜基轴承合金中的 ZCuSn5Pb5Zn5、ZCuSn10P1 以及 ZCuAl10Fe3 合金的显微组织可参阅第 6 章中铸造锡青铜、铸造铝青铜中的相关部分，这里着重介绍铜铅轴承合金的金相组织。Cu-Pb 二元合金相图见图 2-116，液态时在一定区域内形成均一液相，固态下铜铅元素互不溶解，其显微组织是纯铜基体中有铅粒存在。铅在这类合金中的形状分布，对轴承性能起决定性作用。图 8-16 所示为 ZCuPb30 合金三种类型的金相组织：①网状组织（见图 8-16a）。铅以网络状分布。网状铅可供给连续的润滑，因而减摩性较好，但疲劳性能和耐蚀性较差。②点块状组织（见图 8-16b）。铅以均匀的点或块分布在连贯的铜基体上。合金具有较高的疲劳强度、耐蚀性，但减摩性不如网状组织。③树枝状组织（见图 8-16c）。基体为树枝状偏析的固溶体，铅为网状。树枝状组织合金的疲劳强度及其他性能介于点块状和网状之间。

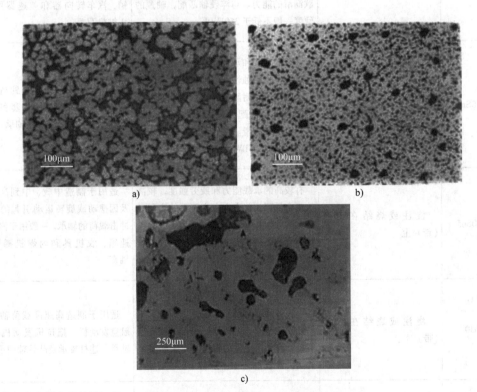

图 8-16　ZCuPb30 合金的三种类型的金相组织

a）网状组织　b）点块状组织　c）树枝状组织

7. 特点和应用（见表 8-50）

8. 合金的熔炼

铜基轴承合金多制成双金属轴瓦使用。轴承双金属的熔铸过程包括钢壳的清洗和涂挂硼砂、合金的熔炼以及合金的双金属浇注。

表 8-50 铸造铜基轴承合金的特点和应用

合金牌号	轴承双金属一般制造方法	特 性	一 般 用 途
ZCuSn5Pb5Zn5	浇注或烧结在钢壳上或金属型浇注	较高的硬度、耐磨性和耐蚀性,高的抗冲击和耐高温能力,较差的抗擦伤能力,相匹配轴颈的硬度一般不低于 250HBW	作为一般用途的轴承材料,适用于制造低载非重要工作条件下工件的轴承、止推垫圈,如汽车发动机、活塞销、变速箱轴套等
ZCuSn10P1	浇注在钢壳上或金属型浇注	有高的硬度和耐蚀性,耐磨性好	适用于制造中到重载、高速有冲击载荷工况条件下工作的轴承,轴颈要淬硬,硬度一般不低于 300HBW。要求良好的润滑和装配
ZCuPb10Sn10	浇注或烧结在钢壳(带)上,或金属型浇注	有高的疲劳强度和承载能力,高的硬度和耐磨性,好的耐蚀性。增加锡含量,可提高合金的硬度和耐磨性;增加铅含量,可改善合金受装配不良和间歇润滑的能力。与淬硬轴颈相匹配,轴颈的硬度一般不低于 250HBW	适用于制造中载、中到高速以及由于摆动或旋转运动引起的有很大冲击载荷的轴承。一般用于汽车、发动机、机床用轴承、内燃机活塞销、汽车转向器和差速器用轴套、止推垫圈等
ZCuPb15Sn8	浇注或烧结在钢壳(带)上或金属型浇注	有高的疲劳和承载能力,较高的硬度和耐磨性,耐蚀性。增加锡含量可提高合金的硬度和耐磨性,增加铅含量可改善合金承受装配不良和间歇润滑的能力,可用水润滑。相匹配轴颈的硬度一般不低于 200HBW	适用于制造中载、中到高速的单层、双层金属轴承、轴套和单层金属止推垫圈,冷轧机用轴承
ZCuPb20Sn5	浇注或烧结在钢壳(带)上	有较高的承载能力和疲劳强度,较高的铅含量可改善合金在高速下的表面性能,耐蚀性却略有下降;增加锡含量可提高合金硬度和耐磨性,可用水润滑。相匹配轴颈的硬度一般不低于 150HBW	适用于制造中载、中到高速,以及因摆动或旋转运动引起的有中等冲击载荷的轴承。一般用于汽车的变速箱、农机具和内燃机摇臂轴上轴套
ZCuPb30	浇注或烧结在钢壳(带)上	具有很小的摩擦因数和很高的耐磨性,疲劳强度也很高,在冲击载荷下不易开裂,导热能力较好。缺点是铸造性能差,容易产生重力偏析,无表面镀层的耐蚀性较差	适用于制造高速高载荷轴承,如航空发动机、拖拉机发动机的曲轴轴承、连杆轴承及凸轮轴轴承
ZCuAl10Fe3	金属型浇注	属于硬轴承合金,耐磨性高,耐蚀性较好,嵌入性差	适用于制造进行滑动运动的结构元件,以及在海洋等腐蚀性环境中工作的轴承,高载荷轴套,但轴颈必须硬化

（1）钢壳的清洗及涂挂硼砂

1）钢壳的清洗。清洗工艺可参阅锡基和铅基轴承合金中的有关部分。

2）涂挂硼砂。在钢壳内表面涂挂一层硼砂保护层，以防止钢壳内表面再次氧化，使钢壳和铜基合金结合牢固。

涂挂硼砂的方法可分为浸入法和涂刷法。

①浸入法。首先将硼砂放在坩埚炉内熔化，温度控制在 980～1000℃，然后把经过清洗并预热到 750～800℃钢壳浸入到硼砂中 10～30s 取出。

②涂刷法。用毛刷在钢壳清净的内表面涂刷一层厚度为 0.1～0.15mm，温度为 80～90℃，质量分数为 3%～4% 的硼砂水溶液，然后于高温炉内在还原性气氛下加热到 900℃。

（2）熔炼 熔炼设备主要有焦炭炉、油炉和电炉。

铜基轴承合金的熔炼工艺可参阅第 6 章铜合金熔炼部分的有关锡青铜、铝青铜和铅青铜的熔炼的内容。在熔炼的过程中要尽量减少合金液的氧化和吸气。对于铜铅合金，浇注前要充分搅拌，以防止成分偏析。

（3）浇注 铜基轴承合金的浇注方法主要有离心铸造和重力铸造两种。这两种方法的浇注过程、特点及应用可参阅表 8-32。

重力铸造时的注意事项：

1）铸型在装配时应严禁用手接触钢壳的内孔和铁模的外表面，不得碰伤钢壳内孔的硼砂层。

2）铸型应在电炉内加热，温度为 1000～1100℃。

3）铸型加热后应立即浇注，浇注时不得断流，一般应在 5～10s 内浇完。

4）合金浇完后 4～6s 内立即喷水冷却。喷水 5～6min，手能摸及钢壳外表面时即可停止。

离心铸造时的注意事项：

1）钢壳自高温硼砂炉中取出后应立即装入离心机，时间不超过 10s。钢壳被卡紧后，开动离心机进行浇注，一般在 5s 内浇完。

2）在浇注过程中要随时撇渣并经常搅拌。

3）对于铜铅轴承合金，要严格控制离心机速度，因为在一般情况下转速越高，径向铅偏析越大。因此，在保证足够冷却速度的前提下，尽可能降低离心机的转速。离心机的转速 n 可参考下式选用：

$$n = \frac{5520}{\sqrt{R\rho}}$$

式中 n——离心机转数（r/min）；

R——钢壳内表面半径（cm）；

ρ——合金密度（g/cm^3）。

4）合金液浇入后让钢壳空冷旋转 10～20s，即开始大量喷水进行快速冷却。冷却时间过短，不利于合金液中非金属夹杂物的排除。

5）喷水冷却时，应保证合金液均匀冷却，冷却速度一般控制在 30～60℃/s。待钢壳温度冷却至 40～60℃左右时停止喷水。

9. 质量检验及缺陷分析

1）铜基轴承合金的质量检验项目及方法见表 8-51。

表 8-51 铜基轴承合金的质量检验项目及方法

项 目	方法和内容
化学成分	在离钢壳 1mm 处的合金层中车取试样，检验铅、锡和铁等元素的含量，分析值应符合合金牌号的技术要求
金相组织	在轴瓦中心一侧 30°处，由边缘向中心截取两块试样（长度为 10～30mm，宽度为 6～8mm）。一块以工作面为金相磨面；另一块以横截面为金相磨面，对工作面和横截面进行金相检验，显微组织的级别评定可参照 JB/T 9749.1—2015《内燃机 轴瓦 第 1 部分：铸造铜铅合金轴瓦 金相检验》
硬度	用检验金相的试样测定布氏硬度。试验条件可参照 JB/T 7925.1—1995《滑动轴承 单层轴承减摩合金的硬度检验方法》或 JB/T 7925.2—1995《滑动轴承 多层轴承减摩合金的硬度检验方法》，合金硬度应符合合金牌号技术要求
钢壳与合金的粘接检验	听声：用锤轻击轴瓦钢壳时，声音应清脆响亮，不得有哑声 破坏性检验：将轴瓦沿直径方向剖成两片，将其中一片压平至钢相互贴紧，合金层上允许有裂纹，但合金层和钢壳没有脱离，则表面粘接良好；两者若脱离，则表面粘接质量较差 双金属结合强度的测定：试样要求和具体操作规程详见 QC/T 558—1999《汽车发动机轴瓦双金属结合强度破坏性试验方法》
铸造缺陷	宏观检验：肉眼检查合金层表面是否有裂纹、气孔、疏松和铅偏析等缺陷 X 射线检验：检查合金层内部有无裂纹、疏松、夹杂和铅粒偏析等缺陷。适用于成品检验 荧光检验：检查合金表面层有无裂纹、气孔和疏松等缺陷

2）铜基轴承合金的铸造缺陷分析见表 8-52。

表 8-52　铜基轴承合金的铸造缺陷分析

缺　陷		特　征	产 生 原 因	防 止 方 法
裂纹	表面裂纹	合金层表面存在着方向性或不规则分布的裂纹	冷却速度过大或不均匀，合金的磷含量过高，离心机转速过快或夹具不同心	控制水温、水压或水的流量，避免冷却速度过大，合理设计和安装冷却喷嘴，使钢壳均匀冷却，调整离心机转速和夹具
	内裂纹	轴瓦横截面的铜层之间沿圆周方向产生圆弧形裂纹	产生内裂纹的主要原因是由于在冷却过程中轴瓦内产生的热应力超过合金在该温度下的强度	在不影响钢壳和合金结合强度的前提下尽可能降低钢壳的加热温度
铅偏析	组织偏析	铅分布不均匀，局部区域呈微观或宏观聚集，铅块较大	加入的第三元素不适当，合金的浇注温度较低，冷却速度过慢，冷却不均匀	合理选择第三元素，加入量要适当。提高浇注温度及冷却速度，合理设置冷却喷嘴，使钢壳均匀冷却
	成分偏析	铅含量沿合金层断面分布不均匀	合金液成分布不均匀，离心机转速太快，浇注温度过高或过低，冷却速度过慢，喷水过晚	浇注前应加强搅拌，降低离心机转速，浇注温度要合适，及时喷水增加冷却速度
与钢壳粘接不良		敲击时有破裂声，破坏性检验时合金层与钢壳脱离	钢壳清洗不干净，钢壳或硼砂温度过高或过低，合金温度过低，合金中磷含量过高，硼砂质量差，钢壳从高温硼砂中取出后操作速度太慢，未立即进行浇注	钢壳应清洗干净，严格控制钢壳、硼砂和合金温度，合金磷的质量分数勿超过 0.1%，严格控制硼砂质量，不用质量不合格的硼砂，操作速度要快，避免钢壳降温
缩孔		合金表面沿圆周方向或隐藏在表面皮层有细小的孔眼	合金或钢壳的温度过高，冷却速度太慢，不能形成从外向内的顺序凝固	降低合金或钢壳的温度，加快冷却速度
夹渣		合金表面或内部存在着非金属夹杂物	合金浇注温度过低，硼砂或钢壳的温度过高或过低，硼砂质量低劣，熔炼时脱氧不充分	合金浇注温度、硼砂或钢壳温度应适当控制，严格控制硼砂质量，金属炉料要干净，熔炼时脱氧要充分
气孔		合金表面或表面层有不规则分布的小孔洞	合金熔炼时间过长，熔炼和浇注温度过高，冷却速度过快或过慢	熔炼时所用的炉料要干燥清洁，熔炼时间不宜过长，合金浇注温度不宜过高，应正确控制冷却速度

8.3　铝基轴承合金

1. 铝基轴承合金的性能特点及分类

铝基轴承合金具有密度小、承载能力和疲劳强度高、导热性好的特点，并有优良的耐磨性和耐蚀性，适用于高速、高载荷下工作的轴承。主要缺点是线胀系数较大，运转过程中容易与轴咬死，而且硬度较高，容易擦伤轴颈，因此与铝基轴承合金配合的轴颈硬度应不低于 230HBW。

GB/T 18326—2001 等效采用了 ISO 4383：2000《滑动轴承　薄壁滑动轴承用金属多层材料在薄壁滑动轴承多层材料》，规定了薄壁滑动轴承用铝基多

层材料的牌号和化学成分，见表 8-53。GB/T 18326—2001 在技术内容上与 ISO4383：2000 基本相同。

按添加元素分类，铝基轴承合金可分为铝锡、铝硅、铝锑、铝铅、铝铜、铝镍、和铝-石墨轴承合金。本节仅介绍目前常用的铝锡、铝锑和铝铅轴承合金。

2. 铝锡轴承合金

（1）合金化学成分　铝锡轴承合金含锡量可分为两类：$w(Sn)<9\%$ 的低锡铝合金和 $w(Sn)>15\%$ 的高锡铝合金。其牌号（代号）和国外牌号对照表见表 8-54，化学成分见表 8-55。合金元素对铝锡轴承合金性能的影响见表 8-56。

（2）物理性能（见表 8-57）

（3）力学性能

1）铝锡轴承合金的典型力学性能见表 8-58 和表 8-59。

2）高锡铝合金轴瓦材料与其他轴瓦材料的性能对比见表 8-60。

3）铝锡二元合金的力学性能见表 8-61。铝锡二元合金塑性较好，强度和硬度较低，为了增加合金的强度和硬度，可加入少量硅、铜和镍。

4）硅含量对 $w(\mathrm{Sn})=6\%$ 铝锡轴承合金力学性能的影响见表 8-62。

表 8-53　铝基轴承合金的牌号和化学成分（GB/T 18326—2001）

化学元素	化学成分（质量分数，%）				
	AlSn20Cu	AlSn12Si2.5Pb1.7	AlSn6Cu	AlSi11Cu	AlZn5Si1.5Cu1Pb1Mg
Al	余量	余量	余量	余量	余量
Cu	0.7 ~ 1.3	0.4 ~ 1.3	0.7 ~ 1.3	0.7 ~ 1.3	0.8 ~ 1.2
Sn	17.5 ~ 22.5	10.0 ~ 14.0	5.5 ~ 7.0	0.2	0.2
Ni	0.1	0.1	0.1	0.1	0.1
Si	0.7[①]	2.0 ~ 3.0	0.7	10.0 ~ 12.0	1.0 ~ 2.0
Fe	0.7[①]	1.8 ~ 3.5	0.7	0.3	0.6
Mn	0.7[①]	0.35	0.7	0.1	0.3
Ti	0.2	0.1	0.1	0.1	0.2
Pb	—	1.0 ~ 2.5	—	—	0.7 ~ 1.3
Zn	—	—	—	—	4.4 ~ 5.5
Mg	—	—	—	—	0.6
其他元素总量	0.5	0.5	0.5	0.3	0.4

① $w(\mathrm{Si+Fe+Mn})<1\%$。

表 8-54　铝锡轴承合金的国内外牌号对照表

中国牌号	中国代号	国际标准	俄罗斯	美国	日本	德国
—	ZLSn1	—	AO9-2	852.0	AJ2	—
—	ZLSn2	—	—	851.0	—	—
—	ZLSn3	—	—	—	—	—
—	ChAlSn20-1	AlSn20Cu	AO20-1	SAE783	—	AlSn20
ZAlSn6Cu1Ni1	—	AlSn6CuNi	AO6-1	850.0	—	AlSn6

表 8-55　铝锡轴承合金的化学成分

合金牌号	代号	化学成分（质量分数，%）										
		Sn	Cu	Si	Ni	Mg	Al	Fe	Si	Mn	Zn	Pb	Ti
—	ZLSn1	6.0 ~ 9.0	2.0 ~ 3.0	—	1.0 ~ 1.5	<1	其余	0.3[①]	0.5[①]	0.5[①]	0.1[①]	0.1[①]	0.5[①]
—	ZLSn2	6.5 ~ 7.0	1.0 ~ 1.5	2.0 ~ 2.5	0.5 ~ 1.0	1.0 ~ 2.0	其余	0.4[①]	—	—	0.1[①]	0.1[①]	
—	ZLSn3	2.0 ~ 4.0	3.5 ~ 4.5	—	—	—	其余	0.8[①]	0.5[①]	0.5[①]	0.1[①]	0.1[①]	0.5[①]
—	ChAlSn20-1	17.5 ~ 22.5	0.8 ~ 1.2	—	—	—	其余	0.7[①]	0.7[①]	0.7[①]			0.2[①]
ZAlSn6Cu1Ni1	—	5.5 ~ 7.1	0.7 ~ 1.3	0.7	0.7 ~ 1.3	—	其余	0.7[①]	0.7[①]	0.1[①]			Ti:0.2　Fe+Si+Mn≤1.0

① 为最大值。

表 8-56　合金元素对铝锡轴承合金性能的影响

元素	含量（质量分数,%）	在合金中存在的形式	对合金性能的影响
硅	2 ~ 2.5	以共晶硅的形式存在	可提高合金的硬度和耐磨性。加入量过大时会降低合金的力学性能，轴颈会遭到强烈磨损
铜	0.8 ~ 4.5	一部分固溶在铝基体中，其余部分形成 $CuAl_2$	可提高合金的硬度和强度。加入量过大时合金的线胀系数会增大，铸造性能变坏
镍	0.5 ~ 1.5	以 $NiAl_3$ 形式存在	可提高合金的硬度、强度和热强性
铈	1 ~ 1.5	以 Al_4Ce 形式存在	可提高合金的硬度、耐磨性、强度和热强性
镁	1 ~ 2	固溶在铝基体里并形成 Mg_2Sn 相	可提高合金的硬度和耐磨性

表 8-57　铝锡轴承合金的物理性能

合金牌号（代号）	密度 $\rho/(g/cm^3)$	线胀系数 $\alpha_l/10^{-6}K^{-1}$	热导率 $\lambda/[W/(m \cdot K)]$	固液共存区温度/℃
ZLSn1	2.88	23.2	180	210 ~ 635
ZLSn2	2.83	22.7	167	229 ~ 630
ZLSn3	—	—	—	—
ChAlSn20-1	3.1	24	—	229 ~ 630
ZAlSn6Cu1Ni1	2.9	23.1	184	225 ~ 650

表 8-58　铝锡轴承合金的典型力学性能

合金牌号（代号）	状　态	抗拉强度 R_m/MPa	双金属间的结合强度 R_g/MPa	断后伸长率 $A(\%)$	硬度 HBW
ZlSn1	J、T2	147[①]	—	10[①]	45[①]
ZlSn2	J、T2	147[①]	—	10[①]	45[①]
ZlSn3	J、T7	—	—	—	100[①]
ChAlSn20-1	连同钢板一起轧制成双金属轴瓦材料	98 ~ 108	78.5 ~ 98	—	22 ~ 32
ZAlSn6Cu1Ni1	S	110[①]	—	10[①]	35[②]
	J	130[①]	—	15[①]	40[②]

注：S—砂型铸造，J—金属型铸造，T2—退火，T7—固溶处理 + 稳定化处理。

① 最小值。

② 参考值。

表 8-59　国外铝锡轴承合金的力学性能

合金牌号	铸造方法	热处理	抗拉强度 R_m/MPa	条件屈服强度 $R_{p0.2}$/MPa	断后伸长率 $A(\%)$	硬度 HBW	疲劳极限 σ_D/MPa
850.0	J	T5	159	76	12.0	45	62
851.0	J	T5	138	76	5.0	45	62
852.0	J	T5	221	159	5.0	70	76

注：J—金属型铸造。

表 8-60　高锡铝合金轴瓦材料与其他轴瓦材料的性能对比

轴瓦材料	合金层厚度/mm	疲劳强度 S/MPa	承载能力/MPa	备　注
锡基轴承合金	0.38	34.9	11.0	—
铜铅合金	—	75.5	23.0	$w(Pb) = 30\%$
铝锑镁合金	—	—	24.0	—
$w(Sn) = 20\%$ 的高锡铝合金	0.38	98 ~ 127.5	27.5	轧制加工成双金属轴瓦

表 8-61　铝锡二元合金的力学性能（金属型铸造）

化学成分(质量分数,%)		硬度 HBW	冲击韧度 $a_K/(kJ/m^2)$	抗拉强度 R_m/MPa	条件屈服强度 $R_{p0.2}/MPa$	断后伸长率 $A(\%)$
Al	Sn					
99	1	24.3	473.7	66.7	33.0	31.1
97	3	24.0	200.0	74.5	28.0	32.6
95	5	22.8	270.7	67.7	29.0	26.3
93	7	23.5	306.0	70.6	24.5	25.0
90	10	21.5	368.7	68.6	26.5	29.8

表 8-62　硅含量对 $w(Sn)=6\%$ 铝锡轴承合金力学性能的影响

化学成分(质量分数,%)			硬度 HBW	冲击韧度 $a_K/(kJ/m^2)$	条件屈服强度 $R_{p0.2}/MPa$	抗拉强度 R_m/MPa	断后伸长率 $A(\%)$	断面收缩率 $Z(\%)$	规定塑性压缩强度 $R_{pc0.2}/MPa$
Al	Sn	Si							
94	6.0	—	22.8	262.8	24.5	77.5	28.2	69.4	38
93	6.0	1.0	29.2	313.8	39	114	24.8	32.0	71.5
92	6.0	2.0	31.5	205.9	59	119	20.5	26.5	74.5
91	6.0	3.0	32.8	166.7	44	128.5	14.1	22.4	86.0
90	6.0	4.0	32.5	107.9	49	136	—	12.7	95
89	6.0	5.0	38.2	91.2		135		10.0	113

（4）铸造性能　随着锡含量的增加，合金液相线温度下降，结晶温度范围不断变窄，合金的流动性显著提高。常用铝锡轴承合金的线收缩率为 1.5% ~ 1.7%。

由于铝和锡的密度差别甚大，铝锡合金在凝固过程中容易产生密度偏析。合金的密度偏析倾向主要取决于合金的化学成分和冷却速度。铜和镍的加入可减少合金偏析，锡含量增加，合金的偏析倾向增大。铸件的冷却速度对铝锡二元合金偏析的影响见表 8-63。

表 8-63　铸件冷却速度对铝锡二元合金偏析的影响

试样取样位置	$w(Sn)=25\%$,浇注温度660℃		$w(Sn)=65\%$,浇注温度600℃		$w(Sn)=85\%$,浇注温度580℃	
	金属型温度100℃	金属型温度700℃	金属型温度100℃	金属型温度600℃	金属型温度100℃	金属型温度600℃
	合金偏析(质量分数,%)					
上	24.66	23.31	64.40	62.06	83.80	82.12
下	25.50	26.47	65.90	67.47	88.13	90.06
Sn 差值	0.84	3.16	1.50	5.41	4.83	7.94

注：试样的直径为 $\phi20mm$，高度为 200mm。

铸件冷却速度越缓慢，合金偏析倾向越大，为了避免合金偏析，制造铝锡合金整体轴承时必须采用金属型铸造。

（5）显微组织　铝锡二元合金相图参见图 2-36。铝锡轴承合金均是亚共晶成分合金，其铸态组织是共晶体呈网状分布在铝基体晶界上。共晶体主要组成是锡，可近似看成是纯锡相，因而铝锡合金是由硬基体铝和软质点锡所组成的。为了提高合金的强度和硬度，在铝锡轴承合金中还可加入铜、硅、镍和稀土等元素。ChAlSn20-1 合金的铸态显微组织如图 8-17 所示。若经冷轧和退火处理，锡相则以分散颗粒状均匀地分布在铝基体上。

（6）特点和应用（见表 8-64）

图 8-17　ChAlSn20-1 合金的铸态显微组织

表 8-64　铝锡轴承合金的主要特点及应用

合金牌号（代号）	主 要 特 点	应 用
ZAlSn6Cu1Ni1	耐磨性超过锡基和铅基轴承合金，抗疲劳性和承载能力较高，密度较小，耐蚀性良好，在受重载荷作用时，轴承工作表面的温度较低。其缺点是嵌入性和摩擦顺应性不如锡基和铅基轴承合金	若制成有钢壳的双金属轴瓦，可用于高速和重载荷轴瓦，如重载荷柴油机和压缩机曲轴轴承、齿轮箱和自动传动装置轴承。也可用于铸造一般机床的轴套
ZlSn1	主要性能同 ZAlSn6Cu1Ni1 相近，力学性能略高	同 ZAlSn6Cu1Ni1
ZlSn2	和 ZAlSn6Cu1Ni1 相比，耐磨性和减摩性较好，其他性能相近	同 ZAlSn6Cu1Ni1
ZlSn3	锡含量最低的铝合金，价格低廉，强度较高，接近于锡青铜的强度，耐磨性较好。主要缺点是嵌入性和摩擦顺应性较差，摩擦因数较大	适用于中速中载荷轴承，如切削机床、水泵、鼓风机等机械设备的一般轴套和轴瓦
ChAlSn20-1	有高的疲劳强度和承载能力，良好的耐热性、耐蚀性和导热性；摩擦顺应性和嵌入性较好，还有良好的切削加工性能，硬度较低，也适用于淬火的曲轴	连同钢板一起轧制成双金属轴瓦板材，可用于压强为28MPa、滑动线速度为13m/s条件下工作的各种轴承，如高速和大功率内燃机机车、重载汽车和拖拉机柴油机上的轴承

3. 铝锑轴承合金

（1）合金牌号及化学成分（见表 8-65）

（2）显微组织和元素作用　根据铝锑二元合金相图（见图 2-33），铝和锑不能形成固溶体。将少量的锑添加到铝中时形成含 $w(\text{Sb})=1.1\%$ 的共晶体。当锑的质量分数大于 1.1% 时，铝锑合金成为过共晶合金，其铸态组织则由 AlSb 初晶及共晶体基体组成。AlSb 化合物为针状硬脆相，而共晶体基体为软基体，因此铝锑合金也是比较典型的轴承合金。

为了改善铝锑轴承合金的力学性能，向合金中添加镁、铜和镍等元素，这些元素对铝锑轴承合金性能的影响见表 8-66。

（3）物理性能（见表 8-67）

（4）力学性能

1）铝锑轴承合金的典型力学性能见表 8-68。

2）镁含量对 $w(\text{Sb})=4\%$ 铝锑轴承合金力学性能的影响见表 8-69。

（5）特点和应用（见表 8-70）

表 8-65　铝锑轴承合金的牌号和化学成分

合金牌号	俄罗斯 ГОСТ 14113—1978	化学成分（质量分数,%）										
		Sb	Mg	Cu	Ti	Te	Al	Fe①	Si①	Cu①	Mn①	Zn①	总和
LSb5-0.6	АСМ	3.5 ~ 5.5	0.3 ~ 0.7	—	—	—	其余	0.75	0.5	0.1	0.2	0.1	1.5
—	АМСТ	4.6 ~ 6.5	—	0.7 ~ 1.2	0.03 ~ 0.12	0.03 ~ 0.3	其余	0.75	0.5	—	0.2	0.1	2.0

① 最大值。

表 8-66　元素对铝锑轴承合金性能的影响

元　素	含量(质量分数,%)	对合金性能的影响
镁	0.5 ~ 0.7	使 AlSb 化合物的形状从针状变为球状，改善耐磨性和塑性，提高屈服强度和冲击韧性
镍	0.5 ~ 1.5	提高硬度、强度和热强性。加入量过大时会降低合金的冲击韧性
铜	0.5 ~ 1.5	提高强度和硬度，加入量过大时合金摩擦因数较大，表面性能较差
钛	0.03 ~ 0.2	细化组织，提高力学性能

表 8-67　铝锑轴承合金的物理性能

合　　金	液相线温度/℃	固相线温度/℃	密度 ρ/(g/cm³)	线胀系数 α_l/10⁻⁶K⁻¹
LSb5-0.6	750	657	2.8	24

表 8-68　铝锑轴承合金的典型力学性能

合　　金	硬度 HBW	冲击韧度 a_K/(kJ/m²)	抗拉强度 R_m/MPa	条件屈服强度 $R_{p0.2}$/MPa	断后伸长率 A(%)
LSb5-0.6	28.6	490	72.6	31.4	24.4

表 8-69　镁含量对 w(Sb) = 4%铝锑轴承合金力学性能的影响

化学成分(质量分数,%)			冲击韧度 a_K/(kJ/m²)	条件屈服强度 $R_{p0.2}$/MPa	抗拉强度 R_m/MPa	断后伸长率 A(%)	断面收缩率 Z(%)	规定塑性压缩强度 $R_{pc0.2}$/MPa	抗压强度 R_{mc}/MPa
Al	Sb	Mg							
96	4	—	166.70	17.7	75.5	20.5	35.8	53	523
95.7	4	0.3	387.35	37.0	70.6	26.3	46.2	54	486
95.5	4	0.5	303.00	31.4	72.6	24.4	45.0	95	566
95.0	4	1.0	304.00	32.4	81.4	29.5	54.7	71.6	228

表 8-70　铝锑轴承合金的特点及应用

合　　金	特　　点	应　　用
LSb5-0.6	具有较高的抗疲劳性和耐蚀性,较好的耐磨性、工作寿命较长且价格较低。缺点是摩擦相容性和摩擦顺应性比锡基轴承合金差,承载压力较小($p < 19.6$MPa),允许的滑动线速度较低($v < 10$m/s)	作为双金属轴瓦材料,适用于低速、中载荷的轴承,如拖拉机柴油机轴承、内燃机发动机连杆轴瓦
AMCT	承载能力和允许的滑动线速度均大于 LSb5-0.6,冲击韧性和硬度较高,耐磨性较好,但表面性能较差	作为双金属轴瓦材料,适用于高速、高载荷机械设备的轴承,如压缩机曲轴轴承。也可用来浇注整体轴承

4. 铝铅轴承合金

(1) 概述　铝铅轴承合金是一种较新的轴瓦材料,具有优良的表面性能和可靠的承载能力,主要适用于轿车和轻型车,在美国、日本应用普遍。目前,国外多采用粉末冶金法来生产铝锑合金轴瓦,并已使其系列化。由于金属铝和铅的密度和熔点相差悬殊,两金属在固态下溶解度极小,液态下也难以互溶,因此熔铸时合金中的铅极易产生偏析,给铸造铝铅合金的生产带来一定的困难。铸造铝铅轴承合金目前各国尚没有相应标准。

(2) 物理性能　(见表 8-71)　铅含量对 Al-Pb-Cu 合金摩擦因数和磨痕宽度的影响如图 8-18 所示。

表 8-71　铸造 Al-Pb-Cu 合金的物理性能

合金	密度 ρ/(g/cm³)	线胀系数 α_l(20~100℃)/10⁻⁶K⁻¹	摩擦因数 μ 有润滑	摩擦因数 μ 无润滑
Al-Pb-Cu[①]	2.9~3.5	22.4	0.183	0.0062

① 化学成分: w(Pb) = 3%~5%, w(Cu) = 2%~4%, w(Si) = 1.0%~2.0%, w(Mn) = 0.2%~0.4%, Al 余量。

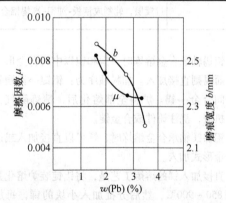

图 8-18　铅含量对 Al-Pb-Cu 合金摩擦因数和磨痕宽度的影响

(3) 力学性能　(见表 8-72)　铅含量对 Al-Pb-Cu 合金力学性能的影响如图 8-19 所示。

表 8-72　铸造 Al-Pb-Cu 合金的力学性能

合金	状态	抗拉强度 R_m/MPa	断后伸长率 A(%)	硬度 HBW	弹性模量 E/GPa
Al-Pb-Cu[①]	J	176~296	4~6	52~56	72.5
	T6	325	7.6	85	—

注: J—金属型铸造,T6—固溶处理 + 完全人工时效。

① 化学成分同表 8-71 注。

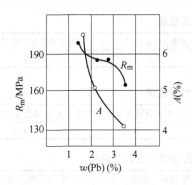

图 8-19　铅含量对 Al-Pb-Cu 合金力学性能的影响

（4）铸造性能（见表 8-73）

表 8-73　铸造 Al-Pb-Cu 合金的铸造性能

合金	流动性（螺旋线长度）/mm	线收缩率（%）	结晶温度范围/℃
Al-Pb-Cu	1100	1.4	605 ~ 625

5. 铝基轴承合金的生产

（1）铝锡和铝锑合金轴承的生产

1）铝锡和铝锑合金轴承的生产方式见表 8-74。

2）铝锡和铝锑合金轴承的熔炼。铝基轴承合金的熔炼过程与一般铸造铝合金相同。

表 8-74　铝锡和铝锑合金轴承的生产方式

方　式	过　程	特　点
铸造法	采用金属型铸造、离心铸造和连续铸造等方法制成整体轴承、双金属轴瓦和双金属带	工艺过程简单，可用极少的投资、较短的时间制造出轴承。主要用于低锡铝合金整体轴承
复合轧制法	首先将铝锡和铝锑轴承合金锭轧制成一定厚度的板材，然后将表面经过预处理（脱脂和酸洗）的铝合金板和钢板重叠在一起，在轧机上轧制成铝合金-钢板双金属轴瓦材料。为了使高锡铝合金能与钢板粘牢，在高锡铝合金和钢板之间包覆一层纯铝过渡层，轧制成钢板-纯铝-高锡铝合金轴瓦材料	复合轧制可改善合金组织，提高其力学性能，增强轴承合金和钢带的结合强度，并能提高铝基合金轴承的生产率，但设备投资较大，生产工艺较复杂

铝锡轴承合金熔炼时，铜和镍以中间合金形式加入，而锡则直接加入。加料顺序为：铝锭→铝铜和铝镍中间合金→锡。炉料全部熔化后，精炼除气，静置、扒渣，浇注铸件或合金锭。

铝锑镁轴承合金熔炼时，锑可以直接加入或以中间合金形式加入。

直接加入锑的熔炼工艺是，将铝锭装炉熔化并过热至 850 ~ 900℃，然后分批加入小块的锑，每加入一批后要进行搅拌，直至炉底没有块状的沉淀为止。待锑全部熔化后，就可用钟罩压入镁锭。最后进行精炼除气，反应完毕后静置 5 ~ 6min 即可扒渣浇注。

（2）铝铅合金的熔铸　先将除铅以外的元素配成 Al 基合金，将其加热至 830 ~ 900℃，将专门制作的多层搅拌桨放入坩埚熔池中，以 1100 ~ 1500r/min 速度进行强制搅拌；与此同时，一边搅拌一边分批加入 Pb。每次加入的时间间隔约 5s，加完后继续搅拌 5min，以便获得均匀的铝-铅合金乳浊液。升起搅拌桨，从炉中取出坩埚，用普通的铸造法进行高温浇注。为减少铅偏析的倾向，还可对合金液进行活性溶剂处理，如加入钠等活性元素，以增加铝铅之间的润湿性，提高铅相在合金中均匀分布的稳定性。采用金属型急冷凝固也有助于防止铅偏析。

6. 铝基轴承合金的新进展

为了符合环保新法规的要求，在新开发铝基轴承合金中必须禁用铅，同时在加工与制造滑动轴承的过程中，铅外露也是即将被禁止的。在过去 20 多年的铝基轴承的发展历程中，一切新型轴承合金的研发工作都是围绕 Al-Sn-Si 系合金进行的。最为典型的材料是 SAE788，其中，$w(Sn)$ 为 8% ~ 12%，$w(Si)$ 为 2% ~ 4%，$w(Pb)$ 占 2% 左右。与铜铅合金、铝铅合金相比，铝锡硅合金中铅的含量非常低，但这样低的铅含量在新相关法规中仍然是不允许的，如果要满足新法规要求，则铝锡硅轴承合金中铅元素的成分必须被替代或去除。国外近年来最成功的铝基轴承合金是在 SAE778 材料基础上微调元素含量[$w(Sn)$ = 8%、$w(Si)$ = 3%、$w(Pb)$ = 1.5% ~ 2%]的中锡铝材料。

为开发适应不同载荷、不同应用领域的新型无铅化的滑动轴承材料，F-M 公司确定开发 4 种无铅化的铝基合金轴承材料。

（1）合金 1　在 AlSn8Si3Pb2Cu0.8Cr0.2 的基础上直接去除质量分数为 2% 的 Pb，用相同质量比的 Sn 替代原质量比的 Pb，w(Sn) 达到 10%，新型合金 1 的牌号为 AlSn10Si3。目标是针对较低负荷轴承，高抗疲劳强度不是其开发的主要目标，但必须有良好的顺应性，因此该轴承在轧制过程中合金层与钢背之间不需要中间层，而是将合金直接轧制在钢背上即可。

（2）合金 2　开发目标是与 AlSn8Cu0.8Cr0.2 相比各项性能都不降低。为保证抗疲劳性能，w(Sn) 由 8% 降低至 6%，去除铅的成分，w(Si) 由 3% 增加至 4%，新型合金 2 的牌号为 AlSn6Si4。经过调整以上元素含量，合金 2 各方面性能都可以达到或超过 AlSn8Si3Pb2Cu0.8Cr0.2 的水平。

（3）合金 3　为提高轴承材料的抗疲劳强度，应严格控制铝基合金的金相组织。其思路是在钢背和合金层之间采用 Al-Mn 合金的中间过渡层，并且严格控制中间层厚度。金相组织的优化和中间层材料强度的提高均可大大地提高铝基轴承材料的抗疲劳强度，使其在某些场合可以替代铜基合金。基于以上设想，开发了高强度等级的无铅铝基轴承材料 AlSn6Si4。另外，通过改变轧制工艺（控制轧辊温度、多次退火）等措施细化金相组织颗粒，在钢背与铝合金之间轧制一层高强度、低厚度的 Al-Mn 合金中间层（0.05mm 以下），提高抗疲劳强度。相对于普通的铝基合金轴承材料的中间层，则为纯铝或没有中间层。

（4）合金 4　新开发的主轴承用合金材料 AlSn12Si3Cu0.5 采用了纯铝中间层，并优化了轧制工艺，获得了一定的抗疲劳性能，并且拥有良好的顺应性。

参 考 文 献

[1] 尹延国，焦明华，解挺，等. 滑动轴承材料的研究进展 [J]. 润滑与密封，2006（5）：183-188.

[2] 邹芹，黄洪涛，王明智. 金属基滑动轴承材料研究进展 [J]. 燕山大学学报，2016，40（1）：1-8.

[3] BRAVO A E, DURAN H A, JACOBO V H, et al. Towards new formulations for journal bearing alloys [J]. Wear, 2013, 302：1528-1535.

[4] 陈玉明，揭晓华，吴锋，等. 铝基滑动轴承合金材料的研究进展 [J]. 材料研究与应用，2007，1（2）：95-98.

[5] 苏有，云雪峰，郝东永. 锡锑轴承合金双金属铸件浇注工艺研究 [J]. 铸造，2014，63（9）：945-947.

[6] 尹延国，林福东，焦明华，等. 无沿含铋铜-钢双金属轴承材料的摩擦学特性 [J]. 中国有色金属学报，2011，21（5）：1038-1044.

[7] 邢继权. 高性能无铅铜基轴承合金的制备及其性能研究 [D]. 广州：华南理工大学，2016.

[8] 章升程，潘清林，李波，等. 轴承用耐磨 Al-Sn-Cu 合金的显微组织与性能 [J]. 中国有色金属学报，2015，25（12）：3327-3335.

[9] 唐超兰，郭校峰. 添加元素对铝-锡轴承合金性能影响的研究进展 [J]. 轻合金加工技术，2016，44（4）：6-11.

[10] GEBRETSADIK D W, HARDELL J, PPAKASH B. Friction and wear characteristics of different Pb-free beating materials in mixed and boundary lubrication regimes [J]. Wear, 2015, 304-341：63-72.

[11] 孙大仁，杨晓红，张明喆. 铸造铝铅滑动轴承合金的制备及其显微组织 [J]. 特种铸造及有色合金，1998（5）：24-26.

第 9 章 铸造高温合金

高温合金又称耐热合金、热强合金或超合金，是在 20 世纪 40 年代随着航空涡轮发动机的出现而发展起来的一种重要金属材料，能在 600~1100℃，甚至更高的温度、氧化气氛和燃气腐蚀条件下长时间承受较大的工作负荷，主要用于燃气轮机的热端部件，是航空、航天、舰船、发电、石油化工和交通运输工业的重要结构材料。其中有些合金也可用于生物工程作骨科和齿科材料。

高温合金按合金基体可分为镍基、铁基和钴基合金。按生产工艺可分为变形、铸造、粉末冶金和机械合金化合金。铸造高温合金是其中的重要分支，随着精密铸造工艺和冷却技术的发展，其用途越来越广泛。20 世纪 60 年代中期以来，又发展出一系列性能更高的定向凝固合金和单晶合金，至今已被广泛用做先进航空发动机和地面燃气涡轮机零件的高温材料。

一般来说，铸造高温合金都含有多种合金化元素，有的多达十余种。所加入的元素在合金中分别起固溶强化、弥散强化、晶界强化和表面稳定化等作用，使合金能在高温下具有高的力学性能和适应环境性能。

铸造高温合金因成分中活性元素较多，对杂质含量要求严格，故多采用双真空熔铸工艺，即将原材料先在真空感应电炉内熔炼并铸成预制母合金锭，然后再在真空感应电炉内重熔并浇注成铸件。也可根据生产设备和零件要求，分别采用真空电子束重熔浇注、常压感应炉重熔翻转浇注或电渣重熔浇注工艺。

选用铸造高温合金时应考虑如下因素：

1) 铸件的正常工作温度、最高和最低的工作温度以及温度变化的频率。

2) 铸件本身的温差范围及合金的膨胀性能。

3) 铸件承受的载荷性能，加载、支承和外部约束方式。

4) 对铸件的使用寿命要求和容许的变形量。

5) 铸件的工作环境和性质。

6) 铸件的成形方法和成本因素。

7) 铸件的重量要求。

我国的高温合金已自成体系，仅铸造高温合金就有 40 多种，本章只选入其中的 26 种。

9.1 合金牌号、化学成分和性能

9.1.1 合金牌号对照（见表 9-1）

表 9-1 合金牌号对照

类别	牌号	曾用牌号	标准	国外相应牌号		备 注
				美国	俄罗斯	
镍基	K403	K3	HB 7763—2005	—	ЖС6К	等轴晶合金
	K406	K6	HB 7763—2005	GMR235D	ВЖЛ-8	
	K406C	K6C	HB 7763—2005	—	—	
	K417	K17, M17	HB 7763—2005	IN100	—	
	K417G	K17G, M17G	HB 7763—2005	Rene′100	—	
	K418	K18, 518	HB 7763—2005	IN713C	—	
	K418B	K18B, 518B	HB 7763—2005	IN713LC	—	
	K438	K38, M38	YB/T 5248—1993	IN738	—	
	K438G	K38G, M38G	SGZM38G—1983—1[②]	IN738LC	—	
	K480	K80	HB 7763—2005[③]	Rene′80	—	
	K4169	—	HB 7763—2005[④]	IN718C	—	
	K491	K91	Q/KJ. J02.08—1995[②]	B1914	—	
	K465	K465, M963	Q/6S 1966—2018[①]	—	ЖС6У	
	DZ4125	DZ125	HB 7762—2016	DSRene125	—	定向凝固合金
	DZ404	DZ4, DK4	HB 7762—2016	—	—	

（续）

类别	牌号	曾用牌号	标准	国外相应牌号		备 注
				美国	俄罗斯	
镍基	DZ422	DZ22，DK22	HB 7762—2016	PWA1422	—	定向凝固合金
	DZ417G	DZ17G	HB 7762—2016	—	—	
	DZ438G	DZ38G	SG DZ38G—1985—1[2]	—	—	
	JG4006	IC6	HB 7762—2016			定向凝固 Ni_3Al 基合金
	JG4010	IC10	HB 7762—2016			
	DD403	DD3	HB 7762—2016			
	DD402	—	HB 7762—2016	CMSX—2		单晶合金
	DD406	DD6	HB 7762—2016			
铁镍基	K211	K11	HB 5158—1988		ВЛ7—45y	
	K213	130B	Q/GYB 502—1999[3]		—	
	K214	K14，TL-1	HB 5160—1988	—	—	等轴晶合金
钴基	K621	CoCrMo	Q/6S 481—1988[1]	HS21	—	
	K640	K40	HB 7763—2005	HS-31，X—40	—	

① 北京航空材料研究院标准。
② 中国科学院金属研究所标准。
③ 钢铁研究总院标准。
④ 西安航空发动机制造（集团）公司标准。

9.1.2 合金化学成分（见表9-2）

表9-2 合金化学成分

合金牌号	化学成分（质量分数，%）											
	C	Cr	Ni	Co	W	Mo	Al	Ti	Fe	V	Nb	Hf
K403	0.11 ~ 0.18	10.0 ~ 12.0	余量	4.5 ~ 6.0	4.8 ~ 5.5	3.8 ~ 4.5	5.3 ~ 5.9	2.3 ~ 2.9	≤2.0	—	—	—
K406	0.10 ~ 0.20	14.0 ~ 17.0	余量	—	—	4.5 ~ 6.0	3.25 ~ 4.0	2.0 ~ 3.0	≤1.0			
K406C	0.03 ~ 0.08	18.0 ~ 19.0	余量	—	—	4.5 ~ 6.0	3.25 ~ 4.0	2.0 ~ 3.0	≤1.0			
K417	0.13 ~ 0.22	8.5 ~ 9.5	余量	14.0 ~ 16.0	—	2.5 ~ 3.5	4.8 ~ 5.7	4.5 ~ 5.0	≤1.0		0.6 ~ 0.9	
K417G	0.13 ~ 0.22	8.5 ~ 9.5	余量	9.0 ~ 11.0	—	2.5 ~ 3.5	4.8 ~ 5.7	4.1 ~ 4.7	≤1.0		0.6 ~ 0.9	
K418	0.08 ~ 0.16	11.5 ~ 13.5	余量	—	—	3.8 ~ 4.8	5.5 ~ 6.4	0.5 ~ 1.0	≤1.0		1.8 ~ 2.5	
K418B	0.03 ~ 0.07	11.0 ~ 13.0	余量	≤1.0	—	3.8 ~ 5.2	5.5 ~ 6.5	0.4 ~ 1.0	≤0.5		1.5 ~ 2.5	
K438	0.10 ~ 0.20	15.7 ~ 16.3	余量	8.0 ~ 9.0	2.4 ~ 2.8	1.5 ~ 2.0	3.2 ~ 3.7	3.0 ~ 3.5	≤0.5		0.6 ~ 1.1	
K438G	0.13 ~ 0.20	15.3 ~ 16.3	余量	8.0 ~ 9.0	2.3 ~ 2.9	1.4 ~ 2.0	3.5 ~ 4.5	3.2 ~ 4.0	≤0.2		0.4 ~ 1.0	
K480	0.15 ~ 0.19	13.7 ~ 14.3	余量	9.0 ~ 10.0	3.7 ~ 4.3	3.7 ~ 4.3	2.8 ~ 3.2	4.8 ~ 5.2	≤0.35	≤0.10	≤0.10	≤0.10
K465[3]	0.13 ~ 0.20	8.0 ~ 9.5	余量	9.0 ~ 10.5	9.5 ~ 11.0	1.2 ~ 2.4	5.1 ~ 6.0	2.0 ~ 2.9	≤0.5	—	0.8 ~ 1.2	

（续）

合金牌号	化学成分（质量分数,%）											
	C	Cr	Ni	Co	W	Mo	Al	Ti	Fe	V	Nb	Hf
DZ4125	0.07~0.12	8.4~9.4	余量	9.5~10.5	6.5~7.5	1.5~2.5	4.8~5.4	0.7~1.2	≤0.30	—	—	1.2~1.8
DZ404	0.10~0.16	9.0~10.0	余量	5.5~6.0	5.1~5.8	3.5~4.2	5.6~6.4	1.6~2.2	≤1.0	—	—	—
DZ422	0.12~0.16	8.0~10.0	余量	9.0~11.0	11.5~12.5	—	4.75~5.25	1.75~2.25	≤0.2	—	0.75~1.25	1.4~1.8
DZ417G	0.13~0.22	8.5~9.5	余量	9.0~11.0	—	2.5~3.5	4.8~5.7	4.1~4.7	≤0.5	0.6~0.9	—	—
DZ438G	0.08~0.14	15.5~16.4	余量	8.0~9.0	2.4~2.8	1.5~2.0	3.5~4.3	3.5~4.3	≤0.3	—	0.4~1.0	—
JG4006	≤0.02	—	余量	—	—	13.5~14.3	7.4~8.0	—	≤1.0	—	—	—
JG4010	0.07~0.12	6.5~7.5	余量	11.5~12.5	4.7~5.2	1.0~2.0	5.6~6.2	—	≤0.30	—	—	1.0~2.0
DD403①	≤0.01	9.0~10.0	余量	4.5~5.5	5.0~6.0	3.5~4.5	5.5~6.2	1.7~4.2	≤0.5	—	—	—
DD402②	≤0.006	7.0~8.2	余量	4.3~4.9	7.6~8.4	0.3~0.7	5.45~5.75	0.8~1.2	≤0.2	—	≤0.15	≤0.0075
DD406④	0.001~0.040	3.8~4.8	余量	8.5~9.5	7.0~9.0	1.5~2.5	5.2~6.2	≤0.10	≤0.20	RE:1.6~2.4	0.6~1.2	0.05~0.15
K4169	0.02~0.08	18.0~21.0	51.0~55.0	≤1.0	—	2.85~3.3	0.4~0.7	0.75~1.15	余量	—	4.5~5.4	—
K491	≤0.02	9.5~10.5	余量	9.5~10.5	—	2.75~3.25	5.25~5.75	5.0~5.5	≤0.5	—	—	—
K211	0.10~0.20	19.5~20.5	45~47	—	7.5~8.5	—	—	—	余量	—	—	—
K213	≤0.10	14.0~16.0	34~38	—	4.0~7.0	—	1.5~2.0	3.0~4.0	余量	—	—	—
K214	≤0.10	11.0~13.0	40~45	—	6.5~8.0	—	1.8~2.4	4.2~5.0	余量	—	—	—
K621	0.20~0.35	27~30	≤2.5	余量	—	5.0~7.0	—	—	≤0.75	—	—	—
K640	0.45~0.55	24.5~26.5	9.5~11.5	余量	7.0~8.0	—	—	—	≤2.0	—	—	—

合金牌号	化学成分（质量分数,%）											
	Ta	B	Zr	Ce	Si	Mn	S	P	Pb	Bi	As	Sn	Sb
					≤								
K403	—	0.012~0.022	0.03~0.08	0.01	0.50	0.50	0.01	0.02	0.0005	0.0001	0.005	0.002	0.001
K406	—	0.05~0.10	0.03~0.08	—	0.30	0.10	0.01	0.02	0.0005	0.00005	0.005	0.002	0.001
K406C	—	0.05~0.10	0.03	—	0.30	0.10	0.01	0.02	0.0005	0.00005	0.001	0.001	0.001
K417	—	0.012~0.022	0.05~0.09	—	0.50	0.50	0.01	0.015	0.0005	0.00005	0.001	0.001	0.001
K417G	—	0.012~0.024	0.05~0.09	—	0.20	0.20	0.01	0.015	0.0005	0.0001	0.005	0.002	0.001

（续）

合金牌号	化学成分（质量分数,%）												
	Ta	B	Zr	Ce	Si	Mn	S	P	Pb	Bi	As	Sn	Sb
							≤						
K418	—	0.008 ~ 0.020	0.06 ~ 0.15	—	0.50	0.50	0.01	0.015	0.0005	0.00005	0.001	0.001	0.001
K418B	—	0.005 ~ 0.015	0.05 ~ 0.15	—	0.50	0.25	0.015	0.015	0.001	0.0002	Cu0.5	Ag 0.0005	—
K438	1.5 ~ 2.0	0.005 ~ 0.015	0.05 ~ 0.15	—	0.30	0.20	0.015	0.015	0.001	0.001	0.005	0.002	0.001
K438G	1.4 ~ 2.0	0.005 ~ 0.015	0.05 ~ 0.15	Cu≤0.2	0.01	0.20	0.01	0.0005	0.001	0.0001	0.005	0.002	0.001
K480	≤0.10	0.01 ~ 0.02	0.02 ~ 0.10		0.10	0.10	0.0075	0.015	0.001	0.0001	Cu0.10	Mg0.01	—
K465[3]	—	≤0.035	≤0.04	≤0.02	0.2	0.2	0.005	0.010	0.0005	0.00005	—	—	—
DZ4125	3.5 ~ 4.1	0.01 ~ 0.02	≤0.08	Ag ≤0.0005	0.15	0.15	0.01	0.01	0.0005	0.00005	0.0010	0.0010	0.001
DZ404	—	0.012 ~ 0.025	≤0.02		0.50	0.50	0.01	0.02	0.0005	0.0001	0.005	0.002	0.001
DZ422	—	0.01 ~ 0.02	≤0.05		0.15	0.20	0.015	0.01	0.0005	0.00005	Cualo	Se 0.0003	
DZ417G	—	0.012 ~ 0.024	—		0.20	0.20	0.008	0.005	0.0005	0.0001	0.005	0.002	0.001
DZ438G	1.5 ~ 2.0	0.005 ~ 0.015	—		0.15	0.15	0.015	0.0005	0.001	0.0001	—	0.002	0.001
JG4006		0.02 ~ 0.06			0.5	0.5	0.01	0.015	0.0005	0.0001	0.005	0.001	0.001
JG4010	6.5 ~ 7.5	0.01 ~ 0.02	≤0.10		0.20	0.20	0.01	0.015	0.0005	0.0001	0.005	0.001	0.001
DD403[1]	—	≤0.005	≤0.0075	—	0.2	0.2	0.002	0.01	0.00005		0.001	0.001	0.001
DD402[2]	5.8 ~ 6.2	≤0.003	≤0.0075	—	0.04	0.02	0.002	0.005	0.0002	0.00003	0.005	0.0015	0.00003
DD406[4]	6.0 ~ 8.5	≤0.02	≤0.10		0.20	0.15	0.001	0.018	0.0005	0.00005	0.001	0.001	0.001
K4169	≤0.10	≤0.006	≤0.05	Cu≤0.3	0.35	0.35	0.015	0.015	0.001	0.0001	0.005	0.002	0.001
K491	—	0.08 ~ 0.12	≤0.04		0.1	0.1	0.01	0.01	0.0005	0.00005	Ag 0.0005	Mg 0.005	—
K211		0.03 ~ 0.05	—		0.40	0.50	0.04	0.04	—	—	—	—	—
K213		0.05 ~ 0.10	—		0.50	0.50	0.015	0.015	—	—	—	—	—
K214		0.10 ~ 0.15	—		0.50	0.50	0.015	0.015	0.001	0.0001	0.005	0.002	0.001
K621	—	—	—		1.0	1.0	—	—	—	—	—	—	—
K640	—	0.001 ~ 0.008	—		0.5 ~ 1.0	0.5 ~ 1.0	0.04	0.04	0.010 ~ 0.035	—	—	—	—

① DD403 还规定（均质量分数,%）Cu≤0.1,Mg≤0.003,Ag≤0.0005,[O]≤0.001,[N]≤0.0012。

② DD402 还规定（均质量分数,%）Cu≤0.05,Mg≤0.008,Ag≤0.0005,Ga≤0.002,Tl≤0.00003,Te≤0.00003,[O]≤0.001,[N]≤0.0012,Zn≤0.0005,Yb≤0.10。

③ K465 合金还规定（均质量分数,%）Y≤0.01,Ag≤0.0005,Se≤0.0003,Te≤0.00005,Tl≤0.0001。

④ DD406 合金还规定（均质量分数,%）Cu≤0.05,Ag≤0.0005,Mg≤0.003,Tl≤0.0001,Te≤0.0001,Se≤0.0005,[O]≤0.0015,[N]≤0.0010,[H]≤0.0005。

9.1.3 物理和化学性能

1. 铸造高温合金的密度和熔化温度（见表9-3）

2. 铸造高温合金的热导率（见表9-4）

表9-3　铸造高温合金的密度和熔化温度

合金牌号	密度/(g/cm³)	熔化温度/℃	合金牌号	密度/(g/cm³)	熔化温度/℃
K403	8.10	1260~1338	DZ417G	7.84	1286~1342
K406	8.05	1260~1345	DZ438G	8.10	1242~1332
K406C	8.05	1260~1340	JG4006	7.90	1340~1410
K417	7.80	1260~1340	JG4010	8.29	1337~1370
K417G	7.85	1220~1330	DD403	8.20	1328~1376
K418	8.09	1295~1345	DD402	8.67	1330~1382
K418B	8.01	1288~1321	DD406	8.78	1342~1399
K438	8.16	1260~1330	K4169	8.22	1243~1359
K438G	8.20	1220~1320	K491	7.75	
K480	8.16	1270~1320	K211	8.30	
K465	8.341	1330~1338	K213	8.14	1324~1361
DZ4125	8.48	1295~1377	K214	8.03	1330~1376
DZ404	8.15	1310~1365	K621	8.30	≈1350
DZ422	8.56	1307~1366	K640	8.68	1340~1396

表9-4　铸造高温合金的热导率 λ

合金牌号	热导率 λ/[W/(m·K)]									
	100℃	200℃	300℃	400℃	500℃	600℃	700℃	800℃	900℃	1000℃
K403	14.27	14.52	17.12	18.25	19.72	20.43	22.27	23.53	24.82	—
K406	13.82	15.07	18.00	19.26	19.68	20.93	22.61	24.28	25.54	—
K406C	11.30	12.56	14.24	15.49	16.75	18.84	20.93	22.19	22.61	
K417	10.87	12.23	13.80	15.10	16.50	18.80	20.15	24.90	30.10	38.20
K417G	—	13.86	14.40	15.28	16.83	18.80	21.35	23.86	24.91	25.25
K418	10.05	11.72	12.98	14.65	16.33	18.42	20.52	22.61	24.28	—
K418B	10.25	11.93	13.81	15.48	17.15	18.83	20.50	22.18	23.85	25.73
K438	—	11.85	14.03	15.91	17.67	20.39	23.15	26.63	30.10	33.08
K438G	—	11.20	13.10	14.90	16.50	18.00	19.20	20.20	21.00	22.10
K480	11.30	12.56	13.82	15.49	16.75	17.16	18.42	20.51	22.61	—
K465	7.07	9.16	11.3	13.4	15.5	17.5	19.4	21.1	22.7	24.1
DZ4125		9.67	11.47	13.44	14.99	16.79	17.96	19.63	19.51	19.43
DZ404	13.39	15.07	16.32	17.58	19.25	20.51	21.77	23.02	24.70	—
DZ422	8.09	9.53	11.59	14.06	16.92	19.88	22.09	24.09	25.6	26.77
DZ417G		10.54	12.43	14.53	16.32	18.41	20.54	22.72	24.98	27.20
DZ438G	—	—	14.64	16.75	18.59	20.45	22.20	22.45	26.25	28.80
JG4006	11.66	12.73	13.88	15.03	16.27	17.51	18.83	20.15	20.98	21.56
JG4010	8.33	10.4	12.6	14.8	17.1	19.3	21.5	23.6	25.6	27.5
DD403	10.19	11.82	13.94		18.07	20.16	22.14	24.62	27.23	30.04
DD402	—	12.70	14.60	16.50	18.30	20.30	21.90	24.10	26.20	28.20
DD406	8.00	9.45	11.15	13.40	15.35	17.60	20.20	22.30	24.55	26.80
K4169		13.30	14.96	16.68	18.40	19.99	21.33	22.29	—	—

（续）

合金牌号	热导率 λ/[W/(m·K)]									
	100℃	200℃	300℃	400℃	500℃	600℃	700℃	800℃	900℃	1000℃
K491	—	8.88	10.68	12.56	15.82	18.55	21.23	23.32	24.20	—
K211	12.14	13.82	15.81	18.00	20.00	22.61	23.87	26.00	28.38	
K213	10.88	12.14	13.40	14.65	15.91	17.58	18.84	20.51	—	
K214	9.63	11.72	13.39	15.49	17.58	19.67	21.77	23.44	25.53	
K621	—	14.5	15.2	16.8	18.7	20.4	—	—	—	
K640	13.40	15.32	16.83	17.67	18.97	19.97	24.03	25.04	28.89	

3. 铸造高温合金的线胀系数（见表9-5）

表 9-5　铸造高温合金的线胀系数 α_l

合金牌号		线胀系数 $\alpha_l/10^{-6}\mathrm{K}^{-1}$									
		20~100℃	20~200℃	20~300℃	20~400℃	20~500℃	20~600℃	20~700℃	20~800℃	20~900℃	20~1000℃
K403		11.30	12.30	12.30	12.60	12.90	13.00	13.40	13.80	14.30	15.10
K406		11.82	12.44	12.94	13.30	13.59	13.93	14.27	14.82	15.48	—
K406C		9.73	11.89	13.06	13.62	14.05	14.34	14.61	15.09	15.76	
K417		—	13.20	13.50	13.50	13.50	13.60	14.30	15.20	16.10	17.20
K417G		10.71	11.89	12.92	13.51	14.03	14.24	14.51	14.77	15.16	
K418		12.60	12.70	12.90	12.90	13.40	13.70	14.20	14.70	15.50	15.50
K418B		12.60	12.70	12.90	12.90	13.40	13.70	14.20	14.70	15.50	15.50
K438		9.78	10.70	12.60	14.20	14.60	15.00	15.40	15.60	16.10	16.60
K438G		9.90	12.00	12.90	13.20	13.40	13.50	13.60	14.00	15.20	16.10
K480		12.25	12.12	12.29	12.48	12.94	13.45	14.25	14.36	14.89	15.82
K465		11.6	11.9	12.2	12.7	13.1	13.6	14.1	14.6	15.1	15.6
DZ4125		—	—	12.45	12.86	13.26	13.53	14.04	14.55	15.06	16.02
DZ404		9.17	10.68	11.48	12.22	12.81	13.07	13.53	14.09	14.81	15.10
DZ422		—	—	11.37	12.57	12.85	13.01	13.63	14.08	14.60	15.44
DZ417G		12.5	12.9	13.0	13.1	13.3	13.5	13.7	14.0	14.3	14.7
DZ438G		10.82	11.95	12.42	13.09	13.29	13.64	13.74	13.84	14.50	—
JG4006		9.67	11.46	12.27	12.73	13.02	13.31	13.57	14.08	14.61	15.14
JG4010	纵向	—	11.8	12.2	12.6	13.1	13.5	13.9	14.4	14.8	15.3
	横向	—	12.0	12.3	12.7	13.2	13.6	14.0	14.4	14.8	15.3
DD403		—	—	12.38	12.96	13.38	13.92	14.36	14.66	15.30	16.14
DD402		9.62	11.45	12.26	12.88	13.29	13.66	14.08	14.58	15.23	
DD406	[001]方向	—	—	11.92	12.59	12.93	13.15	13.53	14.19	14.39	15.00
K4169		13.20	13.70	14.00	14.40	14.80	15.20	15.80	16.80	—	
K491		12.19	12.39	12.86	13.09	13.41	13.53	13.88	14.19	14.67	
K211		13.19	13.85	14.56	14.89	15.34	15.68	16.07	16.38	16.68	
K213		12.36	13.98	15.22	15.32	15.97	16.35	17.16	18.61	—	
K214		13.20	13.8	14.0	14.5	14.7	14.9	15.0	15.3	16.7	
K621		—	7.6	7.8	8.1	8.3	8.5	8.7	—	—	
K640		—	—	13.8	14.1	14.5	14.9	15.3	15.5	16.1	—

4. 铸造高温合金的比热容（见表9-6）

表9-6　铸造高温合金的比热容 *c*

合金牌号	比热容 $c/[\mathrm{J/(kg \cdot K)}]$									
	100℃	200℃	300℃	400℃	500℃	600℃	700℃	800℃	900℃	1000℃
K418	439	460	481	490	502	515	544	556	569	—
DZ417G	—	468	485	502	527	560	594	631	673	732
DZ438G	—	—	483	504	528	554	584	620	664	714
JG4006	405	417	429	441	453	464	476	488	496	507
JG4010	418	448	478	508	538	568	599	629	659	689
DD403	481	484	490	494	507	525	557	603	662	733
DD402	—	456	456	456	473	490	507	532	561	595
DD406	358	392	427	462	496	531	566	600	635	669
K4169	—	460	481	506	527	548	573	594	—	—
K491	—	402	423	477	553	599	636	661	687	—
K417	—	445	460	470	485	490	505	515	525	535
K417G	—	476	490	506	528	555	595	654	699	760
K438	—	465	477	494	515	557	611	682	766	833
K438G	—	460	477	486	498	507	515	532	553	582
K465	587	417	446	475	505	534	563	593	622	651
DZ4125	—	385	427	456	481	498	506	506	489	473
DZ404	658	661	668	654	695	662	668	673	721	—
DZ422	393	398	423	456	494	540	573	599	624	645
K214	435	477	489	498	523	569	602	912	—	—

注：DD406合金试样取向为 [001] 方向。

5. 铸造高温合金的抗氧化性能（见表9-7和图9-1）

表9-7　铸造高温合金的氧化速率

合金牌号	氧化速率/$[\mathrm{g/(m^2 \cdot h)}]$								
	800℃			900℃			1000℃		
	时间/h								
	100	1000	2000	100	1000	2000	100	1000	2000
K403	0.0025	0.0033	0.0025	0.0376	0.0099	0.0065	0.089	0.0015 (1050℃)	0.0013 (1050℃)
K406	—	—	—	0.054	0.025	—	0.327	—	—
K406C	—	—	—	0.038	0.023	—	0.117	—	—
K417	—	0.012	0.009	0.195	0.047	0.032	—	—	—
K417G	—	—	—	0.124			0.326	—	—
K418	—	—	—	—	—	—	0.04 (1050℃)		
K418B	—	—	—	—	—	—	0.066 (1050℃)		
K438	0.012 (850℃)	—	—	0.055	—	—	0.16		
K438G	—	—	—	0.033	—	—	0.203		
K480							0.022 (1100℃)		
K465	0.0306			0.0552			0.1633		
DZ4125							0.043		
DZ404	—	—	—	0.035 (950℃)			0.049		

（续）

合金牌号	氧化速率/[g/(m²·h)]								
	800℃			900℃			1000℃		
	时间/h								
	100	1000	2000	100	1000	2000	100	1000	2000
DZ422	—	—	—	0.068 (950℃)	—	—	0.091	—	—
DZ417G	—	—	—	—	—	—	0.45	—	—
JG4006	—	—	—	—	—	—	1.6~4.3 (1100℃)	—	—
JG4010	—	—	—	—	—	—	0.014	—	—
DD403	0.006	—	—	0.014	—	—	0.030	—	—
DD402	—	—	—	0.06 (950℃)	—	—	0.12 (1100℃)	—	—
DD406	—	—	—	—	—	—	0.0162	—	—
K211	—	—	—	0.05	—	—	0.075	—	—
K213	0.011 (850℃)	—	—	—	—	—	—	—	—
K214	—	—	—	0.169	—	—	0.316	—	—
K640	—	—	—	0.038 (950℃)	—	—	—	—	—

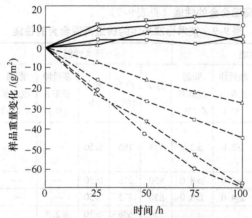

图 9-1　K418 合金的氧化曲线

——1000℃　----1100℃　△—静态等温　□—静态循环
〇—动态等温　▽—动态循环

6. 铸造高温合金的耐蚀性（见表 9-8）

表 9-8　铸造高温合金的耐蚀性

合金牌号	试验条件		腐蚀失重率 /[mg/(cm²·h)]
	温度/℃	腐蚀气氛及时间	
K403	900	0 号轻柴油，盐雾浓度（质量分数）为 0.0001%，燃气腐蚀 25h	0.0036
K417			0.0074
K417G			0.0112
K418			0.0075
K438			0.0008
K480			0.0022

（续）

合金牌号	试验条件		腐蚀失重率 /[mg/(cm² · h)]
	温度/℃	腐蚀气氛及时间	
K406	900	0号轻柴油，盐雾浓度（质量分数）为0.0005%，燃气腐蚀100h	0.837
K406C			0.269
K465	900	燃气热腐蚀，油量0.2L/h，盐浓度20×10⁻⁶，油气比1/45，试验时间100h	0.104
DZ4125	900	燃气热腐蚀，油量0.2L/h，盐浓度20×10⁻⁶，油气比1/45，试验时间100h	0.0906
DZ438G	900	0号轻柴油，空气与燃油之比为41∶1，盐分浓度（质量分数）为 0.0005%，燃气腐蚀150h	0.92
K438G			1.08
JG4010	900	燃气热腐蚀，油量为0.2L/h，海水浓度为20×10⁻⁶，油气比为1/45，试验时间为100h	0.007
DD403	900	盐雾浓度为0.0005%，热腐蚀100h	0.0595
DD406	900	盐分浓度20×10⁻⁶，热腐蚀100h	0.0053
K214	800	人造海水，盒腐蚀[①]100h	0.004
K640	900	空气∶燃油=18∶1，盐雾浓度（质量分数）为6×10⁻⁶，燃气腐蚀50h	0.627

（此处上标应为 LaTeX）腐蚀失重率单位：$/[mg/(cm^2 \cdot h)]$

① 盒腐蚀就是将试片放在盛有人造海水的坩埚内，然后装入铁盒并用砂子密封，再把铁盒放进电炉中加热到800℃，保温100h。

9.1.4　力学性能

1. 技术标准中规定的铸造高温合金的性能（见表9-9）

表9-9　技术标准规定的铸造高温合金的性能

合金牌号	瞬时力学性能				持久性能					备注
	温度 /℃	抗拉强度 R_m /MPa	条件屈服强度 $R_{p0.2}$ /MPa	断后伸长率 A (%)	断面收缩率 Z (%)	温度 /℃	应力 /MPa	寿命 /h	断后伸长率 A (%)	断面收缩率 Z (%)	
K403	800	≥785	—	≥2.0	≥3.0	975	195	≥50	—	—	用于蜗轮导向叶片时，可仅检验975℃持久性能，寿命允许不小于40h
K406	800	≥666	—	≥4.0	≥8.0	850	275	≥50	—	—	
K406C	800	≥666	—	≥4.0	≥8.0	850	275	≥50	—	—	
K417	900	≥637	—	≥6.0	≥8.0	750	686	≥30	≥2.5	—	750℃的A值不作为验收标准，900℃和950℃持久性能可任选一项作为验收标准
						900	315	≥70	—	—	
						950	235	≥40	—	—	
K417G	900	≥637	—	≥6.0	≥8.0	760	645	≥23	≥2	—	750℃的A值暂不作为验收标准，900℃和950℃持久性能可任选一项作为验收标准
						900	315	≥70	—	—	
						950	235	≥40	—	—	
K418	20	≥755	≥686	≥3.0	—	750	608	≥40	≥3.0	—	
	800	≥755	—	≥4.0	≥6.0	800	490	≥45	≥3.0	—	
K418B	20	≥760	≥690	≥5.0	—	760	530	≥50	≥2.0	—	
						980	150	≥30	≥4.0	—	
K438	800	≥785	—	≥3.0	≥3.0	815	420	≥50	—	—	
						850	365	≥50	—	—	
K438G	800	≥785	—	≥3.0	≥3.0	850	420	≥40	—	—	
K480	870	≥632	≥492	—	≥15.0	980	193	≥23	≥5.0	—	
K465	20	≥835	—	≥3	—	975	225	≥40	—	—	

（续）

合金牌号	瞬时力学性能				持久性能					备　注
	温度 /℃	抗拉强度 R_m /MPa	条件屈服强度 $R_{p0.2}$ /MPa	断后伸长率 A （%）	断面收缩率 Z （%）	温度 /℃	应力 /MPa	寿命 /h	断后伸长率 A （%）	断面收缩率 Z （%）	
DZ4125	20	≥980	≥840	≥5	≥5	760	725	≥48	≤4	—	
						980	235	≥20	≤2	—	
						980	235	≥32	≥10	—	
DZ404	800	≥785	—	≥2.0	≥3.0	975	195	≥30	—	—	等轴晶铸态
DZ404	900	≥735	—	≥6.0	≥8.0	900	315	≥100	—	—	定向柱晶+标准热处理
	—	—	—	—	—	950	235	≥55	—	—	
DZ422	20	≥960	—	≥5.0	—	760	690	48	≤4.0	—	760℃、48h 的 A 值和980℃、20h 的 A 值在室温下测量
						980	220	20	≤2.0	—	
						980	220	≥32	≥10	—	
DZ417G	900	≥700	—	≥6.0	≥8.0	760	725	≥48	—	—	
						980	216	≥24	—	—	
DZ438G	800	≥784	—	≥8.0	≥10	700	784	≥100	—	—	
						800	422	≥60	—	—	
JG4006 （IC6）	—	—	—	—	—	1100	90	≥30	—	—	
JG4010	20	≥950	—	≥5	—	1100	55	≥100	≥10	—	纵向
						1100	40	≥100	实测	—	横向
DD403	760	≥1030	—	≥3.0	≥3.0	760	785	≥70	—	—	
						1000	195	≥70	—	—	
	900	≥835	—	≥6.0	≥6.0	1040	165	≥70	—	—	
DD402	760	≥980	≥900	≥5.0	—	760	780	≥30	—	—	
						980	260	≥30	—	—	
DD406	室温	≥880	≥800	≥8	≥12	980	250	≥100	—	—	[001] 方向瞬时和持久性能可任选两个温度进行
	760	≥1000	≥850	≥5	≥6	1070	140	≥100	—	—	
	980	≥700	≥600	≥18	≥22	1100	130	≥100	—	—	
K4169	20	≥825	≥640	≥5.0	≥8.0	650	620	≥23	≥3.0	—	
K491	600	≥960	≥690	≥8.0	—	900	314	≥70	—	—	
K211	20	≥440	—	≥5.0	≥6.0	650	245	≥100	—	—	
	800	≥295	—	≥6.0	≥7.0	800	137	≥100	—	—	
							147	≥50	—	—	
K213	700	≥627	—	≥6.0	≥10.0	700	490	≥40	—	—	瞬时和持久性能分别任选一项作为验收标准
	750	≥588	—	≥4.0	≥8.0	750	372	≥80	—	—	
K214	—	—	—	—	—	850	245	≥60	—	—	
K621 （K21）	20	≥588	—	≥4.0	≥6.0	—	—	—	—	—	
K640	—	—	—	—	—	816	205	≥15	≥6.0	—	室温硬度小于等于34HRC

注：所有力学性能试样都是由熔模精密铸件加工而成，试样的状态除有特别说明者外，均为标准状态。定向凝固合金取样为纵向，即试样应力轴与柱晶生长方向平行，单晶试样取向为 [001] 取向，即试样应力轴与单晶生长方向平行，试样取向偏离度小于15°。

2. 铸造高温合金的室温和高温瞬时力学性能

（1）单铸试样的瞬时力学性能（见表9-10和图9-2～图9-9）

表 9-10　单铸试样的典型瞬时力学性能

合金牌号	试验温度/℃	抗拉强度 R_m/MPa	条件屈服强度 $R_{p0.2}$/MPa	断后伸长率 A（%）	断面收缩率 Z（%）	冲击韧度 a_{KU}/(kJ/m²)	硬度 HRC
K403	20	902	—	6.1	12.9	—	40
	600	902	—	5.2	12.5	—	—
	700	1006	—	4.0	10.8	191	—
	800	991	—	3.6	4.7	—	—
	900	834	—	4.0	5.5	130	—
	1000	539	—	2.8	2.8	—	—
K406	20	790	—	5.0	6.5	—	37
	600	736	—	9.5	11.5	—	—
	700	805	—	4.5	8.5	—	—
	800	814	—	8.0	13.5	—	—
	900	559	—	21.0	44.0	—	—
K406C	20	958	—	6.6	9.3	87	35
	600	918	—	10.8	19.8	—	—
	700	955	—	11.9	16.5	—	—
	800	876	—	17.9	28.0	91	—
	900	560	—	25.9	38.6	—	—
K417	20	990	765	11.5	19.0	350	37
	600	971	784	10.5	23.0	—	—
	700	1000	774	13.0	20.0	270	—
	800	975	878	9.0	15.0	240	—
	900	745	642	10.0	15.0	200	—
	1000	490	424	10.0	20.0	150	—
K417G	20	1028	824	11.2	14.0	270	—
	600	1029	798	11.7	16.9	—	—
	700	1048	804	13.3	17.9	263	—
	800	961	858	7.2	10.9	250	—
	900	763	635	9.3	12.9	170	—
	1000	536	451	10.0	10.8	179	—
K418	20	902	760	9.6	14.6	280	35
	600	923	—	7.7	13.1	—	—
	700	966	781	8.4	14.7	200	—
	800	888	744	9.0	13.3	215	—
	900	669	454	9.3	13.3	160	—
	1000	429	—	14.4	22.4	95	—
K418B	20	936	759	13.4	15.7	470	34.5
	600	901	665	14.5	18.2	420	—
	700	855	—	17.1	24.0	410	—
	800	865	676	10.9	18.2	350	—
	900	631	—	13.3	29.0	300	—
	1000	364	260	22.9	27.0	260	—
K438	20	1030	878	7.3	11.0	460	40
	600	982	811	7.5	12.0	740	—
	700	1065	835	8.0	14.0	750	—
	800	1020	854	10.7	15.0	430	—
	900	833	585	11.4	15.0	650	—
	1000	487	377	23.0	64.0	600	—
K438G	20	1040	970	9.0	13.0	—	40
	600	1010	804	7.0	11.0	—	—
	700	1089	902	9.4	13.0	—	—
	800	941	892	9.0	14.0	—	—
	900	696	618	13.4	30.0	—	—
	1000	333	324	12.0	25.0	—	—

（续）

合金牌号	试验温度 /℃	抗拉强度 R_m /MPa	条件屈服强度 $R_{p0.2}$/MPa	断后伸长率 A（%）	断面收缩率 Z（%）	冲击韧度 a_{KU} /（kJ/m²）	硬度 HRC
K480	20	1002	783	5.0	8.9	100	40.5
	600	986	631	9.5	10.7	115	—
	700	1003	607	15.5	18.1	165	—
	800	852	668	18.4	21.9	150	—
	900	661	430	16.2	22.0	125	—
	1000	341	209	25.2	41.3	130	—
K465	20	931	766	5.8	11.4	136	—
	600	1033	832	4.8	9.1	—	—
	700	1015	847	4.6	9.6	—	—
	800	1035	910	4.3	7.2	76.6	—
	900	813	719	7.0	9.8	81.7	—
	1000	544	368	14.3	17.5	—	—
DZ4125	20	1320	985	13.0	14.5	86	42.8
	600	—	—	—	—	—	—
	700	1220	930	13.0	15.5	—	—
	800	—	—	—	—	—	—
	900	850	580	25.0	29.0	—	—
	1000	575	395	31.0	41.0	—	—
DZ404	20	1059	947	6.0	8.5	90	38
	760	1187	996	6.0	10.5	90	—
	900	887	—	9.5	14.0	100	—
	1000	574	—	19.5	37.0	110	—
DZ422	20	1224	975	6.8	10.2	121	41.5
	760	1271	1068	10.0	12.5	139	—
	950	739	556	24.0	33.0	—	—
	1000	584	432	25.2	38.1	—	—
DZ417G	20	1050	760	14.0	16.0	200	315HBW
	700	1050	850	12.0	17.0	—	—
	800	1000	895	13.0	26.0	—	—
	900	785	665	26.0	43.0	—	—
	950	640	540	34.0	50.0	—	—
DZ438G	20	1180	990	8.5	13.5	200	315HBW
	750	1140	915	11.0	18.0	—	—
	850	920	795	15.0	21.0	140	—
	950	630	545	17.0	33.0	—	—
	1000	480	420	18.0	41.0	—	—
JG4006	20	1140	815	15.0	16.5	420	36
	760	1180	1100	6.5	17.0	240	—
	850	1110	1040	3.0	7.5	—	—
	950	840	765	10.0	22.0	—	—
	1050	585	520	26.0	32.0	125	—
	1150	310	280	—	—	—	—
	1200	180	165	—	—	—	—

（续）

合金牌号		试验温度 /℃	抗拉强度 R_m /MPa	条件屈服强度 $R_{p0.2}$/MPa	断后伸长率 A（%）	断面收缩率 Z（%）	冲击韧度 a_{KU} /（kJ/m²）	硬度 HRC
JG4010		20	1237	848	14.8	17.3	—	—
		600	1060	825	11.0	18.5	—	—
		700	1080	845	9.5	15	—	—
		800	1128	893	9.1	10.6	—	—
		900	826	602	12.4	14.6	—	—
		1000	471	307	31.0	32.7	—	—
DD403		20	1000	925	26.0	25.0	867	369HBW
		750	1190	920	6.5	6.0	400	—
		850	1040	860	27.0	44.0	423	—
		980	705	525	22.0	40.0	—	—
		1000	620	440	31.0	55.0	840	—
DD402		20	1170	1040	16.0	10.5	—	—
		760	1240	1220	14.0	32.0	—	—
		850	1150	1130	20.0	34.0	—	—
		980	715	595	19.0	50.0	—	—
		1050	565	495	23.0	56.0	—	—
DD406	[001]方向标准热处理	室温	970	930	16.0	19.5	—	—
		650	1060	940	14.0	18.5	—	—
		700	1030	930	15.0	21.0	—	—
		760	1100	935	8.0	12.0	—	—
		850	1070	1030	29.0	32.0	—	—
		980	800	680	27.0	34.0	—	—
		1070	545	440	28.0	44.0	—	—
		1100	540	385	30.0	45.0	—	—
	[011]方向标准热处理	25	1030	—	14.0	34.0	—	—
		700	980	—	7.5	18.0	—	—
		760	1020	—	4.3	6.0	—	—
		850	1010	—	36.0	47.0	—	—
		980	720	590	36	48	—	—
		1070	535	450	28	50	—	—
		1100	470	395	31	49	—	—
	[111]方向标准热处理	25	1540	1180	—	—	—	—
		700	1200	910	20	23	—	—
		760	1190	990	18	25	—	—
		850	995	905	26	40	—	—
		980	640	530	45	41	—	—
		1070	465	370	47	45	—	—
		1100	400	320	46	42	—	—

（续）

合金牌号	试验温度/℃	抗拉强度 R_m/MPa	条件屈服强度 $R_{p0.2}$/MPa	断后伸长率 A（%）	断面收缩率 Z（%）	冲击韧度 a_{KU}/（kJ/m²）	硬度 HRC
K4169	-196	1460	1240	15.0	18.5	320	38
	-105	1270	1080	14.0	29.0	340	—
	20	1100	935	16.0	26.0	325	—
	500	905	810	16.0	30.0	440	—
	700	790	680	12.0	24.0	540	—
K491	20	1010	780	12.0	15.0	—	37
	600	1020	770	13.0	20.0	—	—
K211	20	490	294	7.0	10.0	220	21
	700	392	177	5.5	9.0	—	—
	800	294	142	10.0	12.0	—	—
K213	20	980	745	4.0	4.8	390	36
	600	764	578	18.0	24.5	390	—
	700	755	647	11.6	22.9	196	—
	800	637	—	5.8	9.7	225	—
	900	392	—	15.6	22.2	157	—
K214	20	1128	—	2.5	4.5	84	45.5
	750	1054	—	2.5	6.0	—	—
	800	873	—	4.5	8.0	—	—
	900	545	—	11.5	17.5	104	—
K621	20	690	509	9.5	9.0	—	30
	500	517	296	20.0	21.0	—	—
	600	483	262	18.0	30.0	—	—
	700	469	276	9.0	15.0	—	—
	800	428	—	14.0	40.0	—	—
	900	276	—	28.0	50.0	—	—
K640	20	735	422	12.5	—	235	25
	580	579	265	20.0	—	550	—
	760	588	255	25.5	—	515	—
	816	500	284	20.7	—	535	—

注：试样状态见表 9-9 的注。

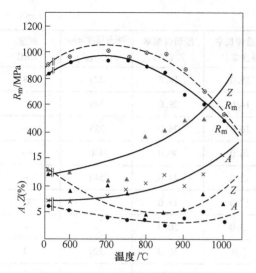

图 9-2　K403 合金的瞬时力学性能

-------- 固溶状态　——— 铸态

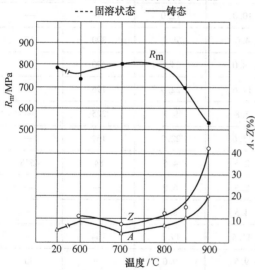

图 9-3　K406 合金的瞬时力学性能

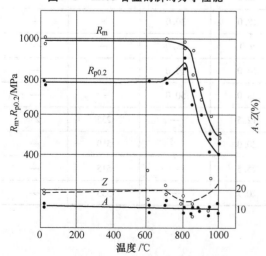

图 9-4　K417 合金的瞬时力学性能

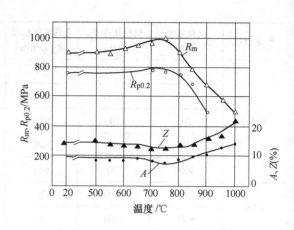

图 9-5　K418 合金的瞬时力学性能

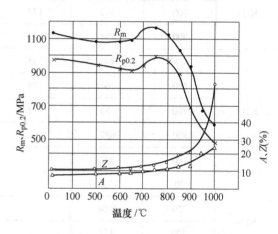

图 9-6　K438 合金的瞬时力学性能

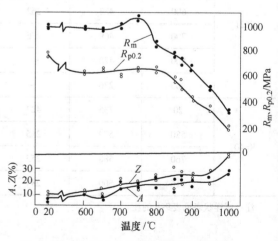

图 9-7　K480 合金的瞬时力学性能

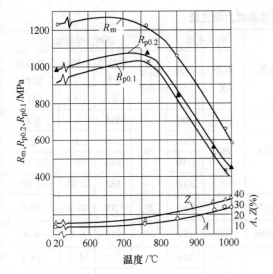

图 9-8　DZ422 合金的瞬时力学性能

（2）从铸件上切取试样的力学性能　由于凝固条件不同，从铸件上切取试样的性能一般都要低于单铸试样的 1/3 ~ 1/2。表 9-11 列出了从叶片上切取的薄壁试样的瞬时力学性能。

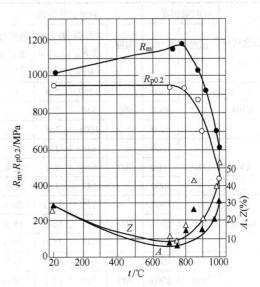

图 9-9　DD403 合金的瞬时力学性能

表 9-11　从叶片上取样的瞬时力学性能

合金牌号	取样部位及试样尺寸	试验温度 /℃	抗拉强度 R_m/MPa	断后伸长率 A（%）	断面收缩率 Z（%）
K406	从叶片榫头取 $\phi=3mm$	800	742	6.9	11.2
	从叶身取 $\delta=1mm$	800	725	9.6	—
K406C	从叶片取 $\delta=1.5mm$	800	740	10.8	—
	从外环取 $\phi=3mm$	800	730	14.0	25.2
K417	从叶身取 $\phi=3mm$	900	735	3.7	6.4
K417G	从叶身取 $\phi=3mm$	900	717	5.7	11.2
K418	从叶片榫头取 $\phi=2mm$	20	852	8.3	8.0
		800	847	7.7	10.0
DZ422	从叶片上取 $\delta=1mm$	20	1098	5.5	—
	从叶片上取 $\delta=1.5mm$	20	1103	9.2	—
K214	从叶片取 $\phi=3mm$	20	934	5.0	—
		800	837	3.0	—
		900	687	5.7	—

注：δ—厚度。

（3）长期时效后的力学性能　合金在高温下长时间加热后，组织会发生变化，从而使性能也相应地发生变化。表 9-12 列出了合金长期时效后的瞬时力学性能。

3. 铸造高温合金的高温持久性能

（1）单铸试样的持久性能　合金在不同温度和持久寿命时的持久强度 $R_{u\,t/T}$ 见表 9-13。典型合金的拉逊-米勒曲线如图 9-10 ~ 图 9-17 所示。拉逊-米勒曲线综合表明了合金在高温下的工作温度、承受的应力和持久寿命三者之间的关系。拉逊-米勒参数 P 是温度和时间的函数，由下式表示：

$$P = T(A + \lg t) \times 10^{-3}$$

式中　P——拉逊-米勒参数；

　　　T——温度（℃）；

　　　t——时间（h）；

　　　A——与合金性能有关的系数。

表9-12　长期时效后的瞬时力学性能

合金牌号	时效制度		瞬时力学性能				合金牌号	时效制度		瞬时力学性能			
	温度/℃	时间/h	温度/℃	抗拉强度 R_m/MPa	断后伸长率 A (%)	断面收缩率 Z (%)		温度/℃	时间/h	温度/℃	抗拉强度 R_m/MPa	断后伸长率 A (%)	断面收缩率 Z (%)
K403	850	1000	800	1039	2.4	—	K465	950	500	20	955	4	4.83
		3000		940	2.5	—			1000		900	3	4.5
		5000		1001	3.8	—			1500		910	3	3.83
K406	750	1000	700	819	2.6	3.3			2000		883	2.33	2.67
		2000		864	2.9	2.4	DZ417G	900	5000	20	1100	24.0	20.0
		3000		847	3.3	4.0	JG4006	900	750	20	985	6.5	6.0
K406C	850	1000	800	775	17.1	29.5	JG4010	950	500	20	1137	15.3	20.2
		2000		747	16.5	33.9			1000		1064	13.4	16.2
		3000		742	25.0	38.5			2000		1159	17.9	18
K417	800	1000	900	663	11.4	24.0			3000		1147	20	17.9
		2000		710	11.2	27.0	DZ404	850	1000	760	1069	6.3	8.6
		5000		682	15.4	25.0			3000		1136	6.6	12.0
	850	1000	900	665	15.4	24.0			5000		1069	13.3	16.1
		2000		676	13.6	18.0	K214	600℃ 加应力 441MPa	1000	20	1104	2.0	—
		5000		682	7.2	12.0							
K417G	850	1000	900	845	9.5	13.4							
		3000		818	12.8	22.3							
		5000		720	10.4	9.8							
		10000		670	8.0	6.3	K640	750	1500	816	647	14.0	24.0
K418	800	3000	20	855	8.0	7.5			2250	816	697	10.7	16.7
		50000		840	8.5	8.5		800	1500	816	628	11.5	15.7
K438	850	1000	800	834	17.0	26.0			2250	816	628	18.0	36.0
		3000		745	16.0	29.0							
		6900		804	11.0	21.0							

表9-13　单铸试样的典型持久强度

合金牌号	试验温度 T/℃	$R_{u\,100/T}$	$R_{u\,500/T}$	$R_{u\,1000/T}$	$R_{u\,2000/T}$	$R_{u\,3000/T}$	$R_{u\,5000/T}$	$R_{u\,10000/T}$
		MPa						
K403	700	791	713	703	673	654	—	—
	800	564	468	428	389	367	—	—
	900	320	232	201	172	156	—	—
	1000	148	93	76	60	53	—	—
K406	650	761	725	699	666	644	—	—
	700	669	586	535	497	468	—	—
	800	389	303	268	237	220	—	—
	850	382	218	195	177	167	—	—

（续）

合金牌号	试验温度 $T/℃$	$R_{u\,100/T}$	$R_{u\,500/T}$	$R_{u\,1000/T}$	$R_{u\,2000/T}$	$R_{u\,3000/T}$	$R_{u\,5000/T}$	$R_{u\,10000/T}$
		MPa						
K406C	650	858	775	736	686	667	—	—
	700	696	598	569	539	520	—	—
	800	402	333	294	270	255	—	—
	900	206	157	127	123	108	—	—
K417	700	760	730	710	—	—	—	—
	800	570	510	480	—	—	—	—
	900	314	250	220	—	—	—	—
	1000	150	110	95	—	—	—	—
K417G	700	785	726	696	—	—	—	—
	800	569	490	451	—	—	—	—
	900	324	245	216	—	—	—	—
	1000	147	—	—	—	—	—	—
K418	650	833	804	774	—	—	—	—
	700	725	666	627	610	—	—	—
	800	480	412	363	340	—	294	255
	900	274	216	176	160	—	137	108
	1000	118	88	—	—	—	—	—
K418B	700	690	635	595	535	510	480	—
	800	485	350	335	300	275	255	—
	900	240	185	156	90	60	—	—
K438	650	863	—	775	740	—	696	647
	700	726	—	628	598	—	559	510
	800	451	—	358	314	—	275	255
	900	265	—	177	147	—	123	108
K438G	650	—	—	824	—	785	—	—
	700	800	—	686	—	618	—	—
	800	530	—	407	—	353	—	—
	900	299	—	201	—	162	—	—
	1000	135	—	84	—	—	—	—
K480	650	—	803	755	—	676	647	598
	700	775	—	637	600	579	559	530
	760	598	—	490	455	441	422	382
	870	343	—	245	210	206	177	157
	980	167	—	88	55	49	—	—
K465	700	833.6	752.5	717	681.5	—	—	—
	800	575.3	488	451.7	416.6	—	—	—
	900	339.8	265.1	236.2	209.3	—	—	—
	1000	166.9	117	99.2	83.5	—	—	—
	1050	108.2	71.2	58.6	47.9	—	—	—

（续）

合金牌号		试验温度 $T/℃$	$R_{u\,100/T}$	$R_{u\,500/T}$	$R_{u\,1000/T}$	$R_{u\,2000/T}$	$R_{u\,3000/T}$	$R_{u\,5000/T}$	$R_{u\,10000/T}$
			MPa						
DZ4125		760	815	715	672	—	—	—	—
		850	522	430	394	—	—	—	—
		980	218	164	144	—	—	—	—
		1000	187	139	121	—	—	—	—
		1040	138	97	84	—	—	—	—
DZ404		700	912	—	—	—	—	—	—
		800	677	627	578	550	—	—	—
		900	353	299	274	255	240	—	—
		1000	181	137	125	118	111	—	—
		1040	142	—	112	109	101	—	—
DZ422		760	804	725	686	666	—	—	—
		980	207	—	118	110	—	—	—
		1040	137	—	93	79	—	—	—
DZ417G		760	725	640	605	—	—	—	—
		980	185	135	110	—	—	—	—
DZ438G		700	863	795	765	—	730	—	—
		800	569	505	480	—	430	—	—
		900	334	275	135	—	80	—	—
		1000	142	80	—	—	—	—	—
JG4006		760	824	—	—	—	—	—	—
		950	220	—	—	—	—	—	—
		1040	140	—	—	—	—	—	—
		1100	110	—	—	—	—	—	—
JG4010		900	342	275	250	—	—	—	—
		1000	165	125	111	—	—	—	—
		1100	72	51	44	—	—	—	—
DD403		760	814	735	696	666	—	—	—
		900	368	275	237	207	—	—	—
		1000	201	162	147	132	—	—	—
		1093	118	84	74	66	—	—	—
DD402		760	859	780	745	—	—	—	—
		850	574	471	428	—	—	—	—
		950	326	229	187	—	—	—	—
		1050	166	122	103	—	—	—	—
DD406	[001] 方向 标准 热处理	760	825	732	683	632	—	565	—
		850	604	512	463	416	—	—	—
		980	309	241	209	180	—	146	123
		1070	178	122	103	—	—	—	—
		1100	147	95	80	—	—	—	—
		1150	104	—	—	—	—	—	—

（续）

合金牌号	试验温度 $T/℃$	$R_{u\,100/T}$	$R_{u\,500/T}$	$R_{u\,1000/T}$	$R_{u\,2000/T}$	$R_{u\,3000/T}$	$R_{u\,5000/T}$	$R_{u\,10000/T}$
					MPa			
DD406 [011]方向标准热处理	760	678	—	—	—	—	—	—
	850	517	—	—	—	—	—	—
	980	292	—	—	—	—	—	—
	1070	174	—	—	—	—	—	—
	1100	143	—	—	—	—	—	—
DD406 [111]方向标准热处理	760	828	—	—	—	—	—	—
	850	631	—	—	—	—	—	—
	980	339	—	—	—	—	—	—
	1070	194	—	—	—	—	—	—
	1100	157	—	—	—	—	—	—
K4169	550	850	—	—	—	—	—	—
	650	660	—	—	—	—	—	—
	700	515	—	—	—	—	—	—
K491	700	740	—	—	—	—	—	—
	800	519	440	—	—	—	—	—
	900	274	—	193	—	—	—	—
	1000	115	—	—	—	—	—	—
K211	700	245	—	—	—	—	—	—
	800	137	—	—	—	—	—	—
	900	49	—	—	—	—	—	—
K213	600	736	—	696	—	—	—	637
	650	735	—	588	—	—	—	382
	700	510	—	441	—	—	—	353
	800	226	—	235	—	—	—	—
	850	216	—	—	—	—	—	—
K214	650	—	540	480	450	—	—	390
	750	—	450	420	400	—	—	335
	800	—	310	290	270	—	—	200
	850	—	230	200	190	—	—	140
K621	650	282	—	207	—	—	—	—
	760	186	—	117	—	—	—	—
	870	131	—	103	—	—	—	—
	980	65	—	50	—	—	—	—
K640	700	380	—	315	300	—	—	—
	800	240	—	180	170	—	—	—
	900	125	—	—	—	—	—	—

注：$R_{u\,t/T}$—持久强度，t 为小时数，T 为温度，如 $R_{u\,100/T}$ 为 100h、T 温度时的持久强度。

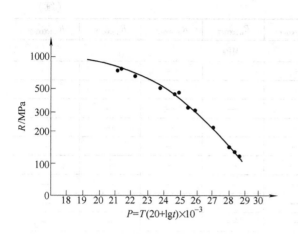

图 9-10　K403 合金的拉逊-米勒曲线

T—温度（℃）　　t—时间（h）（后同）

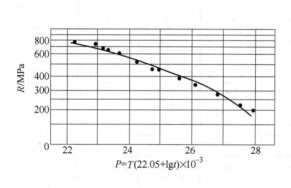

图 9-11　K406 合金的拉逊-米勒曲线

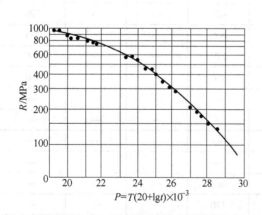

图 9-12　K417 合金的拉逊-米勒曲线

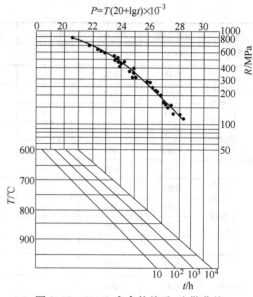

图 9-13　K418 合金的拉逊-米勒曲线

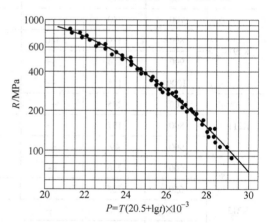

图 9-14　K438 合金的拉逊-米勒曲线

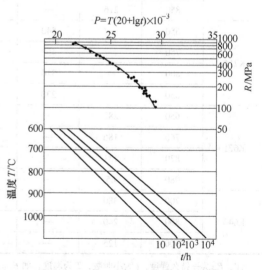

图 9-15　K480 合金的拉逊-米勒曲线

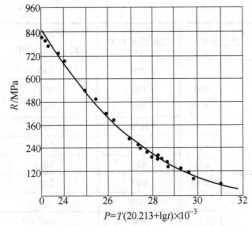

图 9-16 DZ422 合金的拉逊-米勒曲线

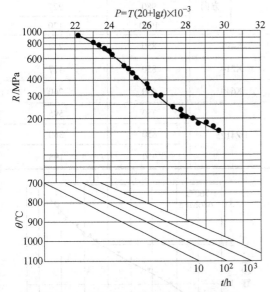

图 9-17 DD403 合金的拉逊-米勒曲线

（2）长期时效后的持久性能 合金在高温下经不同时效时间后的持久性能见表 9-14。

表 9-14 不同时效时间后的持久性能

合金牌号	时效制度		持久性能				
	温度 /℃	时间 /h	温度 /℃	应力 /MPa	断裂寿命/h	A (%)	Z (%)
K403	850	1000	975	196	79	3.8	4.4
		2000			85	3.8	4.3
		3000			47	3.2	3.9
		4000			40	6.0	9.7
K406	750	1000	700	657	92	12.6	11.6
		2000			82	14.2	20.7
		3000			33	18.4	19.0

（续）

合金牌号	时效制度		持久性能				
	温度 /℃	时间 /h	温度 /℃	应力 /MPa	断裂寿命/h	A (%)	Z (%)
K406	850	1000	850	245	261	20.3	35.9
		2000			373	16.0	27.5
		3000			269	17.6	29.6
K406C	850	1000	850	245	435	13.8	18.8
		2000			319	10.4	13.3
		3000			309	10.6	22.8
K417G	850	1000	900	314	102	12.0	—
		3000			91	6.8	—
K417G	850	5000	900	314	98	5.2	—
		10000			74	9.0	—
K418	800	1000	750	608	75	8.0	—
		3000			69	8.0	—
		5000			70	6.8	—
K438	850	1000	815	422	47	9.0	—
		3000			52	15.0	—
		6900			42	17.0	—
		10000			41	15.0	—
K465	950	500	975	225	49.24	—	—
		1000			32.35	—	—
		1500			21.97	—	—
		2000			26.92	—	—
DZ4125	900	1000	980	220	107-112	—	—
		2000			86-114	—	—
		3000			69-88	—	—
JG4006	1000	500	1100	90	123	—	—
		1000			101	—	—
JG4010	950	500	1100	70	170	25.4	15.3
		1000			141	26.1	18.5
		2000			122	22.8	25.5
		3000			120	30.4	29.9
DD402	850	500	980	260	120	—	—
		1500			66	—	—
		3000			57	—	—
K640	700	500	815	207	173	9.6	8.0
		1500			191	5.0	8.2
		2250			239	6.7	6.7
	800	500			300	8.4	11.5
		1500			187	12.0	17.5
		2250			141	15.4	19.2

4. 铸造高温合金的高温蠕变性能

铸造高温合金的高温蠕变强度见表9-15，铸造高温合金的蠕变曲线如图9-18～图9-23所示。

表9-15　铸造高温合金的高温蠕变强度

合金牌号	试验温度 T/℃	蠕变强度 $R_{p\,0.2,100/T}$/MPa
K403	800	373
	900	190
K406	800	226
	900	157
K406C	800	248
	900	108
K417	800	412
	900	206
K417G	800	420
	900	210
K418	800	370
	900	186
K418B	900	176
K465	800	483
	900	268
	1000	118
DZ422	760	530
	850	363
	980	78
JG4006	900	200
	1100	73
JG4010	900	236
	1000	94
	1100	40
DD403	1000	78
DD402	760	609
	1000	115

（续）

合金牌号	试验温度 T/℃	蠕变强度 $R_{p\,0.2,100/T}$/MPa
DD406 [001]方向	760	586
	850	503
	980	213
	1070	68
DD406 [011]方向	760	585
	850	501
	980	213
	1070	69
DD406 [111]方向	760	607
	850	453
	980	227
	1070	120
K491	850	274
K214	850	177
K640	650	260
DZ4125	750	595
	850	380
	950	195

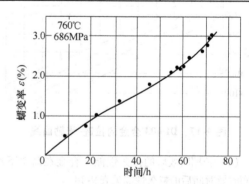

图9-18　K417G 合金的蠕变曲线

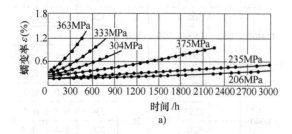

a)

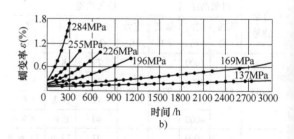

b)

图9-19　K438 合金的蠕变曲线
a) 800℃　b) 850℃

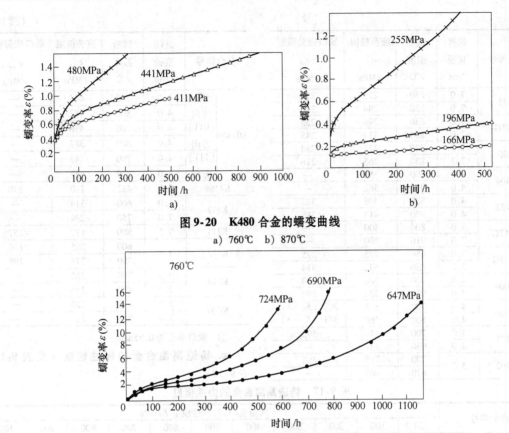

图 9-20　K480 合金的蠕变曲线

a) 760℃　b) 870℃

图 9-21　DZ404 合金的蠕变曲线

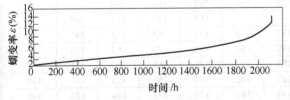

图 9-22　DZ422 合金的蠕变曲线

（760℃，647MPa）

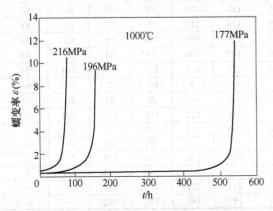

图 9-23　DD403 合金 1000℃蠕变曲线

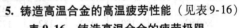

5. 铸造高温合金的高温疲劳性能（见表 9-16）

表 9-16　铸造高温合金的疲劳极限

合金牌号	试样直径 /mm	试验温度 /℃	疲劳极限 σ_D /MPa	缺口疲劳极限 σ_{DH}[①] /MPa
K403	4.0	700	373	—
	9.5	700	304	255
	9.5	900	304	265
K406	4.0	650	392	343
	4.0	750	373	314
K406C	9.5	700	314	—
K417	7.0	700	255	255
	7.0	900	294	284
K417G	7.0	700	294	275
	7.0	900	294	275
K418	7.5	600	314	274
	7.5	700	314	—
	7.5	900	274	—
K418B	7.5	600	274	235
	7.5	700	323	256

（续）

合金牌号	试样直径/mm	试验温度/℃	疲劳极限 σ_D/MPa	缺口疲劳极限 σ_{DH}[①]/MPa
K438	7.0	650	275	255
	7.0	850	284	226
K438G	7.0	650	294	255
	7.0	850	314	245
K480	7.5	700	421	284
	7.5	850	265	216
DZ404	4.0	700	352	—
	4.0	930	382	—
DZ422	4.0	700	408	385
	4.0	900	417	388
DZ417G	7.0	800	400	—
	7.0	910	390	—
DZ438G	7.0	650	275	275
	7.0	850	392	314
JG4006	4.0	700	380	340
	4.0	930	320	380
JG4010	4.0	700	381	302（$K_t=3$）
	4.0	800	360	341（$K_t=3$）
DD403	4.0	700	448	392
	4.0	930	437	—
DD402	5.0	700	715	465
		870	663	—

（续）

合金牌号	试样直径/mm	试验温度/℃	疲劳极限 σ_D/MPa	缺口疲劳极限 σ_{DH}[①]/MPa
DD406	[001]方向 4.0	700	444	—
	4.0	800	382	—
	[011]方向 4.0	700	436	—
	4.0	800	387	—
	[111]方向 4.0	700	443	—
	4.0	800	437	—
K4169	5.0	482	170	140
K491	7.0	600	314	—
	7.0	750	294	—
K211	9.5	800	177	157
K213	7.5	600	255	196
		700	274	196
K214	9.5	700	265	—
	9.5	800	235	—
K640	7.0	649	269	—
	7.0	816	221	—

① 缺口半径为 0.75mm。

6. 铸造高温合金的弹性性能（见表 9-17 ~ 表 9-19）

表 9-17 铸造高温合金的弹性模量

合金牌号	下列温度/℃的弹性模量 E/GPa										
	20	100	200	300	400	500	600	700	800	900	1000
K403	204	202	197	193	188	182	176	168	157	143	118
K406	203	195	190	185	179	175	170	162	156	—	—
K406C	189	187	182	177	173	168	163	156	150	—	—
K417	220	—	—	—	—	—	187	177	172	163	155
K417G	214	204	199	193	183	178	171	163	153	141	—
K418	211	205	200	195	190	184	179	171	165	156	144
K418B	205	199	195	190	185	179	173	168	160	151	—
K438	207	204	199	193	187	181	173	165	155	141	124
K438G	208	—	199	—	190	184	178	172	164	156	146
K480	206	201	198	193	189	183	176	169	162	152	144
K465	217.6	215	211	206	201	195	189	181	173	163	152
DZ4125	127.6	126.2	124	121	118	114.0	110.0	105.0	100.0	93.5	84.0
DZ404[①]	128	125	122	119	116	113	109	105	99	92	84
DZ422[①]	130	128	126	123	119	116	112	107	102	96	88
DZ417G[①]	128	127	124	121	117	113	109	104	98	92	83
DZ438G[①]	118	114	111	108	106	103	100	95	91	85	75
JG4006[①]	132	131	129	127	124	121	117	115	110	104	93
JG4010[①]	129.6	—	—	—	—	119.7	115.0	107.1	96.3	86.7
DD403[①]	115	—	—	—	—	—	89	85	80	61
DD402[①]	143	140	137	133	130	126	122	118	113	108	105
K4169	186	181	176	170	164	159	153	146	—	—	—
K211	177						127	88			
K213	178					147	140	135	125		
K214	178								138	127	
K621	248					214	179	145	110		
K640	224		206	198	189	180	171	162	—	—	

① 纵向取样值。

表 9-18 铸造高温合金的切变模量

合金牌号	下列温度/℃ 的切变模量 G/GPa										
	20	100	200	300	400	500	600	700	800	900	1000
K406	76	75	73	72	70	68	66	63	60	—	
K406C	75	75	73	70	69	66	64	61	58	—	
K417	82	79	76	74	72	70	68	65	64	59	—
K417G	88	80	78	76	73	71	68	63	53	48	—
K418	84	83	80	78	76	74	72	69	66	62	—
K418B	77	76	74	72	70	68	64	58	50	45	—
K438	82	81	79	77	75	72	69	66	61	56	—
K438G	78	—	75	—	71	69	65	64	61	58	—
K465	81.5	80	79	77	75	72	70	67	64	60	55
DZ4125	58.9	58.3	57.2	55.9	54.6	53.0	52.1	48.9	46.5	43.5	—
DZ404[1]	36	36	35	34	33	32	30	29	28	26	24
DZ422[1]	44	44	43	42	40	39	38	36	35	32	29
DZ417G[1]	60	60	59	58	56	54	52	50	47	44	—
JG4006[1]	52	51	50	49	48	47	46	45	43	41	36
JG4010[1]	112	—	—	—	—	—	—	101.5	—	—	—
DD406[2]							106.0				
K640	92	—	—	83	78	76	72	68	63		

① 纵向取样值。
② [001] 方向，标准热处理。

表 9-19 铸造高温合金的泊松比 μ

合金牌号	下列温度/℃ 的泊松比 μ										
	20	100	200	300	400	500	600	700	800	900	1000
K406	0.33	0.30	0.30	0.29	0.29	0.29	0.30	0.29	0.29	—	—
K406C	0.26	0.25	0.25	0.26	0.25	0.27	0.27	0.28	0.29		
K417	0.27	0.27	0.28	0.28	0.29	0.29	0.29	0.29	0.30	0.31	0.31
K417G	0.26	0.27	0.27	0.27	0.28	0.28	0.29	0.29	0.30	0.32	
K418	0.26	0.25	0.25	0.25	0.25	0.25	0.25	0.25	0.26	0.26	—
K418B	0.29	0.28	0.29	0.29	0.30	0.29	0.30	0.31	0.30	0.34	
K438	0.27	0.26	0.25	0.25	0.25	0.25	0.25	0.26	0.26	0.26	0.26
K438G	0.32	—	0.33	—	0.33	0.34	0.34	0.34	0.34	0.34	—
K465	0.335	0.34	0.34	0.34	0.34	0.35	0.35	0.35	0.35	0.36	0.38
DZ4125	0.41	—	—	—	—	0.410	0.415	0.430	0.430	0.435	0.450
DZ404[1]	0.325	—	0.329	—	0.340	0.344	0.352	0.361	—	—	
DZ422[1]	0.336	0.337	0.339	0.342	0.346	0.349	0.351	0.352	0.354	—	—
DZ417G[1]	0.39	—	0.39	—	—	0.39	0.40	0.42	0.41	0.45	—
JG4010[1]	0.372	—	—	—	—	—	0.392	0.421	0.427	0.445	0.463
DD403[1]	—	—	0.31	—	0.31	0.32	0.32	0.32	0.33	—	—
K640	0.22	—	—	0.24	0.24	0.26	0.26	0.26	0.26		

① 纵向取样值。

9.1.5　工艺性能（见表 9-20）

表 9-20　铸造高温合金的工艺性能

合金牌号	铸造性能	焊接性能	切削加工性能
K403	用熔模精铸法可以铸出形状复杂的零件。其线收缩率约为 2%	采用真空钎焊或脉冲氩弧焊进行焊接	可采用普通硬质合金刀具进行切削加工
K406	流动性好，热裂倾向性小。用熔模精铸法可以铸出复杂铸件	采用氩弧焊，焊接裂纹倾向性比 K403 和 K214 低	容易切削加工，磨削时需用超软砂轮或缓进磨削法，以避免产生磨削裂纹
K406C	铸造性能比 K406 好	采用自动氩弧焊（不填丝），热裂倾向性比 K418 小	容易切削加工，磨削性能比 K406 好
K417	用熔模精铸法可以铸成壁厚小于 1mm 的铸件。合金有一定的疏松倾向性。其线收缩率约为 2%	可进行氩弧堆焊	要求在较低速度下进行车、铣、刨、磨、钻等
K417G	铸造性能比 K417 好	采用氩弧焊和微束等离子焊进行局部堆焊	与 K417 相同
K418	可用熔模精铸法铸成复杂的薄壁零件和整体涡轮。其线收缩率约 2%	可采用氩弧焊和电子束焊与异类合金焊接；也可用瞬间液相扩散焊与本合金焊接。接头抗拉强度约 723MPa	可采用普通硬质合金刀具进行切削加工
K418B	热裂倾向性小，可铸成壁厚小于 1mm 的铸件和整体涡轮	可进行电子束焊、氩弧焊、扩散焊和摩擦焊	可采用普通硬质合金刀具进行切削加工
K438	采用熔模精铸法可铸成形状复杂的铸件。其线收缩率约为 2%	可进行氩弧焊、等离子弧焊和钎焊	要求在较低速度下进行车、铣、刨、磨等
K438G	采用熔模精铸法可以铸成薄壁空心铸件。其线收缩率约为 2%	与 K438 相同	与 K438 相同
K480	采用熔模精铸法可以铸成形状复杂的铸件	可进行真空钎焊、扩散焊，焊缝强度与本体相当	要求在低应力下进行磨削
K465	可用熔模精铸法铸出外形和内腔复杂、具有薄壁结构的高难度零件	可真空钎焊	可采用普通硬质合金刀具进行切削加工
DZ4125	可铸成壁厚小至 0.6mm 的带有复杂内腔的无余量定向凝固铸件	可真空钎焊	可采用普通硬质合金刀具进行切削加工
DZ404	采用熔模精铸法可以铸成壁厚小至 0.6mm 的铸件。其热裂倾向性小	在 1000 ~ 1200℃ 进行真空钎焊	可采用普通硬质合金刀具进行切削加工
DZ422	采用熔模精铸法可以铸成壁厚小至 0.6mm 的定向凝固铸件。其线收缩率约为 2%	可进行真空钎焊和氩弧焊	可采用普通硬质合金刀具进行切削加工
DZ417G	采用熔模精铸法可铸成定向凝固铸件。热裂倾向性小	可进行真空钎焊	可采用普通硬质合金刀具进行切削加工
DZ438G	采用熔模精铸法可铸成定向凝固铸件。热裂倾向性小	可进行真空钎焊和氩弧焊	与 K438 相同
JG4006	具有较好的铸成性能，可铸成形状复杂的定向凝固铸件	可进行真空钎焊	可采用普通硬质合金刀具进行切削加工
JG4010	可用熔模精铸法铸成壁厚小至 0.6mm 并具有大缘板、复杂内腔的定向凝固叶片和其他零件，同时可铸成复杂的等轴晶导向器零件	可真空钎焊和扩散焊	可采用普通硬质合金刀具进行切削加工

（续）

合金牌号	铸造性能	焊接性能	切削加工性能
DD403	可采用熔模精铸法铸造形状复杂的单晶铸件	可进行真空钎焊和扩散焊	与 K403 相同
DD402	可铸成形状复杂的单晶熔模铸件	可进行真空钎焊	可采用普通硬质合金刀具进行切削加工
DD406	具有良好的铸造性能，采用熔模精密铸造法可铸成具有复杂形状的薄壁空心叶片和其他铸件	可真空钎焊和扩散焊	可采用普通硬质合金刀具进行切削加工
K4169	可采用熔模精铸法铸造成大型薄壁铸件	焊接性好，可进行氩弧焊、钎焊等。铸件可焊补	切削加工性能比一般铸造高温合金好
K491	可采用熔模精铸法铸造成较复杂铸件，疏松倾向小。其线收缩率约为2%	可进行真空钎焊和氩弧焊	可采用普通硬质合金刀具进行切削加工
K211	铸造性能较好。其线收缩率为2.0%～2.5%	可进行氩弧焊	容易切削加工
K213	铸造性能较好。其线收缩率约为1.4%；体收缩率为3.8%	可与40Cr钢等进行摩擦焊	可采用普通硬质合金刀具进行切削加工
K214	采用熔模精密铸法可以铸成形状较复杂的铸件。其线收缩率约为2%	可用 GH113、D275、BXH-1 等焊丝进行氩弧焊	推荐用下列刀具车刀：W4、BK-6、BK-8 铣刀：P9ϕ5、P10K、M42、P9K5
K621（K21）	铸造性能较好，可以铸造形状复杂的铸件	焊接性比镍基合金好	比较容易切削加工
K640	铸造性能好，可以铸成形状复杂的铸件	焊接性好	推荐如下参数：切削速度：42～169mm/s 背吃刀量：0.081～0.31mm

9.1.6　显微组织

铸造高温合金的显微组织较为复杂，其组成相有 γ 相、γ′相、碳化物、硼化物等，根据合金成分不同，这些相的形态、数量、尺寸和分布有所差异，但相的种类基本相同。在一般的凝固条件下，铸造高温合金为树枝状晶组织（枝晶组织）（见图9-24），TCP相为有害相。

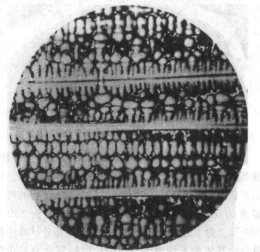

图 9-24　铸造镍基高温合金的枝晶组织　×50

γ 相：是合金的基体，是溶解了大量金属元素（Ni、Cr、Co、W、Ta 等）的固溶体。依成分不同，其含量占合金质量的 40%～80%。这种相极其稳定，直到合金熔化才溶解。

γ′相：是镍基和铁-镍基高温合金的主要强化相，其组成为 Ni_3（Al、M），其中 M 为 Ti、Nb、Hf、W 等。γ′相的形态有两种：一种是细小颗粒状，尺寸为 0.1～2μm，弥散地密布于整个基体中（见图9-25），在1230℃左右全部溶入基体，又在随后的冷却过程中再次析出为更细小的颗粒；另一种是大块的共晶相（见图9-26），其尺寸和数量与合金的成分和凝固条件有关，由几十微米至几百微米，数量占合金体积的 0.5%～10%，主要分布在枝晶间和晶界上。随着固溶温度的提高，逐渐溶解，到 1260～1300℃时全部溶解完。

碳化物：在普通熔模精密铸造镍基高温合金中，碳化物的数量约占合金质量的 1%～2%，而在钴基合金中则为 3%～5%。碳化物有几种类型：MC 型碳化物是从液态凝固析出的，呈块状或骨架状（见图9-27），多出现在晶内枝晶间，在高温下可逐渐分解转变成 M_6C 型碳化物或 $M_{23}C_6$ 型碳化物；M_6C 型碳化物多出现在钨、钼含量较高的合金中，呈针状或颗粒状，形成温度为 850 ~ 1210℃；$M_{23}C_6$ 型碳化物常出现在晶界上，呈细小颗粒状，形成温度为 750 ~ 1080℃；M_7C_3 型碳化物是钴基高温合金的主要强化相，呈骨架状，分布在枝晶间和晶界上（见图 9-27），大约在 1230℃ 溶解。

硼化物：根据合金硼含量的多少，硼化物总质量分数可在 0.01% ~ 0.5% 范围内变化，多半呈骨架状分布在枝晶间和晶界上（见图 9-28 和图 9-29）。最常见的类型是 M_3B_2 型（M 为 W、Mo、Cr、Ti、Ni 等）。这种相在 1150℃ 开始溶解，若在 1220℃ 保温 10h，则全部溶解。

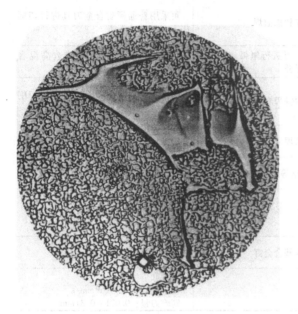

图 9-25　铸造镍基高温合金
的 γ′ 相和碳化物　×1000

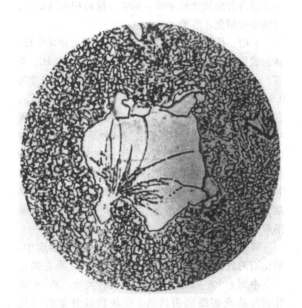

图 9-26　铸造镍基高温合金
的 γ/γ′ 共晶相　×1000

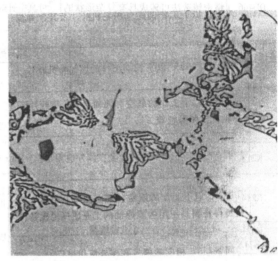

图 9-27　铸造钴基高温合金的碳化物　×600

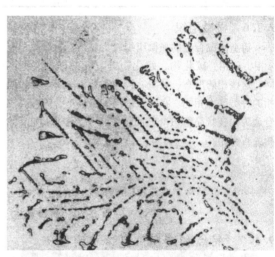

图 9-28　铸造镍基高温合金的硼碳化物　×1000

TCP 相：是一种拓扑密排结构的金属间化合物。镍基高温合金中最常见的 TCP 相是 σ 相和 μ 相，均呈针状（见图 9-30），对合金性能不利。σ 相的形成温度为 750 ~ 1000℃，μ 相的形成温度为 850 ~ 1000℃。为了避免这种有害相，常采用相分计算法计算合金基体的平均电子空位数，以控制合金的化学成分。

图 9-29　铸造铁-镍基高温合金的
硼化物和碳化物　×500

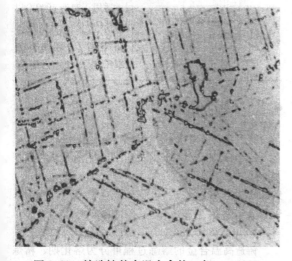

图 9-30　铸造镍基高温合金的 σ 相　×1000

9.1.7　特点和应用（见表 9-21）

表 9-21　合金主要特点和应用

合金牌号	主要特点	应　用
K403	高温强度高，塑性较低，成分较复杂	适用于制造 1000℃ 以下工作的航空和地面燃气轮机叶片，高温试验机夹具及其他高温用铸件
K406	成分较简单，价格便宜，高温强度较低	适用于制造 850℃ 以下工作的航空和地面燃气轮机叶片，汽车和拖拉机的增压器叶轮等

（续）

合金牌号	主要特点	应　用
K406C	同 K406。但耐蚀性比 K406 好	同 K406。还可用于船用燃气轮机的高温铸件
K417	高温强度高，密度较小，高温长期工作时组织稳定性稍差	适用于制造 950℃ 以下工作的燃气涡轮机叶片及其他高温铸件
K417G	高温强度高，密度较小，组织稳定性比 K417 好	适用于制造 950℃ 以下长期工作的燃气轮机叶片
K418	成分较简单，密度较小，但高温强度较低	适用于制造 850℃ 以下工作的航空和地面燃气轮机叶片、叶轮、整体涡轮等
K418B	同 K418，但塑性比 K418 好	同 K418。与此相当的合金在国外应用很广
K438	高温强度与 K418 相当。耐蚀性很好	适用于制造 850℃ 以下工作的航空、地面和海上用燃气轮机铸件，特别是使用劣质燃油的工业燃气轮机铸件
K438G	同 K438，但塑性比 K438 好	同 K438。相应的牌号在国外应用很广
K480	高温强度高，耐蚀性仅次于 K438，价格适中	适用于制造 900℃ 以下工作的航空、地面和船用燃气轮机叶片及其他长寿命的高温铸件。相当的牌号在国外应用很广
K465	强度高于 K403 合金，成分复杂，但不含稀贵元素，综合性能好	适用于制造 1050℃ 以下工作的航空和地面燃气轮机叶片以及其他高温铸件
DZ4125	具有良好的中、高温综合性能、优异的热疲劳性能以及良好的铸造性能	适用于制造 1000℃ 以下工作的燃气涡轮转子叶片和 1050℃ 以下工作的导向叶片，以及其他高温零件
DZ404	高温强度高、延性好，密度小，价格适中	适用于制造 1000℃ 以下工作的先进航空和地面燃气轮机铸件
DZ422	高温强度高，成分较复杂，价格较高，密度较大	适用于制造 1000℃ 以下工作的先进航空和地面燃气轮机长期工作的铸件，高温试验机夹具等
DZ417G	力学性能比 K417G 高，组织稳定性好，密度较低	适用于制造 980℃ 以下长期工作的航空和地面燃气轮机动、静叶片等高温铸件

（续）

合金牌号	主要特点	应用
DZ438G	工作温度比 K438G 约高 45℃。其余特点与 K438G 相同	适用于制造 900℃ 以下的热腐蚀环境，特别是海洋性气氛条件下工作的铸件
JG4006	成分较简单，高温强度高，密度较小，价格较低，但抗氧化性较差	适用于制造 1150℃ 以下工作的航空和地面燃气轮机静态铸件
JG4010	在保证高温强度的同时，具有突出的抗氧化、耐蚀性、热疲劳性能，以及良好的铸造性能	适用于制造 1100℃ 以下工作的航空发动机燃气涡轮导向叶片以及其他高温零件
DD403	力学性能高于 DZ422，成分较简单，密度较小，但抗高温氧化和腐蚀性能较差	适用于制造 1040℃ 以下工作的燃气涡轮转动件和 1100℃ 以下工作的静态件
DD402	高温强度与 DD403 相当，具有良好的抗高温氧化及热腐蚀性能	适用于制造 1050℃ 以下工作的燃气轮机铸件等
DD406	高温强度高、综合性能好、组织稳定，铸造工艺性能好，主要力学性能和氧化腐蚀性能等均达到甚至部分超过国外第二代单晶高温和水平，且因其 Re 含量低而具有低成本的优势	适合于制作具有复杂内腔的 1100℃ 以下工作的燃气涡轮工作叶片与 1150℃ 以下工作的燃气涡轮导向叶片等高温零件
K4169	合金在很宽的温度范围（−253~700℃）内具有较高的强度、塑性、优良的耐热腐蚀性及良好焊接性能	适用于制造 650℃ 以下工作的航空、航天、核反应堆及化工领域中的各类铸件，与其相应的牌号在国外应用广泛
K491	力学性能与 K417 相当，具有良好的组织稳定性和铸造性能	适用于制造 850℃ 以下工作的涡轮增压器及其他高温铸件
K211	成分较简单，价格较低，高温强度较低	适用于制造 800℃ 以下工作的航空和地面燃气轮机叶片及其他高温铸件

（续）

合金牌号	主要特点	应用
K213	成分较简单，高温性能与 K418 相当，但塑性较低	适用于制造 850℃ 以下工作的涡轮增压器叶轮及其他高温铸件
K214	高温性能比 K211 和 K213 高，塑性较低	适用于制造 900℃ 以下工作的航空和地面燃气轮机叶片及其他高温铸件
K621	抗氧化、耐蚀性好，高温强度比镍基高温合金低，铸造成形性能好	适用于制造 900℃ 以下使用的航空和地面及船用燃气轮机叶片及其他高温铸件，也可用于制造人造骨骼及牙科零件或其他耐生物腐蚀的铸件
K640	高温强度比 K421 高，抗氧化、耐硫化腐蚀性能好	适用于制造 1000℃ 以下使用的燃气轮机静叶片及其他耐蚀铸件。相应牌号在国外应用很广

9.2　合金的熔炼

将合金的各组成元素的原材料通过合适的熔炼工艺制成母合金锭并以铸态供应。母合金锭一般为圆柱形，尺寸视需要而定。

9.2.1　准备工作（见表9-22）

9.2.2　熔炼工艺

1. 工艺参数

铸造高温合金的熔炼过程可分为熔化期、精炼期、合金化期和浇注期四个阶段，每一阶段的工艺参数必须严格控制。表 9-23 列出了典型铸造高温合金的重要熔炼参数。图 9-31 ~ 图 9-35 所示为典型铸造高温合金的熔炼工艺曲线。

表 9-22　熔炼母合金的准备工作

项 目	内 容
原材料	1）根据有关标准选用所需的金属原材料（参见本卷第 10 章） 2）各类原材料的化学成分、尺寸和表面状态可按 HB/Z 131—2004《铸造高温合金选用原材料技术要求》 3）按配料单准确地秤料，并在装炉前由专人校核
熔炉	1）根据合金的批量及技术要求选用容量合适的真空感应熔炼炉（参见本卷第 11 章） 2）熔炉的真空度和漏气率应在熔炼前检测，并应符合技术要求 3）熔炉的各种辅助设备，如测温装置、加料系统、搅拌机构等均应处于正常状态

（续）

项　目	内　容
坩埚	1）按专用工艺采用优质电熔镁砂打结，镁砂成分（质量分数）为：$MgO \geqslant 96\%$，$SiO_2 \leqslant 1.5\%$，$Fe_2O_3 \leqslant$ 1.5%，$Al_2O_3 \leqslant 0.2\%$，$CaO \leqslant 1.8\%$，呈白色或米黄色 2）打结的坩埚应自然干燥 24h 以上，然后按专用工艺送电熔烧。烧成的坩埚内表面应光滑平整 3）坩埚使用前采用成分相近的合金或回炉料进行洗炉。洗炉温度应高于合金精炼温度，一般为 1580 ~ 1600℃，可在低真空下进行
锭模	1）将组合式铸铁模或整体式无缝钢管模装配严实，防止泄漏 2）仔细清理锭模内表面，使之平整、清洁、无油污、灰砂等
过滤器	在浇口杯上设置规格合适的挡板式陶瓷过滤器，以去除合金液中的浮渣及氧化夹杂物

表 9-23　典型铸造高温合金的熔炼参数

合金牌号	化清后真空度 /Pa　≤	精炼温度 /℃	精炼时间 /min	合金化温度 /℃	浇注温度 /℃
K403	0.65	1560 ~ 1590	10 ~ 12	≈1500	1390 ~ 1410
K406	1.95	1560 ~ 1590	≈20	≈1480	1390 ~ 1410
K417	0.65	1500 ~ 1530	≈15	≈1450	1390 ~ 1410
K418	0.65	1540 ~ 1600	≈15	≈1450	1380 ~ 1400
K214	1.95	1550 ~ 1600	12 ~ 15	≈1520	1440 ~ 1460

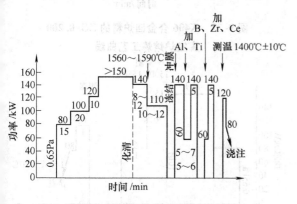

图 9-31　K403 合金的 ZG-0.200
真空炉熔炼工艺曲线

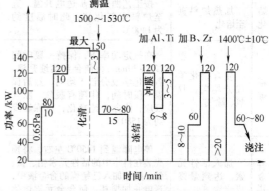

图 9-33　K417 合金的 ZG-0.200
真空炉熔炼工艺曲线

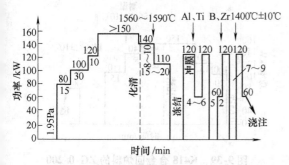

图 9-32　K406 合金的 ZG-0.200
真空炉熔炼工艺曲线

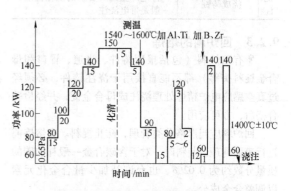

图 9-34　K418 合金的 ZG-0.200
真空炉熔炼工艺曲线

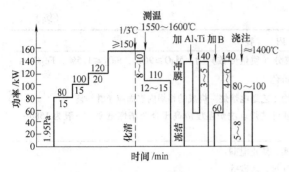

图 9-35　K214 合金的 ZG-0.200
真空炉熔炼工艺曲线

2. 操作要点（见表 9-24）

表 9-24　母合金熔炼操作要点

工序	要求	操作内容
装料	尽量紧密，便于熔化，避免"架桥"	按顺序加料，一般装料顺序为镍→钴→铁→铬→钼→钨→铌→钽→碳；活性元素铝、钛、铪、硼、锆等另装在料斗内，后期加入
熔化	加热炉料直至熔化	按工艺曲线逐步送电升温，直至炉料全部化清，此时温度约为1400℃
精炼	使合金化学成分均匀，脱氧、除气	在一定功率下，保持一段时间（20~30min），使合金继续升温，各种化学成分趋于均匀，然后保温一段时间，伴随有脱氧、除气反应，使合金纯净化，精炼温度约为1580℃
合金化	加入活性元素，达到最终成分	停电降温到1450℃左右，将预先装在料斗中的活性元素铝、钛、铪、硼等加入已精炼的合金液中，送电并加搅拌，使合金元素熔化和均匀化
浇注	浇成铸锭	停电降温到所要求的浇注温度，一般是带电浇注

9.2.3　回炉料的熔炼

所有回炉料（包括报废铸件、浇道、冒口和母合金锭料头等）都不能直接用于浇注铸件，必须经过真空感应电炉精炼处理浇注成母合金锭，并经检验合格后，方可应用。

回炉料应当严格分类管理，防止混料。在熔炼前进行表面清理。装料时，对于含碳合金一般补加碳的质量分数约为 0.02%，也允许补加少量合金化元素以调整合金成分。

回炉料的熔炼按预定的工艺进行。图 9-36～图 9-40所示为典型铸造高温合金的回炉料熔炼工艺

曲线。

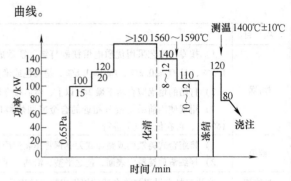

图 9-36　K403 合金回炉料的 ZG-0.200
真空炉熔炼工艺曲线

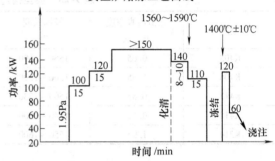

图 9-37　K406 合金回炉料的 ZG-0.200
真空炉熔炼工艺曲线

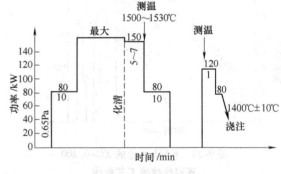

图 9-38　K417 合金回炉料的 ZG-0.200
真空炉熔炼工艺曲线

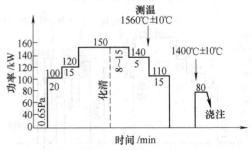

图 9-39　K418 合金回炉料的 ZG-0.200
真空炉熔炼工艺曲线

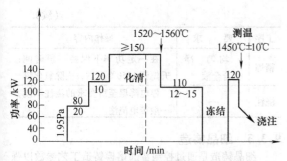

图 9-40　K214 合金回炉料的 ZG-0.200 真空炉熔炼工艺曲线

9.3　熔模精密铸造

将母合金锭在真空感应电炉内按专用工艺重熔后浇注成铸件，在一般凝固条件下可获得多晶组织铸件。

9.3.1　准备工作

母合金重熔的准备工作见表 9-25。等静压预制坩埚的规格见表 9-26。

9.3.2　普通等轴晶铸造

（1）工艺参数　母合金重熔过程分熔化、精炼和浇注三个阶段。每一阶段的工艺参数必须严格控制。表 9-27 列出了典型铸造高温合金的重熔工艺参数。图 9-41 ~ 图 9-45 所示为典型铸造高温合金的重熔工艺曲线。

表 9-25　母合金重熔的准备工作

项目	内　容
炉料	1）母合金锭的成分、尺寸及表面状态应符合专用技术标准，如航空工业部标准 HB/Z 42—1993《K403 合金重熔工艺说明书》等 2）所用的回炉料（浇、冒口和废零件等）应预先经过处理才可加入 3）可加入少量的碳和合金元素，以调整化学成分
坩埚	1）采用等静压预制成形坩埚，可按表 9-26 所列规格选用 2）也可采用干法捣制的电熔镁砂坩埚，镁砂化学成分（质量分数）为 MgO ≥ 96%、SiO₂ ≤ 1.5%、Fe₂O₃ ≤ 1.5%、CaO ≤ 1.8%、Al₂O₃ ≤ 0.2%，呈白色或米黄色 3）坩埚使用前一般应采用同种合金或回炉料洗炉，洗炉温度应高于重熔精炼温度
熔炉	1）根据铸件模组大小选用合适容量的真空感应电炉，参见本卷第 11 章 2）熔炉的真空系统、供电系统和测温装置等应处于正常状态
铸型	1）采用熔模法制备刚玉或铝钒土型壳，填砂浇注或单壳浇注，一般为蜡制熔模或快速成形熔模 2）在铸型的浇口杯或内浇道设置陶瓷过滤器，净化合金液 3）铸型使用前经适当温度焙烧

表 9-26　等静压预制坩埚的规格

坩埚型号	平均参考尺寸/mm				名义容量 /kg
	外径	内径	外高	内高	
M-02 MA-02	80	60	145	135	2
M-04 MA-04	119	95	135	115	4.5
M-08 MA-08	130	106	200	200	8.5
M-09 MA-09	130	106	225	200	9.5
M-12 MA-12	140	116	245	220	13
M-14 MA-14	160	130	225	210	15
M-22 MA-22	170	140	280	265	23
M-150 MA-150	335	285	520	475	170

注：M 为镁质坩埚，MA 为镁铝质坩埚。

表 9-27　典型铸造高温合金的重熔工艺参数

合金牌号	真空度 /Pa	精炼温度 /℃	精炼时间 /min	浇注温度[①] /℃
K403	0.65	1580	3	1440 ~ 1460
K406	1.95	1560 ~ 1590	3	1410 ~ 1430
K417	1.33	1550	1 ~ 2	1390 ~ 1410
K418	1.33	1520 ~ 1540	3	1430 ~ 1450
K214	1.33	1560	3	1480 ~ 1500

① 可根据合金化学成分及铸件尺寸稍作改变。

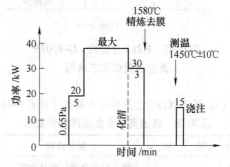

图 9-41　K403 合金的 ZG-0.025 真空炉重熔工艺曲线

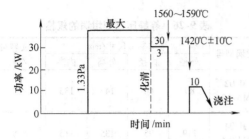

图 9-42 K406 合金的 ZG-0.025
真空炉重熔工艺曲线

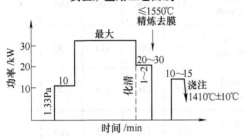

图 9-43 K417 合金的 ZG-0.025
真空炉重熔工艺曲线

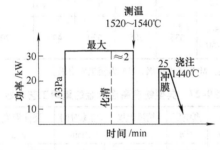

图 9-44 K418 合金的 ZG-0.025
真空炉重熔工艺曲线

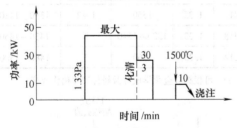

图 9-45 K214 合金的 ZG-0.025
真空炉重熔工艺曲线

（2）铸造高温合金重熔操作要点（见表 9-28）

表 9-28 铸造高温合金重熔操作要点

工序	要　　求	操作内容
装料	—	装入母合金锭块和补加料
熔化	加热熔化炉料	按工艺曲线逐步送电升温，直至炉料化清

（续）

工序	要　　求	操作内容
精炼	均匀、净化合金液	在一定功率下保持一段时间，升温到 1550℃ 左右，去除氧化膜
浇注	—	停电降温至所要求的浇注温度，一般带电浇注

9.3.3 细晶铸造

细晶铸造是通过控制普通熔模铸造工艺参数以强化合金的形核机制，使铸件在凝固过程中形成大量结晶核心，并阻止晶粒长大，而获得晶粒均匀细化的铸件。细晶铸造广泛用于制造中、低温条件下工作的燃气涡轮低压叶片、整体涡轮或转子以及机匣、扩压器等薄壁铸件。图 9-46 所示为细晶铸造和普通铸造盘件的晶粒组织。细晶铸造工艺的突出优点是可显著提高镍基高温合金铸件在中、低温的低周疲劳寿命，并显著减小力学性能的数据分散性，从而提高铸件的设计容限。

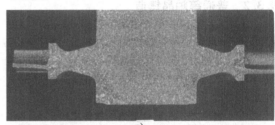

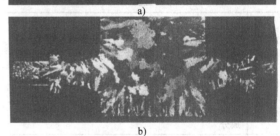

图 9-46 细晶铸造和普通铸造盘件的晶粒组织
a) 细晶铸造盘件　b) 普通铸造盘件

表 9-29 列出了细晶铸造与普通铸造 IN713C 合金的性能比较。

细晶铸造的工艺方法主要有热控法、动力学法和化学法三种。

（1）热控法 在普通的熔模铸造条件下通过控制铸型温度、降低合金精炼温度和缩短精炼时间，使分散在合金液中作为形核基底的碳化物保留下来，并较大幅度地降低浇注温度，加快冷却速度，以达到限制晶粒长大和细化晶粒的目的。采用此方法可获得晶粒平均直径约为 0.5mm 的铸件。

表 9-29　细晶铸造与普通铸造 IN713C 合金的
性能的比较

铸造方法	室温力学性能			260℃低周疲劳寿命[1]
	R_m /MPa	A （%）	Z （%）	N_f /周
细晶铸造（热控法）	917	6.9	9.4	35000
普通铸造	848	6.1	10.5	20000

[1]　细晶铸造低周疲劳寿命的标准偏差为 0.1，而普通
铸造的为 0.45。

（2）动力学法　在浇注和凝固过程中，施加外
力迫使合金液振动或搅动，使已凝固的枝晶破碎并遍
布在合金液中，形成更多的有效晶核，限制晶粒长
大。具体方法有超声波振动法、机械振动法、旋转铸
型法和电磁搅拌法等。其中，机械振动法是最适用于
熔模铸造的晶粒细化方法，晶粒平均直径可达
0.18 ~ 0.36mm。

（3）化学法　向合金液加入有效的固溶形核剂
质点，形成大量非均质晶核而使晶粒细化。加入的形
核剂必须具有熔点高、晶格结构不对称、在低的过冷
度下形核能力强等特点。通常可获得晶粒直径为
0.5 ~ 1.5mm 的铸件。

在上述方法中，热控法是最简单且易在普通熔模
铸造工艺基础上实施的方法，但因合金精炼温度和浇
注温度低，使合金纯净度和铸件致密性较差。动力学
法中的机械振动法和旋转铸型法可获得高质量的细晶
铸件，但设备较复杂。化学法中因加入外来形核质
点，易在合金中形成氧化夹杂物而成为疲劳起源，故
不宜用于铸造重要受力件。机械搅动法与热控法的有
机结合是细晶铸造工艺的发展方向。细晶铸造工艺一
般都辅以热等静压处理，以获得组织致密且性能水平
高的铸件。

9.3.4　定向凝固

定向凝固就是使合金在凝固过程中晶粒沿着最有
利的方向生长的工艺。原理是利用合金凝固时晶粒朝
着热流相反的方向生长的规律，控制热流方向，就可
使晶粒沿一定方向生长。定向凝固设备具有一个单向
散热的冷源和一个能保证液-固界面前沿的液相中不
产生新的结晶核心的热源，形成一个有效的温度梯
度，使合金随着热流的导出，晶粒不断地向液体中生
长。用这种方法制成的铸件，其晶粒形状为一束平行
排列的柱状晶组织，基本上消除了横向晶界。若柱状
晶的晶界与零件的主应力方向平行，就可防止由于晶
界薄弱而造成的零件过早开裂，因而延长了使用寿

命。定向凝固的高温合金叶片在燃气轮机中获得广泛
应用。图 9-47 所示为定向凝固铸造高温合金件的
晶粒。

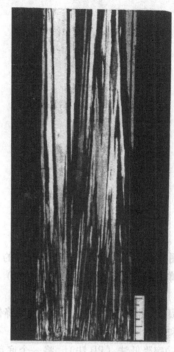

图 9-47　定向凝固铸造高温合金件
的晶粒（经腐蚀显露）

采用定向凝固工艺可以大大提高铸造高温合金的
纵向性能。表 9-30 列出了 K403 合金采用普通铸造工
艺和定向凝固工艺的持久性能比较。

表 9-30　K403 合金采用普通铸造工艺和定向
凝固工艺的持久性能比较

铸造方法	温度 /℃	持久强度 $R_{u\,t/T}$/MPa		
		100h	500h	1000h
普通熔模精密铸造	700	791	713	703
	800	564	468	428
	900	320	232	201
	1000	148	93	76
定向凝固熔模精密铸造	700	922	883	863
	800	628	569	536
	900	343	293	271
	1000	176	144	132

注：t—时间（h），T—温度（℃）。

应用上述的定向凝固原理也可以制出铸造高温合
金单晶铸件，即在铸件凝固过程中只有一个晶粒通过
晶粒选择器向上生长。由于单晶零件没有晶界，因而
强度更高。图 9-48 所示为带有螺旋式晶粒选择器的
单晶叶片铸件。

图 9-48　带有螺旋式晶粒选择器的
单晶叶片铸件（经腐蚀显露晶粒）

定向凝固工艺方法主要有三种：功率降低法、快速凝固法和液态金属冷却法。

（1）功率降低法（PD法）　将一个底部开口的型壳放在水冷铜结晶底盘上，装在配有石墨感应加热器的感应圈内，感应圈分上下两个区域。加热型壳时，感应圈全区通电，使型壳加热到预定温度（1520℃左右），然后浇入过热的合金液（约1520℃）。此时，感应圈的下区停电，使型壳内建立起轴向温度梯度（7~20℃/cm）。通过调节输入感应圈上区的功率使合金液定向凝固。合金液的热量主要靠水冷底盘以热传导的方式散失。

（2）快速凝固法（HRS法）　将一个底部开口的壳型壳置于水冷铜结晶底盘上，并送入石墨感应加热器内。待加热到预定温度（1520℃左右）后，浇入过热的合金液（约1520℃），然后以预定速度（4~10mm/min）从加热器移出浇满合金液的型壳，在移动过程中实现定向凝固。合金液的热量，除底盘的热传导散失外，还靠热辐射传热散失，所以凝固速度较快。

（3）液态金属冷却法（LMC法）　与快速凝固法一样，浇满过热合金液的型壳以预定速度向下移动，逐渐进入保持一定温度的低熔点合金（如锡）液中。此法传热快而稳定，凝固速度也快，但设备较复杂，还可能带来低熔点金属对铸件的污染。

在上述三种方法中，目前最常用的是快速凝固法。图9-49所示为一种快速凝固法定向凝固炉。

图9-50所示为一种典型的定向凝固工艺曲线，图中上部曲线为型壳的加热曲线，下部曲线为合金料的熔化和浇注、凝固曲线。

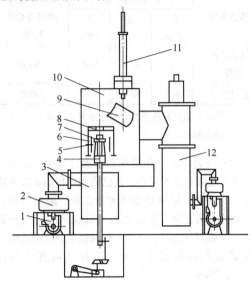

图 9-49　ISP2/Ⅲ-DS型定向凝固炉
1—机械泵　2—罗茨泵　3—铸型室　4—结晶器
5—热电偶　6—石墨加热器　7—铸型　8—浇盘
9—坩埚　10—熔炼室　11—加料杆　12—扩散泵

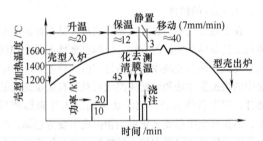

图 9-50　合金的定向凝固工艺曲线
（在ISP2/Ⅲ-DS定向凝固炉内进行）

9.4　热处理

合金经过热处理可使其中各种相的形态、尺寸和分布呈更为有利的状态，从而提高其力学性能。

铸造高温合金最重要的热处理是固溶和时效，有时还要进行消除内应力的退火处理。固溶处理的目的是消除或减轻铸件凝固时的枝晶偏析，并使粗大的初生相全部或部分地溶入基体，然后在冷却过程中析出细小而均匀分布的次生相。时效处理的目的是使合金进一步析出细小弥散质点，使基体更趋稳定。

9.4.1　热处理设备

铸造高温合金热处理用的设备主要是电热炉。例如，固溶处理用碳硅棒式箱式炉（KO-9、KO-11等），时效处理用电阻丝式箱式炉（H30、H45 等）。对于表面不再加工的铸件和易发生表面元素贫化的合金，则要采用真空热处理炉（如 WZG-30 等）或氩气保护炉。

9.4.2　热处理工艺

1. 工艺参数

各种合金的热处理工艺参数由试验确定，既要

有利于合金性能的提高，又要适合于现有的生产条件。表 9-31 列出了各种铸造高温合金的标准热处理制度。

2. 操作要点

1) 装炉前要校正炉膛温度，区域温差范围应符合标准要求。控温和记录机构均应处于正常状态。

表 9-31　各种铸造高温合金的标准热处理制度

合金牌号	热处理制度	备　　注
K403	1210℃，4h，空冷	也可铸态用
K406	980℃，5h，空冷	—
K406C	980℃，5h，空冷	—
K417	—	铸态用
K417G	—	铸态用
K418	1180℃，2h，空冷 +930℃，16h，空冷	—
K418B	1180℃，2h，空冷	也可铸态用
K438	1120℃，2h，空冷 +850℃，24h，空冷	也可铸态用
K438G	1120℃，2h，空冷 +850℃，24h，空冷	
K480	1210℃，2h，空冷 +1090℃，4h，空冷 +1050℃，4h，缓冷 +840℃，16h，空冷	
K465	1210℃，4h，空冷或真空控温冷却	也可铸态用
DZ4125	1180℃，2h，+1230℃，3h，空冷 +1100℃，4h，空冷 +870℃，20h，空冷	
DZ404	1220℃，4h，空冷 +870℃，32h，空冷	
DZ422	1205℃，2h，空冷 +870℃，32h，空冷	
DZ417G	1220℃，4h，空冷 +980℃，16h，空冷	
DZ438G	1190℃，2h，空冷 +1090℃，2h，空冷 +850℃，2h，空冷	
JG4006	真空下 1260℃，10h，氩冷	
JG4010	1180℃，2h，+1265℃，2h，空冷 +1050℃，4h，空冷	
DD403	1250℃，4h，空冷 +870℃，32h，空冷	—
DD402	1315℃，3h，空冷 +1080℃，6h，空冷 +870℃，20h，空冷	
DD406	1290℃，1h +1300℃，2h +1315℃，4h，空冷 +1120℃，4h，空冷 +870℃，32h，空冷	
K4169	1095℃，1~2h，空冷或更快 +955℃，1h，空冷 +720℃，8h，炉冷（56℃/h）至 620℃，保温 18h，空冷	
K491	1080℃，4h，空冷 +900℃，10h，空冷	
K211	900℃，5h，空冷	
K213	1100℃，4h，空冷	
K214	1100℃，5h，空冷	
K621	—	铸态用
K640	—	铸态用

2) 装炉要用专用托盘或支架，铸件之间有一定间隙。注意铸件与加热元件之间不能靠得太近。形状复杂的铸件要采取防止变形的措施。

3) 一般是随炉升温。升温速度应按专用说明书控制。保温过程要注意温度波动。真空炉要注意真空度的变化。

4) 铸件一般在空气中冷却。要注意出炉后将铸件散开。真空炉处理铸件一般是通氩气冷却，要保证

足够的氩气压力和纯度。

9.5　热等静压处理

热等静压（hot isostatic pressing，HIP）是 20 世纪 50 年代发展起来的一门工艺技术，在机械、冶金、航空、航天、汽车、铁道、电子、能源等领域获得广泛应用。目前，全世界大约有上千台热等静压设备在使用之中，热等静压设备的工作温度最高已达

2000℃以上，工作压力最高已达300MPa以上。热等静压的工艺和应用也已从最早的粉末冶金压实成形扩展到铸件的致密化处理、复杂构件的近无余量制坯以及金属、陶瓷、复合材料等各种先进材料的合成制备。

热等静压处理的原理是将工件放置到热等静压机的密闭的容器中，升温到某一合适的温度（通常材料熔点的2/3左右），向工件施加各向同等压力，在高温高压的作用下，使工件得以致密化。因此，利用热等静压处理可以减少或消除铸件的内部疏松、孔洞等缺陷，也可将使用中产生内部缺陷的旧铸件进行热等静压修复处理。热等静压在铸件致密化处理方面的应用研究开发较早，是热等静压应用较成熟的领域。1976年，Howmet公司首先开始把热等静压技术用于宇航工业，因为热等静压处理的铸件能满足关键、高应力场合的应用。如今，热等静压的应用领域已经迅速扩大到航空、能源等领域，航空航天动力装置和地面燃气轮机中的许多部件，如涡轮叶片、整体结构件等都是铸造工艺生产制备的，为确保这些铸件的质量，热等静压已是业界广泛采用的消除疏松等铸造缺陷的工艺技术手段，以保证铸件的高质量和高可靠性。

铸件经热等静压处理（必要时配合适当的热处理）后可显著改善其力学性能，主要体现在以下方面：

1）拉伸性能的分散性减小。未经热等静压处理的铸件，由于内部缺陷形态与分布没有规律性，因而铸件断裂源性质不同，裂纹扩展也不一样，由此导致拉伸性能值的分散度很大。即使是同一批次，强度也可能有很大差别。经热等静压处理后的铸件，那些影响力学性能的内部缺陷均已消除或减少（减小），故性能在有所提高的同时减小了数据的分散性，断后伸长率和断面收缩率也得到了改善。

2）疲劳寿命提高。对铸件的疲劳性能研究表明，热等静压处理后铸件的抗拉强度和屈服强度变化不大，但其疲劳寿命有显著的提高，这对于疲劳寿命要求很高的航空材料来说，是很有意义的。

3）持久性能的改善。热等静压处理后高温合金的持久寿命提高，数据稳定性增加，可有效降低由内部缺陷引起的材料断裂事故，故提高铸件的可靠性。

9.5.1　工艺参数

铸件热等静压处理的工艺参数主要有温度、压力和时间。工艺参数的选择主要依据材料特性以及铸件尺寸、形状等，同时还要考虑设备能力的限制和生产率。由于热等静压处理是蠕变、扩散的复合过程，因

此热等静压处理铸件的温度选择常常以该材料的高温蠕变温度为参考（通常为材料熔点的2/3左右）。温度过低，铸件本身仍保持其刚度，不易产生物质迁移去填充各种内在缺陷；而温度过高会使铸件熔化而损坏。铸件的热等静压处理温度控制是很严格的，它是决定制品质量的关键，通常要求热等静压处理的温度波动范围应小于20℃。

热等静压处理时的压力范围较宽，一般为100～300MPa，不必像控制温度那样准确，当然压力越高越有利于致密化。

热等静压采用的气体压力介质主要有氩气、氮气。最常用的氩气纯度≥99.999%，碳氢化合物<2.0mg/m³（标准状态），氧<15mL/m³（标准状态），水分<10mg/m³（标准状态）。氩气中的碳氢化合物在炉内分解成碳会降低绝缘材料性能，氧和水分会氧化炉内部。循环使用的气体压力介质应定期检查，并安装净化系统，确保气体压力介质的纯净度。

在达到要求的温度与压力后，可依据试验选择一个最佳保温、保压时间，在保证铸件内部质量满足使用要求的前提下尽量缩短时间，以提高生产率。

热等静压处理后，必要时还要进行相应的热处理，以获得符合需要的显微组织结构和良好的力学性能。图9-51所示为K418合金热等静压处理前、后的疲劳性能，图9-52所示为K465合金热等静压处理后的持久性能，图9-53所示为K465合金热等静压处理后的室温断后伸长率。

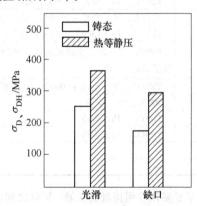

图9-51　K418合金热等静压处理前、后的疲劳性能

σ_D—疲劳极限　　σ_{DH}—缺口疲劳极限

对于特定的铸件，其具体的热等静压工艺参数及随后的热处理（必要时）按专用的技术文件执行。典型铸造高温合金热等静压工艺参数见表9-32。

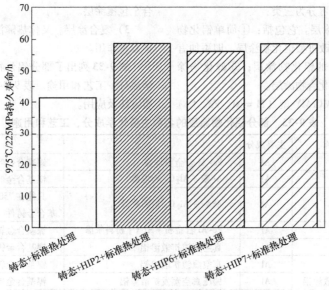

图 9-52　K465 合金热等静压处理后的持久性能

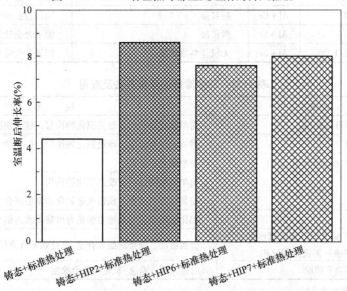

图 9-53　K465 合金热等静压处理后的室温断后伸长率

表 9-32　典型铸造高温合金热等静压工艺参数

序号	合金牌号	热等静压工艺参数		
		温度/℃	压力/MPa	时间/h
1	K418	1170 ~ 1210	100 ~ 120	3 ~ 5
2	K465	1190 ~ 1210	160 ~ 200	2 ~ 4

9.5.2　检验

1）铸件不应出现变形，铸件尺寸外形应符合铸件验收技术条件的相关要求。当表面出现的压陷区深度和面积超过技术条件规定的范围时，如果铸件允许焊补，可以进行焊补挽救，并完成后续相关处理及检验。

2）铸件经热等静压处理后应进行 X 射线等检验，并符合铸件验收技术条件的相关要求。

3）必要时，对经热等静压处理的铸件，应取样进行组织检查，不应出现过热、过烧或其他不正常的显微组织。

9.6　表面防护处理

高温合金铸件在高温大气中工作。由于氧化和腐蚀作用，合金性能会急剧下降。为了防止氧化和腐蚀，以延长铸件的工作寿命，一般都要对高温合金铸件进行表面防护处理。防护处理的方法主要是在铸件表面上施加涂层或渗层。

高温合金涂层材料可分为三类：

1）金属间化合物涂层。它包括：①简单铝化物涂层，即渗铝涂层；②改进型铝化物涂层，即添加有Cr、Si、Pt等其他元素的铝化物涂层；③硅化物涂层，即金属与硅组成的化合物涂层。

2）合金涂层。即MCrAlY型（M=Ni、Fe、Co）合金包覆涂层。

3）复合涂层。又称热障涂层，它具有隔热和防护双重作用。

表9-33列出了部分铝化物涂层的名称、主要化学成分、工艺和用途。表9-34列出了防护涂层的涂覆方法及应用。

表9-33　部分铝化物涂层的名称主要化学成分、工艺和用途

类别	名　称	主要成分	工艺	用途
简单铝化物涂层	AG-1	Al	Fe-Al合金粉埋渗	镍基合金叶片
	AG-2	Al	Al粉 + Al_2O_3粉埋渗	镍基合金叶片
	Al-4	Al	Al粉 + Al_2O_3粉料浆渗	只能在750℃以下渗铝的铁基和镍基合金铸件
	Al-8	Al	Fe-Al合金粉 + Al_2O_3粉料浆渗	镍基合金转子叶片
	AZ-1	Al	真空蒸镀扩散渗铝	镍基合金铸件
	AZ-2	Al	真空蒸镀扩散渗铝	镍基合金转子叶片
	离子镀铝扩散渗铝	Al	偏压真空蒸发扩散渗铝	镍基合金导向叶片
	气相渗铝	Al	气相渗铝	镍基合金叶片
改进型铝化物涂层	ACL	Al + Cr	料浆渗	镍基合金铸件
	ASL-4	Al + Si	料浆渗	镍基合金叶片
	ASWL-1	Al + Si	无机盐料浆熔渗	镍基合金叶片

表9-34　防护涂层的涂覆方法及应用

类　别	涂覆方法[①]	应　用
热渗法	填料埋渗（固渗）	简单铝化物涂层，改进铝化物涂层，硅化物涂层
	料浆渗	简单铝化物涂层，改进铝化物涂层，硅化物涂层
	气相渗（化学气相沉积）	简单铝化物涂层
	熔渗	简单铝化物涂层，改进铝化物涂层
电化学法	电镀	与其他方法结合可获得改进铝化物涂层或合金涂层
	电泳	铝化物涂层，与其他方法结合可获得改进铝化物涂层或合金涂层
物理法	真空蒸发沉积和偏压真空蒸发沉积（离子镀）阴极溅射沉积	金属镀层、合金涂层、合金-氧化物复合涂层、铝化物涂层
热喷涂方法	低压等离子喷涂	合金涂层、合金-氧化物复合涂层

① 详细内容见参考文献［5］。

9.7　质量控制和检验方法

9.7.1　质量检验方法

1. 浮渣检验

1）目的。检查母合金的纯净度。

2）方法。按HB 5406—2016《铸造高温合金锭浮渣试验方法》进行。

2. 化学分析

1）目的。分析合金中各主量元素和杂质元素的含量。

2）方法。按HB 5220—2008《高温合金化学分析方法》、HB 20241—2016《高温合金化学成分光谱分析方法》、GJB 8781—2015《高温合金痕量元素分析方法》进行。

3. 力学性能测试

1）目的。测试合金的各种力学性能。

2）方法。按标准方法进行（见表9-35）。

4. 金相试验

1）目的。检查合金的显微组织和低倍组织。

2）方法。按普通方法制备金相试样，并选用合适的试剂（见表9-36）显露合金组织，然后进行高倍或低倍观察。

9.7.2　常见的铸造缺陷及防止方法

铸造高温合金常用熔模精密铸造法制造铸件，铸件中常见的铸造缺陷、产生的原因及防止的方法见表9-37。

表 9-35 力学性能测试方法

测试项目	测 试 方 法
瞬时拉伸	GB/T 228.2—2015《金属材料 拉伸试验 第2部分：高温试验方法》 HB 5195—1996《金属高温拉伸试验方法》 GB/T 228.1—2010《金属材料 拉伸试验 第1部分：室温试验方法》 HB 5143—1996《金属室温拉伸试验方法》
持久·蠕变	GB/T 2039—2012《金属材料 单轴拉伸蠕变试验方法》 HB 5150—1996《金属高温拉伸持久试验方法》 HB 5151—1996《金属高温拉伸蠕变试验方法》
高周疲劳	GB/T 4337—2015《金属材料 疲劳试验 旋转弯曲方法》 HB 5153—1996《金属高温旋转弯曲疲劳试验方法》
冲击	GB/T 229—2007《金属材料 夏比摆锤冲击试验方法》 HB 5144—1996《金属室温冲击试验方法》
硬度	GB/T 231.1—2018《金属材料 布氏硬度试验 第1部分：试验方法》 GB/T 230.1—2018《金属材料 洛氏硬度试验 第1部分：试验方法》 HB 5168—1996《金属布氏硬度试验方法》 HB 5172—1996《金属洛氏硬度试验方法》

表 9-36 铸造高温合金常用金相试剂

名 称	配比（质量比）	方 法	显示的组织
磷酸-硝酸-硫酸溶液	3:10:12	电解或化学浸蚀	一般组织
硝酸-氢氟酸溶液	15:1	化学浸蚀	一般组织
硝酸-氢氟酸-甘油溶液	1:3:5	电解或化学浸蚀	一般组织
硫酸铜-盐酸-硫酸水溶液	4:20:1:20	化学浸蚀	一般组织
氢氧化钾（钠）水溶液	40%	电解	碳化物，σ相
铁氰化钾-氢氧化钾水溶液	1:2:10	化学（热）浸蚀	碳化物，σ、μ相
氢氧化钠-苦味酸水溶液	2:20:100	化学（热）浸蚀	硼化物
乳酸-盐酸-硝酸溶液	3:2:1	化学浸蚀	一般组织
盐酸-过氧化氢溶液	1:1	化学浸蚀	低倍晶粒
盐酸-氯化铁水溶液	20:15:30	化学浸蚀	低倍晶粒

表 9-37 常见的铸造缺陷、产生原因及防止方法

序号	名 称	产 生 原 因	防 止 方 法
1	疏松	1）合金液含气量大，凝固时析出气体，妨碍补缩 2）铸件冷却过慢，枝晶粗大，妨碍补缩 3）铸件冷却过快，来不及补缩	1）加强脱气和除气，炉子真空度要足够 2）严格控制浇注温度 3）适当提高型壳温度
2	缩松	1）合金本身结晶温度范围较宽，倾向于糊状凝固方式 2）浇注系统和铸件结构不利于顺序凝固 3）浇注温度不合适 4）型壳材料导热性差，铸件冷却缓慢	1）适当调整合金化学成分，缩小结晶温度范围 2）改善铸件结构和浇注系统以利顺序凝固 3）严格控制浇注温度 4）改善浇注方法，提高铸件冷却速度
3	夹渣	1）造渣不良，除渣不干净 2）炉料太脏 3）炉子真空度过低	1）铸锭表面要清理干净，最好"扒皮"处理后使用 2）采用陶瓷过滤器挡渣
4	氧化夹杂	1）炉料不干净，熔炼、浇注操作不当，合金液氧化物过多 2）合金液与坩埚壁或型壳材料发生反应	1）选用干净炉料，最好经喷砂或滚筒清理后使用 2）仔细清理坩埚 3）选用化学稳定性好的坩埚材料和型壳材料
5	化学粘砂	1）合金液中氧化物较多 2）合金液与型壳材料发生严重反应 3）型壳材料选用不当或涂料配比不合适 4）浇注温度过高	1）严格执行熔铸工艺，减少氧化物 2）选用合适的型壳材料，杂质含量要低 3）适当降低浇注温度和型壳预热温度

（续）

序号	名　称	产生原因	防止方法
6	氧化物斑疤	真空炉重熔前，母合金锭块未经打磨或清理	母合金使用前要经"扒皮"处理，去掉表面氧化层
7	气孔	1）炉料不干净 2）熔炼工艺不合适，脱氧、除气不够充分 3）浇注温度过高	1）炉料要经过清理，表面要干净 2）控制合金液的过热度和时间，充分脱氧和除气 3）严格控制浇注温度
8	热裂	1）合金的凝固区间大或合金液中夹杂多 2）铸件壁厚相差大，浇注系统不合理 3）型壳或型芯的退让性差 4）铸型温度偏低，而浇注温度偏高	1）合理选用合金，炉料要干净，熔炼工艺要合适 2）改进铸件设计，采用合理的浇注系统，减少铸件收缩阻力 3）选用合适的型壳材料或加入适量添加剂，提高其退让性 4）掌握合适的浇注工艺

9.7.3　常见铸造缺陷的修补

高温合金铸件中存在的超出技术要求的某些铸造缺陷，在铸件技术要求允许或经用户同意的情况下可以进行修补，以使修补后的铸件满足相关技术要求。铸件中存在的超出技术要求的夹杂、气孔等铸造缺陷，一般可采用焊补方法进行修补，铸件内部封闭的疏松等缺陷则可采用热等静压处理。

1. 焊补

（1）焊补原则　高温合金铸件中存在不符合验收技术要求的缺陷（一般如穿透性孔洞、裂纹等缺陷除外），可采用焊补方法进行修补，允许焊补缺陷的位置、大小及数量等应在铸件验收技术要求中具体规定。

（2）焊补方法　高温合金铸件焊补方法可采用熔化焊、激光焊、高能束焊及真空钎焊等方法，具体的焊补方法应在铸件验收技术要求中明确规定。

（3）焊补后的精整　高温合金铸件焊补后，应对焊补部位进行打磨、抛修，以使焊补处的表面质量、外形尺寸、表面粗糙度、表面波纹度等符合铸件验收技术要求。

（4）焊补后的热处理

1）热处理态交付铸件的焊补一般在最终热处理前进行。若在铸件热处理后，则焊补后铸件一般应再进行热处理，具体要求按专用技术文件执行。

2）铸态交付铸件的焊补若采用熔化焊或高能束焊，则应在真空或保护气氛中进行去应力退火热处理。去应力退火热处理制度应在专用技术要求中规定。

（5）焊补后的检验　高温合金铸件焊补后应100%进行目视、荧光渗透和X射线等检验，检验结果应符合铸件验收技术要求。焊补部位不允许有裂纹、未熔合和穿透性缺陷等。

2. 热等静压处理

高温合金铸件存在超出验收条件规定的疏松类缺陷时，允许按9.5节采用热等静压处理改善铸件内部冶金质量，并进行相关检验。

参 考 文 献

[1] 颜鸣皋，等. 中国航空材料手册. 2卷 [M]. 2版. 北京：中国标准出版社，2002.

[2] 西姆斯 C T，等. 高温合金 [M]. 赵杰，等译. 大连：大连理工大学出版社，1991.

[3] 黄乾尧，李汉康，等. 高温合金 [M]. 北京：冶金工业出版社，2000.

[4] 姜不居，等. 熔模铸造手册 [M]. 北京：机械工业出版社，2000.

[5] 李金桂，赵闺彦，等. 腐蚀和腐蚀控制手册 [M]. 北京：国防工业出版社，1988.

[6] 师昌绪，仲增墉，等. 高温合金五十年 [M]. 北京：冶金工业出版社，2006.

[7] 郭建亭. 高温合金材料学 [M]. 北京：科学出版社，2008.

[8] 中国金属学会高温材料分会. 中国高温合金手册（下卷）[M]. 北京：中国质检出版社，2012.

[9] 汤鑫，刘发信，袁文明. 铸型搅动细晶铸造真空炉的研制 [J]. 冶金设备，1998（5）：40-42.

第10章 金属及非金属原材料

大量的生产实践证明,为获得高质量的铸造非铁合金及其优质铸件,不只是取决于非铁合金熔炼、铸造及热处理工艺参数的选择,而且与所使用的金属及非金属原材料的质量有关。由于篇幅限制,本章主要节录了金属及非金属原材料的技术规格,以供选用。

10.1 纯金属

10.1.1 普通轻金属（见表10-1～表10-9）

表 10-1　重熔用铝锭的化学成分（GB/T 1196—2017）

牌号	Al[①] ≥	化学成分（质量分数,%）								
		杂质元素　≤								
		Si	Fe	Cu	Ga	Mg	Zn	Mn	其他单个	总和
Al99.85[②]	99.85	0.08	0.12	0.005	0.03	0.02	0.03	—	0.015	0.15
Al99.80[②]	99.80	0.09	0.14	0.005	0.03	0.02	0.03	—	0.015	0.20
Al99.70[②]	99.70	0.10	0.20	0.01	0.03	0.02	0.03	—	0.03	0.30
Al99.60[②]	99.60	0.16	0.25	0.01	0.03	0.03	0.03	—	0.03	0.40
Al99.50[②]	99.50	0.22	0.30	0.01	0.03	0.03	0.03	—	0.03	0.50
Al99.00[②]	99.00	0.42	0.50	0.02	0.05	0.05	0.05	—	0.05	1.00
Al99.7E[②③]	99.70	0.07	0.20	0.01	—	0.02	0.04	0.005	0.03	0.30
Al99.6E[②④]	99.60	0.10	0.30	0.01	—	0.02	0.04	0.007	0.03	0.40

注: 1. 对于表中未规定的其他杂质元素含量,如需方有特殊要求时,可由供需方另行协商。

　　2. 分析数值的判定采用修约比较,修约规则按 GB/T 8170 的规定进行,修约数位与表中所列极限值数位一致。

① 铝的质量分数为100%与表中所列有数值要求的杂质元素及质量分数大于或等于0.010%的其他杂质元素总和的差值,求和前数值修约至与表中所列极限数位一致,求和后将数值修约至0.0X%再与100%求差。

② Cd、Hg、Pb、As 元素,供方可不进行常规分析,但应监控其含量,要求 $w(Cd + Hg + Pb) \leqslant 0.0095\%$; $w(As) \leqslant 0.009\%$。

③ $w(B) \leqslant 0.04\%$; $w(Cr) \leqslant 0.004\%$; $w(Mn + Ti + Cr + V) \leqslant 0.020\%$。

④ $w(B) \leqslant 0.04\%$; $w(Cr) \leqslant 0.005\%$; $w(Mn + Ti + Cr + V) \leqslant 0.030\%$。

表 10-2　重熔用精铝锭的化学成分（YS/T 665—2018）

牌号	纯度代号	化学成分（质量分数）													Al (%) ≥
		$(10^{-4}\%)$　≤													
		Si	Fe	Cu	Mn	Mg	Cr	Ni	Zn	Ga	V	B	Ti	Zr	其他单个[①]	
Al99.996	4N6	10	5	3	7	2	3	1	5	10	3	2	3	3	10	99.996[②]
Al99.995	4N5	8	10	15	3	15	2	1	3	3	3	2	3	3	10	99.995[②]
Al99.993	4N3	15	10	5	10	5	3	3	10	15	3	3	5	3	10	99.993[②]
Al99.990	4N0	30	30	5	15	10	4	3	20	20	5	4	5	4	10	99.990[②]
Al99.99	4N	30	30	50	15	10	4	3	15	15	5	4	5	4	10	99.99[③]
Al99.98	3N8	70	70	50	20	20	—	5	40	30	10	—	10	5	30	99.98[③]
Al99.97	3N7	80	80	50	30	20	—	5	50	40	10	—	20	5	30	99.97[③]
Al99.95	3N5	200	200	50	50	50	—	5	50	100	80	—	50	5	100	99.95[③]

（续）

牌号	纯度代号	化学成分（质量分数）(10⁻⁴%) ≤															Al (%) ≥
		Si	Fe	Cu	Mn	Mg	Cr	Ni	Zn	Ga	V	B	Ti	Zr	其他单个①	
Al99.92	3N2	400	400	50	—	—	—	—	120	120	100	—	—	—	100	99.92③
Al99.90	3N	400	600	50	—	—	—	—	150	150	100	—	—	—	100	99.90③

注：微电子等行业用高纯金属为主原料加工的高纯铝铸锭及高纯铝合金铸锭应满足 GB/T 33912 要求。

① 指表中未列出或未规定数值的元素。

② 铝质量分数为 100% 与所有质量分数不小于 0.00005% 的元素含量总和的差值，求和前各元素数值要表示到 0.000×× %，求和后的数值修约到 0.00× % 。

③ 铝质量分数为 100% 与所有质量分数不小于 0.0001% 的元素含量总和的差值，求和前各元素数值要表示到 0.00××%，求和后的数值修约到 0.00×%。

表 10-3　高纯铝锭的化学成分（YS/T 275—2018）

牌号	纯度代号	化学成分（质量分数）(10⁻⁴%) ≤															Al (%) ≥
		Si	Fe	Cu	Zn	Ti	Ga	Pb	Cd	Ag	In	Th	U	V	B	其他①单个	
Al99.9999	6N	0.2	0.2	0.1	0.1	0.1	0.1	0.2	0.1	0.1	0.2	0.0005	0.0005	0.1	0.1	0.1	99.9999②
Al99.9995	5N5	1.0	1.0	0.5	0.9	0.5	0.5	0.5	0.2	0.2	0.2	0.005	0.005	1.0	0.5	0.2	99.9995②
Al99.999	5N	2.5	2.5	1.0	0.9	1.0	0.5	0.5	0.2	0.2	—	—		1.0	1.0	0.5	99.999③

注：微电子等行业用高纯金属为主原料加工的高纯铝铸锭及高纯铝合金铸锭应满足 GB/T 33912 要求。

① 指表中未列出或未规定数值的元素。

② 铝质量分数为 100% 与所有质量分数不小于 0.000005% 的元素含量总和的差值，求和前各元素数值要表示到 0.0000××%，求和后的数值修约到 0.0000×%。

③ 铝质量分数为 100% 与所有质量分数不小于 0.00001% 的元素含量总和的差值，求和前各元素数值要表示到 0.000××%，求和后的数值修约到 0.000×%。

表 10-4　结晶铝锭的化学成分（YS/T 489—2005）

牌 号	化学成分（质量分数,%）									
	Ti	杂质元素 ≤						其他②③		Al④
		Fe	Si	Cu	Ga	Mg	Zn①	每种	总和	
XAl99.70A-1	0.01~0.05	0.20	0.10	0.01	0.03	0.02	0.03	0.03	0.30	
XAl99.70A-2	>0.05~0.10	0.20	0.10	0.01	0.03	0.02	0.03	0.03	0.30	
XAl99.70A-3	>0.10~0.15	0.20	0.10	0.01	0.03	0.02	0.03	0.03	0.30	余量
XAl99.70A-4	>0.15~0.20	0.20	0.10	0.01	0.03	0.02	0.03	0.03	0.30	

注：1. 对于表中未规定的其他杂质元素含量，如需方有特殊要求时，可由供需双方另行协议。

　　2. 分析数值的判定采用修约比较法，数值修约规则按 GB/T 8170 的有关规定进行。修约数位与表中所列极限数位一致。

① 若杂质 Zn 的质量分数大于等于 0.010% 时，供方应将其作为常规分析元素，并纳入杂质总和；若杂质 Zn 的质量分数小于 0.010% 时，供方可不做常规分析，但应每季度分析一次，监控其含量。

② 用于食品、卫生、工业用的细晶铝锭，其杂质 Pb、As、Cd 的质量分数均不大于 0.01%。

③ 表中未规定的其他杂质元素，如 Mn、V，供方可不做常规分析，但应定期分析，每年至少两次。

④ 铝的质量分数为 100% 与 Ti 的质量分数及等于或大于 0.010% 的所有杂质元素质量分数总和的差值。

表 10-5　原生镁锭的化学成分（GB/T 3499—2011）

牌号	Mg ≥	化学成分（质量分数[①]，%）										
		杂质元素　≤										其他单个杂质
		Fe	Si	Ni	Cu	Al	Mn	Ti	Pb	Sn	Zn	
Mg9999	99.99	0.002	0.002	0.0003	0.0003	0.002	0.002	0.0005	0.001	0.002	0.003	—
Mg9998	99.98	0.002	0.003	0.0005	0.0005	0.004	0.002	0.001	0.001	0.004	0.004	—
Mg9995A	99.95	0.003	0.006	0.001	0.002	0.008	0.006	—	0.005	0.005	0.005	0.005
Mg9995B	99.95	0.005	0.015	0.001	0.002	0.015	0.015	—	0.005	0.005	0.01	0.01
Mg9990	99.90	0.04	0.03	0.001	0.004	0.02	0.03	—	—	—	—	0.01
Mg9980	99.80	0.05	0.05	0.002	0.02	0.05	0.05	—	—	—	—	0.05

① Cd、Hg、As、Cr^{5+} 元素，供方可不做常规分析，但应监控其含量，要求 $w(Cd + Hg + As + Cr^{5+}) \leqslant 0.03\%$。

表 10-6　工业金属钠的化学成分（GB/T 22379—2017）

化学成分（质量分数,%）		指　　标		
		Ⅰ类	Ⅱ类	
			优等品	一等品
Na	≥	99.80	99.70	99.50
K	≤	0.030	0.040	0.070
Ca	≤	0.030	0.040	0.070
氯化物（以 Cl 计）	≤	0.0030	0.0050	
Fe	≤	0.0010		
重金属（以 Pb 计）	≤	0.0050		

表 10-7　金属钙及其制品的化学成分（GB/T 4864—2008）

牌　　号	Ca ≥	活性钙 ≥	化学成分（质量分数,%）								
			杂质元素　≤								
			Cl	N	Mg	Cu	Ni	Mn	Si	Fe	Al
Ca99.99	99.99	99.0	0.005	0.0015	0.0005	0.0005	0.0005	0.0005	0.0005	0.0005	0.0005
Ca99.90	99.9	98.5	0.07	0.01	0.02	0.005	0.001	0.001	0.001	0.001	0.001
Ca99.50	99.5	98.0	0.20	0.05	0.10	0.03	0.003	0.008	0.008	0.02	0.008
Ca99.00	99.0	97.5	0.35	0.10	0.30	0.08	0.004	0.02	0.01	0.04	0.01

注：钙的质量分数为 100% 减去表列杂质元素的质量分数总和的差值。

表 10-8　锂的化学成分（GB/T 4369—2015）

牌号	Li≥	化学成分（质量分数,%）											
		杂质元素　≤											
		K	Na	Ca	Fe	Si	Al	Ni	Cu	Mg	Cl^-	N	Pb
Li-1	99.99	0.0005	0.001	0.0005	0.0005	0.0005	0.0005	0.0005	0.0005	0.0005	0.001	0.004	0.0005
Li-2	99.95	0.001	0.010	0.010	0.002	0.004	0.005	0.003	0.001	0.005	0.005	0.010	0.0010

（续）

牌号	Li≥	化学成分（质量分数,%）											
		杂质元素　≤											
		K	Na	Ca	Fe	Si	Al	Ni	Cu	Mg	Cl⁻	N	Pb
Li-3	99.90	0.005	0.020	0.020	0.005	0.008	0.005	0.003	0.004	0.010	0.006	0.020	0.0030
Li-4	99.00	—	0.20	0.040	0.010	0.040	0.020	—	0.010	—	—	—	0.0050
Li-5	98.50	—	0.80	0.10	0.010	0.040	—	—	—	—	—	—	0.0050
Li-6	96.50	—	3.00	0.10	0.010	0.040							0.0050

注：1. 锂的质量分数为100%减去表中杂质元素实测含量（质量分数）总和的差值。

　　2. 需方如对锂的化学成分有特殊要求时，由供需双方商定。

表10-9　金属铍珠的化学成分（YS/T 221—2011）

产品牌号		Be-1	Be-2	Be-3	Be-4
杂质元素（质量分数,%）≤	Fe	0.05	0.10	0.12	0.25
	Al	0.02	0.15	0.20	0.25
	Si	0.01	0.06	0.08	0.1
	Cu	0.005	0.015	0.02	—
	Pb	0.002	0.003	0.003	0.005
	Zn	0.007	0.01	0.02	—
	Ni	0.002	0.008	0.015	0.025
	Cr	0.002	0.013	0.015	0.025
	Mn	0.006	0.015	0.015	0.028
	Co	0.0005	0.0005	0.001	—
	B	0.0001	0.0001	0.0001	—
	Cd	0.00004	0.00004	0.00004	—
	Ag	0.0003	0.0003	0.0003	—
	Mg	1.0	1.0	1.1	1.1
	Sm	0.00001	0.00001	0.00001	—
	Eu	0.00001	0.00001	0.00001	—
	Gd	0.00001	0.00001	0.00001	—
	Dy	0.0001	0.0001	0.0001	—
	Li	0.00015	0.00015	0.00015	—

注：金属铍珠的铍质量分数为100%减去表中所列杂质元素实测值（质量分数）总和所得的差值。

10.1.2　普通重金属（见表10-10～表10-20）

表10-10　A级铜（Cu-CATH-1）的化学成分（GB/T 467—2010）

元素组	杂质元素	含量(质量分数,%)≤	元素组总含量(质量分数,%)≤	
1	Se	0.00020	0.00030	0.0003
	Te	0.00020		
	Bi	0.00020		

（续）

元素组	杂质元素	含量(质量分数,%)≤	元素组总含量(质量分数,%)≤
2	Cr	—	0.0015
	Mn	—	
	Sb	0.0004	
	Cd	—	
	As	0.0005	
	P	—	
3	Pb	0.0005	0.0005
4	S	0.0015	0.0015
5	Sn	—	0.0020
	Ni	—	
	Fe	0.0010	
	Si	—	
	Zn	—	
	Co	—	
6	Ag	0.0025	0.0025
表中所列杂质元素总含量（质量分数,%）			0.0065

表 10-11　1 号标准铜（Cu-CATH-2）的化学成分（GB/T 467—2010）

Cu + Ag ≥	化学成分（质量分数,%）									
	杂质元素 ≤									
	As	Sb	Bi	Fe	Pb	Sn	Ni	Zn	S	P
99.95	0.0015	0.0015	0.0005	0.0025	0.002	0.0010	0.0020	0.002	0.0025	0.001

注：1. 供方需按批测定 1 号标准铜中的铜、银、砷、锑、铋含量，并保证其他杂质元素含量符合本标准的规定。

　　2. 表中铜含量为直接测得。

表 10-12　2 号标准铜（Cu-CATH-3）的化学成分（GB/T 467—2010）

Cu ≥	化学成分（质量分数,%）			
	杂质元素 ≤			
	Bi	Pb	Ag	总含量
99.90	0.0005	0.005	0.025	0.03

注：表中铜含量为直接测得。

表 10-13　粗铜的化学成分（YS/T 70—2015）

牌号	化学成分（质量分数,%）						
	Cu ≥	杂质元素 ≤					
		As	Sb	Bi	Pb	Ni	Zn
Cu99.40	99.40	0.10	0.03	0.01	0.10	0.10	0.05
Cu99.00	99.00	0.15	0.10	0.02	0.15	0.20	0.10
Cu98.50	98.50	0.20	0.15	0.04	0.20	0.30	0.15
Cu97.50	97.50	0.34	0.30	0.08	0.40	—	—

表 10-14　电解镍的化学成分（GB/T 6516—2010）

牌号			Ni9999	Ni9996	Ni9990	Ni9950	Ni9920
Ni + Co ≥			99.99	99.96	99.90	99.50	99.20
Co ≤			0.005	0.02	0.08	0.15	0.50
化学成分（质量分数,%）	杂质元素 ≤	C	0.005	0.01	0.01	0.02	0.10
		Si	0.001	0.002	0.002	—	—
		P	0.001	0.001	0.001	0.003	0.02
		S	0.001	0.001	0.001	0.003	0.02
		Fe	0.002	0.01	0.02	0.20	0.50
		Cu	0.0015	0.01	0.02	0.04	0.15
		Zn	0.001	0.0015	0.002	0.005	—
		As	0.0008	0.0008	0.001	0.002	—
		Cd	0.0003	0.0003	0.0008	0.002	—
		Sn	0.0003	0.0003	0.0008	0.0025	—
		Sb	0.0003	0.0003	0.0008	0.0025	—
		Pb	0.0003	0.0015	0.0015	0.002	0.005
		Bi	0.0003	0.0003	0.0008	0.0025	—
		Al	0.001	—	—	—	—
		Mn	0.001	—	—	—	—
		Mg	0.001	0.001	0.002	—	—

注：镍加钴的质量分数为 100% 减去表中所列元素质量分数总和所得的差值。

表 10-15　锑锭的化学成分（GB/T 1599—2014）

牌号	化学成分（质量分数,%）									
	Sb ≥	杂质元素　≤								
		As	Fe	S	Cu	Se	Pb	Bi	Cd	总和
Sb99.90	99.90	0.010	0.015	0.040	0.0050	0.0010	0.010	0.0010	0.0005	0.10
Sb99.70	99.70	0.050	0.020	0.040	0.010	0.0030	0.150	0.0030	0.0010	0.30
Sb99.65	99.65	0.100	0.030	0.060	0.050	—	0.300	—	—	0.35
Sb99.50	99.50	0.150	0.050	0.080	0.080	—	—	—	—	0.50

注：锑的质量分数为 100% 减去砷、铁、硫、铜、硒、铅、铋和镉杂质元素质量分数实测值总和所得的差值。

表 10-16　镉锭的化学成分（YS/T 72—2014）

牌号	化学成分（质量分数,%）										
	Cd ≥	杂质元素　≤									
		Pb	Zn	Fe	Cu	Tl	Ni	As	Sb	Sn	Ag	总和
Cd99.995	99.995	0.002	0.001	0.0008	0.0005	0.0010	0.0005	0.0005	0.0002	0.0002	0.0005	0.0050
Cd99.99	99.99	0.004	0.002	0.002	0.001	0.002	0.001	0.002	0.0015	0.002	—	0.010
Cd99.95	99.95	0.02	0.03	0.003	0.01	0.003	—	—	—	—	—	0.050

注：镉的质量分数为 100% 减去表中所列杂质元素质量分数实测值总和所得的差值。

表 10-17　钴的化学成分（YS/T 255—2009）

牌号			Co9998	Co9995	Co9980	Co9965	Co9925	Co9830
	Co ≥		99.98	99.95	99.80	99.65	99.25	98.30
化学成分（质量分数，%）	杂质元素 ≤	C	0.004	0.005	0.007	0.009	0.03	0.1
		S	0.001	0.001	0.002	0.003	0.004	0.01
		Mn	0.001	0.005	0.008	0.01	0.07	0.1
		Fe	0.003	0.006	0.02	0.05	0.2	0.5
		Ni	0.005	0.01	0.1	0.2	0.3	0.5
		Cu	0.001	0.005	0.008	0.02	0.03	0.08
		As	0.0003	0.0007	0.001	0.002	0.002	0.005
		Pb	0.0003	0.0005	0.0007	0.001	0.002	—
		Zn	0.001	0.002	0.003	0.004	0.005	—
		Si	0.001	0.003	0.003	—	—	—
		Cd	0.0002	0.0005	0.0008	0.001	0.001	—
		Mg	0.001	0.002	0.002	—	—	—
		P	0.0005	0.001	0.002	0.003	—	—
		Al	0.001	0.002	0.003	—	—	—
		Sn	0.0003	0.0005	0.001	0.003	—	—
		Sb	0.0002	0.0006	0.001	0.002	—	—
		Bi	0.0002	0.0003	0.0004	0.0005	—	—
		杂质总量	0.02	0.05	0.20	0.35	0.75	1.70

注：Co9925 以上牌号中钴的质量分数为 100% 减去表中所列杂质元素质量分数总和所得的差值，Co9830 牌号中钴的质量分数直接测定。

表 10-18　锌锭的化学成分（GB/T 470—2008）

牌　号	化学成分（质量分数,%）							
	Zn	杂质元素 ≤						
	≥	Pb	Cd	Fe	Cu	Sn	Al	总和
Zn99.995	99.995	0.003	0.002	0.001	0.001	0.001	0.001	0.005
Zn99.99	99.99	0.005	0.003	0.003	0.002	0.001	0.002	0.01
Zn99.95	99.95	0.030	0.01	0.02	0.002	0.001	0.01	0.05
Zn99.5	99.5	0.45	0.01	0.05	—	—	—	0.5
Zn98.5	98.5	1.4	0.01	0.05	—	—	—	1.5

注：锌的质量分数为 100% 减去表中所列杂质元素质量分数实测值总和所得的差值。

表 10-19　锡锭的化学成分（GB/T 728—2020）

牌　号			Sn99.90		Sn99.95		Sn99.99
级别			A	AA	A	AA	A
Sn ≥			99.90	99.90	99.95	99.95	99.99
化学成分（质量分数，%）	杂质元素 ≤	As	0.0080	0.0080	0.0030	0.0030	0.0005
		Fe	0.0070	0.0070	0.0040	0.0040	0.0020
		Cu	0.0080	0.0080	0.0040	0.0040	0.0005
		Pb	0.0250	0.0100	0.0200	0.0100	0.0035
		Bi	0.0200	0.0200	0.0060	0.0060	0.0025
		Sb	0.0200	0.0200	0.0140	0.0140	0.0015
		Cd	0.0008	0.0008	0.0005	0.0005	0.0003
		Zn	0.0010	0.0010	0.0008	0.0008	0.0003
		Al	0.0010	0.0010	0.0008	0.0008	0.0005
		S	0.0010	0.0010	0.0010	0.0010	—
		Ag	0.0050	0.0050	0.0005	0.0005	0.0005
		Ni + Co	0.0050	0.0050	0.0050	0.0050	0.0006

注：锡的质量分数为100%减去表中所列杂质元素质量分数实测值总和所得的差值。

表 10-20　铅锭的化学成分（GB/T 469—2013）

牌号	化学成分（质量分数，%）											
	Pb ≥	杂质元素 ≤										
		Ag	Cu	Bi	As	Sb	Sn	Zn	Fe	Cd	Ni	总和
Pb99.994	99.994	0.0008	0.001	0.004	0.0005	0.0007	0.0005	0.0004	0.0005	0.0002	0.0002	0.006
Pb99.990	99.990	0.0015	0.001	0.010	0.0005	0.0008	0.0005	0.0004	0.0010	0.0002	0.0002	0.010
Pb99.985	99.985	0.0025	0.001	0.015	0.0005	0.0008	0.0005	0.0004	0.0010	0.0002	0.0005	0.015
Pb99.970	99.970	0.0050	0.003	0.030	0.0010	0.0010	0.0010	0.0005	0.0020	0.0010	0.0010	0.030
Pb99.940	99.940	0.0080	0.005	0.060	0.0010	0.0010	0.0010	0.0005	0.0020	0.0020	0.0020	0.060

注：Pb 的质量分数为100%减去表中所列杂质元素质量分数，实测值总和所得的差值。

10.1.3　贵金属（见表 10-21 ~ 表 10-26）

表 10-21　银锭的化学成分（GB/T 4135—2016）

牌号	化学成分（质量分数，%）									
	Ag ≥	杂质元素 ≤								
		Cu	Pb	Fe	Sb	Se	Te	Bi	Pd	杂质元素总和
IC-Ag99.99	99.99	0.0025	0.001	0.001	0.001	0.0005	0.0008	0.0008	0.001	0.01
IC-Ag99.95	99.95	0.025	0.015	0.002	0.002	—	—	0.001	—	0.05
IC-Ag99.90	99.90	0.05	0.025	0.002	—	—	—	0.002	—	0.10

注：IC-Ag99.99 和 IC-Ag99.95 牌号中银的质量分数以杂质元素减量法确定，所需测定杂质元素包括但不限于该表中所列杂质元素。IC-Ag99.90 牌号中银的质量分数直接测定。

表 10-22　金锭的化学成分（GB/T 4134—2015）

牌号	化学成分（质量分数,%）													
	Au ≥	杂质元素 ≤												杂质元素总和[①] ≤
		Ag	Cu	Fe	Pb	Bi	Sb	Pd	Mg	Sn	Cr	Ni	Mn	
IC-Au99.995	99.995	0.001	0.001	0.001	0.001	0.001	0.001	0.001	0.001	0.001	0.0003	0.0003	0.0003	0.005
IC-Au99.99	99.99	0.005	0.002	0.002	0.001	0.002	0.001	0.001	0.003	—	0.0003	0.0003	0.0003	0.01
IC-Au99.95	99.95	0.020	0.015	0.003	0.003	0.002	0.002	0.02	—	—	—	—	—	0.05
IC-Au99.50	99.50	—	—	—	—	—	—	—	—	—	—	—	—	0.5

① 所需测定杂质元素包括但不限于表中所列杂质元素。

表 10-23　铑粉的化学成分（GB/T 1421—2018）

化学成分（质量分数,%）		SM-Rh99.99	SM-Rh99.95	SM-Rh99.9
Rh ≥		99.99	99.95	99.9
杂质元素 ≤	Pt	0.003	0.02	0.03
	Ru	0.003	0.02	0.04
	Ir	0.003	0.02	0.03
	Pd	0.001	0.01	0.02
	Au	0.001	0.02	0.03
	Ag	0.001	0.005	0.01
	Cu	0.001	0.005	0.01
	Fe	0.002	0.005	0.01
	Ni	0.001	0.005	0.01
	Al	0.003	0.005	0.01
	Pb	0.001	0.005	0.01
	Mn	0.002	0.005	0.01
	Mg	0.002	0.005	0.01
	Sn	0.001	0.005	0.01
	Si	0.003	0.005	0.01
	Zn	0.002	0.005	0.01
杂质元素总量 ≤		0.01	0.05	0.1

表 10-24　铱粉的化学成分（GB/T 1422—2018）

化学成分（质量分数,%）		SM-Ir99.99	SM-Ir99.95	SM-Ir99.9
Ir ≥		99.99	99.95	99.9
杂质元素 ≤	Pt	0.003	0.02	0.03
	Ru	0.003	0.02	0.04
	Rh	0.003	0.02	0.03
	Pd	0.001	0.01	0.02
	Au	0.001	0.01	0.02
	Ag	0.001	0.005	0.01
	Cu	0.002	0.005	0.01
	Fe	0.002	0.005	0.01
	Ni	0.001	0.005	0.01
	Al	0.003	0.005	0.01
	Pb	0.001	0.005	0.01
	Mn	0.002	0.005	0.01
	Mg	0.002	0.005	0.01
	Sn	0.001	0.005	0.01
	Si	0.003	0.005	0.01
	Zn	0.002	0.005	0.01
杂质元素总量 ≤		0.01	0.05	0.1

注：1. 本表中未规定的元素控制限及分析方法，由供需双方共同协商确定。

2. 铑的质量分数为100%减去表中所列杂质元素质量分数实测值总和所得的差值。

注：1. 本表中未规定的元素控制限及分析方法，由供需双方共同协商确定。

2. 铱的质量分数为100%减去表中所列杂质元素质量分数实测值总和所得的差值。

表 10-25　海绵铂的化学成分（GB/T 1419—2015）

化学成分 （质量分数,%）		SM-Pt99.99	SM-Pt99.95	SM-Pt99.9
Pt　≥		99.99	99.95	99.9
杂质元素 ≤	Pd	0.003	0.01	0.03
	Rh	0.003	0.02	0.03
	Ir	0.003	0.02	0.03
	Ru	0.003	0.002	0.04
	Au	0.003	0.01	0.03
	Ag	0.001	0.005	0.01
	Cu	0.001	0.005	0.01
	Fe	0.001	0.005	0.01
	Ni	0.001	0.005	0.01
	Al	0.003	0.005	0.01
	Pb	0.002	0.003	0.01
	Mn	0.002	0.005	0.01
	Cr	0.002	0.005	0.01
	Mg	0.002	0.005	0.01
	Sn	0.002	0.005	0.01
	Si	0.003	0.005	0.01
	Zn	0.002	0.005	0.01
	Bi	0.002	0.005	0.01
杂质元素 总量≤		0.01	0.05	0.10

注：1. 本表中未规定的元素控制限及分析方法，由供需双方共同协商确定。

　　2. 铂的质量分数为100%减去表中所列杂质元素质量分数实测值总和所得的差值。

表 10-26　海绵钯的化学成分（GB/T 1420—2015）

化学成分 （质量分数,%）		SM-Pd99.99	SM-Pd99.95	SM-Pd99.9
Pd　≥		99.99	99.95	99.9
杂质元素 ≤	Pt	0.003	0.02	0.03
	Rh	0.002	0.02	0.03
	Ir	0.002	0.02	0.03
	Ru	0.003	0.02	0.04
	Au	0.002	0.01	0.03
	Ag	0.001	0.005	0.01
	Cu	0.001	0.005	0.01
	Fe	0.001	0.005	0.01
	Ni	0.001	0.005	0.01
	Al	0.003	0.005	0.01
	Pb	0.002	0.005	0.01
	Mn	0.002	0.005	0.01
	Cr	0.002	0.005	0.01
	Mg	0.002	0.005	0.01
	Sn	0.002	0.005	0.01
	Si	0.003	0.005	0.01
	Zn	0.002	0.005	0.01
	Bi	0.002	0.005	0.01
杂质元素 总量≤		0.01	0.05	0.1

注：1. 本表中未规定的元素控制限及分析方法，由供需双方共同协商确定。

　　2. 钯的质量分数为100%减去表中所列杂质元素质量分数实测值总和所得的差值。

10.1.4　稀有难熔金属（见表 10-27 ~ 表 10-37）

表 10-27　海绵钛的化学成分（GB/T 2524—2019）

产品 等级	产品 牌号	化学成分（质量分数,%）													布氏硬度 HBW10/ 1500/30 不大于
		Ti ≤	杂质元素　≥												
			Fe	Si	Cl	C	N	O	Mn	Mg	H	Ni	Cr	其他杂质 元素总和[①]	
0_A 级	MHT-95	99.8	0.03	0.01	0.06	0.01	0.010	0.050	0.01	0.01	0.003	0.01	0.01	0.02	95
0 级	MHT-100	99.7	0.04	0.01	0.06	0.02	0.010	0.060	0.01	0.02	0.003	0.02	0.02	0.02	100
1 级	MHT-110	99.6	0.07	0.02	0.08	0.02	0.020	0.080	0.01	0.03	0.005	0.03	0.03	0.03	110
2 级	MHT-125	99.5	0.10	0.02	0.10	0.02	0.030	0.100	0.02	0.05	0.005	0.05	0.05	0.05	125
3 级	MHT-140	99.3	0.20	0.03	0.15	0.03	0.040	0.150	0.02	0.06	0.010	—		0.05	140
4 级	MHT-160	99.1	0.30	0.04	0.15	0.04	0.05	0.20	0.03	0.09	0.012	—			160
5 级	MHT-200	98.5	0.40	0.06	0.30	0.05	0.10	0.30	0.08	0.15	0.030	—			200

注：钛的质量分数为100%减去表中所列杂质元素质量分数实测值总和所得的差值。

① 其他杂质元素一般包括（但不限于）Al、Sn、V、Mo、Zr、Cu、Er、Y 等；Al、Sn 杂质元素质量分数 1 级及以上品不得大于 0.030%，不包括在本表规定的其他杂质元素总和中；Y 的质量分数不大于 0.005%；供需双方应协商并在订货单（或合同）中注明。

表 10-28　钒的化学成分（GB/T 4310—2016）

牌号	化学成分（质量分数,%）							
	主成分 ≥	杂质元素 ≤						
	V	Fe	Cr	Al	Si	C	O	N
V-1	余量	0.005	0.006	0.005	0.004	0.01	0.025	0.006
V-2	余量	0.02	0.02	0.01	0.004	0.02	0.035	0.01
V-3	99.5	0.10	0.10	0.05	0.05	—	0.08	—
V-4	99.0	0.15	0.15	0.08	0.08	—	0.10	—

注：1. 余量为100%减去表1中杂质元素实测值总和。

2. 化学成分有特殊要求时，由供需双方协商确定。

表 10-29　钼条和钼板坯的化学成分（GB/T 3462—2017）

化学成分（质量分数,%）			Mo-1	Mo-2
主元素		Mo	余量	余量
杂质元素 ≤		Pb	0.0010	0.0015
		Bi	0.0010	0.0015
		Sn	0.0010	0.0015
		Sb	0.0010	0.0015
		Cd	0.0010	0.0015
		Fe	0.0050	0.030
		Ni	0.0030	0.050
		Al	0.0020	0.0050
		Si	0.0030	0.0050
		Ca	0.0020	0.0040
		Mg	0.0020	0.0040
		P	0.0010	0.0050
		C	0.0050	0.050
		O	0.0060	0.0080
		N	0.0030	—

注：主元素含量按杂质减量法计算（气体元素除外）。

表 10-30　海绵锆的化学成分（YS/T 397—2015）

产品级别		核级		工业级		火器级
化学成分（质量分数,%）		HZr-01	HZr-02	HZr-1	HZr-2	HQZr-1
Zr + Hf ≥		—	—	99.4	99.2	99.2
杂质元素 ≤	Al	0.0075	0.0075	0.03	—	—
	B	0.00005	0.00005	—	—	—
	C	0.010	0.025	0.03	0.03	0.05
	Cd	0.00005	0.00005	—	—	—
	Cl	0.030	0.080	0.13	—	0.13
	Co	0.001	0.002	—	—	—
	Cr	0.010	0.020	0.02	0.05	—
	Cu	0.003	0.003	—	—	—
	Fe	0.060	0.150	—	0.15	—
	H	0.0025	0.0125	0.0125	0.0125	—

（续）

产品级别		核级		工业级		火器级
化学成分（质量分数，%）		HZr-01	HZr-02	HZr-1	HZr-2	HQZr-1
Zr + Hf ≥		—	—	99.4	99.2	99.2
杂质元素 ≤	Hf	0.008	0.010	3.0	4.5	—
	Mg	0.015	0.060	0.06	—	—
	Mn	0.0035	0.005	0.01	—	—
	Mo	0.005	0.005	—	—	—
	N	0.005	0.005	0.01	0.025	0.025
	Na	0.015				
	Ni	0.007	0.007	0.01	—	—
	O	0.070	0.140	0.1	0.14	0.14
	P	0.001	—	—	—	—
	Pb	0.005	0.010	0.005	—	—
	Si	0.007	0.010	0.01	—	0.01
	Sn	0.005	0.020	—	—	—
	Ti	0.005	0.005	0.005	—	—
	U	0.0003	0.0003	—	—	—
	V	0.005	0.005	0.005	—	—
	W	0.005	0.005	—	—	—

注：1. 锆的质量分数为100%减去表中所列杂质元素质量分数实测值总和所得的差值。

2. 化学成分允许偏差见下表。

元素	按表中规定范围的允许偏差（%）
C	0.005
Fe	0.010
H	0.005
N	0.002
O	0.010
其他杂质元素	0.002 或规定极限的20%，取小者

表10-31　钨条的化学成分（GB/T 3459—2006）

化学成分（质量分数,%）		TW-1	TW-2	TW-4	化学成分（质量分数,%）		TW-1	TW-2	TW-4
主元素		余量	余量	余量	主元素		余量	余量	余量
杂质元素 ≤	Pb	0.0001	0.0005	0.0005	杂质元素 ≤	Si	0.0020	0.0020	0.0050
	Bi	0.0001	0.0005	0.0005		Ca	0.0020	0.0020	0.0050
	Sn	0.0003	0.0005	0.0005		Mg	0.0010	0.0010	0.0050
	Sb	0.0010	0.0010	0.0010		Mo	0.0040	0.0040	0.050
	As	0.0015	0.0020	0.0020		P	0.0010	0.0010	0.0030
	Fe	0.0030	0.0040	0.030		C	0.0030	0.0050	0.010
	Ni	0.0020	0.0020	0.050		O	0.0020	0.0020	0.0070
	Al	0.0020	0.0020	0.0050		N	0.0020	0.0020	0.0050

表 10-32　铌条的化学成分（GB/T 6896—2007）　　　　　　　　　　（续）

化学成分 （质量分数,%）		产品牌号	
		TNb1	TNb2
	Ta	0.10	0.15
	O	0.05	0.15
	N	0.03	0.05
	C	0.02	0.03
	Si	0.003	0.0050
杂 质 元 素 ≤	Fe	0.0050	0.02
	W	0.005	0.01
	Mo	0.0050	0.0050
	Ti	0.0050	0.01
	Al	0.0030	0.0050
	Cu	0.0020	0.0030
	Cr	0.0050	0.0050
	Ni	0.005	0.010
	Zr	0.020	0.020

注：铌的质量分数为 100%，减去表中所列杂质元素质量分数总和所得的差值。

表 10-33　海绵铪的化学成分（YS/T 399—2013）

产品级别		原子能级	工业级
化学成分（质量分数,%）		HHf-01	HHf-1
Hf ≥		96	—
杂质元素 ≤	Zr	3.0	—
	Al	0.015	0.050
	Co	0.001	—
	Cr	0.010	0.050
	Na	0.002	—
	Mg	0.080	—

产品级别		原子能级	工业级
化学成分（质量分数,%）		HHf-01	HHf-1
Hf ≥		96	—
	Mn	0.003	—
	Cu	0.005	—
	Fe	0.050	0.075
	Mo	0.001	—
	Ni	0.005	—
	Nb	0.010	—
	Ta	0.020	—
	Pb	0.001	—
	Cd	0.0001	—
	Sn	0.005	—
杂质元素 ≤	Ti	0.010	0.050
	W	0.001	0.015
	V	0.001	—
	Si	0.002	0.050
	P	0.002	—
	Cl	0.030	0.050
	B	0.0005	—
	O	0.120	0.130
	C	0.010	0.025
	N	0.005	0.015
	H	0.005	0.005
	U	0.0005	—

注：铪的质量分数为 100% 减去表中所列杂质元素质量分数实测值总和所得的差值。

表 10-34　冶金用钽粉的化学成分（YS/T 259—2012）

化学成分（质量分数,%）		FTa-1	FTa-2	FTa-3	FTa-4	FTaNb-3	FTaNb-20
主元素	Ta ≥	99.95	99.95	99.93	99.5	—	—
	Nb	—	—	—	—	2.5~3.5	17~23
杂质元素 ≤	H	0.003	0.003	0.005	0.01	0.01	0.01
	O	0.15	0.18	0.20	0.30	0.30	0.30
	C	0.005	0.008	0.015	0.02	0.05	0.05
	N	0.005	0.015	0.015	0.045	0.02	0.02
	Fe	0.003	0.005	0.005	0.02	0.03	0.03

（续）

化学成分（质量分数,%）		FTa-1	FTa-2	FTa-3	FTa-4	FTaNb-3	FTaNb-20
主元素	Ta ≥	99.95	99.95	99.93	99.5	—	—
	Nb	—	—	—	—	2.5~3.5	17~23
杂质元素 ≤	Ni	0.003	0.005	0.005	0.02	0.02	0.02
	Cr	0.003	0.003	0.005	0.02	—	—
	Si	0.003	0.005	0.01	0.03	0.02	0.02
	Nb	0.003	0.005	0.005	0.03	—	—
	W	0.002	0.003	0.003	0.01	0.01	0.01
	Mo	0.001	0.002	0.002	0.01	0.01	0.01
	Ti	0.001	0.001	0.001	0.01	0.01	0.01
	Mn	0.001	0.001	0.001	0.001	—	—
	Sn	0.001	0.001	0.001	0.001	—	—
	Ca	0.001	0.001	0.001	0.001	—	—
	Al	0.001	0.001	0.001	0.001	—	—
	Cu	0.001	0.001	0.001	0.001	—	—
	Mg	0.001	0.005	0.01	0.01	—	—
	P	0.0015	0.003	—	—	—	—

注：钽含量用减量法计算。

表 10-35　钽条的化学成分（YS/T 1005—2014）

化学成分（质量分数,%）		产品牌号			
		TTa-1	TTa-2	TTa-3	TTa-4
主元素		Ta	余量	余量	余量
杂质元素 ≤	Nb	0.02	0.10	0.30	0.50
	C	0.015	0.02	0.05	0.08
	O	0.25	0.30	0.35	0.40
	N	0.02	0.04	0.06	0.08
	Fe	0.01	0.01	0.03	0.04
	Ni	0.01	0.01	0.02	0.02
	Cr	0.005	0.01	0.02	0.02
	Mn	0.003	0.005	0.01	0.01
	Ti	0.003	0.005	0.01	0.01
	W	0.005	0.01	0.03	0.05
	Mo	0.003	0.005	0.01	0.01
	Si	0.01	0.02	0.03	0.05
	Zr	0.003	0.003	0.005	0.01
	Al	0.003	0.005	0.01	0.02
	Cu	0.003	0.005	0.01	0.02

表 10- 36　铟锭的化学成分（YS/T 257—2009）

牌号	化学成分（质量分数,%）										
	In　≥	杂质元素　≤									
		Cu	Pb	Zn	Cd	Fe	Tl	Sn	As	Al	Bi
In99995	99.995	0.0005	0.0005	0.0005	0.0005	0.0005	0.0005	0.0010	0.0005	0.0005	—
In9999	99.99	0.0005	0.001	0.0015	0.0015	0.0008	0.001	0.0015	0.0005	0.0007	—
In980	98.0	0.15	0.10	—	0.15	0.15	0.05	0.2	—	—	1.5

注：In99995、In9999 两种牌号中铟锭的质量分数为 100% 减去表中所列杂质元素质量分数总和所得的差值。In980 牌号中铟锭的质量分数为直接测定值。

表 10-37　镓的化学成分（GB/T 1475—2005）

级别	牌号	化学成分(质量分数,%)										
		Ga　≥	杂质元素　≤									
			Cu	Pb	Zn	Fe	Ni	Si	Mg	Cr	Co	Mn	总和
高纯镓	Ga6N	99.9999	1.5	0.50	1.0	1.2	0.50	2.0	1.0	0.50	0.50	0.50	10
工业镓	Ga3N	99.9	（Cu + Pb + Zn + Al + In + Cs + Fe + Sn + Ni）≤0.10									
	Ga4N	99.99	（Cu + Pb + Zn + Al + In + Ca + Fe + Sn + Ni + 其他杂质）≤0.010									
	Ga5N	99.999	（Cu + Pb + Zn + Al + In + Ca + Fe + Sn + Ni + 其他杂质）≤0.0010									

注：1. 表中镓的质量分数为 100% 减去表中所列杂质元素质量分数总和所得的差值。
　　2. 表中未规定的其他杂质元素，可由供需双方协商确定。
　　3. 表中杂质含量数值修约按 GB/T 8170 的有关规定进行，修约后保留两位有效数字。

10.1.5　稀土金属（见表 10- 38 ～ 表 10- 43）　　　　　　　　　　（续）

表 10-38　铼粉的化学成分（YS/T 1017—2015）

化学成分（质量分数,%）		FRe-04	FRe-05
Re　≥		99.99	99.999
杂质元素 ≤	Al	0.0001	0.00001
	As	0.0001	0.00001
	Ba	0.0001	0.00001
	Be	0.0001	0.00001
	Bi	0.0001	0.00001
	Ca	0.0005	0.00005
	Cd	0.0001	0.00001
	Co	0.0002	0.00005
	Cr	0.0001	0.00001
	Cu	0.0001	0.00001
	Fe	0.0005	0.00005
	K	0.0005	0.00005
	Mg	0.0001	0.00001
	Mn	0.0001	0.00001
	Mo	0.0005	0.00005
	Na	0.0005	0.00005
	Ni	0.0001	0.00001
	Pb	0.0001	0.00001
	Pt	0.0001	0.00001
	Sb	0.0001	0.00001

化学成分（质量分数,%）		FRe-04	FRe-05
Re　≥		99.99	99.999
杂质元素 ≤	Se	0.0005	0.00005
	Si	0.0005	0.00005
	Sn	0.0001	0.00001
	Te	0.0001	0.00001
	Ti	0.0001	0.00001
	Tl	0.0001	0.00001
	W	0.0005	0.00005
	Zn	0.0001	0.00001
气体元素 ≤	C	0.004	0.004
	O	0.08	0.06

注：FRe-04、FRe-05 牌号中的铼的质量分数为 100% 减去表中所列杂质元素质量分数实测值总和所得的差值。

表 10- 39　金属铼- 铼粒的化学成分
（YS/T 1018—2015）

化学成分（质量分数,%）		Re-04
Re　≥		99.99
杂质元素 ≤	Al	0.0001
	Ba	0.0001
	Be	0.0001
	Ca	0.0005

（续）

化学成分（质量分数,%）		Re-04
Re　≥		99.99
杂质元素 ≤	Cd	0.0001
	Co	0.0005
	Cr	0.0001
	Cu	0.0001
	Fe	0.0005
	K	0.0005
	Mg	0.0001
	Mn	0.0001
	Mo	0.0010
	Na	0.0005
	Ni	0.0005
	Pb	0.0001
	Pt	0.0001
	S	0.0005
	Sb	0.0001

（续）

化学成分（质量分数,%）		Re-04
Re　≥		99.99
杂质元素 ≤	Se	0.0005
	Si	0.0010
	Sn	0.0001
	Te	0.0001
	Ti	0.0005
	Tl	0.0001
	W	0.0010
	Zn	0.0001
气体元素　≤	C	0.003
	H	0.002
	N	0.001
	O	0.03

注：Re-04 铼的质量分数为100%减去表中所列杂质元素质量分数实测值总和所得的差值。

表 10-40　混合稀土金属的化学成分（GB/T 4153—2008）

产品牌号	化学成分(质量分数,%)													
	RE ≥	稀土元素 RE					非稀土杂质 ≤							
		La	Ce	Pr	Nd	Sm	Mg	Zn	Fe	Si	W + Mo	Ca	C	Pb
194025A	99.5	>80	—	—	—	<0.1	0.05	0.05	0.1	0.03	0.035	0.01	0.05	0.02
194025B	99.5	33 ~ 37	51 ~ 59	2.5 ~ 3.2	6.0 ~ 9.3	<0.1	0.05	0.05	0.1	0.03	0.035	0.01	0.03	0.02
194025C	99.5	25 ~ 29	49 ~ 53	4 ~ 7	—	<0.1	0.05	0.05	0.1	0.03	0.035	0.01	0.05	0.02
194020A	99	61 ~ 65	24 ~ 28	—	—	<0.1	0.1	0.05	0.2	0.03	0.035	0.02	0.02	0.05
194020B	99	>33	>62	—	—	<0.1	0.1	0.05	0.2	0.03	0.035	0.02	0.02	0.05
194020C	99	>30	>60	4 ~ 8	—	<0.1	0.1	0.05	0.2	0.05	0.035	0.02	0.05	0.05

表 10-41　金属钕的化学成分（GB/T 9967—2010）

产品牌号				044030	044025	044020A	044020B
RE　≥				99.5	99.0	99.0	98.5
Nd/RE　≥				99.9	99.5	99.0	99.0
化学成分 （质量分数,%）	杂质元素 ≤	稀土杂质/RE		0.1	0.5	1.0	1.0
		非稀土 杂质	C	0.03	0.03	0.05	0.05
			Fe	0.2	0.3	0.5	1.0
			Si	0.03	0.05	0.05	0.05
			Mg	0.01	0.02	0.02	0.03
			Ca	0.01	0.02	0.02	0.03
			Al	0.03	0.05	0.05	0.05
			O	0.03	0.05	0.05	0.05
			Mo	0.03	0.05	0.05	0.05
			W	0.03	0.05	0.05	0.05
			Cl	0.01	0.02	0.02	0.03
			S	0.01	0.01	0.01	0.01
			P	0.01	0.03	0.05	0.05

表 10- 42　金属钪的化学成分（GB/T 16476—2018）

产品牌号			字符牌号	Sc-5N5	Sc-5N	Sc-4N5	Sc-4N
			数字牌号	164055	164050	164045	164040
化学成分（质量分数,%）	Sc		≥	99.95	99.95	99.9	99.9
	Sc/RE		≥	99.9995	99.999	99.995	99.99
	杂质元素 ≤	稀土杂质		0.00050	0.0010	0.0050	0.010
		Si		0.0015	0.0030	0.0040	0.0080
		Fe		0.0030	0.0080	0.010	0.015
		Ca		0.0015	0.0030	0.0050	0.010
		Al		0.0020	0.0030	0.0040	0.0070
		Cu		0.0010	0.0015	0.0020	0.0050
		Mg		0.00050	0.0010	0.0015	0.0020
		Ni		0.0025	0.0045	0.0060	0.0080
		Ti		0.00050	0.0015	0.0020	0.0025
		Th		0.00050	0.0020	0.0025	0.0030
		Ta		0.00050	0.00050	0.00050	0.00050
		Zr		0.0010	0.0010	0.0010	0.0010

注：1. 稀土杂质为除去 Sc 以及 Pm 以外的稀土元素。

　　2. 在金属钪中，RE 为 Sc 及稀土杂质的总称。

表 10- 43　金属钆的化学成分（XB/T 212—2015）

产品牌号		化学成分（质量分数,%）												
					杂质元素　≤									
		RE ≥	Gd/RE ≥	Gd ≥	稀土杂质	非稀土杂质								
字符牌号	数字牌号				Sm + Eu + Tb - Dy + Y	Fe	Si	Ca	Mg	Al	Cu	Ni	C	O	W(Ta、Nb、Mo、Ti)[1]
Gd-4N	084040	99	99.99	99.84	0.01	0.01	0.005	0.005	0.005	0.005	0.005	0.005	0.01	0.05	0.05
Gd-3N	084030	99	99.9	99.49	0.1	0.02	0.01	0.03	0.03	0.01	0.03	0.05	0.03	0.10	0.10
Gd-2N5	084025	99	99.5	98.95	0.5	0.03	0.01	0.03	0.05	0.02	0.03	0.05	0.03	0.15	0.15
Gd-2N	084020	99	99	98.08	1	0.05	0.02	0.05	0.1	0.05	0.05	0.05	0.05	0.30	0.20

①　根据坩埚材质测 W、Ta、Nb、Mo、Ti 其中一种。

10.1.6　钢铁材料（黑色金属）（见表 10- 44 ~ 表 10- 47）

表 10- 44　原料纯铁的化学成分（GB/T 9971—2017）

统一数字代号	牌号	化学成分（质量分数,%）≤										
		C	Si	Mn	P	S	Cr	Ni	Al	Cu	Ti	O[1]
M00108	YT1	0.010	0.060	0.100	0.015	0.010	0.020	0.020	0.100	0.050	0.050	0.030[2]
M00088	YT2	0.008	0.030	0.060	0.012	0.007	0.020	0.020	0.050	0.050	0.020	0.015[2]
M00058	YT3	0.005	0.010	0.040	0.009	0.005	0.020	0.020	0.030	0.030	0.020	0.008
M00038	YT4	0.005	0.010	0.020	0.005	0.003	0.020	0.020	0.020	0.020	0.010	0.005

①　氧含量为成品分析结果。

②　如供方保证，可不做分析。

表 10-45　金属锰的化学成分（GB/T 2774—2006）

牌　号	化学成分（质量分数,%）					
	Mn ≥	杂质元素 ≤				
		C	Si	Fe	P	S
JMn98	98.0	0.05	0.3	1.5	0.03	0.02
JMn97-A	97.0	0.05	0.4	2.0	0.03	0.02
JMn97-B	97.0	0.08	0.6	2.0	0.04	0.03
JMn96-A	96.5	0.05	0.5	2.3	0.03	0.02
JMn96-B	96.0	0.10	0.8	2.3	0.04	0.03
JMn95-A	95.0	0.15	0.5	2.8	0.03	0.02
JMn95-B	95.0	0.15	0.8	3.0	0.04	0.03
JMn93	93.5	0.20	1.5	3.0	0.04	0.03
JCMn98	98.0	0.04	0.3	1.5	0.02	0.04
JCMn97	97.0	0.05	0.4	2.0	0.03	0.04
JCMn95	95.0	0.06	0.5	3.0	0.04	0.05

表 10-46　电解金属锰的化学成分（YB/T 051—2015）

化学成分（质量分数,%）		DJMnG	DJMnD	DJMnP
Mn ≥		99.9	99.8	99.7
杂质元素 ≤	C	0.01	0.02	0.03
	S	0.04	0.04	0.05
	P	0.001	0.002	0.002
	Si	0.002	0.005	0.01
	Se	0.0003	0.06	0.08
	Fe	0.006	0.03	0.03
	K（以 K_2O 计）	—	0.005	—
	Na（以 Na_2O 计）	—	0.005	—
	Ca（以 CaO 计）	—	0.015	—
	Mg（以 MgO 计）	—	0.02	—

注：锰的质量分数为100%减去表中所列各杂质元素（包括 C、Si、S、P、Se、Fe）质量分数总和所得的差值。

表 10-47　金属铬的化学成分（GB/T 3211—2008）

牌　号	Cr ≥	化学成分（质量分数,%）															
		杂质元素 ≤												N		H	O
		Fe	Si	Al	Cu	C	S	P	Pb	Sn	Sb	Bi	As	I	II		
JCr99.2	99.2	0.25	0.25	0.10	0.003	0.01	0.01	0.005	0.0005	0.005	0.0008	0.0005	0.001	0.01		0.005	0.20
JCr99-A	99.0	0.30	0.25	0.30	0.005	0.01	0.01	0.005	0.0005	0.001	0.001	0.0005	0.001	0.02	0.03	0.005	0.30
JCr99-B	99.0	0.40	0.30	0.30	0.01	0.02	0.02	0.01	0.0005	0.001	0.001	0.001	0.001	0.05		0.01	0.50
JCr98.5	98.5	0.50	0.40	0.50	0.01	0.03	0.02	0.01	0.001	0.001	0.001	0.001	0.001	0.05		0.01	0.50
JCr98	98.0	0.80	0.40	0.80	0.01	0.03	0.03	0.01	0.001	0.001	0.001	0.001	0.001	—		—	—

注：铬的质量分数为99.9%减去表中杂质元素质量分数实测值总和后的余量，其他未测杂质元素的质量分数按0.1%计。

10.2　非金属原材料（见表 10-48 ~ 表 10-54）

表 10-48　工业硅的化学成分（GB/T 2881—2014）

牌号	化学成分（质量分数,%）			
	名义硅含量[①] ≥	主要杂质元素含量 ≤		
		Fe	Al	Ca
Si1101	99.79	0.10	0.10	0.01
Si2202	99.58	0.20	0.20	0.02
Si3303	99.37	0.30	0.30	0.03
Si4110	99.40	0.40	0.10	0.10
Si4210	99.30	0.40	0.20	0.10
Si4410	99.10	0.40	0.40	0.10
Si5210	99.20	0.50	0.20	0.10
Si5530	98.70	0.50	0.50	0.30

注：分析结果的判定采用修约比较法，数值修约规则按
　　GB/T 8170 的规定进行，修约数位与表中所列极限
　　值数位一致。
① 名义硅含量应不低于 100% 减去铁、铝、钙元素含
　　量总和的值。

表 10-49　砷的化学成分（YS/T 68—2014）

牌号	化学成分（质量分数,%）			
	As ≥	杂质元素 ≤		
		Sb	Bi	S
As99.5	99.5	0.2	0.08	0.1
As99.0	99.0	0.4	0.1	0.2
As98.5	98.5	0.6	0.2	0.3
As98.0	98.0	0.8	0.3	0.4

注：砷及杂质元素的含量均为实测值。

表 10-50　碲锭的化学成分（YS/T 222—2010）

牌号	化学成分（质量分数,%）												
	Te ≥	杂质元素 ≤											
		Cu	Pb	Al	Bi	Fe	Na	Si	S	Se	As	Mg	总和
Te9999	99.99	0.001	0.002	0.0009	0.0009	0.0009	0.003	0.001	0.001	0.002	0.0005	0.0009	0.01
Te9995	99.95	0.002	0.004	0.003	0.002	0.004	0.006	0.002	0.004	0.015	0.001	0.002	—
Te99	99	—	—	—	—	—	—	—	—	—	—	—	—

注：1. Te9999、Te9995 牌号中碲的质量分数为 100% 减去表中所列杂质元素实测值总和所得的差值。
　　2. Te99 牌号中的碲含量为产品直接分析测定值。

表 10-51　鳞片石墨的分类及代号（GB/T 3518—2008）

名　称	高纯石墨	高碳石墨	中碳石墨	低碳石墨
固定碳 $w(C)$（%）	$w(C) \geq 99.9$	$94.0 \leq w(C) < 99.9$	$80.0 \leq w(C) < 94.0$	$50.0 \leq w(C) < 80.0$
代号	LC	LG	LZ	LD

表 10-52　工业赤磷的要求（GB/T 4947—2003）

项　目	指标		
	优等品	一等品	合格品
赤磷(以 P 计)的质量分数(%) ≥	99.0	98.5	97.5
黄磷(以 P 计)的质量分数(%) ≤	0.005	0.005	0.010
游离酸(以 H_3PO_4 计)的质量分数(%) ≤	0.30	0.50	0.80
水分的质量分数(%) ≤	0.20	0.25	0.30
细度	供需协商		

表 10-53　固体工业硫黄的质量要求（GB/T 2449.1—2014）

项目（质量分数,%）		技术指标		
		优等品	一等品	合格品
硫（S）（以干基计）	≥	99.95	99.50	99.00
水分	≤	2.0	2.0	2.0
灰分（以干基计）	≤	0.03	0.10	0.20
酸度（以 H_2SO_4 计）（以干基计）	≤	0.003	0.005	0.02
有机物（以 C 计）（以干基计）	≤	0.03	0.30	0.80
砷（As）（以干基计）	≤	0.0001	0.01	0.05
铁（Fe）（以干基计）	≤	0.003	0.005	—
筛余物[①] 粒径 >150μm	≤	0	0	3.0
筛余物[①] 粒径为 75 ~ 150μm	≤	0.5	1.0	4.0

① 筛余指标仅用于粉状硫黄。

表 10-54　液体工业硫黄的技术要求
（GB/T 2449.2—2015）

项目 （质量分数,%）		指标		
		优等品	一等品	合格品
外观		常温下呈黄色或淡黄色，无肉眼可见杂质		
硫（S）	≥	99.95	99.50	99.20
水分	≤	0.10	0.20	0.50
灰分	≤	0.02	0.05	0.20
酸度（以 H_2SO_4 计）	≤	0.003	0.005	0.01
有机物（以 C 计）	≤	0.03	0.10	0.30
砷（As）	≤	0.0001	0.001	0.01
铁（Fe）	≤	0.003	0.005	0.02
硫化氢和多硫化氢（以 H_2S 计）	≤	0.0015	0.0015	0.0015

注：以上项目除水分、硫化氢和多硫化氢外，均以干基计。

10.3　非金属辅助材料

10.3.1　氧化物（见表 10-55 ~ 表 10-63）

表 10-55　氧化铝的化学成分（GB/T 24487—2009）

牌号	化学成分（质量分数,%）				
	Al_2O_3 ≥	杂质元素 ≤			
		SiO_2	Fe_2O_3	Na_2O	灼减
AO-1	98.6	0.02	0.02	0.50	1.0
AO-2	98.5	0.04	0.02	0.60	1.0
AO-3	98.4	0.06	0.03	0.70	1.0

注：Al_2O_3 的质量分数为 100% 减去表中所列杂质元素质量分数总和所得的差值。杂质元素含量按 GB/T 8170 的规定进行数值修约。

表 10-56　冶金用二氧化钛的化学成分（YS/T 322—2015）

牌号	化学成分（质量分数,%）													
	TiO_2 ≥	杂质元素 ≤												
		Al_2O_3	Cr_2O_3	Fe_2O_3	CuO	PbO	SnO_2	Sb_2O_3	Bi_2O_3	As_2O_3	SiO_2	CaO	P_2O_5	C	SO_3
$YTiO_2$-1	99.5	0.02	0.02	0.01	0.02	0.0010	0.0010	0.001	0.001	0.001	0.05	0.02	0.05	0.05	0.05
$YTiO_2$-2	99.0	0.02	0.02	0.01	0.02	0.0015	0.0015	0.001	0.001	0.001	0.05	0.02	0.05	0.10	0.05

表 10-57　氧化锌的化学成分和物理性能（GB/T 3494—2012）

指标项目	ZnO-X1	ZnO-X2	ZnO-T1	ZnO-T2	ZnO-T3	ZnO-C1	ZnO-C2
氧化锌（以干品计）的质量分数（%）　≥	99.5	99.0	99.5	99.0	98.0	99.3	99.0
氧化铅（PbO）的质量分数（%）　≤	0.12	0.20	—	—	—	—	—
三氧化二铁（Fe_2O_3）的质量分数（%）　≤						0.05	0.08
氧化镉（CdO）的质量分数（%）　≤	0.02	0.05					
氧化铜（CuO）的质量分数（%）　≤	0.006	—					
锰（Mn）的质量分数（%）　≤	0.0002						
金属锌	无	无	无				
盐酸不溶物的质量分数（%）　≤	0.03	0.04				0.08	0.08
灼烧减量的质量分数（%）　≤	0.4	0.6	0.4	0.6	—	0.4	0.6
水溶物的质量分数（%）　≤	0.4	0.6	0.4	0.6	0.8	0.4	0.6
筛余物（45μm 湿筛）的质量分数（%）　≤	0.28	0.32	0.28	0.32	0.35	0.28	0.32
105℃挥发物的质量分数（%）　≤	0.4	0.4	0.4	0.4	0.4	0.4	0.4
遮盖力/(g/m²)　≤	—	—	150	150	150	—	—
吸油量/(g/100g)　≤	—	—	18	20	20	—	—
消色力　≤	—	—	100	95	95	—	—
颜色（与标准样品比）	—	符合标准					

注：如有特殊要求，由供需双方协商。

表 10-58　工业轻质氧化镁的技术要求（HG/T 2573—2012）

项　目		指　标					
		I 类			II 类		
		优等品	一等品	合格品	优等品	一等品	合格品
氧化镁（MgO）的质量分数（%）	≥	95.0	93.0	92.0	95.0	93.0	92.0
氧化钙（CaO）的质量分数（%）	≤	1.0	1.5	2.0	0.5	1.0	1.5
盐酸不溶物的质量分数（%）	≤	0.10	0.20	—	0.15	0.20	—
硫酸盐（以 SO_4 计）的质量分数（%）	≤	0.2	0.6	—	0.5	0.8	1.0
筛余物（150μm 试验筛）的质量分数（%）	≤	0	0.03	0.05	0	0.05	0.10
铁（Fe）的质量分数（%）	≤	0.05	0.06	0.10	0.05	0.06	0.10
锰（Mn）的质量分数（%）	≤	0.003	0.010	—	0.003	0.010	—
氯化物（以 Cl 计）的质量分数（%）	≤	0.07	0.20	0.30	0.15	0.20	0.30
灼烧失量的质量分数（%）	≤	3.5	5.0	5.5	3.5	5.5	5.5
堆密度/（g/mL）	≤	0.16	0.20	0.25	0.20	0.20	0.25

表 10-59　氧化钨的化学成分（GB/T 3457—2013）

化学成分（质量分数,%）		WO_3-0 WO_x-0 $WO_{2.72}$-0	WO_3-1 WO_x-1 $WO_{2.72}$-1	化学成分（质量分数,%）		WO_3-0 WO_x-0 $WO_{2.72}$-0	WO_3-1 WO_x-1 $WO_{2.72}$-1
杂质元素 ≤	Al	0.0005	0.0010	杂质元素 ≤	Na	0.0010	0.0020
	As	0.0015	0.0015		Ni	0.0005	0.0007
	Bi	0.0001	0.0001		P	0.0008	0.0015
	Ca	0.0010	0.0010		Pb	0.0001	0.0001
	Co	0.0010	0.0010		S	0.0007	0.0010
	Cr	0.0010	0.0010		Sb	0.0005	0.0010
	Cu	0.0003	0.0005		Si	0.0010	0.0010
	Fe	0.0015	0.0015		Sn	0.0002	0.0005
	K	0.0010	0.0015		Ti	0.0010	0.0010
	Mg	0.0007	0.0010		V	0.0010	0.0010
	Mn	0.0010	0.0010		灼损	0.5	0.5
	Mo	0.0020	0.0040				

表 10-60　工业三氧化二铬的技术要求（HG/T 2775—2010）

项　目		指　标					
		I 类			II 类		
		优等品	一等品	合格品	优等品	一等品	合格品
三氧化二铬（以 Cr_2O_3 计）的质量分数（%）	≥	99.0	99.0	98.0	99.0	99.0	98.0
水溶性铬（以 Cr 计）的质量分数（%）	≤	0.005	0.03	0.03	0.005	0.03	0.03
水分的质量分数（%）	≤	0.15	0.15	0.3	0.15	0.15	0.3
水溶物的质量分数（%）	≤	0.1	0.3	0.4	0.2	0.3	0.5
pH（100g/L 悬浮液）		6~8	5~8	5~8	—	—	—
吸油量/（g/100g）		15~25	15~25	15~25	≤20	≤25	≤25
筛余物的质量 分数（%）	0.045mm 试验筛 ≤	0.1	0.2	0.3	0.2	0.2	—
	0.075mm 试验筛 ≤	—	—	—	—	—	0.5
色光		用户协商			—		
相对着色力（%）		用户协商			—		

表 10-61　石灰石的化学成分（YB/T 5279—2016）

类别	牌号	化学成分（质量分数,%）					
		CaO	CaO + MgO	MgO	SiO_2	P	S
		≥			≤		
普通石灰石	PS540	54.0	—	3.0	1.5	0.005	0.025
	PS530	53.0			1.5	0.010	0.035
	PS520	52.0			2.2	0.015	0.060
	PS510	51.0			3.0	0.030	0.100
镁质石灰石	GMS545	—	54.5	8.0	1.5	0.005	0.025
	GMS540		54.0		1.5	0.010	0.035
	GMS535		53.5		2.2	0.020	0.060
	GMS525		52.5		2.5	0.030	0.100

表 10-62　二氧化锆的技术要求（HG/T 2773—2012）

项目（质量分数,%）		指标					
		I 类	II 类	III 类			
				I 型		II 型	
				优等品	一等品	一等品	合格品
锆铪含量（以 ZrO_2 计，以干基计）	≥	99.5	99.5	99.5	99.0	98.5	98.0
氧化铁（Fe_2O_3）	≤	0.01	0.005	0.02	0.05	0.10	0.10
二氧化硅（SiO_2）	≤	0.02	—	0.05	0.10	0.8	1.2
氧化铝（Al_2O_3）	≤	0.01	—	0.001	—	0.8	0.8
二氧化钛（TiO_2）	≤	0.01	0.005	0.10	—	0.22	0.25
氧化钙（CaO）	≤	—	—	0.03	0.05	—	—
氧化镁（MgO）	≤	—	—	0.02	—	—	—
氧化钠（Na_2O）	≤	0.01	—	0.02	0.05	—	—
灼烧减量	≤	0.40	0.30	0.50	0.50	—	—
氯化物（以 Cl 计）	≤	0.10	—	—	—	—	—
水分	≤	0.10	0.30	—	—	—	—

注：中值粒径（D_{50}）、堆密度、比表面积在用户有要求时按本标准方法测定，其指标应符合用户要求。

表 10-63　长石的化学成分（JC/T 859—2000）

种类	化学成分（质量分数,%）		优等品	一等品	合格品
钾长石	$K_2O + Na_2O$	≥	13.50	12.00	10.50
	K_2O	≥	11.00	9.50	8.00
	$Fe_2O_3 + TiO_2$	≤	0.18	0.22	0.25
	TiO_2	≤	0.03	0.05	0.10
钠长石	Na_2O	≥	10.50	10.00	8.00
	Fe_2O_3	≤	0.20	0.25	0.30

10.3.2 氯化物和氟化物（见表10-64～表10-76）

表10-64 工业氯化钙的技术要求（GB/T 26520—2011）

项 目		指 标				
		无水氯化钙		二水氯化钙		液体氯化钙
		Ⅰ型	Ⅱ型	Ⅰ型	Ⅱ型	
氯化钙（CaCl）的质量分数（%）	≥	94.0	90.0	77.0	74.0	12～40
碱度［以 Ca（OH）$_2$ 计］的质量分数（%）	≤	0.25		0.20		0.20
总碱金属氯化物（以 NaCl 计）的质量分数（%）	≤	5.0		5.0		11.0
水不溶物的质量分数（%）	≤	0.25		0.15		—
铁（Fe）的质量分数（%）	≤	0.006		0.006		
pH		7.5～11.0				
总镁（以 MgCl$_2$ 计）的质量分数（%）	≤	0.5				
硫酸盐（以 CaSO$_4$ 计）的质量分数（%）	≤	0.05				

表10-65 工业盐的理化指标（GB/T 5462—2015）

项 目		指 标								
		精制工业盐						日晒工业盐		
		工业干盐			工业湿盐					
		优级	一级	二级	优级	一级	二级	优级	一级	二级
氯化钠/（g/100g）	≥	99.1	98.5	97.5	96.0	95.0	93.3	96.2	94.8	92.0
水分/（g/100g）	≤	0.30	0.50	0.80	3.00	3.50	4.00	2.80	3.80	6.00
水不溶物/（g/100g）	≤	0.05	0.10	0.20	0.05	0.10	0.20	0.20	0.30	0.40
钙镁离子总量/（g/100g）	≤	0.25	0.40	0.60	0.30	0.50	0.70	0.30	0.40	0.60
硫酸根离子/（g/100g）	≤	0.30	0.50	0.90	0.50	0.70	1.00	0.50	0.70	1.00

表10-66 工业氯化镁的理化指标（QB/T 2605—2003）

项 目		白色氯化镁	普通氯化镁
氯化镁的质量分数（以 MgCl$_2$ 计）（%）	≥	46.00	44.50
钙离子的质量分数（以 Ca^{2+} 计）（%）	≤	0.15	—
硫酸根的质量分数（以 SO$_4^{2-}$ 计）（%）	≤	1.00	2.80
碱金属氯化物的质量分数（以 Cl$^-$ 计）（%）	≤	0.50	0.90
水不溶物的质量分数（%）	≤	0.10	—
色度/（°）	≤	50	—

注：1mg 铂在 1L 水中所具有的色度为 1 度。

表10-67 工业氯化铁的技术要求（GB/T 162—2008）

项 目		指 标		
		无水氯化铁		氯化铁溶液
		一等品	合格品	
氯化铁（FeCl$_3$）的质量分数（%）	≥	96.0	93.0	38.0
氯化亚铁（FeCl$_2$）的质量分数（%）	≤	2.0	4.0	0.4
不溶物的质量分数（%）	≤	1.5	3.0	0.5
游离酸的质量分数（以 HCl 计）（%）	≤	—	—	0.5
密度（25℃）/（g/cm^3）	≥	—	—	1.4

表 10-68　工业氯化锰的技术要求（HG/T 3816—2011）

项　目		指　标							
		Ⅰ类		Ⅱ类	Ⅲ类	Ⅳ类			
		四水氯化锰（n=4）		无水氯化锰（n=0）	无水氯化锰（n=0）	四水氯化锰（n=4）		无水氯化锰（n=0）	
		一等品	合格品			优等品	一等品	一等品	合格品
锰（Mn）的质量分数（%）	≥	27.3	27.2	42.8	43.2	27.5	27.2	42.8	42.3
氯化锰（$MnCl_2 \cdot nH_2O$)的质量分数（%）	≥	98.3	98.0	98.0	99.0	99.0	98.0	98.0	97.0
硫酸盐（以 SO_4 计)的质量分数（%）	≤	0.05	0.05	0.01	0.01	0.01	0.02	0.01	0.02
总铁（Fe）的质量分数（%）	≤	0.0010	0.0015	0.0050	0.0020	0.0020	0.0050	0.0020	0.0050
铅（Pb)的质量分数（%）	≤	0.0010	0.0015	0.0020	0.0020	0.0015	0.0050	0.0020	0.0050
钡（Ba)的质量分数（%）	≤	0.0010	0.0050	—	—	—	—	—	—
六价铬（Cr^{6+})的质量分数（%）	≤	0.0005	0.0010	—	—	—	—	—	—
铜（Cu)的质量分数（%）	≤	0.0010	0.0050	—	—	—	—	—	—
铝（Al)的质量分数（%）	≤	0.0020	0.0050	—	—	—	—	—	—
汞（Hg)的质量分数（%）	≤	0.0001	0.0005	—	—	—	—	—	—
镍（Ni)的质量分数（%）	≤	0.0050	0.010	—	—	—	—	—	—
钙（Ca)的质量分数（%）	≤	0.0050	0.010	—	—	—	—	—	—
镁（Mg)的质量分数（%）	≤	0.0050	0.010	—	—	—	—	—	—
锌（Zn)的质量分数（%）	≤	0.0050	0.0050	—	—	—	—	—	—
镉（Cd)的质量分数（%）	≤	0.0010	0.0010	—	—	—	—	—	—
钾（K)的质量分数（%）	≤	0.010	0.010	—	—	—	—	—	—
钠（Na)的质量分数（%）	≤	0.010	0.010	—	—	—	—	—	—
砷（As)的质量分数（%）	≤	0.0005	0.0005	—	—	—	—	—	—
pH（10g/L 溶液）		3.5~6.0		—	—	—	—	—	—
水不溶物的质量分数（%）	≤	0.005	0.01	—	—	0.02	0.05	0.5	1.0
干燥减量的质量分数（%）	≤	—	—	1.0	0.5	—	—	1.0	2.0

表 10-69　工业氯化钡的技术要求（GB/T 1617—2014）

项　目（质量分数,%）		指　标			
		Ⅰ类		Ⅱ类	
		优等品	一等品	优等品	一等品
氯化钡（$BaCl_2 \cdot 2H_2O$)	≥	99.5	99.5	99.0	98.0
锶（Sr）	≤	0.003	0.01	0.15	0.30
钙（Ca）	≤	0.002	0.01	0.036	0.090
硫化物（以 S 计）	≤	0.001	0.002	0.003	0.003
铁（Fe）	≤	0.0005	0.001	0.001	0.003
水不溶物	≤	0.02	0.05	0.05	0.10
钠（Na）	≤	0.005	0.050	—	—

表 10-70 工业用氯化铵的要求（GB/T 2946—2018）

项 目		优等品	一等品	合格品
氯化铵（NH_4Cl）（以干基计）的质量分数（%）	≥	99.5	99.3	99.0
水[①]的质量分数（%）	≤	0.5	0.7	1.0
灼烧残渣的质量分数（%）	≤	0.4	0.4	0.4
铁（Fe）的质量分数（%）	≤	0.0007	0.0010	0.0030
重金属（以 Pb 计）的质量分数（%）	≤	0.0005	0.0005	0.0010
硫酸盐（以 SO_4 计）的质量分数（%）	≤	0.02	0.05	—
pH（200g/L 溶液）			4.0～5.8	

① 水的质量分数仅在生产企业检验和生产领域质量抽查检验时进行判定。当需方对水分有特殊要求时，可由供需双方协商确定。

表 10-71 工业氯化钾的化学指标（GB/T 7118—2008） （单位：g/100g）

项 目		化学指标		
		优级	一级	二级
氯化钾	≥	93.0	90.0	88.0
氯化钠	≤	1.75	2.60	3.60
钙、镁离子总量	≤	0.27	0.38	0.45
硫酸根	≤	0.20	0.35	0.65
水不溶物	≤	0.05	0.10	0.15
水分	≤	4.73	6.57	7.15

表 10-72 工业氯化锌的技术要求（HG/T 2323—2012）

项 目		指 标				
		Ⅰ型		Ⅱ型		Ⅲ型
		优等品	一等品	一等品	合格品	
氯化锌（$ZnCl_2$）的质量分数(%)	≥	96.0	95.0	95.0	93.0	40.0
酸不溶物的质量分数(%)	≤	0.01	0.02	0.05		—
碱式盐（以 ZnO 计）的质量分数(%)	≤	2.0		2.0		0.85
硫酸盐（以 SO_4 计）的质量分数(%)	≤	0.01		0.01	0.05	0.004
铁(Fe)的质量分数(%)	≤	0.0005		0.001	0.003	0.0002
铅(Pb)的质量分数(%)	≤	0.0005		0.001		0.0002
碱和碱土金属的质量分数(%)	≤	1.0		1.5		0.5
锌片腐蚀试验		通过		—		通过
pH		—		—		3～4

表 10-73 萤石矿粉的化学成分（YB/T 5217—2019）

牌 号	化学成分(质量分数,%)		
	CaF_2 ≥	Fe_2O_3 ≤	H_2O ≤
FF-95	95.00	0.20	0.50
FF-90	90.00	0.20	0.50
FF-85	85.00	0.30	0.50
FF-80	80.00	0.30	0.50
FF-75	75.00	0.30	0.50
FF-70	70.00	—	—

注：未经过机械加工的、粒度在 1～6mm 范围内的萤石矿粉,水分（H_2O）的质量分数不大于 5.00%。

表 10-74　氟化钠的化学成分（YS/T 517—2009）

等级	化学成分（质量分数,%）						
	NaF	SiO_2	碳酸盐（CO_3^{2-}）	硫酸盐（SO_4^{2-}）	酸度（HF）	水中不溶物	H_2O
	≥	≤					
一级	98	0.5	0.37	0.3	0.1	0.7	0.5
二级	95	1.0	0.74	0.5	0.1	3	1.0
三级	84	—	1.49	2.0	0.1	10	1.5

注：将测定的氟量换算成氟化钠的换算因子为：$NaF = (22.99 + 19.00)/19.00 \times w(F) = 2.21 \times w(F)$。

表 10-75　工业无水氟化钾的要求（HG/T 2829—2008）

项目（质量分数,%）		指　标		
		优等品	一等品	合格品
氟化钾	≥	99.0	98.5	98.0
氯化物（以 Cl 计）	≤	0.3	0.5	0.7
水分	≤	0.2	0.4	0.5
游离酸或游离碱	（以 HF 计）≤	0.05	0.1	0.1
	（以 KOH 计）≤	0.05	0.1	0.2
硫酸盐（以 SO_4 计）	≤	0.1	0.2	0.3
氟硅酸盐（以 SiO_2 计）	≤	0.05	0.2	0.3

表 10-76　氟化铝的化学成分和物理性能指标（GB/T 4292—2017）

牌号	化学成分（质量分数,%）								物理性能
	F	Al	Na	SiO_2	Fe_2O_3	SO_4^{2-}	P_2O_5	烧减量	堆密度/(g/cm³)
	≥		≤						不小于
AF-0	61.0	31.5	0.30	0.10	0.05	0.10	0.03	0.5	1.5
AF-1	60.0	31.0	0.40	0.32	0.10	0.60	0.04	1.0	1.3
AF-2	60.0	31.0	0.60	0.35	0.10	0.60	0.04	2.5	0.7

10.3.3　盐类（见表 10-77 ~ 表 10-94）

表 10-77　工业沉淀碳酸钙的要求（HG/T 2226—2010）

项　目		指　标					
		橡胶和塑料用		涂料用		造纸用	
		优等品	一等品	优等品	一等品	优等品	一等品
碳酸钙（CaCO_3）的质量分数（%）	≥	98.0	97.0	98.0	97.0	98.0	97.0
pH（10%悬浮物）	≤	9.0 ~ 10.0	9.0 ~ 10.5	9.0 ~ 10.0	9.0 ~ 10.5	9.0 ~ 10.0	9.0 ~ 10.5
105℃挥发物的质量分数（%）	≤	0.4	0.5	0.4	0.6	1.0	
盐酸不溶物的质量分数（%）	≤	0.10	0.20	0.10	0.20	0.10	0.20
沉降体积/(mL/g)	≥	2.8	2.4	2.8	2.6	2.8	2.6
锰（Mn）的质量分数（%）	≤	0.005	0.008	0.006	0.008	0.006	0.008
铁（Fe）的质量分数（%）	≤	0.05	0.08	0.05	0.08	0.05	0.08
细度（筛余物）的质量分数（%）	125μm	全通过	0.005	全通过	0.005	全通过	0.005
≤	45μm	0.2	0.4	0.2	0.4	0.2	0.4
白度（%）	≥	94.0	92.0	95.0	93.0	94.0	92.0

（续）

项　目		指　标					
		橡胶和塑料用		涂料用		造纸用	
		优等品	一等品	优等品	一等品	优等品	一等品
吸油值/（g/100g）	≤	80	100	—	—	—	—
黑点/（个/g）	≤	5					
铅（Pb）[①]的质量分数（%）	≤	0.0010					
铬（Cr）[①]的质量分数（%）	≤	0.0005					
汞（Hg）[①]的质量分数（%）	≤	0.0002					
镉（Cd）的质量分数（%）	≤	0.0002					
砷（As）[①]的质量分数（%）	≤	0.0003					

① 使用在食品包装纸、儿童玩具和电子产品填料生产上时需控制这些指标。

表 10-78　工业水合碱式碳酸镁的要求（HG/T 2959—2010）

项　目		指　标	
		优等品	一等品
氧化镁（MgO）的质量分数（%）		40.0 ~ 43.5	
氧化钙（CaO）的质量分数（%）	≤	0.20	0.70
盐酸不溶物的质量分数（%）	≤	0.10	0.15
水分的质量分数（%）	≤	2.0	3.0
灼烧减量的质量分数（%）		54 ~ 58	
氯化物（以 Cl 计）的质量分数（%）	≤	0.10	
铁（Fe）的质量分数（%）	≤	0.01	0.02
锰（Mn）的质量分数（%）	≤	0.004	0.004
硫酸盐（以 SO_4 计）的质量分数（%）	≤	0.10	0.15
细度	0.15mm 的质量分数（%）　≤	0.025	0.03
	0.075mm 的质量分数（%）　≤	1.0	—
堆密度/（g/mL）	≤	0.12	0.2

注：水分指标仅适用于产品包装时检验用。

表 10-79　工业碳酸钾的要求（GB/T 1587—2016）

项　目（质量分数,%）		指　标				
		Ⅰ 型			Ⅱ 型	
		优等品	一等品	合格品	优等品	一等品
碳酸钾（K_2CO_3）	≥	99.0	98.5	96.0	99.0	98.5
氯化物（以 KCl 计）	≤	0.01	0.10	0.20	0.02	0.05
硫化合物（以 K_2SO_4 计）	≤	0.01	0.10	0.15	0.02	0.05
铁（Fe）	≤	0.001	0.003	0.010	0.001	0.003
水不溶物	≤	0.02	0.05	0.10	0.02	0.05
灼烧失量	≤	0.60	1.00	1.00	0.60	1.00

注：灼烧失量指标仅适用于产品包装时检验用。

表 10-80　工业碳酸钠的要求（GB 210.1—2004）

项　目		I 类	II 类		
		优等品	优等品	一等品	合格品
总碱量（以干基的 NaCO₃）的质量分数（%） ≥		99.4	99.2	98.8	98.0
总碱量（以湿基的 NaCO₃）[①]的质量分数（%） ≥		98.1	97.9	97.5	96.7
氯化钠（以干基的 NaCl）的质量分数（%） ≤		0.30	0.70	0.90	1.20
铁（Fe）（干基计）的质量分数（%） ≤		0.003	0.0035	0.006	0.010
硫酸盐（以干基的 SO₄）的质量分数（%） ≤		0.03	0.03		
水不溶物的质量分数（%） ≤		0.02	0.03	0.10	0.15
堆密度[②]/(g/mL) ≥		0.85	0.90	0.90	0.90
粒度[③]，筛余物（%）	180μm ≥	75.0	70.0	65.0	60.0
	1.18mm ≤	2.0			

① 为包装时含量，交货时产品中总碱量乘以交货产品的质量再除以交货清单上产品的质量之值不得低于此数值。
② 为氨碱产品控制指标。
③ 为重质碳酸钠控制指标。

表 10-81　工业碳酸锶的要求（HG/T 2969—2010）

项　目		指　标	
		I 型	II 型
锶钡合量（SrCO₃ + BaCO₃）的质量分数（%） ≥		98.0	
碳酸锶（SrCO₃）的质量分数（%） ≥			96.0
碳酸钙（CaCO₃）的质量分数（%） ≤		0.5	0.5
碳酸钡（BaCO₃）的质量分数（%） ≤		2.0	2.5
钠（以 Na₂O 计）的质量分数（%） ≤		0.3	—
铁（以 Fe₂O₃ 计）的质量分数（%） ≤		0.01	0.01
氯（Cl）的质量分数（%） ≤		0.12	—
总硫（以 SO₄ 计）的质量分数（%） ≤		0.35	0.45
水分的质量分数（%） ≤		0.3	0.5
氧化铬（Cr₂O₃）的质量分数（%） ≤		0.0005	—
粒度		协商	

表 10-82　工业碳酸钠的要求（GB/T 1618—2018）

项　目（质量分数,%）		指　标					
		I 类			II 类		
		优等品	一等品	合格品	优等品	一等品	合格品
氯酸钠（NaClO₃）（以干基计） ≥		99.5	99.0	98.0	99.5	99.0	97.0
水分 ≤		0.10	0.30	0.50	2.5	3.0	3.0
水不溶物 ≤		0.01	0.02	0.03	0.01	0.02	0.03
氯化物（以 Cl 计） ≤		0.15	0.20	0.30	0.15	0.20	0.30
硫酸盐（以 SO₄ 计） ≤		0.01	0.1		0.01	0.1	
铬酸盐（以 CrO₄ 计） ≤		0.005	0.01		0.005	0.01	
铁（Fe） ≤		0.005	0.05		0.005	0.05	

表 10-83　工业氯酸钾的要求（GB/T 752—2019）

项　目		指　标		
		Ⅰ 型	Ⅱ 型	Ⅲ 型
氯酸钾（$KClO_3$）的质量分数（%）	≥	99.5	99.2	98.5
水分的质量分数（%）	≤	0.05	0.10	0.10
水不溶物的质量分数（%）	≤	0.02	0.10	0.60
氯化物（以 KCl 计）的质量分数（%）	≤	0.04	0.06	0.15
溴酸盐（以 $KBrO_3$ 计）的质量分数（%）	≤	0.05	0.15	0.20
次氯酸盐		通过试验		
亚氯酸盐		通过试验		
重金属		通过试验		
碱土金属		通过试验		
粒度（通过 125μm 试验筛）的质量分数（%）	≥	99.5	99.0	
松散度（通过 4.75mm 试验筛）的质量分数（%）	≥	90		

注：松散度指标为加防结块剂产品控制项，当用户有要求时按本标准规定的方法检测。

表 10-84　硝酸锶的技术要求（GB/T 669—1994）

指标（质量分数,%）		分析纯	化学纯
硝酸锶［$Sr(NO_3)_2$］	≥	99.5	99.0
杂质含量 ≤	澄清度试验	合格	合格
	水不溶物	0.005	0.01
	干燥失重	0.1	0.5
	游离酸（以 HNO_3 计）	0.013	0.013
	氯化物（Cl）	0.0005	0.002
	硫酸盐（SO_4）	0.005	0.01
	钠（Na）	0.03	0.05
	镁（Mg）	0.005	0.01
	钾（K）	0.02	0.05
	钙（Ca）	0.03	0.05
	铁（Fe）	0.0002	0.0005
	钡（Ba）	0.02	0.1
	重金属（以 Pb 计）	0.0005	0.001

表 10-85　工业硝酸钾的要求（GB/T 1918—2011）

项目（质量分数,%）		指　标		
		优等品	一等品	合格品
硝酸钾（KNO_3）	≥	99.7	99.4	99.0
水分	≤	0.10	0.20	0.30
碳酸盐（以 K_2CO_3 计）	≤	0.01	0.01	—
硫酸盐（以 SO_4 计）	≤	0.005	0.01	—
氯化物（以 Cl 计）	≤	0.01	0.02	0.10
水不溶物	≤	0.01	0.02	0.05
吸湿率	≤	0.25	0.30	—
铁（Fe）	≤	0.003	—	—

注：铵盐含量根据用户要求，按该标准规定的方法进行测定。

表 10-86　肥料级硫酸铵的技术指标要求
（GB/T 535—2020）

项目（质量分数,%）		指　标	
		Ⅰ 型	Ⅱ 型
氮（N）	≥	20.5	19.0
硫（S）	≥	24.0	21.0
游离酸（H_2SO_4）	≤	0.05	0.20
水分（H_2O）	≤	0.5	2.0
水不溶物	≤	0.5	2.0
氯离子（Cl^-）	≤	1.0	2.0

表 10-87　工业七水硫酸镁的技术要求（HG/T 2680—2017）

项　目		Ⅰ 类		Ⅱ 类		Ⅲ 类		Ⅳ 类
		优等品	一等品	优等品	一等品	优等品	一等品	
硫酸镁的质量分数（%）	以 $MgSO_4 \cdot 7H_2O$ 计 ≥	99.5	99.0	—	—	—	—	—
	以 Mg 计 ≥	—	—	17.3	15.9（苦卤法 15.7）	19.8	19.2	—
	$MgSO_4$（灼烧后） ≥	—	—	—	—	—	—	99.0

（续）

项　目		I类		II类		III类		IV类
		优等品	一等品	优等品	一等品	优等品	一等品	
氯化物（以Cl计）的质量分数（%）	≤	0.05	0.20	0.10	1.50	0.03	0.20	0.10
铁（Fe）的质量分数（%）	≤	0.0015	0.0030	0.0030	0.020	0.0030	0.020	0.0030
水不溶物的质量分数（%）	≤	0.01	0.05	0.10	—	0.10		0.10
重金属（以Pb计）的质量分数（%）	≤	0.001	—	0.002	0.002	0.002	0.004	0.002
pH（50g/L溶液）		5.0~9.5						
灼烧失量的质量分数（%）	≤	48.0~52.0		13.0~16.0		1.8	4.8	22.0~48.0

表 10-88　工业沉淀硫酸钡的要求 （GB/T 2899—2017）

项　目		指　标		
		优等品	一等品	合格品
硫酸钡（BaSO$_4$）（以干基计）的质量分数（%）	≥	98.0	97.0	95.0
105℃挥发物的质量分数（%）	≤	0.20	0.25	0.30
水溶物的质量分数（%）	≤	0.30	0.30	0.50
铁（Fe）的质量分数（%）	≤	0.003	0.005	—
白度（%）	≥	94.0	93.0	89.0
吸油量/（g/100g）		10~30	10~30	—
pH（10%悬浮液）		6.5~9.0	5.5~9.5	5.5~9.5
细度（45μm试验筛筛余物）（%）	≤	0.1	0.2	0.5
硫化物（以S计）的质量分数（%）	≤	0.003	0.005	—
中位粒径（D_{50}）/μm	≤	2.0		

表 10-89　工业硅酸钠的要求 （GB/T 4209—2008）

分类		指　标											
	指标项目	液—1			液—2			液—3			液—4		
		优等品	一等品	合格品	优等品	一等品	合格品	优等品	一等品	合格品	优等品	一等品	合格品
液体	铁（Fe）的质量分数（%）　≤	0.02	0.05	—	0.02	0.05	—	0.02	0.05	—	0.02	0.05	—
	水不溶物的质量分数（%）　≤	0.10	0.40	0.50	0.10	0.40	0.50	0.20	0.60	0.80	0.20	0.80	1.00
	密度（20℃）/（g/mL）	1.336~1.362			1.368~1.394			1.436~1.465			1.526~1.559		
	氧化钠（Na$_2$O）的质量分数（%）≥	7.5			8.2			10.2			12.8		
	二氧化硅（SiO$_2$）的质量分数（%）≥	25.0			26.0			25.7			29.2		
	模数	3.41~3.60			3.10~3.40			2.60~2.90			2.20~2.50		

固体	指标项目	固—1			固—2			固—3		
		优等品	一等品	合格品	优等品	一等品	合格品	一等品	合格品	
	可溶固体的质量分数（%）　≥	99.0	98.0	95.0	99.0	98.0	95.0	98.0	95.0	
	铁（Fe）的质量分数（%）　≤	0.02	0.12	—	0.02	0.12	—	0.10	—	
	氧化铝的质量分数（%）　≤	0.30	—	—	0.25	—	—	—	—	
	模数	3.41~3.60			3.10~3.40			2.20~2.50		

表 10-90　工业偏硅酸钠的要求（HG/T 2568—2008）

项　目	Ⅰ类	Ⅱ类		Ⅲ类	
	零水偏硅酸钠	五水偏硅酸钠		九水偏硅酸钠	
		优等品	一等品	优等品	一等品
二氧化硅（SiO$_2$）的质量分数（%）	≥45.0	27.8~29.2	27.3~29.0	21.0~22.5	20.0~22.5
总碱量（以 Na$_2$O 计）的质量分数（%）	50.0~52.0	28.7~30.0	28.2~30.0	21.5~23.0	20.5~23.0
水不溶物的质量分数（%）　　≤	0.25	0.05	0.10	0.05	0.30
铁（Fe）的质量分数（%）　　≤	0.03	0.01	0.02	0.015	0.05
白度（%）　　≥	75	80	75	80	70

表 10-91　工业氟硅酸钠的技术要求
（GB/T 23936—2018）

项　目（质量分数,%）	指　标		
	Ⅰ型		Ⅱ型
	优等品	一等品	
氟硅酸钠（Na$_2$SiF$_6$）　≥	99.0	98.5	98.5（以干基计）
游离酸（以 HCl 计）　≤	0.10	0.15	0.15
干燥减量　≤	0.30	0.40	8.0
氯化物（以 Cl 计）　≤	0.15	0.20	0.20
水不溶物　≤	0.40	0.50	0.50
硫酸盐（以 SO$_4$ 计）　≤	0.25	0.50	0.45
铁（Fe）　≤	0.02	—	—
五氧化二磷（P$_2$O$_5$）　≤	0.01	0.02	0.02
重金属（以 Pb 计）　≤	0.01	—	—

表 10-92　工业磷酸三钠的要求（HG/T 2517—2009）

项　目	指　标
磷酸三钠（以 Na$_3$PO$_4$·12H$_2$O 计）的质量分数（%）　≥	98.0
硫酸盐（以 SO$_4$ 计）的质量分数（%）　≤	0.5
氯化物（以 Cl 计）的质量分数（%）　≤	0.4
砷（As）的质量分数（%）　≤	0.005
铁（Fe）的质量分数（%）　≤	0.01
不溶物的质量分数（%）　≤	0.1
pH（10g/L 溶液）	11.5~12.5

表 10-93　工业重铬酸钠的技术要求
（GB/T 1611—2014）

项　目（质量分数,%）	指　标		
	优等品	一等品	合格品
重铬酸钠（以 Na$_2$Cr$_2$O$_7$·2H$_2$O 计）　≥	99.5	98.3	98.0
硫酸盐（以 SO$_4$ 计）　≤	0.20	0.30	0.40
氯化物（以 Cl 计）　≤	0.05	0.10	0.15
铁（Fe）　≤	0.002	0.006	0.01

注：如用户对钒含量有要求，按该标准规定的方法进行测定。

表 10-94　工业重铬酸钾（GB/T 28657—2012）

项　目（质量分数,%）	指　标		
	优等品	一等品	合格品
重铬酸钾（以 K$_2$Cr$_2$O$_7$ 计）　≥	99.8	99.5	99.0
硫酸盐（以 SO$_4$ 计）　≤	0.02	0.05	0.05
氯化物（以 Cl 计）　≤	0.03	0.05	0.07
钠（Na）　≤	0.4	1.0	1.5
水分　≤	0.03	0.05	0.05
水不溶物　≤	0.01	0.02	0.05

10.3.4　气体（见表 10-95～表 10-101）

表 10-95　工业用液氯的要求（GB 5138—2006）

项　目	指　标		
	优等品	一等品	合格品
氯（体积分数,%）　≥	99.8	99.6	99.6
水分的质量分数（%）　≤	0.01	0.03	0.04
三氯化氮的质量分数（%）　≤	0.002	0.004	0.004
蒸发残渣的质量分数（%）　≤	0.015	0.10	—

注：水分、三氯化氮指标强制。

表 10-96　高纯氯的技术要求（GB/T 18994—2014）

项目（体积分数,%）	指　标	
氯纯度/10^{-2}　≥	99.999	99.9995
氢（H$_2$）/10^{-6}　<	0.5	0.5
氧（O$_2$）/10^{-6}　<	1	1
氮（N$_2$）/10^{-6}　<	2	1
二氧化碳 CO$_2$/10^{-6}　<	4	0.5
一氧化碳 CO/10^{-6}　<	0.5	0.5
烃[①]（C$_1$~C$_2$）/10^{-6}　<	0.5	0.1
水分/10^{-6}　<	2	0.5

（续）

项目(体积分数,%)	指 标	
总杂质/10⁻⁶　　≤	10	5
颗粒	供需双方商定	供需双方商定
金属元素（Sb、Co、Ga、Ge、Li、Mo、Si、Sn、Cd、Cr、Cu、Fe、Na、Ni、Zn、Ca、K、Mg、Mn、Pb）	供需双方商定	供需双方商定

① 烃（C₁～C₂）：CH₄、C₂H₂、C₂H₄、C₂H₆。

表 10-97　工业氮的技术指标（GB/T 3864—2008）

项 目	指 标
氮气（N₂）纯度（体积分数,%）　≥	99.2
氧（O₂）含量（体积分数,%）　≤	0.8
游离水	无

表 10-98　纯氮、高纯氮和超纯氮的技术要求
（GB/T 8979—2008）

项 目 （体积分数,%）	指 标		
	纯氮	高纯氮	超纯氮
氮气(N₂)纯度　　≥	99.99	99.999	99.9999
氧(O₂)/10⁻⁴　　≤	50	3	0.1
氩(Ar)/10⁻⁴　　≤	—	—	2

表 10-99　纯氧、高纯氧和超纯氧的技术要求
（GB/T 14599—2008）

项 目 （体积分数,%）	指 标		
	纯氮	高纯氮	超纯氮
氢（H₂）/10⁻⁴　　≤	15	1	0.1
一氧化碳（CO）/10⁻⁴　　≤	5	1	0.1
二氧化碳（CO₂）/10⁻⁴　　≤	10	1	0.1
甲烷（CH₄）/10⁻⁴　　≤	5	1	0.1
水（H₂O）/10⁻⁴　　≤	15	3	0.5

项 目 （体积分数,%）	指 标		
	纯氧	高纯氧	超纯氧
氧（O₂）纯度　　≥	99.995	99.999	99.9999
氢（H₂）/10⁻⁴　　≤	1	0.5	0.1
氩（Ar）/10⁻⁴　　≤	10	2	0.2
氮（N₂）/10⁻⁴　　≤	20	5	0.1
二氧化碳（CO₂）/10⁻⁴　　≤	1	0.5	0.1
总烃（以甲烷计）/10⁻⁴　　≤	2	0.5	0.1
水（H₂O）/10⁻⁴　　≤	3	2	0.5

表 10-100　工业液体二氧化碳的技术要求（GB/T 6052—2011）

项 目	指 标		
二氧化碳①（体积分数）/10⁻²　　≥	99	99.5	99.9
油分	按该标准 4.4 检验合格	按该标准 4.4 检验合格	按该标准 4.4 检验合格
一氧化碳、硫化氢、磷化氢及有机还原物②	—	按该标准 4.6 检验合格	按该标准 4.6 检验合格
气味	无异味	无异味	无异味
水分露点/℃　　≤	—	-60	-65
游离水	无	—	—

① 焊接用二氧化碳的体积分数应≥99.5×10⁻²。
② 焊接用二氧化碳应检验该项目；工业用二氧化碳可不检验该项目。

表 10-101　氩的技术指标（GB/T 4842—2017）

项 目 （体积分数,%）	指 标		项 目 （体积分数,%）	指 标	
	高纯氩	纯氩		高纯氩	纯氩
氩（Ar）纯度　　≥	99.999	99.99	甲烷（CH₄）/10⁻⁴　　≤	0.4	5
氢（H₂）/10⁻⁴　　≤	0.5	5	一氧化碳（CO）/10⁻⁴　　≤	0.3	5
氧（O₂）/10⁻⁴　　≤	1.5	10	二氧化碳（CO₂）/10⁻⁴　　≤	0.3	10
氮（N₂）/10⁻⁴　　≤	4	50	水分（H₂O）/10⁻⁴　　≤	3	15

注：液态氩不检测水分含量。

10.3.5　氢氧化物（见表10-102～表10-104）

表10-102　工业氢氧化镁（HG/T 3607—2007）

项　目		指　标				
		I 类	II 类		III 类	
			一等品	合格品	一等品	合格品
氢氧化镁［Mg（OH）$_2$］的质量分数（%）	≥	97.5	94.0	93.0	93.0	92.0
氧化钙（CaO）的质量分数（%）	≤	0.10	0.05	0.1	0.5	1.0
盐酸不溶物的质量分数（%）	≤	0.10	0.2	0.5	2.0	2.5
水分的质量分数（%）	≤	0.5	2.0	2.5	2.0	2.5
氯化物（以 Cl 计）的质量分数（%）	≤	0.10	0.4	0.5	0.4	0.5
铁（Fe）的质量分数（%）	≤	0.005	0.02	0.05	0.2	0.3
筛余物（75μm试验筛）的质量分数（%）	≤	—	0.02	0.05	0.5	1.0
激光粒径（D_{50}）/μm		0.5～1.5	—	—	—	—
烧减量（%）	≥	30.0	—	—	—	—
白度（%）	≥	95	—	—	—	—

表10-103　工业用氢氧化钠指标（GB/T 209—2018）

项　目		型号规格				
（质量分数,%）		IS		IL		
		I	II	I	II	III
		指标				
氢氧化钠	≥	98.0	70.0	50.0	45.0	30.0
碳酸钠	≤	0.8	0.5	0.5	0.4	0.2
氯化钠	≤	0.05	0.05	0.05	0.03	0.008
三氧化二铁	≤	0.008	0.008	0.005	0.003	0.001

表10-104　氢氧化铝的化学成分和物理性能（GB/T 4294—2010）

牌号	化学成分[2]（质量分数,%）					物理性能
	Al_2O_3[3]	杂质元素　≤			烧失量（灼减）	水分（附着水）（%）
	≥	SiO_2	Fe_2O_3	Na_2O		≤
AH-1[1][4]	余量	0.02	0.02	0.40	34.5±0.5	12
AH-2[4]	余量	0.04	0.02	0.40	34.5±0.5	12

① 用作干法氟化铝的生产原料时，要求水分（附着水）不大于6%，小于45μm粒度的质量分数≤15%。
② 化学成分按在110℃±5℃下烘干2h的干基计算。
③ Al_2O_3含量为100%减去表中所列杂质含量总和以及灼减后的余量。
④ 重金属元素 $w(Cd+Hg+Pb+Cr^{6+}+As)≤0.010\%$，供方可不做常规分析，但应监控其含量。

10.3.6　其他（见表10-105～表10-127）

表10-105　冰晶石（Na_3AlF_6）的化学成分和物理性能（GB/T 4291—2017）

分类	牌号	化学成分（质量分数,%）									物理性能
		F	Al	Na	SiO_2	Fe_2O_3	SO_4^{2-}	CaO	P_2O_5	湿存水	烧减量（%）
		≥			≤						
高分子比冰晶石	CH-0	52.0	12.0	33.0	0.25	0.03	0.50	0.10	0.02	0.20	1.5
	CH-1	52.0	12.0	33.0	0.36	0.05	0.80	0.15	0.04	0.40	2.5
普通冰晶石	CM-0	53.0	13.0	32.0	0.25	0.05	0.50	0.20	0.02	0.20	2.0
	CM-1	53.0	13.0	32.0	0.36	0.08	0.80	0.60	0.03	0.40	2.5

表 10-106 工业用二氟二氯甲烷（F12）的技术要求

（GB/T 7372—1987）

指标名称		优级品	一级品	合格品
外观		无色、不浑浊		
气味		无异臭		
纯度（%）	≥	99.8	99.5	99.0
水分（质量分数,%）	≤	0.0005	0.001	0.003
酸度（以 HCl 计）（质量分数,%）	≤	0.00001	0.0001	0.0001
蒸发残留物（质量分数,%）	≤	0.01	0.01	0.02

表 10-107 工业十水合四硼酸二钠（硼砂）的要求（GB/T 537—2009）

项目（质量分数,%）		优等品	一等品
主含量 $Na_2B_4O_7 \cdot 10H_2O$	≥	99.5	95.0
碳酸盐（以 CO_2 计）	≤	0.1	0.2
水不溶物	≤	0.04	0.04
硫酸盐（以 SO_4 计）	≤	0.1	0.2
氯化物（以 Cl 计）	≤	0.03	0.05
铁（Fe）	≤	0.002	0.005

表 10-108 石墨电极的直径与长度（YB/T 4088—2015） （单位：mm）

公称直径	实际直径			公称长度
	最大	最小	黑皮部分最小	
75	78	73	72	1000/1200/1400/1600
100	103	98	97	1000/1200/1400/1600
130	132	127	126	1000/1200/1400/1600
150	154	149	146	1200/1400/1600/1800
175	179	174	171	1200/1400/1600/1800
200	205	200	197	1600/1800
225	230	225	222	1600/1800
250	256	251	248	1600/1800/2000
300	307	302	299	1600/1800/2000/2200
350	358	352	340	1600/1800/2000/2200
400	409	403	400	1600/1800/2000/2200
450	460	454	451	1600/1800/2000/2200
500	511	505	502	1800/2000/2200/2400
550	562	556	553	1800/2000/2200/2400/2700
600	613	607	604	2000/2200/2400/2700
650	663	659	656	2000/2200/2400/2700
700	714	710	707	2000/2200/2400/2700
750	765	761	758	2000/2200/2400/2700
800	816	812	809	2000/2200/2400/2700

表 10-109 电极长度的允许偏差（YB/T 4088—2015） （单位：mm）

公称直径	标准长度偏差		短尺长度偏差	
	最大	最小	最大	最小
1000	+50	−75	−75	−225
1200	+50	−100	−100	−225
1400	+100	−100	−100	−225
1600	+100	−100	−100	−275

（续）

公称直径	标准长度偏差		短尺长度偏差	
	最大	最小	最大	最小
1800	+100	−100	−100	−275
2000	+100	−100	−100	−275
2200	+100	−100	−100	−275
2400	+100	−100	−100	−275
2700	+200	−150	−150	−300

表 10-110　通用滑石粉的理化性能要求（GB/T 15342—2012）

理化性能		一级品	二级品	三级品
白度（%） ≥		90.0	85.0	75.0
细度	磨细滑石粉	明示粒径相应试验筛通过率≥98.0%		
	微细滑石粉和超细滑石粉	小于明示粒径的含量≥90.0%		
水分的质量分数（%） ≤		0.50	1.00	
二氧化硅 + 氧化镁的质量分数（%） ≥		90.0	80.0	65.0
全铁（以 Fe_2O_3 计）的质量分数（%） ≤		1.50	2.00	—
三氧化二铝的质量分数（%） ≤		1.50	3.00	—
氧化钙的质量分数（%） ≤		1.00	1.80	—
烧失量（1000℃）的质量分数（%） ≤		7.00	10.00	20.0

表 10-111　菱镁石的化学成分（YB/T 5208—2016）

牌号	化学成分（质量分数,%）				
	MgO ≥	CaO ≤	SiO_2 ≤	Fe_2O_3 ≤	Al_2O_3 ≤
M47A	47.30	—	0.15	0.25	0.10
M47B	47.20	—	0.25	0.30	0.10
M47C	47.00	0.60	0.60	0.40	0.20
M46A	46.50	0.80	1.00	—	—
M46B	46.00	0.80	1.20	—	—
M46C	46.00	0.80	2.50	—	—
M45	45.00	1.50	1.50	—	—
M44	44.00	2.00	3.00	—	—
M41	41.00	6.00	2.00	—	—
M33	33.00	—	4.00	—	—

表 10-112　工业用四氯化碳的技术要求（GB/T 4119—2008）

项　目		指标	
		优等品	一等品
四氯化碳的质量分数（%） ≥		99.80	99.50
三氯甲烷的质量分数（%） ≤		0.05	0.3
四氯乙烯的质量分数（%） ≤		0.03	0.1
水的质量分数（%） ≤		0.005	0.007
酸（以 HCl 计）的质量分数（%） ≤		0.0002	0.0008
色度/Hazen 单位（Pt-Co 色号） ≤		15	25

表 10-113　工业丙酮的技术要求（GB/T 6026—2013）

项　目	指　标		
	优等品	一等品	合格品
色度/Hazen 单位(铂-钴色号) ≤	5	5	10
密度(20℃)/(g/cm³)	0.789 ~ 0.791	0.789 ~ 0.792	0.789 ~ 0.793
沸程(0℃,101.3kPa)(包括56.1℃)/℃ ≤	0.7	1.0	2.0
蒸发残渣的质量分数(%) ≤	0.002	0.003	0.005

（续）

项　目		指　标		
		优等品	一等品	合格品
酸度（以乙酸计）的质量分数（%） ≤		0.002	0.003	0.005
高锰酸钾时间试验（25℃）/min ≥		120	80	35
水混溶性		合格		
水的质量分数（%） ≤		0.30	0.40	0.60
甲醇的质量分数（%） ≤		0.05	0.3	1.0
丙酮的质量分数（%） ≥		99.5	99.0	98.5
苯/（mg/kg） ≤		5	20	—

表 10-114　一般工业用硼酸技术要求
（GB/T 538—2018）

项目（质量分数,%）		指　标		
		优等品	一等品	合格品
硼酸（H_3BO_3）		99.6 ~ 100.8	99.4 ~ 100.8	≥99.0
水不溶物	≤	0.010	0.040	0.060
硫酸盐（以 SO_4 计）	≤	0.10	0.20	0.60
氯化物（以 Cl 计）	≤	0.010	0.050	0.10
铁（Fe）	≤	0.0010	0.0015	0.0020
重金属（以 Pb 计）	≤	0.0010	—	—

表 10-115　工业用六氯乙烷的要求
（HG/T 3261—2002）

项　目		指　标		
		优等品	一等品	合格品
纯度（%）	≥	99.5	99.0	98.0
初熔点/℃	≥	184	183	
水分的质量分数（%）	≤	0.02	0.06	0.08
灰分的质量分数（%）	≤	0.02	0.04	0.06
铁（以 Fe 计）的质量分数（%）	≤	0.006	0.008	0.015
游离氯（Cl_2）试验		合格		

（续）

项目（质量分数,%）		指　标		
		优等品	一等品	合格品
氯化物（以 Cl 计）	≤	0.01	0.04	0.06
醇不溶物	≤	0.02	0.05	0.10

表 10-116　工业氟硅酸钠 Na_2SiF_6 的技术要求
（GB/T 23936—2018）

项目（质量分数,%）		指　标		
		I 型		II 型
		优等品	一等品	
氟硅酸钠（Na_2SiF_6）	≥	99.0	98.5	98.5（以干基计）
游离酸（以 HCl 计）	≤	0.10	0.15	0.15
干燥减量		0.30	0.40	8.0
氯化物（以 Cl 计）		0.15	0.20	0.20
水不溶物	≤	0.40	0.50	0.50
硫酸盐（以 SO_4 计）	≤	0.25	0.50	0.45
铁（Fe）	≤	0.02		
五氧化二磷（P_2O_5）	≤	0.01	0.02	0.02
重金属（以 Pb 计）	≥	0.01		

表 10-117　氟硼酸钾 KBF_4 的化学成分 （GB/T 22667—2008）

牌　号	化学成分（质量分数,%）							
	KBF_4	FH_3BO_3	Si	Na	Ca	Mg	Cl^-	湿存水
	≥	≤						
PFB-1	98	0.4	0.2	0.10	0.05	0.05	0.10	0.2
PFB-2	97	0.5	0.4	0.15	0.10	0.10	0.20	0.3

注：1. 测定值或其计算值与表中规定的极限数值比较的方法按 GB/T 1250 中第 5.2 的规定进行。

　　2. 需方如对表中规定的各指标有特殊要求时，可由供需双方另行商定，并在合同中注明。

　　3. 表中 FH_3BO_3 为游离硼酸。

表 10-118　氟钛酸钾 K_2TiF_6 的化学成分（GB/T 22668—2008）

牌　　号	化学成分（质量分数,%）						
	K_2TiF_6	Si	Fe	Cl	Ca	Pb	H_2O
	≥	≤					
PFT-1	99	0.05	0.02	0.05	0.05	0.01	0.10
PFT-2	97	0.30	0.10	0.10	0.10	0.05	0.30

注：1. 测定值或其计算值与表中规定的极限数值比较的方法按 GB/T 1250 中第 5.2 的规定进行。
　　2. 需方如对表中规定的各指标有特殊要求时，可由供需双方另行商定，并在合同中注明。

表 10-119　工业硫化钠的要求（GB/T 10500—2009）

项目（质量分数,%）		指　　标				
		1 类			2 类	
		优等品	一等品	合格品	优等品	一等品
硫化钠（Na_2S）	≥	60.0	60.0	60.0	60.0	60.0
亚硫酸钠（Na_2SO_3）	≤	1.0	—	—	—	—
硫代硫酸钠（$Na_2S_2O_3$）	≤	2.5	—	—	—	—
铁（Fe）	≤	0.0020	0.0030	0.0050	0.015	0.030
水不溶物	≤	0.05	0.05	0.05	0.15	0.20
碳酸钠	≤	2.0	—	—	3.5	—

表 10-120　工业硅溶胶的要求（HG/T 2521—2008）

项　　目		指　　标						
		碱 性 钠 型				酸性无稳定剂型		
		JN-20	JN-25	JN-30	JN-40	SW-20	SW-25	SW-30
二氧化硅（SiO_2）的质量分数（%）		20.0~21.0	25.0~26.0	30.0~31.0	40.0~41.0	20.0~21.0	25.0~26.0	30.0~31.0
氧化钠（Na_2O）的质量分数（%） ≤		0.30			0.40	0.04	0.05	0.06
pH		9.0~10.0				2.0~4.0		
黏度（25℃）/mPa·s ≤		5.0	6.0	7.0	25.0	5.0	6.0	7.0
密度（25℃）/（g/cm³）		1.12~1.14	1.15~1.17	1.19~1.21	1.28~1.30	1.12~1.14	1.15~1.17	1.19~1.21
平均粒径/nm	Ⅰ	<10						
	Ⅱ	10~20						
	Ⅲ	21~40						
	Ⅳ	41~100						

注：平均粒径小于 10 的产品黏度值由供需双方商定。

表 10-121　耐火材料用电熔刚玉（YB/T 102—2007）

产品代号		WFA		DFA		SWA		BFA	
		>0.1mm	≤0.1mm	>0.1mm	≤0.1mm	>0.1mm	≤0.1mm	>0.1mm	≤0.1mm
化学成分（质量分数,%）	Al_2O_3	≥99.0	≥98.5	≥99.0	≥98.5	≥97.5	≥97.0	≥95.0	≥94.5
	SiO_2	—	—	≤1.00	≤1.00	≤0.80	≤1.00	≤1.00	≤1.20
	Fe_2O_3	≤0.15	≤0.30	≤0.15	≤0.30	≤0.20	≤0.50	≤0.20	≤0.50
	TiO_2	—	—	—	—	≤1.20	≤1.50	≤3.20	≤3.50
	R_2O	≤0.45	≤0.50	≤0.10	≤0.10	—	—	—	—
	T.C	—	—	<0.08	<0.08	<0.13	<0.13	<0.04	<0.04
体积密度/（g/cm³）		≥3.50		≥3.90		≥3.80		≥3.80	
密度/（g/cm³）		≥3.90		≥3.95		≥3.90		≥3.90	

注：R_2O 表示碱金属氧化物氧化钠和氧化钾合量，T.C 表示总碳量。

表 10-122　天然石膏的要求（GB/T 5483—2008）

级　别	品位(质量分数,%)		
	石膏(G)	硬石膏(A)	混合石膏(M)
特级	≥95	—	≥95
一级	≥85		
二级	≥75		
三级	≥65		
四级	≥55		

表 10-123　陶瓷工业用高岭土和煅烧高岭土产品理化性能要求（GB/T 14563—2020）

项　目		TC	TC-(D)
三氧化二铝的质量分数（%）	≥	28.00	42.00
三氧化二铁的质量分数（%）	≤	1.50	0.80
二氧化钛的质量分数（%）	≤	0.40	1.50
三氧化硫的质量分数（%）	≤	0.80	—
筛余量（%）	≤	1.0 (63μm)	—

表 10-124　成品亚麻籽油质量指标（GB/T 8235—2019）

项　目	一级	二级
色泽	浅黄色至黄色	浅黄色至棕红色
气味、滋味	具有亚麻籽油固有气味和滋味,无异味	
透明度（20℃）	透明	允许微油
水分及挥发物的质量分数（%）　≤	0.20	
不溶性杂质的质量分数（%）　≤	0.05	
酸价（以 KOH 计）/（mg/g）　≤	1.0	3.0

表 10-125　油漆及清洗用溶剂油的技术要求（GB 1922—2006）

序号	项　目			1 号			2 号			3 号			4 号			5 号		试验方法
				中芳型	低芳型	普通型	中芳型	低芳型	普通型	中芳型	低芳型	普通型	中芳型	低芳型	普通型	中芳型	低芳型	
1	芳烃含量(体积分数,%)			2~8	0~<2	8~22	2~8	0~<8	8~22	2~8	0~<8	8~22	2~8	0~<8		2~8	0~<2	GB/T 11132 SH/T 0166 SH/T 0245 SH/T 0411 SH/T 0693
2	外观			透明,无沉淀及悬浮物														目测
3	闪点(闭口)/℃　≥			4			38			38			60			65		SH/T 0733 GB/T 261
4	颜色		不深于	赛波特色号+28			赛波特色号+25			赛波特色号+25			赛波特色号+25			赛波特色号+25		GB/T 3555
				或铂-钴色号10			或铂-钴色号25			或铂-钴色号25			或铂-钴色号25					GB/T 3143
5	溴值(gBr/100g)　≤			5												—		GB/T 11135 SH/T 0236
6	博士试验			—			通过											SH/T 0174
7	馏程	初馏点/℃　≥		115			150			150			175			200		GB/T 6536
		50%蒸发温度/℃　≤		130			175			180			200			—		
		干点/℃　≤		155			185			215			215			300		
		残留量(体积分数,%)　≤		1.5			1.5			1.5			1.5					
8	水溶性酸碱			—			无											GB/T 259
9	铜片腐蚀/级　≤	100℃,3h		—			—			—			—			1		GB/T 5096
		50℃,3h		1			1			1			1					
10	密度(20℃)/(kg/m³)			报告														GB/T 1884 GB/T 1885

注：1. 表中第1项和第3项技术要求为强制性,其他为推荐性。

2. 如果用户要求溶剂油的贝壳松脂丁醇值,技术指标由供需双方协商,试验方法采用 GB/T 11134。

表 10-126　脂松节油质量技术指标要求（GB/T 12901—2006）

级别	外观	颜色[1]	相对密度 d_4^{20} <	折光率[1] n^{20}	蒎烯含量[2] （%）≥	初馏点/℃ ≥	馏程[3]（%）≥	酸值/（mg/g）≤
优级	透明、无水、无杂质和悬浮物	无色	0.870	1.4650～1.4740	85	150	90	0.5
一级			0.880	1.4670～1.4780	80	150	85	1.0

① 必要时可通过铂-钴颜色号来判定松节油的颜色，优级应在 0～35（含 35），一级松节油色号在 35～70（不含 35，含 70）。
② 蒎烯包括 α-蒎烯和 β-蒎烯含量之总和。
③ 至 170℃时馏出脂松节油的体积分数的数值，以 % 表示。

表 10-127　车用汽油（Ⅳ）的技术要求和试验方法（GB 17930—2016）

项目				质量指标			试验方法
				90	93	97	
抗爆性	研究法辛烷值（RON）		≥	90	93	97	GB/T 5487
	抗爆指数（RON + MON）/2		≥	85	88	报告	GB/T 503，GB/T 5487
铅含量[1]/（g/L）			不大于	0.005			GB/T 8020
馏程	10% 蒸发温度/℃		不高于	70			GB/T 6536
	50% 蒸发温度/℃		不高于	120			
	90% 蒸发温度/℃		不高于	190			
	终馏点/℃		不高于	205			
	残留量（体积分数，%）		不大于	2			
蒸气压[2]/kPa	11 月 1 日～4 月 30 日			42～85			GB/T 8017
	5 月 1 日～10 月 31 日			40～68			
胶质含量/（mg/100mL）	未洗胶质含量（加入清净剂前）		不大于	30			GB/T 8019
	溶剂洗胶质含量		不大于	5			
诱导期/min			不小于	480			GB/T 8018
硫含量[3]/（mg/kg）			不大于	50			SH/T 0689
硫醇（满足下列指标之一，即判断为合格）	博士试验			通过			NB/SH/T 0174
	硫醇硫含量（质量分数，%）		不大于	0.001			GB/T 1792
铜片腐蚀（50℃，3h）/级			不大于	1			GB/T 5096
水溶性酸或碱				无			GB/T 259
机械杂质及水分				无			目测[4]
苯含量[5]（体积分数，%）			不大于	1.0			SH/T 0713
芳烃含量[6]（体积分数，%）			不大于	40			GB/T 11132
烯烃含量[6]（体积分数，%）			不大于	28			GB/T 11132
氧含量[7]（质量分数，%）			不大于	2.7			NB/SH/T 0663
甲醇含量[1]（质量分数，%）			不大于	0.3			NB/SH/T 0663
锰含量[8]/（g/L）			不大于	0.008			SH/T 0711
铁含量[1]/（g/L）			不大于	0.01			SH/T 0712

① 车用汽油中，不得人为加入甲醇以及含铅或含铁的添加剂。
② 也可采用 SH/T 0794 进行测定，当有异议时，以 GB/T 8017 方法为准。换季时，加油站允许有 15 天的置换期。
③ 也可采用 GB/T 11140、SH/T 0253、ASTM D7039 进行测定，当有异议时，以 SH/T 0689 方法为准。
④ 将试样注入 100mL 玻璃量筒中观察，应当透明，没有悬浮和沉降的机械杂质和水分。当有异议时，以 GB/T 511 和 GB/T 260 方法为准。
⑤ 也可采用 SH/T 0693 进行测定，当有异议时，以 SH/T 0713 方法为准。
⑥ 对于 97 号车用汽油，在烯烃、芳烃总含量控制不变的前提下，可允许芳烃的最大值为 42%（体积分数），也可采用 NB/SH/T 0741 进行测定，当有异议时，以 GB/T 11132 方法为准。
⑦ 也可采用 SH/T 0720 进行测定，当有异议时，以 NB/SH/T 0663 方法为准。
⑧ 锰含量指汽油中以甲基环戊二烯三羰基锰形式存在的总锰含量，不得加入其他类型的含锰添加剂。

参 考 文 献

[1] 全国有色金属标准化技术委员会. 锡锭: GB/T 728—2020 [S]. 北京: 中国标准出版社, 2020.

[2] 全国有色金属标准化技术委员会. 铑粉: GB/T 1421—2018 [S]. 北京: 中国标准出版社, 2018.

[3] 全国有色金属标准化技术委员会. 海绵钛: GB/T 2524—2019 [S]. 北京: 中国标准出版社, 2019.

[4] 全国有色金属标准化技术委员会. 金属钪: GB/T 16476—2018 [S]. 北京: 中国标准出版社, 2018.

[5] 全国肥料和土壤调理剂标准化技术委员会. 氯化铵: GB/T 2946—2018 [S]. 北京: 中国标准出版社, 2018.

[6] 全国化学标准化技术委员会. 工业氯酸钾: GB/T 752—2019 [S]. 北京: 中国标准出版社, 2019.

[7] 全国肥料和土壤调理剂标准化技术委员会氮肥分技术委员会. 肥料级硫酸铵: GB/T 535—2020 [S]. 北京: 中国标准出版社, 2020.

[8] 全国化学标准化技术委员会无机化工分技术委员会. 工业硫酸镁: HG/T 2680—2017 [S]. 北京: 化工出版社, 2017.

[9] 全国有色金属标准化技术委员会. 重熔用精铝锭: YS/T 665—2018 [S]. 北京: 中国标准出版社, 2018.

[10] 全国钢标准化技术委员会. 菱镁石: YB/T 5208—2016 [S]. 北京: 冶金工业出版社, 2017.

第 11 章　铸造非铁合金熔炼炉

11.1　对熔炼设备的要求、分类和选用

11.1.1　对熔炼设备的基本要求

非铁合金熔炼过程中的突出问题是元素容易氧化和合金容易吸气。为获得气含量低和夹杂物少、化学成分均匀而合格的高质量合金液，以及优质、高产、低消耗地生产铝、铜、镍等非铁合金铸件，对熔炼设备的要求是：

1）有利于金属炉料的快速熔化和升温，熔炼时间短，元素烧损和吸气少，合金液纯净，温度均匀。

2）燃料、电能消耗低，热效率和生产高，坩埚、炉衬使用寿命长。

3）操作简便，炉温便于调节和控制，劳动卫生条件好，对环境污染小，便于生产组织及管理。

11.1.2　熔炼炉的分类和选用

非铁合金熔炼炉可分为燃料炉和电炉两大类。燃料炉用煤、焦炭、煤气、天然气、燃油等作为燃料。燃料炉又有坩埚炉和反射炉两种。电炉通常是按电能转变为热能的方法不同来分类的，可分为电阻熔炼炉、感应熔炼炉和电弧炉等。电阻熔炼炉又可细分为坩埚电阻炉、反射电阻炉和箱式电阻炉；感应熔炼炉又可细分为有心感应熔炼炉与无心感应熔炼炉两种，而按频率高低又可细分为工频感应熔炼炉、中频感应熔炼炉和高频感应熔炼炉三种；电弧炉可分为非自耗炉和自耗炉两种。

非铁合金熔炼炉的种类很多，其分类见表 11-1。

表 11-1　非铁合金熔炼炉的分类

类型		特　点	用　途
电炉	电阻熔炼炉	坩埚电阻炉	铝合金、镁合金、低熔点轴承合金
		反射电阻炉	
		箱式电阻炉	

（续）

类型		特　点	用　途
电炉	感应熔炼炉	有心工频感应熔炼炉	铜、铝、锌及其合金
		无心工频感应熔炼炉	铜、铝、镁及其合金
		中频无心感应熔炼炉	
		真空感应熔炼炉	铁、镍、钴基高温合金
		真空感应熔炼定向凝固炉	铁、镍、钴基高温合金
		冷坩埚感应凝壳熔炼炉	钛合金
	电弧炉	真空电弧炉	铁、镍基高温合金
		真空电弧凝壳炉	钛、锆及其合金
燃料炉（固、液、气）	坩埚炉	固定式、可倾式	铜、铝、镁及其合金
	反射炉	固定式、可倾式	铜、铝及其合金

11.2　电阻熔炼炉

电阻熔炼炉简称为电阻。常用的电阻熔炼炉可以分为坩埚电阻炉、反射电阻炉和箱式电阻炉三大类，可以熔炼低熔点的非铁金属及其合金。

11.2.1　电阻炉用主要材料

制造电阻炉时，除了机械制造中的一般材料外，还需要特殊的材料。其中主要的有电加热元件材料、耐火材料、绝热材料和耐热钢，见表 11-2 ~ 表 11-5。

表 11-2　电加热元件材料

名称	牌　号	主要元素（质量分数,%）	最高使用温度/℃	特　点
铁铬铝合金	0Cr27Al7Mo2	Cr：26.5 ~ 27.8，Al：6.0 ~ 7.0，Mo：1.8 ~ 2.2，其余 Fe	1400	电阻率大，耐热性好，高温强度较低，冷却后有脆性
	0Cr25Al5	Cr：23.0 ~ 26.0，Al：4.5 ~ 6.5，其余 Fe	1250	
	0Cr23Al5	Cr：20.5 ~ 23.5，Al：4.2 ~ 5.3，其余 Fe	1250	

（续）

名称	牌　号	主要元素（质量分数，%）	最高使用温度/℃	特　点
镍铬合金	Cr20Ni80	Cr：20.0 ~ 23.0，Ni：73 ~ 76.86，其余 Fe	1200	电阻率大，耐热性好，高温强度较高，冷却后无脆性
	Cr15Ni60	Cr：15.0 ~ 18.0，Ni：55.0 ~ 61.0，其余 Fe	1150	
碳化硅元件	—	SiC	1450	电阻高，耐热性好，电阻温度系数较大，冷态时硬而脆
硅钼元件	—	$MoSi_2$	1650	
钼	—	Mo	2200	高度耐热，在空气中容易氧化，只能在真空炉或保护气体中使用
钨	—	W	2500	
石墨	—	C	2480	

表 11-3　耐 火 材 料

名称	密度/(mg/m³)	耐火度/℃	0.2MPa 荷重软化开始温度/℃	主 要 用 途
耐火黏土砖	2.07	1580 ~ 1750	1300 ~ 1400	电阻炉的炉底用砖，受负荷的砖等
黏土质隔热耐火砖	0.4 ~ 1.5	0.2 ~ 0.7	—	1000℃电阻炉的炉膛内层；1200 ~ 1400℃电阻炉砌砖体的中间层
抗渗碳砖	重质：2.1 ~ 2.3 轻质：0.8	—	—	渗碳用电阻炉直接接触渗碳气体的炉衬内层
刚玉砖	2.9 ~ 3.4	>1790	1650 ~ 1700	高温电阻炉用耐火零件
碳化硅制品	2.0 ~ 2.4	>1800	>1620	1200℃以上电阻炉的炉底，实验室用电炉的成形炉心
石墨制品	—	2800	—	真空高温电阻炉用耐火零件

表 11-4　绝 热 材 料

名称	密度/(mg/m³)	最高使用温度/℃	主 要 用 途
硅藻土砖	0.5 ~ 0.65	900	电阻炉保温层用砖
石棉板	1.0 ~ 1.4	600	电阻炉炉底、炉壳、炉顶等用密封衬垫
矿渣棉	0.125 ~ 0.20	600	电阻炉保温层填料
玻璃棉	0.02 ~ 0.06	250 ~ 600	低温电阻炉保温层填料
蛭石	0.1 ~ 0.3	1000	电阻炉保温层填料
膨胀珍珠岩	0.065 ~ 0.30	800	电阻炉保温层填料

表 11-5　耐 热 钢

名称	牌　号	主要元素（质量分数，%）	特性和应用范围
铬钢	12Cr13，20Cr13，30Cr13	C≤0.112，Cr：11.50 ~ 13.50	不锈，可用温度 600 ~ 700℃

（续）

名称	牌号	主要元素（质量分数,%）	特性和应用范围
镍铬合金钢	06Cr18Ni9 12Cr18Ni9 17Cr18Ni9	C≤0.06，Cr：17.00～19.00，Ni：8～11	不锈，作为受负荷的零件可以用到 700～800℃
	07Cr18Ni11Ti	C＜0.072，Ti≤0.8，其余同上	
镍铬合金钢	06Cr18Ni13Si4	C≤0.06，Si：3.00～5.00 Cr：15～20，Ni：11.5～15.0	高温抗氧化，并且具有一定机械强度，作为受荷的零件可以用到 1000℃
铬锰氮钢	ZGCr17Mn13Ni	Cr：16.5～18.0，Mn：12～14， N：0.2～0.35	一般用作铸件，如炉底板、炉罐等，可用温度为 1000℃

11.2.2　电气配套和温度控制

电阻炉除炉体外，一般还包括一些配套设备。绝大多数的电阻炉都配有温度控制设备，部分电阻炉还配有电炉变压器。采用碳化硅、二硅化钼元件、石墨、钨、钼或钽等作为加热元件时，由于电阻值小或电阻温度系数变化大，一般都需配备电炉变压器。

电阻炉用的温度控制仪表主要有动圈式调节仪表和电子式调节仪表两大类。绝大多数电阻炉都配备有温度自动控制系统，其控制方法有位式控制和连续控制两类，连续控制又分变压器调压式和晶体管调压或调功式，可进行电阻炉温度的自动控制。

11.2.3　电阻炉的技术发展趋势

电阻炉的技术发展趋势综合地归纳如下：

1）采用优质耐火材料和绝热材料，主要是在保证足够强度和耐火度的情况下，减轻所用材料单位体积的重量，以提高电阻炉的技术经济指标。

2）改进电加热元件以提高电阻炉的工作温度和电加热元件的使用温度，借此扩大电阻炉的工作温度范围。

3）提高电阻炉的机械化、自动化程度，以减轻工人的劳动强度，提高电阻炉的生产能力和控制性能。对一些大量生产的电阻炉，采用计算机进行温度、气氛、时间、传动等多因素的综合自动控制。

11.2.4　坩埚电阻炉

1. 概述

坩埚电阻炉可供熔炼如铝、锌、铅、锡、镉以及巴氏合金等低熔点的非铁金属和合金。

坩埚电阻炉是利用电流通过电加热元件而发热以熔化金属，炉子的容量一般为 30～400kg。电加热元件有金属（镍铬合金或铁铬铝合金）和非金属（碳化硅或硅钼元件）两种。

坩埚电阻炉主要由电炉本体和控制柜（包括控温仪表）组成。坩埚电阻炉又分为回转式和固定式

两种。图 11-1 所示为固定式坩埚电阻炉。因为坩埚和炉体回转会造成电阻丝的移动、变形，甚至断裂等，从而降低了电阻丝的使用寿命，所以一般为固定式的。浇注小型铸件时，用手提浇包直接自坩埚中舀取金属液；浇注较大的铸件时，可吊出铸铁坩埚进行浇注。

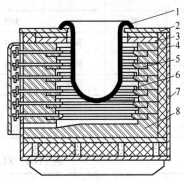

图 11-1　固定式坩埚电阻炉

1—坩埚　2—坩埚托板　3—耐热铸铁板
4—石棉板　5—电阻丝托砖　6—电阻丝
7—炉壳　8—耐火砖

坩埚电阻炉的结构紧凑，电气配套设备简单、价廉。与工频感应炉相比，设备投资少，更适用于很小容量的非铁金属及其合金的熔炼。这种炉子的最大缺点是熔炼时间长，如熔炼 150～200kg 铝液时，第一炉需要 5～5.5h，耗电较多，生产率低。从发展趋势来看，较大容量的坩埚电阻炉将被工频感应炉所代替。

2. 产品系列

（1）QR 系列倾斜式坩埚电阻炉　倾斜式坩埚电阻炉主要用于熔炼或熔化低熔点的非铁金属和合金，如铝、锌、铅、锡、镉以及巴氏合金等，技术数据见表 11-6。

（2）坩埚熔化电阻炉　它主要供低熔点非铁金

属及合金，如铝、锌、铅、镉及巴氏合金等熔化或熔炼用。FSL 系列坩埚熔化电阻炉的技术数据见表 11-7，ZL 系列坩埚熔化电阻炉的技术数据见表 11-8，GR2、GR、RXL、RRG、JL 系列坩埚熔化电阻炉的技术数据见表 11-9，RR 系列坩埚熔化电阻炉的技术数据见表 11-10。

（3）SL 系列镁合金电阻炉　它主要供镁合金的熔炼用，技术数据见表 11-11。

表 11-6　QR 系列倾斜式坩埚电阻炉的技术数据

型号	额定功率 /kW	额定温度 /℃	额定电压 /V	相数	容量 /kg	坩埚尺寸（直径/mm）×（深度/mm）	外形尺寸（长/mm）×（宽/mm）×（高/mm）	重量 /kg
QR2-30	12	800	220	1	30	$\phi240\times443$	$1554\times1080\times1316$	1500
QR2-150	60	800	380	3	150	$\phi500\times600$	$1890\times1690\times1390$	1700
QR2-270	75	800	380	3	270	$\phi400\times870$	$2020\times1689\times1710$	2000
QR-1500	120	850	380	3	1500	$\phi300\times1800$	$2600\times2100\times2100$	4000

表 11-7　FSL 系列坩埚熔化电阻炉的技术数据

型号	额定功率 /kW	额定温度 /℃	额定电压 /V	相数	炉膛尺寸（直径/mm）×（深/mm）	外形尺寸（长/mm）×（宽/mm）×（高/mm）	重量 /kg
FSL81-16	20	800	380	3	$\phi300\times430$	$1162\times990\times1124$	1250
FSL81-17	36	800	380	3	$\phi300\times600$	$1162\times990\times1305$	1500
FSL81-18	60	800	380	3	$\phi500\times600$	$1330\times1160\times1305$	2000
GR2-40	20	800	380	单	$\phi280\times430$	$990\times1180\times1080$	800
GR2-150	60	800	380	3	$\phi460\times600$	$1160\times1380\times1300$	1200
GR2-270	75	800	380	3	$\phi460\times872$	$1284\times1500\times1600$	1650

表 11-8　ZL 系列坩埚熔化电阻炉的技术数据

型号	额定容量 /kg	额定功率 /kW	额定电压 /V	相数	工作温度 /℃	坩埚（直径/mm）×（高度/mm）	外形尺寸（长/mm）×（宽/mm）×（高/mm）	电炉重量 /kg	备注
ZL80-11/1	30	12	220	单	800	$\phi330\times365$	$1180\times1280\times925$	760	保温
ZL80-11/2	50	12	220	单	800	$\phi350\times445$	$1180\times1280\times925$	770	保温
ZL86-78	150	35	380	3	700	$\phi460\times645$	$1420\times1240\times1550$	1630	保温
ZL83-45	100	24	380	3	800	$\phi390\times695$	$1400\times1200\times1159$	800	保温
ZL86-75	150	50	380	3	800	$\phi460\times645$	$1420\times1240\times1550$	1630	熔化
ZL83-42	270	75	380	3	800	$\phi460\times870$	$1500\times1284\times1600$	1830	—
ZL89-90	50	18	380	3	800	$\phi350\times435$	—	—	熔化
ZL86-79	150	35	380	3	800	$\phi460\times645$	—	—	保温
ZL86-77	35	25	380	3	400	$\phi300\times430$	—	—	熔化
ZL97-158	250（Cd）	35	380	3	600	$\phi350\times520$	—	—	倾动式
ZL96-156	600（Zn）	80	380	3	800	$\phi460\times850$	—	—	倾动式

表 11-9　GR2、GR、RXL、RRG、JL 系列坩埚熔化电阻炉的技术数据

旧型号或厂定型号	额定功率/kW	额定温度/℃	额定电压/V	相数	炉膛（直径/mm）×（高度/mm）	容量/kg	外形尺寸（长/mm）×（宽/mm）×（高/mm）	重量/kg	产品名称
GR2-40	20	800	380	1	φ280×430	熔铝量 40	1330×1000×1000	1300	坩埚熔化电阻炉
GR2-150	60	800	380	3	φ480×600	熔铝量 150	1380×1160×1350	1500	坩埚熔化电阻炉
GR2-270	75	800	380	3	φ460×870	熔铝量 270	1500×1285×1635	1800	坩埚熔化电阻炉
GR-40	20	800	380	3	—	熔铝量 40	1180×990×1850	900	坩埚熔化电阻炉
GR-150	60	800	380	3	—	熔铝量 150	1380×1160×1300	1360	坩埚熔化电阻炉
GR-270	75	800	380	3	—	熔铝量 270	1500×1284×1600	1830	坩埚熔化电阻炉
RXL-525-8	30	700	380	3	φ420×550	—	1430×1380×1738	1850	熔铅炉
RXL-800-8	525	950	380	3	5060×2500×300	—	7319×6132×4798	79400	6t 电阻熔化炉
RRG-30-7	600	900	380	3	7300×2500×6800	—	9020×5740×3375	119000	18t 电阻熔化炉
JL78-01	48	850	380	3	φ520×670	—	1620×1326×1530	—	坩埚式铝合金熔炼炉、熔锡炉
JL77-02	30	350	380	3	550×500×600	—	1202×1002×927	200	坩埚式铝合金熔炼炉、熔锡炉

表 11-10　RR 系列坩埚熔化电阻炉的技术数据

型号	额定功率/kW	容量/t	额定电压/V	相数	额定温度/℃	有效工作空间尺寸①（直径/mm）×（深度/mm）	外形尺寸（长/mm）×（宽/mm）×（高/mm）	重量/t	用途	产品名称
RR-135-8	135	1.5	380	3	850	φ950×1450	3290×1950×4170	6	铝合金熔炼，铝熔液保温静置，起吊，可倾斜浇注	吊包式熔铝炉
RR-220-8	220	2	380	3	850	φ1130×1950	4400×2475×3600	12	铝合金熔炼，铝熔液保温静置，起吊，可倾斜浇注	可倾式熔铝炉
RR-240-8	240	3	380	3	850	3000×1000×500	5000×2000×2500	10	铝合金熔炼，铝熔液保温静置，起吊，可倾斜浇注	箱式熔铝炉
RR-160-8B	160	3	380	3	800	3000×1000×500	5000×2000×2500	10	铝合金熔炼，铝熔液保温静置，起吊，可倾斜浇注	箱式铝液静置炉

①　三个数据者为（长/mm）×（宽/mm）×（深/mm）。

表 11-11　SL 系列镁合金电阻炉的技术数据

旧型号或厂定型号	额定功率/kW	额定温度/℃	额定电压/V	相数	炉膛尺寸（直径/mm）×（高/mm）	容量/kg	外形尺寸（长/mm）×（宽/mm）×（高/mm）	重量/kg	产品名称
SL64-15A	36	850	380	3	φ350×685	熔镁量50	2266×1910×2051	2370	镁合金电阻熔炉
SL69-66A	50	850	380	3	φ390×750	熔镁量100	2266×1910×2051	2400	镁合金电阻熔炉
SL67-56A	60	850	380	3	φ450×800	熔镁量150	2750×1817×2266	2900	镁合金电阻熔炉
NSL85-221	45	850	380	3	φ450×550	120	1410×1210×1980	3000	镁合金电阻熔炉
NSL86-223	70	850	380	3	φ600×600	200	1560×1360×2000	4180	
NSL86-224	90	850	380	3	φ650×700	300	1630×1530×3100	5500	
NSL86-225	24	850	380	3	φ350×450	100	1320×1230×1820	1500	
NSL86-226	36	850	380	3	φ400×600	保温150	1380×1280×2030	2000	—
NSL86-227	70	850	380	3	φ600×650	保温250	1580×1480×2070	4000	

（4）双室坩埚熔铝保温炉　它主要供铝及铝合金液保温用，是各类压铸机的配套设备，技术数据见表 11-12。

（5）铝液保温炉　它主要供铝液、铝合金精炼保温加热用，技术数据见表 11-13。

表 11-12　双室坩埚熔铝保温炉的技术数据

型号	额定功率/kW	额定电压/V	相数	加热元件联结	额定温度/℃	工作室尺寸（长/mm）×（宽/mm）×（高/mm）	最大装载量/kg	外形尺寸（长/mm）×（宽/mm）×（高/mm）	重量/kg
NSL88-221	12	380	3	Y	680	400×620×300 380×330×350 380×180×350	300	1500×1040×750	800
NSL88-222	15	380	3	Y	680	400×700×300 190×420×350 450×420×350	400	1500×1200×1100	1000

表 11-13　铝液保温炉的技术数据

型号	额定功率/kW	额定温度/℃	额定电压/V	相数	容量/kg 或（直径/mm）×（深度/mm）	外形尺寸（长/mm）×（宽/mm）×（高/mm）	重量/kg
RXB-240-9	240	900	380	3	6000	3370×2500×510	54000
RXB-325-9	325	900	380	3	9000	4500×2500×500	74000
RXB-600-9	600	900	380	3	18000	7300×2500×680	110000
JL80-15	45	800	380	3	φ750×670	1435×1470×1235	2500

11.2.5　反射电阻炉

1. 概述

反射电阻炉主要用于熔炼铝、镁及其合金。

在这种电阻炉中，加热元件装在炉顶，被熔炼的金属靠从上到下的辐射加热进行熔化。为了避免熔化的金属液溅射到加热元件上和免受侵蚀，加热元件通常应安装在炉顶砖的槽沟内。炉室由熔池和一个或两个倾斜前室构成。前室是一块向熔池倾斜的斜坡面。待熔的铝原料先是放在斜坡上，随着熔化，金属液流进熔池，而氧化物留在前室的底面上。这种电阻炉又可细分为固定式电阻炉和倾倒式电阻炉两种。固定式电阻炉的炉身固定不动。浇注时，金属液从溢流口流出或用虹吸装置吸出。倾倒式电阻炉的底部有倾动机构。浇注时，把炉子倾倒，金属液就从出料口流出。图 11-2 所示为炉身固定的反射电阻炉的结构。

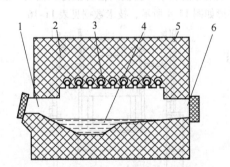

图 11-2　炉身固定的反射电阻炉的结构
1—出料口　2—炉衬　3—加热元件
4—熔池　5—前室　6—装料口

反射电阻炉的优点是炉气稳定，氧化吸气少，金属液干净，容量大（1~10t），劳动条件好，适用于生产大型铸件和大批量生产的铸造车间。这种炉子不能使用熔剂，不能在炉内进行精炼及变质处理，其最大缺点是熔化时间长，生产率低，耗电量大，有"电老虎"之称，如每熔炼 1t 铝，需 600kW 以上的电量；其次是电热元件使用寿命短，为了延长使用寿命可以把电阻丝改为硅碳棒，但改后炉顶须用楔形普通耐火砖砌成拱顶，以代替异形砖构成的平顶。直接利用炉子侧墙上原电阻丝引线砖上的孔座安装硅碳棒，如图 11-3 所示。尺寸按硅碳棒允许的表面负荷计算。在使用过程中，由于硅碳棒老化（电阻值增大），炉子功率会下降。为了保证炉子功率基本不变，最好使用自耦变压器增大相电压，也可以采用改变接线（由星形改为三角形接法）的方法。硅碳棒的使用寿命比电阻丝长，调换也比较方便。实践证明，与电阻丝相比，硅碳棒炉的大修次数和每次的大修工时均大大减少，提高了设备利用率，每吨金属的耗电量降低 8% 左右，熔化速度快，生产率提高近一倍。

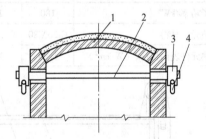

图 11-3　硅碳棒的安装
1—拱顶　2—硅碳棒
3—接线夹　4—导线

从发展趋势上看，反射电阻炉正逐步被工频感应炉所代替。

2. 产品系列

（1）RLF 系列反射电阻炉　它主要用于铝及其合金的熔炼，技术数据见表 11-14。

表 11-14　RLF 系列反射电阻炉的技术数据

型　　号	RLF-40-8	RLF-90-8	RLF-120-8
额定容量/kg	150	300	380
额定功率/kW	40	90	120
额定电压/V	380	380	380

（续）

型　号	RLF-40-8	RLF-90-8	RLF-120-8
相数	1	3	3
额定温度/℃	850	850	850
炉膛尺寸（长/mm）×（宽/mm）×（高/mm）	7500×700 ×150	2516×1160 ×234	2516×1200 ×260
重量/kg	5000	18000	17300

（2）反射电阻保温炉　它用于铝液的保温，其技术数据见表11-15。

表11-15　反射电阻保温炉的技术数据

型　号	6t电阻保温炉	9t电阻保温炉
容量/t	6+0.9	9
铝液出炉温度/℃	—	700~740
铝液注入温度/℃	720~760	—
炉膛温度/℃	800~850	
熔池面积/m²	—	8.74
熔池深度/mm	560	—
炉子功率/kW	180	210
加热元件材料	Cr20Ni80	Cr20Ni80
加热元件表面负荷/（W/cm²）	1.63	1.3

（续）

型　号	6t电阻保温炉	9t电阻保温炉
炉温控制	晶体管自动控制	自动控制
供电电压/V	380	380

11.2.6　箱式电阻炉

箱式熔铝（保温）电阻炉的炉壳是由型钢及钢板焊接成长方形结构，内有高铝质耐火材料砖砌成的加热室。在加热室与炉壳之间砌有保温砖并用其他高性能保温材料填满，以减少热损失。由高电阻合金加工成螺旋状的加热元件布置在加热室上部的搁丝管上，通过引出棒与外线路的电源接通。炉壁一侧有两个出铝液孔，一孔为正常生产用，另一偏低孔为检修出液孔，可将炉内铝液流尽。

在电阻炉上端两侧各装有保护罩壳，罩壳内系加热元件的接线装置，供380V电源接入。

电阻炉两端设有两个灵活启闭的炉门，供加料及扒渣用。炉门上的联锁装置在炉门打开时能自动切断电源，以保证操作安全。

每台电阻炉配置两支热电偶，通过补偿导线与控制柜上的测温仪表连接，可自动控制和记录工作温度，超温时可自动报警。

电阻炉的功率可由控制柜切换为三档功率加热。其外形如图11-4所示，技术数据见表11-16。

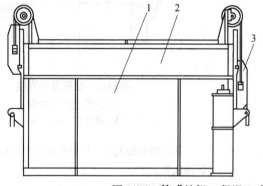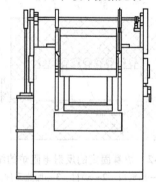

图11-4　箱式熔铝（保温）电阻炉的外形
1—加热室　2—加热元件安装处　3—炉门

11.2.7　红外熔炼炉

1. 概述

红外熔炼炉主要用于非铁合金，如铝、铜及其合金的熔炼，采用硅碳棒作为电热元件。

红外熔炼炉主要由电炉本体和电器控制柜组成。红外熔炼炉有可倾式和地坑式两种，可倾式安装在地面上并设有倾倒装置。炉的内壁涂有红外涂料，加热后形成红外辐射，以提高加热效率，有利于温度场均化；同时采用先进的保温材料做炉衬，因此热效率高，金属熔化快，烧损量少，单位电耗也低；又由于采用石墨坩埚，消除了铁、硅杂质对合金的污染，从而保证了合金的高纯度。

表 11-16 箱式电阻炉的技术数据

名 称		额定功率/kW	额定温度/℃	额定电压/V	相数	容量/kg	外形尺寸(长/mm)×(宽/mm)×(高/mm)	重量/kg
3t 箱式电阻炉	熔化	240	850	380	3	3000	5000×2000×2500	
	保温	160	800	380	3	3000	5000×2000×2500	
6t 箱式电阻炉	熔化	525	950	380	3	6000	5000×5080×3290	80000
	保温	240	900	380	3	6000	5000×5080×3290	
9t 箱式电阻炉	熔化	380	950	380	3	9000	5470×4978×3320	110000
	保温	325	900	380	3	9000	5470×4978×3320	
12t 箱式电阻保温炉		375	900	380	3	12000		
18t 箱式电阻保温炉		600	900	380	3	180000	8930×5068×3485	

采用的晶体管调压控制柜具有快速起动、精密控温、送电功率和炉温可任意调节的优点,能使合金液在最佳状态时浇注,能提高合金铸件的质量和成品率。红外熔炼炉是当前较理想的熔炼合金设备,并可取代坩埚电阻炉及反射电阻炉等。

2. 产品系列

(1) HRL 系列红外熔铝炉(可倾式) 它主要用于铝及铝合金的熔炼,技术数据见表 11-17。

(2) HRT 系列红外熔铜炉 它主要用于铜及铜合金的熔炼,技术数据见表 11-18。

(3) RL 系列红外熔铝炉 它主要用于铝及铝合金的熔炼,技术数据见表 11-19。

表 11-17 HRL 系列红外熔铝炉的技术数据

型 号	HRL-15	HRL-30	HRL-60	HRL-100	HRL-150	HRL-250	HRL-K[①]-150	HRL-K[①]-250
额定容量/kg	15	30	60	100	150	250	150	250
平均功率/kW	16	20	30	50	65	90	65	90
电压/V	380	380	380	380	380	380	380	380
相数	3	3	3	3	3	3	3	3
频率/Hz	50	50	50	50	50	50	50	50
正常使用温度/℃	1000	1000	1000	1000	1000	1000	1000	1000
最高使用温度/℃	1300	1300	1300	1300	1300	1300	1300	1300
合金烧损率(%)	<1	<1	<1	<1	<1	<1	<1	<1
外形尺寸(直径/mm)×(高/mm)	$\phi900×$1300	$\phi1000×$1400	$\phi1200×$1642	$\phi1260×$1752	$\phi1340×$1872	$\phi1450×$1752	$\phi1340×$1872	$\phi1450×$1752
单位耗电量/(kW·h/kg)	0.35~0.5(连续熔化)							
电器控制柜	额定电流:100A、200A、300A 输入电压:380V 输出电压:无级变压				最高温控:1600℃ 温度误差:0.2% 尺寸:800mm×500mm×1800mm			

① K—可倾。

表 11-18　HRT 系列红外熔铜炉的技术数据

型　号	HRT-30	HRT-50	HRT-100	HRT-200	HRT-300	HRT-500
额定容量/kg	30	50	100	200	300	500
平均功率/kW	20	30	35	45	55	65
电压/V	380	380	380	380	380	380
相数	3	3	3	3	3	3
频率/Hz	50	50	50	50	50	50
正常使用温度/℃	1250	1250	1250	1250	1250	1250
最高使用温度/℃	1400	1400	1400	1400	1400	1400
合金烧损率（%）	<3	<3	<3	<3	<3	<3
外形尺寸（直径/mm）×（高/mm）	$\phi850 \times$ 1300	$\phi900 \times$ 1400	$\phi1000 \times$ 1400	$\phi1200 \times$ 1642	$\phi1260 \times$ 1752	$\phi1340 \times$ 1872
单位耗电量/(kW·h/kg)	0.32~0.35（连续熔化）					
电器控制柜	额定电流：100A、200A、300A　　　　　最高控温：1600℃ 输入电压：380V　　　　　　　　　　　温度误差：0.2% 输出电压：无级变压　　　　　　　　　尺寸：800mm×500mm×1800mm					

型　号	HRT-K①-50	HRT-K①-100	HRT-K①-200	HRT-K①-300	HRT-K①-500
额定容量/kg	50	100	200	300	500
平均功率/kW	30	35	45	55	65
电压/V	380	380	380	380	380
相数	3	3	3	3	3
频率/Hz	50	50	50	50	50
正常使用温度/℃	1250	1250	1250	1250	1250
最高使用温度/℃	1400	1400	1400	1400	1400
合金烧损率（%）	<3	<3	<3	<3	<3
外形尺寸（直径/mm）×（高/mm）	$\phi900 \times$ 1400	$\phi1000 \times$ 1400	$\phi1200 \times$ 1640	$\phi1260 \times$ 1752	$\phi1340 \times$ 1872
单位耗电量/(kW·h/kg)	0.32~0.35（连续熔化）				
电器控制柜	额定电流：100A、200A、300A　　　　　最高控温：1600℃ 输入电压：380V　　　　　　　　　　　温度误差：0.2% 输出电压：无级变压　　　　　　　　　尺寸：800mm×500mm×1800mm				

①　K—可倾。

表 11-19　RL 系列红外熔铝炉的技术数据

型　号	RL100-60H	RL150-80H	RL200-120H	型　号	RL100-60H	RL150-80H	RL200-120H
额定功率/kW	60	80	120	正常使用温度/℃	960		
电源电压/V	380	380	380	最高使用温度/℃	1300		
最大装炉量/kg	100	150	200	冷炉升温时间/min	<120（0~960℃）		
坩埚型号	300#/300 异型	500#	750#	单位耗电量/(kW·h/kg)	<1		
				铝耗率（%）	<1		

11.3　感应熔炼炉

从感应熔炼炉的加热、熔炼原理来看，它很少限制被熔金属的种类或形状，没有像燃料炉那样的排烟问题，因此有助于防止污染，并具有熔炼质量好、熔化升温快、金属损失少、功率控制方便、易于实现机械化、自动化和劳动条件好等一系列优点，已在冶金工业、机械工业以及其他许多工业部门中得到日益广泛的应用。

从结构上来看，感应熔炼炉分为有心感应熔炼炉和无心感应熔炼炉两类。无心感应熔炼炉分为直接使用工业频率（50Hz）的工频无心感应熔炼炉和配备变频装置的更高频率的中高频感应熔炼炉。也就是说，可以分为工频无心感应熔炼炉、中高频无心感应熔炼炉和有心感应熔炼炉三种。

11.3.1　工频无心感应熔炼炉

1. 概述

无心感应熔炼炉又称坩埚感应熔炼炉，用于熔炼铜、铝及其合金。

工频感应熔炼炉的最大特点之一是坩埚内的金属液受电磁搅拌作用产生激烈的流动。对一定容量的炉子来说，输入的功率越大，频率越低，电磁效应越显著，所以在工频感应熔炼炉中，金属液的运动激烈，对促使金属液成分均匀、合金化及温度均匀化很有利；反之，也会由于过度搅拌而将氧气卷入金属液内，使金属氧化，造成金属损失。考虑到上述情况，在设计非铁金属用的工频感应熔炼炉时，必须认真选择合适的输入功率和能抑制金属液流动的感应线圈的高度。在熔炼过程中，为了能连续地将冷料装到规定的液面高度，应尽量实现低温熔炼。表 11-20 列出了日本各种熔炼炉中纯铜液吸收气体量的比较。该表中工频感应熔炼炉金属液中的氢气含量与其他炉型相比并不显得数值很高。表 11-21 列出了关于熔炼铝的工频感应熔炼炉和反射炉的熔炼损失率。其中，工频感应熔炼炉的熔炼损失率为反射炉的 1/3 ~ 1/2。

表 11-20　日本各种熔炼炉中纯铜液吸收气体量的比较

炉型	名　称	容量/t	熔化温度/℃	氧含量（质量分数,10^{-4}%）	氢含量（质量分数,10^{-4}%）
无心感应熔炼炉	工频真空熔炼炉	0.5	1230 ~ 1250	14 ~ 20	0.66
	工频感应熔炼炉	0.5	1230 ~ 1270	160 ~ 220	1.2
	三倍频感应熔炼炉	2.5	1200 ~ 1250	100 ~ 120	1.5 ~ 1.9
	十倍频感应熔炼炉	1.0	1200 ~ 1285	140 ~ 230	1.4 ~ 1.8
燃料坩埚炉	烧重油的坩埚炉	0.35	1260 ~ 1280	90 ~ 340	2.5 ~ 3.5
	烧丁烷气的坩埚炉	0.35	1250 ~ 1300	100 ~ 200	1.8 ~ 2.1
	烧城市煤气的坩埚炉		1250	190	2.1
	烧碎焦的坩埚炉	0.3	1250	100	1.8
火焰反射炉	烧重油的回转炉	2.5	1200 ~ 1220	120 ~ 270	2.5 ~ 3.0
	烧丁烷的回转炉	2.5	1200 ~ 1250	—	—
	带挡渣板的重油反射炉	2.0	1210		

表 11-21　铝的熔炼损失率

炉　型	入炉材料	熔炼损失率（%）
工频感应熔炼炉	返回料	2.37
	干燥车屑粉	3.87
	金属锭	0.8
反射炉	返回料	7.82
	车屑粉	8.1
	金属锭	1.35

全套无心感应熔炼炉主要由炉体、电气配套设备以及相应的机械传动、保护装置等组成。

无心感应熔炼炉炉体主要由炉架、感应线圈和坩埚等组成，如图 11-5 所示。感应线圈一般都是用纯铜管绕制的，再用紧固零件与炉架装配成一个结实的整体。在线圈外侧装上磁轭，使外部磁束形成磁路，以防止炉架等发热。工作时，铜管中通水冷却。铜管表面一般要进行绝缘处理。无心炉的坩埚因熔炼的金属不同而采用不同的材料。用石墨坩埚熔炼铜合金的最多。因制造上的原因，石墨坩埚的容量在 450kg 以下。如果用不定形耐火材料捣打成形作炉衬，多数使用含碳化硅的莫来石作耐火材料。至于铝，常用含 SiO_2 少的高铝质、镁质、莫来石质、铝锆质耐火材料，以干燥或半湿的方式使用。倾炉装置视炉子大小而异，小型炉采用手摇卷扬机构，有的采用电动卷扬机构，较大炉子多采用液压装置。

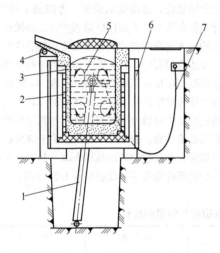

图 11-5　无心感应熔炼炉炉体的结构
1—倾炉用液压缸　2—感应线圈　3—坩埚
4—转动轴　5—金属液的搅拌方向
6—炉架　7—电源线

工频电源设备比较简单，一般由受电柜、带分接开关的变压器、三相平衡器、用以改善功率因数的电容器、控制屏等组成。组成的这些设备要充分注意以下几点：

1）应能经受频繁的开关操作。

2）应能进行适当范围的功率调整，使其适于升温、加热、保温等需要。

3）应具有阻抗匹配的功能，使其能适应于负载阻抗的变化。

4）因是单相负载，当负载容量大时，三相不平衡就大，所以必须使用三相平衡器。

图 11-6 所示为工频电源的基本电路。

受电柜进行电源的通断和排除事故，一般多利用装有电力熔断器和频繁操作式接触器的组合开关；带分接开关的变压器，由于感应熔炼炉的输入电压范围为 380~1000V 级，所以要从受电电压进行降压，同时引出分接头，以调整炉子功率；炉子的感应线圈因是单相负载，若接在电网上则三相负载不平衡，会在系统中引起受电设备利用率差等各种弊病，所以必须

使用三相平衡器。三相平衡器由电容器和电抗器组成。为使三相随时平衡，必须随着炉子电阻的变化而改变三相平衡器的容量。实际上，三相平衡器的容许容量被确定后，选定适当的固定容量及其可调容量即可满足上述要求。工频感应熔炼炉的功率因数极低，通常只有 0.1~0.25。因此，为了把炉子的功率因数提高到 1 左右，需要并联上大量的补偿电容器。为适应炉子功率因数的变化，将炉子补偿电容器总容量 30% 左右作为可切合的，并用接触器切合适当的级段。控制屏一般安装在炉子附近，用以安装仪表（电压表、电流表、无功功率表等）、操作开关、指示灯、故障显示器等。

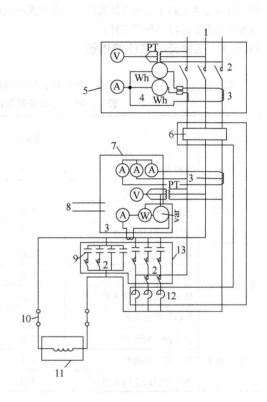

图 11-6　工频电源的基本电路
1—主电源　2—接触器　3—电流互感器　4—过电流继电器　5—受电柜　6—带分接开关的变压器　7—控制屏　8—控制电源　9—改善功率因数的电容器　10—水冷电缆　11—低频炉　12—平衡电抗器　13—平衡电容器

为了使工频无心感应熔炼炉对炉料的功率传递具有一定的效率，坩埚不能做得太小，否则炉子的电效率会显著下降。国产铜合金工频无心感应熔炼炉的最

小经济容量为 300kg，熔铝的为 120kg；而日本熔铜炉最小为 500kg，熔铝的为 300kg。

2. 产品系列

（1）GWL 系列工频无心感应熔铝炉 它用于熔铝及保温，其技术数据见表 11-22。表 11-22 中型号含义为

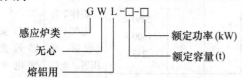

（2）工频无心感应熔锌炉 它专供锌及锌合金等熔炼之用，其技术数据见表 11-23。表 11-23 中型号含义为

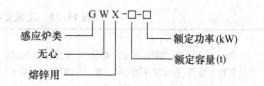

（3）工频无心感应熔铜炉 它专供青铜、黄铜等熔炼之用，其技术数据见表 11-24。表 11-24 中型号含义为

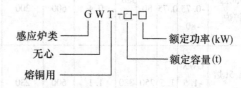

表 11-22 工频无心感应熔铝炉的技术数据

产品名称	型号	额定容量/t	额定功率/kW	额定电压/V	熔化率/(t/h)	工作温度/℃	单位电耗/(kW·h/t)	电源相数	变压器容量/kVA
750kg 熔铝炉	GWL-0.75-125	0.75	125~130	380	≈0.375	750	≈140	3 或 1	
1t 熔铝炉	GWL-1-390	1.0	390~420	500	0.69	780	600	3	560
工频无心感应熔铝炉	DL443-1	0.8	250	380	0.4	780	700	3	460
	DL443-2	1.6	525	380	0.3	780	650	3	630
	DL443-3	3.15	810	380	1.3	780	650	3	1000

产品名称	型号	冷却水耗量/(m³/h)	炉子重量（不包括电气）/t	外形尺寸（长/mm）×（宽/mm）×（高/mm）	成套供应范围	生产厂	备注
750kg 熔铝炉	GWL-0.75-125	3.5	6.5	2675×2500×3540	1）炉体 2 台 2）电抗器、电控 1 套	西安鹏远重型电炉制造有限责任公司	铁坩埚
1t 熔铝炉	GWL-1-390	6.6	13.5	3155×3500×3410	1）炉体 2 台 2）调压器、电抗器、电控等 1 套		砂打结
工频无心感应熔铝炉	DL443-1	6	10	3120×2820×4046	炉体 2 台、变压器式调压器 1 台、电抗器 1 台、电容器组 1 套、液压系统 1 套、水冷系统（水冷电缆）1 套、电控系统 1 套、随机文件 1 套	西安电炉研究所有限公司	炉子重量（包括金属液）
	DL443-2	6.5	14	3520×3200×4040			
	DL443-3	12	32	3900×3600×4500			

表 11-23　工频无心感应熔锌炉的技术数据

产品名称	型号	额定容量/t	额定功率/kW	额定电压/V	熔化率/(t/h)	工作温度/℃	单位电耗/(kW·h/t)	电源相数	变压器容量/kVA	冷却水耗量/(m³/h)	炉子重量(不包括电气)/t	外形尺寸(长/mm)×(宽/mm)×(高/mm)	成套供应范围	生产厂
750kg熔锌炉	GWX-0.75-80	0.75	80	380/220	0.4	600	200	1	无	—	4.65	2050×1800×2335	炉体2台 电气1套(包括、变压器、电抗器、电控系统) 随机文件1套	西安鹏远重型电炉制造有限责任公司
1.5t熔锌炉	GWX-1.5-250	1.5	250	380	1.1	600	230	3	300	7	14.2	2600×2500×3300		

表 11-24　工频无心感应熔铜炉的技术数据

产品名称	型号	额定容量/t	额定功率/kW	额定电压/V	熔化率/(t/h)	工作温度/℃	单位电耗/(kW·h/t)	电源相数	变压器容量/kVA
750kg熔铜炉	GWT-0.75-250 DL442-2[①]	0.75	250	380	0.5	1200	380～420	3	调压器300
1.5t熔铜炉	GWT-1.5-350 DL442-3[①]	1.5 1.6[①]	350[①]/420	380	0.78	1200/1600	450	3	630
3t 工频无心感应熔铜炉	SL73-117 DL442-4[①]	3.0	720[①]750	—	1.75[①]	1600 1200[①]	350[①]	3[①]	1350 1000[①]

产品名称	型号	冷却水耗量/(m³/h)	炉子重量(不包括电气)/t	工作间空间尺寸(直径/mm)×(深度/mm)	外形尺寸(长/mm)×(宽/mm)×(高/mm)	成套供应范围	生产厂
750kg熔铜炉	GWT-0.75-250 DL442-2[①]	4.6	3.4	—	2590×2500×3000	炉体2台、电气1套(变压器、电抗器、电控柜等)、电容器、水冷系统、随机文件	西安鹏远重型电炉制造有限责任公司、西安电炉研究所有限公司
1.5t熔铜炉	GWT-1.5-350 DL442-3[①]	8.0	6.3	φ580×1190	2445×3000×2755		
3t 工频无心感应熔铜炉	SL73-117 DL442-4[①]	8～10 10[①]	16 15.5[①]	φ730×1430	3440×3500×3460[①]		

①　为西安电炉研究所有限公司的产品型号及技术数据。

11.3.2　工频有心感应熔炼炉

有心感应熔炼炉与无心感应熔炼炉相比,适于单一品种金属的大量连续生产。具有功率因数大,效率高的特点。

1. 对熔炼设备的要求、分类和选用

有心感应熔炼炉有一个用硅钢片叠成的闭合铁心。这种电炉按变压器原理工作,采用工频电源,不需要特殊的变频设备。

现在的工频有心感应熔炼炉几乎都做成暗沟式,即熔沟是暗藏的,埋在金属液中,如图 11-7 所示。这种电炉最早出现在 1915 年,不久就在铜、青铜、黄铜、锌、铝等熔点较低的金属和合金的熔炼和保温方面得到广泛应用。据估计，全世界有 90% 以上的黄铜是在这种电炉中熔炼时。

工频有心感应熔炼炉主要由电炉本体和电器配套设备两大部分组成。

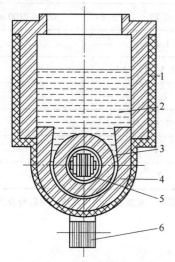

图 11-7　暗沟式有心感应熔炼炉
1—保温层　2—炉室　3—熔沟
4—耐火层　5—感应线圈　6—铁心

电炉本体主要由炉室、感应线圈、熔沟和铁心四部分构成，能够倾倒的电炉还应有倾炉装置。

工频有心感应熔炼炉的电气配套设备视电炉容量的大小和自动化、机械化程度的不同而繁简不一。图 11-8 所示为这种电炉的几种主电路。图 11-8a 和图 11-8b 适用于功率较小的感应器；图 11-8c 和图 11-8d 采用高压供电，适用于大功率的感应器。一般都配有调节电炉输入功率的电炉变压器。由于电炉本身是电感性负载，所以为了补偿功率因数，常在电炉的感应线圈中并联上补偿电容器；为适应电炉工作过程中功率因数的变化，常把补偿电容做成可调的。当把大功率的单相电炉接到三相电力网上时，为了使三相电流平衡，线路中还配备平衡电容器和平衡电抗器，如图 11-8c 所示。

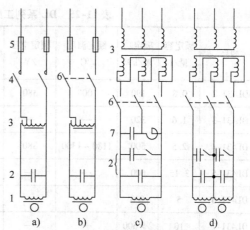

图 11-8　有心感应熔炼炉的主电路
1—电炉（示出感应器和熔沟）　2—补偿电容器
3—电炉变压器　4—接触器　5—熔断器
6—自动开关　7—平衡电容器和平衡电抗器

工频有心感应熔炼炉已成为非铁金属的熔炼和保温用的基本炉种。这种电炉由于在开始熔炼和浇注时都需要有金属液填满熔沟，以此形成通电回路，所以只适宜于单种金属的大批量熔炼或保温。

在工频有心感应熔炼炉的技术发展上，除采用卷制铁心，成形熔沟，可拆换的感应器，机械化装、出料并配合冲天炉进行双联法熔炼外，还研制成了熔沟内的金属液能单方向流动的炉子。这将会显著降低熔沟和熔室中的金属液温差，改善熔沟的工作条件，扩大有心感应熔炼炉的使用范围。

2. 产品系列

(1) DL 系列工频有心感应熔炼炉　DL 系列有心感应熔炼炉用于铜及铜合金、铝及铝合金和锌合金的熔炼，其技术数据见表 11-25。

(2) 工频有心感应熔锌炉　DL432 系列工频有心感应熔锌炉的技术数据见表 11-26；DL433 系列工频有心感应熔锌炉的技术数据见表 11-27。

(3) 工频有心感应熔炼（保温）炉　该系列工频有心感应熔炼（保温）炉，分别供铸铁保温和加热、熔铜和铜合金、熔锌和锌合金等用，其技术数据见表 11-28。表 11-28 中型号含义为

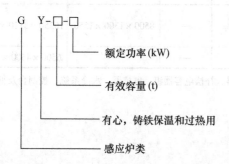

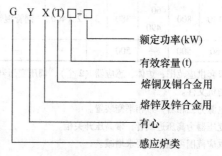

表 11-25　DL 系列工频有心感应熔炼炉的技术数据

型号	额定容量/t	额定功率/kW	额定温度/℃	额定电压/V	相数	变压器容量/kVA	熔化率/(t/h)	冷却水耗量/(m³/h)	外形尺寸(长/mm)×(宽/mm)×(高/mm)
DL431-2	0.8	190	1000	380	1	400	0.73	5.8	3228×2100×2975
DL431-3	1.6	320	—		3	400	1.45	—	—
DL431-4	2.5	500	1180~1300	380	1	400	1.5~2	—	—
DL431-5	3.15	600	—		3	800	2.5	—	—
DL431-6	5	600	—		3	800	2.45	—	—
DL431-7	10	2×600	—		3	2×800	4.8	—	—
DL431-8	26	1800	1135	380	3	—	7	—	—

注：1. 成套供应范围：炉体、感应器（2个）、调压变压器、补偿电容器组、电抗器、水冷系统、控制台及低压开关柜和随机文件。

2. 电源为三相者，带相平衡装置。

3. 变压器为高压进线者，带高压开关柜。

4. 供应范围可随用户要求增减。

表 11-26　DL432 系列工频有心感应熔锌炉的技术数据

型号	额定容量/t	额定功率/kW	额定温度/℃	电源电压/V	相数	变压器容量/kVA	熔化率/(t/h)	冷却水耗量/(m³/h)	炉膛尺寸(长/mm)×(宽/mm)×(高/mm)	外形尺寸(长/mm)×(宽/mm)×(高/mm)	生产厂
DL432-2	0.8	80	—	380	1	100	0.85	3	—	—	
DL432-3	1.6	160	—	380	3	200	1.6	4.5	—	—	
DL432-4	2	160	—	380	3	200	1.55	—	—	—	
DL432-5	3.15	320	—	380	3	400	3.15	—	—	—	
DL432-6	5	320	—	380	3	400	3.1	—	—	—	西安电炉研究所有限公司
DL432-7	10	480	—	380	3	630	4	—	—	—	
DL432-8	20	2×320	—	380	3	2×400	6	—	—	—	
DL432-9	30	160	520	380	1	200	镀1t钢丝耗锌200kg	—	1900×2100×1150	—	
DL432-11	120	800	460~490	380	3	2×400	钢管镀锌	—	8500×1300×1550	10350×3110×2375	
DL432-10	60	500	—	500	—	—	—	—	—	6500×4500×4500	

注：1. 成套供应范围：炉体、感应器（2个）、调压变压器、补偿电容器组、电抗器、水冷系统、控制台及低压开关柜、随机文件。

2. 电源为三相者，带相平衡装置。

3. 变压器为高压进线者，带高压开关柜。

4. 供应范围可随用户要求增减。

表 11-27　DL433 系列工频有心感应熔锌炉的技术数据

型号	额定容量/t	额定功率/kW	额定温度/℃	额定电压/V	相数	变压器容量/kVA	熔化率/(t/h)
DL433-1	1	160	750	380	3	200	0.32
DL433-2	1.6	240	—	380	3	400	0.48
DL433-3	3.15	400	—	380	3	630	0.8
DL433-4	5	450	—	380	3	800	1.2
DL433-5	10	2×600	—	380	3	2×600	2.3
DL433-6	16	3×600	—	380	3	3×800	3.45
DL433-7	20	4×600	—	380	3	4×800	4.55

表 11-28　工频有心感应的熔炼（保温）炉的技术数据

产品名称	型　号	结构形式	容量/t 有效容量	容量/t 总容量	功率/kW 额定	功率/kW 保温	电压/V 额定	电压/V 保温	工作温度/℃	升温单位电耗/(kW·h/t)
3t 铁保温炉	GY-3-250	立式	3	4.2	250	40	344	137	1450	50
15t 铁保温炉	GY-15-600	立式	5	21	600	170	380	205	1500	57.6
30t 铁保温炉	GY-30-1100	卧式	30	49	1100	295	365	190	1500	70
45t 铁保温炉	GY-45-700	立式	45	64	700	280	740	470	1500	64
300kg 熔铜炉	GYT-0.3-75	立式	0.3	0.5	75	21	380	197	1225	237
750kg 熔铜炉	GYT-0.6-180	立式	0.6	0.75	180	25	350		1083~1225	219
1.5t 熔铜炉	GYT-1.5-600	立式	1.5	2.5	600		380		1250	268
10t 熔铜炉	GYT-10-1300	卧式	10	15	1300	222	290		1200	223
1t 熔锌炉	GYX-1-75	立式	1	1.9	75	14	380	164	500	110
2t 熔锌炉	GYX-2-150	立式	2	2.6	150	20	380	139	500	110
23t 熔锌炉	GYX-23-540	卧式	23	23	540		500		475	120

产品名称	型　号	热料 升温/℃	热料 生产率/(t/h)	主变压器/kVA	烘炉变压器/kVA	电抗器容量/kVA	冷却水耗量/(t/h)	炉重(不包括电气)/t
3t 铁保温炉	GY-3-250	150	5	300	30/20	200	5.5	21.8
15t 铁保温炉	GY-15-600	150	10	1000	50	—	6	50.4
30t 铁保温炉	GY-30-1100	200	15.2	2000	400	—	10	178
45t 铁保温炉	GY-45-700	200	10.9	1000	100	500	6	72
300kg 熔铜炉	GYT-0.3-75	熔化率：0.317		50	—	—	0.15	4.4
750kg 熔铜炉	GYT-0.6-180	熔化率：0.625		300	—	180	0.5	7.4
1.5t 熔铜炉	GYT-1.5-600	熔化率：2		—	250	—	1.6	20
10t 熔铜炉	GYT-10-1300	熔化率：5		200/500	3×100	—	7.6	3.5
1t 熔锌炉	GYX-1-75	熔化率：0.5		100	—	56	—	7.1
2t 熔锌炉	GYX-2-150	熔化率：1.4		200	—	—	—	10.3
23t 熔锌炉	GYX-23-540	熔化率：4.5		—	—	—	0.27	16

11.3.3 中频无心感应熔炼炉

1. 概述

中频无心感应熔炼炉主要用于钢铁、非铁金属及其合金的熔炼。

这种电炉主要由电炉本体、电气配套设备等组成。

电炉本体的基本结构如图11-5所示。炉体主要由炉架、感应线圈、倾动机构、炉衬等部分组成。在电气配套上采用KGPS晶闸管变频装置和IGBT逆变装置作为电源。电炉所需要的补偿电容器相当多，所以一般都配有独立的补偿电容器架，另外还有中频熔炼控制柜或控制台等。较大电炉的电气配套设备也较多。为了提高电气配套设备的利用率，常采用一套电气设备配用两个炉体的布局方式。

中频电源设备在很长一段时间内都采用KGPS晶闸管变频装置。随着中频无心感应熔炼炉发展的要求和IGBT模块技术的应用，出现了IGBT逆变装置中频电源。由于IGBT逆变装置的谐波干扰少，负载能力宽，启动性能好，节能特点突出，所以除了炉子容量大、中频频率比较低、要求采用KGPS晶闸管变频装置外，已经被IGBT逆变装置替代。

中频无心感应熔炼炉具有加热快、金属烧损少、使用灵活方便的特点。另外，中频熔炼炉也不需要工频熔炼炉那样多的电容器。因此，如果今后中频电源设备能得到进一步的发展，其价格会进一步降低，有可能在相当大的范围内取代工熔炼频炉。

中频无心感应熔炼炉的技术发展是，实现电炉功率因数的自动调节；实现坩埚损坏前的预先报警；改进坩埚材料和制造工艺，以延长其使用寿命和提高电炉的功率因数；实现金属液的自动称重；实现包括电炉输出功率调节、金属液温度控制、金属液成分控制和金属液搅拌力控制等在内的综合计算机控制。

2. 产品系列

中频系列感应电炉成套设备用于钢铁、非铁金属及其合金，如熔炼碳素钢、磁性合金、铝合金等的熔炼和保温，其技术数据见表11-29。

表 11-29　中频系列感应电炉成套设备的技术数据

型　　号	GWL-0.15	GWT-0.17	GWT-0.17-100/2.5X	GWJ-0.17-100/2.5X
容量/kg	150	170	170	170
中频功率/kW	100	100	100	100
频率/Hz	2500	2500	2500	2500
感应器电压/V	1500	1500	1500	1500
输入电压/V	380	380	380	380
工作温度/℃	1300	1350	1225	1300
熔炼时间/min	150	70	60	153
主要用途	熔炼铝及合金	熔炼铜及合金	熔炼铜及合金	熔炼铝及合金
外形尺寸（长/mm）×（宽/mm）×（高/mm）	2080×1311×2860	1245×1030×1038	1580×1200×1347	2150×1560×1870

3. 电源装置

（1）KGPS系列晶闸管变频装置　该装置可用作中频感应熔炼、加热、淬火、退火钎焊及烧结设备的电源，其技术数据见表11-30和表11-31。

表11-30中型号的含义为

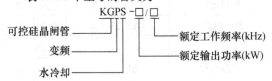

表 11-30　KGPS 系列晶闸管变频装置（并联型）的技术数据

型号	额定输入电压/V	额定输入电流/A	额定输出电压/V	额定输出功率/kW	额定工作频率/kHz	感应器电压/V	电源柜体外形尺寸（宽/mm）×（深/mm）×（高/mm）	成套范围	生产厂
KGPS-500/0.5	3N-380	838	750	500	0.5	1500	1450×1050×2000		
KGPS-750/0.5	3N-380	1266	750	750	0.5	1500		变频柜1套；电容器柜1台（当变频柜不包括补偿变压器时）	上海同欣感应加热设备有限公司
KGPS₂-750/0.5	3N-660①	729	1250	750	0.5	2500	1600×1150×2000		
KGPS-1000/0.5	3N-380	1727	750	1000	0.5	1500			
KGPS₂-1000/0.5	3N-660①	994	1250	1000	0.5	2500			
KGPS-1500/0.5	3N-380	2590	750	1500	0.5	1500	2000×1150×2000		
KGPS₂-1500/0.5	3N-660①	1491	1250	1500	0.5	2500			

（续）

型号	额定输入电压/V	额定输入电流/A	额定输出电压/V	额定输出功率/kW	额定工作频率/kHz	感应器电压/V	电源柜体外形尺寸（宽/mm）×（深/mm）×（高/mm）	成套范围	生产厂
KGPS-100/1	3N-380	165	750	100	1	750			
KGPS-160/1	3N-380	264	750	160	1	750	1400×800×1800		
KGPS-250/1	3N-380	413	750	250	1	750			
KGPS-500/1	3N-380	833	750	500	1	1500	1450×1050×2000		
KGPS-750/1	3N-380	1252	750	750	1	1500			
KGPS$_2$-750/1	3N-660[①]	721	1250	750	1	2500	1600×1150×2000		
KGPS-1000/1	3N-380	1707	750	1000	1	1500			
KGPS$_2$-1000/1	3N-660[①]	983	1250	1000	1	2500		变频柜1套；电容器柜1台（当变频柜不包括补偿变压器时）	上海同欣感应加热设备有限公司
KGPS-100/2.5	3N-380	166	750	100	2.5	750			
KGPS-160/2.5	3N-380	267	750	160	2.5	750	1400×800×1800		
KGPS-250/2.5	3N-380	418	750	250	2.5	750			
KGPS-500/2.5	3N-380	840	750	500	2.5	1500	1450×1050×2000		
KGPS-100/4	3N-380	173	700	100	4	700			
KGPS-160/4	3N-380	276	700	160	4	700	1400×800×1800		
KGPS-250/4	3N-380	440	700	250	4	700			
KGPS-500/4	3N-380	860	700	500	4	700/1400	1450×1050×2000		
KGPS-100/8	3N-380	173	700	100	8	700			
KGPS-160/8	3N-380	276	700	160	8	700	1400×800×1800		
KGPS-250/8	3N-380	440	700	250	8	700			

① 输入电压取660V，主要是为减少谐波对电网的影响。

表 11-31　KGPS 系列晶闸管变频装置（串联型）的技术数据

型号	额定输入电压/V	额定输入电流/A	额定输出电压/V	额定输出功率/kW	额定工作频率/kHz	感应器电压[①]/V	电源柜体外形尺寸（宽/mm）×（深/mm）×（高/mm）	成套范围	生产厂
KGPS-500/0.5~1	3N-380	838	225	500	0.5~1	3000	2000×1150×2000		
KGPS-750/0.5~1	3N-380	1266	225	750	0.5~1	3000	2200×1150×2000	变频柜1套；电容器柜1台（当变频柜不包括补偿变压器时）	上海同欣感应加热有限公司
KGPS-1000/0.5~1	3N-380	1727	225	1000	0.5~1	3000	2500×1150×2000		
KGPS-1500/0.5~1	3N-380	2590	225	1500	0.5~1	3000	2800×1150×2000		

① 感应器电压 $V_s = V_a Q \cos\phi$。V_a 为额定输出电压；Q 为品质因数，取 15；$\cos\phi$ 为逆变功率因数，取 0.9。

半桥串联型和全桥并联型晶闸管变频装置主电路如图11-9和图11-10所示。

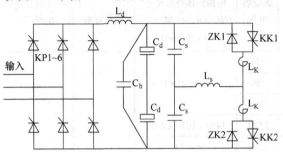

图 11-9　半桥串联型晶闸管变频装置主电路

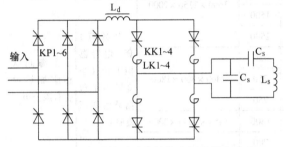

图 11-10　全桥并联型晶闸管变频装置主电路

串联型变频装置的特点如下：

1）直流端采用不控整流，直流端功率因数高，对电网波形影响比较小（5次、7次谐波）。

2）容易启动。

3）逆变电流为正弦波，开关损耗比较小，在负载端功率因数和元件关断时间相同的条件下，工作频率可比并联逆变电路高。

4）熔炼时，在相同的运行时间中，串联电源的平均功率高于并联电源，能耗至少减少7%以上。

5）对负载变化的适应性差（匹配负载比并联困难），当品质因数 Q 值变化时，负载电路中电容和线圈上的电压变化都很大。

（2）IGBT逆变装置　该装置具有自动定角锁相控制电路，可提高电源对负载的适应能力和电效率，工作频率范围宽，性能稳定，功率因数及转换效率高，可用于中频感应熔炼、加热、淬火、烧结等设备，其技术数据见表11-32。表11-32中型号的含义为

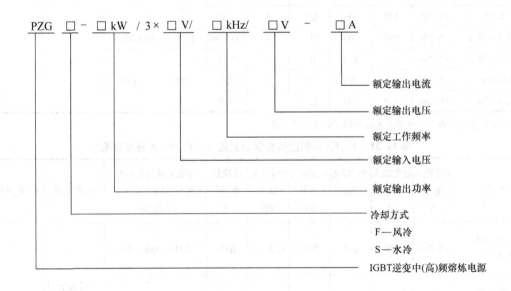

表 11-32　IGBT 逆变装置技术数据

应用场合	型号	冷却方式	额定输入电压/V	额定输出功率/kW	额定工作频率/kHz	成套范围	生产厂家
中（高）频感应熔炼电源	PZGF-（10~120）kW	风冷	3×380 或用户自定	10~120	0.5~25	真空或非真空金属熔炼、磁悬浮熔炼等	江苏东方四通科技股份有限公司
	PZGS-（10~1500）kW	水冷		10~1500			

（续）

应用场合	型号	额定输出功率/kW	额定输入电压/V	额定输入电流/A	额定工作频率/kHz	额定输出电压/V	外形尺寸（高/mm）×（宽/mm）×（深/mm）	重量/kg	生产厂家
中（高）频感应熔炼电源	PZGF-60kW	60	3×380	100	2.5	300	1800×1000×700	500	江苏东方四通科技股份有限公司
	PZGS-60kW	60	3×380	100	2.5	300	1800×1000×600	500	
	PZGF-100kW	100	3×380	167	2.5	280	2100×1200×900	600	
	PZGS-100kW	100	3×380	167	2.5	280	2100×1200×800	600	
	PZGS-160kW	160	3×380	267	2	320	2000×1400×1000	1000	
	PZGS-250kW	250	3×380	418	1.5	350	2200×2200×1200	1500	
	PZGS-300kW	300	3×380	501	1	450		1800	
	PZGS-500kW	500	3×380	836	0.9	550	2200×2200×1200	2300	
	PZGS-600kW	600	3×380	1003	0.8	650		2600	
	PZGS-800kW	800	3×380	1337	0.6	660		3100	
	PZGS-1000kW	1000	3×380	1671	0.5	700	2300×3100×1700	4000	

IGBT 逆变装置电路结构如图 11-11 所示，串联型熔炼电源的自动负载匹配控制和输出曲线如图 11-12 所示。

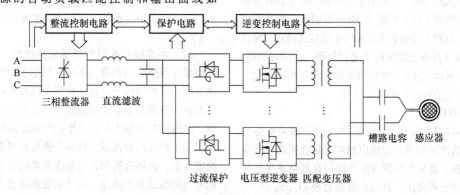

图 11-11　IGBT 逆变装置电路结构

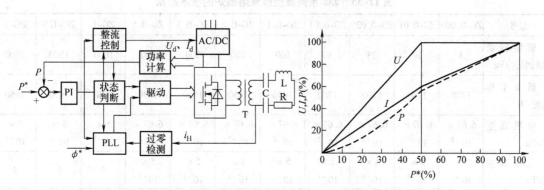

图 11-12　串联型熔炼电源的自动负载匹配控制和输出曲线

P^*—给定功率设定　P—直流功率运算值　ϕ^*—最小逆变角设计（逆变功率因数最大值设定）

U_d—直流电压检测　I_d—直流电流检测　i_H—负载电流相位检测

11.3.4　真空感应熔炼炉

1. 概述

真空感应熔炼炉也是一种无芯感应熔炼炉，只是感应熔炼装置被装在一个真空室内。熔炼时，真空室内被抽成真空，炉料在真空中熔炼和浇注。这种电炉适用于科研与生产部门作为镍基、铁基和钴基高温合金浇注铸锭和铸件，以及其他精密合金等的真空或充气熔炼和真空浇注。

这种电炉主要是由双层水冷壁构成的炉体、感应线圈和坩埚等组成的电炉本体，由真空机组以及附设的放气、充气阀门和真空指示仪表构成的真空系统，由中频或高频电源设备和控制柜等组成的电气配套设备所组成。

用真空感应熔炼炉熔炼金属材料主要有两个好处：一是可以有效去除材料中的大部分气体，如氢、氧、氮、低熔点有害杂质和非金属夹杂物，从而提高材料的性能；二是金属材料氧化损失少。这种电炉是20世纪50年代才开始在工业上应用的。随着真空技术的进展和喷气发动机对高温合金需要的增长，这种电炉得到了相当大的发展，产品数量虽不多，但单台容量相当大。目前世界上已有容量为54t（以钢计）的真空感应熔炼炉。这种大型电炉通常采用半连续式作业，能在不破坏熔炼室真空度的情况下进行加料、浇注和出锭，如图11-13所示。这是一种结构复杂的真空感应熔炼炉，价格为同容量真空电弧炉的2~3倍。

2. 产品系列

（1）ZG系列真空感应熔炼炉　真空感应熔炼炉是在真空条件下利用中频感应加热熔化金属的成套真空冶炼设备，适用于科研与生产部门在真空或保护气氛下进行熔炼和浇注，其技术数据见表11-33。

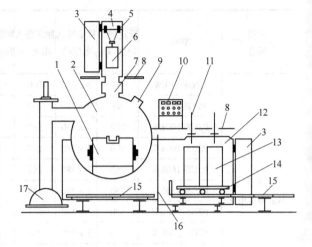

图11-13　大型真空感应熔炼炉的结构

1—感应炉　2—熔炼室　3—装料仓门　4—装料室
5—加料机构　6—料筐　7—真空阀
8—工作平台　9—观察孔　10—控制台
11—电弧（电阻）加热装置　12—锭模室
13—锭模　14—锭模车　15—轨道
16—内闸门　17—真空系统

（2）半连续式真空中频感应熔炼炉　半连续式真空感应熔炼炉是在真空条件下利用中频感应加热熔化金属、半连续作业、自动化程度较高的成套真空冶炼设备。该设备具有控制温度严格、合金化学成分精确、电磁搅拌和强大的高真空除气作用的特点，适用于工业生产部门对镍基、钴基、铁基高温合金及其他精密合金，高纯金属和含有活泼元素的合金进行真空或充气熔炼及真空浇注。其技术数据见表11-34。

表11-33　ZG系列真空感应熔炼炉的技术数据

型号	ZG-0.003	ZG-0.01	ZG-0.025	ZG-0.05	ZG-0.1	ZG-0.2	ZG-0.3	ZG-0.5	ZG-1	ZG-1.5	ZG-2
额定容量（以钢记）/kg	3	10	25	50	100	200	300	500	1000	1500	2000
最高工作温度/℃	1700	1700	1700	1700	1650	1650	1650	1650	1650	1650	1650
极限真空度/Pa	6.67×10^{-2}	6.67×10^{-2}	6.67×10^{-2}	6.67×10^{-2}	6.67×10^{-2}	6.67×10^{-2}	6.67×10^{-2}	6.67×10^{-2}	5×10^{-1}	5×10^{-1}	5×10^{-1}
工作真空度/Pa	5×10^{-1}	5×10^{-1}	5×10^{-1}	5×10^{-1}	5×10^{-1}	5×10^{-1}	5×10^{-1}	5×10^{-1}	5	5	5
压升率/(Pa/h)	3	2.5	2.5	2.5	2.5	2.5	2.5	2	1	1	1
额定中频频率/Hz	6000	4000	2500	2500	2500	2500	2500	800	600	500	500

（续）

型号	ZG-0.003	ZG-0.01	ZG-0.025	ZG-0.05	ZG-0.1	ZG-0.2	ZG-0.3	ZG-0.5	ZG-1	ZG-1.5	ZG-2
额定中频功率/kW	50	50/100	100	100	160	250	300	500	600	750	1000
中频电压/V	250	250	250	250	250	250	250	600	600	650	650
进线电压（交流）/V	380	380	380	380	380	380	380	380	380	380	575
外形尺寸/（长/mm）×（宽/mm）×（高/mm）	3000×2500×1800	4000×3000×2000	4800×4000×2500	5500×6000×3000	6500×3000×4000	7000×8000×6000	7500×8000×6000	12000×10500×7000	13000×10500×8000	15000×11000×8000	15500×11000×8000

表 11-34　ZG-1.5-B_2 半连续式真空中频感应炉的技术数据

型号	ZG-1.5-B_2
最高温度/℃	1650
容量/kg	1500
熔化时间/min	90
单位电耗/(kW·h/kg)	0.8
极限真空度/Pa	$5×10^{-1}$
工作真空度/Pa	5
压升率/(Pa/h)	1
进线电压/V	380
额定中频功率/kW	750
额定中频电压/V	600
额定中频频率/Hz	500
铸锭　直径/mm	$\phi420/\phi430$ $\phi350/\phi215$ $\phi260/\phi170$
铸锭　长度/mm	2000、2000、2000
铸锭　数量/个	1、2、3
铸锭　重量/t	1.5
耗水量/(t/h)	80
炉体容量/m³	27
设备总重量/t	100
外形尺寸（长/mm）×（宽/mm）×（高/mm）	17000×11000×8000

11.3.5　真空感应熔炼定向凝固炉

1. 概述

真空感应熔炼定向凝固炉（以下简称定向炉）是一种用途特殊的炉型。其熔炼过程与真空感应熔炼炉相同，但它在熔炼室内完成浇注，在铸造室内完成定向或单晶铸件的凝固过程。它主要用于生产定向或单晶高温合金叶片。

目前，在国内外普遍应用的定向炉中，铸型加热分为石墨加热器或感应加热器两种；冷却分为水冷结晶器或液态金属冷却器两种。

1）铸型为石墨加热器加热的，由水冷结晶器冷却的，又分为如下几种情况：

铸型为石墨型加热器，采用单区加热的，其温度梯度为 30～40℃/cm。铸型石墨加热采用两区加热的，其温度梯度为 60～100℃/cm，如德国 ALD 生产的 ISP05/DS 定向炉，采用铸型快速移动法（HRS 法）就是其中一例；北京航空材料研究院自行研制的国产单晶炉，采用两区加热，其温度梯度可达 64～94℃/cm。铸型石墨加热器采用三区加热的，其温度梯度可达 100～150℃/cm，下区温度可达 1700～1800℃。三区加热定向炉对大尺寸叶片更为合适，特别是对地面燃机涡轮叶片生产，有着广泛的应用前景。

2）对铸型加热为感应加热器加热，由水冷结晶器冷却的定向炉，目前的温度梯度都比较低，但感应加热的定向炉很容易制造成大尺寸，更适用于大叶片的生产，因使用和维护费用比较低而受到关注。

3）采用金属液冷却器的定向炉，分为铝液、锡液冷却的定向炉。铝液冷却的定向炉温度梯度为 70～80℃/cm，如俄罗斯的 ЧВНК-8П 定向炉；锡液冷却的定向炉温度梯度为 150～200℃/cm，如俄罗斯的 ЧВНС-5 定向炉。

2. 采用铸型快速移动法（HRS 法）定向炉

炉体由熔炼室和铸型室组成，用转阀或翻板阀将两室分开，两室均采用双层水冷壁结构，一般内层采用不锈钢结构，外层采用碳钢结构。由于受到电化学腐蚀作用，外层为负极，很快被腐蚀，一般只有 10

年使用寿命。如果外层也采用不锈钢结构，寿命可提高1倍。为维修和操作方便，两室都设有侧门，其结构如图11-14所示。

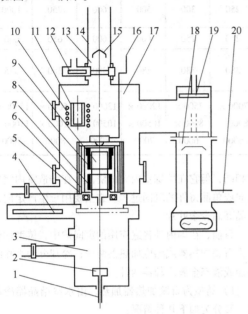

图 11-14　HRS 法定向炉的结构

1—抽拉机构　2—结晶器　3—铸造室　4—大转阀
5—水冷套　6—辐射挡板　7—下加热器　8—上加
热器　9—壳体　10—感应线圈　11—坩埚
12—转阀　13—加料室　14—转塔　15—加料装置
16—保温盖转动机构　17—熔炼室　18—扩散泵
19—高真空阀　20—罗茨泵

（1）熔炼室　熔炼室熔炼采用感应熔炼，坩埚浇注为翻转浇注或底注，底注更适合批量生产。感应线圈电源采用 IGBT 变频装置供电。引电采用同轴电缆转轴，可手控翻转或采用液压随动系统控制倾转，使线圈及内装坩埚同时倾转。熔炼室上方装有转塔调节器，并通过阀门与熔炼室分开，可通过手动转阀开关，分别操作转塔上的加料机构或浸入式热电偶，完成熔炼室内的加料或测量坩埚内的合金液温度。

在熔炼室内设有型壳加热器，该部分安装在熔炼室内的炉底板上，两区加热的石墨加热器，上下加热的功率和高度需要合理匹配，两区加热器采用钨-铼热电偶作为控温热电偶。该加热系统由 SR25 温控仪表实现自动控制。为保持加热区有较稳定的温度梯度，采用了高温耐火材料制件，新型高温绝缘材料及不锈钢外套组成的保温套。其上方开口处设有可移动的保温盖，在保温套下方开口处设有辐射挡板，安装在石墨加热器与水冷结晶器之间。辐射挡板的结构形式、材质及尺寸等对提高温度梯度都至关重要。

结晶器上安装有型壳，型壳下端有开口，使铸件通过开口直接与水冷结晶器接触。水冷结晶器的结构、尺寸对改善传热有重要影响，也直接影响定向炉的温度梯度。

在辐射挡板下方设有多圈冷却水套，以加快凝固金属的冷却，可以提高凝固前沿的温度梯度。

（2）铸造室　铸造室连接在熔炼室底部，用转阀或翻板阀与熔炼室隔开。铸造室设有侧门，通过侧门可以送入或取出型壳；型壳放在水冷结晶器上，用升降机构将型壳送到或撤离铸造位置。

抽拉机构采用两根滚珠丝杠和三根光杠结构，由 TS-2 直流调速电动机拖动，具有电源电压及速度反馈，调速精度可达1%，或者采用伺服电动机拖动，可进一步提高抽拉机构工作的稳定性。

（3）真空系统　高真空系统采用滑阀真空泵、罗茨泵和油增压泵或油扩散泵及其气动挡板阀连接，并配有真空继电器、真空仪表等。该机组也可以直接选用相应结构所组成的带有油增扩泵的高真空系统的真空配套机组。该机组主要抽熔炼室真空，在打开转阀或挡板阀后，也可以抽铸造室真空。为了防止误操作引起油增压泵或油扩散泵油氧化，将主阀、前置阀、预抽阀、放气阀互锁，当主阀、前置阀、预抽阀只要有一个阀门未关闭时就打不开放气阀。另外，为了节能和缩短工作周期，在高真空管路上增设一个维持泵，这样从根本上解决了周期性操作装料和送入或取出型壳期间不停油增压泵或油扩散泵。其结构如图11-15所示。

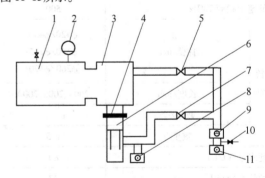

图 11-15　高真空系统结构

1—炉子　2—真空测量规管　3—主阀
4—冷井　5—预抽阀　6—油扩散泵
7—前置阀　8—维持泵　9—罗茨泵
10—放气阀　11—前级阀

低真空机组采用滑阀真空泵和罗茨泵及真空蝶阀连接，并配有真空控制仪表等，也可以直接选用相应的低真空配套机组。它主要用于铸造室和加料室抽真空。

（4）水冷系统　水冷系统包括炉体双层水冷壁、感应线圈、水冷结晶器和冷却水套等水冷部件及机组。分别由集水器集中供水，回水返回回水集收器。该系统还包括水泵、冷却塔、流量继电器及压力表等。

（5）控制系统　定向炉控制系统以工控机、可编程序控制器（PLC）为核心，人机界面为显示和操作终端，应用可靠的西门子公司产品硬件和优化组合功能软件等低压电器系统组成。该系统易操作，安全互锁，易于功能扩展和故障排除，为整机设备的运行提供可靠保障。

操作系统配置隔离变压器，通过 UPS 电源供电，避免电网对 PLC 及控制系统的干扰，防止供电系统故障或断电引发动作混乱和保留现场数据。

电气系统所有低压电器均采用中间继电器隔离，以保护 PLC 模块的安全可靠。

在整机画面上显示真空的获得、金属熔化、保温加热过程、结晶器抽拉过程、整机动作状态、工艺参数信息、报警信息、生产过程及相关信息的报表、数据存储及打印。

该系统可用于单晶合金凝固过程的现场分析计算，能迅速获得各种热参数，并通过动态模拟图、曲线数据等形式显示凝固过程。

该系统集分析研究和过程控制为一体，实用性强，有较强的工艺试验分析功能，系统软件操作均采用人机对话和菜单显示方式进行。定向炉计算机控制系统框图如图 11-16 所示。

国产定向单晶炉与国外三种炉型的主要技术指标见表 11-35。

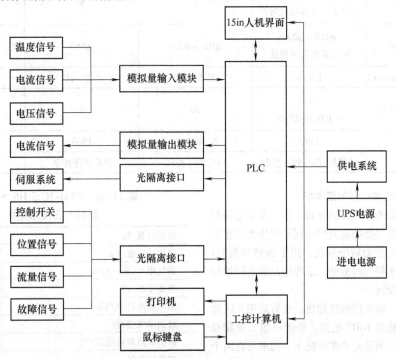

图 11-16　定向炉计算机控制系统框图

表 11-35　国产定向单晶炉与国外三种炉型的主要技术指标

主要技术指标	国产单晶炉 ZGID0. 015-160-2. 5A	德国 ISPOS/DS	德国 $ISP_2 III/DS$	德国 ЧВНК-8П
极限真空度/Pa	6.3×10^{-3}实测指标	5×10^{-3}设计指标	10^{-3}	6.7×10^{-2}
漏气率/（Pa·L/s）	0.65 实测指标 密封性好	0.65 设计指标	0.65 设计指标	1.67 设计指标
工作真空度/Pa	1×10^{-1} 真空度高	5×10^{-1}	5×10^{-1}	6.7×10^{-1}

（续）

主要技术指标	国产单晶炉 ZGID0.015-160-2.5A	德国 ISPOS/DS	德国 ISP₂Ⅲ/DS	德国 ЧВНК-8П
浇注方式	倾转	底注	倾转	倾转
内径和高度/mm	两区 内径：φ300～φ330 高度：300 可浇注大尺寸叶片	两区 内径：φ200～φ250 高度：300	单区 内径：φ280 高度：380	两区
挡板内径/mm	φ200～φ220	φ120～φ220	φ180	—
水冷套内径和高度/mm	螺管式水冷套 内径：φ250 高度：60 冷却均匀，优于单环式	单环式水冷套 内径：φ250～φ300 高度：15	单环式水冷套 内径：φ275 高度：15	—
公称容量/kg	15 容量大，可多浇注叶片	5	8	10～20
结晶器直径/mm	φ180～φ200 可放置大尺寸模壳	φ100～φ200	φ160	—
抽拉速度范围/(mm/min)	1～20	0.5～20	0.5～10	1～20
热电偶插座数量/对	20 可实现多点测温	20	4	9
下区温度/℃	1600	1600	1500	—
自动控制	计算机、PLC 程序控制	PLC 程序控制	PLC 程序控制	仪表及手动

3. 铸型为感应加热器的定向炉

其结构形式除铸型的加热方式不同，其他结构与采用铸型为石墨加热器的定向炉相同。炉体为三室立式真空炉结构。上层为转塔装置，用于加料和测温；中间为熔炼室；下层为铸造室。水冷结晶器连同抽拉系统结构也基本相同。

感应加热器一般采用两区加热，也有采用三区加热的，中频电源选用 IGBT 电源，采用一拖二串联双逆变方式供电。在满足总功率前提下，功率可在两个感应线圈之间自由无级调配。但是，由于两个逆变器的频率拉不开，致使加热到高温段时互相干扰严重。上区温度急剧上升，使上下区温度拉开，直接影响温度梯度的提高。目前，国内外感应加热器定向炉的温度梯度比较低，但感应加热器的定向炉很容易制造成大尺寸的加热器，更适用大叶片的生产，尤其是对地面燃气涡轮叶片的生产有着广泛的应用前景；另一方面，该炉型的使用和维护费用也比较低，因而受到关注。

德国 ALD 公司生产的 VIM-IC 5 DS/SC 定向炉就是其中一例，其主要技术指标见表 11-36。

表 11-36　VIM-IC 5 DS/SC 定向炉的主要技术指标

额定容量/kg	5～15
极限真空度/Pa	10⁻³
漏气率/(Pa·L/s)	0.65
熔炼功率/kW	175
感应加热功率/kW	125
最高熔炼温度/℃	1700
铸型加热最高温度/℃	1700
结晶器直径/mm	250
抽拉速度/(mm/min)	0.2～20
复位速度/(mm/min)	1500
浇注方式	倾转
最大倾转角度/(°)	-30～105

4. 金属液冷却的定向炉

这种炉型在俄罗斯最早得到应用，近些年在西方国家也得到比较广泛的应用。金属液冷却定向炉主要用于铝液或锡液冷却。

1）铝液冷却的定向炉。采用铝液作为冷却介质，如俄罗斯的 ЧВНК-8П 定向炉，它广泛应用于航空发动机涡轮叶片的生产。经过不断地改进和完善，可稳定地生产各种发动机的定向或单晶叶片，每月生产可达万件以上。

ЧВНК-8П 定向炉是卧式结构，由炉体后盖电源车、熔炼室、方形铸造室和电气控制系统组成，如图 11-17 所示。其主要技术指标见表 11-37。

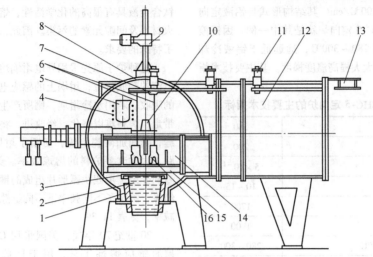

图 11-17　ЧВНК-8П 定向炉结构

1—金属液槽　2—铝液　3—辐射挡板　4—感应线圈　5—坩埚　6—吊杆
7—挂架　8—熔炼室炉壳　9—垂直传动机构　10—浇口杯　11—水平传动
机构　12—铸造室　13—外挂架　14—上加热器　15—下加热器　16—型壳

表 11-37　ЧВНК-8П 定向炉主要技术指标

供电电压/V		380
额定功率/kW		435
所需功率/kW		247
极限真空度/Pa		6.7×10^{-2}
漏气率/(Pa·L/s)		1.67
工作真空度/Pa		6.7×10^{-1}
感应线圈	功率/kW	120
	频率/Hz	2400
型壳加热	上区	1500~1550
温度/℃	下区	1700
型壳加热	上区	100
功率/kW	下区	100
下区与上区高度比		1:8
温度梯度/(℃/cm)		70~80
型壳抽拉速度/(mm/min)		4~50
空程抽拉速度/(mm/min)		500~600
结晶器温度/℃		700~850
冷却池用铝量/kg		70~80
坩埚容量/kg		10~20
坩埚金属温度/℃		1550±10
坩埚工作温度/℃		1500~1700
生产率/(件/d)		144
冷却水流量/(m³/h)		9~10

该炉熔炼室用地脚螺栓固定在地基基础上，炉体后盖电源车和方形铸造室分别用法兰与熔炼室连接，并支撑在地面轨道上，便于安装和维修。

熔炼室采用圆形双层水冷壁结构，外部设有观察窗，测温采用光学高温计和插入式热电偶，炉内装有水平传送轨道并与垂直传动机构连接。用直流调速电动机拖动，可左右或上下移动。熔炼室内装有型壳加热器，为双区加热。上加热器为两片槽形石墨加热器，下加热器为环带式加热器；下加热器与金属液槽之间装有辐射挡板。金属液槽装在炉体的支撑座上。

经过几代的改进，将金属液槽的加热器和保温层均去掉，直接用型壳加热器来熔化冷却的铝。熔化坩埚倾转机构采用直流调速电动机拖动。方型铸造室内装有隔离真空转阀，并装有水平传动机构，将型壳传至熔炼室。

炉体后盖电源车上装有电源箱，两区加热和感应熔炼炉的电源线由炉体后盖引入。

真空系统由两台机械泵、一台扩散泵、真空阀门和测量仪表等组成。

两区加热的温度控制和抽拉系统控制采用计算机控制。计算机还可以完成参数的输入、修改、采集和显示，但没有数据处理和打印功能。

该炉操作方便。型壳用吊具悬挂在外挂架上，用手工推入方形铸造室，抽真空后，打开侧门，经水平传送机构送至熔炼室的工作位置上完成浇注。型壳由垂直传动机构送入金属液冷却槽冷却，然后提起型壳,沿水平轨道送到铸造室冷却,关闭转门、破真空取出已浇注完的铸型。

2)锡液冷却的定向炉。采用锡液为冷却介质,温度梯度为150~200℃/cm。其结构形式与铝液定向炉基本相同,ЧВНС-5定向炉就是其中一例。因锡液冷却介质温度只有280~300℃,远远低于铝液冷却介质温度,所以可大大提高温度梯度。其主要技术指标见表11-38。

表 11-38　ЧВНС-5 定向炉的主要技术指标

电压/V		380
使用功率/kW		200
工作真空度/Pa		5×10^{-1}
额定容量/kg		10~15
熔炼金属温度/℃		1700
型壳预热温度/℃		1700
锡液冷却介质温度/℃		280~300
冷却介质重量/kg		150
抽拉速度/(mm/min)		0.1~10
温度梯度/(℃/cm)		150~200
生产能力/(个/班)	叶片高100mm	36
	叶片高300mm	6

11.3.6　冷坩埚感应凝壳熔炼炉

1. 概述

冷坩埚感应凝壳熔炼炉主要用于熔炼高熔点、高活性金属及其合金,特别适用于钛合金的熔炼。因为钛合金液具有很高的化学活性,熔炼过程中极易受耐火材料及间隙元素的污染。因此,对钛合金熔炼提出了特殊的要求。

这种炉子原先采用导电坩埚熔炼金属,由于感应电流的趋肤效应,坩埚上的感应电流过多,影响炉料的吸收。若用水冷坩埚,则所产生的热量大部分被水带走,炉料难以熔化。经改进,将坩埚开一条或几条缝,缝间加陶瓷绝缘,切断了坩埚中的感应电流回路,大大改善炉料的熔炼效率。美国 BMI 研究所的专利介绍了用四块弧形片组成的铜坩埚,块间加陶瓷绝缘,测定了不同频率下不同缝隙数坩埚内的磁场衰减率,见表 11-39。

20 世纪 70 年代,美国采用 CaF_2 熔渣作为绝缘层的感应熔炼工艺,用于回收钛屑,该装置如图 11-18 所示。该工艺是在多块组合的水冷铜坩埚中,随炉料加入经真空熔融处理过的 CaF_2 首先熔化,并被金属炉料排挤到水冷坩埚壁上形成薄的渣壳,起到了绝缘作用,可以防止坩埚组合块间的短路或起弧。

表 11-39　不同缝隙数坩埚内的磁场衰减率

缝隙数	不同频率下坩埚内磁场衰减率(%)						坩埚消耗功率/kW	加炉料后理论功率/kW
	60Hz	200Hz	500Hz	1000Hz	2000Hz	5000Hz		
0	97	99	99	99	99	99	0.576	0.016
1	12	14	10	12	11	12	0.238	13.4
2	10	12	9	12	11	12	0.294	14.2
4	8	9	11	13	10	11	0.384	15.6

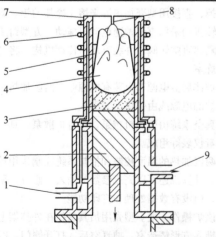

图 11-18　带渣感应熔炼的凝壳炉装置
1—冷却水入口　2—冷却器　3—已凝炉渣
(和已凝金属)　4—金属液　5—炉渣
6—感应线圈　7—扇块　8—槽　9—冷却水出口

若采用冷坩埚感应凝壳熔炼炉熔炼,当感应线圈的瞬时电流 i 为逆时针方向时,则在每根管的截面内同时产生顺时方向的感生电流 i',在相邻两管的邻近截面上电流方向相反,彼此在管间建立的磁场方向相同。由纸面向外显示出磁场增强效应(见图11-19)。

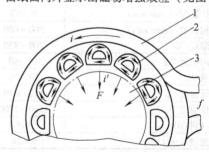

图 11-19　感应电流、磁场及磁力线方向
1—感应线圈　2—水冷铜坩埚 D 型管　3—金属液

因此，组合坩埚的每一缝隙处都是一个强磁场，由于环状效应所致在坩埚内形成强化磁场，将磁力线聚集在坩埚内的炉料上。随着组合块数及输入功率的增加，强化的磁场促进炉料迅速熔化并产生强烈的搅拌作用，使金属液的温度和成分均匀，并能获得均匀的过热度。

采用不同熔炼方法熔炼钛合金时的经济指标见表 11-40。

表 11-40　不同熔炼方法熔炼钛合金时的经济指标

熔炼方法	耗电量 /(kW·h/kg)	熔化速率 /(kg/h)
带渣感应熔炼炉	1.4	300
非自耗电极电弧炉	1.8	200
自耗电极电弧炉	1.1	320
电子束炉	3.3	200
等离子炉	2.2	300

从表 11-40 中可以看出，除自耗电极电弧炉外，用带渣感应熔炼炉是最经济的熔炼方法。

在现有的熔炼方法中，唯有感应凝壳炉熔炼可以精确地控制金属液的过热度，而且金属液的温度、成分均匀。

由于采用冷坩埚技术熔炼，水冷坩埚与金属液之间存在一层由金属液凝固而成的凝壳，避免了坩埚对金属液的污染。

综上所述，冷坩埚感应凝壳熔炼炉是非常有前途的炉型，也最适应钛合金的熔炼。

2. 冷坩埚感应凝壳熔炼炉（ISM）的结构

该炉主要由控制系统、气动系统、冷却水系统、反应惰性气体系统及中频电源等组成，如图 11-20 所示。

11.3.7　真空感应熔炼细晶铸造炉

1. 概述

真空感应熔炼细晶铸造炉（以下简称细晶铸造炉）是专门用于高温合金整体细晶铸件生产和研制的精密铸造炉。为了满足高温合金整体细晶铸造的需求，1993 年，北京航空材料研究院与锦州航星真空设备有限公司联合研制了第一代单室细晶铸造炉。2013 年，双方又联合研制了第二代具有 3 个真空腔室的半连续式细晶铸造炉。第一代细晶铸造炉为热控法 + 铸型搅动法细晶铸造，第二代细晶铸造炉是在第一代的基础上增加了电磁孕育处理细晶铸造方法。

第二代细晶铸造炉由顶部转塔式加料/测温室、中部熔炼室、底部铸型室、真空系统（包括主真空

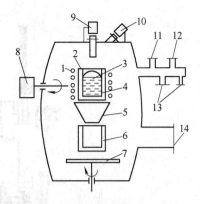

图 11-20　冷坩埚感应凝壳熔炼炉

1—感应线圈　2—水冷坩埚　3—金属液　4—凝壳
5—浇口杯　6—铸型　7—离心浇注盘
8—坩埚倾转装置　9—光学高温计　10—摄像机箱
11—惰性气体进口　12—空气进口　13—真空计接口
14—连接真空系统

系统和辅助真空系统）、水冷系统、气路系统、液压系统、电源系统、电控系统、检测系统、工作平台等组成，如图 11-21 所示。

熔炼室和铸型室由翻板阀隔开，可以分别单独抽真空。熔炼室和加料/测温室由插板阀隔开，可以实现真空下加料和测温。合金熔化和型壳加热均在熔炼室完成，铸型搅动机构和铸型的拆装在铸型室完成。熔炼室由 1 台滑阀泵、1 台罗茨泵和 1 台油增压泵构成的主真空系统进行抽真空。铸型室由 2 台滑阀泵和 1 台罗茨泵组成辅助真空系统，用于铸型室和加料/测温室抽真空。

电源系统由 1 台 IGBT 感应熔炼电源和 1 台晶闸管中频感应石墨加热电源组成，分别用于熔炼合金锭和感应加热石墨加热器预热陶瓷型壳。熔炼电源具有高低两个频率档，高档用于感应熔化合金，低档用于电磁孕育处理，两档可切换。当采用电磁孕育处理的方法浇注细晶铸件时，待合金熔化好后，在浇注前将熔炼电源切换至低挡。常规熔炼和铸型搅动细晶铸造时，采用高档。石墨加热电源通过中频感应加热使石墨加热器发热升温，再由石墨加热器加热陶瓷型壳。

工作时，将陶瓷型壳固定在结晶器的中心，打开熔炼室与铸型室的翻板阀，通过液压系统驱动将型壳送入熔炼室的型壳加热器内。熔炼室坩埚装入合金料，关上熔炼室和铸型室炉门，起动主真空系统和辅助真空系统，对熔炼室和铸型室进行抽真空。当真空度达到工艺要求后，起动加热器电源对陶瓷型壳加热，同时起动熔炼电源对坩埚内合金进行加热。当型壳温度达到设定温度后，熔化合金并进行精炼。在整

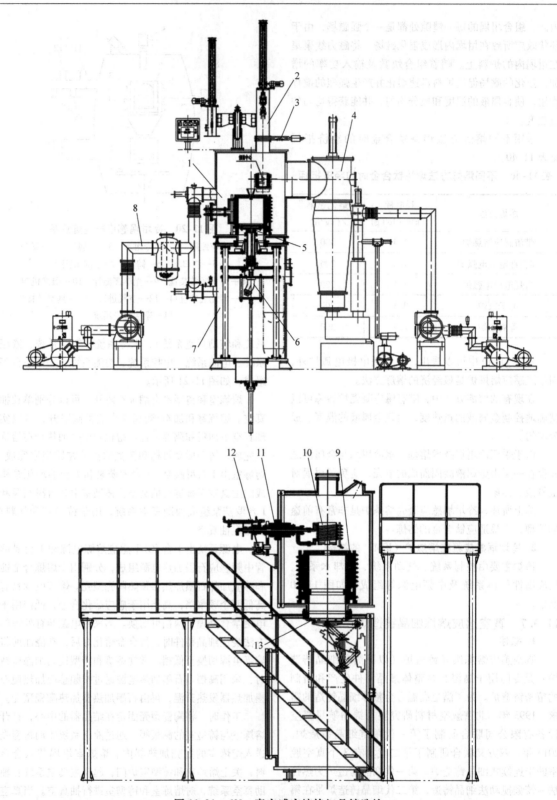

图 11-21　60kg 真空感应熔炼细晶铸造炉
1—熔炼室　2—加料/测温室　3—插板阀　4—主真空系统　5—水冷结晶器　6—铸型搅动液压马达
7—铸型室　8—辅助真空系统　9—石墨感应加热器　10—熔炼线圈　11—熔炼进电机构
12—液压倾转马达　13—翻板阀

个熔炼过程中，采用光学高温计跟踪合金熔化温度。精炼结束后，断开熔炼电源使合金液降温，将测温室的浸入式热电偶浸入合金液进行测温，待合金液温度达到工艺要求后，起动熔炼电源和液压系统，将合金液浇入到加热器内的型壳内；然后按工艺要求，将浇注后的铸型抽拉至铸型室进行凝固。当需要铸型搅动细晶时，起动铸型搅动细晶装置实施晶粒细化。待结晶完成后，关闭翻板阀，铸型室破真空，取出铸型。

2. 细晶铸造炉主要技术指标

第一代细晶铸造炉（ZGX-50）为单室，细晶铸造方法为热控法＋铸型搅动法；第二代细晶铸造炉（ZGX-60B）为具有 3 个真空腔室的半连续式细晶铸造炉，细晶铸造方法为热控法＋铸型搅动法＋电磁孕育处理法。细晶铸造炉的主要技术指标见表 11-41。

表 11-41　细晶铸造炉的主要技术指标

主要技术指标	ZGX-50	ZGX-60B
真空腔室/个	1	3
细晶铸造方法	热控法＋铸型搅动法	热控法＋铸型搅动＋电磁孕育处理法
最大额定公称熔化量/kg	50	60
熔炼电源额定功率/kW	100	160
最高熔化温度/℃	1700	1700
浇注方式	手动倾转浇注杆	液压随动，手动/自动
坩埚最大倾转角度/(°)	−15（后倾）～110（前倾）	−20（后倾）～110（前倾）
极限真空度/Pa	6.7×10^{-2}	3×10^{-2}
工作真空度/Pa	5×10^{-1}	3×10^{-1}
最大压升率/(Pa/min)	0.013	0.02
加热器内腔尺寸/mm	$\phi450 \times H450$，感应加热、单区，加热器可升降，升降高度为 400	$\phi600 \times H600$，感应加热，单区
加热器电源额定功率/kW	100	160
石墨加热器温度/℃	800～1400，可调可控	600～1400，可调可控
结晶器尺寸/mm	$\phi390$	$\phi500$
结晶器单向最高转速/(r/min)	60～300，可控可调	50～250，可控可调
正反转转速/(r/min)	50～200，可控可调	50～250，可控可调
正反转时间、换向时间、搅动总时间	可控可调	可控可调
铸型升降速率/(m/min)	真空下不可升降	0.5～3
控制系统	PLC、传感器及仪表	由触摸屏、工控机、PLC、传感器及控制单元组成
测温方式	浸入式热电偶	双比色光学高温计＋浸入式热电偶

3. 应用效果

细晶铸造炉主要用于高温合金涡轮叶片、整体叶盘等整体细晶铸造。其中，热控法铸造的涡轮叶片晶粒度达到 ASTM00～3 级（0.56～0.125mm），采用铸型搅动细晶法铸造的整体叶盘晶粒度达到 ASTM00～2 级（0.56～0.18mm），采用电磁孕育处理法铸造的整体叶盘晶粒度达到 ASTM5 级（0.065mm）。

11.4　真空电弧炉

真空电弧炉分为非自耗真空电弧炉和自耗真空电弧炉两种。工业用真空电弧炉绝大多数是自耗真空电弧炉。下面主要介绍真空自耗电极电弧炉。此外，还介绍一种真空自耗电极电弧凝壳炉。

11.4.1　真空自耗电极电弧炉

1. 概述

真空自耗电极电弧炉主要用来熔炼铸造钛合金、活泼金属、难熔金属，以及铁基、镍基高温合金等。

这种电炉成套设备包括电炉本体、电源设备、真空系统、电控系统、工业电视监视系统、水冷系统等部分，如图 11-22 所示。

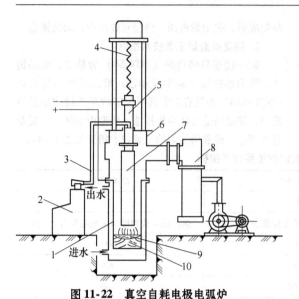

图 11-22　真空自耗电极电弧炉

1—水冷铜坩埚（水冷铜结晶器）　2—操作台
3—工业电视监视系统　4—电极升降装置
5—电极杆　6—炉壳　7—自耗电极
8—真空系统　9—电弧和合金熔池　10—锭子

电炉本体主要由炉壳、电极、电极杆、电极升降装置和坩埚等组成。

这种电炉是直流供电，电炉电源过去由直流发电机提供，现在大多数用硅整流电源。电炉的电弧电压只有几十伏，因此都需要在硅整流器之前配备降压变压器。

电炉的真空系统由扩散泵、增压泵、机械泵，以及相应的真空阀门、真空测量仪表等组成。

电炉的电控系统用来控制电弧的长度，现在多数采用脉冲调节系统，即以熔炼过程中金属熔滴通过电

弧等离子区时产生的电压脉冲次数和大小作为信号来控制电弧的长度。

工业电视监视系统由电子摄像头、工业电视监视器、图像合成器组成，可实现在工业电视监视器屏幕上观察炉内起弧，实现远距离操作。同时该系统具有录像功能，并将画面储存起来。

水冷系统主要是通过水冷却纯铜坩埚和电极杆等零部件进行冷却。

这种电炉有很多优点：

1）能把高熔点活性金属用廉价的方法制成大锭，比高真空烧结法和电子束熔炼法好。

2）由于被熔炼的材料熔化成熔滴后再落到熔池中，所以电极中原有的杂质会浮到熔池表面而被清除掉。

3）由于高温高真空的作用，炉料中的氮化物和氧化物会因高温而分解，气体成分和挥发杂质会被真空泵抽除，所以最后可以得到质地特别纯净的锭子。

4）由于锭子是从下到上逐渐凝结，所以合金元素的偏析很小，也不会产生一般锭中常见的疏松现象。因此，锭子的组织结构均匀。

5）经过真空自耗电极电弧炉重熔的合金钢，其抗拉强度、蠕变性能和疲劳强度都有显著提高。

真空自耗电炉的缺点是金属合金化元素成分的控制比较困难。

2. 产品系列

VAR 系列真空自耗电极电弧炉适用于熔炼高熔点、高纯度和活泼性较强的金属，如钨、钼、钽、铌及其合金，或者熔炼铸造钛合金电极及高级合金钢。其技术参数见表 11-42。

表 11-42　VAR 系列真空自耗电极电弧炉的技术参数

型号	额定容量（以钛液计）/kg	工作真空度/Pa	冷却水耗量/(t/h)	最大结晶器尺寸		最大电极尺寸		工作电压/V	最大电流/A	设备重量/t	外形尺寸（长/mm）×（宽/mm）×（高/mm）	生产厂家
				直径/mm	长度/mm	直径/mm	长度/mm					
VAR1	1	0.1~10	20	50	125	30	390	20~40	1500	≈2	3000×5000×2500	
VAR5	5	0.1~10	20	80	250	50	560	20~40	3000	≈3	3000×5000×3500	
VAR30	30	0.1~10	30	120	900	80	1350	20~40	5000	≈5	4000×6900×5000	
VAR50	50	0.1~10	30	160	800	110	1200	20~40	6000	≈5	5000×6000×5500	
VAR150	150	0.1~10	30	220	1200	160	1650	20~40	8000	≈8	6000×6000×6500	沈阳真鑫科技有限公司
VAR650	650	0.1~10	50	380	1600	280	2400	20~40	12000	≈15	7500×8000×7500	
VAR1000	1000	0.1~10	50	440	1800	380	2000	20~40	12000	≈15	8000×8000×8500	
VAR1500	1500	0.1~10	65	460	2400	380	3000	20~40	16000	≈20	8000×9000×8500	
VAR2000	2000	0.1~10	65	520	2400	440	3000	20~40	18000	≈20	8000×9000×9000	
VAR3000	3000	0.1~10	85	620	2800	520	3200	20~40	24000	≈25	9000×1000×9500	

（续）

型号	额定容量（以钛液计）/kg	工作真空度/Pa	冷却水耗量/(t/h)	最大结晶器尺寸		最大电极尺寸		工作电压/V	最大电流/A	设备重量/t	外形尺寸（长/mm）×（宽/mm）×（高/mm）	生产厂家
				直径/mm	长度/mm	直径/mm	长度/mm					
VAR5000	5000	0.1~10	85	720	3200	620	3700	20~40	30000	≈30	9000×12000×10000	沈阳真
VAR7000	7000	0.1~10	100	820	3500	720	3900	20~40	36000	≈30	9000×12000×10000	鑫科技有
VAR10000	10000	0.1~10	120	1040	4000	920	3500	20~40	40000	≈35	9600×12000×12000	限公司

11.4.2　真空自耗电极电弧凝壳炉

1. 概述

真空自耗电极电弧凝壳炉在工业上主要用于熔炼钛、锆及其合金。

如图 11-23 所示，电炉的坩埚呈半球形，由待熔炼的材料本身制成，外面通水冷却，所以这种坩埚实际上是一层凝固了的被熔金属的壳体，故称之为凝壳炉。

通过加料装置把炉料加到水冷坩埚里。炉内设有铸型，金属熔化后倒入铸型中。

2. 产品系列

VAM 系列真空电弧凝壳炉用于真空状态下熔铸钛、锆及其合金，其技术参数见表 11-43。

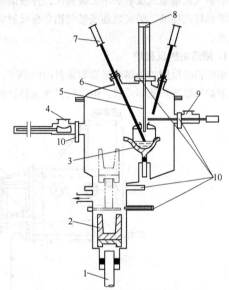

图 11-23　真空自耗电极电弧凝壳炉
1—液压缸活塞　2—铸型　3—凝壳式水冷坩埚
4—装料室　5—自耗电极　6—非自耗电极
7—电极控制装置　8—自耗电极进给机构
9—合金料填加口　10—真空闸阀

表 11-43　VAM 系列真空电弧凝壳炉的技术参数

型号	额定容量（以浇出钛液计）/kg	最大电流/A	工作电压/V	极限真空度/Pa	工作真空度/Pa	坩埚直径/mm	外形尺寸（长/mm）×（宽/mm）×（高/mm）	重量/t	生产厂家
VAM10	10	6000	20~40	≥5×10⁻²	0.5~10	φ180	6000×4000×5000	≈8	
VAM30	30	8000	20~40	≥5×10⁻²	0.5~10	φ220	6000×5000×5200	≈10	
VAM50	50	12000	20~40	≥5×10⁻²	0.5~10	φ260	6900×6900×5300	≈15	
VAM100	100	20000	20~40	≥5×10⁻²	0.5~10	φ350	9000×8000×7200	≈30	沈阳真鑫科技有限公司
VAM150	150	24000	20~45	≥5×10⁻²	0.5~10	φ350	9000×8000×7200	≈30	
VAM260	260	24000	20~45	≥5×10⁻²	0.5~10	φ450	10000×8500×7800	≈35	
VAM300	300	30000	20~50	≥5×10⁻²	0.5~10	φ450	11000×8500×8200	≈38	
VAM500	500	50000	20~50	≥5×10⁻²	0.5~10	φ560	13000×9000×9100	≈43.5	
VAM800	800	60000	20~55	≥5×10⁻²	0.5~10	φ690	13000×9000×9100	≈45	

11.5 燃料炉

燃料炉用焦炭、煤气、天然气和燃油等燃料作为能源。常用的燃料炉有反射炉和坩埚炉两种。

11.5.1 反射炉

反射炉可以用来熔炼铝合金和铜合金等，容量为几百千克到几十吨，曾是应用很广的熔炼炉。由于熔炼工艺技术的发展及环保要求的提高，以焦炭或煤为热源的热气流辐射式反射炉早已被淘汰，并被诸如纯氧助燃回转式燃油、竖式燃油或燃气铝合金反射炉等所代替。

1. 熔炼铝的反射炉

熔炼铝的反射炉是熔炼铝锭和废料用的炉子。通常反射炉和静置炉相邻设置。熔炼的铝液在静置炉中静置一定时间，在这段时间里可以配制合金，并加入熔剂除气和去除杂质，然后将精炼的铝液送去浇注。

（1）固定式矩形反射炉和静置炉 除铝精炼厂外，一般轧制厂、挤压厂和再生铝厂重熔用的反射炉和静置炉都广泛使用这种炉型。它是一种从侧面装料的矩形炉，侧壁上安装油喷嘴或煤气烧嘴，略向液面倾斜，如图11-24所示。这种炉子有如下特点：

1）浇注时铝液面的晃动小。

2）设备费用比倾动式炉低。

3）能随意设计炉子容量。

4）可能留出较大的装料口和清扫口。

5）易于小修。

6）可将炉床面积扩大，以增大熔化能力。

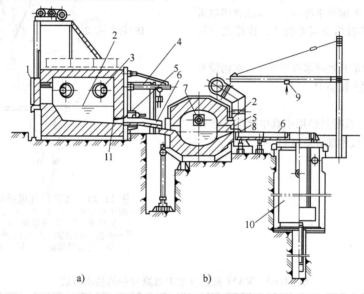

图 11-24　矩形反射炉和静置炉

a）固定式矩形反射炉　b）倾动式矩形静置炉

1—装料炉门　2—金属液面　3—烧嘴　4—出料槽升降用简易提升机　5—金属液出口
6—出料槽　7—喷嘴　8—轴承　9—起重机　10—浇注机　11—放料口

（2）圆形反射炉 这种炉型分固定式和倾动式两种。固定式圆形反射炉比矩形反射炉的历史短，是广泛采用的大型炉种，如图11-25所示。圆形反射炉与矩形反射炉的区别是炉顶能活动，打开和关闭均由一个专用的起重机构完成。冷料可用料斗装炉，一次可装大量炉料。这种炉子有如下特点：

1）炉体由圆筒形炉壁和钟形炉盖组成，具有理想的热辐射条件。

2）冷料容易装炉，短时间内即可完成装料。

3）可在恰当的位置上安装烧嘴。

4）顶部能打开，修炉时炉子冷却快，易于修补。

倾动式圆形反射炉设有倾动装置，熔炼过程结束后，用液压缸倾动炉体，使金属液流入静置炉，以适应熔化量的变化。这种炉子有如下特点：

1）容易运转和操作。

2）金属液靠倾动方式倒出，所以操作安全。

3）容易靠倾动角度来控制金属液流出量。

4）可以在短时间内洗炉和更换金属液的种类。

（3）倾动式反射炉 在精炼厂中当静置炉使用。如图11-26所示。炉子是圆形或舟底形，由炉子下部的1~2组液压缸倾动炉体倒出金属液，并根据铸造

设备的布置情况，炉子可以单侧倾动也可以双侧倾

动。这种炉子熔化量趋向大型化。

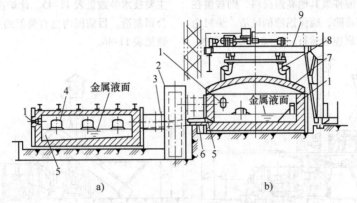

图 11-25　固定式圆形反射炉和矩形静置炉

a）固定式圆形反射炉　b）固定式矩形静置炉

1—烧嘴　2—烟道　3—烟道闸板　4—检查口　5—出料口

6—出料槽　7—炉顶盖　8—吊钩　9—炉盖专用起重机

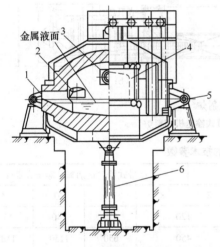

图 11-26　两侧倾动式反射炉

1—出料口　2—检查口　3—烧嘴　4—装料口门

5—倾动用液压缸　6—轴承

这种炉子的特点是能控制金属液的流量，可以用传感器测量炉内炉料的重量，以便准确地配制合金。

（4）带前床的反射炉（敞开式炉）　这种炉子就是把固定式矩形反射炉的侧面和称之为前床的加热室相连，并有一个敞开式金属液槽，如图 11-27 所示。前床部分主要是为熔炼再生铝而设置的。将废料装入前床，靠金属液本身的热量来熔化。加热室和前床之间的隔墙用能升降的撇渣门隔开，一边用泵使金属液在此时循环，一边促使废料熔化。从节省资源的观点来看，这是日趋普及的炉子。

（5）回转式反射炉　这是专门用来熔炼废铝料的炉子，分为固定式回转炉和倾动式回转炉。这些炉子在熔剂便宜的欧洲使用得较多，在日本的再生铝厂

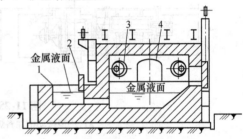

图 11-27　带前床的反射炉

1—前床　2—撇渣门　3—烧嘴　4—检查口

也有应用。炉子的炉体是圆筒形的（见图 11-28），在炉子的一端装有能拆卸的烧嘴，也可以从烧嘴安装口装料。炉子的另一端设排烟口，有时也可以从排烟口装料。炉子在装入熔剂进行熔炼后，再将废料装入熔化的熔剂中，废料被熔剂包围，虽然用煤气燃烧，也很少产生氧化物，熔炼效率很高。

这种炉子的特点是，除金属液出炉时外，都在旋转，所以冷料的受热面积大，又无须搅拌。目前常用的容量为 5 ~ 10t。

回转式反射炉的技术参数见表 11-44。

（6）竖式反射炉　竖式反射炉是一种以油或气体为燃料的，采用集预热熔化保温于一体的铝合金熔炼保温炉。

按熔化室和保温池的布置方式分为上下垂直式和左右平行式两种。前者为 MH 型，占地面积略小；后者为 MH II 型，高度略小，两者烧嘴均为自动控制。

竖式反射炉的炉料从炉子上部加料口加入，利用熔化产生的废气进行预热，并除掉附着在炉料上的油污和水污，以降低铝液的氢含量，同时减少部分熔化能耗和铝的烧损率，一般可由其他反射炉的 3% 降至

0.3% ~1.5%；铝在熔化室熔化后随即流入保温池，回炉料中难熔的钢铁嵌件或其他高温材料，则被留在熔化室底面得以分离排除，确保铝液的纯洁。炉衬为优质耐火材料，可三班连续运行，4~8 年不用更换。

MHⅡ型竖式反射炉如图 11-29 所示，竖式反射炉的主要技术参数见表 11-45。此炉由德国 Striko wostofen 公司制造。目前国内也有类似的产品，其主要技术参数见表 11-46。

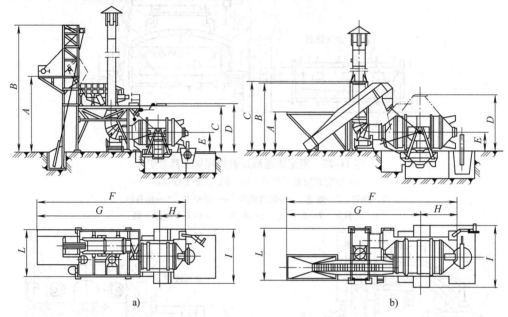

a)　　　　　　　　　　　　b)

图 11-28　回转式反射炉

a) 小型振动槽加料炉　b) 大型带式输送机加料炉

表 11-44　回转式反射炉的技术参数

项目名称		小型振动槽加料炉额定容量/t					大型带式输送机加料炉额定容量/t			
		1	2	3	5	8	8	12	20	25
主要技术参数	每炉熔化时间/min	70	80	80	100	120		130	140	150
	每炉燃油量/L	80	130	190	280	450		650	1150	1185
	每炉燃甲烷量/m³	100	170	240	320	500		720	1300	1340
	每炉燃丙烷量/m³	40	65	92	120	210		300	540	560
	氧气耗量/m³	195	320	480	640	1000		1450	2800	2880
主要尺寸/mm	A	6000	6000	6020	6240	6780	3000	3000	3000	3150
	B	8900	8900	8980	9200	11360	5800	5970	6050	6150
	C	3760	3760	3780	4000	4150	5850	6020	6100	6200
	D	3825	3805	3845	4080	4285	4280	4865	4985	5265
	E	1580	1580	1600	1675	1675	1675	1675	1675	1675
	F	10645	10645	10645	11000	13645	11500	14985	15240	15400
	G	8540	8540	8540	8680	11275	9130	11965	12065	12225
	H	2105	2105	2105	2320	2370	2370	3020	3175	3335
	I	3570	3570	3570	4430	4900	4920	4920	5580	5580
	L	3450	3450	3450	3790	4235	3800	3800	3800	3800

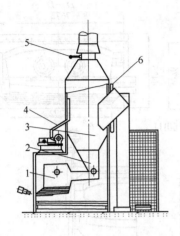

图 11-29　MHⅡ型竖式反射炉

1—保温池　2—炉身　3—预热区
4—炉盖　5—废气温度控制　6—加料门

表 11-45　竖式反射炉的主要技术参数

额定容量	MH 型	500	700	1000	1500	2000	—
/kg	MHⅡ型	500	750	1000	1500	2000	3000
额定熔化率 /(kg/h)		300	500	750	1000	1250	1500

表 11-46　国产类似竖式反射炉的主要技术参数

熔化率 /(kg/h)	耗油量 /(kg/h)	外形尺寸/mm			重量/t ≈
		长	宽	高	
250	≤25	1900	1200	3000	6
350	≤35	2400	1200	3500	8
500	≤50	2600	1400	4000	11
750	≤75	2900	1500	4500	13
1000	≤100	3100	1500	4500	15
生产厂家	北京沃克应用技术有限公司				

(7) 熔铝反射炉的典型温控曲线　熔铝反射炉的典型温度控制曲线如图 11-30 所示。控制方式是设定最大的供热量，控制炉顶附近的炉气温度 T_H；材料熔化后如果进入保温阶段，则转为控制金属液的

温度 T_L。主要是按金属液温度进行控制，也有用时间函数进行程序控制。炉气的温度在熔炼时控制在 $1100 \sim 1200$℃，静置时则改为 $700 \sim 750$℃。

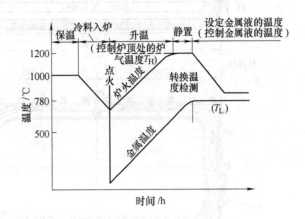

图 11-30　熔铝反射炉的典型温控曲线

对熔炼铝的反射炉，今后应在节能和防止污染上做些研究。节能措施应是有效利用烟气热量和改善燃烧技术，改进炉型和熔炼工艺。防止污染主要应解决由于金属烟尘及有害物质造成的污染。目前，国外采用的真空静置炉是密闭的，经抽气后达到要求的真空度，并使熔炼炉送出的金属液在经过真空炉进料口的特殊喷嘴时经雾化状态被吹入炉内，连续进行除气。这既提高了除气效果，又防止了污染产生。

2. 熔炼铜的反射炉

目前，熔炼铜的反射炉多用于混合熔炼，炉料为电解铜和电线等废料。为了进一步提高铜的纯度，可配合使用氧化还原作业。筑炉材料所承受的条件恶劣，熔池部位以下容易被浸蚀而漏铜，因此对筑炉材料要求较高。炉底用硅砖，熔池周围和煤气区炉壁用烧成的镁铬砖、铬镁砖，炉顶用同等材质的烧成或不烧成的砖。炉顶大部分是吊挂式结构。这些部分的外侧与炉壳钢板之间，用硅砂、耐火黏土、不定型耐火材料和红砖等组成。为了防止装料机碰伤炉衬，装料口周边设冷却水套。燃烧产物通过接在压下拱后面的上升烟道排出炉外，该烟气的温度较高，对大型炉一般应设置余热锅炉，而对小型炉应设置预热器，预热燃烧用的空气，以便余热利用。熔炼铜的反射炉如图 11-31 所示。

3. 产品系列

(1) 熔炼铝的反射炉　该炉用以熔化铝锭和废料，其技术数据见表 11-47。

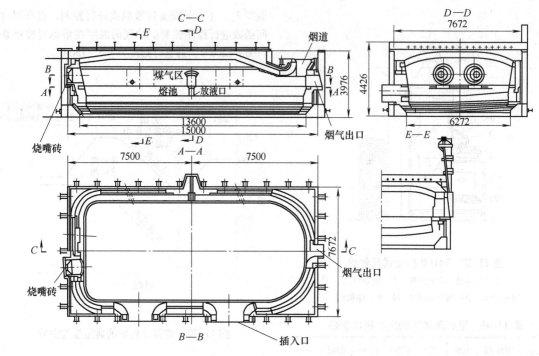

图 11-31 熔炼铜的反射炉

表 11-47 熔炼铝反射炉的技术数据

型　号	6t 轻柴油熔铝反射炉	8t 柴油熔铝反射炉	12t 重柴油熔铝反射炉
装炉量/t	6	8	12
铝液出炉温度/℃	700 ~ 740	700 ~ 750	700 ~ 760
熔化时间/h	3	4	3.6 ~ 4.5
熔池面积/m²	7.14	8.58	12.31
熔池深度/mm	475	500	—
燃油低发热值/(J/h)	40150.4×10^3	40150.4×10^3	41714.48×10^3
喷嘴能力/(kg/h)	50 ~ 100	18.4 ~ 110	18.4 ~ 110
喷嘴个数	2	2	3
燃料	轻柴油	柴油	重柴油
耗油量/(kg/h)	150 ~ 180	150 ~ 180	—
喷嘴前油压/MPa	449×10^4	$(4.9 ~ 29) \times 10^4$	$(4.9 ~ 29) \times 10^4$
空气过剩系数	1.1 ~ 1.15	1.1	—
空气消耗量/(m³/h)	1800 ~ 2300	1800 ~ 2350	—
烟气生成量/(m³/h)	2000 ~ 2500	2000 ~ 2500	—
喷嘴前空气压力/Pa	2911.9125	6864.4625	6864.4625
空气预热温度/℃	350 ~ 450	300 ~ 350	250 ~ 400

（2）熔炼静置炉　该炉兼备熔炼和静置的双重性能，其技术参数见表 11-48。

表 11-48　13t 熔炼静置炉的技术参数

型　　号	13t 熔炼静置炉
容量/t	13
铝液出炉温度/℃	720 ~ 750
熔化时间/h	5 ~ 6
熔池面积/m²	10.78
燃料	轻柴油
柴油低发热值/（J/h）	40150.4 × 10³
喷嘴能力/（kg/h）	50 ~ 100
空气消耗量/（m³/h）	1800 ~ 2300
喷嘴前油压/Pa	49 × 10⁴
喷嘴个数/个	2
空气预热温度/℃	350

11.5.2　燃料坩埚炉

燃料坩埚炉主要用于材质品种较多、产品批量不大的非铁合金的熔炼。燃料坩埚炉的发展主要是围绕改善劳动条件和工作环境进行的，因此传统简易的燃焦、燃煤、燃油、燃气石墨坩埚被淘汰，一种新型的燃油坩埚炉得以开发。

坩埚炉按作业方式可以分为：

（1）固定式坩埚炉　图 11-32 所示为烧重柴油的熔炼铜合金的固定式坩埚炉。助燃系统包括一次空气和二次空气。表 11-49 列出了其主要尺寸。

表 11-49　固定式坩埚炉的主要尺寸

（单位：mm）

型号	标准熔炼量/kg	D	E	F	G
150	150	1088	898	700	550
250	250	1257	987	700	600

（续）

型号	标准熔炼量/kg	D	E	F	G
350	350	1257	1037	800	625
450	450	1257	1087	800	650
550	550	1424	1124	800	670

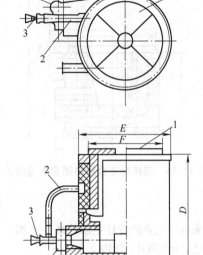

图 11-32　熔炼铜合金的固定式坩埚炉

1—炉盖　2——次空气管道　3—喷嘴
4—二次空气调节装置

（2）倾动式坩埚炉　倾动式坩埚炉按其倾动支点的位置可大致分为中心倾动与前方倾动两类。除中心倾动支点用人力外，其他都使用电力、液压和水压操作，如前方支点液压倾动式、中心支点电力倾动式等。

图 11-33 所示为前方支点液压倾动式坩埚炉。

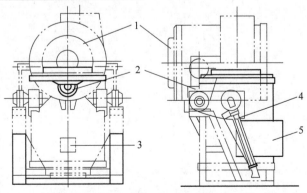

图 11-33　前方支点液压倾动式坩埚炉

1—炉盖　2—出液口　3—出渣口　4—液压缸　5—燃烧室

（3）熔炼轻合金用的固定式保温炉　上述固定式和倾动式坩埚炉的炉盖上部都是敞开的，而保温炉因注意改善操作条件，竭力减少从上部排烟，所以采用烟囱排烟法。图 11-34 所示为在压铸生产中广泛使用的小型熔炼轻合金用的固定式保温炉，其主要尺寸见表 11-50。

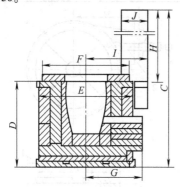

图 11-34　熔炼轻合金用的固定式保温炉

表 11-50　熔炼轻合金用固定式保温炉的主要尺寸　（单位：mm）

型号	标准熔化量/kg	C	D	E	F	G	H	I	J
120	120	1980	988	1037	800	625	992	725	230
150	150	2037	1037	1084	1000	640	1000	740	230
180	180	2104	1104	1123	1000	662	1000	787	230
200	200	2170	1170	1210	1000	705	1000	830	230
250	250	2170	1170	1237	1200	710	1000	844	230
300	300	2170	1170	1260	1200	730	1000	855	230

参 考 文 献

[1] 王秉铨. 工业炉设计手册 [M]. 3 版. 北京：机械工业出版社，2010.

[2] 国家机械工业局. 中国机械产品目录 [M]. 17 册. 北京：机械工业出版社，2000.

[3] 郭景杰，苏彦庆. 钛合金 ISM 熔炼过程热力与动力学分析 [J]. 哈尔滨：哈尔滨工业大学出版社，1998.

[4] 郎业方，陈秉圆. УВНК-8П 定向单晶炉 [G]. 北京：航空材料学报专题资料 (2)，1992.

[5] 郎业方，殷克勤. 单晶炉单晶技术对苏合作和访苏考察汇报 [G]. 北京：航空材料学报专题资料 (2)，1992.

[6] 李思琪，殷经星，张武城. 铸造用感应电炉 [M]. 北京：机械工业出版社，1997.

[7] 中国铸造协会，《铸造工程师手册》编写组. 铸造工程师手册 [M]. 3 版. 北京：机械工业出版社，2010.

[8] 铸造设备选用手册编委会. 铸造设备选用手册 [M]. 2 版. 北京：机械工业出版社，2001.

附　录

附录 A　铸造铝合金国外标准

铸造铝合金国际标准见表 A-1，铸造铝合金美国标准见表 A-2，铸造铝合金欧洲标准见表 A-3，铸造铝合金日本标准见表 A-4。

表 A-1　铸造铝合金国际标准 [ISO 3522: 2006 (E)]

合金组	合金牌号①	化学成分(质量分数,%)														铸造方法①	状态	力学性能②				我国相近代号(标准号)
		Al	Si	Fe	Cu	Mn	Mg	Cr	Ni	Zn	Pb	Sn	Ti	其他④ 单个	其他④ 总和			R_m /MPa	$R_{p0.2}$ /MPa	A_a (%)	硬度 HBW	
Al	Al99.7	Al≥99.7	0.10	0.20	0.01	0.05	0.02	0.004	—	0.04	—	—	—	0.03	—			—	—	—	—	—
	Al99.5	Al≥99.5	0.15	0.30	0.02	0.03	0.005	—	—	0.05	—	—	0.02	0.03	—			—	—	—	—	—
AlCu	AlCu4Ti	余量	0.18 (0.15)	0.19 (0.15)	4.2~5.2	—	0.15~0.35	—	—	0.07	—	—	0.15~0.30 (0.15~0.25)	0.03	0.10	S	T6	300	200	3	95	—
																S	T64	280	180	5	85	
																J	T6	330	220	7	95	
																J	T64	320	180	8	90	
	AlCu4MgTi	余量	0.20 (0.15)	0.35 (0.30)	4.2~5.0	0.10	0.20~0.35	—	0.05	0.10	0.05	0.05	0.15~0.25	0.03	0.10	S	T4	300	200	5	90	—
																J	T4	320	200	8	95	
																R	T4	300	220	5	90	
	AlCu5MgAg③	余量	0.05	0.10	4.0~5.0	0.20~0.40	0.15~0.35 (0.20~0.35)	—	—	0.05	—	—	0.15~0.35	0.03	0.10	S	T6	480	430	3	115	—
																J	T6	480	430	3	115	

（续）

合金组	合金牌号	Al	Si	Fe	Cu	Mn	Mg	Cr	Ni	Zn	Pb	Sn	Ti	其他④单个	其他④总和	铸造方法①	状态	R_m/MPa	$R_{p0.2}$/MPa	A_a(%)	硬度HBW	我国相近代号（标准号）
AlSi	AlSi9	余量	8.0~11.0	0.65 (0.55)	0.10 (0.08)	0.50	0.10	—	0.05	0.15	0.05	0.05	0.15	0.05	0.15	Y	F	220	120	2	55	—
	AlSi11	余量	10.0~(11.8)	0.19~(0.15)	0.05 (0.03)	0.10	0.45	—	—	0.07	—	—	0.15	0.03	0.10	S	F	150	70	6	45	—
																J	F	170	80	7	45	
	AlSi12(a)	余量	10.5~13.5	0.55 (0.40)	0.05 (0.03)	0.35	—	—	—	0.10	—	—	0.15	0.05	0.15	S	F	150	70	5	50	ZL102 (GB/T 1173—2013)
																J	F	170	80	6	55	
	AlSi12(b)	余量	10.5~13.5	0.65 (0.65)	0.15 (0.10)	0.55	0.10	—	0.10	0.15	0.10	—	0.20 (0.15)	0.05	0.15	S	F	150	70	4	50	—
																J	F	170	80	5	55	
																R	F	150	80	4	50	
	AlSi12(Fe)	余量	10.5~13.5	1.0 (0.45~0.90)	0.10 (0.08)	0.55	—	—	—	0.15	—	—	0.15	0.05	0.25	Y	F	240	130	1	60	YL102 (GB/T 5115—2009)
AlSiMgTi	AlSi2MgTi	余量	1.6~2.4	0.60 (0.50)	0.10 (0.08)	0.30~0.50	0.45~0.65 (0.50~0.65)	—	0.05	0.10	0.05	0.05	0.05~0.20 (0.07~0.15)	0.05	0.15	S	F	140	70	3	50	—
																S	T6	240	180	3	85	
																J	F	170	70	5	50	
																J	T6	260	180	5	85	
	AlSi7Mg	余量	6.5~7.5	0.55 (0.45)	0.20 (0.15)	0.35	0.20~0.65 (0.25~0.65)	—	0.15	0.15	0.15	0.05	0.05~0.25 (0.05~0.20)	0.05	0.15	S	F	140	80	2	50	ZL101 (GB/T 1173—2013)
																S	T6	220	180	1	75	
																J	F	170	90	2.5	55	
																J	T6	260	220	1	90	
																J	T64	240	200	2	80	
																R	F	150	80	2	50	
																R	T6	240	190	1	75	

合金牌号	Si	(Fe)	(Cu)	(Mn)	Mg	—	—	—	Ti	其他（单个/合计）	铸造方法	合金状态	抗拉强度	屈服强度	伸长率	硬度 HBS	相近牌号
AlSi7Mg																	
AlSi7Mg0.3	6.5～7.5	0.19 (0.15)	0.05 (0.03)	0.10	0.25～0.45 (0.30～0.45)	—	0.07	—	0.08～0.25 (0.10～0.18)	0.03 / 0.10	S	T6	230	190	2	75	ZL101A（GB/T 1173—2013）
											J	T6	290	210	4	90	
											J	T64	250	180	8	80	
											R	T6	260	200	3	75	
AlSi7Mg0.6	6.5～7.5	0.19 (0.15)	0.05 (0.03)	0.10	0.45～0.70 (0.50～0.70)	—	0.07	—	0.08～0.25 (0.10～0.18)	0.03 / 0.10	S	T6	250	210	1	85	
											J	T6	320	240	3	100	
											J	T64	290	210	6	90	
											R	T6	290	240	2	85	
AlSi9Mg	9.0～10.0	0.19 (0.15)	0.05 (0.03)	0.100	0.25～0.45 (0.30～0.45)	—	0.07	—	0.15	0.03 / 0.10	S	T6	230.00	190.00	2.00	75.00	
											J	T6	290.00	210.00	4.00	90.00	
											J	T64	250.00	180.00	6.00	80.00	
AlSi10Mg																	
AlSi10Mg	9.0～11.0	0.55 (0.45)	0.10 (0.08)	0.450	0.20～0.45 (0.25～0.45)	0.05	0.10	0.05	0.15	0.05 / 0.15	S	F	150.00	80.00	2.00	50.00	ZL114A（GB/T 1173—2013）
											S	T6	220.00	180.00	1.00	75.00	
											J	F	180.00	90.00	2.50	55.00	
											J	T6	260.00	220.00	1.00	90.00	
											J	T64	240.00	200.00	2.00	80.00	
AlSi10Mg(Fe)	9.0～11.0	1.0 (0.45～0.9)	0.10 (0.08)	0.550	0.20～0.50 (0.25～0.50)	0.15	0.15	0.15	0.20 (0.25～0.50)	0.05 / 0.15	D	F	240.00	140.00	1.00	70.00	
AlSi10Mg(Cu)	9.0～11.0	0.65 (0.55)	0.35 (0.30)	0.550	0.20～0.45 (0.25～0.45)	0.15	0.35	0.10	0.20 (0.25～0.45)	0.05 / 0.15	S	F	160.00	80.00	1.00	50.00	
											S	T6	220.00	180.00	1.00	75.00	
											J	F	180.00	90.00	1.00	55.00	
											J	T6	240.00	200.00	1.00	80.00	

合金组	合金牌号	化学成分（质量分数，%） Al	Si	Fe	Cu	Mn	Mg	Cr	Ni	Zn	Pb	Sn	Ti	其他④ 单个	其他④ 总和	铸造方法①	力学性能② 状态	R_m /MPa	$R_{p0.2}$ /MPa	A_a （%）	硬度 HBW	我国相近代号（标准号）
AlSi5Cu	AlSi5Cu1Mg	余量	4.5~5.5	0.65 (0.55)	1.0~1.5	0.550	0.35~0.65 (0.40~0.65)	—	0.25	0.15	0.15	0.05	0.05~0.25 (0.05~0.20)	0.05	0.15	S	T4	170.00	120.00	2.00	80.00	
																	T6	230.00	200.00	⑤	100.00	
																J	T4	230.00	140.00	3.00	85.00	
																	T6	280.00	210.00	⑤	110.00	
	AlSi5Cu3	余量	4.5~6.0	0.60 (0.50)	2.6~3.6	0.550	0.05	—	0.10	0.20	0.10	0.05	0.25 (0.20)	0.05	0.15	J	T4	230.00	110.00	6.00	75.00	
	AlSi5Cu3Mg	余量	4.5~6.0	0.60 (0.50)	2.6~3.6	0.550	0.15~0.45 (0.20~0.45)	—	0.10	0.20	0.10	0.05	0.25 (0.20)	0.05	0.15	J	T4	270.00	180.00	2.50	85.00	
																	T6	320.00	280.00	⑤	110.00	
	AlSi5Cu3Mn	余量	4.5~6.0	0.80 (0.70)	2.5~4.0	0.20~0.55	0.40	—	0.30	0.55	0.20	0.10	0.20 (0.15)	0.05	0.25	S	F	140.00	70.00	1.00	60.00	
																	T6	230.00	200.00	⑤	90.00	
																J	F	160.00	80.00	1.00	70.00	
																	T6	280.00	230.00	⑤	90.00	
	AlSi6Cu4	余量	5.0~7.0	1.0 (0.9)	3.0~5.0	0.20~0.65	0.55	0.150	0.45	2.00	0.30	0.15	0.25 (0.20)	0.05	0.35	L	F	160	80	1	60	
																S	F	150	90	1	60	
																J	F	170.00	100.00	1.00	75.00	
	AlSi7Cu2	余量	6.0~8.0	0.8 (0.7)	1.5~2.5	0.15~0.65	0.35	—	0.35	1.00	0.25	0.15	0.25 (0.20)	0.05	0.15	J	F	170.00	100.00	1.00	75.00	
																S	F	150.00	90.00	1.00	60.00	
	AlSi7Cu3Mg	余量	6.5~8.0	0.8 (0.7)	3.0~4.0	0.20~0.65	0.30~0.60 (0.35~0.60)	—	0.30	0.65	0.15	0.10	0.25 (0.20)	0.05	0.25	J	F	180.00	100.00	1.00	80.00	
	AlSi8Cu3	余量	7.5~9.5	0.8 (0.7)	2.0~3.5	0.15~0.65	0.05~0.55 (0.15~0.55)	—	0.35	1.20	0.25	0.15	0.25 (0.20)	0.05	0.25	S	F	150.00	90.00	1.00	60.00	ZL114A （GB/T 1173—2013）
																J	F	170.00	100.00	1.00	75.00	
																D	F	240.00	140.00	1.00	80.00	

化学成分 (质量分数,%)

组别	牌号	Al	Si	Fe	Cu	Mn	Mg	Cr	Ni	Zn	Pb	Sn	Ti	其他单个	其他合计
AlSi9Cu	AlSi9Cu1Mg	余量	8.3~9.7	0.8 (0.7)	0.8~1.3	0.15~0.55	0.25~0.65 (0.30~0.65)	—	0.20	0.80	0.10	0.10	0.10~0.20 (0.10~0.18)	0.05	0.25
	AlSi9Cu3 (Fe)	余量	8.0~11.0	1.3 (0.6~1.1)	2.0~4.0	0.20~0.55	0.05~0.55 (0.15~0.55)	0.15	0.5	1.2	0.25	0.25	0.25 (0.20)	0.05	0.25
	AlSi9Cu3 (Fe)(Zn)	余量	8.0~11.0	1.3 (0.6~1.2)	2.0~4.0	0.55	0.05~0.55 (0.15~0.55)	0.15	0.55	3.0	0.35	0.25	0.25 (0.20)	0.05	0.25
	AlSi11Cu2 (Fe)	余量	10.0~12.0	1.1 (0.45~1.0)	1.5~2.5	0.55	0.30	0.15	0.45	1.7	0.25	0.25	0.25 (0.20)	0.05	0.25
	AlSi11Cu3 (Fe)	余量	9.6~12.0	1.3	1.5~3.5	0.60	0.35	—	0.45	1.7	0.25	0.25	0.25	—	—
AlSi12Cu	AlSi12 (Cu)	余量	10.5~13.5	0.8 (0.7)	1.0 (0.9)	0.05~0.55	0.35	0.10	0.30	0.55	0.20	0.20	0.20 (0.15)	0.05	0.25

力学性能

牌号	铸造方法	状态	R_m	$R_{p0.2}$	A	HBW
AlSi9Cu1Mg	S	F	135.00	90.00	1.00	60.00
	J	F	170.00	100.00	1.00	75.00
	J	T6	275.00	235.00	1.50	105.00
AlSi9Cu3 (Fe)		F	240	140	⑤	80
AlSi9Cu3 (Fe)(Zn)	Y	F	240	140	⑤	80
AlSi11Cu2 (Fe)		F	240	140	⑤	80
AlSi11Cu3 (Fe)		F	240	140	⑤	80
ZL108 (GB/T 1173—2013)	S	F	150	80	1	50
	J	F	170	90	2	55

（续）

合金组	合金牌号	Al	Si	Fe	Cu	Mn	Mg	Cr	Ni	Zn	Pb	Sn	Ti	其他④ 单个	其他④ 总和	铸造方法①	状态	R_m/MPa	$R_{p0.2}$/MPa	A_a（%）	硬度 HBW	我国相近代号（标准号）
	AlSi12Cu1 (Fe)	余量	10.5 ~ 13.5	1.3 (0.6 ~ 1.2)	0.7 ~ 1.2	0.55	0.35	0.10	0.30	0.55	0.20	0.10	0.20 (0.15)	0.05	0.25	Y	F	240	140	1	70	YL108 （GB/T 15115—2009）
AlSi12Cu	AlSi12CuNiMg	余量	10.5 ~ 13.5	0.7 (0.6)	0.8 ~ 1.5	0.35	0.8 ~ 1.5 (0.9 ~ 0.15)	—	0.7 ~ 1.3	0.35	—	—	0.25 (0.20)	0.05	0.15	J	T5	200	185	⑤	90	—
																	T6	280	240	⑤	100	
AlSi17Cu	AlSi17Cu4Mg	余量	16.0 ~ 18.0	1.3 (1.0)	4.0 ~ 5.0	0.50	0.45 ~ 0.65	—	0.3	1.5	—	0.3	—	—	—	R	F	200	180	1	90	—
																	T5	295	260	1	125	
																Y	F	200	180	⑤	90	
	AlMg3	余量	0.55 (0.45)	0.55 (0.45)	0.10 (0.08)	0.45	2.5 ~ 3.5 (2.7 ~ 3.5)	—	—	0.10	—	—	0.20 (0.15)	0.05	0.15	S	F	140	70	3	50	—
																J	F	150	70	5	50	
AlMg	AlMg5	余量	0.55 (0.45)	0.55 (0.45)	0.10 (0.05)	0.45	4.5 ~ 6.5 (4.8 ~ 6.5)	—	—	0.10	—	—	0.20 (0.15)	0.05	0.15	S	F	160	90	3	55	—
																J	F	180	100	4	60	
																R	F	170	95	3	55	

合金	化学成分 Al												铸造方法	状态	R_m	$R_{p0.2}$	A	HBW	相当牌号
AlMg5 (Si)	余量	1.5 (1.3)	0.55 (0.45)	0.05 (0.03)	4.5~6.5 (4.8~6.5)	—	0.10	—	0.10	0.20 (0.15)	0.05	0.15	S	F	160	100	3	60	ZL303 (GB/T 1173—2013)
													J	F	180	110	3	65	
AlMg9	余量	2.5	1.0 (0.5~0.9)	0.10 (0.08)	8.0~10.5 (8.5~10.5)	—	0.10	0.10	0.25	0.20 (0.15)	0.05	0.15							—
AlZnMg AlZn5Mg	余量	0.30 (0.25)	0.80 (0.70)	0.15~0.35	0.40~0.70 (0.45~0.70)	0.15~0.60	0.05	4.50~6.00	0.05	0.10~0.25 (0.12~0.20)	0.05	0.15	S	T1	190	120	4	60	ZL402 (GB/T 1173—2013)
													J	T1	210	130	4	65	
AlZnSiMg AlZn10Si8Mg	余量	7.5~9.0 (7.7~8.3)	0.30 (0.27)	0.10 (0.08)	0.2~0.4 (0.25~0.4)	—	—	9.0~10.5	—	0.15	0.05	0.15	S	T1	220	200	1	90	—
													J	T1	280	210	2	105	

注：1. 化学成分中括号中的数值表示该元素的铸锭含量。

2. 化学成分中的单值表示该元素的最大含量。

3. 力学性能的断后伸长率按照 ISO 2379 或相当的标准测定。

① S—砂型铸造；J—金属型铸造；R—熔模铸造；Y—压力铸造。后同。

② R_m—抗拉强度；$R_{p0.2}$—条件屈服强度；A_a—断后伸长率，下标 a 为标距长度，根据 ISO 2379 或等同版本标准中的定义；HBW—布氏硬度。后同。

③ $w(Ag)=0.4\% \sim 1.0\%$。

④ "其他" 中不包含用于改性或精炼元素，如钠、锶、锑和磷。

⑤ 断后伸长率测定值 <1%，测量精度不够。

表 A-2　铸造铝

合金代号	化学成分(质量分数,%)										
	Al	Si	Mg	Fe	Cu	Mn	Zn	Ti	其余	其他	
										单个	总量
201.0	余量	0.10	0.15 ~ 0.55	0.15	4.0 ~ 5.2	0.20 ~ 0.50	—	0.15 ~ 0.35	Ag:0.40 ~ 1.0	0.05	0.10
204.0	余量	0.20	0.15 ~ 0.35	0.35	4.2 ~ 5.0	0.10	0.10	0.15 ~ 0.30	Ni:0.05 Sn:0.05	0.05	0.15
208.0	余量	2.5 ~ 3.5	0.10	1.2	3.5 ~ 4.5	0.50	1.0	0.25	Ni:0.35	—	0.50
213.0	余量	1.0 ~ 3.0	0.10	1.2	6.0 ~ 8.0	0.6	0.25	0.25	Ni:0.35	—	0.50
222.0	余量	2.0	0.15 ~ 0.35	1.5	9.2 ~ 10.7	0.50	0.8	0.25	Ni:0.50	—	0.35
242.0	余量	0.7	1.2 ~ 1.8	1.0	3.5 ~ 4.5	0.35	0.35	0.25	Ni:1.7 ~ 2.3 Cr:0.25	0.05	0.15
A242.0	余量	0.6	1.2 ~ 1.7	0.8	3.7 ~ 4.5	0.10	0.10	0.07 ~ 0.20	Ni:1.8 ~ 2.3 Cr:0.15 ~ 0.25	0.05	0.15
295.0	余量	0.7 ~ 1.5	0.03	1.0	4.0 ~ 5.0	0.35	0.35	0.25	—	0.05	0.15
319.0	余量	5.5 ~ 6.5	0.10	1.0	3.0 ~ 4.0	0.50	1.0	0.25	Ni:0.35	—	0.50

合金美国标准

铸造方法	状态	力学性能　≥				标准号	我国相近代号（标准号）
		R_m /MPa	$R_{p0.2}$ /MPa	A （%）	硬度 HBW①		
S	T7	415	345	3.0	—	ASTM B26M—2018	
R	T6	415	345	4.0	—	ASTM B618M—2018	—
	T7	415	345	3.0			
S	T4	310	195	6.0	—	ASTM B26M—2018	
R	T4	310	195	5.0	—	ASTM B108M—2015	
	T6	205	—	—	115		—
J	T4	330	200	70	—	ASTM B108M—2015	
S	F	131	83	1.5	55	ASTM B26M—2018	
R	F	130	80	1.5	55	ASTM B618M—2018	—
J	T4	230	105	4.5	75	ASTM B108M—2015	
	T6	240	150	2.0	90		
J	F	159	—	—	—	ASTM B108M—2015	—
S	T2	159	—	—	80	ASTM B26M—2018	
	T6	207	—	—	115		
R	T2	160	—	—	80	ASTM B618M—2018	—
	T6	205	—	—	115		
J	T551②	205	—	—	115	ASTM B108M—2015	
	T65	275	—	—	140		
S	T6	160	—	—	70	ASTM B26M—2018	
	T61	220	140	—	105		
R	T2	160	—	—	70	ASTM B618M—2018	—
	T61	220	140	—	105		
J	T571②	235	—	—	105	ASTM B108M—2015	
	T61	275	—	—	110		
S	T75	200	—	1.0	75	ASTM B26M—2018	—
S	T4	200	90	6.0	60	ASTM B26M—2018	
	T6	220	140	3.0	75		
	T62	250	195	—	95		
	T7	200	110	3.0	70		
R	T4	200	90	5.0	60	ASTM B618M—2018	—
	T6	220	140	3.0	75		
	T62	250	195	—	95		
	T7	200	110	3.0	70		
S	F	160	90	1.5	70	ASTM B26M—2018	
	T5	170	—	—	80		
	T6	215	140	1.5	80		—
R	F	160	90	1.5	70	ASTM B618M—2018	
	T6	215	140	1.5	80		
J	F	185	95	2.5	95	ASTM B108M—2015	

合金代号	化学成分(质量分数,%)									其他	
	Al	Si	Mg	Fe	Cu	Mn	Zn	Ti	其余	单个	总量
328.0	余量	7.5~8.5	0.20~0.6	1.0	1.0~2.0	0.20~0.6	1.5	0.25	Ni:0.25 Cr:0.35	—	0.50
332.0	余量	8.5~10.5	0.50~1.5	1.2	2.0~4.0	0.50	1.0	0.25	Ni:0.50	—	0.50
333.0	余量	8.0~10.0	0.05~0.50	1.0	3.0~4.0	0.50	1.0	0.25	Ni:0.50	—	0.50
336.0	余量	11.0~13.0	0.7~1.3	1.2	0.50~1.5	0.35	0.35	0.25	Ni:2.0~3.0	0.05	—
354.0	余量	8.6~9.4	0.4~0.6	0.2	1.6~2.0	0.10	0.10	0.20	—	0.05	0.15
355.0	余量	4.5~5.5	0.40~0.6	0.6④	1.0~1.5	0.50④	0.35	0.25	Cr:0.25	0.05	0.15
C355.0	余量	4.5~5.5	0.40~0.6	0.20	1.0~1.5	0.10	0.10	0.20	—	0.05	0.15
356.0	余量	6.5~7.5	0.20~0.45	0.6④	0.25	0.35④	0.35	0.25	—	0.05	0.15

（续）

铸造方法	状态	力学性能 ≥				标 准 号	我国相近代号（标准号）
		R_m /MPa	$R_{p0.2}$ /MPa	A（%）	硬度 HBW[1]		
S	F	170	95	1.0	60	ASTM B26M—2018	ZL106（GB/T 1173—2013）
	T6	235	145	1.0	80		
R	F	170	95	1.0	60	ASTM B618M—2018	
	T6	235	145	1.0	80		
J	T5	215	—	—	105	ASTM B108M—2015	—
J	F	195	—	—	90	ASTM B108M—2015	
	T5	205	—	—	100		
	T6	240	—	—	105		
	T7	215	—	—	90		
J	T551[2]	215	—	—	105	ASTM B108M—2015	ZL106（GB/T 1173—2013）
	T65	275	—	—	125		
J	T61[3]	330	255	3.0	—	ASTM B108M—2015	—
		325	250	3.0	—		
		295	230	2.0	—		
	T62[3]	360	290	2.0	—		
		345	290	2.0	—		
		295	230	—	—		
S	T6	220	140	2.0	80	ASTM B268M—2018	ZL105（GB/T 1173—2013，HB 962—2001）
	T51[2]	170	125	—	65		
	T71	205	150	—	75		
R	T6	220	138	2.0	80	ASTM B618M—2018	
	T51[2]	170	124	—	65		
	T71	205	152	—	75		
J	T51[1]	185	—	—	75	ASTM B108M—2015	
	T62	290	—	—	105		
	T7	250	—	—	90		
	T71	235	185	—	80		
S	T6	250	170	2.5	—	ASTM B26M—2018	ZL105A（GB/T 1173—2013，HB 5480—1991）
R	T6	250	170	2.5	—	ASTM B618M—2018	
J	T61[3]	275	205	3.0	85~90	ASTM B108M—2015	
		275	205	3.0	—		
		255	205	1.0	85		
S	F	130	65[5]	2.0	55	ASTM B26M—2018	ZL101（GB/T 1173—2013，HB 962—2001）
	T6	205	140	3.0	70		
	T7	215	—	—	75		
	T51[2]	160	110	—	60		
	T71	170	125	3.0	60		

合金代号	化学成分(质量分数,%)									其他	
	Al	Si	Mg	Fe	Cu	Mn	Zn	Ti	其余	单个	总量
356.0	余量	6.5~7.5	0.20~0.45	0.6[④]	0.25	0.35[④]	0.35	0.25	—	0.05	0.15
A356.0	余量	6.5~7.5	0.25~0.45	0.20	0.20	0.10	0.10	0.20	—	0.05	0.15
357.0	余量	6.5~7.5	0.45~0.6	0.15	0.05	0.03	0.05	0.20	—	0.05	0.15
A357.0	余量	6.5~7.5	0.40~0.7	0.20	0.20	0.10	0.10	0.04~0.20	Be:0.04~0.07	0.05	0.15
359.0	余量	8.5~9.5	0.50~0.7	0.20	0.20	0.10	0.10	0.20	—	0.05	0.15
443.0	余量	4.5~6.0	0.05	0.8	0.6	0.50	0.50	0.25	Cr:0.25	—	0.35
B443.0	余量	4.5~6.0	0.05	0.8	0.15	0.35	0.35	0.25	—	0.05	0.15
A444.0	余量	6.5~7.5	0.05	0.20	0.10	0.10	0.10	0.20	—	0.05	0.15
512.0	余量	1.4~2.2	3.5~4.5	0.6	0.35	0.8	0.35	0.25	Cr:0.25	0.05	0.15
513.0	余量	0.30	3.5~4.5	0.40	0.10	0.30	1.4~2.2	0.20	Cr:0.25	0.05	0.15
514.0	余量	0.35	3.5~4.5	0.50	0.15	0.35	0.15	0.25	—	0.05	0.15
520.0	余量	0.25	9.5~10.6	0.30	0.25	0.15	0.15	0.25	—	0.05	0.15
535.0	余量	0.15	6.2~7.5	0.15	0.05	0.10~0.25	—	0.10~0.25	Be:0.003~0.007 B:0.005	0.05	0.15

（续）

铸造方法	状态	力学性能 ≥				标　准　号	我国相近代号（标准号）
		R_m/MPa	$R_{p0.2}$/MPa	A（%）	硬度 HBW[①]		
R	F	130	—	2.0	55	ASTM B618M—2018	ZL101（GB/T 1173—2013, HB 962—2001）
R	T6	205	140	3.0	70		
R	T7	215	—	—	75		
R	T51[②]	160	110	—	60		
R	T71	170	125	3.0	60		
J	F	145	70[⑤]	3.0	—	ASTM B108M—2015	
J	T6	230	150	3.0	85		
J	T71	170	—	3.0	70		
S	T6	235	165	3.5	80	ASTM B26M—2018	ZL101A（GB/T 1173—2013, HB 962—2001, HB 5480—1991）
S	T61	245	180	7.0	—		
R	T6	234	166	3.5	80	ASTM B618M—2018	
J	T61[③]	260	180	4.0	80~90	ASTM B108M—2015	
		230	180	4.0			
		195	180	3.0			
J	T6	310	—	3.0	—	ASTM B108M—2015	ZL114A（GB/T 1173—2013, HB 962—2001, HB 5480—1991）
J	T61[③]	310	250	3.0	100	ASTM B108M—2015	
		315	250	3.0	—		
		285	215	3.0	—		
J	T61[③]	310	235	4.0	90	ASTM B108M—2015	—
		310	235	4.0	—		
		275	205	3.0	—		
J	T62[③]	325	260	3.0	100		
		325	260	3.0	—		
		275	205	3.0	—		
S	F	115	50	3.0	40	ASTM B26M—2018	—
R	F	115	50	3.0	40	ASTM B618M—2018	
J	F	145	50	2.0	45	ASTM B108M—2015	
S	F	115	40	3.0	40	ASTM B26M—2018	—
R	F	115	40	3.0	40	ASTM B618M—2018	
J	F	145	41	2.5	45	ASTM B108M—2015	
J	T4[③]	140	—	18.0	—	ASTM B108M—2015	
		140		18.0	—		
S	F	115	70	—	50	ASTM B26M—2018	—
J	F	150	80	2.5	60	ASTM B108M—2015	—
S	F	150	60	6.0	50	ASTM B26M—2018	
R	F	150	60	5.0	50	ASTM B618M—2018	
S	T4	290	150	12.0	75	ASTM B26M—2018	ZL301（GB/T 1173—2013, HB 962—2001）
R	T4	290	150	10.0	75	ASTM B618M—2018	
S	F	240	125	9.0	70	ASTM B26M—2018	
R	F	240	125	8.0	70	ASTM B618M—2018	
J	F	240	125	7.0	—	ASTM B108M—2015	

合金代号	化学成分(质量分数,%)									其他	
	Al	Si	Mg	Fe	Cu	Mn	Zn	Ti	其余	单个	总量
705.0	余量	0.20	1.4~1.8	0.8	0.20	0.4~0.6	2.7~3.3	0.25	Cr:0.20~0.40	0.05	0.15
707.0	余量	0.20	1.8~2.4	0.8	0.20	0.40~0.6	4.0~4.5	0.25	Cr:0.20~0.40	0.05	0.15
710.0[⑧]	余量	0.15	0.6~0.8	0.50	0.35~0.6	0.05	6.0~7.0	0.25	—	0.05	0.15
711.0	余量	0.30	0.25~0.45	0.7~1.4	0.35~0.65	0.05	6.0~7.0	0.20	—	0.05	0.15
712.0[⑧]	余量	0.30	0.50~0.65	0.50	0.25	0.10	5.0~6.5	0.15~0.25	Cr:0.40~0.6	0.05	0.20
713.0	余量	0.25	0.20~0.50	1.1	0.40~1.0	0.6	7.0~8.0	0.25	Ni:0.15 Cr:0.35	0.10	0.25
771.0	余量	0.15	0.8~1.0	0.15	0.10	0.10	6.5~7.5	0.10~0.20	Cr:0.06~0.20	0.05	0.15
850.0	余量	0.7	0.10	0.7	0.7~1.3	0.10	—	0.20	Ni:0.7~1.3 Sn:5.5~7.0	—	0.30
851.0[⑧]	余量	2.0~3.0	0.10	0.7	0.7~1.3	0.10	—	0.20	Ni:0.3~0.7 Sn:5.5~7.0	—	0.30
852.0[⑧]	余量	0.40	0.6~0.9	0.7	1.7~2.3	0.10	—	0.20	Ni:0.9~1.5 Sn:5.5~7.0	—	0.30

（续）

铸造方法	状态	力学性能 ≥				标　准　号	我国相近代号（标准号）
		R_m /MPa	$R_{p0.2}$ /MPa	A (%)	硬度 HBW[①]		
S	T5	205	115	5.0	65	ASTM B26M—2018	—
R	T1[⑥] 或 T5	205	115	4.0	65	ASTM B618M—2018	
J	T1[⑥]或 T5	255	115	9.0	—	ASTM B108M—2015	
S	T7	255	205[⑦]	1.0	80	ASTM B26M—2018	—
R	T1[⑥]	230	150	2.0	85	ASTM B618M—2018	
	T7	255	205	1.0	80		
J	T1[⑥]	290	170	4.0	—	ASTM B108M—2015	
	T7	310	240	3.0	—		
S	T5	220	140	2.0	75	ASTM B26M—2018	—
R	T1[⑥]	220	140	2.0	75	ASTM B618M—2018	
J	T1[⑥]	195	125	6.0	70	ASTM B108M—2015	
S	T5	235	170	4.0	75	ASTM B26M—2018	ZL402（GB/T 1173—2013）
R	T1[⑥]或 T5	235	170	4.0	75	ASTM B618M—2018	
S	T5	220	150	3.0	75	ASTM B26M—2018	—
R	T1[⑥]或 T5	220	150	3.0	75	ASTM B618M—2018	
J	T1[⑥]或 T5	220	150	4.0	—	ASTM B108M—2015	
S	T5	290	260	1.5	100	ASTM B26M—2018	
	T51[②]	220	185	3.0	85		
	T52[②]	250	205	1.5	85		
	T6	290	240	5.0	90		
	T71	330	310	2.0	120		
R	T5	290	260	1.5	100	ASTM B618M—2018	
	T51[②]	220	185	3.0	85		
	T52[②]	250	205	1.5	85		
	T6	290	240	5.0	90		
	T71	330	310	2.0	120		
S、R	T5	110	—	4.0（R）	45	ASTM B26M—2018 ASTM B618M—2018	—
J	T5	125	—	7.0	—	ASTM B108M—2015	
S	T5	115	—	3.0	45	ASTM B26M—2018	
R	T1	115	—	3.0	45	ASTM B618M—2018	—
J	T5	115	—	3.0	—	ASTM B108M—2015	
	T6	125	—	7.0	—		
S	T5	165	125	—	60	ASTM B26M—2018	
R	T5	165	125	—	60	ASTM B618M—2018	—
J	T5	185	—	3.0	—	ASTM B108M—2015	

合金代号	化学成分(质量分数,%)											
	Al	Si	Mg	Fe	Cu	Mn	Zn	Ti	其余	其他	
										单个	总量
360.0	余量	9.0~10.0	0.40~0.6	2.0	0.6	0.35	0.50	—	Ni:0.50 Sn:0.15	—	0.25
A360.0	余量	9.1~10.0	0.40~0.6	1.3	0.6	0.35	0.50	—	Ni:0.50 Sn:0.15	—	0.25
380.0	余量	7.5~9.5	0.10	2.0	3.0~4.0	0.50	3.0	—	Ni:0.50 Sn:0.35	—	0.50
A380.0	余量	7.5~9.5	0.10	1.3	3.0~4.0	0.50	3.0	—	Ni:0.50 Sn:0.35	—	0.50
383.0	余量	9.5~11.5	0.10	1.3	2.0~3.0	0.50	3.0	—	Ni:0.30 Sn:0.15	—	0.50
384.0	余量	10.5~12.0	0.10	1.3	3.0~4.5	0.50	3.0	—	Ni:0.50 Sn:0.35	—	0.50
390.0	余量	16.0~18.0	0.45~0.65	1.3	4.0~5.0	0.10	0.10	0.20	—	—	0.20
B390.0	余量	16.0~18.0	0.45~0.65	1.3	4.0~5.0	0.50	1.5	0.10	Ni:0.10	—	0.20
392.0	余量	18.0~20.0	0.80~1.2	1.5	0.40~0.80	0.20~0.60	0.50	0.20	Ni:0.50 Sn:0.30	—	0.50
413.0	余量	11.0~13.0	0.10	2.0	1.0	0.35	0.50	—	Ni:0.50 Sn:0.15	—	0.25
A413.0	余量	11.0~13.0	0.10	1.3	1.0	0.35	0.50	—	Ni:0.50 Sn:0.15	—	0.25
C443.0	余量	4.5~6.0	0.10	2.0	0.6	0.35	0.50	—	Ni:0.50 Sn:0.15	—	0.25
518.0	余量	0.35	7.5~8.5	1.8	0.25	0.35	0.15	—	Ni:0.15 Sn:0.15	—	0.25

注：表中化学成分有上下限数值的为主要元素，单值的为杂质元素限量的上限值。

① 硬度值仅供参考，不作验收依据。

② 这些状态均为美国状态，属于 T5 状态，而美国的 T5 状态相当于我国的 T1 状态。

③ 该栏性能第一行为该合金的单铸试样性能，第二行为铸件指定部位性能，第三行为铸件非指定部位性能。

④ 当铁的质量分数超过 0.45% 时，锰含量应不少于铁含量的一半。

⑤ 1999 年标准增加的数据。

⑥ 美国 T1 状态，其含意是"从高温成形过程中冷却下来，然后自然时效到基本稳定状态"，这与我国的 T1 状态不同。

⑦ 当合同或订单有要求时，才测定条件屈服强度。

⑧ 合金 710.0 牌号以前是 A712.0 牌号，712.0 牌号以前是 D712.0 牌号，851.0 牌号以前是 A850.0 牌号，852.0 以前

⑨ 表中所列压铸合金所规定的力学性能在美国均为典型值，不是最低值。其中 τ_b 为抗剪强度，S 为疲劳强度，表中 S

（续）

铸造方法	状态	力学性能 ≥					标　准　号	我国相近代号（标准号）
		R_m /MPa	$R_{p0.2}$ /MPa	A （%）	τ_b[⑨] /MPa	S[⑨] /MPa		
Y[⑨]	F	305	170	2.5	190	140	ASTM B85M—2018	YL104（GB/T 15115—2009）ZL104Y（HB 5012—2011）
Y[⑨]	F	315	165	3.5	180	125	ASTM B85M—2018	YL104（GB/T 15115—2009）ZL104Y（HB 5012—2011）
Y[⑨]	F	315	160	2.5	190	140	ASTM B85M—2018	YL112（GB/T 15115—2009）ZL112Y（HB 5012—2011）
Y[⑨]	F	325	160	3.5	185	140	ASTM B85M—2018	YL112（GB/T 15115—2009）ZL112Y（HB 5012—2011）
Y[⑨]	F	310	150	3.5	—	—	ASTM B85M—2018	—
Y[⑨]	F	330	165	2.5	200	140	ASTM B85M—2018	YL113（GB/T 15115—2009）ZL113Y（HB 5012—2011）
Y[⑨]	F	280	240	<1	—	—	ASTM B85M—2018	YL117（GB/T 15115—2009）
Y[⑨]	F	280	240	<1	—	—	ASTM B85M—2018	YL117（GB/T 15115—2009）
Y[⑨]	F	290	270	<1	—	—	ASTM B85M—2018	—
Y[⑨]	F	295	145	2.5	170	130	ASTM B85M—2018	YL102（GB/T 15115—2009）ZL102Y（HB 5012—2011）
Y[⑨]	F	290	130	3.5	170	130	ASTM B85M—2018	YL102（GB/T 15115—2009）ZL102Y（HB 5012—2011）
Y[⑨]	F	230	95	8.0	130	130	ASTM B85M—2018	—
Y[⑨]	F	310	190	4.0	200	140	ASTM B85M—2018	—

是 B852.0 牌号。

为 5×10^8 周的值。

表 A-3　铸造铝合金欧洲

			化学成分								
合金组	合金牌号	合金代号	Al	Si	Fe	Cu	Mn	Mg	Cr	Ni	Zn
AlCu	EN AC-AlCu4MgTi	EN AC-21000	余量	0.20 (0.15)	0.35 (0.30)	4.2 ~ 5.0	0.10	0.15 ~ 0.35 (0.20 ~ 0.35)	—	0.05	0.10
	EN AC-AlCu4Ti	EN AC-21100	余量	0.18 (0.15)	0.19 (0.15)	4.2 ~ 5.2	0.55	—	—	—	0.07
	EN AC-AlCu4MnMg	EN AC-21200	余量	0.10	0.20 (0.15)	4.0 ~ 5.0	0.20 ~ 0.50	0.15 ~ 0.50 (0.20 ~ 0.50)	—	0.05 (0.03)	0.10 (0.05)
AlSiMgTi	EN AC-AlSi2MgTi	EN AC-41000	余量	1.6 ~ 2.4	0.60 (0.50)	0.10 (0.08)	0.30 ~ 0.50	0.45 ~ 0.65 (0.50 ~ 0.65)	—	0.05	0.10
AlSi7Mg	EN AC-AlSi7Mg	EN AC-42000	余量	6.5 ~ 7.5	0.55 (0.45)	0.20 (0.15)	0.35	0.20 ~ 0.65 (0.25 ~ 0.65)	—	0.15	0.15
	EN AC-AlSi7Mg0.3	EN AC-42100	余量	6.5 ~ 7.5	0.19 (0.15)	0.05 (0.03)	0.10	0.25 ~ 0.45 (0.30 ~ 0.45)	—	—	0.07
	EN AC-AlSi7Mg0.6	EN AC-42200	余量	6.5 ~ 7.5	0.19 (0.15)	0.05 (0.03)	0.10	0.45 ~ 0.70 (0.50 ~ 0.70)	—	—	0.07
AlSi10Mg	EN AC-AlSi10Mg(a)	EN AC-43000	余量	9.0 ~ 11.0	0.55 (0.40)	0.05 (0.03)	0.45	0.20 ~ 0.45 (0.25 ~ 0.45)	—	0.05	0.10
	EN AC-AlSi10Mg(b)	EN AC-43100	余量	9.0 ~ 11.0	0.55 (0.45)	0.10 (0.08)	0.45	0.20 ~ 0.45 (0.25 ~ 0.45)	—	0.05	0.10
	EN AC-AlSi10Mg(Cu)	EN AC-43200	余量	9.0 ~ 11.0	0.65 (0.55)	0.35 (0.30)	0.55	0.20 ~ 0.45 (0.25 ~ 0.45)	—	0.15	0.35

标准 ［EN 1706—2010 （E）］

（质量分数,%）

Pb	Sn	Ti	其他 单个	其他 总和	铸造方法	状态	R_m /MPa	$R_{p0.2}$ /MPa	A (%)	硬度 HBW	我国相近代号 （标准号）
0.05	0.05	0.15~0.30 (0.15~0.25)	0.03	0.10	S	T4	300	200	5	90	—
					J	T4	320	200	8	90	
					R	T4	300	220	5	90	
—	—	0.15~0.30 (0.15~0.25)	0.03	0.10	S	T6	300	200	3	95	
					S	T64	280	180	5	85	
					J	T6	330	220	7	95	
					J	T64	320	180	8	90	
0.03	0.03	0.10 (0.05)	0.03	0.10	S	T4	330	225	3	100	—
					S	T7	370	310	2	110	
					J	T4	400	240	8	110	
					J	T7	410	325	5	120	
0.05	0.05	0.05~0.20 (0.07~0.15)	0.05	0.15	S	F	140	70	3	50	—
					S	T6	240	180	3	85	
					J	F	170	70	5	50	
					J	T6	260	180	5	85	
0.15	0.05	0.25 (0.20)	0.05	0.15	S	F	140	80	2	50	ZL101 (GB/T 1173—2013)
					S	T6	220	180	1	75	
					J	F	170	90	2.5	55	
					J	T6	260	220	1	90	
					J	T64	240	200	2	80	
					R	F	150	80	2	50	
					R	T6	240	190	1	75	
—	—	0.25 (0.18)	0.03	0.10	S	T6	230	190	2	75	ZL101A (GB/T 1173—2013)
					J	T6	290	210	4	90	
					J	T64	250	180	8	80	
					R	T6	260	200	3	75	
—	—	0.25 (0.18)	0.03	0.10	S	T6	250	210	1	85	ZL114A (GB/T 1173—2013)
					J	T6	320	240	3	100	
					J	T64	290	210	6	90	
					R	T6	290	240	2	85	
0.05	0.05	0.15	0.05	0.15	S	F	150	80	2	50	—
					S	T6	220	180	1	75	
					J	F	180	90	2.5	55	
					J	T6	260	220	1	90	
					J	T64	240	200	2	80	
0.05	0.05	0.15	0.05	0.15	S	F	150	80	2	50	ZL104 (GB/T 1173—2013)
					S	T6	220	180	1	75	
					J	F	180	90	2.5	55	
					J	T6	260	220	1	90	
					J	T64	240	200	2	80	
0.10	—	0.20 (0.15)	0.05	0.15	S	F	160	80	1	50	—
					S	T6	220	180	1	75	
					J	F	180	90	1	55	
					J	T6	240	200	1	80	

合金组	合金牌号	合金代号	Al	Si	Fe	Cu	Mn	Mg	Cr	Ni	Zn
											化学成分
AlSi10Mg	EN AC-AlSi9Mg	EN AC-43300	余量	9.0 ~ 10.0	0.19 (0.15)	0.05 (0.03)	0.10	0.25 ~ 0.45 (0.30 ~ 0.45)	—	—	0.07
	EN AC-AlSi10Mg(Fe)	EN AC-43400	余量	9.0 ~ 11.0	1.0(0.45 ~ 0.9)	0.10 (0.08)	0.55	0.20 ~ 0.50 (0.25 ~ 0.50)		0.15	0.15
	EN AC-AlSi10MnMg	EN AC-43500	余量	9.0 ~ 11.5	0.25 (0.20)	0.05 (0.03)	0.40 ~ 0.80	0.10 ~ 0.60 (0.15 ~ 0.60)	—	—	0.07
AlSi	EN AC-AlSi11	EN AC-44000	余量	10.0 ~ 11.8	0.19 (0.15)	0.05 (0.03)	0.10	0.45	—	—	0.07
	EN AC-AlSi12(b)	EN AC-44100	余量	10.5 ~ 13.5	0.65 (0.55)	0.15 (0.10)	0.55	0.10	—	0.10	0.15
	EN AC-AlSi12(a)	EN AC-44200	余量	10.5 ~ 13.5	0.55 (0.40)	0.05 (0.03)	0.35	—	—	—	0.10
	EN AC-AlSi12(Fe)	EN AC-44300	余量	10.5 ~ 13.5	1.0(0.45 ~ 0.9)	0.10 (0.08)	0.55	—	—	—	0.15
	EN AC-AlSi9	EN AC-44400	余量	8.0 ~ 11.0	0.65 (0.55)	0.10 (0.08)	0.50	0.10	—	0.05	0.15
	EN AC-AlSi12(Fe)	EN AC-44500	余量	10.5 ~ 13.5	1.0(0.45 ~ 0.9)	0.20 (0.18)	0.55	0.40	—	—	0.30
AlSi5Cu	EN AC-AlSi6Cu4	EN AC-45000	余量	5.0 ~ 7.0	1.0 (0.9)	3.0 ~ 5.0	0.20 ~ 0.65	0.55	0.15	0.45	2.0
	EN AC-AlSi5Cu3Mg	EN AC-45100	余量	4.5 ~ 6.0	0.60 (0.50)	2.6 ~ 3.6	0.55	0.15 ~ 0.45 (0.20 ~ 0.45)	—	0.10	0.20
	EN AC-AlSi5Cu3Mn	EN AC-45200	余量	4.5 ~ 6.0	0.8 (0.7)	2.5 ~ 4.0	0.20 ~ 0.55	0.40	—	0.30	0.55
	EN AC-AlSi5Cu1Mg	EN AC-45300	余量	4.5 ~ 5.5	0.65 (0.55)	1.0 ~ 1.5	0.55	0.35 ~ 0.65 (0.40 ~ 0.65)	—	0.25	0.15
	EN AC-AlSi5Cu3	EN AC-45400	余量	4.5 ~ 6.0	0.60 (0.50)	2.6 ~ 3.6	0.55	0.05	—	0.10	0.20
	EN AC-AlSi7Cu0.5Mg	EN AC-45500	余量	6.5 ~ 7.5	0.25	0.2 ~ 0.7	0.15	0.20 ~ 0.45 (0.25 ~ 0.45)	—	—	0.07
AlSi9Cu	EN AC-AlSi9Cu3(Fe)	EN AC-46000	余量	8.0 ~ 11.0	1.3(0.6 ~ 1.1)	2.0 ~ 4.0	0.55	0.05 ~ 0.55 (0.15 ~ 0.55)	0.15	0.55	1.2
	EN AC-AlSi11Cu2(Fe)	EN AC-46100	余量	10.0 ~ 12.0	1.1(0.45 ~ 1.0)	1.5 ~ 2.5	0.55	0.30	0.15	0.45	1.7
	EN AC-AlSi8Cu3	EN AC-46200	余量	7.5 ~ 9.5	0.8 (0.7)	2.0 ~ 3.5	0.15 ~ 0.65	0.05 ~ 0.55 (0.15 ~ 0.55)	—	0.35	1.2
	EN AC-AlSi7Cu3Mg	EN AC-46300	余量	6.5 ~ 8.0	0.8 (0.7)	3.0 ~ 4.0	0.20 ~ 0.65	0.30 ~ 0.60 (0.35 ~ 0.60)	—	0.30	0.65

（续）

（质量分数,%）			其他		铸造方法	状态	R_m/MPa	$R_{p0.2}$/MPa	A（%）	硬度 HBW	我国相近代号（标准号）
Pb	Sn	Ti	单个	总和							
—	—	0.15	0.03	0.10	S	T6	230	190	2	75	—
					J	T6	290	210	4	90	
					J	T64	250	180	6	80	
0.15	0.05	0.20 (0.15)	0.05	0.15	Y	F	240	140	1	70	—
—	—	0.20 (0.15)	0.05	0.15	Y	F	250	120	5	65	—
					Y	T5	270	150	2	80	
					Y	T7	200	120	12	30	
—	—	0.15	0.03	0.10	S	F	150	70	6	45	—
					J	F	170	80	7	45	
0.10	—	0.20 (0.15)	0.05	0.15	S	F	150	70	4	50	—
					R	F	150	80	4	50	
—	—	0.15	0.05	0.15	J	F	170	80	5	55	ZL102 （GB/T 1173—2013）
					S	F	150	70	5	50	
					J	F	170	80	6	55	
—	—	0.15	0.05	0.25	Y	F	240	130	1	60	ZL102 （GB/T 15115—2009）
0.05	0.05	0.15	0.05	0.15	Y	F	220	120	2	5	—
					J	F	180	90	5	55	
—	—	0.15	0.05	0.25	Y	F	240	140	1	60	—
0.30	0.15	0.25 (0.20)	0.05	0.35	S	F	150	90	1	60	—
					J	F	170	100	1	75	
0.10	0.05	0.25 (0.20)	0.05	0.15	J	T4	270	180	2.5	85	—
					J	T6	320	280	<1	110	
0.20	0.10	0.20 (0.15)	0.05	0.25	S	F	140	70	1	60	—
					S	T6	230	200	<1	90	
0.15	0.05	0.25 (0.20)	0.05	0.15	S	T4	170	120	2	80	ZL105A （GB/T 1173—2013）
					S	T6	230	200	<1	100	
					J	T4	230	140	3	85	
					J	T6	280	210	<1	110	
0.10	0.05	0.25 (0.20)	0.05	0.15	J	T4	230	110	6	75	ZL106 （GB/T 1173—2013）
—	—	0.20^J	0.03	0.10	S	T6	250	190	1	85	—
					J	T6	320	240	4	100	
0.35	0.15	0.25 (0.20)	0.05	0.25	Y	F	240	140	<1	80	—
0.25	0.15	0.25 (0.20)	0.05	0.25	Y	F	240	140	<1	80	—
0.25	0.15	0.25 (0.20)	0.05	0.25	S	F	150	90	1	60	YL112 （GB/T 15115—2009）
					J	F	170	100	1	75	
					Y	F	240	140	1	80	
0.15	0.10	0.25 (0.20)	0.05	0.25	J	F	180	100	1	80	—

合金组	合金牌号	合金代号	化学成分								
			Al	Si	Fe	Cu	Mn	Mg	Cr	Ni	Zn
AlSi9Cu	EN AC-AlSi9Cu1Mg	EN AC-46400	余量	8.3~9.7	0.8(0.7)	0.8~1.3	0.15~0.55	0.25~0.65(0.30~0.65)	—	0.20	0.8
	EN AC-AiSi9Cu3(Fe)(Zn)	EN AC-46500	余量	8.0~11.0	1.3(0.6~1.2)	2.0~4.0	0.55	0.05~0.55(0.15~0.55)	0.15	0.55	3.0
	EN AC-AlSi7Cu2	EN AC-46600	余量	6.0~8.0	0.8(0.7)	1.5~2.5	0.15~0.65	0.35	—	0.35	1.0
AlSi(Cu)	EN AC-AlSi12(Cu)	EN AC-47000	余量	10.5~13.5	0.8(0.7)	1.0(0.9)	0.05~0.55	0.35	0.10	0.30	0.55
	EN AC-AlSi12Cu1(Fe)	EN AC-47100	余量	10.5~13.5	1.3(0.6~1.1)	0.7~1.2	0.55	0.35	0.10	0.30	0.55
AlSiCuNiMg	EN AC-AlSi12CuNiMg	EN AC-48000	余量	10.5~13.5	0.7(0.6)	0.8~1.5	0.35	0.8~1.5(0.9~1.5)	—	0.7~1.3	0.35
	EN AC-AlSi17Cu4Mg	EN AC-48100	余量	16.0~18.0	1.3(1.0)	4.0~5.0	0.50	0.25~0.65(0.45~0.65)	—	0.30	1.50
AlMg	EN AC-AlMg3(b)	EN AC-51000	余量	0.55(0.45)	0.55(0.45)	0.10(0.08)	0.45	2.5~3.5(2.7~3.5)	—	—	0.10
	EN AC-AlMg3(a)	EN AC-51100	余量	0.55(0.45)	0.55(0.40)	0.05(0.03)	0.45	2.5~3.5(2.7~3.5)	—	—	0.10
	EN AC-AlMg9	EN AC-51200	余量	2.5	1.0(0.45~0.9)	0.10(0.08)	0.55	8.0~10.5(8.5~10.5)	—	0.10	0.25
	EN AC-AlMg5	EN AC-51300	余量	0.55(0.35)	0.55(0.45)	0.10(0.05)	0.45	4.5~6.5(4.8~6.5)	—	—	0.10
	EN AC-AlMg5(Si)	EN AC-51400	余量	1.5(1.3)	0.55(0.45)	0.05(0.03)	0.45	4.5~6.5(4.8~6.5)	—	—	0.10
	EN AC-AlMg5Si2	EN AC-51500	余量	1.8~2.6	0.25(0.20)	0.05(0.03)	0.4~0.8	4.7~6.0(5.0~6.0)	—	—	0.07
AlZnSiMg	EN AC-AlZn10Si8Mg	EN AC-71100	余量	7.5~9.5	0.30(0.27)	0.10(0.08)	0.15(0.10)	0.20~0.5(0.25~0.5)	—	—	9.0~10.5

注：1. 化学成分括号中的数值表示该元素的铸锭含量。

2. 化学成分中的单值表示该元素的最大含量。

3. 化学成分中"其他"不包含变质和晶粒细化元素，如 Na、Sr、Sb 和 P。

4. 力学性能的断后伸长率的测量标距为50mm。

（续）

（质量分数,%）			其他		铸造方法	状态	R_m /MPa	$R_{p0.2}$ /MPa	A (%)	硬度 HBW	我国相近代号 （标准号）
Pb	Sn	Ti	单个	总和							
0.10	0.10	0.25 (0.18)	0.05	0.25	S	F	135	90	1	60	—
					J	F	170	100	1	75	
						T6	275	235	1.5	105	
0.35	0.15	0.25 (0.20)	0.05	0.25	Y	F	240	140	<1	80	—
0.25	0.15	0.25 (0.20)	0.05	0.15	S	F	150	90	1	60	—
					J	F	170	100	1	75	
					R	T6	290	240	2	85	
0.20	0.10	0.20 (0.15)	0.05	0.25	J	F	170	90	2	55	ZL108 （GB/T 1173—2013）
0.20	0.10	0.20 (0.15)	0.05	0.25	Y	F	240	140	1	70	YL108 （GB/T 15115—2009）
—	—	0.25 (0.20)	0.05	0.15	J	T5	200	185	<1	90	—
						T6	280	240	<1	100	
—	0.15	0.25 (0.20)	0.05	0.25	L	F	200	180	1	90	
					L	T5	295	260	1	125	
					Y	F	220	160	<1	90	
—	—	0.20 (0.15)	0.05	0.15	S	F	140	70	3	50	—
—	—	0.20 (0.15)	0.05	0.15	S	F	140	70	3	50	—
					J	F	150	70	5	50	
0.10	0.10	0.20 (0.15)	0.05	0.15	Y	F	200	130	1	70	—
—	—	0.20 (0.15)	0.05	0.15	S	F	160	90	3	55	
					J	F	180	100	4	60	
					R	F	170	95	3	55	
—	—	0.20 (0.15)	0.05	0.15	S	F	160	100	3	60	
					J	F	180	110	3	65	
—	—	0.25 (0.20)	0.05	0.15	Y	F	250	140	5	70	
—	—	0.15	0.05	0.15	S	T1	210	190	1	90	—
					J	T1	260	210	1	100	

表 A-4　铸造铝

| 合金代号 | 化学成分(质量分数,%) | | | | | | | | | 其他 | |
	Al	Si	Mg	Fe	Cu	Mn	Zn	Ti	其余	单个	总量
AC1B	余量	0.30 以下	0.15~0.35	0.35 以下	4.2~5.0	0.10 以下	0.10 以下	0.05~0.35	Ni:0.05 Pb:0.05 Sn:0.05 Cr:0.05	—	—
AC2A	余量	4.0~6.0	0.25	0.8	3.0~4.5	0.55	0.55	0.20	Ni:0.30 Pb:0.15 Sn:0.05 Cr:0.15	—	—
AC2B	余量	5.0~7.0	0.50	1.0	2.0~4.0	0.50	1.0	0.20	Ni:0.35 Pb:0.20 Sn:0.10 Cr:0.20	—	—
AC3A	余量	10.0~13.0	0.15	0.8	0.25	0.35	0.30	0.20	Ni:0.10 Pb:0.10 Sn:0.10 Cr:0.15	—	—
AC4A	余量	8.0~10.0	0.30~0.6	0.55	0.25	0.30~0.6	0.25	0.20	Ni:0.10 Pb:0.10 Sn:0.05 Cr:0.15	—	—
AC4B	余量	7.0~10.0	0.50	1.0	2.0~4.0	0.50	1.0	0.20	Ni:0.35 Pb:0.20 Sn:0.10 Cr:0.20	—	—
AC4C	余量	6.5~7.5	0.20~0.4	0.5	0.20	0.6	0.3	0.20	Ni:0.05 Pb:0.05 Sn:0.05	—	—
AC4D	余量	4.5~5.5	0.4~0.6	0.6	1.0~1.5	0.5	0.5	0.2	Ni:0.3 Pb:0.1 Sn:0.1	—	—
AC4H (AC4CH)	余量	6.5~7.5	0.25~0.45	0.20	0.10	0.10	0.10	0.20	Ni:0.05 Pb:0.05 Sn:0.05 Cr:0.05	0.05	0.05
AC5A	余量	0.7	1.2~1.8	0.7	3.5~4.5	0.6	0.1	0.2	Ni:1.7~2.3 Pb:0.05 Sn:0.05 Cr:0.2	—	—

合金日本标准

铸造[1]方法	状态	力学性能 ≥				标准号	我国相近代号（标准号）
		R_m /MPa	$R_{p0.2}$ /MPa	A （%）	硬度 HBW[2]		
J	T4	330	—	8	95	JIS H5202:2010	—
J	F	180	—	2	75	JIS H5202:2010	—
	T6	270	—	1	90		
J	F	150	—	1	70	JIS H5202:2010	—
	T6	240	—	1	90		
J	F	170	—	5	50	JIS H5202:2010	ZL102（GB/T 1173—2013，HB 962—2001）
J	F	170	—	3	60	JIS H5202:2010	ZL104（GB/T 1173—2013，HB 962—2001）
	T6	240	—	2	90		
J	F	170	—	—	80	JIS H5202:2010	—
	T6	240	—	—	100		
J	F	150	—	3	55	JIS H5202:2010	ZL101（GB/T 1173—2013，HB 962—2001）
	T5	170	—	3	65		
	T6	230	—	2	85		
J	F	160	—	—	70	JIS H5202:2010	ZL105（GB/T 1173—2013，HB 962—2001）
	T5	190	—	—	75		
	T6	290	—	—	95		
J	F	160	—	3	55	JIS H5202:2010	ZL101A（GB/T 1173—2013，HB 962—2001）
	T5	180	—	3	65		
	T6	250	—	5	80		
J	T2	180	—	—	65	JIS H5202:2010	—
	T6	260	—	—	100		

| 合金代号 | 化学成分(质量分数,%) | | | | | | | | | 其他 | |
	Al	Si	Mg	Fe	Cu	Mn	Zn	Ti	其余	单个	总量
AC7A	余量	0.20	3.5~5.5	0.30	0.10	0.6	0.15	0.20	Ni:0.05 Pb:0.05 Sn:0.05 Cr:0.15	—	—
AC8A	余量	11.0~13.0	0.7~1.3	0.8	0.8~1.3	0.15	0.15	0.20	Ni:0.8~1.5 Pb:0.05 Sn:0.05 Cr:0.10	—	—
AC8B	余量	8.5~10.5	0.50~1.5	1.0	2.0~4.0	0.50	0.50	0.20	Ni:0.10~1.0 Pb:0.10 Sn:0.10 Cr:0.10	—	—
AC8C	余量	8.5~10.5	0.50~1.5	1.0	2.0~4.0	0.50	0.50	0.20	Ni:0.50 Pb:0.10 Sn:0.10 Cr:0.10	—	—
AC9A	余量	22~24	0.50~1.5	0.8	0.50~1.5	0.50	0.20	0.20	Ni:0.50~1.5 Pb:0.10 Sn:0.10 Cr:0.10	—	—
AC9B	余量	18~20	0.50~1.5	0.8	0.50~1.5	0.50	0.20	0.20	Ni:0.5~1.5 Pb:0.10 Sn:0.10 Cr:0.10	—	—
ADC1	余量	11.0~13.0	0.3	1.3	1.0	0.3	0.5	0.30	Ni:0.50 Sn:0.10 Pb:0.20	—	—
ADC3	余量	9.0~11.0	0.4~0.6	1.3	0.6	0.3	0.5	0.30	Ni:0.50 Sn:0.10 Pb:0.15	—	—
ADC5	余量	0.3	4.0~8.5	1.8	0.2	0.3	0.1	0.20	Ni:0.10 Sn:0.10 Pb:0.10	—	—
ADC6	余量	0.1	2.5~4.0	0.8	0.1	0.4~0.6	0.4	0.20	Ni:0.10 Sn:0.10 Pb:0.10	—	—
ADC10	余量	7.5~9.5	0.3	1.3	2.0~4.0	0.5	1.0	0.30	Ni:0.50 Sn:0.30 Pb:0.20	—	—
ADC10Z	余量	7.5~9.5	0.3	1.3	2.0~4.0	0.5	3.0	0.30	Ni:0.50 Sn:0.30 Pb:0.20	—	—
ADC12	余量	9.6~12.0	0.3	1.3	1.5~3.5	0.5	1.0	0.30	Ni:0.50 Sn:0.30 Pb:0.20	—	—
ADC12Z	余量	9.6~12.0	0.3	1.3	1.5~3.5	0.5	3.0	0.30	Ni:0.50 Sn:0.30 Pb:0.20	—	—
ADC14	余量	16.0~18.0	0.45~0.65	1.3	4.0~5.0	0.5	1.5	0.30	Ni:0.30 Sn:0.30 Pb:0.20	—	—

注：表中化学成分有上下限数值的为主要元素，单值的为杂质元素限量的上限值。

① 力学性能砂型铸造与金属型铸造通用。

② 硬度值仅供参考。

③ 该值为平均值，其标准偏差为 ±22MPa。

④ 该值为平均值，其标准偏差为 ±40MPa。

（续）

铸造[①]方法	状态	力学性能 ≥				标　准　号	我国相近代号（标准号）
		R_m/MPa	$R_{p0.2}$/MPa	A（%）	硬度HBW[②]		
J	F	210	—	12	60	JIS H5202:2010	—
J	F	170	—	—	85	JIS H5202:2010	—
	T5	190	—	—	90		
	T6	270	—	—	110		
J	F	170	—	—	85	JIS H5202:2010	—
	T5	190	—	—	90		
	T6	270	—	—	110		
J	F	170	—	—	85	JIS H5202:2010	—
	T5	180	—	—	90		
	T6	270	—	—	110		
J	T5	150	—	—	90	JIS H5202:2010	—
	T6	190	—	—	125		
	T7	170	—	—	95		
J	T5	170	—	—	85	JIS H5202:2010	—
	T6	270	—	—	120		
	T7	200	—	—	90		
Y	F	—	—	—	—	JIS H5302:2006	YL102（GB/T 15115—2016），ZL102Y（HB 5012—2011）
Y	F	—	—	—	—	JIS H5302:2006	YL104（GB/T 15115—2016），ZL104Y（HB 5012—2011）
Y	F	—	—	—	—	JIS H5302:2006	—
Y	F	—	—	—	—	JIS H5302:2006	—
Y	F	243[③]	—	2.0	—	JIS H5302:2006	YL112（GB/T 15115—2016），ZL112Y（HB 5012—2011）
Y	F	—	—	—	—	JIS H5302:2006	YL112（GB/T 15115—2016），ZL112Y（HB 5012—2011）
Y	F	222[④]	—	1.5	—	JIS H5302:2006	YL113（GB/T 15115—2016），ZL113Y（HB 5012—2011）
Y	F	—	—	—	—	JIS H5302:2006	YL113（GB/T 15115—2016），ZL113Y（HB 5012—2011）
Y	F	—	—	—	—	JIS H5302:2006	YL117（GB/T 15115—2016）

附录B　铸造镁

铸造镁合金国际标准见表B-1,铸造镁合金欧洲标准见表B-2,铸造镁合金美国标准见表B-3,铸造镁

表B-1　铸造镁

合金牌号	合金代号	化学成分(质量分数,%)										
		Al	Zn	Mn[1]	RE[2]	Zr	Ag	Y	Si	Fe	Cu	Ni
ISO-MgAl9Zn1(A)	ISO-MB21120	8.5 ~ 9.5	0.45 ~ 0.9	0.17 ~ 0.4					≤0.08	≤0.004	≤0.025	≤0.001
ISO-MgZn6Cu3Mn	ISO-MB32110	≤0.2	5.5 ~ 6.5	0.25 ~ 0.75					≤0.20	≤0.05	2.4 ~ 3.0	≤0.01
ISO-MgZn4RE1Zr[3]	ISO-MB35110		3.5 ~ 5.0	≤0.15	1.0 ~ 1.75	0.1 ~ 1.0			≤0.01	≤0.01	≤0.03	≤0.005
ISO-MgRE3Zn2Zr[3]	ISO-MB65120		2.0 ~ 3.0	≤0.15	2.4 ~ 4.0	0.1 ~ 1.0			≤0.01	≤0.01	≤0.03	≤0.005
ISO-MgAg2RE2Zr[4]	ISO-MB65210		≤0.2	≤0.15	2.0 ~ 3.0	0.1 ~ 1.0	2.0 ~ 3.0		≤0.01	≤0.01	≤0.03	≤0.005
ISO-MgRE2Ag1Zr[4]	ISO-MB65220		≤0.2	≤0.15	1.5 ~ 3.0	0.1 ~ 1.0	1.3 ~ 1.7		≤0.01	≤0.01	0.05 ~ 0.10	≤0.005
ISO-MgY5RE4Zr[5][6]	ISO-MB95310		≤0.20	≤0.15	1.5 ~ 4.0	0.1 ~ 1.0	Li (≤0.20)	4.75 ~ 5.5	≤0.01	≤0.01	≤0.03	≤0.005
ISO-MgY4RE3Zr[5][6]	ISO-MB95320		≤0.20	≤0.15	2.4 ~ 4.4	0.1 ~ 1.0	Li (≤0.20)	3.7 ~ 4.3	≤0.01	≤0.01	≤0.03	≤0.005
ISO-MgAl2Mn	ISO-MB21210	1.7 ~ 2.5	≤0.20	0.35 ~ 0.60					≤0.08	≤0.004	≤0.008	≤0.001
ISO-MgAl5Mn	ISO-MB21220	4.5 ~ 5.3	≤0.30	0.28 ~ 0.50					≤0.08	≤0.004	≤0.008	≤0.001
ISO-MgAl6Mn	ISO-MB21230	5.6 ~ 6.4	≤0.30	0.26 ~ 0.50					≤0.2	≤0.004	≤0.008	≤0.001
ISO-MgAl2Si	ISO-MB21310	1.9 ~ 2.5	≤0.20	0.2 ~ 0.6					0.7 ~ 1.2	≤0.004	≤0.008	≤0.001
ISO-MgAl4Si	ISO-MB21320	3.7 ~ 4.8	≤0.20	0.2 ~ 0.6					≤0.08	≤0.004	≤0.008	≤0.001

注:镁的质量分数为100%减去表中所列元素质量分数总和之差值。
[1]　在含铝的镁合金中加锰可以减少熔融状态下铁的溶入,锰的加入量取决于特定合金在给定的铸造温度下锰的溶解
[2]　RE为稀土。
[3]　富铈。
[4]　富钕。
[5]　富钕和重稀土。
[6]　通过减少最高锰的质量分数至0.03%,最高铁的质量分数至0.01%,最高铜的质量分数至0.02%,最高锌和银的质
[7]　这些值适用于单铸试件。对于厚度不大于20mm的单铸试件,铸件性能约为上述值的70%。
[8]　表中值对应于截面面积为20mm²,最小厚度为2mm的圆截面单铸试件。

合金国外标准

合金日本标准见表 B-4。

合金国际标准

铸造方法	状态	力学性能 ≥			标 准 号	我国相近代号（标准号）
		R_m/MPa	$R_{p0.2}$/MPa	A(%)		
S[⑦]	F	160	90	2	ISO 16220:2017(E)	ZM5（GB/T 1177—2018）
S[⑦]	T4	240	110	6		
S[⑦]	T6	240	150	2		
J[⑦]	F	160	110	2		
J[⑦]	T4	240	120	6		
J[⑦]	T6	240	150	2		
Y[⑧]	F	200 ~ 260	140 ~ 170	1 ~ 9		
S	T6	195	125	2	ISO 16220:2017(E)	
J	T6	195	125	2		
S	T5	200	135	2.5	ISO 16220:2017(E)	ZM2（GB/T 1172—2018）
J	T5	210	135	3		
S	T5	140	95	2.5	ISO 16220:2017(E)	ZM4（GB/T 1177—2018）
J	T5	145	100	3		
S	T6	240	175	2	ISO 16220:2017(E)	
J	T6	240	175	3		
S	T6	240	175	2	ISO 16220:2017(E)	
J	T6	240	175	2		
S	T6	250	170	2	ISO 16220:2017(E)	
J	T6	250	170	2		
S	T6	220	170	2	ISO 16220:2017(E)	
J	T6	220	170	2		
Y	F	150 ~ 220	80 ~ 100	8 ~ 25	ISO 16220:2017(E)	
Y	F	180 ~ 230	110 ~ 130	5 ~ 20	ISO 16220:2017(E)	
Y	F	190 ~ 250	120 ~ 150	4 ~ 18	ISO 16220:2017(E)	
Y	F	170 ~ 230	110 ~ 130	4 ~ 14	ISO 16220:2017(E)	
Y	F	200 ~ 250	120 ~ 150	3 ~ 12	ISO 16220:2017(E)	

度，铸造温度越高，加锰量应越大，然而保持锰量较低仍是适宜的。

量分数至 0.2%，可提高耐腐蚀性。

表 B-2　铸造镁

合金牌号	合金代号	化学成分(质量分数,%)										
		Al	Zn	Mn	RE[①]	Zr	Ag	Y	Si	Fe	Cu	Ni
EN-MBMgAl8Zn1	3.5215	7.2 ~ 8.5	0.45 ~ 0.9	≥0.17					≤0.05	≤0.004	≤0.025	≤0.001
EN-MBMgAl9Zn1(A)	3.5216	8.5 ~ 9.5	0.45 ~ 0.9	≥0.17					≤0.05	≤0.004	≤0.025	≤0.001
EN-MBMgZn6Cu3Mn	3.5232		5.5 ~ 6.5	0.25 ~ 0.75					≤0.20	≤0.05	2.4 ~ 3.0	≤0.01
EN-MBMgZn4RE1Zr[②]	3.5246		3.5 ~ 5.0	≤0.15	1.0 ~ 1.75	0.1 ~ 1.0			≤0.01	≤0.01	≤0.03	≤0.005
EN-MBMgRE3Zn2Zr[②]	3.5247		2.0 ~ 3.0	≤0.15	2.4 ~ 4.0	0.1 ~ 1.0			≤0.01	≤0.01	≤0.03	≤0.005
EN-MBMgRE2Ag2Zr[③]	3.5251	≤0.2	≤0.15		2.0 ~ 3.0	0.1 ~ 1.0	2.0 ~ 3.0		≤0.01	≤0.01	≤0.03	≤0.005
EN-MBMgRE2Ag1Zr[③]	3.5250	≤0.2	≤0.15		1.5 ~ 3.0	0.1 ~ 1.0	1.3 ~ 1.7		≤0.01	≤0.01	0.05 ~ 0.10	≤0.005
EN-MBMgY5RE4Zr[④]	3.5261	≤0.20	≤0.15		1.5 ~ 4.0	0.1 ~ 1.0	Li (≤0.20)	4.75 ~ 5.5	≤0.01	≤0.01	≤0.03	≤0.005
EN-MBMgY4RE3Zr[④]	3.5260	≤0.20	≤0.15		2.4 ~ 4.4	0.1 ~ 1.0	Li (≤0.20)	3.7 ~ 4.3	≤0.01	≤0.01	≤0.03	≤0.005
EN-MBMgAl2Mn	3.5220	1.7 ~ 2.5	≤0.20	≥0.35					≤0.05	≤0.004	≤0.008	≤0.001
EN-MBMgAl5Mn	3.5221	4.5 ~ 5.3	≤0.20	≥0.27					≤0.05	≤0.004	≤0.008	≤0.001
EN-MBMgAl6Mn	3.5222	5.6 ~ 6.4	≤0.20	≥0.23					≤0.05	≤0.004	≤0.008	≤0.001
EN-MBMgAl7Mn	3.5223	6.6 ~ 7.4	≤0.20	≥0.20					≤0.05	≤0.004	≤0.008	≤0.001
EN-MBMgAl2Si	3.5225	1.9 ~ 2.5	≤0.20	≥0.20					0.7 ~ 1.2	≤0.004	≤0.008	≤0.01
EN-MBMgAl4Si	3.5226	3.7 ~ 4.8	≤0.20	≥0.20					0.7 ~ 1.2	≤0.004	≤0.008	≤0.01

注：镁的质量分数为 100% 减去表中所列元素质量分数总和之差值。

① 　RE = 稀土。

② 　富铈。

③ 　富钕。

④ 　富钕和重稀土。

⑤ 　这些值适用于单铸试件。

⑥ 　表中值对应于截面积为 20mm^2，最小厚度为 2mm 的圆截面单铸试件。

合金欧洲标准

铸造方法	状态	力学性能 ≥			标准号	我国相近代号（标准号）
		R_m/MPa	$R_{p0.2}$/MPa	A(%)		
S[5]	F	160	90	2	EN 1753:2019(E)	
	T4	240	90	8		
J	F	160	90	2		
Y[6]	F	200~250	140~160	1~7		
S	F	160	90	2	EN 1753:2019(E)	
	T4	240	110	6		
	T6	240	150	2		
J	F	160	110	2		
	T4	240	120	6		
	T6	240	150	2		
Y	F	200~260	140~170	1~6		
S	T6	195	125	2	EN 1753:2019(E)	
J	T6	195	125	2		
S	T5	200	135	2.5	EN 1753:2019(E)	ZM2(GB/T 1177—2018)
J	T5	210	135	3		
S	T5	140	95	2.5	EN 1753:2019(E)	ZM4(GB/T 1177—2018)
J	T5	145	100	3		
S	T6	240	175	2	EN 1753:2019(E)	
J	T6	240	175	3		
S	T6	240	175	2	EN 1753:2019(E)	
J	T6	240	175	2		
S	T6	250	170	2	EN 1753:2019(E)	
J	T6	250	170	2		
S	T6	220	170	2	EN 1753:2019(E)	
J	T6	220	170	2		
Y	F	150~220	80~100	8~18	EN 1753:2019(E)	
Y	F	180~230	110~130	5~15	EN 1753:2019(E)	
Y	F	190~250	120~150	4~14	EN 1753:2019(E)	
Y	F	200~260	130~160	3~10	EN 1753:2019(E)	
Y	F	170~230	110~130	4~14	EN 1753:2019(E)	
Y	F	200~250	120~150	3~12	EN 1753:2019(E)	

表 B-3　铸造镁

合金牌号	化学成分(质量分数,%)										
	Mg	Fe	Al	Mn	Zn	Y	RE	Zr	Si	Cu	Ni
AJ52A	余量	≤0.004[①]	4.5 ~ 5.5	0.24 ~ 0.6[①]	0.22	—	—	Sr:1.7 ~2.3	0.1	≤0.010	0.001
AJ62A	余量	≤0.004[①]	5.5 ~ 6.6	0.24 ~ 0.6[①]	0.22	—	—	Sr:2.0 ~2.8	0.1	≤0.010	0.001
AM100A	余量	—	9.3 ~ 10.7	0.10 ~ 0.35	0.3	—	—	—	0.3	0.1	0.01
AM50A	余量	≤0.004[①]	4.4 ~ 5.4	0.26 ~ 0.6[①]	0.22	—	—	—	0.1	≤0.01	0.002
AM60A	余量	—	5.5 ~ 6.5	0.13 ~ 0.6	0.22	—	—	—	0.5	≤0.35	0.03
AM60B	余量	≤0.005[①]	5.5 ~ 6.5	0.24 ~ 0.6[①]	0.22	—	—	—	0.1	≤0.010	0.002
AS21B	余量	≤0.0035	1.8 ~ 2.5	0.05 ~ 0.15	0.25	—	0.06 ~ 0.25	—	0.7 ~ 1.2	≤0.008	0.001
AS41A	余量	—	3.5 ~ 5.0	0.20 ~ 0.50	0.12	—	—	—	0.50 ~ 1.5	≤0.06	0.03
AS41B	余量	≤0.0035[①]	3.5 ~ 5.0	0.35 ~ 0.7[①]	0.12	—	—	—	0.50 ~ 1.5	≤0.02	0.002
AZ63A	余量	—	5.3 ~ 6.7	0.15 ~ 0.35	2.5 ~ 3.5	—	—	—	0.3	0.25	0.01
AZ81A	余量	—	7.0 ~ 8.1	0.13 ~ 0.35	0.40 ~ 1.0	—	—	—	0.3	0.1	0.01
AZ91A	余量	—	8.3 ~ 9.7	0.13 ~ 0.50	0.35 ~ 1.0	—	—	—	0.5	≤0.10	0.03

合金美国标准

铸造方法	状态	力学性能 ≥			标准号	我国相近代号（标准号）
		R_m/MPa	$R_{p0.2}$/MPa	$A(\%)$		
Y	F	32(221)	20(141)	7	ASTM B 94—2018	—
Y	F	34(232)	20(141)	7	ASTM B 94—2018	—
S	T6	35.0(241)	17.0(117)	⑦		
J	F	20.0(138)	10.0(69)	⑦	ASTM B 80—2001	
	T4	34.0(234)	10.0(69)	6		
	T6	34.0(234)	15.0(103)	2		
	T61	34.0(234)	17.0(117)	⑦		—
R	F	20.0(138)	10.0(69)	⑦	ASTM B 403—2012	
	T4	34.0(234)	10.0(69)	6		
	T6	34.0(234)	15.0(103)	2		
	T7	34.0(234)	17.0(117)	⑦		
Y	F	29(200)	16(110)	10	ASTM B 94—2018	—
Y	F	32(220)	19(130)	8	ASTM B 94—2018	—
Y	F	32(220)	19(130)	8	ASTM B 94—2018	—
	F	34(231)	18(122)	13	ASTM B 94—2018	—
Y	F	31(210)	20(140)	6	ASTM B 94—2018	—
Y	F	31(210)	20(140)	6	ASTM B 94—2018	—
S	F	26.0(179)	11.0(76)	4	ASTM B 80—2015	—
	T4	34.0(234)	11.0(76)	7		
	T5	26.0(179)	12.0(83)	2		
	T6	34.0(234)	16.0(110)	3		
S	T4	34.0(234)	11.0(76)	7	ASTM B 80—2015	—
J	T4	34.0(234)	11.0(76)	7	ASTM B 199—2017	—
R	T4	34.0(234)	10.0(69)	7	ASTM B 403—2012	—
Y	F	34(230)	23(160)	3	ASTM B 94—2018	—

合金牌号	化学成分(质量分数,%)										
	Mg	Fe	Al	Mn	Zn	Y	RE	Zr	Si	Cu	Ni
AZ91B	余量	—	8.3 ~ 9.7	0.13 ~ 0.50	0.35 ~ 1.0	—	—	—	0.5	≤0.35	0.03
AZ91D	余量	≤0.005[①②]	8.3 ~ 9.7	0.15 ~ 0.50[①]	0.35 ~ 1.0	—	—	—	0.1	≤0.030	0.002
AZ91E	余量	0.005[①②]	8.1 ~ 9.3	0.17 ~ 0.35	0.40 ~ 1.0	—	—	—	0.2	0.015	0.001
AZ92A	余量	—	8.3 ~ 9.7	0.10 ~ 0.35	1.6 ~ 2.4	—	—	—	0.3	0.25	0.01
	余量	—	8.3 ~ 9.7	0 ~ 0.35	1.6 ~ 2.4	—	—	—	0.3	0.1	0.01
EQ21A[③]	余量	—	—	—	—	—	1.5 ~ 3.0[④]	0.40 ~ 1.0	1.3 ~ 1.7	0.05 ~ 0.10	0.01
	余量	—	—	—	—	—	1.5 ~ 3.0	0.40 ~ 1.0	—	0.05 ~ 0.10	0.1

（续）

铸造方法	状态	力学性能　≥			标准号	我国相近代号（标准号）
		R_m/MPa	$R_{p0.2}$/MPa	$A(\%)$		
Y	F	34(230)	23(160)	3	ASTM B94—2018	—
	T4	34.0(234)	11.0(76)	7		
	T5	23.0(158)	12.0(83)	2		
	T6	34.0(234)	16.0(110)	3		
J	F	23.0(158)	11.0(76)	⑦		
	T4	34.0(234)	11.0(76)	7		
	T5	23.0(158)	12.0(83)	2		
	T6	34.0(234)	16.0(110)	3		
Y	F	34(230)	23(160)	3	ASTM B94—2018	—
S	T6	34.0(234)	16.0(110)	3	ASTM B80—2015	
J	T6	34.0(234)	16.0(110)	3	ASTM B199—2017	
R	T6	34.0(234)	16.0(110)	3	ASTM B403—2012	
S	F2	3.0(158)	11.0(76)	⑦	ASTM B80—2015	—
	T4	34.0(234)	11.0(76)	6		
	T5	23.0(158)	12.0(83)	⑦		
	T6	34.0(234)	18.0(124)	1		
J	F	23.0(158)	11.0(76)	⑦	ASTM B199—2017	
	T4	34.0(234)	11.0(76)	6		
	T5	23.0(158)	12.0(83)	⑦		
	T6	34.0(234)	18.0(124)	⑦		
R	F	20.0(138)	10.0(69)	—	ASTM B403—2012	—
	T4	34.0(234)	10.0(69)	⑦		
	T5	20.0(138)	11.0(76)	—		
	T6	34.0(234)	18.0(124)	—		
S	T6	34.0(234)	25.0(172)	2	ASTM B80—2015	—
J	T6	34.0(234)	25.0(172)		ASTM B199—2017	
R	T6	34.0(234)	25.0(172)	2	ASTM B403—2012	

合金牌号	化学成分(质量分数,%)										
	Mg	Fe	Al	Mn	Zn	Y	RE	Zr	Si	Cu	Ni
EZ33A	余量	—	—	—	2.0 ~ 3.1	—	2.5 ~ 4.0	0.50 ~ 1.0	—	0.1	0.01
K1A	余量	—	—	—	—	—	—	0.40 ~ 1.0	—	—	—
QE22A⑤	余量	—	—	—	—	—	1.8 ~ 2.5③	0.40 ~ 1.0	—	0.1	0.01
WE43A	余量	0.01	—	0.15	0.2	3.7 ~ 4.3	1.9 ~ 4.4⑥	0.40 ~ 1.0	—	0.03	0.005
WE43B	余量	0.01	—	0.03	0.2	3.7 ~ 4.3	1.9 ~ 4.4⑥	0.40 ~ 1.0	—	0.02	0.005
WE54A	余量	—	—	0.03	0.2	4.75 ~ 5.5	2.0 ~ 4.0⑥	0.40 ~ 1.0	0.01	0.03	0.005
ZC63A	余量	—	—	0.25 ~ 0.75	5.5 ~ 6.5	—	—	—	0.2	2.4 ~ 3.0	0.01
ZE41A	余量	—	—	0.15	3.5 ~ 5.0	—	0.75 ~ 1.75	0.40 ~ 1.0	—	0.1	0.01
ZK51A	余量	—	—	—	3.6 ~ 5.5	—	—	0.50 ~ 1.0	—	0.1	0.01
ZK61A	余量	—	—	—	5.5 ~ 6.5	—	—	0.6 ~ 1.0	—	0.1	0.01
	余量	—	—	—	5.5 ~ 6.5	—	—	0.6 ~ 1.0	—	0.1	0.01

① 在合金 AJ52A、AJ62A、AM50A、AM60B、AS41B 和 AZ91D 中任何锰含量的最小值与铁的最大值不相符时，那么锰与铁

② 若铁的质量分数超过 0.005%，铁与镁的质量比不应超过 0.032。

③ 合金 EQ21A 中银的质量分数应为 1.3% ~ 1.7%。

④ 稀土为钕镨混合物，钕的质量分数不少于 70%，其余主要为镨。

⑤ 合金 QE22A 中银的质量分数为 2.0% ~ 3.0%。

⑥ 合金 WE43A、WE43B、WE54A 中稀土钕的质量分数为 2.0% ~ 2.5%、2.0% ~ 2.5%、1.5% ~ 2.0%，其余稀

⑦ 不作要求。

（续）

铸造方法	状态	力学性能　≥			标　准　号	我国相近代号（标准号）
		R_m/MPa	$R_{p0.2}$/MPa	$A(\%)$		
S	T5	20.0(138)	14.0(96)	2	ASTM B80—2015	ZM4（GB/T 1177—2018）
J	T5	20.0(138)	14.0(96)	2	ASTM B199—2017	
S	F	24.0(165)	6.0(41)	14	ASTM B80—2015	—
R	F	22.0(152)	7.0(48)	14	ASTM B403—2012	
S	T6	35.0(241)	25.0(172)	2	ASTM B80—2015	—
J	T6	35.0(241)	25.0(172)	2	ASTM B199—2017	
R	T6	35.0(241)	25.0(172)	2	ASTM B403—2012	
S	T6	32.0(221)	25.0(172)	2	ASTM B80—2015	—
S	T6	32.0(221)	25.0(172)	2	ASTM B80—2015	
S	T6	37.0(255)	26.0(179)	2	ASTM B80—2015	—
S	T6	28.0(193)	18.0(125)	2	ASTM B80—2015	—
S	T5	29.0(200)	19.5(133)	2.5	ASTM B802015	ZM2（GB/T 1177—2018）
R	T5	29.0(200)	19.5(133)	2.5	ASTM B403—2012	
S	T5	34.0(234)	20.0(138)	5	ASTM B80—2015	—
S	T6	40.0(276)	26.0(179)	5	ASTM B80—2015	—
R	T6	40.0(276)	25.0(172)	5	ASTM B403—2012	—

的质量比不应超过 0.015、0.021、0.015、0.021、0.010 和 0.032。

土主要为重稀土。

合金牌号	化学成分(质量分数,%)												
	Mg	Al	Zn	Zr	Mn	RE[①]	Y	Ag	Si	Cu	Ni	Fe	其他(单个)
MC2C	余量	8.1 ~ 9.3	0.40 ~ 1.0	—	0.13 ~ 0.35	—	—	—	≤0.30	≤0.10	≤0.01	≤0.03	≤0.05
MC2E	余量	8.1 ~ 9.3	0.40 ~ 1.0	—	0.17 ~ 0.35	—	—	—	≤0.20	≤0.15	≤0.0010	≤0.005[②]	
MC5	余量	9.3 ~ 10.7	≤0.30	—	0.10 ~ 0.35	—	—	—	≤0.30	≤0.10	≤0.01	—	—
MC6	余量	—	3.6 ~ 5.5	0.50 ~ 1.0	—	—	—	—	—	≤0.10	≤0.01	—	
MC7	余量	—	5.5 ~ 6.5	0.60 ~ 1.0	—	—	—	—	—	≤0.10	≤0.01	—	
MC8	余量	—	2.0 ~ 3.1	0.50 ~ 1.0	≤0.15	2.5 ~ 4.0	—	—	≤0.01	≤0.10	≤0.01	≤0.01	≤0.01
MC9	余量	≤0.20	0.4 ~ 1.0		1.8 ~ 2.5		2.0 ~ 3.0	≤0.01	≤0.10	≤0.01	≤0.01	
MC10	余量	—	3.5 ~ 5.0	0.40 ~ 1.0	≤0.15	0.75 ~ 1.75	—	—	≤0.01	≤0.10	≤0.01	≤0.01	
MC11	余量	—	5.5 ~ 6.5	—	0.25 ~ 0.75	—	—	—	≤0.20	2.4 ~ 3.0	≤0.01	≤0.05	
MC12	余量	—	≤0.20	0.40 ~ 1.0	≤0.15	2.4 ~ 4.4	3.7 ~ 4.3	—	≤0.01	≤0.03	≤0.005	≤0.01	
MC13	余量	—	≤0.20	0.40 ~ 1.0	≤0.03	1.5 ~ 4.0	4.75 ~ 5.5	—	≤0.01	≤0.03	≤0.005	≤0.01	
MC14	余量	—	≤0.20	0.40 ~ 1.0	≤0.15	1.5 ~ 3.0	—	1.3 ~ 1.7	≤0.01	0.05 ~ 0.10	≤0.01	≤0.01	

① RE 指稀有稀土元素。

② 如果铁与锰的质量比小于 0.032,那么在供需双方共同商定下铁的质量分数可以超过 0.005%。

合金日本标准

铸造方法	状态	力学性能 ≥			标 准 号	我国相近代号（标准号）
		R_m/MPa	$R_{p0.2}$/MPa	$A(\%)$		
S、J	F	≥160	≥70	—	JISH5203:2006	
	T4	≥240	≥70	≥6		
	T5	≥160	≥80	≥2		
	T6	≥240	≥110	≥2		
S、J	F	≥160	≥70	—	JISH5203:2006	—
	T4	≥240	≥70	≥6		
	T5	≥160	≥80	≥2		
	T6	≥240	≥110	≥2		
S、J	F	≥140	≥70	—	JISH5203:2006	—
	T4	≥240	≥70	≥6		
	T5	≥160	≥80	—		
	T6	≥240	≥110	≥2		
S、J	T5	≥235	≥140	≥4	JISH5203:2006	ZM1（GB/T 117—2018）
S、J	T5	≥270	≥180	≥5	JISH5203:2006	—
	T6	≥275	≥180	≥4		
S、J	T5	≥140	≥95	≥2	JISH5203:2006	—
S、J	T6	≥240	≥175	≥2	JISH5203:2006	—
S、J	T5	≥200	≥135	≥2	JISH5203:2006	—
S、J	T6	≥195	≥125	≥2	JISH5203:2006	—
S、J	T5(T6)	≥220	≥170	≥2	JISH5203:2006	—
S、J	T6	≥250	≥170	≥2	JIS H5203:2006	—
S、J	T6	≥240	≥175	≥2		

附录 C　铸造铜

铸造铜合金国际标准见表 C-1，铸造铜合金美国标准见表 C-2，铸造铜合金俄罗斯标准见表 C-3，铸造铜

表 C-1　铸造铜

合金牌号	化学成分（质量分数,%）										
	Cu	Sn	Pb	Zn	Fe	Al	Mn	Si	Ni	Sb	P
CuZn33Pb2	63.0 ~ 67.0	1.5	1.0 ~ 3.0	余量	0.8	0.1	0.2	0.05	1.0	—	0.05
CuZn40Pb	58.0 ~ 63.0	1.0	0.5 ~ 2.5	余量	0.8	0.2 ~ 0.8	0.5	0.05	1.0	—	—
CuZn35AlFeMn	57.0 ~ 65.0	1.0	0.5	余量	0.5 ~ 2.0	0.5 ~ 2.5	0.1 ~ 3.0	0.10	3.0	—	—
CuZn26Al4Fe3Mn3	60.0 ~ 66.0	0.20	0.20	余量	1.5 ~ 4.0	2.5 ~ 5.0	1.5 ~ 4.0	0.10	3.0	—	—
CuZn25Al6Fe3Mn3	60.0 ~ 66.0	0.20	0.20	余量	2.0 ~ 4.0	4.5 ~ 7.0	1.5 ~ 4.0	0.10	3.0	—	—
CuAl10Fe3	83.0 ~ 89.5	0.30	0.20[①]	0.40	2.0[②] ~ 5.0	8.5 ~ 11.0	1.0	0.20	3.0	—	—
CuAl10Fe5Ni5	>76.0	0.20	0.10[①]	0.50	3.5 ~ 5.5	8.0 ~ 11.0	0.30	0.10	3.5 ~ 6.5	—	—
CuSn10P	87 ~ 89.5	10.0 ~ 11.5	0.25	0.05	0.10	0.01	0.05	0.02	0.10	0.05	0.5 ~ 1.0
CuPb10Sn10	78.0 ~ 82.0	9.0 ~ 11.0	8.0 ~ 11.0	2.0	0.25	0.01	0.2	0.01	2.0	0.5	0.05[⑤]
CuPb15Sn8	75.0 ~ 79.0	7.0 ~ 9.0	13.0 ~ 17.0	2.0	0.25	0.01	0.2	0.01	2.0	0.5	0.10[⑤]
CuPb20Sn5	70.0 ~ 78.0	4.0 ~ 6.0	18.0 ~ 23.0	2.0	0.25	0.01	0.2	0.01	2.5	0.75	0.10
CuSb10Zn2	86.0 ~ 89.0	9.0 ~ 11.0	1.5	1.0 ~ 3.0	0.25	0.01	0.2	0.01	2.0	0.3	0.05[⑤]

合金国外标准

合金日本标准见表 C-4。为便于对比，国外的铸造方法和状态（除我国无此状态外）均转化成相应的我国代号。

合金国际标准

S	其他	铸造方法	力学性能 ≥			标　准　号	我国相近牌号（标准号）
			R_m /MPa	$R_{p0.2}$ /MPa	A （%）		
—	—	S	180	70	12	ISO 1338：1977	ZCuZn33Pb2（GB/T 1176—2013）
—	—	S	220	—	15	ISO 1338：1977	ZCuZn40Pb2（GB/T 1176—2013）
		J	280	120	15		
		Y	280	120	15		YZCuZn40Pb2（GB/T 15116—1994）
—	Sb + P + As：0.40	S	450	170	20	ISO 1338：1977	ZCuZn35Al2Mn2Fe1（GB/T 1176—2013）
		J	475	200	18		
		La, Li	475	200	18		
		Y	475	200	18		—
—	—	S	600	300	18	ISO 1338：1977	ZCuZn26Al4Fe3Mn3（GB/T 1176—2013）
		La, Li	600	300	18		
—	—	S	725	400	10	ISO 1338：1977	ZCuZn25Al6Fe3Mn3（GB/T 1176—2013）
		La, Li	740	400	10		
—	—	S	500	180	13	ISO 1338：1977	ZCuAl10Fe3（GB/T 1176—2013）
		J	550	200	15		
		La, Li	550	200	15		
—	Cu + Fe + Ni + Al + Mn >99.2	S	600	250	10	ISO 1338：1977	ZCuAl9Fe4Ni4Mn2（GB/T 1176—2013）
		La, Li	680	280	12		
0.05	—	S	220	130	3	ISO 1338：1977	ZCuSn10P1[4]（GB/T 1176—2013）
		J	310	170	2		
		La	330	170[3]	6		
		Li	330	170	4		
0.10	—	S	180	80	7	ISO 1338：1977	ZCuPb10Sn10（GB/T 1176—2013）
		J	220	140	3		
		La, Li	220	110[3]	6		
0.10	—	S	170	80	5	ISO 1338：1977	ZCuPb15Sn8（GB/T 1176—2013）
		La, Li	220	100[3]	8		
0.10	—	S	150	60	5	ISO 1338：1977	ZCuPb20Sn5（GB/T 1176—2013）
		La	180	80[3]	7		
0.10	—	S	240	120	12	ISO 1338：1977	ZCuSn10Zn2（GB/T 1176—2013）
		La, Li	270	140[3]	7		

合金牌号	化学成分（质量分数，%）										
	Cu	Sn	Pb	Zn	Fe	Al	Mn	Si	Ni	Sb	P
CuPb5Sn5Zn5	84.0 ~ 86.0	4.0 ~ 6.0	4.0 ~ 6.0	4.0 ~ 6.0	0.30	0.01	—	0.01	2.5	0.25	0.05
CuAl9	88.0 ~ 92.0	0.30	0.30	0.50	1.2	8.0 ~ 10.5	0.50	0.20	1.0	—	—
CuSn12	85.0 ~ 88.5	10.5 ~ 13.0	1.0	2.0	0.25[6]	0.01	0.2	0.01	2.0	0.2	0.05 ~ 0.40[5]
CuSn12Ni2	84.5 ~ 87.5	11.0 ~ 13.0	0.3	0.4	0.20[6]	0.01	0.2	0.1	1.5 ~ 2.5	0.1	0.05 ~ 0.40
CuSn12Pb2	84.5 ~ 87.5	11.0 ~ 13.0	1.0 ~ 2.5	2.0	0.20[6]	0.01	0.2	0.01	2.0	0.2	0.05 ~ 0.40[5]
CuSn11P	86.0 ~ 89.0	10.0 ~ 12.0	0.5	0.5	0.10[6]	0.01	—	0.02	0.2	—	0.15 ~ 1.5
CuPb9Sn5	80.0 ~ 87.0	4.0 ~ 6.0	8.0 ~ 10.0	2.0	0.25	0.01	0.2	0.01	2.0	0.5	0.10[5]
CuSn8Pb2	82.0 ~ 91.0	6.0 ~ 9.0	0.5 ~ 4.0	3.0	0.2	0.01	—	0.01	2.5	0.25	0.05[5]
CuSn7Pb7Zn3	81.0 ~ 85.0	6.0 ~ 8.0	5.0 ~ 8.0	2.0 ~ 5.0	0.20	0.01	—	0.01	2.0	0.35	0.10[5]

注：表中化学成分有上下限数值的为主要组元，单值的为杂质元素限量的上限值。
① 对焊接件，铅的质量分数不应超过0.02%。
② 对金属型铸造，其铁的最低质量分数按协议可降低至1.0%。
③ 除需方要求外，该值仅供参考。
④ 有的标准将该合金牌号写成ZCuSn10Pb1是错误的。
⑤ 磷的质量分数对La（连续铸造）和Li（离心铸造）按协议可达1.5%的最大值。
⑥ 在特殊情况下（对磁性敏感），铁的质量分数最大值为0.05%。
⑦ 低的断后伸长率值适用于磷的质量分数大于0.10%。

（续）

S	其他	铸造方法	力学性能 ≥			标　准　号	我国相近牌号（标准号）
			R_m /MPa	$R_{p0.2}$ /MPa	A （%）		
0.10	—	S, J	200	90	13	ISO 1338：1977	ZCuSn5Pb5Zn5 （GB/T 1176—2013）
		La, Li	250	100[③]	13		
—	—	J	450	—	15	ISO 1338：1977	—
0.05	—	S	240	130	7 或 5[⑦]	ISO 1338：1977	—
		J	270	150	5 或 3[⑦]		
		La, Li	270	150[③]	6 或 3[⑦]		
0.05	—	S	280	160	12	ISO 1338：1977	—
		Li	300	180[③]	8		
		La	300	180	6		
0.05	—	S	240	130	7 或 5[⑦]	ISO 1338：1977	—
		Li	280	150[③]	5		
		La	280	150[③]	7		
—	—	S	220	—	3	ISO 1338：1977	—
		J	270	—	2		
		La	320	—	6		
		Li	300	—	4		
0.10	—	S	160	60	7	ISO 1338：1977	—
		J	200	80	5		
		Li	220	80[③]	6		
		La	230	130[③]	9		
0.10	—	S	250	130	16	ISO 1338：1977	ZCuPb9Sn5 （GB/T 1176—2013）
		J	220	130	2		
		Li	230	130[③]	4		
		La	270	130[③]	5		
0.10	—	S, J	210	100	12	ISO 1338：1977	—
		Li, La	260	120[③]	12		

表 C-2　铸造铜

合金代号	化学成分（质量分数,%）											
	Cu	Sn	Pb	Zn	Fe	Al	Mn	Si	Ni	Sb	P	S
C83450	87.0 ~ 89.0	2.0 ~ 3.5	1.5 ~ 3.0	5.5 ~ 7.5	0.30	0.005	—	0.005	0.75 ~ 2.0	0.25	0.05	0.08
C83470	90.0 ~ 96.0	3.0 ~ 5.0	0.09	1.0 ~ 3.0	0.5	0.01	—	0.01	1	0.2	1	0.2 ~ 0.6
C83600	84.0 ~ 86.0	4.0 ~ 6.0	4.0 ~ 6.0	4.0 ~ 6.0	0.30	0.005	—	0.005	1.0	0.25	0.05 / 1.5	0.08
C83800	82.0 ~ 83.8	3.3 ~ 4.2	5.0 ~ 7.0	5.0 ~ 8.0	0.30	0.005	—	0.005	1.0	0.25	0.03 / 1.5	0.08
C84200	78.0 ~ 82.0	4.0 ~ 6.0	2.0 ~ 3.0	10.0 ~ 16.0	0.40	0.005	—	0.005	0.8	0.25	1.5	0.08
C84400	78.0 ~ 82.0	2.3 ~ 3.5	6.0 ~ 8.0	7.0 ~ 10.0	0.40	0.005	—	0.005	1.0	0.25	0.02 / 1.5	0.08
C84800	75.0 ~ 77.0	2.0 ~ 3.0	5.5 ~ 7.0	13.0 ~ 17.0	0.40	0.005	—	0.005	1.0	0.25	0.02 / 1.5	0.08
C85200	70.0 ~ 74.0	0.7 ~ 2.0	1.5 ~ 3.8	20.0 ~ 27.0	0.60	0.005	—	0.05	1.0	0.20	0.02	0.05
C85400	65.0 ~ 70.0	0.5 ~ 1.5	1.5 ~ 3.8	24.0 ~ 32.0	0.70	0.35	—	0.05	1.0	—	—	—
C85470	60.0 ~ 65.0	1.0 ~ 4.0	0.09	余量	0.2	0.1 - 1.0	—	—	—	—	0.02 ~ 0.25	—
C85700	58.0 ~ 64.0	0.50 ~ 1.5	0.8 ~ 1.5	32.0 ~ 40.0	0.70	0.80	—	0.05	1.0	—	—	—
C85800	≥57	1.5	1.5	31.0 ~ 41.0	0.50	0.55	0.25	0.25	0.50	0.05	0.01	0.05
C86200	60.0 ~ 66.0	0.20	0.20	22.0 ~ 28.0	2.0 ~ 4.0	3.0 ~ 4.9	2.5 ~ 5.0	—	1.0	—	—	—
C86300	60.0 ~ 66.0	0.20	0.20	22.0 ~ 28.0	2.0 ~ 4.0	5.0 ~ 7.5	2.5 ~ 5.0	—	1.0	—	—	—

合金美国标准

其他	铸造方法	R_m /MPa	$R_{p0.2}$ /MPa	A (%)	硬度 HBW	标准号	我国相近牌号（标准号）
		力学性能 ≥					
—	S	207	97	25	—	ASTM B584—2014	—
—	La	248	103	15	—	ASTM B505—2018	—
	S	207	97	20	—	ASTM B584—2014	ZCuSn5Pb5Zn5 （GB/T 1176—2013）
	La	248	131	15		ASTM B505—2018	
—	S	207	90	20	—	ASTM B584—2014	ZCuSn3Zn8Pb6Ni1 （GB/T 1176—2013）
	La	207	97	16		ASTM B505—2018	
—	La	221	110	13	—	ASTM B505—2018	—
—	S	200	90	18	—	ASTM B584—2014	
	La	207	103	16		ASTM B505—2018	
—	S	193	86	16	—	ASTM B584—2014	
	La	207	103	16		ASTM B505—2018	
—	S	241	83	25	—	ASTM B584—2014	—
—	S	207	76	20	—	ASTM B584—2014	ZCuZn33Pb2 （GB/T 1176—2013）
—	La	345	150	15	—	ASTM B505—2018	
	J	345	150	15	—	ASTM B806—2014	
As: 0.05	S	276	97	15	—	ASTM B584—2014	ZCuZn40Pb2 （GB/T 1176—2013）
	Y[①]	—	—	—		ASTM B176—2018	
	La	276	97	15		ASTM B505—2018	
—	Y[①]	379	207	15	55 ~ 60	ASTM B176—2018	
	S	621	310	18	—	ASTM B584—2014	ZCuZn26Al4Fe3Mn3 （GB/T 1176—1987）
	La	621	310	18		ASTM B505—2018	
—	S	758	414	12	—	ASTM B584—2014	ZCuZn26Al6Fe3Mn3 （GB/T 1176—1987）
	La	758	427	14		ASTM B505—2018	
	S	760	415	12	223 R_{mc}: 380	ASTM B22—2017	

合金代号	化学成分（质量分数,%）											
	Cu	Sn	Pb	Zn	Fe	Al	Mn	Si	Ni	Sb	P	S
C86400	56.0~62.0	0.50~1.5	0.5~1.5	34.0~42.0	0.40~2.0	0.50~1.5	0.10~1.0	—	1.0	—	—	—
C86500	55.0~60.0	1.0	0.40	36.0~42.0	0.4~2.0	0.50~1.5	0.10~1.5	—	1.0	—	—	—
C86700	55.0~60.0	1.5	0.50~1.5	30.0~38.0	1.0~3.0	1.0~3.0	1.0~3.5	—	1.0	—	—	—
C87300	≥94.0	—	0.09	—	0.25	—	0.8~1.5	3.5~4.5	—	—	—	—
C87400	≥79.0	—	1.0	12.0~16.0	—	0.80	—	2.5~4.0	—	—	—	—
C87500	≥79.0	—	0.09	12.0~16.0	—	0.50	—	3.0~5.0	—	—	—	—
C87600	≥88.0	—	0.09	4.0~7.0	0.20	—	0.25	3.5~5.5	—	—	—	—
C87610	≥90.0	—	0.09	3.0~5.0	0.20	—	0.25	3.0~5.0	—	—	—	—
C87700	87.5min	2	0.09	7.0~9.0	0.5	0.25	0.8	2.5~3.5	0.25	0.1	0.15	—
C87710	84min	2	0.09	9.0~11.0	0.5	0.25	0.8	3.0~5.0	0.25	0.1	0.15	—
C87800	≥80.0	0.25	0.09	12.0~16.0	0.15	0.15	0.15	3.8~4.2	0.20	0.05	0.01	0.05
C87850	75.0~78.0	0.3	0.09	余量	0.1	0.2	0.1	2.7~3.4	0.2	0.1	0.05~0.20	—
C87850	74.0~78.0	—	0.1	余量	0.1	—	0.1	2.7~3.4	0.2	0.1	—	—
C89320	87.0~91.0	5.0~7.0	0.09	1.0	0.20	0.005	—	0.005	1.0	0.35	0.30	0.08
C89510	86.0~88.0	4.0~6.0	0.25	4.0~6.0	0.3	0.005	—	0.005	—	0.25	0.05	0.8
C89520	85.0~87.0	5.0~6.0	0.09	4.0~6.0	0.20	0.005	—	0.005	1.0	0.25	0.05	0.08
C89540	58.0~64.0	1.2	0.1	32.0~38.0	0.5	0.1~0.6	—	—	1	—	—	—
C89720	83.0min	0.6~1.5	0.09	26.0~32.0	0.1	0.1	0.1	0.4~1.0	0.1	0.02~0.2	0.02	—
C89833	87.0~91.0	4.0~6.0	0.1	2.0~4.0	0.3	0.005	—	0.005	—	0.25	0.05	0.8
C89836	87.0~91.0	2.0~4.0	0.25	2.0~4.0	0.35	0.005	—	0.005	0.9	0.25	0.06	0.08
C89844	83.0~86.0	3.0~5.0	0.20	7.0~10.0	0.30	0.005	—	0.005	1.0	0.25	0.05	0.08
C90300	86.0~89.0	7.5~9.0	0.30	3.0~5.0	0.20	0.005	—	0.005	1.0	0.20	0.05 / 1.5	0.05

（续）

其他	铸造方法	力学性能 ≥				标　准　号	我国相近牌号（标准号）
		$R_{\rm m}$ /MPa	$R_{\rm p0.2}$ /MPa	A (%)	硬度 HBW		
—	S	414	138	15	—	ASTM B584—2014	—
	S	448	172	20		ASTM B584—2014	ZCuZn40Mn2
—	La	483	172	25	—	ASTM B505—2018	（GB/T 1176—2013）
	Y[①]	—	—	—		ASTM B176—2018	
	S	552	221	15		ASTM B584—2014	ZCuZn35Al2Mn2Fe1 （GB/T 1176—2013）
—	S	310	124	20		ASTM B584—2014	—
	S	345	145	18	—	ASTM B584—2014	ZCuZn16Si4 （GB/T 1176—2013）
	S	414	165	16		ASTM B584—2014	
	J	550	205	15		ASTM B806—2014	
	S	414	207	16		ASTM B584—2014	
	S	310	124	20		ASTM B584—2014	
As 0.05 Mg 0.01	J	550	205	15		ASTM B806—2014	ZCuZn16Si4 （GB/T 1176—2013）
	Y[①]	586	345	25	85~90	ASTM B176—218	YZCuZn16Si4 （GB/T 15116—1994）
—	La	172	117	18		ASTM B505—2018	—
—	La	441	152	20		ASTM B505—2018	—
	La	448	172	8	—	ASTM B505—2018	—
—	J	440	220	16	—	ASTM B806—2014	—
	S	407	152	16	—	ASTM B584—2014	
Bi：4.0~6.0	La	241	124	15		ASTM B505—2018	—
—	S	407	152	16	—	ASTM B584—2014	—
Bi：1.6~2.2 Se：0.8~1.1	S	176	120	6	—	ASTM B584—2014	
Bi：0.5~1.0 Se：0.35~0.70	S	184	120	8	—	ASTM B584—2014	
—	J	240	140	5	—	ASTM B806—2014	
Bi：0.5~2.0 B：0.0005~0.01	La	250	110	18	—	ASTM B505—2018	
Bi：1.7~2.7	S	207	97	16	—	ASTM B584—2014	
Bi：1.5~2.5	S	229	97	20	—	ASTM B584—2014	
Bi：2.0~4.0	S	193	90	15	—	ASTM B584—2014	
	S	276	124	20		ASTM B584—2014	
	La	303	152	18		ASTM B505—2018	

合金代号	化学成分（质量分数，%）											
	Cu	Sn	Pb	Zn	Fe	Al	Mn	Si	Ni	Sb	P	S
C90500	86.0~89.0	9.0~11.0	0.30	1.0~3.0	0.20	0.005	—	0.005	1.0	0.20	0.05 1.5 0.05	0.05
C90700	88.0~90.0	10.0~12.0	0.50	0.50	0.15	0.005	—	0.005	0.50	0.20	1.5	0.05
C91000	84.0~86.0	14.0~16.0	0.20	1.5	0.10	0.005	—	0.005	0.8	0.20	1.5	0.05
C91100	82.0~85.0	15.0~17.0	0.25	0.25	0.25	0.005	—	0.005	0.50	0.20	1.0	0.05
C91300	79.0~82.0	18.0~20.0	0.25	0.25	0.25	0.005	—	0.005	0.5	0.20	1.5 1.0	0.05
C92200	86.0~90.0	5.5~6.5	1.0~2.0	3.0~5.0	0.25	0.005	—	0.005	1.0	0.25	0.05 1.5	0.05
C92210	86.0~89.0	4.5~5.5	1.7~2.5	3.0~4.5	0.25	0.005	—	0.005	0.7~1.0	0.20	0.03	0.05
C92300	85.0~89.0	7.5~9.0	0.30~1.0	2.5~5.0	0.25	0.005	—	0.005	1.0	0.25	0.05 1.5	0.05
C92500	85.0~88.0	10.0~12.0	1.0~1.5	0.50	0.30	0.005	—	0.005	0.8~1.5	0.25	1.5	0.05
C92600	86.0~88.5	9.3~10.5	0.8~1.5	1.3~2.5	0.20	0.005	—	0.005	0.7	0.25	0.03	0.05
C92700	86.0~89.0	9.0~11.0	1.0~2.5	0.7	0.20	0.005	—	0.005	1.0	0.25	1.5	0.05
C92800	78.0~82.0	15.0~17.0	4.0~6.0	0.8	0.20	0.005	—	0.005	0.8	0.25	1.5	0.05
C92900	82.0~86.0	9.0~11.0	2.0~3.2	0.25	0.20	0.005	—	0.005	2.8~4.0	0.25	1.5	0.05
C93200	81.0~85.0	6.3~7.5	6.0~8.0	2.0~4.0	0.20	0.005	—	0.005	1.0	0.35	0.15 1.5	0.08

（续）

其他	铸造方法	力学性能 ≥			硬度 HBW	标 准 号	我国相近牌号（标准号）
		R_m /MPa	$R_{p0.2}$ /MPa	A (%)			
	S	276	124	20		ASTM B584—2014	ZCuSn10Zn2（GB/T 1176—2013）
—	La	303	172	10	—	ASTM B505—2018	
	S	275	125	20		ASTM B22—2017	
—	La	276	172	10		ASTM B505—2018	ZCuSn10P1（GB/T 1176—2013）
—	La	207	—	—	160	ASTM B505—2018	—
—	S	R_{mc}[②]: 125	—	—	—	ASTM B22—2017	
—	La	—	—	—	—	ASTM B505—2018	—
	S	R_{mc}[②]:165	—	—	—	ASTM B22—2017	
—	S	234	110	22	—	ASTM B584—2014	
	La	262	131	18		ASTM B505—2018	
—	S	225	103	20	—	ASTM B584—2014	—
—	S	248	110	18	—	ASTM B584—2014	
	La	276	131	16		ASTM B505—2018	
—	La	276	165	10	—	ASTM B505—2018	—
—	S	276	124	20	—	ASTM 584—2014	—
—	La	252	138	8	—	ASTM B505—2018	—
—	La	—	—	—	72~82	ASTM B505—2018	—
—	La	310	172	8	—	ASTM B505—2018	—
—	S	207	97	15		ASTM B584—2014	—
	La	241	138	10	—	ASTM B505—2018	

合金代号	化学成分（质量分数,%）											
	Cu	Sn	Pb	Zn	Fe	Al	Mn	Si	Ni	Sb	P	S
C93400	82.0 ~ 85.0	7.0 ~ 9.0	7.0 ~ 9.0	0.8	0.20	0.005	—	0.005	1.0	0.50	1.5	0.08
C93500	83.0 ~ 86.0	4.3 ~ 6.0	8.0 ~ 10.0	2.0	0.20	0.005	—	0.005	1.0	0.30	0.05 1.5	0.08
C93600	79.0 ~ 83.0	6.0 ~ 8.0	11.0 ~ 13.0	1.0	0.20	0.005	—	0.005	1.0	0.55	1.5	0.08
C93700	78.0 ~ 82.0	9.0 ~ 11.0	8.0 ~ 11.0	0.8	0.15 0.7 0.7	0.005	—	0.005	0.50	0.50	0.10 0.10 1.5	0.08
C93800	75.0 ~ 79.0	6.3 ~ 7.5	13.0 ~ 16.0	0.8	0.15	0.005	—	0.005	1.0	0.80	0.05 1.5	0.08
C93900	76.5 ~ 79.5	5.0 ~ 7.0	14.0 ~ 18.0	1.5	0.40	0.005	—	0.005	0.8	0.50	1.5	0.25
C94000	69.0 ~ 72.0	12.0 ~ 14.0	14.0 ~ 16.0	0.50	0.25	0.005	—	0.005	0.5 ~ 1.0	0.50	1.5	0.25
C94100	72.0 ~ 79.0	4.5 ~ 6.5	18.0 ~ 22.0	1.0	0.25	0.005	—	0.005	1.0	0.8	1.5	0.08
C94300	67.0 ~ 72.0	4.5 ~ 6.0	23.0 ~ 27.0	0.8	0.15	0.005	—	0.005	1.0	0.80	0.05 1.5	0.08 0.25
C94700	85.0 ~ 90.0	4.5 ~ 6.0	0.09	1.0 ~ 2.5	0.25	0.005	0.20	0.005	4.5 ~ 6.0	0.15	0.05	0.05
C94800	84.0 ~ 89.0	4.5 ~ 6.0	0.30 ~ 1.0	1.0 ~ 2.5	0.25	0.005	0.20	0.005	4.5 ~ 6.0	0.15	0.05	0.05

（续）

其他	铸造方法	力学性能 ≥			硬度 HBW	标 准 号	我国相近牌号（标准号）
		R_m /MPa	$R_{p0.2}$ /MPa	A (%)			
—	La	234	138	8	—	ASTM B505—2018	—
—	S	193	83	15	—	ASTM B584—2014	
	La	207	110	12		ASTM B505—2018	
—	La	227	138	10	—	ASTM B505—2018	—
—	S	205	85	15	—	ASTM B584—2014	ZCuPb10Sn10 （GB/T 1176—2013）
	S	207	83	15		ASTM B22—2017	
	La	241	138	6		ASTM B505—2018	
—	S	179	97	12	—	ASTM B584—2014	ZCuPb15Sn8 （GB/T 1176—2013）
	La	172	110	5		ASTM B505—2018	
—	La	172	110	5	—	ASTM B505—2018	—
—	La	—	—	—	80	ASTM B505—2018	—
—	La	172	117	7	—	ASTM B505—2018	ZCuPb20Sn5 （GB/T 1176—2013）
—	S	165	—	10	—	ASTM B584—2014	—
	La	145	103	7		ASTM B505—2018	
—	S	310	138	25	—	ASTM B584—2014	—
	La HT[③]	517	345	5		ASTM B505—2018	
—	S	276	138	20	—	ASTM B584—2014	—
	La	276	138	20		ASTM B505—2018	

合金代号	化学成分（质量分数,%）											
	Cu	Sn	Pb	Zn	Fe	Al	Mn	Si	Ni	Sb	P	S
C94900	79.0 ~ 81.0	4.0 ~ 6.0	4.0 ~ 6.0	4.0 ~ 6.0	0.30	0.005	0.10	0.005	4.0 ~ 6.0	0.25	0.05	0.08
C95200	≥86.0	—	—	—	2.5 ~ 4.0	8.5 ~ 9.5	—	—	—	—	—	—
C95300	≥86.0	—	—	—	0.8 ~ 1.5 / 0.8 ~ 1.5 / 0.75 ~ 1.5	9.0 ~ 11.0	—	—	—	—	—	—
C95400	≥83.0	—	—	—	3.0 ~ 5.0	10.0 ~ 11.5	0.50 / 0.50 / 0.25	—	1.5	—	—	—
C95410	≥83.0	—	—	—	3.0 ~ 5.0	10.0 ~ 11.5	0.50 / 0.50 / 0.25	—	1.5 ~ 2.5	—	—	—
C95500	≥78.0	—	—	—	3.0 ~ 5.0	10.0 ~ 11.5	3.5 / 3.5 / 1.0	—	3.0 ~ 5.5	—	—	—
C95520	≥74.5	0.25	0.03	0.30	4.0 ~ 5.5	10.5 ~ 11.5	1.5	0.15	4.2 ~ 6.0	—	—	—
C95600	≥88.0	—	—	—	—	6.0 ~ 8.0	—	1.8 ~ 3.2	0.25	—	—	—
C95700	≥71.0	—	—	—	2.0 ~ 4.0	7.0 ~ 8.0	11.0 ~ 14.0	0.1	1.5 ~ 3.0	—	—	—

（续）

其他	铸造方法	力学性能　≥				标　准　号	我国相近牌号（标准号）
		R_m /MPa	$R_{p0.2}$ /MPa	A (%)	硬度 HBW		
—	S	262	103	15	—	ASTM B584—2014	ZCuSn5Pb5Zn5 （GB/T 1176—2013）
—	S	450	170	20	110[④]	ASTM B763—2015	ZCuAl10Fe3 （GB/T 1176—2013）
	La	469	179	20	—	ASTM B505—2018	
—	S	450	170	20	110[④]	ASTM B763—2015	—
	HT[③]	550	275	12	160[④]		
	La	483	179	25	—	ASTM B505—2018	
	HT[③]	552	276	12			
	J	550	205	20		ASTM B806—2014	
—	S	515	205	12	150[④]	ASTM B763—2015	—
	HT[③]	620	310	6	190[④]		
	La	586	221	12	—	ASTM B505—2018	
	HT[③]	655	310	10			
	J	690	275	10		ASTM B806—2014	
—	S	515	205	12	150[④]	ASTM B763—2015	—
	HT[③]	620	310	6	190[④]		
	La	586	221	12	—	ASTM B505—2018	
	HT[③]	655	310	10			
	J	690	275	10		ASTM B806—2014	
—	S	620	275	6	190[④]	ASTM B763—2015	—
	HT[③]	760	415	5	200[④]		
	La	655	290	10	—	ASTM B505—2018	
	HT[③]	758	427	8			
	J	760	415	5		ASTM B806—2014	
Cr: 0.05 Co: 0.20	La HT[③]	862	655	2	262	ASTM B505—2018	—
—	S	415	195	10	—	ASTM B763—2015	—
—	La	620	275	15		ASTM B505—2018	ZCuAl8Mn13Fe3Ni2 （GB/T 1176—2013）

合金代号	化学成分（质量分数,%）											
	Cu	Sn	Pb	Zn	Fe	Al	Mn	Si	Ni	Sb	P	S
C95800	≥79.0	—	0.03	—	3.5~4.5⑤	8.5~9.5	0.80~1.5	0.10	4.0~5.0⑤	—	—	—
C95900	余量	—	—	—	3.0~5.0	12.0~13.5	1.5	—	0.50	—	—	—
C96400	65.0~69.0	—	0.01	—	0.25~1.50	—	1.5	0.50	28.0~32.0	—	0.02	0.02
C96800	余量	7.5~8.5	0.005	1.0	0.50	0.10	0.05~0.30	0.05	9.5~10.5	0.02	0.005	0.0025
C96900	余量	7.5~8.5	0.02	0.50	—	—	0.05~0.30	0.30	14.5~15.5	—	—	—
C97300	53.0~58.0	1.5~3.0	8.0~11.0	17.0~25.0	1.5	0.005	0.50	0.15	11.0~14.0	0.35	0.05	0.08
C97600	63.0~67.0	3.5~4.5	3.0~5.0	3.0~9.0	1.5	0.005	1.0	0.15	19.0~21.5	0.25	0.05	0.08
C97800	64.00~67.0	4.0~5.5	1.0~2.5	1.0~4.0	1.5	0.005	1.0	0.15	24.0~27.0	0.20	0.05	0.08
C99500	余量	—	0.09	0.5~2.0	3.0~5.0	0.50~2.0	0.50	0.5~2.0	3.5~5.5	—	—	—
C99700	≥54.0	1.0	2.0	19.0~25.0	1.0	0.50~3.0	11.0~15.0	—	4.0~6.0	—	—	—
C99750	55.0~61.0	—	0.50~2.5	17.0~23.0	1.0⑤	0.25~3.0	17.0~23.0	—	5.0	—	—	—

注：表中化学成分有上下限数值的为主要元素，只有单值的为杂质限量的上限值。
① 压铸合金的力学性能为典型值。
② R_{mc} 为抗压强度。
③ HT 为该合金在热处理状态下的性能。
④ 仅供参考。
⑤ 铁含量不应超过镍含量。
⑥ 系 $R_{p0.2}$ 值。

（续）

其他	铸造方法	力学性能 ≥				标 准 号	我国相近牌号（标准号）
		R_m/MPa	$R_{p0.2}$/MPa	A(%)	硬度 HBW		
—	S	585	240	15		ASTM B763—2015	ZCuAl9Fe4Ni4Mn2（GB/T 1176—2013）
	La	586	241	18	—	ASTM B505—2018	
	J	620	275	15		ASTM B806—2014	
—	La	—	—	—	241	ASTM B505—2018	
—	La	448	241	25	—	ASTM B505—2018	—
Bi：0.001	S	862	689[6]	3	—	ASTM B584—2014	—
	HT[3]	931	821[6]	—			
Mg：0.15 Nb：0.10	La HT[3]	758	724[6]	4	—	ASTM B505—2018	—
—	S	207	103	8		ASTM B584—2014	—
	La					ASTM B505—2018	
	S	276	117	10	—	ASTM B584—2014	
	La	276	138	10		ASTM B505—2018	
	S	345	152	10		ASTM B584—2014	
	La	310	152	8		ASTM B505—2018	
	S	483	276	12	—	ASTM B763—2015	—
	La	483	276	12		ASTM B505—2018	
—	Y[1]	—	—	—	—	ASTM B176—2018	
—	Y[1]	—	—	—	—	ASTM B176—2018	

表 C-3　铸造铜

合金牌号	化学成分（质量分数,%）											
	Cu	Sn	Pb	Zn	Fe	Al	Mn	Si	Ni	Sb	P	S
ЛЦ40С	57.0 ~ 61.0	0.5	0.8 ~ 2.0	余量	0.8	0.5	0.5	0.3	1.0	0.05	—	—
ЛЦ40СД	58.0 ~ 61.0	0.3	0.8 ~ 2.0	余量	0.5	0.2	0.2	0.2	1.0	0.05	—	—
ЛЦ40Мц1.5	57.0 ~ 60.0	0.5	0.7	余量	1.5	—	1.0 ~ 2.0	0.1	1.0	0.1	0.03	—
ЛЦ40Мц3Ж	53.0 ~ 58.0	0.5	0.5	余量	0.5 ~ 1.5	0.6	3.0 ~ 4.0	0.2	0.5	0.1	0.05	—
ЛЦ40Мц3А	55.0 ~ 58.0	0.5	0.2	余量	1.0	0.5 ~ 1.5	2.5 ~ 3.5	0.2	1.0	0.05	0.03	—
ЛЦ38Мц2С2	57.0 ~ 60.0	0.5	1.5 ~ 2.5	余量	0.8	0.8	1.5 ~ 2.5	0.4	1.0	0.1	0.05	—
ЛЦ37Мц2С2К	57.0 ~ 60.0	0.6	1.5 ~ 3.0	余量	0.7	0.7	1.5 ~ 2.5	0.5 ~ 1.3	1.0	0.1	0.1	As:0.05 Bi:0.01
ЛЦ30А3	66.0 ~ 68.0	0.7	0.7	余量	0.8	2.0 ~ 3.0	0.5	0.3	0.3	0.1	0.05	—
ЛЦ25С2	70.0 ~ 75.0	0.5 ~ 1.5	1.0 ~ 3.0	余量	0.7	0.3	0.5	0.5	1.0	0.2	—	—
ЛЦ23А6Ж3Мц2	64.0 ~ 68.0	0.7	0.7	余量	2.0 ~ 4.0	4.0 ~ 7.0	1.5 ~ 3.5	0.3	1.0	0.1	—	—
ЛЦ14К3С3	77 ~ 81	0.3	2.0 ~ 4.0	余量	0.6	0.3	1.0	2.5 ~ 4.5	0.2	0.1	—	—
ЛЦ16К4	78.0 ~ 81.0	0.3	0.5	余量	0.6	0.04	0.8	3.0 ~ 4.5	0.2	0.1	0.1	—
БрО3Ц12С5	余量	2.0 ~ 3.0	3.0 ~ 6.0	8.0 ~ 15.0	0.4	0.02	—	0.02	—	0.5	0.05	
БрО3Ц7С5Н1	余量	2.5 ~ 4.0	3.0 ~ 6.0	6.0 ~ 9.5	0.4	0.02	—	0.02	0.5 ~ 2.0	0.5	0.1	
БрО4Ц7С5	余量	3.0 ~ 5.0	4.0 ~ 7.0	6.0 ~ 9.0	0.4	0.05	—	0.05	—	0.5	0.1	—
БрО4Ц4С17	余量	3.5 ~ 5.5	14.0 ~ 20.0	2.0 ~ 6.0	0.4	0.05	—	0.05	—	0.5	0.1	—

合金俄罗斯标准

杂质元素总量	铸造方法	力学性能 ≥				标 准 号	我国相近牌号（标准号）
		R_m /MPa	$R_{p0.2}$ /MPa	A （%）	硬度 HBW		
2.0	S	215	—	12	70	ГОСТ 17711—1993	—
	J, Li	215	—	20	80		
1.5	J	264	—	18	100	ГОСТ 17711—1993	ZCuZn40Pb2 （GB/T 1176—2013）
	Y	196	—	6	70		YZCuZn40Pb （GB/T 15116—1994）
2.0	S	372	—	20	100	ГОСТ 17711—1993	ZCuZn40Mn2 （GB/T 1176—2013）
	J, Li	392	—	20	110		
1.7	S	441	—	18	90	ГОСТ 17711—1993	ZCuZn40Mn3Fe1 （GB/T 1176—2013）
	J	490	—	10	100		
	Y	392	—	—	—		—
1.5	J, Li	441	—	15	115	ГОСТ 17711—1993	—
2.2	S	245	—	15	80	ГОСТ 17711—1993	ZCuZn38Mn2Pb2 （GB/T 1176—2013）
	J	343	—	10	85		
1.7	J	343	—	2	110	ГОСТ 17711—1993	
2.6	S	294	—	12	80	ГОСТ 17711—1993	ZCuZn31Al2 （GB/T 1176—2013）
	J	392	—	15	90		
1.5	S	146	—	8	60	ГОСТ 17711—1993	—
1.8	S	686	—	7	160	ГОСТ 17711—1993	ZCuZn25Al6Fe3Mn3 （GB/T 1176—2013）
	J, Li	705	—	7	165		
2.3	S	245	—	7	90	ГОСТ 17711—1993	—
	J	294	—	15	100		
2.5	S	294	—	15	100	ГОСТ 17711—1993	ZCuZn16Si4 （GB/T 1176—2013）
	J	343	—	15	110		
1.3	S	176.2	—	8	60	ГОСТ 613—1979	ZCuSn3Zn11Pb4 （GB/T 1176—2013）
	J	206	—	5	60		
1.3	S	176.2	—	8	60	ГОСТ 613—1979	ZCuSn3Zn8Pb6Ni1 （GB/T 1176—2013）
	J	206	—	5	60		
1.3	S	147	—	6	60	ГОСТ 613—1979	—
	J	176.2	—	4	60		
1.3	S	147	—	5	60	ГОСТ 613—1979	ZCuPb17Sn4Zn4 （GB/T 1176—2013）
	J	147	—	12	60		

合金牌号	化学成分（质量分数,%）											
	Cu	Sn	Pb	Zn	Fe	Al	Mn	Si	Ni	Sb	P	S
БрО5Ц5С5	余量	4.0 ~ 6.0	4.0 ~ 6.0	4.0 ~ 6.0	0.4	0.05	—	0.05	—	0.5	0.1	—
БрО5С25	余量	4.0 ~ 6.0	23.0 ~ 26.0	—	0.2	0.02	—	0.02	—	0.5	0.05	—
БрО6Ц6С3	余量	5.0 ~ 7.0	2.0 ~ 4.0	5.0 ~ 7.0	0.4	0.05	—	0.02	—	0.5	0.05	—
БрО8Ц4	余量	7.0 ~ 9.0	0.5	4.0 ~ 6.0	0.3	0.02	—	0.02	—	0.3	0.05	—
БрО10Ф1	余量	9.0 ~ 11.0	0.3	0.3	0.2	0.02	—	0.02	—	0.5	0.4 ~ 1.1	—
БрО10Ц2	余量	9.0 ~ 11.0	0.5	1.0 ~ 3.0	0.3	0.02	—	0.02	—	0.5	0.05	—
БрО10С10	余量	9.0 ~ 11.0	8.0 ~ 11.0	0.5	0.2	0.02	—	0.02	—	0.5	0.05	—
БрА9Мц2Л	余量	0.2	0.1	1.5	1.0	8.0 ~ 9.5	1.5 ~ 2.5	0.2	1.0	0.05	0.1	—
БрА10Мц2Л	余量	0.2	0.1	1.5	1.0	9.6 ~ 11.0	1.5 ~ 2.5	0.2	1.0	0.05	0.1	—
БрА9Ж3Л	余量	0.2	0.1	1.0	2.0 ~ 4.0	8.0 ~ 10.5	0.5	0.2	1.0	0.05	0.1	—
БрА10Ж3Мц2	余量	0.1	0.3	0.5	2.0 ~ 4.0	9.0 ~ 11.0	1.0 ~ 3.0	0.1	0.5	0.05	0.01	—
БрА10Ж4Н4Л	余量	0.2	0.05	0.5	3.5 ~ 5.5	9.5 ~ 11.0	0.5	0.2	3.5 ~ 5.5	0.05	0.1	—
БрА11Ж6Н6	余量	0.2	0.05	0.6	5.0 ~ 6.5	10.5 ~ 11.5	0.5	0.2	5.0 ~ 6.5	0.05	0.1	—
БрА9Ж4Н4Мц1	余量	0.2	0.05	1.0	4.0 ~ 5.0	8.8 ~ 10.0	0.5 ~ 1.2	0.2	4.0 ~ 5.0	0.05	0.03	—
БрС30	余量	0.1	27.0 ~ 31.0	0.1	0.25	—	—	0.02	0.5	0.3	0.1	—
БрА7Мц15-Ж3Н2Ц2	余量	0.1	0.05	1.5 ~ 2.5	2.5 ~ 3.5	6.6 ~ 7.5	14.0 ~ 15.5	0.1	1.5 ~ 2.5	0.05	0.02	—
БрСУ3Н3ц3-С20Ф	余量	0.5	18.0 ~ 22.0	3.0 ~ 4.0	0.3	0.02	—	0.02	3.0 ~ 4.0	3.0 ~ 4.0	0.15 ~ 0.30	Bi: 0.025

注：表中化学成分有上下限数值的为主要元素，单值的为杂质元素限量的上限值。

（续）

杂质元素总量	铸造方法	力学性能　≥				标　准　号	我国相近牌号（标准号）
		R_m/MPa	$R_{p0.2}$/MPa	A（％）	硬度 HBW		
1.3	S	147	—	6	60	ГОСТ 613—1979	ZCuSn5Pb5Zn5（GB/T 1176—2013）
	J	176.2	—	4	60		
1.2	S	147	—	5	45	ГОСТ 613—1979	—
	J	137.2	—	6	45		
1.3	S	147	—	6	60	ГОСТ 613—1979	—
	J	176.2	—	4	60		
1.0	S, J	190	—	10	75	ГОСТ 613—1979	
1.0	S	215.5	—	3	80	ГОСТ 613—1979	ZCuSn10P1（GB/T 1176—2013）
	J	245	—	3	90		
1.0	S	215.5	—	10	65	ГОСТ 613—1979	ZCuSn10Zn2（GB/T 1176—2013）
	J	225.2	—	10	75		
0.9	S	176.2	—	7	65	ГОСТ 613—1979	ZCuPb10Sn10（GB/T 1176—2013）
	J	196	—	6	78		
2.8	S, J	392	—	20	80	ГОСТ 493—1979	ZCuAl9Mn2（GB/T 1176—2013）
2.8	S, J	490	—	12	110	ГОСТ 493—1979	—
2.7	S	392	—	10	100	ГОСТ 493—1979	ZCuAl10Fe3（GB/T 1176—2013）
	J	490	—	12	100		
1.0	S	392	—	10	100	ГОСТ 493—1979	ZCuAl10Fe3Mn2（GB/T 1176—2013）
	J	490	—	12	120		
1.5	S	587	—	6	160	ГОСТ 493—1979	—
	J	587	—	6	170		
1.5	S, J	587	—	2	250	ГОСТ 493—1979	—
1.2	S, J	587	—	12	160	ГОСТ 493—1979	ZCuAl9Fe4Ni4Mn2（GB/T 1176—2013）
0.9	J	58.7	—	4	25	ГОСТ 493—1979	ZCuPb30（GB/T 1176—2013）
0.5	J	157	—	2	65	ГОСТ 493—1979	
0.9	S	607	—	18	—	ГОСТ 493—1979	—

表 C-4 铸造铜

合金牌号	化学成分（质量分数，%）										
	Cu	Sn	Pb	Zn	Fe	Al	Mn	Si	Ni	Sb	P
CAC101	≥99.5	0.4	—	—	—	—	—	—	—	—	0.07
CAC102	≥99.7	0.2	—	—	—	—	—	—	—	—	0.07
CAC103	≥99.9	—	—	—	—	—	—	—	—	—	0.04
CAC201	83.0 ~ 88.0	0.1	0.5	11.0 ~ 17.0	0.2	0.2	—	—	0.2	—	—
CAC202	65.0 ~ 70.0	1.0	0.5 ~ 3.0	24.0 ~ 34.0	0.8	0.5	—	—	1.0	—	—
CAC203	58.0 ~ 64.0	1.0	0.5 ~ 3.0	30.0 ~ 41.0	0.8	0.5	—	—	1.0	—	—
CAC301 CAC301C	55.0 ~ 60.0	1.0	0.4	33.0 ~ 42.0	0.5 ~ 1.5	0.5 ~ 1.5	0.1 ~ 1.5	0.1	1.0	—	—
CAC302 CAC302C	55.0 ~ 60.0	1.0	0.4	30.0 ~ 42.0	0.5 ~ 2.0	0.5 ~ 2.0	0.1 ~ 3.5	0.1	1.0	—	—
CAC303 CAC303C	60.0 ~ 65.0	0.5	0.2	22.0 ~ 28.0	2.0 ~ 4.0	3.0 ~ 5.0	2.5 ~ 5.0	0.1	0.5	—	—
CAC304 CAC304C	60.0 ~ 65.0	0.2	0.2	22.0 ~ 28.0	2.0 ~ 4.0	5.0 ~ 7.5	2.5 ~ 5.0	0.1	0.5	—	—
CAC401 CAC401C	79.0 ~ 83.0	2.0 ~ 4.0	3.0 ~ 7.0	8.0 ~ 12.0	0.35	0.01	—	0.01	1.0	0.2	0.05 0.5
CAC402 CAC402C	86.0 ~ 90.0	7.0 ~ 9.0	1.0	3.0 ~ 5.0	0.2	0.01	—	0.01	1.0	0.2	0.05 0.5
CAC403 CAC403C	86.0 ~ 89.5	9.0 ~ 11.0	1.0	1.0 ~ 3.0	0.2	0.01	—	0.01	1.0	0.2	0.05 0.5

合金日本标准

S	其他	铸造方法	力学性能 ≥				标　准　号	我国相近牌号（标准号）
			R_m/MPa	$R_{p0.2}$[①]/MPa	A（%）	硬度 HBW		
—	—	S、J、Li、R[②]	175	—	35	35	JIS H5120：2016	—
—	—	S、J、Li、R	155	—	35	33	JIS H5120：2016	—
—	—	S、J、Li、R	135	—	40	30	JIS H5120：2016	—
—	—	S、J、Li、R	145	—	25	—	JIS H5120：2016	—
—	—	S、J、Li、R	195	—	20	—	JIS H5120：2016	ZCuZn33Pb2（GB/T 1176—2013）
—	—	S、J、Li、R	245	—	20	—	JIS H5120：2016	ZCuZn33Pb2（GB/T 1176—2013）
—	—	S、J、Li、R	430	140	20	90[②]	JIS H5120：2016	ZCuZn35Al2Mn2Fe1（GB/T 1176—2013）
		La	470	170	25	90[②]	JIS H5121：2016	
—	—	S、J、Li、R	490	175	18	100[②]	JIS H5120：2016	ZCuZn35Al2Mn2Fe1（GB/T 1176—2013）
		La	530	200	20	100[②]	JIS H5121：2016	
—	—	S、J、Li、R	635	305	15	165	JIS H5120：2016	ZCuZn26Al4Fe3Mn3（GB/T 1176—2013）
		La	655	310	18	165[②]	JIS H5121：2016	
—	—	S、J、Li、R	755	410	12	200	JIS H5120：2016	ZCuZn25Al6Fe3Mn3（GB/T 1176—2013）
		La	765	420	14	200[②]	JIS H5121：2016	
—	—	S、J、Li、R	165	—	15	—	JIS H5120：2016	ZCuSn3Zn11Pb4（GB/T 1176—2013）
		La	195	90	15	—	JIS H5121：2016	
—	—	S、J、Li、R	245	—	20	—	JIS H5120：2016	
		La	275	150	15	—	JIS H5121：2016	
—	—	S、J、Li、R	245	—	15	—	JIS H5120：2016	
		La	275	170	13	—	JIS H5121：2016	

合金牌号	化学成分（质量分数,%）										
	Cu	Sn	Pb	Zn	Fe	Al	Mn	Si	Ni	Sb	P
CAC406	83.0 ~ 87.0	4.0 ~ 6.0	4.0 ~ 6.0	4.0 ~ 6.0	0.3	0.01	—	0.01	1.0	0.2	0.05
CAC406C											0.5
CAC407	86.0 ~ 90.0	5.0 ~ 7.0	1.0 ~ 3.0	3.0 ~ 5.0	0.2	0.01	—	0.01	1.0	0.2	0.05
CAC407C											0.5
CAC502A	87.0 ~ 91.0	9.0 ~ 12.0	0.3	0.3	0.2	0.01	—	0.01	1.0	0.05	0.05 ~ 0.20
CAC502B											0.15 ~ 0.50
CAC502C											0.05 ~ 0.50
CAC503A	84.0 ~ 88.0	12.0 ~ 15.0	0.3	0.3	0.2	0.01	—	0.01	1.0	0.05	0.05 ~ 0.20
CAC503B											0.15 ~ 0.50
CAC503C											0.05 ~ 0.50
CAC602	82.0 ~ 86.0	9.0 ~ 11.0	4.0 ~ 6.0	1.0	0.3	0.01	—	0.01	1.0	0.3	0.1
CAC603	77.0 ~ 81.0	9.0 ~ 11.0	9.0 ~ 11.0	1.0	0.3	0.01	—	0.01	1.0	0.5	0.1
CAC603C											0.5
CAC604	74.0 ~ 78.0	7.0 ~ 9.0	14.0 ~ 16.0	1.0	0.3	0.01	—	0.01	1.0	0.5	0.1
CAC604C											0.5
CAC605	70.0 ~ 76.0	6.0 ~ 8.0	16.0 ~ 22.0	1.0	0.3	0.01	—	0.01	1.0	0.5	0.1
CAC605C											0.5
CAC701	85.0 ~ 90.0	0.1	0.1	0.5	1.0 ~ 3.0	8.0 ~ 10.0	0.1 ~ 1.0	—	0.1 ~ 1.0	—	—
CAC701C											
CAC702	80.0 ~ 88.0	0.1	0.1	0.5	2.5 ~ 5.0	8.0 ~ 10.5	0.1 ~ 1.5	—	1.0 ~ 3.0	—	—
CAC702C											

（续）

S	其他	铸造方法	力学性能　≥				标　准　号	我国相近牌号（标准号）
			R_m /MPa	$R_{p0.2}$[①] /MPa	A (%)	硬度 HBW		
—	—	S、J、Li、R	195	90	15	—	JIS H5120：2016	ZCuSn5Pb5Zn5 （GB/T 1176—2013）
		La	245	100	15	—	JIS H5121：2016	
—	—	S、J、Li、R	215	—	18	—	JIS H5120：2016	
		La	255	130	15	—	JIS H5121：2016	
—	—	S、Li、R	195	120	5	60	JIS H5120：2016	ZCuSn10P1 （GB/T 1176—2013）
		J、Li	295	145	5	80	JIS H5120：2016	
		La	295	165	10	80	JIS H5121：2016	
—	—	S、Li、R	195	135	1	80	JIS H5120：2016	
		J、Li	265	145	3	90	JIS H5120：2016	
		La	295	160	5	90	JIS H5121：2016	
—	—	S、J、Li、R	195	100	10	65	JIS H5120：2016	ZCuSn10Pb5 （GB/T 1176—2013）
—	—	S、J、Li、R	175	80	7	60	JIS H5120：2016	ZCuPb10Sn10 （GB/T 1176—2013）
		La	225	135	10	65	JIS H5121：2016	
—	—	S、J、Li、R	165	80	5	55	JIS H5120：2016	ZCuPb15Sn8 （GB/T 1176—2013）
		La	220	100	8	60	JIS H5121：2016	
—	—	S、J、Li、R	145	60	5	45	JIS H5120：2016	—
		La	175	80	7	50	JIS H5121：2016	
—	—	S、J、Li、R	440	—	25	80	JIS H5120：2016	
		La	490	170	20	90	JIS H5121：2016	
—	—	S、J、Li、R	490	—	20	120	JIS H5120：2016	—
		La	540	220	15	120	JIS H5121：2016	

合金牌号	化学成分（质量分数,%）										
	Cu	Sn	Pb	Zn	Fe	Al	Mn	Si	Ni	Sb	P
CAC703 CAC703C	78.0 ~ 85.0	0.1	0.1	0.5	3.0 ~ 6.0	8.5 ~ 10.5	0.1 ~ 1.5	—	3.0 ~ 6.0		—
CAC704	71.0 ~ 84.0	0.1	0.1	0.5	2.0 ~ 5.0	6.0 ~ 9.0	7.0 ~ 15.0	—	1.0 ~ 4.0		
CAC801	84.0 ~ 88.0	—	0.1	9.0 ~ 11.0		0.5	—	3.5 ~ 4.5			
CAC802	78.5 ~ 82.5	—	0.3	14.0 ~ 16.0		0.3	—	4.0 ~ 5.0			
CAC803	80.0 ~ 84.0	—	0.2	13.0 ~ 15.0	0.3	0.3	0.2	3.2 ~ 4.2			
CAC804	74.0 ~ 78.0	0.6	0.25	18.0 ~ 22.5	0.2	—	0.1	2.7 ~ 3.4	0.2	0.1	0.05 ~ 0.2
CAC901	86.0 ~ 90.6	4.0 ~ 6.0	0.25	4.0 ~ 8.0	0.3	0.01	—	0.01	1.0	0.3	0.05
CAC902	84.5 ~ 90.0	4.0 ~ 6.0	0.25	4.0 ~ 8.0	0.3	0.01	—	0.01	1.0	0.3	0.05
CAC903B	83.5 ~ 88.5	4.0 ~ 6.0	0.25	4.0 ~ 8.0	0.3	0.01	—	0.01	1.0	0.3	0.5
CAC911	83.0 ~ 90.6	3.5 ~ 6.0	0.25	4.0 ~ 9.0	0.3	0.01	—	0.01	1.0	0.2	0.1

注：表中化学成分有上下限数值的为主要元素，单值的为杂质元素限量的上限值。

① $R_{p0.2}$ 为参考值。

② 该硬度值仅供参考。

（续）

S	其他	铸造方法	力学性能　≥				标　准　号	我国相近牌号（标准号）
			R_m/MPa	$R_{p0.2}$[①]/MPa	A（%）	硬度HBW		
—	—	S、J、Li、R	590	245	15	150	JIS H5120：2016	ZCuAl9Fe4Ni4Mn2（GB/T 1176—2013）
		La	610	245	12	160	JIS H5121：2016	
—	—	S、J、Li、R	590	270	15	160	JIS H5120：2016	ZCuA18Mn13Fe3（GB/T 1176—2013）
—	—	S、J、Li、R	345	—	25	—	JIS H5120：2016	
—	—	S、J、Li、R	440	—	12	—	JIS H5120：2016	—
—	—	S、J、Li、R	390	—	20	—	JIS H5120：2016	ZCuZn16Si4（GB/T 1176—2013）
—	Bi：0.20 Se：0.10	—	300	150	15	—	JIS H5120：2016	—
0.08	Bi：0.4 ~ 1.0 Se：0.10	—	215	90	18	—	JIS H5120：2016	—
0.08	Bi：1.0 ~ 2.5 Se：0.10	—	195	90	15	60	JIS H5120：2016	—
0.08	Bi：2.5 ~ 3.5 Se：0.10	—	215	—	15	—	JIS H5120：2016	—
0.08	Bi：0.8 ~ 2.5 Se：0.1 ~ 0.5	—	195	90	15	—	JIS H5120：2016	—

附录 D 铸造锌合金国外标准

铸造锌合金的国际标准见表 D-1，铸造锌合金美国标准见表 D-2，铸造锌合金欧洲标准见表 D-3，铸造锌合金日本标准见表 D-4，铸造锌合金俄罗斯标准见表 D-5。

表 D-1 铸造锌合金国际标准

合金代号	化学成分（质量分数，%）								铸造方法	力学性能 ≥					标准号	我国相近代号（标准号）
	Zn	Al	Cu	Mg	Pb ≤	Cd ≤	Sn ≤	Fe ≤		R_m /MPa	$R_{p0.2}$ /MPa	A（%）	K/J	硬度 HBW		
ZP0400	余量	3.7~4.3	≤0.1	0.02~0.06	0.005	0.004	0.002	0.05	Y	280	200	10	57	83	ISO 15201：2006（E）	—
ZP0410	余量	3.7~4.3	0.7~1.2	0.02~0.06	0.005	0.004	0.002	0.05	Y	330	250	5	65	92	ISO 15201：2006（E）	—
ZP0430	余量	3.7~4.3	2.6~3.3	0.02~0.06	0.005	0.004	0.002	0.05	Y	355	270	5	47	102	ISO 15201：2006（E）	—
ZP0810	余量	8.0~8.8	0.8~1.3	0.01~0.03	0.006	0.006	0.003	0.075	Y	370	220	8	40	100	ISO 15201：2006（E）	ZA8-1 （GB/T 1175—2018）
ZP1110	余量	10.5~11.5	0.5~1.2	0.01~0.03	0.006	0.006	0.003	0.075	Y	400	300	5	30	100	ISO 15201：2006（E）	ZA11-1 （GB/T 1175—2018）
ZP2720	余量	25.0~28.0	2.0~2.5	0.01~0.03	0.006	0.006	0.003	0.075	Y	425	370	2.5	10	120	ISO 15201：2006（E）	ZA27-2 （GB/T 1175—2018）

表 D-2 铸造锌合金美国标准

合金代号	化学成分（质量分数，%）								铸造方法	状态	力学性能 ≥					标准号	我国相近代号（标准号）
	Zn	Al	Mg	Cu	Pb ≤	Cd ≤	Sn ≤	Fe ≤			R_m /MPa	$R_{p0.2}$ /MPa	A（%）	K/J	硬度 HBW		
Alloy 3	余量	3.7~4.3	0.02~0.06	0.1max	0.005	0.004	0.002	0.05	Y	F	283	221	10	58	82	ASTM B86—2018	—
Alloy 7	余量	3.7~4.3	0.005~0.020	0.1max	0.003	0.002	0.001	0.05	Y	F	283	221	13	58	80	ASTM B86—2018	—

合金代号	Zn	Al	Cu	Mg	Pb	Cd	Sn	Fe	铸造方法	状态	R_m	$R_{p0.2}$	A	K/J	HBW	标准号	我国相近代号
Alloy 5	余量	3.7~4.3	0.7~1.2	0.02~0.06	0.005	0.004	0.002	0.05	Y	F	328	228	7	65	91	ASTM B86—2018	ZA4-1（GB/T 1175—2018）
Alloy 2	余量	3.7~4.3	2.6~3.3	0.02~0.06	0.005	0.004	0.002	0.05	Y	F	359	—	7	47	100	ASTM B86—2018	ZA4-3（GB/T 1175—2018）
ZA-8	余量	8.0~8.8	0.8~1.3	0.01~0.03	0.006	0.006	0.003	0.075	S	F	263	198	1~2	20	85	ASTM B86—2018	ZA8-1（GB/T 1175—2018）
									J	F	221~255	208	1~2	—	87		
									Y	F	374	290	6~10	42	103		
ZA-12	余量	10.5~11.5	0.5~1.2	0.01~0.03	0.006	0.006	0.003	0.075	S	F	276~317	211	1~3	25	94	ASTM B86—2018	ZA11-1（GB/T 1175—2018）
									J	F	310~345	268	1~3	29	89		
									Y	F	404	320	4~7	—	100		
ZA-27	余量	25.0~28.0	2.0~2.5	0.01~0.02	0.006	0.006	0.003	0.075	S	F	400~441	371	3~6	48	113	ASTM B86—2018	ZA27-2（GB/T 1175—2018）
									S	T3	310~324	257	8~11	58	94		
									Y	F	425	376	1~3	12.8	119		

注：1. S—砂型铸造，J—金属型铸造，Y—压力铸造，F—铸造，T3—均匀化处理。力学性能中的 K 为冲击吸收能量。

2. Alloy 7 中镍的质量分数为 0.005%～0.020%。

3. T3 工艺为 320℃×3h，炉冷。

表 D-3　铸造锌合金欧洲标准

合金代号	化学成分（质量分数，%）										铸造方法	力学性能　≥					标准号	我国相近代号（标准号）
	Zn	Al	Cu	Mg	Pb	Cd	Sn	Fe	Ni	Si		R_m /MPa	$R_{p0.2}$ /MPa	A（%）	K/J	硬度 HBW		
ZP0400	余量	3.7~4.3	≤0.1	0.025~0.06	0.005	0.005	0.002	0.05	0.02	0.03	Y	280	200	10	57	83	EN 12844：1998	—
ZP0410	余量	3.7~4.3	0.7~1.2	0.025~0.06	0.005	0.005	0.002	0.05	0.02	0.03	Y	330	250	5	58	92	EN 12844：1998	ZA4-1（GB/T 1175—2018）

（续）

合金代号	化学成分（质量分数，%）										铸造方法	力学性能 ≥					标准号	我国相近代号（标准号）
	Zn	Al	Cu	Mg	Pb	Cd	Sn	Fe	Ni	Si		R_m /MPa	$R_{p0.2}$ /MPa	A （%）	K/J	硬度 HBW		
ZP0430	余量	3.7~4.3	2.7~3.3	0.025~0.06	0.005	0.005	0.002	0.05	0.02	0.03	Y	355	270	5	59	102	EN12844：1998	ZA4-3 (GB/T 1175—2018)
ZP0610	余量	5.4~6.0	1.1~1.7	≤0.005	0.005	0.005	0.002	0.05	0.02	0.03	Y	—	—	—	—	—	EN12844：1998	—
ZP0810	余量	8.0~8.8	0.8~1.3	0.015~0.03	0.006	0.006	0.003	0.06	0.02	0.045	Y	370	220	8	40	100	EN12844：1998	ZA8-1 (GB/T 1175—2018)
ZP1110	余量	10.5~11.5	0.5~1.2	0.015~0.03	0.006	0.006	0.003	0.07	0.02	0.06	Y	400	300	5	30	100	EN12844：1998	ZA11-1 (GB/T 1175—2018)
ZP2720	余量	25.0~28.0	2.0~2.5	0.01~0.02	0.006	0.006	0.003	0.1	0.02	0.08	Y	425	370	2.5	10	120	EN12844：1998	ZA27-2 (GB/T 1175—2018)
ZP0010	余量	0.01~0.04	1.0~1.5	≤0.02	0.005	0.005	0.004	0.06	—	0.05	Y	220	—	—	—	—	EN12844：1998	—

注：1. 表中化学成分有上下限数值的为主要元素，单值的为杂质元素限量的上限值。
　　2. 铸造方法：Y—压力铸造，温度20℃。

表 D-4　铸造锌合金日本标准

合金代号	化学成分（质量分数，%）					杂质（≤）			铸造方法	力学性能 ≥					标准号	我国相近代号（标准号）
	Zn	Al	Cu	Mg	Fe	Pb	Cd	Sn		R_m /MPa	$R_{p0.2}$ /MPa	A （%）	K/J	硬度 HBW		
ZDC1	余量	3.5~4.3	0.75~1.25	0.020~0.060	≤0.10	0.005	0.004	0.003	Y	325	—	7	160	91	JIS H5301：2009	ZA4-1 (GB/T 1175—2018)
ZDC2	余量	3.5~4.3	≤0.25	0.020~0.060	≤0.10	0.005	0.004	0.003	Y	285	—	10	140	82	JIS H5301：2009	—

表 D-5　铸造锌合金俄罗斯标准

合金代号	化学成分（质量分数，%）				杂质（≤）						铸造方法	力学性能 ≥			标准号	我国相近代号（标准号）
	Zn	Al	Cu	Mg	Cu	Pb	Fe	Sn	Cd	Si		R_m/MPa	A(%)	硬度 HBW		
ZnAl4A	余量	3.5~4.3	—	0.03~0.06	0.03	0.003	0.03	0.001	0.002	—	—	—	—	—	ГОСТ 19424—1997	—
ЦА4о	余量	3.9~4.3	—	0.03~0.06	0.03	0.004	0.05	0.001	0.002	0.015	—	—	—	—	ГОСТ 19424—1997	—
ЦА4	余量	3.5~4.3	—	0.03~0.06	0.03	0.01	0.05	0.002	0.005	0.015	—	—	—	—	ГОСТ 19424—1997	—
ZnAl4Cu1A	余量	3.5~4.3	0.7~1.2	0.03~0.06	—	0.003	0.03	0.001	0.002	—	—	—	—	—	ГОСТ 19424—1997	—
ЦАМ4-1о	余量	3.9~4.3	0.7~1.2	0.03~0.06	—	0.004	0.05	0.001	0.002	0.015	—	—	—	—	ГОСТ 19424—1997	—
ЦАМ4-1	余量	3.5~4.3	0.7~1.2	0.03~0.06	—	0.01	0.05	0.002	0.005	0.015	—	—	—	—	ГОСТ 19424—1997	ZA4-1 (GB/T 1175—2018)
ZnAl4Cu3A	余量	3.5~4.3	2.5~3.5	0.03~0.06	—	0.003	0.03	0.001	0.002	—	—	—	—	—	ГОСТ 19424—1997	ZA4-3 (GB/T 1175—2018)
ZnAl4Cu3	余量	3.5~4.3	2.5~3.5	0.03~0.06	—	0.005	0.05	0.001	0.002	—	—	—	—	—	ГОСТ 19424—1997	—
ЦАМ4-1в	余量	3.5~4.3	0.6~1.2	Не ≥0.1	—	0.02	0.10	0.005	0.015	0.03	—	—	—	—	ГОСТ 19424—1997	—